Abgeleitete physikalische Größen (Fortsetzung)

Name	Zeichen	Definitionsgleichung	Einheiten		Weitere Einheiten		
			Name	Zeichen	Name	Zeichen	Zusammenhang
Dichte	ϱ	$\varrho = \frac{m}{V}$	Kilogramm durch Kubikmeter	$\frac{kg}{m^3}$	Gramm durch Kubikzentimeter	$\frac{g}{cm^3}$	$1 \frac{kg}{m^3} = 10^{-3} \frac{g}{cm^3}$
Drehmoment	M	$M = F \cdot a$	Newtonmeter	Nm			
Richtgröße	D	$D = \frac{F}{\Delta l}$	Newton durch Meter	$\frac{N}{m}$			
Arbeit	W	$W = F \cdot s$	Joule	J	Newtonmeter Wattsekunde Kilowattstunde	Nm Ws kWh	1 J = 1 Nm = 1 Ws 1 kWh = 3 600 000 Ws Ws = 3,6 MJ
Energie	E, W						
Wärmemenge	Q						
Druck	p	$p = \frac{F}{A}$	Pascal	Pa	Bar	bar ıPa	$1\ Pa = 1 \frac{N}{m^2} = 10^{-5}\ bar$ 1 hPa = 1 mbar
Leistung	P	$P = \frac{W}{t}$	Watt				$1\ W = 1 \frac{J}{s} = 1\ VA$
Temperaturdifferenz	ΔT, $\Delta \vartheta$	$\Delta T = T_2 - T_1$ $\Delta \vartheta = \vartheta_2 - \vartheta_1$	Kelvin				1 °C = 1 K
Wärmekapazität	C	$C = \frac{Q}{\Delta \vartheta}$	Joule du[illegible] Kelvin	[illegible]	Joule durch Grad Celsius	$\frac{J}{°C}$	$1 \frac{J}{K} = 1 \frac{J}{°C}$
spezifische Wärmekapazität	c	$c = \frac{Q}{m \Delta \vartheta}$	Joule durch Kilogramm-Kelvin	$\frac{J}{kg\,K}$	Joule durch Kilogramm-Grad Celsius	$\frac{J}{kg\,°C}$	$1 \frac{J}{kg\,K} = 1 \frac{J}{kg\,°C}$
Spezifische Verdampfungswärme	q_v	$q_v = \frac{Q_v}{m}$	Joule durch Kilogramm	$\frac{J}{kg}$	Joule durch Gramm	$\frac{J}{g}$	$1 \frac{J}{g} = 1 \frac{kJ}{kg}$
Spezifische Schmelzwärme	q_s	$q_s = \frac{Q_s}{m}$					
Beleuchtungsstärke	E	$E = \frac{J}{r^2}$	Lux	lx			$1\ lx = 1 \frac{cd}{m^2}$
Brechkraft	D	$D = \frac{1}{f}$	Dioptrie	dpt			$1\ dpt = \frac{1}{m}$
Elektrische Ladung	Q	$Q = I \cdot t$	Coulomb	C	Amperestunde	Ah	1 C = 1 As 1 Ah = 3600 As
Elektrische Spannung	U	$U = \frac{W}{Q}$	Volt	V			$1\ V = \frac{1\ Nm}{C} = \frac{1\ Ws}{C}$
Elektrischer Widerstand	R	$R = \frac{U}{I}$	Ohm	Ω			$1\ \Omega = \frac{1\ V}{A}$
Elektrische Kapazität	C	$C = \frac{Q}{U}$	Farad	F			$1\ F = 1 \frac{C}{V}$
Spezifischer Widerstand (linearer Leiter)	ϱ	$\varrho = R \cdot \frac{A}{l}$	Ohmquadratmillimeter durch Meter	$\frac{\Omega\, mm^2}{m}$			

Wilfried Kuhn

Physik

Band I

Bearbeiter des Bandes I:

Gunter Bang
Wilfried Kuhn
Horst Lochhaas
Herbert Pientka

westermann

Lehrbuch der Physik

Herausgegeben von:
Prof. Dr. Wilfried Kuhn
Institut für Didaktik der Physik der Universität Gießen

Bearbeitet von:
Oberstudienrat Dr. Gunter Bang, Darmstadt
Prof. Dr. Wilfried Kuhn, Gießen
Studiendirektor Horst Lochhaas, Darmstadt
Studiendirektor Herbert Pientka, Meppen

1. Auflage Druck 8 7 6
Herstellungsjahr 1994 1993 1992 1991
Alle Drucke dieser Auflage können im Unterricht
parallel verwendet werden.

Verlagslektorat: Jürgen Diem
Herstellung: westermann druck GmbH, Braunschweig

ISBN 3-14-**15 2121**-2

Inhaltsverzeichnis

Vorwort für den Schüler 5

Einführung 6
1 Physik – eine besondere Art der Auseinandersetzung mit der Natur 6
1.1 Natur, Technik und Physik 6
1.2 Die Methode der Physik 7
1.3 Das „Gemeinsame" verschiedener Naturerscheinungen 10
1.4 Physik und Technik 12

O **Optik** 13
1 Ausbreitung des Lichts 13
1.1 Lichtquellen und Lichtempfänger 13
1.2 Strahlenmodell des Lichts 14
1.3 Lichtgeschwindigkeit 17
1.4 Lochkamera 18
1.5 Lichtstärke und Beleuchtungsstärke 20
1.6 Schatten und Finsternisse 22

2 Reflexion des Lichts 25
2.1 Körper im Licht 25
2.2 Reflexionsgesetz 26
2.3 Der ebene Spiegel 27
2.4 Reflexion an gekrümmten Flächen 29
Basiswissen Optik (I) 32

3 Brechung und Dispersion 33
3.1 Lichtbrechung 33
3.2 Brechung, Dispersion und Totalreflexion – Ursache zahlreicher bekannter Erscheinungen . . 37
3.3 Optische Linsen 40
3.4 Strahlengang in dünnen Sammellinsen 42
3.5 Abbildungsgesetz und Linsenformel 46
3.6 Zerstreuungslinsen 48

4 Optische Geräte und menschliches Auge 49
4.1 Fotoapparat 49
4.2 Projektionsapparate 52
4.3 Das menschliche Auge 53
4.4 Lupe und Mikroskop 56
4.5 Fernrohre 58
4.6 Die Bedeutung der Optik für den Menschen . . 61
Basiswissen Optik (II) 63

5 Farben und Spektren 64
5.1 Erzeugung eines Spektrums 64
5.2 Farben 67
5.3 Spektren verschiedener Lichtquellen 70

M **Mechanik** 73
1 Grundbegriffe der Mechanik 73
1.1 Womit beschäftigt sich die Mechanik? 73
1.2 Trägheit und Schwere 74
1.3 Das Teilchenbild der Materie 78
1.4 Messung von Längen, Flächen, Rauminhalten . 82
1.5 Geschwindigkeit 89
1.6 Trägheit – Masse 92
1.7 Dichte 94

2 Kräfte 96
2.1 Einführung des Kraftbegriffs 96
2.2 Gewichtskräfte 100
2.3 Kräfte verformen 102
2.4 Zusammensetzen und Zerlegen von Kräften . . 105
2.5 Reibungskräfte 108
Basiswissen Mechanik (I) 111

3 Kraftwandler – Drehmoment 112
3.1 Einfache Maschinen – geschichtliche Entwicklung 112
3.2 Seil, Stab, Rolle als Kraftwandler 114
3.3 Schiefe Ebene 116
3.4 Hebel und Hebelgesetz 118
3.5 Drehmoment – Gleichgewicht 121
3.6 Technische Anwendungen – weitere Beispiele . 124

4 Arbeit, Leistung, Energie 127
4.1 Arbeit und Leistung 127
4.2 Energie 130
4.3 Energieerhaltung 132
4.4 Maschinen als Energiewandler 133
Basiswissen Mechanik (II) 135

5 Mechanik der Flüssigkeiten und Gase 136
5.1 Druck in Flüssigkeiten und Gasen 136
5.2 Der Schweredruck in Flüssigkeiten 141
5.3 Der Schweredruck in Luft 145
5.4 Luftdruck und Wetter 148
5.5 Kann man ein Vakuum herstellen? 150
5.6 Das Boyle-Mariottesche Gesetz 152
5.7 Auftrieb 154
5.8 Warum Flugzeuge nicht herunterfallen 158
Basiswissen Mechanik (III) 160

6 Akustik 161
6.1 Schall entsteht durch Schwingungen 161
6.2 Ausbreitung des Schalls 163
6.3 Schall in der Musik 166
6.4 Schall hören – Lärm 167

7 Einfache Bewegungen 171
7.1 Gleichförmige Bewegung 171
7.2 Beschleunigte geradlinige Bewegung 174
7.3 Kraft und Beschleunigung 178
7.4 Bewegungen im Straßenverkehr 179

W **Wärme** 181
1 Temperatur 181
1.1 Wärme und Temperatur 181
1.2 Temperaturmessung 183

2 Ausdehnung der Körper beim Erwärmen 187
2.1 Ausdehnung von festen Körpern 187
2.2 Ausdehnung von flüssigen Körpern 189
2.3 Ausdehnung von Gasen 191

3 Wärme – quantitativ 192
3.1 Mechanische Arbeit und innere Energie 192
3.2 Das Erwärmungsgesetz 195
3.3 Messen der Wärme 196

4 Änderung der Aggregatzustände 198
4.1 Beschreibung der Aggregatzustandsänderungen 198
4.2 Verborgene Energien 202

5 Wärmetransport 204
5.1 Konvektion 204
5.2 Wärmeleitung 206
5.3 Wärmestrahlung 208
5.4 Richtung des Wärmeübergangs – Wärmepumpe 210
5.5 Wärmetransport bei einem Haus 211
Basiswissen Wärme 212

E Elektrizität und Magnetismus 213
1 Magnetismus 213
1.1 Erfahrungen mit Magneten 213
1.2 Magnetfelder 217

2 Stromkreise und Stromwirkungen 219
2.1 Stromkreis 219
2.2 Schalter 221
2.3 Wirkungen des elektrischen Stromes 223

3 Strom und Ladung 227
3.1 Strom ist bewegte Ladung 227
3.2 Eigenschaften elektrischer Ladungen 229
3.3 Elektronen 231
3.4 Berührungselektrizität 234
3.5 Elektrisches Feld 237
3.6 Elektronen im Vakuum 239
3.7 Ladungstransport in verschiedenen Stoffen . . 242
Basiswissen Elektrizitätslehre (I) 244

4 Größen und Gesetze des Stromkreises 245
4.1 Elektrische Stromstärke 245
4.2 Ladungstrennung in Spannungsquellen 248
4.3 Elektrische Spannung 252
4.4 Elektrischer Widerstand 255
4.5 Zusammenhang von Spannung und Stromstärke 259
4.6 Der verzweigte Stromkreis 261
4.7 Der unverzweigte Stromkreis 263
4.8 Elektrische Arbeit – elektrische Leistung 267
4.9 Elektrizität im Haushalt 268
Basiswissen Elektrizitätslehre (II) 270

5 Bewegte Ladungen und Magnetfeld 271
5.1 Lorentzkraft 271
5.2 Lorentzkraft – technisch genutzt 273
5.3 Elektromagnetische Induktion 276
5.4 Generatoren 281
5.5 Transformatoren 285
Basiswissen Elektrizitätslehre (III) 291

6 Elektronik 292
6.1 Leitfähigkeit bei Halbleitern 293
6.2 Halbleiterdioden 297
6.3 Transistoren 300
6.4 Logische Schaltungen mit Transistoren 305
Basiswissen Elektronik 308
6.5 Übertragung von Information 309
6.6 Steuern und Regeln 313

A Atom- und Kernphysik 315
1 Atome – die Bausteine der Materie? 315

2 Radioaktivität 317
2.1 Röntgenstrahlen und radioaktive Strahlung . . 317
2.2 Strahlungsarten 320
2.3 Gefahren radioaktiver Strahlen – Strahlenschutz 324

3 Der Aufbau der Atome 327
3.1 Vom Aufbau der Atomkerne 327
3.2 Anwendung radioaktiver Isotope 330

4 Energie aus dem Atom 332
4.1 Kernspaltung 332
4.2 Kernverschmelzung (Kernfusion) 336
Basiswissen Kernphysik 337

E Energie 339
1 Energie – ein grundlegender Begriff in Naturwissenschaft und Technik 339
1.1 Energieumwandlungen 339
1.2 Die Bedeutung der Energie für unsere Gesellschaft 342

2 Wärme- und Verbrennungskraftmaschinen . . . 345
2.1 Wärmekraftmaschinen 345
2.2 Verbrennungskraftmaschinen 347

3 Kraftwerke 349
3.1 Konventionelle Kraftwerke 349
3.2 Kernkraftwerke 350
3.3 Probleme der Kernenergienutzung 353

4 Alternative Energiequellen 355
4.1 Regenerative Energiequellen 355
4.2 Sonnenenergie direkt 356
4.3 Sonnenenergie indirekt 358
Basiswissen Energie 359

Rückblick und Ausblick 360

Liebe Schülerinnen und Schüler!

Wenn Ihr in dem Buch blättert, werdet Ihr viele Dinge aus Eurer natürlichen und technischen Umwelt entdecken: Sonne, Mond, Regenbogen, Fotoapparat, Fernrohr, Glühlampe, Telefon, Auto, Flugzeug, Kernkraftwerk, um nur einige Beispiele zu nennen. Darüber habt Ihr sicher auch schon in anderen Büchern, Zeitschriften oder im Fernsehen Interessantes gelesen und gehört. Manches davon konntet Ihr noch nicht ganz verstehen, weil Euch die dazu notwendigen physikalischen Grundkenntnisse fehlten. Das vorliegende Buch will Euch in enger Verbindung mit dem Physikunterricht helfen, diese Kenntnisse zu erwerben.

Welche Ziele verfolgt das Buch?

Grundlegende *Begriffe, Gesetze* und *Modelle* der Physik werden nicht einfach mitgeteilt, sondern Schritt für Schritt entwickelt und an vielen Beispielen herausgestellt und geübt. Zahlreiche Erscheinungen könnt Ihr dann selbst erklären und verstehen.
Der Weg, *wie* man grundlegende physikalische Zusammenhänge entdeckt – die Physiker nennen diese Arbeitsweise die *physikalische Methode* – wird an zahlreichen Fällen immer wieder aufgezeigt. Hierbei lernt Ihr, diese Methode zum Lösen physikalischer und technischer Probleme selbständig anzuwenden. An geeigneten Stellen werdet Ihr auch erfahren, wie die Einstellungen der Forscher zur Natur und ihre daraus folgenden Fragestellungen im Verlauf der Geschichte sich gewandelt haben. *Das Buch will Euch an einem spannenden Abenteuer teilnehmen lassen, bei dem Ihr miterlebt, wie Forscher vieler Völker zu verschiedenen Zeiten um Naturerkenntnis gerungen und große technische Leistungen vollbracht haben.*
Physik und Technik haben im Laufe der Geschichte Leben und Kultur der Menschen in ganz besonderer Weise verändert. In den Industriestaaten wurden die Menschen durch vielfältige technische Geräte und Maschinen von der Last schwerer körperlicher Arbeit immer mehr befreit. Ihre Arbeitszeit konnte drastisch verkürzt und ihre Lebenserwartung in den letzten 100 Jahren verdoppelt werden. Auch die negativen Seiten dieser Entwicklung sind offenkundig: Zerstörung unserer Umwelt und die Möglichkeit der Selbstvernichtung. Aber die Probleme der Zukunft – nicht zuletzt die der Entwicklungsländer – können nicht gegen Naturwissenschaft und Technik, sondern nur mit ihrer Hilfe gelöst werden. Deshalb ist es auch eine der Zielsetzungen des Buches, die besondere *Bedeutung von Physik und Technik für den Menschen* aufzuzeigen.

Welche Hilfen bietet Euch das Buch?

Zunächst einmal enthält das Buch sehr viele **Bilder**. Diese Bilder helfen Euch bei der häuslichen Arbeit. Versuche könnt Ihr so leichter nachvollziehen oder sogar mit einfachen Hilfsmitteln zu Hause durchführen. Versuche aus der Elektrizitätslehre mit gefährlichen Spannungen sind mit einem Blitz (⚡) gekennzeichnet.
Sehr wichtig ist eine Kontrolle darüber, ob Ihr die im Buch entwickelten Zusammenhänge auch verstanden habt. Man muß das Gelernte nicht nur richtig wiedergeben, sondern auch selbständig anwenden können. Deshalb enthält das Buch viele **Aufgaben**. Sie dienen zum Einüben der erlernten Begriffe und Verfahren und als Übung zum Problemlösen. Als Anregung und Hilfe sind die zahlreichen, farbig unterlegten **Aufgabenbeispiele mit Lösungen** gedacht. Sie werden sehr ausführlich behandelt, damit Ihr lernt, wie man beim Lösen von Aufgaben vorgehen kann. Hierbei helfen häufig die folgenden Regeln:

1. Versucht zunächst, die Aufgabe zu verstehen! Was ist gegeben? Was ist gesucht? Wie lauten die Bedingungen? Fertigt eine Skizze an! Führt passende Bezeichnungen ein!
2. Denkt Euch einen Plan zur Lösung der Aufgabe aus! Habt Ihr schon einmal eine ähnliche Aufgabe bearbeitet? Kennt Ihr ein Gesetz, eine Gleichung, die hier verwendet werden könnte? Könnt Ihr zunächst einen Teil lösen?
3. Prüft die Lösung der Aufgabe! Ist das Resultat sinnvoll? Kann man es kontrollieren?

Vergessen ist etwas ganz Natürliches. Dem kann man nur entgegenwirken, wenn man sich die wesentlichen Ergebnisse immer wieder einprägt. Im Buch sind daher diese Ergebnisse jeweils in einem rot umrandeten **Merksatz** zusammengefaßt. Die besonders wichtigen Aussagen sind außerdem durch halbfetten Druck hervorgehoben, andere (auch Zwischenergebnisse) sind *kursiv* gesetzt. Außerdem findet Ihr alle wichtigen Ergebnisse eines Abschnitts auf einer besonderen Seite übersichtlich zusammengestellt. Dies ist das **Basiswissen** (= Grundwissen), auf das Ihr immer wieder zurückgreifen könnt. Wollt Ihr noch einmal genau erfahren, wie man zu einem bestimmten Ergebnis gekommen ist, dann müßt Ihr den entsprechenden Abschnitt im Buch durcharbeiten. Die Seitenangaben hierzu findet Ihr ebenfalls auf den **Basisseiten**.
Zusammenfassende **Bemerkungen zur Methode der Physik** gibt es außer in dem Kapitel „Einführung" auch in vielen anderen Kapiteln. Diese Bemerkungen haben eine schwarze Umrandung.
Wir wünschen Euch viel Erfolg und Freude bei der Arbeit mit dem Buch!

Die Verfasser

1 Physik – eine besondere Art der Auseinandersetzung mit der Natur

Abb. 1 Morgenrot – ein Naturerlebnis. Wir suchen nach „physikalischen" Erklärungen

1.1 Natur, Technik und Physik

Die Menschen der Frühzeit waren mit der Natur enger verbunden als wir. Sie fühlten sich ganz und gar von ihr abhängig. Um dem Walten der Natur nicht blind ausgeliefert zu sein, mußte man die Naturerscheinungen beobachten und praktisch nutzen. Die uns überlieferten Aufzeichnungen (3000 v. Chr.) zeigen, daß die Völker des Altertums, Sumerer, Babylonier und Ägypter, dabei recht erfolgreich waren. Aus ihren Erfahrungen bei der Naturbeobachtung entstanden auch beachtliche technische Leistungen, die wir z. T. heute noch bestaunen können. Die erkannten *Regelmäßigkeiten im Ablauf der Naturerscheinungen* schrieben sie Göttern, Geistern und Dämonen zu, deren Absichten und Launen man erkennen mußte. Sie suchten nicht nach „physikalischen" Erklärungen, d. h. nach grundlegenden Natur-Gesetzen.

Der erste Schritt zu einer physikalischen Denkweise vollzog sich im 6. Jahrhundert v. Chr. bei den griechischen Naturforschern. Naturbeobachtung und Sammlung von Erfahrungen allein genügten ihnen noch nicht. Die tieferen Zusammenhänge wollten sie verstehen. Dabei hatten sie die kühne Idee, daß nicht dunkle und unergründliche Mächte, sondern unveränderliche *Naturgesetze* die Natur regieren und daß es dem Menschen möglich sei, diese durch Gebrauch seines Verstandes herauszufinden.

Unser Wort Physik leitet sich von dem griechischen *„physis"* her. Dies bedeutet bei den Griechen soviel wie Vorgänge, die in der Natur von selbst ablaufen. Das Herunterfallen eines Apfels oder eines Steines sind solche natürlichen Vorgänge. Versucht man jedoch durch Hebel, Rollen und Flaschenzüge mit geringen Kräften schwere Lasten zu bewegen, dann muß man nach Ansicht der Griechen die Natur „überlisten". Solche Vorgänge sind nur „künstlich" zu bewerkstelligen. Das griechische Wort für Kunst heißt *„techne"*. In diesem Sinne ist bei den Griechen die „Technik" als Kunst, mit Maschinen die Natur zu überlisten, streng abgegrenzt von der Physik als Lehre von den natürlich ablaufenden Naturvorgängen.

Diese Unterscheidung zwischen Physik und Technik, die wir in dieser Art heute nicht mehr machen, hat die Entwicklung der Physik bis ins 17. Jahrhundert ganz wesentlich beeinflußt. Erst als man erkannt hatte, *daß Physik und Technik den gleichen Naturgesetzen unterliegen,* vollzog sich der zweite große Schritt in der Herausbildung der physikalischen Denkweise.

Was ist nun das Charakteristische dieser neuen Denkweise *(Methode)* der Physik?

Auf die Fragestellung kommt es an

Lassen wir einen aufgehobenen Stein los, dann fällt dieser nach unten zu Boden. Eine alltägliche Erscheinung. Was kann man an diesem Vorgang hinsichtlich der Methode der Physik lernen? Es lassen sich *unterschiedliche* Fragen stellen.

Wir können fragen, *warum* fällt der Stein nach unten? Damit hat sich im Altertum der griechische Naturforscher ARISTOTELES (384–322 v. Chr.) auseinandergesetzt. Daß eine physikalische Antwort auf diese Frage nicht ganz einfach ist, wird uns deutlich, wenn wir einen Astronauten bei seinem Flug in seiner Raumkapsel beobachten. Läßt er nämlich einen Stein oder einen anderen Gegenstand los, entfernt sich dieser nicht von der Hand des Astronauten. Der italienische Physiker und Mathematiker GALILEI (1564–1642) wird vor allem deshalb als Begründer der neuzeitlichen Physik angesehen, weil er anders und einfacher fragte als Aristoteles. Seine *neue Methode* ist dadurch gekennzeichnet, daß er zunächst nicht nach der Ursache der Fallbewegung fragt, sondern seine Aufmerksamkeit auf den Bewegungsablauf richtet.

Daher stellt er nicht die Frage, *warum* der Stein nach unten fällt, sondern *wie* er fällt.

Abb. 2 Galileis Entdeckung

Er will also wissen, wieviel Sekunden ein Stein benötigt, um z. B. aus einer Höhe von 50 m herunterzufallen, oder wieviel Meter ein fallender Gegenstand in 3 Sekunden zurücklegt. Zur Beantwortung solcher Fragen muß man zunächst einmal die Streckenlänge und die entsprechende Zeitspanne messen.

Naturvorgänge verlaufen nach unveränderlichen Gesetzen

Bei gleichen Fallstrecken werden immer etwa gleiche dazugehörige Fallzeiten gefunden. Daher vermutet der Physiker einen für *alle* derartige Bewegungen gültigen Zusammenhang. Das bedeutet, daß auch für die Fälle, in denen noch gar nicht gemessen wurde, eine zahlenmäßige Abhängigkeit besteht.

Abb. 3 Galilei und Aristoteles

Diesen Zusammenhang bezeichnet man als *Naturgesetz*. Galilei fand das Fallgesetz. Er konnte durch eine Formel den zahlenmäßigen Zusammenhang zwischen Fallwegen und Fallzeiten angeben.

Ein Naturgesetz bringt zum Ausdruck, daß der Ablauf von Naturvorgängen nicht regellos erfolgt.

Solche „Spielregeln der Natur" garantieren einen stets gleichen Ablauf unter gleichen Bedingungen.

Ist das Fallgesetz bekannt, dann können wir z. B. die einer direkten Messung nicht zugängliche Höhe einer Brücke ausrechnen. Dazu brauchen wir von der Brücke nur einen Stein fallen zu lassen und seine Fallzeit messen. Setzt man diese Fallzeit in die Formel des Fallgesetzes ein, dann errechnet sich daraus die unbekannte Höhe der Brücke. Andererseits läßt sich ausrechnen, welche Zeit ein schwerer Steinbrocken braucht, um aus einer bekannten Höhe herunterzufallen. Darin liegt die Bedeutung der Naturgesetze für die Praxis.

Auf welchem Weg gelangt man zu solchen Naturgesetzen?

1.2 Die Methode der Physik

Beobachtung

VINCENZIO VIVIANI, ein Schüler Galileis, berichtet uns von einer berühmten Entdeckung, die sein Lehrer 1583 während eines Besuchs der Messe im Dom zu Pisa gemacht haben soll. Ein zufällig angestoßener hin- und herpendelnder Kronleuchter erregte seine Aufmerksamkeit. Ein Vorgang, den sicher schon sehr viele Menschen vor ihm auch beobachtet hatten. Da sich in diesem Augenblick sein Interesse jedoch nicht auf das kostbare Material oder die künstlerische Form des Leuchters richtet, sieht er mehr als andere Menschen. Als Physiker interessiert er sich nur für den Bewegungsablauf. Er beobachtet, daß die Ausschläge nach links und rechts mit der Zeit immer kleiner werden und dabei der Leuchter langsam zur Ruhe kommt. Eine alltägliche Erscheinung, über die man sich eigentlich nicht zu wundern braucht? Aber Galileis „physikalischer" Blick erkennt bei dieser Bewegung etwas ganz Besonderes, was anderen Beobachtern verborgen geblieben war. Er stellt fest, daß die Schwingungsweiten mit der Zeit zwar immer kleiner werden, jedoch die Zeit für eine Hin- und Herbewegung stets gleich zu bleiben scheint. Die Zeit soll Galilei bei dieser Beobachtung mit Hilfe seines Pulsschlages gemessen haben.

Wahrscheinlich hat Viviani die Entdeckung Galileis nachträglich in die Form dieser kleinen Geschichte gekleidet. Wie dem auch sei, die Erzählung veranschaulicht sehr gut die Methode der Physik.

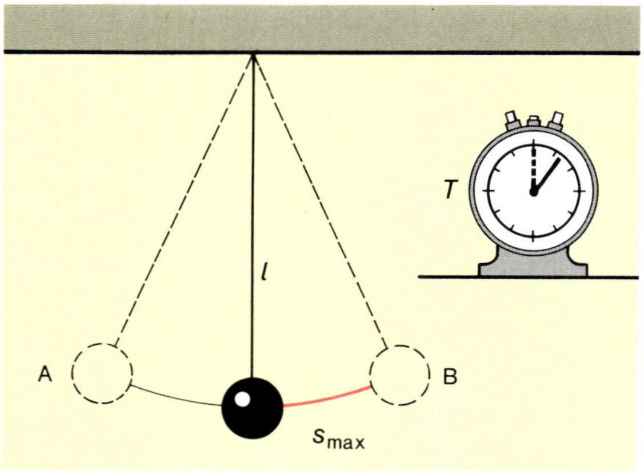

Abb. 1 Physikalische Begriffe beim Fadenpendel

Idealisierung

Um bei der Pendelbewegung des Kronleuchters den eigentlichen Bewegungsvorgang aus der Vielfalt anderer interessanter Erscheinungen herauszulösen, müssen ganz gezielte Vereinfachungen *(Idealisierungen)* durchgeführt werden.

Der Maler des Bildes (Abb. 2, S. 7) hat diese Idealisierung dargestellt. Galilei hält ein sogenanntes Fadenpendel in der Hand. Durch diese Darstellung ist der entscheidende Übergang von der verwickelten Naturerscheinung zu einer stark vereinfachten, experimentellen Anordnung sehr gut zum Ausdruck gebracht. Der Kronleuchter ist auf eine kleine Kugel zusammengeschrumpft. Seine Aufhängung durch ein Seil oder einen Faden ersetzt.

In Abb. 1 ist ein Fadenpendel gezeichnet. In Versuchen mit einem solchen Pendel wollen wir nun die Vorgehensweise des Physikers weiter studieren.

Physikalische Begriffsbildung

Bisher haben wir den Schwingungsvorgang in unserer *Alltagssprache* beschrieben. Wenn wir jedoch unsere Beobachtungen und Vermutungen anderen mitteilen wollen, ist die Umgangssprache nicht immer genau genug. Der Physiker führt deshalb präzise Bezeichnungen ein. Diese *physikalischen Begriffe* erlauben es dann, einen Sachverhalt so darzustellen, daß jeder das gleiche darunter versteht. Am schwingenden Fadenpendel wollen wir uns diese Vorgehensweise verdeutlichen (Abb. 1).

Die Entfernung der Pendelkugel von ihrem Aufhängepunkt nennen wir die *Pendellänge* und bezeichnen sie zur Vereinfachung der Schreibweise mit dem Buchstaben l. Den Weg, den die Kugel zu einem bestimmten Augenblick - von der Ruhelage aus gemessen - zurückgelegt hat, bezeichnen wir als *Ausschlag* des Pendels. Diesem Begriff ordnen wir das Symbol s zu. Der größte (maximale) Ausschlag wird durch den Begriff *Amplitude* (Symbol: s_{max}) erfaßt. Die Zeitspanne für einen vollen Hin- und Hergang der Pendelkugel, z.B. vom linken Umkehrpunkt A zum rechten Umkehrpunkt B und wieder zurück nach A, nennen wir die *Schwingungsdauer* (Symbol: T) des Pendels.

Aufstellung von Hypothesen und Überprüfung im Experiment

Mit Hilfe der so genau festgelegten *(definierten)* physikalischen Begriffe läßt sich nun Galileis Vermutung *(Hypothese)* so formulieren:

Die Schwingungsdauer T hängt bei fester Pendellänge nicht von der Amplitude der Schwingung ab.

Diese Hypothese müssen wir im Experiment überprüfen.

Messung

Versuch 1: Die Kugel eines Fadenpendels der Pendellänge $l = 1\,\text{m}$ wird ausgelenkt und losgelassen. Mit einer Stoppuhr messen wir die Schwingungsdauer T. Dazu lösen wir die Stoppuhr dann aus, wenn die Pendelkugel einen Umkehrpunkt (z.B. den Punkt A in Abb. 1) durchläuft. Die Uhr halten wir an, wenn die Kugel den gleichen Punkt wieder erreicht. Diese Messung führen wir mehrmals hintereinander aus, wobei wir jedesmal einen anderen Anfangsausschlag vorgeben.

Ergebnis: Unsere Hypothese ist bestätigt. Innerhalb der Meßgenauigkeit sind die gemessenen Schwingungsdauern gleich. Dies ist erstaunlich! Obwohl nämlich die Pendelkugel bei größerer Amplitude einen längeren Weg zurücklegen muß, ist die Schwingungsdauer nicht größer als bei kleiner Amplitude.

Die Reibung des Pendels in der Luft und an der Aufhängung verringert die Amplitude. Eine derartige Abnahme der Amplitude beeinflußt jedoch nicht die Schwingungsdauer. Diese Tatsache nutzen wir, um Fehler bei der Zeitmessung zu verringern.

Versuch 2: Wir bestimmen nicht mehr die Zeit für nur eine volle Schwingung, sondern für 10 oder 20 Schwingungen. Wenn wir die gemessenen Zeitspannen durch 10 bzw. 20 teilen, dann ergibt sich daraus ein genauerer Wert für die Schwingungsdauer T.

Prüfung neuer Fragen und Hypothesen

Unser Pendel der Länge $l = 1\,\text{m}$ schwingt mit einer Schwingungsdauer T von ungefähr 2 Sekunden.

Ist das ein Zufall? Wovon hängt die Schwingungsdauer denn überhaupt ab? Das Pendel besteht aus zwei Teilen

- dem Pendelkörper und
- dem Pendelfaden.

Beide lassen sich im Experiment verändern. Daraus ergibt sich als

1. Frage: *Hängt die Schwingungsdauer davon ab, wie schwer der Pendelkörper ist?*

Um diese Frage beantworten zu können, müssen wir die Natur durch ein *Experiment* befragen. Auch Galilei ging so vor. Er befestigte an gleich langen Fäden jeweils eine Blei- und eine Korkkugel. Sein Versuchsergebnis teilt er uns mit:

„Nachdem die Kugeln hundertmal hin- und hergegangen waren, zeigte sich deutlich, sie bewegten sich völlig in gleichem Schritt".

Ein unerwarteter Sachverhalt. Führen wir Galileis Versuche nun selbst durch, dann ergibt sich: Die Schwingungsdauer T ist nicht von der Schwere der Kugel abhängig.

An diesem Beispiel wird uns eine wichtige Rolle des Experiments deutlich:

Im Experiment werden Vermutungen und Überlegungen kontrolliert.

Von besonderer Bedeutung ist, daß Galilei bei der Beschreibung seiner Experimente darauf verweist, daß sich wegen der Luftreibung die Amplitude des Pendels mit der Korkkugel schneller verkleinert als die des Pendels mit der schweren Bleikugel, weil die Korkkugel „wegen ihrer Leichtigkeit weniger Macht hat, den Widerstand der Luft zu überwinden".

Gedankenexperiment

Auch wenn wir beide Pendel in einen luftleeren Raum (Vakuum) bringen würden, käme die Korkkugel doch etwas früher zur Ruhe als die Bleikugel. Die Reibung an der Pendelaufhängung ist auch im luftleeren Raum nicht zu beseitigen. Wenn wir in Gedanken uns auch noch diese Reibung wegdenken, würden die beiden Pendel mit exakt gleicher Amplitude schwingen ohne jemals zur Ruhe zu kommen. Derartige *Idealisierungen im Gedankenexperiment* sind ein wichtiger Bestandteil der physikalischen Methode. Erst sie erlauben das Wesentliche einer verwickelten Erscheinung zu studieren. Im Experiment lassen sich derartige Idealisierungen jedoch immer nur näherungsweise verwirklichen.

Nach diesen Zwischenüberlegungen können wir die eingangs gestellte Frage durch das Experiment als beantwortet ansehen:

Die Schwingungsdauer eines Fadenpendels ist unabhängig vom Pendelkörper.

Da auch die Fadenlänge verändert werden kann, stellt sich die

2. Frage: *Hängt die Schwingungsdauer T von der Fadenlänge l ab?*

Auch dies müssen wir im Experiment prüfen.

Versuch 3: Wir messen bei Pendeln verschiedener Fadenlänge die Schwingungsdauer (Abb. 2). Die

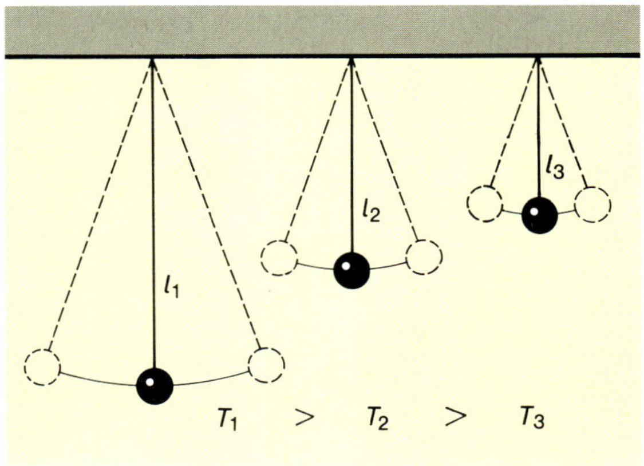

Abb. 2 Schwingungsdauer und Fadenlänge

Meßwerte sind in der folgenden Tabelle zusammengestellt:

l in m	0,2	0,4	0,6	0,8	1,2	1,6
T in s	0,9	1,3	1,6	1,8	2,2	2,6

Ergebnis: Die Schwingungsdauer wächst mit zunehmender Pendellänge.

Mathematische Erfassung des Naturgesetzes

Im Experiment haben wir die Natur nach dem Zusammenhang zwischen Fadenlänge und Schwingungsdauer des Pendels befragt. Als Antwort erhielten wir die Zahlenpaare in den senkrechten Spalten der Tabelle. Die Natur antwortet also in mathematischer Form. Galilei hat dies so formuliert:

„Das Buch der Natur ist in mathematischer Sprache geschrieben".

Es kommt aber darauf an, die „Buchstaben" und „Schriftzüge" dieser Sprache entziffern zu können. Dazu betrachten wir noch einmal die übereinanderstehenden Zahlenreihen der Tabelle. Offensichtlich besteht kein einfacher Zusammenhang zwischen l und T. Eine Verdoppelung der Fadenlänge l ergibt nicht – wie man vielleicht erwarten könnte – auch eine Verdoppelung der Schwingungsdauer T. Eine Verdoppelung von T kann erst durch eine Vervierfachung der Pendellänge l erreicht werden. Wenn wir unsere Tabelle durch weitere Messungen fortsetzen würden, könnten wir diesen Zusammenhang immer wieder bestätigen. Dies läßt uns einen eindeutigen Zusammenhang zwischen der Schwingungsdauer und der Fadenlänge – also ein *Naturgesetz* – vermuten.

Dieses Gesetz muß sich dann durch eine mathematische Beziehung, d. h. einen formelmäßigen Zusammenhang zwischen l und T ausdrücken lassen.

Das gesuchte Naturgesetz für die Schwingungsdauer des Fadenpendels in Abhängigkeit von der Pendellänge konnte Galilei nicht angeben. Dies gelang erst dem holländischen Physiker CHRI-

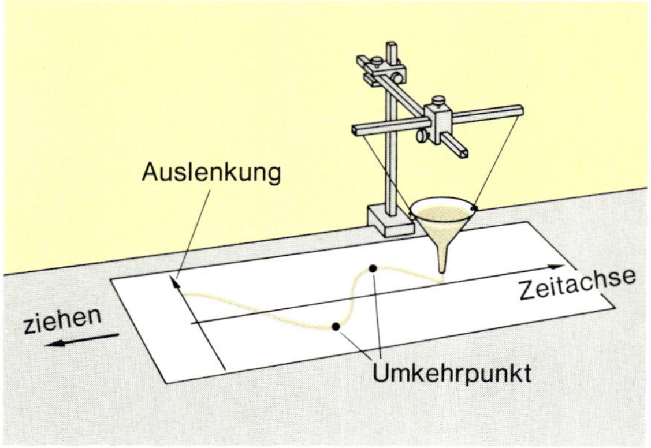

Abb. 1 Das Sandpendel zeichnet den zeitlichen Verlauf der Schwingung auf

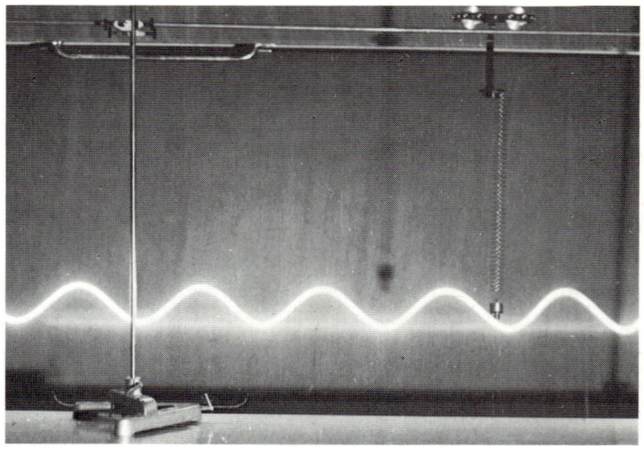

Abb. 2 Fotografierter „Schriftzug" der Federschwingung

STIAN HUYGENS (1626–1695). Aufgrund von theoretischen Überlegungen fand er den formelmäßigen Zusammenhang zwischen der Schwingungsdauer T und der Fadenlänge l. Mit dieser Formel läßt sich genau ausrechnen, welche Fadenlänge l man wählen muß, damit die Schwingungsdauer gerade 2 Sekunden beträgt. Die Rechnung ergibt eine Länge von ungefähr 1 m für ein solches „Sekundenpendel". Diese theoretische Vorhersage steht im Einklang mit den Meßergebnissen unserer Versuche 1 und 2.

1.3 Das „Gemeinsame" verschiedener Naturerscheinungen

Am Beispiel des Fadenpendels haben wir aufgezeigt, *wie* man in der Physik zu grundlegenden Gesetzen vorstößt. Dieses „wie" haben wir als die Vorgehensweise oder *Methode der Physik* bezeichnet. Sicher gibt es in Physik und Technik interessantere Apparaturen als eine hin- und herschwingende Kugel, z. B. moderne Rundfunk-, Tonband- und Fernsehgeräte. Warum erklären wir nicht an ihnen, was Physik ist? Geduld! – Wir werden bald sehen, daß man komplizierte physikalische Vorgänge erst verstehen kann, wenn man vorher einfache Fälle studiert hat. Die Pendelschwingung ist ein solcher einfacher Vorgang. Das ihm zugrundeliegende physikalische Gesetz beherrscht ganz unterschiedliche Schwingungserscheinungen in Physik und Technik. All diesen Vorgängen ist etwas Grundlegendes gemeinsam.

Was ist dieses Gemeinsame?

Rein äußerlich sind diese Erscheinungen sehr verschieden. Deshalb muß das Gemeinsame etwas Tieferliegendes sein.

Wir haben bereits gehört, das Buch der Natur sei in mathematischer Sprache geschrieben (Galilei).

Vielleicht könnte das Gemeinsame der gleiche *mathematische Schriftzug* sein, der sich hinter den verschiedenen, aber in ihrem Wesen doch gleichen Erscheinungsformen der Schwingungen verbirgt. Diesen „Schriftzug" gilt es zu entziffern.

Versuch 4: Wir hängen einen Trichter, der an seiner Spitze eine kleine Öffnung besitzt und mit trockenem Sand gefüllt ist, an zwei Fäden auf (Abb. 1). Lassen wir diese Anordnung hin- und herpendeln, dann schreibt der aus dem Trichter rieselnde Sand die Pendelbewegung in Form übereinandergelegter Sandstriche auf. Die von der Ruhelage aus gemessenen Strichlängen sind ein Maß für die jeweiligen Ausschläge. Würden wir in kurzen Zeitabständen diese Strichlängen fotografieren und die Bilder in dieser Reihenfolge nebeneinanderlegen, dann könnten wir die zeitliche Abhängigkeit der Ausschläge im Verlauf der Schwingung erkennen. Durch einen kleinen experimentellen Trick läßt sich die Aufzeichnung stark vereinfachen. Legen wir unter das schwingende Pendel einen weißen Karton und ziehen diesen langsam und gleichmäßig unter dem Pendel fort, dann schreibt das Pendel selbst seinen Bewegungsablauf in Form einer Sandlinie auf.

Wir werden sehen, daß diese *Wellenlinie* das gesuchte „Erkennungszeichen" für *viele* Schwingungen ist. Diese Kurve ist einer der besonderen „mathematischen Schriftzüge", von denen Galilei spricht. Diese Behauptung soll nun in weiteren Versuchen überprüft werden.

Versuch 5: Wenn wir einen an einer Schraubenfeder aufgehängten Körper nach unten aus seiner Ruhelage auslenken (Abb. 2) und dann wieder loslassen, so schwingt dieses Federpendel regelmäßig auf und ab.

Wir suchen auch hier nach dem „Erkennungszeichen". Zu diesem Zweck befestigen wir an dem Pendelkörper ein kleines Lämpchen. Lassen wir dann das Federpendel im verdunkelten Raum schwingen und bewegen es außerdem gleichzeitig gleichmäßig in horizontaler Richtung, dann erkennt unser Auge den gleichen Schriftzug wie beim Fadenpendel.

Auch die rasche Schwingung einer *Stimmgabel* läßt sich mit einem experimentellen Trick – ähnlich wie in Versuch 4 – leicht aufschreiben.

Versuch 6: Wir befestigen an einem Ende einer Stimmgabel einen Schreibstift. Nach Anschlag der Stimmgabel ziehen wir sie gleichmäßig über eine berußte Glasplatte. In Abb. 3 a kann man auch hier den gleichen „Schriftzug" wie in den Abb. 1 und 2 erkennen.

Zur Aufzeichnung sehr schnell ablaufender Schwingungen kann man „elektronische Schreibstifte" benutzen. Solche Geräte nennt man Oszilloskope. Sie funktionieren nach dem gleichen Prinzip wie ein Fernsehgerät, bei dem die Bilder auf einem Leuchtschirm mit Hilfe eines sogenannten „Elektronenstrahls" aufgeschrieben werden. Ein solcher Strahl besteht aus kleinen elektrisch geladenen Teilchen (Elektronen), die beim Auftreffen auf den Bildschirm dort die getroffene Stelle zum Leuchten bringen. Der Elektronenstrahl und damit der Leuchtfleck auf dem Bildschirm kann sowohl nach unten und oben als auch nach rechts und links mit großer Geschwindigkeit bewegt werden. Beim Aufzeichnen eines schnellen Schwingungsvorgangs bewegt sich der Lichtfleck, ähnlich wie in Versuch 2 das Lämpchen, am Federpendel rasch auf und ab. Dies erfolgt jedoch so schnell, daß wir diese Bewegung mit den Augen nicht mehr verfolgen können.

Deshalb sieht man einen senkrechten Strich auf dem Bildschirm. Unser Erkennungszeichen – die Wellenlinie – wird beim Federpendel erst dann

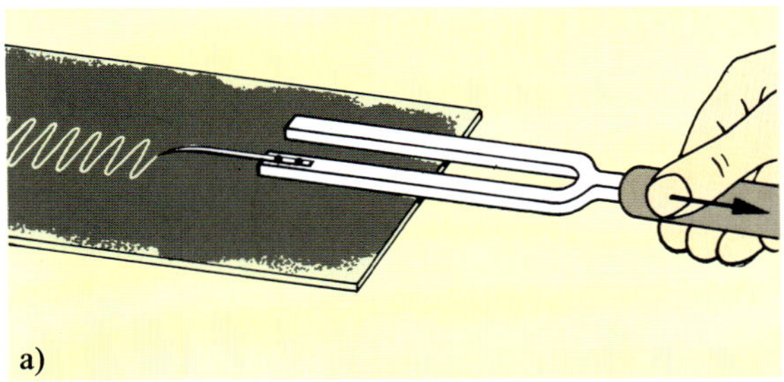

Abb. 3 a) Schwingende Stimmgabel offenbart den charakteristischen „Schriftzug" aller Schwingungen
b) Elektrische Aufzeichnung der Stimmgabelschwingungen

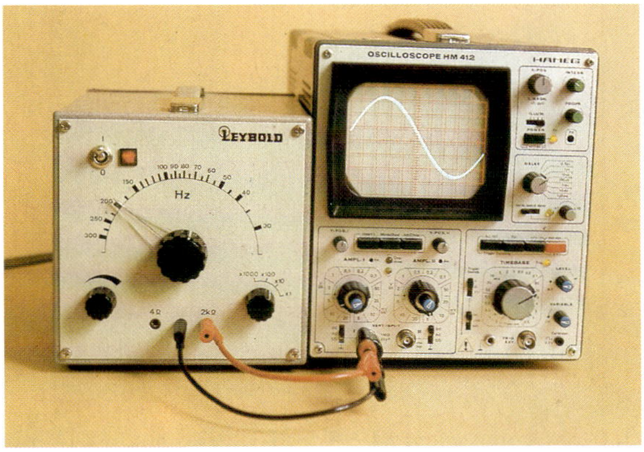

Abb. 4 Aufnahme der Wechselspannungskurve

sichtbar, wenn das Pendel gleichmäßig zur Seite bewegt wird. Ähnliches bewirkt das Oszilloskop. Der Elektronenstrahl wird dazu ebenfalls in waagerechter (horizontaler) Richtung abgelenkt (vgl. S. 241). Um zu zeigen, daß mit einem Oszilloskop Schwingungen aufgezeichnet werden können, untersuchen wir zunächst einen Schwingungsvorgang, dessen „Schriftzug" wir bereits kennen. Er müßte dann in gleicher Form auch auf dem Bildschirm erscheinen.

Versuch 7: In Abb. 3 b) ist ein Mikrofon mit der senkrechten Ablenkvorrichtung des Oszilloskops verbunden. Schlagen wir vor dem Mikrofon eine Stimmgabel an, dann erscheint wie erwartet ein senkrechter Strich auf dem Bildschirm. Schalten wir jetzt die Horizontalablenkung des Elektronenstrahls ein, sehen wir den gleichen „Schriftzug", den uns der Schreibstift der Stimmgabel im vorhergehenden Versuch auf der berußten Glasplatte aufgezeichnet hatte.

Offenbar ist unser elektronischer Schreiber in der Lage, Schwingungen aufzuzeichnen.

In dem Versuch wurden die Schwingungen der Stimmgabel durch die Luft auf die Mikrofonmembran übertragen und durch diese in elektrische Schwingungen umgesetzt. Sie bewirken dann das schnelle Hin- und Herpendeln des Elektronenstrahls. Das Oszilloskop erweist sich auch bei anderen Erscheinungen als ein ausgezeichnetes technisches Gerät, um Schwingungen aufzuspüren, die man wegen ihrer Schnelligkeit sonst nicht direkt erkennen könnte.

Versuch 8: Wir verbinden die Pole einer Netzsteckdose mit der senkrechten Ablenkvorrichtung des Oszilloskops. Auf dem Bildschirm erscheint ein senkrechter Strich und bei gleichzeitiger Einschaltung der Horizontalablenkung wieder der „Steckbrief" einer Schwingung (Abb. 4).

Die Wellenlinie deutet darauf hin, daß die Ursache für das Hin- und Herpendeln des Elektronenstrahls offensichtlich die gleiche sein muß, die

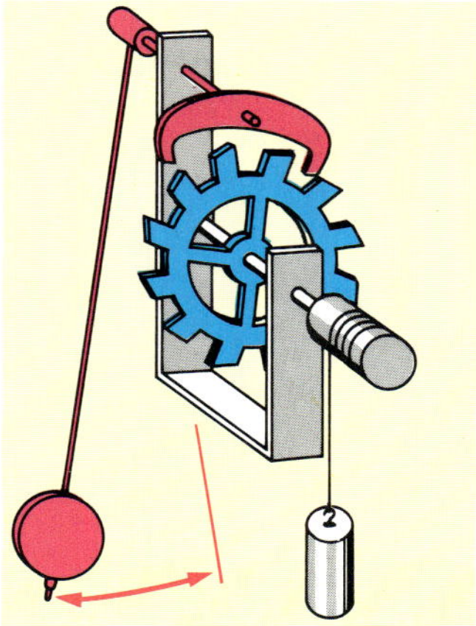

Abb. 1 Pendeluhr

Abb. 2 Atom-Uhr

auch bei der Aufzeichnung unserer Stimmgabelschwingung den senkrechten Strich auf dem Bildschirm erzeugte. Daher vermuten wir, daß an unserer Steckdose etwas bereit steht, das elektrische Schwingungen in Gang setzen kann.

Mit unserem Oszilloskop kann man sogar messen, daß dieses schwingende „Etwas" 50mal in der Sekunde hin- und herpendelt. Man nennt diese geheimnisvolle Fähigkeit an unserer Steckdose „Wechselspannung". Sie wird im Elektrizitätswerk durch große Maschinen erzeugt und mit Überlandleitungen (Drähten) an unsere Steckdosen und andere Anschlüsse übertragen.

Mit Oszilloskopen läßt sich nachweisen, daß auch in den Sende- und Empfangsantennen unserer Rundfunk- und Fernsehgeräte sehr schnelle elektrische Schwingungen ablaufen.

Die Aufgabe eines Rundfunk- oder Fernsehsenders besteht darin, elektrische Schwingungen zu erzeugen. Mit Ton und Bild „beladen", breiten sie sich in Form von sogenannten „Radiowellen" aus. Die Empfangsantennen unserer Geräte nehmen sie wieder als Schwingungen auf.

1.4 Physik und Technik

Huygens, dem wir die Entdeckung der mathematischen Form der Pendelgesetze verdanken, hat die erste Pendeluhr entwickelt. In Abb. 1 ist das Prinzip einer solchen Uhr dargestellt. Der Antrieb erfolgt durch ein langsam nach unten sinkendes Gewicht über das Zahnrad und den sogenannten Hakengang. Diese im Vergleich zu früher sehr viel genauer gehenden Uhren haben erst eine sichere Seefahrt ermöglicht.

Mit Hilfe von *elektrischen* Schwingungen kann man heute Quarzkristalle zu mechanischen Schwingungen anregen. Diese Tatsache nutzt man technisch zur Konstruktion von noch genauer gehenden Uhren. Zur exakten Festlegung der früher astronomisch eingeführten Sekunde (86400ster Teil des Tages) greift man heute sogar auf Schwingungsvorgänge in Atomen zurück. Die Abb. 2 zeigt eine solche Atom-Uhr.

Die gewaltige Entwicklung vom Fadenpendel bis zur Atomuhr läßt uns das *Zusammenspiel von Physik und Technik* erkennen.

Wir haben erkannt, daß die *Physik auf Naturerkenntnis* hin gerichtet ist. Ihr Ziel ist, grundsätzliche Naturzusammenhänge aufzudecken. *Technik* hingegen zielt darauf ab, im Rahmen dieser Naturerscheinungen *Maschinen, Geräte und Apparaturen zu entwerfen und herzustellen.* Sie sollen dem Menschen dazu dienen, seine Lebensbedingungen in sinnvoller Weise zu verbessern. In den folgenden Kapiteln werden wir sehen, daß *Technik nicht einfach angewandte Physik* ist. Die physikalischen Gesetze sind zwar ihre wesentliche Grundlage, die Entwicklung der Technik wird aber auch von vielen anderen z. B. von wirtschaftlichen und gesellschaftlichen Voraussetzungen und Bedingungen bestimmt.

Die besondere Art der Auseinandersetzung mit der Natur durch Physik und Technik ist ein aufregendes geistiges Abenteuer.

1 Ausbreitung des Lichts

1.1 Lichtquellen und Lichtempfänger

Was heißt „sehen"?

Der Mensch orientiert sich in seiner Umwelt hauptsächlich mit den Augen. Sie sind daher unsere wichtigsten Sinnesorgane. Zum Sehen benötigen wir aber nicht nur die Augen, sondern auch Licht.

In einem völlig abgedunkelten Raum können wir nichts sehen. Erst wenn wir eine Lampe anschalten, nehmen wir unsere Umgebung wahr. Wir erkennen jetzt nicht nur die Lampe, von der das Licht ausgeht, sondern auch Personen und Gegenstände im Zimmer, die nicht selbst leuchten. Sie werden für uns sichtbar, weil das von der Lampe ausgehende Licht von ihnen in unsere Augen zurückgeworfen (reflektiert) wird (Abb. 4).

Wir sehen Dinge, wenn das von ihnen kommende Licht in unser Auge gelangt.

Das Licht löst in den Augen Sehreize aus, die unser Gehirn zu einem Bild der betrachteten Gegenstände verarbeitet. Wir erkennen, welche Gestalt und welche Farbe ein Gegenstand besitzt, ob er ruht oder sich bewegt. Das Licht übermittelt uns also „Nachrichten" über die uns umgebenden Dinge.

Wir empfangen täglich eine Fülle solcher Nachrichten (Informationen) durch das Licht, darunter auch Bilder und Texte (Abb. 4) oder Zeichen, wie z. B. die Signale einer Verkehrsampel. Das Licht hilft uns aber auch, mehr über die Geheimnisse unserer Welt zu erfahren: Es dringt aus der Tiefe des Weltalls über unvorstellbar große Entfernungen zu uns und vermittelt uns Kenntnisse über ferne Himmelskörper. Mit Mikroskopen können wir kleinste Lebewesen in einem Wassertropfen oder die Erreger bestimmter Krankheiten sichtbar machen. Sogar über Vorgänge in den winzigen Bausteinen aller Stoffe, den Atomen, gibt uns Licht Auskunft.

Mit den Eigenschaften und dem Verhalten von Licht und den sich daraus ergebenden interessanten Anwendungsmöglichkeiten beschäftigen wir uns in der **Optik.**

Abb. 3 Wir sehen erst durch Licht

Licht reizt nicht nur unser Auge, sondern bräunt auch unsere Haut oder zerstört sie (Sonnenbrand). Es bewirkt chemische Vorgänge in den Blättern der Pflanzen, die ohne Licht gar nicht leben könnten. Wer fotografiert, weiß, daß Licht besondere Schichten auf Filmen und Fotopapieren verändert. Künstliche **Lichtempfänger** spielen in der Technik eine immer wichtigere Rolle. **Solarzellen** wandeln auffallendes Licht in elektrischen Strom um. Wir können ihn im Versuch mit einem Meßinstrument nachweisen (Belichtungsmesser zum Fotoapparat) und sogar einen kleinen Elektromotor damit betreiben (Abb. 1, S. 14).

Abb. 4 So sehen wir nichtselbstleuchtende Körper

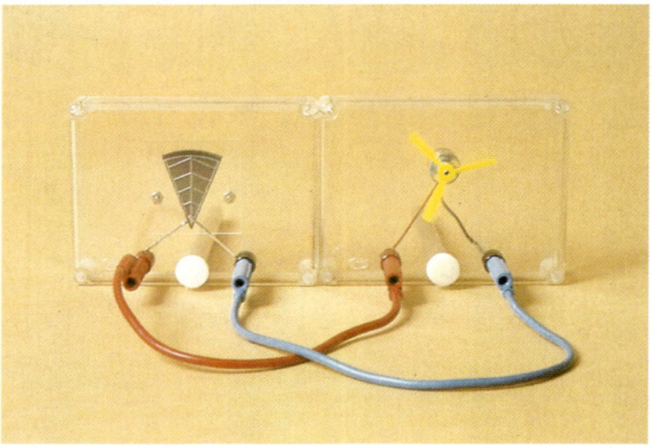

Abb. 1 Licht treibt einen Elektromotor an

Woher kommt das Licht?

Die meisten Lichtquellen, *natürliche* wie die Sonne und das Feuer oder *künstliche* wie z. B. die Glühfäden von Glühlampen, sind *heiße* Körper, die neben Licht auch Wärme aussenden. Glühwürmchen und bestimmte künstliche Lichtquellen wie Leuchtstoffröhren, Fernsehbildschirme, Leuchtanzeigen von Taschenrechnern und LASER erzeugen Licht auf andere Weise, ohne gleichzeitig merklich warm zu werden.

Lichtquellen sind **selbstleuchtende Körper.** Alle anderen Körper senden nur das Licht aus, das sie von Lichtquellen empfangen haben und teilweise wieder abstrahlen. Wir nennen sie **beleuchtete Körper.** Wie das Licht in den Lichtquellen entsteht, können wir hier nicht erklären.

Für unsere Versuche mit Licht verwenden wir häufig Glühlampen mit sehr kurzen Leuchtfäden, sogenannte **Punktlichtquellen.** Im Gegensatz zu **flächenhaften Lichtquellen** wie z. B. einer mattierten Glühbirne oder einer Leuchtstoffröhre geht hier das Licht nahezu von einem „Punkt" in alle Richtungen aus.

Aufgaben

1. Im Altertum stellten sich die Griechen vor, daß vom Auge Sehstrahlen ausgehen, die wie Fühler die Umgebung abtasten. Ein Körper wird nach dieser Vorstellung gesehen, wenn Sehstrahlen von ihm zurückgeworfen werden und ins Auge gelangen. Wie kann man diese Vorstellung widerlegen?
2. Gib weitere Beispiele für die Wirkung des Sonnenlichts an!
3. Nenne Himmelskörper, die a) selbst leuchten, b) beleuchtete Körper sind!
4. Nenne einige „heiße" und „kalte" Lichtquellen!
5. Auch wenn man die Sonne vom Fenster aus nicht sehen kann, ist es im Zimmer hell. Erkläre dies!
6. Man spricht oft von „indirekter Beleuchtung". Was versteht man darunter? Welche Vorteile hat sie?

1.2 Strahlenmodell des Lichts

Ist Licht sichtbar?

Von der Sonne kommt Licht durch den leeren Weltraum und erhellt die Erdoberfläche am Tage (Abb. 2). In der Nacht aber ist es dunkel, weil wir uns auf der von der Sonne abgewandten Schattenseite befinden und das Licht nicht zu uns gelangen kann. Dies wollen wir uns im Versuch veranschaulichen:

Versuch 1: Wir untersuchen den Schatten hinter einer Styroporkugel von etwa 10 cm Durchmesser, die wir vor eine punktförmige Lichtquelle halten. Von dieser breitet sich das Licht nach allen Seiten aus und beleuchtet Boden, Decke und Wände des zuvor abgedunkelten Zimmers. Auch die der Lichtquelle zugewandte Seite der Kugel ist beleuchtet, die Rückseite dagegen dunkel. Man nennt die dunkle Rückseite den **Eigenschatten** der Kugel. Auf der hellen Wand des Zimmers finden wir eine dunkle Fläche, den **Schlagschatten.** Bringen wir das Auge hinter die Kugel, so sehen wir die Lichtquelle nicht. Wir bewegen ein kleines, weißes Stück Pappe quer durch den Raum zwischen Kugel und Wand. In einem bestimmten, scharf begrenzten Gebiet bleibt es dunkel. Wir nennen dieses Gebiet den **Schattenraum** (kurz: Schatten). In ihn gelangt kein Licht (auf direktem Weg von der Lichtquelle).

In Abb. 2 ist der durch die Erde entstandene Schattenraum nicht erkennbar. Auch der vom Son-

Abb. 2 Aufnahme der Erde aus Apollo 8 während der Mondumkreisung

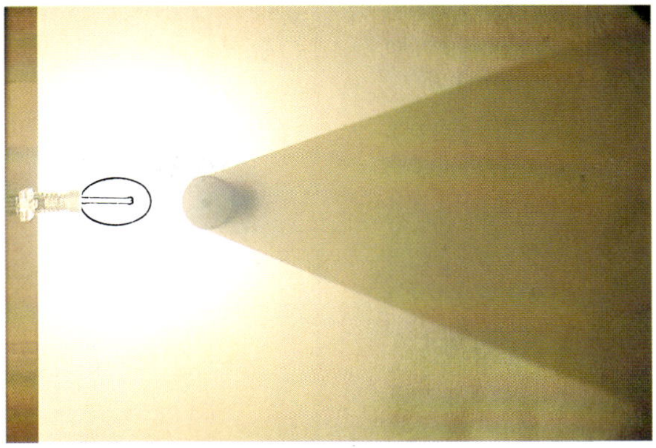

Abb. 3 a Schattenraum hinter einer Dose

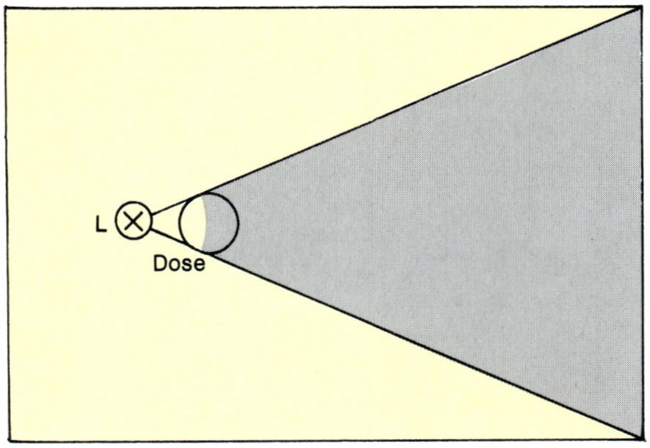

Abb. 3 b Konstruktion des Schattenraumes

nenlicht durchflutete Bereich des Weltraums erscheint dunkel. Dies stellen wir in jeder Nacht fest. Vom Licht, das seitlich an der Erde vorbeigeht, sehen wir nichts. Befindet sich aber der Mond in diesem Lichtraum, dann wird ein Teil des auftreffenden Lichts von ihm zur Erde hin reflektiert und so für uns nachweisbar.

Licht, das nicht in unser Auge trifft, sehen wir nicht.

Dies wird auch durch andere Erfahrungen bestätigt. Richten wir nachts das Lichtbündel einer Taschenlampe senkrecht nach oben, so erkennen wir von der Seite nicht, ob die Lampe eingeschaltet ist oder nicht. Bringen wir aber Staub- oder Rauchteilchen in den Lichtraum, so wird das Licht an ihnen in verschiedene Richtungen abgelenkt; man sagt, es wird gestreut. Erst dadurch können wir Licht- und Schattenraum voneinander unterscheiden (vgl. auch Abb. 4).

In ähnlicher Weise tragen kleinste Schwebeteilchen zusammen mit den Luftteilchen zu einer Streuung des Sonnenlichts in der Lufthülle der Erde, der Atmosphäre, bei. Deshalb erfolgt der Übergang zwischen Tag und Nacht nicht plötzlich. Während einer gewissen Zeit (Morgen- und Abenddämmerung) ist zwar die Sonne nicht sichtbar, weil wir uns im Erdschatten befinden, aber es gelangt noch das in der Atmosphäre gestreute Sonnenlicht zu uns. Da der Mond keine Atmosphäre besitzt, gibt es dort keine Dämmerungszone.

Um den Verlauf der Schattengrenzen genauer zu untersuchen, wandeln wir Versuch 1 ab:

Versuch 2: Wir stellen die Punktlichtquelle so vor einen waagerecht liegenden weißen Schirm, den wir aus Zeichenkarton fertigen, daß ihr Licht den Schirm streifend beleuchtet. Anstelle der Kugel verwenden wir jetzt eine Limonadendose, die wir auf den Schirm stellen. Der Schattenraum wird nun als dunkle Fläche auf dem Schirm sichtbar (Abb. 3 a).

Wir erkennen: Der Schattenraum ist *geradlinig* begrenzt. Die verlängerten Begrenzungsgeraden schneiden sich in der Lichtquelle. Vergrößern wir den Abstand zwischen Lichtquelle und Dose, so verkleinert sich der Winkel zwischen den Begrenzungsgeraden; bringen wir Lichtquelle und Dose näher zusammen, so wird er größer. Für jede vorgegebene Anordnung von Dose und Lichtquelle können wir offenbar den Schatten sehr einfach zeichnerisch ermitteln, indem wir die Geraden konstruieren, die durch den Ort der Lichtquelle verlaufen und den Schatten werfenden Körper gerade streifen (Abb. 3 b).

Lichtstrahlen

In nebliger Luft werden häufig, ähnlich wie durch Rauch, Licht- und Schattenräume sichtbar (Abb. 4). Umgangssprachlich sagt man dann oft: „Das sind Lichtstrahlen.“ Wir wollen untersuchen, ob diese Bezeichnung gerechtfertigt ist.

Versuch 3: Wir bringen eine Punktlichtquelle in ein Lampengehäuse mit einer kreisförmigen Öffnung. Damit kehren wir gewissermaßen die Anordnung von Versuch 1 um und erzeugen einen *Lichtraum* in der Form eines Kegels, dessen Spitze in der Lichtquelle liegt. Wir machen ihn im verdunkelten Raum durch Kreidestaub sichtbar (Abb. 1 a, S. 16).

Abb. 4 Lichtbündel werden durch Nebel sichtbar

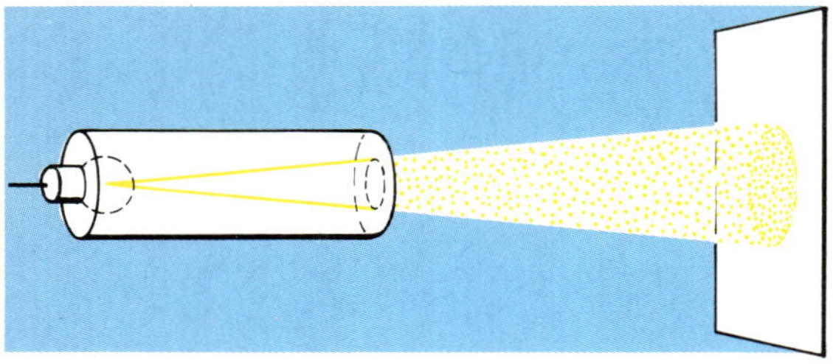

Abb. 1a (oben) Erzeugung eines Lichtkegels

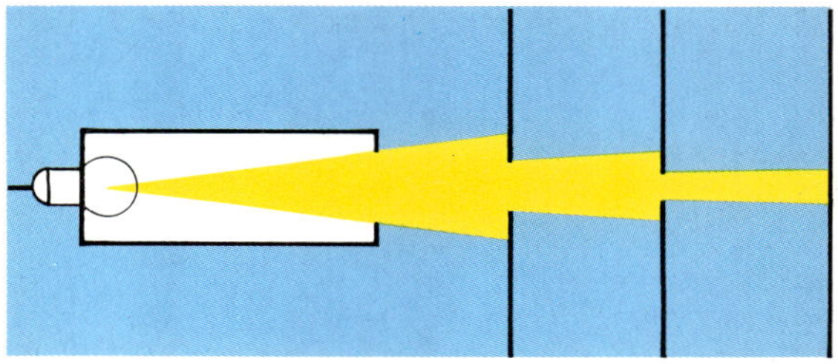

Abb. 1b Wir machen den Lichtkegel immer schmaler

Bringen wir vor der Lampenöffnung immer kleinere Blenden an, so wird der Lichtkegel zu einem immer schmaleren *Lichtbündel* verengt (Abb. 1b). Auch hier können wir besser beobachten, wenn wir hinter der Blende einen weißen Schirm so aufstellen, daß ihn der Lichtkegel streift. Bei enger Blendenöffnung sieht das Lichtbündel auf dem Schirm wie ein mit dem Lineal gezogener Kreidestrich aus (Abb. 2).

Licht breitet sich geradlinig aus.

Im Versuch lassen sich keine beliebig schmalen Lichtbündel herstellen, in Gedanken aber können wir den Lichtkegel bis auf die Achse des Kegels verengen. Dann erhalten wir einen geometrischen Strahl. Wenn wir nun von **Lichtstrahlen** reden, dann drücken wir durch diesen Begriff aus, daß der Weg des Lichts sich zeichnerisch durch Geraden bzw. Strahlen beschreiben läßt.

Wir denken uns ein Lichtbündel also aus unendlich vielen Lichtstrahlen zusammengesetzt. Man sagt auch: „Wir machen uns ein *physikalisches Modell* vom Lichtbündel". Im **Strahlenmodell** beschreiben wir die Ausbreitung des Lichts mit Hilfe geometrischer Strahlen. Man spricht deshalb auch von der **geometrischen Optik.**

Abb. 2 Ein schmales Lichtbündel nennen wir auch Lichtstrahl

Das Strahlenmodell erlaubt es uns, viele Erscheinungen bei der Lichtausbreitung einfach zu durchschauen und darzustellen. Es genügt nämlich oft, anstelle der tatsächlich im Experiment vorkommenden Lichtbündel nur bestimmte Lichtstrahlen zu betrachten. Dies können z. B. die das Bündel begrenzenden Strahlen, die Achse des Lichtkegels oder andere ausgewählte Strahlen sein. Bei der Schattenkonstruktion zu Versuch 2 sind wir auch schon so vorgegangen.

Beispiel: Eine Punktlichtquelle steht im Abstand $a = 1$ m vor einer Wand. Genau in der Mitte zwischen Lichtquelle und Wand ist ein Ball mit einem Durchmesser $d = 30$ cm an einem Faden aufgehängt. Wie groß ist der Durchmesser D des Schlagschattens auf der Wand? Zeichne!

Lösung: Wir zeichnen zunächst in einem möglichst günstigen Maßstab die Versuchsanordnung (z. B. 1 m ≙ 10 cm). Dann zeichnen wir die den Schattenraum begrenzenden Lichtstrahlen (Abb. 3). Auf dem Schirm lesen wir nun ab: $D = 63$ cm.

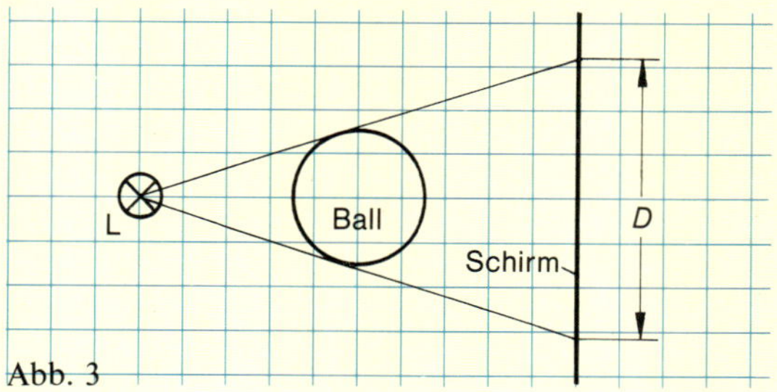

Abb. 3

Aufgaben

1. Wodurch werden Körper für uns sichtbar?
2. Erkläre, weshalb in der Aufnahme der Erde (Abb. 2, S. 14) der Weltraum dunkel erscheint, obwohl er doch vom Licht der Sonne durchflutet wird.
3. Was ist die Ursache für Morgen- und Abenddämmerung?
4. Wie kannst du mit Hilfe des Lichts feststellen, ob drei Stecknadeln, die du hintereinander in ein Stück Pappe steckst, entlang einer Geraden aufgestellt sind?
5. Wie ändert sich im oben angegebenen Beispiel der Durchmesser D des Schattens, wenn der Ball an der gleichen Stelle bleibt, die Lichtquelle aber im Abstand $b = 1{,}5$ m bzw. $c = 0{,}75$ m vor der Wand steht?

1.3 Die Lichtgeschwindigkeit

In vielen Wörtern, die wir zur Beschreibung der bisher untersuchten optischen Erscheinungen verwendeten, steckt bereits die Vorstellung, daß sich beim Licht etwas „bewegt". Wir sagen: Licht „breitet" sich aus, es „fällt" auf einen Körper, es „gelangt" nicht in den Schattenraum. Auch unsere Vorstellung von Lichtstrahlen paßt in dieses Bild. Als „Strahlung" bezeichnet man nämlich meist einen Vorgang, bei dem etwas von einer „Strahlungsquelle" ausgesandt wird. Ähnlich wie die aus einer Brause austretenden Wasserstrahlen die Bahnen der Wassertröpfchen markieren, könnten wir die Lichtstrahlen als Bahnen von „Lichttröpfchen" auffassen, die von der Lichtquelle ausgesandt werden. Ein Körper als Hindernis hemmt die Bewegung dieser „Tröpfchen", wirft sie zurück oder streut sie in verschiedene Richtungen.

Wir können noch nicht übersehen, ob dieser Vergleich zulässig ist. Wir wissen ja noch nicht, was von einer Lichtquelle ausgestrahlt wird. Immerhin können wir aber mit dieser Vorstellung die Entstehung des Schattens und die Lichtstreuung erklären. Ob das auch auf weitere Beobachtungen zutrifft, müssen wir erst überprüfen.

Wie schnell breitet sich das Licht aus?

Aus unseren alltäglichen Beobachtungen geht nicht hervor, daß Licht zu seiner Ausbreitung Zeit braucht, wie etwa der Schall. Den Lichtblitz eines weit entfernten Feuerwerkskörpers sehen wir „sofort", den Explosionsknall hören wir erst Sekunden später. Es ist daher nicht verwunderlich, daß man lange Zeit glaubte, Licht breite sich unendlich schnell aus.

Wenn Licht ein Bewegungsvorgang ist, muß es wie jeder andere Bewegungsvorgang Zeit für seine Ausbreitung benötigen. Dies war die Meinung von GALILEO GALILEI (1564–1642, Abb. 2, S. 7). Die Richtigkeit dieser Behauptung mußte nach Galileis Ansicht im *Experiment* überprüft werden. Dieser Gedanke war richtungsweisend für die Arbeit der Naturwissenschaftler, denn bis dahin hatte man sich oft nur mit ungeprüften Vermutungen zufrieden gegeben.

Galilei und sein Assistent stellten sich soweit voneinander auf, daß jeder die Laterne des anderen noch sehen konnte. Beide Laternen waren mit einem Verschluß versehen. Der Assistent ließ seine Laterne aufblitzen, sobald er die Galileis aufleuchten sah. Galilei nahm an, das Rücksignal müsse mit einer Verzögerung ankommen. Eine solche Verzögerung war jedoch nicht festzustellen. Galilei verwarf jedoch nicht seine ursprüngliche Annahme, sondern schloß nur, daß das Licht zum Durchlaufen der vorgegebenen Strecke eine mit den verwendeten Hilfsmitteln nicht meßbare kurze Zeit benötigt.

Abb. 4 So wollte Galilei die Lichtgeschwindigkeit bestimmen

Hiermit führt uns Galilei ein weiteres wichtiges Merkmal physikalischen Arbeitens vor Augen:

> *Wenn ein Experiment nicht die erwarteten Ergebnisse liefert, müssen stets die möglichen Ursachen des Mißlingens sorgfältig untersucht werden, bevor die dem Versuch zugrunde liegende Annahme verworfen wird.*

Wie Galilei versuchten auch zahlreiche andere Wissenschaftler die Lichtgeschwindigkeit zu bestimmen. Es gelang aber erst etwa 250 Jahre später, Galileis Gedanken mit einer verbesserten Versuchsanordnung zu verwirklichen. Man fand dabei heraus, daß das Licht in einer Sekunde nahezu 300 000 km zurücklegt. Von der Sonne bis zur Erde benötigt es etwas länger als 8 Minuten, vom Mond zur Erde kaum mehr als eine Sekunde. Für die Strecke München–Berlin (600 km) würde man 0,002 s und für eine Entfernung von 30 m eine zehnmillionstel Sekunde = 0,0000001 s zu messen haben! Kein Wunder also, daß Galilei an dieser Aufgabe scheiterte.

Heute kann man durch verfeinerte Meßverfahren die riesige Strecke, die das Licht in einer Sekunde zurücklegt, bis auf wenige Zentimeter genau angeben. Wir wollen uns merken:

> **Licht legt in einer Sekunde etwa 300 000 km zurück.**

Aufgaben

1. Der Planet Pluto ist von allen heute bekannten Planeten am weitesten von der Sonne entfernt. Das Licht benötigt von der Sonne bis dorthin etwa 5 Stunden. Berechne den Abstand Sonne–Pluto!
2. Ein **Lichtjahr** ist die *Strecke,* die ein Lichtsignal in einem Jahr zurücklegt. In dieser Längeneinheit gibt man die riesigen Entfernungen im Weltraum an. So ist z. B. die uns am nächsten benachbarte „Sonne", der Fixstern Alpha Centauri, 4,3 Lichtjahre von uns entfernt. Gib diesen Abstand in Kilometern an!

1.4 Die Lochkamera

Das Geheimnis der camera obscura

Verdunkelt man tagsüber ein Zimmer, macht man manchmal eine merkwürdige Entdeckung: Nachdem sich die Augen einige Minuten an die Dunkelheit gewöhnt haben, stellt man fest, daß es doch noch kleine Öffnungen gibt, durch die das Tageslicht eindringt (Schlüsselloch, Loch in der Verdunklung). Erstaunt entdeckt man dann oft an der dem Loch gegenüberliegenden Wand ein farbiges Bild der Gegenstände, die sich außerhalb des Zimmers vor dem Loch befinden. Das Bild steht auf dem Kopf und ist seitenverkehrt.

Diese rätselhafte Erscheinung in der „camera obscura" (lat. = dunkle Kammer) ist schon seit dem Altertum bekannt. JOHANNES KEPLER (1571–1630) konnte in einer 1604 veröffentlichten Arbeit über die Optik ihr Geheimnis aufklären. Wie Kepler stellen wir die Bedingungen, die zur Entstehung des Bildes führen, in einem *Versuch* nach. Dazu bauen wir uns eine **Lochkamera.**

Aus starker Pappe falten wir wie in Abb. 1 zwei Schachteln, die sich passend ineinanderschieben lassen. In den Boden der größeren Schachtel stechen wir mit einer Nadel ein feines Loch. Den Boden der zweiten Schachtel fertigen wir aus durchscheinendem Papier (Transparentpapier). Es dient uns als *Mattscheibe.*

Versuch 4: Wir betrachten die Mattscheibe unserer Lochkamera. Dabei stellen wir uns so auf, daß möglichst wenig Licht von hinten auf die Mattscheibe trifft. Wir machen folgende Beobachtungen:

- Bei kleinem Loch erscheint auf der Mattscheibe ein ziemlich lichtschwaches, aber scharfes Bild.
- Machen wir das Loch größer, so wird das Bild heller, aber auch unschärfer. Bei sehr großer Öffnung erscheinen nur noch Lichtflecke, die ungefähr die Form der Öffnung haben. Dies wird ganz deutlich, wenn wir vor der Kamera eine Punktlichtquelle aufstellen (Abb. 2).

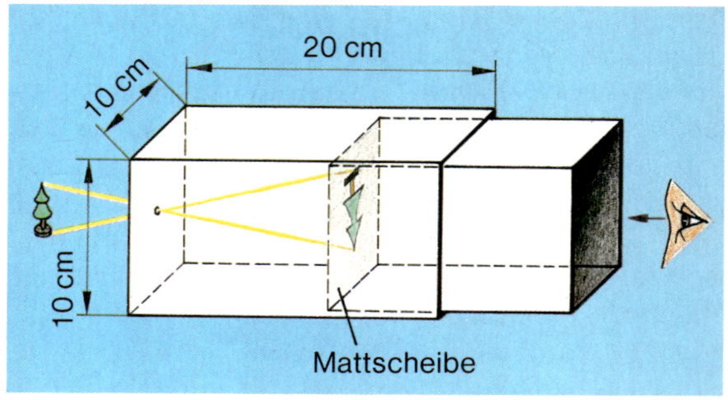

Abb. 1 Einfache, selbstgebaute Lochkamera

Diese Beobachtung macht uns klar, wie das Bild in der Lochkamera entsteht: Eine punktförmige Lichtquelle erzeugt auf der Mattscheibe einen Lichtfleck in der Gestalt der Öffnung. Bei kleinem Loch ist auch dieser Lichtfleck klein. Seine Lage können wir ermitteln, wenn wir wie bei der Schattenkonstruktion die das Bündel begrenzenden Lichtstrahlen zeichnen (Abb. 3).

Wir denken uns nun den Gegenstand, z. B. eine leuchtende Ziffer, aus einzelnen leuchtenden Punkten zusammengesetzt. Jeder einzelne Leuchtpunkt erzeugt dann einen Lichtfleck auf der Mattscheibe. Das gesamte Bild setzt sich aus solchen Lichtflecken unterschiedlicher Helligkeit und Farbe zusammen. Abb. 3 zeigt auch, warum im Bild rechts und links sowie oben und unten vertauscht sind.

Das Lochkamerabild wird durch die von den einzelnen Gegenstandspunkten ausgehenden Lichtbündel erzeugt, die durch das Loch auf die Mattscheibe gelangen.

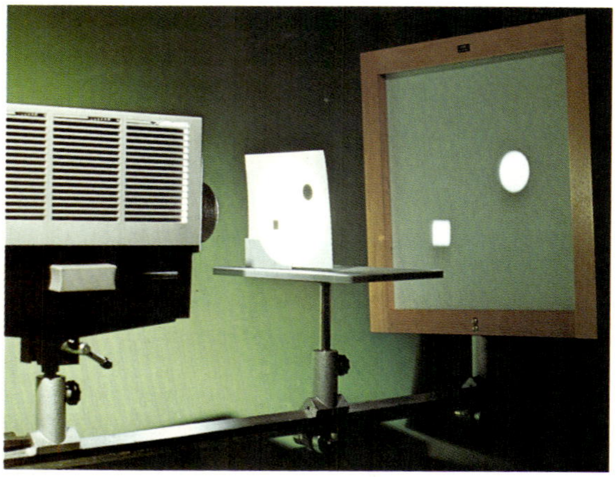

Abb. 2 Eine punktförmige Lichtquelle erzeugt gestaltgleiche Blendenbilder

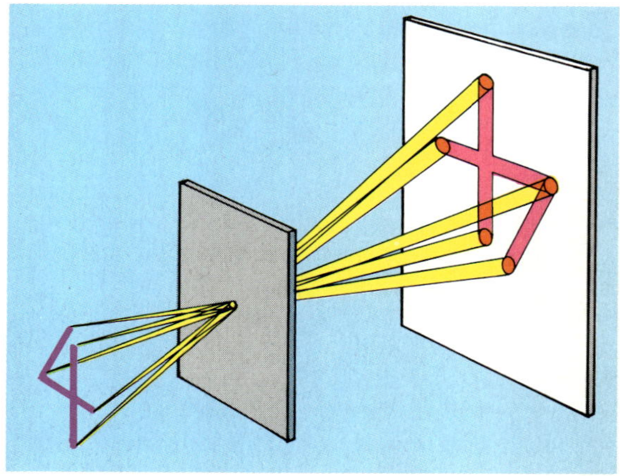

Abb. 3 Das Bild in der Lochkamera setzt sich aus lauter Lichtflecken zusammen

Das *Strahlenmodell* erweist sich also auch zur Erklärung der Bildentstehung in der Lochkamera als brauchbar. Unsere im vorigen Abschnitt entwickelte Vorstellung von der Natur des Lichts läßt sich darauf aber nicht mit gleichem Erfolg übertragen: In der Öffnung der Lochkamera kreuzen sich offensichtlich unzählige Lichtbündel, ohne sich gegenseitig zu beeinflussen. Das gleiche beobachten wir übrigens auch, wenn sich die Lichtbündel zweier Scheinwerfer durchkreuzen.

Lichtbündel durchdringen sich, ohne sich gegenseitig zu stören.

Diese Tatsache ist aber nur schwer verständlich, wenn wir annehmen, daß von der Lichtquelle ein Strom von „Lichttröpfchen" ausgeht (vgl. S. 17). Wir können uns nicht vorstellen, daß es bei der Durchdringung ohne Zusammenstöße abgehen soll.

Neue Versuchsergebnisse können bisher bewährte Vorstellungen zu Fall bringen.

Fotografieren ohne Fotoapparat

Mit einer Lochkamera können wir sogar richtig fotografieren! Dazu benötigen wir allerdings eine völlig lichtabgeschlossene Schachtel mit einem verschließbaren Loch. An die Stelle der Mattscheibe bringen wir den Film. Selbstverständlich müssen wir ihn im Dunkeln in die Kamera einlegen und dürfen das Loch nur bei der Aufnahme kurz öffnen. Abb. 4 zeigt ein solches Lochkamerafoto. Es wurde mit dem Film einer Sofortbildkamera (z. B. Polaroid 600) gemacht. Der Film bleibt während der Aufnahme in der Filmkassette. Nach der Belichtung wird er im Dunkeln aus der Lochkamera herausgenommen und in die zugehörige Sofortbildkamera gesteckt. Beim Schließen dieser Kamera wird der belichtete Film automatisch ausgeworfen und dabei entwickelt.

Abb. 4 Lochkamerafoto. Lochdurchmesser: 0,5 mm, Abstand Loch–Film: 13 cm, Belichtungszeit: ½ s

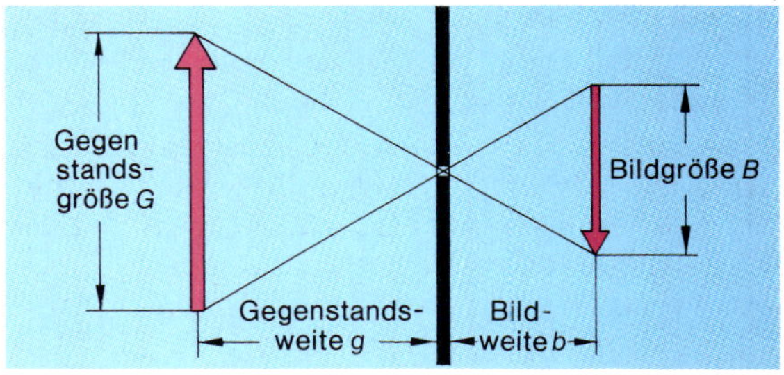

Abb. 5 So messen wir Gegenstands- und Bildgröße sowie Gegenstands- und Bildweite

In der *geschlossenen* Lochkamera sehen wir allerdings nicht, was wir auf den Film bannen. Um sicher zu gehen, daß z. B. das Auto, das wir aufnehmen wollen, vollständig abgebildet wird, müssen wir wissen, wie groß sein Bild auf dem Film ist. Um das herauszufinden, experimentieren wir noch einmal mit der Lochkamera mit Mattscheibe. Dabei stellen wir fest:

- Je weiter ein Gegenstand von der Kamera entfernt ist, um so kleiner ist sein Bild.
- Bei gleicher Entfernung des Gegenstands wird sein Bild größer, wenn wir den Abstand zwischen Loch und Mattscheibe vergrößern.

Wir wollen es aber noch genauer wissen, deshalb bestimmen wir im Versuch die **Gegenstandsgröße** G, die **Bildgröße** B, sowie die **Gegenstandsweite** g und die **Bildweite** b (vgl. Abb. 5).

Versuch 5: Wir messen jeweils G, B, g und b und tragen die Meßergebnisse in eine Tabelle ein (Abb. 6).

Das Verhältnis von Bild- und Gegenstandsgröße bezeichnet man als den **Abbildungsmaßstab** A.

$$\textit{Abb.-Maßstab} = \frac{\textit{Bildgröße}}{\textit{Gegenstandsgröße}} \qquad A = \frac{B}{G}$$

Aus den erhaltenen Meßwerten berechnen wir jeweils den Abbildungsmaßstab A. Dann bilden wir auch noch den Quotienten aus Bildweite b und Gegenstandsweite g (letzte Spalte in der Tabelle).

G in cm	B in cm	g in cm	b in cm	$A = \frac{B}{G}$	$\frac{b}{g}$
6	2	60	20	$\frac{1}{3}$	$\frac{1}{3}$
6	3	40	20	0,5	0,5
6	6	20	20	1	1
6	12	10	20	2	2
6	1,5	40	10	0,25	0,25
4	1	40	10	0,25	0,25

Abb. 6 Tabelle der Meßwerte zu Versuch 5 und berechnete Werte für den Abbildungsmaßstab

Durch Vergleich der beiden letzten Spalten von Tabelle 1 auf S. 19 erkennen wir, daß unsere Meßergebnisse das folgende **Abbildungsgesetz** erfüllen:

$$\boxed{\frac{B}{G} = \frac{b}{g}}$$

Bild- und Gegenstandsgröße verhalten sich genauso zueinander wie Bild- und Gegenstandsweite.

Beispiel 1: Für die zweite Zeile der Tabelle berechnen wir den Abbildungsmaßstab auf zwei Wegen:

1. $A = \frac{B}{G} = \frac{3\text{ cm}}{6\text{ cm}} = 0{,}5$
2. $A = \frac{b}{g} = \frac{20\text{ cm}}{40\text{ cm}} = 0{,}5$

Beide Werte für A stimmen überein.

Mit Hilfe des Abbildungsgesetzes können wir jetzt die Bildgröße eines Gegenstands berechnen.

Beispiel 2: Ein $G = 4{,}50$ m langes Auto steht in $g = 10$ m Entfernung vor der Lochkamera. Der Abstand zwischen Loch und Film beträgt $b = 10$ cm.

Wir setzen in die Abbildungsgleichung ein:

$$\frac{B}{4{,}50\text{ m}} = \frac{10\text{ cm}}{10\text{ m}}.$$

Die Gleichung wird zu einer richtigen Aussage, wenn $B = 4{,}5$ cm beträgt.

Das Auto ist also auf dem Bild 4,5 cm lang.

Aufgaben

1. Konstruiere den von einer Punktlichtquelle erzeugten Lichtfleck auf der Mattscheibe einer Lochkamera für drei verschieden große Blendenöffnungen!
2. Wie verändert sich das Bild auf der Mattscheibe der Lochkamera, wenn man die Blendenöffnung immer kleiner macht? Welche Rolle spielt die Form der Blendenöffnung?
3. Bei kleinem Loch können wir anstelle der Lichtbündel Lichtstrahlen zur Bildkonstruktion verwenden (vgl. Abb. 5, S. 19). Zeichne so das Bild eines 3 cm hohen Gegenstandes, der sich 5 cm vor der Öffnung einer Lochkamera befindet, wenn die Mattscheibe 5 cm, 10 cm, 2,5 cm hinter dem Loch aufgestellt ist! Wie groß ist jeweils die Bildhöhe? Bestimme jeweils den Abbildungsmaßstab auf zwei Wegen!
4. In einer Lochkamera beträgt der Abstand zwischen Loch und Mattscheibe $b = 20$ cm. Die Mattscheibe ist ein Quadrat mit der Seitenlänge $a = 12$ cm. Wie weit muß ein Mensch der Größe $G = 1{,}80$ m mindestens von der Kamera entfernt sein, damit er noch vollständig abgebildet wird? Bestimme A!
5. Bei dem im Text beschriebenen Aufnahmeverfahren für Lochkamerafotos erhält man stets seitenvertauschte Bilder, so auch in Abb. 4. Wie kommt das?
6. Wie kann man mit Hilfe eines langen Maßbandes und einer Lochkamera die Höhe eines Baumes oder eines Hauses bestimmen?

1.5 Lichtstärke und Beleuchtungsstärke

Die Sache ins rechte Licht gerückt

Wie gut wir einen Gegenstand sehen, hängt von seiner Beleuchtung ab. Im Dämmerlicht erkennen wir z. B. noch dieses Buch und können Bild- und Textbereiche unterscheiden, sind aber nicht in der Lage, den Text zu lesen. Ausreichende Beleuchtung ist am Arbeitsplatz und im Straßenverkehr nötig, um Unfälle zu vermeiden. Zimmerpflanzen müssen hinreichend beleuchtet sein, um zu gedeihen, dürfen aber oft intensiver Sonnenstrahlung nicht ausgesetzt werden.

Um zu beurteilen, ob die geeignete Beleuchtung vorliegt, muß man sie messen können. Dazu führt man die Größen **Lichtstärke** und **Beleuchtungsstärke** ein.

Die Lichtstärke I ist ein Maß für das von einer Lichtquelle in eine bestimmte Richtung ausgesandte Licht. Die Beleuchtungsstärke E gibt an, wieviel Licht von einer beleuchteten Fläche empfangen wird.

Versuch 6: Wir betrachten eine Buchseite im Licht verschieden heller Lichtquellen und verändern dabei die Entfernung des Buches von der Lichtquelle sowie die Einfallsrichtung des Lichts zur Buchseite. Wir stellen fest: Die Beleuchtungsstärke der Buchseite ist abhängig

- von der Lichtstärke der Lichtquelle,
- vom Abstand zwischen Lichtquelle und Buch,
- vom Auftreffwinkel der Lichtstrahlen auf das Buch; sie ist am größten bei senkrechtem Einfall des Lichts.

Für die Licht- und Beleuchtungsstärke gibt es Einheiten und Meßverfahren.

Die Einheit der Lichtstärke I ist 1 Candela (lat. = Kerze). Die Lichtstärke einer Stearinkerze beträgt ungefähr 1 Candela (1 cd).

Früher legte man die Einheit der Lichtstärke tatsächlich durch bestimmte Normkerzenflammen fest. Die Herstellung solcher Flammen ist jedoch schwierig. Deshalb legt man die Einheit heute folgendermaßen fest: Ein 1 cm^2 großes Loch in einem Ofen, dessen Inneres die Temperatur des schmelzenden Platins von 1769 °C besitzt, strahlt mit der Lichtstärke 60 cd.

Die Einheit der Beleuchtungsstärke E ist 1 Lux (1 lx). Es ist die Beleuchtungsstärke, die eine Lichtquelle mit $I = 1$ cd bei senkrecht einfallenden Lichtstrahlen in 1 m Entfernung erzeugt.

Bei der Untersuchung des Lochkamerabildes beobachteten wir bereits, daß das Mattscheibenbild um so dunkler erscheint, je weiter die Mattscheibe

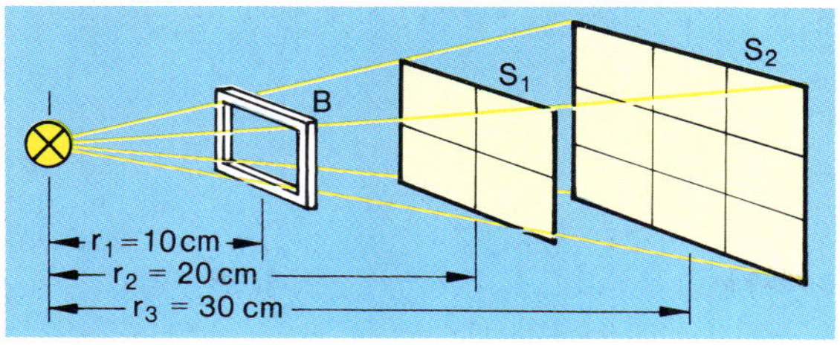

Abb. 1 Das durch die rechteckige Blendenfläche B fallende Lichtbündel leuchtet in der doppelten Schirmentfernung vier, in der dreifachen Entfernung neun Rechtecke von der Größe B aus.

vom Blendenloch entfernt ist und je kleiner das Loch ist. Beim Fotografieren mit unserer Lochkamera bestimmt die Beleuchtungsstärke an dem Ort des Filmes, wie lange wir das Blendenloch öffnen müssen, damit der Film „richtig belichtet" wird. Deshalb wollen wir den Zusammenhang zwischen Beleuchtungsstärke, Lichtstärke und Entfernung der beleuchteten Fläche von der Lichtquelle untersuchen.

Versuch 7: Wir stellen im Abstand $r_1 = 10$ cm vor einer Punktlichtquelle eine rechteckige Blende B (Diarähmchen) auf. Ein mit Millimeterpapier beklebter Schirm S wird von der Blende weg parallel verschoben, bis er die doppelte (dreifache, vierfache) Entfernung zur Lichtquelle hat wie die Blende (Abb. 1). Die Messung zeigt, daß der Inhalt der beleuchteten Fläche im doppelten Abstand viermal, im dreifachen Abstand neunmal so groß ist wie der Flächeninhalt der Blendenöffnung.

Als Ergebnis unseres Versuchs finden wir:

Die Beleuchtungsstärke nimmt bei doppelter Entfernung von der Lichtquelle auf ein Viertel, bei dreifacher Entfernung auf ein Neuntel, bei vierfacher Entfernung auf ein Sechzehntel des ursprünglichen Wertes ab. Sie ist umgekehrt proportional zum Quadrat der Entfernung.

Wir versuchen nun die Abnahme der Beleuchtungsstärke bei Verdoppelung des Abstands r durch eine größere Lichtstärke auszugleichen:

Versuch 8: Wir falten ein Stück weißen Zeichenkartons, so daß er einen rechten Winkel bildet und stellen ihn in der in Abb. 2 gezeigten Weise auf. Die Fläche A_1 wird von einer Kerze im Abstand r beleuchtet. Um die Fläche A_2 gleich hell zu beleuchten, müssen wir im Abstand $2r$ von ihr entfernt 4 Kerzen aufstellen.

Die Vervierfachung der Lichtstärke bewirkt also auch eine Vervierfachung der Beleuchtungsstärke. Allgemein gilt:

Die Beleuchtungsstärke E der beleuchteten Fläche ist der Lichtstärke I proportional: $E \sim I$.

Beleuchtungsstärken werden mit fotoelektrischen **Luxmetern** schnell und zuverlässig gemessen. Auch eine Solarzelle ist dazu grundsätzlich geeignet. Die Stärke des elektrischen Stroms, den das Licht in ihr auslöst, ist proportional zur Beleuchtungsstärke. Als **Belichtungsmesser** werden Luxmeter für fotografische Zwecke verwendet. In modernen Kameras steuert häufig der Fotostrom direkt die Blendengröße oder die Belichtungszeit (automatische Belichtungssteuerung).

Beispiele für Lichtstärken einiger Lichtquellen:

Kerzenflamme	ca.	1 cd
Glühlampe (100 W)	ca.	130 cd
Leuchtstofflampe (40 W)	ca.	250 cd
Scheinwerfer	bis	10^6 cd
Sonne	ca.	$2 \cdot 10^{25}$ cd

Beispiele für praktisch wichtige Beleuchtungsstärken:

Sonniger Sommertag im Freien	ca.	100 000 lx
Bedeckter Himmel im Sommer	ca.	20 000 lx
Trüber Tag im Winter	ca.	3 000 lx
Vollmondnacht	ca.	0,25 lx
Arbeitsplatz für feine Arbeit		1000–5 000 lx
Klassenzimmer	ca.	300 lx
Arbeitsplatz für grobe Arbeit	ca.	100 lx
Gute Straßenbeleuchtung		20–40 lx

Abb. 2 Vier Kerzen im Abstand $2r$ erzeugen die gleiche Beleuchtungsstärke wie eine Kerze im Abstand r

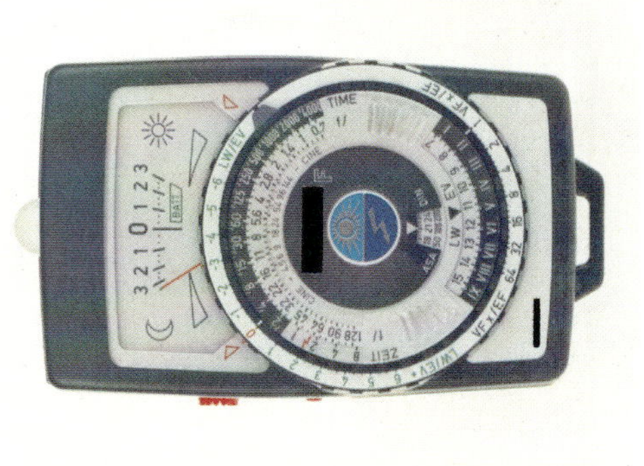

Abb. 3 Belichtungsmesser

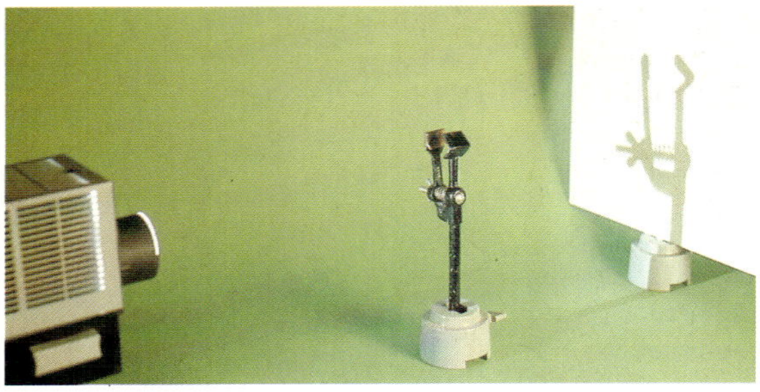

Abb. 1a Die Punktlichtquelle erzeugt ein scharfes Schattenbild

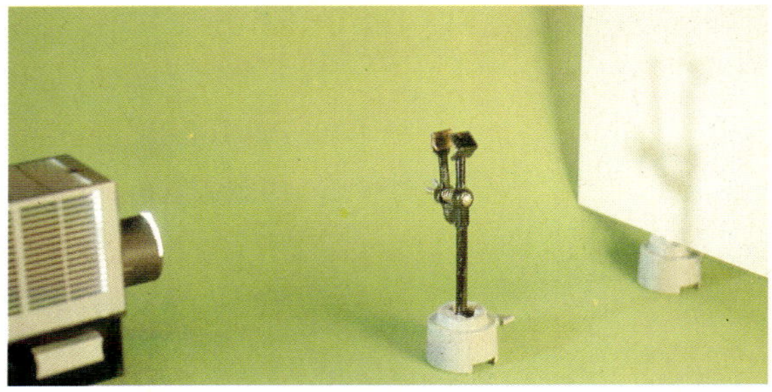

Abb. 1b Verschwommene Schattengrenzen bei einer ausgedehnten Lichtquelle

1.6 Schatten und Finsternisse

Wo Licht ist, da ist auch Schatten

Wir wissen bereits, daß ein undurchsichtiger Körper einen Schatten mit scharfen Umrissen erzeugt, wenn er von einer punktförmigen Lichtquelle beleuchtet wird. Die Schattenfigur läßt die Form des Gegenstandes erkennen; wir nennen sie deshalb auch das *Schattenbild* des Gegenstands (Silhouette) (Abb. 1a).

Versuch 9: Wir ersetzen die Punktlichtquelle durch eine flächenhafte Lichtquelle, indem wir das Lampengehäuse mit einer Mattscheibe verschließen. Die scharfen Schattengrenzen verschwinden, Licht und Schattenraum gehen fließend ineinander über (Abb. 1b).

Die Mattscheibe streut das Licht der Glühlampe in jedem Punkt ihrer rauhen Oberfläche nach allen Seiten (Abb. 2). Jeder Punkt der Fläche stellt somit eine Punktlichtquelle dar. Die gesamte Fläche bildet eine ausgedehnte Lichtquelle wie bei einer Kerzenflamme oder der Sonne. Das Verschwinden der scharfen Schattengrenzen rührt offenbar vom Zusammenwirken der vielen verteilten Punktlichtquellen her.

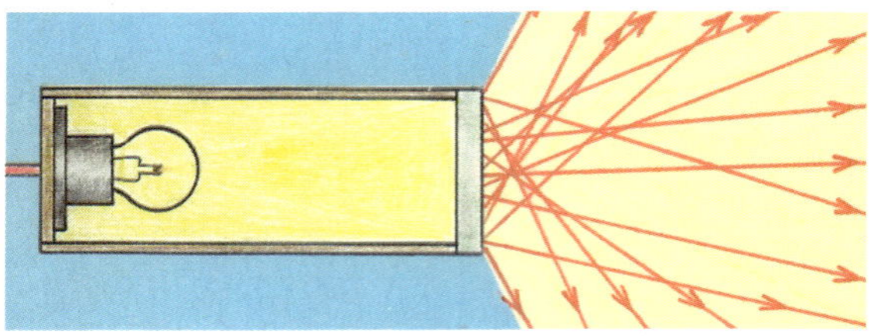

Abb. 2 Mattscheibe als ausgedehnte Lichtquelle

Versuch 10: Wir beleuchten eine Dose zunächst mit zwei Punktlichtquellen und erhalten zwei Schattenbilder, von denen aber keines recht dunkel ist (Abb. 3a). Bringen wir die Lichtquellen näher zusammen, so überdecken sich die beiden Schattenbilder teilweise (Abb. 3b). Im Raum zwischen Dose und Schirm unterscheiden wir zwei Gebiete, deren Merkmale wir besonders deutlich ausmachen können, wenn wir von hinten durch die in den Schirm gebohrten Löcher schauen:

- Das Gebiet, in das überhaupt kein Licht gelangt, nennen wir den **Kernschatten.**
- Gebiete, in die nur das Licht je einer Lichtquelle gelangt, heißen **Halbschatten.**

Versuch 11: Wir bringen weitere Punktlichtquellen zwischen die beiden ersten. Der Kernschattenbereich bleibt dabei unverändert, während der Übergang zum Lichtraum jetzt stufenweise erfolgt. Beleuchten wir schließlich mit einer ausgedehnten Lichtquelle, so verschwinden die scharfen Schattengrenzen; der Übergang erfolgt dann gleichmäßig (kontinuierlich). Wir nennen diesen Bereich den **Übergangsschatten** (Abb. 4).

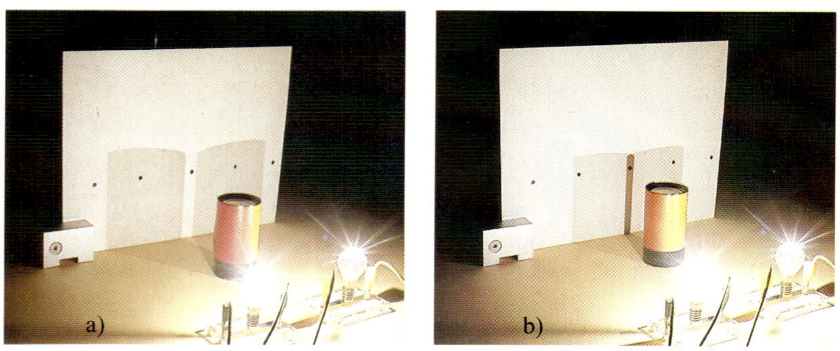

Abb. 3 Schatten zweier punktförmiger Lichtquellen, a) großer Abstand, b) kleiner Abstand zwischen Dose und Schirm

Abb. 4 Kern- und Übergangsschatten bei ausgedehnter Lichtquelle

Abb. 5 Mondphasen. Die Abbildung zeigt die wechselnden Lichtgestalten des Mondes im Laufe von 29 Tagen, beginnend (von links nach rechts) vom „zunehmenden Mond" (3. Tag nach Neumond) über den 5. und 8. Tag nach Neumond zum Vollmond und wieder zurück als „abnehmender Mond" vom 20. über den 23. zum 26. Tag nach Neumond, also zum 3. Tag vor dem nächsten Neumond

Warum ist der Mond nicht immer ganz zu sehen?

Beobachten wir den Mond in aufeinanderfolgenden Nächten zur gleichen Uhrzeit, so stellen wir fest, daß sich seine sichtbare Gestalt und seine Stellung am Himmel verändern. Die verschiedenen Lichtgestalten nennt man die **Phasen des Mondes** (Abb. 5).

Der Phasenwechsel vollzieht sich periodisch. Nach ungefähr 29 Tagen nimmt der Mond wieder die ursprüngliche Gestalt an. Der Mond umkreist die Erde in annähernd der gleichen Zeit. Von der Erde aus gesehen steht er daher immer an einer anderen Stelle des Himmels. Wir vermuten, daß dies den Phasenwechsel verursacht. Zur Erklärung der Entstehung der Mondphasen betrachten wir Abb. 6. Sie zeigt acht verschiedene Stellungen des Mondes, die dieser während seines Umlaufs um die Erde einnimmt.

Wie die Erde, so wird auch der Mond von der Sonne nur auf einer Seite beleuchtet, die andere bleibt dunkel. Befindet sich der Mond in Stellung A, dann zeigt er einem Betrachter auf der Erde seine unbeleuchtete Schattenseite *(Neumond)*. Nach etwa 5 Tagen (Stellung B) sieht ein Beobachter bei Sonnenuntergang (er befindet sich dann an der Grenze von Tag und Nacht) etwa ein Viertel der beleuchteten Mondoberfläche (vgl. auch Abb. 5). Nach einer Woche (Stellung C) findet ihn der Beobachter bei Sonnenuntergang im Süden und am höchsten stehend. Von der beleuchteten Seite des Mondes ist die Hälfte zu sehen. Man sagt, der Mond befindet sich im *ersten Viertel,* da von der gesamten Mondoberfläche (Kugel) nur ein Viertel zu erkennen ist. Nach einer weiteren Woche (E) erscheint dann der *Vollmond*. Er steht um Mitternacht im Süden und genau der Sonne gegenüber.

In Abb. 6 ist angedeutet, daß die Ebene der Mondbahn gegenüber der Ebene der Erdbahn geneigt ist. Der Neigungswinkel beträgt ungefähr 5°. Der Mond läuft daher meistens oberhalb oder unterhalb des Schattenkegels der Erde vorbei. Weil die Erde und mit ihr der Mond im Laufe des Jahres die Sonne umkreist, fallen die Sonnenstrahlen aber nicht immer aus der gleichen Richtung auf Mond und Erde. Deshalb kann es vorkommen, daß sich Sonne, Erde und Mond einmal auf einer geraden Linie befinden. Geschieht dies bei Vollmond, so taucht der Mond in den Schattenraum der Erde. Es tritt eine **Mondfinsternis** ein. Befindet sich der Mond aber gerade zwischen Sonne und Erde (Neumond), so fällt sein Schatten auf die Erde. Dort beobachtet man dann eine **Sonnenfinsternis.**

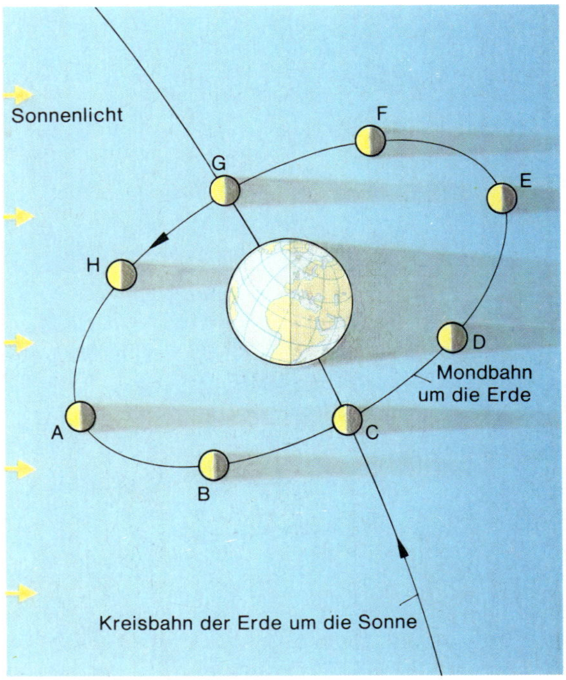

Abb. 6 Zur Entstehung der Mondphasen

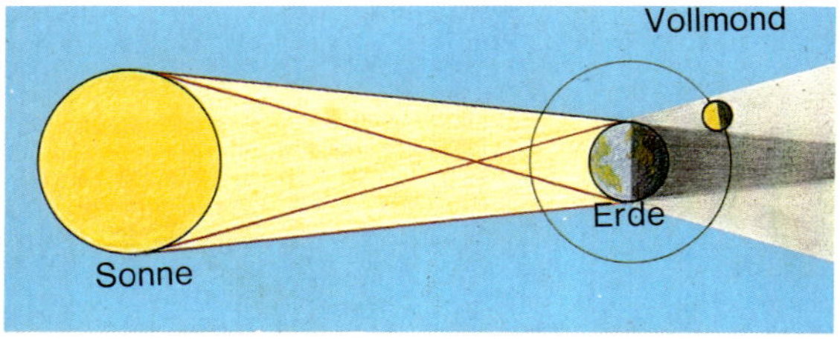

Abb. 1 Austritt des Mondes aus dem Erdschatten

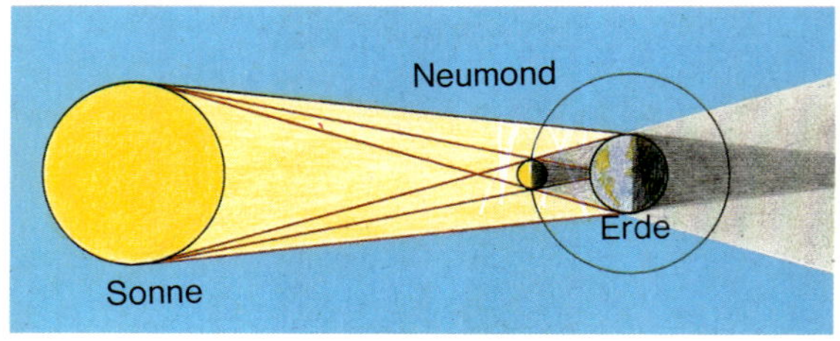

Abb. 2 Entstehung einer Sonnenfinsternis

Abb. 3 Die Kernschattengrenze der Erde auf dem Mond ist gekrümmt

Abb. 4 Serienaufnahme einer Sonnenfinsternis. Der Mond wandert langsam an der Sonne vorbei

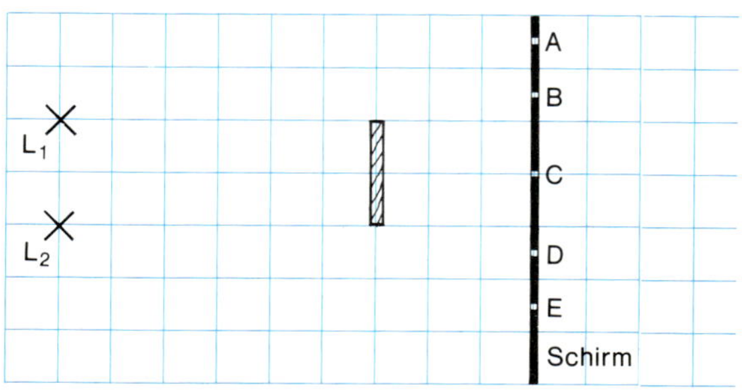

Abb. 5 Zu Aufg. 7

In Abb. 1 und Abb. 2 sind diese Fälle schematisch dargestellt. Hier wird deutlich, warum Sonnenfinsternisse stets nur an wenigen Stellen der Erde, Mondfinsternisse hingegen überall dort wahrgenommen werden, wo der Mond zu beobachten ist.

Tritt der Mond völlig in den Kernschatten der Erde ein, so spricht man von einer **totalen,** befindet er sich nur zum Teil im Kernschatten, von einer **partiellen Mondfinsternis.** Beim Eintritt in den Kernschatten erkennt man am Schattenbild der Erde auf der Mondoberfläche, daß die Erde rund ist (Abb. 3). Eine Sonnenfinsternis ist total, wenn sich der irdische Beobachter im Kernschatten des Mondes aufhält. Im Übergangsschatten ist ein sichel- oder ringförmiger Teil der Sonne zu sehen; hier herrscht eine **partielle Sonnenfinsternis** (Abb. 4).

Aufgaben

1. Warum sind Sonnen- und Mondfinsternisse so selten?
2. Weshalb können Mondfinsternisse nur bei Vollmond und Sonnenfinsternisse nur bei Neumond eintreten?
3. Warum kann der Mond vom Erdschatten völlig verfinstert werden, aber bei Sonnenfinsternis nur ein Teil der Erdoberfläche?
4. Wo muß der Mond auf seiner Umlaufbahn um die Erde stehen (Abb. 6, S. 23), damit die in Abb. 5, S. 23 abgebildeten Mondphasen beobachtet werden?
5. Begründe, warum es sich bei Abb. 3 nicht um die Aufnahme einer Mondphase handeln kann!
6. Von welchen Stellen auf der Erde kann eine Mondfinsternis beobachtet werden?
7. In Abb. 5 sind zwei Punktlichtquellen L_1 und L_2 vor einem Brett aufgestellt. Übertrage die Zeichnung in dein Heft (1 Kästchen ≙ 1 cm²)! Zeichne nun den Schatten des Bretts!
   Die Stellen A bis E sind Löcher im Schirm. Welche Lichtquellen sind jeweils zu sehen, wenn man durch eines der Löcher schaut?
8. Vergleiche die Entstehung von Schattenbild und Lochkamerabild! Wo kreuzen sich jeweils die an der Abbildung beteiligten Lichtstrahlen? Wovon hängt die Schärfe des Schattenbildes ab?
9. Auch für die Schattenbilder gilt ein „Abbildungsgesetz". Wie lautet es? Von wo aus müssen Gegenstandsweite und Bildweite gemessen werden?

2 Reflexion des Lichts

2.1 Körper im Licht

Warum sieht man eine Glasscheibe?

Glastüren werden häufig mit Aufklebern versehen (z. B. Raubvogelsilhouette), Fensterscheiben in Neubauten beschriftet. Wozu ist das nötig? Erinnern wir uns: Wir sehen Körper, wenn Licht von ihnen in unser Auge fällt. Trifft Licht auf **undurchsichtige Körper,** dann werden diese sichtbar, weil sie einen Teil des auffallenden Lichts zurückwerfen. Aber Körper wie Glas oder Luft lassen das Licht durch. Wir können durch sie andere Gegenstände sehen. Sie heißen deshalb **durchsichtig.**

Durchscheinende Körper wie die Mattscheiben lassen Licht zwar durch, stören aber seinen geradlinigen Verlauf. Man erkennt einen Gegenstand hinter einer Mattscheibe nicht mehr deutlich. Dünnes Papier, dünne Holz- oder Kunststoffschichten oder sehr dünne Metallfolien sind durchscheinend, ja durchsichtig, wenn das Metall wie bei bestimmten Sonnenbrillen als dünne Schicht auf Glas aufgedampft wird. Auch Wolken, die sich vor die Sonne schieben, sind durchscheinend.

Die meisten Gase und Dämpfe, wie Luft und Wasserdampf sind durchsichtig. Sie bleiben deshalb *unsichtbar.* Aber auch durchsichtige Körper „verschlucken" (absorbieren) einen Teil des in sie eindringenden Lichts. Daher ist es z. B. am Meeresgrund dunkel. Bei dünnen Schichten von durchsichtigen Stoffen bemerken wir diese Lichtschwächung jedoch kaum.

Glasscheiben nehmen wir erst wahr, wenn Aufschriften, Schmutz oder eingeritzte Muster den Verlauf der Lichtstrahlen stören oder wenn das Licht an der Glasoberfläche zurückgeworfen (reflektiert) wird.

Wir untersuchen nun, wie die Beschaffenheit der Oberfläche eines Körpers die Reflexion beeinflußt.

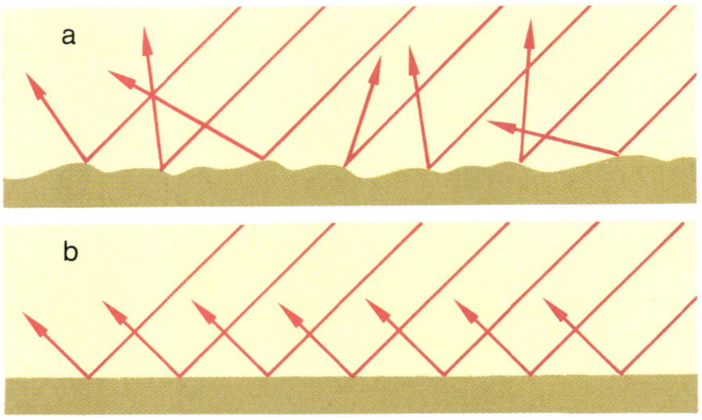

Abb. 6 Reflexion an a) rauher, b) glatter Oberfläche

Abb. 7 Spiegelbild an einer Wasseroberfläche

Versuch 1: Wir bringen folgende Körper in den Lichtkegel einer Lampe:

1. Rauhes, weißes Zeichenpapier, 2. weißes Glanzpapier, 3. schwarzen Stoff oder rauhes schwarzes Papier, 4. glattes schwarzes Papier, 5. glatte Metallfolie, 6. zerknitterte Metallfolie, 7. Glasplatte, 8. Mattscheibe, rauhe Seite nach oben, und 9. richten wir den Lichtkegel schräg gegen eine Wasseroberfläche.

Unsere Beobachtungen lassen sich folgendermaßen zusammenfassen:

- Von rauhen, hellen Oberflächen wird das Licht nach allen Richtungen zurückgeworfen, es wird **diffus** (diffundere, lat. = zerstreuen) d. h. **unregelmäßig reflektiert,** also nach allen Richtungen **gestreut** (Abb. 6a).
- Glatte Oberflächen werfen das Licht in eine bevorzugte Richtung zurück, sie reflektieren **regelmäßig.** Blickt man aus dieser Richtung auf die reflektierende Fläche, so wird man geblendet, die Fläche glänzt (Abb. 6b). Ist die Oberfläche poliert oder so glatt wie die Glas- oder Wasseroberfläche, so sieht man die Lichtquelle, obwohl man in eine ganz andere Richtung blickt. Wir sprechen dann von **Spiegelung.**
- Rauhe schwarze Oberflächen reflektieren das Licht überhaupt nicht, das glatte schwarze Papier reflektiert schwach, aber regelmäßig.

Eine brennende Kerze unter Wasser?

Blickt man schräg auf die glatte Wasseroberfläche eines Teichs, so entdeckt man statt des Teichgrundes das Spiegelbild des Himmels, der Wolken oder der Bäume am Ufer (Abb. 7). Man könnte die Wasseroberfläche auch durch einen Spiegel oder eine Glasplatte ersetzen.

Als Spiegel können polierte Metalloberflächen dienen (z. B. verchromte Teile am Auto). Gewöhnlich bestehen Spiegel aus ebenen Glasscheiben, deren Rückseiten versilbert und durch einen Schutzbelag gegen Beschädigungen gesichert sind. Für besondere Zwecke benötigt man Spiegel, die den Silberbelag auf der Vorderseite tragen, sogenannte *Oberflächenspiegel.*

Wenn man vor dem Spiegel steht, hat man den Eindruck, als befände sich das Spiegelbild hinter der spiegelnden Fläche. Tiere und kleine Kinder unterliegen häufig dieser Sinnestäuschung und versuchen den vermeintlichen „Spielpartner" hinter dem Spiegel zu entdecken. Die überraschende Wirkung von Spiegelbildern wird beim Zusammenwirken mehrerer Spiegel noch erhöht, so z. B. im „Spiegellabyrinth" auf dem Jahrmarkt oder bei Spiegelwänden in Räumen. Aufgrund unserer Erfahrung wissen wir, daß das Spiegelbild nicht „wirklich" hinter dem Spiegel vorhanden ist. Man nennt deshalb die Bilder im ebenen Spiegel **scheinbare** oder **virtuelle Bilder** (virtuel, franz. = möglich). Im Gegensatz zu dem Lochkamerabild, das wir auf einer Mattscheibe auffangen können, läßt sich das virtuelle Bild nicht mit einer Mattscheibe sichtbar machen. Man nennt daher das Bild bei der Lochkamera auch ein **reelles** (wirkliches) **Bild.**

Mit Hilfe einer Glasplatte als Spiegel können wir unsere Freunde durch einen „Zaubertrick" verblüffen und lernen dabei zugleich etwas über die Lage des Spiegelbildes.

Versuch 2: Wir stellen eine brennende Kerze vor eine Glasplatte, die zwar durchsichtig ist, aber noch genügend reflektiert, um ein Spiegelbild der brennenden Kerze zu erzeugen. Hinter die Glasscheibe bringen wir eine gleichaussehende, *nicht brennende* Kerze in einem Becherglas genau an die Stelle, an der uns das Spiegelbild der ersten Kerze erscheint. Die Illusion ist perfekt: Auch hinter dem Spiegel scheint jetzt eine *brennende* Kerze zu stehen! Noch größer wird das Erstaunen der Zuschauer, wenn wir nun noch das Becherglas mit Wasser füllen und die zweite Kerze dabei scheinbar weiterbrennt (Abb. 1).

Erstaunt stellen wir fest, daß sich die zweite Kerze und das Spiegelbild der ersten Kerze immer an der gleichen Stelle befinden, unabhängig von welcher Richtung wir auf die Glasscheibe blicken. Durch Messen stellen wir fest:

Das Spiegelbild befindet sich ebensoweit hinter dem Spiegel wie der Gegenstand vor ihm.

Gegenstand und Spiegelbild liegen auf einem gemeinsamen Lot zum Spiegel.

Das heißt aber: Gegenstand und Bild liegen symmetrisch zum Spiegel. Wir können den Ort des Spiegelbildes also zeichnerisch ermitteln.

Abb. 1 „Brennende" Kerze unter Wasser

2.2 Reflexionsgesetz

Wie werden Lichtstrahlen reflektiert?

Wir wollen jetzt herausfinden, wie Spiegelbilder entstehen. Wir sehen Gegenstände, wenn sie Licht in unser Auge senden. Betrachten wir das Spiegelbild der Kerze, so muß das Licht von der Kerze über den Spiegel in unser Auge gelangt sein. Auf welchem Weg? Dazu müssen wir zunächst wissen, wie Lichtstrahlen am Spiegel reflektiert werden. Zur Vereinfachung betrachten wir erst einmal *einen* Lichtstrahl, der auf einen ebenen Spiegel fällt.

Versuch 3: Wir lassen ein schmales Lichtbündel unter verschiedenen Winkeln auf einen auf dem Tisch liegenden Spiegel fallen und erhalten an der Decke oder der Wand einen Lichtfleck, der den reflektierten Lichtstrahl anzeigt. Durch Kreidestaub oder Rauch machen wir einfallenden und reflektierten Strahl sichtbar. Je steiler der Lichtstrahl auffällt, um so steiler wird er reflektiert. Trifft er senkrecht auf den Spiegel, so wird der Lichtstrahl in sich selbst reflektiert.

Einfallender und reflektierter Strahl liegen in einer Ebene, die senkrecht auf der Spiegeloberfläche steht. Man nennt sie die **Einfallsebene.** Wir können sie uns im Versuch durch einen weißen Schirm veranschaulichen, den wir so auf den Spiegel stellen, daß der einfallende und der reflektierte Lichtstrahl streifend an ihm entlanglaufen (Abb. 2).

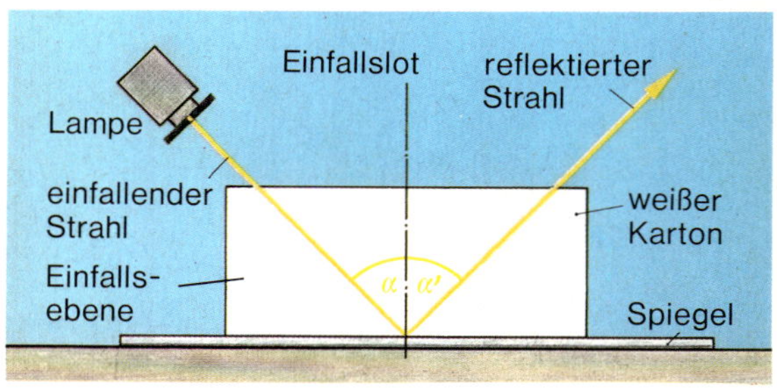

Abb. 2 Reflexion eines Lichtstrahls am ebenen Spiegel. α = Einfallswinkel, α' = Reflexionswinkel

Es ist zweckmäßig, die Richtung der Lichtstrahlen durch die Winkel zum **Einfallslot** zu kennzeichnen. Es steht im Auftreffpunkt senkrecht auf dem Spiegel (Abb. 2).

Unsere Beobachtungen lassen uns vermuten, daß die Winkel, die der einfallende und der reflektierte Strahl mit dem Einfallslot bilden, stets gleich groß sind. Wir überprüfen dies durch eine Messung an einer *optischen Scheibe*.

Versuch 4: Diese ist mit einer Winkelskala und einem fest eingezeichneten Einfallslot versehen und um ihren Mittelpunkt drehbar (Abb. 3). Wir befestigen einen kleinen Spiegel so in der Mitte der Scheibe, daß die Spiegelfläche senkrecht zum Einfallslot steht. Dann lassen wir ein schmales Lichtbündel im Mittelpunkt der Scheibe auf den Spiegel treffen. Wenn wir das Lichtbündel die Scheibe gerade streifen lassen, werden einfallender und reflektierter Strahl durch eine Leuchtspur auf der Scheibe sichtbar. Wir drehen nun die Scheibe, bestimmen jeweils vom Lot ausgehend den Einfalls- und Reflexionswinkel und finden unsere Vermutung bestätigt.

Das Ergebnis der Versuche formulieren wir als das **Reflexionsgesetz:**

Einfallender Strahl, Einfallslot und reflektierter Strahl liegen in derselben Ebene.
Einfalls- und Reflexionswinkel sind gleich groß.

Strahlt man in Abb. 3 aus der Richtung des reflektierten Strahls ein, dann wird der ursprünglich einfallende Strahl zum reflektierten Strahl, weil Einfalls- und Reflexionswinkel gleich sind.

Bei der Reflexion ist der Lichtweg umkehrbar.

Mit dem Reflexionsgesetz verstehen wir nun auch, warum rauhe Oberflächen das Licht diffus reflektieren. Eine rauhe Fläche können wir uns aus einer Vielzahl winziger Spiegel zusammengesetzt denken, deren Lage ganz unterschiedlich ist. Das Licht wird von ihnen in alle möglichen Richtungen reflektiert (Abb. 6a, S. 25).

Abb. 3 Vergleich des Einfallswinkels mit dem Reflexionswinkel an der optischen Scheibe

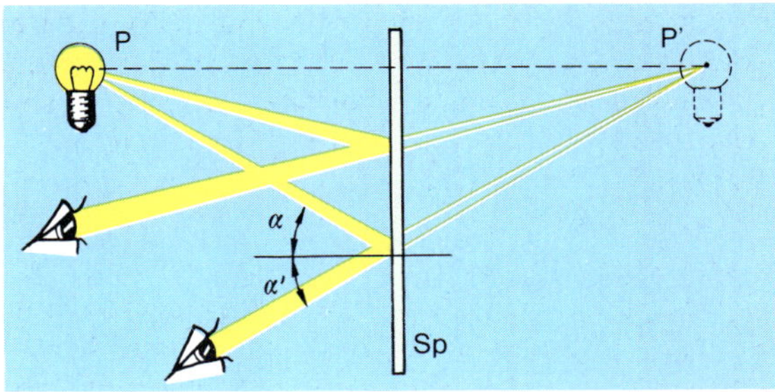

Abb. 4 So entsteht das Spiegelbild

2.3 Der ebene Spiegel

Wie kommt das Spiegelbild zustande?

Wir können nun erklären, wie das virtuelle Bild am ebenen Spiegel entsteht. In Abb. 4 sind Lichtstrahlen gezeichnet, die vom Punkt P des Gegenstands auf den Spiegel fallen, dort reflektiert werden und ins Auge des Beobachters treffen. Das Auge bemerkt nichts vom Reflexionsvorgang. Wir sind nämlich aufgrund unserer Erfahrungen an die geradlinige Ausbreitung des Lichts gewöhnt. Wir „sehen" daher den Ausgangspunkt P der Lichtstrahlen dort, wo sich die rückwärts verlängerten Lichtstrahlen, die ins Auge treffen, schneiden. Der Schnittpunkt P′ ist zugleich das Bild von P bei Spiegelung an Sp (Abb. 4). Seine Lage hängt, in Übereinstimmung mit unserer Beobachtung in Versuch 2, nicht vom Ort des Beobachters ab.

Die von einem Gegenstand ausgehenden und dann am Spiegel reflektierten Lichtstrahlen scheinen für uns von Stellen hinter dem Spiegel herzukommen. Dort erscheint das virtuelle Bild des Gegenstands.

Abb. 5 zeigt, daß beim Spiegelbild vorne und hinten vertauscht sind, nicht aber rechts und links und oben und unten. Warum behauptet man dennoch manchmal, das Spiegelbild sei „seitenverkehrt"? Überlege dazu, aus welcher Richtung du dabei den Gegenstand und sein Spiegelbild jeweils betrachtest!

Abb. 5 Das Spiegelbild ist nicht seitenverkehrt

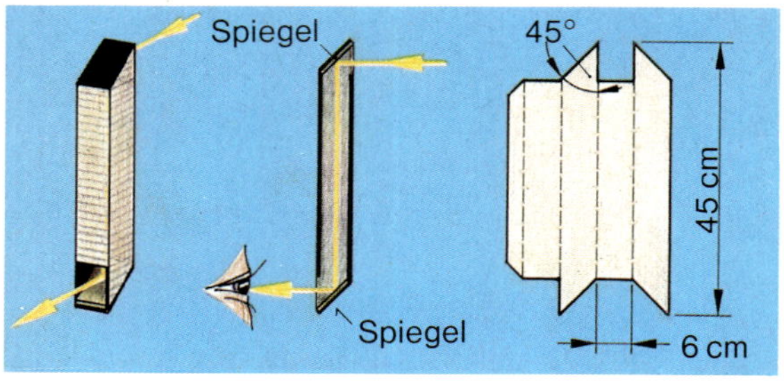

Abb. 1 Periskop

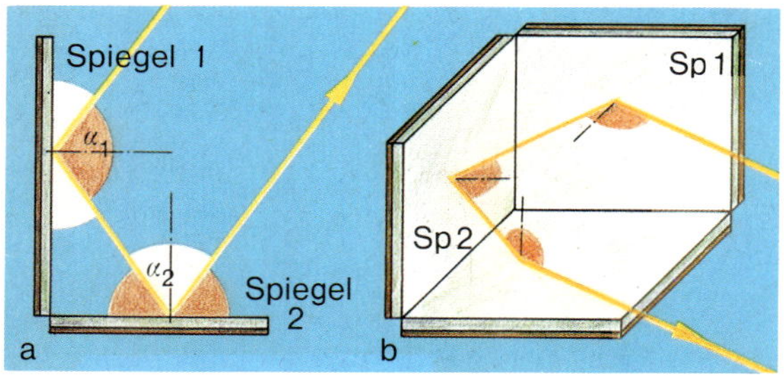

Abb. 2 a) Winkelspiegel, b) Tripelspiegel

Anwendungen des ebenen Spiegels

Spiegel finden nicht nur im Haushalt oder in Fahrzeugen (Rückspiegel) Verwendung, sondern werden für viele technische Zwecke eingesetzt. Wir betrachten zwei Beispiele:

Periskop. Dieses Gerät kann man leicht selbst basteln (Abb. 1). Wir benötigen zwei Taschenspiegel und ein großes Stück Pappe. Periskope (gr. = Umherschauer) werden z.B. in Unterseebooten eingesetzt, um bei der Unterwasserfahrt die Wasseroberfläche beobachten zu können.

Rückstrahler. Die Astronauten von Apollo 11 stellten auf der Mondoberfläche einen Spiegel auf (Abb. 4), dessen Aufgabe es war, von der Erde ausgesandte Laserstrahlen an den Ausgangspunkt zurückzuwerfen. Aus der Laufzeit eines Lichtsignals von der Erde zum Mond und wieder zurück kann die genaue Entfernung Mond–Erde bestimmt werden. Wie war es ohne aufwendige Justierung möglich, den Laserstrahl exakt zum Ausgangsort zu reflektieren? Der verwendete Reflektor bestand aus zahlreichen **Tripelspiegeln.** Dies ist eine Anordnung von drei jeweils senkrecht aufeinander stehenden ebenen Spiegeln (Abb. 2). Ein einfallender Lichtstrahl wird dort unabhängig vom Einfallswinkel stets um 180° reflektiert und läuft (parallel versetzt) in die Richtung zurück, aus der er gekommen ist.

Mit unseren Kenntnissen über die Bildkonstruktion am ebenen Spiegel können wir jetzt auch praktische Aufgabenstellungen lösen.

Beispiel: In Bekleidungsgeschäften findet man oft große Spiegel, in denen sich die Kunden in voller Größe betrachten können. Müssen die Spiegel dazu wirklich so groß wie der Betrachter sein oder kann man sich auch in einem kleineren Spiegel von Kopf bis Fuß sehen? Wenn ja, wo muß der Spiegel angebracht werden?

Wir betrachten dazu Abb. 3: Damit ein Kunde noch seinen Fuß erblicken kann, muß der Spiegel an der Wand mindestens bis zum Punkt B nach unten reichen. Ein vom Punkt P ausgehender Lichtstrahl wird ins Auge reflektiert, wenn der Spiegel nach oben mindestens bis zur Stelle A reicht. Die Punkte A und B lassen sich leicht ermitteln, indem man die Spiegelbilder P′ und Q′ mit dem Auge geradlinig verbindet.

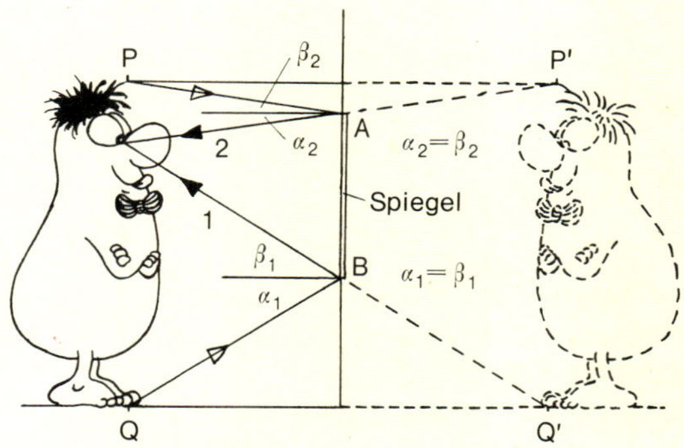

Abb. 3 So muß der Spiegel angebracht werden

Abb. 4 Laser-Reflektor mit 100 Tripelspiegeln, wie er auf dem Mond abgesetzt wurde

Aufgaben

1. Bestimme wie in dem oben angegebenen Beispiel die Höhe des Spiegels und seinen Abstand vom Boden, wenn ein Betrachter in 1 m Abstand vor dem Spiegel steht und sein Auge sich 1,60 m über dem Boden befindet. Was ändert sich, wenn man weiter vom Spiegel weggeht? Zeichne für den Abstand 2 m vom Spiegel!
2. Glasscheiben in Fenstern und Türen sollen möglichst viel Licht ins Gebäude lassen. Wegen der Reflexion wird aber ein Teil des Lichts zurückgeworfen. Wäre es nicht günstiger, wenn Glasscheiben überhaupt nicht reflektierten? Was wäre die Folge?
3. Weshalb sieht man Fingerabdrücke auf Glasscheiben?
4. Was versteht man unter diffuser Reflexion?
5. Warum besitzen Projektionswände für Filme oder Dias meist weiße und rauhe Oberflächen?
6. Regennasse Straßen erscheinen nachts vom Auto aus sehr viel dunkler als trockene. Erkläre die Ursache! Was stellt ein entgegenkommender Fußgänger fest? Warum sollten Fußgänger nachts helle Kleidungsstücke tragen?
7. Rückstrahler an Fahrzeugen oder Leitpfosten bestehen aus zahlreichen kleinen Glaskörpern, die als Tripelspiegel wirken. Was soll damit erreicht werden?
8. Erläutere die Begriffe Einfallslot, Einfalls- und Reflexionswinkel!
9. Ein Beobachter sieht in einer komplizierten Anordnung von Spiegeln die Augen einer anderen Person. Kann diese auch die Augen des Beobachters sehen?
10. Gerichtsverhandlung: B wird verdächtigt, das Auto von A aufgebrochen zu haben. A sagt aus: „Als ich mich noch jenseits des Kiosks befand, konnte ich in der gegenüberliegenden Schaufensterscheibe erkennen, daß sich B an meinem Wagen zu schaffen machte!" B leugnet. Kann A überhaupt die Wahrheit gesagt haben? Übertrage Abb. 5 in dein Heft (1 Kästchen ≙ 1 cm^2) und zeichne!
11. In welcher Stellung erscheint das Bild in dem in Abb. 1 dargestellten Periskop? Zeichne den Verlauf zweier verschiedener einfallender Lichtstrahlen!

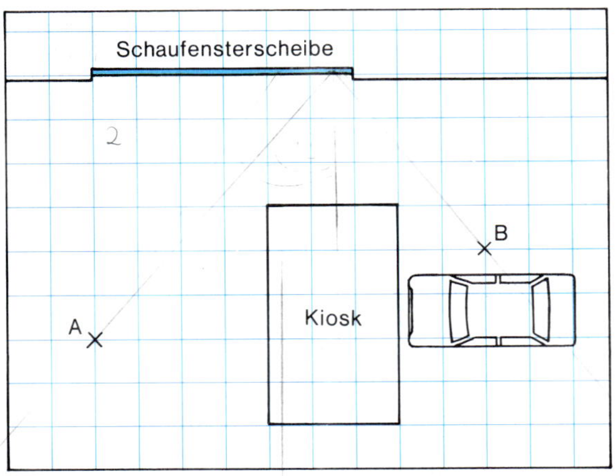

Abb. 5 Zu Aufgabe 10

Abb. 6 Hohlspiegel eines kleinen Sonnenkraftwerks in Kuwait

2.4 Reflexion an gekrümmten Flächen

Hohlspiegel und Wölbspiegel

Spiegelbilder entstehen auch an gekrümmten Spiegeln. In Weihnachtsbaumkugeln, Verkehrsspiegeln oder verchromten Radkappen von Autos sehen wir die Gegenstände verkleinert, in die Ferne gerückt und manchmal verzerrt. Auch in blanken Löffeln kann man sein Spiegelbild erkennen. Nach außen gewölbte Spiegel heißen **Wölbspiegel.** Liegt der spiegelnde Belag innen, so hat man einen **Hohlspiegel.** In Hohlspiegeln sieht man sich vergrößert, wenn man nahe genug herangeht. Man verwendet sie häufig als Kosmetikspiegel oder als Rasierspiegel. Hohlspiegel findet man auch als Reflektoren in Auto- oder Fahrradscheinwerfern sowie in Taschenlampen. Sie bündeln dort das Licht und lenken es in eine bestimmte Richtung.

Wie funktioniert ein Sonnenofen?

Abb. 6 zeigt einen großen Hohlspiegel, der das einfallende Sonnenlicht auf das Rohr in der Mitte sammelt. Mit seiner Hilfe wird Wasser soweit erhitzt, daß es verdampft. Der Dampf betreibt die Turbine eines kleinen Elektrizitätswerks. Wir können die Wirkungsweise eines solchen Sonnenofens durch Anwenden des Reflexionsgesetzes erklären.

Dazu betrachten wir den Strahlenverlauf an einem **Kugelspiegel.** Die spiegelnde Fläche ist dort wie bei der Weihnachtsbaumkugel Teil einer Kugelfläche, soll hier aber nach innen spiegeln. In Gedanken ersetzen wir die Kugelfläche an der Auftreffstelle eines Lichtstrahls durch einen kleinen ebenen Spiegel (Abb. 1, S. 30). Dieser Spiegel berührt die Kugelfläche. In der Schnittzeichnung erscheint die Kugelfläche als Teil eines Kreises, das Spiegelchen als kurze Strecke. M heißt **Krümmungsmittelpunkt,** S **Scheitelpunkt** des Kugelspiegels. Die Gerade MS nennt man **optische Achse.**

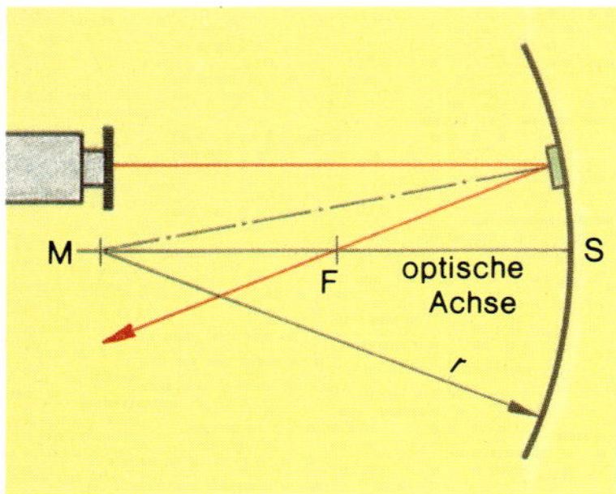

Abb. 1 Einfallslot beim Kugelspiegel

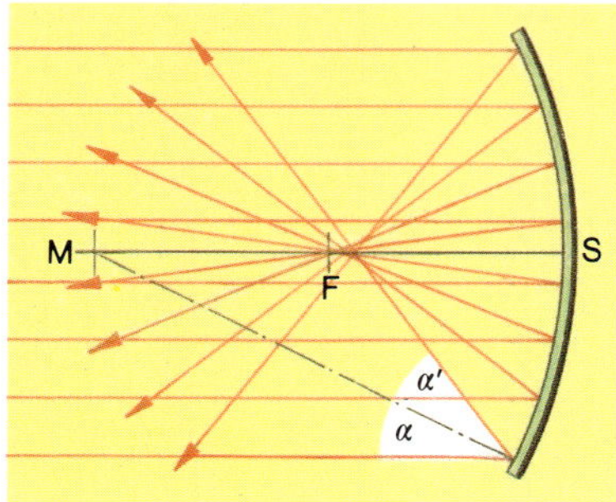

Abb. 2 Anwendung des Reflexionsgesetzes beim Kugelspiegel

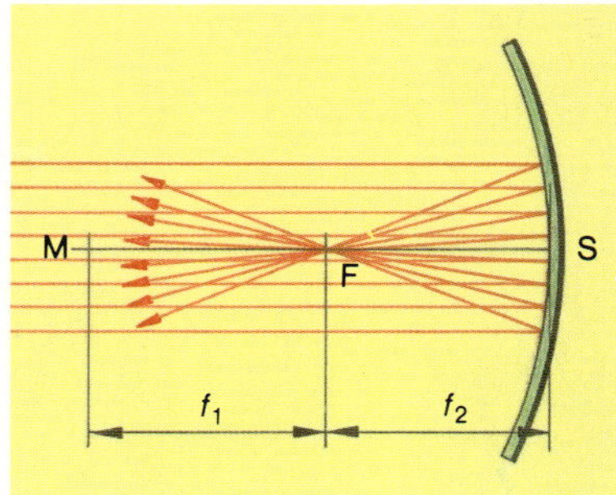

Abb. 3 Verlauf achsennaher Parallelstrahlen

Beim Kugelspiegel verläuft das Einfallslot (also die Senkrechte zum Spiegelchen) stets durch den Krümmungsmittelpunkt M, egal an welcher Stelle der Lichtstrahl auftrifft. Zu jedem einfallenden Strahl kann man daher leicht das Einfallslot und mit Hilfe des Reflexionsgesetzes den reflektierten Strahl zeichnen. Das Ergebnis einer solchen Konstruktion ist in Abb. 2 dargestellt. Für Strahlen, die nahe der optischen Achse verlaufen, finden wir eine einfache Gesetzmäßigkeit (Abb. 2 und 3):

Achsenparallel einfallende Strahlen verlaufen nach der Reflexion durch einen Punkt F auf der optischen Achse. Man nennt ihn den Brennpunkt oder Focus (focus, lat. = Herd) des Hohlspiegels. Der Brennpunkt halbiert die Strecke $\overline{SM}$. Sein Abstand vom Spiegel heißt Brennweite *f*.

Reflektierte Randstrahlen, die achsenparallel auftreffen, schneiden die optische Achse zwischen F und S. Wir überprüfen nun unsere Überlegungen im Experiment.

Versuch 5: Wir ersetzen den Hohlspiegel durch einen spiegelnden Blechstreifen, den wir zu einem Kreisbogen biegen und auf einem hellen Schirm befestigen. Er wird mit dem Licht einer Experimentierlampe beleuchtet, die mehrere schmale und parallele Lichtbündel erzeugt. Sie treffen achsenparallel auf den Spiegel (Abb. 4).

Die Beobachtung bestätigt unsere Konstruktion: Alle Lichtbündel treffen sich nach der Reflexion ungefähr in einem Punkt, dem Brennpunkt. Damit zeigt sich wieder die Brauchbarkeit des *Strahlenmodells.* Wir konnten mit ihm das Versuchsergebnis vorhersagen.

Wir wissen jetzt auch, wie der Sonnenofen funktioniert: Das auftreffende Sonnenlicht wird im Brennpunkt vereinigt und erhitzt einen dorthin gebrachten Gegenstand stark. Mit einem nicht zu kleinen Hohlspiegel können wir auf diese Weise z. B. ein Streichholz entzünden (Abb. 5).

Hohlspiegel als Scheinwerfer

Wir überprüfen die Brauchbarkeit der Lichtstrahlenvorstellung beim Hohlspiegel noch auf andere Weise: Da bei der Reflexion der Lichtweg umkehrbar ist, müßte das Licht einer Punktlichtquelle, die sich im Brennpunkt befindet, diesen als achsenparalleles Lichtbündel verlassen. Dazu folgender Versuch.

Versuch 6: Wir ersetzen in der Anordnung von Versuch 5 die Lampe durch eine Punktlichtquelle, die wir so abschirmen, daß ihr Licht nur den Hohlspiegel trifft. Bringen wir sie genau in den Brennpunkt, so verlassen die reflektierten Strahlen den Spiegel achsenparallel (Abb. 6a). Nähern wir die Punktlichtquelle dem Spiegel, so laufen die reflektierten Strahlen so auseinander, als ob sie von einem Punkt P′ hinter dem Spiegel ausgingen (Abb. 6b). Entfernen wir die Lichtquelle weiter vom Spiegel als die Brennweite f, so werden die reflektierten Strahlen gebündelt und schneiden sich in einem Punkt P vor dem Spiegel (Abb. 6c). Dort entsteht ein reelles Bild der Punktlichtquelle. Wir halten als Ergebnis fest:

Strahlen, die durch den Brennpunkt des Hohlspiegels verlaufen, verlassen nach der Reflexion den Spiegel (nahezu) achsenparallel.

Dies stimmt allerdings nicht mehr für Strahlen, die weit vom Scheitelpunkt entfernt auf den Hohlspiegel treffen. Man kann den „Fehler“ bei Randstrahlen vermeiden, wenn man statt des Kugelspiegels einen **Parabolspiegel** verwendet. Im Schnittbild erscheint er als Parabel (Abb. 9). Für ihn gilt: Alle

Abb. 4 Zu Versuch 5

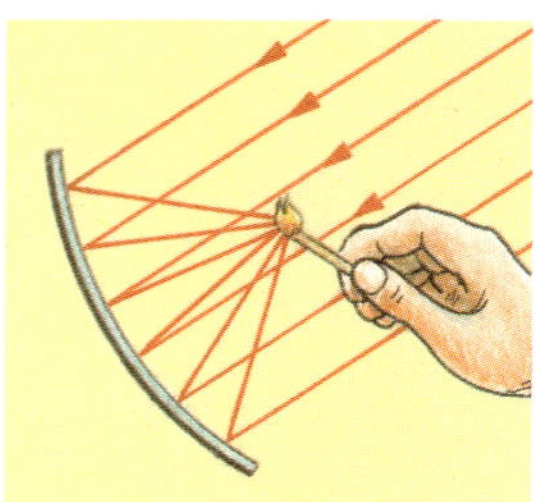

Abb. 5 Brennpunkt

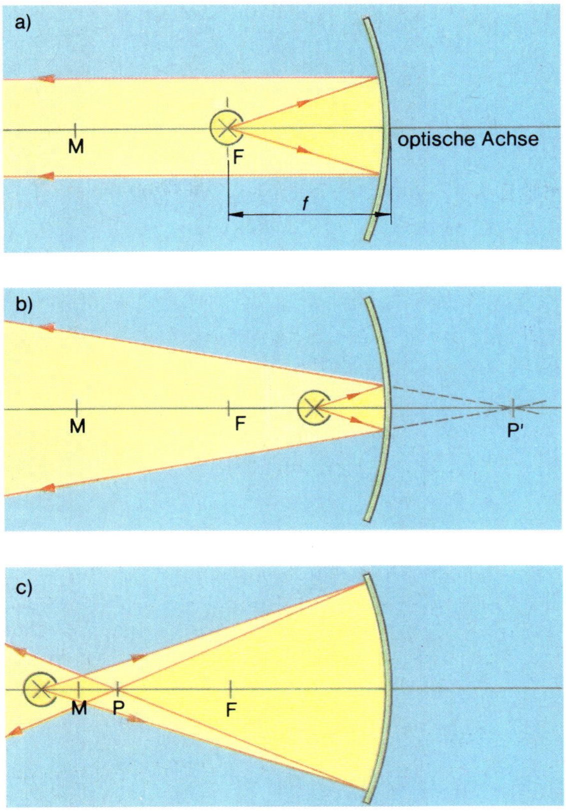

Abb. 6 Verlauf des Lichtbündels in Versuch 6

Abb. 7 Verkehrsspiegel

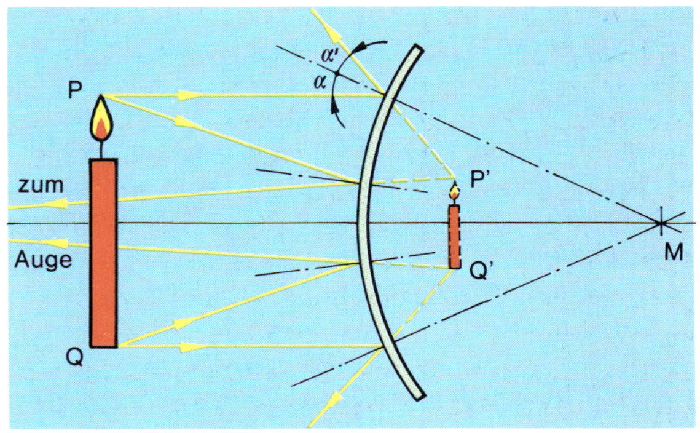

Abb. 8 Virtuelles Bild am Wölbspiegel

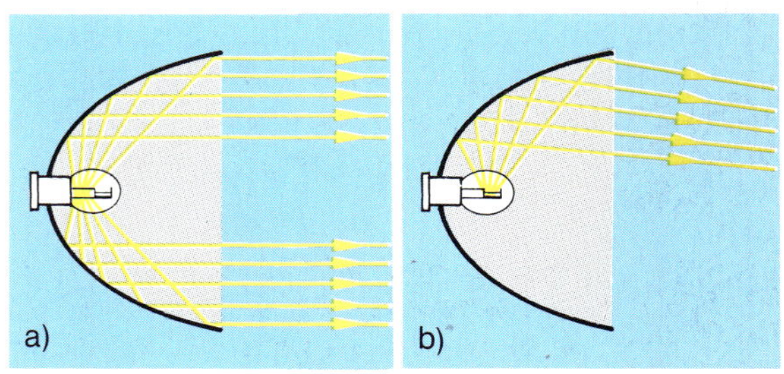

Abb. 9 Scheinwerfer mit Parabolspiegel und Biluxlampe; a) Fernlicht, b) Abblendlicht

achsenparallel einfallenden Strahlen treffen sich genau im Brennpunkt. Deshalb benutzt man für Sonnenöfen und Scheinwerfer meist Parabolspiegel.

Warum sind Wölbspiegelbilder verkleinert?

In Abb. 7 sieht man das Wölbspiegelbild eines Verkehrsspiegels. Es ist aufrecht und verkleinert. Wie läßt sich das erklären? Wir konstruieren mit Hilfe des Reflexionsgesetzes den Verlauf von Lichtstrahlen, die von zwei Punkten P und Q eines Gegenstands (Kerze) ausgehen. Sie treffen auf einen Kugelspiegel und werden dort reflektiert. Auch hier verläuft das Einfallslot durch den Krümmungsmittelpunkt M (Abb. 8).

Ergebnis: Die Lichtstrahlen verlassen den Spiegel so, als ob sie von den Punkten P′ und Q′ hinter dem Spiegel herkämen. Dort befindet sich also das *virtuelle Bild* der Kerze. Weil die Bildpunkte stets dichter beisammen liegen als die Gegenstandspunkte, entsteht immer ein verkleinertes Bild.

Auf ähnliche Weise läßt sich das vergrößerte, virtuelle Bild beim Hohlspiegel erklären, das man beobachtet, wenn man den Gegenstand *innerhalb der Brennweite f* des Hohlspiegels aufstellt. Eine entsprechende Konstruktion zeigt, daß dort die virtuellen Bildpunkte weiter auseinander liegen als beim Gegenstand. Das Bild ist also vergrößert.

Aufgaben

1. Konstruiere wie in Abb. 2 die reflektierten Lichtstrahlen bei einem Kugelspiegel mit dem Krümmungsradius ($=\overline{SM}$) der Länge 10 cm.
2. Zu welchen auf den Hohlspiegel treffenden Strahlen kann man den reflektierenden Strahl besonders einfach zeichnen?
3. Warum muß beim Abblendlicht des Scheinwerfers (Abb. 9b) das Licht der Wendel nach unten abgeschirmt werden? Worauf muß man beim Einsetzen der Biluxlampe in den Scheinwerfer achten?
4. In einem Wölbspiegel sieht man mehr als in einem gleich großen ebenen Spiegel. Trotz dieses Vorteils birgt die Verwendung von Wölbspiegeln als Rückspiegel für Fahrzeuge Gefahren in sich. Warum? Wie schätzt man die Entfernung ein, wenn das Bild verkleinert ist?

Basiswissen Optik (I)

Sehvorgang

Licht wird in *Lichtquellen* erzeugt und gelangt von dort direkt oder nach Reflexion an beleuchteten Körpern in unser Auge. Das einfallende Licht reizt das Auge. Wir nehmen den Körper, von dem das Licht kommt, wahr. Das Licht selbst ist unsichtbar. ↑ S. 13f

Lichtausbreitung

In einheitlichen Stoffen breitet sich Licht geradlinig aus. Man kann deshalb den Lichtweg mit geometrischen Strahlen beschreiben. Man nennt sie *Lichtstrahlen.* Im Versuch verwendet man schmale Lichtbündel, um den Strahlenverlauf sichtbar zu machen. ↑ S. 15f

Lichtgeschwindigkeit

Licht breitet sich unvorstellbar schnell aus: Es legt in Luft oder im Weltraum in 1 Sekunde etwa 300000 km zurück. Mit der gleichen Geschwindigkeit können auch Nachrichten durch das Licht übertragen werden. ↑ S. 17f

Schatten

Hinter lichtundurchlässigen Körpern entstehen Schatten, wenn diese beleuchtet werden. Der Schattenbereich kann mit Hilfe von Lichtstrahlen konstruiert werden. Bei einer punktförmigen Lichtquelle ist der Schatten scharf begrenzt. Bei mehreren Punktlichtquellen gibt es verschieden helle Schattenbereiche. Flächenhafte Lichtquellen erzeugen Schatten mit unscharfen Rändern. ↑ S. 22f

Lochkamera

Das Bild auf der Mattscheibe setzt sich aus lauter Lichtflecken in der Form der Kameraöffnung zusammen. Es steht auf dem Kopf und ist seitenverkehrt. ↑ S. 18f

Abbildungsmaßstab:

$$A = \frac{B}{G}$$

Abbildungsgesetz:

$$\frac{B}{G} = \frac{b}{g}$$

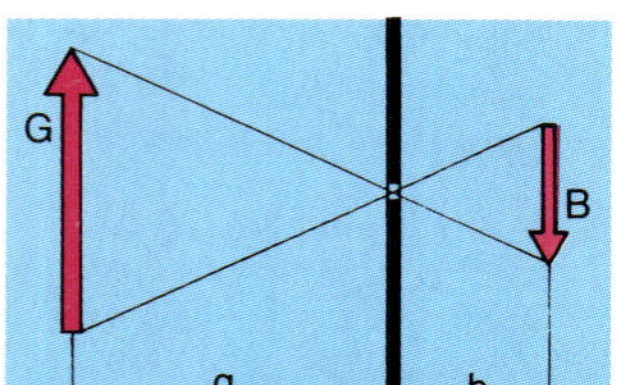

Abb. 1

Mondphasen und Finsternisse

Die veränderliche Gestalt des Mondes wird durch seine wechselnde Stellung bezüglich Erde und Sonne verursacht. Nur bei *Mondfinsternissen* taucht er in den Erdschatten ein. Dies ist auch nur dann möglich, wenn Vollmond herrscht. *Sonnenfinsternisse* treten nur bei Neumond auf. Dann kann das Schattenbild des Mondes auf die Erdoberfläche treffen. ↑ S. 23f

Lichtstärke und Beleuchtungsstärke

Das von einer Lichtquelle in eine bestimmte Richtung abgestrahlte Licht bestimmt deren *Lichtstärke* (Einheit: 1 Candela). Die Helligkeit beleuchteter Flächen wird durch die *Beleuchtungsstärke* angegeben (Einheit: 1 Lux). Die Beleuchtungsstärke hängt von der Lichtstärke der verwendeten Lichtquelle, ihrem Abstand und vom Auftreffwinkel des Lichts ab. ↑ S. 20f

Reflexionsgesetz

Einfallender und reflektierter Strahl liegen mit dem Einfallslot in einer Ebene. Einfallswinkel und Reflexionswinkel sind gleich groß: $\alpha = \alpha'$. Bei der Reflexion ist der Lichtweg umkehrbar. ↑ S. 26f

Bild am ebenen Spiegel

Die rückwärtige Verlängerung aller Strahlen, die von einem Gegenstandspunkt P ausgehen, schneiden sich im Bildpunkt P′. Die Strecke $\overline{PP'}$ steht senkrecht auf der Spiegelfläche und wird durch sie halbiert (Abb. 2). Für das Auge scheinen die Lichtstrahlen von P′ herzukommen. Es sieht an der Stelle P′ das *virtuelle Bild* von P. ↑ S. 25f

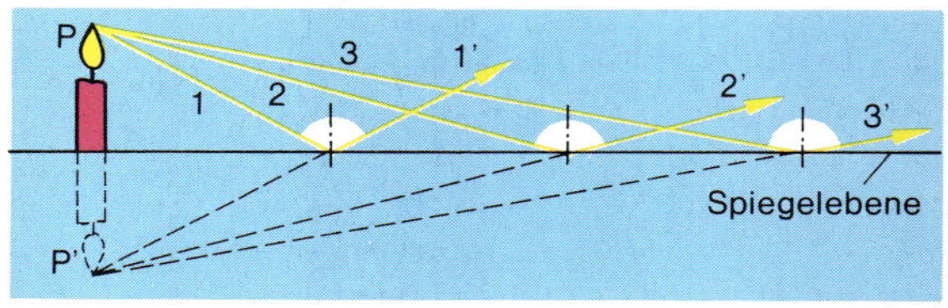

Abb. 2

Hohlspiegel

Bei kugelförmigen Hohlspiegeln verlaufen achsenparallel einfallende Lichtstrahlen nach der Reflexion ungefähr durch einen Punkt, den *Brennpunkt.* Exakt gilt dies für Parabolspiegel. Beim Kugelspiegel ist die *Brennweite* halb so groß wie der Krümmungsradius des Spiegels. Wegen der Umkehrbarkeit des Lichtwegs verlassen Strahlen, die durch den Brennpunkt gehen, den Hohlspiegel achsenparallel. Hohlspiegel verwendet man als Reflektoren in Scheinwerfern und Sonnenöfen sowie zur Bilderzeugung in Spiegelfernrohren (S. 60) und Vergrößerungsspiegeln. ↑ S. 29f

Hohlspiegelbilder

Beim Hohlspiegel beobachtet man vergrößerte, aufrechte und seitenrichtige *virtuelle Bilder,* wenn sich der Gegenstand *innerhalb* der Brennweite befindet. Steht er *außerhalb,* so wird ein *reelles Bild* erzeugt. Es steht auf dem Kopf und ist seitenverkehrt. ↑ S. 29f

Wölbspiegel

Wölbspiegel tragen die spiegelnde Fläche außen. Wölbspiegelbilder sind immer virtuell, verkleinert, aufrecht und seitenrichtig. ↑ S. 31

3 Brechung und Dispersion

3.1 Lichtbrechung

Fischfang mit Pfeil und Bogen

Urwaldindianer in Brasilien sind äußerst geschickt im Umgang mit Pfeil und Bogen. Es gelingt ihnen sogar, Fische auf diese Weise zu erjagen (Abb. 3). Wie muß der Indianer zielen, wenn er den Fisch treffen will? – „Natürlich auf den Fisch", wird jeder unverzüglich sagen. Daß diese Antwort vorschnell gegeben wurde, zeigt uns der folgende Versuch.

Versuch 1: Ein Glastrog wird mit Wasser gefüllt. Auf den Boden wird ein Gegenstand gelegt, der den Fisch darstellen soll. Durch ein Glasrohr zielt man zunächst auf den „Fisch" und befestigt es in dieser Stellung (Abb. 4a). Läßt man einen geraden Draht als Pfeil durch das Glasrohr fallen, so geht der „Schuß" vorbei. Er liegt zu hoch (Abb. 4b). Um den „Fisch" zu treffen, hätte man etwas tiefer zielen müssen.

Wie ist dieses überraschende Ergebnis zu erklären? Wir müssen herausfinden, auf welchem Weg die Lichtstrahlen vom Gegenstand ins Auge gelangen. Da Licht sich in Luft geradlinig ausbreitet, kann es nur von der Stelle A der Wasseroberfläche aus durch das Glasrohr ins Auge fallen (Weg 1 Abb. 4c). Wenn wir annehmen, daß sich das Licht auch im Wasser geradlinig ausbreitet, so gelangt es aber nur auf dem Weg 2 zur Stelle A. Das Auge sieht den Gegenstand aber in der rückwärtigen Verlängerung des Lichtwegs 1 (Abb. 4d).

Wenn unsere Überlegung richtig ist, dann müssen Lichtstrahlen beim Übergang von Wasser in Luft abknicken. Wir überprüfen dies im Versuch.

Versuch 2: Wir richten ein Lichtbündel von unten so gegen die Wasseroberfläche, daß es den Gegenstand gerade streift und das austretende Lichtbündel in das Glasrohr fällt. Der Lichtweg in Wasser wird durch Fluoreszein, im Glasrohr durch etwas eingestreuten Kreidestaub sichtbar gemacht.

Beobachtung: Auch im Wasser verläuft das Lichtbündel geradlinig. Beim Übergang von Wasser in Luft knickt es aber ab. Wir sagen: die Lichtstrahlen werden **gebrochen.** Unsere Vermutung wurde also bestätigt (Abb. 5).

Gilt das auch, wenn das Licht von Luft ins Wasser eintritt? Ist auch bei der **Brechung des Lichts** wie bei der Reflexion der Lichtweg umkehrbar?

Versuch 3: Wir schicken ein Lichtbündel von oben durch das Glasrohr. Es trifft den Gegenstand am Boden des Glastrogs.

Ergebnis: Auch bei der Brechung ist der Lichtweg umkehrbar.

Abb. 3 Urwaldindianer beim Fischfang

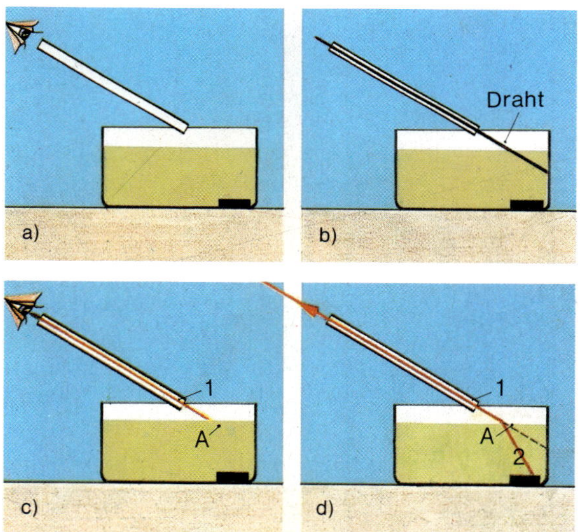

Abb. 4 Zu Versuch 1

Abb. 5 Lichtstrahlen werden an der Wasseroberfläche gebrochen

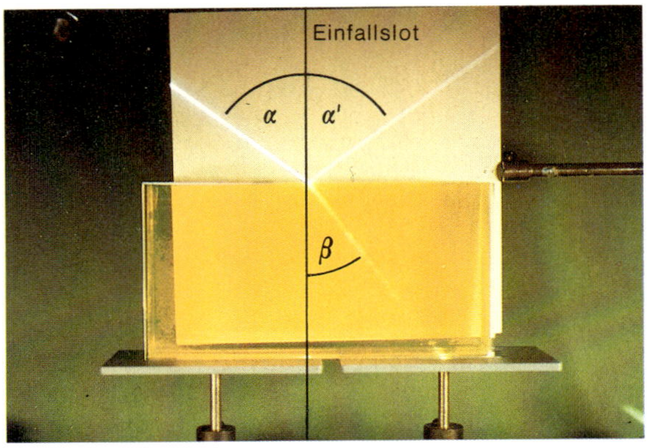

Abb. 1 Zu Versuch 4

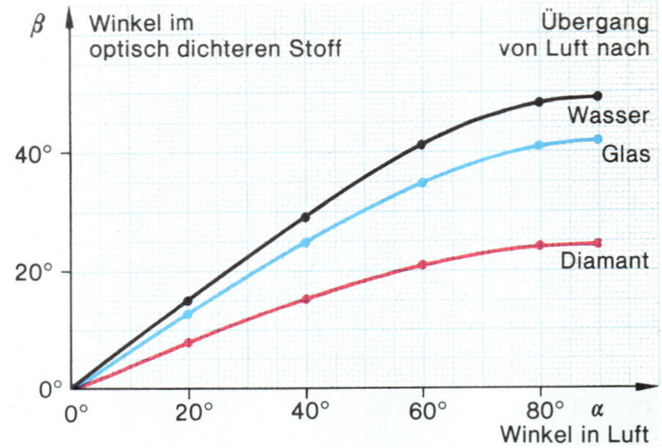

Abb. 2 Zusammenhang zwischen Einfalls- und Brechungswinkel

Versuch 4: Ändern wir die Neigung des einfallenden Lichtbündels, so ändert sich auch die Neigung des gebrochenen Lichtbündels. Bei senkrechtem Einfall beobachten wir keine Brechung. In allen Fällen wird das Licht nicht nur gebrochen, sondern zum Teil auch an der Wasseroberfläche reflektiert (Abb. 1). Das Licht dringt also nur teilweise ins Wasser ein.

Der Winkel, den der einfallende Strahl mit dem Einfallslot bildet, heißt **Einfallswinkel.** In Abb. 1 ist er mit α bezeichnet. Der Winkel zwischen Lot und gebrochenem Strahl heißt **Brechungswinkel** (β in Abb. 1). Wir stellen weiter fest:

- Der Lichtstrahl wird beim Eintritt von Luft in Wasser stets zum Einfallslot *hin* gebrochen.
- Je größer der Einfallswinkel, desto größer ist die Richtungsänderung des Lichtstrahls im Wasser.
- Je flacher der Lichtstrahl auf die Wasseroberfläche trifft, um so kräftiger wird der reflektierte Anteil und um so schwächer der gebrochene Strahl.
- Einfallender, reflektierter und gebrochener Strahl liegen in einer Ebene senkrecht zur Wasseroberfläche. In dieser Ebene liegt auch das Einfallslot, das wir uns im Auftreffpunkt des Lichtstrahls auf der Grenzfläche zwischen beiden Stoffen errichtet denken.

Tabelle 1: Lichtbrechung beim Übergang

von Luft Einfallswinkel in Grad	in Wasser	in Glas	in Diamant
	Brechungswinkel in Grad		
0	0	0	0
20	15	13	8
40	29	25	15,5
60	41	35	21
80	48	41	24
ca. 90	49	42	24,5

Wir messen Einfalls- und Brechungswinkel

Ähnlich wie beim Übergang von Luft in Wasser verhält sich das Licht beim Übergang von Luft in andere durchsichtige Stoffe wie Glas, Plexiglas oder Flüssigkeiten wie Alkohol und Schwefelkohlenstoff. Besonders einfach sind die Richtungsänderungen von Luft in Glas zu messen.

Versuch 5: Ein flacher Halbzylinder aus Glas wird an der optischen Scheibe befestigt (Abb. 3). Der senkrecht auftreffende Lichtstrahl erfährt weder beim Eintritt noch beim Austritt aus dem Glaskörper eine Ablenkung. Durch Drehen der Scheibe läßt sich der Einfallswinkel ändern. Einfalls- und Brechungswinkel werden abgelesen. Die Werte sind in Tabelle 1 zusammen mit entsprechenden Meßergebnissen für Wasser und Diamant angegeben. Abb. 2 zeigt die gleichen Meßwerte in einem Koordinatensystem als Punkte dargestellt.

Mit wachsendem Einfallswinkel vergrößert sich der Brechungswinkel immer weniger. Der Brechungswinkel wächst also nicht im gleichen Verhältnis wie der Einfallswinkel. Wir verbinden die Meßpunkte durch eine Kurve. Damit sind wir in der Lage, zu beliebigen Einfallswinkeln die zugehörigen Brechungswinkel zu bestimmen und umgekehrt. Wir lesen so z. B. für den Übergang Luft–Wasser und den Einfallswinkel 35° einen Brechungswinkel von 25,5° ab.

Läßt man einen Lichtstrahl unter *gleichem Einfallswinkel* aus Luft auf die ebene Grenzfläche von Wasser, Glas und anderen Stoffen fallen, so ergeben sich *verschiedene Brechungswinkel.* Man ordnet z. B. die Stoffe Diamant, Bleiglas, Plexiglas, Ben-

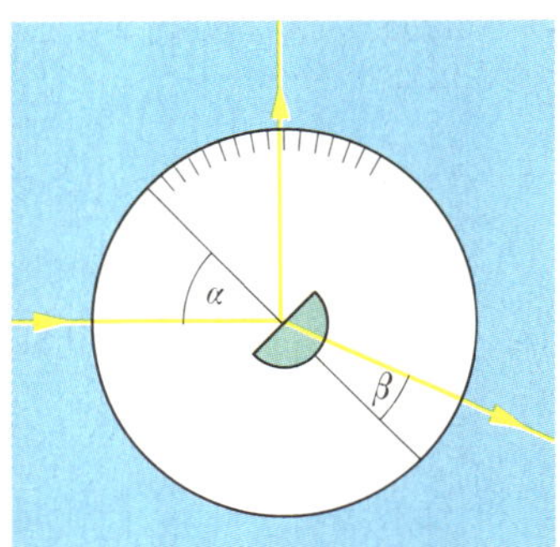

Abb. 3 Messung von Einfalls- und Brechungswinkel an der optischen Scheibe

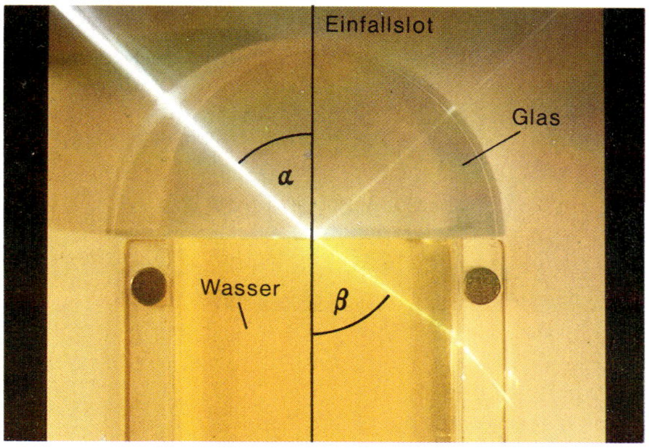

Abb. 4 Übergang des Lichts von Glas in Wasser

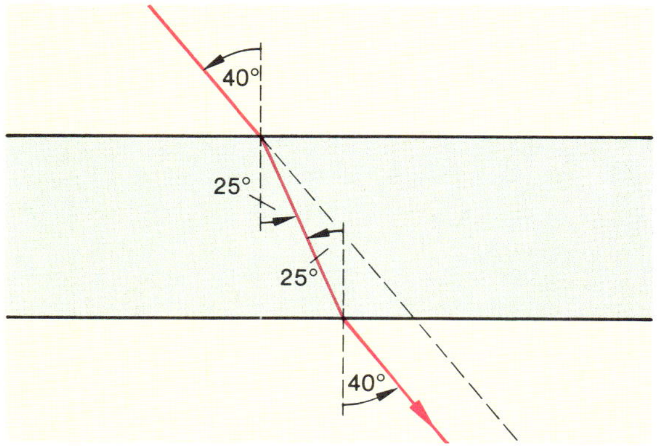

Abb. 5 So geht Licht durch eine Glasplatte

zol, Wasser nach der Größe des Brechungswinkels. Den Stoff mit dem *kleineren Brechungswinkel* nennt man *optisch dichter*. So ist z. B. Glas optisch dichter als Wasser.

Was geschieht, wenn Licht nicht von Luft, sondern von einem anderen Stoff in Wasser übertritt? Wir untersuchen dies für den Übergang Glas → Wasser.

Versuch 6: Wir befestigen dazu wieder einen Halbzylinder aus Glas auf einer optischen Scheibe und tauchen diese wie in Abb. 4 zur Hälfte in Wasser. Dann lassen wir ein schmales Lichtbündel schräg zur Grenzfläche Glas–Wasser einfallen.

Ergebnis: Beim Übergang vom Glas ins Wasser wird das Lichtbündel vom Einfallslot *weg* gebrochen.

Wegen der Umkehrbarkeit des Lichtwegs muß das Licht beim Übergang von Wasser in Glas zum Lot hin gebrochen werden.

Wenn man entsprechende Versuche mit anderen Stoffpaaren durchführt, bestätigt sich immer wieder:

Beim Übergang von einem optisch dünneren in den optisch dichteren Stoff wird das Licht stets zum Lot hin gebrochen; beim Übergang vom optisch dichteren in den optisch dünneren Stoff dagegen vom Lot weg.

Mit den Ergebnissen unserer Messung können wir den Weg der Lichtstrahlen beim Durchgang durch durchsichtige Körper jetzt konstruieren.

Beispiel: Fensterscheiben sind **planparallele Platten** aus Glas. Sie haben zwei parallele, ebene Grenzflächen. In Abb. 5 trifft ein Lichtstrahl unter dem Einfallswinkel 40° auf die obere Fläche der Glasscheibe. Nach Tabelle 1 beträgt der Brechungswinkel dann 25°. Weil die untere Fläche parallel zur oberen ist, trifft der Lichtstrahl dort unter dem Einfallswinkel 25° auf. Der Brechungswinkel beträgt jetzt 40° (Umkehrung des Lichtwegs).

Der Lichtstrahl wird beim Durchgang durch eine planparallele Platte nur *parallel verschoben*, ändert aber nicht seine Richtung. Bei dünnen Fensterscheiben bemerken wir diese Parallelverschiebung meistens gar nicht.

Totalreflexion

Abb. 2 zeigt uns, daß beim Übergang des Lichts von Wasser in Luft bei einem Winkel von ca. 49° im Wasser der Winkel in Luft 90° beträgt. Größer kann der Winkel in Luft nicht werden. Vergrößert man jedoch den Einfallswinkel im Wasser über 49° hinaus, so kann kein Licht mehr in die Luft austreten, es wird vollständig an der Wasseroberfläche reflektiert (Abb. 6). Diese Erscheinung heißt **Totalreflexion** des Lichts.

Wenn Licht von einem optisch dichteren in einen optisch dünneren Stoff übergeht, kann Totalreflexion erfolgen. Der Einfallswinkel, bei dessen Überschreitung die Totalreflexion eintritt, heißt Grenzwinkel der Totalreflexion.

Der Grenzwinkel beträgt für die Grenzfläche Wasser–Luft 48,5° und für die Grenzfläche Glas–Luft 42°. Auch bei der Totalreflexion gilt das Reflexionsgesetz.

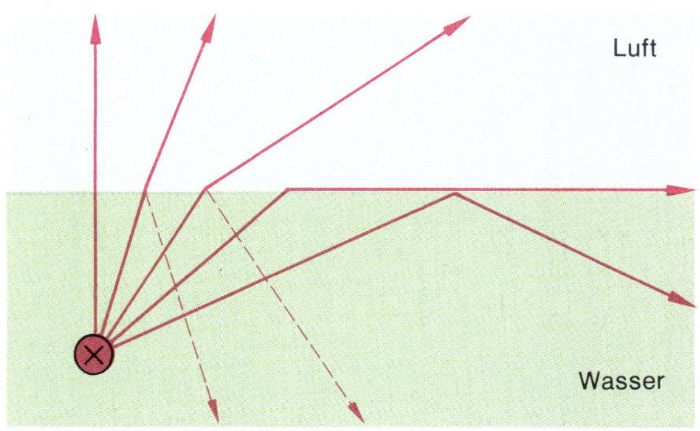

Abb. 6 Beim Grenzwinkel geht die unvollständige Reflexion in Totalreflexion über

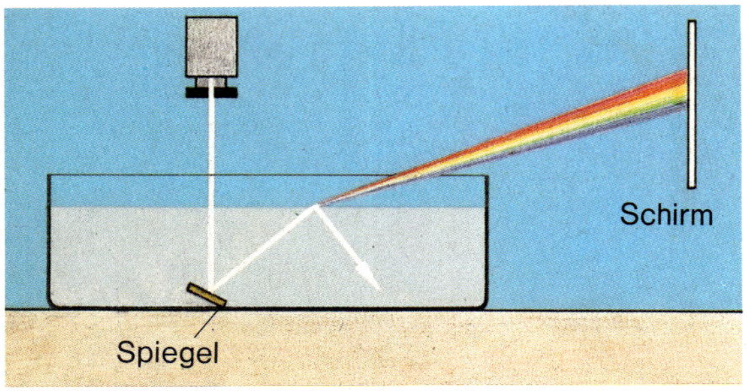

Abb. 1 Dispersion des Lichts beim Austritt aus dem Wasser

Farbiges Licht durch Brechung

Versuch 7: Ein senkrecht auf eine Wasseroberfläche auftreffendes Lichtbündel wird unter Wasser von einem drehbaren Spiegel reflektiert und trifft die Wasseroberfläche von unten (Abb. 1). Wir stellen den Spiegel so ein, daß das Licht nahezu streifend aus dem Wasser austritt, auf einem in das austretende Lichtbündel gehaltenen Schirm zeigt sich ein farbiges Band in den Regenbogenfarben.

Das ursprünglich „weiße" Lichtbündel wird also beim *Verlassen* des Wassers aufgefächert. Das rote Licht wird dabei weniger stark abgelenkt als das blaue. Man nennt diese Erscheinung **Farbzerstreuung** oder **Dispersion des Lichts** (dispergere, lat. = ausstreuen).

Versuch 8: Wir kehren den Lichtweg des vorangehenden Versuchs um und stellen den Spiegel so ein, daß der gebrochene Strahl senkrecht auf die Seitenwand trifft und ungebrochen austritt (Abb. 2). Wieder beobachten wir ein Farbband auf dem Schirm. Die Farbfolge ist die gleiche wie in Versuch 9.

Da bei der Reflexion am Spiegel keine Dispersion auftritt und das austretende Bündel nahezu ungebrochen das Wasser verläßt, kann die Farbzerlegung diesmal nur beim *Eintritt* in das Wasser erfolgt sein.

Bei der Brechung von weißem Licht tritt stets auch Dispersion auf.

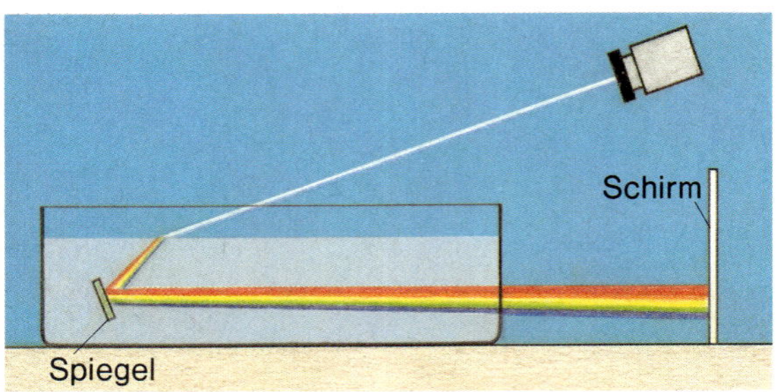

Abb. 2 Dispersion des Lichts beim Eintritt in das Wasser

Aufgaben

1. Führe zu Hause folgenden Versuch durch: Lege auf den Boden eines undurchsichtigen Trinkbechers eine Münze. Visiere nun den Rand des Bechers so an, daß die Münze gerade nicht mehr sichtbar ist. Fülle nun Wasser in den Becher! Was beobachtest du? Erkläre, warum jetzt die Münze angehoben erscheint!
2. Nenne weitere ähnliche Erscheinungen, die auf die Lichtbrechung in Wasser oder Glas zurückzuführen sind!
3. Ein Lichtstrahl fällt aus Luft unter dem Einfallswinkel $\alpha = 45°$ auf die Oberfläche eines durchsichtigen Stoffes und wird unter dem Winkel $\beta = 28°$ gebrochen. Bestimme mit Hilfe von Abb. 2 auf S. 34, um welchen der dort angegebenen Stoffe es sich handelt!
4. Was versteht man unter Totalreflexion?

Übertrage in den Aufg. 5–7 die Zeichnungen in dein Heft (ein Kästchen entspricht 1 cm^2) und löse die gestellten Aufgaben. Benutze Abb. 2 auf S. 34!

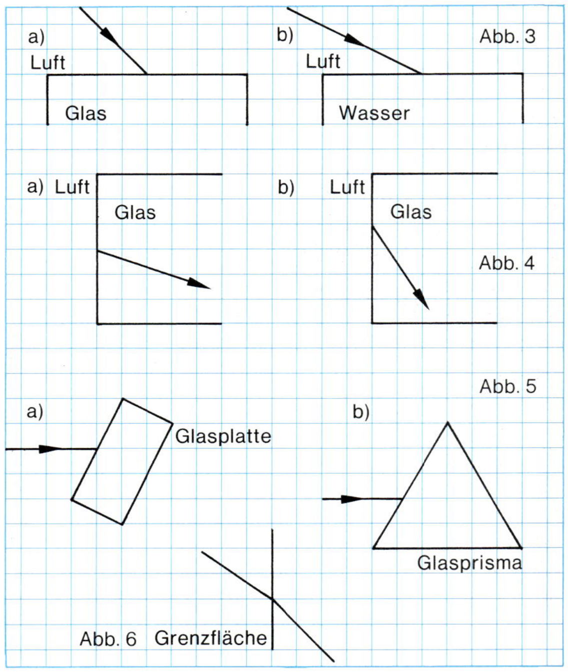

5. Zeichne jeweils den reflektierten und den gebrochenen Strahl! (Abb. 3)
6. Zeichne jeweils den einfallenden Strahl! (Abb. 4)
7. Wo tritt der Lichtstrahl wieder aus dem Glaskörper aus? Wie verläuft er weiter? (Abb. 5)
8. Ein Taucher befindet sich am Boden eines Schwimmbeckens mit völlig ruhiger Wasseroberfläche. Was sieht er, wenn er zur Wasseroberfläche blickt? Wie sieht er die Welt über Wasser?
9. Warum beobachtet man bei hellen Kieselsteinen, die unter Wasser liegen, farbige Ränder?
10. Warum kann man Luftblasen unter Wasser sehen, obwohl Luft doch unsichtbar ist?
11. Abb. 6 zeigt den Weg eines Lichtbündels beim Übergang von Luft nach Glas. Befindet sich das Glas auf der rechten oder der linken Seite der Grenzfläche?

3.2 Brechung, Dispersion und Totalreflexion – Ursache vieler bekannter Erscheinungen

Wie entsteht ein Regenbogen?

Die Natur liefert uns im Regenbogen ein eindrucksvolles Beispiel für die Farbzerlegung (Abb. 7). Regenbögen beobachtet man bekanntlich nur, wenn man die Sonne selbst im Rücken hat. Das Sonnenlicht muß also von den Regentropfen nicht nur gebrochen und in Farben zerlegt, sondern auch in bestimmter Weise reflektiert werden. Wie dies geschieht, wollen wir uns in einem Modellversuch veranschaulichen.

Versuch 9: Als Modell für einen Regentropfen dient uns ein flacher Glaszylinder auf einer optischen Scheibe. Wir lassen ein schmales Lichtbündel zunächst entlang des Durchmessers den Glaszylinder durchdringen. Es geht ungebrochen hindurch. Verschieben wir nun das Lichtbündel parallel zur ursprünglichen Richtung, so trifft es den Zylinder nicht mehr zentral. Wir beobachten jetzt, daß das auftreffende Licht teilweise zurückgeworfen wird. Das am Übergang Glas–Luft reflektierte Licht kann nicht für die Regenbogenfarben verantwortlich sein, da bei der Reflexion keine Dispersion auftritt, es interessiert uns daher nicht weiter. Aber auch das gebrochene Licht wird reflektiert, und zwar an der Rückseite des Zylinders (Übergang Glas–Luft). Auch diese Reflexion ist nicht vollständig, ein Teil des Lichts tritt nach hinten aus. Der Rest wird ein zweites Mal gebrochen und tritt – ebenfalls nur zum Teil – an der Vorderseite des Glaszylinders aus. Das auf diesem Weg reflektierte Lichtbündel ist besonders intensiv und in Farben aufgefächert, wenn das einfallende Bündel den Zylinder an einer ganz bestimmten Stelle trifft (E in Abb. 8a). Das bei R_1 reflektierte Licht tritt dann bei A_1 aus und erzeugt den Farbfächer F_1. Bewegen wir das Auge von links nach rechts durch diesen Farbfächer, so funkelt die Austrittsstelle A_1 nacheinander in den Farben Blau bis Rot.

Abb. 7 Regenbogen

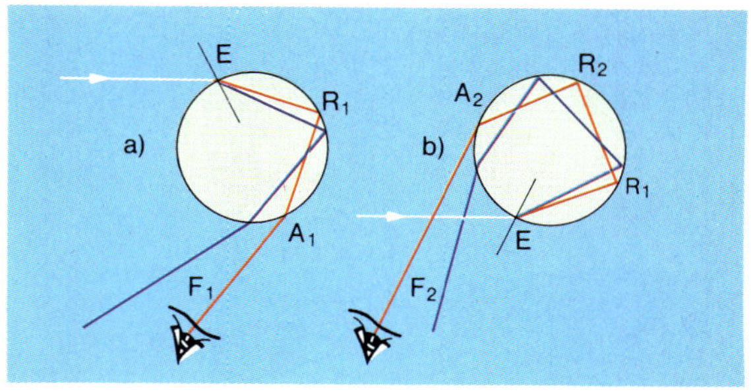

Abb. 8 Verlauf des Lichts im Regentropfen (vereinfacht)

Ein in den unteren Teil des Tropfens eintretendes Lichtbündel wird im umgekehrten Drehsinn reflektiert (Abb. 8b). Auch hier gibt es eine bestimmte Eintrittsstelle E, bei der die Intensität des nach *zweimaliger* Reflexion in R_1 und R_2 bei A_2 austretenden Lichts am größten ist. Bewegen wir das Auge durch den Farbfächer F_2 von links nach rechts, so stellen wir fest, daß die Farbreihenfolge gegenüber F_1 gerade vertauscht ist.

Jeder von der Sonne beschienene Regentropfen erzeugt in der soeben beschriebenen Weise zwei gegenläufige Farbfächer. Das ruhende Auge kann aber von einem Tropfen immer nur eine bestimmte Farbe aus dem Fächer F_1 oder F_2 wahrnehmen. Diese Farbe hängt vom Winkel ab, unter dem der Wassertropfen einem Beobachter bezüglich der Richtung des einfallenden Lichts erscheint. Alle Regentropfen, die ein Beobachter unter gleichem Winkel erblickt, scheinen für ihn auf einem Kreisbogen zu liegen (Abb. 9). Sein Mittelpunkt M befindet sich auf der verlängerten Linie von der Sonne zum Beobachter.

Abb. 9 Haupt- und Nebenregenbogen

Abb. 1 Luftspiegelung über heißem Asphalt

Lichtstrahlen, die in den Regentropfen nur einmal reflektiert werden (Abb. 8a, S. 37), erzeugen den *Hauptregenbogen*. Dort liegt Violett innen und Rot außen. Der rote Ring erscheint unter einem Winkel von ca. 42°.

Lichtstrahlen, die in den Regentropfen zweimal reflektiert werden (Abb. 8b, S. 37), erzeugen den lichtschwächeren *Nebenregenbogen*. Er ist unter einem Winkel von etwa 51° zu beobachten. In ihm ist die Reihenfolge der Farben umgekehrt wie im Hauptregenbogen.

Gekrümmte Lichtstrahlen

Nach sehr starker Sonneneinstrahlung kann man – meist vom Auto aus – beobachten, daß in der Ferne die dunkle Straßendecke plötzlich verschwindet. Sie erscheint dort silbrig glänzend oder regennaß, die Autos spiegeln sich in ihr (Abb. 1). Dennoch ist dort die Straße völlig trocken. Es handelt sich also nicht um eine Reflexion an einer Wasseroberfläche. Ursache ist hier die Brechung des Lichts.

Dicht über der erwärmten Straße kann sich nämlich eine Warmluftschicht bilden. Diese warme Luft ist aber optisch dünner, als die darüberliegende kältere Luft. Die Luftschichten verschiedener Temperatur sind allerdings nicht scharf voneinander getrennt. Der Übergang erfolgt gleichmäßig. Wir wollen daher untersuchen, wie sich ein Lichtstrahl verhält, der durch eine solche Zone sich *stetig verändernder optischer Dichte* verläuft.

Versuch 10: In eine Glaswanne, deren Boden dick mit Kochsalz bedeckt ist, wird mit Fluoreszein gefärbtes Wasser vorsichtig eingefüllt. Nach etwa einem Tag hat sich bei ruhigem Stehen unten mehr Kochsalz gelöst als in der oberen Wasserschicht. Dadurch nimmt aber auch die optische Dichte der Lösung von unten nach oben hin allmählich ab. Schickt man einen aufwärts gerichteten Lichtstrahl durch die bodennahe Schicht, so durchläuft dieser die Salzlösung deutlich sichtbar gekrümmt und verläßt sie abwärts gerichtet (Abb. 3). Das austretende Lichtbündel ist farbig aufgefächert, wie man auf einem Schirm feststellen kann. Ein Beobachter, der in das Lichtbündel blickt, sieht die Lichtquelle nicht nur höher, sondern auch farbig funkelnd, wenn die Flüssigkeit leicht erschüttert wird.

Ergebnis: In dem Gebiet veränderlicher optischer Dichte verändert das Lichtbündel ständig seine Richtung und wird sogar wieder nach unten abgelenkt. Es scheint so, als ob es in der Übergangsschicht reflektiert worden sei. Als Folge der Brechung tritt auch noch Dispersion auf. Ähnlich ist es bei den beschriebenen Luftspiegelungen. Auch dort erfolgt die Ablenkung der Lichtstrahlen in der Zone veränderlicher optischer Dichte.

In Gebieten, in denen sich die optische Dichte allmählich verändert, verlaufen Lichtstrahlen gekrümmt.

Lagert über der kühleren Luftschicht, in der sich der Beobachter befindet, wieder eine heiße, so kann es an deren Grenzschicht zu einer zweiten Spiegelung kommen. Dadurch entstehen aufrechte Spiegelbilder („Fata Morgana“).

Durch die unterschiedliche optische Dichte von Luft verschiedener Temperatur läßt sich auch das *Flimmern* erklären, das man z. B. beobachtet, wenn man aus dem Fenster schaut und die warme Luft vom Heizkörper aufsteigt. In Gebieten wechselnder optischer Dichte wird das Licht gebrochen und reflektiert. Bewegen sich die Luftschichten, so wird das Licht in rasch wechselnde Richtungen abgelenkt. Ein derartiges Flimmern fällt uns auch nachts auf, wenn wir die Sterne betrachten.

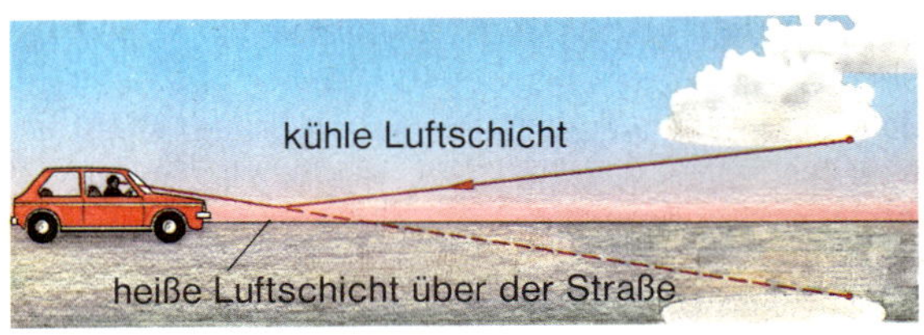

Abb. 2 So entsteht eine Luftspiegelung

Abb. 3 „Krummes“ Lichtbündel

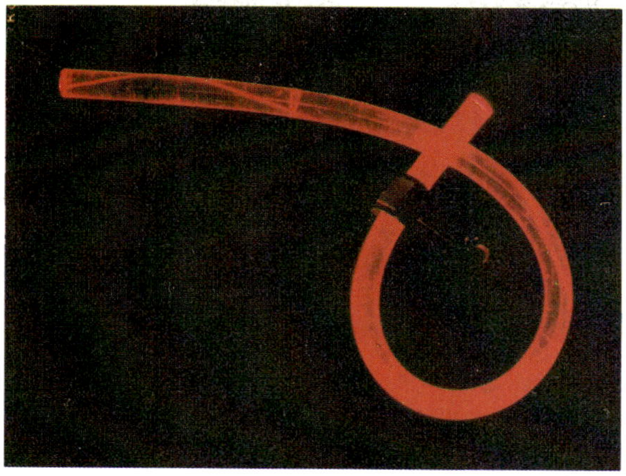

Abb. 4 Ein Plexiglasstab leitet das Licht

Abb. 5 Glasfasern als Lichtleiter

Glasfasern als Lichtleiter

Totalreflexion ermöglicht auf andere Weise, Licht auf gekrümmten Wegen weiterzuleiten. Dies zeigt der folgende Versuch.

Versuch 11: Wir beleuchten einen gebogenen Stab aus Plexiglas an einem Ende. Das Licht wird innerhalb des Stabes weitergeführt und tritt am anderen Ende nahezu ungeschwächt aus. Richten wir einen scharf gebündelten Laserstrahl auf die Stirnfläche des Stabes, so können wir den Weg des Lichtstrahls im Plexiglas verfolgen (Abb. 4).

Wegen des geringen Stabdurchmessers trifft der Lichtstrahl so flach auf die Grenzfläche Plexiglas-Luft, daß er total reflektiert wird. Das Licht kann den Stab daher nicht verlassen und tritt erst nach mehrfacher Totalreflexion am Stabende aus (vgl. Aufg. 4).

Diese Erscheinung macht man sich bei **Lichtleitern** zunutze. Dies sind flexible, aus mehreren hundert oder tausend haarfeiner *Glasfasern* bestehende Lichtleitkabel. Damit bei der gegenseitigen Berührung das Licht nicht von einer Faser in die andere übertreten kann, ist jede Faser von einem wenige tausendstel Millimeter dicken Mantel einer optisch dünneren Glassorte umgeben.

Lichtleiter können auch zur Bildübertragung verwendet werden. Mit ihnen können unzugängliche Stellen beleuchtet und beobachtet werden. Sie finden daher in Medizin und Technik immer häufiger Anwendung. Lichtleitkabel werden auch unser Telefonsystem bald grundlegend verändern. Anstelle von elektrischem Strom in Kupferleitungen wird Licht in Glasfasern zur **Nachrichtenübertragung** benutzt werden. Da über eine einzige Glasfaser *gleichzeitig* bis zu 15000 Telefongespräche geführt werden können, ergeben sich zahlreiche neue Anwendungsmöglichkeiten wie Bildtelefon, Rundfunk- oder Fernsehübertragungen über Kabel. Zugleich kann dadurch der wertvolle und knappe Rohstoff Kupfer auf lange Sicht durch Glas ersetzt werden.

Aufgaben

1. Mit zunehmender Höhe wird die Luft der Atmosphäre optisch dünner. Das hat zur Folge, daß ein Lichtstrahl, der von einem Stern kommt, im allgemeinen gekrümmt verläuft. Erkläre dies mit einer Skizze!
2. Der Stern erscheint uns nicht an seinem wahren Ort, sondern in einer anderen Richtung. Sehen wir ihn höher oder tiefer am Himmel stehen? Gibt es auch Sterne, die wir in der richtigen Position sehen?
3. Langsam erstarrtes Eis auf einer ruhigen Teichoberfläche ist durchsichtig wie Glas. Es wird jedoch weiß wie Schnee, wenn man es fein zerstampft. Warum?
4. Ein Lichtstrahl fällt wie in Abb. 6 auf das Ende eines Glasstabs. Übertrage die Zeichnung ins Heft (1 Kästchen ≙ 1 cm^2) und zeichne den Strahlenverlauf im Inneren des Stabes!
5. Übertrage die Abb. 7a u. b in dein Heft und zeichne den weiteren Strahlenverlauf in den Prismen!
6. In den Abbildungen 8a u. b tritt jeweils von links ein paralleles Lichtbündel in einen Kasten. Welche Vorrichtung kann jeweils das Licht so ablenken, wie es eingezeichnet ist? Zeichne!

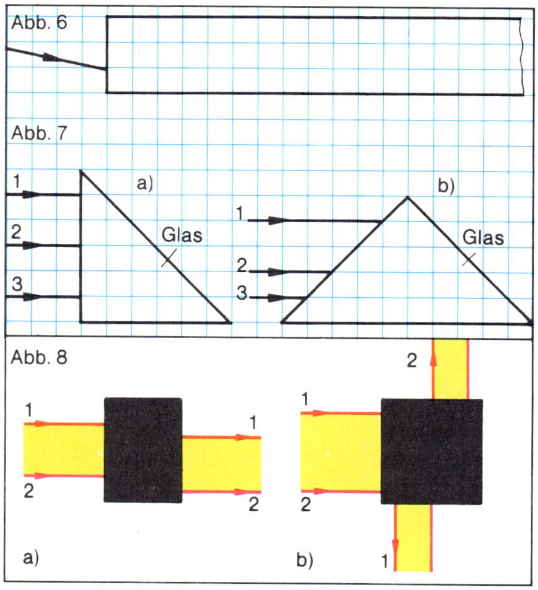

Abb. 1 Bilder durch Glaskugeln

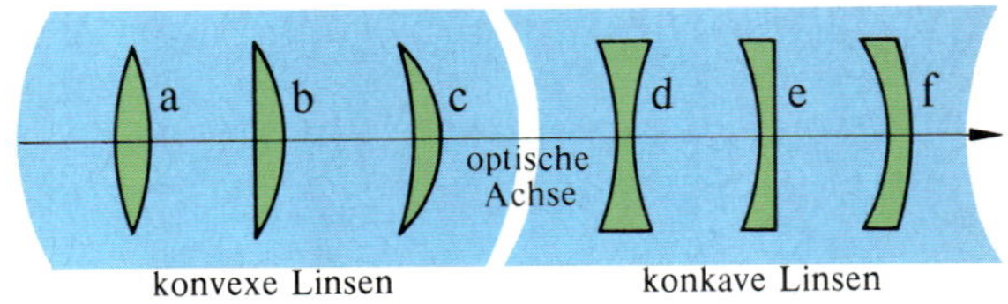

Abb. 2 Linsenformen: a) bikonvex, b) plankonvex, c) konkavkonvex, d) bikonkav, e) plankonkav, f) konvexkonkav

3.3 Optische Linsen

Linsenallerlei

Betrachten wir Gegenstände durch eine Glasscheibe, so bemerken wir meistens nichts von der Brechung des Lichts. Anders dagegen, wenn Licht durchsichtige Körper mit gekrümmten Oberflächen durchdringt. Blicken wir durch eine Glaskugel oder einen wassergefüllten Rundkolben, so beobachten wir je nach Entfernung des Gegenstands vergrößerte oder verkleinerte Bilder (Abb. 1). Ursache dieser Bilder ist die Lichtbrechung an den gekrümmten Grenzflächen. Diese Tatsache macht man sich auch bei den **optischen Linsen** zunutze, die in vielen optischen Geräten wie Brillen, Lupen, Fotoapparaten, Projektoren, Ferngläsern usw. zu finden sind.

Optische Linsen sind durchsichtige Körper mit verschiedenartig gekrümmten Oberflächen.

Sie sind in der Regel aus Glas. Die Linsenoberflächen sind meistens kugelförmig gewölbt. Aber auch die Kombination einer ebenen Begrenzungsfläche mit einer Kugelfläche liefert eine Linse (Abb. 2b und e). Grundsätzlich unterscheidet man zwei Linsenarten:

- Linsen, die in der Mitte dicker sind als außen, heißen **Konvexlinsen** (convexus, lat. = gewölbt).
- Linsen, die in der Mitte dünner sind als außen, heißen **Konkavlinsen** (concavus, lat. = hohl).

Es gibt verschiedene Bauformen von konvexen und konkaven Linsen. In Abb. 2 sind sie im Schnittbild dargestellt. Die eingezeichnete Symmetrieachse der Linsen heißt die **optische Achse.**

Mit Linsen lassen sich wie mit der Glaskugel Bilder von Gegenständen erzeugen. Wir experimentieren zunächst mit einer *Konvexlinse,* die vermutlich jeder schon einmal als „Vergrößerungsglas" benutzt hat.

Versuch 12: Dicht hinter einer Konvexlinse stellen wir eine brennende Kerze auf. Wir erblicken durch die Linse hindurch ein aufrechtes und seitenrichtiges Bild der Kerze, das größer wird, wenn wir die Kerze langsam von der Linse entfernen (Abb. 3). Vergrößern wir den Abstand zwischen Kerze und Linse noch mehr, so wird das Bild unscharf und verschwindet schließlich, dann aber erscheint wieder ein scharfes Bild. Es ist jetzt aber umgekehrt und seitenvertauscht. Es scheint zwischen Linse und Auge im Raum zu schweben. Wir bringen an die Stelle, an der wir das Bild vermuten, eine Mattscheibe und beobachten auf ihr ein scharfes *reelles Bild* der Kerzenflamme (Abb. 4).

Es gelingt uns dagegen nicht, das aufrechte Bild der Kerze, das wir bei geringem Abstand zwischen Kerze und Linse „hinter" der Linse erblicken, auf einer Mattscheibe aufzufangen. Es handelt sich

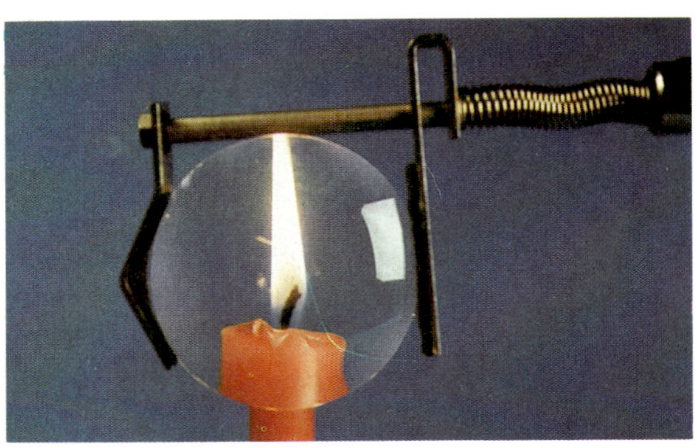

Abb. 3 Virtuelles Bild der Kerze

Abb. 4 Reelles Bild der Kerze

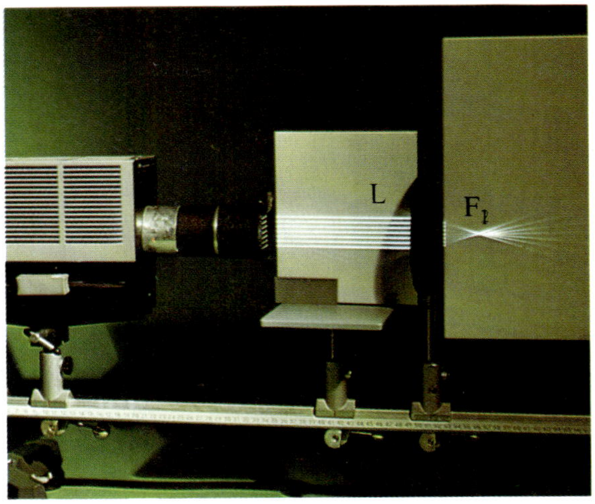

Abb. 5 Parallelstrahlen vereinigen sich im Brennpunkt der Konvexlinse

also dabei, ähnlich wie bei den Bildern am ebenen Spiegel, um ein *virtuelles Bild*.

Mit Konvexlinsen lassen sich reelle und virtuelle Bilder erzeugen.

Was sind Sammellinsen?

Wir wollen nun prüfen, ob sich mit Hilfe des Strahlenmodells auch erklären läßt, wie und wo die Bilder bei einer Konvexlinse entstehen. Dazu untersuchen wir zuerst, wie Lichtstrahlen von Konvexlinsen abgelenkt werden. In unseren Experimenten ersetzen wir die Lichtstrahlen wieder durch schmale Lichtbündel.

Versuch 13: Wir erzeugen mit einer Experimentierlampe und einer Blende mit mehreren Schlitzen parallele Lichtbündel und lassen sie parallel zur optischen Achse auf eine Konvexlinse treffen. Die Lichtstrahlen werden so gebrochen, daß sie hinter der Linse durch einen gemeinsamen Punkt auf der optischen Achse verlaufen (Abb. 5).

Dieser Punkt heißt **Brennpunkt** F der Linse. Richten wir das Parallellichtbündel aus der entgegengesetzten Richtung auf die Linse, so treffen sich die gebrochenen Strahlen wiederum in einem Punkt auf der anderen Seite der Linse. Eine Konvexlinse besitzt also *zwei* Brennpunkte F_1 und F_2. Sie liegen auf der optischen Achse.

Mit unseren Kenntnissen über die Lichtbrechung können wir diese Eigenschaft der Konvexlinse erklären.

Beispiel: Ein von A kommender Strahl trifft bei B unter dem Winkel $\alpha_1 = 27°$ auf die Grenzfläche Luft–Glas. Er wird *zum Einfallslot hin* gebrochen (Abb. 6). Den Brechungswinkel $\beta_1 \approx 17{,}3°$ entnehmen wir Abb. 2 auf S. 34. Das Lot verläuft durch B und den Krümmungsmittelpunkt M_1 der linken Kugelfläche der Linse (Die Strecke $\overline{BM_1}$ heißt Krümmungsradius). Dann trifft der Strahl bei C unter dem Winkel $\beta_2 \approx 32°$ auf die Grenzfläche Glas–Luft. Dort wird er unter dem Winkel $\alpha_2 \approx 54°$ *vom Lot weg* gebrochen und schneidet die optische Achse in F_1. Die Ablenkung durch die Brechung erfolgt in beiden Fällen im *gleichen Sinn*.

Natürlich haben wir damit noch nicht gezeigt, daß *alle* achsenparallel einfallenden Strahlen durch F_1 verlaufen, dies können wir aber glaubhaft machen, wenn wir den Verlauf weiterer Strahlen konstruieren.

Wegen der Umkehrbarkeit des Lichtwegs müssen Lichtstrahlen, die durch den Brennpunkt der Linse verlaufen, diese als Parallelstrahlen verlassen. Das haben wir bereits in Versuch 13 ausgenutzt. In der Experimentierleuchte sitzt vor der Glühlampe (Punktlichtquelle) eine Konvexlinse. Die Glühlampe kann im Lampengehäuse verschoben werden. Befindet sich die Wendel der Lampe genau im Brennpunkt der Linse, so wird ein paralleles Lichtbündel erzeugt (Abb. 7). Wir erkennen auch hier, daß die Lichtstrahlen um so stärker abgelenkt werden, je schräger sie auf die Linse auftreffen.

Welchen Einfluß hat die Form der Konvexlinse auf den Strahlenverlauf?

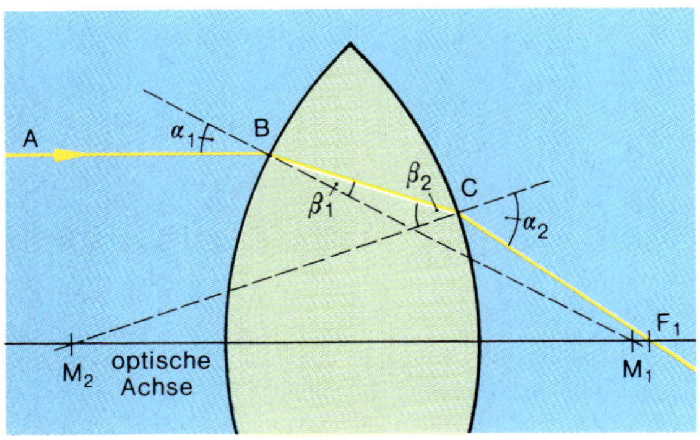

Abb. 6 So geht ein Lichtstrahl durch die Konvexlinse

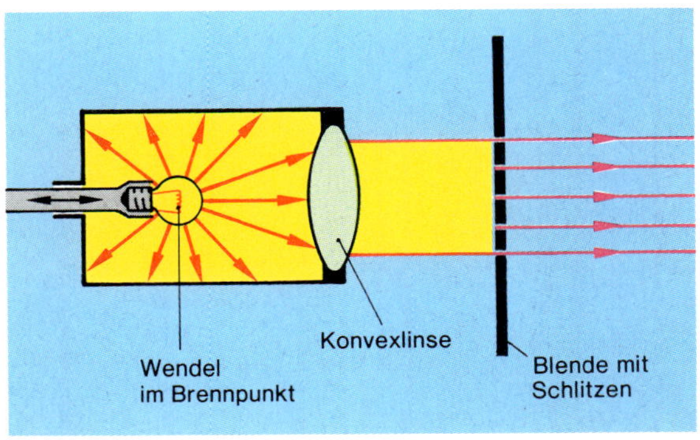

Abb. 7 Erzeugung paralleler Lichtbündel

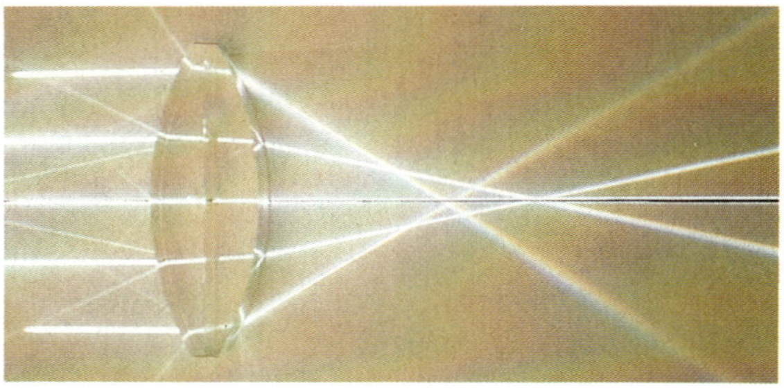

Abb. 1 Randstrahlen schneiden die optische Achse näher bei der Linse als achsennahe Strahlen

Versuch 14: Wir bringen nacheinander verschiedene Arten von Konvexlinsen in das Parallellichtbündel wie im Versuch 13.

Ergebnis: Alle Konvexlinsen zeigen ähnliches Verhalten. Achsenparallel einfallende Strahlen verlaufen hinter der Linse durch einen gemeinsamen Punkt, den Brennpunkt, allerdings hängt die Lage des Brennpunkts von der Form der Linse ab.

Konvexlinsen „sammeln" achsenparallele Strahlen im Brennpunkt. Man nennt sie deshalb Sammellinsen.

Da dies unabhängig von der speziellen Art der Linse geschieht, betrachten wir im folgenden nur noch bikonvexe Sammellinsen.

Auch Linsen machen Fehler

Wenn wir bei den Versuchen 13 und 14 genau beobachten, stellen wir fest, daß Lichtstrahlen, die die Sammellinse am Rand durchsetzen, nicht exakt durch den Brennpunkt verlaufen. Wir untersuchen dies jetzt näher, indem wir Versuch 13 an der optischen Scheibe mit einem Schnittmodell einer Sammellinse nachstellen (Abb. 1).

Versuch 15: Wieder treffen achsenparallele Lichtbündel auf die Linse. Die Randstrahlen schneiden sich näher bei der Linse als achsennahe Strahlen. Außerdem sind sie stärker in Farben aufgefächert, wobei sich die blauen Strahlen näher bei der Linse treffen als die roten.

Wie wir in Abb. 1 erkennen, werden die Randstrahlen viel stärker aus ihrer ursprünglichen Richtung abgelenkt als achsennahe Strahlen. Das ist der Grund für die stärkere Dispersion und die Abweichung vom gemeinsamen Brennpunkt der achsennäheren Strahlen.

Erzeugt man mit einer Sammellinse das Bild eines Gegenstandes, so machen sich diese Abweichungen als Bildunschärfen und farbige Ränder an den Konturen des Gegenstandes bemerkbar. Solche *Abbildungsfehler* lassen sich weitgehend vermeiden, wenn man die Randstrahlen durch eine Lochblende abschirmt. Bei unseren weiteren Untersuchungen der Linseneigenschaften wollen wir stets annehmen, daß dies der Fall ist.

In optischen Geräten, in denen es auf besonders gute Abbildungseigenschaften ankommt, verwendet man meistens **Linsensysteme.** Durch die Verbindung mehrerer Linsen zu Linsensystemen (Abb. 4, S. 49), insbesondere aber durch das Zusammenkleben von Konvex- und Konkavlinsen verschiedener Glassorten, hat man Sammellinsen konstruiert, bei denen die genannten Abbildungsfehler nicht mehr auftreten.

3.4 Strahlengang in dünnen Sammellinsen

Wir vereinfachen

Aus Versuch 13 wissen wir bereits, daß achsenparallele Strahlen nach zweimaliger Brechung durch den Brennpunkt F der Sammellinse verlaufen. Dies ist in Abb. 2 noch einmal dargestellt. Um den Verlauf der einzelnen Lichtstrahlen zeichnen zu können, müssen wir wie in Abb. 6 auf S. 41 jeweils das Brechungsgesetz zweimal anwenden. Das ist sehr mühsam.

Die Konstruktion des Strahlenverlaufs läßt sich jedoch bei dünnen Linsen vereinfachen. Verlängern wir nämlich wie in Abb. 2 die einfallenden Strahlen vorwärts und die ausfallenden Strahlen rückwärts, so schneiden sich die Verlängerungen in guter Näherung in *einer* Ebene **(Hauptebene),** die

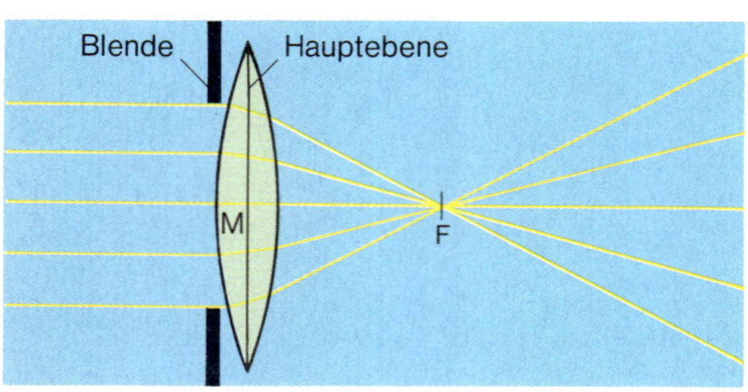

Abb. 2 Brechung achsenparalleler Strahlen in der Sammellinse

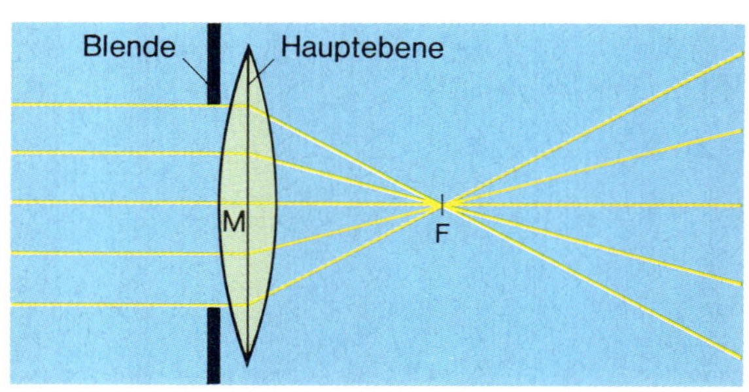

Abb. 3 Vereinfachter Strahlenverlauf in der Sammellinse

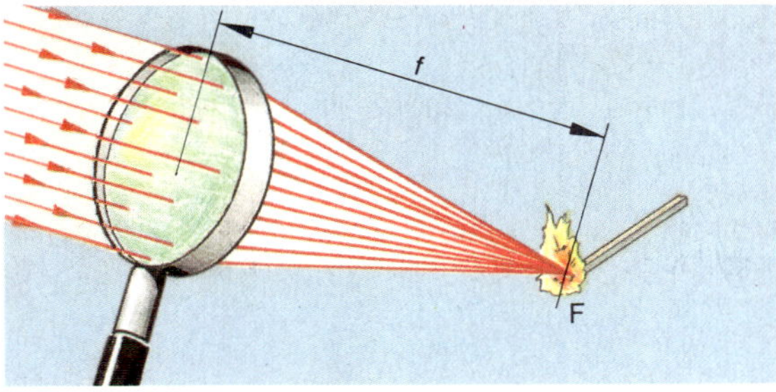

Abb. 4 Ein Streichholz entzündet sich im Brennpunkt einer Sammellinse

hier mit der Mittelebene der Linse zusammenfällt. Das gilt allerdings nicht mehr, wenn die Linse sehr dick ist, also z. B. bei einer Glaskugel, die als Linse benutzt wird.

Bei *dünnen* Sammellinsen dürfen wir aber beim Zeichnen des Strahlenverlaufs wie folgt verfahren: Wir zeichnen den einfallenden Strahl bis zur Hauptebene der Linse durch und lassen ihn erst dort abknicken (Abb. 3). Wir ersetzen somit die zweimalige Brechung des Strahls in Gedanken durch eine einmalige Ablenkung an der Mittelebene.

Dieses vereinfachte Konstruktionsverfahren liefert für dünne Linsen nahezu das gleiche Ergebnis wie die exakte Konstruktion. (Auch auf nichtsymmetrische Linsen, z. B. plankonvexe, läßt sich dieses Verfahren übertragen. Allerdings liegt dann die Ebene, an der die Strahlen abknicken, nicht mehr in der Linsenmitte.) Der Schnittpunkt M der Hauptebene mit der optischen Achse heißt **optischer Mittelpunkt** der Linse.

Es ergibt sich noch ein weiterer Vorteil bei unserem Verfahren: Man muß gar nicht mehr die genaue Form der Linse kennen, um die Strahlen zu zeichnen. Es genügt, die Mittelebene und die Lage des Brennpunkts auf der optischen Achse zu zeichnen. Als einziges Merkmal der Sammellinse muß man daher ihre **Brennweite** f kennen.

Unter der Brennweite f einer dünnen Sammellinse versteht man den Abstand des Brennpunkts von der Hauptebene der Linse.

Je kleiner die Brennweite f einer Linse ist, um so stärker werden die einfallenden Strahlen gebrochen. Um die „Stärke" einer Linse zu beschreiben verwendet man daher häufig den Kehrwert $1/f$ der Brennweite. Man nennt ihn die **Brechkraft der Linse.** Die Brechkraft wird in **Dioptrien** (dpt) gemessen. Der Brennweite 1 m entspricht die Brechkraft 1 dpt, der Brennweite 0,2 m die Brechkraft 5 dpt. Allgemein entspricht der Brennweite $f = \mathrm{x\,m}$ die Brechkraft $\frac{1}{\mathrm{x}}$ dpt. *Brillenstärken* werden in Dioptrien angegeben (vgl. Aufg. 1, S. 48).

Zur Abschätzung der Brennweite einer Sammellinse genügt ein einfacher Versuch: Die Sonne ist so weit von uns entfernt, daß wir ihre Strahlen, die auf eine Sammellinse treffen, als parallel betrachten dürfen. Achsenparallel einfallende Strahlen treffen sich also im Brennpunkt der Linse (Abb. 4).

Wir halten unsere bisher gewonnenen Ergebnisse über den Strahlenverlauf bei Sammellinsen fest:

Achsenparallele Lichtstrahlen werden durch Sammellinsen so gebrochen, daß sie sich in einem Punkt auf der optischen Achse, dem Brennpunkt, schneiden.

Strahlen, die durch den Brennpunkt einer Sammellinse verlaufen (Brennstrahlen), werden nach der Brechung zu achsenparallelen Strahlen.

Was geschieht, wenn die Strahlen schräg auf die Linse treffen? Wir untersuchen dies mit der Anordnung von Versuch 15.

Versuch 16: Parallele Lichtbündel fallen schräg zur optischen Achse auf eine Sammellinse.

Ergebnis: Die Strahlen schneiden sich hinter der Linse in einem Punkt P. Er liegt nicht auf der optischen Achse. Sein Abstand zur Mittelebene der Linse ist jedoch so groß wie die Brennweite (Abb. 5). Man sagt: P liegt in der **Brennebene** der Linse.

Es fällt weiter auf, daß der Strahl durch den optischen Mittelpunkt der Linse, der **Mittelpunktsstrahl,** beim Durchgang durch die Linse seine

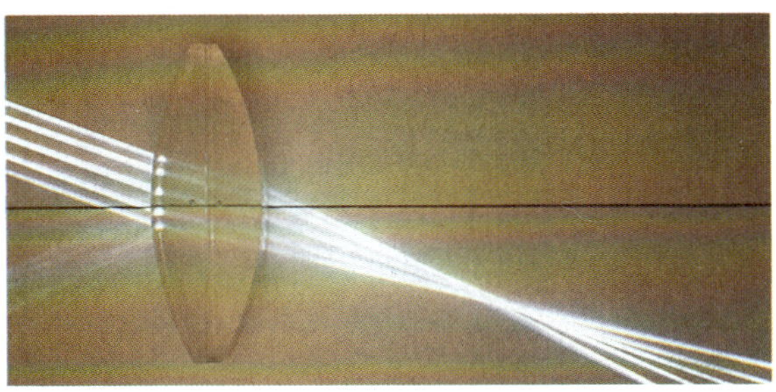

Abb. 5 Parallele Lichtbündel treffen schräg auf eine Sammellinse

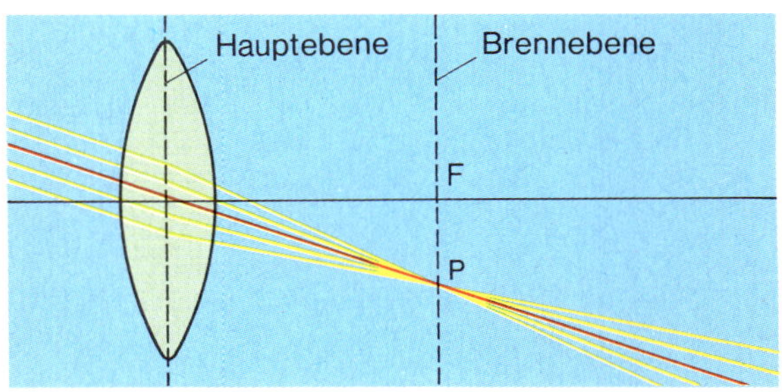

Abb. 6 Konstruktion des Strahlengangs zu Versuch 16

Richtung nicht ändert. Die Linse wirkt für ihn wie eine planparallele Platte. Bei dünnen Linsen dürfen wir die geringe Parallelverschiebung dieses Strahls vernachlässigen (Abb. 1).

Der Mittelpunktsstrahl durchdringt die Sammellinse ohne Richtungsänderung.

Damit läßt sich der Strahlenverlauf gemäß Versuch 16 leicht zeichnen: Der Schnittpunkt der Strahlen liegt dort, wo der Mittelpunktsstrahl die Brennebene schneidet (Abb. 6, S. 43).

Parallele Strahlen, die auf eine Sammellinse fallen, werden so gebrochen, daß sie sich in einem Punkt der Brennebene schneiden.

Aus der Umkehrbarkeit des Lichtwegs folgt ferner:

Strahlen, die von einem Punkt der Brennebene ausgehen, verlassen die Sammellinse parallel.

Wir zeigen dies im Versuch:

Versuch 17: Eine Punktlichtquelle P erzeugt ein divergentes (auseinanderlaufendes) Lichtbündel. Wir bringen sie vor eine Sammellinse.

Die Ergebnisse unserer Beobachtungen sind in Abb. 2 dargestellt:

a) Befindet sich die Lichtquelle dicht vor der Linse, so laufen auch hinter der Linse die Strahlen auseinander, allerdings nicht mehr so stark wie ohne Linse.

b) Befindet sich die Lichtquelle genau in der Brennebene, so entsteht hinter der Linse ein Parallelbündel.

c) Entfernen wir die Lichtquelle noch weiter von der Linse, so entsteht ein konvergentes (zusammenlaufendes) Lichtbündel. Die Strahlen schneiden sich hinter der Linse im Punkt P′.

Mit der letzten Feststellung haben wir eine sehr wichtige Eigenschaft der Sammellinse entdeckt:

Lichtstrahlen, die von einem Punkt ausgehen, dessen Abstand von der Mittelebene der Linse größer als die Brennweite ist, treffen sich nach der Brechung wieder in einem Punkt.

Jetzt verstehen wir auch, warum man mit Sammellinsen reelle Bilder erzeugen kann:

Ein reelles Bild eines Gegenstandspunktes P entsteht dann, wenn Lichtstrahlen, die von P ausgehen, wieder in einem Bildpunkt P′ vereinigt werden.

Dies ist hier der Fall, wenn P weiter als der Brennpunkt von der Linse entfernt ist.

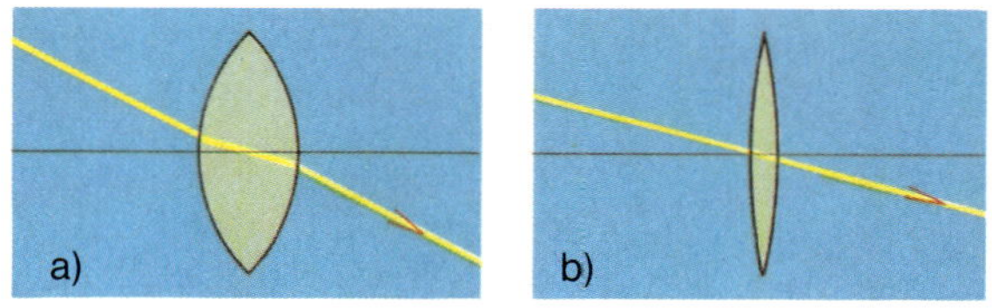

Abb. 1 Mittelpunktsstrahl bei dicker und dünner Sammellinse

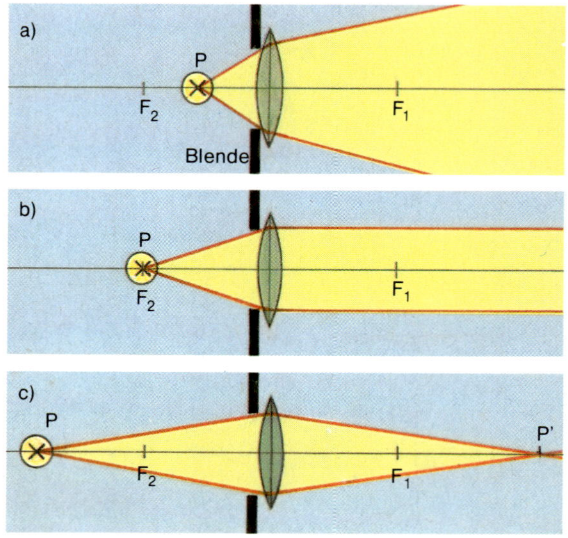

Abb. 2 Ergebnisse von Versuch 17

Wo entsteht das Bild?

Wir erkennen auch einen Zusammenhang zwischen der letzten Feststellung und unseren Beobachtungen in Versuch 12. Dort erhielten wir nur dann ein reelles Bild der Kerze, wenn wir einen bestimmten Mindestabstand zwischen Linse und Kerze einhielten. Mit einer Sammellinse bekannter Brennweite f untersuchen wir dies jetzt genauer.

Versuch 18: Mit der Anordnung von Abb. 3 und einer Sammellinse der Brennweite $f = 10$ cm ermitteln wir jeweils Ort und Größe des reellen Bildes, wenn wir den Abstand des Gegenstands (Leuchtziffer) von der Linse verändern.

Wir machen folgende Beobachtungen:

- Ein reelles Bild entsteht nur dann, wenn sich der Gegenstand außerhalb der Brennweite befindet.
- Je näher der Gegenstand zum gegenstandsseitigen Brennpunkt rückt, um so weiter rückt das Bild von der Linse weg. Dabei wird es immer größer.

Dies läßt sich im Strahlenmodell folgendermaßen erklären: Von jedem Gegenstandspunkt treffen Lichtstrahlen auf die Linse. Sie werden dort so gebrochen, daß sie jenseits der Linse im zugehörigen Bildpunkt zusammenlaufen. In Abb. 4 ist dies für zwei Punkte dargestellt.

Abb. 3 Aufbau zu Versuch 18

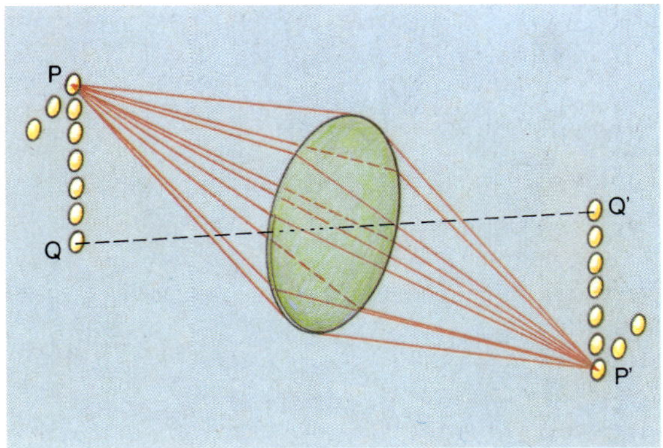

Abb. 4 So entsteht das reelle Bild

Wenn sich *alle* von einem Gegenstandspunkt P ausgehenden und durch die Linse verlaufenden Strahlen im Bildpunkt P′ treffen, so gilt das auch für Strahlen, deren Verlauf wir leicht angeben können. Mit Hilfe dieser **Hauptstrahlen** können wir den Ort von P′ zeichnerisch ermitteln (Abb. 5).

- Der durch P verlaufende **achsenparallele Strahl** geht hinter der Linse durch den Brennpunkt F_1.
- Der **Mittelpunktsstrahl** geht ohne Ablenkung durch die Linse.
- Der **Brennstrahl** durch F_2 verläßt die Linse achsenparallel.

Bereits zwei Hauptstrahlen legen P′ eindeutig fest, der dritte kann zur Überprüfung der Konstruktion dienen.

In Abb. 5 stellen wir den Gegenstand vereinfacht als Pfeil dar. Die Hauptstrahlen lassen wir in der Zeichnung wieder an der Mittelebene der Linse abknicken. Wir müssen also bei der Bildkonstruktion gar nicht die genaue Form und Größe der Linse kennen, lediglich ihre Brennweite muß gegeben sein. Wie für P, so lassen sich für alle Gegenstandspunkte die Bildpunkte konstruieren. Um die Lage und Größe des Bilds zu ermitteln, müssen wir in unserem Fall jedoch nur noch Q′ bestimmen.

Was geschieht aber, wenn die Linse so klein ist, daß gar nicht alle Hauptstrahlen zur Abbildung beitragen (Abb. 6)? Diese Situation tritt z. B. ein, wenn man mit einem Fotoapparat einen Menschen aufnehmen will, der ja viel größer ist als der Linsendurchmesser. Die Erfahrung lehrt uns, daß auch dann ein vollständiges Bild auf dem Film entstehen kann. Auch in diesem Fall dürfen wir zur Konstruktion des Bildes wie in Abb. 5 verfahren. Wegen des kleineren Linsendurchmessers gelangt aber nur ein schmales Lichtbündel durch die Linse. Das Bild ist deshalb *dunkler*. Davon können wir uns in einem Experiment überzeugen, wenn wir in der Versuchsanordnung von Abb. 3 die wirksame Linsenöffnung durch eine zusätzliche Lochblende schrittweise verkleinern oder Teile der Linse mit einem Stück Pappe abdecken. Wir stellen jedesmal fest, daß stets noch ein vollständiges Bild zu sehen ist, allerdings ist seine Helligkeit geringer als bei voller Linsenöffnung.

Unsere Bildkonstruktion veranschaulicht, warum das reelle Bild auf dem Kopf steht und seitenverkehrt ist. Konstruieren wir die Bilder von Gegenständen, die unterschiedlichen Abstand von der Linse haben, so erkennen wir, warum das Bild größer wird, wenn sich der Gegenstand der Linse nähert (Abb. 1, S. 46).

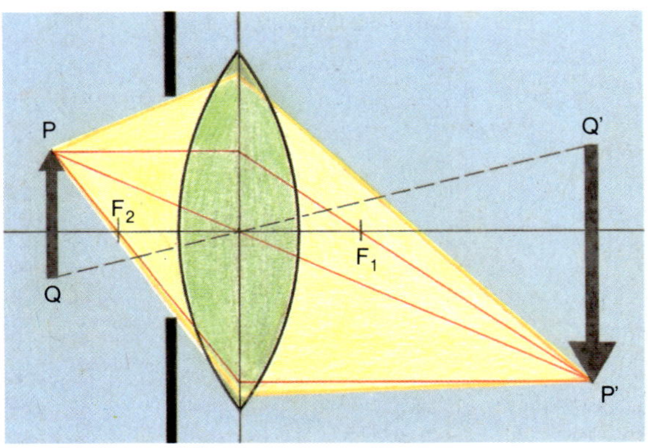

Abb. 5 Konstruktion des Bildpunktes mit den Hauptstrahlen

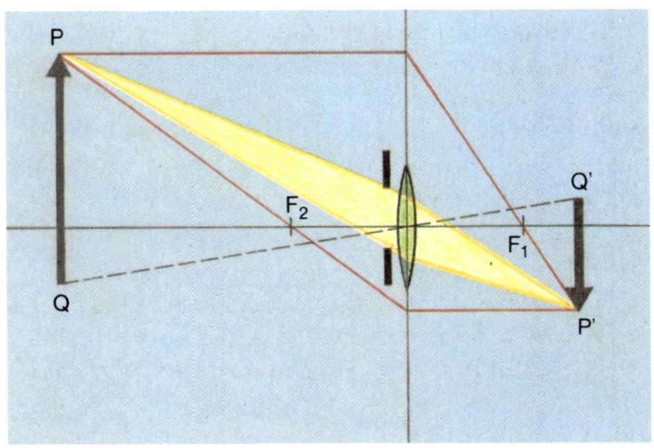

Abb. 6 Auch eine kleine Linse liefert ein vollständiges Bild des Gegenstands

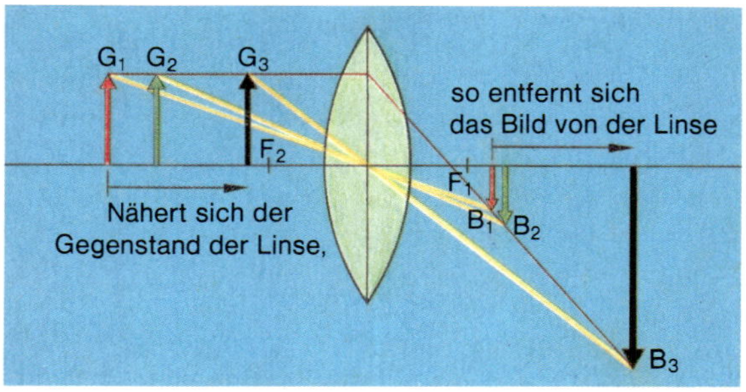

Abb. 1 Je weiter ein Gegenstand von der Linse entfernt ist, um so kleiner ist sein reelles Bild

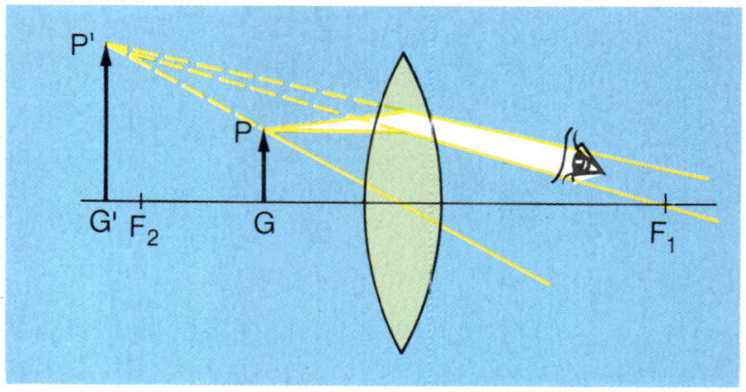

Abb. 2 Virtuelles Bild bei der Lupe

Virtuelle Bilder bei Sammellinsen

Wir wissen bereits, daß kein reelles Bild entsteht, wenn sich der Gegenstand in der Brennebene befindet. Durch eine entsprechende Zeichnung überzeugen wir uns davon, daß in diesem Fall die Strahlen die Linse parallel verlassen. Was geschieht aber, wenn sich der Gegenstand noch dichter bei der Linse befindet?

Halten wir z. B. eine Sammellinse mit $f = 10$ cm im Abstand von etwa 5 cm vor diese Buchseite, so sehen wir durch sie hindurch ein vergrößertes, aufrechtstehendes Bild der Buchstaben. Die Bildkonstruktion für diesen Fall zeigt, daß die vom Gegenstandspunkt P ausgehenden Strahlen nach der Brechung auseinanderlaufen. Ähnlich wie beim Spiegelbild sieht jedoch unser in den Strahlengang gebrachtes Auge im Schnittpunkt P′ der rückwärts verlängerten Strahlen ein virtuelles Bild von P (Abb. 2). Eine so verwendete Sammellinse nennt man auch **Lupe.**

Befindet sich ein Gegenstand innerhalb der Brennweite einer Sammellinse, so sieht ein Beobachter, der durch die Linse blickt, ein vergrößertes und aufrechtstehendes virtuelles Bild des Gegenstands.

3.5 Abbildungsgesetz und Linsenformel

Es geht auch ohne Zeichnung

Mit Hilfe der Hauptstrahlen können wir grundsätzlich jedes Abbildungsproblem bei einer Sammellinse zeichnerisch lösen und Ort und Größe des Bildes konstruieren. Bei großer Entfernung des Gegenstands wird jedoch das Bild rechts klein (Abb. 1) und die Zeichnung ungenau. Wir betrachten dazu eine praxisnahe Aufgabenstellung:

Ein Mann (Größe $G = 1{,}80$ m) steht in der Entfernung $g = 5$ m vor der Sammellinse eines Fotoapparats ($f = 50$ mm). Wie groß ist das Bild auf dem Film und wie weit muß die Linse vom Film entfernt sein, damit ein scharfes Bild entsteht?

Diese Aufgabe läßt sich zeichnerisch nicht mit befriedigender Genauigkeit lösen; die Größe der einzelnen Strecken ist zu unterschiedlich. Wir wollen daher überlegen, wie man Vorhersagen über Bildgröße und -weite auf rechnerischem Weg treffen kann.

Es soll ein *reelles* Bild entstehen. Wie bei der Abbildung mit einer Lochkamera können wir dann auch bei der Linsenabbildung **Bildgröße** B und **Gegenstandsgröße** G in einem Experiment messen und daraus den **Abbildungsmaßstab** A berechnen. Es ist

$$A = \frac{B}{G}$$

Versuch 20: Mit der Versuchsanordnung gemäß Abb. 3, S. 45 untersuchen wir den Zusammenhang zwischen G und B sowie **Gegenstandsweite** g und **Bildweite** b für eine Sammellinse mit der Brennweite $f = 10$ cm. Dazu verändern wir schrittweise die Gegenstandsweite, verschieben die Mattscheibe, bis ein scharfes Bild entsteht, und bestimmen dann b und B. Gegenstands- und Bildweite messen wir jeweils von der Hauptebene der Linse aus (Abb. 3). Die Gegenstandsgröße wird nicht verändert. Im Versuch beträgt sie $G = 11$ mm.

Die Ergebnisse unserer Messung sind in Tabelle 1 dargestellt. Wir haben dort zusätzlich die Werte für den Abbildungsmaßstab sowie den Quotienten b/g berechnet. Die gemessenen Größen können auf etwa 1 mm genau abgelesen werden, wobei die Meßunsicherheit durch ungenaues Scharfstellen nicht berücksichtigt ist. Die kleingedruckten Dezi-

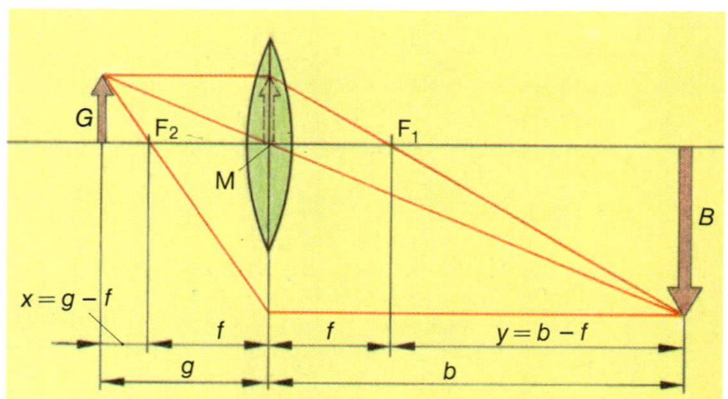

Abb. 3 Schema des Versuchsaufbaus zu Versuch 20

Tabelle 1

$\frac{g}{mm}$	$\frac{b}{mm}$	$\frac{B}{mm}$	$A=\frac{B}{G}$	$\frac{b}{g}$
120	597	54	4,91	4,98
160	268	18	1,64	1,68
200	197	11	1,0	0,99
240	173	7,5	0,68	0,72
280	154	6	0,55	0,55

malen ergeben sich rein rechnerisch, sind aber aufgrund der Meßfehler physikalisch nicht gesichert.

Ergebnis I: Durch Vergleich der Quotienten B/G und b/g erhalten wir im Rahmen der Meßgenauigkeit das gleiche **Abbildungsgesetz** wie bei der Lochkamera:

$$\frac{B}{G}=\frac{b}{g} \qquad (1)$$

Mit Hilfe des Strahlensatzes aus der Geometrie bestätigen wir dieses Abbildungsgesetz in Abb. 3.

Die in Gleichung (1) vorkommenden Variablen sind physikalische Meßgrößen, die neben einer Maßzahl auch eine Einheit besitzen. Eine solche Gleichung heißt *Größengleichung*. Der Umgang mit Größengleichungen soll im folgenden erläutert werden:

Beispiel: Ein $G=1{,}8$ m großer Mann steht $g=6$ m vor einer Sammellinse, die auf einem Schirm in $b=7$ cm Abstand ein reelles Bild des Mannes erzeugt. Berechne die Bildgröße B!

1. Möglichkeit: Alle Längen werden in *derselben* Maßeinheit, hier z. B. in cm, gemessen. Dann brauchen wir nur die Zahlenwerte von g, b und B einzusetzen. Den Zahlenwert von B nennen wir x. Dann gilt:

$$\frac{x}{180}=\frac{7}{600} \quad\Leftrightarrow\quad x=\frac{7\cdot 180}{600}$$

$$\Leftrightarrow \quad x=2{,}1 \qquad \underline{\underline{B=2{,}1\text{ cm}}}.$$

2. Möglichkeit: Die Größen b, g und B werden jeweils als Produkt aus dem Zahlenwert und der Maßeinheit aufgefaßt, z. B. $G=1{,}8\cdot 1$ m. Dann gelten auch für die Einheiten die Regeln für's Kürzen.

$$\frac{B}{1{,}8\text{ m}}=\frac{7\text{ cm}}{6\text{ m}}.$$

$$\Leftrightarrow \quad B=\frac{7\text{ cm}\cdot 1{,}8\text{ m}}{6\text{ m}} \Leftrightarrow \underline{\underline{B=2{,}1\text{ cm}}}.$$

Man sollte stets die 2. Lösungsart benutzen. Sie bietet die Möglichkeit einer ersten Kontrolle des Ergebnisses. Wenn nämlich die gesuchte Größe mit einer falschen Einheit im Ergebnis erscheint, hier z. B. mit m^2, ist die Rechnung sicher falsch.

Zur Lösung der Beispielaufgabe müssen wir die *Bildweite* kennen. Meist ist jedoch zunächst nur die Brennweite f der verwendeten Linse bekannt. Sie taucht in Gleichung (1) aber gar nicht auf! Welche Beziehung besteht zwischen b, g und f? Wir tragen dazu in einem Achsenkreuz nach rechts

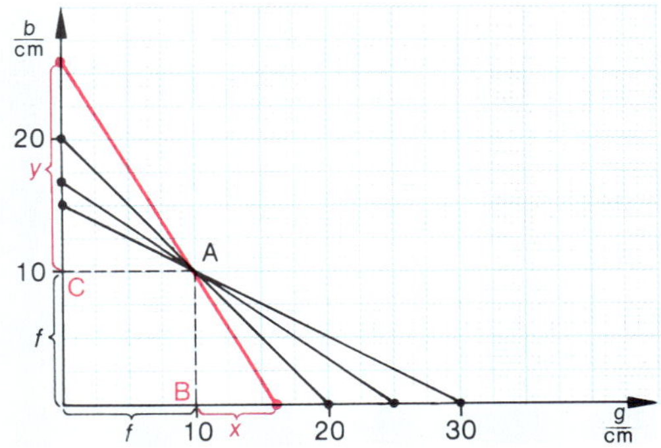

Abb. 4 Zusammenhang zwischen b, g und f

die Gegenstandsweite und nach oben die Bildweite auf und verbinden die jeweils zusammengehörenden Meßwerte durch gerade Linien (Abb. 4).

Ergebnis II: Alle Verbindungslinien schneiden sich in einem Punkt A, der von beiden Achsen den Abstand 10 cm hat. Das ist gerade die Brennweite der Linse! Vergrößern wir die Gegenstandsweite, so verkleinert sich die Bildweite. Der Punkt A stellt sozusagen den „Drehpunkt" dar, um den die Verbindungslinie geschwenkt wird, wenn sich g verändert. Wir erkennen weiter: Selbst wenn g sehr groß ist, kann b nicht kleiner als f werden. Rückt dagegen der Gegenstand in den Brennpunkt der Linse ($g=f$), so wandert das Bild ins „Unendliche". Die Verbindungsgerade schneidet dann nicht mehr die b-Achse.

Wir formulieren diesen Zusammenhang nun anders. Dazu kennzeichnen wir den Abschnitt auf der g-Achse zwischen einer bestimmten Gegenstandsweite und dem Punkt B mit x sowie den Abschnitt auf der b-Achse zwischen der zugehörigen Bildweite und dem Punkt C mit y (Abb. 4). Es gilt offensichtlich: Je größer x, um so kleiner ist y und umgekehrt. Tabelle 2 gibt die Werte von $x=g-f$ und $y=b-f$ für alle Einstellungen in Versuch 20 wieder.

x in cm	2	6	10	14	18
y in cm	49,7	16,8	9,7	7,3	5,4
xy in cm^2	99,4	100,8	97,0	102,2	97,2

Tabelle 2

Die Zahlenwerte legen es nahe, die Produkte $x\cdot y$ miteinander zu vergleichen. Sie wurden deshalb in der dritten Zeile von Tabelle 2 berechnet.

Ergebnis III: Für die Produkte gilt $x\cdot y\approx 100\text{ cm}^2$. Dies ist aber gerade das Quadrat der Brennweite! Wir vermuten daher, daß gilt: $x\cdot y=f^2$. Den mathematischen Hintergrund für diesen Zusammenhang gewinnen wir anhand von Abb. 3. Aus der Geometrie der Zeichnung folgt:

$$\frac{y}{f}=\frac{B}{G} \quad\text{und}\quad \frac{f}{x}=\frac{B}{G}.$$

Daraus ergibt sich $\frac{y}{f} = \frac{f}{x}$ und $x \cdot y = f^2$.

Durch Einsetzen finden wir: $(g-f)(b-f) = f^2$.

Lösen wir die Klammern auf und vereinfachen wir, so ergibt sich: $gb = bf + gf$.

Teilen wir noch die ganze Gleichung durch $g \cdot b \cdot f$, so erhalten wir die **Linsenformel** in der gebräuchlichen Form

$$\boxed{\frac{1}{f} = \frac{1}{g} + \frac{1}{b}} \qquad (2)$$

Die Gleichungen (1) und (2) gestatten uns nun, Abbildungsprobleme rechnerisch zu lösen. Wir betrachten unser Beispiel von S. 46:

Beispiel: $G = 1{,}8$ m; $g = 5$ m; $f = 10$ cm.

Um die Bildgröße zu berechnen, muß zuerst die Bildweite ermittelt werden.

Aus (2) folgt:

$$\frac{1}{b} = \frac{1}{f} - \frac{1}{g} \Rightarrow \frac{1}{b} = \frac{1}{0{,}1\,\text{m}} - \frac{1}{5\,\text{m}}$$

$$\Leftrightarrow \frac{1}{b} = \frac{10}{\text{m}} - \frac{0{,}2}{\text{m}} \Leftrightarrow \frac{1}{b} = \frac{9{,}8}{\text{m}} \Leftrightarrow b = \frac{\text{m}}{9{,}8}$$

$$\Leftrightarrow b = 0{,}102\,\text{m} \Leftrightarrow \underline{b = 10{,}2\,\text{cm}}.$$

Setzen wir diesen Wert in (1) ein, so ergibt sich

$$B = \frac{10{,}2\,\text{cm} \cdot 1{,}8\,\text{m}}{5\,\text{m}} \Rightarrow B \approx 0{,}037\,\text{m} \Leftrightarrow \underline{B \approx 3{,}7\,\text{cm}}.$$

3.6 Zerstreuungslinsen

Wir betrachten nun noch die Verhältnisse bei *Konkavlinsen.*

Versuch 21: Wir untersuchen den Strahlengang in einem Konkavlinsenmodell an der optischen Scheibe.

Wir machen folgende Beobachtungen:

- Achsenparallele Lichtbündel werden von einer Konkavlinse so gebrochen, daß sie von einem Punkt der optischen Achse, dem Zerstreuungspunkt Z_1, herzukommen scheinen (Abb. 1).
- Strahlen, die nach dem jenseitigen Zerstreuungspunkt Z_2 gerichtet sind, verlassen die Linse achsenparallel (Abb. 2).
- Lichtstrahlen, die durch den optischen Mittelpunkt der Linse verlaufen, erfahren keine Ablenkung und bei dünnen Konkavlinsen auch keine merkliche Parallelverschiebung (Mittelpunktsstrahl).

Konkavlinsen zerstreuen das Licht und heißen deshalb auch **Zerstreuungslinsen.** Sie machen parallele Lichtbündel divergent und divergente noch divergenter. Sie erzeugen nur aufrechte und *verkleinerte virtuelle Bilder,* die auf der gleichen Seite der Linse liegen wie die Gegenstände. Wir können sie mit den Hauptstrahlen konstruieren (Abb. 3).

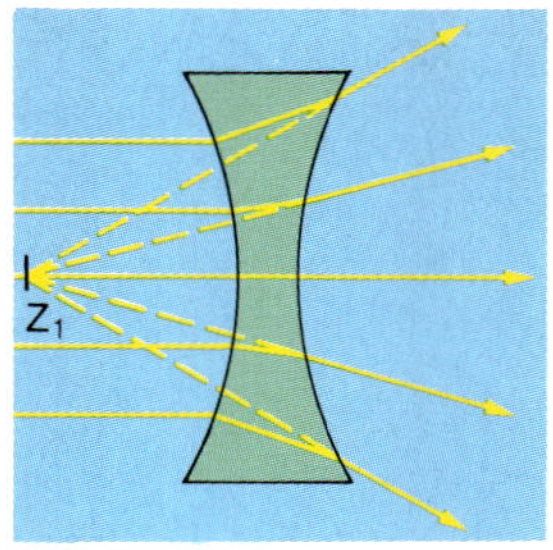

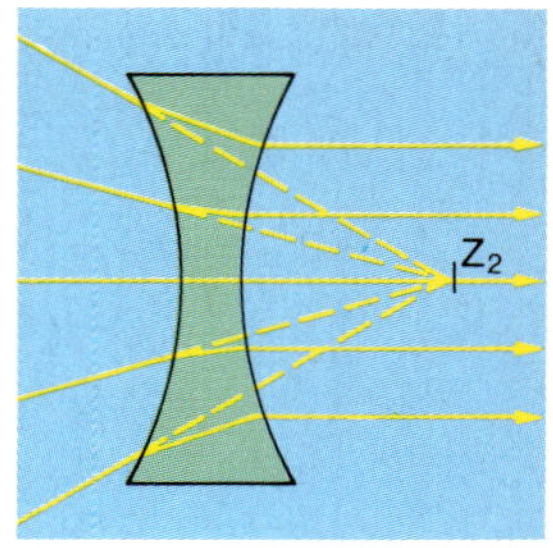

Abb. 1 Parallele Strahlen scheinen nach Durchgang durch eine Zerstreuungslinse von einem Punkt herzukommen

Abb. 2 Strahlen, die nach dem jenseitigen Zerstreuungspunkt hinziehen, verlassen die Konkavlinse parallel

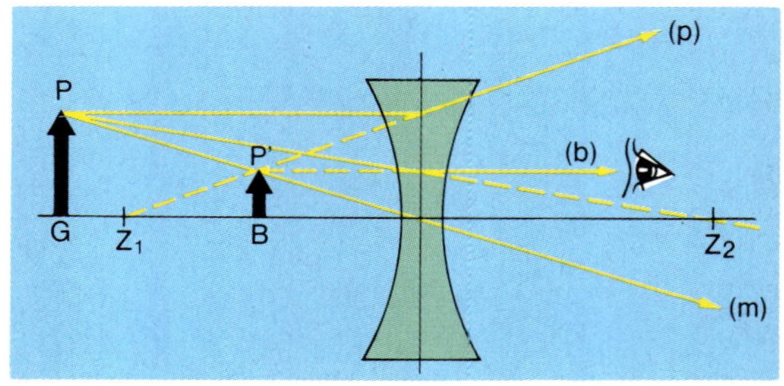

Abb. 3 Bildkonstruktion bei einer Zerstreuungslinse

Aufgaben

1. Berechne die Brennweiten folgender Brillenstärken: 2 dpt; 2,5 dpt; 3,5 dpt und 4 dpt! Was könnte die Angabe $-2{,}5$ dpt bedeuten?
2. Ein Gegenstand der Größe $G = 2$ cm befindet sich vor einer Sammellinse mit $f = 3$ cm. Wie groß sind Bildgröße und Bildweite, wenn der Gegenstand $g = 8$ cm (6 cm, 4 cm, 2 cm) vor der Linse steht? Zeichne!
3. Was ändert sich am Bild, wenn ein Teil der Linse abgedeckt wird? Vergleiche auch Abb. 6, S. 45.
4. Wie kann man erreichen, daß bei der Abbildung mit einer Sammellinse das Bild genauso groß ist wie der Gegenstand?
5. Wie ändert sich die Bildgröße eines weit entfernten Gegenstands, wenn er zunächst mit einer Sammellinse mit $f = 5$ cm, dann mit $f = 10$ cm abgebildet wird? Wo liegen die Bilder ungefähr?
6. Eine 10 cm hohe Kerze steht in 50 cm Abstand vor einer Sammellinse mit $f = 10$ cm. Wohin muß eine Mattscheibe gebracht werden, um das Bild aufzufangen? Wie groß ist das Bild? Zeichne und rechne!
7. Wie verändert sich die Brennweite einer Sammellinse aus Glas, die von Wasser umgeben ist?
8. Ein Gegenstand soll in doppelter Größe abgebildet werden. Der Abstand zwischen Gegenstand und Schirm beträgt 30 cm. Welche Brennweite muß die Linse haben? Zeichne und rechne!
9. Erstelle mit Hilfe der Linsenformel für eine Sammellinse mit $f = 10$ cm eine Tabelle, in der für acht verschiedene Gegenstandsweiten die zugehörigen Bildweiten angegeben sind!

4 Optische Geräte und menschliches Auge

4.1 Fotoapparat

Der Augenblick wird festgehalten

Mit Sammellinsen lassen sich naturgetreue Bilder auf einem Schirm erzeugen. Sie verschwinden jedoch, wenn man die Linse entfernt. Die Herstellung *dauerhafter* Lichtbilder gelang erst, als man entdeckte, daß bestimmte Stoffe sich durch Licht chemisch verändern. Das erste praktisch brauchbare Verfahren zu ihrer Nutzung entwickelte im Jahr 1835 der Franzose L. J. DAGUERRE.

Silberbromid ist ein solcher Stoff. Er wird in Körnchen fein verteilt mit Gelatine auf eine Kunststofffolie (Film) oder eine Glasplatte (Fotoplatte) aufgetragen. Bei der Belichtung des Films werden die lichtempfindlichen Körnchen chemisch verändert. Aber erst im anschließenden Entwicklungsprozeß bildet sich durch die Entwicklerflüssigkeit an den vorher vom Licht getroffenen Stellen ein schwarzer Niederschlag. Dieser ist um so stärker, je mehr Licht auf die betreffende Stelle fiel. Schwach belichtete Stellen bleiben hell. Auf dem Bild sind also die Helligkeitswerte genau umgekehrt wie in Wirklichkeit (Negativ). Um ein Positivbild zu erhalten, projiziert man das Negativ mit einem Vergrößerungsapparat, der wie ein Diaprojektor funktioniert, auf lichtempfindliches Fotopapier. Nach der Entwicklung erscheint nun wegen der nochmaligen Umkehrung die richtige Hell-Dunkel-Verteilung. Farbfilme tragen drei lichtempfindliche Schichten, die auf verschiedene Farben reagieren.

Warum genügt nicht die Lochkamera?

Ein Fotoapparat muß zwei grundlegenden Forderungen genügen:

- Auf dem Film muß ein scharfes reelles Bild des Gegenstands entstehen.
- Die auf den Film treffende Lichtmenge muß so geregelt werden können, daß die Unterschiede zwischen Hell und Dunkel bzw. zwischen den Farben denen der Wirklichkeit entsprechen.

Wie lassen sich diese Forderungen technisch erfüllen? Bereits mit einer einfachen Lochkamera lassen sich Fotos herstellen (Kap. 1.4). Wozu benötigt man dann noch teure und aufwendige Fotoapparate? Lochkamerabilder sind, wie wir wissen, um so schärfer, je kleiner der Lochdurchmesser gewählt wird. Wenn aber die Öffnung verkleinert wird, fällt auch weniger Licht auf den Film. Richtig belichtete Bilder kann man dann nur durch lange Belichtungszeiten erreichen. Damit ist die Lochkamera für Aufnahmen von bewegten Gegenständen (oder für Aufnahmen aus der Hand) ungeeignet.

Kurze Belichtungszeiten, wie sie für derartige Aufnahmen verlangt werden (bis zu 1/1000 s), erreicht man nur, wenn die Bilder sehr hell sind. Helle Bil-

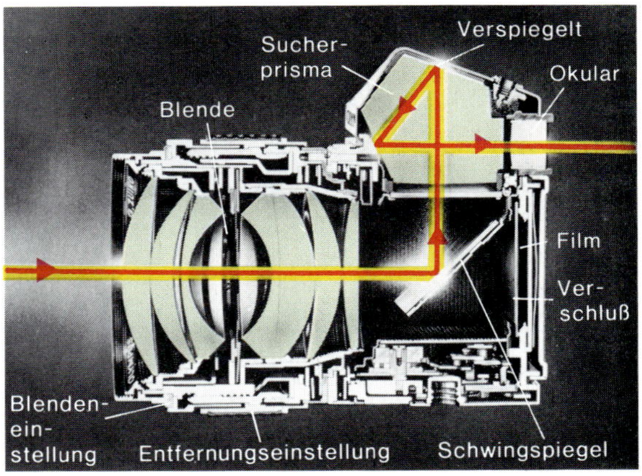

Abb. 4 Schnittbild einer Spiegelreflexkamera

der erhält man durch Sammellinsen mit möglichst großem Durchmesser. Wir wissen aber auch, daß in Sammellinsen Randstrahlen stärker gebrochen werden als achsennahe Strahlen. Die Abbildung mit einfachen, großen Sammellinsen liefert daher unscharfe Bilder. Aus diesem Grund verwendet man Linsensysteme in Fotoapparaten (Abb. 4). Man bezeichnet sie als **Objektive** (objectum, lat. = Gegenstand). Je größer der Objektivdurchmesser ist, um so aufwendiger sind die Maßnahmen zur Korrektur der Abbildungsfehler – und leider auch um so teurer. Objektive enthalten neben Konvex- auch Konkavlinsen aus unterschiedlichen Glassorten. Das gesamte System muß natürlich noch als Sammellinse wirken. Seine Brechkraft ergibt sich näherungsweise als die Summe aus der Brechkraft der einzelnen Linsen, wobei die einer Zerstreuungslinse negativ zählt.

Wie erhält man ein scharfes Bild?

Ein Problem, das bei der Lochkamera nicht auftritt, ist das *Scharfeinstellen*. Dort ist bei jeder Entfernung des Films vom Loch das Bild (einigermaßen) scharf. Wegen des festen Zusammenhangs zwischen Gegenstandsweite, Bildweite und Brennweite bei der Sammellinse ist hier das Bild nur bei einer ganz bestimmten Entfernung des Films vom Objektiv scharf. Es ist also nötig, daß man das Objektiv gegenüber dem Film *verschieben* kann, da ja die Gegenstände nicht immer im gleichen Abstand aufgenommen werden sollen. Bei älteren Kameras waren deshalb Objektiv und Filmgehäuse durch einen ausziehbaren Faltenbalg verbunden (Abb. 1, S. 50).

In Kleinbildkameras genügt es, das Objektiv mit Hilfe eines Schraubgewindes zu verschieben. Bei kurzer Brennweite des Objektivs beträgt die nötige Verschiebung nur wenige Millimeter. Dies zeigt

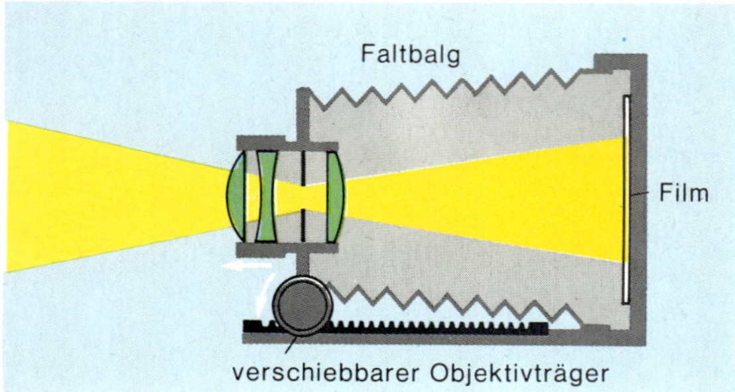

Abb. 1 Ausziehkamera mit Balg

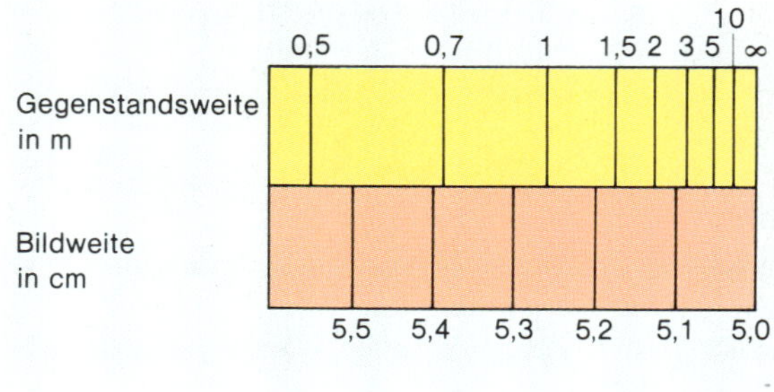

Abb. 2 Gegenstandsweite und Bildweite bei f = 5 cm

sich, wenn man mit der Linsenformel zu vorgegebenen Gegenstandsweiten die Bildweiten berechnet (Abb. 2). Befindet sich der Gegenstand sehr weit weg (man kennzeichnet dies mit dem Symbol ∞), liegt das Bild in der Brennebene. Abb. 2 zeigt auch, warum die *Entfernungsskala* am Objektiv (Abb. 4) nicht gleichmäßig eingeteilt ist. Zur Einstellung der richtigen Bildweite dreht man den Entfernungsring am Objektiv solange, bis die Gegenstandsweite über dem Markierungspfeil steht.

Damit die Entfernung nicht umständlich gemessen oder nur abgeschätzt werden muß, verfügen aufwendigere Kameras über einen eingebauten Entfernungsmesser. Er ist meist mit dem Schraubgewinde gekoppelt. In Spiegelreflexkameras (Abb. 4, S. 49) kann man das Bild auf einer Mattscheibe beobachten und entsprechend scharf einstellen.

Beim Fotoapparat erfolgt die Scharfeinstellung durch Verschieben der Linse.

Was versteht man unter der Schärfentiefe?

Eine zweite Schwierigkeit tritt auf, wenn wir Gegenstände, die verschiedene Entfernung vom Objektiv haben, zugleich aufnehmen wollen, z. B. unseren Freund in 3 m Entfernung vor einem herrlichen Bergpanorama. Wegen der unterschiedlichen Gegenstandsweiten sind die Bilder auch verschieden weit vom Objektiv entfernt.

Stellen wir eine mittlere Bildweite ein, so werden die Gegenstandspunkte G_1 und G_2 nicht mehr als Bildpunkte, sondern als kreisförmige Lichtflecke **(Zerstreuungskreise)** abgebildet (Abb. 3a). Das Bild beider Gegenstände wird unscharf. Abhilfe schafft eine **Blende.**

Versuch 1: Wir bauen uns ein Kameramodell aus einer Sammellinse und einer Mattscheibe, die verschiebbar hinter der Linse aufgestellt wird. Als Gegenstände dienen uns die Glühwendeln zweier Kohlefadenlampen, die nicht zu hell leuchten sollen. Sie sind in unterschiedlicher Entfernung vor der Linse aufgestellt. Durch Verschieben der Mattscheibe versuchen wir, die Bilder beider Glühfäden scharf zu stellen. Dies gelingt nicht. Wählen wir eine mittlere Einstellung, sind beide Bilder unscharf. Wir stellen nun vor die Linse eine Irisblende (Abb. 4), deren Öffnung wir verändern können, und beobachten das Mattscheibenbild bei großer und kleiner Blendenöffnung.

Ergebnis: Je kleiner die Öffnung wird, um so schärfer werden die Bilder beider Wendeln; gleichzeitig nimmt auch die Bildhelligkeit ab.

Wir verstehen dies mit Abb. 3b: Bei kleiner Blendenöffnung werden die zur Abbildung beitragenden Lichtbündel immer schlanker. Damit werden aber auch die Zerstreuungskreise auf der Mattscheibe kleiner.

Wie klein die Zerstreuungskreise sein müssen, damit unser Auge das Bild noch als scharf ansieht, läßt sich nicht genau festlegen. Bei Kleinbildkameras bezeichnet man ein Bild noch als scharf, wenn der Durchmesser der Zerstreuungskreise nicht mehr als 1/30 mm beträgt. Da die Filmschicht lauter kleine Silberbromid-Körnchen enthält, setzt sich das Negativbild wie ein Mosaik aus kleinen Körnchen zusammen. Es ist daher z. B. nicht möglich, zwei feine parallele Striche, die dichter als 1/30 mm zusammenliegen, noch getrennt wahrzunehmen, weil ihre im Mosaik rauhen Umrisse miteinander verzahnen. Es hat daher keinen Sinn, kleinere Zerstreuungskreise anzustreben, da das Negativbild dadurch nicht verbessert werden kann.

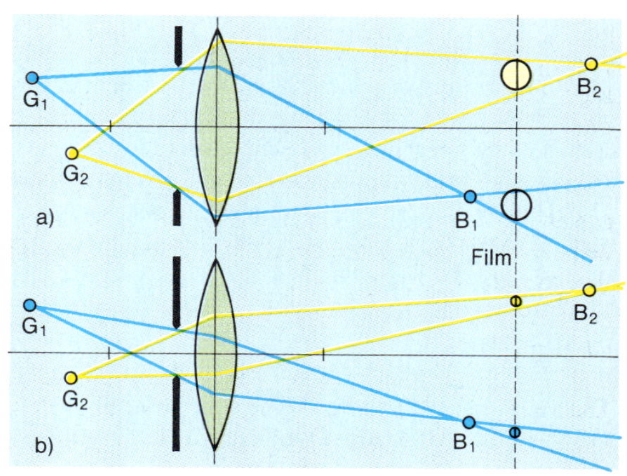

Abb. 3 Blendengröße und Bildschärfe

Abb. 4 Skalen auf dem Objektiv

Abb. 5 Irisblende eines Fotoapparates

Beim Fotografieren verzichtet man also auf eine streng punktförmige Abbildung. Man muß nur durch „Abblenden" dafür sorgen, daß die Zerstreuungskreise hinreichend klein werden. Dann erscheinen nämlich auch noch solche Gegenstände „scharf", die sich in einem gewissen Tiefenbereich vor oder hinter dem eingestellten Entfernungswert befinden. Diesen Bereich nennt man die **Schärfentiefe.** Man kann ihn ebenfalls an einer Skala am Objektiv ablesen (Abb. 4). Sollen in unserem Beispiel der 3 m entfernte Freund und die Berge scharf erscheinen, so ist bei der eingestellten Entfernung von 5 m der Blendenwert 11 zu wählen. Es gilt also:

Je kleiner die Blendenöffnung, um so größer ist die Schärfentiefe.

Was bedeuten die Blendenzahlen?

Bei kleiner Blendenöffnung wächst zwar die Schärfentiefe, zugleich gelangt aber auch weniger Licht auf den Film. Bei der Aufnahme muß deshalb der Kameraverschluß länger geöffnet werden. Die Schwärzung des Films hängt nämlich neben herstellungsbedingten Eigenschaften (Filmempfindlichkeit) vom Produkt zweier Größen ab:

- von der **Beleuchtungsstärke** E des Films und
- von der **Belichtungszeit** t.

Halbiert man den Blendendurchmesser d, dann geht die Fläche der Blendenöffnung auf ein Viertel zurück. Es fällt daher nur ein Viertel der Lichtmenge ein. Damit genauso viel Licht wie bei großer Blendenöffnung auf den Film trifft, muß man den Verschluß viermal so lange öffnen. Bei einem Drittel des Blendendurchmessers muß die Belichtungszeit neunmal so groß sein. Die Belichtungszeit ist also umgekehrt proportional dem Quadrat des Blendendurchmessers:

$$t \sim \frac{1}{d^2}. \qquad (1)$$

Die Beleuchtungsstärke des Films hängt aber auch von der Brennweite des Objektivs ab. Wie wir wissen, ist die Bildweite weit entfernter Gegenstände ungefähr so groß wie die Brennweite f. Bei doppelt so großer Brennweite sind Bildhöhe und -breite auch doppelt so groß (vgl. Aufg. 4, S. 52). Das Bild bedeckt auf dem Film also die vierfache Fläche. Die Beleuchtungsstärke sinkt daher auf den vierten Teil. Bei doppelter Brennweite muß also viermal so viel Licht einfallen, um die gleiche Beleuchtungsstärke zu erzielen. Das kann man durch Verlängerung der Belichtungszeit t erreichen. Es gilt also:

$$t \sim f^2. \qquad (2)$$

Fassen wir die Ergebnisse (1) und (2) zusammen, so ergibt sich:

$$t \sim \left(\frac{f}{d}\right)^2$$

Der Quotient f/d heißt **Blendenzahl.** Für ein Objektiv mit fester Brennweite f läßt sich die Blendenzahl durch Verstellen des Blendendurchmessers verändern. Bei Fotoapparaten kann man die Blende stufenweise verstellen. Der jeweils eingestellte Wert der Blendenzahl läßt sich auf einer Skala ablesen (Abb. 4). Die einzelnen Blendenstufen sind – nach internationaler Vereinbarung – so gewählt, daß bei gleichen Lichtverhältnissen beim Übergang zur *nächsthöheren* Blendenzahl die *doppelte* Belichtungszeit gewählt werden muß. In Tabelle 1 sind für eine bestimmte Einstellung (Blende 4, Belichtungszeit 1/125 s) die übrigen Blendenzahlen und die zugehörigen (gerundeten) Belichtungszeiten angegeben.

Es ist üblich, Objektive durch ihre **Lichtstärke** zu kennzeichnen. Man versteht darunter den Kehrwert der Blendenzahl: $\frac{d}{f}$. Auf dem Objektiv ist der

Tabelle 1

Blendenzahl: $\frac{f}{d}$	1,4	2,0	2,8	4,0	5,6	8	11	16	22
$\left(\frac{f}{d}\right)^2$	1,96 $\approx 2^1$	4,0 $= 2^2$	7,9 $\approx 2^3$	16,0 $= 2^4$	31,4 $\approx 2^5$	64 $= 2^6$	121 $\approx 2^7$	256 $= 2^8$	484 $\approx 2^9$
Belichtungszeit in Sekunden	$\frac{1}{1000}$	$\frac{1}{500}$	$\frac{1}{250}$	$\frac{1}{125}$	$\frac{1}{60}$	$\frac{1}{30}$	$\frac{1}{16}$	$\frac{1}{8}$	$\frac{1}{4}$

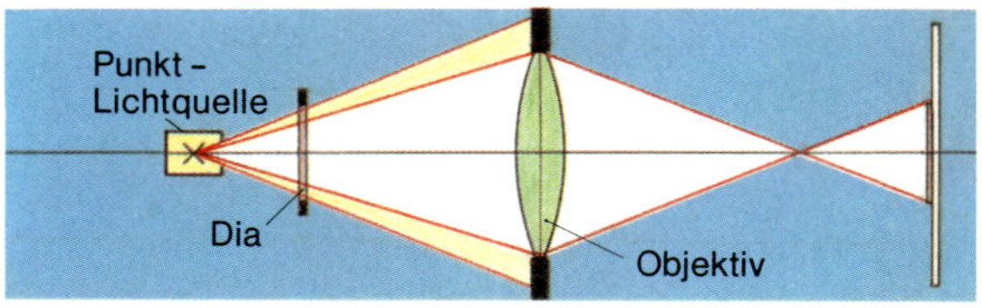

Abb. 1 Nur die Mitte des Dias wird hell abgebildet

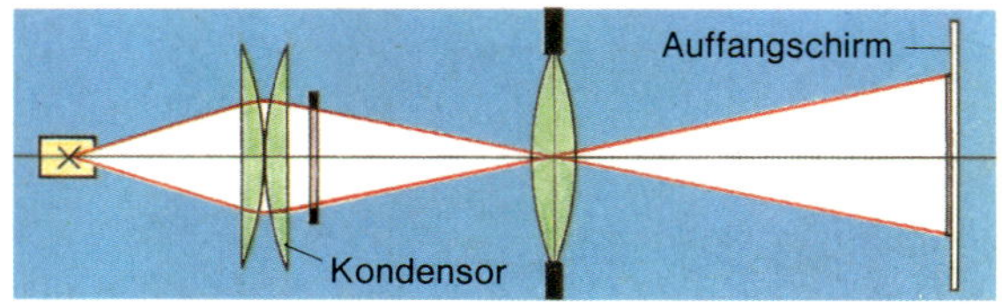

Abb. 2 Aufbau des Diaprojektors (schematisch)

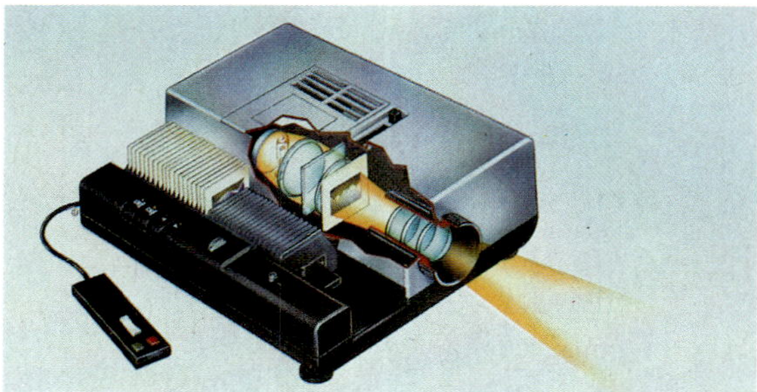

Abb. 3 Diaprojektor

Wert für die *größte* Lichtstärke angegeben. Sie wird bei völlig geöffneter Blende erreicht; *d* ist dann der Durchmesser der Eintrittsöffnung des Objektivs. Die Angabe

$\frac{d}{f} = 1:1{,}4$ bedeutet dann $d = f:1{,}4$.

Für $f = 50$ mm ergibt sich $d \approx 36$ mm.

Objektive mit großer Lichtstärke erlauben kurze Belichtungszeiten oder, was meist wichtiger ist, Freihandaufnahmen bei geringer Helligkeit.

Aufgaben

1. Nenne die wichtigsten Teile eines Fotoapparats und erläutere ihre Aufgaben!
2. Was versteht man unter der Schärfentiefe? Erkläre ihre Ursache!
3. Ein Objektiv hat die Brennweite $f = 50$ mm, seine Lichtstärke ist 1:2. Wie groß ist der maximale Blendendurchmesser *d*, wie groß die maximale Blendenzahl d/f? Für diese zeigt der Belichtungsmesser die Belichtungszeit $t = 1/500$ s. Um eine größere Schärfentiefe zu erzielen, wird die Blendenzahl 8 gewählt. Wie groß ist der Blendendurchmesser jetzt? Wie lange muß belichtet werden? (Verwende Tabelle 1 auf S. 51!)
4. Wieviel mal so groß ist das Bild desselben fernen Gegenstands, wenn man ihn mit einem Teleobjektiv mit $f = 135$ mm statt mit Normalobjektiv mit $f = 50$ mm aufnimmt?
5. Weitwinkelobjektive haben kürzere Brennweiten als Normalobjektive, z.B. $f = 28$ mm. Was läßt sich hier über die Bildgröße im Vergleich zum Normalobjektiv sagen? Wie erklärt sich der Name Weitwinkelobjektiv?
6. Um welche Strecke verschiebt sich ein Objektiv mit $f = 50$ mm, wenn man von 1 m auf ∞ einstellt? Vergleiche auch Abb. 2, S. 50!

4.2 Projektionsapparate

Auf die Beleuchtung kommt es an

Ein **Dia-Projektor** (proicere, lat. = vorwärtswerfen) erlaubt es, einer Gruppe von Personen kleine *Dias* (Abkürzung für Diapositive) stark vergrößert vorzuführen. Wie funktioniert so ein Projektor? „Nichts einfacher als das!" könnte man meinen. Man nehme eine möglichst helle Lichtquelle, beleuchte damit das Dia und bringe zwischen Dia und Leinwand eine Sammellinse.

Versuch 2: Wir bauen nach diesem „Rezept" eine entsprechende Anordnung auf. Als Lichtquelle verwenden wir eine Experimentierlampe mit punktförmiger Wendel. Davor stellen wir ein Urlaubsdia vom letzten Sommer, dann eine Sammellinse mit $f = 10$ cm und schließlich einen weißen Schirm als Leinwand.

Beobachtung: Nach einigem Ausprobieren erhalten wir tatsächlich ein Bild des Dias auf dem Schirm. Leider steht es auf dem Kopf und ist seitenverkehrt. Ach ja, die Bildumkehr; das hatten wir nicht berücksichtigt. Aber auch nachdem wir das Dia in der richtigen Lage eingesetzt haben, sind wir mit der Abbildung nicht zufrieden. Nur ein kleiner Teil des Bildes ist einigermaßen hell. Merkwürdig, das ganze Dia wird doch von der Lampe beleuchtet!

Eine Erklärung finden wir mit Hilfe von Abb. 1: Das von der Lampe kommende Licht durchdringt zwar das ganze Dia, aber nur ein Teil davon gelangt auch durch die Linse. Was ist zu tun? Offenbar müssen wir dafür sorgen, daß *alles* Licht, das durch das *Dia* geht, auch durch die *Sammellinse*, unser Projektionsobjektiv, hindurch zum Schirm fallen kann. Dies gelingt mit einer zweiten Linse, dem sogenannten **Kondensor,** der zwischen Lampe und Dia angeordnet ist (Abb. 2). Er „zwingt" die von der Lampe kommenden Lichtstrahlen durch das Dia und das Objektiv. Wichtig ist dabei, daß der Kondensor einen größeren Durchmesser besitzt als die Diagonale des Dias. Nur so kann dieses voll ausgeleuchtet werden. In Projektoren verwendet man meist Doppelkondensoren, die aus zwei Plankonvexlinsen zusammengesetzt sind (Abb. 3).

Versuch 3: Wir fügen eine Sammellinse mit $f = 5$ cm und mindestens 5 cm Durchmesser als Kondensor in unseren Aufbau nach Versuch 2 ein.

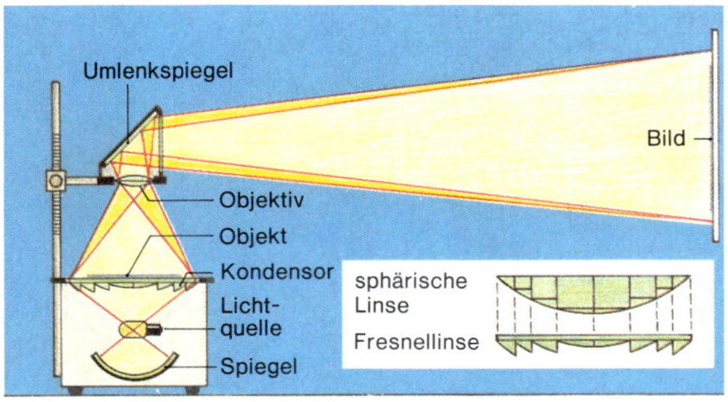

Abb. 4 Tageslichtprojektor

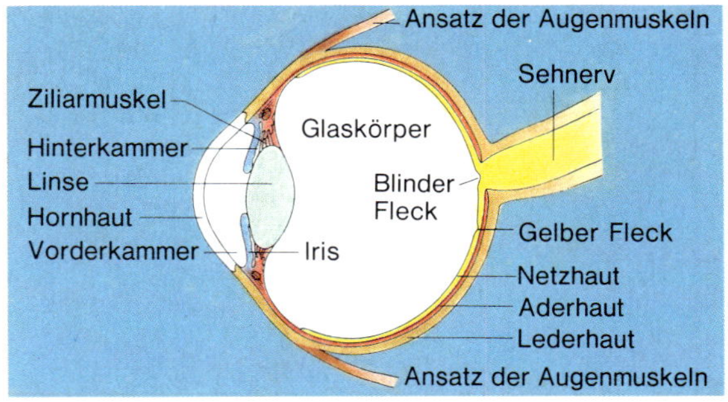

Abb. 5 Schnitt durch das menschliche Auge

Durch ihn wird das Licht der Punktlichtquelle so gebündelt, daß es sowohl durch das Dia als auch durch die Objektivöffnung gelangt (Abb. 2).

Ergebnis: Wir erhalten jetzt ein scharfes, helles und vergrößertes Bild des Dias, wenn der Abstand des Schirmes richtig gewählt wird.

Der Kondensor erzeugt in der Nähe des Objektivs ein *reelles Bild der Punktlichtquelle.* Befindet sich die optische Mitte des Objektivs nahe dieser Stelle, so werden zur Abbildung des Dias nur achsennahe Lichtstrahlen benutzt. Auch eine einfache Sammellinse liefert dann als Objektiv gute Bilder. In Projektoren verwendet man aber, um die Helligkeit zu steigern, flächenhafte Lichtquellen, meist Halogenglühlampen mit einer ausgedehnten Wendel. Zusätzlich nutzt man durch einen Hohlspiegel auch noch das nach hinten abgestrahlte Licht (Abb. 3). Durch diese Maßnahmen durchsetzt das vom Dia kommende Lichtbündel nahezu das ganze Objektiv, es muß also die Güte eines Foto-Objektivs haben. Man verwendet deshalb auch hier Linsensysteme.

Ein noch größerer Kondensor

Das Problem beim **Tageslichtprojektor** besteht in der Ausleuchtung einer gegenüber dem Kleinbilddia rund 100fach größerer Fläche der Schreibfolie. Das verlangt neben einer noch helleren Lichtquelle (Halogenlampe hoher Leistung) eine sehr große Kondensorlinse. Statt einer entsprechend dicken, schweren und teuren Glaslinse benutzt man eine sogenannte *Fresnel-Kondensorlinse* aus Plexiglas (Abb. 4). Man kann sie sich aus einer plankonvexen Linse entstanden denken, die man in gleich breite Kreisringe zerlegt hat, deren Dicke dann um die planparallelen Linsenanteile verringert wurde. Bei der Herstellung verfährt man anders: Das Kreisrillenprofil wird in Plexiglas eingepreßt.

Aufgaben

1. Erläutere den Aufbau eines Projektionsapparats und die Wirkungsweise des Kondensors!
2. Welche Anforderungen müssen an die optische Güte von Objektiv und Kondensor gestellt werden?
3. Untersuche einen Tageslichtprojektor! Wo befindet sich das Objektiv? Welche Aufgaben hat der Spiegel?

4.3 Das menschliche Auge

Unser Auge – eine vollautomatische Kamera

Unser Auge hat wie der Fotoapparat die Aufgabe, uns Bilder von den Gegenständen der Umgebung zu vermitteln. Allerdings bleiben diese im Gegensatz zu den dauerhaften Fotos nur in unserem Gedächtnis erhalten. Obwohl Auge und Fotoapparat äußerlich wenig Ähnlichkeit miteinander haben, unterscheiden sie sich kaum in ihrer grundsätzlichen *optischen* Funktionsweise: Auch im Auge entsteht mit Hilfe eines Linsensystems ein reelles Bild der beobachteten Gegenstände.

Das menschliche Auge hat annähernd Kugelgestalt. Abb. 5 veranschaulicht seinen inneren Aufbau. Der Augapfel ist von der zähen, weißen *Lederhaut* umgeben. Ihr durchsichtiger, leicht gewölbter Vorderteil heißt *Hornhaut.* Darunter befindet sich die *Aderhaut* mit zahlreichen Blutgefäßen. Sie geht vorne in die *Regenbogenhaut* (Iris) über, die die Farbe unseres Auges bestimmt. Sie besitzt in der Mitte eine kreisförmige Öffnung, die *Pupille,* durch die das Licht ins Augeninnere gelangt. Die Iris regelt automatisch die ins Auge eintretende Lichtmenge. Bei wenig Licht wird der Pupillendurchmesser groß, während er sich bei großer Helligkeit verringert. Die *Netzhaut* bildet die Augeninnenwand. Sie enthält die Lichtsinneszellen, in denen die zum Gehirn führenden *Sehnerven* enden. Die *Augenlinse* trennt die wassergefüllte Vorkammer von dem eigentlichen Augeninneren ab. Dieses ist mit dem gallertartigen *Glaskörper* ausgefüllt.

Hornhaut, wassergefüllte Vorkammer, Augenlinse und Glaskörper bilden zusammen ein Linsensystem, dessen Brennweite im Gegensatz zum üblichen Kameraobjektiv zwischen etwa 2,3 cm und 1,9 cm *verändert* werden kann. Es entwirft auf der Netzhaut ein reelles Bild. Die Brennweitenänderung des Systems geschieht durch die *Augenlinse.* Sie besteht aus einem elastischen Stoff hohen Brechungsvermögens. Sie würde – wie eine wassergefüllte Gummiblase – Kugelgestalt annehmen, wenn sie nicht durch den ringförmigen *Ziliarmuskel* ihre flache, linsenförmige Gestalt erhielte. Zieht sich der Ziliarmuskel zusammen, so krümmt sich die Linse stärker. Damit kann die Bildweite

Abb. 1 Nachweis des blinden Flecks

der Gegenstandsweite so angepaßt werden, daß stets ein scharfes Netzhautbild entsteht. Diese Anpassung heißt **Akkomodation** des Auges. Sie erfolgt wie die Pupilleneinstellung automatisch.

Bei Nacht sind alle Katzen grau

Die Netzhaut enthält zwei Arten von lichtempfindlichen Sinneszellen. Die sogenannten *Zapfen* vermitteln uns die *Farbeindrücke*. Das Auge besitzt etwa 7 Millionen davon. Für geringe Helligkeit sind die Zapfen unempfindlich. Nachts sehen wir mit den etwa 120 Millionen *Stäbchen* der Netzhaut, die nur *Helligkeitsunterschiede* wahrnehmen.

Die Lichtreize werden – anders als auf einem Film – in den Sehzellen nur kurze Zeit gespeichert und sofort über Nerven zum Gehirn weitergeleitet. Dort werden sie zum bewußten Bild weiterverarbeitet. Immerhin reicht die kurze Speicherung aus, daß wir im Kino oder beim Fernsehen die unterbrochene Bildfolge als fortlaufend empfinden, weil das neue Bild da ist, ehe das alte verlöscht ($\frac{1}{16} \ldots \frac{1}{18}$) s. Das Flackern einer mit Wechselstrom betriebenen Leuchtstoffröhre wäre unerträglich, wenn die Reizwirkung nicht über die Reizdauer hinaus anhielte.

Stäbchen und Zapfen sind nicht gleichmäßig auf der Netzhaut verteilt. In einer kleinen Vertiefung der Netzhaut, genau gegenüber der Pupille, findet man nur Zapfen. Sie sind an dieser Stelle, die man den *„Gelben Fleck“* nennt, besonders dicht gelagert. Es ist die am Tage empfindlichste Stelle der Netzhaut. Bilder, die dort entstehen, sind besonders deutlich. Wir richten unseren Blick deshalb direkt auf den Teil des Gegenstands, den wir besonders deutlich sehen wollen. In der Nacht aber sind wir dort *blind*. Wir verlieren einen Gegenstand, auf den wir den Blick richten, „aus dem Auge“. Will man z. B. einen schwach leuchtenden Stern beobachten, so darf man ihn nicht direkt anvisieren, sondern muß ein wenig an ihm vorbeischauen. Ganz am Rande der Netzhaut findet man dagegen nur Stäbchen. Nachtbilder, die dort entstehen, sind zwar nicht sehr deutlich, aber hell. An der Eintrittsstelle des Sehnervenstrangs in die Netzhaut befinden sich keine Sehzellen. Diesen sogenannten *blinden Fleck* kann man leicht feststellen.

Versuch 4: Halte diese Buchseite etwa eine Armlänge vom Auge entfernt, und schließe das linke Auge. Visiere mit dem rechten den roten Punkt (Abb. 1) an, und nähere dann das Buch dem Auge.

Beobachtung: Bei einer bestimmten Entfernung verschwindet das schwarze Kreuz und taucht bei weiterer Annäherung wieder auf.

Die Brille – eine Sehhilfe für viele

Der Brennpunkt des normalen, nicht akkomodierten Auges, dessen Ziliarmuskel entspannt ist, liegt auf der Netzhaut. Ein weit entfernt liegender Gegenstand wird dann scharf gesehen. Man sagt: der **Fernpunkt** (das ist der am weitesten entfernte Punkt, auf den das Auge noch scharf stellen kann), liegt beim normalen Auge im Unendlichen. Es akkomodiert ohne besondere Anstrengung auf bequeme Leseentfernung von 25 cm. Mit einiger Anstrengung kann man auch noch näherliegende Gegenstände scharf sehen. Der **Nahpunkt** des menschlichen Auges liegt bei 10–15 cm. Er rückt mit zunehmendem Alter des Menschen weiter vom Auge ab.

Beim *weitsichtigen* Auge liegt der Brennpunkt der Augenlinse im entspannten Zustand *hinter* der Netzhaut (Abb. 2a). Das Auge muß bereits akkomodieren, um ferne Gegenstände scharf zu sehen. Dadurch wird die Grenze der Akkomodationsfähigkeit früher erreicht. Der Nahpunkt rückt weiter vom Auge weg. Ursache der Weitsichtigkeit bei jungen Menschen ist meistens ein zu kurzer Augapfel. Im Alter verhärtet die Augenlinse und kann nicht mehr ausreichend gekrümmt werden. Dies führt zur Altersweitsichtigkeit, bei der aber der Fernpunkt im Unendlichen erhalten bleibt. Beim *kurzsichtigen* Auge liegt der Brennpunkt im nicht akkomodierten Zustand *vor* der Netzhaut (Abb. 3a). Ursache ist meist ein zu langer Augapfel. Nur nahe Gegenstände werden scharf gesehen. Bei starker Kurzsichtigkeit liegt der Fernpunkt weniger als ein Meter vor dem Auge. Beide Augenfehler lassen sich durch **Brillen** korrigieren. Beim weitsichtigen Auge setzt man eine *Konvexlinse* vor die Augenöffnung (Abb. 2b). Das kurzsichtige Auge benötigt eine *Konkavlinse* (Abb. 3b).

Zwei Augen sehen mehr als eines

Betrachten wir einen etwa 1 m entfernten Gegenstand abwechselnd mit dem linken oder rechten Auge, so erhalten wir zwei *verschiedene* Bildeindrücke. Das fällt uns besonders auf, wenn wir den Hintergrund mitbeobachten.

Versuch 5: Wir betrachten bei ausgestrecktem Arm den aufgerichteten Daumen. Zuerst mit dem rechten, dann mit dem linken Auge.

Beobachtung: Der Daumen macht scheinbar einen Sprung. Wir sehen ihn nämlich mit dem rechten Auge vor einem anderen Hintergrund als mit dem linken Auge.

Da wir mit beiden Augen aber auch nur *ein* Bild sehen, müssen die beiden verschiedenen Netzhautbilder im Gehirn zu einem einzigen Sinneseindruck verschmelzen. Das gelingt allerdings nur dann, wenn die beiden Bilder auf sich einander entsprechenden Stellen der Netzhaut beider Augen fallen. Ist dies nicht der Fall, so sehen wir „doppelt".

Versuch 6: Wir halten nun bei ausgestrecktem Arm zwischen den aufgerichteten Daumen und die Augen einen senkrecht stehenden Bleistift. Wir betrachten mit *beiden* Augen zuerst den Daumen, dann den Bleistift.

Ergebnis: Betrachten wir den Daumen, so sehen wir zwei Bleistife. Visieren wir den Bleistift an, erscheint der Daumen doppelt. Die Netzhautbilder des Bleistifts bzw. des Daumens können jetzt nicht zu einem Bild vereinigt werden.

Die Fähigkeit unseres Gehirns, zwei verschiedene Bilder zu einem Bildeindruck zu vereinen, läßt sich dazu benutzen, um mit ebenen Bildern einen *räumlichen* Eindruck zu erzielen.

Versuch 7: Stelle zwischen die beiden Teilbilder von Abb. 5 ein Schreibheft senkrecht auf. Nähere dann den Nasenrücken der oberen Heftkante, so daß jedes Auge nur eines der beiden verschiedenen Bilder sehen kann. Nach einiger Übung gelingt es, nur einen Würfel zu sehen.

Erst das Sehen mit zwei Augen vermittelt uns den Eindruck von der räumlichen Gestalt und Anordnung der betrachteten Körper.

Das räumliche Sehen ermöglicht uns auch das *Abschätzen von Entfernungen* in die Tiefe des Raums hinein. Da sich die beiden Netzhautbilder mit wachsender Entfernung immer weniger unterscheiden, nimmt diese Fähigkeit allerdings mit wachsender Entfernung ab. Mit einiger Erfahrung gelingt uns die Entfernungsschätzung auch einäugig. Dabei nutzen wir auch die Tatsache, daß ein Gegenstand um so kleiner erscheint, je weiter er entfernt ist. Die richtige Einschätzung von Entfernungen ist besonders im Straßenverkehr lebenswichtig (Abb. 4).

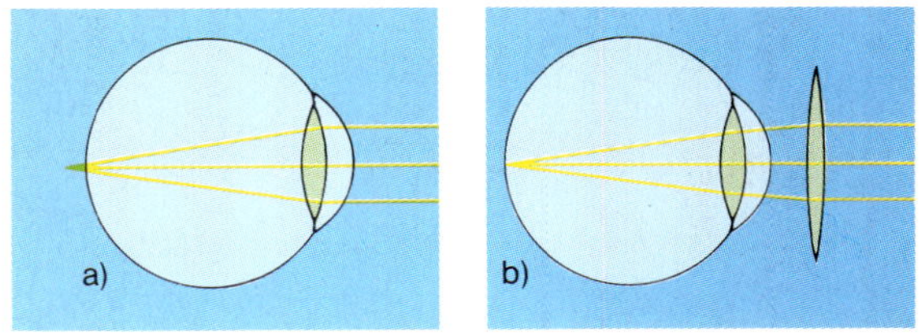

Abb. 2 Weitsichtiges Auge

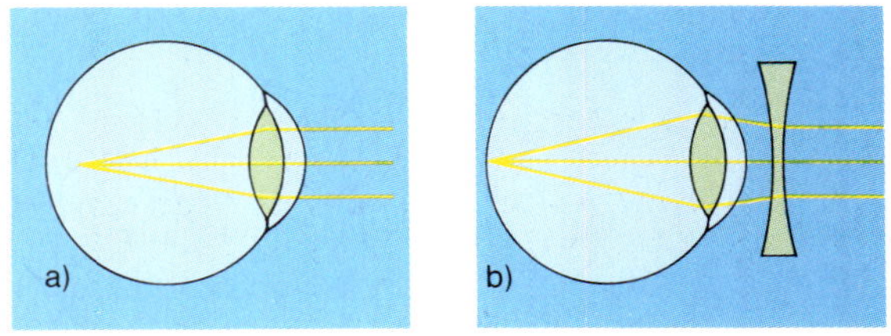

Abb. 3 Kurzsichtiges Auge

Abb. 4 Entfernungen richtig einzuschätzen ist oft lebenswichtig

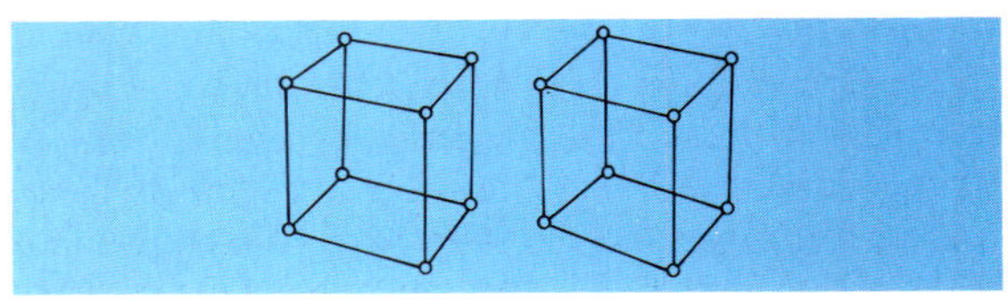

Abb. 5 Stereobild

Aufgaben

1. Nenne die wesentlichen Teile des Auges und beschreibe ihre Funktion.
2. Bestimme den Nahpunkt deines Auges!
3. Welche Augenfehler werden durch Brillen mit a) +3 Dioptrien (+3 dpt) und b) −5 dpt korrigiert?
4. Führe Versuch 4 mit zwei offenen Augen durch! Warum bemerkt man jetzt nicht mehr den blinden Fleck?
5. Welche Folgen hat es für einen Verkehrsteilnehmer, wenn er wegen einer Augenverletzung eine Augenklappe trägt?
6. Versuche mit nur einem geöffneten Auge einen Faden durch ein Nadelöhr zu stecken!

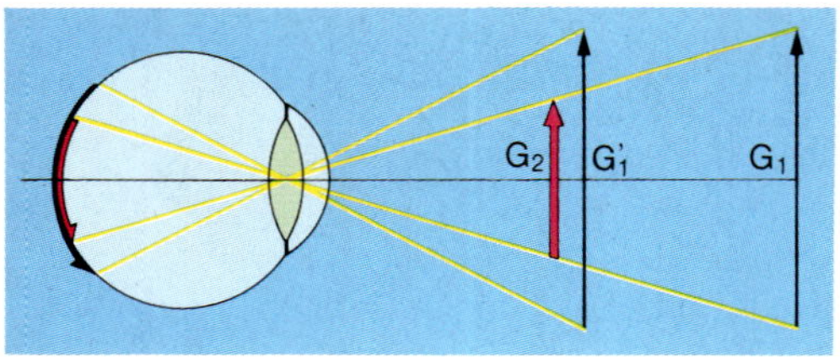

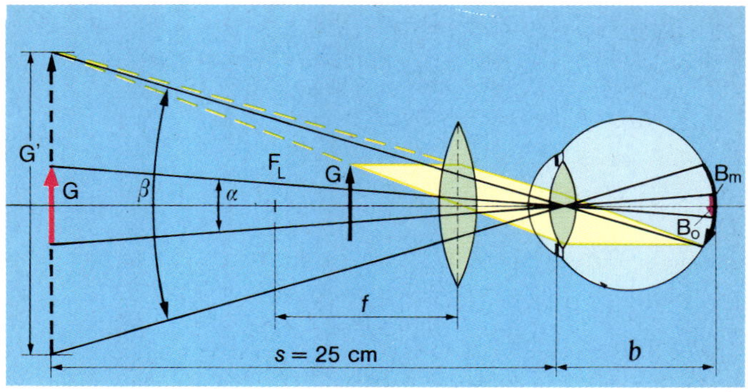

Abb. 1 Sehwinkel und Größe des Netzhautbildes

Abb. 2 Zur Bestimmung der Vergrößerung einer Lupe

4.4 Lupe und Mikroskop

Der Sehwinkel spielt die entscheidende Rolle

Sonne und Mond erscheinen uns gleich groß, obwohl die Sonne viel größer ist als der Mond. Sie ist allerdings auch viel weiter weg. Abb. 1 erklärt unsere Beobachtung. Gegenstände, die wir unter gleichem **Sehwinkel** erblicken, erzeugen gleich große Netzhautbilder, sie erscheinen uns gleich groß (G_1 und G_2). Als Sehwinkel bezeichnen wir dabei den Winkel, unter dem wir die äußersten Punkte des Gegenstands sehen. Gleich große Gegenstände (G_1 und G_1') werden verschieden groß abgebildet, wenn sie unterschiedliche Entfernungen haben. Ein fernes Auto sieht kleiner aus als das direkt vor uns fahrende (Abb. 4, S. 55). Wir benutzen dies, um Entfernungen abzuschätzen.

Wir sehen einen Gegenstand um so größer, je größer der Sehwinkel ist, unter dem wir ihn erblicken.

Will man also einen Gegenstand größer und genauer sehen, so muß man den Sehwinkel vergrößern. Ohne weitere Hilfsmittel ist dies nur möglich, wenn man den Gegenstand näher an das Auge bringt. Hier setzt jedoch der Nahpunkt eine vorläufige Grenze, weil sich die Brennweite der Augenlinse nicht beliebig verkleinern läßt. Bringen wir aber eine Sammellinse als **Lupe** vor unser Auge, so addiert sich zur Brechkraft des Linsensystems unseres Auges noch die der Lupe. Durch eine Sammellinse mit kurzer Brennweite kann so der Nahpunkt bis auf 2 cm an das Auge heran gerückt werden; wir sehen den Gegenstand vergrößert.

Die Wirkung der Lupe besteht in einer Vergrößerung des Sehwinkels.

Dies gilt auch für alle anderen optischen Geräte, mit denen wir vergrößerte Bilder von kleinen oder fernen Gegenständen beobachten (Mikroskop, Fernrohr). Wie kann man eine Aussage über die erzielte **Vergrößerung** machen? Dazu müssen wir zuerst festlegen, was unter „Vergrößerung" verstanden werden soll. Wir müssen offenbar die Sehwinkel vergleichen. Diese sind jedoch in der Praxis nur schwer direkt zu messen. Bei nicht zu großen Sehwinkeln dürfen wir jedoch statt der Winkel die Größen der Netzhautbilder miteinander vergleichen (Strahlensatz!). Wir verabreden daher für die Vergrößerung V eines optischen Instruments die Definition:

$$V = \frac{\textit{Größe des Netzhautbildes mit Instrument}}{\textit{Größe des Netzhautbildes ohne Instrument}}$$

$$V = \frac{B_m}{B_o}.$$

Die Netzhautbilder können wir aber doch auch nicht ausmessen! Das ist richtig, aber sie lassen sich mit dem Linsenabbildungsgesetz *berechnen*. Wir betrachten als Beispiel die Lupe.

Wir bringen einen Gegenstand G so nahe an die Lupe heran, daß sein virtuelles Bild G′ in die **bequeme Sehweite** $s = 25$ cm fällt (Abb. 2). G′ erscheint dann unter dem Sehwinkel β. Wenn wir G ohne Lupe im gleichen Abstand s betrachten, ist der Sehwinkel α kleiner. Für die Netzhautbilder ergibt sich mit der Bildweite b:

$$\frac{B_m}{G'} = \frac{b}{s} \quad \text{und} \quad \frac{B_o}{G} = \frac{b}{s}.$$

Daraus folgt: $V = \dfrac{B_m}{B_o} = \dfrac{G'}{G}$.

Wir können die Vergrößerung also bestimmen, wenn wir die Größe des virtuellen Bildes mit der Größe des Gegenstandes vergleichen. Dazu machen wir folgendes Experiment:

Versuch 8: Wir legen auf den Tisch ein Lineal mit Millimeterteilung und betrachten es aus 25 cm Abstand mit dem linken Auge. Mit dem rechten Auge betrachten wir durch eine Lupe die Millimeterskala eines Geodreiecks. Wir verändern seine Lage vor der Lupe solange, bis wir mit beiden Augen scharfe Bilder sehen. Nun bringen wir beide Skalen zur Deckung und stellen fest, welche Strecke der Abstand zweier Millimeterstriche des Geodreiecks auf dem Lineal überdeckt.

Beispiel: Das virtuelle Bild des Strichabstands, der in Wirklichkeit $G = 1\,mm$ beträgt, überdeckt auf dem 25 cm entfernten Lineal die Strecke $G' = 10\,mm$. Die Vergrößerung beträgt also $V = G'/G = 10$.

Wenn man häufig mit der Lupe arbeitet (z. B. als Uhrmacher), ist es günstiger, wenn der Gegenstand in die *Brennebene* der Lupe gebracht wird. Dann verlassen nämlich die von einem Gegenstandspunkt kommenden Strahlen die Linse parallel. Das Bild auf der Netzhaut des Auges entsteht dann bei völlig entspanntem Ziliarmuskel, also im nicht akkomodierten Zustand. Für diesen Fall kann die Vergrößerung der Lupe durch das Verhältnis

$$V_L = \frac{\textit{bequeme Sehweite}}{\textit{Brennweite der Lupe}} \qquad V_L = \frac{s}{f}$$

berechnet werden. Wir wollen diese Beziehung hier nicht herleiten. Für eine Lupe mit der Brennweite $f = 2{,}5$ cm ergibt sich also gerade eine 10fache Vergrößerung.

Mit der Lupe sieht man mehr

Betrachten wir z. B. Abb. 3 mit einer 10fach vergrößernden Lupe, so entdecken wir, daß die gleichmäßig blau erscheinende Fläche im Augeninnern von lauter kleinen weißen Punkten durchsetzt ist. Warum sehen wir das nicht mit bloßem Auge?

Das ist im Aufbau unserer Netzhaut begründet. Jeder Zapfen besitzt eine direkte Nervenleitung zum Gehirn, so daß die Reizung benachbarter Zapfen getrennt wahrgenommen wird. Im Bereich des gelben Flecks beträgt der Abstand nebeneinanderliegender Zapfen nur 0,007 mm. Beträgt der Abstand der Augenlinse zur Netzhaut 2 cm, so können wir in 25 cm Entfernung zwei Punkte nur dann noch getrennt wahrnehmen, wenn sie nicht dichter als ungefähr 0,09 mm beieinander liegen. Dieser Mindestabstand entspricht einem Sehwinkel von ungefähr 1/60 Grad. Das **Auflösungsvermögen** unseres Auges beträgt also etwa 1 Winkelminute.

Zwei nebeneinanderliegende Punkte können erst dann getrennt wahrgenommen werden, wenn der Sehwinkel, unter dem sie erscheinen, größer als ein sechzigstel Grad ist.

Etwas salopp darf man sagen:
Projektor + Lupe = Mikroskop.

Sehr viel stärkere Vergrößerungen als mit der Lupe erreicht man mit dem **Mikroskop** (mikrós, griech. = klein; skopein, griech. = betrachten). Um das zu verstehen, führen wir folgenden Versuch durch.

Versuch 9: Mit einem selbst zusammengestellten Projektor (Versuch 3) projizieren wir ein Dia mit einem feinen Strichgitter (10 Striche pro cm) auf eine Mattscheibe. Wir betrachten zunächst das reelle Bild des Gitters von hinten durch die Mattscheibe. Es ist vergrößert. Wir können leicht den Abbildungsmaßstab A durch Ausmessen des Strichabstandes bestimmen. Beträgt er z. B. 2 mm für benachbarte Striche, so ist $A = 20$. Nun schauen wir uns das Mattscheibenbild aus der gleichen Richtung durch eine Lupe mit $f = 5$ cm an. Es erscheint uns nochmals vergrößert.

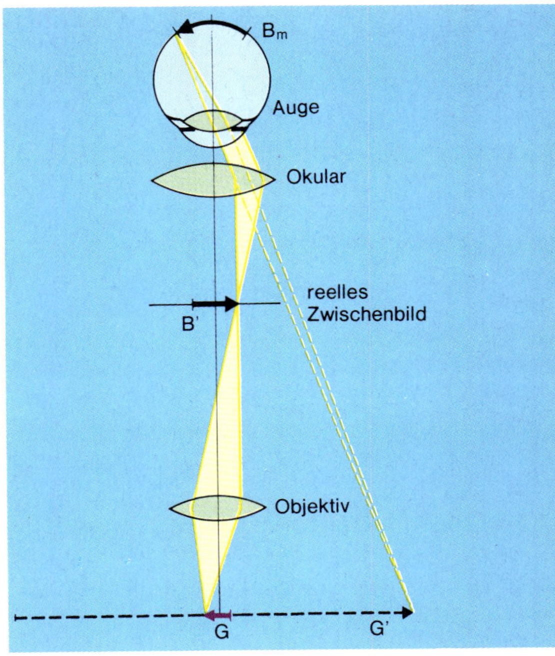

Abb. 3 Strahlengang im Mikroskop

Die gesamte Vergrößerung ergibt sich als das Produkt des Abbildungsmaßstabs A und der Lupenvergrößerung V_L. Steht die Mattscheibe in der Brennebene der Lupe, so gilt: $V_L = 25\text{ cm}/5\text{ cm} = 5$. Wir erreichen also insgesamt *hundertfache* Vergrößerung. Das Bild bleibt auch erhalten, wenn wir die Mattscheibe entfernen, es wird sogar klarer, weil die körnige Struktur der Mattscheibe verschwindet. (Es ist dazu allerdings nötig, die Helligkeit der Projektorlampe stark zu drosseln, da man sonst geblendet wird.)

Wir haben in Versuch 9 das Modell eines Mikroskops aufgebaut. Seine starke Vergrößerung beruht ebenfalls auf der *Vergrößerung des Sehwinkels.* Da man keine Lupen beliebig kleiner Brennweite bauen kann, um damit den Gegenstand noch näher an das Auge heranzubringen, verwendet man einen „Trick“: Statt des Gegenstands betrachtet man mit der Lupe sein bereits vergrößertes reelles Bild.

Man nennt die dem Gegenstand zugewandte Linse des Mikroskops *Objektiv* und die dem Auge zugewandte Linse *Okular* (oculus, lat. = Auge). Um Abbildungsfehler zu vermeiden, benutzt man in der Praxis für Objektive und Okulare Linsensysteme.

O

Das Objektiv des Mikroskops erzeugt ein vergrößertes reelles Zwischenbild des Gegenstands. Dieser wird durch eine Lupe, das Okular, betrachtet.

Die **Vergrößerung des Mikroskops** ergibt sich als Produkt des Abbildungsmaßstabs A des Objektivs und der Lupenvergrößerung V_L:

$$V = A \cdot V_L$$

Um ein vergrößertes Zwischenbild zu erhalten, muß der Gegenstand sich zwischen der einfachen und doppelten Objektivbrennweite befinden (vgl. Versuch 20, S. 46). Der erreichte Abbildungsmaßstab hängt dann im Prinzip nur von der Bildweite ab. Diese wird aber durch die Baulänge des Mikroskops begrenzt. Aus praktischen Gründen beträgt sie meistens nicht mehr als ungefähr 15 cm. Bei vorgegebener Bildweite läßt sich dann A nur noch durch die Wahl einer möglichst geringen Objektivbrennweite steigern. Aus Gründen, die in der Natur des Lichts und nicht in technischen Schwierigkeiten liegen, ist allerdings eine mehr als 1000fache Vergrößerung mit einem Mikroskop nicht sinnvoll.

Merkmale und Daten eines Gebrauchsmikroskops

1. Das Licht einer eingebauten Lampe wird durch einen Spiegel in den *Kondensor* gelenkt, mit dem das Objekt ausgeleuchtet werden soll.
2. *Tubuslänge:* Bei einer Objektivbrennweite von $f = 5$ mm erreicht man den Abbildungsmaßstab $A = 25$ bei einer Bildweite von etwa 125 mm. Eine Lupe mit 10facher Vergrößerung hat eine Brennweite von 25 mm; sie wird in dieser Entfernung vom Zwischenbild aufgestellt. Der *Tubus* – das ist das Rohr, das Objektiv und Okular mechanisch zusammenfaßt – ist dann 150 mm = 15 cm lang.
3. Die *Gesamtvergrößerung V* des besprochenen Mikroskops beträgt $V = 25 \cdot 10 = 250$. Änderungen werden durch Auswechseln der Objektive und Okulare erreicht.

Aufgaben

1. Beschreibe die Wirkungsweise einer Lupe und eines Mikroskops! Nenne gemeinsame Merkmale!
2. Berechne die Vergrößerung einer Lupe mit a) $f = 15$ cm und b) $f = 1{,}5$ cm Brennweite!
3. Bestimme die Vergrößerung eines Mikroskops in ähnlicher Weise wie in Versuch 8 bei der Lupe! Verwende als Gegenstand einen dünnen Draht mit bekanntem Durchmesser! Vergleiche das Ergebnis mit den Herstellerangaben auf Objektiv und Okular!
4. Warum ist es nicht sinnvoll, die Skala eines Zeichenlineals oder eines Zollstocks in Zehntelmillimeter zu unterteilen?
5. Wie weit darf ein Auto entfernt sein, damit seine Scheinwerfer (Abstand 1,40 m) noch als getrennte Lichtquellen wahrgenommen werden?

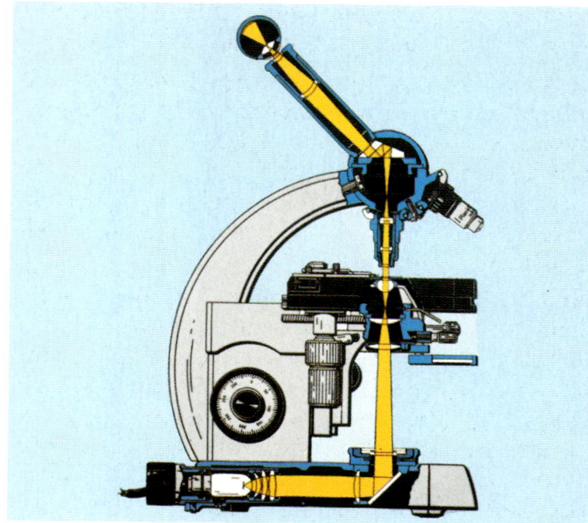

Abb. 1 Schnittbild eines modernen Mikroskops mit Strahlengang

4.5 Fernrohre

Auch hier wird der Sehwinkel vergrößert

Betrachten wir Gegenstände mit einem Fernglas, so erscheinen sie uns größer und näher. *Auch das Fernglas vergrößert also den Sehwinkel.* Wir machen uns seine Wirkungsweise am Beispiel des „astronomischen Fernrohrs" klar, das erstmals von KEPLER beschrieben wurde.

An ein fernes Objekt, z. B. den Mond, können wir nicht einfach herangehen, um den Sehwinkel zu vergrößern. Aber wir können – ähnlich wie beim Mikroskop – mit einer Sammellinse (Objektiv) ein reelles Bild des Gegenstands entwerfen und dieses wieder mit einer Lupe (Okular) betrachten (Abb. 2b). Das Zwischenbild ist im Gegensatz zum Mikroskop hier natürlich immer kleiner als der Gegenstand selbst, weil sich dieser *außerhalb* der doppelten Objektivbrennweite f_1 befindet. Aber dafür läßt sich das Zwischenbild sehr nahe ans Auge bringen.

Versuch 10: Wir erzeugen mit einer Sammellinse ($f_1 = 20$ cm) das Bild eines fernen Gegenstands (z. B. eines Kirchturms) auf einer Mattscheibe und betrachten es von hinten mit einer Lupe ($f_2 = 5$ cm). Dann entfernen wir die Mattscheibe.

Wir erblicken noch immer das Bild des Kirchturms, allerdings einen kleineren Bildausschnitt. Im Vergleich zum Anblick mit bloßem Auge erscheint das Bild vergrößert und kopfstehend. Schauen wir mit einem Auge durch die Lupe und mit dem anderen direkt auf den Turm, so stellen wir durch Vergleich etwa vierfache Vergrößerung fest.

Versuch 11: Wir ersetzen die Objektivlinse durch eine Sammellinse mit $f_1 = 5$ cm und verfahren wie in Versuch 10.

Ergebnis: Das Bild in unserem Fernrohrmodell erscheint jetzt genauso groß wie mit bloßem Auge.

Die Vergrößerung beim Fernrohr hängt von den Brennweiten der verwendeten Linsen ab. Wir können das mit Hilfe von Abb. 2 verstehen. Zur Vereinfachung sind dort nur die von der Spitze des Kirchturms ausgehenden Lichtstrahlen eingezeichnet. Sein Fußpunkt soll auf der verlängerten optischen Achse liegen.

Betrachten wir den Turm *ohne* Fernrohr, so erscheint seine Spitze unter dem Sehwinkel α. Auf der Netzhaut des Auges entsteht dann das Bild B_o. Betrachten wir den Turm *durch das Fernrohr,* so fallen die Strahlen von der Kirchturmspitze ebenfalls unter dem Winkel α ins Objektiv. (Die Länge des Fernrohrs darf gegenüber der großen Gegenstandsweite vernachlässigt werden.) Ist der Turm weit entfernt, so entsteht sein reelles Bild B' in der Brennebene des Objektivs. Wir können seine Größe mit Hilfe des Mittelpunktsstrahls konstruieren. Das Bild liegt zugleich in der Brennebene der Lupe. Deshalb verlassen die Lichtstrahlen das Okular als paralleles Bündel unter dem Winkel β zur optischen Achse. Durch den somit vergrößerten Sehwinkel β entsteht das vergrößerte Netzhautbild B_m.

Es ist leicht einzusehen, daß für $f_1 = f_2$ aus Symmetriegründen $\alpha = \beta$ und $B_m = B_o$ ist. Das erklärt das Ergebnis von Versuch 11.

Vergrößern wir, wie in Versuch 10, die Brennweite f_1 vierfach, so wird auch das Zwischenbild B_z viermal größer. Bei gleicher Lupenbrennweite vergrößert sich dann auch B_m auf das Vierfache. Das gleiche hätten wir aber auch erreichen können, wenn wir f_1 *unverändert* gelassen hätten, dafür aber f_2 auf *ein Viertel verringert* hätten.

Ergebnis: Das Verhältnis von B_m zu B_o und damit die Vergrößerung V des Fernrohrs entspricht dem Verhältnis von Objektivbrennweite f_1 zur Okularbrennweite f_2.

Das astronomische Fernrohr ist die Kombination aus einer langbrennweitigen Sammellinse und einer Lupe. Die Vergrößerung beim Fernrohr ergibt sich als Quotient aus Objektiv- und Okularbrennweite:

$$V = \frac{f_1}{f_2}.$$

Die Vergrößerung V wird auf Ferngläsern oft zusammen mit dem *Objektivdurchmesser D* angegeben: „8 × 30" bedeutet z. B. $V = 8$ und $D = 30$ mm. Da die Brennweite der Lupe nicht viel kleiner als 2 cm gemacht werden kann, muß f_1 groß gewählt werden. Da aber die *Länge des Fernrohrs* mindestens $f_1 + f_2$ beträgt, wird ein Fernrohr hoher Vergrößerung ziemlich unhandlich. In manchen Sternwarten findet man jedoch solche Fernrohre von über 10 m Länge.

Für Beobachtungen auf der Erde ist es störend, daß das Bild umgekehrt ist. Abhilfe könnte eine weitere Sammellinse schaffen, die zwischen Objektiv und Okular angeordnet ist und die das Bild ein zweites Mal umkehrt. Dadurch würde aber das Fernrohr noch länger und unhandlicher.

Im **Prismenfernglas,** das 1893 von ERNST ABBE gebaut wurde, wird das Bild durch zwei Prismen umgekehrt. Die Lichtstrahlen durchlaufen zwischen Objektiv und Zwischenbild zwei gekreuzte Prismen (Abb. 3), wo sie durch Totalreflexion je zweimal umgelenkt werden. Dabei werden nacheinander links und rechts, dann unten und oben vertauscht, so daß das Zwischenbild aufrecht und seitenrichtig gesehen wird. Der lange Lichtweg wird so „zusammengefaltet". Damit schrumpft zugleich der Tubus auf eine handliche Länge. Prismenferngläser werden für *beidäugiges Sehen* gebaut. Der Bildeindruck ist dabei *räumlicher* (plastischer), weil die Objektive weiter als die Augen auseinanderliegen.

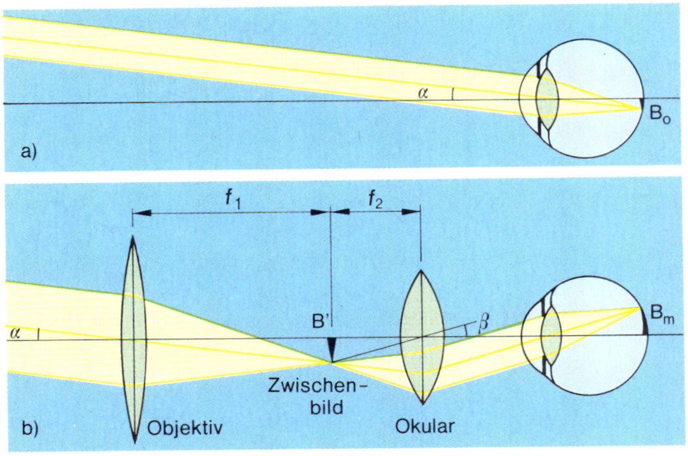

Abb. 2 Strahlengang im astronomischen Fernrohr

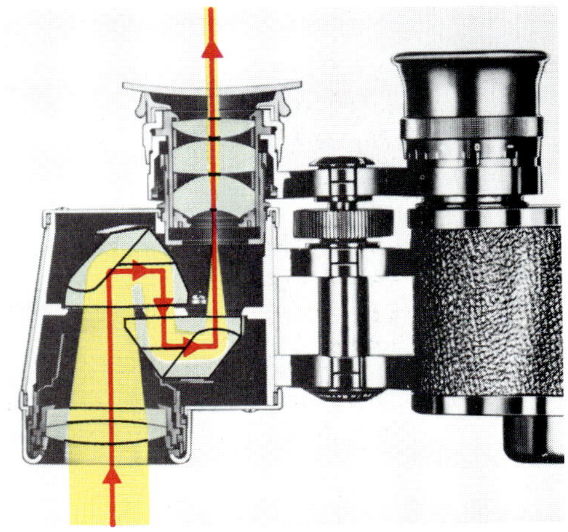

Abb. 3 Prismenfernglas

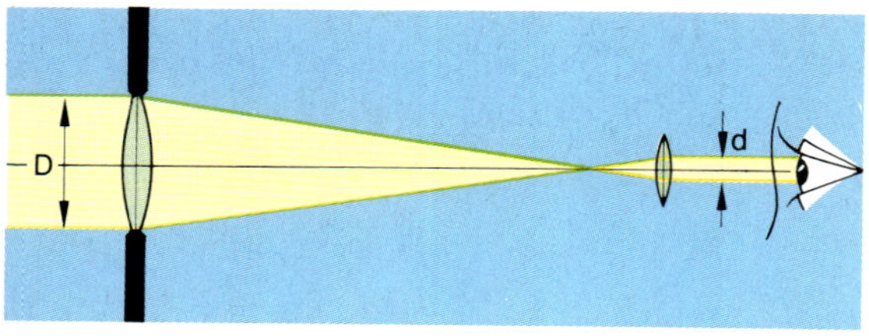

Abb. 1 Ein- und austretendes Lichtbündel im astronomischen Fernrohr

Objektivdurchmesser und Bildhelligkeit

Ein in das Objektiv eines Fernrohrs eintretendes Lichtbündel verläßt das Okular als *schmaleres* Lichtbündel (Abb. 1). Die Pupille des Auges erhält also mehr Licht, als sie in direkter Sicht empfangen würde. Die Bildhelligkeit kann durch eine größere Objektivöffnung (bei gleichbleibender Objektivbrennweite) aber nur so lange gesteigert werden, bis das austretende Bündel die Pupille *gerade ausfüllt*. Eine weitere Steigerung von d ist sinnlos, da das Licht dann nicht mehr ins Auge trifft. Ersetzt man allerdings das Auge durch einen Fotoapparat mit einer größeren Eintrittsöffnung, so kann eine weitere Steigerung sinnvoll sein. Dies nutzt man bei astronomischen Beobachtungen aus.

Was sind Spiegelteleskope?

Bei astronomischen Beobachtungen kommt es mehr auf die *Steigerung der Helligkeit* als auf die Vergrößerung an, denn selbst mit sehr hoher Vergrößerung kann ein Fixstern nur als Punkt abgebildet werden. Unzählige Sterne wurden erst mit Fernrohren entdeckt, weil sie zwar nicht größer, aber heller erschienen. Das läßt sich bereits feststellen, wenn man in sternklarer Nacht mit einem Feldstecher den Himmel betrachtet. Viele der heute bekannten Sterne und ferne Milchstraßensysteme konnten sogar nur auf lang belichteten Fotoplatten entdeckt werden, weil die von ihnen zur Erde gelangende Lichtmenge zu schwach ist, um vom Auge direkt wahrgenommen zu werden.

Die Helligkeitssteigerung durch Vergrößerung der Objektive hat jedoch eine Grenze. Einwandfreie Linsen von mehr als 1 m Durchmesser lassen sich kaum herstellen; sie sind außerdem so schwer, daß sie sich unter dem eigenen Gewicht verformen. Man erzeugt deshalb die reellen Zwischenbilder mit großen *Hohlspiegeln,* die technisch leichter herzustellen sind (Abb. 2).

Eines der größten **Spiegelteleskope** (tele, gr. = weit) befindet sich auf dem Mount Palomar in Kalifornien (Abb. 3). Sein Hohlspiegel hat 5 m Durchmesser und eine Brennweite von 16,8 m. Er wurde 1948 dort aufgestellt und wiegt 500 t. Man sieht mit ihm noch Sterne, die 1 Milliarde Lichtjahre entfernt sind, oder anschaulicher gesagt: Man könnte mit ihm das Licht einer Kerze noch aus 1000 km Entfernung und das Leuchten eines Glühwürmchens noch aus 180 km sehen!

Aufgaben

1. Beschreibe Aufbau und Wirkungsweise eines astronomischen Fernrohrs!
2. Warum soll das Objektiv eines astronomischen Fernrohrs eine möglichst große Brennweite und einen möglichst großen Durchmesser haben?
3. Wie lang ist ein astronomisches Fernrohr mit der Objektivbrennweite $f_1 = 2$ m und der Okularbrennweite $f_2 = 5$ cm? Wie groß ist die Vergrößerung V?
4. Um wieviel muß der Tubus dieses Fernrohrs ausgezogen werden, wenn der Gegenstand auf 20 m heranrückt?
5. Woher kommen die farbigen Ränder bei Linsenabbildungen, und warum treten diese bei Hohlspiegelbildern nicht auf?
6. Warum wird man für Spiegelteleskope oberflächenversilberte Spiegel verwenden?

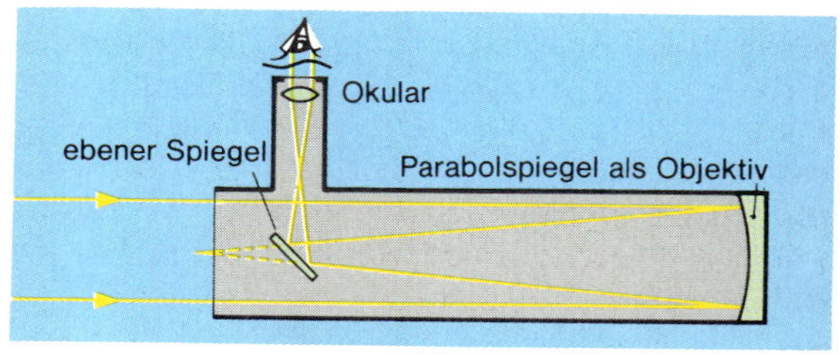

Abb. 2 Spiegelteleskop
Ein Parabolspiegel mit großer Brennweite erzeugt ein reelles Zwischenbild. Die reflektierten Lichtstrahlen werden, kurz bevor sie sich im Bilde treffen, durch einen kleinen Spiegel in einen seitlichen Tubus abgelenkt, wo nun das reelle Zwischenbild entsteht, das mit einer Lupe betrachtet wird

Abb. 3 Spiegelteleskop vom Mount Palomar (USA)

4.6 Die Bedeutung der Optik und der optischen Geräte für den Menschen

Physik und Technik

Lupen, Brillen, Fernrohre und Mikroskope sind optische Instrumente, die mehr oder weniger aus *zufälligen Entdeckungen* entstanden sind. Sie wurden zunächst rein handwerklich gebaut und aus den handwerklichen Erfahrungen heraus verbessert und weiterentwickelt, oft bevor die physikalischen Zusammenhänge der Reflexion, Brechung und Bildentstehung genau bekannt waren. Diese *handwerkliche Technik* hat die Physiker zu den Fragen veranlaßt, mit denen wir uns in den vorhergehenden Kapiteln befaßt haben.

Die Weiterentwicklung dieser für die Menschen immer lebenswichtiger werdenden Geräte wurde aber erst mit der mathematischen Behandlung der Abbildung und Brechung auf eine neue, nämlich *wissenschaftliche Grundlage* gestellt. Die mathematische Idealisierung des Lichtbündels zum geometrischen „Lichtstrahl" schuf die Voraussetzung, mit diesen Strahlen Geometrie zu betreiben. Erst jetzt war es möglich, längst bekannte Erscheinungen zu erklären, zu verstehen, zu konstruieren und zu berechnen.

Bei allen sich daraus ergebenden Fortschritten in der Geräteentwicklung stellt der Schritt von der Wirklichkeit – dem Lichtbündel – zum Gedankengebilde – dem Strahl – doch die bedeutendste geistige Leistung dar. Sie erst ermöglichte die theoretische Bewältigung der bisher aufgetretenen optischen Probleme und wandelte die Methode des zufälligen Findens in ein *planvolles Suchen*. Dies hat bei der Entwicklung der Methode der Physik eine sehr wichtige Rolle gespielt.

An diesem Beispiel wird auch deutlich, daß die Technik nicht einfach eine Folge der Anwendung der Physik ist, sondern daß eine sehr enge Wechselbeziehung zwischen beiden besteht.

In der Physik geht es um die Aufdeckung grundlegender gesetzlicher Naturzusammenhänge. Die Technik zielt darauf ab, im Rahmen dieser Naturgesetze Erzeugnisse und Maschinen zu produzieren.

Seit wann gibt es Brillen?

Alle optischen Instrumente enthalten Linsen, Prismen oder Spiegel. Sie sind meistens aus *Glas* gefertigt. Schon im alten Ägypten wußte man, wie Glas zu erzeugen ist. Die Kenntnis darüber gelangte dann zur Zeit des Kaisers AUGUSTUS nach Rom und wurde über Byzanz den Arabern vermittelt. Der römische Kaiser NERO benutzte einen Smaragd als „Sonnenbrille". Im Mittelalter (um 1300) wurden aus dem Mineral *Beryll* vergrößernde Augengläser geschliffen. Man trug sie jedoch nicht vor den Augen, sondern legte sie beim Lesen auf die Textstelle. Von „Beryll" leitet sich der Name „Brille" her. In China trug man bereits vor 2000 Jahren Brillen, allerdings nicht zur Verbesserung der Sehfähigkeit, sondern aus modischen Gründen!

Abb. 4 Schreibender Mönch mit Brille

Die eigentliche Brille zur optischen Korrektur der Augenfehler wird zum ersten Male Ende des 13. Jahrhunderts in Oberitalien erwähnt. Die vermutlich älteste bildliche Darstellung eines Brillenträgers zeigt ein Frescobild von TOMMASO DA MODENA (Abb. 4). Es befindet sich in der Kirche San Niccolò in Treviso und wird auf 1352 datiert. Der Nürnberger PFUHLMEIER wird 1478 als „Parillenmacher" genannt. In Nürnberg gab es seit 1535 eine Brillenmacherzunft.

Die Bedeutung dieser Erfindung kann man am besten ermessen, wenn man sich vorstellt, allen heutigen Brillenträgern werde ihre Brille entzogen. Die meisten wären erwerbsunfähig oder von vielen Berufen ausgeschlossen. Darüber hinaus wären sie nicht in der Lage, selbst zu lesen, zu schreiben, Auto zu fahren oder fernzusehen. Da es zu allen Zeiten Menschen mit Augenfehlern gab, muß es vor der Erfindung der Brille ein ganzes Heer benachteiligter Menschen gegeben haben. Augenfehler stellten aber damals nur deshalb kein so großes Problem dar, weil die meisten Menschen Tätigkeiten ausübten, die keine hohen Anforderungen an die Augen stellten. So waren die Hauptkunden der im 14. Jahrhundert überall – vor allem in Italien und Flandern – bestehenden Brillenmacherzünfte die Mönche.

Heute ersetzen *Kontaktlinsen,* die direkt aufs Auge gesetzt werden, in wachsendem Maße Brillen.

Optische Geräte veränderten unsere Welt

Die im vorangegangenen Kapitel beschriebenen Fernrohre haben die Kenntnisse der Menschen vom Kosmos (Weltall, Weltordnung) gewaltig erweitert und zu neuen Vorstellungen über die Entstehung und die Entwicklung der Welt geführt.

Abb. 1 Riesenspiegelteleskop aus dem Jahr 1877

Das erste *Fernrohr* scheint um die Wende zum 17. Jahrhundert in Holland erfunden worden zu sein. Es bestand aus einer Kombination von einer Sammellinse und einer Zerstreuungslinse. GALILEI erhielt 1609 Kunde davon und baute sich ein solches Fernrohr. Damit entdeckte er kurz darauf die Mondberge, die Sonnenflecken, die Phasen der Venus, die Jupitermonde, den Saturnring und die einzelnen Sterne der Milchstraße.

Galilei wurde wegen der Folgerungen, die er aus seinen Aufsehen erregenden Entdeckungen zog, angegriffen. Besonders seine Behauptung, daß die Erde nicht der Mittelpunkt der Welt sein könne, stand im Widerspruch zur damaligen Auffassung der Kirche. Galilei wurde deshalb angeklagt und schwor seinen Erkenntnissen ab. Er hielt es für sinnlos, möglicherweise für eine beweisbare Aussage zu sterben. Man vertraute damals den Lehren des griechischen Philosophen ARISTOTELES (384–322 v. Chr.) mehr als experimentellen Beobachtungen mit dem Fernrohr, die man als Täuschung ansah! Solche Konflikte wissenschaftlicher Aussagen mit Weltanschauungen gibt es bis in unsere Zeit.

Abb. 2 Abbe, Sohn armer Eltern, war nach einem Studium von Mathematik und Physik Professor in Jena, wo er 1866 in die Firma Zeiss eintrat. Als deren späterer Alleininhaber wandelte er diese Firma in die Carl-Zeiss-Stiftung um, eine damals wie heute vorbildliche soziale Einrichtung

Das *astronomische Fernrohr* hat der große deutsche Astronom JOHANNES KEPLER (1571–1630) erfunden. In seinem Werk „Dioptrice" gibt er 1611 eine genaue Darstellung der Theorie des Fernrohrs. Wir wissen, daß Kepler wegen eines Augenfehlers aber selbst nie genaue astronomische Fernrohrbeobachtungen durchführen konnte.

Das erste *Spiegelfernrohr* wurde 1668 von NEWTON (1643–1727) gebaut. Die ersten größeren Spiegelteleskope (10 m Brennweite) konstruierte HERSCHEL im Jahr 1766.

Das *Mikroskop* soll im Jahre 1590 von dem holländischen Glasschleifer JANSEN erfunden worden sein. Es hatte zunächst eine Zerstreuungslinse als Okular, bis Kepler darauf hinwies, daß man auch eine Sammellinse benutzen könne. Seitdem hat das Mikroskop im wesentlichen seine heutige Form. Aber bis etwa vor 100 Jahren wurden Mikroskope noch weitgehend nach Handwerkerregeln gebaut.

Die *wissenschaftliche Erforschung* der Abbildungsgesetze im Mikroskop ist das Verdienst von ERNST ABBE (1840–1905). Durch seine Berechnungen gelang ihm der Bau leistungsfähigerer Mikroskope. Die Entwicklung der weltbekannten von Abbe geschaffenen Zeiss-Mikroskope war aber nur möglich in Verbindung mit der Entwicklung neuer Gläser. Abbe gründete zu diesem Zweck zusammen mit dem Glasbläser SCHOTT (1851–1935) das glastechnische Laboratorium „Schott und Genossen". Durch die Forschungen Abbes und die neu entwickelten Gläser wurde die deutsche optische Industrie damals führend in der Welt.

So wie die Fernrohre dem Menschen den Vorstoß in den Weltraum ermöglichten, gewähren Lupe und Mikroskop Einblick in den für das Auge nicht sichtbaren Bereich der biologischen Vorgänge. Allen Gebieten der Forschung, insbesondere der Medizin und der Biologie hat das Mikroskop zu grundlegenden Erkenntnissen verholfen. Was wir über den Aufbau der menschlichen, tierischen und pflanzlichen Körper oder über Krankheitserreger wissen, verdanken wir zum größten Teil dem Mikroskop.

Der Bakteriologe ROBERT KOCH (1845–1910) entdeckte den Tuberkulose-Erreger, die Erreger der asiatischen Cholera und vieler anderer gefährlicher Seuchen. Er entwickelte auch durch neue Färbemethoden und die Mikrofotografie die Techniken der Mikroskopie weiter. Seine Entdeckungen haben dazu beigetragen, in vielen Teilen der Welt Seuchen, Elend und Not der Menschheit zu lindern.

Basiswissen Optik (II)

Brechung des Lichts

Beim Übergang des Lichts von einem durchsichtigen Medium ins andere wird das Licht zum Teil reflektiert. Der restliche Teil wird gebrochen. Einfallender, reflektierter und gebrochener Strahl liegen mit dem Einfallslot in einer Ebene. ↑ S. 34

Wird das Licht beim Übergang vom Medium A ins Medium B zum Lot hin gebrochen, so heißt B *optisch dichter* als A. Glas ist z. B. optisch dichter als Wasser und dieses optisch dichter als Luft. ↑ S. 35

Ändert sich die optische Dichte nicht plötzlich, wie an der Grenzfläche zweier Medien, sondern gleichmäßig, so können Lichtbündel auch *gekrümmt* verlaufen. Dies beobachtet man z. B. in der Lufthülle der Erde, da die Luft mit zunehmender Höhe immer dünner wird, oder bei Luftschichten unterschiedlicher Temperatur. ↑ S. 38

Totalreflexion

Geht ein Lichtbündel von einem optisch dichteren in einen optisch dünneren Stoff über, wird es vom Lot weg gebrochen. Ist dabei der Winkel im dichteren Medium größer als ein bestimmter *Grenzwinkel,* so tritt Totalreflexion ein: Das Licht wird vollständig ins optisch dichtere Medium zurückgeworfen. Beispiele für Totalreflexion: Lichtleitfaser, Luftspiegelungen. ↑ S. 35, S. 39

Dispersion

Bei der Brechung von „weißem" Licht ist häufig eine *Farbauffächerung* zu beobachten. Man nennt diese Erscheinung Dispersion des Lichts. Sie ist untrennbar mit der Brechung verknüpft. Dispersion tritt auf, weil Licht verschiedener Farben unterschiedlich stark gebrochen wird. Brechung und Dispersion sind an der Entstehung von Regenbögen beteiligt. ↑ S. 36 f

Optische Linsen

Optische Linsen sind durchsichtige Körper mit unterschiedlich gekrümmten Oberflächen (meist kugelförmig gekrümmt oder eben). *Konvexlinsen* sind in der Mitte dicker, *Konkavlinsen* dünner als am Rand. Mit Linsen lassen sich Bilder von Gegenständen erzeugen. ↑ S. 40

Sammellinsen

In Luft wirken Konvexlinsen aus Glas als Sammellinsen, d. h. sie bündeln Lichtstrahlen, die durch sie hindurchgehen. Jede Sammellinse hat zwei *Brennpunkte* F_1 und F_2. Sie liegen auf der optischen Achse. Bei dünnen Sammellinsen ist die Brennweite f der Abstand der Brennpunkte von der Linsenmitte M. Für achsennahe Strahlen, die auf eine dünne Sammellinse treffen, gilt:

- Parallelstrahlen werden zu Brennstrahlen.
- Brennstrahlen werden zu Parallelstrahlen.
- Mittelpunktsstrahlen gehen gerade durch.

↑ S. 41 f

Bildkonstruktion

Mit diesen sogenannten *Hauptstrahlen* lassen sich die Bilder bei Sammellinsen konstruieren. Befindet sich der Gegenstand innerhalb der Brennweite der Linse, entsteht ein virtuelles, vergrößertes, seitenrichtiges und aufrechtes Bild (Lupe). Liegt der Gegenstand außerhalb der Brennweite, ist das Bild reell, seitenverkehrt und steht auf dem Kopf. ↑ S. 44 f

Beziehungen zwischen Bild und Gegenstand

Ort und Größe des Bilds lassen sich auch rechnerisch ermitteln. Es gelten das

Abbildungsgesetz $\frac{B}{G} = \frac{b}{g}$ und die

Linsenformel $\frac{1}{f} = \frac{1}{b} + \frac{1}{g}$.

B = Bildgröße $\quad$ b = Bildweite
G = Gegenstandsgröße $\quad$ g = Gegenstandsweite.

↑ S. 46 f

Zerstreuungslinsen

Nach Durchgang durch eine Konkavlinse läuft ein Lichtbündel stärker auseinander als vorher, deshalb der Name Zerstreuungslinse. Die Bilder bei Konkavlinsen sind stets virtuell, verkleinert, aufrecht und seitenrichtig. Zerstreuungslinsen finden z. B. in Linsensystemen Verwendung. ↑ S. 48

Optische Geräte und Auge

Im *Fotoapparat* erzeugt eine Sammellinse (meist ein Linsensystem) ein reelles Bild des Gegenstands auf dem Film. ↑ S. 49 f

Der *Diaprojektor* ist im Prinzip die Umkehrung des Fotoapparats. Zur richtigen Ausleuchtung des Dias ist aber noch eine *Kondensorlinse* erforderlich. ↑ S. 52 f

Im *Mikroskop* und im *Fernrohr* betrachtet man mit einer *Lupe* das reelle Bild des Gegenstands, das von einer Sammellinse (Objektiv) erzeugt wird. Die Vergrößerungswirkung ist die Folge eines *vergrößerten Sehwinkels.* ↑ S. 56 f

Auch das menschliche *Auge* kann als optisches System angesehen werden. Ähnlich wie im Fotoapparat erzeugt ein Linsensystem aus Hornhaut, Augenlinse und Glaskörper ein reelles Bild der betrachteten Gegenstände auf der Netzhaut. ↑ S. 53 f

5 Farben und Spektren

5.1 Erzeugung eines Spektrums

Farben aus weißem Licht

In unseren Versuchen zeigten die mit Linsen erzeugten Bilder häufig störende farbige Ränder. Wir wissen bereits, daß sie durch die *Dispersion* des Lichts verursacht werden. Auch die prächtigen Farben des Regenbogens haben die gleiche Ursache. Wir wollen uns jetzt gründlicher mit der Entstehung dieser Farben befassen.

Besonders gut kann man die Dispersion bei der Lichtbrechung in Prismen beobachten. Ein **optisches Prisma** ist ein Keil aus einem durchsichtigen Stoff, z.B. aus Glas.

Versuch 1: Wir befestigen ein Glasprisma auf einer optischen Scheibe und lassen ein schmales Lichtbündel auf eine Prismenfläche auftreffen (Abb. 1).

Abb. 1 Erzeugung eines Spektrums

Beim Durchgang des Lichts durch das Prisma wird es zweimal abgelenkt. Beim Eintritt des Lichts von Luft in Glas wird es zum Lot hin-, beim Verlassen des Glases vom Lot weggebrochen. Deshalb erfolgt die Ablenkung jeweils im gleichen Sinn (Abb. 2a). Das Lichtbündel wird dabei stets zum breiteren Ende des Prismas abgelenkt.

Das austretende Bündel ist aufgefächert und weist farbige Ränder auf. Bringen wir einen Schirm in das austretende Lichtbündel, so sehen wir auf ihm in einiger Entfernung vom Prisma ein Farbband (Abb. 1). Man bezeichnet es auch als **Spektrum.** Wir erkennen, daß blaues Licht am stärksten, rotes Licht am schwächsten abgelenkt wird.

Wir können uns die Dispersion am Prisma so erklären:

- Das einfallende Lichtbündel enthält verschiedene Lichtarten (= Farben).
- Unterschiedliche Lichtarten werden verschieden stark gebrochen. Dadurch wird bereits bei der ersten Brechung das Lichtbündel in seine farbigen Anteile zerlegt (Abb. 2b).
- Bei der zweiten Brechung an der Austrittsfläche wiederholt sich die unterschiedliche Ablenkung der farbigen Lichtstrahlen im gleichen Ablenkungssinn. Daher werden die einzelnen Lichtarten des Spektrums noch weiter voneinander getrennt (Abb. 2b).

Diese Erklärung der Dispersion, die zuerst von dem englischen Physiker NEWTON (Abb. 3) gegeben wurde, ist zwar *einleuchtend,* sie muß aber deshalb noch nicht *richtig* sein. Newton setzt voraus, daß „weißes" Licht bereits alle Farben enthält, die durch das Prisma nur getrennt werden. Es wäre aber genau so gut denkbar, daß das Prisma die farbigen Lichtstrahlen erst erzeugt. Dies ist die Meinung, die GOETHE in seiner „Farbenlehre" vertrat. Wir müssen daher beide Vermutungen durch weitere Experimente überprüfen. Dazu wollen wir zunächst versuchen, ein möglichst helles und klares Spektrum zu erzeugen.

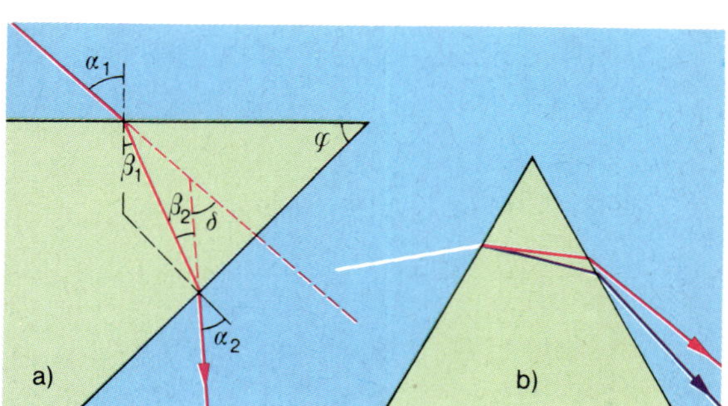

Abb. 2a (links) Zweimalige Brechung von einfarbigem Licht im Prisma, 2b (rechts) Dispersion am Prisma

Abb. 3 (links) Isaac Newton (1643–1727)
Abb. 4 (rechts) Johann Wolfgang v. Goethe (1749–1832)

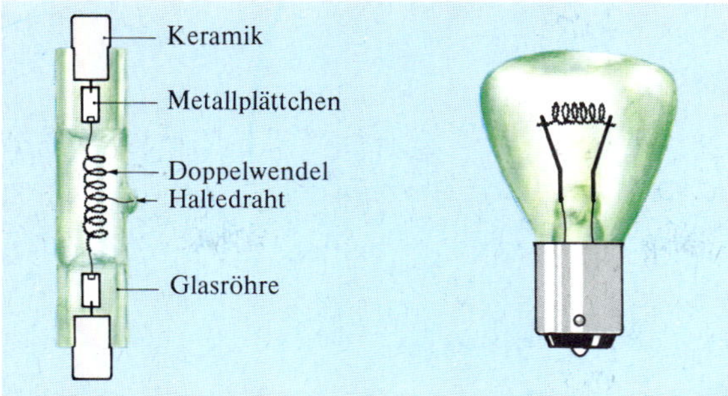

Abb. 5 Lampen mit langgestreckter Wendel

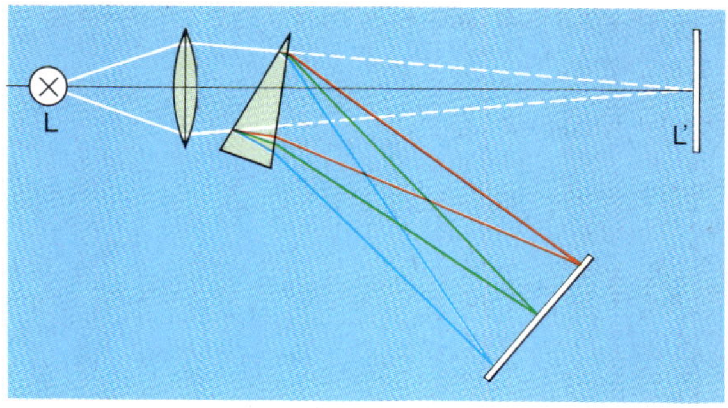

Abb. 6 Wir erzeugen ein Spektrum mit Glühlampenlicht

Versuch 2: Die langgestreckte, senkrechtstehende Wendel einer Glühlampe (Abb. 5) wird mit einem Projektorobjektiv auf einem Schirm scharf abgebildet (L′ in Abb. 6). Bringen wir ein Glasprisma in das aus dem Objektiv austretende Lichtbündel, so beobachten wir auf dem seitwärts verschobenen Schirm ein farbiges Band.

Das so erzeugte Spektrum ist von dunklen Querstreifen durchzogen. Wir erkennen in ihnen die Zwischenräume der Lampenwendel wieder. Das wird im folgenden Versuch bestätigt.

Versuch 3: Wir halten nacheinander eine rote, eine grüne und dann eine blaue Glasscheibe zwischen Lichtquelle und Objektiv.

Wir beobachten zunächst ein rotes, dann ein grünes und schließlich ein blaues Bild der Wendel an der Stelle auf dem Schirm, an dem vorher jeweils die betreffende Farbe im Spektrum zu sehen war.

Das Spektrum besteht aus farbigen Bildern der Lichtquelle.

Die einzelnen Farben gehen *kontinuierlich* (fortlaufend) ineinander über. Das Spektrum der Glühlampe heißt deshalb *kontinuierliches Spektrum*. Wir nennen meist nur die sechs Hauptfarben: Rot, Orange, Gelb, Grün, Blau und Violett.

Die dunklen Querstreifen in unserem Spektrum stören. Mit einer kleinen Änderung in unserem Versuchsaufbau können wir sie beseitigen:

Versuch 4: Mit der Kondensorlinse K konzentrieren wir das Licht der Lichtquelle L auf einen schmalen Spalt Sp (Abb. 7). Das Objektiv O bildet diesen Spalt auf einem Schirm ab. Das eingebrachte Prisma erzeugt jetzt ein Spektrum ohne Querstreifen (Abb. 3, S. 71).

Diese Versuchsanordnung, die auf den deutschen Physiker FRAUNHOFER (1787–1826) zurückgeht, ist auch für andere Lichtquellen, z. B. eine leuchtende Flamme, geeignet. Die Form der lichtaussendenden Fläche spielt nämlich keine Rolle mehr, weil der *Spalt* als Lichtquelle zur Erzeugung des Spektrums dient. Das Spektrum besteht dann aus aneinandergereihten *farbigen Bildern des Spalts*. Je enger wir den Spalt machen, um so klarer werden die Farben.

Wir untersuchen nun, welchen Einfluß das Material des Prismas auf das Spektrum hat.

Versuch 5: Wir bringen nacheinander gleich große Prismen aus verschiedenen Stoffen in den Strahlengang, z. B. Flintglas, Kronglas und ein mit Wasser gefülltes Hohlprisma.

Die erzeugten Spektren sind zwar unterschiedlich breit, erhalten aber die *gleichen* Spektralfarben. Auch die Farbfolge bleibt die gleiche. Die Prismenstoffe verursachen zwar unterschiedlich starke Dispersion, haben aber *keinen Einfluß auf die entstehenden Farben*.

Wie wir bereits in Versuch 3 sahen, ändern sich jedoch die Farben des Spektrums, wenn wir farbige Gläser zwischen Lichtquelle und Prisma halten. Damit verändern wir die Art des auf das Prisma treffenden Lichts. Die Ergebnisse der Versuche 3 und 5 sprechen also für Newtons Hypothese.

Die richtige Mischung ergibt wieder Weiß

Newton beschreibt in seinem 1704 erschienenen Buch „Opticks“ noch weitere Versuche, die seine Deutung der Dispersion stützen. Wir wollen sie in abgewandelter Form nachvollziehen.

Wenn weißes Licht durch ein Prisma zerlegt werden kann, so müßte sich auch umgekehrt durch

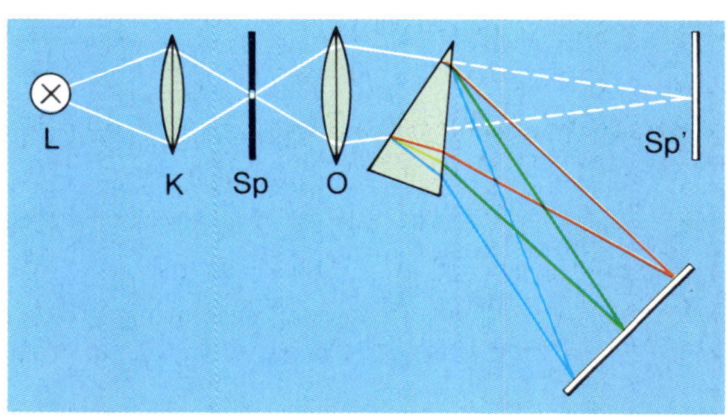

Abb. 7 So erhält man ein klares Spektrum

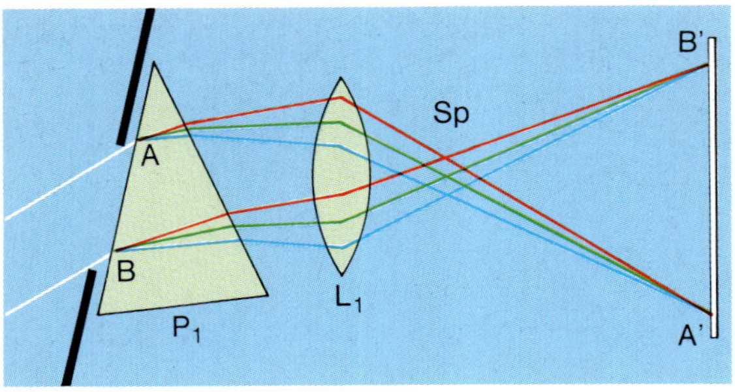

Abb. 1 Die Sammellinse L_1 vereinigt die divergenten Lichtstrahlen auf dem Schirm

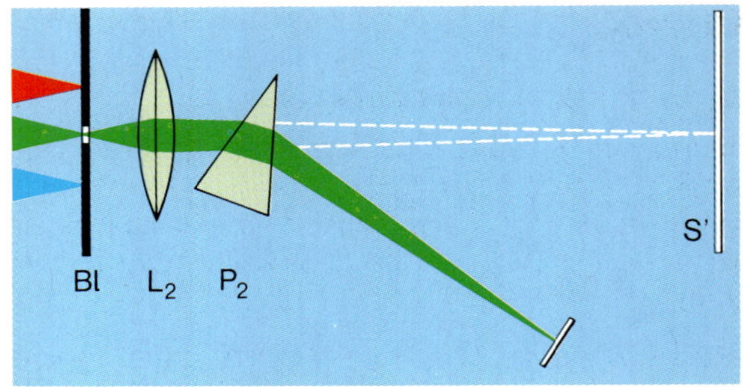

Abb. 2 Spektralreines Licht läßt sich mit unserem Prisma nicht in andere Farben zerlegen

Überlagerung aller Farben des Spektrums wieder weißes Licht ergeben.

Nach Newtons Vorstellung gehen die farbigen Lichtbündel von der Vorderfläche des Prismas aus und verlassen das Prisma divergent (Abb. 1). Divergente Lichtstrahlen können aber durch eine Sammellinse zusammengeführt werden.

Versuch 6: In den Strahlengang zwischen Prisma und Schirm bringen wir eine Sammellinse (Abb. 1). Nach einigem Probieren finden wir eine Stellung, in der auf dem Schirm statt eines Spektrums nur noch eine *weiße Fläche* erscheint.

Die Sammellinse vereinigt alle von den Punkten auf der Prismenvorderfläche ausgehenden Lichtstrahlen wieder in Punkten des Schirms (Abb. 1). Dort entsteht also das *Bild der Prismenvorderfläche,* an der das einfallende Licht noch nicht entmischt war. Wir überprüfen dies, indem wir ganz dicht vor das Prisma einen Draht halten. Er wird auf dem Schirm scharf abgebildet.

Versuch 7: Wir führen nun ein weißes Blatt Papier durch den Raum zwischen der Linse L_1 und dem Schirm. An der Stelle Sp (Abb. 1) entdecken wir ein verkleinertes, aber ganz scharfes *Zwischenspektrum.* Hinter dieser Stelle vermischen sich die farbigen Lichtstrahlen. Erst auf dem Schirm erhalten wir eine weiße Fläche.

Versuch 8: Decken wir Teile des Zwischenspektrums mit einem schmalen Pappstreifen ab, dann entsteht auf dem Schirm ein *farbiges* Bild der Prismenvorderseite.

Der Eindruck Weiß entsteht, wenn sich alle Farben des Spektrums überlagern.

Läßt sich das Licht einer Spektralfarbe noch weiter zerlegen? Wir untersuchen dies im nächsten Versuch.

Versuch 9: Wir erzeugen zunächst wie in Versuch 4 ein klares Spektrum. An die Stelle des Schirms bringen wir jedoch eine Blende mit einer spaltförmigen Öffnung (Bl in Abb. 2). Der Spalt läßt nur das Licht eines schmalen Bereichs des Spektrums durch. Wir bilden nun den Spalt mit der Linse L auf einem Schirm ab (S′) und bringen ein zweites Prisma P_2 in den Strahlengang (Abb. 2).

Ergebnis: Im Gegensatz zu weißem Licht läßt sich das Licht einer Spektralfarbe durch ein Prisma nicht weiter in andere Farben zerlegen. Man sagt: es ist *spektralrein.*

Die Ergebnisse aller Versuche sind in Übereinstimmung mit Newtons Vorstellung. Goethe lehnte jedoch Newtons experimentelle Beweisführung ab. Er bestritt, daß das durch die Vereinigung des farbigen Lichts erzeugte weiße Licht mit dem ins Prisma eintretenden gleichzusetzen sei. An der Reinheit des Sonnenlichts könne nicht gezweifelt werden, die Farben dagegen seien eine Verunreinigung durch das Prisma.

Goethe weigerte sich, „die Natur auf die Folter zu spannen" und das Licht durch Linsen und Prismen zu „quälen". Er glaubte, durch solche künstlich zurechtgestellten Experimente keine wirklichen Aussagen über die Natur zu bekommen. Diese Auffassung beruht auf einer grundsätzlich anderen, tief erlebnishaften Einstellung zur Natur. Wir müssen sie voll anerkennen. Sie ermöglicht jedoch z. B. nicht den Bau eines Mikroskops. Beide Auffassungen brauchen sich nicht auszuschließen. Sie können sich sogar gegenseitig ergänzen.

Aufgaben

1. Was versteht man unter einem Spektrum?
2. Welche Beobachtungen sprechen für Newtons Vorstellungen von der Entstehung der Spektralfarben?
3. Auch beim Durchgang durch eine planparallele Glasplatte wird ein Lichtbündel zweimal gebrochen. Warum ist das austretende Licht nicht wie beim Prisma in die Spektralfarben zerlegt?
4. Streut man Kochsalz in eine Gasflamme, so leuchtet diese in hellem Gelb auf. Beschreibe und skizziere eine Versuchsanordnung, mit deren Hilfe man das Spektrum der leuchtenden Flamme erzeugen kann!
5. Weiße Kieselsteine auf dem dunklen Grund eines Teiches erscheinen mit farbigen Rändern. Was ist die Ursache?

5.2 Farben

Was sind Komplementärfarben?

In Versuch 8 haben wir bereits festgestellt, daß Weiß entsteht, wenn wir alle Farben des Spektrums wieder vereinigen. Welche Farben entstehen, wenn wir nicht mehr alle Spektralfarben überlagern?

Versuch 10: Wir ersetzen in Versuch 8 den Pappstreifen durch zwei Spiegel (I), zwischen denen ein schmaler Spalt frei bleibt (Abb. 3). Alle nicht durch ihn hindurchgehenden farbigen Lichtbündel werden zum Spiegel II reflektiert und von dort auf den Schirm umgelenkt. Neben dem spektralreinen (grünen) Bild der Prismenvorderfläche entsteht ein zweites in der **Mischfarbe** Rot. Durch Drehen des Spiegels II lassen sich beide Bilder überlagern. Es entsteht wieder die Mischfarbe Weiß.

Entfernt man aus dem Spektrum eine bestimmte Farbe und vereinigt die restlichen Farben, so entsteht eine Mischfarbe. Sie ergänzt sich mit der fehlenden Farbe zu Weiß. Man nennt deshalb beide Farben Komplementärfarben (complementum, lat. = Ergänzung).

Versuch 11: Verschiebt man den Tisch, der die Spiegel trägt, so daß der Spalt jeweils eine andere Spektralfarbe durchläßt, dann erhält man die folgenden Komplementärfarben:

reine Spektralfarbe	Komplementärfarbe
Rot	Grün
Orange	Blau
Gelb	Violett
Grün	Rot
Blau	Orange
Violett	Gelb

Unser Auge kann die reine Spektralfarbe nicht von der entsprechenden Mischfarbe unterscheiden. So kann der Eindruck Rot entweder durch spektralreines Rot oder eine Mischung aller Farben außer Grün zustande kommen. Dies zeigt, daß die Farbempfindung ein *Sinneseindruck* ist, der von verschiedenen Naturerscheinungen hervorgerufen werden kann. Welcher der beiden Fälle in unserem Beispiel vorliegt, können wir erst feststellen, wenn wir das Licht durch ein Prisma schicken. Die Mischfarbe wird dann in ihre spektralen Anteile zerlegt.

Rot + Gelb = Orange

Was geschieht, wenn sich zwei Spektralfarben überlagern?

Versuch 12: Wir ersetzen in Versuch 10 den Spaltspiegel durch zwei schmale Spiegelstreifen von etwa 4 mm Breite (Abb. 4). Mit ihnen können wir aus dem Zwischenspektrum Sp zwei reine Spektralfarben ausblenden. Die reflektierten Lichtbündel werden wieder am Spiegel II umgelenkt und erzeugen auf dem Schirm farbige Flächen. Drehen wir S_1 und S_2 geeignet, so überlagern sich beide Lichtbündel.

Ergebnis:

- Nahe beieinander liegende Spektralfarben haben als Mischfarbe die dazwischenliegende Spektralfarbe. Rot und Gelb ergeben die Mischfarbe Orange.
- Komplementäre Spektralfarben ergeben nahezu Weiß; z. B. Gelb und Violett.
- Mischen wir die Randfarben Rot und Violett, so entsteht die im Spektrum nicht vorkommende Farbe Purpur.

Beleuchten wir einen weißen Schirm mit Lichtbündeln verschiedener Farben, so entsteht durch Überlagerung eine Mischfarbe. Man nennt diese Erscheinung additive Farbmischung.

Newton ordnete 11 Spektralfarben so in einem *Farbenkreis* ein, daß jede Farbe die additive Mischfarbe ihrer Nachbarfarben ist. In diesem Kreis hat Purpur als 12. Farbe ihren Platz zwischen Rot und Violett. Gegenüberliegende Farben sind Komplementärfarben (Abb. 1, S. 68). Unser Auge kann jedoch noch weitaus mehr Farbtöne unterscheiden. Bei normalen Beleuchtungsbedingungen sind es etwa 160.

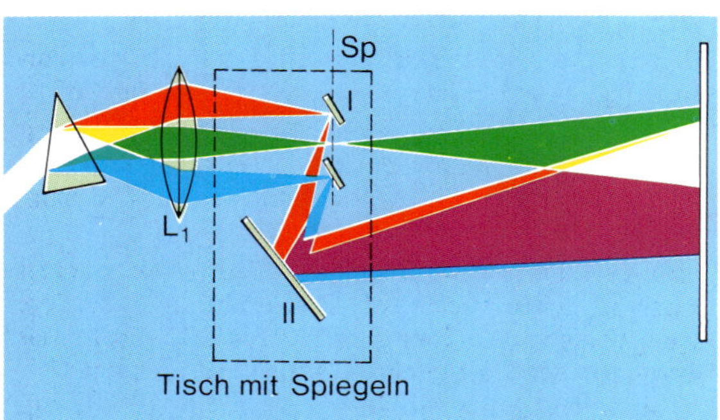

Abb. 3 Erzeugung von Komplementärfarben

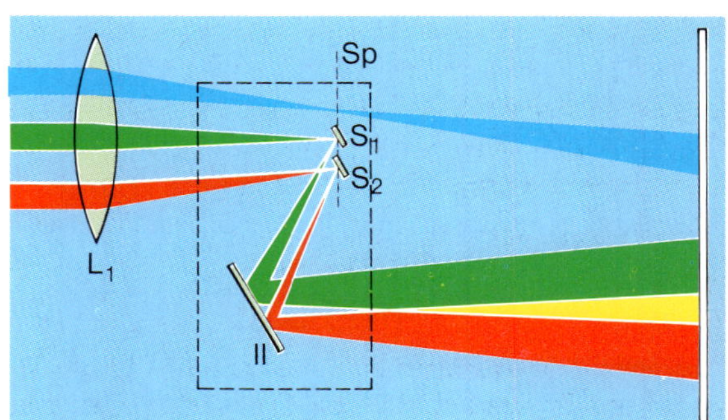

Abb. 4 Versuch zur additiven Farbmischung

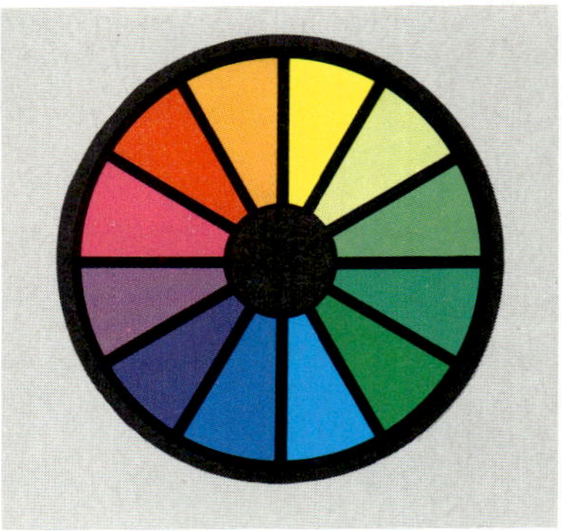
Abb. 1 Farbenkreis nach Newton

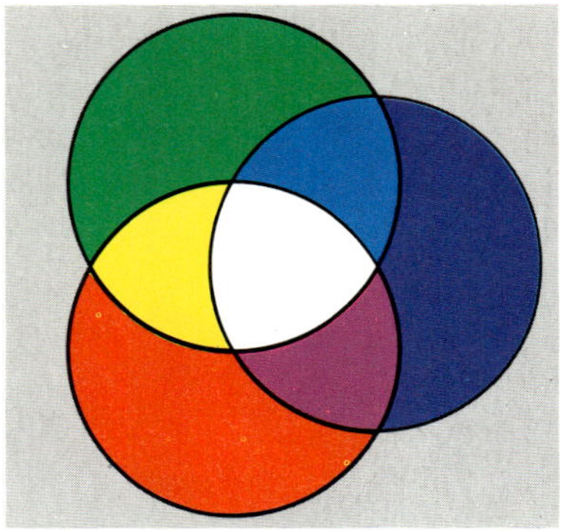
Abb. 2 Additive Farbmischung

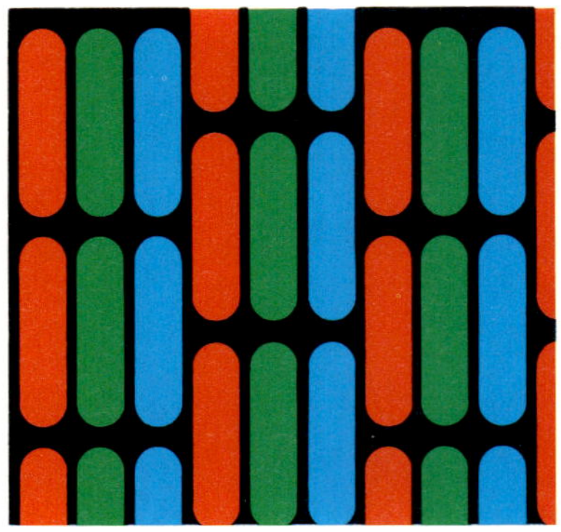
Abb. 3 Leuchtstoffpunkte, vergrößert

Drei Farben genügen

Durch Mischen von farbigem Licht lassen sich neue Farben erzeugen. Dies nutzt man im Theater oder in Diskotheken für besondere Beleuchtungseffekte aus. Man verwendet dort als Lichtquellen meist Scheinwerfer, vor denen sich Farbglasscheiben, sogenannte **Farbfilter,** befinden. Wir stellen uns drei ähnliche Farbscheinwerfer her und experimentieren:

Versuch 13: Drei Experimentierlampen mit Kondensor, deren Lichtstärke regelbar ist, werden nebeneinander aufgestellt. Ihre Lichtkegel treffen so auf einen weißen Schirm, daß sie sich gegenseitig teilweise durchdringen. Vor den Lampen bringen wir je ein Farbfilter in den Farben Rot, Grün und Blau an.

Beobachtung: Auf dem Schirm sehen wir Lichtflecke in den drei Farben der Farbglasscheiben. Dort wo sich die Lichtkegel überlappen, entstehen neue Farben (Abb. 2).

Überlagern sich zwei Farben, so entsteht als Mischfarbe die im Farbenkreis dazwischenliegende Farbe. Die additive Mischung der drei Farben Rot, Grün und Blau ergibt als Mischfarbe Weiß.

Um den Eindruck Weiß zu erzielen, müssen also gar nicht *alle* Farben des Spektrums vorhanden sein. Ändert man noch die Lichtstärke der einzelnen Lampen, so kann man sehr viele Farben und Farbabstufungen herstellen. Man kann auch von anderen Grundfarben ausgehen, z. B. von Gelb, Blaugrün und Purpur (vgl. Abb. 6).

Additive Farbmischung liegt auch beim **Farbfernsehen** vor. Betrachtet man den Bildschirm eines Farbfernsehgeräts unter der Lupe, so erkennt man ein Raster von länglichen Leuchtpunkten. Sie leuchten in den Farben Rot, Grün und Blau und sind jeweils in Dreiergruppen angeordnet (Abb. 3). Im normalen Betrachtungsabstand können wir die einzelnen Leuchtpunkte nicht getrennt wahrnehmen; wir sehen nur die Mischfarbe.

Warum ist die Rose rot?

Die Farbe, in der uns ein Gegenstand erscheint, hängt von der Art der Beleuchtung ab. Ein weißes Hemd wirkt im roten Licht eines Scheinwerfers in der Disko rot. Ähnliche Erfahrungen macht man beim Kleiderkauf. Kleiderstoffe sehen im Tageslicht anders aus als im Licht von Leuchtstofflampen und hier wieder anders als bei Glühlampenlicht. Wie kommen die Farben der Körper überhaupt zustande? Hierzu folgendes Experiment:

Versuch 14: Mit einem Prisma erzeugen wir ein kontinuierliches Spektrum auf einem weißen Schirm. Dann ersetzen wir den Schirm nacheinander durch ein rotes, blaues und schwarzes Stück Pappe.

Beobachtung: Auf dem weißen Schirm sehen wir alle Farben des Spektrums. Auf dem roten Schirm erscheinen nur noch Rot und Orange, auf dem blauen nur das Spektrum von Grün bis Violett. Der schwarze Schirm bleibt fast völlig dunkel.

Ergebnis: Ein Körper, der im Sonnenlicht weiß erscheint, reflektiert alle Lichtarten des Spektrums.

Farbige Körper reflektieren nur Licht bestimmter Farben. Der Rest wird absorbiert. Sie erscheinen daher in der Farbe, die sich als Mischung des reflektierten Lichts ergibt. Dies ist die Komplementärfarbe zum absorbierten Anteil des Spektrums.

Absorbiert ein Körper alle Lichtarten nahezu vollständig (mehr als 90%), so erscheint er schwarz. Ein grauer Körper absorbiert alle Farben gleich stark, aber nicht vollständig.

Auf ähnliche Weise läßt sich auch die Wirkung von *Farbfiltern* erklären. Farbige Gläser oder Kunststoffe „filtern" aus dem Spektrum bestimmte Farben heraus. Es gibt Filter, die nur einen ganz schmalen Bereich des Spektrums durchlassen („spektralreine Filter"). Die meisten Farbgläser hingegen lassen breite Spektralbereiche, also mehrere Farben, durch. Das hinter einem durchsichtigen Körper übriggebliebene Restspektrum bezeichnet man als das **Absorptionsspektrum** dieses Körpers.

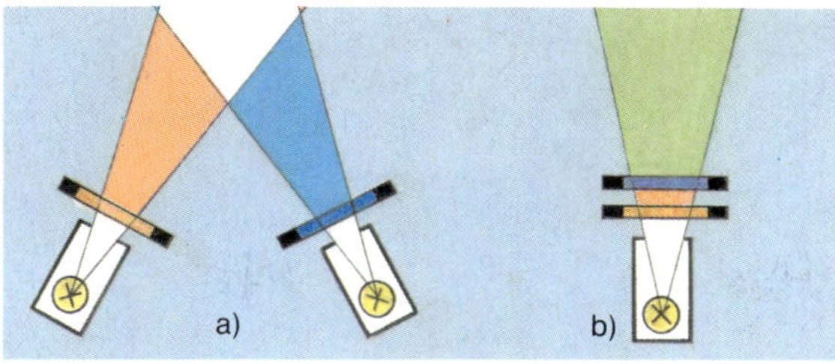

Abb. 4 Additive und subtraktive Farbmischung

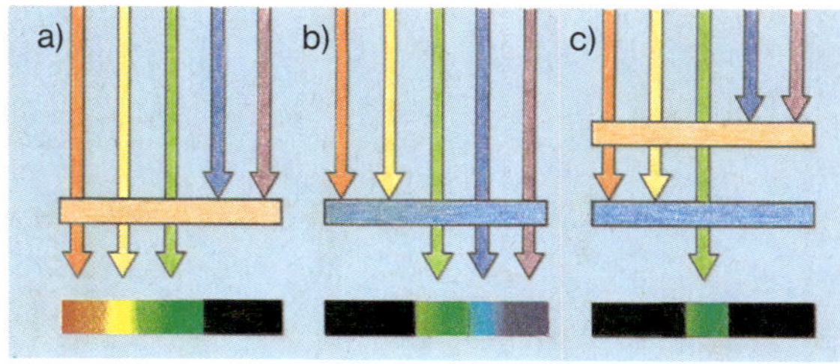

Abb. 5 Absorptionsspektren der Farbgläser

Wie entstehen die Mischfarben beim Malen?

Die Spektralfarben Orange und Blau überlagern sich als Komplementärfarben zu Weiß (Abb. 4a). Mischen wir aber die Malfarben Orange und Blau, so erhalten wir Grün. Das gleiche beobachten wir, wenn wir das Licht einer Experimentierlampe durch zwei aufeinandergelegte Farbgläser der Farben Orange und Blau schicken: Das durchgelassene Licht ist grün (Abb. 4b). Wie ist das zu erklären?

Versuch 15: Wir halten die beiden Filter zuerst einzeln, dann zusammen in den Strahlengang von Versuch 4 und beobachten das Absorptionsspektrum.

Das Orangefilter absorbiert den blau-violetten Spektralbereich (Abb. 5a), das Blaufilter den Bereich von Rot bis Gelb (Abb. 5b). Werden beide Filter hintereinander angeordnet, so kann nur die Lichtart hindurchgelangen, die von *beiden* Filtern durchgelassen wird. Dies ist in unserem Fall Grün (Abb. 5c). Durch das zweite Filter wird dem vom ersten durchgelassenen Licht ein weiterer Anteil entzogen. Man nennt diesen Vorgang daher **subtraktive Farbmischung.**

Auch die Farbstoffe unseres Malkastens mischen sich subtraktiv. Von der Farbschicht wird nur das Licht reflektiert, das weder vom Farbstoff Orange noch vom Farbstoff Blau absorbiert wird, im vorliegenden Fall also grünes Licht.

Additive und subtraktive Farbmischung benutzt man beim **Dreifarbendruck,** mit dem auch die farbigen Bilder dieses Buchs hergestellt wurden. Untersuchen wir z. B. Abb. 1 mit einer Lupe, so erkennen wir, daß das Bild aus lauter winzigen Rasterpunkten zusammengesetzt ist. Unser Auge kann die einzelnen Punkte nicht voneinander trennen. Liegen die Farbpunkte *nebeneinander,* so handelt es sich wie beim Farbfernsehbild um *additive Farbmischung. Überdecken* sich die Rasterpunkte, dann entsteht der Farbeindruck durch *subtraktive Mischung.* Als Grundfarben werden Purpur, Gelb und Grünblau benutzt (Abb. 6).

Zusätzliche Farbeindrücke lassen sich erzeugen, wenn man die *Zwischenräume* der Rasterpunkte weiß läßt (Abb. 6) oder mit schwarzen Punkten füllt (Vierfarbendruck). Auf diese Weise lassen sich z. B. aus der Grundfarbe Rot Rosa und Braun herstellen. Man sagt, die Farbe Rot sei weiß bzw. schwarz „verhüllt". Mögliche **Verhüllungsfarben** von Rot sind in dem Verhüllungsdreieck in Abb. 7 dargestellt.

Aufgaben

1. Wie erscheint ein Körper, der nur mit den Lichtarten beleuchtet wird, die er absorbiert? Wie muß man ihn beleuchten, damit er in seinen „natürlichen" Farben erscheint?
2. Warum darf man eigentlich nicht sagen: „Die Rose hat die Farbe Rot"?
3. Mische verschiedene Farben deines Malkastens und stelle die Mischfarbe fest!
4. Welche der Farben in Abb. 1 kommen durch additive, welche durch subtraktive Mischung zustande? Benutze eine Lupe!

Abb. 6 Zum Dreifarbendruck

Abb. 7 Verhüllung der Farbe Rot durch Weiß und Schwarz. Betrachte das Bild mit einer Lupe!

5.3 Spektren verschiedener Lichtquellen

Das kontinuierliche Spektrum

Zerlegen wir das „weiße" Licht einer Glühlampe mit einem Prisma, so erhalten wir ein kontinuierliches Spektrum. Die Wendel der Glühlampe erscheint uns aber nur dann weiß, wenn die Lampe genügend hell brennt. Verringern wir den Lampenstrom, so leuchtet der Glühfaden gelb oder rot. Wie ändert sich in diesem Fall das Spektrum?

Versuch 16: Wir betrachten das Spektrum einer Halogenlampe, deren Helligkeit wir mit einer regelbaren Stromquelle verändern.

Wir erhalten stets ein **kontinuierliches Spektrum.** Bei rotglühender Wendel fehlen allerdings die Farben Violett und Blau, auch Grün ist nur schwach zu sehen. Je heißer der Glühfaden wird, um so stärker treten aber diese Teile des Spektrums hervor.

Das Licht der Glühlampe liefert ein kontinuierliches Spektrum. Dies ist auch bei allen anderen glühenden festen oder flüssigen Körpern so. Je heißer der Körper wird, desto weißer und heller ist das von ihm ausgesandte Licht und desto stärker sind Blau und Violett im Spektrum vertreten.

Noch weißer als weiß?

Versuch 17: Bringen wir in das Spektrum der hell leuchtenden Halogenlampe ein besonders weißes Blatt Schreibmaschinenpapier oder ein in einem modernen Waschmittel gewaschenes weißes Tuch (Labormantel), so beobachten wir etwas Merkwürdiges: Das auf dem Experimentierschirm noch „normale" Spektrum (Abb. 3a) bricht im violetten Bereich ab. Ein Teil des Violetten verschwindet und an seine Stelle tritt ein helles Blau, das sich über die Violettgrenze des sichtbaren Spektrums hinaus fortsetzt (Abb. 3b).

Violettes Licht regt offenbar das weiße Schreibmaschinenpapier zu blauem Leuchten an. Da das Papier aber auch jenseits des violetten Bereichs blau leuchtet, müssen wir annehmen, daß auch dorthin noch „Licht" gelangt, das aber normalerweise für uns unsichtbar bleibt. Dies bestätigt auch der folgende Versuch, in dem wir das Licht mit einer Solarzelle nachweisen (vgl. S. 13).

Versuch 18: Als Lichtempfänger verwenden wir eine kleine *Silizium-Solarzelle,* die wir an ein Strommeßinstrument anschließen. Halten wir die Solarzelle ins Spektrum, so schlägt der Zeiger des Instruments aus. Durchfahren wir das Spektrum von Rot nach Violett, so geht zwar der Zeigerausschlag zurück, doch auch jenseits der Violettgrenze des Spektrums läßt sich noch Strahlung nachweisen.

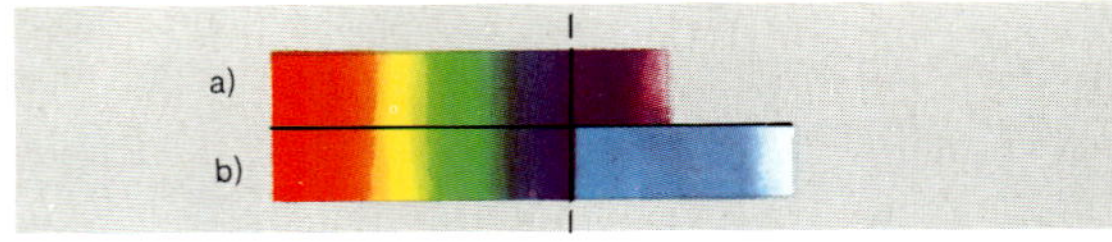

Abb. 1 a) Kontinuierliches Spektrum auf normalem Schirm, b) auf fluoreszierendem Schirm

Das Licht der Halogenlampe enthält Lichtstrahlen, die stärker als violettes Licht gebrochen werden. Man bezeichnet sie als **ultraviolette Strahlen,** *kurz: UV-Strahlen (ultra, lat. = jenseits).*

Im Gegensatz zu bestimmten Tierarten, z.B. Bienen, können wir ultraviolettes Licht nicht wahrnehmen. Zum Nachweis verwendet man daher häufig besondere „Leuchtschirme". Ein mit *Zinksulfid* beschichteter Schirm z.B. leuchtet grün, wenn er von ultraviolettem Licht getroffen wird. Man sagt: „Der Leuchtschirm *fluoresziert*".

Fluoreszierende Stoffe wandeln unsichtbares UV-Licht in sichtbares Licht um. Davon machen auch die Waschmittelhersteller Gebrauch: Moderne Waschmittel enthalten fluoreszierende Stoffe, die sich beim Waschen in dem Gewebe einlagern. Das im Tageslicht reichlich enthaltene UV-Licht wird von ihnen in sichtbares Blaulicht verwandelt. Dadurch wird nicht nur mehr sichtbares Licht reflektiert, so daß der Stoff heller erscheint, sondern auch der Blauanteil des reflektierten Lichts erhöht, was noch „weißer" macht. Ähnliche „Weißmacher" sind auch in dem in Versuch 17 verwendeten Schreibmaschinenpapier enthalten.

Die Glühlampe – Lichtquelle oder Heizstrahler?

In Versuch 18 stellten wir fest, daß der Zeigerausschlag des Meßinstruments zunahm, wenn wir den Lichtempfänger dem roten Ende des Spektrums näherten. Was geschieht, wenn wir auch hier in den Bereich jenseits des sichtbaren Spektrums vorstoßen?

Versuch 19: Wir führen die Solarzelle von Blau nach Rot durch das Spektrum und dann über Rot hinaus.

Zu unserer Überraschung nimmt der Zeigerausschlag sogar noch zu, wenn wir in den „dunklen" Bereich jenseits von Rot gelangen. Er erreicht dort seinen größten Wert und geht dann immer mehr zurück, wenn wir uns weiter von der roten Grenze des Spektrums entfernen.

Die Glühlampe sendet auch jenseits der roten Grenze des sichtbaren Spektrums unsichtbare Strahlen aus. Sie werden vom Prisma schwächer abgelenkt als rotes Licht. Sie heißen **Ultrarotstrahlen.** *(Manchmal findet man auch die Bezeichnung Infrarotlicht).*

Abb. 2 Ultrarotfoto, rechts Normalfilm

Ultrarotlicht können wir zwar nicht sehen, es macht sich aber für die Sinneszellen unserer Haut wie das sichtbare Licht durch seine Wärmewirkung bemerkbar, wenn seine Intensität groß genug ist. Um Ultrarotstrahlen auszusenden, muß ein Körper nicht unbedingt glühen, d. h. auch sichtbares Licht abstrahlen. Auch ein Heizkörper in der Wohnung sendet Ultrarotstrahlung aus.

Ultrarotstrahlen werden wie Licht reflektiert und gebrochen. Man kann sogar mit ihnen fotografieren, seitdem es ultrarotempfindliche Filme gibt. Da Ultrarotstrahlen von den Wassertröpfchen in Nebel- oder Dunstschichten weniger stark gestreut werden als sichtbares Licht, erhält man z. B. bei Landschaftsaufnahmen auch unter ungünstigen Bedingungen klare Ultrarotbilder (Abb. 2).

Die Wärmewirkung von Ultrarotlicht nutzt man bei *Heizstrahlern* und besonderen Lampen zur medizinischen Bestrahlung erkrankter Körperpartien aus. Wie uns Versuch 19 zeigt, eignet sich aber leider auch jede Glühlampe besser zum Heizen als zur Lichterzeugung! Von der Gesamtstrahlung, die von einer Glühlampe ausgeht, entfallen nämlich nur etwa 5% auf das sichtbare Spektrum. Der Rest verläßt die Lampe hauptsächlich als Ultrarotstrahlung und heizt die Umgebung auf. Das ist meist unerwünscht und unwirtschaftlich (vgl. auch S. 209).

Glühende feste und flüssige Körper senden nicht nur sichtbares Licht aus. Ihr kontinuierliches Spektrum erstreckt sich vom Ultravioletten über das sichtbare Licht bis zum Ultraroten.

Spektren leuchtender Gase

Die geringe Wirtschaftlichkeit der Glühlampe war der Anlaß, nach Lichtquellen zu suchen, die vorwiegend sichtbares Licht aussenden. Wir wollen das Licht, das sie ausstrahlen, untersuchen.

Als Straßenbeleuchtung findet man die gelb leuchtenden *Natriumdampflampen* und *Quecksilberdampflampen,* deren Licht bläulich-grünlich erscheint. Sie bestehen aus Glasröhren, in denen sich zwischen zwei elektrischen Anschlüssen (Elektroden) Natrium- bzw. Quecksilberdampf befindet, der durch den elektrischen Strom zum Leuchten angeregt wird. Ähnlich sind auch die, oft als „Neonröhren“ bezeichneten, gasgefüllten Leuchtröhren von farbigen Leuchtreklamen gebaut. Ihre Füllung besteht allerdings nicht immer aus Neongas; auch andere Gase werden verwendet.

Versuch 21: Wir bringen nacheinander mit Natriumdampf, Quecksilberdampf, Neon- und Heliumgas gefüllte Lampen als Lichtquellen in die Versuchsanordnung von Versuch 4 und vergleichen die entstehenden Spektren.

Beobachtung: Wir erhalten hier eine völlig neue Art von Spektren (vgl. Abb. 3). Auf dem Schirm entstehen scharfe Bilder der Spaltöffnung in verschiedenen Farben, sogenannte **Spektrallinien.** Sie sind im Gegensatz zum kontinuierlichen Spektrum deutlich voneinander getrennt. Natriumdampf liefert nur eine einzige gelbe Linie. Im Spektrum der Quecksilberdampflampe und im Heliumspektrum treten mehrere, beim Neonspektrum zahlreiche Spektrallinien auf.

Leuchtende Gase oder Dämpfe zeigen Linienspektren.

Jede Substanz erzeugt ihr eigenes, unverwechselbares Linienspektrum, das sich von den Spektren

Kontinuierliches Spektrum

Linienspektrum von Natrium

Linienspektrum von Quecksilber

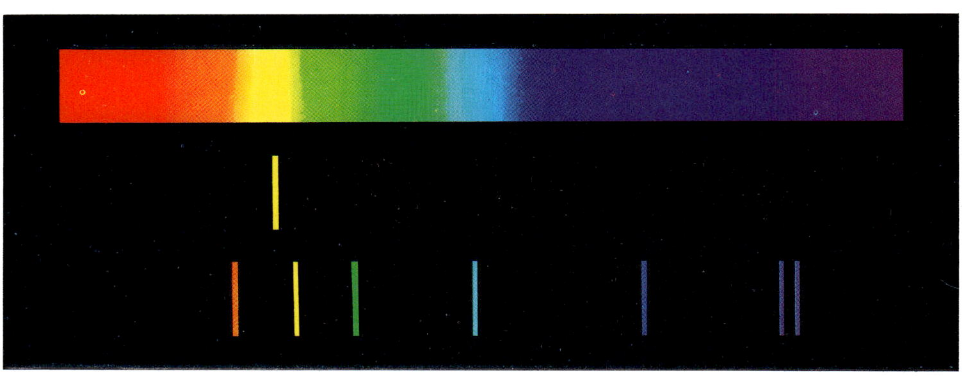

Abb. 3

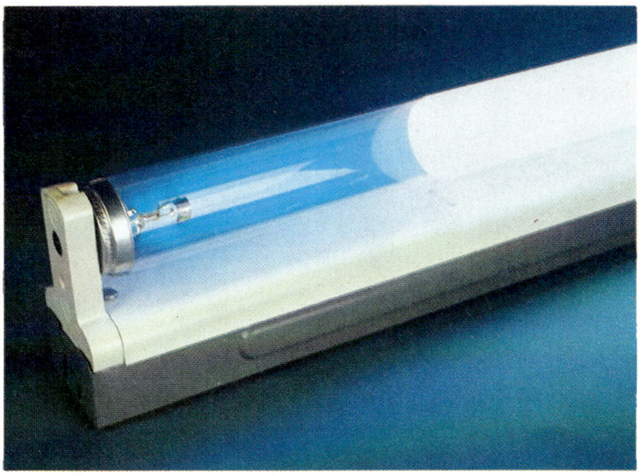

Abb. 1 Leuchtstoffröhre, nur teilweise beschichtet

Abb. 2 Diskolicht

anderer Stoffe unterscheidet. Mit Hilfe solcher Spektren lassen sich die einzelnen chemischen Elemente in einer Materialprobe bestimmen. Dazu vergleicht man das beobachtete Spektrum mit den bekannten Spektren der Elemente. Diese Methode wurde im Jahre 1859 von BUNSEN (1811–1899) und KIRCHHOFF (1824–1887) entwickelt und heißt **Spektralanalyse.**

Höhensonne und Leuchtstofflampe

Versuch 22: Auf einem Zinksulfid-Leuchtschirm werden im Licht der Quecksilberdampflampe auch Spektrallinien im UV-Bereich sichtbar. Ersetzen wir die Linse und das Prisma durch eine Quarzlinse und ein Quarzprisma, so tauchen weitere ultraviolette Linien auf, die noch weiter vom sichtbaren Licht auf dem Schirm entfernt auftreffen.

Glas *absorbiert* also diese UV-Strahlen weitgehend. Deshalb verwendet man für Quecksilberdampflampen Quarzglasröhren, wenn man den UV-Anteil der Strahlung nutzen will. Dies geschieht z. B. in *künstlichen Höhensonnen.*

Das UV-Licht bräunt unsere Haut und fördert die Bildung von Vitamin D. Zu starke Bestrahlung führt jedoch zu Schädigungen der Haut (Sonnenbrand). Auch unsere Augen werden von intensiver UV-Strahlung geschädigt, deshalb darf man nicht mit ungeschützten Augen in eine Höhensonne sehen. Dies gilt auch für einen Aufenthalt im Hochgebirge: Das von der Sonne stammende UV-Licht wird normalerweise durch die Luft weitgehend absorbiert, in großer Höhe läßt diese Wirkung aber nach. Besonders im Winter ist dort eine Sonnenbrille unerläßlich (Schneeblindheit!).

Leuchtstofflampen tragen auf der Innenwand des Glasrohres einen weißen, undurchsichtigen Belag. Eine Röhre, die nur zum Teil mit Leuchtstoff belegt ist, leuchtet nur im belegten Teil weiß, sonst schwach bläulich (Abb. 1).

Versuch 23: Bringen wir den unbelegten Teil der Röhre hinter einen Spalt und betrachten wir diesen durch ein Prisma, so erkennen wir das Linienspektrum des Quecksilberdampfes. Bringen wir den leuchtenden Belag hinter den Spalt, so überlagert sich diesem Spektrum ein helles kontinuierliches.

Da der Belag viel heller als der Quecksilberdampf leuchtet, muß das vom Belag ausgehende Licht das **Fluoreszenzlicht** der starken unsichtbaren UV-Strahlung sein. Nach dem Abschalten der Lampe leuchtet der Belag noch eine Weile nach. Dadurch werden die kurzen Leuchtpausen überbrückt, die beim Betrieb der Röhre mit Wechselstrom eintreten.

Leuchtstofflampen erwärmen sich im Betrieb recht wenig. Man bezeichnet sie deshalb auch oft als „kalte" Lichtquellen. Trotzdem werden in ihnen immer noch etwa ⅔ der UV-Strahlen im Belag in unsichtbare Ultrarotstrahlen umgewandelt. Die Lichtausbeute ist bei einer Leuchtstofflampe aber immer noch etwa zehnmal so groß wie bei einer Glühlampe bei gleichem elektrischen Aufwand.

Aufgaben

1. Wodurch unterscheiden sich die Spektren leuchtender Gase von denen glühender fester oder flüssiger Körper?
2. Was versteht man unter UV-Licht, was unter Ultrarot-Licht? Nenne die wichtigsten Eigenschaften!
3. Warum bräunt man hinter einer Fensterscheibe kaum?
4. Weshalb ist besonders im Hochgebirge auf einen ausreichenden Schutz vor ultravioletter Strahlung zu achten?
5. Warum ist eine Glühlampe eine bessere „Wärmequelle" als eine Lichtquelle?
6. Erkläre die größere Lichtausbeute bei Leuchtstofflampen im Vergleich zu Glühlampen!
7. In Diskotheken findet man oft sogenannte „Schwarzlichtlampen" (Abb. 2). Was beobachtet man in ihrem Licht? Erläutere ihre Wirkungsweise!
8. Erkläre die Wirkung der „Weißmacher" in Waschmitteln!

1 Grundbegriffe der Mechanik

1.1 Womit beschäftigt sich die Mechanik?

Die Mechanik ist alt, aber nicht veraltet

Das Wort „Mechanik" kommt aus dem Griechischen und bedeutet soviel wie Handwerkskunst. Die Mechanik war die Kunst, die Natur zu überlisten. Als ein glänzendes Beispiel für mechanische Künste gilt der Transport und die Errichtung des Obelisken im Jahre 1586 auf dem Petersplatz in Rom (Obelisk = schmaler, hoher, sich nach oben verjüngender Pfeiler mit pyramidenförmiger Spitze). In Abb. 3 ist diese technische Meisterleistung des Baumeisters DOMENICO FONTANA dargestellt.

Eine ähnliche Leistung hatten die Ägypter vollbracht, die den Obelisken 3000 Jahre vorher in Heliopolis aufgestellt hatten. Bewundernswert auch das technische Können der Römer, die den Obelisken 39 n. Chr. nach Rom transportierten und dort errichteten.

Fontana benötigte 140 Pferde und 800 Mann. Entscheidend für das Gelingen waren nicht nur der Einsatz von Seilwinden und Flaschenzügen, sondern auch ein präzis vorausgeplanter Ablauf und die ständige Überwachung der einzelnen Arbeitsschritte. Auch mit modernen Maschinen wäre die Aufstellung eines Steinblocks dieser Größe - er ist immerhin 23 m lang und wiegt über 300 t - nicht problemlos. Abb. 4 zeigt eine moderne Lasthebemaschine. Drei Kräne vergleichbarer Tragfähigkeit wären erforderlich, um den Obelisken zu heben.

Die benutzten Geräte sind Ergebnis einer jahrtausendealten Entwicklung. Jede Generation baut auf den Erfahrungen der vorhergehenden auf. Die Entwicklung der menschlichen Kultur wäre nicht möglich gewesen ohne eine entsprechende Entwicklung der mechanischen Hilfsmittel. Ohne sie kann auch die moderne Welt nicht auskommen.

Nun geht es in der Mechanik nicht nur darum, die Gesetze herauszufinden, die bei der Konstruktion von Maschinen beachtet werden müssen, sondern auch z. B. um Bewegungsvorgänge wie die Bewegung eines Autos, eines Flugzeuges oder eines Satelliten um die Erde. Mit diesen Fragen werden wir uns noch beschäftigen. Zunächst aber müssen wir uns mit einigen Grundbegriffen der Mechanik vertraut machen.

Abb. 3 Errichtung des Obelisken auf dem Platz vor der Peterskirche in Rom

Abb. 4 Moderner Eisenbahnkranwagen (Tragkraft: 120 t)

Abb. 1 Die Puppe bewegt sich nach dem Abbremsen des Autos weiter

Echo 18. 10.

Durch Frontscheibe geschleudert

PFUNGSTADT (wr). Erhebliche Kopf- und Gesichtsverletzungen erlitten zwei Insassen eines Pkw bei einem Verkehrsunfall, der sich am Samstag gegen 14 Uhr auf der Mainstraße in Höhe der Einmündung mit der Ludwig-Clemenz-Straße ereignete. Sachschaden gab es für rund 4500 Mark. Nach Angaben der Polizei war es dort zu einem Auffahrunfall gekommen, weil ein Autofahrer zu spät bemerkt hatte, daß der Fahrer des vorausfahrenden Pkw mit seinem Wagen abbiegen wollte. Die beiden Insassen in dem hinteren Auto waren nach Auskunft der Polizei nicht angeschnallt und wurden durch den starken Aufprall durch die Windschutzscheibe geschleudert. Sie erlitten schwere Verletzungen.

Abb. 2 Nicht angeschnallt, schlimme Folgen

1.2 Trägheit und Schwere

Was ist ein physikalischer Körper?

Unter Körper versteht man gewöhnlich den Körper eines Menschen oder Tieres. Man spricht von einem gesunden, durchtrainierten, starken, kranken oder schwachen Körper. In der Geometrie werden Würfel, Quader, Kugel als Körper bezeichnet. Geometrische Körper sind allseitig abgeschlossen und umgrenzen einen bestimmten Raum. Sie sind nicht an Materie gebunden. In der Physik dagegen nennt man alle Dinge wie Steine, Bücher, Nägel, Limonadenflaschen, Holzwürfel, Autoreifen, Goldmünzen u.a.m. Körper. Auch die Sonne ist ein physikalischer Körper, ebenso die Luft in einem Autoreifen oder die Tinte in einem Füllfederhalter.

Unter einem physikalischen Körper versteht man eine begrenzte Menge von Materie.

Körper sind von Natur aus träge

Die Insassen eines Autos werden beim schnellen Anfahren „in die Sitze gedrückt", bei einer Vollbremsung „nach vorne geschleudert" (Abb. 1). Bei einem Autounfall kann dies sehr unangenehme Folgen haben: Die Insassen können sich dabei schwer verletzen (Abb. 2). Um dies zu verhindern, muß man Sicherheitsgurte anlegen. Sie bremsen die Insassen ab, dehnen sich dabei etwas.

Weshalb werden eigentlich die Fahrzeuginsassen „in die Sitze gedrückt" bzw. „nach vorne geschleudert"? Um diese Fragen zu beantworten, wollen wir einige Versuche durchführen.

Versuch 1: Wir stellen ein quaderförmiges Holzklötzchen auf ein Brett und ziehen das Brett zunächst langsam und dann schnell weg.

Im ersten Fall wird das Klötzchen mitbewegt, im zweiten Fall kippt das Klötzchen nach hinten um (Abb. 3a).

Versuch 2: Wir bewegen Brett und Holzklötzchen gleichmäßig über den Tisch und bremsen schnell ab. Das Klötzchen kippt nach vorne (Abb. 3b)

Die Versuche machen folgendes deutlich: Jeder Körper „möchte" in dem Zustand verharren, in dem er sich gerade befindet. Im ersten Fall war das Klötzchen in Ruhe, im zweiten Fall in Bewegung. Es „möchte" im Ruhezustand bleiben und kippt, da der untere Teil des Brettes mitbewegt wird. Bei der Abbremsung „möchte" es in Bewegung bleiben und kippt nach vorne, da der untere Teil durch das Brett festgehalten wird. Wir nennen diese Eigenschaft die **Trägheit der Körper.** Die Trägheit macht auch das Verhalten der Insassen eines Autos bei einer Vollbremsung verständlich. Infolge ihrer Trägheit bewegen sich die Insassen weiter, während das Auto zur Ruhe kommt. Beim Anfahren dagegen schiebt das Auto die Insassen und bringt sie auf eine höhere Geschwindigkeit.

Die Trägheit bewegter Körper macht sich nicht nur beim Beschleunigen oder beim Abbremsen bemerkbar, sondern auch dann, wenn die Richtung der Bewegung geändert wird.

Versuch 3: Auf dem Wagen einer Modelleisenbahn befestigen wir ein kleines Brettchen. Sobald der

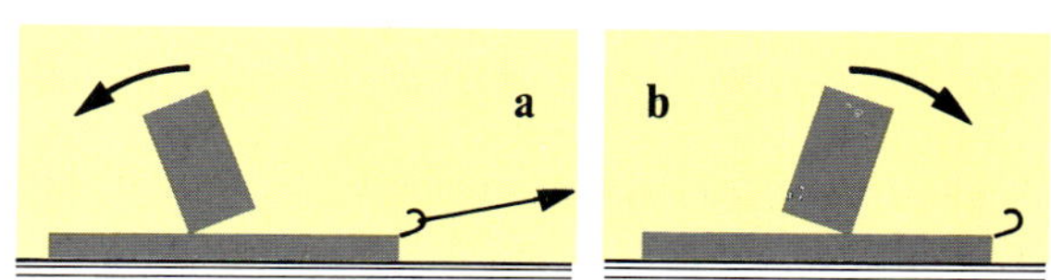

Abb. 3 Beim Beschleunigen (a) und beim Bremsen (b) kippt das Klötzchen um

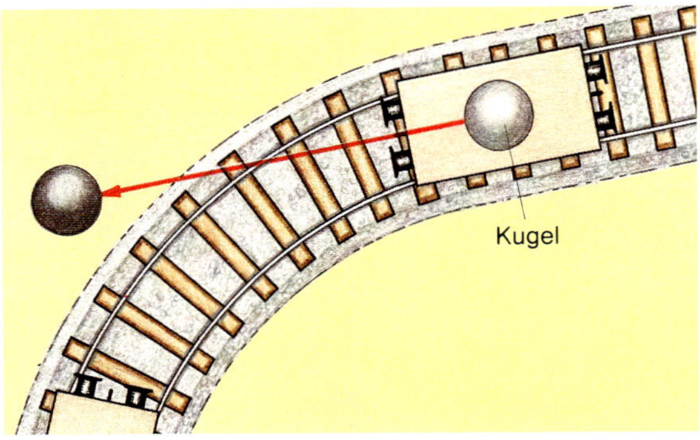

Abb. 4 Kurvenfahrt: Die Kugel bewegt sich geradeaus weiter

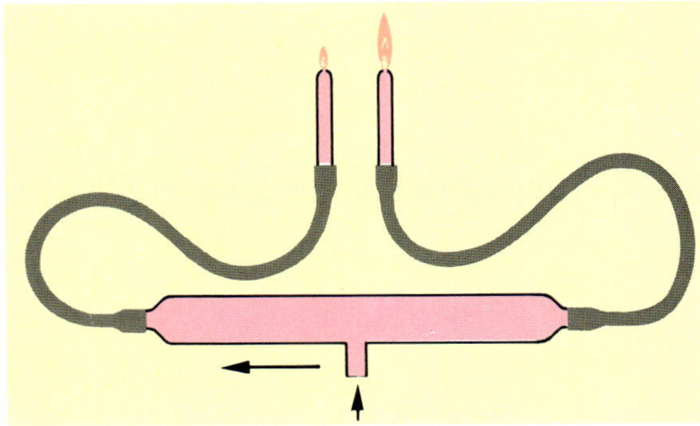

Abb. 5 Nachweis der Trägheit von Gasen

Zug auf einer ovalförmigen Gleisanlage in die Gerade einbiegt, legen wir auf die Mitte des Brettchens eine Kugel. Damit sie liegen bleibt, müssen wir sie vor dem Auflegen auf die Geschwindigkeit des Zuges bringen. Biegt der Zug in die Kurve ein, dann rollt die Kugel infolge ihrer Trägheit geradeaus. Wollen wir dies verhindern, so müssen wir sie befestigen (Abb. 4).

In ähnlicher Weise wird ein Auto „aus der Kurve getragen", wenn die Straßenoberfläche zu glatt oder das Auto zu schnell ist. In beiden Fällen reicht die Bodenhaftung nicht aus, um das Auto aus seiner geradlinigen Bewegung in die Kurve zu zwingen.

Die Eigenschaft, träge zu sein, haben wir allerdings bis jetzt nur bei festen Körpern nachgewiesen. Wie steht es damit bei flüssigen und gasförmigen Körpern? Füllt man eine Wanne zum Teil mit Wasser, setzt sie plötzlich in Bewegung und bremst sie aus dieser Bewegung plötzlich wieder ab, dann schwappt das Wasser jedesmal über den Rand hinweg.

Infolge seiner Trägheit behält das Wasser offenbar stets seinen augenblicklichen Bewegungszustand bei. Beim Beschleunigen bleibt es hinter der Wanne zurück, weil es im Zustand der Ruhe verharrt. Wird dagegen die Wanne abgebremst, dann schießt das Wasser nach vorne, weil es sich jetzt weiterbewegt.

Versuch 4: Um die Trägheit gasförmiger Körper zu zeigen, verwenden wir den in Abb. 5 dargestellten Versuch. Wir lassen Erdgas langsam durch ein weites Glasrohr strömen, dessen beide Enden durch je einen Gummischlauch mit zwei Glasspitzen, die eine kleine Öffnung haben, verbunden sind. Das ausströmende Gas wird angezündet. Beide Flammen brennen gleich hoch. Bewegen wir nun das Rohr ruckartig nach links und bremsen ebenso ruckartig ab, so brennt zuerst die rechte Flamme stärker und die linke schwächer und gleich darauf die linke stärker und die rechte schwächer. Die Reihenfolge kehrt sich um, wenn die Bewegung insgesamt nach rechts vollzogen wird.

In allen von uns betrachteten Beispielen wurden Körper beschleunigt oder abgebremst, in Bewegung gesetzt oder aus ihrer Bewegungsrichtung abgelenkt. Auf sie wirkte, wie man sagt, eine Kraft. Unsere Erfahrungen können wir daher folgendermaßen zusammenfassen (Abb. 6):

Trägheit der Körper:
Körper verharren im Zustand der Ruhe oder der geradlinigen, gleichmäßigen Bewegung, solange keine Kraft auf sie einwirkt.

Sind Körper tatsächlich schwer?

Durch diese Frage würde sich ein Gewichtheber, der die schweren Scheiben hochwuchtet, verhöhnt fühlen. Denn um einen Körper, etwa einen Stein oder einen Eimer Wasser oder sogar eine Hantel zu heben, müssen wir in der Tat eine mehr oder minder große Muskelkraft aufwenden. Hängen wir den Stein an ein Seil, so wird das Seil gespannt. Schneiden wir das Seil durch, so fällt der Körper auf den Boden. In der Umgangssprache sagen wir: Die Körper haben ein Gewicht, sie sind schwer.

Abb. 6 Beharrungsvermögen

Abb. 1 Astronaut EDWARD H. WHITE im „schwerelosen“ Zustand außerhalb der Weltraumkapsel (Gemini 4, 1965)

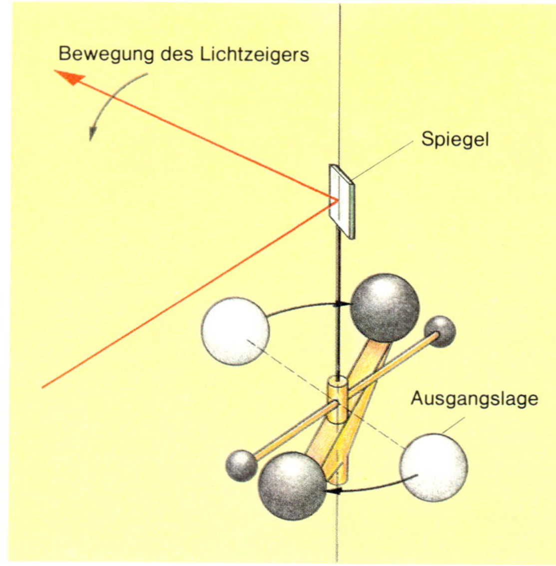

Abb. 2 Die Bleikugeln werden dicht vor die kleinen Kugeln gebracht

Ein Stein fällt nach der Auffassung der heutigen Physik nach unten, weil Erde und Stein sich gegenseitig anziehen. Diese Erscheinung heißt **Gravitation** (gravis, lat. = schwer).

Sie wirkt auch auf einen künstlichen *Satelliten* (satelles, lat. = Trabant), der die Erde umkreist. Ein Astronaut in einem oder neben einem solchen Satelliten befindet sich im „schwerelosen“ Zustand, obwohl zwischen ihm und der Erde eine Anziehung besteht (Abb. 1). Er spürt von dieser Anziehung eigenartigerweise nichts. Wir werden auf diese interessante Erscheinung noch zurückkommen.

Die Gravitation kann nicht nur zwischen Erde und Stein beobachtet werden. Sie wirkt zwischen beliebigen Körpern. Zum Nachweis verwenden wir ein äußerst empfindliches Gerät, die sogenannte *Gravitationsdrehwaage.* Diese Waage besteht aus einem schmalen Metallband, an das eine kleine Hantel von 10 cm Länge angehängt ist. Die Hantel trägt an ihren Enden zwei kleine Bleikugeln. Außerdem besitzt das Gerät einen schwenkbaren Träger für zwei große Bleikugeln. Diese werden zunächst in die mittlere Lage gebracht (Abb. 2). Um jeglichen Luftzug fernzuhalten, ist das ganze System in einem Gehäuse untergebracht. Das Metallband trägt außerdem einen Spiegel, auf den ein Lichtstrahl gerichtet wird. Dreht sich die Hantel, so bewegt sich auch der am Spiegel reflektierte Lichtstrahl. Dieser Lichtstrahl wirkt wie ein sehr langer Zeiger. Da der Lichtzeiger mehrere Meter lang sein kann, lassen sich auf diese Weise winzige Drehungen der Hantel nachweisen.

Versuch 5: Nachdem sich das System beruhigt hat, markieren wir an der Wand die Stellung des Lichtzeigers. Anschließend schwenken wir den Träger so, daß die großen Bleikugeln sich dicht vor den kleinen befinden (Abb. 2). Der Lichtzeiger bewegt sich in die angegebene Richtung.

Wir können diese Beobachtung nur auf eine Anziehung zwischen den kleinen und großen Kugeln zurückführen.

Wir bezeichnen diese Anziehung auch als **Schwerkraft.** Damit ist auch unsere eingangs gestellte Frage beantwortet: Körper „besitzen“ nicht die Eigenschaft „Schwere“, so wie sie die Eigenschaft „Trägheit“ besitzen; das Schwersein ist vielmehr eine Folge der gegenseitigen Anziehung. Könnte man einen Körper völlig von anderen isolieren, so wäre er auch nicht schwer. Die Anziehungskraft, die jeder Körper durch die Erde erfährt, nennt man **Gewichtskraft.**

Die Schwere ist keine Eigenschaft des einzelnen Körpers, sondern Folge gegenseitiger Anziehung der Körper.

Die Gravitation bewirkt das Fallen eines Steines. Sie ist aber auch für die Bewegung des Mondes um die Erde verantwortlich. Diese Erkenntnis verdanken wir dem großen englischen Physiker ISAAC NEWTON (1642–1726). Der Mond bewegt sich deshalb auf einer nahezu kreisförmigen Bahn um die Erde, weil er infolge der Gravitation ständig auf die Erde zu „fällt“.

Um dies zu veranschaulichen, betrachtet Newton ein Geschoß, das vom Gipfel eines hohen Berges horizontal zur Erdoberfläche weggeschleudert wird. Ist das Geschoß nicht sehr schnell, dann

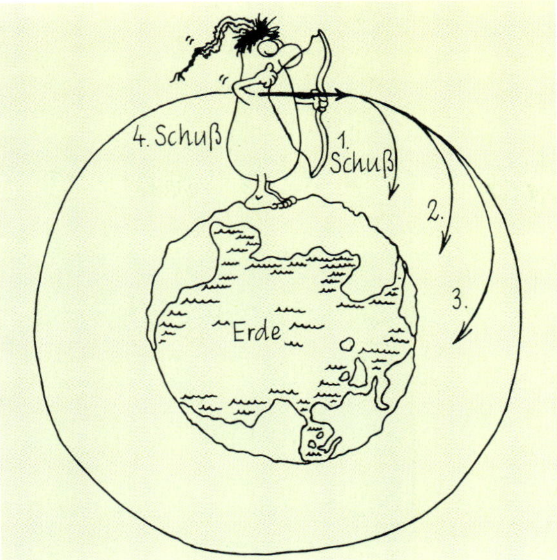

Abb. 3 Je schneller, um so weiter

trifft es in einem kurzen Bogen bald wieder auf die Erde auf. Je schneller es ist, um so weiter fliegt es. Schließlich kann es so schnell sein, daß das Projektil um die Erde herumfliegt (Abb. 3). Wäre die Gravitation nicht vorhanden, dann würde der Körper geradeaus weiterfliegen (Trägheit!). Da aber die Gravitation auf ihn wirkt, wird er ständig aus seiner Flugrichtung abgelenkt und auf seine Bahn um die Erde gezwungen (Abb. 5). Bei noch größerer Geschwindigkeit würde er die Erde ganz verlassen.

Wir verstehen jetzt auch die „Schwerelosigkeit“ des Astronauten in Abb. 1. Dieser ist über eine Schnur mit dem Satellitenkörper verbunden. Die Schnur ist nicht gespannt, weil der Satellitenkörper sich in gleicher Weise um die Erde bewegt wie der Astronaut. Beide „fallen“ ständig auf die Erde zu.

Aufgaben

Beispiel: Drückt man mit einem Eisenstab senkrecht gegen eine Glasscheibe, so zerspringt diese. Ein Pistolenschuß durch eine Scheibe verursacht aber nur ein Loch. Wie kann man dies erklären?

Lösung: Die Glasscheibe wird verformt. Ist die Kraft groß genug, dann zersplittert sie. Bei der Pistolenkugel allerdings wird die Glasscheibe an der Auftreffstelle so stark beschleunigt, daß die Festigkeit nicht ausreicht, um auch die anderen, benachbarten Teile mitzureißen.

1. Stößt man einen Hammer mit dem Stiel nach unten auf eine Tischplatte, so wird der Eisenkörper auf den Stiel gekeilt. Erkläre dies!

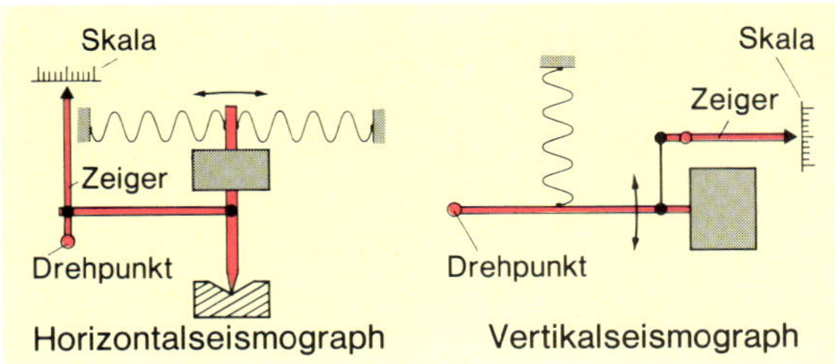

Abb. 4 Seismographen

2. Lege auf ein leeres Trinkglas eine Postkarte und darauf über die Glasmitte ein Geldstück. Ziehe nun die Postkarte rasch nach der Seite weg. Beschreibe und erkläre die Beobachtungen!
3. Welche Rolle spielt die Trägheit beim Mähen von Gras oder Getreide mit der Sense?
4. Beim Abschleppen eines Autos kann ruckartiges Anfahren zum Zerreißen des Abschleppseils führen. Denke Dir einen Modellversuch aus und führe ihn selbst durch!
5. Von einem Jahrmarkt berichtet ein Beobachter folgendes: Ein Mann habe mit dem Rücken flach auf dem Boden gelegen. Auf die Brust des Mannes sei ein Nagelbrett mit den Spitzen der Nägel nach unten gelegt worden. Das Nagelbrett habe etwa 150 Nägel enthalten und sei mit einem schweren Zementbaustein belastet worden. Ein zweiter Mann habe dann mit einem Vorschlaghammer den Stein zertrümmert, ohne daß dem liegenden Mann etwas geschehen sei. Kann man diesem Bericht glauben? Begründe!
6. Gib Beispiele aus dem täglichen Leben für die Trägheit der Körper an. Wozu dienen Nackenstützen im Auto? Begründe ihre Wirkungsweise!
7. Erdbeben und Bodenerschütterungen werden mit Seismographen registriert. Das Meßprinzip beruht auf Trägheit. In Abb. 4 sind zwei Ausführungsformen für Seismographen angegeben.
   Erkläre die Wirkungsweise!
8. Ein Holzstab wird an zwei Papierschlaufen an seinen Enden aufgehängt. (Man kann den Stab auch in waagerechter Lage nach oben werfen.) Mit einer stabilen Stange schlägt man von oben herab auf die Mitte des Stabes. Der Stab bricht entzwei. Erkläre diesen Vorgang!
9. Erläutere, was man unter den Begriffen „*unten*“ und „*oben*“ versteht!

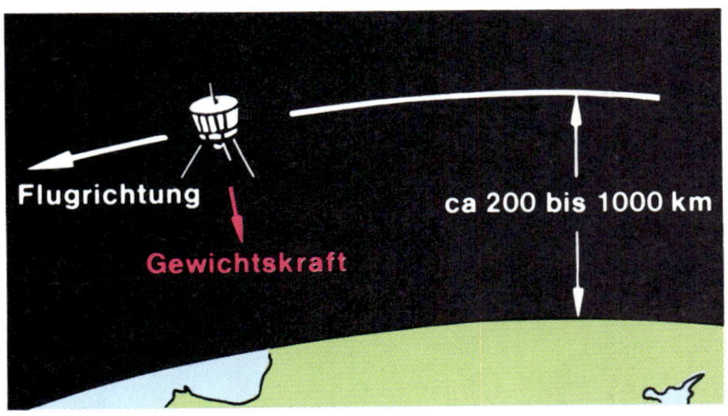

Abb. 5 Die Gravitation zwingt den Satelliten auf eine Bahn um die Erde

Abb. 1 Reines Nachdenken führt nicht weiter

1.3 Das Teilchenbild der Materie

Denken und experimentieren

Bei der Untersuchung physikalischer Körper haben wir viele Eigenschaften erkannt, die allen Körpern gemeinsam sind: die Raumerfüllung, die Trägheit und die Gravitation. Dieses *Suchen nach Gemeinsamkeiten* ist kennzeichnend für jede Naturwissenschaft. Naturforscher geben sich aber damit noch nicht zufrieden. Sie wollen die Naturerscheinungen *erklären*. Die ersten, die dies versuchten, waren die Griechen. So stellten sich z. B. die frühen griechischen Naturphilosophen vor, daß alle Dinge dieser Welt aus Feuer, Wasser, Luft und Erde bestünden. Ihre Lehre ist also ein Beispiel für den Versuch, alle Erscheinungen aus wenigen Annahmen zu erklären. Sie hat sich in dieser Form nicht bewährt. Dagegen ist eine andere Idee der Griechen heute unbestritten: die Atomvorstellung.

Der Grieche LEUKIPP (um 450 v. Chr.) und sein Schüler DEMOKRIT (460–370 v. Chr.) dachten sich die Materie aus kleinsten, nicht mehr teilbaren Bausteinen unterschiedlicher Gestalt aufgebaut. Sie nannten diese Bausteine **Atome** (átomos, gr. = unteilbar).

Wie stellen wir uns heute den Aufbau der Körper vor?

Wir können zahlreiche Erscheinungen erklären, wenn wir annehmen, daß jeder Körper aus Teilchen aufgebaut ist. Die verschiedenen Stoffen wie Eisen, Kupfer, Holz, Wasser, Milch unterscheiden sich in der Art ihrer Teilchen, aus denen sie bestehen. Die Teilchen sind selbst wieder zusammengesetzt, also gar nicht unteilbar. Allerdings ändern sich bei einer „Spaltung“ der Teilchen auch deren Eigenschaften. Kupferteilchen z. B. bleiben keine Kupferteilchen (vgl. S. 315 ff.).

Metalle wie Kupfer, Eisen oder Aluminium, Gase wie Sauerstoff, Wasserstoff oder Stickstoff und Nichtmetalle wie Kohlenstoff oder Schwefel nennt man **chemische Elemente.** Chemische Elemente können zu **chemischen Verbindungen** zusammentreten. So verbinden sich z. B. Sauerstoff und Wasserstoff zu Wasser, das Metall Natrium und das Gas Chlor zu Kochsalz.

Heute kennt man über hundert verschiedene chemische Elemente. Die Zahl der bekannten chemischen Verbindungen beträgt dagegen weit über eine Million.

Die kleinsten Bausteine der chemischen Elemente nennt man Atome. Die Atome der chemischen Elemente können zu Molekülen zusammentreten.

Die Griechen haben die Atomvorstellung ausgedacht. War das reine Spekulation? Gab es Anhaltspunkte für die Richtigkeit dieser Vorstellung? Bei der Begründung der Atomvorstellung ging man von alltäglichen Erfahrungen und Beobachtungen aus. Beispiele: Feuchte Wäsche trocknet. Jahrelanges Tragen nutzt den Ring am Finger ab. Steintreppen werden allmählich ausgetreten.

Trotz dieser Hinweise blieb die Atomvorstellung eine Spekulation. Auch heute theoretisieren die Physiker, lassen ihre Fantasie spielen und entwerfen kühne **Theorien** und Gedanken über die Natur. Dennoch unterscheidet sich die heutige Arbeitsweise der Physiker wesentlich von der Methode der Griechen. Bei den Griechen fehlte nämlich etwas ganz Entscheidendes: die Kontrolle der Aussagen durch genau geplante **Experimente** (vgl. S. 117!).

Um Beobachtungen und Erscheinungen zu erklären, denkt man sich Theorien aus. Man benutzt dabei häufig Veranschaulichungen oder Bilder. Die Teilchenvorstellung ist ein solches Bild. Man nennt diese Bilder auch Modelle. Das Experiment entscheidet, ob eine Theorie oder ein Modell brauchbar ist.

Wir wollen im folgenden die Brauchbarkeit der Teilchenvorstellung prüfen.

Experimente zur Begründung der Teilchenvorstellung

Durch mechanische Zerteilung können feste Körper aus Eisen oder Holz in immer kleinere Stücke zerlegt werden, ohne daß sie ihre charakteristischen Eigenschaften verlieren. Viele feste Stoffe lösen sich in Flüssigkeiten auf. Auch dadurch kann man sie weitgehend zerteilen.

Versuch 6: Eine kleine Menge Kaliumpermanganat wird in einem Becherglas in Wasser gelöst. Nach einiger Zeit ist das feste Kaliumpermanganat verschwunden und die Flüssigkeit zeigt violette Färbung. Von dieser violetten Flüssigkeit wird etwas entnommen und wieder mit Wasser gemischt. Mit der neuen Lösung können wir genauso verfahren. An der gleichmäßigen Färbung der verdünnten Lösung ist zu erkennen, daß das Kaliumpermanganat sich jeweils in der ganzen Flüssigkeit verteilt.

Mit Hilfe der Teilchenvorstellung ist das Auflösen und die Verdünnung leicht verständlich. Das feste Kaliumpermanganat zerfällt in einzelne Teilchen, die sich gleichmäßig über die gesamte Flüssigkeit ausbreiten. Verdünnt man die Lösung mit Wasser, dann verteilen sich die Teilchen wiederum über die gesamte Flüssigkeit, wobei die Verteilung immer feiner wird.

Wir müssen aber festhalten, daß durch diesen Versuch die Teilchenvorstellung nicht bewiesen ist. Es könnte auch anders sein. Aus der Tatsache, daß aus einem Arzneifläschchen gleich große Tropfen herausgedrückt werden können, kann man ja auch nicht schließen, daß die Tropfen als solche bereits in dem Fläschchen enthalten sind.

Versuch 7: Stellen wir in einem Raum ein flaches Schälchen mit Salmiakgeist auf, so verdunstet er und ist nach kurzer Zeit überall im Raum am Geruch feststellbar.

Man nennt diese Erscheinung **Diffusion.** Die Gase diffundieren (diffundere, lat. = ausbreiten) ineinander. Auch bei Flüssigkeiten kann ein solcher Vorgang festgestellt werden. Nur dauert hier die Diffusion merklich länger.

Mit der Teilchenvorstellung können wir die Diffusion verstehen. Die Salmiakmoleküle verteilen sich gleichmäßig über den Raum. Unverständlich bleibt, wie dies vor sich geht. Sind die Teilchen etwa in Bewegung? Wenn es so wäre, dann fände die Diffusion eine einfache Erklärung. Die sich bewegenden Teilchen verbreiten sich ganz einfach über den Raum.

Brownsche Bewegung

Es stellt sich natürlich die Frage, ob man einen direkten Nachweis dieser Bewegung bringen kann.

Hier hilft uns eine Entdeckung weiter, die der englische Botaniker ROBERT BROWN (1773–1858) bei der mikroskopischen Beobachtung von Pollenkörnern im Jahre 1827 gemacht hat. Er stellte nämlich fest, daß sie sich im Wasser selbst bewegten. Er hielt diese Bewegung zunächst für eine Lebensäußerung, setzte aber seine Beobachtungen an verkohlten, also nicht mehr lebenden Pollenkörnern fort und gelangte zu dem gleichen Ergebnis. Wir wollen uns durch eigene Versuche von dieser Bewegung überzeugen, und zwar bei Rauchteilchen in Luft.

Versuch 8: Blasen wir Rauchteilchen in eine kleine Kammer und beobachten diese bei seitlicher Beleuchtung unter dem Mikroskop, so stellen wir eine heftige Zickzack-Bewegung der Teilchen fest. Sie ist völlig regellos.

Abb. 2 Treffballspiel als Modell für die Brownsche Bewegung

Diese Erscheinung wird nach ihrem Entdecker **Brownsche Bewegung** genannt. Sie wurde erst lange nach ihrer Entdeckung im Jahre 1905 mit Hilfe der Teilchenvorstellung gedeutet.

Die beobachteten Rauchteilchen berühren sich nicht, stoßen auch nicht zusammen. Daher müssen wir annehmen, daß sich diese Teilchen nicht aus eigenem Antrieb bewegen, sondern selbst angestoßen werden, und zwar von den Luftteilchen. Die unsichtbaren kleinen Teilchen der Luft müssen selbst eine ähnlich regellose Bewegung ausführen. Ihre Bewegung muß sehr heftig sein, wenn sie die sehr viel größeren Rauchteilchen durch ihr Bombardement in Bewegung setzen können. In gleicher Weise können wir auch die Bewegung der Pollenkörner erklären. Sie werden von den sie umgebenden Teilchen der Flüssigkeit angestoßen.

Der Vorgang läßt sich mit einem Spiel vergleichen, bei dem zwei mit Schlagbällen ausgerüstete Gruppen einen zwischen ihnen liegenden Medizinball durch Schlagballtreffer über die gegnerische Aufstellungslinie zu treiben versuchen (Abb. 2). Der Ball bleibt in Ruhe, wenn er gleichzeitig von allen Seiten getroffen wird. Er bewegt sich, wenn zufällig von einer Seite mehr Treffer erfolgen und wenn unter den Treffern ein gutsitzender, wuchtiger Treffer ist. Wir müßten den Schülern noch die Augen verbinden, sie wahllos werfen lassen und viel mehr Bälle ins Spiel bringen, um die Brownsche Bewegung besser nachzuahmen. Denn die Luftteilchen zielen ja nicht alle nach den Rauchpartikeln.

Die regellose Rauchteilchenbewegung ist ein vergröbertes und verlangsamtes Bild der Luftteilchenbewegung.

Abb. 1 Ausgießen von Wasser

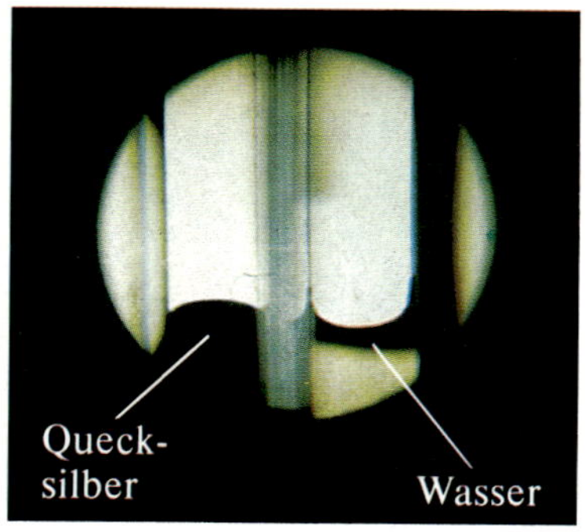

Abb. 2 Meniskus bei benetzender (Wasser) und nicht benetzender Flüssigkeit (Quecksilber)

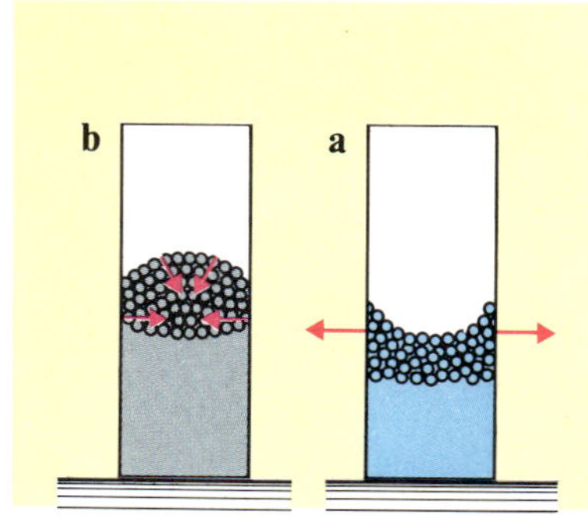

Abb. 3 Entstehung des Meniskus bei Wasser (a) und bei Quecksilber (b).

Kohäsion und Adhäsion

Staub setzt sich auch an glatten, senkrechten Flächen fest. Die Kreide haftet an der Tafel, Kitt am Glas. Ein Wassertröpfchen bleibt auch an der Unterseite einer Glasplatte hängen. Alle diese Beobachtungen deuten darauf hin, daß sich die Atome bzw. Moleküle gegenseitig anziehen. Wir sagen: Zwischen den Teilchen bestehen Anziehungskräfte. Wir dürfen diese Kräfte nicht mit der Schwerkraft verwechseln. Diese *Hypothese* (= begründete Vermutung) können wir durch eine Reihe von Tatsachen und Beobachtungen bestätigen.

Versuch 9: Gießt man vorsichtig Wasser aus einem Gefäß aus, dann läuft es an der Außenwand herunter, obwohl es doch eigentlich, der Schwerkraft folgend, senkrecht nach unten fallen müßte (Abb. 1).

Versuch 10: Taucht man einen Glasstab zunächst in Wasser und anschließend in Quecksilber, dann bleiben beim Herausziehen Wassertropfen am Stab hängen. Quecksilber dagegen nicht.

Warum haftet die eine Flüssigkeit am Glas und die andere nicht? Man spricht auch von *benetzenden* und *nicht benetzenden Flüssigkeiten*. Gibt es hier abstoßende Kräfte?

Erklärung: Es sind zwei verschiedene Vorgänge beteiligt. Der Zusammenhalt von Teilchen des gleichen Stoffs heißt **Kohäsion.** Bei Teilchen verschiedener Stoffe spricht man von **Adhäsion.** Sind nun die Adhäsionskräfte größer als die Kohäsionskräfte, dann benetzt die Flüssigkeit. So verhält sich Wasser in bezug auf Glas. Im umgekehrten Fall, also bei nicht benetzenden Flüssigkeiten, wirkt sich die Kohäsion stärker aus.

Kohäsion und Adhäsion sind auch für die folgende Erscheinung verantwortlich: In einem Gefäß steht eine Flüssigkeitsoberfläche nicht an allen Stellen waagrecht. An der Grenze nämlich zwischen Flüssigkeit und Gefäß tritt eine deutliche Abweichung auf. Bei einer benetzenden Flüssigkeit steigt die Flüssigkeit an den Wänden hoch, bei einer nicht benetzenden wird die Flüssigkeitsoberfläche nach unten gedrückt. Es bildet sich ein sogenannter **Meniskus** aus (meniskos, gr. = Möndchen). Er ist bei Wasser nach unten gekrümmt, bei Quecksilber nach oben (Abb. 2).

Bei der Entstehung dieses Meniskus sind zwei Vorgänge beteiligt: die Adhäsion und die Kohäsion. Auf die an der Grenzfläche befindlichen Flüssigkeitsteilchen wirkt die Anziehung der Teilchen, die sich im Innern der Flüssigkeit befinden, und die Anziehung durch die Gefäßwand. Überwiegen die Adhäsionskräfte, so werden die Flüssigkeitsteilchen von der Wand stärker angezogen. Die Teilchen, die etwas weiter weg von der Grenzfläche liegen, drängen sich zwischen die Teilchen, die der Wand näherliegen. Diese werden nach oben geschoben, da nur in dieser Richtung ein Ausweichen möglich ist. Überwiegen die Kohäsionskräfte, dann werden die am Rande liegenden Teilchen von den weiter innen liegenden Teilchen stärker angezogen als von der Wand. Bei einer nicht benetzenden Flüssigkeit wird also die Flüssigkeitsoberfläche an der Gefäßwand herabgedrückt (Abb. 3).

Vom Aufbau der Körper

Alle Körper denken wir uns aus Teilchen aufgebaut. Die Brauchbarkeit dieser Vorstellung zeigt sich auch, wenn wir die Eigenschaften der drei **Aggregatzustände fest, flüssig** oder **gasförmig** mit Hilfe der Teilchenvorstellung verstehen lernen (aggregare, lat. = beigesellen).

1. Gase

Gasförmige Körper sind leicht zusammendrückbar und haben keine feste Gestalt. Stellt man ihnen einen größeren Raum zur Verfügung, so füllen sie diesen vollständig aus (Abb. 4). Die Diffusion erfolgt sehr viel schneller als bei Flüssigkeiten.

Zwischen den Gasteilchen muß daher viel Platz sein. Die Brownsche Bewegung hat uns außerdem gelehrt, daß die Teilchen in ständiger Bewegung sind. Dies erklärt auch, weshalb sich die Gasteilchen über den ganzen Raum ausbreiten und bei der Diffusion leicht zwischen Teilchen anderer Gase hindurchbewegen können. Auch Stöße untereinander müssen wir annehmen (vgl. Versuch 8), sonst wäre die unregelmäßige Bewegung nicht verständlich. Wir erhalten deshalb das folgende Bild:

Zwischen den Teilchen eines Gases ist viel Platz. Die Teilchen üben außer bei Zusammenstößen keine bzw. sehr geringe Kräfte aufeinander aus. Die Teilchen sind in ständiger, unregelmäßiger Bewegung.

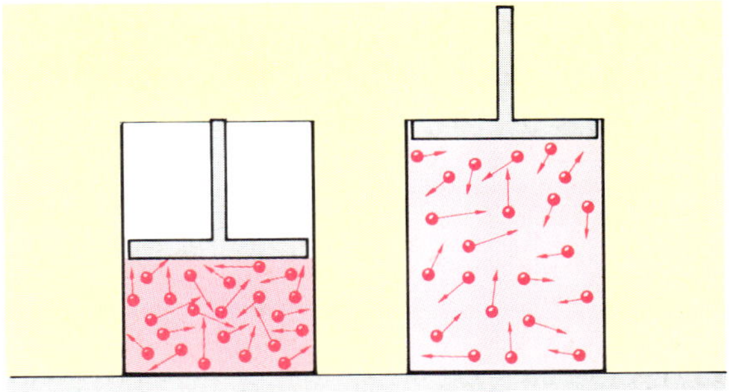

Abb. 4 Die Gase nehmen jeden Raum ein, den man zur Verfügung stellt

2. Flüssigkeiten

Wir kennen die folgenden Eigenschaften: leichte Verformbarkeit, geringe Zusammendrückbarkeit. Die Diffusion läuft sehr viel langsamer ab als in Gasen. Die Oberflächen stellen sich waagrecht ein (Abb. 5). Auch die Flüssigkeitsteilchen sind in ständiger Bewegung, wie uns die Beobachtungen an Pollenkörnern im Wasser zeigen. Die Beweglichkeit ist geringer als bei Gasen. Die Teilchen selbst führen unregelmäßige Zitterbewegungen aus. Dies führt zur folgenden Vorstellung:

In Flüssigkeiten liegen die Teilchen dicht nebeneinander, können aber leicht gegeneinander verschoben werden. Zwischen den Teilchen sind Anziehungskräfte (Kohäsionskräfte) wirksam.

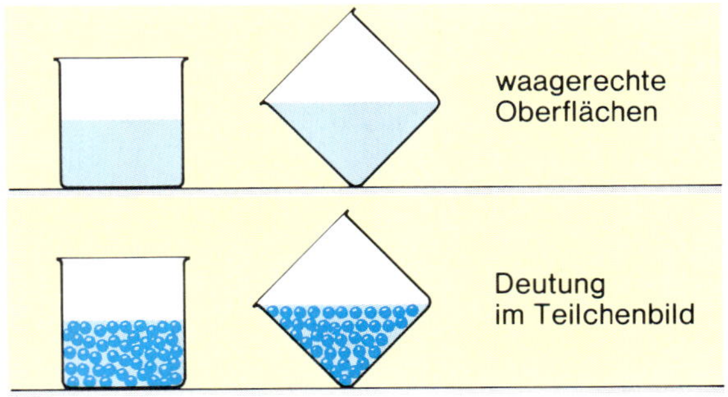

Abb. 5 Flüssigkeiten passen sich der Gefäßform an; man kann sie ausgießen

3. Festkörper

Die bleibende Gestalt der Festkörper muß auf großen Kräften zwischen den Teilchen beruhen. Die Teilchen müssen so fest aneinander gebunden sein, daß sie ihren Platz im Festkörper nicht ohne weiteres verlassen können. Eine Teilchenbewegung bei Festkörpern haben wir bisher nicht nachweisen können. Weshalb sollte es aber bei ihnen nicht möglich sein? Wegen der bestimmten Lage der Bausteine müssen wir allerdings annehmen, daß die Teilchen höchstens eine Zitterbewegung um ihren Stammplatz ausführen. Wie können wir uns aber die Anordnung der Teilchen denken? Hierfür haben wir bisher keinerlei Anhaltspunkte sammeln können.

Von den festen Körpern fallen einige schon rein äußerlich dadurch auf, daß sie durch ebene Flächen begrenzt sind. Man findet dies z. B. bei Steinsalz, Kupfersulfat, Quarz, Schwefel, Gips. Die Flächen bilden Winkel zueinander, die bei verschiedenen Körpern aus dem gleichen Stoff dieselben Werte besitzen. Körper mit solchen Eigenschaften heißen **Kristalle.** In Abb. 6 ist als Beispiel ein Quarzkristall zu sehen.

Die meisten festen Körper (z. B. Körper aus Metallen) treten aber nicht in Gestalt solcher Kristalle auf, die an ihrer äußeren Form erkennbar sind. Betrachten wir jedoch die Bruchflächen spröder Metalle oder geätzte Schliffe unter dem Mikroskop, dann sehen wir, daß auch sie aus einer sehr großen Zahl kleiner Kristalle bestehen, die völlig regellos nebeneinander liegen (Abb. 7). Man sagt: Diese Körper sind **polykristallin** (polý-, gr. = viel).

Abb. 6 Quarzkristall

Abb. 7 Polykristalliner Körper

Die meisten Gegenstände aus dem täglichen Leben sind zu den polykristallinen Körpern zu zählen. Hierzu gehören: Mauersteine, gußeiserne Töpfe, Marmorplatten, Granitblöcke, Graphitminen, Gegenstände aus Kupfer (z. B. Kupferleitungen), Gold- und Silberschmuck u.a.m.

Die Regelmäßigkeit der äußeren Form hat die Naturforscher seit dem 17. Jh. immer wieder auf den Gedanken gebracht, daß Kristalle durch eine regelmäßige Wiederkehr gleicher Bausteine entste-

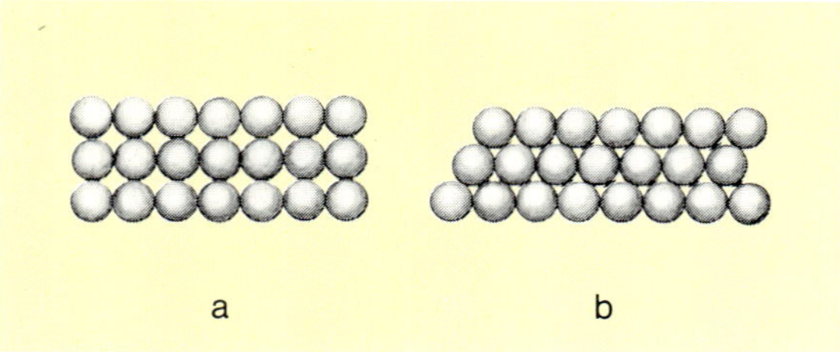

Abb. 1 Modell eines kristallinen Festkörpers

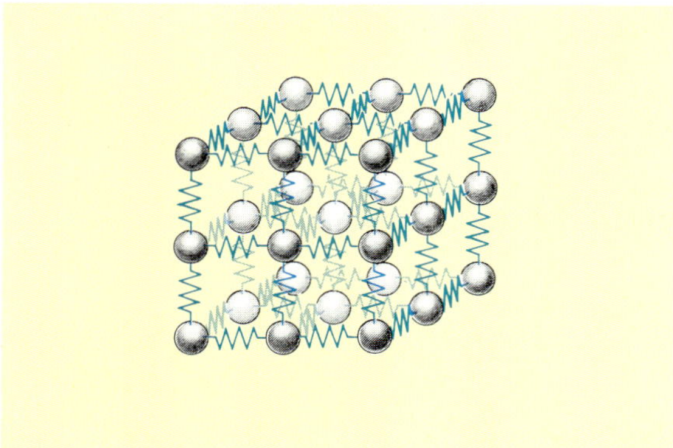

Abb. 2 Kristallgitter mit elastischen Bindekräften

hen. Sie stellten sich vor, daß der innere Aufbau der Kristalle durch eine ganz regelmäßige Anordnung der Teilchen gekennzeichnet ist.

Kristalle sind Körper, deren Bausteine eine regelmäßige räumliche Anordnung aufweisen.

Eine sehr einfache Möglichkeit dieser regelmäßigen Anordnung zeigt die Abb. 1a, eine zweite ist in 1b dargestellt. Es gibt sehr viele Anordnungsmöglichkeiten. Die räumliche Anordnung der Bausteine bestimmt wesentlich die Eigenschaften von Festkörpern. Das einfache Modell nach Abb. 1 läßt keine Bewegung der Teilchen zu. Um dies zu ermöglichen, muß man das Modell verfeinern, wie es z. B. in Abb. 2 geschehen ist. Die Kräfte zwischen den Teilchen sind durch Federn veranschaulicht.

Aufgaben

1. Welche Beobachtungen führten die Griechen zur Begründung der Atomhypothese an? Erkläre sie im Teilchenmodell! Nenne weitere ähnliche Beobachtungen!
2. Wasser vermag leicht eingefettete Körper nicht zu benetzen. Benzin dagegen benetzt alle Körper vollkommen. Auf Benzinoberflächen findet man daher niemals Staub. Erkläre dies!
3. Wie kann man sich die Wirkungsweise des Schweißens und Klebens vorstellen?
4. Ein Orkan treibt über dem Meer nur geringe Mengen an Wasserspritzern hoch, über Wüsten jedoch mächtige Sandwolken. Warum?

1.4 Messung von Längen, Flächen- und Rauminhalten

Nicht mehr mit der Elle messen

Wenn wir die Entfernung (Luftlinie) zwischen Frankfurt und Berlin mit 425 km angeben, dann vergleichen wir die Länge dieser Strecke mit der Längeneinheit 1 km. Wir führen also Entfernungsmessungen auf den Vergleich mit anderen Längen zurück. Dabei ist es vollkommen willkürlich, welche Längeneinheit wir wählen.

Messen heißt vergleichen.

Die alten Ägypter verwendeten bei der Landvermessung Seile, auf denen die Längeneinheit durch Knoten markiert war (Abb. 3). Außerdem benutzten sie hölzerne Meßlatten und Maßstäbe aus Stein. Bis ins 19. Jahrhundert hinein wurden die Längeneinheiten auf den menschlichen Körper bezogen (Abb. 4). Sie trugen daher die Bezeichnungen Fuß bzw. Schuh, Elle, Schritt. Die Längeneinheiten wechselten von Ort zu Ort. In Deutschland z. B. galten noch im Jahre 1871 über 100 verschiedene Ellenmaße. Es wurde also nicht nur mit zweierlei Maß gemessen, sondern mit vielen Maßen. 10 Ellen Kleiderstoff waren nicht gleich 10 Ellen Kleiderstoff. Es kam noch darauf an, wo man Kleiderstoff kaufte, in Marburg oder in Stuttgart. Es ist daher verständlich, daß man an öffentlichen Gebäuden, an Kirchen, Rathäusern oder Tempeln die Längeneinheiten sichtbar für jeden anbrachte, damit auch jeder sich daran halten konnte (Abb. 5).

Die Redensart „nicht mit der Elle messen“ bedeutet „nicht kleinlich sein“ und „großzügig mit jemandem umgehen“. Im Meßwesen wäre Großzügigkeit in Sachen Genauigkeit fehl am Platze. Großzügigkeit gegenüber der Vielfalt der Einheiten erschwerte den Handel und den Verkehr ungemein. Es war daher ein großer Segen, als nicht mehr mit der Elle gemessen wurde, vor allen Dingen nicht mit verschiedenen Ellen. Dies gelang am 20. Mai 1875. Damals unterschrieben 17 verschiedene Staaten die sogenannte *„Meterkonvention“*. Inzwischen sind über 100 Staaten der Meterkonvention beigetreten.

Die Längeneinheit wird auch nicht mehr an Rathäusern angebracht. Der Körper, der die Längeneinheit trägt, wird im Internationalen Büro für Maß und Gewicht (Bureau International des Poids et Mesures) in Sèvres bei Paris aufbewahrt, sorgfältig gegen alle verändernden Umwelteinflüsse geschützt. Auf diesem **Längennormal** (Abb. 6) sind zwei Marken eingeritzt.

Die Längeneinheit 1 Meter (Kurzzeichen: 1 m) ist gegeben als Abstand zweier Strichmarken auf dem Längennormal.

Abb. 3 Malerei auf einem altägyptischen Grab.
Oben: „Seilspanner" bei der Landvermessung

Abb. 4 Bestimmung der Längeneinheit Fuß durch Mittelung. Aus Jacob Köbels „Geometrei", Frankfurt 1575

Diese Längeneinheit war ursprünglich als der 40millionste Teil der Länge des durch Paris gehenden Längenkreises (Meridian) festgelegt worden.

Jede Messung einer **Länge** (Symbole: *l*, *s*, *h*, *d* ...) beruht auf einem Vergleich mit dem Längennormal. Heute wird die Einheit 1 m nicht mehr auf dem Abstand der Marken auf diesem Längennormal, sondern auf bestimmte Eigenschaften des Lichts zurückgeführt. Trotzdem wird dieses Längennormal noch aufbewahrt. Es existieren außerdem in den einzelnen Mitgliedsstaaten nationale Längennormale. Sie sind gleichzeitig und in gleichartiger Ausführung hergestellt worden. Von Zeit zu Zeit mußten die nationalen Längennormale mit dem internationalen Längennormal verglichen werden, um evtl. Veränderungen feststellen zu können. Dieser Nachteil wurde behoben durch eine andere Festlegung der Längeneinheit.

Flächen- und Rauminhalte

Leicht berechnen lassen sich die Flächeninhalte (Symbol *A*) von rechteckigen Flächen. Sind *a* und *b* die Längen der Rechteckseiten, dann ist der Flächeninhalt gegeben durch die Formel

$$A = a \cdot b\,.$$

Daraus ergibt sich die **Einheit für den Flächeninhalt:** $1\,\text{m} \cdot 1\,\text{m} = 1\,\text{m}^2$ (Quadratmeter). $1\,\text{m}^2$ entspricht dem Flächeninhalt eines Quadrats mit der Seitenlänge 1 m.

Beispiel: Die Seiten eines rechteckigen Zimmers (Abb. 7) betragen $a = 3$ m, $b = 4$ m. Der Flächeninhalt beträgt dann:

$$A = 3\,\text{m} \cdot 4\,\text{m} = 12\,\text{m}^2.$$

Das Ergebnis bedeutet, daß man die Fläche mit 12 Quadraten der Seitenlänge 1 m abdecken kann.

Abb. 5 Preußische halbe Ruthe am Rathaus zu Münster

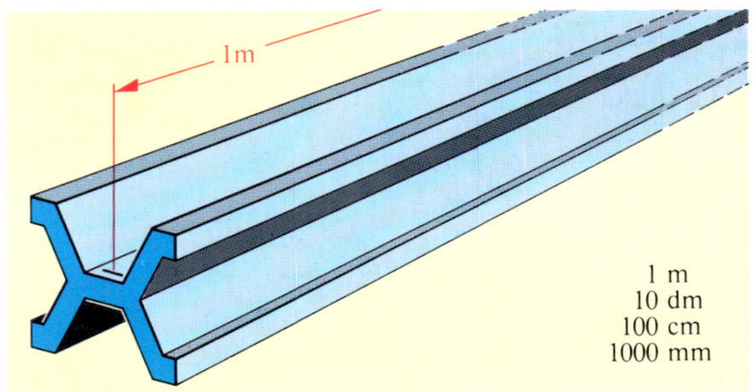

Abb. 6 Längennormal

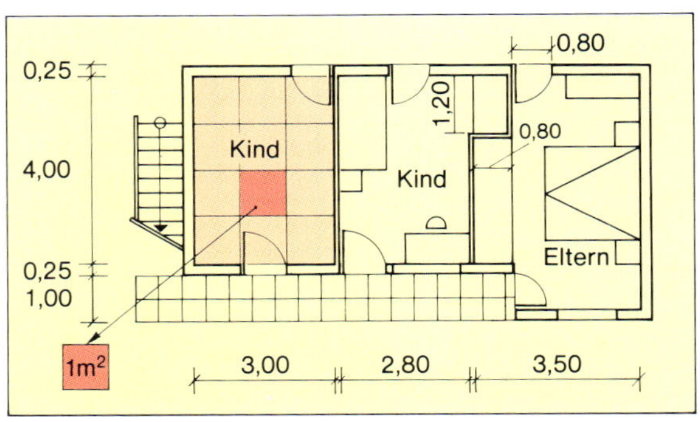

Abb. 7 Flächenberechnung

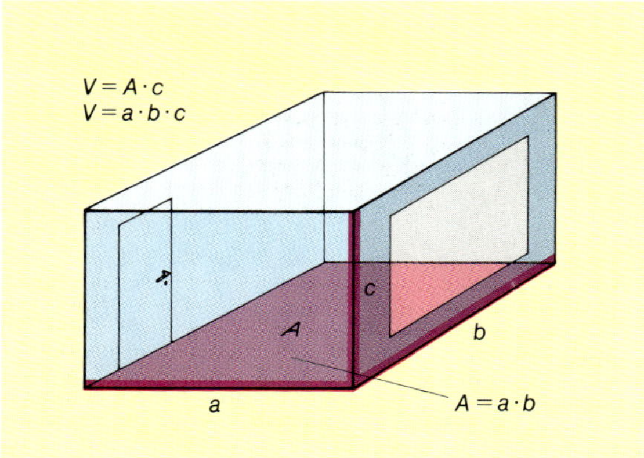

Abb. 1 Rauminhalt eines Quaders

Die Rauminhalte einfacher Körper (Würfel, Quader, Zylinder und Kugel) sind aus Längenmessungen berechenbar. Für Würfel und Quader gilt die Gleichung

$V = a \cdot b \cdot c.$

Hierbei sind *a, b, c* die Längen der paarweise aufeinander senkrecht stehenden Kanten des Körpers.

Daraus erhält man die **Einheit für den Rauminhalt** oder das **Volumen** (Symbol *V*): $1\,\text{m} \cdot 1\,\text{m} \cdot 1\,\text{m} = 1\,\text{m}^3$ (Kubikmeter). Sie wird dargestellt durch einen Würfel mit 1 m Seitenlänge.

Beispiel: Ein Klassenzimmer ist 6 m breit, 8 m lang und 4 m hoch (Abb. 1). Wie groß ist das Volumen?
Es gilt $V = 6\,\text{m} \cdot 8\,\text{m} \cdot 4\,\text{m} = 192\,\text{m}^3$. Die Angabe bedeutet, daß 192 Würfel von 1 m Kantenlänge in dem Klassenraum untergebracht werden könnten.

Beispiele für Längen

Durchmesser von Bakterien	$10^{-6}\,\text{m} = 1\,\mu\text{m}$ (Mikrometer)
Dicke eines Haares	$10^{-4}\,\text{m} = 0{,}1\,\text{mm}$ (Millimeter)
1 Zoll (inch)	$2{,}54 \cdot 10^{-3}\,\text{m} = 25{,}4\,\text{mm}$
Höhe eines Tisches	$1\,\text{m} = 100\,\text{cm}$
1 Landmeile	$1602\,\text{m} = 1{,}602\,\text{km}$
1 Seemeile (nautische Meile)	$1852\,\text{m} = 1{,}852\,\text{km}$
Höchster Berg der Erde	$9 \cdot 10^3\,\text{m} = 9\,\text{km}$
Erdumfang	$4 \cdot 10^7\,\text{m} = 40\,000\,\text{km}$
Entfernung Erde–Mond	$3{,}8 \cdot 10^8\,\text{m} = 380\,000\,\text{km}$
Entfernung Erde–Sonne	$1{,}5 \cdot 10^{11}\,\text{m} = 150 \cdot 10^6\,\text{km}$
Ein Lichtjahr	$9{,}5 \cdot 10^{15}\,\text{m} = 9{,}5 \cdot 10^{12}\,\text{km}$

(Bedeutung der negativen Hochzahlen: siehe Umschlagseite!)

Beispiele für Volumina

Atemluft (volle Puste)	3 l (Liter)
Fußball	5,5 l
Körper einer Frau (Mittelwert)	$60\,\text{l} = 0{,}060\,\text{m}^3$
Körper eines Mannes (Mittelwert)	$75\,\text{l} = 0{,}075\,\text{m}^3$
Mittlere jährliche Niederschlagsmenge in München	$2{,}8 \cdot 10^8\,\text{m}^3$
Erde	$10^{21}\,\text{m}^3 = 10^{12}\,\text{km}^3$

Mehr über Größen

Die Längenangabe 6 m bedeutet, daß man die Längeneinheit 1 m sechsmal aneinanderreihen muß, um die Länge von 6 m zu erhalten. Wir erkennen an diesem Beispiel auch, wie man beim Messen vorgeht.

Beim Messen vergleicht man das zu messende Merkmal (hier die Länge) mit einer vorher festgelegten Einheit, die beim Meßergebnis immer mit anzugeben ist.

Die Ausdehnung ist nicht das einzige Merkmal, das ein Körper besitzt. Ein Körper kann warm oder kalt sein, durchsichtig oder undurchsichtig, elastisch oder plastisch. Er kann in Ruhe oder in Bewegung sein. Bei einem quantitativen Vergleich dieser Merkmale müssen wir ihnen Zahlen zuordnen. Wir müssen die Eigenschaften meßbar machen. Dies geschieht durch eine Meßvorschrift **(Meßverfahren).** Die zahlenmäßig erfaßten Merkmale nennt man **physikalische Größen.** Sie werden durch Buchstaben symbolisiert, die Fläche z. B. durch den Buchstaben *A*.

Ein Meßergebnis, z. B. 6 m, wird durch das Produkt aus der Meßzahl 6 und der Einheit 1 m dargestellt: $6 \cdot 1\,\text{m} = 6\,\text{m}$. Daher gilt:

Physikalische Größe = Zahlenwert · Einheit.

Die Länge ist durch ein Meßverfahren definiert, nicht dagegen der Flächeninhalt und das Volumen. Diese sind auf Längen zurückgeführt. Der Flächeninhalt eines Rechtecks z. B. ist das Produkt zweier Längen.

Größen wie die Länge heißen **Basisgrößen.** Die zugehörigen Einheiten **Basiseinheiten.** Größen wie der Flächeninhalt oder das Volumen nennt man **abgeleitete Größen,** die zugehörigen Einheiten **abgeleitete Einheiten,** da sie von Basisgrößen bzw. Basiseinheiten abgeleitet sind.

Regeln für das **Rechnen mit Größen:**

1. Es dürfen nur Größen der gleichen Art subtrahiert oder addiert werden. Man kann also nur Längen untereinander subtrahieren bzw. addieren, nicht aber Längen und Flächeninhalte. Beispiel: Umfang eines Rechtecks: $2a + 2b$, also z. B.: $2 \cdot 3\,\text{m} + 2 \cdot 5\,\text{m} = 6\,\text{m} + 10\,\text{m} = 16\,\text{m}$. Nicht möglich ist: $1\,\text{m} + 3\,\text{m}^2$.
2. Multiplikation und Division von Größen gleicher und verschiedener Art dürfen uneingeschränkt ausgeführt werden. Eine Länge mit einem Flächeninhalt multipliziert ergibt durchaus etwas Sinnvolles, nämlich ein Volumen: $1\,\text{m} \cdot 4\,\text{m}^2 = 4\,\text{m}^3$. Umgekehrt gilt $4\,\text{m}^3 : 1\,\text{m} = 4\,\text{m}^2$. Wir erhalten also durch Division die Grundfläche des Körpers. Mit Einheiten rechnen wir dabei so wie mit Zahlen: $1\,\text{m}^3 : 1\,\text{m}^2 = 1\,\text{m}$.

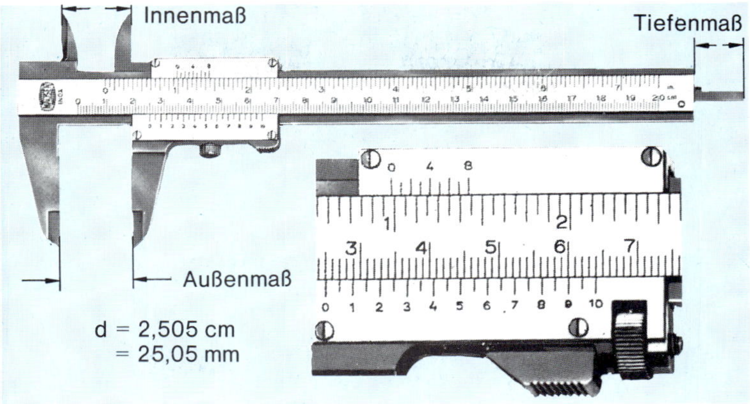

Abb. 2 Meßschieber mit Zoll- und Millimetereinteilung

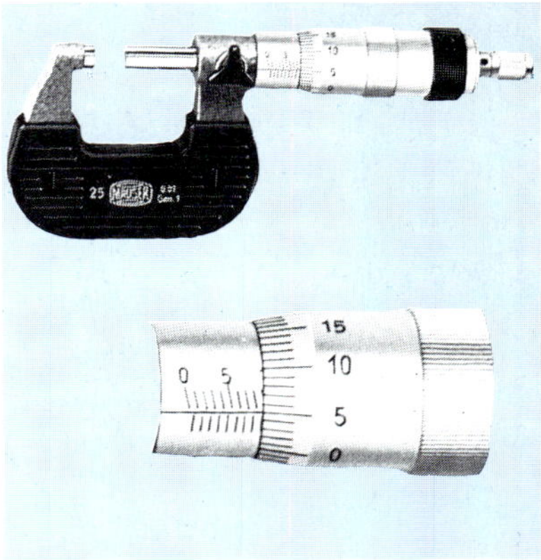

Abb. 3 Meßschraube

Das Rechnen mit Größen ist sehr zweckmäßig. Würden wir nur die Zahlenwerte angeben, dann müßten wir jeweils uns merken, in welchen Einheiten die Größen gemessen wurden, ob in mm, in m, in dm^2 oder in mm^2. Die Gleichung $600 = 0{,}06$ ist falsch, kann aber auf richtigen Angaben beruhen. Bedeutet die erste Zahl cm^2, die zweite m^2, so wird durch diese Einheiten die Gleichung richtig: $600\ cm^2 = 0{,}06\ m^2$. Beim Rechnen mit Größen vermeidet man Fehler!

Beispiel: Die Breite eines Aquariums wird mit 30 cm angegeben, die Höhe mit 40 cm und das Fassungsvermögen mit 150 l. Paßt es noch auf eine Abstellfläche von 80 cm Länge? Es ist $V = a \cdot b \cdot c$ und mit den vorgegebenen Werten:
$150\ l = a \cdot 30\ cm \cdot 40\ cm = a \cdot 1200\ cm^2$. Wir formen nach a um:

$$a = \frac{150\ l}{1200\ cm^2}.$$ Da $1\ l = 1000\ cm^3$, erhalten wir

$$a = \frac{150 \cdot 1000\ cm^3}{1200\ cm^2} = \frac{1500 \cdot cm^2 \cdot cm}{12\ cm^2};\quad a = \underline{\underline{125\ cm}}.$$

Die Abstellfläche reicht nicht.

Längenmeßgeräte

Auch das Lineal ist ein Längenmeßgerät. Man kann mit ihm z. B. geometrische Figuren oder den Grundriß eines Hauses im verkleinerten Maßstab zeichnen. Die Weite eines Speerwurfs bei sportlichen Wettkämpfen wird aber wohl niemand mit dem Lineal ausmessen. Hierfür benutzt man Maßbänder. Übliche Längen sind dann 20, 30 oder 50 m. Beim Hochsprung wird die Sprunghöhe mit Meßlatten ermittelt.

Lineale, Meßlatten, Maßbänder sind Längenmeßgeräte aus Metall, Holz oder Kunststoff. Sie tragen eine Stricheinteilung.

Wie dick ist ein Blatt Papier? Auch diese Aufgabe kann man mit einem Lineal lösen. Allerdings muß man dazu 20 Blätter, besser jedoch 100 Blatt zur Verfügung haben.

Dicke von 20 Blättern Papier: 2 mm
Dicke eines Blattes Papier: $2\ mm : 20 = 0{,}1\ mm$.

Bequemer sind natürlich Meßgeräte, mit denen man genauer messen kann. Hierzu gehören der **Meßschieber** und die **Meßschraube** (Abb. 2 und 3). Mit dem abgebildeten Meßschieber hätte man die Dicke eines Blattes Papier auch direkt bestimmen können, da man mit Hilfe einer raffiniert ausgedachten Zusatzeinteilung auch $1/20$ mm $= 0{,}05$ mm ablesen kann.

Neben der festen Einteilung in cm und mm besitzt der Meßschieber in Abb. 2 auf dem Schieber eine weitere Einteilung, den sogenannten *Nonius*. Dort sind 39 mm in 20 gleiche Teile unterteilt. Zwei Teilstriche sind auf dem Nonius daher $39\ mm : 20 = 1{,}95\ mm$ voneinander entfernt.

Der Anfang des Nonius fällt mit der Nullmarke der Hauptteilung zusammen, wenn die beiden Backen sich berühren. In Abb. 2 liegt die Nullmarke des Nonius etwas rechts von der 25-mm-Marke der Hauptteilung. Der nächste Noniusstrich aber steht gegenüber dem übernächsten Strich der Hauptteilung, also bei 27 mm. Da der Strichabstand auf dem Nonius 1,95 mm beträgt, steht also die Nullmarke des Nonius 0,05 mm rechts von der 25-mm-Marke der Hauptteilung. Die angezeigte Länge ist demnach $25\ mm + 0{,}05\ mm = 25{,}05\ mm$.

Würde in Abb. 2 erst der zweite Noniusstrich mit einem Strich der Hauptteilung zusammenfallen, dann stünde die Nullmarke $2 \cdot 0{,}05$ mm rechts von der 25-mm-Marke. Die Länge wäre jetzt 25,10 mm. Schieben wir den Nonius jeweils um 0,05 mm weiter nach rechts, so fällt der Reihe nach der dritte, der vierte, ... der zwanzigste Noniusstrich auf einen Strich der Hauptteilung. Beim Ablesen braucht man nur festzustellen, welcher Noniusstrich mit einem Strich der Hauptteilung zusammenfällt. Die eingravierten Zahlen auf dem Nonius ersparen einem das Abzählen und Rechnen. Sie geben direkt die Zehntelmillimeter an. Es gibt

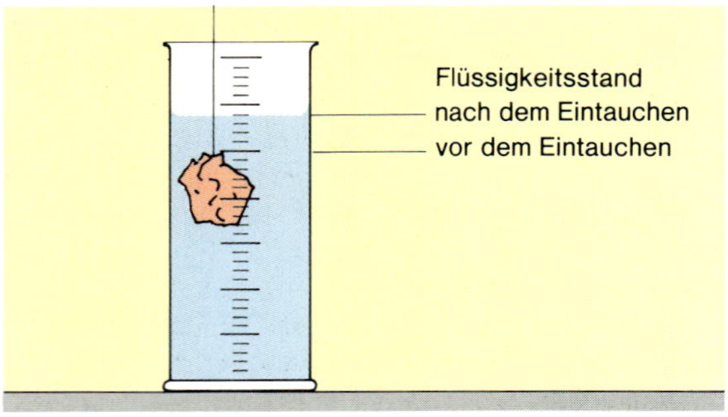

Abb. 1 Volumenbestimmung eines Steins

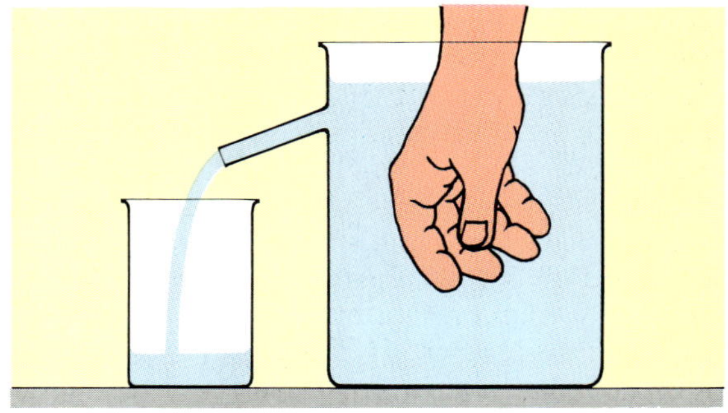

Abb. 2 Volumenbestimmung mit Überlaufgefäß

auch Meßschieber mit einer Ablesegenauigkeit von $^1/_{10}$ mm.

Die abgebildete Meßschraube ermöglicht es, bis auf $^1/_{100}$ mm = 0,01 mm genau abzulesen. Bei jeder vollen Umdrehung rückt die Spindel um einen halben Millimeter vor. Da der Umfang in 50 Teile geteilt ist, bedeutet ein Teilstrich 0,01 mm = 0,001 cm.

Volumenmessung

Das Volumen flüssiger Körper bestimmen wir mit einem **Meßzylinder.** Dies ist ein zylindrisches, senkrecht stehendes Gefäß mit einer Skala (Abb. 1). Der Abstand der Teilstriche kann errechnet werden.

Beispiel: Die Grundfläche betrage 20 cm^2. Zu einem Volumen von 10 cm^3 gehört dann nach der Formel $V = A \cdot h$ die Höhe $h = 10\ cm^3 : 20\ cm^2 = 0{,}5$ cm. Zu 100 cm^3 gehört eine Höhe von 5 cm. In Abständen von jeweils 5 cm sind demnach die Marken für 100 cm^3, 200 cm^3, ... angebracht. Soll der Meßbereich 1000 cm^3 = 1 l betragen, so hat der Zylinder eine Länge von über 50 cm.

Am Rande steht das Wasser etwas höher als in der Mitte (Meniskus, vgl. S. 80). Diese Erscheinung stört die Ablesung. Um eine einheitliche Ablesung zu gewährleisten, vereinbarte man, stets an der tiefsten Stelle abzulesen. Dadurch entsteht eigentlich ein Fehler. Dieser wurde aber beim Anbringen der Skala - man nennt dies kalibrieren - bereits berücksichtigt.

An der Tankstelle verlangt ein Kunde 50 l Benzin. Es wäre sehr zeitraubend und umständlich, wenn das Benzin mit Litermaß und Trichter eingefüllt werden müßte. Das abgefüllte Volumen muß auf andere Weise gemessen werden. Ähnlich ist es bei der Messung des Wasserverbrauchs in einem Haushalt mit „*Wasseruhren*".

Zwei Möglichkeiten sind in Abb. 3 dargestellt. Von der Flüssigkeit wird ein Flügelrad, dessen Achse senkrecht zum Flüssigkeitsstrom (Abb. 3a) oder parallel dazu (Abb. 3b) gerichtet ist, in Drehung versetzt. Die Zahl der Umdrehungen ist ein Maß für die durchgeflossene Flüssigkeitsmenge.

Volumina fester Körper lassen sich berechnen, wenn sie eine einfache Form haben. Wie bestimmt man aber z. B. das Volumen eines unregelmäßig geformten Steinbrockens, eines Hausschlüssels, eines Hühnereis oder sogar der menschlichen Hand? Auch dies ist möglich mit Hilfe eines Meßzylinders.

Versuch 11: Ein Meßzylinder ist zum Teil mit Wasser gefüllt (Abb. 1). Stand der Flüssigkeit: 250 cm^3. Nun tauchen wir einen Stein in das Wasser. Er verdrängt eine Wassermenge gleichen Volumens. Der Wasserspiegel steigt. Neuer Stand: 290 cm^3
Volumen des Steins:
$V = 290\ cm^3 - 250\ cm^3 = 40\ cm^3$.

Mit einem sogenannten Überlaufgefäß arbeitet das folgende Verfahren.

Versuch 12: Ein Überlaufgefäß wird bis zur Ausflußöffnung mit Wasser gefüllt (Abb. 2). Wir tauchen die Hand in das Gefäß, die verdrängte Flüssigkeitsmenge fließt in einen Meßzylinder. Volumen der Hand: 400 cm^3.

Schwieriger ist die Volumenbestimmung gasförmiger Körper. Da Gase jeden zur Verfügung gestellten Raum ausfüllen, muß man die Bedingungen angeben, unter denen man das Volumen einer Gasmenge messen soll. Diese Bedingungen müssen immer wieder leicht erfüllbar sein. Dies ist möglich mit dem in Abb. 4 dargestellten **Gasometer.**

Zwei zylindrische Gefäße sind mit einem Schlauch miteinander verbunden. Das eine ist mit einer Skala versehen. Es wird vollständig mit Wasser gefüllt, das andere zur Hälfte. Der Hahn ist zunächst

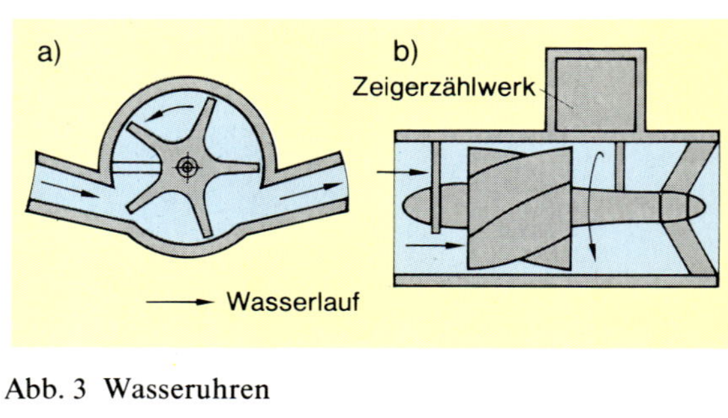

Abb. 3 Wasseruhren

geschlossen. Die Gasmenge, deren Volumen gemessen werden soll, wird bei geöffnetem Hahn durch das gebogene Glasrohr in das linke Gefäß eingeleitet. Der Hahn wird wieder geschlossen. Das Wasser wird durch die eindringende Luft verdrängt. Heben wir das rechte Glasgefäß etwas, so wird die rechte Wassersäule angehoben und drückt die Luft in beiden Gefäßen zusammen. Senken wir es, dann vergrößert sich der Luftraum: Gleiche Bedingungen bedeuten: Wir müssen beide Wasserspiegel auf gleiche Höhe einstellen. Dann ist Innendruck = Außendruck. Weshalb dies so ist, erfahren wir in Kap. 5.

Von nicht vermeidbaren und von zulässigen Fehlern

Der Weltrekord im Hammerwerfen im Jahre 1982 betrug 83,98 m. Eine stattliche Weite! Wie wurde sie festgestellt? Weiten dieser Art kann man mit Maßbändern von 100 m Länge bestimmen.

Die Herstellerfirmen können wegen nicht vermeidbarer Ungleichmäßigkeiten bei der Fertigung der Maßbänder nur bestimmte *Fehlergrenzen* angeben. Die sogenannte *Eichordnung* schreibt nämlich vor, innerhalb welcher Grenzen diese Fehler liegen dürfen. Diese können bei 50-m-Bändern nach oben und unten bis zu 10 mm betragen. Man schreibt deshalb auch ±10 mm. Auf 1 m umgerechnet sind das 10 mm : 50 = 0,2 mm, also sehr wenig. Die Physikalisch-Technische Bundesanstalt in Braunschweig überprüft die Einhaltung dieser Grenzen durch Vergleichmessungen mit genaueren Geräten.

Wenn man also nichts weiter kennt als diese Fehlergrenzen, dann kann das Meßergebnis im ungünstigsten Fall auf 100 m um 2 cm nach oben oder unten abweichen. Die Wurfweite könnte demnach auch 84 m (neuer Weltrekord) oder 83,96 m (kein neuer Weltrekord) betragen.

Man könnte nun eine bessere Meßmethode fordern. Möglich ist dies schon. Heute verwendet man z. B. Laser. Dies ist teurer und aufwendiger, Fehler gibt es dennoch. Wir zeigen dies am Beispiel des Maßbandes.

Die Nullmarke des Maßbandes wird an die Innenkante des Balkens gelegt, der den Abwurfplatz abgrenzt. Wie gut stimmen nun Kante und Nullmarke überein? Auf 1 mm oder 2 mm? Bereits bei der Feststellung des Anfangs der Meßstrecke treten daher Fehler auf. Das Maßband wird gespannt und dabei gedehnt. Es verlängert sich etwas. Man kann vorschreiben, wie das Band beim Ablesen gespannt sein muß, um diesen Fehler klein zu halten. – Nun muß aber noch der Endpunkt der Meßstrecke bestimmt werden. Das ist beim Hammerwurf die Stelle des Abdrucks, die dem Werfer am nächsten ist. Auch hier liegt eine Fehlerquelle. Schließlich spielt die Temperatur eine Rolle. Wie wir noch genauer untersuchen werden, dehnen sich nämlich Körper aus, wenn sie erwärmt werden. (Vgl. S. 187 f). Die Räume von metallverarbeitenden Betrieben, die größte Meßgenauigkeit verlangen, müssen deshalb stets auf gleicher Temperatur gehalten werden. Wir sehen also, daß Messungen durch eine Reihe von Faktoren beeinflußt werden, die durch die Umwelt oder durch die Aufmerksamkeit, die Übung und das Schätzungsvermögen des Beobachters verursacht werden.

Wie groß ist also die genaue Wurfweite des Hammerwerfers? Diese Frage ist nicht entscheidbar, weil der wahre Wert der Meßgröße nicht bekannt ist. Genaugenommen müßte also bei der Angabe des Weltrekords die Meßunsicherheit genannt werden. Doch dann gäbe es häufiger als bisher mehrere Weltrekordinhaber oder mehrere Sieger. Denn selbst bei etwas ungleichen Weiten müßten die Leistungen im Rahmen der Meßunsicherheiten als gleich bewertet werden. Dies darf es wohl im Sport nicht geben. Dort will man Sieger sehen.

Jede Messung ist grundsätzlich nicht fehlerfrei. Die Fehler werden hervorgerufen durch Änderungen der Meßgeräte, der Umwelt (z. B. der Temperatur) und durch den Beobachter.

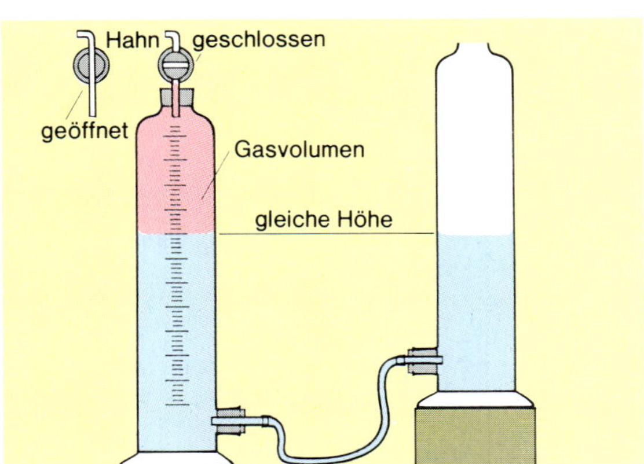

Abb. 4 Gasometer

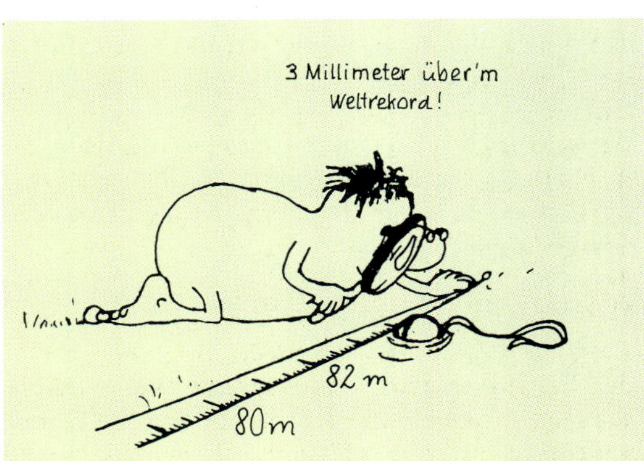

Abb. 5 So nicht!

Diese zufälligen Fehler bedingen die **Meßunsicherheit.** Von der Meßunsicherheit zu unterscheiden sind die bereits erwähnten **Fehlergrenzen der Meßgeräte,** die durch die Herstellung bedingt sind.

Mißt man dieselbe Länge mehrmals hintereinander mit demselben Maßstab, so werden die einzelnen Meßwerte voneinander abweichen.

Versuch 13: Wir messen Länge und Breite eines Zimmers mit einem 2-Meter-Maßstab fünfmal.

Ergebnisse Nr.	Länge in cm	Breite in cm
1	665,0	408,5
2	656,0	408,0
3	655,0	408,0
4	655,5	408,3
5	656,0	408,0
6	655,0	
Mittelwerte	655,5	408,2

Diskussion: Den ersten Meßwert für die Länge können wir ausscheiden. Er unterscheidet sich so deutlich von allen anderen Werten, daß wohl ein grober Ablesefehler vorliegt. Alle anderen aber sind unter vergleichbaren Bedingungen mit gleicher Sorgfalt gewonnen worden, also gleichberechtigt. Welchen Wert nehmen wir? Vielleicht den, der dem richtigen Wert am nächsten kommt? Diesen kennen wir aber nicht. Wir sehen, daß wir ohne Zusatzannahmen nicht auskommen. Es ist üblich, das **arithmetische Mittel** zu nehmen.

Bei der Berechnung des Flächeninhalts des Zimmers müssen wir die Meßunsicherheit beachten. Ohne Berücksichtigung dieser Unsicherheit berechnet man aus den oben angegebenen Mittelwerten: $A = 655{,}5\ \text{cm} \cdot 408{,}2\ \text{cm} = 267\,575\ \text{cm}^2$.

Dieses Ergebnis ist völlig unsinnig. Gehen wir nämlich von den jeweils größten bzw. kleinsten Werten aus, so erhalten wir

$A_1 = 656{,}0 \cdot 408{,}5\ \text{cm}^2 = 267\,976\ \text{cm}^2$
$A_2 = 655{,}0 \cdot 408{,}0\ \text{cm}^2 = 267\,240\ \text{cm}^2$
Mittelwert: $267\,608\ \text{cm}^2$

Die Ergebnisse stimmen nur in den ersten drei Ziffern überein, die anderen sind nicht mehr sicher. Um ein sinnvolles Ergebnis zu gewinnen, rundet man daher den aus den Mittelwerten errechneten Wert für die Fläche und erhält: $A = 267\,600\ \text{cm}^2$.

Diese Schreibweise täuscht aber vor, daß alle Ziffern einschließlich der Nullen durch Messungen gesichert sind. Um dieses Mißverständnis auszuschließen, schreibt man:

$A = 2676 \cdot 100\ \text{cm}^2$ oder
$A = 2676 \cdot 10^2\ \text{cm}^2$ oder
$A = 26{,}76\ \text{m}^2$

Der Flächeninhalt des Zimmers beträgt $A = 2676 \cdot 10^2\ \text{cm}^2 = 26{,}76\ \text{m}^2$. Das Ergebnis $A = 26{,}76\ \text{m}^2$ hat vier Ziffern, also genau so viele wie die in die Rechnung eingehenden Meßgrößen, nämlich die Länge mit 6,555 cm und die Breite mit 4,082 m. Man kann also sinnvollerweise das Endergebnis nicht genauer angeben als die durch Messung gewonnene Einzelwerte. Die durch Messung gesicherten Ziffern bezeichnen wir als *geltende Ziffern*.

Gehen mehrere Meßwerte in eine Rechnung ein, so ist das Rechenergebnis so zu runden, daß es höchstens so viele geltende Ziffern besitzt wie das Meßergebnis mit den wenigsten geltenden Ziffern.

Beispiel: Ein Fußballtor ist 2,44 m hoch und 7,32 m breit. Wie groß ist die Fläche, durch die der Ball fliegen kann? Genau gerechnet:
$A = 2{,}44\ \text{m} \cdot 7{,}32\ \text{m} = 17{,}8608\ \text{m}^2$.

Sinnvoll sind aber nur 3 geltende Ziffern, also: $17{,}9\ \text{m}^2$.

Ergebnis: $A = 17{,}9\ \text{m}^2$

Aufgaben

1. Die in Abb. 7 auf Seite 83 dargestellten Zimmer sollen mit Teppichboden ausgelegt werden. Wieviel m^2 benötigt man?
2. Berechne: $3\ \text{m}^2 \cdot 5\ \text{cm}$, $15\ \text{mm}^3 : 2\ \text{cm}^2$, $8\ \text{cm} \cdot 4\ \text{dm}$, $3\ \text{dm} + 4\ \text{cm}$, $50\ \text{m} + 300\ \text{km}$, $7\ \text{mm} \cdot 3\ \text{mm}^2$!
3. Wie kann man mit dem Meßschieber (Abb. 2, Seite 85) Innenmaße (z. B. von Rohren) oder die Tiefe von Bohrungen bestimmen?
4. Zwei Meßzylinder haben eine Querschnittsfläche von $4{,}90\ \text{cm}^2$ bzw. $19{,}60\ \text{cm}^2$.
   Wie groß ist der Wasseranstieg in beiden Zylindern, wenn man einen Körper mit $V = 100\ \text{cm}^3$ eintaucht?
5. Wie kann man das Volumen eines Menschen bestimmen?
6. 400 Kugeln füllen gerade einen Becher mit dem Volumen von 1 Liter. Wie ermittelt man das Volumen einer Kugel?
7. Bestimme mit Hilfe eines Meßbechers das Volumen eines Hühnereis!
8. Worin besteht der Unterschied in den Angaben $l = 4{,}30\ \text{cm}$, $l = 0{,}0430\ \text{m}$ und $l = 4{,}300\ \text{cm}$?
9. Die Länge eines Weitsprungs wurde fünfmal gemessen, und zwar 4,58 m, 4,62 m, 4,60 m, 4,59 m und 4,59 m. Welche Längenangabe ist sinnvoll?
10. Worin besteht der Unterschied in den Angaben $l = 350\,000\ \text{km}$ und $3{,}5 \cdot 10^3\ \text{km}$?
11. Als Regenmesser benutzt man häufig keine gewöhnlichen Meßzylinder, sondern solche, die unten einen geringen Querschnitt besitzen und oben außerdem einen Trichter. Begründe beide Maßnahmen!
12. Bei Autos wird das Fassungsvermögen des Kofferraums häufig in Litern angegeben. Wie kann man dieses Volumen bestimmen?
13. Ein Bungalow mit flachem Dach hat eine Länge von 10,32 m, eine Breite von 9,20 m und eine Höhe von 3,15 m. Berechne das Volumen in m^3!
14. In einer Arzneiflasche mit einer Tropfeinrichtung befinden sich 15 ml Wasser. Wie könnte man das mittlere Volumen eines Tropfens bestimmen?

Abb. 1 Bei einer bestimmten Neigung bewegt sich der Wagen gleichförmig

1.5 Geschwindigkeit

Der Begriff der Zeit

Wir haben bereits eine Reihe von Bewegungen betrachtet: Anfahren und Abbremsen eines Autos, Beschleunigen einer mit Wasser gefüllten Glaswanne, Kurvenfahrt eines Wagens, Körper in geradliniger Bewegung und anderes mehr, alles in Zusammenhang mit der Trägheit der Körper. Ohne äußere Einwirkung bewegt sich ein Körper geradlinig und gleichmäßig weiter (vgl. S. 75). Diese Art von Bewegung ist also besonders ausgezeichnet. Worin besteht das „Gleichmäßige" dieser Bewegungen?

Die physikalische Größe „Länge" reicht zur Beschreibung dieses Vorgangs nicht aus. Wir müssen noch eine andere Größe, nämlich die Zeit, ins Spiel bringen. Was aber ist „*Zeit*"?

Das Wort „Zeit" kommt in unserer Sprache in ganz verschiedenen Bedeutungen vor. „Das Rad der Zeit hält niemand auf", so sagt man, um das ständige *Fortschreiten der Zeit* zu charakterisieren. Dagegen meint man mit der Redewendung „die Zeit drängt" einen *Zeitraum,* eine *Zeitspanne.* Von der „guten alten Zeit" spricht man, wenn man eine *bestimmte Epoche* in der Geschichte vor Augen hat.

„Wenn du das noch nicht gewußt hast, dann ist es höchste Zeit, einmal darüber nachzudenken." In diesem Satz bedeutet „Zeit" einen ganz bestimmten *Zeitpunkt,* in dem das Nachdenken beginnen soll.

In der Physik ist nur die Zeitdauer eine physikalische Größe (Symbol: t). Die Zeitdauer ist eine Basisgröße.

Um Zeitdauern *messen* zu können, müssen wir eine Einheit einführen. Es gibt aber keinen Gegenstand wie bei der Länge, den man als *Zeitnormal* zu Grunde legen könnte. Man benutzt daher gleichmäßig ablaufende Vorgänge oder regelmäßig sich wiederholende (periodische) Vorgänge.

Die Sanduhr, das Stundenglas, ist ein Beispiel für die erste Methode. Ein Beispiel für die zweite Methode ist die Drehung der Erde um ihre Achse, auf der Auf- und Untergang der Sonne beruhen. Durch die Drehung der Erde ist die Einheit der Zeit, die **Sekunde** (Kurzzeichen s), bestimmt:

Die Sekunde ist der 86400ste Teil eines Tages. Ein Tag ist die Zeitdauer zwischen zwei aufeinanderfolgenden höchsten Stellungen der Sonne.

Ferner gilt: 1 Tag (d) = 24 Stunden (h), 1 h = 60 min (Minuten); 1 min = 60 s (Sekunden).

Beispiele für Zeitdauern

Alter der Erde (5 Mrd. Jahre)	$1{,}6 \cdot 10^{17}$ s $\approx 5 \cdot 10^{9}$ a
Auftreten des Neandertalers vor	10^{12} s $\approx 3 \cdot 10^{4}$ a
Mittlere Lebensdauer in der BR Deutschland (1970)	
Mann	$2{,}1 \cdot 10^{9}$ s ≈ 67 a
Frau	$2{,}3 \cdot 10^{9}$ s ≈ 74 a
Tag	86400 s = 1 d
Pulsschlag	0,8 s
Laufzeit des Lichts für 1 m	$3{,}3 \cdot 10^{-9}$ s

(Bedeutung der negativen Hochzahlen: siehe Umschlagseite!)

Gleichförmige Bewegungen

Versuch 14: Wir lassen ein kleines Spielzeugauto auf einem 2 m langen geneigten Brett herunterfahren. Das Auto wird zunehmend schneller. Bei sehr geringer Neigung müssen wir den Wagen anstoßen. Jetzt kommt er nach kurzer Zeit zur Ruhe. Wir vergrößern die Neigung des Brettes so lange, bis der Wagen sich nach einem Anstoß gleichmäßig weiterbewegt: Er wird dann weder langsamer noch schneller (Abb. 1).

Wir erkennen, worin das „Gleichmäßige" dieser Bewegung besteht: Der Wagen legt in jeder Sekunde dieselbe Weglänge zurück. Dies können wir aber auch durch eine Messung überprüfen.

Versuch 15: Ein Metronom liefert Taktschläge in Sekundenabständen. Wir stoßen den Wagen an und markieren zu jedem Taktschlag den jeweiligen Ort des Wagens mit einem Kreidestrich.

Ergebnis: Die Striche folgen einander jeweils in nahezu gleichen Abständen. Stoßen wir den Wagen etwas heftiger an, so daß er sich schneller bewegt, dann sind auch die Abstände größer, aber untereinander auch wieder gleich. Eine Bewegung mit dieser Eigenschaft nennen wir **gleichförmig.**

Eine Bewegung heißt gleichförmig, wenn sie geradlinig ist und in gleichen Zeitspannen gleich lange Wege zurückgelegt werden.

Zeit t in Sekunden	0	1	2	3	4	5
Länge benachbarter Strichabstände in cm		24	24	26	24	24
Weg s in cm	0	24	48	74	98	122
$\frac{s}{t}$ in $\frac{\text{cm}}{\text{s}}$		$\frac{24}{1}$ $=24$	$\frac{48}{2}$ $=24$	$\frac{74}{3}$ $=24{,}7$	$\frac{98}{4}$ $=24{,}5$	$\frac{122}{5}$ $=24{,}4$
Länge benachbarter Strichabstände in cm	–	40	38	40	39	–
Weg s in cm	0	40	78	118	157	–
$\frac{s}{t}$ in $\frac{\text{cm}}{\text{s}}$	–	40	39	39	39	–

Abb. 1 Gleichförmige Bewegungen in Zahlen

Die gleichförmige Bewegung können wir aber auch noch anders darstellen: Wir beginnen beim ersten Kreidestrich und messen von hier aus die Längen der zurückgelegten Wegstrecken, beginnend mit dem Zeitpunkt $t=0$. Zusammengehörende Meßwerte für die Zeit t und den Weg s sind in der Tabelle (Abb. 1) festgehalten. Im s-t-Schaubild (Abb. 2) sind die Werte für die Wege über den Meßwerten für die Zeit aufgetragen. Die einfachste Möglichkeit, den Zusammenhang zwischen s und t grafisch darzustellen, ist eine Gerade durch den Ursprung.

Wir legen die Gerade so, daß alle Meßpunkte möglichst nahe an der Geraden oder sogar auf ihr zu liegen kommen. Natürlich können wir wegen der Meßunsicherheit nicht erwarten, daß die Punkte genau mit der Geraden zusammenfallen.

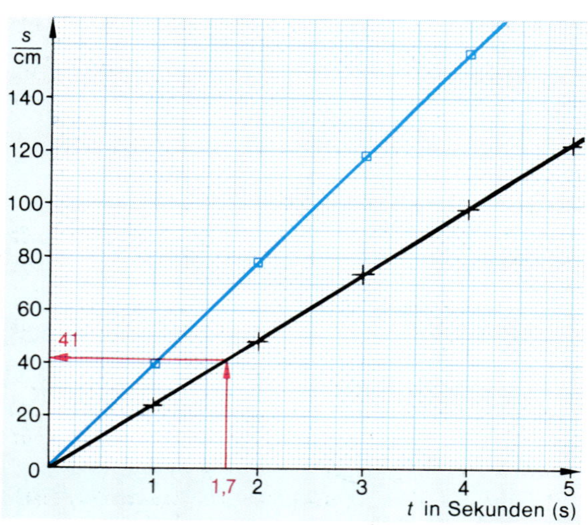

Abb. 2 Schaubild gleichförmiger Bewegungen

Der große Vorteil des Schaubildes ist jetzt sofort erkennbar. Wir können Zwischenwerte angeben, ohne weitere Messungen vorzunehmen. Wir lesen ab: Nach 1,7 Sekunden legt das Spielzeugauto bei der langsameren Bewegung eine Strecke von 41 cm Länge zurück.

Aus beiden Darstellungsweisen, aus der Tabelle und aus dem Schaubild, lesen wir ab, daß zur doppelten, dreifachen, ... n-fachen Zeit auch die doppelte, dreifache, ... n-fache Weglänge gehört. Für einen solch einfachen Zusammenhang zwischen dem zurückgelegten Weg s und der Zeit t sagt man: Länge s des zurückgelegten Wegs ist der verstrichenen Zeit t proportional: $s \sim t$.

Bilden wir die Quotienten aus zusammengehörenden Paaren von s und t, so ergeben sich die Werte in Zeile 4 der Tabelle. Sie haben alle etwa den gleichen Wert. Im Rahmen der Meßunsicherheit gilt daher: $s/t = \text{konst.}$ Wir erhalten im ersten Fall ungefähr 24 cm/s, im zweiten Fall ungefähr 39 cm/s. Daß die Quotienten aus den Meßwerten nicht alle exakt die gleichen Werte haben, liegt daran, daß die Meßpunkte auch oberhalb oder unterhalb der Geraden liegen.

Bei einer gleichförmigen Bewegung sind Weg s und Zeit t proportional: $s \sim t$; der Quotient s/t ist konstant. Das s-t-Schaubild ist eine Gerade durch den Ursprung.

Geschwindigkeit

Der Wagen bewegte sich im zweiten Versuch schneller als im ersten. In der gleichen Zeitspanne hat er einen größeren Weg zurückgelegt. Zur schnelleren Bewegung gehört auch der größere Quotient s/t. Dieser Quotient s/t kann daher verwendet werden, um eine gleichförmige Bewegung zu kennzeichnen. Man nennt ihn Geschwindigkeit und bezeichnet ihn mit dem Buchstaben v.

Unter der Geschwindigkeit v einer gleichförmigen Bewegung verstehen wir den Quotienten aus der Länge s der zurückgelegten Wegstrecke und der dazu notwendigen Zeitspanne t:

$$\textbf{Geschwindigkeit} = \frac{\textbf{Weglänge}}{\textbf{benötigte Zeit}} \qquad v = \frac{s}{t}.$$

Die Geschwindigkeit ist eine aus dem Weg s und der Zeit t *abgeleitete Größe*. Wir brauchen daher auch keine neue Maßeinheit festzusetzen. Denn diese gewinnt man ebenfalls aus der Definitionsgleichung, indem man auf die bereits vereinbarten Basiseinheiten Meter (m) und Sekunde (s) zurückgreift: $\frac{\text{m}}{\text{s}}$ (gelesen: Meter durch Sekunde). Gebräuchlich sind auch $\frac{cm}{s}$ und $\frac{km}{h}$. Die Einheit $\frac{m}{s}$ ist eine aus den Basiseinheiten Meter und Sekunde *abgeleitete Einheit*. Nur in der Seeschiffahrt wird eine besondere Einheit gebraucht: Knoten. Der Name beruht auf der Geschwindigkeitsmessung auf See, wie sie früher üblich war. Ein an einer Leine befestigtes Holzscheit wurde ins Wasser geworfen. Es blieb gegenüber dem fahrenden Schiff zurück. Der Beobachter zählte die in bestimmten Zeitabständen an der Leine ablaufenden Knoten.

Es gilt: $1\,\text{Knoten} = 1\,\frac{\text{Seemeile}}{\text{Stunde}} = 1{,}852\,\frac{km}{h}$.

Übrigens: Auch mit den Einheiten kann man so rechnen wie mit Größen. In $1\frac{m}{s}$ ersetzen wir 1 m durch $\frac{1}{1000}$ km und 1 s durch $\frac{1}{3600}$ h, dann erhält man:

$$1\,\frac{m}{s} = \frac{\frac{1}{1000}\,km}{\frac{1}{3600}\,h} = \frac{3600}{1000}\,\frac{km}{h} = 3{,}6\,\frac{km}{h}\text{, also:}$$

$$1\,\frac{m}{s} = 3{,}6\,\frac{km}{h}.$$

Diese Gleichung ermöglicht ein schnelles Umrechnen von einer Einheit in die andere. 30 m/s sind danach $30 \cdot 3{,}6$ km/h = 108 km/h. Liest man am Tachometer eines Autos 72 km/h ab, so muß man den Zahlenwert, also 72, durch 3,6 teilen, um die Geschwindigkeit in m/s zu erhalten: 72 : 3,6 = 20, also 20 m/s. Dies bedeutet: In 1 Sekunde legt das Fahrzeug 20 m zurück, eine ziemlich lange Strecke. Daher sind Geschwindigkeitsangaben im Straßenverkehr wichtig, oft lebenswichtig.

Wir rechnen mit der Geschwindigkeit

Sind zwei Größenwerte bekannt, so kann jeweils der Wert der dritten Größe berechnet werden.

Beispiel 1: Ein Auto legt in 1,5 Stunden eine Strecke von 120 km zurück. Wie groß ist die Geschwindigkeit?

$$v = \frac{s}{t} = \frac{120\,km}{1{,}5\,h} = 80\,\frac{km}{h}.$$

Beispiel 2: Ein Auto fährt mit einer Geschwindigkeit von 50 km/h. Wir denken uns folgende Situation. Ein Kind läuft in einem Abstand von 10 m vor dem Auto auf die Straße, um einen Ball aufzuheben. Trotz schneller Reaktion beginnt die Bremsung im allgemeinen frühestens nach 1 Sekunde (vgl. S. 179). Welchen Weg legt das Auto in dieser Zeit zurück?

$$s = v \cdot t = 50\,\frac{km}{h} \cdot 1\,s = \frac{50\,000\,m}{3\,600\,s} \cdot 1 \approx 14\,m.$$

Das Kind würde überfahren werden, noch bevor die Bremsen überhaupt ansprechen.

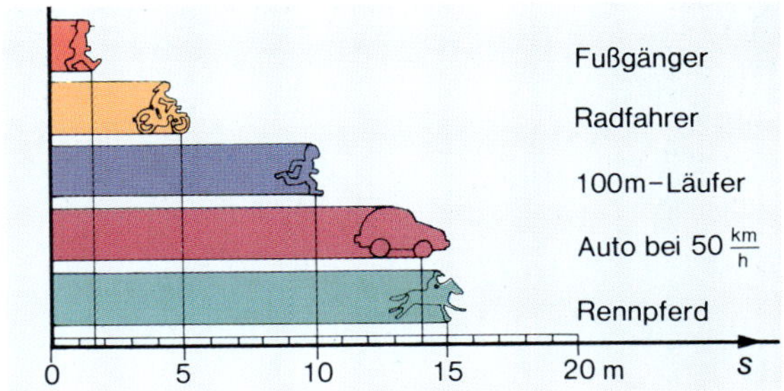

Abb. 3 So weit gelangt man in 1 Sekunde

Beispiel 3: Die Geschwindigkeit eines Autos betrage 70 km in der Stunde. Wie lange braucht das Auto für einen Weg von 42 km? Wir stellen die Gleichung $s = v \cdot t$ nach t um und erhalten:

$$t = \frac{s}{v} = \frac{42\,km}{70\,\frac{km}{h}} = 0{,}6\,h = 36\,min.$$

Beispiele für Geschwindigkeiten

Wachstum eines Haares	$3 \cdot 10^{-9}\,\frac{m}{s}$	≈	$1\,\frac{cm}{Monat}$
Schnecke	$2 \cdot 10^{-3}\,\frac{m}{s}$	=	$2\,\frac{mm}{s}$
Fußgänger	$1{,}5\,\frac{m}{s}$	=	$5{,}4\,\frac{km}{h}$
Radfahrer	$5\,\frac{m}{s}$	≈	$18\,\frac{km}{h}$
100-m-Läufer	$10\,\frac{m}{s}$	=	$36\,\frac{km}{h}$
Auto (Stadtgeschwindigkeit)	$14\,\frac{m}{s}$	≈	$50\,\frac{km}{h}$
Rennpferd	$15\,\frac{m}{s}$	≈	$55\,\frac{km}{h}$
Schiffe	bis $19\,\frac{m}{s}$	≈	$70\,\frac{km}{h}$
Orkan	bis $33\,\frac{m}{s}$	≈	$120\,\frac{km}{h}$
Auto (Richtgeschwindigkeit auf der Autobahn)	$36\,\frac{m}{s}$	≈	$130\,\frac{km}{h}$
Schwalbe	$100\,\frac{m}{s}$	=	$360\,\frac{km}{h}$
Verkehrsflugzeug	$250\,\frac{m}{s}$	=	$900\,\frac{km}{h}$
Schallgeschwindigkeit	$340\,\frac{m}{s}$	≈	$1{,}2 \cdot 10^3\,\frac{km}{h}$
Mittlere Geschwindigkeit eines Stickstoffmoleküls bei Zimmertemperatur	$450\,\frac{m}{s}$	≈	$1{,}6 \cdot 10^3\,\frac{km}{h}$
Karabinergeschoß	$870\,\frac{m}{s}$	≈	$3{,}1 \cdot 10^3\,\frac{km}{h}$
Erde auf ihrer Bahn um die Sonne	$30 \cdot 10^3\,\frac{m}{s}$	=	$108 \cdot 10^3\,\frac{km}{h}$
Lichtgeschwindigkeit	$3 \cdot 10^8\,\frac{m}{s}$	≈	$11 \cdot 10^8\,\frac{km}{h}$

Aufgaben

1. Welchen Weg legt ein Auto bei einer Geschwindigkeit von 25 km/h (100 km/h) in einer Sekunde zurück?
2. Welche Zeit braucht das Licht
   a) von der Erde zum Mond ($384 \cdot 10^3$ km),
   b) von der Sonne zur Erde ($150 \cdot 10^6$ km)?
3. Zeichne das Schaubild für Bewegungen mit den Geschwindigkeiten $v = 25$ m/s und 50 m/s! Wähle als Achseneinteilung: 1 cm ≙ 1 s und 1 cm ≙ 25 m! Welche Zeiten sind für $s = 230$ m erforderlich?
4. Bei schußstarken Fußballspielern erreicht der Ball eine Geschwindigkeit von 90 km/h. Welche Zeit braucht der Ball dann für 11 m (Elfmeter-Strafstoß)?

M

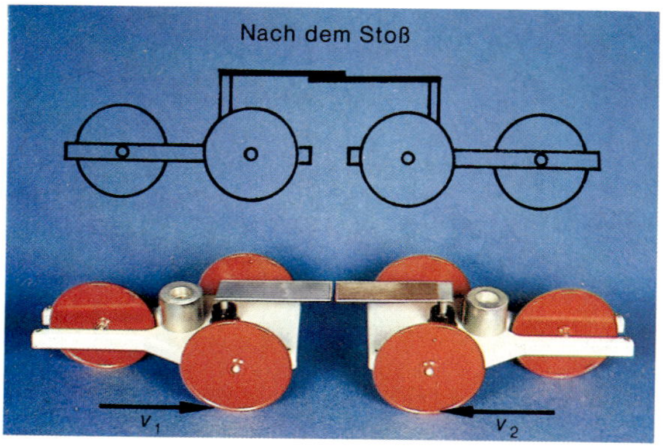

Abb. 1 Massenvergleich

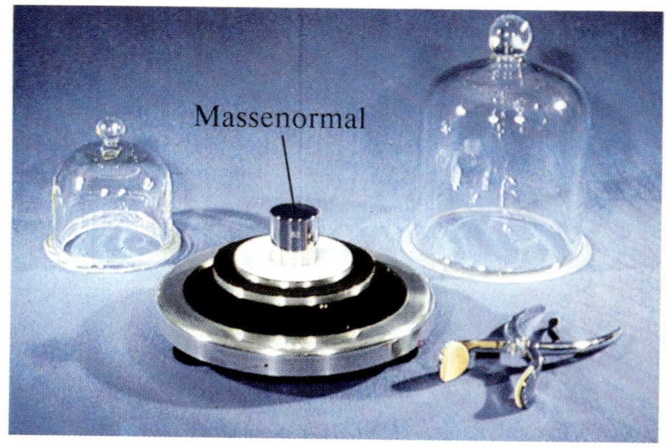

Abb. 2 Kopie des Urkilogramms

1.6 Trägheit - Masse

Wir messen die Trägheit

Eine kleine Stahlkugel kann man sehr leicht mit der Hand abbremsen. Einem Auto, das ins Rollen gekommen ist, muß man sich schon mit ganzer Kraft entgegenstemmen, um es anzuhalten. Weitere Beispiele: Ein D-Zug kommt aus voller Fahrt erst nach einigen hundert Metern zum Stehen, und Großtanker haben Bremswege von mehreren Kilometern.

Wenn sich Astronauten in einem Raumschiff Gegenstände zuwerfen und diese auffangen, so ist es schon ein Unterschied, ob es sich dabei z. B. um einen Bleistift oder einen großen Schraubenschlüssel handelt. Beim Schraubenschlüssel müssen sie eine größere Muskelkraft aufwenden als beim Bleistift. Die Schwere (Gewichtskraft) ist nicht die Ursache dieser verschiedenen Kräfte, denn alle Gegenstände sind im Raumschiff ja „schwerelos" (vgl. S. 77). Auch beim Großtanker z. B. ist die Ursache für den langen Bremsweg nicht in der Gewichtskraft zu suchen. Diese wirkt ja senkrecht zur Bewegungsrichtung.

Es ist die *Trägheit* der Körper, die sich hier auswirkt. Die Beispiele machen deutlich, daß die Körper unterschiedlich träge sind, erkennbar an dem Widerstand, den sie einer Bewegungsänderung entgegensetzen.

Will man die Trägheit zweier Körper vergleichen, dann muß man vereinbaren, wie dieser Vergleich vorgenommen werden soll (Festlegung eines Meßverfahrens). Wir wählen hierzu das Abbremsen eines Körpers durch unelastischen Stoß. Das Prinzip dieses Verfahrens wird durch die folgenden Versuche veranschaulicht.

Versuch 16: Zwei Wagen lassen wir so zusammenstoßen, daß sie sich nach dem Zusammenstoß gemeinsam weiterbewegen. Wir erreichen dies, indem wir an den Wagen mit Schmirgelpapier belegte Blechstreifen befestigen, die sich übereinanderschieben und die Wagen abbremsen. Ein solcher Stoß heißt unelastisch (Abb. 1).

Versuch 17: Wir stoßen beide Wagen so an, daß sie entgegengesetzte gleiche Geschwindigkeiten erhalten. Bei unterschiedlicher Belastung bewegen sich nach dem Stoß die beiden Wagen gemeinsam in Bewegungsrichtung des Wagens mit größerer Belastung. Nun ändern wir die Belastung so lange ab, bis beide Wagen nach dem Stoß in Ruhe sind.

In diesem Fall kann jeweils der eine Wagen durch den anderen vollständig abgebremst werden. Wir führen dies auf gleiche Trägheit zurück. Damit haben wir die Eigenschaft Trägheit meßbar gemacht. Diese Maßgröße bezeichnet man als **Masse.** Man hat die folgenden Vereinbarungen getroffen:

Die Trägheit der Körper beschreibt man durch die physikalische Größe Masse (Symbol m).

Zwei Körper haben die gleiche Masse, wenn sie nach einem unelastischen Stoß bei entgegengesetzt gleichen Geschwindigkeiten zur Ruhe kommen.

Diese Vereinbarungen reichen noch nicht aus, um die Masse eines Körpers zu bestimmen. Man muß nämlich auch feststellen können, wann die zweifache, dreifache Masse vorliegt. Hier bietet sich an, die beiden Wagen zusammenzufügen: Zusammen haben sie die doppelte Masse wie jeder einzelne Wagen.

Wir kommen damit zur dritten Vereinbarung:

$2, 3, \dots, n$ Körper mit untereinander gleicher Masse haben zusammengefügt die $2, 3, \dots, n$-fache Masse wie jeder einzelne.

Bei der Längenmessung haben wir gelernt, daß es zweckmäßig ist, auch eine international festgelegte Einheit zu benutzen. Auch für die Masseneinheit hat man ein internationales Massennormal festgelegt. Es wird aufbewahrt im Internationalen Büro für Maße und Gewichte in Sèvres bei Paris.

Die Masseneinheit heißt 1 Kilogramm (1 kg). Sie wird repräsentiert durch das internationale Massennormal.

Das Massennormal ist ein zylindrischer Körper aus Platin-Iridium mit einer Höhe und einem Durchmesser von jeweils 39 mm (Abb. 2).

Mit Hilfe des vereinbarten Meßverfahrens kann man einen Massensatz herstellen, der Körper mit kleinerer Masse enthält (Abb. 3). Kleinere Einheiten sind Gramm (g) und Milligram (mg). Eine größere Einheit ist die Tonne (t). Es gelten die Gleichungen:

$1\,\text{kg} = 1000\,\text{g}; \quad 1\,\text{g} = 1000\,\text{mg}; \quad 1\,\text{t} = 1000\,\text{kg}.$

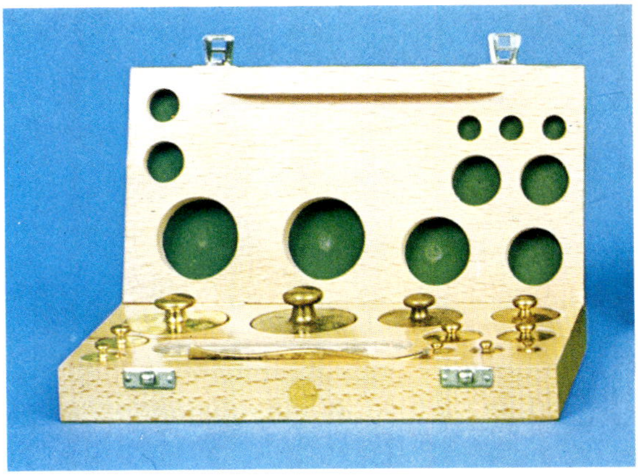

Abb. 3 Wägesatz. Er enthält Wägestücke mit folgenden Massen: 200 g, 100 g, 50 g, 20 g, 10 g, 5 g, 2 g, 1 g, 500 mg, 200 mg, 100 mg, 50 mg, 20 mg, 10 mg, 5 mg, 2 mg, 1 mg

Massenbestimmung – einfacher mit der Waage

Der Massenvergleich nach Versuch 17 ist nun nicht sehr bequem. Einfacher geht es mit **Balkenwaagen** (Abb. 4). Bei der abgebildeten *Hängeschalenwaage* ruht eine Metallstange, Waagebalken genannt, in der Mitte drehbar auf einem Schneidenlager. An den Enden des Waagebalkens hängen gleichartige Waageschalen. Wenn der Waagebalken waagrecht steht, befindet sich die Waage im Gleichgewicht. Ein am Waagebalken senkrecht angebrachter Zeiger zeigt dies auf einer Skala an.

Auf eine solche Balkenwaage legen wir nun die beiden Wagen, deren Masse wir als gleich festgestellt haben. Die Waage ist im Gleichgewicht. Sie stellt somit eine bequeme Möglichkeit dar, Massen miteinander zu vergleichen. Einen solchen Massenvergleich nennt man **Wägung.** Eine Wägung läuft folgendermaßen ab:

Wir legen auf die eine Waagschale der Balkenwaage den Körper, dessen Masse wir bestimmen wollen. Auf die andere Waagschale legen wir so viele Wägestücke, bis das Gleichgewicht hergestellt ist. Danach ist die Summe der Wägestücke gleich der unbekannten Masse des Körpers.

Abb. 4 Balkenwaage

Beispiel: Bei einer Wägung wurde das Gleichgewicht hergestellt mit folgenden Wägestücken:
200 g, 20 g, 2 g, 1 g, 20 mg. Die Masse beträgt daher: m = 200 g + 20 g + 2 g + 1 g + 200 mg = 223,2 g = 0,2232 kg.

Der Massenvergleich mit der Balkenwaage ist völlig unabhängig davon, an welcher Stelle der Erde die Messung durchgeführt wird, ob in New York, Hamburg oder Moskau. Selbst auf dem Mond erhielten wir dasselbe Ergebnis. In einem Raumschiff allerdings könnten wir keine Balkenwaage verwenden. Dort müßten wir auf Versuch 17 zurückgreifen. Das beschriebene Verfahren funktionierte auch in einem Raumschiff. Es ist daher verständlich, daß man zur Definition des Meßverfahrens für die Masse das Verfahren nach Versuch 17 wählte. Es ist im Gegensatz zur Balkenwaage immer und überall anwendbar.

Beispiele für Massen

Wasserstoffatom	$1{,}673 \cdot 10^{-27}$ kg
1 l Luft bei Normbedingungen (0 °C; 1033 mbar)	$1{,}29 \cdot 10^{-3}$ kg ≈ 1,3 g
1 Pfennigstück	$2 \cdot 10^{-3}$ kg = 2 g
1 Liter Wasser bei 4 °C	1 kg
PKW	10^3 kg = 1 t
Lokomotive	10^5 kg = 100 t
Erde	$5{,}977 \cdot 10^{24}$ kg
Sonne	$1{,}993 \cdot 10^{30}$ kg

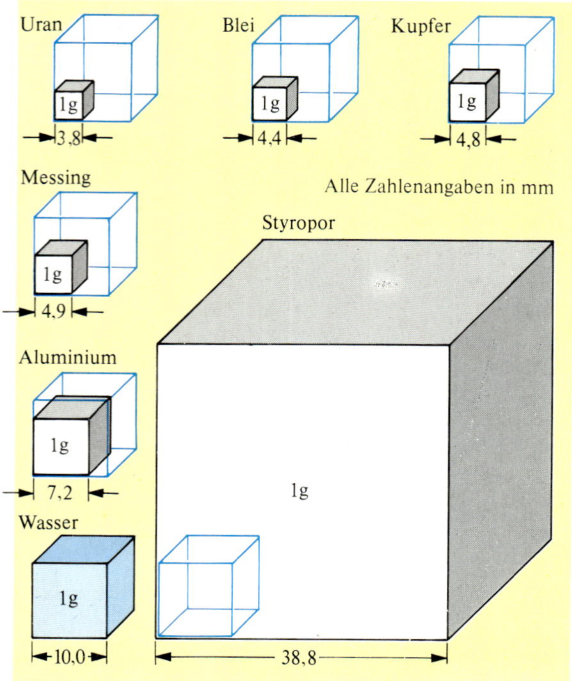

Abb. 1 So unterschiedlich groß können Körper gleicher Masse sein

1.7 Dichte

Schwerer oder leichter?

Auf die Frage, was schwerer sei, Blei oder Holz, wird jeder sofort antworten: Natürlich Blei. Bei genauerer Überlegung stellt sich diese Aussage als sehr unklar heraus. Sie kann richtig sein, wenn man eine Bleikugel mit einem Streichholz vergleicht. Sie ist falsch, wenn man z. B. ein kleines Schrotkügelchen aus Blei einem Holzscheit gegenüberstellt. Das Schrotkügelchen ist hier leichter als das Holzscheit.

Wir sehen, daß die Begriffe „leichter" und „schwerer" der Alltagssprache keineswegs ausreichend sind, um eine Stoffeigenschaft der Stoffe Blei oder Holz genau zu beschreiben. In der Physik aber müssen wir immer darauf bedacht sein, unsere Ausdrucksweise zu präzisieren.

Die Wörter „schwerer" und „leichter" sind noch aus einem weiteren Grund ungeeignet. Sie beziehen sich nämlich auf die Schwerkraft. In einem Raumschiff haben sie daher keinen Sinn. Trotzdem sollen aber auch dort verschiedene Stoffe wie Blei, Holz, Aluminium miteinander verglichen werden können. Wir müssen also die Masse betrachten.

Nach dem Vorhergehenden ist sie allein nicht ausreichend; denn es spielt auch noch das Volumen eine Rolle. Es ist richtig, wenn wir sagen: Ein Körper aus Holz hat bei gleicher Masse ein größeres

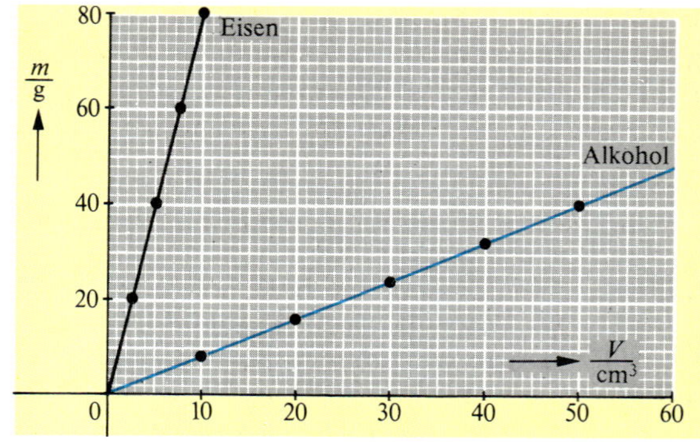

Abb. 2 Masse und Volumen sind proportional

Volumen als ein Körper aus Blei. Besonders deutlich wird dies in Abb. 1. Alle dargestellten Körper haben die gleiche Masse, ihre Abmessungen sind aber völlig verschieden.

Um die Zusammenhänge zu verdeutlichen, untersuchen wir im folgenden die Masse in Abhängigkeit vom Volumen bei verschiedenen Stoffen.

Wie man zum Begriff der Dichte kommt

Versuch 18: Wir wägen verschieden große Alkoholmengen ab und bestimmen das Volumen. Dasselbe machen wir mit Eisen. Die Meßergebnisse tragen wir in ein m-V-Diagramm ein (Abb. 2).

Die Meßpunkte liegen in guter Näherung auf zwei Geraden, die durch den Ursprung gehen. Also gilt: Masse und Volumen sind einander proportional. Ein ähnliches Ergebnis erhält man auch für andere Stoffe. Proportionalität bedeutet: $m/V = \text{konst.}$

Für alle Körper aus demselben Stoff ist der Quotient aus Masse und Volumen konstant: $m/V = konst.$

Für diesen Quotienten erhalten wir bei Alkohol den Zahlenwert 0,79, bei Eisen den Wert 7,9. Der Quotient hat also für jeden Stoff einen bestimmten Wert. Er gibt eine Materialeigenschaft an. Man nennt ihn **Dichte** und bezeichnet ihn mit dem Symbol ϱ.

Unter der Dichte eines Stoffes versteht man den Quotienten aus Masse und Volumen:

$$\textbf{Dichte} = \frac{\textbf{Masse}}{\textbf{Volumen}} \qquad \varrho = \frac{m}{V}.$$

Die Dichte als neue physikalische Größe hat die Maßeinheit kg/m^3 bzw. g/cm^3 (lies: Kilogramm durch Kubikmeter bzw. Gramm durch Kubikzentimeter).

Dichtebestimmung der Luft

Um die Dichte von Luft zu ermitteln, müssen wir die Masse und das Volumen einer bestimmten Luftmenge messen. Durch Quotientenbildung erhält man daraus dann die Dichte.

Versuch 19: Eine mit einem Ventil versehene Hohlkugel aus Kunststoff wird mit der darin befindlichen Luft gewogen (Abb. 3). Die Masse ist m_1. Nun pumpen wir mit einer Fahrradluftpumpe etwas Luft hinein und wägen wieder. Jetzt ergibt sich die größere Masse m_2. Die Differenz $m_2 - m_1$ ist die Masse der zusätzlich hineingepumpten Luft.

Das Volumen V der zusätzlichen Luft ermittelt man mit einem Gasometer (vgl. S. 87). Die Dichte der Luft ist dann:

$$\varrho = \frac{m_2 - m_1}{V}.$$

Meßbeispiel: $m_1 = 63{,}60$ g; $m_2 = 64{,}45$ g; $V = 708\ \text{cm}^3$.
Daraus folgt: $\varrho = 1{,}2\ \text{mg/cm}^3$ oder $1{,}2\ \text{kg/m}^3$.
$1\ \text{m}^3$ Luft hat demnach eine Masse von 1,2 kg.

Im allgemeinen dehnen sich die Körper beim Erwärmen aus. Dies hat zur Folge, daß die Dichten der Stoffe mit zunehmender Temperatur geringer werden. Bei Dichteangaben muß man sich demnach auf eine bestimmte Temperatur beziehen. Für feste und flüssige Stoffe ist 20 °C üblich, für gasförmige 0 °C. Da gasförmige Körper außerdem stark zusammendrückbar sind, muß man noch einen bestimmten Druck vereinbaren. Man wählte den Normluftdruck. Bei Normbedingungen beträgt die Dichte der Luft $\varrho = 0{,}001293\ \text{g/cm}^3$.

Weitere Werte für Dichten findet man im Anhang. Bei bekannter Dichte kann man die Masse bzw. das Volumen eines Körpers ausrechnen.

Beispiel 1: Wir können die Masse der Luft, die in einem Klassenzimmer enthalten ist, berechnen. Maße des Zimmers: 10 m Länge, 6 m Breite, 3,50 m Höhe.

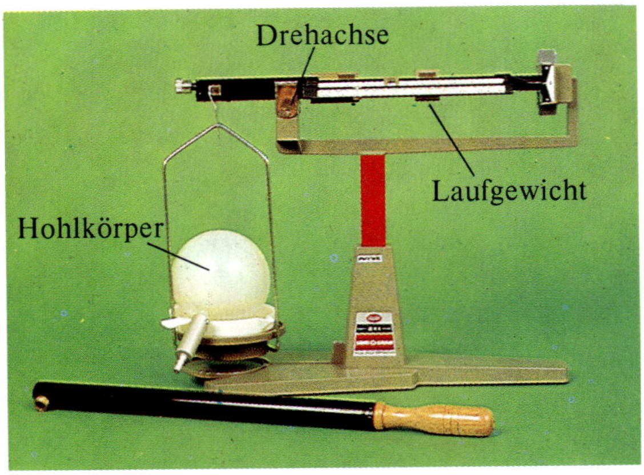

Abb. 3 Dichtebestimmung der Luft

Die Gleichung für die Dichte $\varrho = \frac{m}{V}$ stellen wir um nach m und erhalten: $m = \varrho \cdot V$

Dichte der Luft: $0{,}001293\ \text{g/cm}^3$. Das Volumen des Klassenzimmers beträgt:
$V = 6\ \text{m} \cdot 3{,}50\ \text{m} \cdot 10\ \text{m} = 210\ \text{m}^3$. Also ist die Masse:

$$m = \frac{0{,}001293\ \text{g}}{\text{cm}^3} \cdot 210\ \text{m}^3 = \frac{1{,}293\ \text{g}}{\text{dm}^3} \cdot 210\ \text{m}^3$$
$$= \frac{1{,}293\ \text{kg}}{\text{m}^3} \cdot 210\ \text{m}^3$$
$$m = 272\ \text{kg}.$$

Beispiel 2: Wie groß ist das Volumen von 39,5 kg Alkohol? Wir stellen die Gleichung für die Dichte nach V um:

$$V = \frac{m}{\varrho}.$$

Wegen $\varrho = 0{,}79\ \text{g/cm}^3$ beträgt die Masse von $1\ \text{l} = 1000\ \text{cm}^3$ Alkohol 0,79 kg. Es ist also:

$$V = \frac{39{,}5}{0{,}79}\ \text{l} = 50\ \text{l}.$$

Die Rechnung können wir auch folgendermaßen durchführen:

$$V = \frac{39{,}5\ \text{kg}}{0{,}79\ \frac{\text{g}}{\text{cm}^3}} = \frac{39\,500\ \text{g} \cdot \text{cm}^3}{0{,}79\ \text{g}} = 50\,000\ \text{cm}^3 = 50\ \text{l}.$$

Aufgaben

1. Bestimme die Dichten der in Abb. 1 genannten Stoffe aufgrund der angegebenen Zahlenwerte!
2. In dem Märchen „Hans im Glück“ erhält Hans für sieben Jahre Dienst ein Stück Gold als Lohn – so groß wie sein eigener Kopf. Und es heißt dann: „Hans zog sein Tüchlein, wickelte den Klumpen hinein, setzte ihn auf die Schulter und machte sich auf den Weg nach Haus“. Kann man überhaupt einen solchen Klumpen tragen? Berechne die Masse! Schätze das Volumen des Kopfes!
3. Wie groß ist die Masse einer 8 mm dicken, 3 m breiten und 2 m hohen Schaufensterscheibe?
4. Berechne die Masse eines Korkwürfels mit der Kantenlänge 1 m!
5. Ein Flachdach ist 8 m lang und 6 m breit. Welche zusätzliche Last hat es auszuhalten, wenn es mit 40 cm Neuschnee ($\varrho = 0{,}1\ \text{g/cm}^3$) belastet ist?
6. Eine Preßluftflasche von 10 l Fassungsvermögen enthält $1{,}8\ \text{m}^3$ Luft. Wie groß ist der Massenunterschied zwischen der leeren und gefüllten Flasche?
7. In einem Meßzylinder werden nacheinander Alkohol-, Wasser- und Quecksilberportionen von jeweils gleicher Masse eingefüllt. In welchem Verhältnis stehen die Höhen der Flüssigkeitssäulen zueinander?
8. Welches Volumen hat ein Messingstück, das die gleiche Masse hat wie $200\ \text{cm}^3$ Gold?
9. Berechne die Kantenlänge eines Würfels aus a) Styropor, b) Eisen von 1 kg Masse.
10. Begründe die folgende Aussage: Die Maßzahl der Dichte gibt an, wieviel Gramm eines Stoffes in einem Kubikzentimeter enthalten sind!

M

2 Kräfte

2.1 Die Einführung des Kraftbegriffs

Woran man Kräfte erkennt

Der Begriff „Kraft“ spielt in der gesamten Physik eine wichtige Rolle. Bei dem Wort „Kraft“ denkt man zunächst an eine Fähigkeit unserer Muskeln. Wir können einen Expander mehr oder weniger stark dehnen (Abb. 1), die Gummibänder einer Schleuder spannen, eine Metallfeder biegen, einen Gummiball mit den Händen zusammendrücken. Wir können aber auch einen Fußball durch einen Stoß in eine andere Richtung lenken oder ihn zum schnelleren Fliegen veranlassen. Wir können einen Körper in Bewegung setzen oder ihn aus einer Bewegung abbremsen.

Diese Verformungen und bewegungsändernden Wirkungen kann man auch auf andere Weise herbeiführen. Der Expander kann durch einen angehängten Körper gedehnt werden (Abb. 1), ebenso die Metallfeder. Die Metallfeder läßt sich auch mit Hilfe eines Magneten verbiegen. Auch die Gummischleuder könnte man auf diese Weise spannen. Sie vermag nach dem Loslassen einen Stein wegzuschleudern und bringt deshalb Ähnliches zuwege wie unsere Muskelkraft.

Abb. 1 Ein Expander kann durch Muskelkraft (rechts), aber auch durch einen angehängten Körper (links) gedehnt werden.

Versuch 1: Ein Stabmagnet ist in der Mitte auf einer feinen Spitze gelagert. Der Nordpol wird vom Südpol eines anderen Magneten angezogen (Abb. 2).

Eine Anziehung kann man auch zwischen elektrisch geladenen Körpern beobachten.

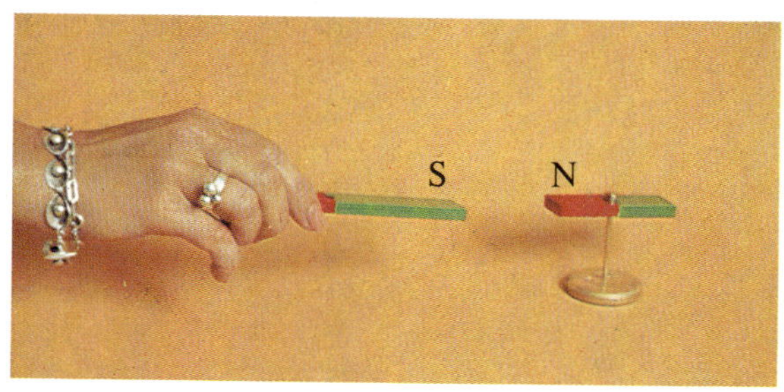

Abb. 2 Anziehung zweier Magnete

Versuch 2: Reibt man eine Folie mit einem trockenen Tuch, so wird die Folie elektrisch geladen. Haare richten sich auf, wenn man mit der Folie von oben in die Nähe kommt (Abb. 3).

In allen Fällen sprechen wir von dem Wirken einer Kraft. Wir übertragen also die Kraftvorstellung, die auf Erfahrungen mit unserer Muskelkraft beruht, auch auf die unbelebte Natur. Stellen wir nun an irgendeinem Körper eine Bewegungsänderung oder eine Verformung fest, dann führen wir diese auf das Wirken einer Kraft zurück, denn „von selbst“ verbiegt sich kein Körper. Kein Körper kommt ohne Grund in Bewegung.

Die Ursache von Verformungen oder Bewegungsänderungen nennt man Kraft.

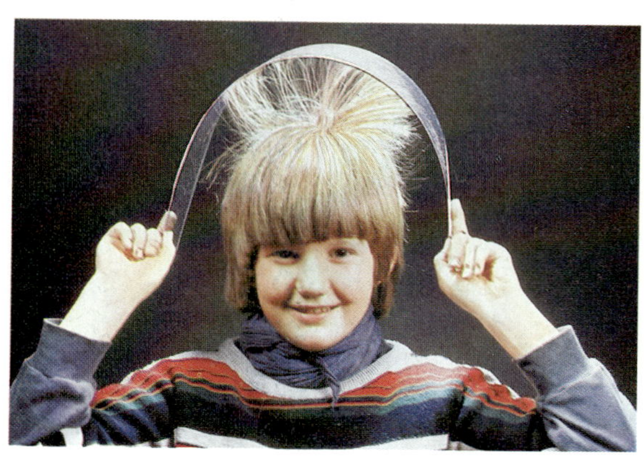

Abb. 3 Auch hier wirken Kräfte

Jeder Körper kann infolge der Anziehungskraft zwischen ihm und der Erde, der Gravitation, verformend oder beschleunigend wirken. Dieser Kraft geben wir einen besonderen Namen (vgl. S. 76): **Gewichtskraft.**

Abb. 4 Zwei Mannschaften messen ihre Kräfte beim Tauziehen

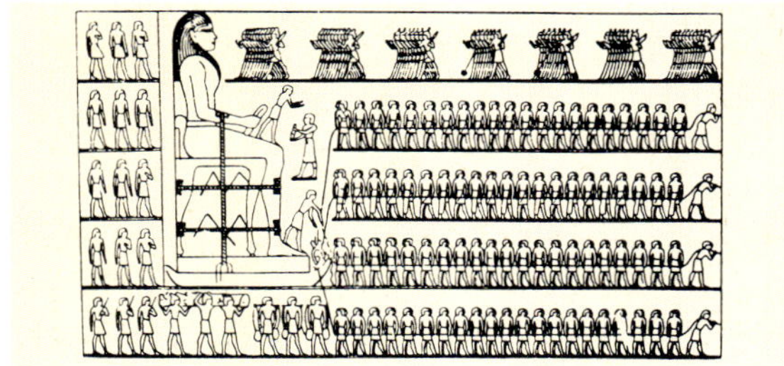

Abb. 5 Transport auf Kufen vor 4000 Jahren

Wie werden Kräfte gemessen?

Beim Fingerhakeln ist der Kraftvergleich einfach. Sieger ist, wer den anderen mit eingehakten Mittelfingern über einen Tisch zieht. Auch beim Tauziehen werden Kräfte verglichen. Die beiden Mannschaften (Abb. 4) sind gleich stark, wenn es keiner gelingt, die gegnerische Mannschaft wegzuziehen. Das Tau bleibt dann in Ruhe. So ähnlich kann man auch in der Physik vorgehen, um festzulegen, daß zwei Kräfte gleich sind. Wir vereinbaren:

Zwei Kräfte sind gleich groß, wenn sie längs einer Geraden gegeneinander wirken und sich das Gleichgewicht halten.

Wie stellen wir das Vielfache einer Kraft fest? Auch diese Frage können wir mit Hilfe des Tauziehens beantworten. Dort ziehen nämlich alle Schüler einer Mannschaft in die gleiche Richtung. Vereint geht es besser - eine uralte Methode, große Kräfte zu erzeugen. Auf diese Weise schleppten schon die alten Ägypter riesige Steinblöcke zu den Pyramiden und große Standbilder (Abb. 5).

Auch bei dem Expander in Abb. 1 wurde die Kraft verstärkt durch fünf parallel angeordnete Gummiseile. Anfänger nehmen zuerst nur zwei oder drei. Wir vereinbaren:

Gleichgerichtete Kräfte addieren sich. Die doppelte, dreifache, *n*-fache Kraft liegt vor, wenn zwei, drei, *n* gleiche Kräfte in dieselbe Richtung wirken.

Nun müssen wir nur noch die Einheit festlegen. Dies ist das schwierigere Problem, denn die Muskelkraft bietet keine objektiven Anhaltspunkte. Man könnte mit Hilfe der Gewichtskraft die Einheit festlegen. Dazu müßte man einen Normkörper vereinbaren, dessen Gewichtskraft die Krafteinheit repräsentiert. Früher war dies üblich. Als Normkörper diente das Urkilogramm, die Einheit hieß Kilopond. Die Gewichtskraft ist aber ortsabhängig. Dies hatte den Nachteil, daß man genau festlegen mußte, an welchem Ort das Urkilogramm die Gewichtskraft 1 Kilopond haben sollte.

Auch die Verformungen könnte man im Prinzip nutzen, Man könnte eine bestimmte Dehnung einer Schraubenfeder für die Krafteinheit zugrundelegen. Der Nachteil einer solchen Definition ist offenkundig: Es ist nicht sicher, daß die Feder in ihren Eigenschaften unverändert bleibt. Materialien altern nämlich, die Feder könnte ihre Elastizität ändern.

Die Nachteile der beiden genannten Möglichkeiten vermeidet man, wenn man die Krafteinheit mit Hilfe von Bewegungsänderungen definiert, die wir bei der Trägheit untersucht haben.

Betrachten wir doch einmal den in Abb. 6 dargestellten Vorgang! In einer Lore, einem kippbaren Schienenwagen, sollen schwere Gesteinsbrocken transportiert werden. Fünf Männer müssen kräftig zupacken, damit die Lore in Gang kommt. Um sie in Bewegung zu halten, ist nur wenig Kraft erforderlich. Nur die Reibung muß überwunden werden. Zum Bremsen aber muß wieder viel Kraft aufgewandt werden. Alle fünf Männer müssen ran.

Vorgang:	Anfahren	in Bewegung halten	Bremsen
Bewegung:	beschleunigt	gleichförmig	gebremst (neg. beschl.)
Kraft:	groß (5 Leute)	gering (1 Mann)	groß (5 Leute)

Abb. 6 Kräfte verändern Bewegungen

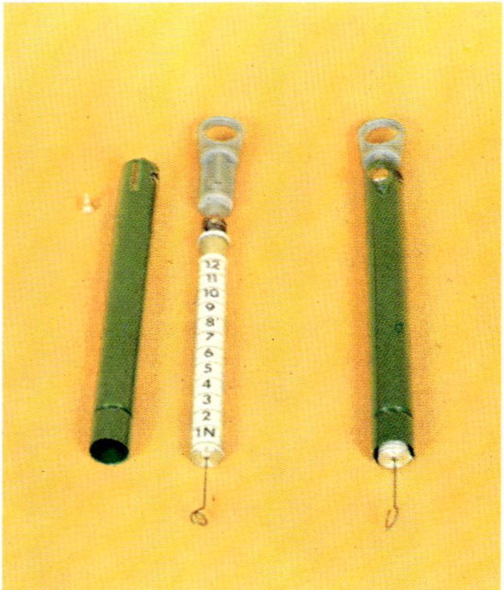

Abb. 1 Kraftmesser, links mit abgenommener Metallhülse

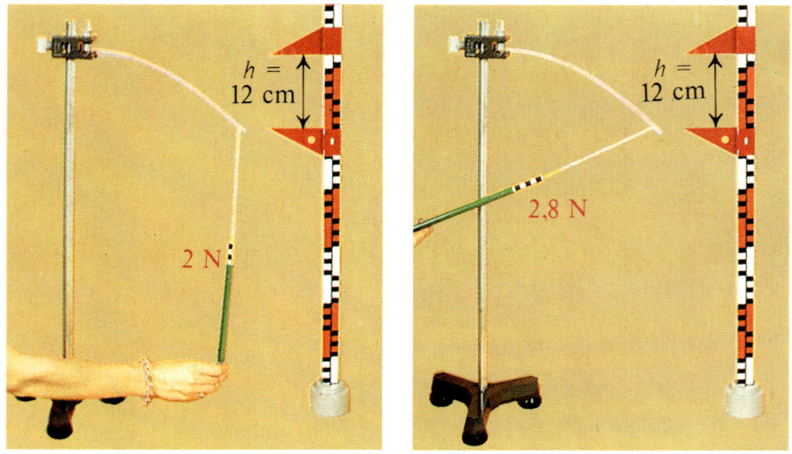

Abb. 2 Bei gleicher Wirkung (Durchbiegung) zeigen die beiden Kraftmesser verschiedene Kräfte an

Zwei Mann hätten bei gleichem Kraftaufwand wesentlich länger gebraucht, um die Lore richtig in Gang zu bringen. Wir können also eine Kraft durch die Zeit beschreiben, mit der ein Körper auf die bestimmte Geschwindigkeit gebracht wird. Man hat festgelegt:

Wenn ein Körper von 1 kg Masse in einer Sekunde aus dem Stand auf 1 m/s beschleunigt wird, dann wirkt die Krafteinheit 1 Newton (Kurzzeichen: 1 N).

Die Einheit ist nach dem englischen Physiker Isaac Newton benannt.

Um eine Kraft zu messen, muß man sie mit der Einheit vergleichen, also einen Körper mit dieser Kraft beschleunigen. Diese Methode ist aber nicht sehr praktisch. Bequemer ist die Verwendung von **Federkraftmessern.**

Abb. 1 zeigt, wie solche Kraftmesser aufgebaut sind. Der Kraftmesser enthält eine Stahlfeder, die mit zwei ineinandergeschobenen Hülsen befestigt ist. Die innere Hülse, welche die Skala trägt, ist mit dem unteren Ende der Stahlfeder verbunden, die äußere Hülse mit dem oberen. Wenn keine Kraft wirkt, stellt man die äußere Hülse so ein, daß der untere Rand mit dem Skalenwert Null zusammenfällt. Wird der Kraftmesser durch eine Kraft gedehnt, so wird die Skala sichtbar; den Kraftwert liest man am unteren Rand der äußeren Hülse ab.

Mit einem solchen Kraftmesser könnte man auch die Kräfte anzeigen, die beim Anschieben oder Abbremsen der Lore in Abb. 6 auf Seite 97 auftreten. Bei stärkerer Beschleunigung würde der Kraftmesser stärker gedehnt werden. Zu jeder beschleunigenden Kraft gehört eine bestimmte Dehnung. Kraftmesser kann man im Prinzip auf diese Weise eichen.

Kräfte mißt man bequem mit Kraftmessern, die in Newton geeicht sind.

Beispiele für Kräfte

Anziehungskraft der Kugeln bei der Gravitationsdrehwaage	$9 \cdot 10^{-10}$ N
Gewichtskraft einer Tafel Schokolade	ca. 1 N
Die Gewichtskraft von 1 l Wasser	ca. 10 N
Gewichtskraft eines Menschen	ca. 700 N
Zugkraft eines Menschen	ca. 500 N
Ein Sportwagen wird beschleunigt durch ca.	3500 N
Die Gewichtskraft eines mittleren Pkws	10000 N
Tragkraft eines großen Schwimmkranes	$2{,}5 \cdot 10^6$ N

Wovon hängt die Wirkung einer Kraft ab?

Versuch 3: Eine Blattfeder wird an einem Ende fest eingespannt. Am freien Ende befestigen wir einen Bindfaden und ziehen zunächst nach unten, dann in seitlicher Richtung. Schließlich knüpfen wir den Bindfaden in der Mitte fest und ziehen wieder. Bei gleicher Durchbiegung mißt man verschiedene Kräfte, wenn man in verschiedene Richtungen zieht (Abb. 2). Die Durchbiegung ist bei gleicher Kraft um so geringer, je schräger man zieht und je näher der Angriffspunkt dem eingespannten Ende der Feder liegt.

Offensichtlich hängt die Wirkung der Kraft nicht nur von ihrer Größe, dem sogenannten **Betrag** ab, sondern auch von der **Richtung,** in der die Kraft wirkt, und hier auch von dem **Angriffspunkt,** an dem die Kraft angreift.

Verwenden wir in Versuch 3 längere Bindfäden, dann greift die Kraft in einer größeren Entfernung von der Blattfeder an. Der Angriffspunkt hat sich also längs einer Geraden, der sogenannten **Wirkungslinie** der Kraft, verschoben, aber die Wirkung ändert sich bei gleichbleibendem Betrag nicht.

Die Wirkung einer Kraft hängt von Richtung, Betrag, häufig auch von ihrem Angriffspunkt ab. Kräfte lassen sich längs ihrer Wirkungslinie verschieben, ohne daß sich ihre Wirkung ändert.

Kräfte können wir demnach als **gerichtete Größen** auffassen. Wir stellen sie durch **Pfeile** dar. Der Anfangspunkt entspricht dem Angriffspunkt, die Richtung des Pfeiles der Kraftrichtung, und die Länge des Pfeiles dient als Maß für den Betrag der Kraft (Abb. 3).

Wie man parallele Kräfte addiert

Wirken zwei Kräfte in die gleiche Richtung, dann addieren sich die Beträge. Das Bild in Abb. 4 hängt an zwei kräftigen Fäden. Die Fadenkräfte sind zusammen genauso groß wie die Gewichtskraft des Bildes. Jeder einzelne Faden trägt nur die Hälfte.

Mit Kraftpfeilen läßt sich dieses Kräftegleichgewicht sehr einfach darstellen: Das Ende des einen Pfeils wird an die Spitze des anderen angesetzt. Als Summe erhält man einen Pfeil, der vom Anfang des ersten bis zur Spitze des zweiten reicht. Er ist genau so lang wie der Pfeil, welcher der Gewichtskraft entspricht.

Im *Lageplan* haben wir die Kräfte vom jeweiligen Angriffspunkt aus gezeichnet. In der Pfeildarstellung, im sogenannten *Kräfteplan,* brauchen wir auf den Angriffspunkt keine Rücksicht zu nehmen. Hier kommt es nur auf Betrag und Richtung der Kräfte an. Dies hat, wie wir noch später sehen werden, große Vorteile.

Wer zieht wen?

Die Schwerkraft wirkt *zwischen* zwei Körpern. Beide Körper ziehen und werden gezogen (vgl. Seite 76). Die Erde zieht am Apfel, und dieser zieht an der Erde; mit gleicher Kraft! Wollen wir das bildlich darstellen, so müssen wir sowohl einen Pfeil an der Erde angreifen lassen als auch am Apfel (Abb. 5). Die Schwerkraft, so sagt man in der Physik, beschreibe eine **Wechselwirkung.** Sie äußert sich als **Kraft** (Gewichtskraft des Apfels) und als eine entsprechend gleich große **Gegenkraft** (Kraft des Apfels auf der Erde). Newton drückte dies so aus: *actio = reactio.*

Aber dieser Zusammenhang gilt nicht nur für die Schwerkraft. Auch bei magnetischen, bei elektrischen und bei elastischen Kräften handelt es sich stets um Wechselwirkungen zwischen Körpern.

Versuch 4: Befestigen wir zwei Magnete auf zwei Wagen, so bewegen sich die Wagen aufeinander zu bzw. voneinander weg.

Versuch 5: Die beiden Wagen halten wir mit Kraftmessern fest.

Die Kraftmesser zeigen gleich große, entgegengesetzt gerichtete Kräfte an.

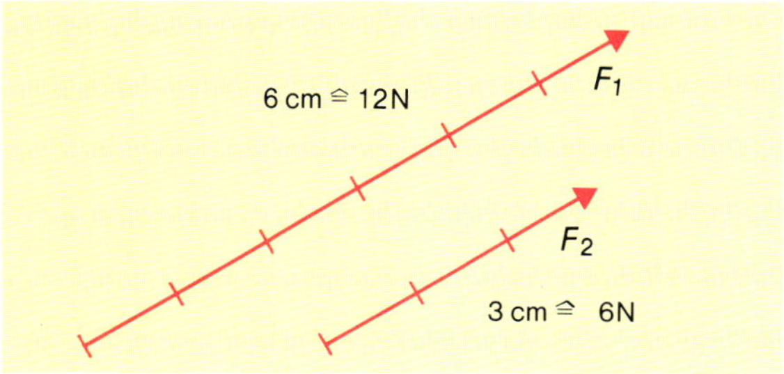

Abb. 3 Kräfte werden durch Pfeile dargestellt. Dabei muß ein Maßstab vereinbart werden. Hier entspricht 1 cm der Kraft 2 N

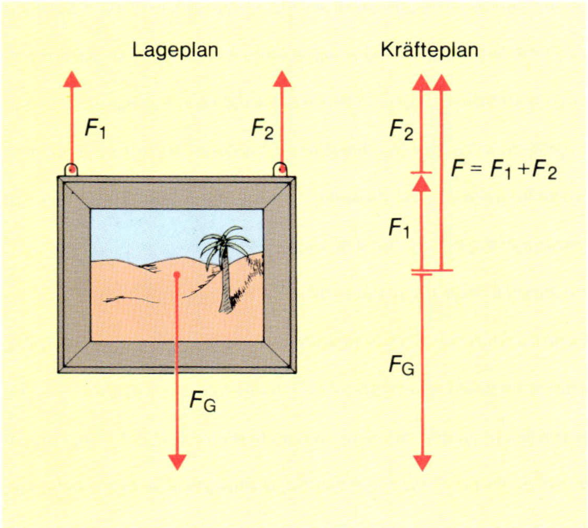

Abb. 4 Addition paralleler Kräfte

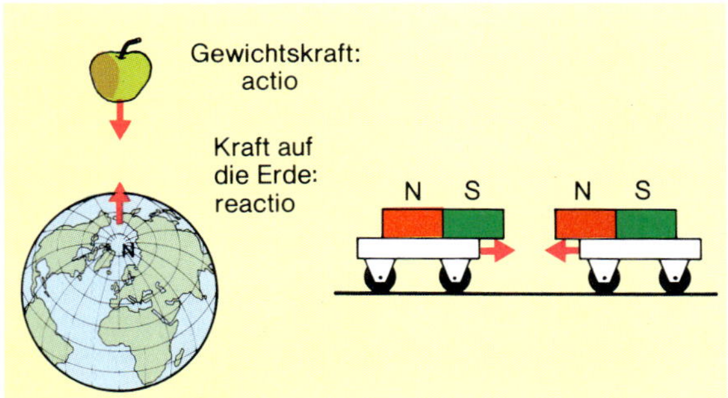

Abb. 5 actio = reactio

Aufgaben

1. Im täglichen Leben wird das Wort Kraft oft auch in anderen Zusammenhängen gebraucht. Beispiele: Willenskraft, Waschkraft. Nenne weitere!
2. Zeichne Kräfte vom Betrage 450 N, 750 N (1 cm ≙ 100 N).
3. Beschreibe die Wechselwirkungen in den Abbildungen auf S. 96, 97 und 98!
4. Stelle das Kräftegleichgewicht in Abb. 4 auf S. 97 mit Pfeilen dar!

M

2.2 Gewichtskräfte

Was schwer ist, ist auch träge

Wir haben bereits festgestellt, daß Körper mit großer Masse auch eine große Gewichtskraft besitzen. Wir können dies nun genauer untersuchen.

Versuch 6: An einen Kraftmesser hängen wir Körper verschiedener Masse. Wir verwenden Körper aus dem Wägesatz.

Ergebnisse:

Masse m in kg	0,05	0,1	0,2	0,5	1,0
Gewichtskraft F_G in N	0,49	0,98	1,96	4,9	9,8

Aus der Tabelle lesen wir ab, daß ein Körper mit der doppelten Masse auch die doppelte Gewichtskraft besitzt. Offenbar besteht ein einfacher Zusammenhang zwischen der Gewichtskraft F_G und der Masse m: $F_G \sim m$ oder $F_G/m = \text{konst.}$ Die Konstante bezeichnen wir mit g. Die Einheit von g ist N/kg.

Die Gewichtskraft F_G und die Masse m sind am gleichen Ort zueinander proportional. Wir schreiben $F_G \sim m$ oder $F_G/m = g$.

Auch am Äquator oder an den Polen, überhaupt an jeder Stelle der Erde erhält man eine Proportionalität zwischen F_G und m. Es ergibt sich allerdings ein anderer Wert für die Konstante g. Ein entsprechendes Ergebnis erhielte man auf anderen Planeten oder sogar auf der Sonne, wenn man dort das Experiment ausführen könnte. Die Werte von g sind verschieden, weil die Anziehungskraft zwischen zwei Körpern von der Masse der Körper und ihrer Entfernung voneinander abhängig ist. In der Tabelle sind einige Werte zusammengestellt.

Ort	g in N/kg	Ort	g in N/kg
Mitteleuropa	9,81	Mond	1,62
geogr. Pol	9,83	Mars	3,8
Äquator	9,78	Venus	8,5
in 200 km Höhe	9,22	Jupiter	23,3
		Sonne	274

Löst man die Gleichung $F_G/m = g$ nach F_G auf, dann erhält man $F_G = m \cdot g$.

Mit Hilfe dieser Gleichung kann man sofort die Gewichtskraft eines Körpers für einen bestimmten Ort errechnen, wenn man den für diesen Ort gültigen Faktor g kennt. Man muß dann m mit g multiplizieren. In Mitteleuropa ist $g = 9{,}81$ N/kg, also ist die Gewichtskraft eines Körpers mit der Masse 1 kg: $F_G = m \cdot g = 1\,\text{kg} \cdot 9{,}81\,\text{N/kg} = 9{,}81\,\text{N}$. Auf der Erde können wir näherungsweise für den Faktor g den Wert 10 N/kg nehmen, daher gilt: 1 kg · 10 N/kg = 10 N (vgl. auch Abb. 1).

Auf einen Körper mit der Masse 1 kg wirkt auf der Erdoberfläche ungefähr die Gewichtskraft von 10 Newton.

Jetzt wissen wir auch, weshalb Astronauten auf dem Mond trotz ihres erheblichen Gepäcks große Sprünge machen können. Dort beträgt g nur 1,62 N/kg. Das ist etwa ⅙ des g-Wertes auf der Erde. Die Gewichtskraft der Astronauten beträgt demnach nur etwa ⅙ ihrer Gewichtskraft auf der Erde (Abb. 2).

Aufgaben

1. Kann ein Körper mit der Masse m auch die Gewichtskraft Null erfahren? Unter welcher Bedingung? Wie groß wäre dann g?
2. Die Gesamtausrüstung eines Astronauten hat eine Masse von 85 kg. Wie groß ist die Gewichtskraft auf der Erde, auf dem Mond, auf dem Mars?

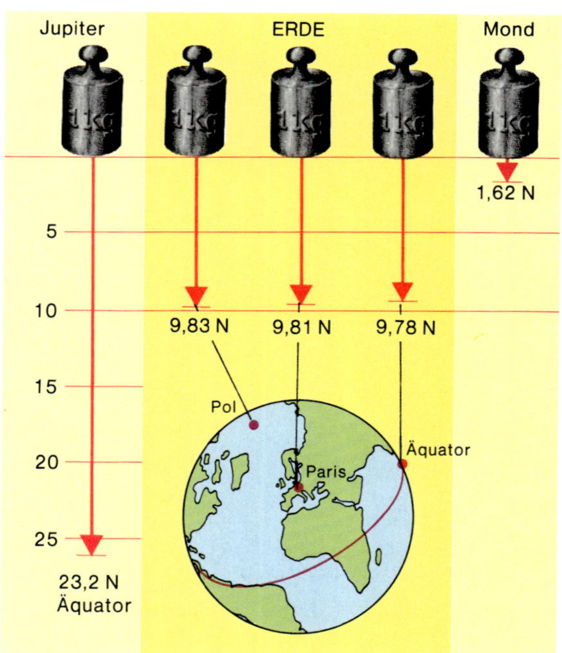

Abb. 1 Gewichtskraft ist ortsabhängig

Abb. 2 Auf dem Mond trägt man leichter

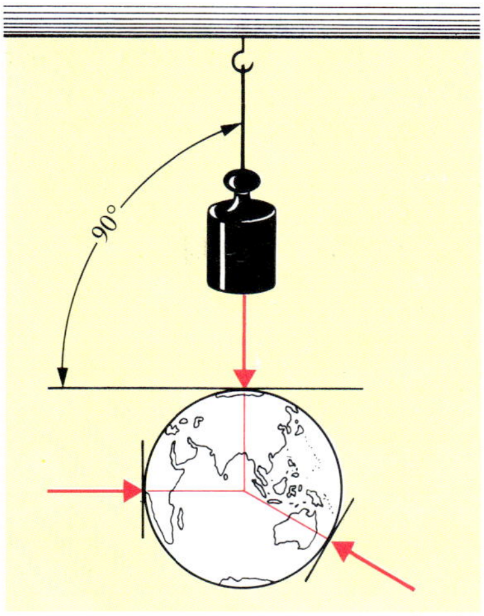

Abb. 3 Wirkungslinie der Gewichtskraft liegt lotrecht

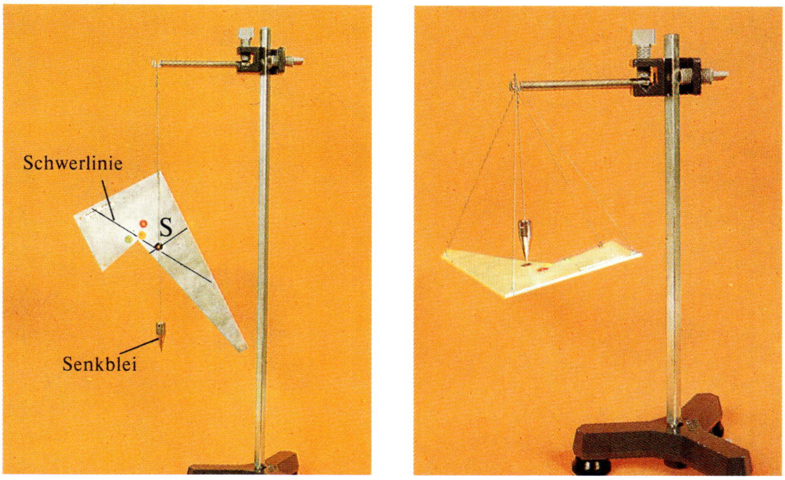

Abb. 4 Der Schwerpunkt befindet sich stets lotrecht unterhalb des Aufhängungspunktes

Der Schwerpunkt

Die Gewichtskraft eines Autos, eines Kilogrammstücks oder eines Menschen können wir durch Messung bestimmen. Auch die Richtung ist bekannt. In welchem Punkt aber greift die Gewichtskraft an?

In Abb. 3 spannt ein Körper durch die Gewichtskraft einen Faden. Dieser Faden fällt mit der Wirkungslinie der Gewichtskraft zusammen und verläuft stets senkrecht zur Erdoberfläche. Darauf beruht übrigens die Wirkungsweise eines Senkbleis (Lots), mit dem man die Senkrechte (Lotrechte) zur Erdoberfläche ermitteln kann. Jeder Bauhandwerker muß damit umgehen können.

Der Faden gibt uns also die Wirkungslinie der Gewichtskraft an, auf welcher auch ihr Angriffspunkt liegen muß. An welcher Stelle genau?

In Abb. 5 wird eine dünne Scheibe mit einer Bleistiftspitze so unterstützt, daß sie nicht herunterfällt. An der Stelle, an der die Bleistiftspitze die Scheibe berührt, wirkt die gesamte Gewichtskraft der Scheibe auf die Spitze. Es ist so, als ob dort die gesamte Gewichtskraft der Scheibe konzentriert wäre. Dieser Punkt der Scheibe heißt Schwerpunkt. Genaugenommen liegt er im Innern der Scheibe.

Im Schwerpunkt eines Körpers können wir uns die Gewichtskraft angreifend denken.

Versuch 7: Wir hängen eine Scheibe, deren Schwerpunkt nach der oben beschriebenen Methode bestimmt wurde, an verschiedenen Punkten auf (Abb. 4a).

Der Schwerpunkt eines frei beweglichen, an einem Faden aufgehängten Körpers befindet sich stets lotrecht unter dem Aufhängepunkt.

Dies gilt auch dann, wenn wir die Scheibe an drei Fäden nach Abb. 4b aufhängen. Auch hier befindet sich der Schwerpunkt immer senkrecht unter dem Aufhängepunkt, wie wir mit Hilfe eines Senkbleis leicht nachweisen können. Er kann durchaus auch außerhalb eines Körpers liegen. So liegt der Schwerpunkt eines Kreisrings in seinem Mittelpunkt.

Die oben beschriebene Eigenschaft des Schwerpunktes kann man daher benutzen, seine Lage auf eine andere Weise zu bestimmen.

Versuch 8: Wir hängen die Scheibe nacheinander an verschiedenen Punkten auf und zeichnen jeweils die Wirkungslinie der Gewichtskraft **(Schwerlinie)** ein.

Der Schnittpunkt der Schwerlinien ist der Schwerpunkt.

Aufgaben

1. Bestimme den Schwerpunkt einer dünnen Pappscheibe mit der Form eines a) gleichseitigen Dreiecks, b) Rechtecks, c) Quadrats!
2. Wo liegt der Schwerpunkt eines a) kugelförmigen, b) würfelförmigen Körpers mit gleichmäßiger (homogener) Massenverteilung?
3. Auch für den Menschen können wir einen Schwerpunkt angeben. Hat dieser eine bestimmte Lage?

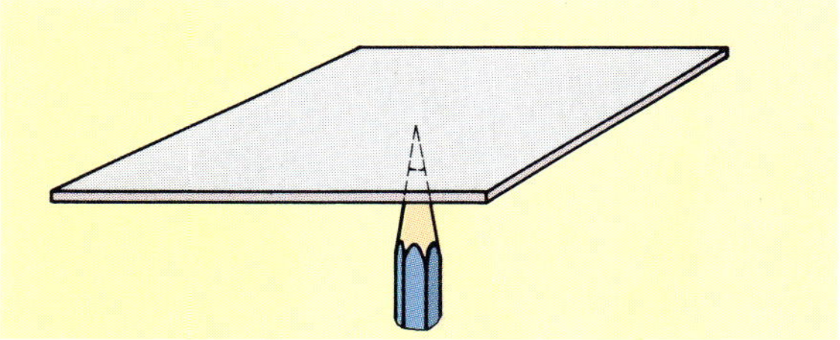

Abb. 5 Bestimmung des Schwerpunktes

2.3 Kräfte verformen Körper

Von der Verformbarkeit der Festkörper

Festkörper können nur ganz wenig zusammengedrückt werden. Ihre Gestalt läßt sich dagegen mehr oder weniger stark verändern. So kann man einen Metallstab biegen, ein Eisenband sogar ganz zusammenrollen. Mit starken Pressen kann man aus Blechen Karosserieteile für Autos formen. Einige Körper besitzen die Eigenschaft, eine solche Verformung wieder rückgängig zu machen. Solche Körper nennen wir **elastisch.** Ein Beispiel ist die *Schraubenfeder.* Sie ist aus Stahl gefertigt, der in hohem Maße elastisch ist. Im täglichen Leben und in der Technik macht man von den elastischen Eigenschaften der Festkörper mannigfachen Gebrauch. Beispiele: Sprungfedermatratzen, Federung von Fahrzeugen (Abb. 1), Uhrfeder, Blattfeder, Flitzbogen, Tennisball, Billardkugel usw. Bei der Kraftfahrzeugfederung dient die Schraubenfeder zur Milderung von Stößen. Der Stoßdämpfer dämpft die Auf- und Abbewegung der Räder.

Nicht immer ist die Verformung so deutlich erkennbar wie bei dem Tennisball in Abb. 2. Daß auch eine Stahlkugel beim Aufprall auf eine harte Unterlage verformt wird, zeigt der folgende Versuch.

Versuch 9: Wir lassen eine kleine Stahlkugel (Durchmesser ca. 3–4 mm) aus etwa 80 cm Höhe auf eine dicke Glasplatte fallen, deren Oberfläche berußt ist. Die Stahlkugel verhält sich genauso wie ein Ball. Sie springt mehrmals zurück, erreicht dabei aber eine immer geringere Höhe. Beim Aufprall wird die Stahlkugel verformt. Wir erkennen dies an den verschieden großen Auftreffstellen.

Versuch 10: Nehmen wir eine Bleikugel, so springt sie nicht mehr zurück. An der Aufprallstelle zeigt sie eine kleine Abplattung, weil die beim Aufschlag entstandene Formänderung geblieben ist.

Körper mit einem solchen Verhalten nennen wir **plastisch.** Die Verformbarkeit von Festkörpern ist abhängig vom Material, aber in sehr starkem Maße auch von der Gestalt. Dies zeigt der folgende Versuch.

Abb. 1 Kraftfahrzeugfederung

Versuch 11: Ein dünnes Blatt Papier trägt, an den Rändern unterstützt, noch nicht einmal sich selbst. Es biegt sich durch. Wenn man es aber geeignet faltet, kann es sogar noch zusätzlich belastet werden (Abb. 3).

Die Versuche zeigen, wie man durch spezielle Formgebung die Festigkeit von Körpern erhöhen kann. Das Prinzip wird bei der Wellpappe genutzt, ebenso wie bei T-Trägern aus Eisen (Abb. 4) oder Holz oder bei der Versteifung von Karosserieteilen des Autos.

Dehnung quantitativ

Bisher haben wir die Verformbarkeit der Festkörper *qualitativ* untersucht. Damit wird ausgedrückt, daß keine zahlenmäßigen Beziehungen aufgestellt werden. Wir wollen jetzt die Verformungen *quantitativ* erfassen.

Abb. 2 Verformung eines Tennisballes

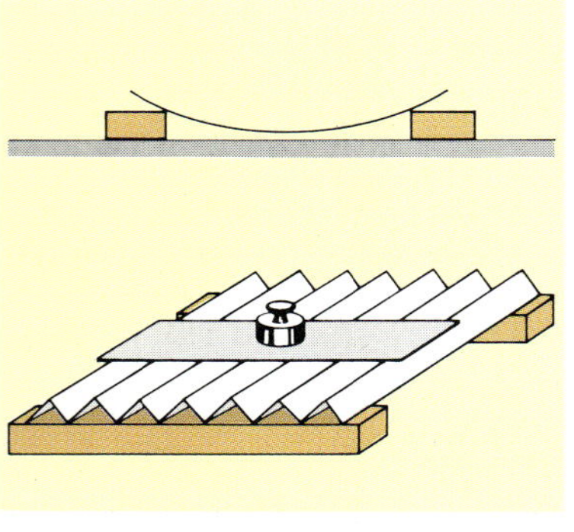

Abb. 3 So macht man Papier tragfähig

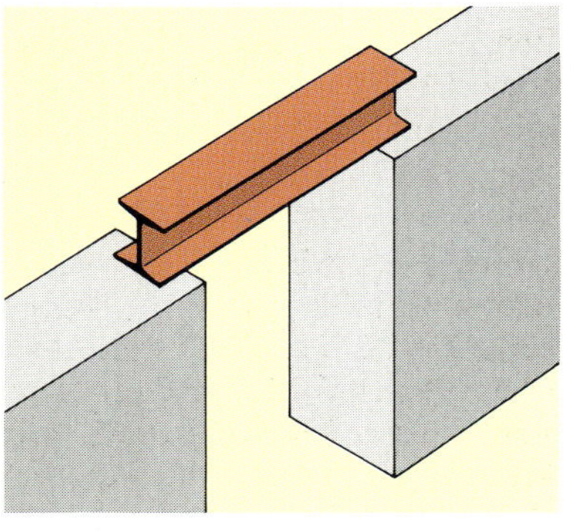

Abb. 4 Eisenträger

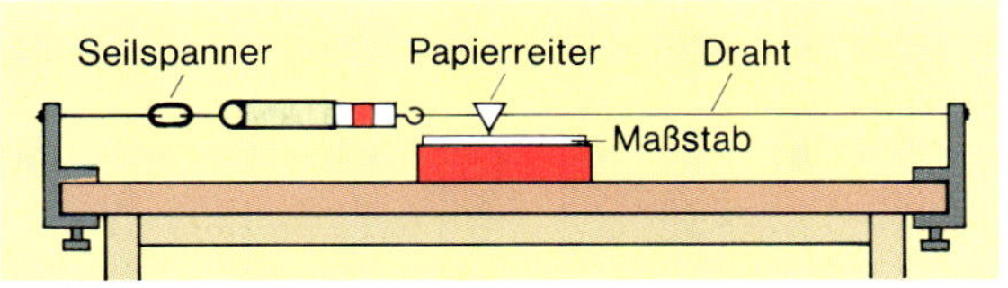

Abb. 5 Dehnung eines Drahtes

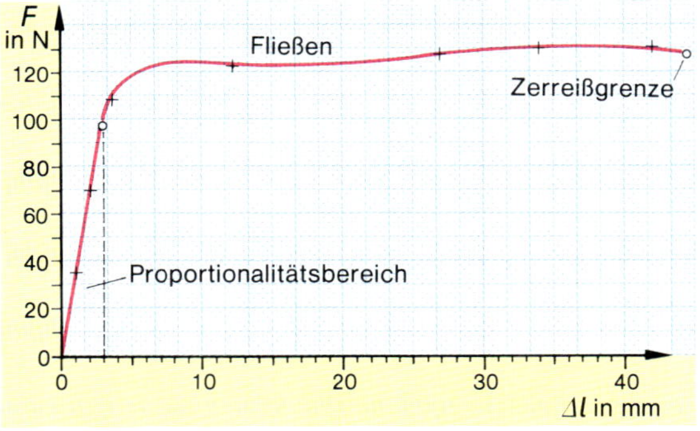

Abb. 6 Dehnungsdiagramm eines Drahtes

Abb. 7 Verformung von Blechteilen

Versuch 12: Wir verwenden einen weichen, 1 m langen Bindedraht (Durchmesser 0,4 mm) und klemmen ihn an einem Ende fest ein. Das andere Ende wird an einem Kraftmesser befestigt, der über einen Drahtspanner ebenfalls mit einer Klemme verbunden ist (Abb. 5). An dem Draht ist ein kleiner Papierreiter angebracht, so daß wir die Verlängerungen gut ablesen können. Wir beginnen mit 5 N und erhöhen die Zugkraft Schritt für Schritt und lesen jeweils die Verlängerung in Millimetern ab.

In Abb. 6 sind die Messungen dargestellt, und zwar ist die Kraft auf der vertikalen Achse, die Verlängerung dagegen auf der horizontalen Achse abgetragen.

Die Ergebnisse sind interessant. Nur am Anfang ist die Verlängerung proportional zur wirkenden Kraft, d. h. bei doppelter Kraft haben wir auch eine doppelte Verlängerung. Es ist ein Teil des *elastischen Bereiches*. Würden wir nämlich hier den Draht entlasten, dann würde sich die alte Drahtlänge wieder einstellen. Nicht aber im darauffolgenden Bereich. Dort dehnt sich der Draht plötzlich sehr stark. Die dafür notwendige Kraft sinkt sogar, steigt wieder an und sinkt wieder. Wir haben eine bleibende Verformung. Man sagt in der Technik: Das Material *„fließt"*, es *„streckt sich"*.

Das ist für die Anwendungen ungeheuer wichtig. Ohne solche bleibenden Verformungen könnte man aus Stahlblech keine Töpfe und keine Karosserieteile für das Auto herstellen. *Kaltverformung* (Abb. 7) heißt dies im Gegensatz zur *Warmverformung* beim Schmieden. Bei noch größerer Zugkraft wird der Draht dünner und *reißt* schließlich. (Vorsicht! Schutzmaßnahmen ergreifen!). Zur Materialprüfung, auch zur Qualitätskontrolle, werden solche Zerreißversuche an Stäben oder Blechen durchgeführt. Abb. 8 zeigt eine Zerreißmaschine und Abb. 9 einen Prüfstab an der Bruchstelle.

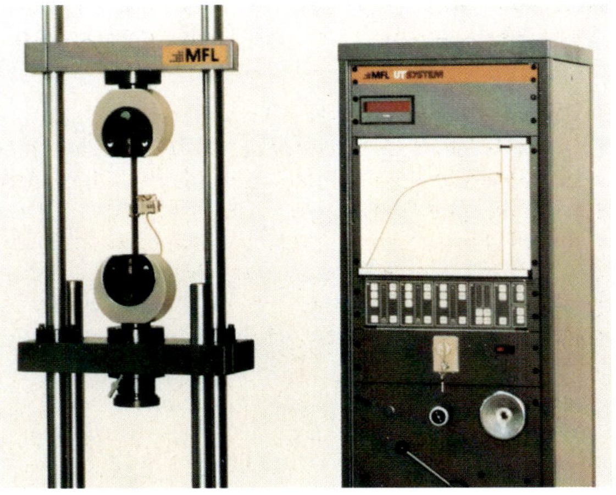

Abb. 8 Zerreißmaschine

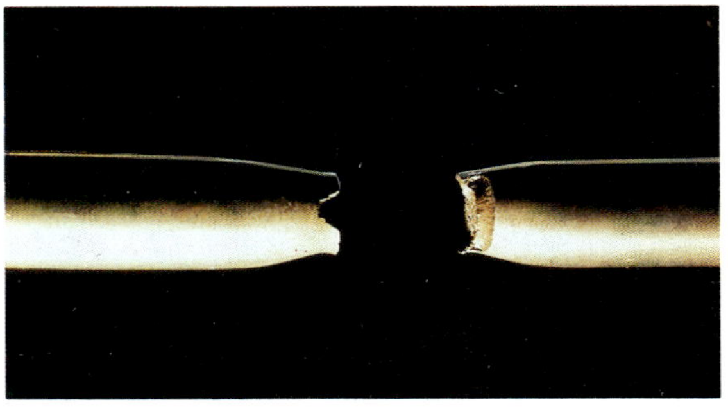

Abb. 9 Bruchstelle

M

Lineares Kraftgesetz (Hookesches Gesetz)

Elastische Dehnungen kann man bequem bei Schraubenfedern untersuchen.

Versuch 13: Wir hängen an eine Schraubenfeder der Reihe nach Körper verschiedener Gewichtskraft und messen die Verlängerungen.

Wir finden: Nimmt die Belastung um gleiche Beträge zu, so wächst auch die Verlängerung um gleiche Stücke. Stellen wir die Meßergebnisse grafisch dar, so liegen alle Meßpunkte auf einer Ursprungsgeraden (Abb. 1). Wiederholen wir die Messungen mit einer zweiten, „weicheren" Feder, so ergibt sich ebenfalls eine Gerade. Wir erkennen: Je „härter" eine Feder ist, um so weniger verlängert sie sich unter dem Einfluß einer bestimmten Kraft.

Die Verlängerung Δl ist der Zugkraft F proportional: $\Delta l \sim F$ oder $F/\Delta l = konst.$

Da das Schaubild eine Ursprungsgerade darstellt, der Zusammenhang zwischen Zugkraft F und der Verlängerung Δl in diesem Bereich also linear ist (linea, lat. = Leine, Richtschnur), spricht man vom **linearen Kraftgesetz.** Übrigens: Für den elastischen Bereich bei der Dehnung eines Drahtes (Abb. 6, Seite 103) gilt ebenfalls das lineare Kraftgesetz.

Ein Maß für die „Härte" der Feder ist die Konstante $F/\Delta l$. Man nennt sie *Richtgröße* (Federkonstante) und kürzt sie mit dem Buchstaben D ab.

Lineares Kraftgesetz: $F = D \cdot \Delta l$.

Dieses Gesetz wurde zum ersten Mal von dem englischen Naturforscher ROBERT HOOKE (1635–1703) formuliert. Mit diesem Gesetz können wir bei bekanntem D für jede Kraft die zugehörige Verlängerung vorhersagen. Die Konstante $D = F/\Delta l$ hat die Maßeinheit N/m oder auch N/cm. Aus unseren Versuchen erhalten wir für die weiche Feder: $D_1 = 3$ N/30 cm = 0,1 N/cm; für die harte Feder $D_2 = 3$ N/15 cm = 0,2 N/cm.

Beispiel: Wie groß ist die Dehnung für eine Kraft von 5,5 N bei der harten Feder? Wir erhalten:

$$\Delta l = \frac{F}{D} = \frac{5{,}5\ \text{N}}{0{,}2\ \frac{\text{N}}{\text{cm}}} = \frac{5{,}5\ \text{N} \cdot \text{cm}}{0{,}2\ \text{N}} = 27{,}5\ \text{cm} \approx 28\ \text{cm}.$$

Physik und Mathematik

Mit Hilfe der physikalischen Größen kann man die beobachteten Eigenschaften der Körper einer weiteren mathematischen Behandlung zugänglich machen. Dabei steht ein vermuteter Zusammenhang am Anfang der Überlegungen, der dann durch Meßreihen bestätigt wird.

Quantitative Experimente dienen dazu, einen funktionalen Zusammenhang zwischen den beteiligten Größen zu ermitteln. Man spricht hier von **empirischen Funktionen** (Empirie = Erfahrung). Die empirischen Funktionen liegen in Form von Tabellen oder Schaubildern vor. In vielen Fällen gelingt aber auch die Aufstellung einer Gleichung. Man versucht dabei, eine möglichst *einfache* zu finden.

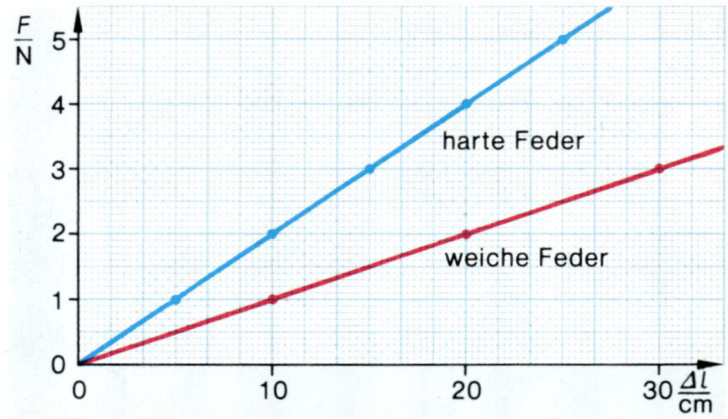

Abb. 1 Dehnungsdiagramme von zwei verschiedenen Schraubenfedern

Wir haben bei unseren bisherigen Untersuchungen einige gefunden (z.B.: $s \sim t$, $m \sim V$, $\Delta l \sim F$), wir können aber daraus nicht schließen, daß die meisten Beziehungen zwischen physikalischen Größen durch eine direkte Proportionalität beschrieben werden. Tatsächlich trifft dies nur in den wenigsten Fällen zu.

In der Physik bezeichnet man Beziehungen zwischen Größen als **Naturgesetze.** Sie haben im allgemeinen nur einen eingeschränkten Gültigkeitsbereich. So ist das lineare Kraftgesetz nur innerhalb gewisser Grenzen gültig. Wenn man einen Kraftmesser übermäßig dehnt, kehrt er nach der Entlastung nicht mehr in seinen alten Zustand zurück. Auch bei allen anderen elastischen Körpern stellt sich bei Überbelastung eine bleibende Dehnung ein. Die Elastizitätsgrenze ist überschritten (vgl. Versuch 12). Bleiben wir jedoch im Rahmen der zulässigen Belastung, so können wir aufgrund des linearen Kraftgesetzes alle Ergebnisse vorhersagen. Dieser Sachverhalt ist für die Naturwissenschaften kennzeichnend und gilt für alle Naturgesetze.

Innerhalb ihres Gültigkeitsbereiches erlauben es die Naturgesetze, Vorhersagen zu machen.

Verstehen mit Modellen

Festkörper sind, das haben wir in Kap. 1.3 erfahren, Kristalle. Die Teilchen, aus denen sie bestehen, sind regelmäßig angeordnet. Sie sind aber nicht unverrückbar fest an ihren Platz gebunden, sondern bewegen sich und können bewegt werden. Ziehen wir an einem solchen Kristall, dann wird die räumliche Anordnung verzerrt. Wegen der elastischen Kräfte zwischen den Teilchen kehrt der

Abb. 2 Mechanische Beanspruchung in der Teilchenvorstellung

Abb. 3 Gemeinsam tragen: weniger tragen

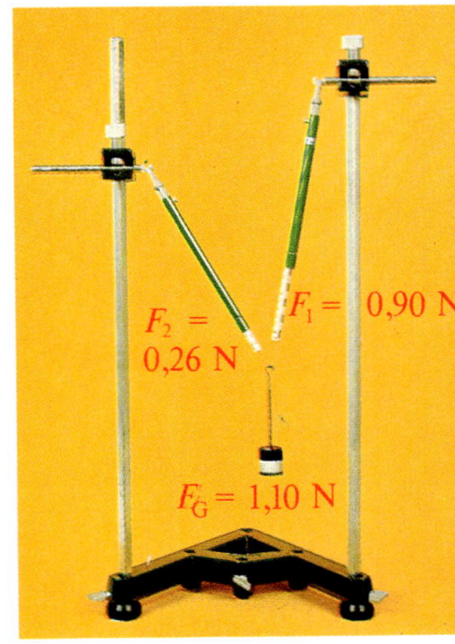

Abb. 4 $F_1 + F_2 \neq F_G$

Kristall nach Wegfall der Beanspruchung wieder in seine ursprüngliche Lage zurück. Ist die Beanspruchung zu groß, dann verschieben sich ganze Bereiche um mehrere Teilchenabstände. Eine plastische Verformung – ein Gleiten oder Fließen – ist aufgetreten. Nach der Umlagerung befinden sich alle Teilchen wieder an einem möglichen Platz in der Kristallstruktur. Beim Bruch werden die Teilchen vollständig voneinander getrennt (Abb. 2).

> *Modelle wie die Teilchenvorstellung sind anschauliche Bilder der Wirklichkeit. Mit ihrer Hilfe können wir die Vielfalt der physikalischen Erscheinungen einheitlich beschreiben.*

Aufgaben

1. Auch Tischplatten biegen sich durch, wenn man sie belastet. In Abb. 6 ist eine Versuchsanordnung wiedergegeben, mit deren Hilfe man auch kleinste Durchbiegungen bei sehr geringer Belastung nachweisen kann. Beschreibe ihre Wirkungsweise!
2. Eine Feder wird durch 0,3 N um 5 cm länger. Zeichne das zugehörige Schaubild (0,1 N ≙ 1 cm)! Um wieviel verlängert sich die Feder durch 0,6 N, 0,45 N? Welchen Wert hat die Richtgröße D? Wie groß ist die Gewichtskraft eines Körpers, der diese Feder um 7 cm verlängert? Löse die Aufgabe rechnerisch und zeichnerisch!
3. Die Pufferfeder eines Eisenbahnwagens hat eine Federkonstante von 375 N/mm. Die Feder wird um 32 mm zusammengedrückt. Welche Kraft wirkt?

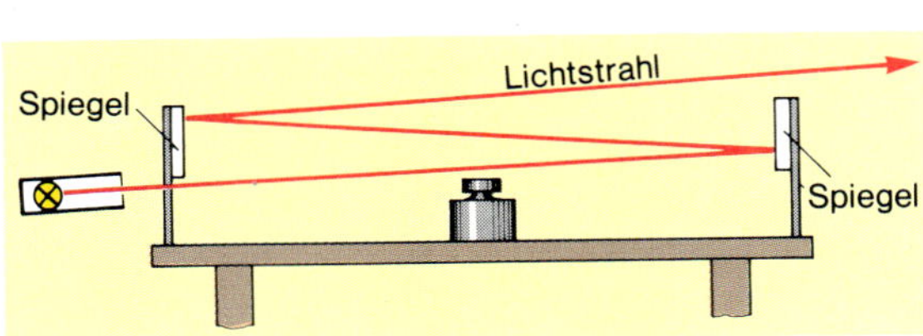

Abb. 6 Zu Aufgabe 1

2.4 Zusammensetzen und Zerlegen von Kräften

Auch nicht parallele Kräfte kann man addieren

In Abb. 3 tragen zwei Männer gemeinsam eine Last. Die Haltekräfte bilden etwa einen Winkel von 60° miteinander. Wir dürfen diese Kräfte nicht einfach wie Zahlen addieren, wie wir das bei den parallelen Kräften nach Abb. 4 auf Seite 99 getan haben. Die Summe der Haltekräfte ist nämlich nicht gleich der Gewichtskraft des Behälters. Das sehen wir sofort, wenn wir diese Situation im Versuch nachbilden. Abb. 4 zeigt eine mögliche Anordnung. Die Haltekräfte sind $F_1 = 0{,}90$ N und $F_2 = 0{,}26$ N. Daher beträgt die Summe $F_1 + F_2 = 1{,}16$ N, und das ist mehr als die Gewichtskraft $F_G = 1{,}10$ N. Deutlicher wird der Unterschied, wenn die beiden Kräfte einen größeren Winkel miteinander bilden.

Wir können aber auch hier eine resultierende Kraft F aus F_1 und F_2 finden, die das Gleichgewicht zur Gewichtskraft F_G herstellt. Wir setzen die Pfeile so ähnlich aneinander wie in Abb. 4 (Seite 99), nämlich das Ende des Kraftpfeils F_2 an die Spitze des Kraftpfeils F_1. Den Pfeil vom Anfang des Pfeils F_1 zur Spitze von F_2 fassen wir auch hier als „Summenpfeil" auf (Abb. 5).

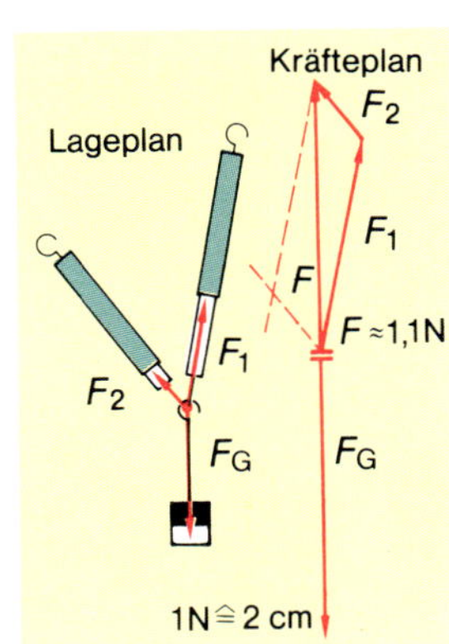

Abb. 5 Kräfte werden geometrisch addiert

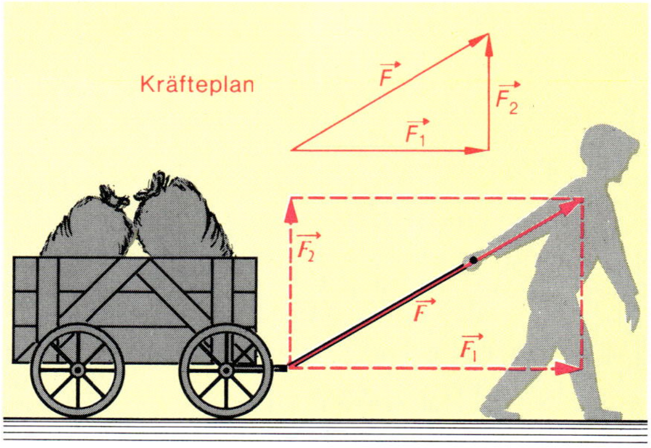

Abb. 1 $\vec{F}$ wird in zwei Komponenten zerlegt

Die Länge dieses Pfeils beträgt: 1,10 N. Seine Richtung ist der Richtung der Gewichtskraft genau entgegengesetzt.

Das angegebene Verfahren liefert also eine Kraft nach Betrag und Richtung, die der Gewichtskraft das Gleichgewicht zu halten vermag. Auch bei anderen Winkeln erhielten wir durch diese Art des Kräftezusammensetzens einen Kraftpfeil, der stets der Gewichtskraft entgegengesetzt gleich ist.

Gerichtete Größen, die man auf die beschriebene Weise geometrisch zusammensetzt, nennt man **Vektorgrößen.** Die Kraft ist daher eine Vektorgröße. Man kennzeichnet den Kraftvektor durch das Symbol $\vec{F}$. Den Betrag bezeichnen wir wie bisher mit F oder mit $|\vec{F}|$.

Zwei Kräfte sind gleich, wenn sie nach Betrag und Richtung übereinstimmen. Für die Addition zweier Kraftvektoren $\vec{F_1}$ und $\vec{F_2}$ gilt nach dem Vorhergehenden die folgende Regel (Abb. 5, Seite 105):

Addition zweier Kräfte $\vec{F_1}$ und $\vec{F_2}$

- Zeichne $\vec{F_1}$.
- Lege $\vec{F_2}$ so, daß der Anfangspunkt von $\vec{F_2}$ mit der Spitze von $\vec{F_1}$ zusammenfällt,
- Zeichne den Pfeil vom Anfangspunkt von $\vec{F_1}$ zur Spitze von $\vec{F_2}$: Dieser Pfeil entspricht der Summe $\vec{F_1}+\vec{F_2}$.

$\vec{F_1}$ und $\vec{F_2}$ bilden die Seiten eines Parallelogramms, in dem $\vec{F}$ die Diagonale ist.

Zwei in einem Punkt angreifende Kräfte $\vec{F_1}$ und $\vec{F_2}$ kann man daher durch eine einzige Kraft ersetzen, die nach Betrag und Richtung durch die Diagonale in diesem Kräfteparallelogramm festgelegt ist. Die Kraft $\vec{F}$ heißt **Resultierende,** die beiden Teilkräfte nennt man **Komponenten** (componere, lat. = zusammensetzen).

In der Abb. 4 (Seite 105) stehen drei Kräfte im Gleichgewicht. Die Bedingung für das Eintreten dieses Gleichgewichts können wir jetzt formulieren.

Drei an einem Punkt angreifende Kräfte sind im Gleichgewicht, wenn die Resultierende zweier Kräfte den gleichen Betrag, aber die entgegengesetzte Richtung hat wie die dritte Kraft.

Zerlegen von Kräften

Der Vorteil der vektoriellen Addition von Kräften zeigt sich auch bei folgendem Beispiel. Ein Handwagen wird auf einer horizontalen Straße bewegt, indem man ihn an der Deichsel zieht, in der Regel schräg nach oben (Abb. 1). Daher bewegt die Zugkraft den Wagen nicht nur vorwärts, sondern sie sucht ihn auch anzuheben.

Wir denken uns nun die Zugkraft ersetzt durch zwei Teilkräfte $\vec{F_1}$ und $\vec{F_2}$ (Komponenten). $\vec{F_1}$ soll alleine die Vorwärtsbewegung verursachen, also in Wegrichtung verlaufen. $\vec{F_2}$ soll das Anheben bewirken, demnach senkrecht zur Wegrichtung stehen. Um die Komponenten $\vec{F_1}$ und $\vec{F_2}$ zu finden, zeichnet man das Kräfteparallelogramm mit $\vec{F}$ als Diagonale. Man zeichnet zu diesem Zweck durch die Spitze von $\vec{F}$ Parallelen zu den Wirkungslinien der beiden Kräfte.

In diesem besonderen Fall ist das Kräfteparallelogramm ein Rechteck. Die Zerlegung der Kraft $\vec{F}$ erfolgt also so, daß die vektorielle Addition der Komponenten die Kraft $\vec{F}$ ergibt.

$\vec{F_1}$ und $\vec{F_2}$ müssen nicht in jedem Fall aufeinander senkrecht stehen.

Beispiel: Der Zirkuslöwe Simba, der immerhin gute 250 kg (≙ 2500 N) auf die Waage bringt, soll eine Stehleiter besteigen und von oben abspringen. Wie verteilt sich die Gewichtskraft auf die beiden Leiterteile, wenn der Löwe oben steht (Abb. 2)?

Lösung: Hier ist wiederum nur eine Kraft, nämlich $\vec{F_G}$ vorgegeben. Von den Teilkräften $\vec{F_1}$ und $\vec{F_2}$ wissen wir nur die Richtungen. Allerdings auch, daß die resultierende Kraft aus $\vec{F_1}$ und $\vec{F_2}$ der Gewichtskraft $\vec{F_G}$ des Löwen gleich sein muß. Sie fassen wir als Diagonale in einem Parallelogramm auf. Die Richtungen von $\vec{F_1}$ und $\vec{F_2}$ bestimmen die Lage der Seiten des Parallelogramms. Um deren Länge zu finden, zeichnen wir durch die Spitze von $\vec{F_G}$ Parallelen zu den Wirkungslinien und erhalten als Schnittpunkte mit den Wirkungslinien der Kräfte die Endpunkte von $\vec{F_1}$ und $\vec{F_2}$. Die Beträge der Kräfte ergeben sich aus den Längen der Pfeile: $F_1 \approx 670$ N; $F_2 \approx 1940$ N.

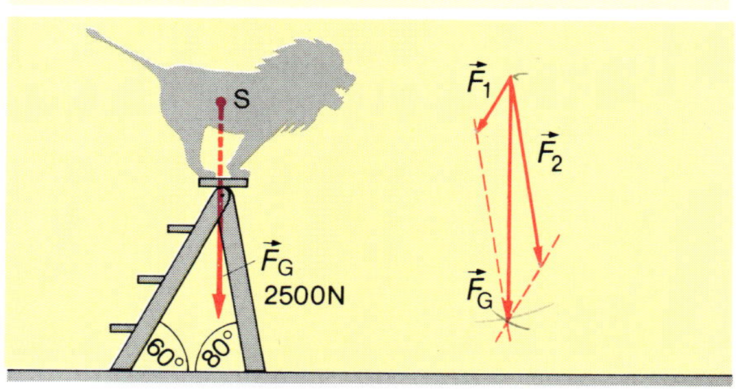

Abb. 2 Zerlegung der Kraft $\vec{F_G}$ in zwei Komponenten

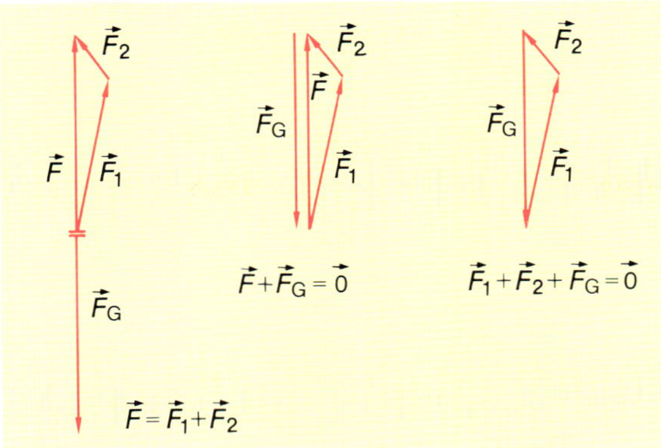

Abb. 3 Gleichgewicht dreier Kräfte

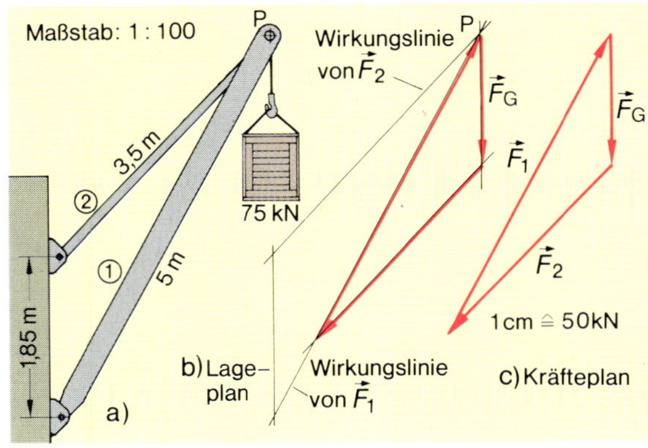

Abb. 4 Kräfte an einem Wandkran

Als Ergebnis können wir festhalten:

Jede Kraft $\vec{F}$ kann in zwei Komponenten zerlegt werden. Man faßt $\vec{F}$ als Diagonale eines Parallelogramms auf und konstruiert das Kräfteparallelogramm mit Hilfe der Richtungen der Teilkräfte.

Kräfte im Gleichgewicht

Wir betrachten noch einmal die in Abb. 5 auf Seite 105 dargestellten Zusammenhänge. Die resultierende Kraft $\vec{F}$ wird aus $\vec{F}_1$ und $\vec{F}_2$ gebildet. Bilden wir die Summe von $\vec{F}$ und $\vec{F}_G$, dann ergibt sich ein Vektor der Länge 0 (Abb. 3). Wir können daher sofort alle drei Kräfte nach dem beschriebenen Verfahren zusammensetzen und erhalten als resultierende Kraft Null (Abb. 3). Alle drei Kräfte bilden im Kräfteplan ein Dreieck. Wir drücken dies so aus:

Drei Kräfte sind im Gleichgewicht, wenn sich das aus ihnen gebildete Kräftedreieck schließt.

Das ist eine sehr einfache Methode, unbekannte Kräfte zu bestimmen. Sie wird in der Technik vielfältig genutzt.

Beispiel: Ein Wandkran mit den in Abb. 4a gegebenen Abmessungen trägt eine Last von 75 kN. Welche Kraft haben die Stangen – in der Technik spricht man von Stäben – auszuhalten?

Lösung: Im Punkt P greifen drei Kräfte an, die beiden Stabkräfte und die Gewichtskraft. Bekannt sind die Wirkungslinien der Stabkräfte und $\vec{F}_G$ nach Betrag und Richtung (Abb. 4b). Da wir die Kraftpfeile im Kräfteplan parallel verschieben können, zeichnen wir durch die Spitze von $\vec{F}_G$ einen Kraftpfeil parallel zur Wirkungslinie von $\vec{F}_2$ und erhalten sowohl $\vec{F}_1$ als auch $\vec{F}_2$ nach Betrag und Richtung. In Abb. 4c ist das Kräftedreieck gesondert gezeichnet. Es ist $F_1 \approx 200$ kN, $F_2 \approx 140$ kN. Die Kraftrichtungen kann man dem Kräftedreieck entnehmen. Die Kraft $\vec{F}_1$ ist gegen den Punkt P gerichtet, $\vec{F}_2$ von P weg. Stab 1 wird daher auf Druck beansprucht, Stab 2 auf Zug.

Aufgaben

1. Zeichne die Resultierende von zwei gleich großen Kräften (Betrag jeweils 150 N), die einen Winkel von a) 0°, b) 30°, c) 45°, d) 120° und e) 180° miteinander bilden! Berechne den Betrag der Resultierenden!
2. Ein Mann führt zwei Hunde mit einer Hand spazieren (Abb. 5). Der eine zieht mit der Kraft $\vec{F}_1$, der andere mit der Kraft $\vec{F}_2$. Mit welcher Kraft ziehen beide an der Hand? Bestimme Betrag und Richtung der Kraft zeichnerisch! Maßstab: 1 cm ≙ 100 N
3. Zeichne die Resultierende von zwei Kräften mit den Beträgen $F_1 = 150$ N und $F_2 = 350$ N, wenn sie einen Winkel von 30° (45°, 60°, 90°, 120°, 180°) einschließen!
4. Zwei Kräfte ($F_1 = 700$ N, $F_2 = 400$ N) schließen einen Winkel von 45° ein. Bestimme die dritte Kraft, die diesen beiden das Gleichgewicht hält! (1 cm ≙ 100 N)
5. Versuch: Ein etwa 80 cm langer, kräftiger Bindfaden wird mit beiden Händen gespannt und horizontal gehalten. Hängt man in die Mitte des Bindfadens ein 5-kg-Stück, so wird der Bindfaden dort tiefer gezogen. Warum gelingt es auch durch noch so kräftiges Ziehen nicht, den Faden wieder zu spannen?
6. Wilhelm Busch:

   „Hahn und Hühner schlucken munter
   Jedes ein Stück Brot hinunter;
   Aber als sie sich besinnen,
   Konnte keines recht von hinnen.“

   Hier wirken vier Kräfte (Abb. 6).
   Gib die Bedingung für das Kräftegleichgewicht an!

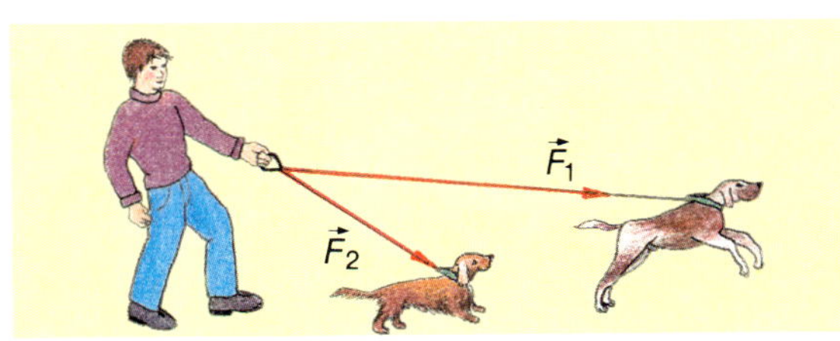

Abb. 5 zu Aufgabe 2

Abb. 6 zu Aufgabe 6

Abb. 1 Die Taue halten durch Reibung

2.5 Reibungskräfte

Ohne Reibung geht's nicht!

Reibungskräfte spielen im täglichen Leben und in der Technik eine große Rolle. Ohne Reibung gäbe es nirgends Halt: Die Reibung hält den Nagel in der Wand, verhindert das Ausgleiten beim Gehen, ermöglicht überhaupt das Gehen. Dies wird uns erst so richtig bewußt, wenn wir uns im Winter auf eisglatten Wegen bewegen müssen. Dann hilft nur noch Streuen mit Sand, Asche oder Splitt, um die Oberfläche abzustumpfen.

Ohne Reibung gäbe es kein Gewebe, und Knoten lösten sich von selbst auf. Die Taue, die zum Vertäuen des Schiffs in Abb. 1 um den sogenannten Poller geschlungen sind, halten allein durch Reibung.

Auch Fortbewegen und Bremsen eines Autos wären ohne Reibung nicht möglich. Die Räder haften am Boden, drehen sich, ohne zu rutschen, und treiben so das Auto voran. Beim *Aquaplaning* „fährt das Auto Wasserski", es gleitet auf einer dünnen Wasserschicht, daher keine Bodenhaftung. Gute Bodenhaftung der Räder ist besonders bei Kurvenfahrten wichtig.

Auch die Kraftübertragung vom Motor auf die Antriebsräder erfolgt mit Reibung. Beim Umschalten der Gänge muß der Motor von den Antriebsrädern getrennt werden. Das geschieht in den meisten Fällen durch eine *Reibungskupplung*. Sie besteht bei den meisten Autos aus einer Scheibe, die mit einem Reibbelag versehen ist, und zwei glatten Scheiben vor und hinter der Kupplungsscheibe. Die mittlere Platte ist fest auf der Welle verankert, die zum Getriebe führt. Die beiden glatten Scheiben sind direkt mit dem Motor verbunden. Durch starke Federn werden die drei Scheiben gegeneinander gepreßt. Zum Auskuppeln betätigt der Fahrer einen Fußhebel, mit dem die Druckplatte abgehoben werden kann. Dadurch wird die Scheibe mit dem Reibbelag frei und trennt die Getriebewelle von der Motorwelle. Abb. 2 zeigt eine *Einscheibentrockenkupplung*. Gebremst wird ebenfalls mit Reibung. Bei der *Scheibenbremse* werden Bremsbeläge an die Scheibe gepreßt, die auf der Radachse sitzt.

Bei all diesen Vorgängen muß eine Kraft im Spiele sein, die ihre Entstehung der Berührung bzw. dem Aufeinandergleiten von Körpern verdankt. Wir nennen sie **Reibungskraft.**

Versuch 14: Wir ziehen einen Holzklotz über eine horizontale Unterlage und messen durch einen eingeschalteten Kraftmesser die erforderliche Kraft (Abb. 3).

Diese Kraft gleicht die bewegungshemmende Reibungskraft gerade aus.

Bei diesem Versuch erkennen wir noch etwas anderes: Die Kraft, die nötig ist, um den Klotz in Bewegung zu setzen, ist größer als die Kraft, die man braucht, um ihn in gleichförmiger Bewegung zu halten.

Wir müssen demnach zwei Arten von Reibungskräften unterscheiden, die unter sonst gleichen Bedingungen verschieden groß sind. Wenn ein Körper auf seiner Unterlage gleitet, so spricht man von **Gleitreibung,** im Ruhezustand dagegen von **Haftreibung.**

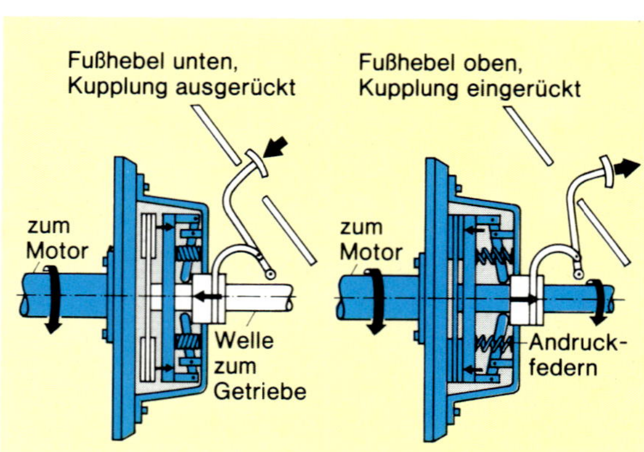

Abb. 2 Einscheibentrockenkupplung

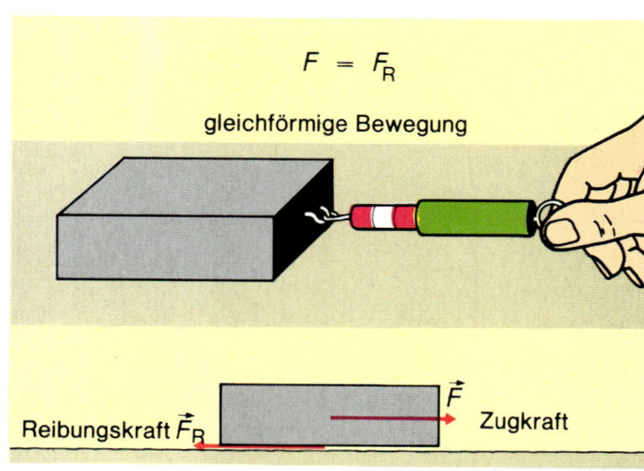

Abb. 3 So bestimmen wir die Gleitreibungskraft

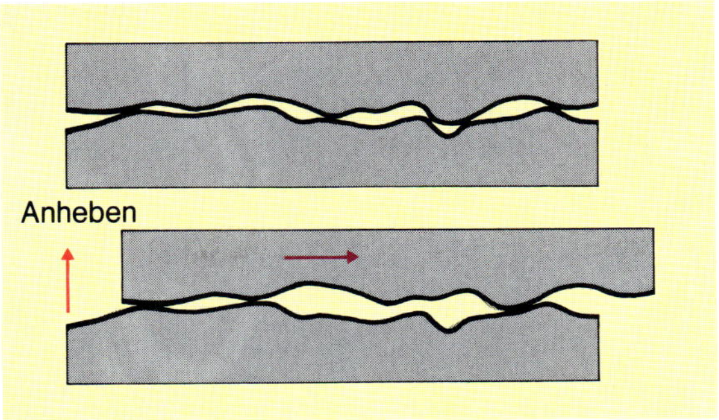

Abb. 4 Haftreibung mikroskopisch

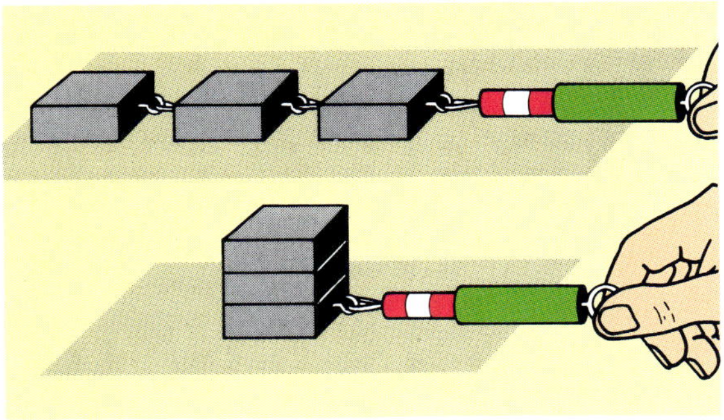

Abb. 5 Gleiche Reibungskraft trotz unterschiedlich großer Berührfläche

Für die Gleitreibungskraft gilt:

Zieht man einen Körper gleichförmig über eine horizontale Unterlage, so ist die Gleitreibungskraft der Bewegungsrichtung stets entgegengesetzt. Sie ist genauso groß wie die parallel zur Reibfläche wirkende Zugkraft.

Welche Aussage können wir über die Haftreibungskraft machen? Hierzu die folgende Überlegung: Wirkt eine geringe äußere Kraft $\vec{F}$ parallel zur Reibfläche, so wirkt die Unterlage auf den Körper mit einer Reibungskraft, die der angreifenden Kraft entgegengesetzt gleich ist. Der Körper bleibt in Ruhe. Ziehen wir stärker an dem Körper, so wächst auch die Reibungskraft, und zwar bis zu einem maximalen Wert; dann setzt sich der Körper in Bewegung. Anschließend messen wir nur die kleinere Gleitreibungskraft. Wir können also sagen:

Die Haftreibungskraft macht sich erst bemerkbar, wenn man an dem Körper parallel zur Reibfläche zieht. Sie ist der angreifenden Kraft stets entgegengerichtet und gleich groß.

Die Gleitreibungskraft ist kleiner als die maximale Haftreibungskraft.

Wie entstehen Reibungskräfte?

Zur Beantwortung dieser Frage hilft der folgende Versuch weiter.

Versuch 15: Wir ziehen einen Holzklotz nach Abb. 3 zunächst über eine glatte Unterlage, dann über eine Unterlage, die mit Samt beklebt ist.

Im zweiten Fall ist die Gleitreibungskraft wesentlich größer.

Diese Versuche machen deutlich, wie die Gleitreibungskräfte zustande kommen. Zwei Flächen verzahnen und verhaken sich ineinander, wenn sie aufeinandergelegt werden. Beim Gleiten zweier rauher Flächen aufeinander werden Teile der Oberfläche verformt oder gar abgerissen. Die Kräfte, die hier auftreten, sind *Kohäsionskräfte*.

Aber auch *Adhäsionskräfte* werden wirksam. Jede noch so sorgfältig geschliffene Oberfläche weist stets Unebenheiten auf. Eine glatte Oberfläche ist – unter einem Mikroskop betrachtet – ein Gebirge.

Berühren sich nun zwei Körper, so besteht Kontakt an den Ecken dieser Unebenheiten. Dort wirken Adhäsionskräfte. Beim Aufeinandergleiten der beiden Oberflächen werden ständig Kontakte unterbrochen und neue gebildet.

Wir verstehen jetzt auch, warum die Haftreibung größer ist als die Gleitreibung. Beim Berühren verzahnen sich die „Oberflächengebirge" ineinander. Um die beiden Teile gegeneinander zu bewegen, muß man zuerst die Verzahnung aufheben. Bildlich gesprochen, muß man eigentlich den einen Körper so anheben, daß sich die Oberflächen aneinander vorbei bewegen können (Abb. 4).

Reibungsgesetz

Beim Vertäuen eines Schiffes muß man mehrmals die Taue um den Poller schlingen, damit sie halten. Die Kupplungsscheibe muß sehr fest angedrückt werden, damit sie nicht rutscht.

Der Betrag der Reibungskraft könnte daher auch von der Größe der Berührungsfläche und von der Kraft, mit der die Berührungsflächen aneinandergedrückt werden, abhängen. Um den Einfluß dieser Größen herauszufinden, müssen wir jeweils eine von ihnen konstant halten und die andere verändern. Dazu dient der in Abb. 5 dargestellte Versuch. Wir untersuchen zunächst den Einfluß der Größe der Berührfläche.

Versuch 16: Drei gleiche Klötzchen mit gleicher Oberflächenbeschaffenheit werden aneinander gehängt und über eine horizontale Unterlage gezogen. Die Reibungskraft wird gemessen. Danach legen wir die Klötzchen aufeinander und messen wieder die Reibungskraft.

In beiden Fällen ist die Reibungskraft gleich groß, obwohl die Berührungsfläche im zweiten Fall wesentlich kleiner ist. Die Gesamtgewichtskraft ist dagegen konstant geblieben. Wir schließen daraus: Der Betrag der Reibungskraft ist bei gleicher Gewichtskraft erstaunlicherweise unabhängig von der Größe der Berührungsfläche.

Versuch 17: Durch Aufeinanderlegen gleichartiger Klötze können wir die Gewichtskraft vervielfachen, die Größe der Reibungsfläche jedoch konstant lassen. Wir messen der Reihe nach bei 1, 2, 3 Klötzchen die Reibungskraft.

Ergebnis: Die Reibungskraft F_R ist proportional zur Gewichtskraft. Die Gewichtskraft wirkt hier senkrecht zur Reibfläche. Man sagt auch „normal" zur Reibfläche. Eine Kraft senkrecht zur Reibfläche (Normalkraft) kann auch durch Federn wie bei der Reibungskupplung oder auf andere Weise erzeugt werden. Wir erhalten also den folgenden Zusammenhang:

Der Betrag der Reibungskraft F_R ist proportional zum Betrag der Normalkraft: $F_R \sim F_N$ oder $F_R/F_N = konst.$

Die Konstante hängt vom Material der reibenden Körper und von deren Oberflächenbeschaffenheit ab. Sie heißt **Reibungszahl** und wird mit dem Buchstaben μ bezeichnet. Es gilt:

Reibungsgesetz: $F_R = \mu \cdot F_N$.

Die Reibungszahl muß durch Versuche ermittelt werden. In der Tabelle sind einige Beispiele angegeben (Abb. 1).

Beispiel: Weshalb kann die Reibungskraft durch mehrmaliges Herumschlingen um einen Pfosten vergrößert werden (Abb. 1, S. 108)?

Lösung: Wir betrachten der Einfachheit halber eine Kette aus kleinen Klötzchen, die mit Bindfäden aneinandergeknüpft sind und nach Abb. 2 um einen Pfosten gelegt werden. Durch die Einwirkung der Zugkräfte $\vec{F}_1$ und $\vec{F}_2$ kommt eine Normalkraft zustande, die jedes Klötzchen an den Pfosten drückt und eine Reibungskraft erzeugt. Legt man die Kette noch weiter um den Pfosten, dann ergeben sich neue Normalkräfte und damit weitere Reibungskräfte.

	Haftreibungszahl (trocken)	Gleitreibungszahl (trocken)
Stahl/Stahl	0,15...0,3	0,15...0,23
Stahl/Eis	0,027	0,014
Holz/Holz	0,3...0,6	0,2...0,4
Holz/Metall	0,6...0,7	0,4...0,5
Autoreifen auf Beton	0,9	0,8

Abb. 1 Beispiele für Reibungszahlen

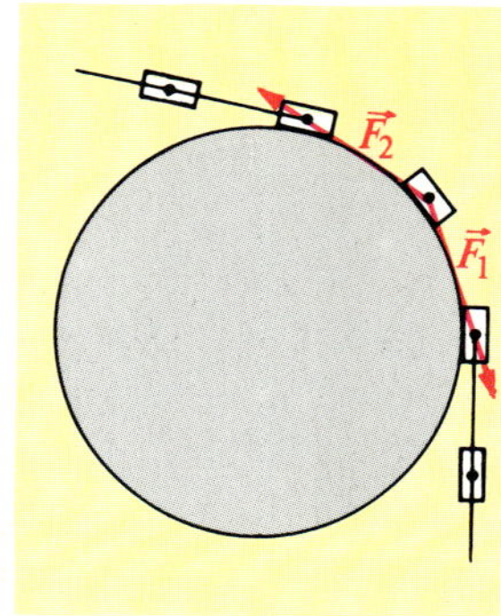

Abb. 2 Zusätzliche Reibungskräfte entstehen durch ständige Richtungsänderung der Zugkraft

Abb. 3 Kugellager

Reibung unerwünscht

So erwünscht die Reibung auf der einen Seite ist, so lästig ist sie auf der anderen Seite, weil sie Bewegungen behindert. Deshalb setzt man in solchen Fällen alles daran, die Reibung zu vermindern. Man glättet die Oberfläche der reibenden Körper, poliert sie. Einen schweren Gegenstand schiebt man nicht, sondern legt Walzen darunter. In diesem Fall spricht man von **Rollreibung.** Die Unebenheiten greifen dann wie Zähne von Zahnrädern ineinander. Noch besser als Walzen sind Räder. Die Gleitreibung wird dann in die Nabe dieser Räder verlegt. Doch auch dort kann das Gleiten durch Abrollen ersetzt werden mit Hilfe von Kugellagern (Abb. 3).

Durch Schmieren mit Öl oder Fett kann man die Gleitreibung stark vermindern. Das Öl bildet zwischen den reibenden Flächen einen Flüssigkeitsfilm, so daß nur noch die weit geringere **Flüssigkeitsreibung** zu überwinden ist.

Aufgaben

1. Warum muß man in Versuch 15 zur Bestimmung der Reibungskraft parallel zur Reibfläche ziehen?
2. Erkläre, welche Rolle die Reibung beim Halten eines Bleistiftes während des Schreibens oder beim Ergreifen eines Trinkglases spielt!
3. Die Gleitreibung ist fast ausnahmslos unerwünscht. Dagegen würde es für uns eine Katastrophe geben, wenn die Haftreibung plötzlich nicht mehr existierte. Erläutere diesen Unterschied der beiden Reibungsarten an mehreren Beispielen!
4. Erläutere die Bedeutung der Haftreibung beim Kurvenfahren, z. B. beim Kurvenfahren mit einem Fahrrad!
5. Mit welcher Kraft parallel zum Boden muß ein mit einem Kind besetzter Schlitten auf dem Eis gezogen werden ($F_G = 450$ N; $\mu = 0{,}014$).
6. Halte einen Besen an den beiden Enden seines Stiels auf deinen Zeigefingern in horizontaler Lage und nähere dann deine beiden Hände langsam einander. Beschreibe und erkläre deine Beobachtungen!

Basiswissen Mechanik (I)

Eigenschaften der Körper

Alle Körper sind träge

Körper verharren in Ruhe oder in gleichförmiger Bewegung, solange keine Kraft auf sie einwirkt. ↑ S. 75

Alle Körper ziehen sich gegenseitig an

Diese Erscheinung heißt Gravitation. Daher besteht auch zwischen jedem Körper und der Erde eine Anziehungskraft (Gewichtskraft). ↑ S. 76

Alle Körper bestehen aus kleinsten Teilchen

Diese sind in ständiger Bewegung. ↑ S. 78 f

Physikalische Größen

Länge: Die Längeneinheit 1 m ist der Abstand zweier Strichmarken auf dem Längennormal. ↑ S. 82

Zeitdauer: Die Sekunde ist der 86 400ste Teil eines Tages. Ein Tag ist die Zeitdauer zwischen zwei aufeinanderfolgenden höchsten Stellungen der Sonne. ↑ S. 89

Masse: Ein Maß für die Trägheit ist die Masse. ↑ S. 92. Die Masseneinheit 1 Kilogramm (1 kg) ist die Masse des Massennormals aus Platin-Iridium (Urkilogramm).

Kraft: Die Ursache von Verformungen und Bewegungsänderungen nennt man Kraft. ↑ S. 96

Die Krafteinheit 1 Newton (1 N) liegt vor, wenn ein Körper von 1 kg in einer Sekunde aus dem Stand auf 1 m/s beschleunigt wird. ↑ S. 98

Flächeninhalt; Einheit: Quadratmeter, m^2. Bei rechteckigen Flächen mit den Seiten a und b ist der Flächeninhalt gegeben durch: $A = a \cdot b$. ↑ S. 83

Volumen; Einheit: Kubikmeter, m^3. Das Volumen eines Quaders mit den Kantenlängen a, b, c beträgt: $V = a \cdot b \cdot c$. ↑ S. 84

Dichte: Die Dichte eines Stoffes ist der Quotient aus Masse und Volumen. ↑ S. 94

$$\varrho = \frac{m}{V}; \quad \text{Einheit: } \frac{\text{kg}}{\text{m}^3}; \text{ gebräuchlich: } \frac{\text{g}}{\text{cm}^3}.$$

Geschwindigkeit: Unter der Geschwindigkeit einer gleichförmigen Bewegung versteht man den Quotienten aus der Länge s der zurückgelegten Wegstrecke und der zugehörigen Zeitspanne t. ↑ S. 90

$$v = \frac{s}{t}; \quad \text{Einheit: } \frac{\text{m}}{\text{s}}; \; 1\,\frac{\text{m}}{\text{s}} = 3{,}6\,\frac{\text{km}}{\text{h}}.$$

Meßgenauigkeit

Jede Messung ist grundsätzlich nicht fehlerfrei. Die Fehler werden hervorgerufen durch Änderungen der Meßgeräte, der Umwelt (z. B. der Temperatur) und durch den Beobachter. ↑ S. 87

Gehen mehrere Meßwerte in eine Rechnung ein, so ist das Rechenergebnis so zu runden, daß es höchstens so viele geltende Ziffern besitzt wie das Meßergebnis mit den wenigsten geltenden Ziffern. ↑ S. 88

Kräfte

Die Wirkung einer Kraft hängt von Richtung, Betrag und häufig auch vom Angriffspunkt ab. Kräfte lassen sich in ihrer Wirkungslinie verschieben, ohne daß sich ihre Wirkung ändert. ↑ S. 99

Der **Schwerpunkt** ist der Punkt, in dem wir uns die Gewichtskraft eines Körpers angreifend denken können.

Der Schwerpunkt eines frei beweglichen, an einem Faden aufgehängten Körpers befindet sich stets lotrecht unter dem Aufhängepunkt. Im Schwerpunkt schneiden sich die Schwerlinien. ↑ S. 101

Reibungskräfte entstehen in der Berührungsfläche zweier Körper. Man unterscheidet Gleitreibung, Haftreibung und Rollreibung. Reibungskräfte kann man messen, wenn man auf einer horizontalen Unterlage parallel zur Reibfläche zieht. Die Gleitreibungskraft ist kleiner als die maximale Haftreibungskraft. Der Betrag der Reibungskraft F_R ist proportional zum Betrag der Normalkraft F_N: $F_R \sim F_N$.

Zusammensetzung und Zerlegung von Kräften

Die Kraftpfeile werden nach Abb. 4 zusammengesetzt. $\vec{F}$ ist die **Resultierende** (Diagonale im Kräfteparallelogramm). ↑ S. 106

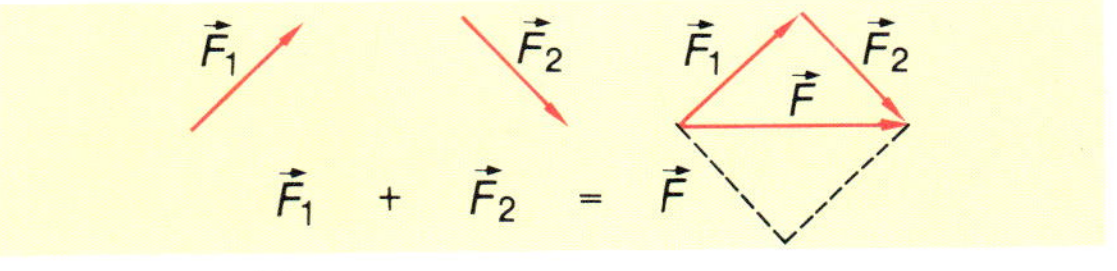

Zerlegung: $\vec{F}$ ist Diagonale. Mit Hilfe der Parallelogrammseiten findet man die **Komponenten.**

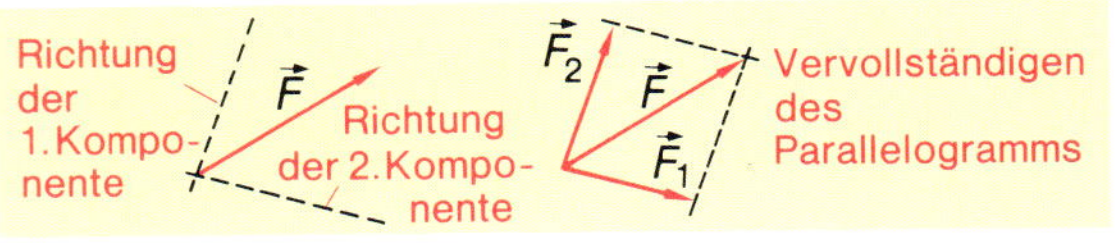

Gesetze und Zusammenhänge

Die Gewichtskraft F_G und die Masse m sind am gleichen Ort einander proportional: $F_G \sim m$ oder $F_G = g \cdot m$. g ist ortsabhängig. In Mitteleuropa gilt: $g = 9{,}81$ N/kg (↑ S. 100).

Bei einer **gleichförmigen Bewegung** sind Weg s und Zeit t einander proportional: $s \sim t$. Der Quotient s/t ist konstant. Es gilt $s = v \cdot t$. ↑ S. 90

Lineares Kraftgesetz (Hookesches Gesetz)

Die Verlängerung Δl ist der Zugkraft F proportional $\Delta l \sim F$. $F = D \cdot \Delta l$. ↑ S. 104

Reibungsgesetz: $F_R = \mu \cdot F_N$ (μ heißt Reibungszahl). ↑ S. 109

M

3 Kraftwandler – Drehmoment

3.1 Einfache Maschinen – geschichtliche Entwicklung

Worauf gründet sich der Ruhm des Archimedes?

„Gib mir einen festen Punkt, und ich hebe die Erde aus den Angeln", soll ARCHIMEDES von Syrakus, der berühmteste Mathematiker, Physiker und Ingenieur des griechischen Altertums, seinem König gesagt haben. – Archimedes hat zwar nicht die Erde bewegt, doch er ließ immerhin einen 3000 t fassenden Riesenfrachter mit Hilfe seiner mechanischen Künste vom Stapel laufen, woran vorher die vereinigten Kräfte einiger hundert Männer gescheitert waren. Und als Syrakus während des Zweiten Punischen Krieges 214 v. Chr. von den Römern belagert wurde, hat er dem Feind durch seine Verteidigungsmaschinen beträchtlichen Schaden zufügen können und wesentlich dazu beigetragen, daß die Stadt Syrakus den Belagerungstruppen unter dem Feldherrn MARCELLUS etwa zwei Jahre standhalten konnte.

Solche Auftritte erregten Aufsehen, Archimedes wurde bekannt. Daher wissen wir über das Leben von Archimedes mehr als über die Lebensumstände anderer großer griechischer Mathematiker wie EUKLID und APOLLONIUS.

Die mathematischen Schriften von Archimedes waren nur wenigen seiner Zeit verständlich. Seine bewundernswerten technischen Leistungen dagegen fanden bei den politischen Führern, den Geschichtsschreibern und den Vertretern von Kunst und Dichtung großes Interesse. Freilich wurde vieles hinzugedichtet. So soll z. B. Archimedes die römische Flotte mit Hilfe einer Spiegelkonstruktion in Brand gesetzt haben. Diese Legende entstand etwa 300 Jahre nach Archimedes Tod. Das Todesjahr ist genau bekannt: 212 v. Chr. Es ist das Jahr der Einnahme der Stadt Syrakus durch die Römer. Wahrscheinlich wurde Archimedes bei der Plünderung der Stadt durch römische Soldaten erschlagen (Abb. 1). Das Geburtsjahr liegt zwischen 280 und 290 v. Chr.

Vermutlich war Archimedes am Hofe des Königs Hieron von Syrakus tätig. Dieser erwartete von ihm die Bewältigung praktischer Probleme. Hierzu gehörten: Bau von Festungen und Kriegsmaschinen, Schiffsbau, Planung und Bau von Bewässerungssystemen.

Abb. 3 Moderne Wasserhebeanlage

Abb. 1 ARCHIMEDES, geb. um 285 v. Chr. in Syrakus, 212 v. Chr. bei der Einnahme seiner Heimatstadt durch römische Truppen während des Zweiten Punischen Krieges erschlagen. In dem abgebildeten Gemälde ist dieser Augenblick dargestellt. Das Original befindet sich in der Aula der Universität zu Königsberg

Abb. 2 Archimedische Schrauben zur Wasserförderung aus 210 m Tiefe in einem römischen Blei- und Silberbergwerk Spaniens um 200 n. Chr. Jede Schnecke war 5 m lang und hob das Wasser um 1,5 m

Zur Bewässerung der Felder in Ägypten wurde die von Archimedes erfundene und nach ihm benannte Wasserschraube eingesetzt. Später wurde sie auch zur Entwässerung von Bergwerken verwendet (Abb. 2). Mit der **Archimedischen Schraube,** auch Archimedische Schnecke genannt, kann Wasser von einer tiefer gelegenen Stelle auf eine höher gelegene transportiert werden.

In einer schräg liegenden Rinne oder in einem Rohr dreht sich eine Schraube, die laufend einzelne Wasserportionen aufnimmt und nach oben schiebt (Abb. 2).

Lange Zeit war die Archimedische Schraube als Wasserhebeanlage in Vergessenheit geraten, da andere Pumpen (vgl. Seite 145) sie völlig verdrängt hatten. Mit den zunehmenden Problemen der Abwasserbeseitigung wurde diese traditionelle Hebemaschine wieder aktuell. Man findet sie sehr häufig in Kläranlagen, wo große Wassermengen auf ein geringfügig höher gelegenes Niveau gepumpt werden müssen (Abb. 3). Die Archimedische Schraube zeichnet sich durch einen geringen Verschleiß aus bei einfacher Wartung. Sie gewährleistet sicheren Betrieb auch bei gröbsten Verunreinigungen, wie sie bei Abwässern vorkommen. Pflanzliches und tierisches Leben werden geschont. In Holland werden Wasserförderschnekken daher zum Entwässern tiefliegender Gebiete eingesetzt.

Während die Archimedische Schnecke zum Heben von Wasser erst in jüngster Zeit wieder an Bedeutung gewann, wurde sie als **Förderschnecke** zum Transport von Materialien aller Art verwendet. Man denke hier nur an den Fleischwolf, in dem mit einer Schnecke das Fleisch gegen rotierende Messer gedrückt wird, die es dann fein zerteilen.

Kultur und Technik

Selbstverständlich gehen auf Archimedes nicht alle mechanischen Werkzeuge und Maschinen zurück. Schon sehr früh haben die Menschen Werkzeuge benutzt, ohne aber etwas von den theoretischen Zusammenhängen zu wissen. Viele Erfahrungen und Kenntnisse des Alltagslebens und der handwerklichen Praxis sammelten sich so im Laufe von Jahrtausenden an und wurden von Generation zu Generation weitergegeben und weiterentwickelt. Von Anfang an bediente sich also der Mensch der **Technik.**

> *Die Technik ist ein wesentlicher Bestandteil der menschlichen Kultur. Sie umfaßt alle Geräte und Maschinen, die der Mensch zu seinem Bedarf und Gebrauch ersonnen hat. Die Technik beschäftigt sich mit der Anwendung und Nutzbarmachung naturwissenschaftlicher Gesetze.*

Schon bei den alten Kulturvölkern, z. B. bei den Ägyptern, finden wir eine hochentwickelte Technik. Die Bewässerungsanlagen und die Monumentalbauten der Pyramiden sind einzigartige technische und organisatorische Leistungen. Man hatte sich lange Zeit vorgestellt, diese Arbeit sei von einem Heer von Sklaven geleistet worden. Inzwischen weiß man, daß Bauern diese Arbeit verrichteten, und zwar vermutlich stets nur in den Monaten, in denen der Nil die Felder überschwemmt und die Bauern wenig zu tun hatten. Sie wurden entlohnt, erhielten Unterkunft und Verpflegung.

Abb. 4 Pyramidenbau

Trotz dieser großen Zahl ist es unmöglich, daß diese Arbeiten ohne maschinelle Hilfe bewerkstelligt wurden. Man verwendete das Seil, den Hebel, das Rad, den Keil zum Absprengen der Steinblöcke und die Rampe für den Transport schwerer Lasten (Abb. 4).

Viele griechische Forscher haben wesentlich zur Entwicklung der Mechanik beigetragen. Archimedes aber ging noch einen Schritt weiter als die anderen antiken Mechaniker. Seine ungeheuren Erfolge beruhten darauf, daß er praktische Erfahrung und theoretische Überlegungen als erster miteinander verbunden hat. So berechnete er z. B. die Lage von Schwerpunkten verschiedener Körper. Für die Stabilität war dies von Bedeutung. Die mathematische Behandlung mechanischer Probleme verhalf ihm, seine technischen Erfindungen besonders wirkungsvoll zu konstruieren. Für die Entwicklung der Mechanik können wir folgendes festhalten:

Am Anfang stand die *praktische Erfahrung,* das Erfinden und das Herstellen von Werkzeugen und Geräten. Die handwerklichen Künste wurden im Laufe der Zeit ständig verbessert. Später versuchte man, die Wirkungsweise der Geräte zu verstehen und zu erklären. Damit begann die systematische *wissenschaftliche Erforschung* der gesammelten Erfahrungen. Die dabei gewonnenen Erkenntnisse dienten dazu, bessere Maschinen zu konstruieren. Heute ist es häufig umgekehrt. Die Technik gründet sich auf die wissenschaftliche Erforschung. Daher haben die Naturwissenschaften in der modernen Industriewelt eine Bedeutung wie nie zuvor.

Abb. 1 Schwimmkran. Max. Belastung: 200 t ≙ $2 \cdot 10^6$ N

3.2 Seil, Stab, Rolle als Kraftwandler

Forschung und technische Weiterentwicklung spielen auch heute noch bei modernen Lasthebemaschinen eine wichtige Rolle, obwohl die dort auftretenden Grundformen von Maschinen bereits im Altertum bekannt waren. Abb. 1 zeigt einen Schwimmkran, in dem verschiedene dieser einfachen Maschinen zusammenwirken: Seil, Stab, Hebel, Rollen und Schraube. Zu den einfachen Maschinen gehört auch die schiefe Ebene. Alle einfachen Maschinen formen Kräfte um bzw. verlagern ihre Angriffspunkte. Mit einigen dieser einfachen Maschinen wollen wir uns der Reihe nach beschäftigen.

Seil und Stab

Die einfachsten Kraftwandler sind **Seil** und **Stab.** Wir kennen sie schon aus verschiedenen Versuchsanordnungen. Seil und Stab werden im täglichen Leben und in der Technik viel verwendet. Der Begriff „Seil" umfaßt alle Formen vom Zwirnsfaden bis zum dicken Drahtseil einer Schwebebahn. In gleicher Weise umfaßt der Begriff „Stab" den Zahnstocher ebenso wie die eisernen Verstrebungen in einem Mast einer Überlandleitung.

Seil und Stab verlagern den Angriffspunkt einer Kraft. Mit dem Seil werden Segelflugzeuge in große Höhen gezogen. Aufzüge hängen an Drahtseilen, und im Winter lassen sich Tausende von Skiläufern mit Schleppliften, Sesselliften oder Drahtseilbahnen den Hang hinauftransportieren.

Wenn man mit einer Stange einen Gegenstand unter dem Schrank hervorholen will, benutzt man ebenso den „Stab" zum Verschieben des Kraftangriffspunktes wie beim Öffnen einer Dachluke mit einem Haken. Zum Abstützen von Holzverschalungen beim Betonieren von Decken dienen kräftige Pfosten aus Holz oder Eisen, also Stäbe.

Rollen lenken Kräfte um

Unter einer Rolle verstehen wir eine um eine Achse drehbare, kreisförmige Scheibe, die eine Rille zur Aufnahme des Seils hat. Die Rolle kann in zwei verschiedenen Anordnungen verwendet werden: als **feste Rolle** und als **lose Rolle** (Abb. 2 u. 3). Bei der losen Rolle verändert die Achse ihre Lage.

Beim Schwimmkran werden Drahtseile über Rollen geführt. Wie verändern sich hierbei die Kräfte? Wir wollen dies mit Hilfe von einfachen, überschaubaren Versuchsanordnungen untersuchen.

Versuch 1: Wir hängen verschiedene Lasten an ein Seil, das über eine Rolle geführt ist, und messen jeweils die zum Halten erforderliche Kraft (Abb. 2).

Ergebnis: **Die feste Rolle verändert die Richtung der Haltekraft. Auch der Angriffspunkt wird verschoben. Der Betrag der Kraft dagegen ändert sich nicht.**

Versuch 2: Wir messen die Haltekräfte bei der losen Rolle nach Abb. 3 für verschiedene Belastungen.

Ergebnis: Die Richtung der Haltekraft wird nicht verändert, da sie ohne Rolle die gleiche wäre. Im Gegensatz zur festen Rolle wird aber der Betrag der Kraft umgeformt. Außerdem verlagert sich der Angriffspunkt der Kraft. Mit Hilfe der losen Rolle können wir also „Kraft sparen". Beim Vergleich des Betrags der Haltekraft mit der Gewichtskraft der Last müssen wir die Gewichtskraft der Rolle berücksichtigen: $F_G = F_{G1} + F_{G2}$.

Bei der losen Rolle ist die Haltekraft F halb so groß wie die Gewichtskraft F_G der Last:

$$F = \tfrac{1}{2} F_G.$$

Den Nachteil, daß man bei einer losen Rolle von oben ziehen muß, können wir beseitigen, wenn wir mit Hilfe einer festen Rolle das Seil wieder nach unten lenken (Abb. 4).

Nun könnte man das Seil noch einmal um eine mit der Last verbundene lose Rolle legen und oben mit einer zweiten festen Rolle umlenken. Der Betrag der Haltekraft müßte durch diese Kombination von losen und festen Rollen weiter vermindert werden. Man erhält so einen **Flaschenzug** (Abb. 5). Hängt bei einem Flaschenzug die Last an n parallelen Seilen, so verteilt sich die Gewichtskraft der Last gleichmäßig auf diese n Seile. Auf jedes Seil

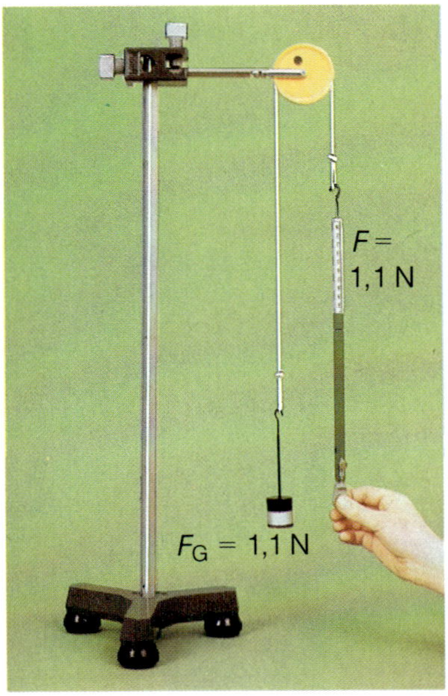

Abb. 2 Feste Rolle

Abb. 3 Lose Rolle

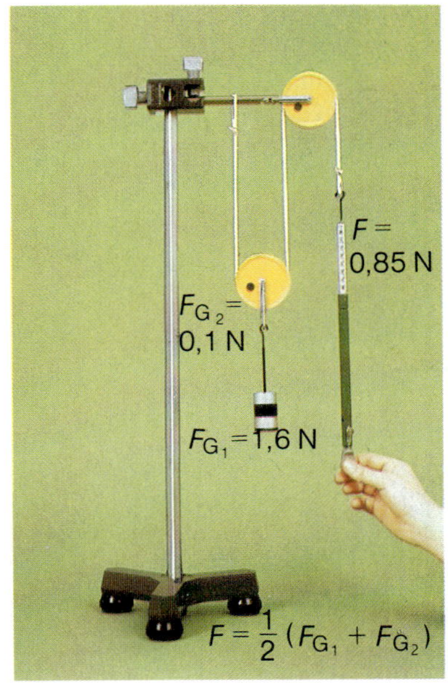

Abb. 4 Lose und feste Rolle

entfällt der n-te Teil der Gewichtskraft der Last. Die Last besteht aus den angehängten Gewichtsstücken und den losen Rollen. Gesamtgewichtskraft: $F_G = F_{G1} + F_{G2}$.

Bei einem Flaschenzug mit n tragenden Seilen ist der Betrag der Haltekraft F gleich dem n-ten Teil der Gewichtskraft der Last: $F = \frac{1}{n} F_G$.

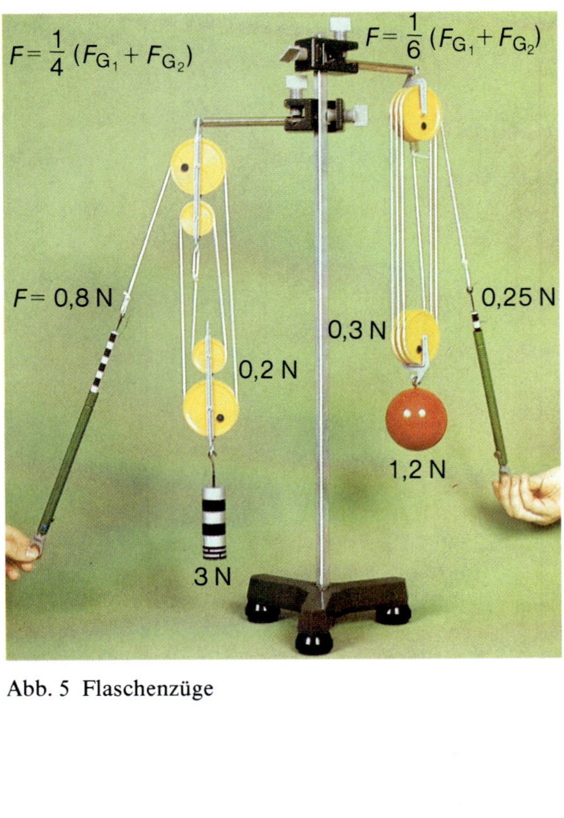

Abb. 5 Flaschenzüge

Mit einem Versuch kann man diese Aussage leicht überprüfen (vgl. auch Abb. 5).

Beispiel: Die kranähnlichen Vorrichtungen des Archimedes sollen bei der Belagerung von Syrakus vollbesetzte Boote ganz oder teilweise aus dem Wasser gehoben haben. War dies überhaupt möglich?

Lösung: Wir nehmen eine Masse an von 32 t für Schiff und Mannschaft, das entspricht 320 000 N. Mit 10 Flaschenzügen von je 8 Rollen (die Zahl der Rollen entspricht der Zahl der tragenden Seile) wären dann noch an jedem Flaschenzug 32 000 N : 8 = 4000 N nötig gewesen, um die Schiffe zu heben. Die Zugkraft eines Mannes nehmen wir zu 500 N an. Mit 8 kräftigen Männern an jedem Flaschenzug hätte es Archimedes also schaffen können.

Aufgaben

1. Eine lose Rolle ist 20 N schwer. Welche Kraft ist erforderlich, um eine Last mit der Gewichtskraft von 500 N zu heben?
   Ändert sich die Zugkraft, wenn wir bei der losen bzw. festen Rolle nicht senkrecht nach oben bzw. unten, sondern schräg ziehen?
2. Hat es einen Einfluß auf den Betrag der aufzuwendenden Kraft, wenn beim Flaschenzug die einzelnen Rollen verschiedene Durchmesser haben?
3. Warum nahm Archimedes zum Heben der Schiffe keinen Flaschenzug von tausend Rollen? Er hätte doch sicher die dann noch erforderliche Kraft 320 000 N : 1000 = 320 N allein aufbringen können.
4. Ein Rollenflaschenzug mit vier Tragseilen dient zum Hochheben einer Last von 2400 N. Wie groß ist die erforderliche Zugkraft bei Vernachlässigung der Verluste? Wie groß ist sie bei Berücksichtigung der Gewichtskraft der unteren Rollen und der Halterung von 80 N? Wie groß ist die Haltekraft, wenn man die Verluste durch Reibung mit 10% veranschlagt?

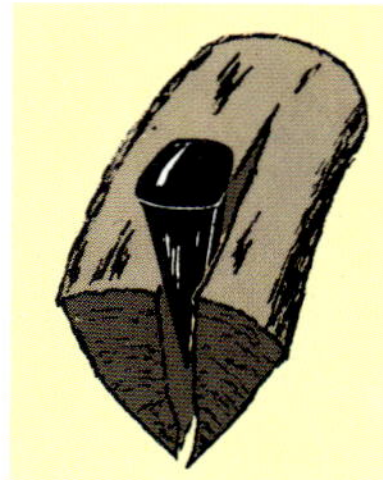

Abb. 1 (links) Schrotleiter

Abb. 2 (rechts) Keil. Man kann sich ihn aus zwei schiefen Ebenen zusammengesetzt denken

Abb. 3 Stapellauf: Das Schiff gleitet auf einer schiefen Ebene

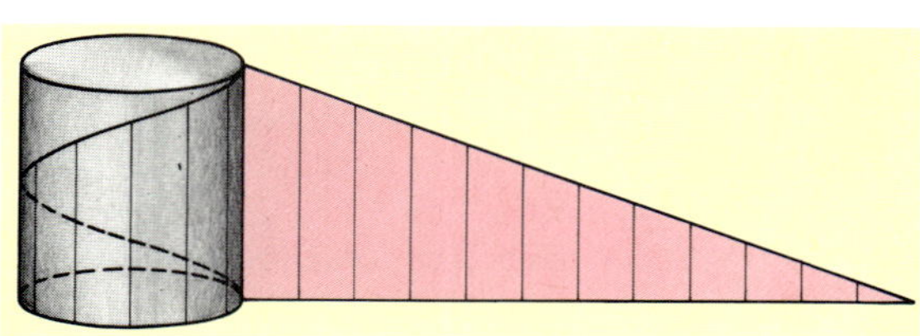

Abb. 4 Herstellen einer Schraubenlinie

Abb. 5 Technische Ausführung einer Schraube mit Trapezgewinde

3.3 Die schiefe Ebene

Viele verschiedene Maschinen, aber ein Prinzip

Die alten Ägypter benutzten Rampen beim Bau der Pyramiden (Abb. 4, S. 113). Um schwere Lasten auf einen Wagen zu befördern, benutzt man die *Schrotleiter*. Abb. 1 zeigt, wie man die Schrotleiter anlegen muß. Im einfachsten Fall besteht sie aus zwei parallelen Balken. Rampen und Schrotleiter sind Anwendungen der **schiefen Ebene.**

Die schiefe Ebene wird in vielfältiger Weise angewendet. Jede geneigte Straße ist im Grunde eine schiefe Ebene. Der *Keil,* den man z. B. zum Spalten von Holz oder zum Festkeilen von Pfosten verwendet, besteht aus zwei aneinandergefügten schiefen Ebenen (Abb. 2). Werkzeuge wie das Beil, das Messer oder der Meißel beruhen auf der Keilwirkung, sind also als schiefe Ebenen beschreibbar.

Der Bauplatz eines Schiffes ist eine schiefe Ebene. Er ist zur Wasserfläche hin geneigt, um den Stapellauf zu ermöglichen, und heißt *Helling* (Abb. 3). Die Bahnneigung beträgt zwischen 6° und 2°.

Auch die *Schraube* kann als schiefe Ebene aufgefaßt werden. Wickelt man ein dreieckiges Stück Papier wie in Abb. 4 um einen zylindrischen Körper, so bildet der obere Rand des Papierstreifens eine Schraubenlinie. Eine Schraube entsteht, wenn man aus dem Körper längs dieser Linie eine Vertiefung ausfräst. Je nach der Form dieser Vertiefung hat die Gewindefläche eine trapezförmige oder dreieckige Querschnittsfläche (Abb. 5).

Die schiefe Ebene als Kraftwandler

Versuch 3: Wir legen eine Walze mit $F_G = 2$ N auf eine schiefe Ebene und messen nach Abb. 6 bei einem bestimmten Neigungswinkel die zum Halten erforderliche Kraft. Bei 30° zeigt der Kraftmesser nur 1 N an. Auch für andere Winkel ist diese Haltekraft kleiner als die Gewichtskraft des Körpers.

Dies erklären wir, indem wir die Gewichtskraft in zwei Komponenten zerlegen. Die eine Komponente wirkt in Richtung der schiefen Ebene, die andere senkrecht auf die Unterlage und verformt diese mehr oder weniger stark. Für die Haltekraft $\vec{F}$ gilt: $\vec{F} = -\vec{F}_1$.

In Abb. 8 ist die Zerlegung angegeben. Die Komponenten hängen vom Neigungswinkel ab. Die Kraft F_1 ist am kleinsten für den Neigungswinkel $\alpha = 0°$, am größten, nämlich entgegengesetzt, gleich der Gewichtskraft F_G der Walze, für $\alpha = 90°$.

Die Neigung einer schiefen Ebene können wir nicht nur durch den Winkel α, sondern auch durch den Quotienten h/l angeben. Dieser Quotient gibt an, wie steil oder flach die schiefe Ebene verläuft. l ist die Länge der schiefen Ebene.

h/l darf man nicht verwechseln mit der Steigung $\tan\alpha = h/l'$, die man häufig auch in Prozent angibt. Die Frage ist nun, wie F_1 von h/l abhängt.

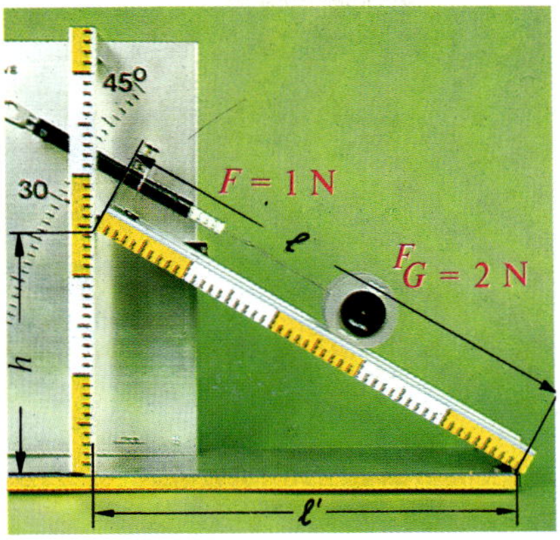

Abb. 6 Haltekraft auf einer schiefen Ebene

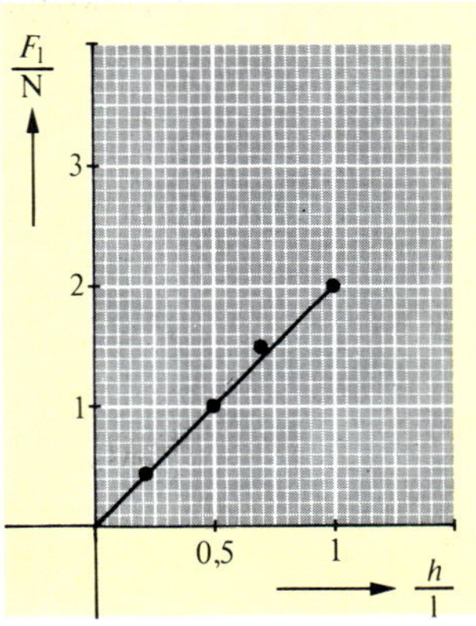

Abb. 7 Bei der schiefen Ebene gilt: $F \sim h/l$

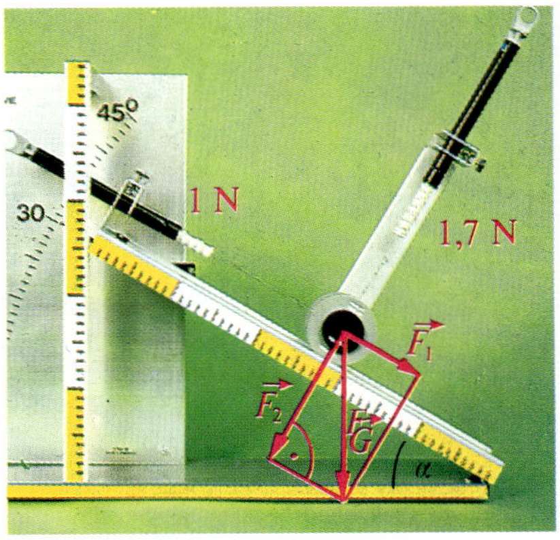

Abb. 8 Kräftezerlegung an der schiefen Ebene

Versuch 4: Wir messen F als Funktion von h/l. Die Ergebnisse stellen wir grafisch dar (Abb. 7).

Alle Meßpunkte liegen auf einer Ursprungsgeraden, d.h. es gilt die Beziehung $F \sim h/l$ oder $F = k \cdot h/l$.

Der Proportionalitätsfaktor k kann aus der Steigung der Geraden ermittelt werden. Wir erhalten den Wert 2 N, das ist aber gerade die Gewichtskraft der Walze. Wir formulieren daher die

Gleichgewichtsbedingung für die schiefe Ebene:

$$F = F_G \cdot \frac{h}{l}.$$

Mit der schiefen Ebene können wir Lasten bewegen, deren Gewichtskräfte den Kraftaufwand um ein Mehrfaches übersteigen. Wir betrachten ein

Beispiel: Eine Schrotleiter ist 4 m lang, die Wagenpritsche 1 m hoch. Welche Gewichtskraft dürfen die Fässer haben, die ein Mann noch bequem hochrollen kann? Wir nehmen eine Schubkraft von 400 N an. (Reibung wird nicht berücksichtigt).

Lösung: Gleichung (1) stellen wir nach F_G um und erhalten:

$$F_G = \frac{F \cdot l}{h} = \frac{400 \cdot 4\text{ m}}{1\text{ m}} = 1600\text{ N}.$$

Da 10 N etwa 1 kg entsprechen kann der Mann demnach Fässer hochrollen, die eine Masse von 160 kg besitzen.

Vorgehensweise der Physik

Den Zusammenhang zwischen F und F_G kann man auch theoretisch, also durch reine Überlegung finden. Wir müssen dann auf bekannte physikalische und mathematische Sachverhalte zurückgreifen. Die Physik liefert die Zerlegung der Gewichtskraft in die zwei Komponenten $\vec{F}_1$ und $\vec{F}_2$. Die Mathematik hilft hier mit einem Satz aus der Geometrie. Das Dreieck mit den Seiten l und h (siehe Abb. 8) ist nämlich dem Dreieck im Kräfteparallelogramm mit den Seiten F_1 und F_2 ähnlich. Alle Winkel sind gleich groß. In ähnlichen Dreiecken sind die Verhältnisse entsprechender Seiten gleich. Demnach gilt: $F_1 : F_G = h : l$.

Da $\vec{F}_1$ und $\vec{F}$ betragsmäßig gleich sind, erhalten wir

$$F = F_G \cdot \frac{h}{l}.$$

Dieses Ergebnis wurde theoretisch hergeleitet. Man nennt diese Methode *deduktiv*. In Versuch 4 sind wir auf eine andere Weise zur Gleichgewichtsbedingung gekommen, nämlich über das Experiment. Die Meßergebnisse an der speziellen schiefen Ebene legten den Ansatz nahe: $F \sim h/l$. Man bezeichnet diese Vorgehensweise als *induktive* Methode.

Deduktive Methode:
Ableitung eines speziellen Gesetzes aus Hypothesen und mathematischen Beziehungen durch logische Überlegungen. Vergleich mit der Erfahrung erfolgt im Experiment.

Induktive Methode:
Verallgemeinerung spezieller Erfahrungen, die durch Beobachtung und Experiment gewonnen wurden.

Vorgehensweise der Physik:
Kombination der induktiven und deduktiven Methode. Es ist nicht möglich, von Meßwerten direkt zu physikalischen Gesetzen zu gelangen. Erst der vermutete mathematische Zusammenhang zeigt an, was gemessen werden soll.

(vgl. S. 7–12, S. 78, S. 104, S. 191)

Aufgaben

1. Auf Seite 116 sind einige Anwendungsbeispiele für die schiefe Ebene aufgeführt. Nenne weitere Beispiele!
2. Manche steile Alpenstraße ist für Caravans gesperrt, nicht aber für Personenkraftwagen. Warum?
3. Eine Straße hat eine Steigung von 15%. Welchen Hangabtrieb erfährt ein PKW von 10000 N?

Abb. 1 Wippe

Abb. 3 Fahrradbremse

Abb. 2 Starre Stange als einseitiger Hebel

3.4 Hebel und Hebelgesetz

Was ist ein Hebel?

Der Hebel ist einer der wichtigsten Kraftwandler. Auch er war als Hilfsmittel zum sinnvollen Einsatz der Muskelkraft schon früh bekannt. Jener olympische Kämpfer der Antike, der mit einem Schulterwurf seinen Gegner bezwang, wandte bereits den Hebel an. Auch die Jäger, die das erlegte Wild gemeinsam am Wurfspeer trugen, benutzten im Grunde den Hebel. Der Stärkere von beiden faßte den Speer dabei näher an der Stelle, an der das Wild festgebunden war. Aus Erfahrung wußten sie, daß er dann auch den größeren Anteil zu tragen hatte.

Die Kinder auf der *Wippe* wissen genau, wie sie sich hinsetzen müssen, damit die Wippe „im Gleichgewicht" ist (Abb. 1). Das schwerere der beiden Kinder muß sich etwas näher an die Drehachse setzen als das leichtere. Auch der Arbeiter, der die Kiste mit einer Holzlatte mit geringstmöglichem Kraftaufwand hochheben will, weiß aus Erfahrung, wie er die Stange ansetzen muß (Abb. 2).

Archimedes kannte sich hier besonders gut aus. Er war der erste, der den Hebel *theoretisch* behandelte. Dadurch war es ihm auch möglich, die günstigsten Bedingungen für eine bestimmte Aufgabe *rechnerisch* zu finden, z. B. wie man am besten die Hebelstange in Abb. 2 ansetzt.

Abb. 2 zeigt uns auch, was man in der Physik unter einem **Hebel** versteht: eine starre Stange, die drehbar gelagert ist. Bei der abgebildeten Brechstange ist der Drehpunkt die Auflagestelle auf der Erde. Der Hebel kann gerade sein wie in Abb. 2, aber auch abgewinkelt wie in Abb. 3.

> *Ein um eine Achse drehbarer, starrer, meist stabförmiger Körper heißt Hebel.*

Gleichgewicht am Hebel

Unsere Aufgabe besteht nun darin festzustellen, unter welchen Bedingungen an einem solchen Hebel Gleichgewicht eintritt, wenn zwei oder mehrere Kräfte an ihm wirken. **Gleichgewicht** soll bedeuten, daß der Hebel in Ruhe ist und sich nicht in Bewegung setzt. Mit Hilfe einer solchen Gleichgewichtsbedingung können wir umgekehrt Aussagen machen über die wirkenden Kräfte.

Es gibt zwei Möglichkeiten, wie Kräfte an einem Hebel angreifen können:

- Alle Kräfte greifen nur auf einer Seite von der Drehachse an. Einen solchen Hebel nennt man **einseitigen Hebel** (Abb. 6).
- Die Kräfte greifen auf beiden Seiten von der Drehachse am Hebel an. Dieser Hebel heißt **zweiseitiger Hebel** (Abb. 4).

Wir wenden uns zunächst dem zweiseitigen Hebel zu. Zur Vereinfachung der Versuchsanordnung lassen wir die Drehachse durch den Schwerpunkt gehen und verwenden eine gerade Hebelstange.

Versuch 5: An die rechte Seite des Hebels hängen wir in einer bestimmten Entfernung von der Drehachse einen Körper mit bekannter Gewichtskraft. Auf der linken Seite bringen wir einen Kraftmesser der Reihe nach an verschiedenen Stellen an und messen nach Abb. 4 die Kraft, die den Hebel in der horizontalen Lage im Gleichgewicht hält. Die Beträge dieser beiden Kräfte bezeichnen wir mit F_1 und F_2. Die beiden Abstände a_1 und a_2 heißen Hebelarme. Es ergeben sich die in Abb. 5 dargestellten Meßergebnisse.

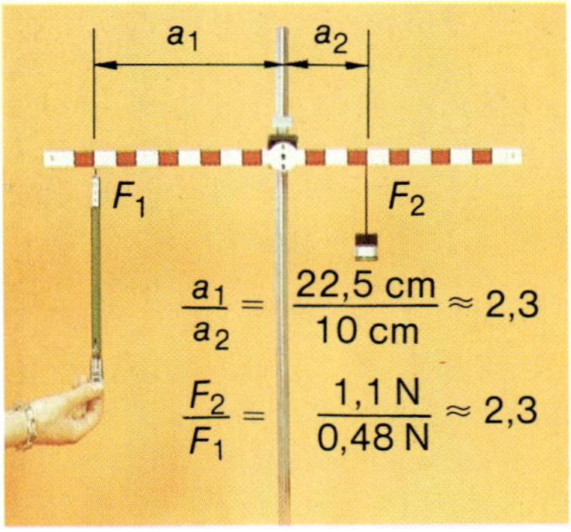

Abb. 4 Gleichgewicht am zweiseitigen Hebel

F_1 in N	a_1 in cm	F_2 in N	a_2 in cm
1,1	5,0	1,1	5,0
0,55	10,0		
0,37	15,0		
2,2	5,0	1,1	10,0
1,1	10,0		
0,7	15,0		
0,48	22,5		

Abb. 5 Meßergebnisse

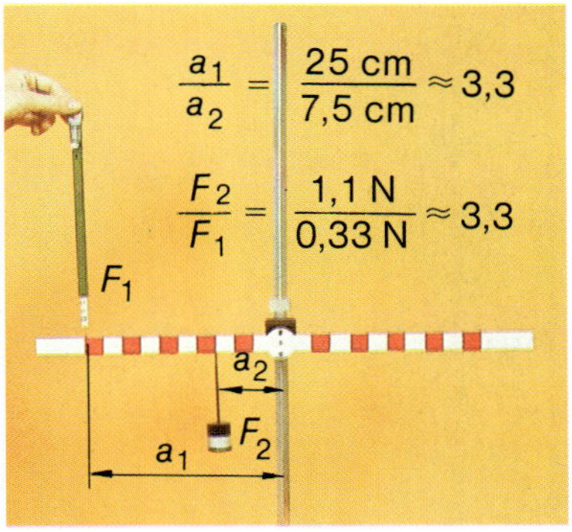

Abb. 6 Gleichgewicht am einseitigen Hebel

Aus der Tabelle entnehmen wir, daß bei doppeltem Hebelarm ($a_1 = 10$ cm) die zugehörige Kraft F_1 nur halb so groß ist wie F_2. Bei dreifachem Hebelarm ($a_1 = 15$ cm) beträgt die Haltekraft nur noch den dritten Teil von F_2, nämlich 0,37 N.

Damit haben wir die allgemein gültige **Gleichgewichtsbedingung für den Hebel** demonstriert:

Die Hebelarme verhalten sich umgekehrt wie die zugehörigen Kräfte:

$$\frac{a_1}{a_2} = \frac{F_2}{F_1}.$$

Wir können die Gleichung mit dem Produkt $a_2 \cdot F_1$ multiplizieren:

Der Hebel ist im Gleichgewicht, wenn die Produkte aus Kraft und zugehörigem Hebelarm gleich groß sind (Hebelgesetz).

$$F_1 \cdot a_1 = F_2 \cdot a_2.$$

Das Hebelgesetz gilt auch dann, wenn die beiden Kräfte auf derselben Seite der Drehachse in entgegengesetzter Richtung angreifen. Die Abb. 6 zeigt einen möglichen Gleichgewichtszustand.

Nun haben wir einen besonders einfachen Fall untersucht: Gerade Hebelstange und parallel wirkende Kräfte. Schon bei der Fahrradbremse ist dies nicht mehr der Fall.

Versuch 6: Einen Winkelhebel lagern wir im Schwerpunkt und lassen nach Abb. 7 zunächst gleich große Kräfte links und rechts von der Drehachse wirken.

Der Hebel stellt sich so ein, daß die beiden Abstände a_1 und a_2 der Drehachse von den beiden Kraftwirkungslinien gleich groß sind. Sind diese Abstände als die Hebelarme zu betrachten? Um dies zu überprüfen, verdoppeln wir die eine Kraft und stellen wieder Gleichgewicht her. Der zugehörige Abstand des Drehpunktes von der Wirkungslinie der Kraft muß dazu halbiert werden. Wir erkennen:

Der Hebelarm ist der Abstand der Drehachse von der Wirkungslinie der Kraft.

Unter dem Hebelarm dürfen wir nicht die Hebelstange selbst verstehen. Auch bei einer geraden Hebelstange fallen Hebelarm und Hebelstange nur zusammen, wenn die Kräfte senkrecht zur Hebelstange wirken.

Beispiel: Eine Kneifzange besteht aus zwei Winkelhebeln (Abb. 1, Seite 120). Die Berechnung der Kraft, die auf den eingeklemmten Metallstift wirkt, ist nun kein Problem mehr.

Abstand der Schneide von der Drehachse: 2 cm. Abstand der angreifenden Kraft von der Drehachse: 10 cm.

Die Hebelarme verhalten sich wie 1:5, die Kräfte demnach wie 5:1. Die Kraft an der Schneide ist fünfmal so groß wie die Kraft am Griff.

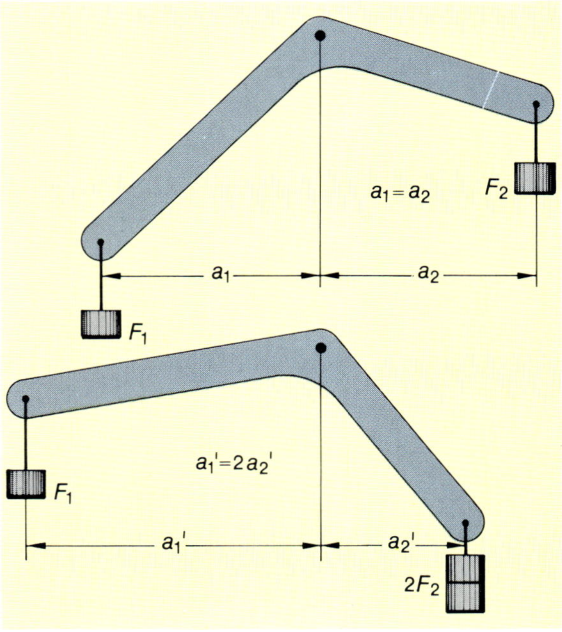

Abb. 7 Gleichgewicht am Winkelhebel

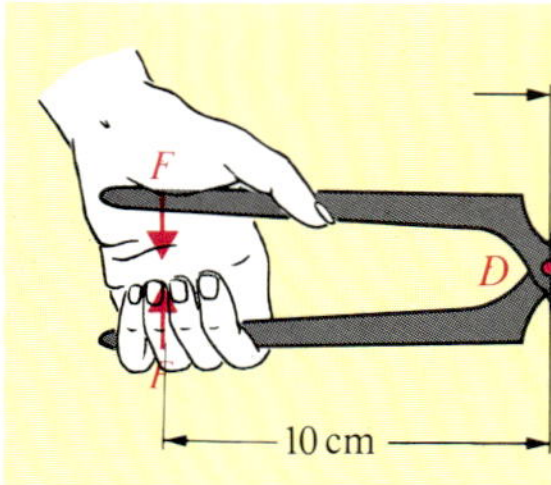

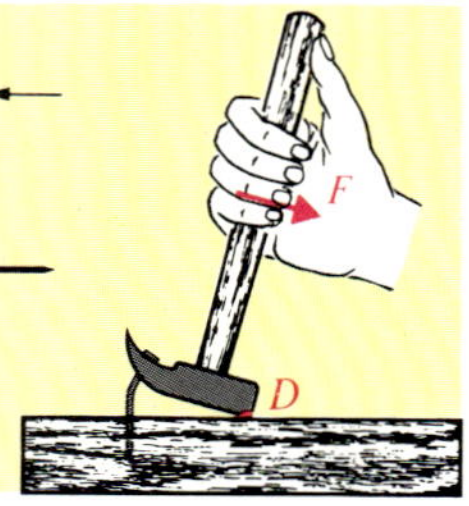

Abb. 1 Kneifzange Abb. 2 Hammer als Hebel

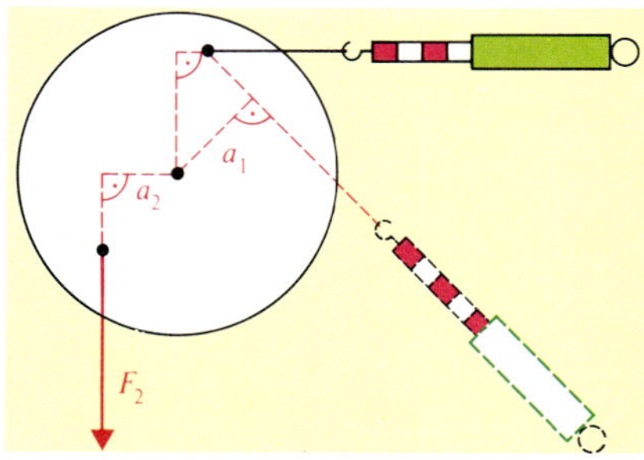

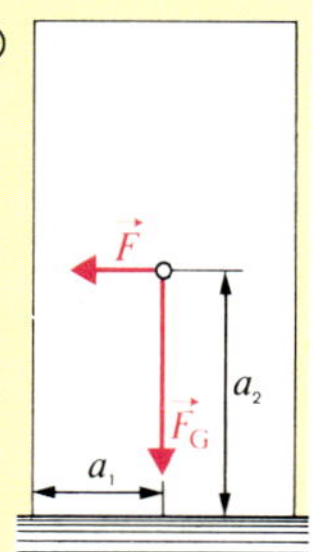

Abb. 3 Auch hier gilt das Hebelgesetz

Abb. 4 Anwendung des Hebelgesetzes

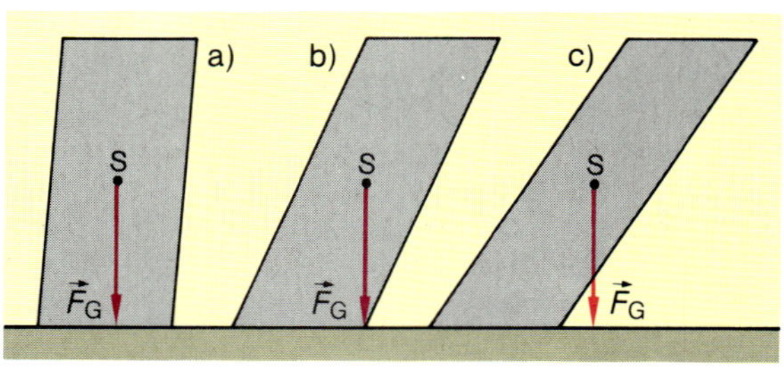

Abb. 5 Die Kippsicherheit ist bei c nicht mehr gegeben

Abb. 6 Hebelwirkung bei Judokämpfern

Zangen, mit denen man dicke Drähte durchtrennen kann, haben daher lange Griffe und kurze Hebelarme an den Schneiden. Leicht kann man Verhältnisse von 1:100 erzielen, mit einem solchen Hebel also die eigene Kraft verhundertfachen. Man muß allerdings einen Punkt (= Drehpunkt) dazu haben, in dem der Hebel gelagert ist.

Verständlich ist jetzt, daß Archimedes zu Hieron gesagt haben soll: „Gib mir einen festen Punkt, und ich hebe die Erde aus den Angeln!" Mit dieser stolzen Äußerung wollte Archimedes deutlich machen, daß man mit Hebeln im Prinzip beliebig große Kräfte erzeugen kann.

Hebelgesetz ohne Hebel

Mit dem neugefaßten Begriff des Hebelarms können wir auch Probleme lösen, bei denen Hebel in Form von geraden oder abgewinkelten Stangen gar nicht mehr vorkommen. In Abb. 3 ist eine um eine Achse drehbare Scheibe dargestellt. Zwei Kräfte wirken: die Gewichtskraft F_G und die Kraft F (Kraftmesser). Die Kraft F und der dazugehörige Hebelarm verändern sich, wenn wir in eine andere Richtung ziehen. Die Abb. 3 zeigt zwei verschiedene Lagen. Stets aber gilt im Gleichgewichtszustand: $F_G \cdot a_1 = F \cdot a_2$.

Noch deutlicher wird dies in Abb. 4. Ein Körper steht auf einer waagerechten Unterlage und soll um die linke, untere Kante gekippt werden. Das Problem können wir lösen, wenn wir den Gleichgewichtsfall betrachten. Die Kraft F greift im Abstand a_2 an und versucht, den Körper gegen den Uhrzeigersinn zu drehen. Die Drehwirkung von F_G ist gerade entgegengerichtet. Die Hebelarme a_1, a_2 sind die Abstände des Drehpunktes von den Wirkungslinien. Gleichgewicht: $F_G \cdot a_1 = F \cdot a_2$. Löst man die Gleichung nach F auf, so erhält man:

$$F = \frac{F_G \cdot a_1}{a_2}.$$

Die Kraft F ist ein Maß für die **Kippsicherheit.**

Eine große Kippsicherheit kann man durch eine große Unterstützungsfläche und eine große Gewichtskraft erzielen. Ist $a_1 = 0$, dann ist auch die Kippkraft 0. In Abb. 5 b ist dieser Fall dargestellt. Das vom Schwerpunkt auf die Standfläche gefällte Lot trifft dann gerade die Kippkante. Trifft dieses Lot die Unterstützungsfläche nicht, dann kippt der Körper um (Abb. 5 c).

Ein Körper bleibt auf seiner Unterstützungsfläche nur dann stehen, wenn das vom Schwerpunkt auf die Standfläche gefällte Lot die Unterstützungsfläche noch trifft. Daher kippt der schiefe Turm von Pisa auch nicht um. Er entspricht dem Fall a in Abb. 5. Die Kippsicherheit ist um so geringer, je geringer F_G und a_1 sind.

Beim Menschen ist die Unterstützungsfläche nicht allein durch die Fußsohlen gegeben. Sonst wäre es nicht möglich, die Kippsicherheit durch Spreizen der Beine zu vergrößern. Die zwischen den Füßen liegende Fläche gehört ebenfalls zur Unterstützungsfläche. Der Mensch in Abb. 6 a kippt um. Judokämpfer schaffen es durch raffinierte Griffe, die Kippsicherheit des Gegners zu verringern. Dieser gerät aus dem Gleichgewicht. Setzt man dann noch einen Hebelgriff an, so kann man ihn mit geringstem Kraftaufwand zu Boden werfen (Abb. 6 b).

Abb. 7 Hebel beim Schubkarren

Aufgaben

1. Um das Wackeln eines schweren Kleiderschrankes zu beseitigen, muß man ihn etwas anheben und unter die Füße kleine Holzkeile schieben. Warum ist es unter Umständen ungünstig, zum schonenden Anheben des Schrankes eine starre Stange nach Abb. 2 (S. 118) zu verwenden? Wie könnte man die Stange als Hebel hier besser einsetzen?
2. In Abb. 4 auf S. 119 hängt ein Gewichtsstück im Abstand von 10 cm. Wie groß ist F_1, wenn wir F_2 am äußersten Haken angreifen lassen?
3. Stelle die Meßergebnisse von Versuch 5 grafisch dar! Trage auf der vertikalen Achse F_1 auf, auf der horizontalen Achse a_1!
4. Beschreibe die Hebelwirkung beim Hammer in Abb. 2 und die Wirkungsweise des Schubkarrens in Abb. 7.
5. Erkläre die Wirkungsweise von Türgriff, Schlüssel, Bohrwinde und Schraubenzieher!
6. Zerbrich ein Streichholz in immer kleinere Stücke! Was stellst Du fest? Gib eine Begründung dafür!
7. Warum gibt man der Papierschere lange, der Blechschere dagegen kurze Schneiden?
8. Inwiefern kann man die Ruder in einem Ruderboot als Hebel auffassen? Wo liegt der Drehpunkt, wo greifen die Kräfte an?
9. Bei einem Nußknacker (Abb. 8) sind die folgenden Größen gegeben: $F_1 = 50$ N, $a_1 = 15$ cm und $a_2 = 3$ cm. Welche Kraft wirkt auf die Nuß? Welche Kraft benötigt man, wenn die Nuß höchstens 300 N aushält? (Mit der Kraft F_2 wirkt die Nuß auf den Hebel.)
10. Warum bringt man den Motor eines Autos möglichst tief an? Wie ändern sich die Stabilitätsverhältnisse, wenn man die Koffer nicht in den Kofferraum legt, sondern auf dem Dach befestigt?

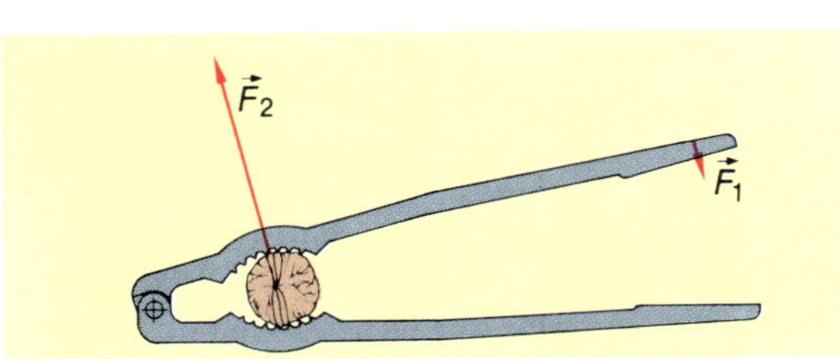

Abb. 8 Zu Aufgabe 9

3.5 Drehmoment – Gleichgewicht

Kleine Kräfte, große Wirkung

Judokämpfer müssen ihre Kräfte möglichst günstig einsetzen, d. h. sie müssen einen großen Hebelarm wählen, um den Gegner zu Boden zu werfen. Viel Kraft allein genügt nicht. Bei zu kleinem Hebelarm erzielen sie bei ihrem Gegner möglicherweise gar keine Wirkung. Umgekehrt erzielt man bei zu großem Hebelarm häufig eine zu große Wirkung. Um Schrauben leicht anziehen zu können, benutzt man Schraubenschlüssel mit großem Hebelarm. Dann besteht aber die Gefahr des Überdrehens oder sogar des Abdrehens der Schraubenköpfe. Man verwendet besonders gebaute, einstellbare Schlüssel („Drehmomentenschlüssel"), die ein Überdrehen verhindern. Mit den am Hebel gewonnenen Erkenntnissen können wir diesen Sachverhalt gut beschreiben. Betrachten wir noch einmal einen zweiseitigen Hebel.

Rechts von der Drehachse wirke eine Kraft von 100 N mit einem Hebelarm von 10 cm. Sie sucht den Hebel im Uhrzeigersinn zu drehen. Dies kann nach dem Hebelgesetz durch eine Kraft auf der linken Seite aufgehoben werden. Bei einem Hebelarm von 10 cm sind ebenfalls 100 N nötig. Bei 50 cm nur 20 N, bei 100 cm sogar nur noch 10 N. Das Produkt aus Kraft und Hebelarm ist jeweils dasselbe. Die verschiedenen Kräfte haben offenbar die gleiche Drehwirkung. Zur Charakterisierung dieser Drehwirkung ist daher das Produkt aus Kraft und Hebelarm geeignet. Man nennt es **Drehmoment** (momentum, lat. = Antrieb) und kürzt es ab mit dem Buchstaben M.

Unter dem Drehmoment M einer Kraft versteht man das Produkt aus der Kraft F und dem zugehörigen Hebelarm a: $M = F \cdot a$.

Das Drehmoment hat die Einheit Newtonmeter (Nm).

Ratschlag an den Judokämpfer: Großes Drehmoment ansetzen! Schafft er den Wurf nicht, dann hat der Gegner ein gleich großes Gegenmoment erzeugt. Es besteht Gleichgewicht – wie beim Hebel. Daher können wir die Gleichgewichtsbedingung für den Hebel auch folgendermaßen formulieren:

Am Hebel herrscht Gleichgewicht, wenn die Drehmomente gegeneinander wirken und gleich groß sind.

Heben sich die Drehmomente nicht gegeneinander auf, dann setzt sich der Hebel in Bewegung. Er dreht sich um die Achse.

Der große Vorteil des Begriffs „Drehmoment" besteht darin, daß wir Drehmomente addieren können. Man kann dann auch das Gleichgewicht beschreiben, wenn mehr als zwei Kräfte an einem

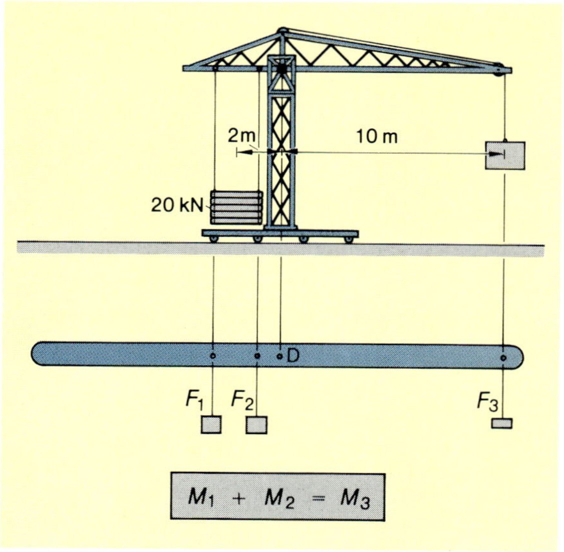

Abb. 1 Baukran, dazu Abb. 2, schematische Darstellung

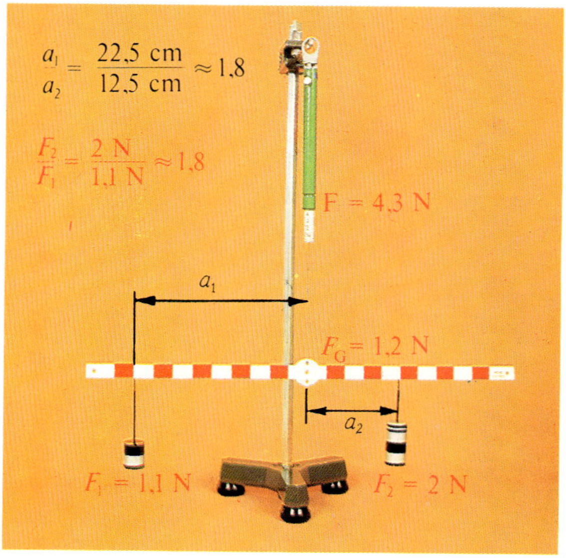

Abb. 3 Kräfte am Hebel: $F = F_G + F_1 + F_2$

Hebel angreifen. In Abb. 1 ist ein Baukran gezeichnet. Auf der einen Seite der Drehachse hängen an zwei Drahtseilen zur Erhöhung der Belastbarkeit Betonklötze. (Gewichtskraft $F_G = 20$ kN). Auf der anderen Seite der Drehachse wird die Last hochgezogen. Es handelt sich also um einen zweiseitigen Hebel, bei dem drei Kräfte außerhalb des Drehpunktes der Drehachse angreifen. Die Frage ist nun, mit welcher Nutzlast der Kran belastet werden darf. Dies ist ja wichtig für den Benutzer. In der Schemazeichnung Abb. 2 sieht man einen ähnlich aufgebauten Laborversuch. Der Versuch bestätigt den allgemein gültigen Zusammenhang:

Gleichgewicht herrscht dann, wenn die Summe der Drehmomente im Uhrzeigersinn gleich der Summe der Drehmomente im Gegenzeigersinn ist.

Gleichgewicht von Kräften und Momenten

An der Hebelstange (Abb. 3) greifen vier Kräfte an: die Gewichtskraft der Stange, die Kräfte F_1 und F_2 und die Kraft im Aufhängefaden, angezeigt durch den Kraftmesser. Für die Kräfte gilt:

Alle Gewichtskräfte zusammen ergeben gerade die Federkraft: 1,1 N + 2 N + 1,2 N = 4,3 N
Vektoriell geschrieben: $\vec{F}_1 + \vec{F}_2 + \vec{F}_G = -\vec{F}$ (das Minuszeichen berücksichtigt die Richtung der Federkraft) oder: $\vec{F}_1 + \vec{F}_2 + \vec{F}_G + \vec{F} = 0$.

Im Gleichgewichtszustand müssen sich außerdem noch die wirkenden Drehmomente ausgleichen: $F_1 \cdot a_1 = F_2 \cdot a_2$.

$$1{,}1\ \text{N} \cdot 22{,}5\ \text{cm} = 2\ \text{N} \cdot 12{,}5\ \text{cm}$$
$$25\ \text{Ncm} = 25\ \text{N cm}.$$

Versehen wir die Drehmomente mit einem Pluszeichen, wenn das Drehmoment gegen den Uhrzeigersinn wirkt, mit einem Minuszeichen im entgegengesetzten Fall, nimmt das Momentengleichgewicht die einfache Form an:

Gleichgewicht herrscht dann, wenn die Summe der Drehmomente Null ist.

Damit erhalten wir zwei Gleichgewichtsbedingungen, die allgemein für alle starren Körper und für einen beliebig gewählten Drehpunkt gelten.

Greifen an einem Körper mehrere Kräfte an, so ist er im Gleichgewicht, wenn
1. die Summe aller Kräfte Null und
2. die Summe aller Drehmomente um einen beliebigen Drehpunkt Null sind.

Schwerpunkt und Gleichgewicht

Wir verstehen jetzt auch, warum wir uns die Gewichtskraft eines Körpers am Schwerpunkt angreifend denken können: An jedem Teil eines Körpers wirkt eine kleine Gewichtskraft (Abb. 4). Alle Teilkräfte addieren sich zur Gesamtgewichtskraft.

Wir verstehen außerdem, weshalb ein im Schwerpunkt unterstützter Körper im Gleichgewicht ist: Die Drehwirkungen der Teilkräfte heben sich paarweise auf. In bezug auf S ist die Summe der

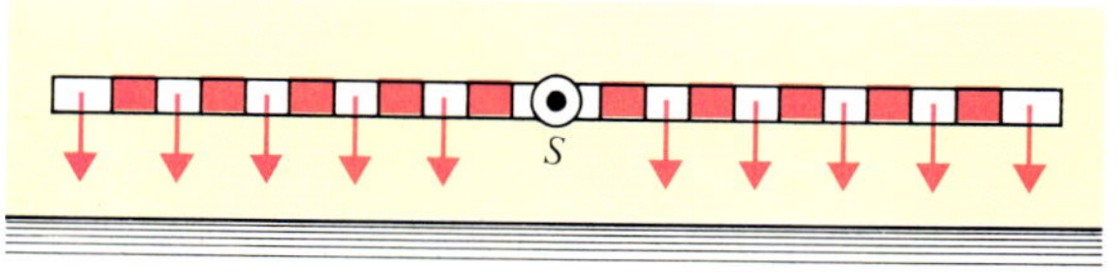

Abb. 4 Bezüglich des Schwerpunktes ist die Summe der Drehmomente aller Teilkräfte Null

Drehmomente aller kleinen Teilkräfte links entgegengesetzt gleich der Summe der Drehmomente aller Teilkräfte auf der rechten Seite.

Wir können uns die Gewichtskraft am Schwerpunkt angreifend denken. Sie hat bezüglich S den Hebelarm Null und besitzt deshalb kein Drehmoment.

Gleichgewichtsarten

Ist das resultierende Drehmoment nicht Null, wie in Abb. 5 dargestellt, dann dreht sich der Hebel, bis er in eine Lage kommt, wo der Hebelarm der Gewichtskraft Null ist. Dies ist dann der Fall, wenn der Schwerpunkt genau unter dem Unterstützungspunkt D liegt. Wir nennen diese Lage **stabil** (stabilis, lat. = feststehend, sicher). Bringt man den Körper etwas aus dieser Lage, dann pendelt er nach dem Loslassen wieder zurück.

Lagert man einen Körper in seinem Schwerpunkt, dann bleibt er in jeder Lage stehen, in die man ihn bringt. Man spricht von **indifferentem Gleichgewicht** (indifferens, lat. = unterschiedslos).

Es gibt noch eine weitere Stellung, in der die Gewichtskraft kein Drehmoment ausübt, nämlich dann, wenn der Schwerpunkt senkrecht über der Drehachse liegt. Hier gelingt es nur mit sehr viel Geduld, den Körper in dieser Lage zu halten. Bei der geringsten Störung kippt er aus dieser Lage in die stabile Gleichgewichtslage. Dieses Gleichgewicht nennt man **labil** (labilis, lat. = schwankend). Die verschiedenen Gleichgewichtsarten sind in Abb. 6 dargestellt.

Beispiel 1: Warum richtet sich ein Stehaufmännchen auf?

Lösung: Das Stehaufmännchen ist unten beschwert, so daß der Schwerpunkt unterhalb von M liegt (Abb. 7). M ist der Mittelpunkt des kugelförmigen unteren Teils. Kippt man das Männchen, dann befindet sich der Unterstützungspunkt D stets unter dem Mittelpunkt. F_G hat bezüglich des Drehpunktes den Hebelarm a. Das Drehmoment $F_G \cdot a$ sorgt dafür, daß das Stehaufmännchen wieder zurückpendelt.

Beispiel 2: Ein Mann trägt an einer 1,5 m langen Stange zwei Körbe mit Früchten. Der eine Korb erfährt die Gewichtskraft 150 N, der andere 300 N. Welche Kraft muß der Mann aufbringen und wo muß er die Stange auf die Schulter legen, damit Gleichgewicht besteht?

Lösung: Mit einer Skizze können wir uns den Sachverhalt zunächst veranschaulichen (Abb. 8). Die Stange stellt danach einen Hebel dar. Drehpunkt ist die Auflagestelle. Auf den Hebel wirken drei Kräfte:

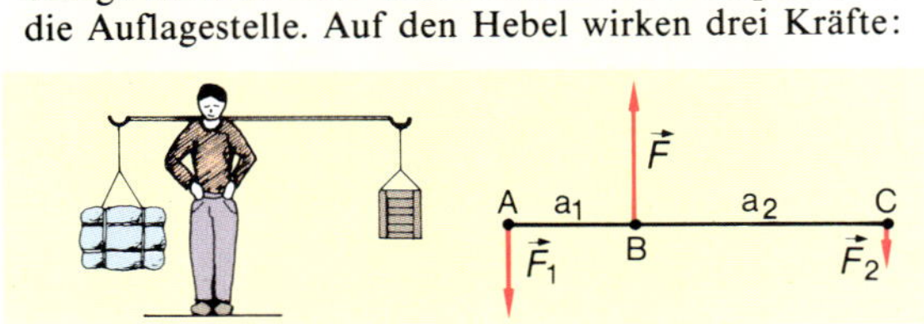

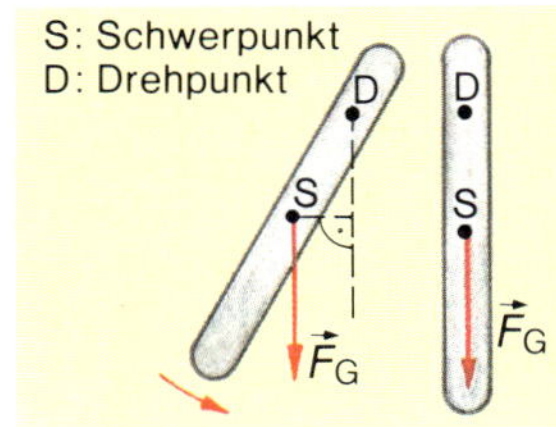

Abb. 5 Der Hebel dreht sich

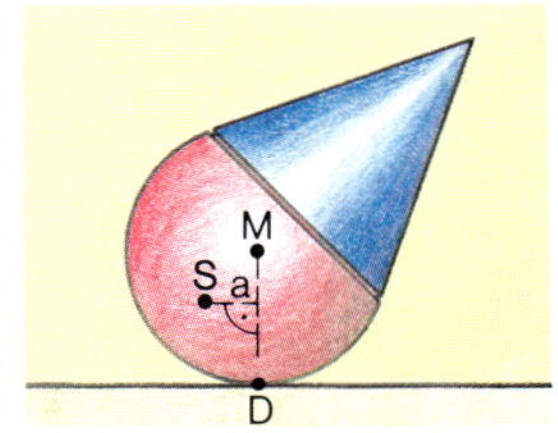

Abb. 7 Stehaufmännchen

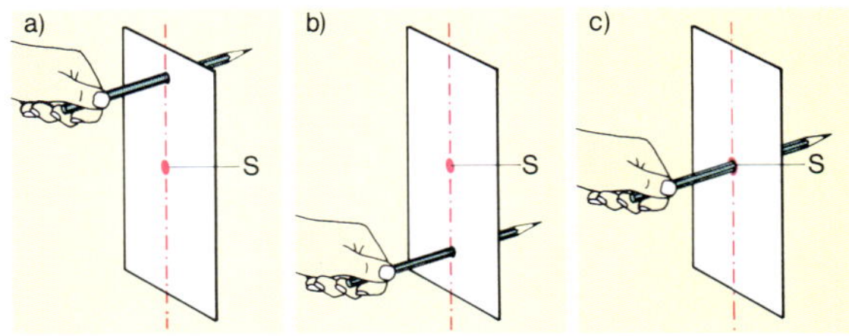

Abb. 6 a) stabiles, b) labiles, c) indifferentes Gleichgewicht

die Gewichtskräfte $\vec{F}_{G1}$, $\vec{F}_{G2}$ und die Kraft $\vec{F}$, die der Mann aufbringen muß. Der Lageplan zeigt die Zusammenhänge. Nun können wir die Gleichgewichtsbedingungen angeben:

Kräftegleichgewicht: $\vec{F} = -(\vec{F}_{G1} + \vec{F}_{G2})$

Für die Beträge gilt: $F = 150\ \text{N} + 300\ \text{N} = 450\ \text{N}$.

Momentengleichgewicht: $F_{G1} \cdot a_1 = F_{G2} \cdot a_2$

Daraus folgt:

$$\frac{a_1}{a_2} = \frac{F_{G2}}{F_{G1}} = \frac{300\ \text{N}}{150\ \text{N}} = 2; \qquad a_1 = 2a_2$$

$$a_1 = 1\ \text{m}; \qquad a_2 = 0{,}5\ \text{m}.$$

Auch folgender Lösungsweg ist möglich. Da der Drehpunkt beliebig gewählt werden kann (vgl. S. 122), können wir auch vom Punkt C ausgehen. Bezogen auf C gilt:

$$F \cdot a_2 = F_{G1}(a_1 + a_2)$$

$$450\ \text{N} \cdot a_2 = 150\ \text{N} \cdot 1{,}5\ \text{m} \Leftrightarrow a_2 = \frac{150\ \text{N}}{450\ \text{N}} \cdot 1{,}5\ \text{m}$$

$$a_2 = 0{,}5\ \text{m}$$

Für a_1 erhält man: $a_1 = 1\ \text{m}$.

Aufgaben

1. An einem zweiarmigen Hebel, der um seinen Schwerpunkt drehbar gelagert ist, werden rechts vom Drehpunkt in den Abständen 20 cm, 30 cm, 10 cm Körper gehängt mit den Gewichtskräften vom Betrage 1 N, 0,5 N und 2,0 N, links vom Drehpunkt in den Abständen 15 cm und 10 cm Körper mit den Gewichtskräften vom Betrage 1,8 N und 2 N. Wo muß ein 0,5 N schwerer Körper angebracht werden, damit der Hebel im Gleichgewicht ist?
2. Zwei Männer tragen an einer 3 m langen Stange eine Last ($F_G = 1000$ N).
   a) Wieviel hat jeder von der Last zu tragen, wenn diese in der Mitte der Stange befestigt ist?
   b) Wieviel entfällt auf jeden, wenn die Last während des Tragens um 50 cm verrutscht?

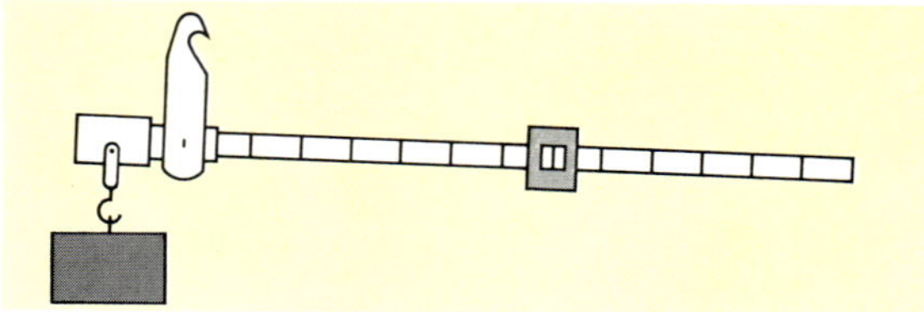

Abb. 1 Römische Schnellwaage

3.6 Technische Anwendungen – weitere Beispiele

Viele Waagen haben Hebel

Bei der *gleicharmigen Balkenwaage* sind die Kraftarme gleich lang. Eine solche Waage haben wir bereits kennengelernt (Abb. 4, S. 93). Die Gewichtskraft des zu wägenden Körpers bewirkt ein Drehmoment. Dieses wird ausgeglichen durch Auflegen von Wägestücken. Gleichgewicht herrscht, wenn die Drehmomente der angreifenden Kräfte entgegengesetzt gleich sind. Gleichheit der Drehmomente bedeutet dann Gleichheit der Gewichtskräfte.

Die Kraftarme sind nicht gleich lang bei den ungleicharmigen Waagen. Die Römische Schnellwaage ist ein Beispiel hierfür (Abb. 1). Sie ist heute noch auf Märkten zu sehen. Eine moderne Form ist die auf S. 95 dargestellte *Laufgewichtswaage.* Bei ihr wird der Drehmomentenausgleich durch Verschieben des Laufgewichts hergestellt. Man benötigt also nur ein einziges Wägestück und verändert dessen Hebelarm.

Waagen vergleichen die Gewichtskräfte des Wägeguts und der Wägestücke. Da die Gewichtskraft zur Masse proportional ist, kann die Waage auch zum Massenvergleich verwendet werden.

Manche Waagen enthalten eine Schraubenfeder, die durch die Gewichtskraft des aufgelegten Körpers mehr oder weniger stark zusammengedrückt wird. So z. B. die Personenwaage, die man zur täglichen „Gewichtskontrolle“ verwendet, oder auch Briefwaagen. Die Skalen sind mit Massenangaben versehen. Auch dies ist wegen der Proportionalität zwischen Gewichtskraft und Masse möglich.

In modernen Waagen mit elektronischer Anzeige sind ebenfalls häufig Hebelsysteme eingebaut.

Gemeinsamkeiten von Seilwinde und Tretrad

Auch heute noch werden an vielen Orten Fischerboote mit einer *Seilwinde* an Land gezogen (Abb. 2). Die abgebildete Seilwinde besteht aus einer Welle und mehreren Stangen, die senkrecht zur Drehachse angebracht sind. Daher können mehrere Fischer zugleich die Winde drehen und sich gegenseitig unterstützen. Der Radius der Welle ist der Hebelarm der Kraft F_1, die Stange der Hebelarm der Kraft F_2. Es gilt: $F_1 \cdot a_1 = F_2 \cdot a_2$. Mit Hilfe zahlreicher Seilwinden wurde auch der vatikanische Obelisk aufgestellt (vgl. Seite 73).

Ersetzen wir die Stangen in Abb. 2 durch ein Rad, dann erhalten wir das **Wellrad,** also eine Kombination aus einer Welle und einem Rad. Rad und Welle haben eine gemeinsame Achse. Die Wirkungsweise zeigt die Abb. 3. Die technischen Anwendungen sind äußerst vielseitig: Das Räderwerk in einer mechanischen Uhr besteht aus vielen Wellrädern, ebenso das Getriebe eines Autos. Aus Wellrädern besteht auch das Antriebssystem beim Fahrrad (Abb. 4). Tretrad und Kurbel (Pedal) können als ein Wellrad aufgefaßt werden, ebenso das hintere Zahnrad und das Hinterrad.

Am Wellrad wirken verschiedene Kräfte, aber gleich große Drehmomente. Das Wellrad ist ein Kraftwandler.

Beispiel: Das Pedal eines Fahrrads ist 18 cm von der Drehachse entfernt. Der große Zahnkranz hat einen Durchmesser von 18 cm. Welche Kraft F_2 wirkt auf die Kette, wenn der Fahrer mit einer Kraft F_1 vom Betrage 80 N senkrecht zum Kurbelarm auf das Pedal tritt?

Abb. 2 Mit Seilwinden zieht man Boote an Land

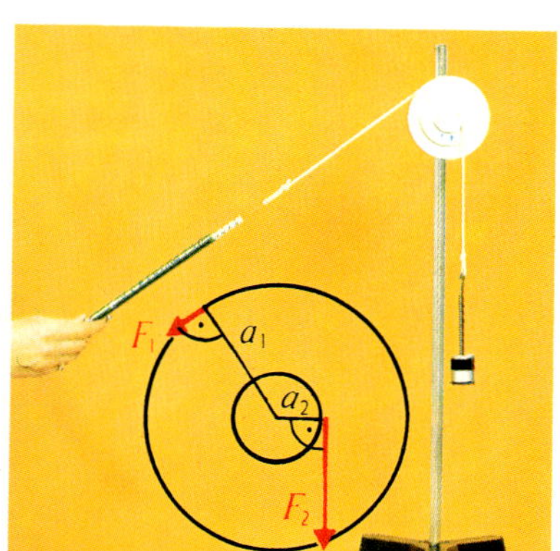

Abb. 3 Zum Prinzip des Wellrads

Abb. 4 Antriebssystem eines Fahrrads

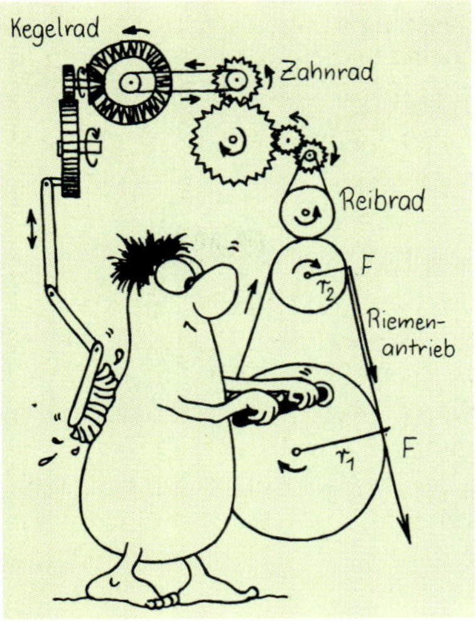

Abb. 5 Räderwerk mit verschiedenen Antrieben

Abb. 6 Schlosserei und Dreherei aus dem Jahre 1921

Lösung: Die Kräfte verhalten sich umgekehrt wie die Hebelarme. Für diese gilt: $r_1 : r_2 = 2 : 1$, also ist die Kraft auf die Kette doppelt so groß wie die Kraft auf das Pedal. Rechnung: $80\ \text{N} \cdot 18\ \text{cm} = F_2 \cdot 9\ \text{cm} \Leftrightarrow F_2 = 160\ \text{N}$.

Was hat der Kettenantrieb mit dem Hebel zu tun?

Eine endlose Kette überträgt beim Fahrrad die Kraft vom vorderen Zahnrad auf das hintere Zahnrad. Das Zahnrad wirkt mit der Kraft F auf die Kette. Diese überträgt die Kraft wie ein Seil dem Betrage nach unverändert auf das hintere Zahnrad. Die Kraft F hat am großen Rad den Hebelarm r_1, am kleinen Rad den Hebelarm r_2 (Abb. 5).

Drehmoment am großen Zahnrad: $M_1 = F \cdot r_1$
Drehmoment am kleinen Zahnrad: $M_2 = F \cdot r_2$.

Da $r_2 < r_1$ ist, ist auch $M_2 < M_1$. Am großen Zahnrad wird ein größeres Drehmoment erzeugt als am kleinen. Hier wird noch einmal deutlich, daß die beiden Begriffe Kraft und Drehmoment verschiedenartige Größen sind.

Beim Kettenantrieb wirken gleiche Kräfte, aber verschiedene Drehmomente. Der Kettenantrieb ist ein Drehmomentwandler.

Geändert wird auch die **Drehzahl.** Dreht sich nämlich das Rad mit dem Radius $r_1 = 10$ cm in einer Sekunde fünfmal (n_1-mal), dann hat ein Punkt auf dem Umfang den Weg $5 \cdot 2\pi \cdot 10\ \text{cm} \approx 314$ cm (allgemein: $2\pi r_1 n_1$) zurückgelegt. Den gleichen Weg legt ein Punkt auf dem zweiten Rad zurück. Für ihn gilt: $n_2 \cdot 2\pi \cdot 2{,}5$ cm (allgemein: $n_2 \cdot 2\pi r_2$).

Daraus kann man ausrechnen, wie oft sich das zweite Rad dreht:
$n_2 = (5 \cdot 2\pi \cdot 10\ \text{cm}) : (2\pi \cdot 2{,}5\ \text{cm}) = 20$.

Allgemein: $$2\pi r_1 \cdot n_1 = 2\pi r_2 \cdot n_2$$
$$\frac{n_1}{n_2} = \frac{r_2}{r_1}.$$

Die Drehzahlen stehen im umgekehrten Verhältnis wie die Radien: Den Quotient n_1/n_2 nennt man das **Übersetzungsverhältnis.**

Zur Übertragung einer Drehbewegung kann man auch Riemen verwenden. Der **Treibriemen** kam früher in riesigen Abmessungen vor. Er beherrschte das Bild vieler Fabrikhallen, da die einzelnen Werkzeugmaschinen über Wellen und Treibriemen von einer einzigen Dampfmaschine angetrieben wurden (Abb. 6).

Die Entwicklung der Elektromotoren machte solche zentralen Antriebsmaschinen überflüssig, zumal der Elektromotor sehr viel besser der jeweiligen Aufgabe angepaßt werden kann als etwa eine Dampfmaschine. Damit wurde der Einsatz von Maschinen aller Art unabhängig von einer zentralen Antriebsmaschine. Dies dürfte dazu beigetragen haben, daß kleinere und mittlere Betriebe überhaupt noch existieren, denn große Antriebsanlagen haben sich nur größere Firmen leisten können.

Auch **Reib-** und **Zahnräder** sind Drehmomentwandler. Da die Zahl der Zähne sich bei Zahnrädern wie die Umfänge, also wie die Radien verhalten, kann das Übersetzungsverhältnis auch mit Hilfe der Zähne-Zahlen berechnet werden. Mit einem Reibrad wird häufig der Plattenteller eines Plattenspielers angetrieben. Zahnradgetriebe findet man im Auto z. B. im Schaltgetriebe. Es hat die Aufgabe, das vom Motor entwickelte Drehmoment an die jeweilige Verkehrssituation anzupassen. Verbrennungsmotoren müssen nämlich ziemlich schnell laufen, um ein großes Drehmoment zu erzeugen. Übliche Drehzahlen sind 4200 Umdrehun-

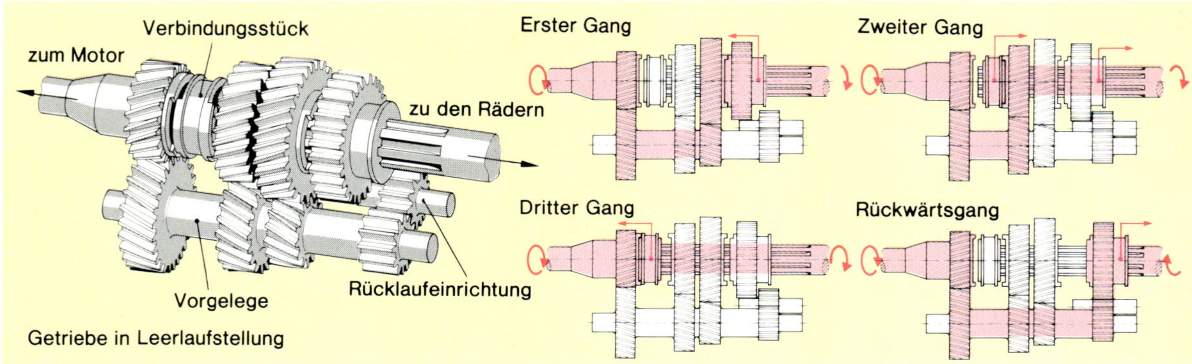

Abb. 1 Schaltgetriebe beim Auto (Schemazeichnung)

gen in der Minute, das sind 70 Umdrehungen in der Sekunde. Bei direkter Ankoppelung der Antriebsräder würde sich bei einem Durchmesser dieser Räder von 50 cm eine Geschwindigkeit des Autos von 400 km/h ergeben. Das ist zuviel.

Heute haben Autos ohne den Rückwärtsgang 3 bis 5 Gänge. Durch eine entsprechende Bemessung der Zahnraddurchmesser läuft im ersten Gang der Motor etwa 2½ bis 3mal schneller als die Antriebswelle, die zu den Antriebsrädern führt. Das übertragene Drehmoment ist dann 2½ bis 3mal größer. Im zweiten Gang wird der „Kraftfluß“ zwischen Vorgelege und Antriebswelle mit zwei etwa gleich großen Zahnrädern hergestellt. Im dritten Gang wird die Antriebswelle direkt mit dem Motor verbunden. Beim Rückwärtsgang wird dann noch ein Zwischenrad angetrieben. Dadurch kehrt sich der Drehsinn um (Abb. 1).

Riesenkraft mit einer Schnecke

Unter einer Schnecke versteht man eine besondere Schraube. Abb. 2 zeigt, wie man Zahnrad und Schnecke anordnen muß. Das **Schneckengetriebe** besitzt ein besonders günstiges Übersetzungsverhältnis. Bei einer einzigen Umdrehung der Schnecke rückt die nächste Windung an die Stelle der vorhergehenden. Das Zahnrad wird um einen Zahn weitergedreht. Bei 50 Zähnen sind 50 Umdrehungen der Schnecke nötig. Das gleiche Übersetzungsverhältnis gilt übrigens auch für die Kraft: 50fache Kraft! Allerdings ohne Berücksichtigung der Reibung.

Die Schnecke wirkt nämlich wie eine schiefe Ebene und schiebt die Zähne bei jeder Umdrehung ein Stück weiter. Schneckenantriebe zeichnen sich in der Regel durch hohe Reibungsverluste und einen hohen Verschleiß aus. Ihr Vorteil: Das große Übersetzungsverhältnis. Dies nutzte schon Archimedes aus, der den Schneckenantrieb erfand. Vielleicht hat er mit einer Kombination aus Schneckenantrieb und Flaschenzug das Riesenschiff bewegt, um sein Können zu demonstrieren. Möglich wäre dies schon, selbst wenn man annimmt, daß die Schnecke wegen der großen Reibung die Kraftübersetzung nur zu 50% ausnutzt.

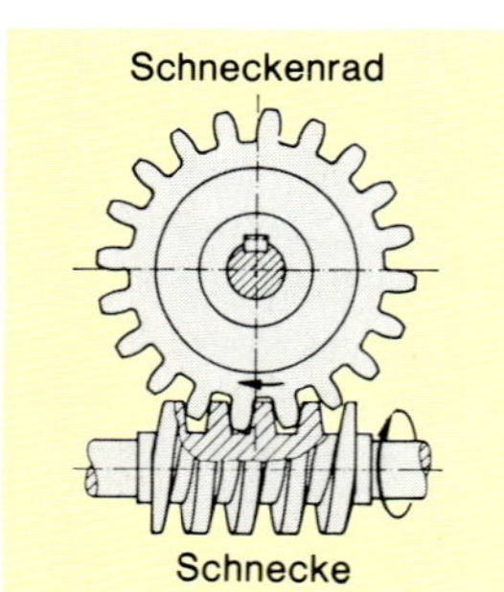

Abb. 2 Schneckengetriebe

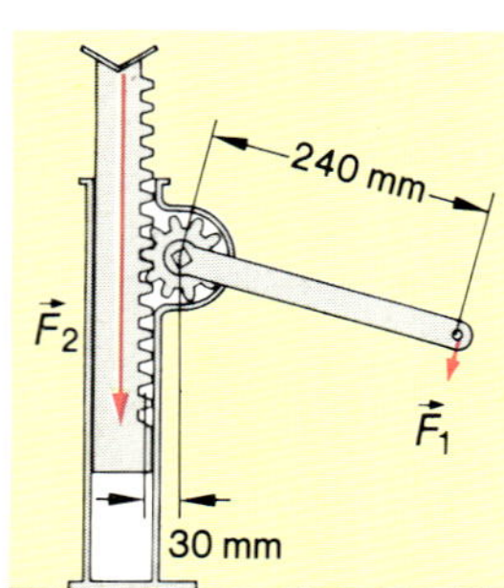

Abb. 3 Wagenheber

Aufgaben

1. Das rechte Rad eines Riemenantriebs hat einen Durchmesser von 50 cm, das linke einen von 25 cm. Wie oft dreht sich das rechte Rad in einer Sekunde, wenn das linke sich in 1 s 10mal dreht? Am kleineren Rad wird ein Drehmoment von 1000 Nm ausgeübt. Wie groß ist die übertragene Kraft? Wie groß ist das Drehmoment am größeren Rad?
2. Wir betrachten noch einmal das Aufgabenbeispiel (vgl. S. 124). Das kleine Zahnrad hat einen Durchmesser von 8 cm, das Hinterrad einen von 72 cm.
   a) Welche Kraft überträgt das Rad auf die Straße, wenn der Fahrer mit einer Kraft von 80 N auf das Pedal drückt?
   b) Mit welcher Kraft muß man das Fahrrad festhalten, wenn man einen 360 N schweren Jungen am Abfahren hindern will? Das Pedal soll dabei so stehen, daß die gesamte Gewichtskraft des Jungen wirksam werden kann.
3. Mit einem Wagenheber (Abb. 3) soll eine Last von 280 kg angehoben werden. Wie groß ist die erforderliche Kraft? (1 kg ≙ 10 N)
4. Mit einem Wellrad (Durchmesser der Welle 10 cm, Länge der Kurbel 75 cm) soll eine Last von 2000 N um 10 m gehoben werden. Welche Kraft muß an der Kurbel angreifen?
5. Die Motordrehzahl beträgt 1670 in der Minute. Mit welcher Drehzahl läuft die Antriebswelle im 2. Gang (Übersetzungsverhältnis 5/3)?

4 Arbeit, Leistung, Energie

4.1 Arbeit und Leistung

Arbeit ist nicht gleich Arbeit

Mit einfachen Maschinen können wir Kräfte verändern. Besonders vorteilhaft ist es, wenn nicht nur die Richtung, sondern auch der Betrag der Kraft umgeformt werden kann. Wir „sparen“ dabei Kraft. In der Alltagssprache sagen wir, daß uns die Maschinen die Arbeit erleichtern. Wir verrichten Arbeit, wenn wir eine Last heben, mit dem Brecheisen eine Kiste bewegen oder ein Faß eine schiefe Ebene hinaufrollen. Wir sprechen im täglichen Leben aber auch von Arbeit, wenn wir einen Gegenstand nur tragen oder halten, ein schwieriges Buch lesen oder eine Rechenaufgabe lösen.

Wollen wir jedoch Arbeitsverrichtungen miteinander vergleichen, dann müssen diese irgendwie meßbar sein. Deshalb muß man den Arbeitsbegriff in der Physik beschränken auf Vorgänge wie das Heben einer Last oder das Schieben einer Kiste über eine horizontale Unterlage oder Anschieben und Abbremsen eines Autos. Allen diesen Vorgängen ist gemeinsam, daß wir einen Widerstand verspüren, wenn wir einen Körper in Bewegung setzen oder aus einer Bewegung abbremsen bzw. in Bewegung halten. Physikalisch gesagt: Wir müssen den Körper gegen eine Kraft verschieben.

Wie definieren wir die Arbeit?

Ziehen wir z. B. eine Kiste über eine horizontale Unterlage, so ist zur Aufrechterhaltung dieser Bewegung eine Kraft erforderlich, um die Reibung zu überwinden. Wir verrichten Reibungsarbeit. Mit folgenden Vereinbarungen können wir diese Arbeit (Symbol W) beschreiben:

> *Die Reibungsarbeit ist proportional zur Länge der Verschiebungsstrecke:* $W \sim s$.
>
> *Die Reibungsarbeit ist proportional zur Kraft* F*, mit der Körper um die Streckenlänge* s *verschoben werden:* $W \sim F$.
>
> *Aus beiden Vereinbarungen erhält man:* $W \sim F \cdot s$.

Am einfachsten ist es, das Produkt $F \cdot s$ als Arbeit zu definieren:

> **Die mechanische Arbeit W ist das Produkt aus dem Betrag der Kraft F, die in Richtung des Weges zur Verschiebung eines Körpers nötig ist, und der Länge s dieser Verschiebungsstrecke.**

> **Arbeit = Kraft in Wegrichtung · Weglänge**
>
> $$W = F \cdot s.$$

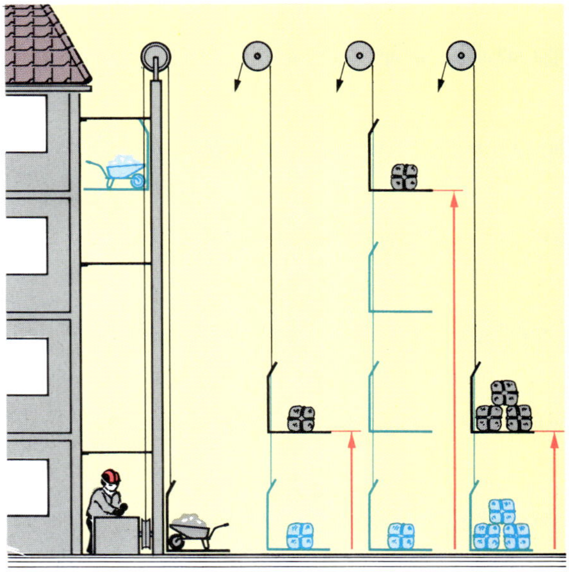

Abb. 4 Hubarbeit bei einem Aufzug

Aus dieser Definitionsgleichung ergibt sich die Maßeinheit für die Arbeit:

$1\,\text{N} \cdot 1\,\text{m} = 1\,\text{Nm}$ (Newtonmeter)

Zu Ehren des englischen Physikers J. W. JOULE (1818–1898) nennt man die Einheit 1 Nm auch 1 **Joule** (gesprochen: dschul) mit dem Zeichen J. Größere Einheit: $1000\,\text{J} = 1\,\text{kJ}$ (Kilojoule).

Leider hat auch das Drehmoment die Einheit Newtonmeter (Nm). Trotzdem ist das Drehmoment von der Arbeit verschieden. Beim Drehmoment stehen Kraft und Hebelarm senkrecht aufeinander, bei der Arbeit sind Kraft und Weg gleichgerichtet.

Heben wir eine Last um die Höhe h gegen die Gewichtskraft F_G hoch, so müssen wir eine gleich große Kraft aufwenden. Die Arbeit ist also $W = F_G \cdot h$. Diese Arbeit heißt **Hubarbeit.**

> **Hubarbeit = Gewichtskraft · Hubhöhe**
>
> $$W = F_G \cdot h.$$

Beispiel: Ein Wagenheber hebt einen PKW 1,8 m hoch. Welche Arbeit ist hierzu nötig, wenn der PKW eine Gewichtskraft von 10 000 N erfährt?

Die Hubarbeit beträgt:

$W = 10\,000\,\text{N} \cdot 1{,}8\,\text{m} = 18\,000\,\text{Nm} = 18\,\text{kJ}$ (Kilojoule).

Zum Vergleich: Ein Briefträger muß ins 4. Obergeschoß (Höhenunterschied: 12 m). Bei einer Gewichtskraft von 700 N beträgt die Hubarbeit:

$W = 700\,\text{N} \cdot 12\,\text{m} = 8400\,\text{Nm} = 8{,}4\,\text{kJ}$.

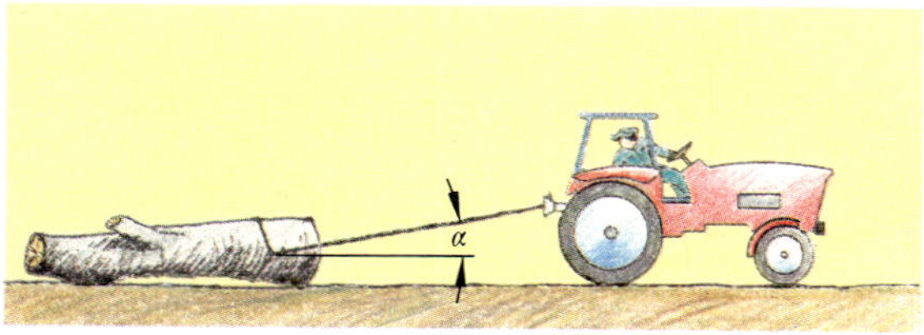

Abb. 1 Ist die Arbeit des Traktors berechenbar?

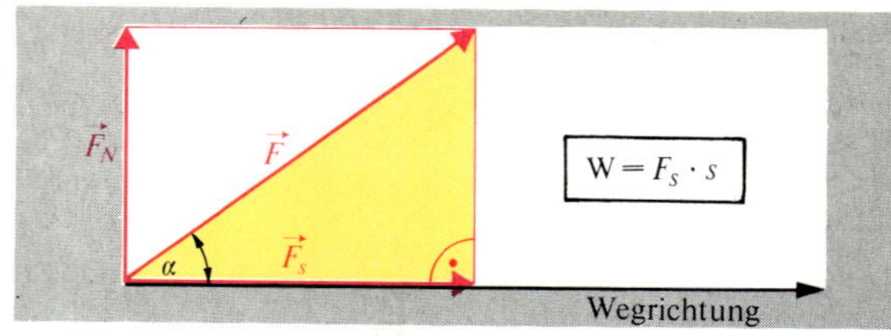

Abb. 2 Zur Berechnung der mechanischen Arbeit dient der Betrag der Kraftkomponente in Wegrichtung

Wenn Kraft und Weg verschiedene Richtungen haben

Die Definitionsgleichung für die mechanische Arbeit gilt nur für Vorgänge, bei denen Weg- und Kraftrichtung übereinstimmen. Also wäre die Arbeit eines Traktors, der nach Abb. 1 einen Baumstamm zieht, nicht berechenbar.

Man kann aber die Kraft, mit der der Traktor an der Kette zieht, in zwei Komponenten zerlegen, von denen die eine in Wegrichtung, die andere senkrecht dazu wirkt (Abb. 2). Die zur Wegrichtung senkrechte Komponente trägt zur Vorwärtsbewegung nichts bei. Also dient zum Berechnen der Arbeit nur die Kraftkomponente F_s in Wegrichtung (vgl. auch S. 106):

$$W = F_s \cdot s$$

Im Sonderfall $\alpha = 90°$ besitzt die Kraftkomponente F_s den Wert Null, also ist auch das Produkt $F_s \cdot s$ Null: Es wird keine Arbeit verrichtet.

Beispiel: Ein Baukran hebt eine Last hoch. Er verrichtet Hubarbeit. Dann schwenkt er den Kranausleger zur Seite, um die Last an einer anderen Stelle abzusetzen. Während des Schwenkens bewegt sich die Last in horizontaler Richtung. Hierbei wird, wenn man von der Überwindung der Reibung absieht, keine Arbeit im physikalischen Sinne verrichtet. Die Haltekraft ist jedoch F_G.

Was versteht man unter Leistung?

Uta und Till klettern eine 3 m lange Stange hoch. Uta (Gewichtskraft 360 N) benötigt 9 Sekunden, Till (Gewichtskraft 360 N) braucht 10 Sekunden. Beide verrichten die gleiche Arbeit, nämlich 360 N · 3 m = 1080 Nm. Uta schafft es aber schon in 9 Sekunden. Sie ist schneller. Bilden wir den Quotienten aus Arbeit und Zeit, dann ist der Vergleich leichter.

$$\text{Uta:} \quad \frac{1080\ \text{Nm}}{9\ \text{s}} = 120\ \frac{\text{Nm}}{\text{s}}$$

$$\text{Till:} \quad \frac{1080\ \text{Nm}}{10\ \text{s}} = 108\ \frac{\text{Nm}}{\text{s}}.$$

Uta leistet mehr, weil sie pro Sekunde mehr Arbeit verrichtet. Den Quotienten aus Arbeit und zugehöriger Zeit nennt man **Leistung** und kürzt ihn mit dem Buchstaben P ab.

Die Leistung ist der Quotient aus Arbeit und Zeit:

$$\textbf{Leistung} = \frac{\textbf{Arbeit}}{\textbf{Zeit}} \qquad P = \frac{W}{t}.$$

Die Einheit der Leistung ist

$$1\ \frac{\text{Nm}}{\text{s}} = 1\ \frac{\text{J}}{\text{s}}.$$

Für die Einheit *„Joule durch Sekunde“* ist auch der Name **„Watt“** gebräuchlich. Es gilt also:

$$\mathbf{1\ \frac{J}{s} = 1\ Watt\ (1\ W).}$$

Größere Einheiten sind:
1 Kilowatt (1 kW) = 1000 Watt (1000 W)
1 Megawatt (1 MW) = 1 000 000 W

Das Wort Leistung kommt in unserer Sprache auch in anderen Bedeutungen vor. Wenn ein Bildhauer eine großartige Leistung vollbringt, dann meint man damit das Produkt, das er hervorbrachte, nicht aber die Leistung im physikalischen Sinne.

Nicht immer vollbringt der Schnellste die größte physikalische Leistung. Uta mißt ihre Leistung mit Judith. Diesmal bleibt Judith Sieger mit 8 Sekunden. Ist die physikalische Leistung auch größer?

Uta (360 Newton) braucht wiederum 9 s. Judith (300 Newton) braucht 8 s.

Physikalische Leistung:

$$\text{Uta:} \quad \frac{360\ \text{N} \cdot 3\ \text{m}}{9\ \text{s}} = 120\ \frac{\text{Nm}}{\text{s}} = 120\ \frac{\text{J}}{\text{s}}.$$

$$\text{Judith:} \quad \frac{300\ \text{N} \cdot 3\ \text{m}}{8\ \text{s}} = 112{,}5\ \frac{\text{Nm}}{\text{s}} = 112{,}5\ \frac{\text{J}}{\text{s}}.$$

Wir sehen auch an diesem Beispiel, daß es sowohl auf die Arbeit als auch auf die Zeit ankommt, in der diese Arbeit verrichtet wird.

Beispiele für Leistungen

Dauerleistung eines Menschen	etwa	70 W
Sportliche Höchstleistung bei längerer Belastung	etwa	340 W
Mittlere Leistung eines Pferdes	etwa	500 W
Personenkraftwagen		55 kW
Dampflokomotive	bis zu	1500 kW
Diesellokomotive	bis zu	3000 kW
Walchenseekraftwerk		120 MW
Kernkraftwerk Biblis (1 Block)		1300 MW

Kann man mit Maschinen Arbeit sparen?

Um diese Frage zu beantworten, müssen wir untersuchen, ob das Produkt $W=F\cdot s$ kleiner ist, wenn wir eine einfache Maschine einsetzen. Wir überprüfen dies bei der schiefen Ebene und beim Hebel.

An der schiefen Ebene gilt das Gesetz $F=F_G\cdot\frac{h}{l}$ oder $F\cdot l=F_G\cdot h$.

Das Produkt $F\cdot l$ stellt die Arbeit dar, die man längs der schiefen Ebene aufzuwenden hat, und $F_G\cdot h$ ist die Hubarbeit. Beide Arbeiten sind gleich. Es macht also bezüglich der Arbeit keinen Unterschied, ob man ein Bierfaß „auf direktem Weg" auf die Wagenpritsche wuchtet oder auf einer 3 m langen Schrotleiter nach oben rollt.

Wir erwarten, daß man auch beim Hebel keine Arbeit sparen kann, denn die kleinere Kraft wirkt am längeren Hebelarm und hat daher auch auf einem längeren Weg zu wirken. Eine genauere Überlegung ist mit Hilfe der Abb. 3 möglich.

Verschieben wir das linke Ende des Hebels mit der Kraft F_1 um h_1 nach unten, so verrichten wir die Arbeit $W_1=F_1h_1$. Rechts wird das Gewichtsstück um h_2 angehoben. Hubarbeit: $W_2=F_2h_2$. Außerdem gilt das Hebelgesetz:

$$F_1a_1=F_2a_2 \quad \text{oder} \quad \frac{F_1}{F_2}=\frac{a_2}{a_1}.$$

Aus der Zeichnung lesen wir ab (Strahlensatz): $a_2:a_1=h_2:h_1$. Also gilt:

$$\frac{F_1}{F_2}=\frac{h_2}{h_1} \quad \text{oder} \quad F_1\cdot h_1=F_2\cdot h_2.$$

Allgemein gilt:

Das Produkt aus Kraft in Wegrichtung und Weg bleibt bei allen einfachen Maschinen und bei allen Maschinen, die aus solchen zusammengesetzt sind, unverändert.

Dieses Gesetz, das schon HERON VON ALEXANDRIA (1. Jh. n. Chr.) kannte, wird auch als **Goldene Regel der Mechanik** bezeichnet. In der Praxis ist der Arbeitsaufwand mit Maschinen sogar größer als ohne, da stets auch Reibungsarbeit verrichtet werden muß.

Mit Hilfe der Goldenen Regel der Mechanik kann man komplizierte Vorgänge auf einfache Weise berechnen.

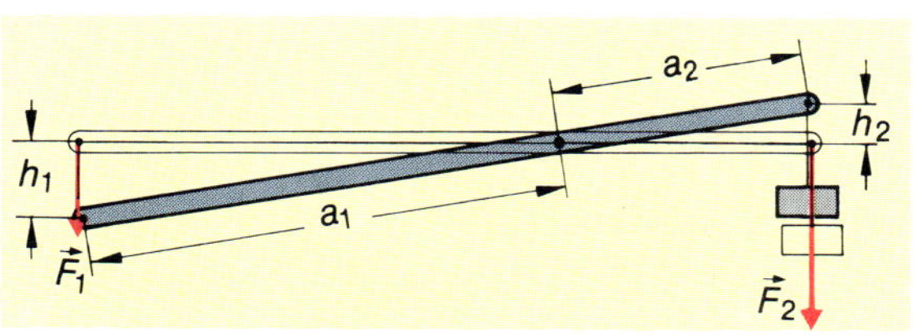

Abb. 3 Zur Berechnung der Arbeit am Hebel

Beispiel: Die älteste Hochgebirgszahnradbahn Deutschlands führt von Brannenburg/Waching auf den Wendelstein (Höhe des Bergbahnhofs: 1723 m). Sie überwindet dabei einen Höhenunterschied von 1200 m. Welche zusätzliche Arbeit muß die Elektrolok aufbringen, wenn in zwei Wagen 40 Fahrgäste mitfahren und wir für jeden Fahrgast mit Gepäck eine Masse von 100 kg (≙ ca. 1000 N) annehmen? Die durch die höhere Belastung vergrößerte Reibung soll außer acht gelassen werden.

Lösung: Der tatsächliche Weg ist 7,6 km lang mit vielen Kurven und ganz unterschiedlichen Steigungen. Da gibt es leicht ansteigende Wegstücke und dann wieder – für Bergbahnen – regelrechte Steilstrecken. Die größte Steigung beträgt ca. 24%. Müßte man jedesmal die Kraftkomponente in Wegrichtung ermitteln, dann wäre dies mit großem Rechenaufwand verbunden, selbst wenn man idealisierend den gesamten Weg aus vielen schiefen Ebenen zusammensetzte.

Hier erweist sich die Goldene Regel der Mechanik als „goldrichtig". Man kann so tun, als ob die Fahrgäste auf direktem Weg, also etwa mit Hilfe eines Seilaufzugs, auf 1723 m angehoben worden wären. Die Arbeit ist die gleiche. Also verrichtet die Elektrolok die zusätzliche Arbeit:

$$W=40\cdot 1000\text{ N}\cdot 1200\text{ m}=48\,000\,000\text{ Nm}$$
$$=48\text{ MJ}.$$

Dabei ist es gleichgültig, wieviel Pausen eingelegt werden.

Aufgaben

1. Was versteht man in der Physik unter Arbeit, was unter Leistung? Lies hierzu noch einmal die Seiten 127 und 128!
2. Berechne die Arbeit, die man verrichten muß, um einen Handwagen über eine horizontale Strecke von $s=150$ m zu ziehen, wenn die Deichsel unter einem Winkel von 20° gegen die Horizontale geneigt ist und an ihr mit einer Kraft von 100 N gezogen wird!
3. Wie groß ist die Arbeit, die ein Bergsteiger (700 N) beim Besteigen des Großglockners (3798 m) von Heiligenblut (1290 m) aus verrichtet?
4. Wie groß ist die durchschnittliche Leistung dieses Bergsteigers, wenn er für einen Höhenunterschied von 300 m 1 h braucht?
5. Wie lange braucht eine Pumpe mit 3,7 kW, um 10 m^3 Wasser 25 m hoch zu heben?
6. Wie groß ist die Leistung einer Pumpe, die in 1 Minute 6 m^3 Wasser 10 m hochpumpt?
7. Eine Pumpe hat eine Leistung von 150 kW. Wieviel m^3 Wasser vermag sie in 24 Stunden aus einem 150 m tiefen Schacht herauszupumpen?
8. Verluste bei Maschinen drückt man durch den Wirkungsgrad aus. Darunter versteht man den Quotienten aus nutzbarer Arbeit und aufgewandter Arbeit. Wäre der Wirkungsgrad 1, dann gäbe es keine Verluste. 1 bedeutet 100%.

   Ein Aufzug hebt in 15 s eine Nutzlast mit einer Gewichtskraft von 3000 N 22,5 m hoch. Berechne den Wirkungsgrad der Anlage, wenn die Antriebsmaschine 6 kW benötigt!
9. Zeige, daß man bei Rollen und Flaschenzügen keine Arbeit spart!

4.2 Energie

Perpetuum mobile

Eine Uhr muß, um in Gang zu bleiben, ständig angetrieben werden. Da wir das nicht dauernd selbst machen können, spannen wir vorher unter Arbeitsaufwand eine Spiralfeder oder heben ein Gewichtsstück. Die Spiralfeder treibt dann die Uhr an und entspannt sich dabei. Das angehobene Gewichtsstück sinkt wieder ganz langsam nach unten und hält das Räderwerk der Uhr in Bewegung. Bei Kuckucksuhren zum Beispiel ist dies so. Das Gewichtsstück hat seine Arbeitsfähigkeit verloren, wenn es nicht mehr weiter sinken kann. Die Feder kann im entspannten Zustand ebenfalls keine Arbeit mehr vollbringen.

Ein gespannter Bogen verrichtet Arbeit, wenn er den Pfeil in Bewegung setzt. Der Pfeil wiederum bohrt sich in das Holz der Zielscheibe und verrichtet dabei Arbeit.

Arbeit gibt es aber nicht umsonst. Dies veranschaulicht der folgende Versuch.

Versuch 1: Wir lassen einen Wagen auf einer schiefen Ebene hinabrollen und auf der horizontalen Strecke nach Abb. 1 gegen eine Stahlfeder stoßen.

Die Feder wird zusammengedrückt, federt zurück und beschleunigt den Wagen so stark, daß er wieder auf die Ausgangshöhe zurückrollt.

Der Wagen prallt gegen die Stahlfeder. Dabei verrichtet er **Verformungsarbeit (Spannarbeit).** Die Feder entspannt sich wieder und beschleunigt den Wagen. Sie verrichtet an diesem **Beschleunigungsarbeit.** Der Wagen kann die alte Höhe erreichen. Er verrichtet **Hubarbeit.**

Alle diese Arbeiten gibt es nicht umsonst. Die Beschleunigungsarbeit resultiert aus der Arbeitsfähigkeit der Stahlfeder. Diese wiederum gewann die Feder auf Grund der Verformungsarbeit, die der Wagen verrichtete. Und der Wagen schließlich erhielt seine Arbeitsfähigkeit dadurch, daß er vorher auf die Höhe h angehoben wurde.

Ein uralter Traum der Menschheit war es, Arbeiten ohne eigenen oder zusätzlichen Arbeitsaufwand auszuführen. Jahrhundertelang bemühte man sich, die Natur zu überlisten und Maschinen zu konstruieren, die *nutzbare* mechanische Arbeit liefern, ohne daß von außen an dieser Maschine Arbeit verrichtet wird. Eine solche Maschine nennt man **Perpetuum mobile** (perpetuus, lat. = ewig; mobilis, lat. = beweglich).

In Abb. 2 ist eine solche Maschine zu sehen. Das Wasserrad treibt über eine Schnecke eine Archimedische Schraube an, die das Wasser wieder auf die Ausgangshöhe bringen soll. Von dort aus strömt es zum Wasserrad und steht erneut zur Verfügung. Gleichzeitig sollen aber noch die Schleifräder gedreht werden. Das geht nicht! Die Maschine würde anlaufen und stehen bleiben. Das Wasser würde noch nicht einmal die Ausgangshöhe erreichen. Es hat sehr lange gedauert, bis die Menschen einsahen, daß ein Perpetuum mobile nicht möglich ist. Trotzdem reichen immer wieder „Erfinder" neue Vorschläge beim Deutschen Patentamt in München ein – ohne Erfolg! Wir halten fest:

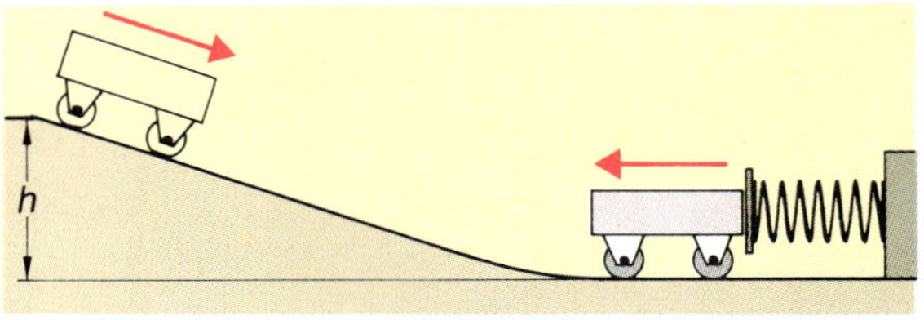

Abb. 1 Der Wagen prallt gegen die Stahlfeder

Ein Perpetuum mobile ist nicht möglich.

Was ist Energie?

Die Fähigkeit der Körper, Arbeit verrichten zu können, erfaßt man in der Physik durch den Begriff **Energie.** Hebt man z. B. einen Stein hoch, so vergrößert sich seine Arbeitsfähigkeit: Er besitzt eine größere Energie als vorher. Er hat, wie man sagt, mehr Energie gespeichert. Seine Energie wird geringer, wenn er selbst Arbeit verrichtet.

Entsprechend den verschiedenen Formen mechanischer Arbeit unterscheidet man auch verschiedene **mechanische Energieformen.** Der angehobene

Abb. 2 Wirbel- oder Schneckenkunst mit Schleifrädern. Plan eines *Perpetuum mobile* aus dem Jahre 1629

Wagen in Versuch 1 hat eine größere **Lageenergie.** Beim Herabrollen wird er schneller und schneller. Er gewinnt **Bewegungsenergie.** Auf Grund dieser Bewegungsenergie kann der Wagen wieder Hubarbeit verrichten. Er kann aber auch eine Feder zusammendrücken. Diese vermag den Wagen zu beschleunigen. Sie hat **Spannenergie.**

Der Energiebegriff spielt in der gesamten Physik eine wichtige Rolle, nicht nur in der Mechanik. Die Energie, die man z. B. mit Hilfe eines Fahrraddynamos erzeugen kann, nennt man **elektrische Energie.** Die elektrische Energie wiederum bringt das Glühlämpchen im Scheinwerfer zum Leuchten. Auch die elektrische Energie erhält man nicht umsonst. Zur Erzeugung der elektrischen Energie mit dem Fahrraddynamo ist mechanische Arbeit erforderlich.

Versuch 2: Wir treiben einen Fahrraddynamo an, ohne die Beleuchtung einzuschalten. Es ist nur Reibungsarbeit aufzubringen. Mit Beleuchtung müssen wir kräftiger drehen, also zusätzlich Arbeit verrichten.

Das mit elektrischer Energie betriebene Glühlämpchen sendet Licht aus; es vermag aber auch zu erwärmen. Viel deutlicher spürt man diese Erwärmung, wenn man die Hand dicht vor eine eingeschaltete Haushaltsglühlampe hält. Man sagt, daß von der Glühlampe auf die Hand Energie übertragen wird, und nennt diese Energieform **Wärme.**

Ein Körper kann aber nicht nur durch Wärme heiß werden, sondern auch durch Arbeit. Das merkt man z. B. beim Abbremsen mit Hilfe von Reibung. Beim Auto können die Bremsen sehr heiß werden. Auch die Fahrradnabe wird heiß, wenn man die Rücktrittbremse betätigt. In diesen Fällen erhöht die Reibungsarbeit die sogenannte **innere Energie** des Körpers. Man spricht von innerer Energie, da die Energie im Körper gespeichert ist. Meist erwärmen wir aber die Körper mit Hilfe von elektrischer Energie (Tauchsieder, Kochplatte) oder auch durch Verbrennen von Holz, Kohle, Öl oder Gas. Hierbei nutzen wir die in diesen Stoffen gespeicherte **chemische Energie** aus. Auch die **Kernenergie** ist eine Energieform. Sie wird bei Kernreaktoren friedlich genutzt. Wir werden uns mit allen Energieformen beschäftigen. Im folgenden beschränken wir uns zunächst auf die **mechanischen Energieformen.**

Mit dem Begriff Energie beschreibt man die Fähigkeit der Körper, Arbeit verrichten zu können. Es gibt drei Möglichkeiten, auf mechanische Weise Energie zu speichern, nämlich als Lage-, Bewegungs- und Spannenergie.

Wie wird die mechanische Energie gemessen?

Häufig können wir die mechanische Energie eines Körpers durch die Arbeit messen, die an ihm verrichtet wird oder die dieser selbst verrichtet. Dabei müssen wir die Reibungsarbeit ausschließen, denn diese läßt sich in keine andere mechanische Energieform umwandeln, sondern führt stets zu einer Erwärmung. Wir betrachten also Hubarbeit, Beschleunigungsarbeit und Spannarbeit.

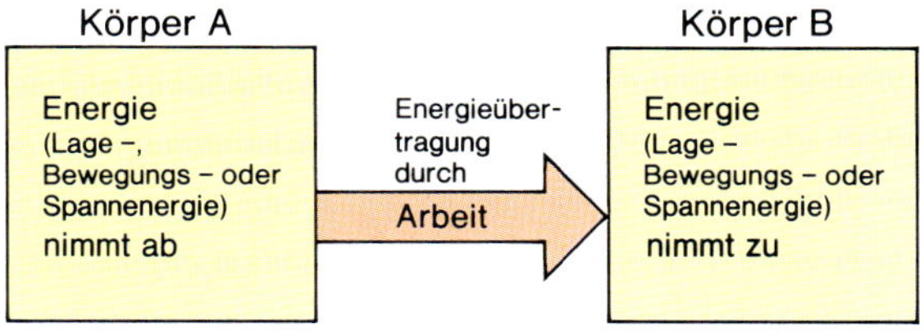

Abb. 3 Arbeit ist eine Übertragungsform der Energie

Beispiel: Die Gewichtskraft eines Körpers ist 10 N, die Hubhöhe 1 m. Hubarbeit: 10 N · 1 m = 10 Nm. Der Energiezuwachs des Körpers beträgt dann auch 10 Nm. Nun sinkt der Körper um 0,5 m und treibt dabei z. B. ein Uhrwerk an. Dies entspricht dann einer Arbeit von 5 Nm. Die Energieabnahme ist jetzt 5 Nm.

Den Energiezuwachs oder die Energieabnahme bezeichnet man allgemein als *Energieänderung.* Daher können wir schreiben:

Energieänderung = Arbeit

Für die Hubarbeit gilt: $W = F_G h = m \cdot g \cdot h$. Hebt man einen Körper um die Höhe h an, so wächst seine Energie der Lage – man sagt auch **potentielle Energie** – um den Betrag $m \cdot g \cdot h$ an. Vielfach setzt man die Lageenergie, die ein Körper vor dem Anheben besitzt, Null. In diesem Fall gibt der Term mgh direkt die potentielle Energie des Körpers bezüglich der Höhe $h = 0$ an. Man schreibt:

$$E_{pot} = mgh$$

Energie und Arbeit haben die gleiche Einheit: 1 Joule. Man faßt heute die Arbeit als eine besondere Form von Energie auf, nämlich als eine Energie, die von einem Körper auf einen anderen übertragen wird. Man spricht daher statt von „Arbeit" auch von Energiezufuhr bzw. von Energieabgabe in Form von Arbeit (Abb. 3). Dies ist eine Erweiterung des ursprünglichen Energiebegriffs.

Aufgaben

1. Wie kann man aus der Versuchsanordnung 1 ein – nicht funktionierendes – Perpetuum mobile bauen?
2. Welche Energiezunahme erfährt 1 m^3 Wasser, wenn es 10 m hochgehoben wird?
3. Der in Bayern gelegene Walchensee ist 16,4 km^2 groß. Das Wasser wird durch Druckstollen in den rund 200 m tiefer liegenden Kochelsee geleitet.

   Wieviel Energie kann man maximal in mechanische Arbeit umsetzen, wenn man eine Wasserschicht von 10 cm vom Walchensee abfließen läßt?

4.3 Energieerhaltung

Keine Änderung trotz Wandel

Beim Herabrollen eines Wagens auf einer schiefen Ebene vermindert sich seine Lageenergie, seine Bewegungsenergie nimmt zu. Besonders gut kann man diesen Wandel der Energieformen beim Fadenpendel verfolgen.

Versuch 3: Wir heben die Kugel eines Fadenpendels so an, daß der Faden gespannt bleibt. Lassen wir die Kugel los, dann schwingt sie hin und her und erreicht dabei immer wieder die Ausgangshöhe (Abb. 1).

Wir beschreiben diesen Vorgang vom energetischen Standpunkt: Schwingt die Pendelkugel aufwärts, dann nimmt ihre Bewegungsenergie ab, aber ihre Lageenergie nimmt zu. Man sagt: Die Bewegungsenergie wandelt sich in Lageenergie um. Im höchsten Punkt hat die Lageenergie ihren größten Wert. Bei der Abwärtsbewegung wächst die Bewegungsenergie auf Kosten der Lageenergie. Im tiefsten Punkt ist die Bewegungsenergie am größten. Von da an wandelt sich die Bewegungsenergie wieder in Lageenergie um. Dabei ist der Zuwachs an Lageenergie gleich der Abnahme der Bewegungsenergie. Bildet man die Summe aus Lageenergie und Bewegungsenergie, so hat sich nichts geändert: Die Summe ist unverändert.

Bei einem Fadenpendel ist die Summe aus Lageenergie und Bewegungsenergie konstant.

Dies gilt nur für ein sogenanntes **abgeschlossenes System,** d. h. für ein System, dem keine weiteren Energien von außen zugeführt werden. Man muß das Pendel schwingen lassen und darf keinen zusätzlichen Stoß geben. Denn dann würde sich die Gesamtenergie ändern. Allerdings wissen wir, daß die Reibung uns einen Strich durch die Rechnung macht. Sie sorgt schließlich für ein völliges Abbremsen des Pendels. Es wird eben nicht nur Hubarbeit und Beschleunigungsarbeit verrichtet, sondern auch Reibungsarbeit. Das System ist nicht abgeschlossen. In der Physik betrachtet man zunächst *ideale Bedingungen.* Sie sind einfacher zu behandeln. Solche Idealisierungen sind häufig notwendig, um überhaupt erst einmal einen physikalischen Sachverhalt zu beschreiben.

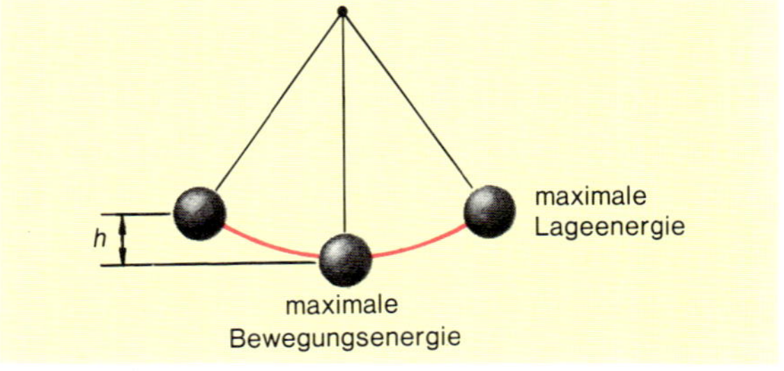

Abb. 1 Energieumwandlung beim Fadenpendel

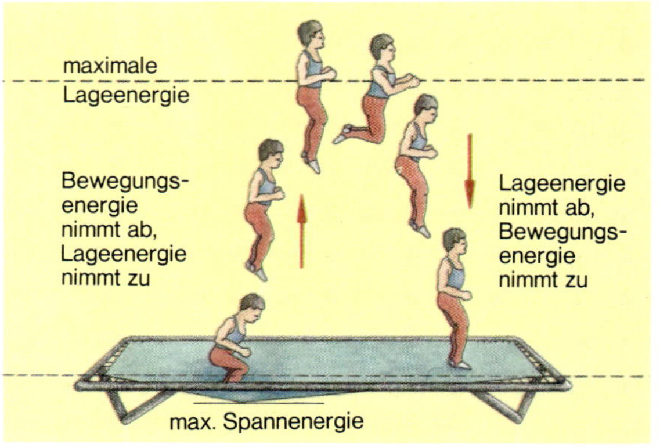

Abb. 2 Trampolinspringer

Idealisierungen sind ein Bestandteil der physikalischen Methode.

Unter idealisierten Bedingungen gilt auch der **Energieerhaltungssatz** der Mechanik:

In einem abgeschlossenen System ist die Gesamtenergie konstant.

Besonders deutlich ist die Umwandlung der Energieformen beim Sprung auf dem Trampolin (Abb. 2). Hier sind drei Energieformen beteiligt. Die Lageenergie des Springers wandelt sich in Bewegungsenergie um. Das Trampolin mit seinem elastisch nachgebenden Tuch und seinen Federn wird stark gespannt. Die Bewegungsenergie wird in Spannenergie umgewandelt. Für einen kurzen Moment kommt der Springer sogar zur Ruhe, dann ist das Trampolin maximal gespannt. Die gesamte Energie ist jetzt im elastisch verformten Tuch gespeichert. Nun läuft der Vorgang gleichsam rückwärts: Das Trampolintuch schnellt zurück und beschleunigt den Springer. Dieser erhält Bewegungsenergie. Er fliegt hoch und gewinnt dabei wieder Lageenergie.

Doppelte Geschwindigkeit, aber vierfache Energie

Beim Anheben eines Fadenpendels um die Höhe h wächst die Lageenergie um mgh. – Das entspricht der Hubarbeit. – Diese Energie wandelt sich in Bewegungsenergie um. Im tiefsten Punkt ist diese Energie vollständig als Bewegungsenergie gespeichert. Die Pendelkugel hat hier ihre größte Geschwindigkeit. Welcher Zusammenhang besteht zwischen der Energie und der Geschwindigkeit? Verdoppelt sich die Geschwindigkeit, wenn man die Energie verdoppelt?

Versuch 4: Wir lassen ein Fadenpendel aus verschiedenen Höhen schwingen und messen jeweils mit Hilfe einer Lichtschranke die Geschwindigkeit im tiefsten Punkt. Sobald die Kugel den Licht-

h in cm	E in J	t in ms	v in m/s
4	43,6	33,7	0,89
8	87,2	24,0	1,25
12	130,8	19,6	1,53
16	174,4	16,9	1,78
20	218,0	15,2	1,97

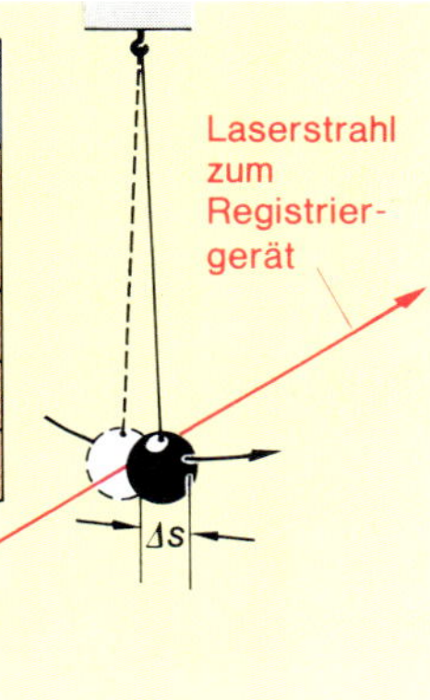

Abb. 3 Geschwindigkeitsmessung mit einer Lichtschranke

strahl unterbricht, wird eine Uhr ausgelöst. Diese wird gestoppt, wenn die Kugel den Lichtstrahl wieder freigibt (Abb. 3). In dieser Zeit hat die Kugel einen Weg der Länge $\Delta s = 0{,}03$ m zurückgelegt, das entspricht der Länge des Kugeldurchmessers. Die Meßergebnisse sind in der Tabelle wiedergegeben (Abb. 3).

Der Tabelle entnehmen wir: Erst bei der vierfachen Energie erreicht die Kugel die doppelte Geschwindigkeit. Wir vermuten: Bei doppelter Geschwindigkeit hat die Kugel die vierfache Bewegungsenergie, bei dreifacher Geschwindigkeit die neunfache usw. Mit anderen Worten: Die Bewegungsenergie ist dem Quadrat der Geschwindigkeit proportional. Die Bewegungsenergie bezeichnet man auch als **kinetische Energie** (kínēma, gr. = Bewegung). Allgemein gilt:

Die kinetische Energie ist dem Quadrat der Geschwindigkeit proportional:

$$E_{\text{kin}} \sim v^2.$$

Dieser Zusammenhang ist für den Straßenverkehr von ungeheurer Bedeutung. Er beinhaltet, daß sich bei Verdoppelung der Geschwindigkeit die kinetische Energie vervierfacht, bei einer dreifachen Geschwindigkeit sogar verneunfacht. Gar mancher Autofahrer sollte sich dies merken! Neunfache Energie bedeutet auch einen ähnlich hohen Schaden.

Aufgaben

1. Ein Ball fällt senkrecht auf den Boden, prallt zurück und hüpft mehrmals auf und ab. Beschreibe die dabei auftretenden Energieumwandlungen!
2. Stelle die Meßergebnisse von Versuch 4 grafisch dar! (v als Funktion von h. Maßstäbe: 10 cm ≙ 0,2 m; 5 cm ≙ 1 m/s). Bei welcher Höhe betrüge die Geschwindigkeit der Kugel 2,5 m/s? Zeige mit Hilfe der Tabelle, daß die Kugel aus einer Höhe von etwa 10 m (4. Stock!) fallen müßte, um 14 m/s (≈ 50 km/h) zu erreichen!

4.4 Maschinen als Energiewandler

Wind- und Wasserräder

Schon sehr früh versuchte man, die Bewegungsenergie von Luft und Wasser auszunutzen, um Pumpen oder Getreidemühlen anzutreiben. Während die Wasserräder schon um 2000 v. Chr. bekannt gewesen sein sollen, traten die ersten Windmühlen rund 1000 Jahre später auf. Im nördlichen Europa sind Windmühlen seit dem 8. Jh. n. Chr. belegt.

Wasserräder baute man in zwei Arten. Beim **oberschlächtigen Wasserrad,** das einen großen Durchmesser besitzt, wird das Gefälle des Wassers ausgenutzt. Das Wasser strömt oben in Kammern ein, die auf dem Umfang des Rades angebracht sind und drückt diese durch seine Gewichtskraft nach unten (Abb. 4). Dort entleeren sich die Kammern und steigen auf der anderen Seite leer nach oben. Bei diesen Wasserrädern wird also die Lageenergie des Wassers in Arbeit umgesetzt.

Beim **unterschlächtigen Wasserrad** staut man die Wassermenge und läßt sie mit einem kräftigen Strom gegen die Schaufeln eines Wasserrades stoßen. Das Wasser strömt dabei unter dem Rad hindurch (Abb. 4).

Wasserräder wurden von den Römern zum Antrieb von Getreidemühlen eingesetzt. Sie waren zunächst nicht sehr weit verbreitet, da die Muskelkräfte der Sklaven zur Verfügung standen. Als die Zahl der Kriegsgefangenen, die als Sklaven dienen mußten, wegen des Nachlassens der römischen Expansion (Ausdehnung des Herrschaftsbereichs) zurückging, gewann die Wassermühle besonders in den wasserreichen Gebieten nördlich der Alpen an Boden. Aber erst im Mittelalter erhielten die Wasserräder als Antriebsmaschinen große Bedeutung. Mit ihnen wurden z. B. Mühlen, Sägewerke, Walkvorrichtungen, Zwirnmühlen, Schmiedehämmer und große Blasebälge angetrieben. Die Blasebälge wiederum machten den Eisenguß möglich, eine der bedeutendsten Erfindungen des Mittelalters.

Abb. 4 Schematische Darstellung von oberschlächtigem (links) und unterschlächtigem Wasserrad (rechts)

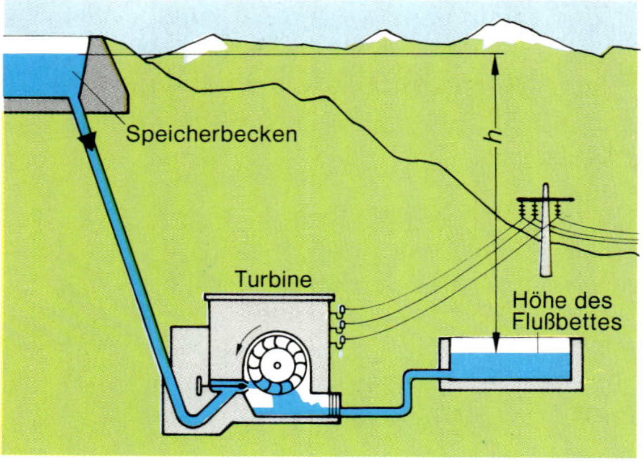

Abb. 1 Strömendes Wasser besitzt Bewegungsenergie

Abb. 2 Laufrad einer Peltonturbine. Durchmesser: 3,75 m

Auch die Windmühlen fanden eine immer größere Verbreitung. In Norddeutschland waren vor mehr als 100 Jahren rund 30 000 Windmühlen tätig. Geschätzte Gesamtleistung 300 000 bis 600 000 kW. 1933 waren es nur noch etwa 4500 Windmühlen.

Moderne Turbinen

Die Wasserturbinen stellen die technische Weiterentwicklung der Wasserräder dar. Es gibt verschiedene Ausführungsformen. Bei hohem Gefälle verwendet man die **Freistrahl- oder Peltonturbine.** Die Lageenergie des Wasser wandelt sich in Bewegungsenergie um. Mit großer Geschwindigkeit stürzt das Wasser durch Rohrleitungen und wird durch Düsen auf die besonders geformten Schaufeln der Turbine geleitet (Abb. 1 u. 2). Im Walchensee-Kraftwerk leistet eine solche Peltonturbine bei einem Gefälle von 195 m rund 125 000 kW. Die Turbinen treiben elektrische Generatoren an, verwandeln also mechanische Energie in elektrische Energie. Diese ist mit Hilfe von elektrischen Fernleitungen leicht transportierbar und kann daher an die Abnehmer direkt geliefert werden.

Bei kleinem Gefälle verwendet man die **Kaplanturbine** (Abb. 3). Hier wird das Wasser, z. B. eines Flusses, durch feststehende Leitschaufeln auf die Schaufeln des Laufrades gerichtet. Die Achse der Turbine kann vertikal angeordnet sein wie in Abb. 3 oder horizontal. Die Größe der Kaplanturbine ist beeindruckend. Abb. 3 (rechts) gibt uns einen Eindruck davon.

Die Bedeutung der Windräder nahm zu Beginn dieses Jahrhunderts ständig ab. Erst in jüngster Zeit zeigt man wieder größeres Interesse an Windrädern als Antrieb für elektrische Generatoren (vgl. S. 355).

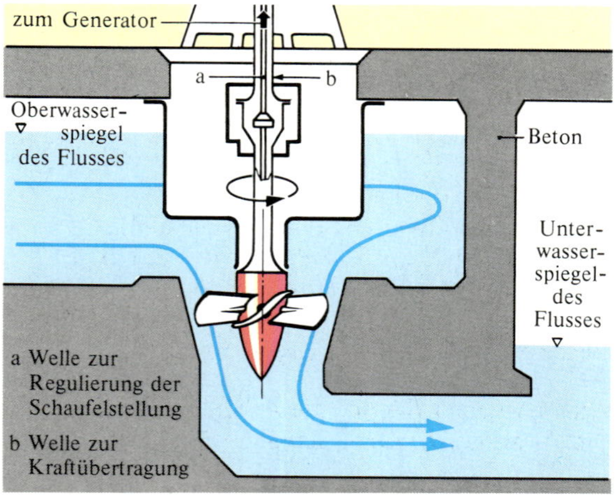

 Abb. 3 Kaplanturbine. (links) stark vereinfachte schematische Darstellung ohne Leitschaufeln. (rechts) Laufrad

Basiswissen Mechanik (II)

Kraftwandler und Drehmomentwandler

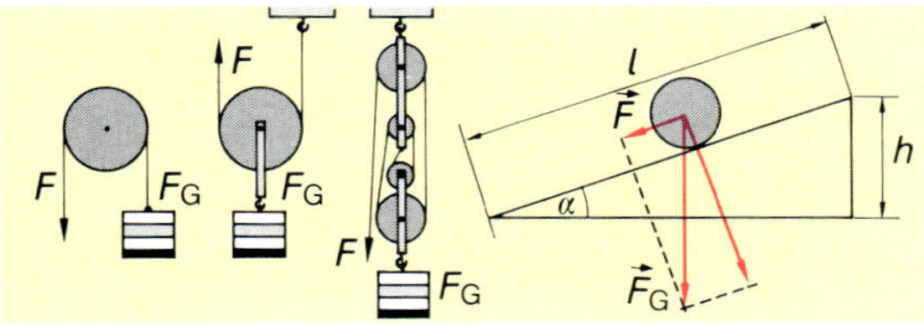

Bei der **festen Rolle** wird die Richtung der Kraft verändert, nicht aber der Betrag. Bei der **losen Rolle** wird der Betrag verändert: $F=\frac{1}{2}F_G$. ↑ S. 114

Der **Flaschenzug** ist eine Kombination aus losen und festen Rollen. Bei n tragenden Seilen ist der Betrag der Haltekraft F gleich dem n-ten Teil der Gewichtskraft der Last: $F=\frac{1}{n}F_G$. ↑ S. 115

Gleichgewichtsbedingung für die **schiefe Ebene:** $F=F_G\cdot\frac{h}{l}$. ↑ S. 117

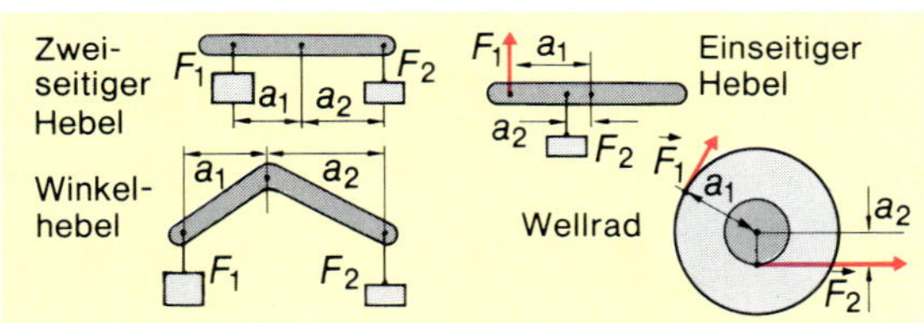

Hebelgesetz: Der Hebel ist im Gleichgewicht, wenn die Produkte aus Kraft und zugehörigem Hebelarm gleich sind. $F_1\cdot a_1=F_2\cdot a_2$. ↑ S. 118, 119

Der **Hebelarm** ist der Abstand der Drehachse von der Wirkungslinie der Kraft.

Unter dem **Drehmoment** M einer Kraft versteht man das Produkt aus der Kraft F und dem zugehörigen Hebelarm a: $M=F\cdot a$. ↑ S. 121

Der **Kettenantrieb (Riemenantrieb)** ist ein Drehmomentwandler. Bei ihm wirken gleiche Kräfte, aber verschiedene Drehmomente:
$M_1=F\cdot r_1$, $M_2=F\cdot r_2$. wobei $M_1>M_2$.

Die Drehzahlen n_1, n_2 stehen im umgekehrten Verhältnis wie die Radien: $n_1:n_2=r_2:r_1$. ↑ S. 125

Reib- und Zahnradantriebe sind ebenfalls Drehmomentwandler.

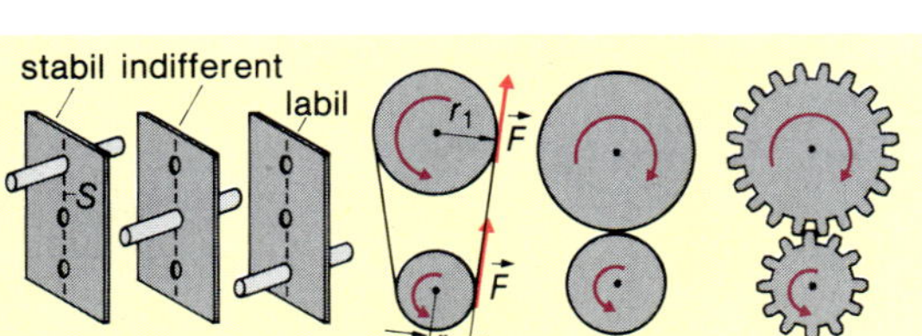

Gleichgewichtsbedingungen – Schwerpunkt

Greifen an einem Körper mehrere Kräfte an, so ist er im Gleichgewicht, wenn

1. die Summe aller Kräfte Null und
2. die Summe aller Drehmomente um einen beliebigen Drehpunkt Null sind.

Drehmomente im Uhrzeigersinn werden positiv gerechnet, Drehmomente im Gegenuhrzeigersinn negativ. ↑ S. 122

Die Gewichtskraft eines Körpers können wir uns im Schwerpunkt angreifend denken. Sie besitzt bezüglich des Schwerpunkts S kein Drehmoment.

Ein in einem beliebigen Punkt unterstützter Körper ist im Gleichgewicht, wenn der Schwerpunkt senkrecht unter **(stabiles Gleichgewicht)** oder senkrecht über **(labiles Gleichgewicht)** dem Unterstützungspunkt oder in ihm selbst **(indifferentes Gleichgewicht)** liegt. ↑ S. 122

Arbeit, Leistung, Energie

Die mechanische **Arbeit** W ist das Produkt aus dem Betrag der Kraft F, die in Richtung des Weges zur Verschiebung eines Körpers nötig ist, und der Länge s dieser Verschiebungsstrecke: $W=F\cdot s$. Einheit: Nm. Für die Hubarbeit gilt $W=F_G\cdot h$ oder $W=m\cdot g\cdot h$. ↑ S. 127

Haben Kraft und Weg verschiedene Richtungen, dann verwendet man zur Berechnung der Arbeit die Kraftkomponente F_s in Wegrichtung: $W=F_s\cdot s$.

Unter der **Leistung** P versteht man den Quotienten aus Arbeit und Zeit: $P=W/t$. Einheit: Watt (W). 1 Joule/1 Sekunde = 1 Watt. ↑ S. 128

Goldene Regel der Mechanik: Das Produkt aus Kraft in Wegrichtung und Weg bleibt bei allen einfachen Maschinen unverändert. ↑ S. 129

Mit dem Begriff **Energie** beschreibt man die Fähigkeit der Körper, Arbeit verrichten zu können. Man unterscheidet verschiedene **Energieformen.** Die Arbeit faßt man als Energieform auf, die von einem Körper A auf einen anderen Körper B übertragen wird. ↑ S. 130

Speicherformen der mechanischen Energie:
Lageenergie (potentielle Energie): $E_{pot}=mgh$
Bewegungsenergie (kinetische Energie): $E_{kin}\sim v^2$
Spannenergie.
Übertragungsform der Energie: Arbeit.

Wird an einem Körper die Arbeit W verrichtet, so gilt: **Energiezuwachs = Arbeit.** ↑ S. 131

Energieerhaltungssatz: In einem abgeschlossenen System ist die Gesamtenergie konstant. ↑ S. 132

5 Mechanik der Flüssigkeiten und Gase

5.1 Druck in Flüssigkeiten und Gasen

Unter Druck gesetzt

Leicht kann man Kräfte auf feste Körper übertragen, nicht jedoch auf Flüssigkeiten (Abb. 1). Die Flüssigkeitsteilchen weichen nämlich aus. Sperrt man sie aber in ein Gefäß ein, dann gelingt es auch bei ihnen, Kräfte zu übertragen. Genau das geschieht bei der Bremsanlage eines Autos.

Wie eine solche Bremsanlage aufgebaut ist, kann man in Abb. 2 sehen. Sie besteht aus dem Bremszylinder, der Bremsleitung, den Radzylindern und den Bremsbacken, die an die Bremstrommeln gepreßt werden können. Das ganze System ist mit einer Bremsflüssigkeit gefüllt. Beim Bremsen tritt man auf das Bremspedal. Dieses verschiebt den dicht schließenden Kolben im Bremszylinder ein wenig und verdrängt damit die Bremsflüssigkeit. Das hat zur Folge, daß die Kolben in den Radzylindern bewegt und die Bremsbacken an die sich drehenden Bremstrommeln gedrückt werden. Die entstehende Reibung hemmt die Bewegung: Das Auto wird langsamer.

Wie funktioniert diese Kraftübertragung? Man sagt: Die Bremsflüssigkeit wird unter Druck gesetzt. Dieser Druck wirkt dann auf die Kolben in den Radzylindern und bewegt diese.

Das Wort „Druck" verwendet man im Alltag sehr häufig. So spricht man z. B. vom Druck in der Wasserleitung und in der Gasleitung, vom Druck im Autoreifen, vom Luftdruck, vom Explosionsdruck. Auch in anderen Bedeutungen wird das Wort Druck gebraucht, nämlich im Sinne von Zwang oder Bedrängnis (z. B. beim Gebrauch des Wortes „Leistungsdruck").

Was versteht man aber in der Physik unter Druck? Ist er durch den Begriff der Kraft erfaßbar? Um diese Fragen beantworten zu können, wollen wir einige Versuche durchführen.

Versuch 1: Wir pumpen mit einer Fahrradluftpumpe Luft in einen Fahrradschlauch. Der Gummischlauch bläht sich auf, und zwar nach allen Seiten gleichmäßig.

Der Gummischlauch wird verformt. Eine Verformung kann aber nur durch Kraft hervorgerufen werden. Warum sprechen wir dann nicht einfach von Kraft anstatt von Druck?

Wir erinnern uns, daß jede Kraft eine bestimmte Richtung hat. An der Aufblähung des Gummischlauchs erkennen wir aber, daß die unter Druck gesetzte Luft sich nach allen Seiten auswirkt. Dem *Druckzustand,* in dem sich das Gas befindet, kann man also keine bestimmte Richtung zuordnen. Wir können dies noch einmal mit folgendem Versuch demonstrieren.

Abb. 1 Kraftübertragung

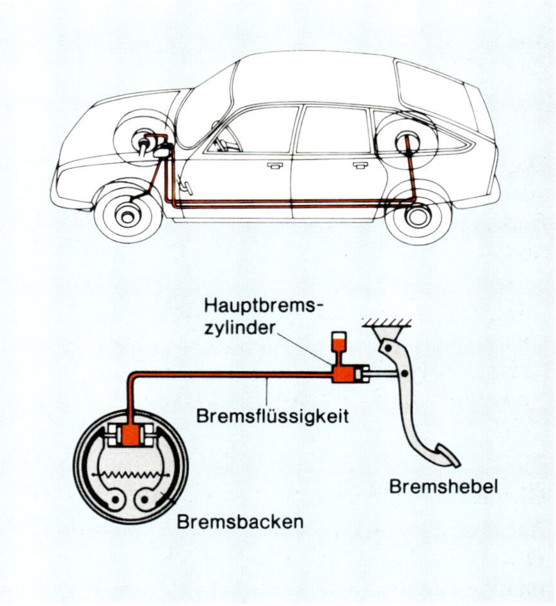

Abb. 2 Bremsanlage eines Autos

Versuch 2: Wir füllen einen Glaskolben von der in Abb. 3 dargestellten Form mit Wasser und schieben einen gut schließenden Kolben hinein. Das Wasser spritzt aus den Öffnungen gleichmäßig nach allen Richtungen.

Dies ist eigentlich ein recht einleuchtendes Ergebnis, denn wir wissen, daß die Teilchen einer Flüssigkeit keinen festen Zusammenhalt haben, sondern leicht gegeneinander verschiebbar sind. So können sie nach allen Seiten ausweichen.

Wie ist es aber im Innern einer Flüssigkeit oder eines Gases? Macht sich auch dort der Druckzustand bemerkbar? Hierzu der folgende Versuch.

Versuch 3: Wir geben in das Innere eines mit Wasser gefüllten Rundkolbens eine luftgefüllte Gummiblase (Abb. 4). Beim Hineindrücken des Stempels wird die Gummiblase verkleinert. Sie bleibt aber rund.

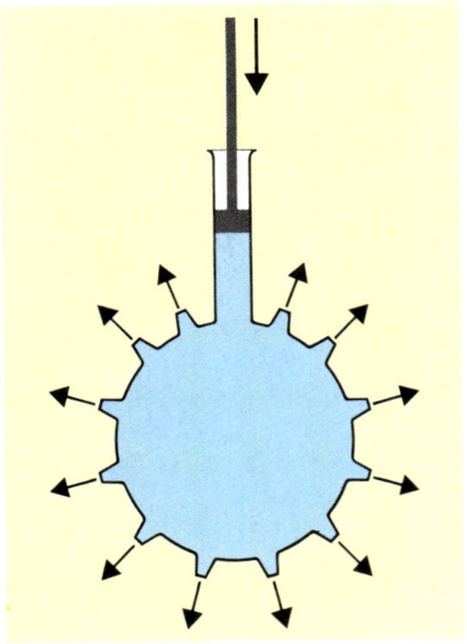

Abb. 3 Das Wasser spritzt nach allen Seiten

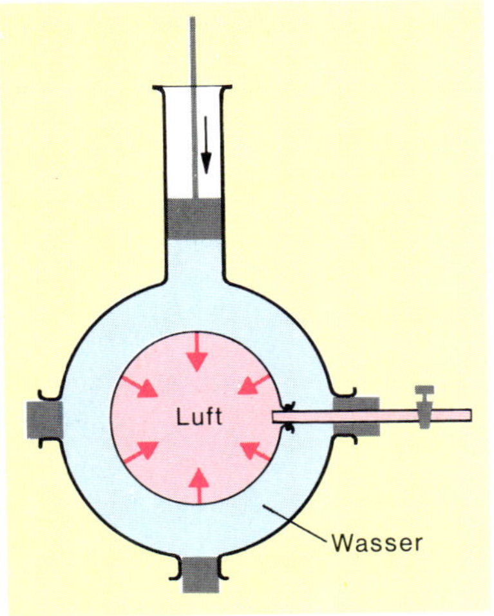

Abb. 4 Die Gummiblase wird verkleinert

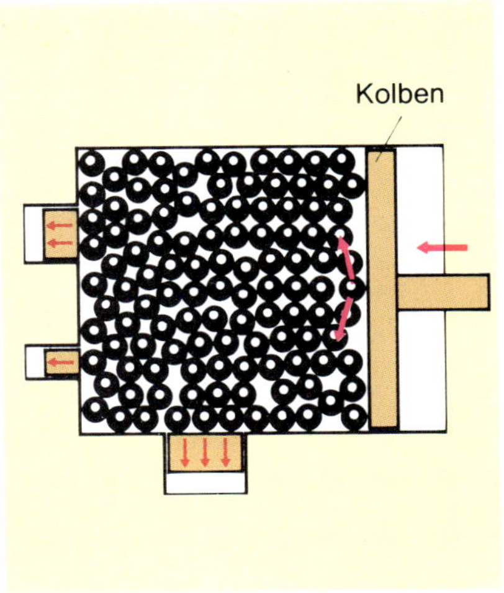

Abb. 5 Kraftübertragung durch eine eingesperrte Flüssigkeit

Das Wasser „steht unter Druck". Daher wirken auch auf eine Begrenzungsfläche im Innern der Flüssigkeit Kräfte. Zusammenfassend können wir sagen:

Preßt man Flüssigkeits- bzw. Gasmengen zusammen, so werden sie in einen Druckzustand versetzt, der sich nach allen Seiten gleich stark durch eine auf die Begrenzungsflächen wirkende Kraft äußert.

Gleichartige Phänomene – verschiedene Ursachen

Bei Flüssigkeiten kann man die Allseitigkeit des Drucks mit Hilfe der *Teilchenvorstellung* folgendermaßen erklären: Die Flüssigkeitsteilchen liegen dicht beieinander und sind leicht gegeneinander verschiebbar. Wirkt auf die Begrenzungsfläche eine Kraft, so wird diese auf die Teilchen übertragen, die sie an die benachbarten Teilchen weitergeben. Ein Modellversuch mit Stahlkugeln veranschaulicht diesen Vorgang.

Versuch 4: Die Stahlkugeln liegen zwischen zwei Glasplatten innerhalb eines Holzrahmens, der nach zwei Seiten Öffnungen besitzt, die mit beweglichen Kolben verschlossen sind (Abb. 5). Schieben wir den Stempel in den Rahmen, so rücken die Kugeln zusammen und übertragen die auf sie wirkenden Kräfte auf die Kolbenfläche und drücken diese nach außen.

Ganz anders bei Gasen. Zwischen den Teilchen sind große Zwischenräume (vgl. Seite 81). Wie wir uns bei Gasen die Entstehung des Drucks vorstellen können, zeigt der folgende Modellversuch.

Versuch 5: Wir lassen auf die Waagschale einer Briefwaage Stahlkugeln aufprallen. Die Briefwaage zeigt bei dem regellosen Aufprallen der Kugeln einen konstanten Ausschlag. Die zahlreichen Stöße haben also eine ähnliche Wirkung wie die konstante Gewichtskraft z. B. eines Wägestücks (Abb. 6).

Bei Gasen entsteht der Druck durch unregelmäßige Stöße der Teilchen auf die Wand. Stoßen in der Zeiteinheit sehr viele Teilchen gegen die Wand, so wirken diese Stöße wie eine gleichbleibende Kraft.

Abb. 6 Konstanter Ausschlag durch zahlreiche unregelmäßige Stöße

Wie können wir den Druckzustand messen?

Wir wissen, daß sich der Druckzustand durch eine Kraft auf die Begrenzungsflächen äußert. Umgekehrt können wir durch eine Kraft auf die Begrenzungsflächen einen Druckzustand herstellen. So können wir „Druck erzeugen", wenn wir mit dem Kolben eines luftgefüllten *Kolbenprobers* die eingesperrte Luft zusammenpressen. Deshalb erzeugen wir jetzt einen bestimmten Druckzustand durch eine bestimmte Kraft auf eine bestimmte Begrenzungsfläche.

Versuch 6: Zwei luftgefüllte Kolbenprober verschiedener Querschnittsfläche sind ähnlich wie in Abb. 1 mit einem Gummischlauch verbunden. Mit einer Schlauchklemme werden die beiden eingeschlossenen Luftmengen zunächst voneinander getrennt. In beiden Kolbenprobern wird die Luft durch die Kolben zusammengepreßt und in einen bestimmten Druckzustand versetzt. Öffnen wir die Klemme, so schiebt der größere Kolben den kleineren heraus. Wir können dies verhindern, wenn wir auf den kleinen Kolben zusätzlich ein Gewichtsstückchen legen.

Den Gleichgewichtszustand führen wir darauf zurück, daß in beiden Kolbenprobern der gleiche Druckzustand herrscht.

Belastet man den einen Kolben durch ein Gewichtsstück, so verschieben sich die Kolben erneut. Auch hier können wir die Verschiebung durch Auflegen von Gewichtsstücken auf den zweiten Kolben vermeiden. Dabei zeigt es sich, daß im Gleichgewichtszustand der Kolben mit der kleineren Querschnittsfläche auch mit der kleineren Gewichtskraft belastet wird. Wir schließen daraus:

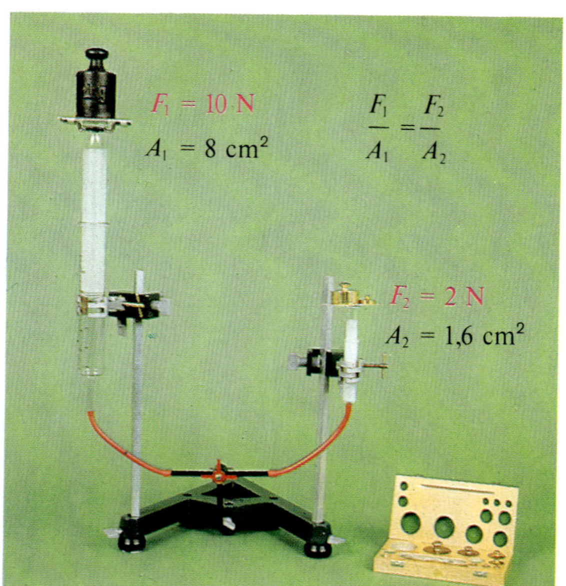

Abb. 1 Bei fünffacher Fläche ($A_1 = 5A_2$) fünffache Belastung ($F_1 = 5F_2$)

Die Kraft, mit der sich der Druck bemerkbar macht, ist um so größer, je größer die Begrenzungsfläche ist.

Zur genauen Untersuchung des Zusammenhangs zwischen dem Flächeninhalt der Begrenzungsfläche und der Kraft verändern wir auch die Querschnittsfläche. Wir untersuchen dabei nur den Druckzustand, der durch die zusätzlich aufgelegten Gewichtsstücke entstanden ist. Die zugehörige Versuchsanordnung ist in Abb. 1 wiedergegeben.

Versuch 7: Auf den linken Kolben mit der Querschnittsfläche $A_1 = 8\ \text{cm}^2$ legen wir zunächst ein Gewichtsstück mit $F_G = 10$ N. Das Gleichgewicht läßt sich mit einem Gewichtsstück mit $F_2 = 2$ N herstellen, das wir auf den rechten Kolben auflegen.

Wir ersetzen den zweiten Kolbenprober der Reihe nach durch Kolbenprober mit den Querschnittsflächen 1,6 cm², 2,0 cm² und 4,0 cm² und stellen jeweils Gleichgewicht her. Dann belasten wir den ersten Kolbenprober mit 4,0 N und wiederholen die Versuchsreihe. Die Meßergebnisse sind in der Tabelle wiedergegeben (Abb. 2).

Aus der Tabelle entnehmen wir, daß der Quotient aus Kraft F und Querschnittsfläche A konstant ist. Bei der ersten Versuchsreihe ergibt sich für diesen Quotienten ein größerer Zahlenwert als bei der zweiten. Im ersten Fall war die Luft in den beiden Kolbenprobern auch stärker zusammengepreßt als im zweiten. Man verwendet daher diesen Quotienten zur Kennzeichnung des Druckzustands. Er heißt **Druck** und erhält das Symbol p. Wir legen fest:

Unter dem Druck p verstehen wir den Quotienten aus dem Betrag F der senkrecht auf eine Fläche wirkenden Kraft und dem Flächeninhalt A dieser Fläche:

$$p = \frac{F}{A}.$$

Aus dieser Definitionsgleichung ergibt sich die **Maßeinheit des Drucks** zu:

$$\frac{1\ \text{N}}{1\ \text{m}^2} = 1\ \frac{\text{N}}{\text{m}^2}.$$

A_1 in cm²	F_1 in N	A_2 in cm²	F_2 in N	$\frac{F_1}{A_1}$ in $\frac{\text{N}}{\text{cm}^2}$	$\frac{F_2}{A_2}$ in $\frac{\text{N}}{\text{cm}^2}$
8,0	10,0	1,6	2,0	1,25	1,25
		2,0	2,5	1,25	1,25
		4,0	5,0	1,25	1,25
8,0	4,0	1,6	0,8	0,5	0,5
		2,0	1,0	0,5	0,5
		4,0	2,0	0,5	0,5

Abb. 2 Zusammenhang zwischen Kraft und Querschnittsfläche

Abb. 3 Eingebrochen im Eis

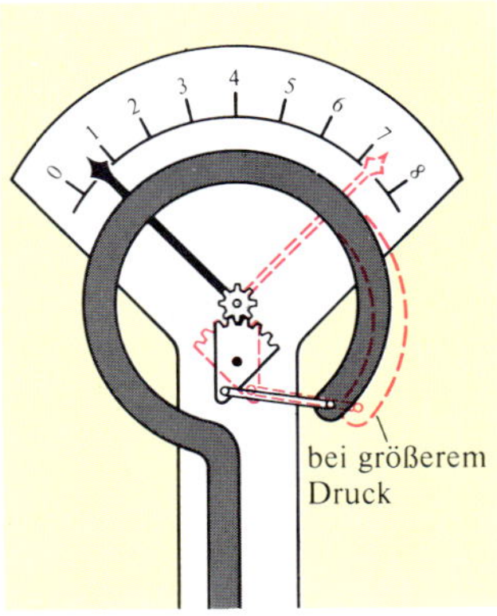

Abb. 4 Bourdonsche Röhre

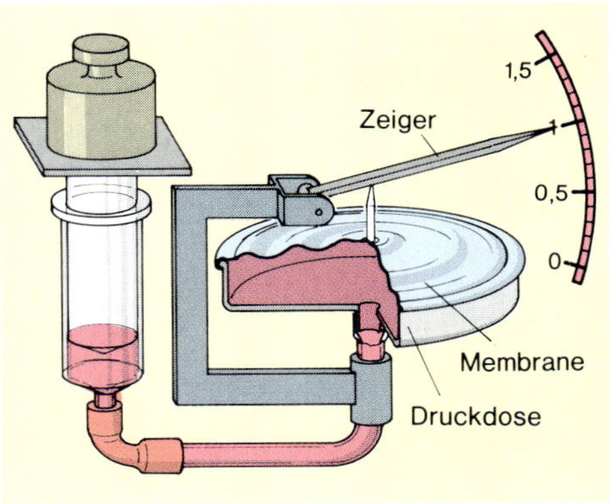

Abb. 5 Membranmanometer

Die Druckeinheit wird zu Ehren des französischen Naturwissenschaftlers und Philosophen BLAISE PASCAL (1623–1662) als **1 Pascal** (1 Pa) bezeichnet. Ein Pascal ist eine sehr kleine Einheit. Größere Einheiten sind das **Bar** (bar), das **Millibar** (mbar) und das **Hektopascal** (hPa).

1 bar = 1000 mbar = 100 000 Pa = 1000 hPa.

Also ist: $1\,\text{bar} = 100\,000\,\frac{\text{N}}{\text{m}^2} = \frac{100\,000\,\text{N}}{10\,000\,\text{cm}^2} = 10\,\frac{\text{N}}{\text{cm}^2}$.

$$\mathbf{1\,bar = 10\,\frac{N}{cm^2}}$$

Man erhält ungefähr diesen Druck, wenn man eine Fläche von $1\,\text{cm}^2$ mit einem 1-kg-Stück belastet.

In den beiden Kolbenprobern wurde durch das Auflegen der Gewichtsstücke ein zusätzlicher Druck von 0,125 bar bzw. 0,05 bar erzeugt.

Die Definitionsgleichung für den Druck läßt sich nicht nur bei Flüssigkeiten und Gasen verwenden, sondern auch dann, wenn eine Kraft sich auf eine Fläche verteilt. Skiläufer sinken nicht so tief in den Schnee ein wie Fußgänger, weil sich die Gewichtskraft auf eine größere Fläche verteilt. Um das im Eis eingebrochene Kind zu retten, muß der Retter sich flach auf das Eis legen (Abb. 3). Je größer die Auflagefläche ist, desto mehr verteilt sich die Gewichtskraft, der Druck wird geringer.

Beispiel 1: Eine Planierraupe hat eine Masse von 10 t (Gewichtskraft von 100 000 N). Die Auflagefläche beträgt $2\,\text{m}^2$.
Druck $p = 100\,000\,\text{N}/2\,\text{m}^2 = 50\,000\,\text{Pa} = 0{,}5\,\text{bar}$.

Beispiel 2: Die Schneide eines Messers ist 10 cm lang und 0,01 mm breit. Es wirkt eine Kraft von 50 N.

$$\text{Druck } p = \frac{50\,\text{N}}{0{,}1 \cdot 0{,}00001\,\text{m}^2} = 500 \cdot 10^5\,\frac{\text{N}}{\text{m}^2} = 500\,\text{bar}.$$

Beispiele für Druckwerte	p in bar
kleinster im Labor erzielbarer Gasdruck	10^{-14}
Gasballastpumpe (aus der Schulsammlung)	10^{-7}
Blutdruck des Menschen (entspricht einer Quecksilbersäule von 120 mm, vgl. S. 143)	0,16
PKW-Reifen	2...3
Spitzendruck im Zylinder von Ottomotoren	30...40
Wasserleitung	6
Sauerstoff in Stahlflaschen	150
Spitze einer Nadel (bei $A = 0{,}01\,\text{mm}^2$ und $F = 10\,\text{N}$)	10 000
höchster im Labor erzielbarer Druck	400 000
Druck im Erdinnern (Mittelpunkt)	4 000 000
Druck im Sonnenmittelpunkt	10^{11}

Stellen wir die Gleichung $p = F/A$ nach F um, so erhalten wir $F = p \cdot A$. Dies bedeutet: Herrscht in einer Flüssigkeit oder in einem Gas der Druck p, so wirkt auf jede Begrenzungsfläche A eine Kraft vom Betrage $F = p \cdot A$. Die Kraft steht senkrecht auf der Begrenzungsfläche und ist bei konstantem Druck der Fläche A proportional: $F \sim A$.

Druckmesser beruhen auf diesem Zusammenhang. Sie heißen **Manometer** (manos, gr. = dünn). Ein bequemes Druckmeßgerät ist die *Bourdonsche Röhre* (Abb. 4). Sie besteht aus einer dünnen, gebogenen, elastischen Metallröhre. Das geschlossene Ende dieser Röhre ist durch ein Hebelwerk mit einem Zeiger verbunden. Schließen wir diese Röhre z. B. an eine Wasserleitung an, so erzeugt der Wasserdruck Kräfte auf die inneren Wände, die Röhre streckt sich. Dies kommt daher, daß die Fläche an der äußeren Seite der Röhre größer ist als die an der unteren Seite. Da $F \sim A$, wirken auf die oberen Wandungen größere Kräfte als auf die unteren.

Ein anderes Meßgerät ist das *Membranmanometer* (Abb. 5). Die Membran wird je nach der Größe des Drucks verbogen. Die Verbiegung wird auch hier durch ein Hebelsystem auf einen Zeiger übertragen.

M

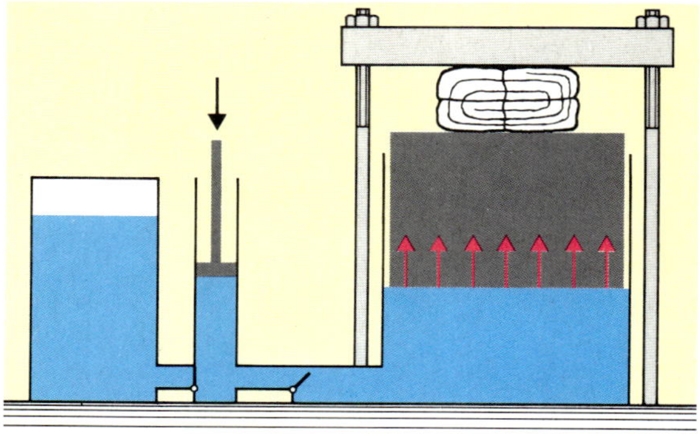

Abb. 1 Schematische Darstellung einer hydraulischen Presse

Kraftübertragung durch Flüssigkeiten – Hydraulik

Nun verstehen wir auch die Wirkungsweise der *hydraulischen Bremsen*. Die Bremsflüssigkeit wird durch das Niedertreten des Bremspedals unter Druck gesetzt. Eine geringe Kraft auf das Bremspedal erzeugt eine große Kraft auf den Bremsklotz. Der Nachteil dieser Bremsanlage: Bei undichten Bremsleitungen kann die Bremsflüssigkeit ausströmen. Alle vier Bremsen versagen dann gleichzeitig. Daher verwendet man die Zweikreisbremse.

In ähnlicher Weise wirkt auch die *hydraulische Presse*. Der Pumpkolben hat eine kleine Querschnittsfläche, der Preßkolben eine große (Abb. 1). Im Prinzip gleicht also eine hydraulische Presse der in Abb. 1 auf S. 138 dargestellten Versuchsanordnung.

Als Flüssigkeit wird Öl oder Wasser verwendet. Mit der hydraulischen Presse lassen sich große Kräfte erzeugen. Man verwendet sie zum Heben von Fahrzeugen, zum Pressen von Obst, zum Geldprägen, zum Formen von Karosserieteilen usw. Auch zum Heben und Bewegen schwerer Lasten wie bei Bau- oder Verlademaschinen findet die Hydraulik vielseitige Anwendung (Abb. 2).

Abb. 2 Hydraulik bei einem Bagger

Die Arbeitsweise ist die folgende: Bewegt man den Pumpkolben nach oben, so strömt aus dem Vorratsgefäß Öl in den Pumpzylinder. Das Ventil zum Preßzylinder ist dabei geschlossen. Es öffnet sich, wenn der Pumpkolben herabgedrückt wird. Gleichzeitig schließt sich das Ventil zum Vorratsgefäß.

Beispiel: Der Pumpkolben hat eine Querschnittsfläche von $2\ \text{cm}^2$. Es wirkt eine Kraft von 40 N. Der Druck beträgt demnach $p = 40\ \text{N}/2\ \text{cm}^2 = 20\ \text{N/cm}^2 = 2\ \text{bar}$. Bei einem Querschnitt des Preßkolbens von $200\ \text{cm}^2$ ergibt sich dann eine Kraft von $F = \frac{20\ \text{N}}{\text{cm}^2} \cdot 400\ \text{cm}^2 = 4000\ \text{N}$. Mit dieser Kraft kann man Eisenstangen biegen und starke Holzleisten zerbrechen und ähnliches mehr.

Arbeit an der hydraulischen Presse

Beim Niederdrücken des Pumpkolbens verrichten wir Arbeit. Auch am Preßkolben wird Arbeit verrichtet. Sind beide gleich? Der Pumpkolben wird um den Weg s_1 nach unten verschoben. Die verdrängte Flüssigkeitsmenge schiebt den Preßkolben um das Wegstück s_2 nach oben.

Arbeit am Pumpkolben	*Arbeit am Preßkolben*
$W_1 = F_1 \cdot s_1$	$W_2 = F_2 \cdot s_2$.

Die Kräfte F_1 und F_2 können wir mit Hilfe des Druckes p ausdrücken, der ja in beiden Zylindern gleich ist. $F_1 = p \cdot A_1$ und $F_2 = pA_2$. Wir erhalten:

$W_1 = pA_1 \cdot s_1$ $\qquad$ $W_2 = pA_2 \cdot s_2$.

Das Produkt $A_1 s_1$ ist aber gleich dem Volumen der vom Pumpkolben verdrängten Flüssigkeitsmenge. Diese strömt in den Preßzylinder und nimmt dort das Volumen $A_2 s_2$ ein. Beide Volumina sind gleich: $A_1 \cdot s_2 = A_2 \cdot s_2$. Also ist $pA_1 s_1 = pA_2 s_2$ und damit $W_1 = W_2$. Wir erkennen:

Auch mit einer hydraulischen Presse spart man keine Arbeit. Die mechanische Energie wird unverändert weitergegeben.

Aufgaben

1. Worin besteht der Unterschied zwischen Druck und Kraft?
2. Wie kann man die in Abb. 4 und 5 auf Seite 139 dargestellten Manometer eichen? Wie kann man die Empfindlichkeit des Membranmanometers erhöhen?
3. Wie groß muß in dem beschriebenen Beispiel die Querschnittsfläche des Preßkolbens sein, damit man ein Auto (Masse: 1 t) hochheben kann?

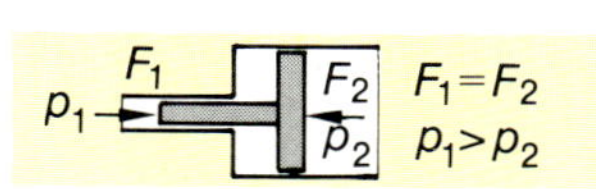

Abb. 3 Druckwandler

4. In Abb. 3 ist ein sogenannter Druckwandler zu sehen. Beschreibe seine Wirkungsweise! Wozu könnte er verwendet werden?

5.2 Der Schweredruck in Flüssigkeiten

Hydrostatischer Druck

In den Tiefen des Meeres herrscht ein gewaltiger Druck. Der schweizerische Meeresforscher AUGUSTE PICARD (1884–1962) mußte deshalb für Ausflüge in die Tiefsee starkwandige Stahlkugeln mit dicken Glasfenstern konstruieren. Sein Sohn J. PICARD erreichte damit 1960 zusammen mit D. WALSH im Pazifischen Ozean eine Tiefe von 10 893 m.

Wegen dieses mit der Tiefe zunehmenden Wasserdrucks sind Staumauern unten dicker als oben und häufig zum Stausee hin gewölbt, damit sie dem Wasserdruck standhalten können (Abb. 4).

Jede Flüssigkeit erzeugt auf sich selber lastend einen Druck. Wir bezeichnen diesen Druck als **Schweredruck.** Man nennt ihn auch **hydrostatischen Druck** (hydro, gr. = Wasser; statós, gr. = ruhend). Die Zunahme des Schweredrucks mit der Tiefe zeigen wir mit einem Versuch (Abb. 5).

Versuch 8: Ein Gefäß hat in verschiedenen Höhen Ausflußöffnungen. Wir füllen Wasser ein und regeln den Zufluß so, daß der Wasserstand erhalten bleibt. Das Wasser strömt infolge des höheren Drucks unten schneller aus als oben. Wir erkennen das daran, daß der Bogen, den das ausströmende Wasser bildet, an der Austrittsstelle weniger stark gekrümmt ist.

Der Schweredruck kommt durch eine senkrecht nach unten wirkende Kraft zustande, nämlich der Gewichtskraft der Flüssigkeit. Trotzdem wirkt sich der Druck, wie das Beispiel der Staumauer zeigt, auch nach der Seite aus. Die Frage, ob sich der Druck nach allen Seiten gleich stark auswirkt, können wir mit Hilfe einer **Druckdose** beantworten.

Die Druckdose ist eine mit einer elastischen Membran verschlossenen Metalldose, die mit einem sogenannten **offenen Manometer** drehbar verbunden ist (Abb. 6). Das offene Manometer ist ein U-förmig gebogenes Glasrohr, das mit Wasser zum Teil gefüllt ist. Drücken wir mit dem Finger auf die Membran der Druckdose, dann steigt die Wassersäule im rechten Schenkel des Manometers an. Je stärker wir drücken, um so höher ist der Anstieg. Die Anzeige dieses Manometers ist also ein Maß für den Druck.

Versuch 9: Wir tauchen die Druckdose in ein Gefäß mit Wasser ein und drehen sie so, daß die Membran in gleicher Tiefe einmal nach oben, dann nach unten und schließlich nach den Seiten weist. Außerdem verschieben wir sie horizontal (Abb. 7). Der Versuch zeigt:

In gleicher Tiefe ist der Schweredruck überall gleich groß und außerdem bei gleichbleibender Tiefe völlig unabhängig von der Stellung der Membranfläche.

Abb. 4 Staumauern sind unten dicker

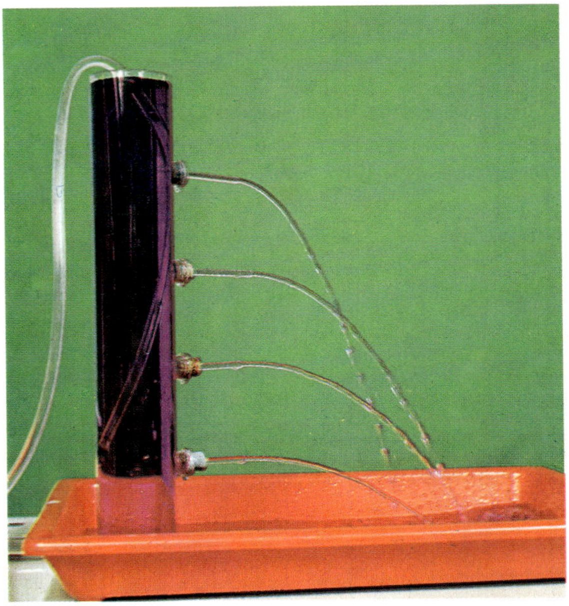

Abb. 5 Der Schweredruck nimmt mit der Tiefe zu

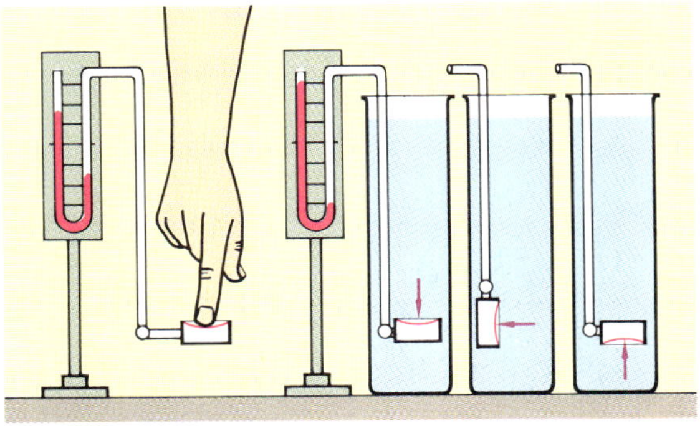

Abb. 6 Druckdose

Abb. 7 Der Schweredruck ist allseitig

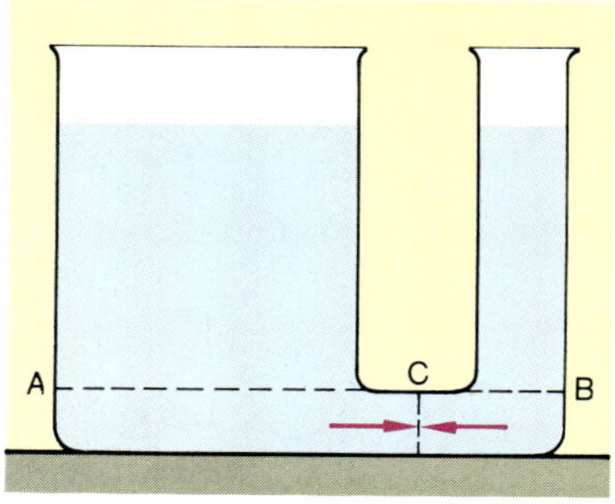

Abb. 1 In verbundenen Gefäßen steht eine Flüssigkeit gleich hoch

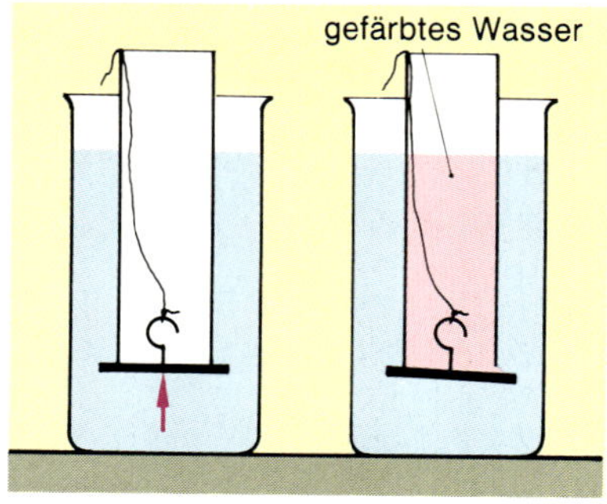

Abb. 2 Versuch zur Bestätigung der Gleichung $F=\varrho g h \cdot A$

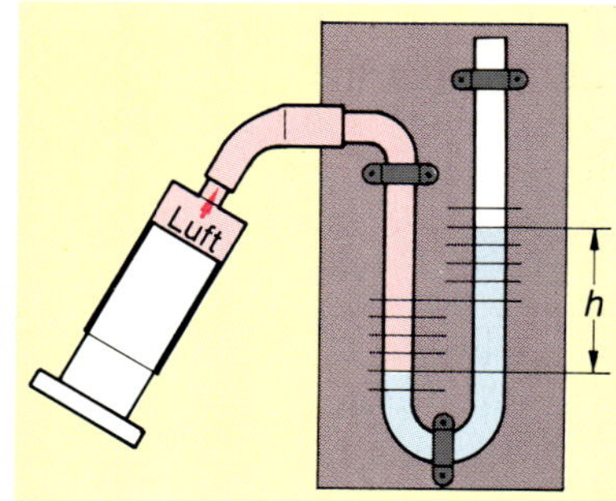

Abb. 3 Wegen $p \sim h$ hat das offene Manometer eine lineare Skala

In welcher Weise nimmt der Schweredruck mit der Tiefe zu?

Wir gehen von der Erfahrung aus, daß in allen verbundenen Gefäßen die Flüssigkeiten gleich hoch stehen. In Abb. 1 sind zwei solche verbundenen Gefäße zu sehen. An den Stellen A und B denken wir uns jeweils eine Membran eingezogen. Die Kräfte, die auf die beiden Membranen einwirken, sind gleich den Gewichtskräften F_{G1} und F_{G2} der darüber stehenden Flüssigkeitssäulen. Es ist demnach:

Druck bei A $\quad$ *Druck bei B*

$$p_1 = \frac{F_{G1}}{A_1} = \frac{g \varrho V_1}{A_1} \qquad p_2 = \frac{F_{G2}}{A_2} = \frac{g \varrho V_2}{A_2}.$$

Nun ist aber das Volumen V_1 der einen Flüssigkeitssäule $V_1 = A_1 \cdot h$ und das Volumen V_2 der zweiten Flüssigkeitssäule $V_2 = A_2 \cdot h$. Setzen wir diese Terme in die beiden Gleichungen ein, so gilt:

bei A $\quad$ *bei B*

$$p_1 = g \varrho \frac{A_1 \cdot h}{A_1} \qquad p_2 = g \cdot \varrho \frac{A_2 \cdot h}{A_2}.$$

In beiden Fällen erhält man denselben Wert: $p_1 = p_2 = g \varrho \cdot h$. Der Schweredruck bei A ist also genauso groß wie der Schweredruck bei B. Daher ist auch bei C der Druck links und rechts gleich groß. Wäre dies nicht so, dann müßte sich der Flüssigkeitsspiegel verschieben, bis links und rechts wieder der gleiche Druck herrschte. Für den hydrostatischen Druck gilt demnach:

Der hydrostatische Druck ist proportional zur Höhe der Flüssigkeitssäule und zur Dichte der Flüssigkeit:

$$p = g \cdot \varrho h.$$

Diese *deduktiv* hergeleitete Formel können wir experimentell bestätigen.

In der Tiefe h herrscht der Druck $p = \varrho g h$. Nach oben wirkt daher die folgende Kraft:
$F = p \cdot A = \varrho g A \cdot h = \varrho g V$. Diese Kraft ist nach dem Vorhergehenden gleich der Gewichtskraft einer Flüssigkeitssäule mit der Höhe h und der Querschnittsfläche A. Wir können dies mit folgendem Versuch nachweisen:

Versuch 10: Wir tauchen einen an beiden Enden offenen Zylinder, der unten durch eine leichte Glasplatte bedeckt ist, in ein Gefäß mit Wasser (Abb. 2). Die Glasplatte wird während des Eintauchens zunächst mit einem Faden festgehalten, dann läßt man sie los. Der Druck preßt die Platte mit der Kraft $F = p \cdot h$ an den Zylinder. Füllt man den Zylinder vorsichtig mit gefärbtem Wasser, dann fällt die Platte erst dann ab, wenn der Glaszylinder bis zur Wasseroberfläche gefüllt ist.

Vom Tauchen

Für Wasser ist $g \cdot \varrho \approx 1\,\mathrm{cN/cm^3}$, also ist in 10 m Tiefe der Druck bereits $p \approx \frac{1\,\mathrm{cN}}{\mathrm{cm^3}} \cdot 1000\,\mathrm{cm} = 10\,\frac{\mathrm{N}}{\mathrm{m^2}}$ $= 1\,\mathrm{bar}$. Da der Schweredruck proportional mit der Eintauchtiefe wächst, nimmt der Wasserdruck auf jeweils 10 m um etwa 1 bar zu. In 10000 m herrscht demnach ein Druck von 1000 bar. Das bedeutet: Auf jeden Quadratzentimeter Fläche wirkt eine Kraft von 10000 N. Das entspricht der Gewichtskraft eines PKW. Klar, daß in solchen Tiefen nur besonders konstruierte Geräte dem Druck standhalten können.

Aber auch in geringen Tiefen macht sich der Schweredruck bemerkbar. Sporttaucher z. B. erreichen ohne Tauchgerät 5 bis 20 m. Geübte Muscheltaucher kommen noch tiefer (25 m). Helmtaucher können in 60 m Tiefe arbeiten (Abb. 4).

In der modernen Tauchtechnik benutzt man bis zu 400 m **Taucherglocken,** die unten offen sind (Abb. 4). Das Wasser wird durch Preßluft ferngehalten. Allerdings darf man keine gewöhnliche Luft verwenden, sondern benutzt ein Gasgemisch mit einem beträchtlichen Zusatz an Helium. Die Taucher müssen während des gesamten Arbeitseinsatzes ständig unter hohem Druck stehen (400 m ≙ 40 bar!). Sie leben daher wochenlang in Druckkammern an Bord des Trägerschiffes. Tauchgeräte dieser Art werden zum Bauen, Inspizieren und Warten von Einrichtungen der Erdöl- und Erdgasförderungstechnik eingesetzt.

Paradoxe Verhältnisse

Bei der Berechnung des Schweredrucks gingen wir davon aus, daß die beiden Flüssigkeitssäulen senkrecht zur Grundfläche stehen. Dies ist keineswegs erforderlich. Abb. 6 zeigt eine Versuchanordnung mit ganz unterschiedlichen geformten Gefäßen, aber gleich großer Bodenfläche. Die Kraft auf diese Bodenfläche infolge des dort herrschenden Drucks wird mit einer Waage gemessen. Diese Kraft ist völlig unabhängig von der Gefäßform und hängt nur von der Füllhöhe und von der Dichte der verwendeten Flüssigkeit ab. Da $p=F/A$, gilt dasselbe auch für den Druck.

Besonders erstaunlich ist dieses Ergebnis bei dem dritten Gefäß (Abb. 6c), das oben enger ist als unten und unten eine glockenförmige Erweiterung besitzt. In diesem Gefäß ist weniger Wasser enthalten als in der Wassersäule vom Volumen $V=A \cdot h$ (Abb. 6a).

Zur Erklärung müssen wir auf die „Allseitigkeit" des Drucks zurückgreifen. In der glockenförmigen Erweiterung drückt das Wasser auch schräg nach oben auf die Gefäßwand, die ihrerseits mit einer Kraft nach unten auf das Wasser wirkt. Diese zusätzliche Kraft ersetzt praktisch die Gewichtskraft des fehlenden Wassers.

Bei einem offenen Manometer wie in Abb. 3 hält die Flüssigkeitssäule der Höhe h dem im linken Schenkel herrschenden Druck das Gleichgewicht. Da $p \sim h$, trägt die Skala eine lineare Einteilung. Nach den vorhergehenden Überlegungen kommt es nicht darauf an, daß die Schenkel senkrecht stehen. Davon macht man beim *Mikromanometer* Gebrauch (Abb. 5). Die Flüssigkeit steigt in einem schräg liegenden Schenkel an. Auf diesem kann man eine feinere Einteilung unterbringen. Außerdem ist das Manometer mit einer Flüssigkeit gefüllt, die eine geringere Dichte als Wasser hat.

Messung des Blutdrucks

Den Blutdruck mißt man häufig mit offenen Manometern, die mit Quecksilber gefüllt sind (vgl. Aufg. 6!). Unser Herz ist einer Pumpe vergleichbar, die das Blut in die Adern pumpt, zwischen 60- und 130mal in einer Minute. Der Blutdruck entsteht durch Zusammenziehen des Herzmuskels. Er hängt sehr empfindlich von Krankheiten des Menschen ab und ist deshalb für die Diagnose (= Verfahren zur Feststellung einer Krankheit) wichtig.

Zur Messung des Blutdrucks legt man eine aufblasbare Manschette um den Oberarm. Pumpt man Luft in die Manschette, dann bläht sie sich auf und drückt die Schlagader (Arterie) im Oberarm zusammen. Man pumpt nun solange Luft hinein, bis die Arterie kein Blut mehr durchläßt. Nun wird der Druck langsam reduziert, bis gerade wieder etwas Blut fließt. Dadurch entsteht ein Geräusch, das man mit einem Stethoskop (Hörrohr) feststellt. Den in diesem Augenblick abgelesenen Druck bezeichnet man als *systolischen Druck*.

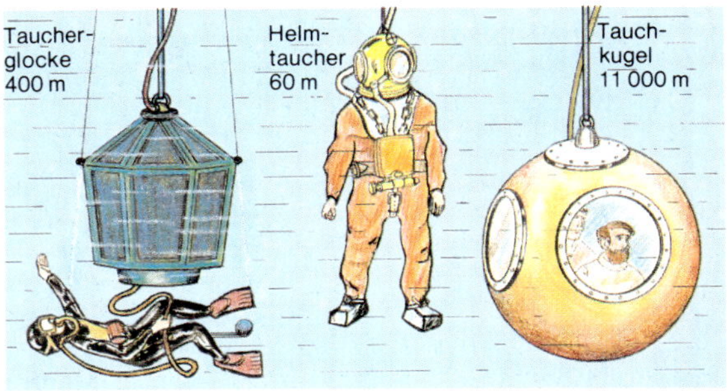

Abb. 4 Verschiedene Tauchgeräte

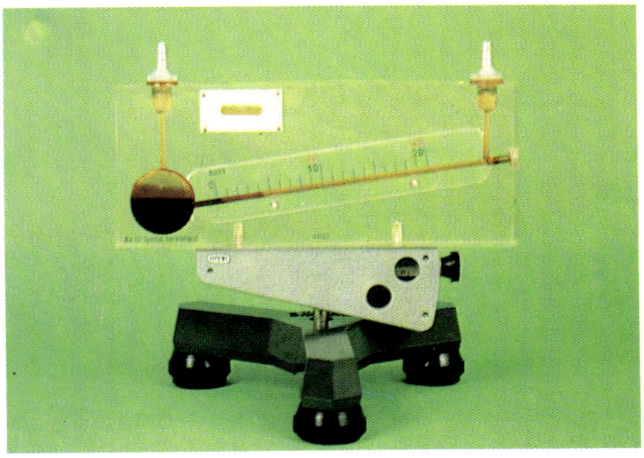

Abb. 5 Mikromanometer

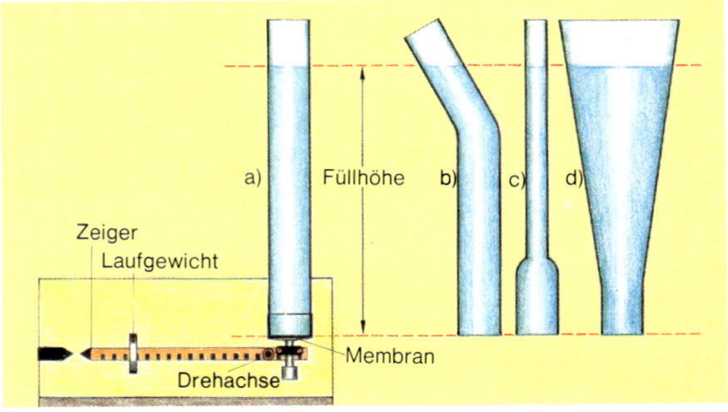

Abb. 6 Der Schweredruck am Boden ist unabhängig von der Gefäßform

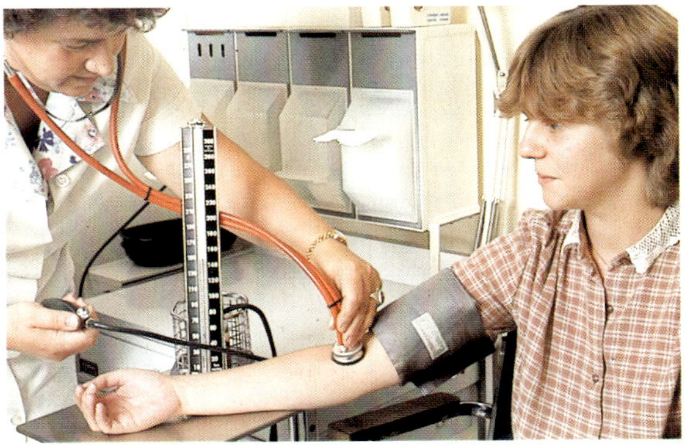

Abb. 7 Messung des Blutdrucks

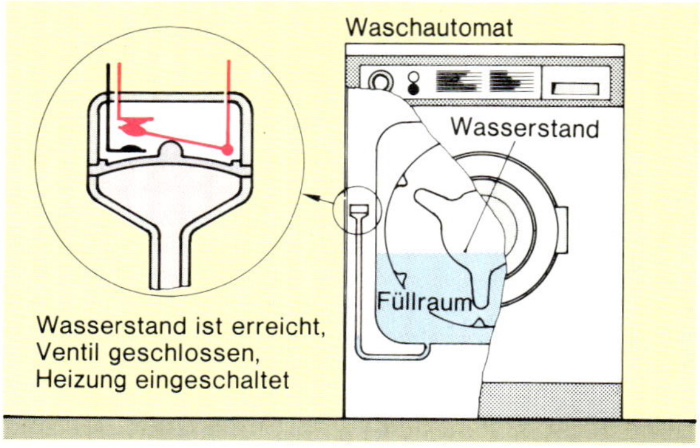

Abb. 1 Die Druckdose regelt die Wasserzufuhr

Abb. 2 Artesischer Brunnen

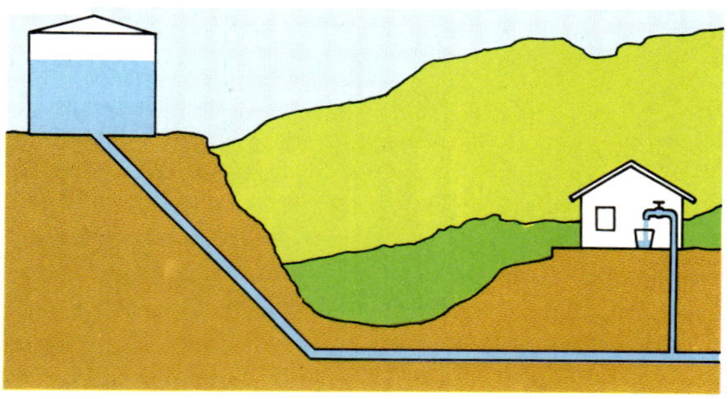

Abb. 3 Druckerzeugung in einer Wasserleitung

Wasserstandsregulierung mit Druckdosen

Schaltet man einen Waschautomaten ein, so fließt zunächst Wasser in die Trommel. Ist ein bestimmter Füllstand erreicht, dann wird der Wasserzufluß automatisch unterbunden. Wie geschieht das? Das Schaltgerät besteht aus einer Druckdose, deren Membran einen elektrischen Schalter bewegen kann. Die Druckdose ist über einen Schlauch mit dem Füllraum verbunden (Abb. 1). Steigt der Wasserstand, so steigt auch der Luftdruck in der Dose. Die Membran wölbt sich zunehmend, bis der Schalter geschlossen ist. Mit dem Schalter wird ein Magnetventil betätigt, das das Wasser absperrt. **Membranschalter** (Druckwächter) sind in vielen Geräten eingebaut, in denen ein bestimmter Füllstand maßgebend ist, also auch beim Geschirrspülautomaten.

Aufgaben

Beispiel: In einer Gemeinde liegt ein Wasserbehälter 270 m über Meereshöhe. Wie groß ist der Wasserdruck in einem Straßenhydranten, der 180 m hoch liegt? Wie groß ist er im 3. Stock eines Hauses, 12 m über der Straße? Welche Kraft übt dort das Wasser auf den Verschluß einer Wasserleitung (Wasserhahn) mit einem Innendurchmesser von ½ Zoll (1 Zoll = 25,4 mm) aus?

Lösung: Bei der Druckberechnung kommt es nur auf den Höhenunterschied an. Dieser beträgt beim Hydranten 270 m − 180 m = 90 m · 10 m Wassersäule entspricht 1 bar, also beträgt der Wasserdruck 9 bar.

Im 3. Stock ist der Höhenunterschied geringer, und zwar um 12 m. Für h müssen wir daher 78 m einsetzen, Druck: 7,8 bar. Die Kraft errechnet sich nach der Formel $F = p \cdot A$, also erhält man:

$F = 7{,}8\ \text{bar} \cdot 127\ \text{mm}^2 \approx 9{,}9\ \text{N}$. Hierbei gilt für A:

$$A = \pi \cdot r^2 \approx 3{,}14 \cdot \left(\frac{25{,}4}{4}\right)^2\ \text{mm}^2 \approx 127\ \text{mm}^2.$$

1. Mit welcher Kraft wirkt das Wasser in 15 m Tiefe auf die Ausstiegsöffnung eines U-Boots? (Durchmesser: 0,60 m)
2. Welchen Druck braucht die Preßluft, um bei einem U-Boot in 150 m Tiefe das Wasser aus den Tauchtanks zu pressen?
3. In Abb. 2 ist schematisch ein artesischer Brunnen dargestellt. (Der Name geht zurück auf die französische Grafschaft Artois.) Erkläre seine Wirkungsweise!
4. Erkläre die Druckerzeugung in der Wasserleitung und ihre Wirkungsweise (Abb. 3)! Hochbehälter gleichen Verbrauchsschwankungen aus und sorgen für einen weitgehend konstanten Wasserdruck. Wie müssen sie gebaut sein, um diese Aufgabe erfüllen zu können?
5. In einer Tageszeitung stand der folgende Bericht: „PKW versank in der Elbe. Herr ... stürzte mit seinem PKW in den Yachthafen und versank im 4 m tiefen Elbwasser. Herr ... behielt die Nerven und wartete, bis das Wasser fast vollständig in den Innenraum gedrungen war, dann öffnete er die Tür und tauchte wieder auf.“ Nimm Stellung zu dieser Meldung!
6. Häufig gibt man den Blutdruck nicht in Pascal, sondern direkt in Millimeter Quecksilbersäule an (mm Hg). Wieviel Pascal entspricht 1 mm Hg? Für einen gesunden Menschen kann der Blutdruck nach folgender Faustformel bestimmt werden:

   $$\textit{Idealer systolischer Druck in mm Hg} = 110 + \frac{1}{2} \cdot \textit{Lebensalter in Jahren}$$

   Wie groß sollte danach der Bluckdruck eines 20jährigen sein? Wie groß ist dieser Druck in Pa?
7. Wie hoch muß a) eine Alkoholsäule, b) eine Quecksilbersäule sein, damit der Druck am Boden des Gefäßes 1 bar beträgt?
8. Eine Wärmflasche aus Gummi wird mit Wasser gefüllt und an eine etwa 1,5 m lange, vertikal gestellte Glasröhre angeschlossen. Wie hoch steigt das Wasser in der Glasröhre, wenn sich ein Schüler auf ein Brett stellt, das auf die Wärmflasche gelegt wird? Überschlagsrechnung!
9. Könnte man am Grunde des Ozeans mit einem Gewehr schießen? (Explosionsdruck in einem Gewehr: 3200 bar, Höchstwert)

5.3 Der Schweredruck in Luft

Wir alle stehen ständig unter Druck

Wir leben auf dem Grunde eines Luftmeeres und erwarten daher einen dem Schweredruck des Wassers entsprechenden Schweredruck der Luft **(Luftdruck).** Von diesem Luftdruck spüren wir im allgemeinen nichts, da die Luft von allen Seiten auf den Körper einwirkt. Auch im Innern unseres Körpers, z. B. in der Lunge, herrscht dieser Druck.

Wie stellen wir ihn fest und wie messen wir ihn?

Versuch 11: Einen bis zum Rand mit Wasser gefüllten Glaszylinder bedecken wir mit einer Postkarte, halten sie fest und kehren den Zylinder um. Nun können wir die Postkarte loslassen (Abb. 4).

Das Wasser fließt nicht aus, weil der Luftdruck die Postkarte mit einer Kraft andrückt, die größer ist als die nach unten wirkende Gewichtskraft der Wasserfüllung. Um den Luftdruck zu messen, verwenden wir einen Kolbenprober.

Versuch 12: Mit dem Kolben schieben wir zunächst die Luft aus dem Zylinder hinaus und verschließen die Öffnung. Zum Herausziehen des Kolbens benötigen wir bei einem Kolbenquerschnitt von 4 cm^2 etwa eine Kraft von 40 N. Der Betrag dieser Kraft ist völlig unabhängig davon, ob wir den Kolbenprober horizontal oder senkrecht halten. Somit beträgt der Luftdruck $40\ N/4\ cm^2 = 10\ N/cm^2 = 1$ bar (Abb. 5).

Der Druck der irdischen Lufthülle (Atmosphäre) beträgt am Erdboden etwa 1 bar = 1000 hPa.

Den Druck von $1\ bar = 10\ N/cm^2$ erzeugt auch eine Wassersäule von 10 m Höhe (vgl. Seite 142). Der Luftdruck ist daher etwa gleich dem Wasserdruck in 10 m Tiefe. Übrigens herrscht auf der Oberfläche des Planeten Venus ein Druck von ca. 90 bar. Dies beruht auf der dichteren Atmosphäre, die im wesentlichen aus Kohlendioxid besteht.

Eine Anwendung des Luftdrucks sind die **Kolbenpumpen.** In Abb. 7 ist eine solche als Wasserpumpe zu sehen. Wird der Kolben angehoben, dann drückt die äußere Luft Wasser aus dem Brunnen durch das Rohr in den Zylinder. Beim Senken des Kolbens versperrt das Bodenventil dem Wasser den Rückweg. Es gelangt aber durch das Kolbenventil in den Raum oberhalb des Kolbens und kann bei der nächsten Aufwärtsbewegung durch das Ausflußrohr ausströmen. Bei der *Druckpumpe* (Abb. 6) stößt der Kolben das Wasser in eine Steigleitung.

Wasserpumpen kannte man schon im Altertum. Im Mittelalter erklärte man die Wirkungsweise der Pumpen nicht mit Hilfe des Luftdrucks. Man nahm dagegen an, daß die Natur einen *„Schrecken vor dem leeren Raum" (horror vacui)* habe und der leere Raum die ihn umgebende Materie mit aller Kraft in sich hineinsauge. Diese Erklärung ist gar nicht so abwegig. Denn für einen unbefangenen Beobachter scheint die Kraft auf den Kolben in Versuch 12 tatsächlich von dem leeren Raum im Kolben auszugehen.

Man wußte aber auch, daß das mit Pumpen geförderte Wasser keineswegs höher steigt als etwa 10 m. Der *horror vacui* müßte also höhenabhängig sein.

Galilei soll seinen Schüler TORRICELLI veranlaßt haben, diesen Sachverhalt näher zu untersuchen.

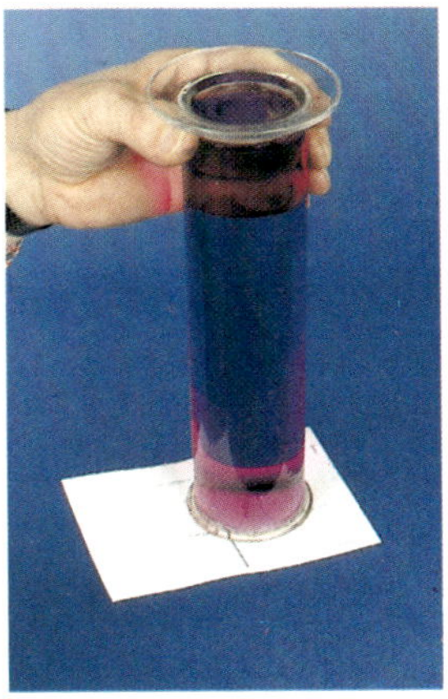

Abb. 4 Die Postkarte fällt nicht ab

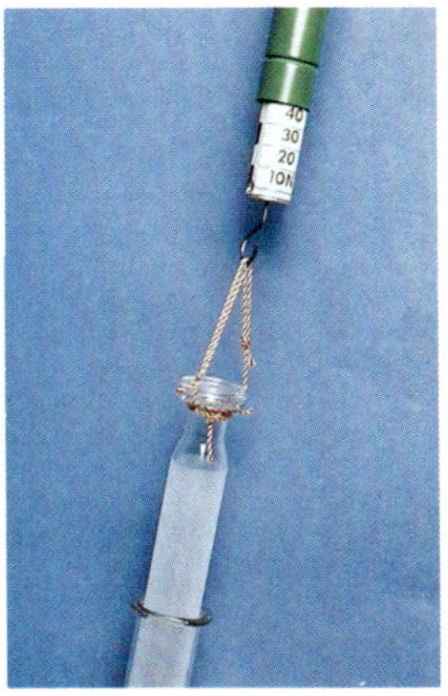

Abb. 5 Luftdruckmessung mit dem Kolbenprober

Abb. 6 (links) Druckpumpe mit Windkessel

Abb. 7 (rechts) Saugpumpe

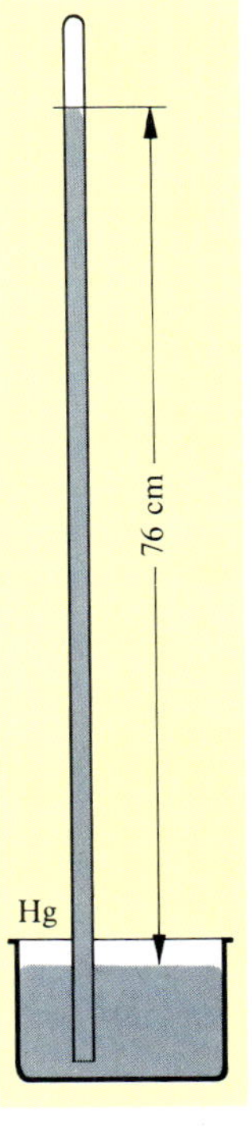

Abb. 8 Torricelli-Röhre

Abb. 1 (links) EVANGELISTA TORRICELLI (1608–1647), italienischer Physiker und Mathematiker

Abb. 2 (rechts) BLAISE PASCAL (1623–1662), französischer Mathematiker, Physiker und Religionsphilosoph

Torricelli (Abb. 1) ersetzte das Wasser durch Quecksilber. Er ging von der Überlegung aus, daß die Höhe der Quecksilbersäule wegen der großen Dichte von Quecksilber wesentlich geringer sein müsse als bei Wasser. Die Dichte von Quecksilber ist 13,6mal so groß wie die von Wasser, also erwarten wir eine Höhe von etwa 10 m : 13,6 ≈ 74 cm. Wir wollen diesen Versuch nachvollziehen.

Versuch 13: Eine an einem Ende verschlossene, etwa 1 m lange Glasröhre füllen wir vollständig mit Quecksilber und verschließen das freie Ende mit dem Daumen. Dann stellen wir die Röhre mit der Öffnung nach unten in eine mit Quecksilber gefüllte Wanne (Abb. 8, Seite 145). Die Quecksilbersäule löst sich am oberen Ende und stellt sich ungefähr auf die berechnete Höhe ein. Wie wir später noch erfahren werden, schwankt der Luftdruck und beträgt in Meereshöhe im Mittel 1013 hPa, das entspricht einer Höhe von 76 cm.

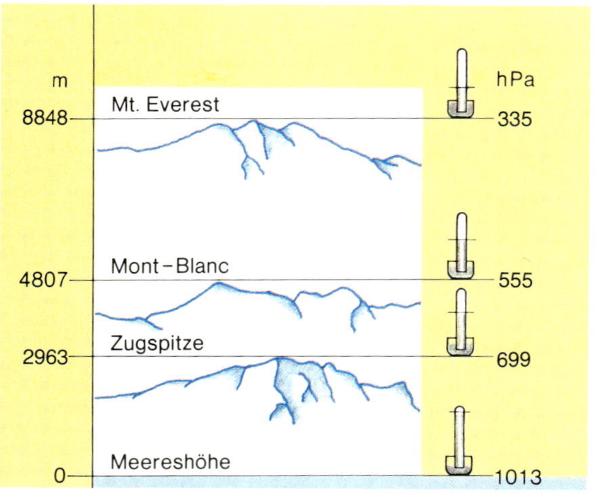

Abb. 3 Druckabnahme mit der Höhe

Luftdruck in verschiedenen Höhen

Torricelli war der Auffassung, daß sich oberhalb der Quecksilbersäule ein leerer Raum befinde. Die meisten Philosophen und Wissenschaftler der damaligen Zeit glaubten aber, daß in diesem Raum wegen des *horror vacui* eine feine Materie vorhanden sein müsse. Es war das Verdienst BLAISE PASCALS (Abb. 2) und OTTO VON GUERICKES (vgl. auch S. 150), hier endgültig Klarheit geschaffen zu haben. Pascal ersann zu diesem Zweck eine Reihe von Versuchen. Eines dieser Experimente war der berühmte Höhenaufstieg auf den Puy-de-Dôme, einem Berg in Frankreich.

Wir erinnern uns, daß der Schweredruck des Wassers mit der Eintauchtiefe zunimmt. In dem uns umgebenden Luftmeer muß es ähnlich sein.

Pascal war davon überzeugt, daß die Abnahme des Druckes mit zunehmender Höhe festzustellen sei. Er ließ den Druck an zwei Orten messen: auf dem Puy-de-Dôme und an einem tiefer gelegenen Ort. Das Ergebnis bestätigte seine Vermutung.

Pascal schreibt: „... sie (gemeint sind die Anhänger des horror vacui) sollen erkennen, daß die Experimente die wirklichen Meister sind, denen es in der Physik zu folgen gilt; daß der auf den Bergen durchgeführte Versuch den allgemein verbreiteten Glauben, die Natur verabscheue das Vakuum, umgestoßen und die bleibende Erkenntnis ermöglicht hat, daß die Natur vor dem Vakuum keinen Abscheu empfindet, daß sie nichts tut, um es zu vermeiden, sondern daß die Schwere der Luftmasse der wirkliche Grund für all die Erscheinungen ist, die man bis jetzt dieser imaginären Ursache zugeschrieben hatte."

Wir weisen die Druckabnahme mit zunehmender Höhe mit folgendem Versuch nach.

Versuch 14: Man verschließt eine Thermosflasche mit einem doppelt durchbohrten Gummistopfen. Durch die eine Öffnung führt man ein mit gefärbtem Wasser gefülltes U-Rohr-Manometer, durch die andere ein Rohr mit einem Hahn. Schließt man den Hahn im Keller des Schulgebäudes und bringt die Apparatur anschließend in das oberste Stockwerk, dann steigt die Wassersäule im äußeren Schenkel des Manometers deutlich an. Auch bei geringen Höhenunterschieden (Boden des Hörsaals und Tischplatte) zeigt das Gerät den Druckunterschied an.

Je geringer der Luftdruck ist, um so dünner wird auch die Luft: Die Dichte nimmt ab. Das hat zur Folge, daß sich die Druckabnahme mit zunehmender Höhe verlangsamt. In 5,5 km Höhe ist der Luftdruck auf die Hälfte gesunken, in 11 km Höhe aber erst auf ein Viertel, in 15 km Höhe auf ein Achtel und in 19 km Höhe auf ein Sechzehntel. In 100 km Höhe beträgt er noch ca. $^1/_{1000}$ hPa (vgl. auch Abb. 3).

Die Atmosphäre besitzt keine Oberfläche wie eine Flüssigkeit, sondern geht ohne scharfe obere Grenze unmerklich in den Weltraum über.

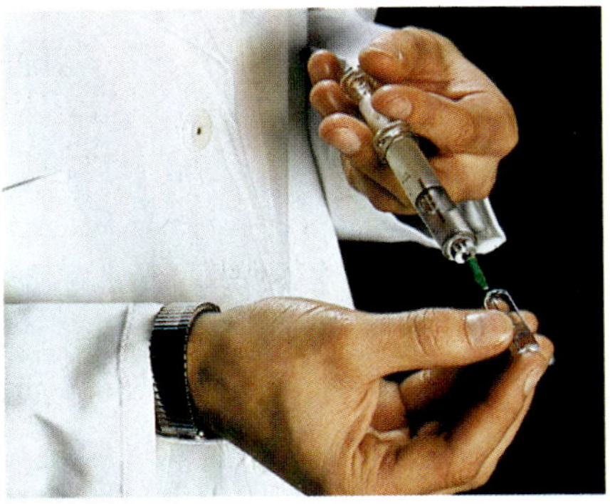

Abb. 4 Eine Injektionsspritze wird gefüllt

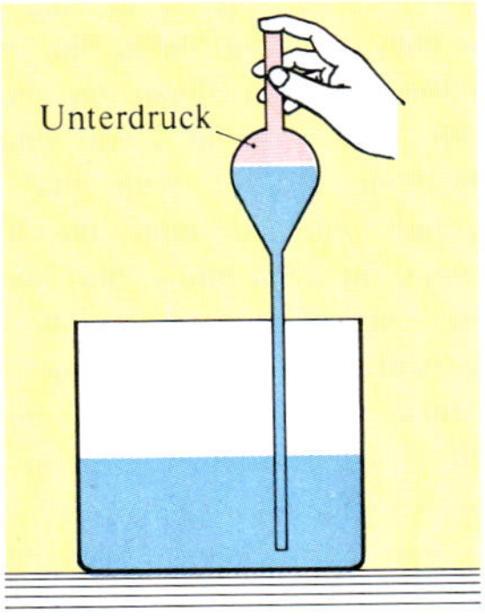

Abb. 5 Stechheber

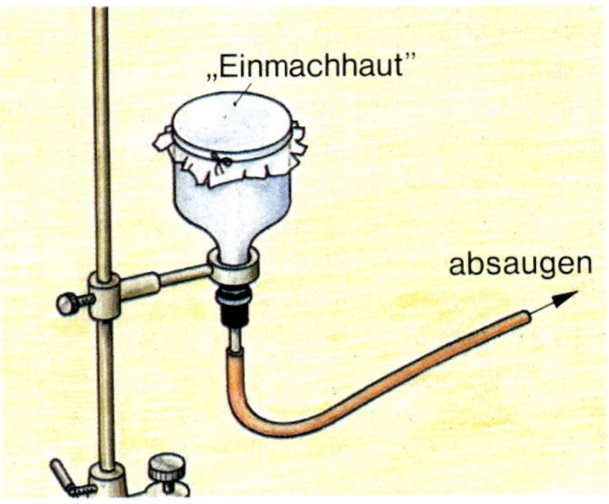

Abb. 6 Die Einmachhaut wird eingedrückt

Wo spielt der Luftdruck eine Rolle?

Viele Vorgänge beruhen auf der Wirkung des Luftdrucks, das Füllen einer Injektionsspritze mit dem flüssigen Medikament zum Beispiel (Abb. 1) oder das „Einsaugen" von Milch durch einen Strohhalm. Die Injektionsspritze ist mit einem Kolbenprober vergleichbar. Der Kolben wird herausgezogen, während die Öffnung in die Flüssigkeit gehalten wird. Diese wird dann durch den äußeren Luftdruck in die Injektionsspritze hineingedrückt. Weitere Beispiele sind: das Einatmen der Luft, das Ansaugen von Luft in den Verbrennungsraum eines Dieselmotors, das Ansaugen von Luft mit einem sogenannten *Stechheber* (Abb. 5). Mit dem Stechheber *(Pipette)* „saugt" man die Flüssigkeit an, verschließt die obere Öffnung mit dem Daumen und überträgt sie in ein anderes Gefäß. Die Pipetten sind unentbehrliche Hilfsmittel im chemischen Labor.

Überraschend groß kann infolge des Luftdrucks die Kraft auf eine Begrenzungsfläche sein. Auf einen Quadratzentimeter wirken 10 N, auf 75 cm^2, das entspricht etwa der Größe eines Einmachglasdeckels, lasten dann schon 750 N (Gewichtskraft eines erwachsenen Mannes). Befindet sich im Glas Luft unter dem gleichen Druck wie die Außenluft, dann kann man den Deckel leicht abheben. Wegen der Allseitigkeit des Schweredrucks wirkt dieser mit gleicher Kraft auch auf die Deckelinnenseite.

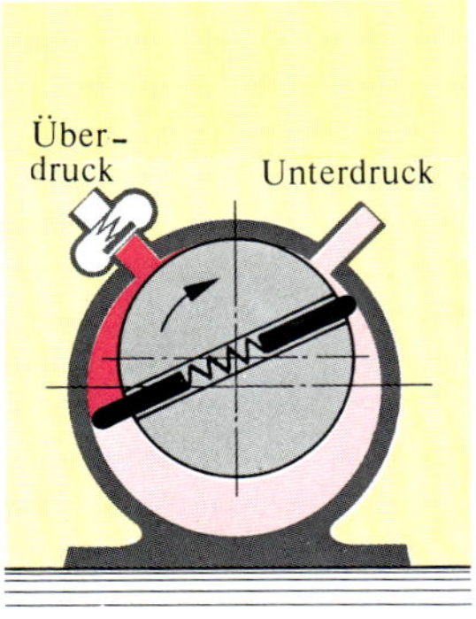

Abb. 7 Kapselluftpumpe

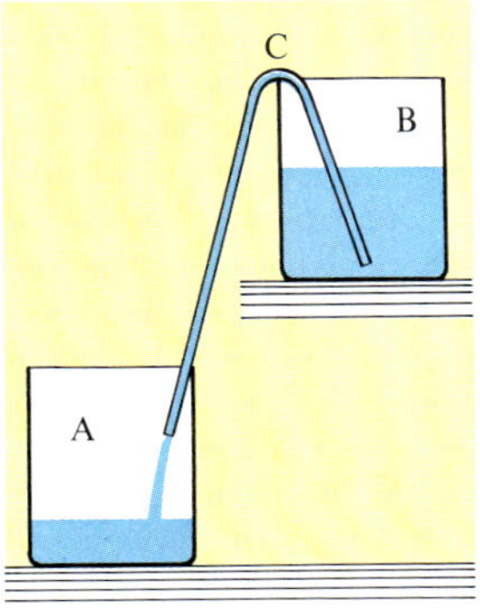

Abb. 8 Winkelheber

Durch das Einwecken wird im Glas ein Unterdruck erzeugt. Nun kann sich die äußere Druckkraft bemerkbar machen, allerdings nicht in voller Höhe. Dies wäre erst dann der Fall, wenn man die Luft im Glas nahezu ganz entfernte.

Versuch 15: Pumpen wir aus einem starkwandigen Glasgefäß, das mit einer Einmachfolie verschlossen ist, die Luft heraus, so zerplatzt die Folie nach kurzer Zeit mit lautem Knall (Abb. 6). Die äußere Kraft wird nicht mehr kompensiert, die Folie eingedrückt.

Beispiel: Wie groß ist der Druck auf der Bildfläche einer Fernsehbildröhre? Schätze ab!

Lösung: Fernsehbildröhren sind praktisch luftleer. Auf eine $0{,}50 \cdot 0{,}50\ m^2$ große Bildfläche wirkt daher die Kraft $2500 \cdot 10\ N = 2{,}5 \cdot 10^4\ N$. Dies entspricht der Gewichtskraft von ca. 53 erwachsenen Personen. Wir verstehen jetzt, weshalb die Bildröhren aus besonders starkwandigem Glas gefertigt sein müssen.

Aufgaben

1. Vergleiche den Schweredruck bei Flüssigkeiten mit dem bei Gasen! Was sind die Gemeinsamkeiten? Worin liegen die Unterschiede?
2. Was versteht man unter dem *horror vacui?*
3. Auf Seite 146 ist angegeben, wie der Druck mit der Höhe abnimmt. Zeichne ein *p-h*-Diagramm! Bestimme aus dem Diagramm den Druck in 3 km, 8 km und 25 km Höhe!
4. Welche Höhe hätte die Atmosphäre, wenn der Druck linear abnähme wie bei Flüssigkeiten? Druck am Boden: 1013 hPa; Temperatur: 0 °C.
5. Erkläre die Wirkungsweise der in Abb. 7 dargestellten Kapselluftpumpe!
6. Durch den Winkelheber der Abb. 8 fließt das Wasser von *B* über *C* nach *A*. Warum?
7. Muß man zum Blutdruck den gerade herrschenden Luftdruck addieren oder nicht?
8. Schätze ab, mit welcher Kraft ein Saughaken (Handtuchhalter) an einer glatten Wand durch den Luftdruck festgehalten wird?
9. Erkläre die Wirkungsweise des Windkessels bei der Druckpumpe in Abb. 6 auf Seite 145! Welchen Vorteil bietet die Druckpumpe?

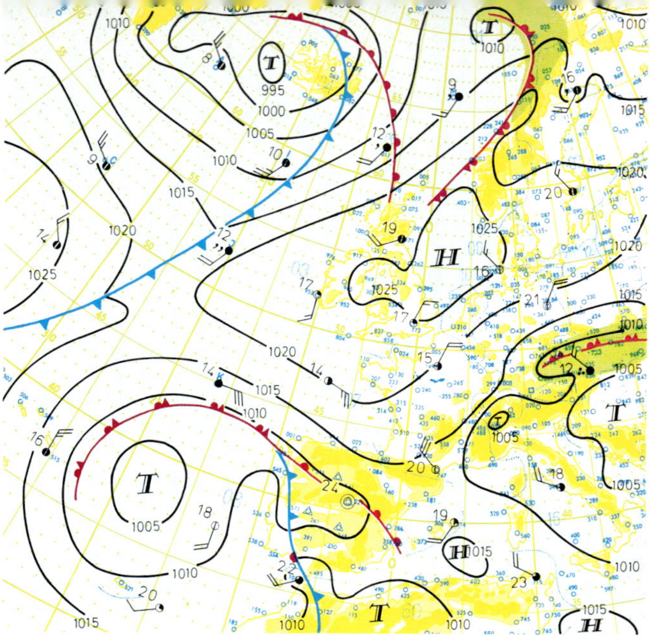

Abb. 1 (links) Synoptische Wetterkarte. (rechts) Wolkenverteilung zur synoptischen Wetterkarte (zusammengesetztes Satellitenbild, Höhe des Satelliten: 1470 km)

5.4 Luftdruck und Wetter

Der Luftdruck schwankt etwa zwischen 970 hPa und 1030 hPa. Luftdruckunterschiede in der Atmosphäre sind Voraussetzungen für die Entstehung von Luftbewegungen **(Winde).** Der Luftdruck ist deshalb eine wichtige Größe in der Wetterkunde.

Bequeme Meßinstrumente sind die Dosenbarometer (Abb. 2). Eine gespannte Blattfeder, die an einer luftleer gepumpten Dose befestigt ist, hält der durch den Luftdruck bewirkten Kraft das Gleichgewicht. Je nach Größe des Luftdrucks wird die Blattfeder mehr oder weniger stark gebogen.

Will man den Luftdruck an verschiedenen Orten miteinander vergleichen, so muß man bei verschiedener Höhenlage der Orte den Luftdruck auf Meereshöhe umrechnen.

Die Beobachtungen über Bewölkung, Luftdruck, Temperatur, Windrichtung, Windstärke, Niederschläge werden mit Hilfe besonderer Symbole (Abb. 3) in eine **Wetterkarte** eingetragen (Abb. 1).

Zunächst verbindet man Orte mit gleichem Luftdruck durch Linien. Sie heißen **Isobaren** (isos, gr. = gleich; baros, gr. = Gewicht). Dabei zeigt es sich, daß gewisse Gebiete durch tiefen Druck, andere durch hohen Druck ausgezeichnet sind. Die Isobaren grenzen diese Gebiete voneinander ab. Die Gebiete tiefen Drucks bezeichnet man als **Tiefdruckgebiete** (*T*), die Gebiete hohen Drucks als **Hochdruckgebiete** (*H*). Man spricht auch kurz von einem „Hoch" und einem „Tief", das auch **Zyklone** genannt wird. Die Druckunterschiede zwischen den eingezeichneten Isobaren betragen 5 hPa oder auch 10 hPa. Ist der Abstand der Isobaren groß, dann ist das *„Druckgefälle"* klein.

Je größer die Druckunterschiede sind, desto stärker ist der Wind. Man sollte nun meinen, daß die Luft auf dem kürzesten Weg vom Hochdruckgebiet zum Tiefdruckgebiet strömt, um den Druckunterschied möglichst schnell auszugleichen. Aus der

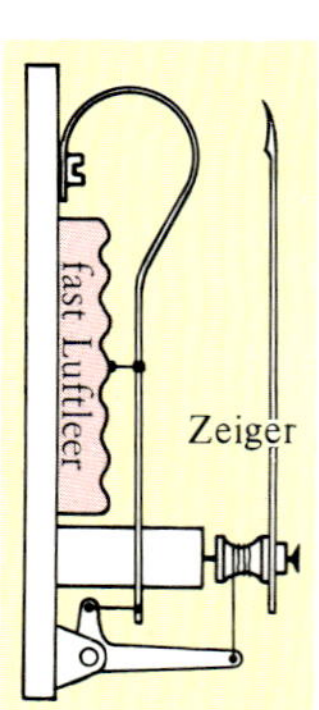

Abb. 2 Dosenbarometer. (links) Schematische Darstellung, (rechts) technische Ausführung

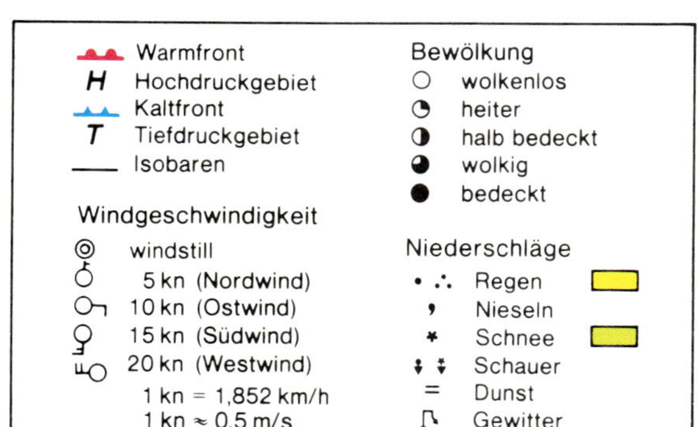

Abb. 3 Zeichen auf der Wetterkarte

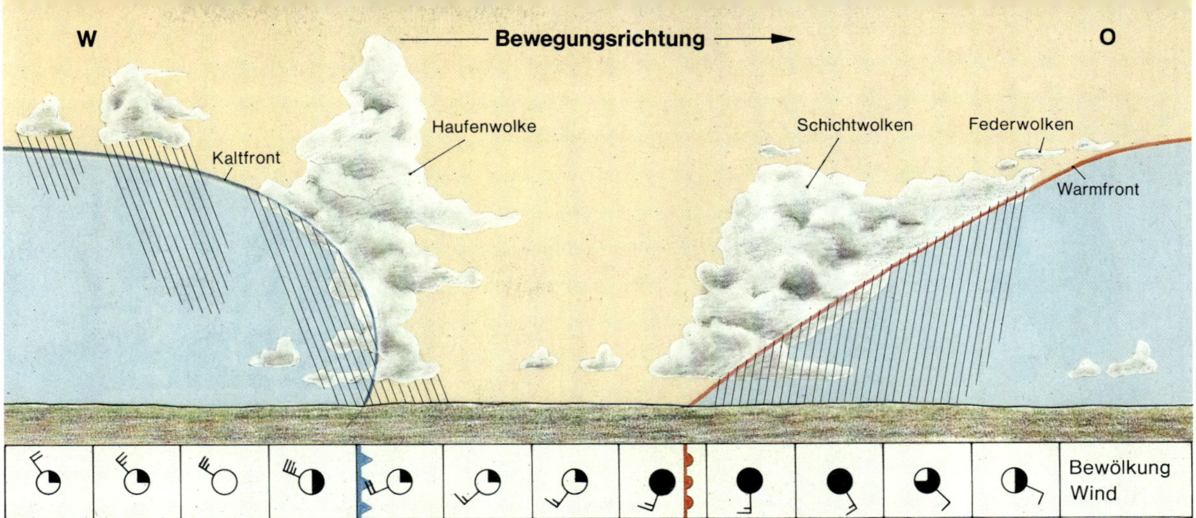

1018	1017	1016	1014	1012	1012	1012	1013	1014	1015	1016	1018	Druck hPa
7°C	7°C	8°C	9°C	20°C	19°C	18°C	13°C	12°C	11°C	11°C	10°C	Temperatur
19^h	18^h	17^h	16^h	15^h	14^h	13^h	12^h	11^h	10^h	9^h	8^h	Zeit

Abb. 4 Durchzug eines Tiefdruckgebietes mit Warm- und Kaltfront

Wetterkarte kann man aber entnehmen, daß dies nicht der Fall ist. Dort werden die Wetterstationen durch einen kleinen Kreis dargestellt. Die Windgeschwindigkeiten sind durch Striche angegeben.

Der lange Strich zeigt aus der Richtung des Windes in den Kreis. Die Beträge der Windgeschwindigkeiten sind durch Querstriche angedeutet. Verfolgen wir nun die Windrichtungen auf der Wetterkarte, dann sehen wir, daß die Luft nicht senkrecht zu den Isobaren aus dem Hoch heraus oder in das Tief hineinströmt, sondern schräg dazu, fast parallel (Abb. 1). Das kommt daher, daß, ähnlich wie bei den **Passatwinden,** polwärts strömende Winde der Erddrehung vorauseilen. Die Luftbewegung wird noch durch Reibung an der Erdoberfläche gestört, so daß sich folgende Windregel ergibt, die von dem niederländischen Meteorologen C. H. Buys-Ballot (1817–1899) ausgesprochen wurde: Auf der Nordhalbkugel der Erde strömt die Luft im Uhrzeigersinn aus einem Hochdruckgebiet heraus und im Gegenzeigersinn in ein Tiefdruckgebiet hinein (Abb. 5).

Im Tief selbst muß deshalb eine aufsteigende Luftbewegung, im Hoch eine absteigende Luftbewegung zu beobachten sein. Mit einer aufsteigenden Luftbewegung ist Abkühlung und Kondensation, mit einer absteigenden Erwärmung und Wolkenauflösung verbunden. Deshalb herrscht in Hochdruckgebieten meist heiteres oft sogar wolkenloses Wetter, während es in Tiefdruckgebieten recht wechselhaft und unbeständig ist (vgl. Abb. 1). Diese Wettererscheinungen treten aber nicht immer auf.

Die Grenze, an der zwei verschiedene Luftmassen aneinanderstoßen, bezeichnet man als **Wetterfronten.** Dringt Warmluft gegen Kaltluft vor, dann spricht man von einer **Warmfront,** im umgekehrten Fall von einer **Kaltfront.** Warmfronten sind in der Wetterkarte durch Linien mit runden, Kaltfronten durch spitze Ausbuchtungen gekennzeichnet.

Zieht eine solche Front über einen Ort hinweg, dann ändert sich oft sprunghaft das Wetter (Abb. 4).

Aufgaben

1. Beschreibe anhand der Abb. 4 die Änderung des Wetters beim Durchzug a) einer Warmfront, b) einer Kaltfront!
2. Zeige am Beispiel der Abb. 1, daß jedes Tiefdruckgebiet von Wetterfronten durchzogen ist!

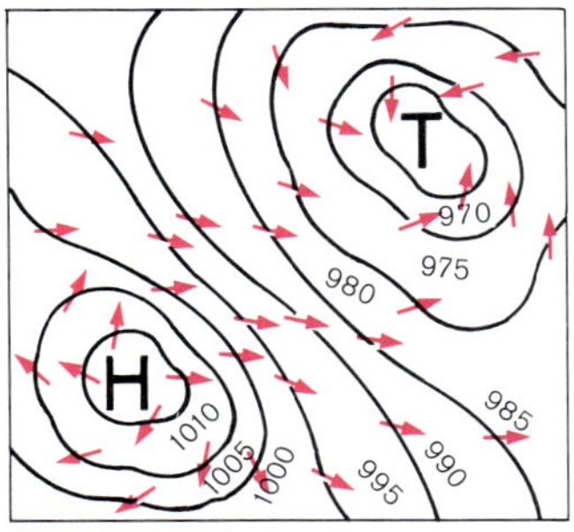

Abb. 5 (links) Windrichtungen in einem *„Hoch"* und in einem *„Tief"*

Abb. 6 (rechts) Aufnahme eines Wirbelsturms im Pazifik in der Nähe von Hawaii (Apollo 9, März 1969)

Abb. 1 OTTO V. GUERICKE (1602–1686), deutscher Ingenieur und Physiker, Ratsherr und Bürgermeister von Magdeburg

Abb. 2 Guerickes Versuche zur Herstellung eines Vakuums

5.5 Kann man ein Vakuum herstellen?

Unter einem Vakuum versteht man in der Physik einen Raum, der keinen Körper enthält. Vor Pascal war man jahrhundertelang der Ansicht, daß es in der Natur keinen solchen Raum geben könne. Pascal, der diese Ansicht bekämpfte, schreibt darüber:

„Und man hat es mit soviel Gewißheit geglaubt, daß die Philosophen daraus einen der höchsten Grundsätze ihrer Wissenschaft und die Basis ihrer «Abhandlungen über das Vakuum» gemacht haben. Man diktiert es täglich in allen Schulklassen und allerorten auf der Welt, und seit es schriftliche Zeugnisse gibt, sind sich alle Menschen einig in diesem Gedanken, ohne daß bis heute jemand widersprochen hätte."

Nicht nur Pascal und Torricelli widersprachen dieser traditionellen Lehrmeinung. An der wissenschaftlichen Diskussion waren viele Forscher beteiligt. In Deutschland widmete sich OTTO V. GUERICKE (Abb. 1) diesem Problem in besonderem Maße. Was ihn dazu bewog, beschreibt er in einem Buch „Neue Magdeburger Versuche über den leeren Raum":

„Als ich dies lange erwog, und zugleich immer wieder dem Geheimnis des Weltenbaus nachsann, ließ mich nicht nur der Gedanke an die Riesenmassen dieser Gestirne und an ihre jedem menschlichen Verstande völlig unzugänglichen Entfernungen erschauern, insbesondere bannte mich dieser ungeheure, zwischen ihnen sich breitende, ins Grenzenlose erstreckte Raum und entfachte in mir die unauslöschliche Begierde nach seiner Erforschung. Was mochte das für ein Etwas sein, ...? Ist es wohl irgendein feuriger Himmelsstoff, fest oder flüssig ... oder am Ende doch der stets geleugnete, jeder Stoffheit bare Raum? Oder was sonst?"

Guericke war der Überzeugung, daß die Bewegung der Erde um die Sonne ebenso wie die Bewegung der anderen Planeten nur in einem Vakuum möglich sei. Dazu mußte er nachweisen, daß ein solches Vakuum existieren kann, und zwar auf der Erde.

Guerickes Luftpumpenversuche

Guericke baute zu diesem Zweck die damals bekannten Wasserpumpen um. Eine geeignete Konstruktion für seine Versuche fand er im Jahre 1650. Er versuchte zunächst, aus einem geschlossenen Weinfaß, das er mit Wasser gefüllt hatte, das Wasser herauszuziehen.

„Das Wasser muß dann vermöge seiner Schwere herabsinken und über sich im Faß einen von Luft – und infolgedessen von jedem Körper – leeren Raum zurücklassen."

Da Holz sich als undicht erwies, ließ Guericke sich eine Kupferkugel hämmern, mit der er dann seine Versuche fortsetzte (Abb. 2). Er erzählt darüber:

„Anfangs ließ sich der Stempel leicht bewegen, bald wurde dies aber immer schwieriger, so daß zwei kräftige Männer kaum imstande waren, den Stempel herauszuziehen. Während sie noch mit dem Ein- und Anziehen desselben beschäftigt waren und schon glaubten, es sei nahezu alles Wasser herausgeschafft, wurde die Metallkugel plötzlich mit lautem Knall zu aller Schrecken so zusammengedrückt, wie man ein Tuch zwischen den Fingern zusammenballt, oder als ob die Kugel von der äußersten Spitze eines Turmes mit heftigem Aufprall herabgeworfen worden wäre."

Diesen Versuch können wir in etwas abgewandelter Form nachmachen.

Versuch 16: In einen Blechkanister füllen wir etwas Wasser und erhitzen es bis zum Sieden. Der entstehende Wasserdampf verdrängt die im Kanister befindliche Luft. Nach einiger Zeit verschließen wir den Kanister gut und kühlen ihn ab: Der Blechkanister wird wie ein Tuch zusammengedrückt.

Um Interesse für seine Forschungen zu wecken, demonstrierte Guericke die Wirkungen des Luftdrucks, die uns aus vielen Versuchen bekannt sind, damals aber großes Aufsehen in der Öffentlichkeit erregten.

Versuch 17: Zwei aufeinandergeschliffene, hohle Halbkugeln aus Metall werden an der Schnittflä-

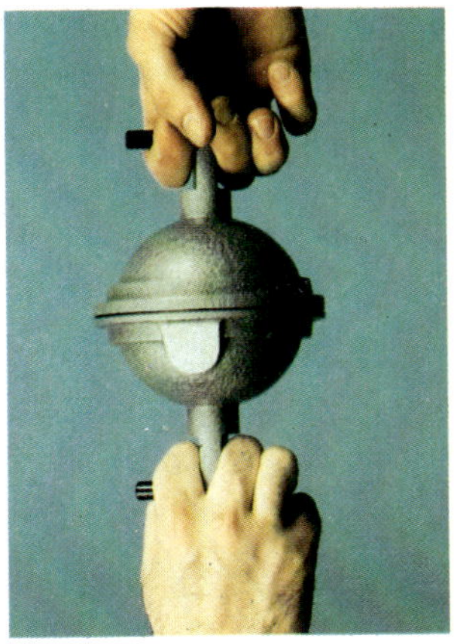

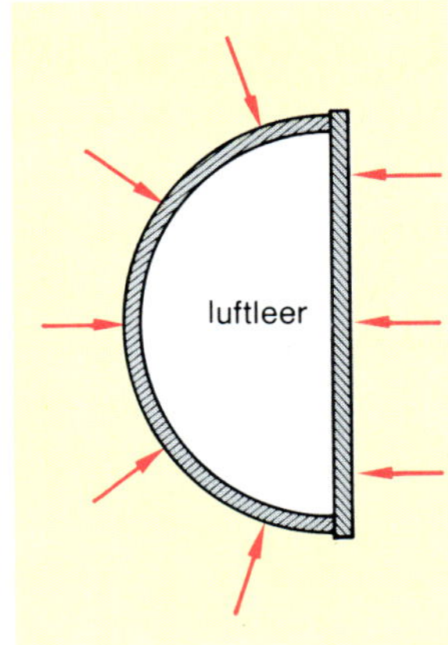

Abb. 3 Die Halbkugeln lassen sich nicht trennen

Abb. 4 Magdeburger Halbkugeln

Abb. 5 Zur Berechnung der Kraft auf die Halbkugel

che mit Fett bestrichen, zu einer Hohlkugel zusammengesetzt und mit einer Pumpe leergepumpt. Die Halbkugeln lassen sich selbst durch große Kräfte nicht trennen. Das gelingt uns erst wieder, nachdem durch einen Hahn Luft eingeströmt ist (Abb. 3).

Der nur einseitig wirkende Luftdruck drückt die Halbkugeln mit großer Kraft zusammen. Guericke führte diesen Versuch an verschiedenen Stellen vor. Er verwendete zwei kupferne Halbkugeln mit ca. 1200 cm^2 Querschnittsfläche. Zur Verblüffung der Zuschauer konnten erst zweimal acht Pferde die Kugel mit großer Anstrengung auseinanderreißen. Die Halbkugeln sind als „Magdeburger Halbkugeln" in die Geschichte eingegangen (Abb. 4).

Guericke wußte auch, daß es im strengen Sinne kein Vakuum geben kann. Er schreibt:

„Denn wenn sich auch hier auf Erden im strengsten Sinne des Wortes kein leerer Raum herstellen läßt, ist uns wenigstens der Grund hierfür klar: die Ausflüsse der Dinge[1] verhindern nämlich sein Entstehen. Wo es aber keine Dinge mehr gibt (nämlich droben außerhalb der Erde), wird es auch keine Ausflüsse aus ihnen mehr geben; denn mit dem Schwund der Ursache schwindet die Wirkung. Folglich muß dort der leere Raum sein."

Was Guericke damals nicht wissen konnte: Selbst im interstellaren Raum (= Raum zwischen den Sternen) findet man noch im Mittel 1 Teilchen auf 1 cm^3. Der „leere" Raum ist auch heute ein grundsätzliches Problem. Ein „Vakuum" – z. B. in der Fernsehröhre – herzustellen, ist ein technisches Problem.

In der Technik wird jeder Raum als „Vakuum" bezeichnet, in dem ein Druck herrscht, der geringer ist als der äußere Luftdruck. Je geringer der Druck, desto besser ist das Vakuum. Man unterscheidet zwischen Grobvakuum (bis ca. 100 mbar), Feinvakuum (bis ca. 1 mbar) und Hochvakuum (bis ca. einmillionstel Millibar, 10^{-6} mbar).

[1] gemeint sind hier Dämpfe.

Aufgaben

Beispiel: Der Durchmesser einer der Halbkugeln, die Guericke sich anfertigen ließ, wird von ihm mit 67/100 Magdeburger Ellen angegeben. Wie groß war die Kraft, mit der die Kugeln aneinandergepreßt wurden, wenn eine Magdeburger Elle einer Länge von 57,6 cm entspricht und der Innendruck mit 26 mbar, der äußere Luftdruck mit 1 bar angenommen wird?

Lösung: Der Druckunterschied beträgt 974 mbar. Welche Fläche legen wir aber der Berechnung zugrunde? Wir denken uns einen halbkugelförmigen Hohlkörper (Abb. 5), der luftleer ist. Auf ihn wirken von allen Seiten Kräfte infolge des Luftdrucks. Da sich der Körper nicht verschiebt, müssen die Kräfte auf die Halbkugel genauso groß sein wie die Kraft auf die kreisförmige Fläche.

Also ist $A = \pi d^2/4 = \frac{\pi}{4} \cdot (0{,}67 \cdot 57{,}6)^2 \text{ cm}^2 \approx 1170 \text{ cm}^2$

und $F = 1170 \text{ cm}^2 \cdot 10 \frac{\text{N}}{\text{cm}^2} \approx 12 \cdot 10^3 \text{ N}$.

1. Guericke benutzte zur Trennung der Kugeln 16 Pferde. Hätten zur Demonstration nicht auch 8 Pferde genügt?
2. Wie groß wäre die Kraft auf die Magdeburger Halbkugeln gewesen, wenn Guericke ein Hochvakuum hätte erzeugen können?
3. Bei seinen Forschungen hatte Guericke auch schwierige technische Probleme zu lösen. Um welche Probleme handelt es sich? Lies hierzu den Text auf Seite 150 noch einmal aufmerksam durch!
4. Erkläre die Vakuumverformung von Kunststoff (Abb. 6)!

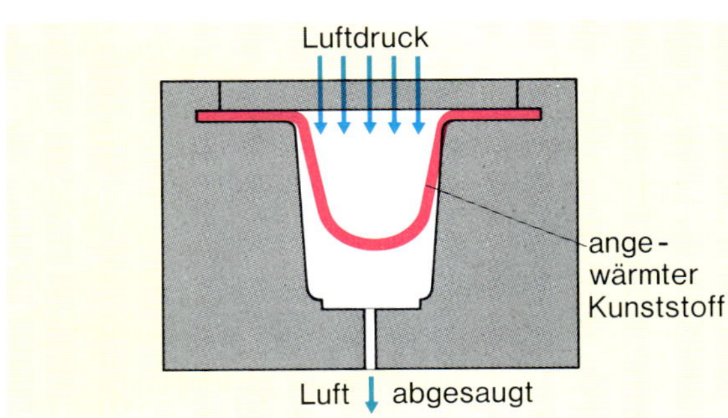

Abb. 6 Vakuumverformung von Kunststoff

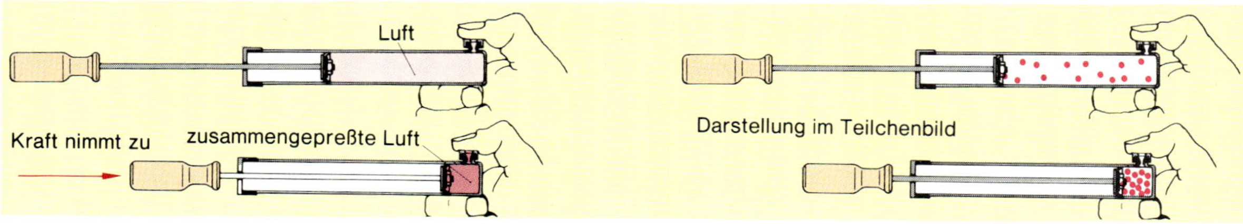

Abb. 1 Beim Zusammenpressen erhöht sich der Druck

5.6 Das Boyle-Mariottesche Gesetz

Gase unter Druck

Gase lassen sich stark zusammenpressen. Mit einer Fahrradpumpe können wir dies näher untersuchen.

Versuch 18: Wir verschließen die Öffnung einer Fahrradpumpe mit dem Daumen und schieben den Kolben in den Zylinder hinein (Abb. 1). Je weiter wir den Kolben hineindrücken, um so größer ist die Kraft, die wir aufwenden müssen.

Im Innern herrscht ein Druck, der um so größer wird, je weiter wir die Luft zusammenpressen. Läßt man los, dann federt der Pumpkolben zurück.

Zusammengepreßte Luft *(Druckluft)* wirkt wie eine Stahlfeder. Bei Fahrrad-, Mofa- und Autoreifen wird diese Eigenschaft genutzt. Stöße durch die Unebenheit der Straße werden durch diese Luftfederung aufgefangen. Druckluft treibt auch den Preßlufthammer im Straßenbau an und öffnet Türen bei U-Bahnen und Bussen.

Die Druckerhöhung bei Volumenverkleinerung können wir im *Teilchenmodell* verstehen. Der Druck kommt, wie wir wissen, durch die zahlreichen, regellosen Stöße der Gasteilchen auf die Begrenzungsflächen zustande. Verkleinern wir das Volumen, dann wird die Zahl der Teilchen in 1 cm^3 erhöht. Nun stoßen in einer Sekunde mehr Teilchen auf die Wand als vorher. Folge: Auf 1 cm^2 Wandfläche wirkt eine größere Kraft. Also ist auch der Druck größer.

Umgekehrt muß bei Volumenvergrößerung eine Druckminderung eintreten. Infolge der Eigenbewegung der Gasteilchen verteilen sich diese nämlich sofort auf den größeren Raum. Nun sind in 1 cm^3 weniger Teilchen enthalten, also erfolgen in einer Sekunde weniger Stöße auf die Wand. Der Druck sinkt.

Wie ist aber der genaue Zusammenhang zwischen Druck und Volumen? Aus der Erfahrung wissen wir, daß auch die Temperatur hier eine Rolle spielt. Eine Fahrradpumpe wird warm, wenn man durch das Pumpen ständig Druck und Volumen ändert. Aber auch eine Temperaturänderung verursacht allein schon eine Dehnung. So dehnt sich ein Fahrradschlauch aus, wenn er in der Sonne liegt. Druck, Temperatur und Volumen einer Gasmenge beeinflussen sich also gegenseitig. Wir müssen daher bei der Untersuchung des Zusammenhangs zwischen Volumen und Druck die Temperatur konstant halten, um deren Einfluß auszuschalten.

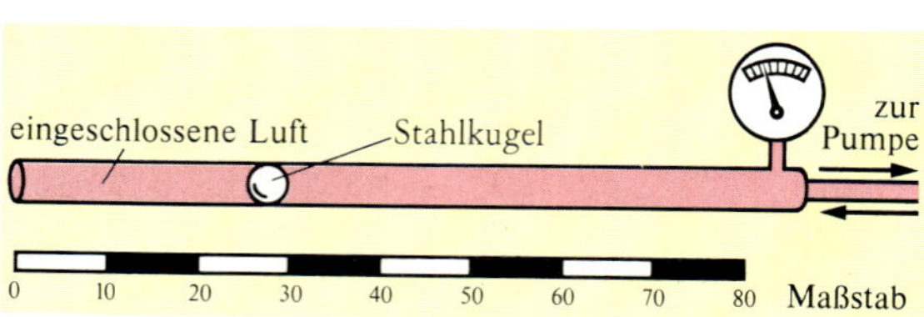

Abb. 2 Gerät zur Ermittlung des Zusammenhangs zwischen Druck und Volumen

Das Boyle-Mariottesche Gesetz

Versuch 19: Eine Glasröhre und eine Stahlkugel sind so aufeinander eingeschliffen, daß die Kugel einen Raum in der Glasröhre abgrenzt und doch leicht beweglich ist (Abb. 2). Da die Querschnittsfläche des Rohres überall gleich ist, kann das Volumen V aus der Länge l des abgeschlossenen Gasraums berechnet werden. Es ist $V = A \cdot l$. Pumpt man Luft ab, so dehnt sich das Gas im abgeschlossenen Gasraum aus, bis Druckgleichgewicht herrscht zwischen innen und außen. Führt man Luft zu, dann wird die eingeschlossene Luft zusammengepreßt, bis wiederum der Innendruck gleich dem Außendruck ist. Mit einem Ventil kann man die Luftzufuhr bzw. Luftentnahme so regeln, daß sich stets ein bestimmtes Gasvolumen einstellt. Mit einem Manometer wird der Druck gemessen. Die Messung beginnen wir bei Atmosphärendruck (1 bar).

Die Meßergebnisse sind in der Tabelle (Abb. 3) wiedergegeben. Wir entnehmen die folgenden Zusammenhänge: Sinkt der Druck auf die Hälfte, nämlich von 1 bar auf 0,5 bar, dann verdoppelt sich das Volumen von 21 cm^3 auf 42 cm^3. Wird der Druck verdoppelt, nämlich von 1 bar auf 2 bar, dann verkleinert sich das Volumen auf etwa die Hälfte, nämlich von 21 cm^3 auf 11,7 cm^3. Wir vermuten daher, daß zwischen den Größenwerten von Druck und Volumen eine antiproportionale Zuordnung besteht:

$$V \sim 1/p\,.$$

p in bar	0,5	0,6	0,8	1	1,2	1,4	1,6	1,8	2,0	2,5
V in cm^3	42	35	26,2	21	17,6	15	13,1	11,7	10,5	8,4
pV in $bar \cdot cm^3$	21	21	21	21	21	21	21	21,1	21	21

Abb. 3 Meßergebnisse zu Versuch 19 (ϑ = konst.)

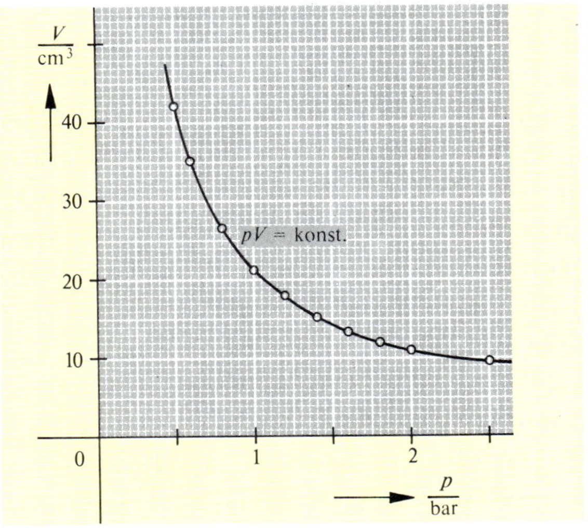

Abb. 4 V-p-Diagramm zur Luft

Tragen wir die Werte in ein V-p-Diagramm ein, so läßt die Kurve ebenfalls den Zusammenhang $V \sim 1/p$ vermuten (Abb. 4).

$V \sim 1/p$ können wir auch folgendermaßen schreiben: $V = k/p$, wobei k ein konstanter Faktor ist. Durch Umstellen erhält man: $V \cdot p$ = konstant. Wir prüfen also nach, ob die Meßwerte von p und V der Bedingung $p \cdot V$ = konstant genügen.

Die Tabelle zeigt, daß diese Bedingung mit guter Näherung erfüllt ist. Es ist:

$$p_1 V_1 = p_2 V_2 = p_3 V_3 = \ldots = \text{konst.}$$

Allgemein gilt:

Bei konstanter Temperatur ϑ ist das Produkt aus Druck und Volumen für eine bestimmte Gasmenge konstant:

$$p \cdot V = \textbf{konstant.}$$

Dieses Gesetz wird nach zwei Physikern, dem Engländer BOYLE (1627–1691) und dem Franzosen MARIOTTE (1620–1684), als **Boyle-Mariottesches Gesetz** bezeichnet.

Anwendung des Boyle-Mariotteschen Gesetzes

Wir betrachten zwei Beispiele.

Beispiel 1: Eine mit Ballongas gefüllte Stahlflasche faßt 10 l Gas bei 150 bar. Wieviel Luftballons von 2 l Volumen kann man damit füllen? (Druck ca. 1 bar) Es gilt:

$$p_1 V_1 = p_2 V_2, \text{ also } 150\,\text{bar} \cdot 10\,\text{l} = 1\,\text{bar} \cdot x \cdot 2\,\text{l} \Rightarrow x = 750,$$

750 Luftballons können daher gefüllt werden.

Beispiel 2: Zur Kontrolle des richtigen Reifendrucks wird der Druck mit einem Manometer gemessen. Aus Tabellen kann man entnehmen, wie groß der Druck sein soll. So soll er in den Vorderreifen z. B. 1,9 bar, in den Hinterreifen 2,0 bar sein. Diese Werte geben den Überdruck $p_ü$ über den Luftdruck, der etwa 1 bar beträgt. Der Reifendruck beträgt also tatsächlich 2,9 bzw. 3,0 bar.

Welche Luftmenge von 1 bar muß einem Autoreifen von 30 l Inhalt zugeführt werden, um den Reifendruck von $p_ü = 1{,}5$ auf den Druck von $p_ü = 1{,}9$ zu bringen?

Wir berechnen zunächst das Volumen, das die im Reifen eingeschlossene Luft bei 1 bar einnehmen würde: Mit $p = 1\,\text{bar} + p_ü$ gilt:

$$2{,}5\,\text{bar} \cdot 30\,\text{l} = 1\,\text{bar} \cdot x_1 \Rightarrow x_1 = 75\,\text{l}.$$

Nun ermitteln wir das Luftvolumen bei 1 bar, das für einen Druck von 1 bar + 1,9 bar = 2,9 bar nötig ist:

$$2{,}9\,\text{bar} \cdot 30\,\text{l} = 1\,\text{bar} \cdot x_2 \Rightarrow x_2 = 87\,\text{l}.$$

Also müssen 87 l − 75 l = 12 l Luft von 1 bar vom Kompressor angesaugt, komprimiert und dem Reifen zugeführt werden.

Aufgaben

1. Druckluft wird technisch vielfältig ausgenutzt. In Autowerkstätten z. B. werden mit Druckluft Reifen gefüllt, Lacke aufgespritzt, Schmiermittel in Lager gedrückt und Schrauben angezogen. Gib weitere Beispiele!
2. In Abb. 4 ist das V-p-Diagramm zu Versuch 19 wiedergegeben. Bei welchem Druck stellt sich ein Volumen von 10 cm^3 ein? Welches Volumen hat die Gasmenge bei 1,5 bar?
3. Kann die Kurve in Abb. 4 die p-Achse bzw. V-Achse schneiden?
4. Wie ändert sich die Kurve, wenn man in Versuch 19 von einem größeren Ausgangsvolumen ausginge?
5. Versuch 19 wird mit Luft gleicher Masse durchgeführt, nun aber bei einer höheren Temperatur. Welche Auswirkung hat dies auf die Meßergebnisse? Wie änderte sich das V-p-Diagramm?
6. Eine quaderförmige Taucherglocke wird bei 970 mbar vollständig ins Wasser gesenkt, so daß die Unterkante 4,5 m unter dem Wasserspiegel liegt. Beschreibe die Zustandsänderungen der Gas-Luftmenge in der Glocke! Wie weit dringt das Wasser in die Glocke ein? (Die Temperatur der Luft soll sich nicht ändern.)
7. Einem Fahrradschlauch mit dem konstanten Volumen von $V = 3$ l wird mit einer Pumpe bei jedem Kolbenstoß 200 cm^3 Luft zugeführt. Von der Erwärmung soll dabei abgesehen werden. Um welchen Betrag wächst der Druck im Schlauch bei jedem Stoß an? Nach wieviel Stößen ist ein Druck von 2 bar erreicht?

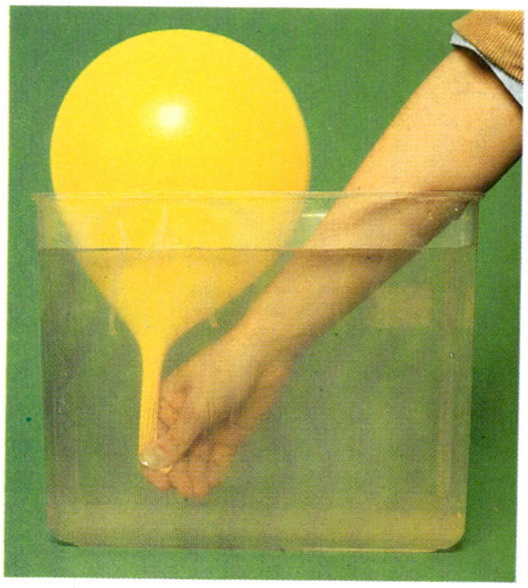

Abb. 1 Der Luftballon wird nach oben gedrückt

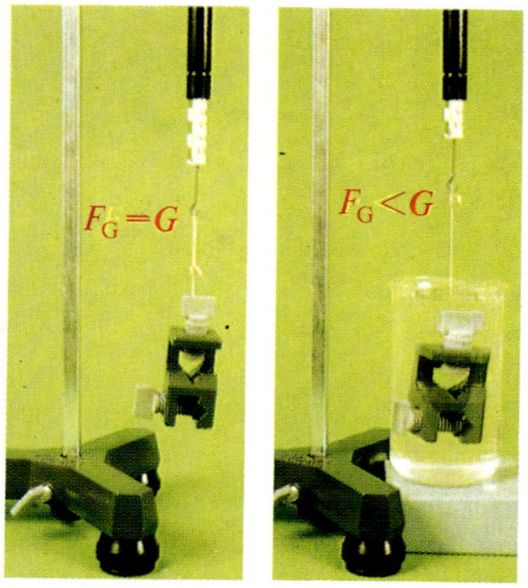

Abb. 2 Der Körper erfährt einen Auftrieb im Wasser

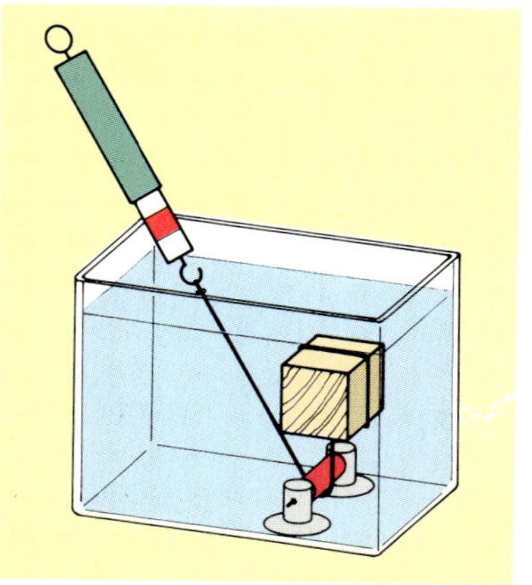

Abb. 3 Direkte Messung der Auftriebskraft

5.7 Auftrieb

Körper werden scheinbar leichter

Jeder hat schon einmal im Schwimmbad die Erfahrung gemacht, daß sich ein großer, mit Luft gefüllter Kunststoffball kaum unter Wasser drücken läßt. Das gleiche gilt für den voll aufgeblasenen Luftballon in Abb. 1. Die Gummihülle dehnt sich bis zum Boden, so groß ist die Kraft, mit der der Ballon nach oben gedrückt wird. Läßt man ihn los, dann schnellt er nach oben.

Der Luftballon erfährt eine nach oben gerichtete Kraft. Man nennt sie Auftriebskraft, kurz Auftrieb.

Erfahren auch andere Körper einen Auftrieb?

Versuch 20: Wir hängen einen beliebig geformten Körper an einen Kraftmesser. Dann tauchen wir ihn in Wasser ein (Abb. 2). Der Kraftmesser zeigt nun eine geringere Dehnung.

> *Jeder teilweise oder ganz in eine Flüssigkeit eingetauchte Körper erfährt einen Auftrieb.*

Körper (z. B. auch Steine) sind also unter Wasser scheinbar leichter. Die Auftriebskraft ist der Gewichtskraft entgegengerichtet. Wir vermuten, daß die Auftriebskraft auf dem Schweredruck beruht. Da dieser unten größer ist als oben, wirkt von unten auf die Körper eine größere Kraft als von oben: Die unten angreifende Kraft überwiegt.

Der Schweredruck nimmt mit der Tiefe zu. Nimmt auch die Auftriebskraft mit wachsender Eintauchtiefe zu?

Versuch 21: Wir tauchen einen Körper vollständig in Wasser ein und messen den Auftrieb bei verschiedenen Eintauchtiefen. Wir wiederholen den Versuch mit anderen Flüssigkeiten.

> *Jeder vollständig eingetauchte Körper erfährt in einer Flüssigkeit einen von der Eintauchtiefe unabhängigen Auftrieb.*

Die Auftriebskraft haben wir bisher nach Abb. 2 gemessen. Diese Methode versagt bei einem schwimmenden Körper. Wir können diesen aber nach Abb. 3 unter Wasser ziehen und auf diese Weise direkt den Auftrieb beim vollständig eingetauchten Körper bestimmen.

Das Archimedische Gesetz

Wir wollen die Auftriebskraft berechnen. Hierzu wählen wir einfach geformte Körper, bei denen die wirkenden Kräfte leicht angebbar sind. In Abb. 4 ist ein solcher Körper im Schnitt gezeichnet. Infolge des Schweredrucks wirken von allen Seiten, von oben und von unten Kräfte auf den Körper. Die seitlichen Kräfte sind entgegengesetzt gleich und heben sich in ihrer Wirkung auf, nicht aber die oben und unten angreifenden Kräfte.

Druck an der oberen Fläche: $p_1 = \varrho \cdot g \cdot h_1$
Kraft auf die obere Fläche: $F_1 = \varrho \cdot g \cdot h_1 \cdot A$
Druck an der unteren Fläche: $p_2 = \varrho \cdot g \cdot h_2$
Kraft auf die untere Fläche: $F_2 = \varrho \cdot g \cdot h_2 \cdot A$

Die Differenz der beiden Kräfte F_1 und F_2 liefert die Auftriebskraft F_A, also:

$$F_A = F_2 - F_1; \quad F_A = \varrho g A (h_2 - h_1).$$

Das Ergebnis besagt, daß die Auftriebskraft nicht von der Eintauchtiefe abhängig ist. Maßgebend ist die Druckdifferenz $p_2 - p_1$ bzw. die Höhendifferenz $h_2 - h_1$, und diese ist für einen vollständig eingetauchten Körper von der Eintauchtiefe unabhängig.

Nun ist aber $h_2 - h_1$ nichts anderes als die Höhe h des quaderförmigen Körpers und das Produkt $A \cdot h$ das Volumen V. Wir erhalten:

$$F_A = \varrho \cdot g \cdot V.$$

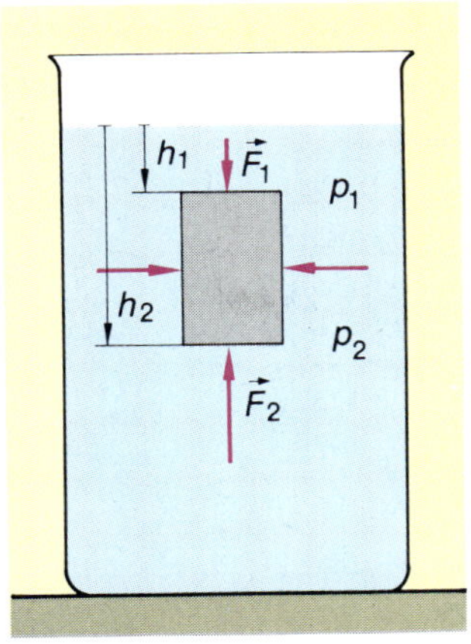

Abb. 4 Zur Berechnung der Auftriebskraft

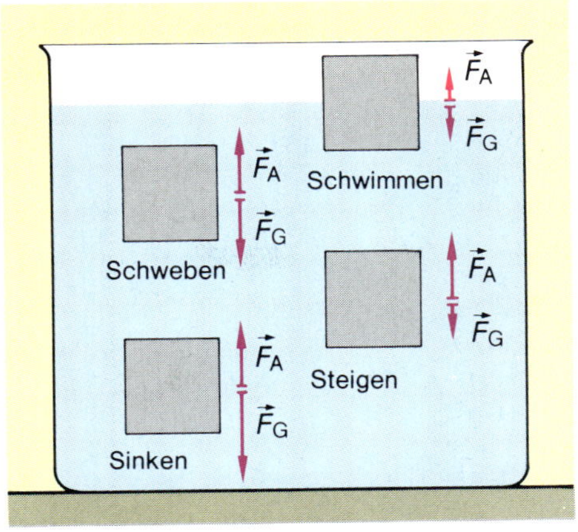

Abb. 5 Schweben, Sinken, Schwimmen

Abb. 6 Baden im Toten Meer

Dies ist ein interessantes Ergebnis: Das Produkt $\varrho g V$ ist gleich der Gewichtskraft der Flüssigkeitsmenge, die das gleiche Volumen wie der Körper hat. (ϱ ist die Dichte der Flüssigkeit, V das Volumen des vollständig eingetauchten Körpers.) Das bedeutet: Der Auftrieb ist nicht von der Gewichtskraft des eingetauchten Körpers, sondern nur von seinem Volumen und der Dichte der ihn umgebenden Flüssigkeit abhängig. Gilt dieses Gesetz, das wir für einen Quader *deduktiv* abgeleitet haben, für jeden beliebig gestalteten Körper?

Versuch 22: Wir bestimmen für verschiedene Körper den Auftrieb und messen ihr Volumen mit den uns bekannten Verfahren (vgl. S. 86). Dann wiederholen wir die Messungen mit anderen Flüssigkeiten (Spiritus, Petroleum).

Wir bestätigen das deduktiv vorausgesagte Gesetz:

Der Auftrieb, den ein in eine Flüssigkeit eingetauchter Körper erfährt, ist genauso groß wie die Gewichtskraft der von dem Körper verdrängten Flüssigkeitsmenge:

$$F_A = \varrho g V.$$

Dieser Sachverhalt wird nach seinem Entdecker als das **Archimedische Gesetz** bezeichnet. Mit ihm können wir die Auftriebskraft für jeden beliebigen Körper berechnen.

Beispiel: Ein Fußball hat ein Volumen von 5,5 l. Welche Auftriebskraft erfährt er, wenn er vollständig ins Wasser eingetaucht wird?

Lösung: $F_A = \frac{1\,\text{kg}}{\text{dm}^3} \cdot 9{,}81\,\frac{\text{N}}{\text{kg}} \cdot 5{,}5\,\text{dm}^3 \approx 54\,\text{N}.$

Wann können Körper schwimmen?

Auch das Schwimmen können wir jetzt genau erklären. Auf einen in Wasser eingetauchten Körper wirken zwei Kräfte, der Auftrieb und die Gewichtskraft. Sind beide entgegengesetzt gleich, dann **schwebt** der Körper in jeder Tiefe. Ist der Betrag des Auftriebs kleiner als der Betrag der Gewichtskraft, dann **sinkt** er ab. Ist der Auftrieb betragsmäßig größer, dann **steigt** der Körper nach oben und **schwimmt.** Dabei ragt der Körper so weit aus dem Wasser, daß das verdrängte Wasser so viel wiegt wie er selbst. Alle Fälle sind in Abb. 5 dargestellt.

Drücken wir den schwimmenden Körper etwas in das Wasser hinein, dann stören wir das Gleichgewicht der Kräfte. Der nun größere Auftrieb ist bestrebt, den alten Zustand wieder herzustellen. Er drückt den Körper nach oben, dieser bewegt sich etwas über die Gleichgewichtslage hinaus. Und nach einigem Hin- und Herschwingen stellt sich die Gleichgewichtslage wieder ein.

Im Toten Meer ist wegen des hohen Salzgehaltes (große Dichte) die Auftriebskraft so groß, daß der menschliche Körper nicht untergeht. Man kann im See schwimmend bequem Zeitung lesen (Abb. 6).

Ein schwimmender Körper taucht so tief in eine Flüssigkeit ein, bis der durch den Schweredruck erzeugte Auftrieb entgegengesetzt gleich seiner Gewichtskraft ist. Die Gewichtskraft der verdrängten Wassermenge ist dann genauso groß wie die Gewichtskraft des gesamten Körpers.

Anwendungen des Auftriebs: Senkwaagen

Bei Senkwaagen wird die Tatsache genutzt, daß der Auftrieb proportional zur Dichte der Flüssigkeit ist.

Versuch 23: Wir füllen ein Reagenzglas mit Schrot oder Sand, so daß es im Wasser aufrecht schwimmt. Tauchen wir es anschließend in Spiritus und dann in Salzwasser ein, dann sinkt es in Spiritus tiefer, in Salzwasser weniger tief ein als in Wasser (Abb. 1 auf S. 156).

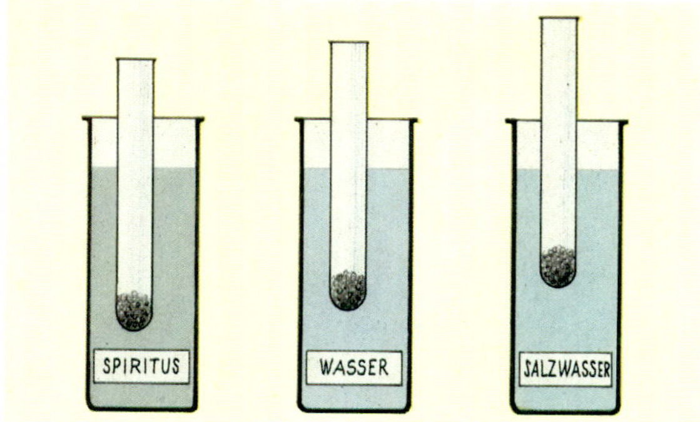

Abb. 1 Geringere Dichte – größere Eintauchtiefe

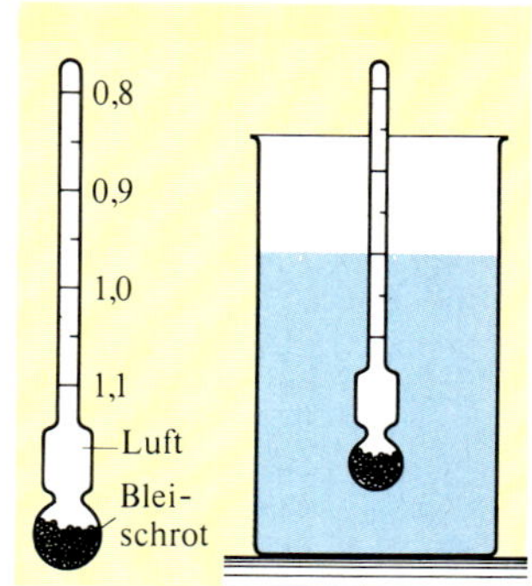

Abb. 2 Senkwaage zur Bestimmung der Dichte von Flüssigkeiten

Die Eintauchtiefe ist also ein Maß für die Dichte der betreffenden Flüssigkeit. Nach diesem Verfahren arbeiten die Senkwaagen *(Aräometer),* mit denen man die Dichte von Flüssigkeiten (Abb. 2), den Salzgehalt von Wasser, den Fettgehalt von Milch, das Mostgewicht von Obstsäften (Öchslegrade) oder den Säuregehalt der Flüssigkeit in Autobatterien prüft.

Auftrieb in Luft – Ballonfahrt

Nach dem Vorhergehenden müssen alle Körper auch in dem uns umgebenden Luftmeer einen Auftrieb erfahren, nicht nur Luftballone. Wir weisen das mit folgendem Versuch nach.

Versuch 24: Nach Abb. 3 (links) hält ein Wägestück einer Hohlkugel aus Kunststoff an einem Waagebalken das Gleichgewicht. Die Kunststoffkugel hat aber infolge ihres größeren Volumens einen größeren Auftrieb als das Wägestück. In Wirklichkeit ist sie also schwerer. Dies zeigt sich sofort, wenn wir die Luft und damit den Auftrieb unter dem Rezipienten einer Pumpe wegnehmen: Der Waagebalken neigt sich auf die Seite der schweren Kunststoffkugel (Abb. 3, rechts).

Die Kugel hat ein Volumen von 0,27 dm³. Damit beträgt die Auftriebskraft mit $F_{\mathrm{A}} = \varrho_{\mathrm{Luft}} \cdot g \cdot V$:

$$F_{\mathrm{A}} = 1{,}3 \frac{\mathrm{g}}{\mathrm{dm}^3} \cdot 9{,}81 \frac{\mathrm{N}}{\mathrm{kg}} \cdot 0{,}27\ \mathrm{dm}^3 \approx 0{,}35\ \mathrm{cN}.$$

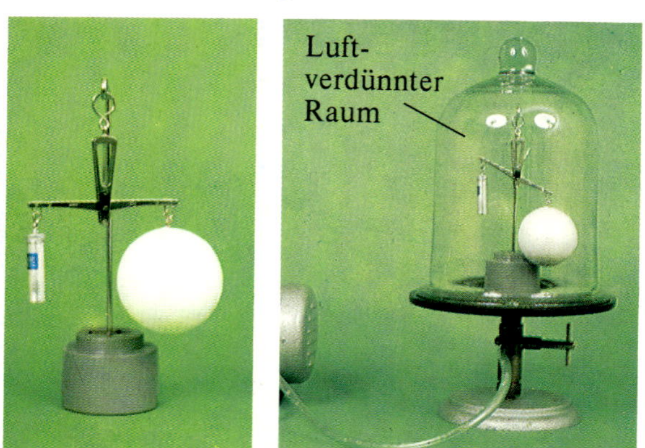

Abb. 3 Auftrieb in Luft

Wegen der geringen Dichte der Luft ist die Auftriebskraft auf die Kugel gering. Trotzdem kann sie technisch genutzt werden, bei einem Ballon zum Beispiel. Man muß sein Volumen nur groß genug machen.

Ein Ballon schwebt, wenn die Gewichtskraft des Ballons einschließlich seiner Nutzlast genauso groß ist wie die Auftriebskraft. Luftgefüllte Ballone können nicht schweben, sie sinken in Luft. Ballone sind deshalb mit einem Gas gefüllt, dessen Dichte kleiner ist als die Dichte der umgebenden Luft, meist mit Wasserstoff oder Helium. Große Ballone von über 1000 m³ Inhalt können Menschen und Lasten tragen. Statt des Füllgases Helium kann man auch heiße Luft verwenden.

Die ersten *Heißluftballone* wurden von den Brüdern MONTGOLFIER gebaut. Diese brachten 1783 einen riesigen Papierballon dadurch zum Steigen, daß sie unter ihm ein Strohfeuer entzündeten und dadurch die Luft im Ballon erwärmten. Die ersten Passagiere waren ein Hahn, ein Schaf und eine Ente. Kurz danach, noch im gleichen Jahre stiegen auch die ersten Menschen in die Luft (Abb. 4).

Heute ist das Ballonfahren mit heißer Luft ein beliebter Freizeitsport (Abb. 5).

Etwa 2000 m³ Luft werden mit einem Propangasbrenner in einer hitzebeständigen Nylonhülle bis auf 100 °C erhitzt. Dann beginnt der Start. Da das Gas sich abkühlt, muß man von Zeit zu Zeit den Brenner anstellen und nachheizen. Das Landen ist einfach: Der Brenner wird abgestellt. Die Fahrtrichtung bestimmt natürlich der Wind.

Für wenige Jahrzehnte hatten die *starren Luftschiffe* des Grafen ZEPPELIN (1838–1917) große Bedeutung. Sie wurden mit Wasserstoff gefüllt. Die Luftschiffe waren steuerbar und konnten sich durch eigene Kraft vorwärts bewegen. Das größte deutsche Luftschiff LZ 129 war 245 m lang und hatte ein Volumen von 200 000 m³ (Abb. 6). Die Geschwindigkeit betrug 125 km/h. Die letzte Fahrt trat es 1937 mit 36 Fahrgästen und 61 Mann Besatzung an. In Lakehurst brannte es bei der Landung völlig aus. Von 1933 bis 1937 war ein regelmäßiger Transatlantik-Passagierdienst im Gange. Seit der

Abb. 4 Aufstieg einer Montgolfiere am 19. 9. 1783

Abb. 5 Ballonfahrer von heute

Katastrophe von Lakehurst hat das Flugzeug die Luftschiffe völlig verdrängt.

Im Archimedischen Gesetz $F_A = \varrho \cdot g \cdot V$ sind mehrere Größen miteinander verknüpft. Jede dieser Größen kann bestimmt werden, wenn die anderen bekannt sind. Aus der Fülle der Möglichkeiten betrachten wir 2 Beispiele.

Abb. 6 Luftschiff LZ 129

Beispiel 1: Der menschliche Körper hat (ausgeatmet) eine Dichte von $1{,}02\ \mathrm{kg/dm^3}$. Welchen Auftrieb erfährt ein Taucher der Masse $m = 65\ \mathrm{kg}$?

Lösung: Wir müssen zunächst mit Hilfe der Formel für die Dichte (vgl. S. 95) das Volumen ausrechnen:

$$V = m/\varrho; \quad V = \frac{65\ \mathrm{kg\ dm^3}}{1{,}02\ \mathrm{kg}} \approx 64\ \mathrm{dm^3}.$$

Also ist der Auftrieb:

$$F_A = \frac{1{,}00\ \mathrm{kg}}{\mathrm{dm^3}} \cdot 9{,}81\,\frac{\mathrm{N}}{\mathrm{kg}} \cdot 64\ \mathrm{dm^3} \approx 630\ \mathrm{N}.$$

Die Gewichtskraft des Tauchers beträgt $F_G = 65\ \mathrm{kg} \cdot 9{,}81\,\frac{\mathrm{N}}{\mathrm{kg}} \approx 640\ \mathrm{N}$. Ohne Schwimmbewegungen oder Schwimmhilfen würde der Taucher sinken.

Beispiel 2: Wieviel Prozent eines Eisberges ragen über die Wasseroberfläche? ($\varrho_{\mathrm{Eis}} = 0{,}92\ \mathrm{g/cm^3}$; $\varrho_{\mathrm{W}} = 1{,}03\ \mathrm{g/cm^3}$ bei 0 °C)

Lösung: Das Volumen des Eisberges sei V_{Eis}, das Volumen der verdrängten Wassermenge V_{W}. Dann ragt aus dem Wasser der Teil $V_{\mathrm{Eis}} - V_{\mathrm{W}}$ hervor. Gefragt ist nach dem Bruchteil $(V_{\mathrm{Eis}} - V_{\mathrm{W}})/V_{\mathrm{Eis}} = 1 - V_{\mathrm{W}}/V_{\mathrm{Eis}}$. Wir müssen also das Verhältnis der Volumina errechnen. Diese sind jedoch nicht gegeben, sondern nur die Dichten. Also müssen wir versuchen, die Volumina durch die Dichten auszudrücken. Es gilt:

Gewichtskraft des Eisberges: $\varrho_{\mathrm{Eis}} \cdot g \cdot V_{\mathrm{Eis}}$,
Gewichtskraft der verdrängten Wassermenge (Auftrieb): $\varrho_{\mathrm{W}} \cdot g \cdot V_{\mathrm{W}}$.

Beide sind gleich (Eisberg schwimmt!), also:

$$\varrho_{\mathrm{Eis}} \cdot g \cdot V_{\mathrm{Eis}} = \varrho_{\mathrm{W}} \cdot g \cdot V_{\mathrm{W}} \Rightarrow V_{\mathrm{W}}/V_{\mathrm{Eis}} = \varrho_{\mathrm{Eis}}/\varrho_{\mathrm{W}}$$

$$1 - \frac{V_{\mathrm{W}}}{V_{\mathrm{Eis}}} = 1 - \frac{\varrho_{\mathrm{Eis}}}{\varrho_{\mathrm{W}}} = 1 - \frac{0{,}92\ \mathrm{g/cm^3}}{1{,}03\ \mathrm{g/cm^3}} = 0{,}107$$

$$\approx 0{,}11 \mathrel{\hat{=}} 11\%.$$

Aus dem Wasser ragen 11% des Eisberges hervor.

M

Abb. 1 Schwimmdock

Aufgaben

1. Ein Granitblock ($m = 100$ kg) ist in ein Wasserbecken gefallen. Wie groß ist die Kraft, die man unter Wasser aufbringen muß, um ihn anzuheben?
2. Zur Reparatur fahren Schiffe in Schwimmdocks, die anschließend gehoben werden. Das Prinzip kann man der Abb. 1 entnehmen. Erkläre!
3. In einem randvoll mit Wasser gefüllten Glas schwimmen Eiswürfel. Sie ragen über die Wasseroberfläche. Fließt das Wasser über, wenn die Eiswürfel schmelzen?
4. Versuch: Stelle zu Hause zwei Salzlösungen her, in denen eine Kartoffel a) schwebt, b) nach oben steigt und schwimmt! Bestimme die Dichte der Kartoffel! Nötig sind Küchenwaage und Meßbecher.
5. In Wasser schwimmt eine zum Teil gefüllte Flasche mit der Öffnung nach unten. Sie wird nach unten gestoßen. Je nach der Stärke des Stoßes wird die Flasche entweder untergehen oder wieder an die Oberfläche kommen. Begründe! Führe den Versuch selbst durch!
6. Wie bringt man ein Stück Plastilin zum Schwimmen?
7. U-Boote haben Seitentanks, die geflutet oder mit Druckluft wieder leergepumpt werden können. Beschreibe, wie U-Boote auftauchen, untertauchen oder im Wasser schweben können!
8. Die Dichte eines Menschen beträgt eingeatmet 0,98 g/cm^3. Till möchte beim Schwimmen „Toter Mann" spielen. Was muß er tun? Sollte er die Arme über oder unter Wasser nehmen?
9. Viele Fischarten haben eine gasgefüllte Schwimmblase. Sie können die Gasfüllung verändern. Welche Wirkung hat dies auf den Auftrieb?
10. Ein Schmuckstück besteht aus einer Legierung von Gold und Silber. In Luft wiegt es 200 cN und in Wasser 185 cN. Welche Zusammensetzung hat es?
11. Ein Luftschiff habe einen Rauminhalt von 200000 m^3. Die Gewichtskraft des Luftschiffes ohne Füllgas betrage 60% der Hubkraft des Füllgases (Wasserstoff). Berechne den Auftrieb, die Hubkraft und den Nutzauftrieb! Für das Volumen des Füllgases nehme man näherungsweise 200000 m^3 an.

5.8 Warum Flugzeuge nicht herunterfallen

Fliegen – ein uralter Traum der Menschheit

Seit Urzeiten beseelen die Menschheit drei Wunschträume: sich mit Hilfe einer Tarnkappe unsichtbar zu machen, durch Wände sehen zu können und zu fliegen. Die beiden letzten Wünsche gingen in Erfüllung.

Mit Röntgenstrahlen kann man heute feste, undurchsichtige Stoffe durchleuchten, durch sie „hindurchsehen". Die Drachenflieger bewegen sich zwar nicht flügelschlagend durch die Lüfte, doch können sie bei schönem Wetter minutenlang ihre Kreise ziehen. Drachenfliegen ist heute ein beliebter Sport.

Der Wunsch des Menschen, es den Vögeln gleich zu tun, hat in Sagen und Märchen und im Mythos seinen vielfältigen Niederschlag gefunden. In der Sagenwelt der alten Griechen wird überliefert, daß Dädalus und Ikarus mit Flügeln aus Wachs und Federn vor dem Zorn des Königs Minos flohen. Bis ins 15. Jahrhundert hinein überliefert uns die Geschichte keine anderen Dokumente als diese Sagen. Gegen Ende des 15. Jahrhunderts begann der große Maler und Ingenieur LEONARDO DA VINCI (1452–1519) den Vogelflug genauer zu studieren und mit Hilfe der dabei gewonnenen Erkenntnisse Fluggeräte zu konstruieren. Einen praktischen Erfolg hatte er nicht, es blieb bei der Idee. Nach Leonardo hatten im Laufe der Jahrhunderte viele Waghälse, Abenteurer und Phantasten mit Flügeln, die denen der Vögel nachgebildet waren und angeschnallt wurden, Flugversuche von Kirchtürmen und hohen Felsen herab unternommen. Ihren Optimismus mußten sie meistens mit einem Todessturz, seltener nur mit Arm- und Beinbrüchen bezahlen.

Ende des 18. Jahrhunderts lernte man das Fliegen – „leichter als Luft" – das Fliegen mit Luftballonen, Freiballonen oder Gasballonen. Innerhalb kürzester Zeit wurde die Ballonfahrt immer mehr vervollkommnet. Schauflüge wurden angesetzt. Die Ballonfahrten wurden zur Volksbelustigung. Daneben wuchs ihre Bedeutung für das Militär, für die Erforschung der Lufthülle der Erde und die Wetterbeobachtung.

Der erste erfolgreiche Drachenflieger war OTTO LILIENTHAL (1848–1896), Abb. 2. Er erkannte als erster, daß gewölbte Flügel, die man in der Natur findet, wirksamer sind als flache, und daß ein so geformter Flügel in der Luft in horizontalem Flug sich bewegen kann. Die Resultate seiner Beobachtung erschienen 1889 in seinem berühmten Buch „Der Vogelflug als Grundlage der Fliegerkunst". Durch seine hervorragenden Leistungen hatte er den Weg bereitet für die nun bald stürmisch einsetzende Entwicklung der Flugzeuge bis zu dem Stand von heute. 1903 gelang den Brüdern WRIGHT, die eine Fahrradfabrik besaßen, der erste motorisierte Flug. Der Weg von den Anfängen bis zu den Brüdern Wright, also von Leonardo da Vinci bis zu dem denkwürdigen Jahr 1903, hat rund 400 Jahre gedauert. Der Weg vom ersten stoffüberzogenen Flugzeug bis zu den ersten Düsenmaschinen währte nur 50 Jahre.

Was ist das Geheimnis des Fliegens?

Der sogenannte *statische Auftrieb* in Luft kann nicht die Ursache sein. Er ist viel zu klein, um die schweren Flugzeuge zu tragen. Die Ursache muß in der Bewegung liegen. Ein Flugzeug muß auf der Startbahn einen richtigen Anlauf nehmen, um starten zu können. Um herauszufinden, woher die Tragkraft kommt, führen wir einige Versuche durch.

Versuch 25: Man bläst nach Abb. 4 flach über eine Postkarte hinweg. Sie wird leicht angehoben. Nun wölben wir sie etwas nach oben. Bläst man wieder, dann wird sie stärker angehoben als vorher.

Dies legt die Vermutung nahe, daß die Ursache für die Entstehung des dynamischen Auftriebs beim Flugzeug in der Luft zu suchen ist, die den Tragflügel umströmt. Diese Luft wird durch den Tragflügel umgelenkt. Die Luftteilchen haben daher oberhalb des Tragflügels einen anderen Weg zurückzulegen als unterhalb.

Die Kraft auf eine Begrenzungsfläche wird verursacht durch den Druck innerhalb des Gases. Wenn also die Umströmungen eine Auftriebskraft verursachen, dann müssen durch diese Strömungsverhältnisse auch die Druckverhältnisse beeinflußt werden. Ein einfacher Versuch zur Untersuchung dieses Zusammenhangs ist in Abb. 5 wiedergegeben.

Versuch 26: Der Luftstrom eines Föns wird durch ein Rohr, das in der Mitte eine Verengung hat, geleitet. Das Rohr heißt Venturi-Rohr. An den Meßstellen werden Manometer angeschlossen. Wir stellen fest, daß der geringste Druck an der engsten Stelle des Venturirohrs gemessen wird.

Im gleichen Luft- oder Flüssigkeitsstrom gilt:
Kleiner Querschnitt → höhere Strömungsgeschwindigkeit → geringerer Druck.
Großer Querschnitt → geringerere Strömungsgeschwindigkeit → größerer Druck.

Diese Erfahrungen kann man auf ein von Luft umströmtes Tragflächenprofil übertragen: An der Oberseite herrscht ein geringerer Druck als an der Unterseite, weil oben die Luft schneller den Tragflügel umströmt als unten. Daraus resultiert ein dynamischer Auftrieb (Abb. 6).

Die Ursache des statischen Auftriebs ist der Schweredruck. Der dynamische Auftrieb entsteht durch die den Körper umströmende Luft.

Abb. 2 Otto Lilienthal

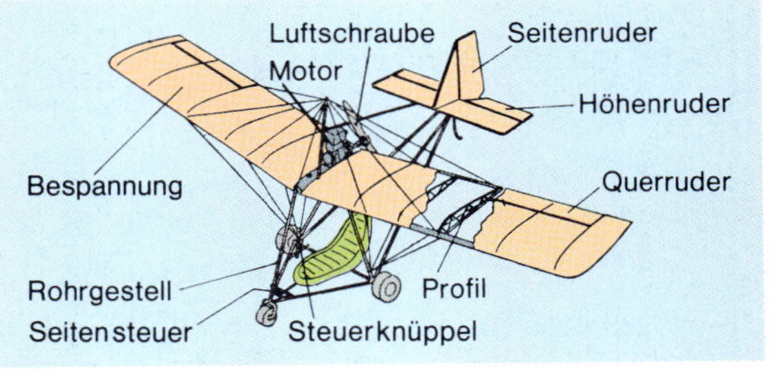

Abb. 3 Ein modernes Leichtflugzug

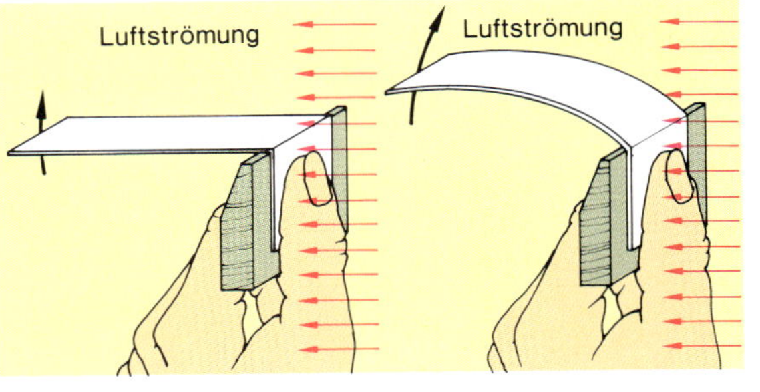

Abb. 4 Postkarte wird angehoben

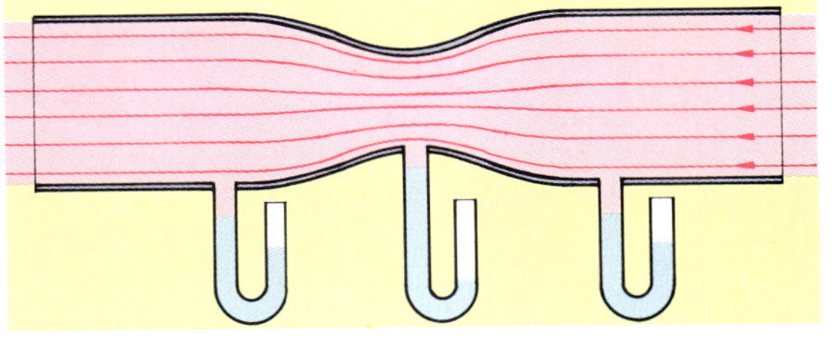

Abb. 5 Venturi-Rohr

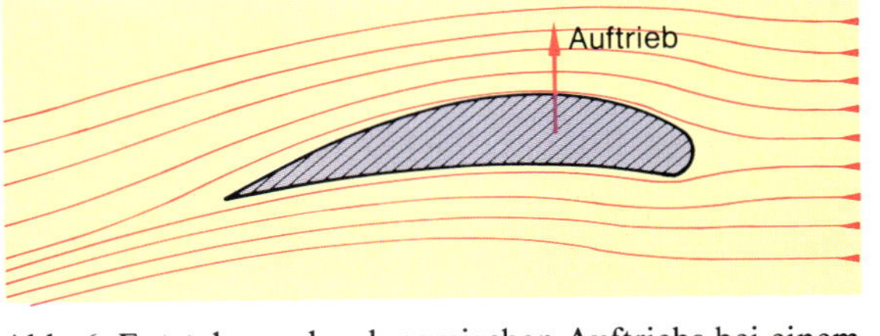

Abb. 6 Entstehung des dynamischen Auftriebs bei einem Tragflügel

Basiswissen Mechanik (III)

Druck

Preßt man Flüssigkeits- bzw. Gasmengen zusammen, so werden sie in einen **Druckzustand** versetzt, der sich nach allen Seiten gleich stark durch eine senkrecht auf die Begrenzungsfläche wirkende Kraft äußert. ↑ S. 137

Druck in Flüssigkeiten: Die Kraftübertragung erfolgt von Teilchen zu Teilchen. ↑ S. 137

Der **Gasdruck** entsteht durch unregelmäßige Stöße der Teilchen auf die Wand. Stoßen in der Zeiteinheit sehr viele Teilchen gegen die Wand, so wirken diese Stöße wie eine gleichbleibende Kraft. ↑ S. 137

Der **Druck** p ist der Quotient aus dem Betrag F der senkrecht auf eine Fläche wirkenden Kraft und dem Flächeninhalt A dieser Fläche. ↑ S. 138

$$p = \frac{F}{A}; \text{ Einheiten: } \frac{1\,\text{N}}{\text{m}^2} = 1\,\text{Pa}; \; 1\,\text{bar} = 10^5\,\text{Pa}$$

$$1\,\text{bar} = 1000\,\text{mbar} = 1000\,\text{hPa} = 10\,\frac{\text{N}}{\text{cm}^2}.$$

Mit **hydraulischen Pressen** kann man große Kräfte erzeugen. ↑ S. 140

Kraft am Preßkolben: $F_2 = \frac{F_1}{A_1} \cdot A_2$.

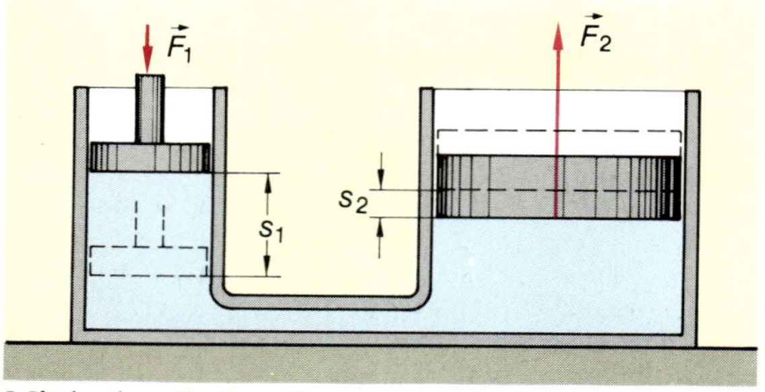

Mit hydraulischen Pressen spart man keine Arbeit. Die mechanische Energie wird unverändert weitergegeben.

Arbeit am Pumpkolben = Arbeit am Preßkolben

$W_1 = F_1 \cdot s_1$ $\qquad$ $W_2 = F_2 \cdot s_2$

Der Schweredruck in Flüssigkeiten ist in gleicher Tiefe überall gleich groß und hat keine bevorzugte Richtung.

Der **hydrostatische Druck** ist proportional zur Eintauchtiefe h und zur Dichte ϱ der Flüssigkeit. ↑ S. 142

$$p = g \cdot \varrho \cdot h.$$

Der Schweredruck der irdischen Lufthülle (Atmosphäre) beträgt an der Erdoberfläche etwa 1 bar = 1000 hPa. ↑ S. 145

Die Atmosphäre besitzt keine Oberfläche wie eine Flüssigkeit, sondern geht ohne scharfe Grenze unmerklich in den Weltraum über. ↑ S. 146

Luftdruckunterschiede in der Atmosphäre sind Voraussetzung für die Entstehung von Luftbewegungen (Winde). Der Luftdruck ist daher eine wichtige Größe in der Wetterkunde. Er schwankt zwischen 970 hPa und 1030 hPa. ↑ S. 148

Vakuum

In der Physik versteht man unter einem **Vakuum** einen Raum ohne Materie. Ein solches absolutes Vakuum ist technisch nicht herstellbar. ↑ S. 150

In der Technik wird jeder Raum als Vakuum bezeichnet, in dem ein Druck herrscht, der kleiner ist als der äußere Luftdruck.

Grobvakuum: bis etwa 100 mbar
Feinvakuum: bis etwa 1 mbar
Hochvakuum: bis etwa 10^{-6} mbar. ↑ S. 151

Boyle-Mariottesches Gesetz

Bei konstanter Temperatur ist das Produkt aus Druck und Volumen für eine bestimmte Gasmenge konstant: $p \cdot V = \text{konst.}$ ↑ S. 153

Auftrieb

Jeder vollständig eingetauchte Körper erfährt in einer Flüssigkeit einen von der Eintauchtiefe unabhängigen **Auftrieb.** ↑ S. 154

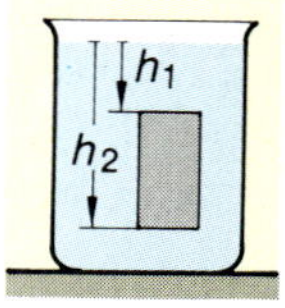

Druck oben: $p_1 = g \varrho h_1$
Kraft oben: $F_1 = g \varrho h_1 A$
Druck unten: $p_2 = g \varrho h_2$
Kraft unten: $F_2 = \varrho g h_2 A$

Differenz der Kräfte = Auftriebskraft

$$F_A = \varrho g A (h_2 - h_1) = \varrho g V.$$

Archimedisches Gesetz

Der Auftrieb, den ein in eine Flüssigkeit eingetauchter Körper erfährt, ist genauso groß wie die Gewichtskraft der von dem Körper verdrängten Flüssigkeitsmenge: $F_A = \varrho \cdot g \cdot V$.

Ein schwimmender Körper taucht so tief in eine Flüssigkeit ein, bis der durch den Schweredruck erzeugte Auftrieb entgegengesetzt gleich seiner Gewichtskraft ist. Die Gewichtskraft der verdrängten Flüssigkeitsmenge ist dann genauso groß wie die Gewichtskraft des gesamten Körpers. ↑ S. 155

Statischer Auftrieb in Luft. ↑ S. 156 f.

Fliegen

Das Fliegen ist möglich durch den **dynamischen Auftrieb.** Er entsteht durch die den Körper umströmende Luft. ↑ S. 159

6 Akustik

6.1 Schall entsteht durch Schwingungen

Schallerzeugung

Alle Sinneseindrücke, die wir mit dem Ohr wahrnehmen, bezeichnet man als **Schall.** Physikalisch beruht er auf Schwingungen.

Versuch 1: Wir spannen ein kurzes elastisches Stahlblatt (Blattfeder) an einem Ende fest ein und lenken es am anderen Ende aus (Abb. 1). Es entsteht eine schwirrende Bewegung, die auch zu hören ist.

Der „Ton" wird bei weiterer Verkürzung der Blattfeder höher. Er ist um so lauter, je stärker wir anschlagen, d. h. je stärker die maximale Auslenkung **(Amplitude)** ist.

Daß jede Art von Schallerzeugung mit raschen Schwingbewegungen zusammenhängt, zeigen wir durch eine Reihe von Versuchen.

Versuch 2: Zwei Stahlstäbe von 20 bzw. 30 cm Länge werden an einem Ende fest eingeklemmt und quer zu ihrer Längsrichtung kräftig angeschlagen. Sie geraten in Schwingungen, und wir hören zwei unterschiedlich hohe Töne.

Die Schlagwerke von Standuhren z. B. bestehen aus Stäben unterschiedlicher Länge. U-förmig gebogene Stäbe aus Stahl oder Leichtmetall mit einem Stiel sind **Stimmgabeln.**

Versuch 3: Setzt man den Stiel einer tönenden Stimmgabel vorsichtig auf eine Tischplatte, so hört man ein kratzendes Geräusch.

Es rührt daher, daß der Stiel auf- und abschwingt und daher ständig periodisch gegen die Tischplatte stößt. Die Zinken der Stimmgabel schwingen gegeneinander und auseinander. Abb. 2 zeigt schematisch die Schwingungen einer Stimmgabel. Die Bewegung der Zinken können wir mit einem kleinen Pendel nachweisen.

Versuch 4: Ein Tischtennisbällchen wird an einem Bindfaden aufgehängt. Wir schlagen eine Stimmgabel an und führen sie vorsichtig so an das Pendel, daß die Zinken dieses berühren. Es wird durch die Schwingungen der Zinken angestoßen und schlägt aus (Abb. 4).

Versuch 5: Einen Stahldraht *(Saite)* klemmen wir mit den Enden fest ein und spannen ihn. Durch Anschlagen, Zupfen oder Streichen können wir ihn zum Tönen bringen.

Versuch 6: Ein zylindrisches Glasgefäß, das zum Teil mit Wasser gefüllt ist, blasen wir oben an (Abb. 3). Wir hören einen Ton. Gießen wir etwas Wasser zu, dann wird der Ton höher. Die Entstehung des Tons ist auf das Schwingen der Luftsäule zurückzuführen.

Schall entsteht durch hinreichend rasche Schwingungen eines Körpers.

Quantitativ beschreibt man Schwingungen mit Hilfe der **Frequenz** (Symbol f). Was man darunter versteht, zeigen wir mit folgendem Versuch.

Versuch 7: Ein langes, weiches Stahlblatt, das an einem Ende mit einem Körper beschwert ist, wird am anderen Ende fest eingespannt. Lenken wir das Stahlblatt aus, so schwingt es langsam hin und her.

Die Frequenz f ist der Quotient aus der Zahl n der Schwingungen (Hin- und Herbewegungen) und der dafür benötigten Zeit t:

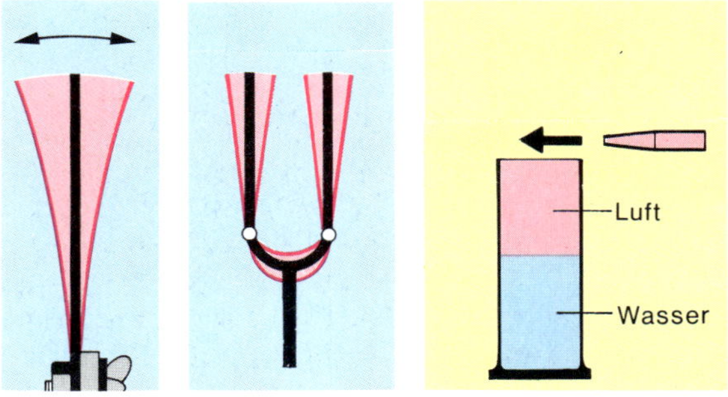

Abb. 1 Ein schnell schwingendes Stahlblatt erzeugt einen Ton

Abb. 2 So schwingt eine Stimmgabel

Abb. 3 Eine Luftsäule wird zu Schwingungen angeregt

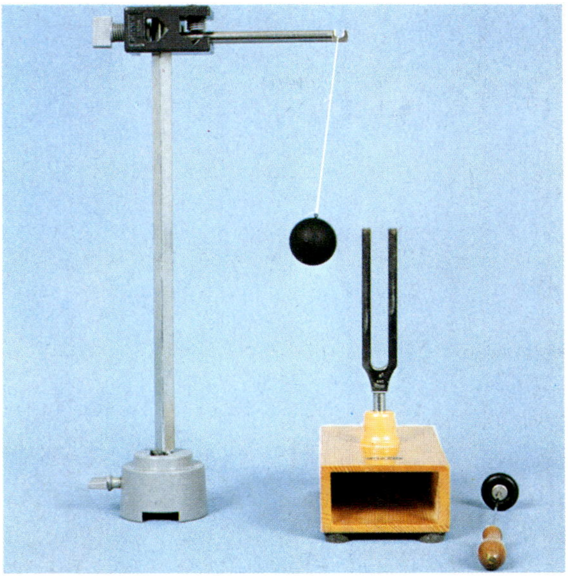

Abb. 4 Nachweis der Stimmgabelschwingungen mit einem Pendel

M

$\text{Frequenz} = \dfrac{\text{Anzahl der Schwingungen}}{\text{benötigte Zeit}}$	$f = \dfrac{n}{t}$

Die Einheit der Frequenz ist 1/s. Sie wird zu Ehren des deutschen Physikers HEINRICH HERTZ (1857–1894) als **1 Hertz** (Kurzzeichen: 1 Hz) bezeichnet.

Versuch 8: Wir messen die Zeit für 10 Schwingungen. Sie beträgt 8 s. Die Frequenz ist dann $f = 10:8\ \text{s} = 1{,}25\ \text{Hz}$. Das bedeutet: $1\frac{1}{4}$ Schwingungen werden in einer Sekunde ausgeführt. Für Schallschwingungen gilt:

- *Je höher die Frequenz, um so höher der „Ton".*
- *Je größer die Amplitude, um so lauter der „Ton".*

Erzwungene Schwingungen – Resonanz

Eine angeschlagene Stimmgabel ist kaum zu hören. Setzt man sie aber nach dem Anschlagen mit dem Stiel auf eine Tischplatte, so hört man einen lauten Ton. Wie ist das zu verstehen? Bei einer schwingenden Stimmgabel bewegt sich der Stiel auf und ab (vgl. Versuch 3). Dadurch wird die Tischplatte zu Schwingungen angeregt, die diese besser als die Stimmgabel an die Luft überträgt: Wir hören einen lauten Ton. Die Amplitude dieser **erzwungenen Schwingungen** ist besonders groß, wenn der schwingungsfähige Körper in seiner *Eigenfrequenz* angeregt wird. Das ist die Frequenz, mit der ein Körper, einmal angestoßen, schwingt.

Versuch 9: Wir regen ein elastisches Stahlblatt mit der Hand zu Schwingungen an (Abb. 1). Mit zunehmender Erregerfrequenz nehmen die Amplituden der Blattfederschwingungen zu, erreichen etwa bei der Eigenfrequenz der Blattfeder ein Maximum und nehmen wieder ab. Beim Maximum spricht man von Resonanz.

Resonanz liegt vor, wenn ein schwingungsfähiger Körper durch eine andere Schwingung angeregt wird, deren Frequenz fast gleich der Eigenfrequenz des Körpers ist.

Schwingungsbilder – Schallarten

Auch bei Schallerregern kann man die Schwingungen „aufschreiben". Wie dies prinzipiell funktioniert, ist bereits in dem Einführungskapitel „Was ist Physik"? (S. 11) erklärt worden. Zum „Aufschreiben" schneller Schwingungen benutzen wir ein *Elektronenstrahloszilloskop,* das an ein Mikrofon angeschlossen ist (Abb. 2).

Versuch 10: Wir registrieren zunächst die Schwingungen einer Stimmgabel. Auf dem Bildschirm ist eine regelmäßige Kurve, eine sogenannte *Sinuskurve,* zu sehen. Danach erzeugen wir einen „Ton" auf einer gespannten Saite. Auch hier ist die Kurve regelmäßig, aber nicht mehr „sinusförmig". Anschließend zerreißen wir vor dem Mikrofon ein Stück Papier. Das zugehörige Schwingungsbild ist völlig unregelmäßig (Abb. 2).

Entsprechend dieser drei Schwingungsbilder unterscheidet man in der Akustik verschiedene Schallarten. Bei reinen Sinusschwingungen spricht man von **Tönen.** Das zweite Schwingungsbild in Abb. 2 gehört zu einem **Klang.** Dieser entsteht durch Überlagerung mehrerer Sinusschwingungen. Das letzte Schwingungsbild gehört zu einem **Geräusch.** Es entsteht durch unregelmäßige Schwingungen. Schließlich kennt man noch den **Knall.** Dies ist ein kurz andauerndes, heftiges Geräusch. Knall und Geräusch kann man sich als Überlagerung aus unendlich vielen Sinusschwingungen entstanden denken.

Das menschliche Ohr empfindet hinreichend rasche Sinusschwingungen eines Körpers als Ton. Die anderen Schallarten entstehen durch Überlagerung von Sinusschwingungen.

Aufgaben

1. Erkläre die Wirkungsweise des Resonanzkastens in Abb. 4 (S. 161), auf den die Stimmgabel aufgesteckt ist. (Hinweis: Die Luftsäule im Hohlraum schwingt.)
2. Erkläre das Vibrieren von Fahrzeugteilen bei bestimmten Motordrehzahlen!

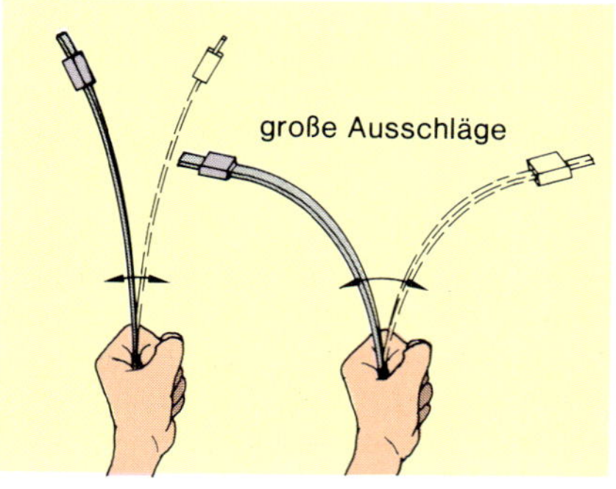

Abb. 1 Erzwungene Schwingungen einer Blattfeder

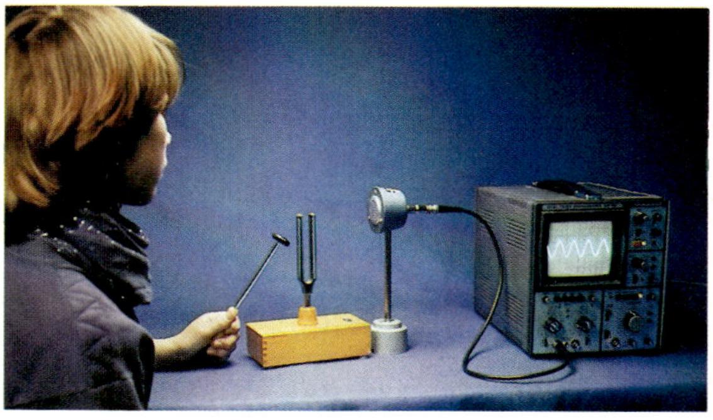

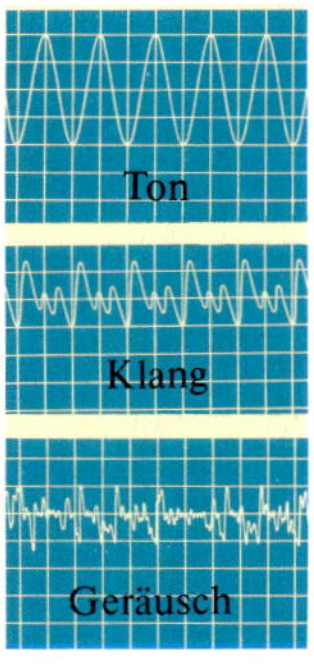

Abb. 2 Aufnahme der Schwingungsbilder eines Tons, eines Klangs und eines Geräusches

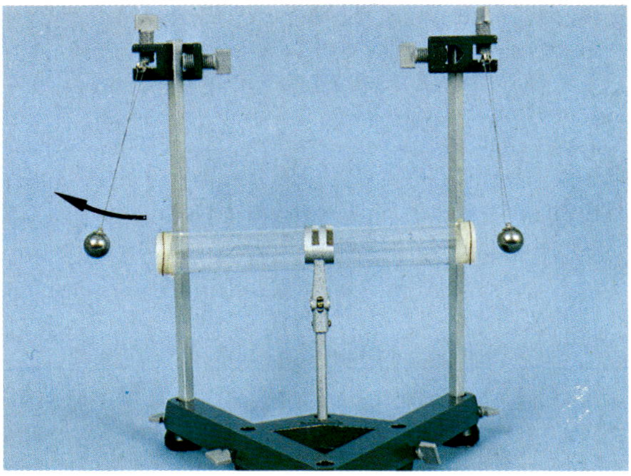

Abb. 4 Ausbreitung einer Störung in einer luftgefüllten Glasröhre

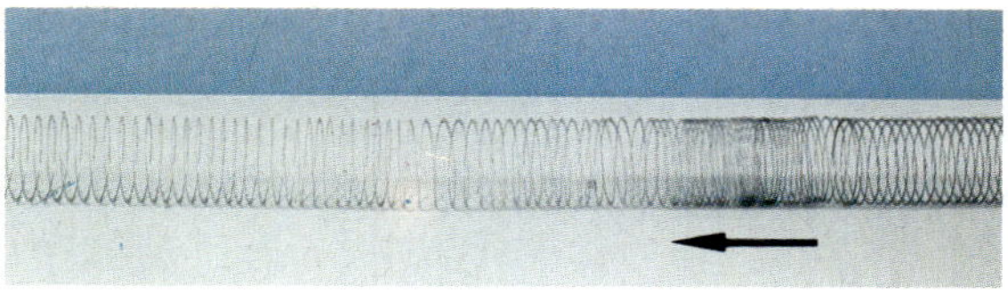

Abb. 5 Fortpflanzung einer Störung in einer Schraubenfeder

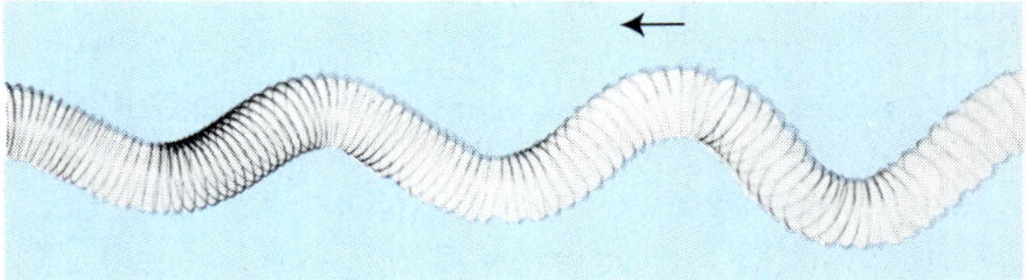

Abb. 6 Ausbreitung einer Querstörung bei einer Schraubenfeder

6.2 Ausbreitung des Schalls

Schallwellen

Die Schwingungen einer Stimmgabel, einer Saite, einer Membran können übertragen werden und dann in unserem Ohr die Schallempfindung auslösen. Die Ausbreitung des Schalles erkennen wir allein aus der Tatsache, daß wir aus größerer Entfernung einen Schlag mit dem Hammer später hören als sehen. Auch beim Blitz beobachten wir ähnliches. Das Donnergrollen hören wir erst geraume Zeit nach dem Einschlagen des Blitzes. Je größer die Entfernung ist, um so später hören wir den Donner. Wir wollen die Schallausbreitung etwas genauer untersuchen.

Versuch 11: Eine mit Luft gefüllte Glasröhre, die an beiden Enden mit Gummimembranen verschlossen ist, wird in horizontaler Lage fest eingespannt (Abb. 4). An den Enden sind zwei Pendel so aufgehängt, daß sie die Membranen gerade berühren. Lenkt man das rechte Pendel aus und läßt es gegen die Membran schlagen, so wird das zweite Pendel auf der anderen Seite weggeschleudert.

Die Luft überträgt Energie, ohne sich selbst als Ganzes zu bewegen.

Wie ist das zu erklären? Durch den Anschlag des Klöppels wird die Membran ausgebeult und die dahinter befindliche Luft kurzzeitig verdichtet. Diese Verdichtung, ein kleines Gebiet des Überdrucks, schreitet dann bis zum anderen Ende fort und beult dort die Membran nach der anderen Seite aus. Das Pendel wird weggeschleudert. Nach Beendigung des Schlags schnellt die rechte Membran infolge ihrer Elastizität zurück. Es entsteht eine Luftverdünnung, eine Stelle des Unterdrucks. Auf die Verdichtung folgt also sofort eine Verdünnung. Auch die Schwingungen einer Stimmgabel rufen in der Luft regelmäßig Verdichtungen und Verdünnungen hervor, die durch die Luft fortschreiten und am anderen Ende von unserem Ohr empfangen werden.

Die Verdichtungen sind nicht direkt beobachtbar. Deutlich läßt sich dagegen das Wandern einer solchen Verdichtung in einer weichen, langen Schraubenfeder veranschaulichen.

Versuch 12: Das eine Ende einer Schraubenfeder lenken wir kurz aus. Wir stauchen die Feder. Erfolgt dies schnell genug, dann teilt sich die Bewegung nur den nächsten Windungen dieser Feder mit, alle übrigen bleiben wegen ihrer Trägheit zunächst in Ruhe. Diese Stauchung (Verdichtung) pflanzt sich in der Schraubenfeder fort (Abb. 5). Bewegen wir das Ende der Schraubenfeder periodisch hin und her, dann folgen Stauchung und Dehnung in regelmäßiger Folge aufeinander, die sich längs der Feder ausbreiten. Man spricht von einer **Längswelle.** Träger der Welle ist die Schraubenfeder.

Der Begriff „Welle“ ist von den Wasserwellen abgeleitet. Dies wird deutlich, wenn man das Ende der Schraubenfeder quer zur Längsrichtung der Feder auslenkt.

Versuch 13: Mit der Hand lenken wir das eine Ende einer Schraubenfeder rasch um eine kurze Strecke seitlich aus. Die ersten ausgelenkten Teile reißen weitere Teile mit. Diese wirken wieder auf die folgenden Bereiche. Und so wandert die Störung des Gleichgewichts als „Welle“ die Feder entlang (Abb. 6).

Die Bewegung der einzelnen Teile erfolgt quer zur Fortpflanzungsrichtung der Welle. Auch hier bewegt sich die Schraubenfeder als Ganzes nicht vorwärts. Diese Welle bezeichnet man als **Querwelle.**

Eine Welle bildet sich aus, wenn an einer Stelle eines Wellenträgers Störungen des Gleichgewichts auftreten, die auf die Nachbarbereiche übertragen werden. Hierbei wird Energie von einem Teilbereich an den benachbarten weitergegeben. Dieser Energietransport erfolgt ohne Materietransport.

Nach dem Vorhergehenden dürfte eine Schallausbreitung ohne Luft nicht möglich sein.

Versuch 14: Unter den Rezipienten einer Luftpumpe bringen wir eine elektrische Klingel. Sie kann von außen betätigt werden und ist zunächst deutlich zu hören. Pumpt man aber die Luft heraus, dann wird der Schall mit zunehmender Verdünnung leiser und ist schließlich überhaupt nicht mehr zu hören.

Der Schall breitet sich in Luft durch regelmäßig aufeinander folgende Verdichtungen und Verdünnungen aus: Schallwellen in Luft sind Längswellen.

Die Luft ist also wesentlich für den Ausbreitungsvorgang. Es gilt allgemein: Ohne Medium, in dem sich der Schall vom Schallerreger zum Schallempfänger, dem Ohr, ausbreitet, wäre die Welt tonlos.

Steckt man den Kopf mit beiden Ohren unter Wasser und läßt den Wasserhahn tropfen, so ist das Auftreffen eines jeden Tropfens auf der Wasseroberfläche deutlich zu hören. Dieses Experiment, das man zu Hause beim Baden in der Wanne leicht durchführen kann, ist ein Beispiel für die Schallausbreitung in Flüssigkeiten.

Die Schallausbreitung in festen Körpern demonstrieren wir durch folgenden Versuch.

Versuch 15: Wir befestigen einen Draht an einem Pappzylinder und hängen eine Taschenuhr an diesen Draht (Abb. 1). Die Geräusche der Uhr werden deutlich hörbar, wenn man den Zylinder dicht an das Ohr hält. Noch besser erfolgt die Übertragung mit dem Fadentelefon.

Schall braucht zur Ausbreitung einen materiellen Träger.

Wie schnell ist der Schall?

Wir messen die Schallgeschwindigkeit mit einem elektronischen Zeitmeßgerät. In Abb. 2 ist ein solches zu sehen. An das Gerät sind ein Lautsprecher als Sender und ein Mikrofon als Empfänger angeschlossen. Das elektronische Zeitmeßgerät wird gestartet, wenn der Lautsprecher ein kurzes Schallsignal aussendet. Es wird gestoppt, wenn das Schallsignal das Mikrofon erreicht. Das Gerät gestattet, weniger als $^1/_{1000}$ Sekunde = 1 Millisekunde zu messen.

Versuch 16: Wir wählen eine Meßstrecke von 1 m. Mehrmalige Messungen liefern als Mittelwert für die Laufzeit: 2,9 Millisekunden (2,9 ms).

Also ergibt sich: $v = 1\,\text{m}/2{,}9\,\text{ms} \approx 345\,\text{m/s}$.

Versuch 17: Wir stellen eine Heizplatte so auf, daß ein Teil der Luft auf der Meßstrecke aufgeheizt wird. Jetzt ergibt sich eine etwas kürzere Zeit als vorher.

Bei höherer Temperatur ist die Schallgeschwindigkeit in Luft größer. Daß die Schallgeschwindigkeit bei konstanter Temperatur auch von der Art der Gase abhängig ist, können wir auf folgende Weise zeigen.

Versuch 18: Zwischen Lautsprecher und Mikrofon wird ein Papprohr angebracht und mit Kohlendioxid gefüllt. Für die Laufzeit erhalten wir jetzt 3,7 ms, für die Schallgeschwindigkeit daher $v \approx 270\,\text{m/s}$.

Die Geschwindigkeit, mit der eine Verdünnung oder eine Verdichtung durch einen Schalleiter wandert, nennt man Schallgeschwindigkeit. Sie hängt von der Art und der Temperatur des Schalleiters ab. In Luft beträgt sie bei 15 °C 340 m/s.

In anderen Stoffen liegt die Schallgeschwindigkeit wesentlich höher. Sie beträgt in Wasser z. B. 1480 m/s und in Eisen 5800 m/s.

Schall wird reflektiert

„Wie man in den Wald ruft, so schallt es heraus", heißt es im Sprichwort. Der physikalische Hintergrund ist das **Echo:** Reflexion des Schalls an groß-

Abb. 1 Fortleitung des Schalls in einem Fadentelefon

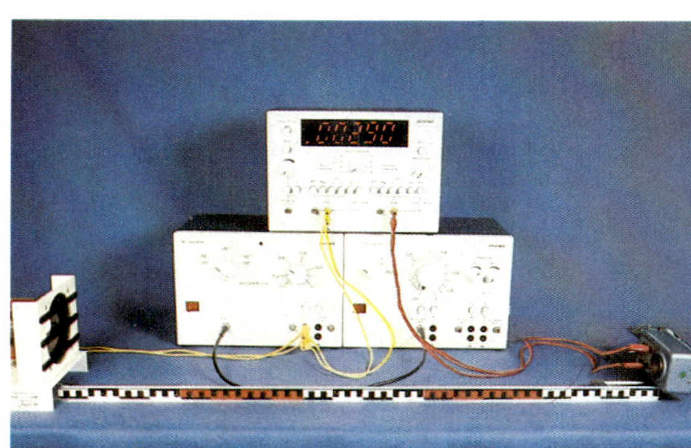
Abb. 2 Messung der Schallgeschwindigkeit

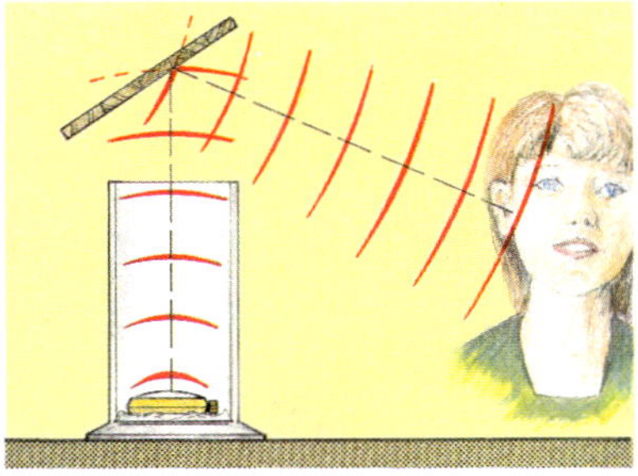

Abb. 3 Reflexion von Schallwellen

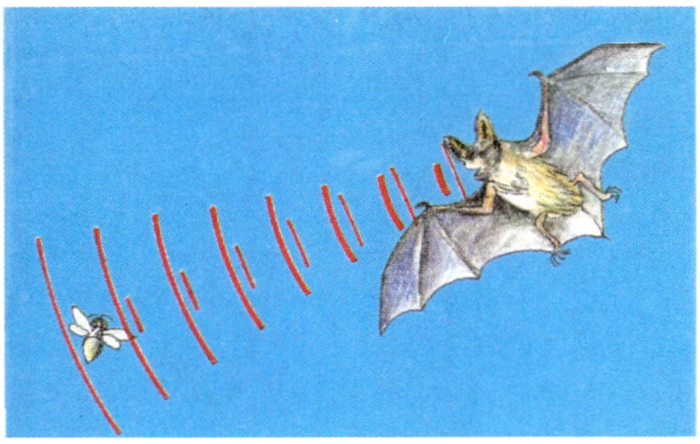

Abb. 4 Die Fledermaus ortet mit Ultraschall

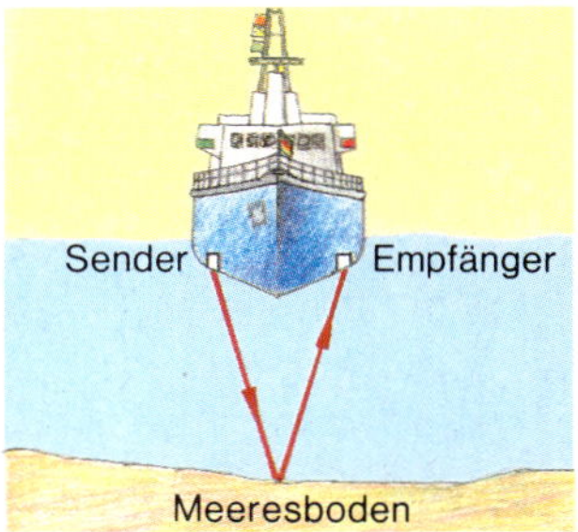

Abb. 5 Echolot

flächigen Hindernissen. Echo (Widerhall) beobachtet man, wenn der reflektierte Schall das Ohr erreicht, nachdem der direkte Schall bereits verklungen ist. Besonders gut hört man das Echo an großen steilen Bergwänden. Allerdings darf man nicht zu nahe heranfahren, denn dann kann man den zurückgeworfenen Schall nicht deutlich vom direkten trennen. In diesem Fall spricht man von **Nachhall.** In großen Räumen (Turnhallen, Klassensälen) kann sich dieser Nachhall sehr störend bemerkbar machen. Er sorgt für eine „schlechte Akustik".

Wie wird der Schall reflektiert?

Versuch 19: Auf den Boden eines hohen Standzylinders wird eine Schallquelle, z. B. eine Taschenuhr, gelegt. Unter der Schallquelle befindet sich etwas Watte. Das Ticken der Uhr ist nur schwach zu hören. Es wird stärker, wenn der Schall an einem Brett reflektiert wird. Durch Drehen des Brettes findet man eine günstige Stellung, bei der das Tikken der Uhr besonders laut wahrgenommen wird (Abb. 3).

Natürlich wird Schall nicht nur reflektiert, sondern von dem Medium, auf das er trifft, weitergeleitet, teilweise auch absorbiert (verschluckt). Wir können daher sagen:

Schall wird an der Grenzfläche zweier Schalleiter teilweise reflektiert, teilweise durchgelassen. Jeder Schalleiter absorbiert den Schall mehr oder weniger stark.

Fledermäuse nutzen die Reflexion des Schalls aus, um sich zu orientieren. Sie erzeugen, unhörbar für uns Menschen, Schwingungen hoher Frequenz ($f > 20$ kHz), die sich als „Ultraschallwellen" ausbreiten. Treffen diese Schallsignale auf Hindernisse auf, so werden sie je nach Größe und Beschaffenheit der Hindernisse zurückgeworfen. Aus der Laufzeit der Schallsignale erkennen die Fledermäuse die Entfernung, aus der unterschiedlichen Reflexion die Beschaffenheit der Hindernisse. Ja, sie können sogar feststellen, wie ein Hindernis sich bewegt. Auf Grund dieser Fähigkeiten finden sie mit ganz erstaunlicher Sicherheit in stockdunkler Nacht ihren Weg und fangen Beutetiere (Abb. 4).

Technisch wird Ultraschall z. B. beim **Echolot** (Abb. 5) zum Vermessen von Meerestiefen genutzt, ferner in der Medizin. Ein Ultraschall-Tonkopf mit einem Ultraschallsender wird über die Bauchdecke geführt. Aus den reflektierten Schallsignalen kann man mit Hilfe eines Computers ein Bild zusammensetzen (Abb. 6).

Aufgaben

Beispiel: Gib einen Versuch zur Messung der Schallgeschwindigkeit an!

Lösung: Auf ein gewöhnliches Stück Blech werden in Abständen von einer Sekunde weit hörbare Schläge ausgeführt. Nun entfernen wir uns immer mehr von der Schallquelle. Die Zeitspanne, die zwischen Hören und Sehen des Schlages verstreicht, wird größer. Schließlich kommt man an eine Stelle, wo man einen Schlag sieht und zugleich den Knall des vorhergehenden Schlages hört. Führe den Versuch zusammen mit einem Mitschüler durch! Wie könnte man mit Hilfe des Echos die Schallgeschwindigkeit bestimmen?

1. Beschreibe die Wirkungsweise eines Stethoskops (Hörrohrs), mit dem der Arzt Herz-, Lungen- und Gefäßgeräusche feststellt und beurteilt.
2. Man hört den Donner 4 s nach dem Blitz. Wie weit war dieser entfernt?

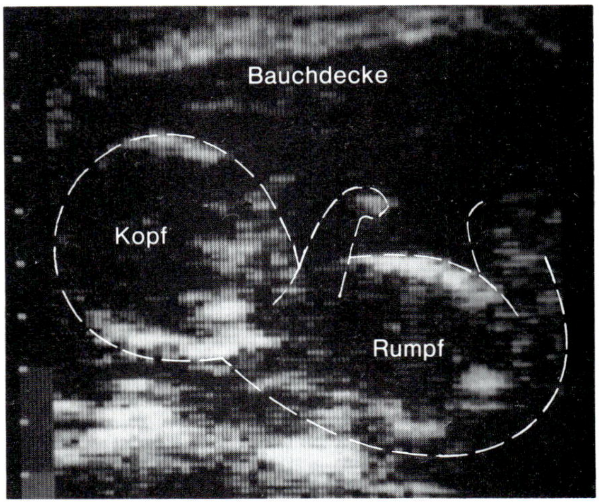

Abb. 6 Ultraschallbild eines Embryos

6.3 Schall und Musik

Viele Instrumente – doch ein Prinzip

Die Musik gehört zum Menschen wie die Sprache; sie ist eine Ausdrucksform des Menschen, die schon in der Frühzeit der Menschen bedeutungsvoll war. Bereits in der Steinzeit gab es Flöten aus Röhrenknochen mit mehreren Grifflöchern. Im Laufe der Zeit entstand eine Vielzahl von Musikinstrumenten. Allen ist jedoch gemeinsam, daß schwingende Körper den Schall erzeugen. Einige dieser Schwingungen haben wir bereits gezeigt, nämlich die Schwingungen von Blattfedern, Stäben und von Saiten.

Gong, Glocke, Triangel, Becken z. B. bringen den Schall hervor, indem die Körper als Ganzes schwingen. Bei Trommeln und Pauken schwingen Membranen; bei Zither, Cembalo, Klavier, Violine, Gitarre u. a. werden Saiten zum Schwingen gebracht. Schwingende Luftsäulen findet man z. B. bei den Flöten, den Klarinetten, den Posaunen und Trompeten. Wir wollen uns im folgenden noch etwas mit den schwingenden Saiten beschäftigen.

Schwingende Saiten

Die Schwingungen einer Saite untersuchen wir mit Hilfe eines Gerätes nach Abb. 1.

Wir zupfen eine Saite an und hören jedesmal einen Ton, dessen Lautstärke allmählich abklingt. Genaugenommen handelt es sich bei dem Ton der Saite um einen Klang (vgl. S. 162). Trotzdem wollen wir in diesem Kapitel in Anlehnung an den Sprachgebrauch in der Musik vereinfachend von „Tönen" reden.

Versuch 20: Wir grenzen durch einen Steg ein bestimmtes Saitenstück ab. Durch Verschieben des Stegs können wir die Saitenlänge verändern.

Der Ton liegt um so höher, je kürzer die Saitenlänge ist.

Versuch 21: Die Enden der beiden Drähte sind um Stahlstifte gewickelt. Mit einem Spannschlüssel kann man diese Stifte drehen und so die Drähte mehr oder weniger stark spannen. Man erhält:

Abb. 1 Gerät zur Untersuchung von Saitenschwingungen

Der Ton liegt um so höher, je größer die Saitenspannung ist.

Versuch 22: Wir umwickeln eine Saite mit einem weichen Kupferdraht auf einer Länge von etwa 10 cm. Zupfen wir jetzt die Saite an, so ist die Tonhöhe deutlich niedriger als ohne den Kupferdraht.

Der Ton liegt um so tiefer, je größer die Masse der Saite unter sonst gleichen Bedingungen ist.

Alle drei Möglichkeiten, die Tonhöhe einer Saite zu beeinflussen, werden bei Streich- und Zupfinstrumenten benutzt.

Wie kommt der Klang einer Saite zustande?

Versuch 23: Wir bringen eine Saite zum Schwingen. Wir hören den sogenannten **Grundton.** Berührt man nun die Saite ganz leicht in der Mitte und streicht die Saitenhälfte, dann hört man einen höheren Ton, die Oktave, zum Grundton. Aber auch dieser schwingt leise mit. Streicht man zunächst die ganze Saite an und berührt dann mit einer Gänsefeder die Mitte, so hört man neben dem Grundton noch die Oktave.

Versuch 24: Wir streichen die Saite an, berühren aber die Saiten in Punkten, deren Entfernung von dem einen Ende ⅓, ¼ und ⅕ der gesamten Saitenlänge beträgt. Auch hier hören wir neben dem Grundton die höheren Töne.

Die Versuche zeigen, daß neben dem Grundton noch andere Töne, sogenannte **Obertöne,** zu hören sind. Sie klingen auch mit, wenn die Saite nicht berührt wird und bestimmen den **Klang** der Saite. Eine Saite kann also gleichzeitig mit verschiedenen Frequenzen schwingen. Die Schwingungen überlagern sich und rufen in unserem Ohr gemeinsam eine Klangempfindung hervor. Ähnliche Beobachtungen kann man auch bei anderen Schallerzeugern machen. Die Zahl und die Stärke der mitschwingenden Obertöne sind bei den verschiedenen Instrumenten unterschiedlich und erklären so den Unterschied in der **Klangfarbe.** Die Obertöne bereichern die Musik ungemein. Ohne Obertöne wäre jeder Ton, gleichgültig, mit welchem Instrument er gespielt würde, völlig gleich. Es hätte dann auch keinen Sinn, Orchester zu bilden, in denen Instrumente mit ganz verschiedenen Klangfarben vereinigt sind.

Beim *Synthesizer,* einem elektronischen Gerät, imitiert man die Klangfarbe von Musikinstrumenten, indem man die entsprechenden Obertöne erzeugt und dem Grundton überlagert (Mischen von Tönen). Synthesizer bilden heute die zentrale Einheit von elektronischen Studios. Sie werden auch in der Popmusik eingesetzt.

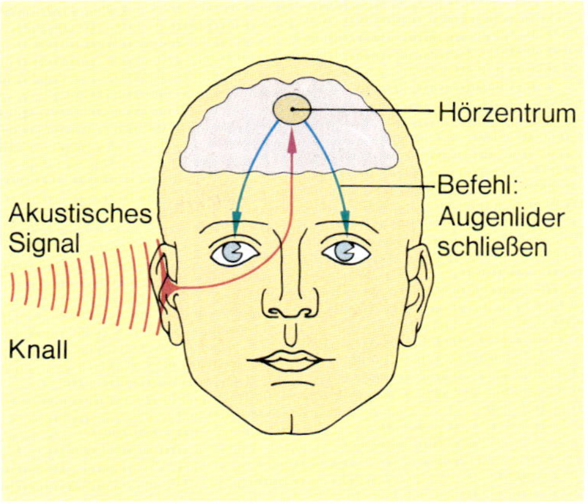

Abb. 2 Verarbeitung von Schallimpulsen

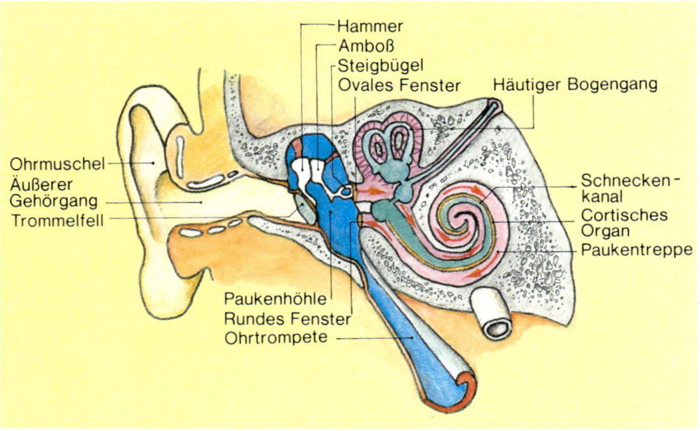

Abb. 3 Menschliches Ohr

6.4 Schall und Lärm

Schwingungen alleine machen noch keine Töne

Man sagt, daß z. B. bei der Gitarre die Töne durch Zupfen der Saiten erzeugt werden. Das ist aber nicht korrekt. Richtig ist: Durch Zupfen werden Schwingungen der Saiten erzeugt. Diese schwingenden Saiten drücken die Luft periodisch zusammen. Es entstehen Verdichtungen und Verdünnungen, die sich in der Luft ausbreiten und in unser Ohr gelangen, dort in elektrische Impulse umgewandelt und auf Nervenleitungen (Neuronen) zum Gehirn geleitet werden. Sie rufen im Gehirn einen Höreindruck, eine Tonempfindung, hervor. Ohr und Gehirn stellen also einen Empfänger dar. Ohne diesen Empfänger gäbe es keine Töne.

Im Hörzentrum des Gehirns werden die Impulse verarbeitet. Es analysiert die Impulse, unterscheidet Tonhöhen und Lautstärken. Je nach der Art des Signals gibt das Hörzentrum ein Signal an andere Organe, z. B. bei einem Knall an das Auge den „Befehl": „Augenlider schließen"! Ein solcher Ablauf geschieht unbewußt, man nennt ihn auch „Reflex" (Abb. 2).

Der Hörvorgang beim Menschen entspricht dem bei allen Säugetieren. Wir wollen ihn daher etwas genauer beschreiben.

Das menschliche Ohr als Kraft- und Druckwandler

Die Abb. 3 zeigt einen Querschnitt durch den komplizierten Aufbau des menschlichen Ohres. Die mehr oder weniger große Ohrmuschel ist der auffälligste Teil des Ohres, hat aber nur geringe Bedeutung für das Hören. Wichtig ist der innere Teil. Durch den äußeren Gehörgang werden die Druckschwankungen des Schalls zum *Trommelfell*, einer dünnen Membran, geleitet.

Die Schwingungen des Trommelfells werden durch ein Hebelsystem, das aus *Hammer, Amboß* und *Steigbügel* besteht, auf das sogenannte *Ovale Fenster* übertragen. Auch dies ist eine Membran und trennt den luftgefüllten *Paukenraum* vom flüssigkeitsgefüllten Raum des inneren Ohres. Dieses enthält die *Schnecke*, das Organ der Gehörempfindung. Der Schneckengang ist in seiner Längsrichtung durch eine Membran, der sogenannten Basilarmembran, in zwei Kanäle geteilt. Die Membran trägt das *Cortische Organ*, in das etwa 16 000 Hörzellen mit vielen feinen Sinneshärchen eingelassen sind.

Wären Trommelfell und Ovales Fenster direkt miteinander verbunden, dann wäre im Gleichgewichtszustand die Kraft auf das Trommelfell F_r gleich der Kraft F_o, die auf das Ovale Fenster wirkt. F_r wird aber durch den Schalldruck p_r auf das Trommelfell erzeugt. Das Trommelfell hat die Fläche A_r, das Ovale Fenster die Fläche A_o. Es gilt mit $F = p \cdot A$:

$$F_o = F_r$$

$$p_o A_o = p_r \cdot A_r \Rightarrow \frac{p_o}{p_r} = \frac{A_r}{A_o}.$$

Das Ohr ist also ein Druckwandler. Es ist aber auch ein Kraftwandler. Wegen der Hebelübersetzung durch Hammer und Amboß ist nämlich $F_o = 1{,}3\ F_r$, so daß gilt:

$$p_o A_o = 1{,}3\ p_r A_r \Rightarrow \frac{p_o}{p_r} = 1{,}3\ \frac{A_r}{A_o}.$$

Das Trommelfell hat eine Fläche von 55 mm³, das Ovale Fenster eine von 3,2 mm² (Durchschnittswert). Daher ist:

$$\frac{p_o}{p_r} = 1{,}3 \cdot \frac{55\ \text{mm}^2}{3{,}2\ \text{mm}^2} \approx 22.$$

Der Druck auf das Trommelfell wird somit auf das 22fache verstärkt.

Das Ovale Fenster kann sich nur nach innen bewegen, wenn die Flüssigkeit ausweichen kann. Dies geschieht durch das *Runde Fenster*, das ebenfalls das Innenohr vom Paukenraum trennt.

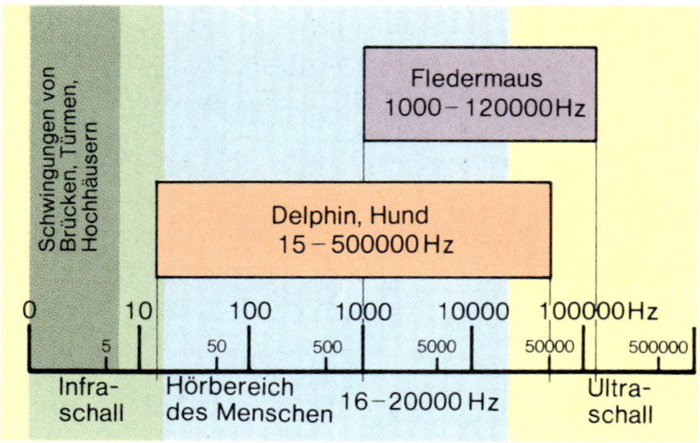

Abb. 1 Frequenzbereich bei Schallwahrnehmung (Hörgrenzen) und Schallerzeugung

Gerät nun das Ovale Fenster durch den Steigbügel in Schwingungen, so entstehen Wellen, die sich längs der Basilarmembran bis zur Schneckenspitze fortpflanzen.

Durch die Wellen werden die Sinneshärchen verbogen und die Sinneszellen senden elektrische Impulse zum Gehirn. An der Schneckenspitze werden die tiefen Töne wahrgenommen, nahe dem Fenster die hohen Töne.

Das Ohr ist äußerst empfindlich. Allerdings hängt die Tonempfindlichkeit von der Frequenz ab. Zwischen 2000 und 4000 Hz, also im Bereich der Sprache, ist sie am größten. Bei 1000 Hz vermag das Ohr noch einen Wert von $p_s = 2 \cdot 10^{-10}$ bar wahrzunehmen. Dies ist eine sehr kleine Druckänderung. Bei noch größerer Empfindlichkeit würde das Ohr die Molekularbewegung der Luftmoleküle registrieren. Dies würde sich dann aber störend bemerkbar machen.

Die untere **Hörgrenze** des menschlichen Ohres liegt bei 16 Hz, die obere ist altersabhängig und sinkt von 20000 Hz allmählich auf 12000 Hz, im hohen Alter sogar auf 5000 Hz ab. Schädigungen durch Lärm wirken sich ähnlich aus. Manche Tiere haben eine sehr viel höhere obere Hörgrenze als der Mensch (Abb. 1). Deshalb hören z. B. Hunde Signale aus Ultraschallpfeifen.

Auf *Infraschallschwingungen* ($f < 16$ Hz) reagiert der Mensch mit Schwindel, Übelkeit oder sogar Ohnmacht.

Wie gibt man Lautstärken an?

Die Schallempfindungen werden durch Druckschwankungen hervorgerufen. Mit den Begriffen „laut" und „leise" beschreiben wir die subjektiv empfundene Lautstärke eines Schalleindrucks. Objektiv mit physikalischen Meßgeräten feststellbar ist z. B. die Druckamplitude. Bei doppelter Druckamplitude vor dem Trommelfell, die wir etwa durch Aufstellen von zwei gleich starken Lautsprechern in gleicher Entfernung vor dem Ohr erreichen können, empfinden wir den Schall keineswegs als doppelt so laut. Dies wäre erst bei 10 Lautsprechern der Fall. Eine Verdreifachung der Lautstärke erhielte man erst durch 100 Lautsprecher.

Als praktisches Maß für die von einer Schallwelle ausgelösten Reize hat man daher die **Dezibelskala** geschaffen. Man vergleicht den Druck, den die Schallwelle erzeugt, mit dem Druck p_s, der gerade noch festgestellt werden kann (Hörschwelle: $2 \cdot 10^{-10}$ bar). Für einen Ton von 1000 Hz gilt:

p/p_s	1 10^0	10 10^1	100 10^2	1000 10^3	10000 10^4	100000 10^5	1000000 10^6
Zahl d. Dezibel	0	20	40	60	80	100	120

Die Zahlenwerte kennzeichnen den sogenannten **Schalldruckpegel,** kurz **Schallpegel.** Die Empfindlichkeit des Ohres ist frequenzabhängig und schwankt von Beobachter zu Beobachter sehr stark. Daher muß man den Schallpegel (Lautstärke) empirisch (= aus der Erfahrung) mit Hilfe einer Gruppe von Beobachtern ermitteln. Um anzudeuten, daß die Dezibelangaben an die Empfindlichkeit des menschlichen Ohres angepaßt sind, setzt man hinter das Zeichen für Dezibel (dB) in Klammern den Buchstaben A, also: dB(A). Es gilt:

Ein Schall irgendwelcher Herkunft (Ton beliebiger Frequenz, Geräusch, Klang oder ähnliches) besitzt den Schallpegel *n* dB(A), wenn ihn eine Gruppe von Beobachtern gleich laut empfindet wie den Normton von 1000 Hz bei *n* dB.

Schallpegelmeßgeräte sind so gebaut, daß sie so wie das Ohr auf den Schalldruck ansprechen. Sie bestehen im wesentlichen aus einem Mikrofon, einem A-Filter, der die einzelnen Frequenzen entsprechend der menschlichen Hörempfindlichkeit bewertet, einem Verstärker und einem Anzeigeinstrument. In der folgenden Tabelle sind zur groben

Beispiele für Lautstärken

Schallpegel in dB(A)	Art des Schalls
0	Hörschwelle
10	Sehr leises Blätterrauschen, Atmen
20	Flüstersprache, sehr schwacher Straßenlärm
30	Schwacher Straßenlärm
40	Normale Unterhaltungssprache
50	Normale Lautsprechermusik
60	Laute Lautsprechermusik
70	Starker Verkehrslärm
80	Sehr starker Verkehrslärm, Schreien
90	Lautes Autohupen
100	Starker Fabriklärm, Nieten
110	Stärkster Fabriklärm, Preßlufthammer auf Stahlplatten, Diskothek
120	Flugzeug in 4 m Entfernung, Martinshorn
130	Fühlschwelle (Schmerzempfindung)

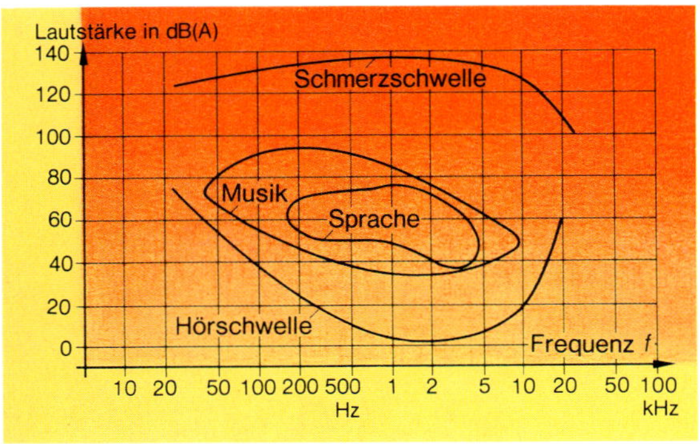

Abb. 2 Hörfläche

Orientierung einigen Schallarten Lautstärken zugeordnet

Die Grenzen des hörbaren Schalls zeigt die **Hörfläche** (Abb. 2). Sie wurden mit Untersuchungen an vielen Menschen ermittelt. Nach rechts sind die Frequenzen aufgetragen, nach oben der Schallpegel (Lautstärke) in dB(A). Die Hörfläche wird unten begrenzt durch die *Hörschwelle* und oben durch die *Schmerzschwelle*. Musik und Sprache belegen nur einen kleinen Teil der Hörfläche. Bei Schwerhörigkeit verringert sich die Hörfläche.

Die Hörschwelle wird für jeden Ton ermittelt, indem man den Schallpegel bei einer bestimmten Frequenz so lange erhöht, bis die Versuchsperson den Ton gerade wahrnimmt. Dies wiederholt man für andere Frequenzen. Im Schulversuch können wir das Prinzip dieser Messung folgendermaßen zeigen:

Versuch 25: An einen Tonfrequenzgenerator schließen wir einen Kopfhörer an. Da die Hörschwelle für jedes Ohr gemessen werden soll, wird das Schallsignal nur auf eine Kopfhörerseite gegeben. Als Maß für den Schallpegel nehmen wir die Spannung am Ausgang des Tonfrequenzgenerators (Abb. 3). Für jede Frequenz wird die Spannung von Null ausgehend allmählich erhöht, bis die Versuchsperson einen Ton wahrnimmt. Frequenz und Spannung werden in einem Diagramm aufgetragen. Man erhält eine Kurve, die in ihrem Verlauf qualitativ der Hörschwelle in Abb. 2 entspricht.

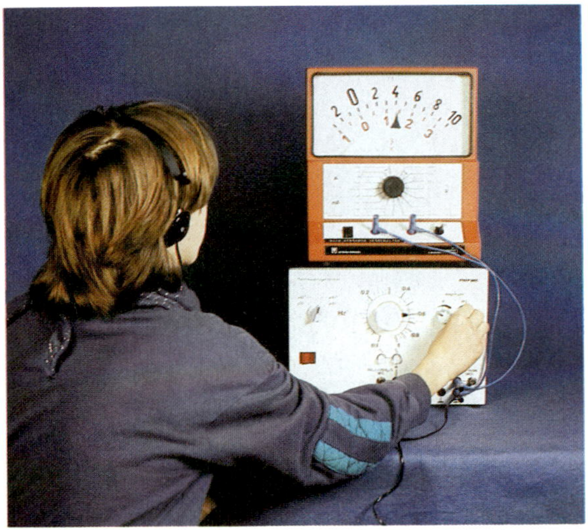

Abb. 3 Bestimmung der Hörschwelle

Lästiger Schall – Lärm

Mit Lärm bezeichnet man gewöhnlich jeden als störend empfundenen Schall. Ob ein Geräusch als störend empfunden wird, hängt nicht nur von der Lautstärke ab, sondern auch von der subjektiven Einstellung der Person zu bestimmten Schallquellen, von der Einwirkungsdauer des Schalls, von der zeitlichen Abfolge der Geräusche usw. Wenn man ein Buch liest, können schon sehr leise Geräusche wie z. B. das Ticken einer Uhr als störend empfunden werden.

Versuch 26: Von einem Tonband werden laute Geräusche (Rumpeln, Düsenlärm u. ä.) bei einem mittleren Schallpegel von ca. 90 dB(A) abgespielt, anschließend Diskomusik mit gleicher Lautstärke.

Während die ersten Geräusche von den meisten Hörern als sehr unangenehm eingestuft werden, wird die gleich laute Diskomusik nicht als Lärm betrachtet.

Heute weiß man, daß Lärm ein Hauptfaktor der zivilisationsbedingten Umweltgefährdung ist, nicht weniger gefährlich als Luftverunreinigung oder Wasserverschmutzung. Lärm kann gesundheitsschädigend wirken. Hierbei macht es keinen Unterschied, ob es sich um laute Musik, um das Knattern eines Motorrads oder um das kreischende Geräusch einer Kreissäge handelt.

Störungen des Nervensystems sind etwa bei 65–90 dB(A) möglich, zwischen 85 und 120 dB(A) ist eine Hörschädigung zu erwarten, über 120 dB(A) werden Nervenzellen geschädigt. Von Lärm belästigte Menschen schlafen schlecht, werden nervös und schwerhörig. Gehörschäden sind zudem nicht heilbar, da durch die Überbelastung Gehörzellen absterben.

Wir müssen daher die oben angegebene Kennzeichnung von Lärm erweitern.

Lärm ist

- **jede Art von Schall, die als störend oder belästigend empfunden wird (subjektives Merkmal),**
- **jede Art von Schall, der gesundheitsschädigend ist (objektives Merkmal).**

Wegen der Gefahren des Lärms gibt es Lärmschutzbestimmungen.

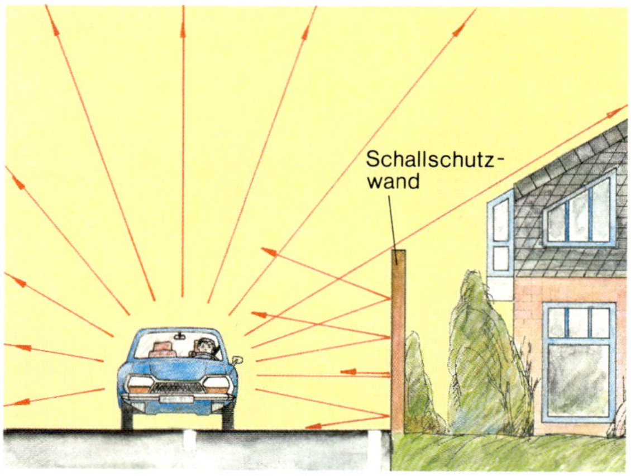

Abb. 1 Schalldämmung durch Reflexion

Abb. 2 Schalldämpfung durch Absorption

Als Grenze des Erträglichen durch Gewerbelärm gelten die folgenden Richtwerte:

Gebiete	Schallpegel in dB(A) tags	nachts
Gewerbliche und industrielle Anlagen	70	70
Mischgebiete (Wohnungen und Gewerbebetriebe)	60	45
Reine Wohngebiete	50	35
Kurgebiete	45	35

Am Arbeitsplatz in Arbeitsräumen von Betrieben darf der Schallpegel, auch unter Berücksichtigung der von außen einwirkenden Geräusche, die folgenden Werte nicht übersteigen: Die Werte dürfen um 5 dB(A) überschritten werden, wenn ihre Einhaltung nicht zumutbar ist.

Tätigkeit	Schallpegel in dB(A)
Überwiegend geistige Tätigkeit	55
Einfache, überwiegend mechanische Büroarbeiten	70
Übrige Arbeiten	80

Die Bundesregierung beschloß im Juni 1979 ein Aktionsprogramm Lärmschutz für Straße und Schiene, in dem Grenzwerte für verschiedene Kraftfahrzeuge festgelegt sind. Viele Kraftfahrzeuge halten bereits heute diese Zielwerte ein. Für Personenkraftwagen beträgt der Grenzwert 75 dB(A), für schwerste Lastkraftwagen 80 dB(A).

Wie schützt man sich vor Lärm?

Der Schall breitet sich von der Schallquelle zum Empfänger durch *Luftschall* oder *Körperschall* aus. Gelangt der Schall durch Reflexion zum Empfänger, spricht man von *Reflexionsschall.* Wenn man sich vor Lärm schützen will, hat man zwei Möglichkeiten:

1. Verringerung des Lärms am Entstehungsort durch konstruktive Maßnahmen;
2. Behinderung der Schallausbreitung.

Verwendet man bei einem Rasenmäher einen Elektromotor, so bewirkt diese konstruktive Maßnahme eine Lärmminderung. Stellt ein Stereo-Fan seine Anlage auf Zimmerlautstärke ein, so leistet auch er einen aktiven Beitrag zum Lärmschutz.

Die Lärmübertragung durch Körperschall kann man weitgehend unterbinden, wenn man die Maschinen elastisch lagert. In einfachen Fällen genügen Schaumstoffunterlagen. Bei Küchenmaschinen z. B. wird durch die Gummifüße die Rutschfestigkeit erhöht, aber auch verhindert, daß der Schall auf die Tischplatte übertragen wird. Der Schutz vor Luftschall kann durch Reflexion **(Schalldämmung)** oder durch Absorption **(Schalldämpfung)** erreicht werden. Lärmschutzwände werfen den Schall in den Raum aus dem er kommt, zurück und vermindern daher den Lärm hinter ihnen (Abb. 1). Bei der Absorption wird der Schall „verschluckt" (Abb. 2). Die Schallenergie wird umgewandelt: Der Körper erwärmt sich etwas. Gute schallabsorbierende Materialien sind Textilien, Mineralwolle, Schaumstoff, Styropor u. a.

Wo es nach dem gegenwärtigen Stand der Lärmschutztechnik noch nicht möglich ist, den Lärm zu reduzieren, muß für einen *„persönlichen Schallschutz"* gesorgt werden, und zwar durch Gehörschutzkapseln oder durch Gehörschutzhelme. Leider werden in vielen Betrieben mit starker Lärmentwicklung trotz entsprechender Hinweisschilder die vom Unternehmen zur Verfügung gestellten Gehörschutzmittel aus Unkenntnis oder Bequemlichkeit von den Betriebsangehörigen zu ihrem eigenen Schaden nicht getragen.

Der Kampf für einen besseren Lärmschutz kann nicht allein mit gesetzlichen Regelungen geführt werden. Jeder von uns muß mithelfen.

7 Einfache Bewegungen

7.1 Gleichförmige Bewegung

Von Ruhe keine Spur

Der Reisende im Intercityzug sieht Teekanne und Tasse ruhig vor sich stehen (Abb. 3). Auch er selbst ist bezüglich des Eisenbahnwaggons in Ruhe, in bezug auf die Erde jedoch in Bewegung. Ein Spaziergänger auf der Wiese neben dem Bahngleis sieht den Reisenden vorbeisausen und glaubt selbst zu ruhen. Dabei bewegt er sich mit großer Geschwindigkeit, jedoch ohne etwas davon zu bemerken; denn die Erde dreht sich in 24 Stunden um ihre Achse und umkreist zugleich während eines Jahres die Sonne. Aber auch das Sonnensystem, dem die Planeten Merkur, Venus, Mars, Jupiter, Saturn, Neptun, Pluto und die Erde angehören, bewegt sich innerhalb eines riesigen Sternensystems, der Milchstraße. Die meisten Sterne, die wir mit bloßem Auge am Nachthimmel erkennen können, gehören zur Milchstraße. Sie besteht aus vielen Millionen von Sonnen (Fixsternen), die spiralförmig um das Zentrum der Milchstraße angeordnet sind. Einer von ihnen ist unsere Sonne (Abb. 3). Weit außerhalb unserer Milchstraße gibt es weitere Milchstraßen (vgl. Abb. 1, S. 336), man kennt heute einige tausend. Alle diese Sternensysteme bewegen sich bezüglich der Milchstraße, und zwar um so schneller, je weiter sie von uns entfernt sind.

Wir sehen also, daß die Aussage: „Der Körper ist in Ruhe" sinnlos ist, wenn wir nicht angeben, auf welchen anderen Körper wir uns dabei beziehen. Das gleiche gilt selbstverständlich auch bei der Beschreibung von Bewegungen.

Die Angabe eines Geschwindigkeitswertes hat keinen Sinn, wenn wir nicht mitteilen, welches Bezugssystem gewählt wurde. Was wir Ruhe und Bewegung nennen, ist also relativ.

Abb. 3 Ruhe und Bewegung sind ohne Angabe eines Bezugssystems sinnlose Begriffe

Schaubilder der gleichförmigen Bewegung

Im Kap. Mechanik 1.4 haben wir die Bewegung eines Wagens untersucht, der sich mit gleichbleibender Geschwindigkeit geradlinig bewegte. Zur Erinnerung betrachten wir noch einmal das **Weg-Zeit-Diagramm** dieser gleichförmigen Bewegung (Abb. 1, S. 172). Im zweiten Versuch (blaue Gerade) fuhr unser Wagen schneller als im ersten (rote Gerade). Wir erkennen das an den in gleichen Zeitabschnitten zurückgelegten Strecken. Sie betragen z. B. nach 3 s im ersten Versuch 73 cm und im zweiten 118 cm.

Wie wir bereits wissen, ist die Geschwindigkeit bei einer gleichförmigen Bewegung der Quotient aus dem zurückgelegten Weg und der dafür benötigten Zeit (S. 90). Für unser Beispiel ergibt sich:

$$v_1 = \frac{73\ \text{cm}}{3\ \text{s}} \approx 24\ \frac{\text{cm}}{\text{s}} \text{ und } v_2 = \frac{118\ \text{cm}}{3\ \text{s}} \approx 39\ \frac{\text{cm}}{\text{s}}.$$

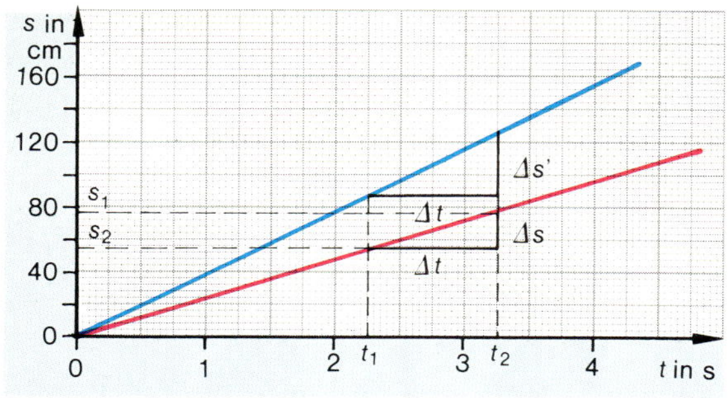

Abb. 1 Weg-Zeit-Diagramm der gleichförmigen Bewegung

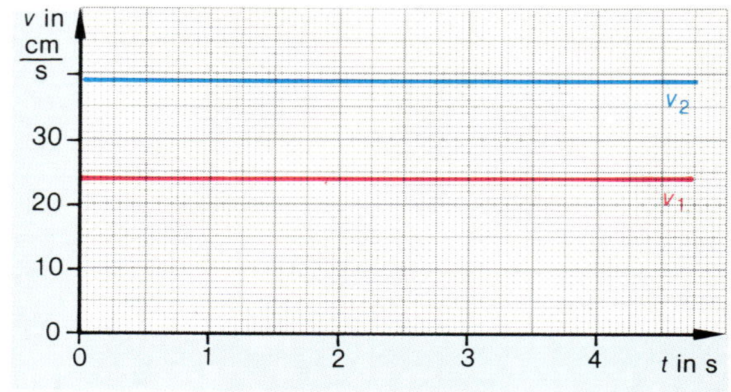

Abb. 2 Geschwindigkeits-Zeit-Diagramm der gleichförmigen Bewegung

Um die Geschwindigkeit unseres Wagens zu berechnen, ist es jedoch gar nicht nötig, den *gesamten* seit dem Start zurückgelegten Weg und die seitdem verstrichene Zeit zu betrachten. So überprüft man z. B. die Tachoanzeige eines Autos bei einer Fahrt auf der Autobahn einfach auf folgende Weise: Man ermittelt die Zeitspanne $\Delta t = t_2 - t_1$, die vergeht, wenn man eine verhältnismäßig kurze Strecke $\Delta s = s_2 - s_1$ (z. B. den Abstand zwischen zwei aufeinanderfolgenden km-Schildern) zurücklegt. Die Geschwindigkeit berechnet man dann so:

$$v = \frac{\Delta s}{\Delta t} = \frac{s_2 - s_1}{t_2 - t_1} \qquad (1)$$

Entsprechend können wir auch in unserem Beispiel verfahren: Wir ermitteln aus Abb. 1 die Strecke Δs (bzw. $\Delta s'$), die der Wagen in einem bestimmten Zeitintervall Δt zurückgelegt hat und bilden den Quotienten $\Delta s / \Delta t$.

Dieser Quotient ist aber zugleich die *Steigung* der Geraden im Weg-Zeit-Diagramm (Steigungsdreieck). Da die Steigung der Geraden konstant ist, spielt es keine Rolle, welches Steigungsdreieck wir zur Berechnung von v heranziehen. Um mit Hilfe des Diagramms einen möglichst genauen Wert für die Geschwindigkeit zu erhalten, dürfen wir aber Δt nicht zu klein wählen. Messen wir Wegstrecke und Zeitintervall vom Koordinatenursprung aus, so geht Gleichung (1) in die uns bekannte Gleichung $v = s/t$ über.

Die gleichförmige Bewegung wird im Weg-Zeit-Diagramm durch eine Gerade dargestellt. Die Steigung der Geraden entspricht der Geschwindigkeit des Körpers. Je schneller sich der Körper bewegt, um so steiler verläuft die Gerade.

Die Bewegung unseres Wagens erfolgte in beiden Versuchen gleichförmig, allerdings mit unterschiedlicher Geschwindigkeit. Das Gemeinsame beider Bewegungen wird noch deutlicher, wenn wir sie in einem **Geschwindigkeits-Zeit-Diagramm** darstellen. Dazu tragen wir die Geschwindigkeit als Funktion der Zeit auf (Abb. 2). Wir erhalten in unserem Fall zwei Geraden parallel zur t-Achse. Sie entsprechen den konstanten Geschwindigkeiten $v_1 = 24$ cm/s und $v_2 = 39$ cm/s.

Im Geschwindigkeits-Zeit-Diagramm wird eine gleichförmige Bewegung durch eine Parallele zur Zeitachse dargestellt.

Mittlere Geschwindigkeit

Ändert sich während einer Bewegung die Geschwindigkeit, dann ist die Bewegung nicht mehr gleichförmig. Das ist bei den meisten Bewegungen der Fall. Ein anfahrendes Auto, ein bremsender Zug, eine rollende Kugel bewegen sich nicht gleichförmig. In den seltensten Fällen bleibt die Geschwindigkeit eines sich geradlinig bewegenden Körpers konstant. Selbst auf einer geraden Autobahnstrecke läßt sich kaum eine gleichförmige Bewegung erreichen. Die Tachoanzeige schwankt. Ein *Fahrtschreiber,* wie er z. B. für Lkw vorgeschrieben ist, hält solche Schwankungen fest (Abb. 3). Er zeigt z. B. an, ob die vorgeschriebene Höchstgeschwindigkeit von 80 km/h eingehalten wurde und ob der Fahrer notwendige Erholungspausen einlegte. Abb. 3 zeigt, daß hier von einer gleichförmigen Bewegung keine Rede sein kann.

Vielfach genügt es jedoch, solche komplizierten Bewegungen durch Angabe der **mittleren Geschwindigkeit** zu beschreiben. Sie wird errechnet, indem der gesamte zurückgelegte Weg durch die insgesamt benötigte Zeit dividiert wird:

$$\bar{v} = \frac{\Delta s_{\text{gesamt}}}{\Delta t_{\text{gesamt}}}$$

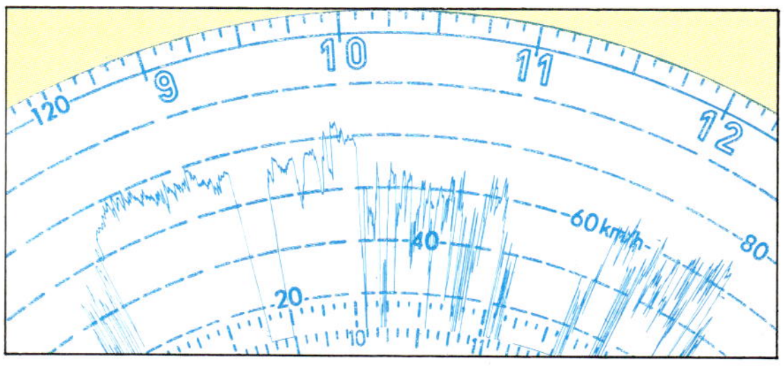

Abb. 3 Ausschnitt aus dem Fahrtschreiberdiagramm

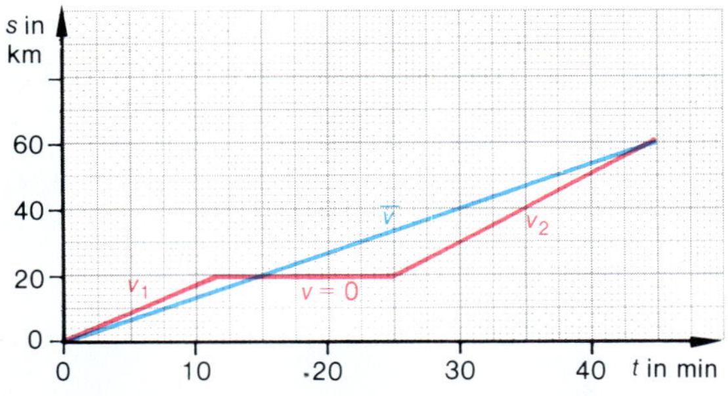

Abb. 4 Tatsächliche und mittlere Geschwindigkeit im Weg-Zeit-Diagramm

Der Zusammenhang zwischen tatsächlicher und mittlerer Geschwindigkeit läßt sich im Weg-Zeit-Diagramm besonders gut verdeutlichen:

Beispiel: Ein Auto fährt 12 min lang mit der konstanten Geschwindigkeit $v_1 = 100$ km/h. Anschließend müssen wegen einer Panne 13 min Pause eingelegt werden. Um den Zeitverlust auszugleichen, fährt der Fahrer nach der Pause mit $v_2 = 120$ km/h weiter und erreicht nach weiteren 20 min sein Ziel.

Das Weg-Zeit-Diagramm dieser Bewegung zeigt Abb. 4. Die Pause macht sich im Schaubild als horizontale Strecke bemerkbar. Den gesamten zurückgelegten Weg können wir ausrechnen oder aus dem Diagramm ablesen. Er beträgt 60 km. Für diese Strecke benötigte der Fahrer wegen der eingelegten Pause 45 min. Hätte er dieselbe Strecke mit konstanter Geschwindigkeit durchfahren, dann hätte seine Geschwindigkeit $v = 60$ km/45 min $= 80$ km/h betragen müssen. Seine mittlere Geschwindigkeit ist also $\bar{v} = 80$ km/h. Man sagt auch, der Fahrer sei „im Schnitt" mit 80 km/h gefahren.

Aufgaben

1. Mit welcher Geschwindigkeit bewegt sich ein Ort am Äquator als Folge der Erddrehung? (Erdradius ungefähr 6370 km). Warum spüren wir nichts von dieser Bewegung?
2. Ein Mann überquert die Straße. In der Mitte bleibt er kurz stehen, um den Verkehr vorbei zu lassen. Welche der folgenden Skizzen stellt das zugehörige Weg-Zeit-Diagramm dar? Begründung!

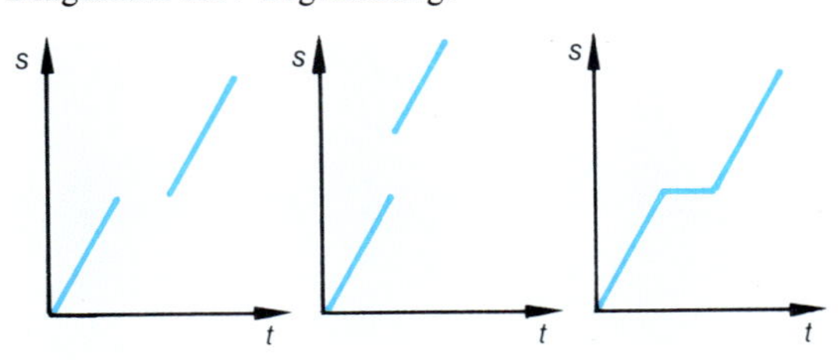

3. Erläutere die Bewegung des Lkw, dessen Fahrtschreiberdiagramm in Abb. 3 abgebildet ist. Wann fuhr der Lastwagen im Stadtverkehr? Wann machte der Fahrer eine Pause?
4. Ein Fahrzeug bewegt sich auf einer geradlinigen Bahn. Die folgende Meßreihe gibt den Zusammenhang zwischen Zeit t und Weg s an:

t in s	4,2	7,5	9,0	12,7	14,0
s in m	12,0	68,1	93,6	156,5	178,6

a) Zeichne das Weg-Zeit-Diagramm! (1 s ≙ 0,5 cm; 1 m ≙ 0,5 mm).
b) Handelt es sich um eine gleichförmige Bewegung? Wenn ja, bestimme die Geschwindigkeit.

5. Ein Intercity-Zug benötigt für die 496 km lange Strecke zwischen Hamburg und Bonn 4 h 40 min. Wie groß ist seine mittlere Geschwindigkeit?
6. Ein Auto fährt die Strecke Darmstadt–Heidelberg mit einer konstanten Geschwindigkeit von 100 km/h und dann dieselbe Strecke wieder zurück mit 50 km/h. Wie groß ist seine mittlere Geschwindigkeit für Hin- und Rückfahrt?
7. Ein Lastzug mit insgesamt 20 m Länge fährt auf der Autobahn mit einer konstanten Geschwindigkeit $v_1 = 80$ km/h. Ein Personenwagen von 5 m Länge und der Geschwindigkeit $v_2 = 100$ km/h überholt ihn. Wie lange dauert der Überholvorgang, wenn der Sicherheitsabstand zwischen Lastwagen und Personenwagen vor und nach dem Überholen 50 m beträgt? Löse die Aufgabe rechnerisch und zeichnerisch!
8. Zeichne das zu der durch Abb. 4 beschriebenen Bewegung gehörende Geschwindigkeits-Zeit-Diagramm.

Beispiel: Der Weltrekord im Schwimmen auf der 100-m-Strecke (2 × 50 m) lag 1982 bei 49,44 s.

a) Berechne die mittlere Geschwindigkeit in m/s und km/h!
b) Die Beckenlänge darf nach Angaben des Internationalen Schwimmverbands zwischen 49,99 m und 50,01 m liegen. Welche Zeitdifferenz muß bei Weltklasseschwimmern mindestens vorhanden sein, damit einer eindeutig als Sieger festgestellt werden kann?

Lösung:

a) $\bar{v} = \dfrac{\Delta s_{\text{ges}}}{\Delta t_{\text{ges}}} = \dfrac{100\text{ m}}{49{,}44\text{ s}} \approx 2{,}02\,\dfrac{\text{m}}{\text{s}} \approx 7{,}28\,\dfrac{\text{km}}{\text{h}}$

b) Nehmen wir an, zwei gleich gute Schwimmer benötigen für die 100-m-Strecke genau 50 s. Ihre mittlere Geschwindigkeit ist dann $\bar{v} = 2$ m/s. Als Folge der Unregelmäßigkeit des Schwimmbeckens erhält Schwimmer A die kürzere Bahn mit 99,98 m Länge, während B auf der längeren Bahn 100,02 m zurücklegen muß. Dann benötigt A die Zeit

$$\Delta t_1 = \frac{\Delta s_1}{\bar{v}} = \frac{99{,}98\text{ m}}{2\,\dfrac{\text{m}}{\text{s}}} = 49{,}99\text{ s}.$$

B hingegen braucht

$$\Delta t_2 = \frac{100{,}02\text{ m}}{2\,\dfrac{\text{m}}{\text{s}}} = 50{,}01\text{ s}.$$

Bei gleicher Leistung unterscheiden sich ihre Zeiten also um 0,02 s! Damit bei den erlaubten Längenabweichungen der Schwimmbecken ein Schwimmer eindeutig als Sieger festgestellt werden kann, müßte er mindestens 0,03 s schneller als seine Gegner sein.

Abb. 1 Start zum 100-m-Lauf

7.2 Beschleunigte geradlinige Bewegung

Von Null auf Hundert in 12 Sekunden

Für zahlreiche Bewegungen können wir leicht die mittlere Geschwindigkeit angeben, so z. B. für einen Sprinter, der für die 100-m-Strecke 10,2 s braucht. Wir können jedoch nicht ohne weiteres das genaue Weg-Zeit- oder Geschwindigkeits-Zeit-Diagramm zeichnen. Anfangs ist die Geschwindigkeit des Läufers Null. Nach dem Start wird er zunächst immer schneller (Abb. 1). Dann läuft er mit nahezu konstanter Geschwindigkeit bis zum Ziel.

Auch unser Beispiel aus dem vorigen Abschnitt, in dem wir die Bewegung eines Autos untersuchten, war stark vereinfacht. Wir haben dort nämlich angenommen, daß das Fahrzeug die Geschwindigkeit von 100 km/h schon sofort nach dem Start besitzt. So etwas schafft der stärkste Rennwagen nicht! Er benötigt, wie der Sprinter, eine gewisse Zeitspanne, um die volle Geschwindigkeit zu erreichen. Das Auto steigert seine Geschwindigkeit in dieser Zeitspanne von Null auf 100 km/h. Man sagt, es **beschleunigt.**

Die Fähigkeit eines Fahrzeugs, rasch zu beschleunigen, ist im Straßenverkehr vor allem bei Überholvorgängen von Bedeutung. Deshalb geben die Autohersteller bei den technischen Daten ihrer Fahrzeuge neben der Höchstgeschwindigkeit meist auch das Zeitintervall an, in dem der Wagen aus dem Stand die Geschwindigkeit 100 km/h erreichen kann. Personenwagen benötigen dafür zwischen 10 und 30 Sekunden (vgl. Aufgabe 5).

Noch wichtiger, oft sogar lebenswichtig, sind allerdings *Bremsvorgänge,* also Bewegungen, bei denen sich die Geschwindigkeit eines Körpers verringert. Man kann sie als „negativ beschleunigte" Bewegungen auffassen. Neben der Dauer des Bremsvorgangs kommt es vor allem auf den sich daraus ergebenden *Bremsweg* an, wenn es darum geht, einen Unfall zu vermeiden. Wir wollen uns daher jetzt mit beschleunigten bzw. abgebremsten Bewegungen beschäftigen.

Momentangeschwindigkeit

Führt ein Fahrzeug eine beschleunigte Bewegung aus, dann *ändert* sich seine Geschwindigkeit im Gegensatz zur gleichförmigen Bewegung in jedem Augenblick. Das muß auch im Weg-Zeit-Diagramm zum Ausdruck kommen. Als Beispiel einer beschleunigten Bewegung betrachten wir den Anfahrvorgang beim Radfahren.

Der Radfahrer ist zunächst in Ruhe. Dann tritt er kräftig in die Pedale. Er bewegt sich dadurch zuerst langsam, dann immer schneller bis er schließlich die gewünschte Geschwindigkeit erreicht. In den ersten Sekunden nach dem Start wird seine Geschwindigkeit immer größer. Das heißt aber, daß die Steigung des s-t-Schaubilds nicht mehr konstant ist, sondern auch zunehmen muß. Wir erwarten also statt einer Geraden eine *Kurve* als Weg-Zeit-Diagramm. Diese Vermutung prüfen wir im folgenden Experiment.

Versuch 1: Auf einem ebenen Gelände (Schulhof) steht ein Radfahrer anfahrbereit mit dem Vorderrad an einer Startlinie. Entlang einer Geraden sind im Abstand von 2 m, 5 m, 10 m, 15 m, 20 m und 25 m vom Start Markierungslinien gezeichnet. Dort steht jeweils ein Mitschüler und löst auf das Startkommando hin seine Stoppuhr aus. Er bestimmt dann den Zeitpunkt, zu dem das Vorderrad des Fahrrads seine Markierungslinie erreicht. Das Starten und die Zeitnahme werden vorher mehrfach geübt.

Man erhält z. B. folgendes Ergebnis:

s in m	0	2	5	10	15	20	25
t in s	0	1,8	2,9	4,1	5,0	5,8	6,4

Die Meßwerte sind in Abb. 2 in einem Weg-Zeit-Diagramm aufgetragen (Punkte). Die Meßpunkte wurden dann durch eine Kurve ohne Knicke miteinander verbunden. Zwischenwerte könnte man genauer durch zusätzliche Messungen erhalten. Aber auch so bestätigt das Versuchsergebnis unsere Vorüberlegung.

Die Geschwindigkeit des Radfahrers ändert sich zunächst in jedem Augenblick. Wie kann man seine **Momentangeschwindigkeit,** d.h. die Geschwindigkeit, die er zu einem bestimmten Zeitpunkt (z.B. $t_1 = 4$ s) besitzt, ermitteln?

Messen wir wie bisher die Strecke Δs, die in der Zeitspanne Δt zurückgelegt wurde und bilden den Quotienten $\Delta s/\Delta t$, so erhalten wir die mittlere Geschwindigkeit $\bar{v}$ im Intervall Δt. Sie entspricht der Steigung der Sehne an den Kurvenbogen (Abb. 2). Wählen wir nun ein kürzeres Zeitintervall $\Delta t'$, dann schrumpft auch die Strecke $\Delta s'$ und die Sehne unterscheidet sich kaum noch vom Kurvenstück. Ihre Steigung gibt dann schon besser die „Steigung" der Kurve und damit die Momentangeschwindigkeit zum Zeitpunkt t_1 wieder. In Gedanken können wir diese Verkleinerung beliebig weit treiben.

Anders sieht es jedoch in der Praxis aus: Bei einer vorgegebenen Meßapparatur, z.B. Bandmaß und Stoppuhr, werden einer Verkleinerung der Intervalle Δs und Δt bald Grenzen gesetzt. Ab einem bestimmten kleinsten Wertepaar Δs und Δt läßt sich nämlich wegen der Meßfehler kein genauerer Wert der Geschwindigkeit mehr ermitteln. Dann spielt es praktisch keine Rolle mehr, ob wir diesen Geschwindigkeitswert als die mittlere oder die Momentangeschwindigkeit auffassen. Wir legen daher fest:

Unter der Geschwindigkeit eines sich ungleichförmig bewegenden Körpers zu einem bestimmten Zeitpunkt t_1 verstehen wir seine mittlere Geschwindigkeit in einem hinreichend kleinen Zeitintervall Δt, das t_1 enthält.

Das Zeitintervall ist klein genug, wenn bei einer weiteren Verkleinerung keine genaueren Werte für die Geschwindigkeit gewonnen werden können.

Beschleunigt bergab

Wie wächst die Geschwindigkeit eines beschleunigten Körpers mit der Zeit an? Um dies herauszufinden, betrachten wir die Bewegung eines Wagens auf einer Experimentierfahrbahn. Die Momentangeschwindigkeit des Radfahrers läßt sich nämlich beim Beschleunigungsversuch mit einfachen Mitteln nicht genau genug bestimmen. Der Bewegungsablauf unseres Wagens läßt sich dagegen z.B. mit der Staubfigurenmethode leicht registrieren. Dazu ein Vorversuch:

Versuch 2: Der Wagen läuft mit zwei Rädern in einer Winkelschiene, die über einen Hochohmwiderstand mit einem Pol des Wechselstromnetzes verbunden ist. An der Unterseite des Wagens ist federnd ein Spurenschreiber befestigt, der leicht auf einer mit Schwefelpulver eingestäubten, eloxierten Aluminiumschiene gleiten kann (Abb. 3). Diese ist isoliert auf dem Grundbrett angebracht und ebenfalls über einen Widerstand mit dem zweiten Pol des Stromnetzes verbunden. Bewegt man nun den Wagen auf der Fahrbahn, erzeugt er eine Spur, die abwechselnd helle und dunkle Stellen zeigt.

Die Staubteilchen werden durch Reibung negativ aufgeladen und von der Unterlage festgehalten, wenn diese positiv geladen ist. Sie werden von ihr abgestoßen, wenn die Platte eine negative Ladung trägt. Da die Wechselspannung in einer Sekunde 100mal umpolt, entspricht also jede helle oder dunkle Figur einer Zeitdauer von 0,01 s.

Bewegt sich der Wagen *gleichförmig,* dann ist der Abstand benachbarter Zeitmarken stets gleich (Abb. 3). Bei großer Geschwindigkeit liegen die Marken weiter auseinander als bei kleiner Geschwindigkeit. Den vom Wagen zurückgelegten Weg können wir mit einem Lineal abmessen. Die dafür benötigte Zeit erhalten wir durch Abzählen der Zeitmarken. Zählen wir z.B. 10 helle und 10

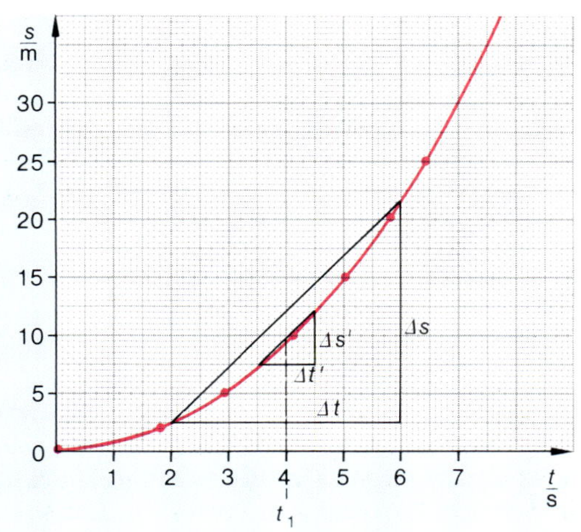

Abb. 2 *s-t*-Diagramm zu Versuch 1

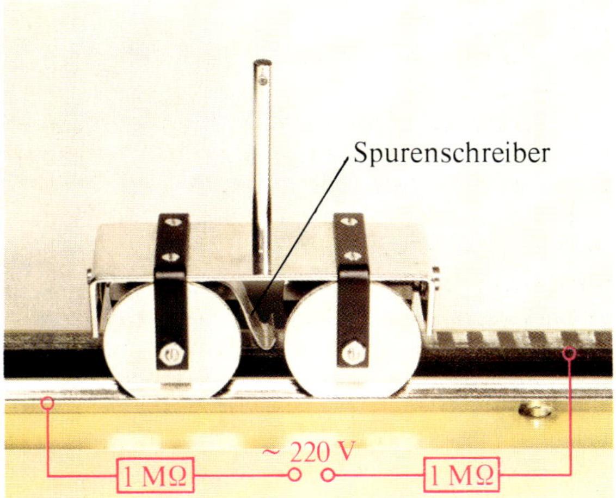

Abb. 3 So kann die Bewegung des Wagens mit Hilfe der Staubfiguren registriert werden

Abb. 1 Staubspur einer gleichförmig beschleunigten Bewegung. Zur Berechnung der Geschwindigkeit benutzen wir die Zeitintervalle $\Delta t = 0{,}04$ s.

dunkle Streifen auf einer Strecke von 6 cm, so ist $\Delta s = 6$ cm, $\Delta t = 20 \cdot 0{,}01\text{ s} = 0{,}2$ s. Daraus ergibt sich die Geschwindigkeit $v = \Delta s / \Delta t = 30$ cm/s.

Versuch 3: Die Fahrbahn wird nun so stark geneigt, daß der Wagen ohne Anstoß rollt, wenn man ihn losläßt. Zu Beginn des Versuchs wird das Schwefelpulver gleichmäßig verteilt. Dann rollt der Wagen die Fahrbahn hinab.

Als Ergebnis des Versuchs erhalten wir die Staubspur von Abb. 1. Wir erkennen, daß der Abstand benachbarter Zeitmarken um so größer ist, je länger der Wagen unterwegs ist. Das Fahrzeug wird also immer schneller.

Wir ermitteln die Beschleunigung

Wir wollen nun die Geschwindigkeiten des Wagens zu aufeinanderfolgenden Zeiten t_1, t_2, t_3 ... bestimmen. Dazu berechnen wir aus gleich langen Zeitintervallen und den zugehörigen Weglängen die Geschwindigkeit und ordnen diese den Mitten t_1, t_2 ... der Zeitintervalle zu. Als Zeitabschnitte wählen wir $\Delta t = 0{,}04$ s. Kürzere Intervalle sind aufgrund der Meßgenauigkeit nicht sinnvoll.

Zu Beginn der Staubspur liegen die Zeitmarken so dicht, daß wir ihre Anzahl nicht genau ablesen können. Daher beginnen wir unsere Messungen an einer Stelle, an der die Marken schon deutlich zu erkennen sind. Die zugehörige Zeit t_1 können wir zunächst höchstens abschätzen. Ihren genauen Wert werden wir jedoch im Verlauf unserer Auswertung der Messung noch finden. Wir tragen die berechneten Geschwindigkeitswerte für die Zeiten t_1, $t_1 + 0{,}2$ s, $t_1 + 0{,}4$ s usw. in ein Geschwindigkeits-Zeit-Diagramm ein (Abb. 2).

Ergebnis: Im v-t-Diagramm liegen alle Meßpunkte recht genau auf der eingezeichneten Geraden. Die Geschwindigkeit des Wagens wächst also gleichmäßig mit der Zeit an.

Das bedeutet: In gleichen Zeitabschnitten Δt nimmt die Geschwindigkeit um gleiche Beträge Δv zu, d.h.:

$$\frac{\Delta v}{\Delta t} = \text{konst.}$$

Eine derartige Bewegung heißt **gleichmäßig beschleunigte Bewegung.**

Je größer die Geschwindigkeitsänderung Δv in einem bestimmten Zeitabschnitt Δt ist, um so rascher beschleunigt ein Körper. Man legte daher fest:

Unter der Beschleunigung a eines gleichmäßig beschleunigten Körpers versteht man den Quotienten aus der Geschwindigkeitsänderung Δv und der dafür benötigten Zeitspanne Δt.

$$a = \frac{\Delta v}{\Delta t}. \quad (1)$$

Die Beschleunigung ist wie die Geschwindigkeit eine abgeleitete Größe. Ihre Einheit ergibt sich aus Gleichung (1) zu $\frac{1\text{ m/s}}{1\text{ s}} = 1\,\frac{\text{m}}{\text{s}^2}$.

Beispiel: Zur Berechnung der Beschleunigung unseres Wagens entnehmen wir Abb. 2: $\Delta v = 27{,}5$ cm/s, $\Delta t = 0{,}8$ s. Damit erhalten wir

$$a = \frac{27{,}5\,\frac{\text{cm}}{\text{s}}}{0{,}8\text{ s}} \approx 34{,}4\,\frac{\text{cm}}{\text{s}^2}.$$

Wenn die Beschleunigung des Körpers bekannt ist, so kann man für jede Zeitspanne Δt den entsprechenden Geschwindigkeitszuwachs berechnen. Für unser Beispiel ergibt sich für $\Delta t = 1$ s:

$$\Delta v = a \cdot \Delta t$$

$$\Delta v = 34{,}4\,\frac{\text{m}}{\text{s}^2} \cdot 1\text{ s} = 34{,}4\,\frac{\text{cm}}{\text{s}}.$$

Die Maßzahl der Beschleunigung gibt also an, wie groß die Geschwindigkeitsänderung pro Sekunde ist.

Gesetze der gleichförmig beschleunigten Bewegung

Die Gerade im v-t-Diagramm zu Versuch 3 (Abb. 2) verläuft nicht durch den Ursprung des Koordinatensystems, sondern schneidet die Zeitachse bei $t_1 - 0{,}4$ s. Das rührt daher, daß wir mit der Zeitmessung bei t_1 statt bei $t = 0$ begonnen haben. Da der Wagen am Start die Geschwindigkeit Null besitzt, wollen wir dorthin auch den Nullpunkt der Zeitachse legen. Dann erhalten wir für t_1 den Wert 0,4 s. Entsprechend müssen wir alle anderen Werte t_2, t_3 ... umbenennen. In Tabelle 1 sind die korrigierten Zeiten zusammen mit den zugehörigen Werten für den zurückgelegten Weg s angegeben.

Wir können nun das korrigierte Geschwindigkeits-Zeit-Diagramm zeichnen (Abb. 3, rot). Wir erhalten eine Ursprungsgerade. Die gleichmäßig beschleunigte Bewegung mit den *Anfangsbedingungen* $t=0$ und $s=0$ wird beschrieben durch das

Geschwindigkeits-Zeit-Gesetz: $v=a\cdot t$.

Tabelle 1

t in s korrigierter Wert	0,4	0,6	0,8	1,0	1,2	1,4	1,6
s in cm	2,9	6,2	11,0	17,2	24,7	33,5	44,0
$\frac{s}{t^2}$ in $\frac{cm}{s^2}$	18,1	17,2	17,2	17,2	17,2	17,1	17,2

Mit Hilfe von Tabelle 1 zeichnen wir das Weg-Zeit-Diagramm der gleichmäßig beschleunigten Bewegung (Abb. 4). Es gleicht dem s-t-Schaubild zu Versuch 1. Auch das Fahrrad beschleunigte demnach gleichmäßig.

In beiden Fällen erhalten wir eine Kurve, die wie der rechte Ast einer Parabel aussieht. Das legt die Vermutung nahe, daß zwischen Weg und Zeit die Beziehung $s \sim t^2$ gilt.

Dies ist, wie schon GALILEI durch *deduktive* Überlegungen gezeigt hat, bei einer gleichmäßig beschleunigten Bewegung tatsächlich immer der Fall: Wenn die Geschwindigkeit proportional zur Zeit anwächst ($v=a\,t$), dann beträgt die mittlere Geschwindigkeit vom Start bis zum Zeitpunkt t: $\bar{v}=\frac{1}{2}a\,t$. Der Weg s, den der Körper bis zu diesem Zeitpunkt zurückgelegt hat, ist dann aber $s=\bar{v}\cdot t=(\frac{1}{2}a\,t)\cdot t$. Es gilt also das

Weg-Zeit-Gesetz der gleichmäßig beschleunigten Bewegung mit den Anfangsbedingungen $t=0$ und $s=0$:

$$s=\frac{1}{2}a\,t^2.$$

Daraus folgt, daß der Quotient s/t^2 stets den gleichen Wert haben muß. Wir prüfen diese theoretische Vorhersage (Tabelle 1) und erhalten als Mittelwert ungefähr 17,2 cm/s². Das ist gerade der halbe Wert der Beschleunigung aus Versuch 3.

Aufgaben

1. Was versteht man unter der mittleren Geschwindigkeit, der Momentangeschwindigkeit, der Beschleunigung bei einer Bewegung?
2. Nenne die Merkmale einer gleichförmigen und einer gleichmäßig beschleunigten Bewegung!
3. Wie lautet das Weg-Zeit-Gesetz, wie das Geschwindigkeits-Zeit-Gesetz einer gleichförmigen Bewegung? Wie groß ist dort die Beschleunigung?
4. Erstelle mit Hilfe mehrerer Mitschüler, die jeweils mit Stoppuhren ausgerüstet und in vorher genau ermittelten Abständen entlang einer Geraden aufgestellt sind, das Weg-Zeit-Diagramm beim Beschleunigen eines Läufers, eines Radfahrers, eines Mofas oder eines Autos aus dem Stand. Handelt es sich dabei um gleichmäßig beschleunigte Bewegungen?
5. In der nachfolgenden Tabelle sind die Zeiten angegeben, die verschiedene Pkw-Typen benötigen, um ihre Geschwindigkeit von 0 auf 100 km/h zu steigern. Wie groß ist jeweils die Beschleunigung, wenn angenommen wird, daß eine gleichmäßig beschleunigte Bewegung vorliegt? Welche Strecke benötigen die einzelnen Pkw um auf 100 km/h zu beschleunigen?

Autotyp	Zeit
Citroen 2 CV	47,5 s
Fiat Uno 45	17,5 s
Ford Sierra	14,4 s
VW Golf	13,3 s
BMW 320 i	10,8 s

6. Ermittle mit Hilfe des v-t-Schaubildes in Abb. 3 die Beschleunigung a des Wagens bei stärker geneigter Fahrbahn (blaue Gerade). Welche Wegstrecke hat der Wagen in diesem Fall nach 1 s zurückgelegt?
7. Um die Belastbarkeit des Menschen bei hohen Beschleunigungen zu testen, wurden schon 1946 in den USA Versuche mit Raketenschlitten durchgeführt. Die Testperson ließ sich dabei in einem Versuch von 248 km/h in 0,228 s auf 55 km/h abbremsen. Wie groß war die dabei auftretende negative Beschleunigung?

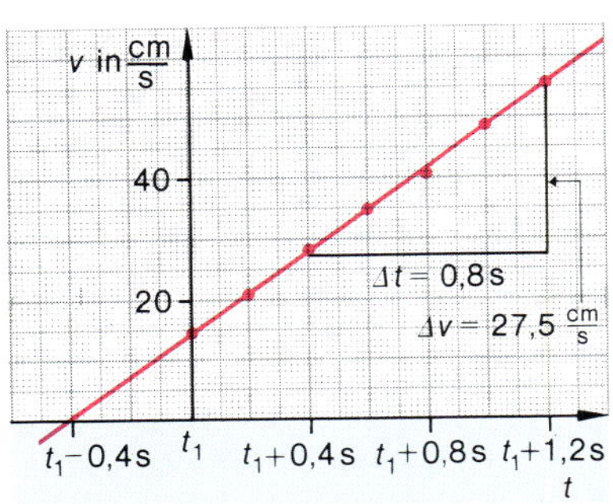

Abb. 2 Geschwindigkeits-Zeit-Diagramm zu Versuch 3

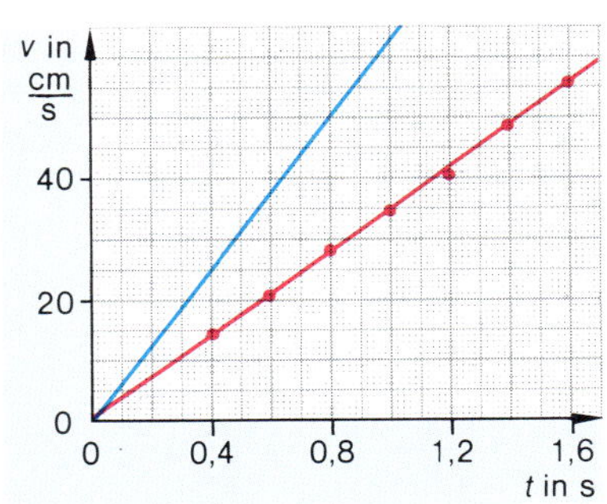

Abb. 3 v-t-Diagramm der gleichmäßig beschleunigten Bewegung

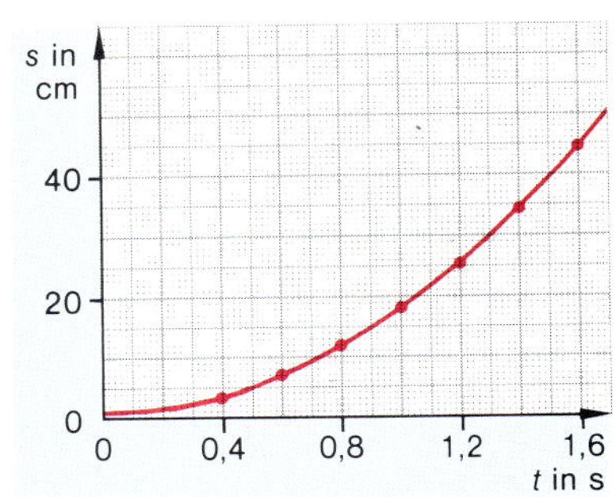

Abb. 4 s-t-Diagramm der gleichmäßig beschleunigten Bewegung

7.3 Kraft und Beschleunigung

Im Kapitel Mechanik 2.1 bezeichneten wir die Ursache von Verformungen und Bewegungsänderungen eines Körpers als Kraft. Jetzt können wir den Kraftbegriff mit Hilfe von Bewegungsänderungen definieren.

Wir denken uns einen Körper der Masse m beschleunigt. Die Beschleunigung sei a. Um dem gleichen Körper die Beschleunigung $2a$ zu erteilen, ist eine größere Kraft nötig. Die einfachste Möglichkeit diese Erfahrung zahlenmäßig zu erfassen, besteht darin, auch für die Kraft den doppelten Betrag anzunehmen. Das gleiche trifft zu, wenn wir einem Körper der Masse $2m$ die Beschleunigung a erteilen wollen. Auch hier ist es sinnvoll, als Ursache die doppelte Kraft zu vereinbaren. Soll ein Körper der Masse $2m$ die Beschleunigung $2a$ erfahren, muß die vierfache Kraft wirken. Wir treffen daher folgende Vereinbarung:

Die Kraft F, die einem Körper der Masse m die Beschleunigung a erteilt, definieren wir als das Produkt aus der Masse des Körpers und der erzielten Beschleunigung:

$$F = m \cdot a. \qquad (1)$$

Durch diese *Definition* ist auch die Einheit der Kraft festgelegt. Es ergibt sich:

$$1\,\text{kg} \cdot 1\,\frac{\text{m}}{\text{s}^2} = 1\,\frac{\text{kg m}}{\text{s}^2} = 1\,\text{N (1 Newton)}.$$

Erfährt ein Körper der Masse 1 kg die Beschleunigung 1 m/s², so wirkt auf ihn die Kraft 1 N.

Gleichung (1) ersetzt die vorläufige Kraftdefinition aus Kapitel Mechanik 2.1. Sie ist im Einklang mit den dort getroffenen Vereinbarungen über die Gleichheit und Vielfachheit von Kräften.

Gewichtskraft und Fallbewegung

Zwischen der Masse und der Gewichtskraft, die auf einen Körper wirkt, besteht die proportionale Zuordnung (vgl. S. 100):

$$F_G = m \cdot g, \qquad (2)$$

wobei g ein ortsabhängiger Proportionalitätsfaktor ist. In Mitteleuropa beträgt er ca. $9{,}81\,\text{m/s}^2$. Durch Vergleich der Gleichungen (1) und (2) stellen wir jetzt fest, daß g nichts anderes als eine Beschleunigung ist, und zwar diejenige, die ein Körper aufgrund seiner Gewichtskraft erfährt. Wir nennen g deshalb die **Fallbeschleunigung.**

Gleichung (2) sagt aus, daß alle Körper am gleichen Ort dieselbe Fallbeschleunigung erfahren. Dies scheint zunächst unserer Erfahrung zu widersprechen, denn ein Stein fällt schneller zu Boden als ein Blatt Papier. Dafür ist der *Luftwiderstand*

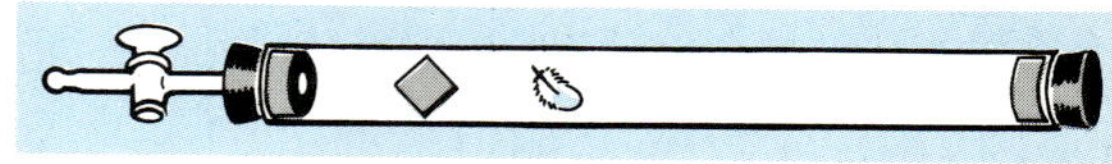

Abb. 1 Fallröhre: Feder und Bleistück kommen in der leergepumpten Röhre zu gleicher Zeit unten an

verantwortlich. Seinen Einfluß schalten wir durch folgende Versuchsanordnung fast völlig aus:

Versuch 4: In einer etwa 1 m langen Glasröhre, die mit Hilfe einer Vakuumpumpe weitgehend luftleer gepumpt werden kann, befinden sich eine Vogelfeder und ein Bleiblättchen (Abb. 1). Wir stellen die Röhre zunächst senkrecht auf. Beide Körper liegen am Boden der Röhre. Kippen wir nun die Röhre um 180°, so fällt die Feder viel langsamer als das Bleistück nach unten. Der Versuch wird nach dem Auspumpen wiederholt. Jetzt kommen beide Körper gleichzeitig unten an.

Alle Körper erfahren beim freien Fall, d.h. beim Fall im Vakuum, am selben Ort die gleiche Beschleunigung.

In der Praxis kann man die Luftreibung vernachlässigen, wenn der Körper nicht sehr groß ist und sich noch nicht sehr schnell bewegt. Dies gilt z. B. für eine Stahlkugel, die wir aus einigen Metern Höhe fallen lassen. Da sie eine konstante Beschleunigung erfährt, muß sie eine gleichmäßig beschleunigte Bewegung ausführen. Unter „idealisierten" Bedingungen (vgl. Einleitung) gilt für den „freien Fall"

$$s = \tfrac{1}{2} g \cdot t^2.$$

Demnach ist $s \sim t^2$. Die Kugel legt daher in 2 s den vierfachen Fallweg zurück wie in 1 s; in 3 s den neunfachen Weg usw. Diese theoretische Vorhersage überprüfen wir im folgenden Versuch:

Versuch 5: Wir knüpfen an eine Schnur kleine Kugeln so an, daß die zweite Kugel 4mal, die dritte 9mal, die vierte 16mal und die fünfte 25mal so weit vom einen Ende der Schnur entfernt ist wie die erste. Wir halten nun diese Fallschnur so, daß dieses Ende gerade den Boden berührt. Lassen wir dann los, so hören wir die Kugeln in regelmäßigen Zeitabständen auf den Boden schlagen. Die Fallbewegung ist offensichtlich eine gleichmäßig beschleunigte Bewegung (solange die Luftreibung vernachlässigt werden kann).

Aufgaben

1. Führe Versuch 5 zu Hause durch. Anstelle der Kugeln kann man Schraubenmuttern nehmen. Was ergibt sich, wenn man die Muttern in gleichen Abständen anbringt?
2. Wie lange braucht ein Körper beim Sturz aus 10 m Höhe bis zum Boden? ($g \approx 10\,\text{m/s}^2$). Wie groß ist die Geschwindigkeit beim Aufschlag?

7.4 Bewegungen im Straßenverkehr

Physik überzeugt auch Gurtmuffel

Viele Autofahrer glauben, bei geringen Geschwindigkeiten wie im Stadtverkehr ohne Sicherheitsgurt auskommen zu können. Sie nehmen an, sie könnten sich bei einem Unfall noch mit den Händen am Lenkrad abstützen. Dies kann ein verhängnisvoller Irrtum sein, wie folgende Überlegung zeigt (vgl. auch S. 74).

Beispiel: Ein Pkw kommt bei einem Frontalaufprall auf ein festes Hindernis mit $v = 50\ \text{km/h} \approx 14\ \text{m/s}$ nach einem „Bremsweg" von ca. 1 m zum Stand. Der Bremsweg ergibt sich aus der Länge der Verformungszone des Pkw. Das Fahrzeug kommt dabei in ungefähr 0,15 s zum Stehen. Seine Geschwindigkeitsänderung beträgt dann $\Delta v = -14\ \text{m/s}$ (das Minuszeichen drückt aus, daß die Geschwindigkeit abnimmt). Nehmen wir an, daß es sich beim Bremsvorgang um eine gleichmäßig verzögerte Bewegung handelt, so können wir die Bremsverzögerung (= negative Beschleunigung) einfach ermitteln:

$$a = \frac{\Delta v}{\Delta t} = \frac{-14\ \frac{\text{m}}{\text{s}}}{0{,}15\ \text{s}} \approx -93\ \frac{\text{m}}{\text{s}^2}.$$

Das ist etwa der zehnfache Betrag der Fallbeschleunigung. Auf den Fahrer wirkt die Kraft $F = m\,a$. Sie ist fast zehnmal so groß wie seine Gewichtskraft! Er kann sie also unmöglich abfangen. Zum Vergleich: Ein Aufprall mit 50 km/h entspricht einem Sturz aus 10 m Höhe (vgl. Aufg. 1, S. 180)!

Sicherheitsabstand ist lebenswichtig!

Um einen Unfall zu vermeiden, muß ein Fahrer sein Fahrzeug jederzeit rasch anhalten können. Die dafür benötigten Anhaltewege werden häufig unterschätzt.

Beispiel: Ein Pkw fährt mit 54 km/h, als der Fahrer 40 m vor sich ein Kind auf die Straße laufen sieht. Nach einer Verzögerungszeit von 1 s (Schrecksekunde) tritt er voll auf die Bremse und kommt nach weiteren 3 s zum Stehen. Konnte er einen Unfall vermeiden?

Das Fahrzeug bewegt sich noch 1 s lang mit unverminderter Geschwindigkeit $v = 54\ \text{km/h} = 15\ \text{m/s}$. Es legt in dieser Zeit 15 m zurück.

Im Zeitintervall $\Delta t = 3\ \text{s}$ beträgt die Geschwindigkeitsänderung $\Delta v = -15\ \text{m/s}$. Daraus ergibt sich die Bremsverzögerung $a = -5\ \text{m/s}^2$. Zur Berechnung des Bremswegs betrachten wir nur ihren Betrag und finden, wenn wir auch hier eine gleichmäßig verzögerte Bewegung annehmen:

$$s_{\text{Brems}} = \frac{a}{2}\,t^2 = 2{,}5\ \frac{\text{m}}{\text{s}^2} \cdot 9\ \text{s}^2 = 22{,}5\ \text{m}.$$

Der gesamte Anhalteweg beträgt demnach 15 m + 22,5 m = 37,5 m. Der Fahrer konnte also noch knapp einen Unfall verhüten.

Abb. 2 Achtung! – Unfallgefahr!

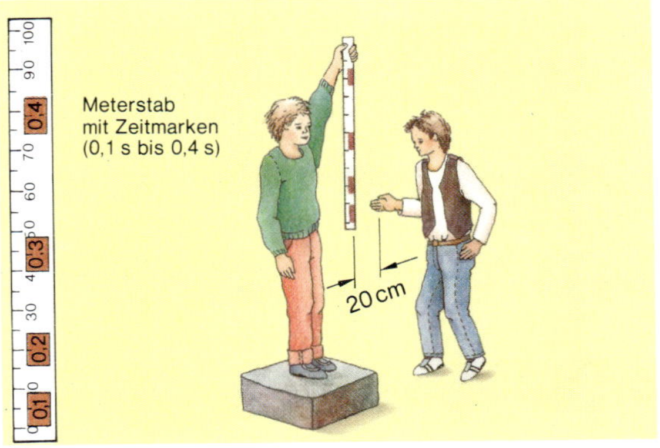

Abb. 3 Bestimmung der Reaktionszeit

Der Anhalteweg eines Autos setzt sich aus dem Reaktionsweg und dem eigentlichen Bremsweg zusammen.

Die Länge des *Reaktionswegs* hängt von der Fahrzeuggeschwindigkeit v und davon ab, wie rasch der Fahrer eine Gefahrensituation erfaßt und darauf durch Betätigung des Bremspedals reagiert. Für den Reaktionsweg s_R gilt:

$$s_R = v \cdot t_R.$$

Die *Reaktionszeit* t_R eines Fahrers können wir mit einem einfachen Experiment abschätzen:

Versuch 6: Ein Mitschüler hält einen Meterstab oben fest, der zweite wartet mit offener Hand in ca. 20 cm Abstand neben dem unteren Stabende (Abb. 3). Der erste Schüler läßt plötzlich den Stab fallen. Der zweite versucht ihn zu fassen. Zwischen Loslassen und Festhalten durchfällt der Stab eine bestimmte Strecke s. Sie kann zur Bestimmung der Reaktionszeit t_R benutzt werden.

Da der Luftwiderstand hier kaum eine Rolle spielt, können wir annehmen, daß der Stab einen freien Fall ausführt. Es gilt das Weg-Zeit-Gesetz

$$s = \frac{g}{2} \cdot t_R^2 = \frac{9{,}81\ \text{m}}{2\ \text{s}^2} \cdot t_R^2.$$

Lösen wir die Gleichung nach t_R auf und setzen den Fallweg s ein, so erhalten wir die Reaktionszeit. Wir können aber auch den Stab zur Vereinfachung mit Zeitmarken versehen. Tabelle 1 zeigt, wo diese Marken angebracht werden müssen:

Tabelle 1 Fallzeit und Fallweg (gerundet)

t_R in s	0,1	0,15	0,2	0,25	0,3	0,35	0,4	0,45
s in cm	5	11	20	31	44	60	79	99

Als Ergebnis unseres Versuchs finden wir Reaktionszeiten von 0,2 bis 0,4 s. Dabei schenken wir aber unsere volle Aufmerksamkeit dem Versuch. Ein Verkehrsteilnehmer muß aber meist mehrere Vorgänge gleichzeitig wahrnehmen. Dadurch kann sich die Reaktionszeit erheblich verlängern. Im Versuch können wir dies feststellen, indem wir der Testperson eine Zusatzaufgabe stellen, z. B. ein Gedicht aufsagen oder eine Rechenaufgabe lösen.

Der *Bremsweg* hängt neben der Fahrzeuggeschwindigkeit noch vom Zustand der Bremsen und der Reifen, vor allem aber vom Straßenzustand ab. Es gilt:

$$s_B = \frac{1}{2} a \cdot t^2 \quad \text{und} \quad v = a \cdot t.$$

Lösen wir die zweite Gleichung nach t auf und setzen sie in die erste Gleichung ein so erhalten wir

$$s_B = \frac{v^2}{2a}.$$

Der Bremsweg ist bei konstanter Bremsverzögerung a proportional zum Quadrat der Geschwindigkeit. Bei doppelter Geschwindigkeit ist der Bremsweg bereits viermal so groß!

Abb. 1 zeigt den Anhalteweg eines Pkw auf feuchter Fahrbahn. Bei Regen, Schnee oder Glatteis ist er noch wesentlich länger. Der Abstand zum Vordermann muß dann noch größer sein.

Wie kann man den notwendigen Sicherheitsabstand beim Fahren ermitteln? In der Praxis kann man ja nicht jedesmal erst lange rechnen! Man benutzt daher meist eine der folgenden *Faustformeln:*

Halbe Tachometerzahl: Als Sicherheitsabstand wird eine Entfernung eingehalten, die in Metern der vom Tachometer angezeigten Geschwindigkeit entspricht. So ist z. B. bei 80 km/h ein Sicherheitsabstand von 40 m einzuhalten. Zur Abschätzung des Abstandes kann man die Leitlinienstriche benutzen, ihre Länge beträgt auf der Autobahn 9 m und auf Landstraßen 6 m. Der Abstand von Leitpfosten zu Leitpfosten beträgt auf geraden Strecken 50 m.

2-Sekunden-Abstand: Wenn das vorausfahrende Fahrzeug eine markante Stelle (Verkehrsschild, Brücke, Baum ...) passiert, fängt man an zu zählen: „ein-und-zwanzig, zwei-und-zwanzig". Erreicht man in diesem Augenblick die gleiche Stelle, so beträgt der Abstand 2 Sekunden. Dies ist ein relativ sicherer Abstand, auch wenn der Vordermann plötzlich bremst.

Aufgaben

1. Auch bei geringeren Geschwindigkeiten als im Beispiel auf S. 179 sollte man auf den Sicherheitsgurt vertrauen! Berechne dazu die Fallhöhen, die einem Aufprall mit 20 km/h und 30 km/h entsprechen.
2. Was versteht man unter dem Reaktionsweg, dem Bremsweg, dem Anhalteweg? Wie lange dauert die „Schrecksekunde"?
3. Welcher Zusammenhang besteht zwischen der Länge des Bremswegs und der Fahrzeuggeschwindigkeit? Wie lang ist der reine Bremsweg (ohne Berücksichtigung der Schrecksekunde) eines Pkw, dessen Bremsverzögerung $a = -5\ \text{m/s}^2$ beträgt, bei einer Anfangsgeschwindigkeit von a) 36 km/h, b) 72 km/h, c) 144 km/h?
4. Wie ändern sich die Strecken bis zum Stillstand des Pkw, wenn zusätzlich zu Aufg. 3 noch eine Schrecksekunde von $\Delta t = 0{,}5$ s berücksichtigt wird? Welche Folgerungen sind zu ziehen?
5. Vergleiche die Ergebnisse der beiden Faustformeln für den Sicherheitsabstand mit der Länge der Anhaltewege aus Abb. 1. Was stellt man bei höheren Geschwindigkeiten fest? Warum darf der Sicherheitsabstand geringer als der Anhalteweg sein? Bietet der Sicherheitsabstand nach den Faustformeln einen sicheren Schutz gegen Auffahrunfälle, bei denen der Vordermann plötzlich durch einen Aufprall gestoppt wird?
6. Bei trockener Straße, guter Bereifung und gutem Zustand der Bremsanlage eines Autos besitzt dieses die Bremsverzögerung $a = -6{,}9\ \text{m/s}^2$. Bei welcher Ausgangsgeschwindigkeit kommt das Auto nach 3 s zum Stehen?
7. Überprüfe die Angaben von Tabelle 1!

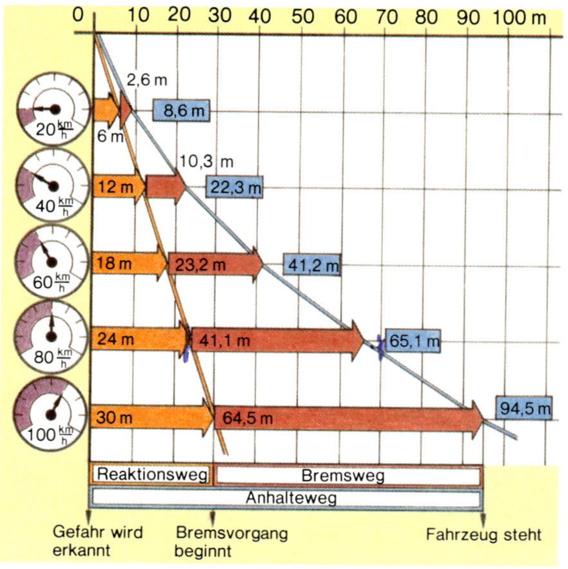

Abb. 1 Anhalteweg eines Autos auf feuchter Straße

1 Temperatur

1.1 Wärme und Temperatur

Verschiedene Bedeutungen des Wortes „Wärme“
Zeitungsmeldung im April:

Mindestens 20 Grad Zimmertemperatur
Wie warm muß die Wohnung sein? Es gibt kein Gesetz und keine Verordnung, die dies ausdrücklich regeln, aber die deutschen Gerichte haben in vielen Urteilen die Mindestwärmegrenze auf 20 Grad Celsius festgeschrieben.

In der gleichen Zeitung liest man:

Wärmereflektor schließt den „Wärmefluchtweg“
In Heizkörpernischen entstehen erhebliche Wärmeverluste. Ursache dafür ist einerseits die intensive Wärmeabstrahlung und andererseits die oft geringe Außenwanddicke, die den Wärmedurchgang erleichtert. Abhilfe schafft hier ein spezieller Wärmereflektor. Er soll die Wärme im Haus halten und damit zur Senkung der Heizkosten beitragen.

Mehrmals kommt in diesen Berichten das Wort „Wärme“ vor. Es bedeutet aber nicht immer dasselbe. Im ersten Text, in dem es um die Frage geht, wann im Frühjahr noch geheizt werden muß, steht das Wort „Mindestwärmegrenze“, gemeint ist aber die Temperatur.

Im zweiten Text wird eine Maßnahme zur Senkung der Heizkosten beschrieben. Hier wird mit „Wärme“ etwas bezeichnet, das vom Heizkörper abgestrahlt oder von einem Reflektor zurückgeworfen wird. Mit „Wärme“ ist offenbar auch etwas gemeint, was im Hause oder im Zimmer enthalten ist. Denn man will durch bestimmte Vorsichtsmaßnahmen „Wärmeverluste“ vermindern. Wärme kann nämlich laut Text durch Wände hindurchgehen. Hier ist „Wärme“ sicher nicht dasselbe wie Temperatur. Was aber ist Wärme? Was ist Temperatur?

Am einfachsten ist der Begriff Temperatur zu klären. Mit den Worten „kalt“, „warm“ oder „heiß“ beschreiben wie eine Eigenschaft der Körper. Die Aussage: „In diesem Zimmer ist es aber warm“ bedeutet eigentlich, daß die im Zimmer enthaltene Luft warm ist. Sinneszellen in unserer Haut melden uns diese Eigenschaft der Luft. Wir beschreiben mit den angegebenen Eigenschaftswörtern einen bestimmten *thermischen Zustand* der Körper, nämlich ihr Warmsein (thermós, gr. = warm). Für diesen Zustand gebraucht man in der Physik das Wort **„Temperatur“**, nicht aber die Bezeichnung „Wärme“.

Abb. 2 Was ist „Wärme“?

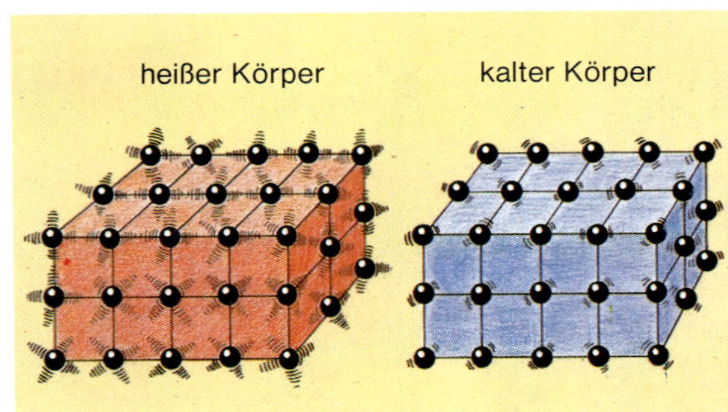

Abb. 3 Teilchenbewegung und Temperatur

Wir wissen, daß alle Körper aus Teilchen aufgebaut sind, die sich in ständiger Bewegung befinden (Brownsche Bewegung, vgl. S. 79). Diese Teilchenbewegung ist, wie man experimentell nachweisen kann, von der Temperatur abhängig. Sie ist um so heftiger, je höher die Temperatur ist (Abb. 3).

Mit dem Begriff „Temperatur“ beschreiben wir einen bestimmten thermischen Zustand eines Körpers. Die Temperatur dieses Körpers ist bestimmt durch die Bewegung der Teilchen, aus denen er besteht. Je heftiger sich die Teilchen bewegen, um so höher ist seine Temperatur.

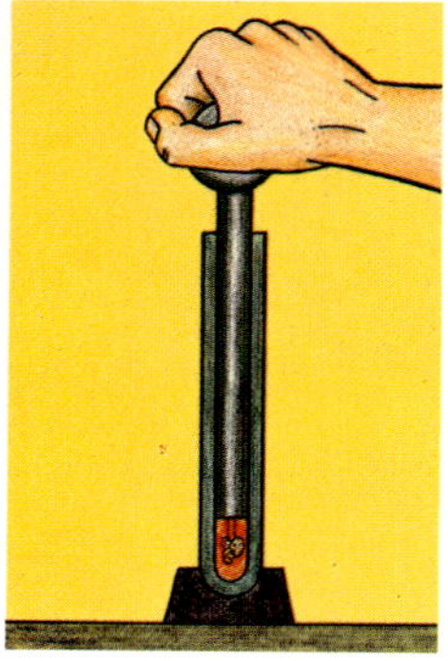

Abb. 1 Pneumatisches Feuerzeug

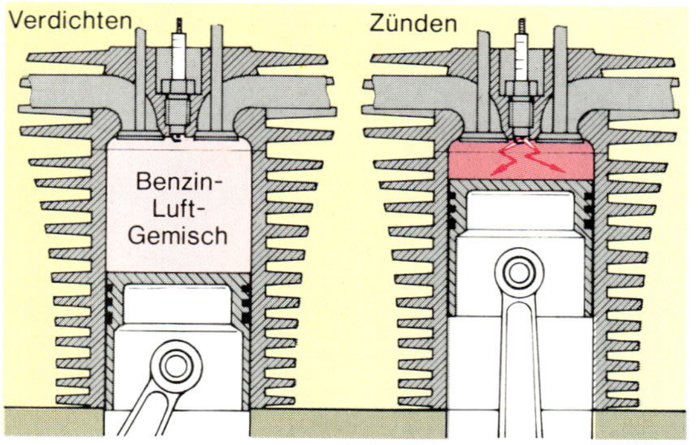

Abb. 2 Das Benzin-Luft-Gemisch wird durch Verdichtung erwärmt

Abb. 3 Wärme = Energieübertragung durch Strahlung oder Leitung

Welche Bedeutung geben wir aber dem Wort *„Wärme"?* In dem Bericht ist auch von „Wärmeverlust" die Rede. Offensichtlich wird dieser durch Heizen ausgeglichen. Schaltet man die Heizung ab, dann kühlt das Zimmer rasch aus, d.h.: Die Temperatur der Zimmerluft sinkt. Der „Wärmeverlust" äußert sich durch eine Änderung des Zustandes der Zimmerluft.

Nun ist die Temperatur nicht die einzige Größe, die den Zustand der Zimmerluft beschreibt. Dieser ist noch durch andere Größen gekennzeichnet: z.B. durch Volumen, Druck und Masse. Auch diese Zustandsgrößen kann man ändern. Um die Zusammenhänge genauer untersuchen zu können, betrachten wir eine Luftmenge, deren Zustand wir leicht ändern können. Dies ist z.B. möglich bei der Luft, die in einer Fahrradluftpumpe eingeschlossen ist. Sie hat eine bestimmte Masse, ein bestimmtes Volumen und eine bestimmte Temperatur.

Versuch 1: Verschließen wir die Öffnung einer Fahrradluftpumpe mit dem Daumen, und schieben den Kolben in den Zylinder hinein, so spüren wir einen wachsenden Widerstand.

Beim Hineinschieben des Kolbens verrichten wir Arbeit und verändern den Zustand der Luftmenge: kleineres Volumen, höherer Druck. Es ändert sich aber auch die Temperatur. Wir zeigen dies mit einem *pneumatischen Feuerzeug.* Es besteht aus einem dickwandigen Rohr, in das ein dicht schließender Kolben hineingeschoben werden kann (Abb. 1).

Versuch 2: Am unteren Ende des Kolbens befestigen wir an einer kleinen Öse etwas Watte, die mit Spiritus befeuchtet ist. Wir stoßen den Kolben rasch in den Zylinder. Die Watte entzündet sich. So heiß ist die Luft geworden.

Technisch wird diese Erwärmung in jedem Verbrennungsmotor genutzt. Abb. 2 zeigt den Zylinder eines solchen Motors. Im Zylinderraum wird das Gemisch aus Benzin und Luft durch den sich aufwärts bewegenden Kolben zusammengepreßt und erwärmt sich dabei. Im höchsten Punkt wird das Gemisch mit einem Funken entzündet, der Kolben nach unten getrieben. Beim Dieselmotor wird Luft so hoch verdichtet, daß sich der eingespritzte Brennstoff von selbst entzündet. Wir merken uns:

Temperaturerhöhungen können durch Arbeit verursacht werden.

Dieser Satz gilt für gasförmige Körper, aber auch für feste und für flüssige Körper. Sie alle können durch Arbeit erwärmt werden; nicht immer durch Zusammenpressen wie bei der Luft, sondern auch durch Reibungsarbeit. So wird z.B. die Fahrradnabe heiß, wenn man beim Bergabfahren mit dem Rücktritt bremst.

Gewöhnlich erwärmt man die Zimmerluft nicht durch mechanische Arbeit, beispielsweise durch Zusammenpressen, sondern mit Hilfe eines Heizkörpers. Die Suppe auf dem Herd wird nicht durch Reibungsarbeit warm, sondern mit Hilfe einer heißen Herdplatte. Hier ist eben keine mechanische Arbeit beteiligt. Man spricht von **Wärme.** Wärme ist die Energie, die von einem wärmeren auf einen kälteren Körper durch Strahlung oder Leitung übergeht: Vom warmen Heizkörper auf die kühlere Zimmerluft, von der heißen Herdplatte auf die kalte Suppe. Wir können daher zusammenfassend sagen:

Temperaturerhöhungen können durch Wärme oder durch mechanische Arbeit hervorgerufen werden.

In der Physik ist es üblich, das Wort „Wärme" nur für die oben beschriebenen Energieübertragungen zu verwenden (Abb. 3). Wir kommen später noch einmal darauf zurück (vgl. S. 206 und 208).

Aufgaben

1. Überprüfe anhand eines geeignet ausgewählten Zeitungsartikels den unterschiedlichen Gebrauch des Wortes „Wärme" in der Umgangssprache! Prüfe nach, ob auch das Wort „Temperatur" unterschiedlich gebraucht wird!
2. Gib weitere Beispiele an, wie durch mechanische Arbeit Temperatursteigerungen erzielt werden können!

1.2 Temperaturmessung

Warm oder kalt?

Die Temperaturempfindung, die uns unsere Haut vermittelt, ist im Sinne der Physik nicht immer eindeutig. Dies zeigt ein sehr einfacher Versuch.

Versuch 3: Wir stellen in drei verschiedenen Gefäßen kaltes, lauwarmes und warmes Wasser zurecht. Die eine Hand tauchen wir in kaltes, die andere in warmes und nach einer gewissen Zeit beide Hände in das lauwarme Wasser (Abb. 4).

Das lauwarme Wasser wird nun von der Hand, die kurz vorher in das kalte Wasser eintauchte, als warm und von der anderen Hand als kalt empfunden. Wir haben demnach für die gleiche Temperatur zwei verschiedene Empfindungen. Eine solche unterschiedliche Beurteilung macht sich um so deutlicher bemerkbar, je länger man vorher die Hände im warmen bzw. kalten Wasser eingetaucht hatte. Ähnliche Beobachtungen macht man, wenn man nach kalter Dusche ins kühle Schwimmbad springt. Das Wasser kommt einem dann sehr warm vor.

Abb. 4 Die Temperaturempfindung ist nicht immer zuverlässig

Objektive Temperaturanzeige

Wir müssen demnach nach einer objektiven Methode suchen, um zu kennzeichnen, wie warm oder wie kalt ein Körper ist. Hierzu kann man alle Eigenschaften eines Körpers nehmen, die sich mit der Temperatur ändern. Es gibt z. B. eine ganze Reihe von Stoffen, die beim Erwärmen einen deutlichen Farbumschlag zeigen. Beim *Wärmepapier* ist der Farbstoff auf das Papier aufgetragen.

Versuch 4: Um ein Becherglas wird ein Streifen Wärmepapier gelegt. Das Becherglas wird mit Wasser gefüllt, das wir mit einem Tauchsieder erwärmen (Abb. 5). Nach einer gewissen Zeit schlägt die gelbe Farbe des Papiers in Orange um. Entfernt man den Tauchsieder und läßt das Wasser abkühlen, dann nimmt das Wärmepapier seine ursprüngliche gelbe Farbe wieder an, wenn die Temperatur des Farbumschlags unterschritten wird. Das Papier ist wieder verwendbar: Beim Aufheizen schlägt die Farbe wieder um. Farbumschläge kennzeichnen nur bestimmte Temperaturen. Wenn wir aber dazwischenliegende Temperaturen erfassen wollen, müssen wir eine Temperaturskala schaffen. Hierzu muß man Eigenschaften der Körper finden, die sich mit der Temperatur kontinuierlich ändern. Eine solche Eigenschaft ist die **Ausdehnung der Körper beim Erwärmen.** Wir betrachten drei Beispiele:

Versuch 5: Eine Eisenkugel, die genau durch ein kreisrundes Loch paßt, wird erhitzt (Abb. 6). Sie kann das Loch nicht mehr passieren. Läßt man sie abkühlen, dann rutscht sie immer tiefer in den Ring und fällt schließlich wieder durch das Loch hindurch.

Die eiserne Kugel dehnt sich beim Erwärmen aus und zieht sich beim Abkühlen zusammen. Ein solches Verhalten findet man bei Körpern aus fast allen festen Stoffen. Man findet es auch bei Flüssigkeiten.

Abb. 5 Die Temperatur wird durch Farbumschlag angezeigt

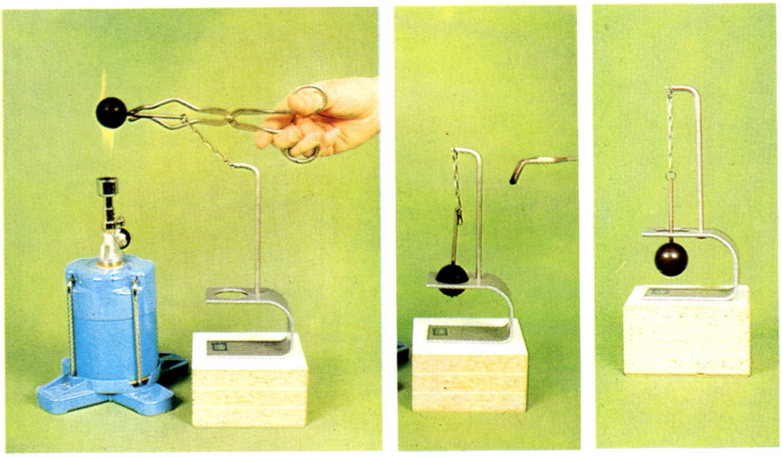

Abb. 6 Ausdehnung einer Eisenkugel

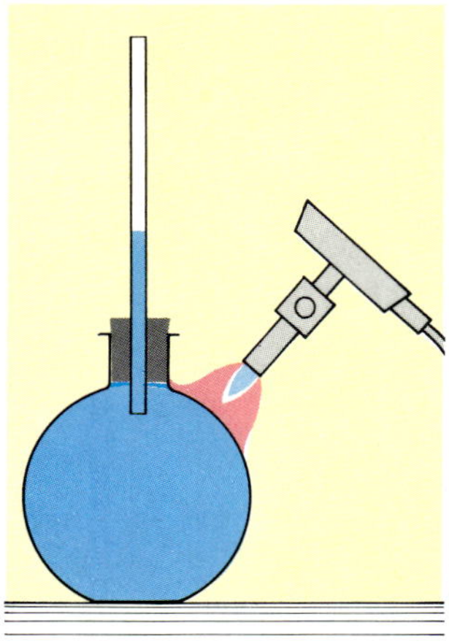

Abb. 1 Ausdehnung von Wasser

Abb. 2 Volumenänderung von Luft

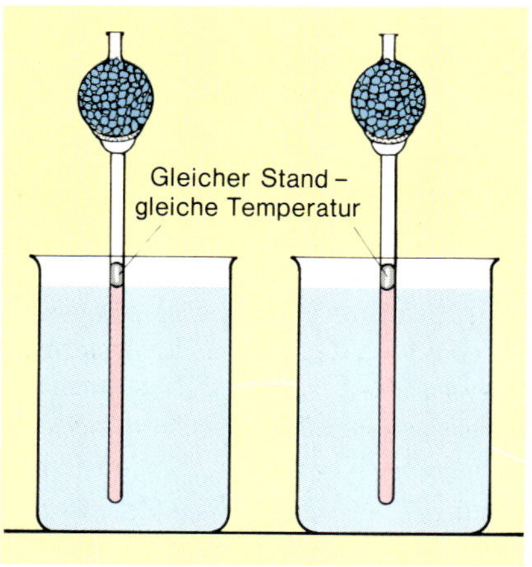

Abb. 3 Luftthermometer

Versuch 6: Ein Rundkolben ist mit einem Gummistopfen verschlossen, durch dessen Bohrung ein Glasrohr gesteckt ist. Der Rundkolben ist mit gefärbtem Wasser gefüllt. Erwärmen wir den Rundkolben mit einem Brenner (Abb. 1), dann sinkt das Wasser im Glasrohr zunächst etwas ab, um dann anzusteigen. Der Anstieg hört auf, wenn der Kolben nicht weiter erwärmt wird.

Erklärung: Die Flamme erwärmt zuerst das Glasgefäß. Dieses dehnt sich etwas, und das Wasser sinkt im Steigrohr. Jetzt erwärmt sich auch das Wasser. Es dehnt sich sehr viel stärker aus als das Glas und muß in das Steigrohr ausweichen. Beim Abkühlen zieht sich das Wasser zusammen, auch wieder stärker als das Glasgefäß.

Die Ausdehnung von Luft prüfen wir mit folgendem Experiment.

Versuch 7: Wir verwenden einen luftgefüllten Rundkolben (Abb. 2). Tauchen wir das offene Ende des Glasröhrchens in Wasser ein und erwärmen mit der Hand, so beobachten wir schon nach kurzer Zeit Luftblasen, die nach oben perlen. Besonders deutlich wird dies, wenn wir die Luft mit einer Flamme erwärmen.

Beim Abkühlen dringt Wasser in das Gefäß ein, weil die Luft sich jetzt zusammenzieht.

Allen drei Versuchen können wir außerdem entnehmen:

Die Ausdehnung der Körper ist um so größer, je stärker man sie erwärmt.

Aufbau eines Luftthermometers

Zur *Festlegung der Temperaturskala* können wir nun diese Eigenschaft der Ausdehnung beim Erwärmen recht gut verwenden. Nicht alle Stoffe sind aber gleich gut geeignet. Wasser z. B. würde, wie wir aus Erfahrung wissen, beim weiteren Erwärmen sehr bald sieden. Sehr hoch erhitzen kann man dagegen Gase. Daher verwendet man zur Festlegung der Temperaturskala ein Gas.

Versuch 8: In einer engen Glasröhre (Kapillare) wird ein Luftvolumen durch einen Quecksilberpfropfen abgeschlossen. Da der Pfropfen beweglich ist, kann sich das Volumen ändern. Stellen wir das Gerät in ein Gefäß mit warmem Wasser, dann erwärmt sich die eingeschlossene Luft, dehnt sich aus und schiebt den Quecksilberpfropfen nach oben. Nach einer gewissen Zeit ändert sich der Stand des Quecksilberpfropfens nicht mehr: Das Luftvolumen bleibt gleich. Bringen wir das Gerät in ein anderes Wasserbad und stellt sich der gleiche Stand ein, dann ordnen wir diesen beiden Wassermengen dieselbe Temperatur zu (Abb. 3). Steht der Quecksilberpfropfen bei dem einen Wasserbad höher, dann schreiben wir diesem eine höhere Temperatur zu.

Die Kapillare können wir nun mit einer beliebig unterteilten Skala versehen und den Teilstrichen Zahlen zuordnen. Damit hätten wir ein Thermometer geschaffen, mit dessen Hilfe wir die Temperaturen verschiedener Körper zahlenmäßig miteinander vergleichen könnten.

So ähnlich ging man auch in der zweiten Hälfte des 17. Jahrhunderts in Florenz in der berühmten Accademio del cimento (Akademie der Versuche) vor. Die Akademie bestand nur 10 Jahre, und doch haben ihre Mitglieder in dieser Zeit zahlreiche Entdeckungen gemacht und Meßinstrumente verbessert. Sie verbesserten auch das damals schon bekannte Thermometer, indem sie die Röhre mit Alkohol statt mit Wasser füllten und die Röhre oberhalb der Flüssigkeit luftleer pumpten und mit Siegellack verschlossen. Die Skala war ganz willkürlich und bei jedem Instrument verschieden (Abb. 4). Man stelle sich vor: Jedes Instrument zeigt dann einen anderen Skalenwert an. Natürlich waren dadurch Beobachtungen ungeheuer erschwert, da man auch die verschiedenen Thermometerangaben miteinander vergleichen mußte.

Und doch haben die Florentiner mit ihrem Gerät eine Entdeckung gemacht, die für die Weiterentwicklung des Thermometers von großer Bedeutung war. Wir wollen sie nachvollziehen:

Versuch 9: Wir bringen unser Luftthermometer in schmelzendes Eis (Eiswasser). Der Quecksilberpfropfen sinkt und bleibt an einer bestimmten Stelle stehen (Abb. 5). Dieser Quecksilberstand ändert sich auch nicht bei vorsichtigem Erwärmen, solange noch Eisstückchen vorhanden sind. Erst wenn alles Eis geschmolzen ist, steigt der Quecksilberpfropfen höher.

Wenig später entdeckte der Engländer HALLEY noch eine weitere Besonderheit für Wasser.

Versuch 10: Wir bringen das Gerät in siedendes Wasser (Abb. 5, rechts). Jetzt dehnt sich die eingeschlossene Luft aus. Auch hier bleibt der Quecksilberpfropfen an einer bestimmten Stelle stehen. Der Stand ändert sich nicht, solange das Wasser durch Heizen am Sieden gehalten wird.

Schmelzen und Sieden sind demnach durch bestimmte Temperaturen **(Fixpunkte)** gekennzeichnet, mit deren Hilfe die Temperaturskala eindeutig festgelegt werden kann. Der Schwede ANDERS CELSIUS (1701–1744) benutzte diese beiden Fixpunkte, während der deutsche Physiker und Instrumentenbauer DANIEL FAHRENHEIT (1686–1736) von der Schmelztemperatur des Eises und von der niedrigeren Temperatur einer Mischung aus Wasser, Eis und Kochsalz ausging. Als weiteren Fixpunkt nahm er die Temperatur eines gesunden Menschen. Später legte er auch die Siedetemperatur des Wassers zugrunde. Die von diesen beiden Physikern geschaffenen Temperaturskalen sind auch heute noch gebräuchlich. Die Celsiusskala ist bei uns gesetzlich festgelegt; die Fahrenheitsskala wird heute noch in den USA verwendet. Die **Celsiustemperatur** erhält das Symbol ϑ.

Wir treffen die folgenden Vereinbarungen:

1. Die Temperatur des schmelzenden Eises erhält den Wert 0 °C (Null Grad Celsius), die Temperatur des siedenden Wassers 100 °C.

2. Um Zwischenstufen zu erhalten, teilen wir beim Gasthermometer den Abstand zwischen der 0 °C-Marke und der 100 °C-Marke in 100 gleiche Teile ein.

3. Wir setzen die Einteilung mit gleicher Schrittweite nach oben und unten fort.

Die Teilstriche zwischen 0 °C und 100 °C erhalten die Zahlenwerte 1 °C, 2 °C, 3 °C usw. Temperaturen unter 0 °C bezeichnet man mit negativen Zahlenwerten.

Fahrenheit bezeichnete den Eispunkt mit 32 Grad (Grad Fahrenheit), den Siedepunkt von Wasser mit 212 Grad.

Absolute Temperatur – Kelvinskala

Da die Kapillare des Luftthermometers überall den gleichen Querschnitt hat, ist die Länge der Luftsäule dem Luftvolumen proportional: $V \sim l$. Wir können daher sehr leicht den Zusammenhang zwischen dem Volumen V der eingeschlossenen Gasmenge und der Temperatur ϑ ermitteln und in einem Diagramm darstellen. Dies ist in Abb. 6 geschehen. Wegen der gleichmäßigen Einteilung der Skala erhalten wir eine Gerade, die durch zwei Punkte geht, die den Fixpunkten entsprechen. Jedem Volumen entspricht eine bestimmte Temperatur. Wie weit können wir die Skala nach unten fortsetzen?

Die Gerade schneidet die Temperaturachse bei −273 °C. Ein Gas bei dieser Temperatur hätte das Volumen Null. Das gibt es nicht. Außerdem wären bei so tiefen Temperaturen, wie man heute weiß, alle Gase flüssig oder fest.

Nach einem Vorschlag von LORD KELVIN (1824–1907) wählt man aber diese Temperatur von −273 °C zum Nullpunkt einer neuen Skala. Man

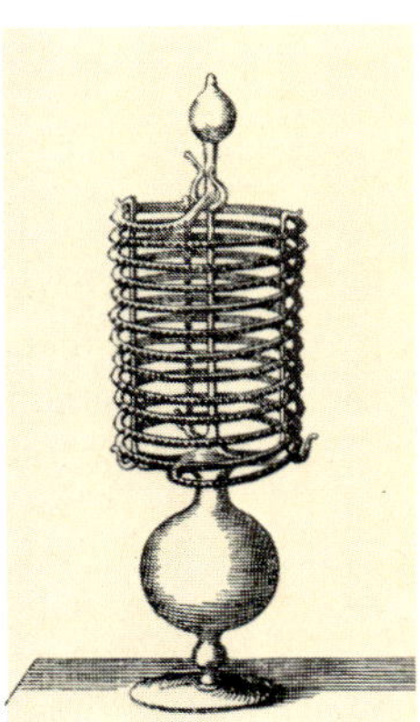

Abb. 4 Florentiner Thermometer. Das schraubenförmige Steigrohr trägt 420 Glaspunkte als Gradeinteilung

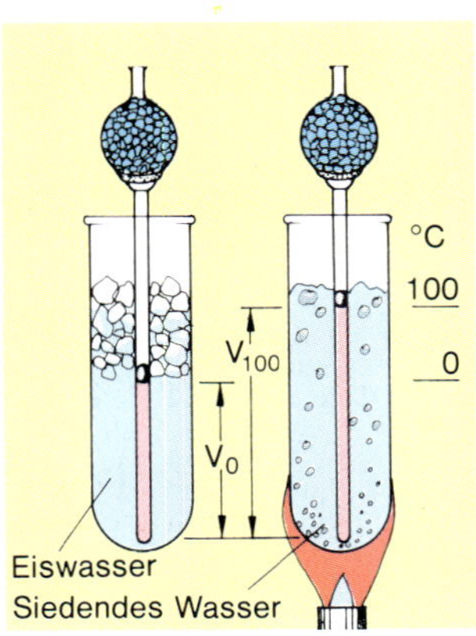

Abb. 5 So weist man die Fixpunkte von Wasser nach

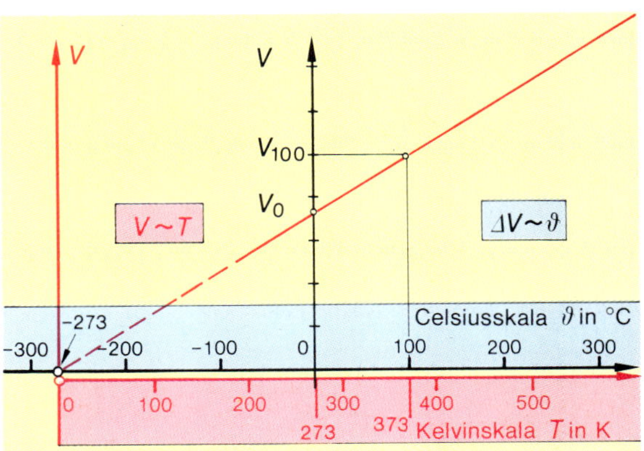

Abb. 6 Das Luftvolumen V ist der absoluten Temperatur T proportional

nennt sie **absolute Temperaturskala.** Für die absolute Temperatur wird das Symbol T benutzt. Die Temperatur wird in **Kelvin** (Kurzzeichen: K) gemessen. Man weiß heute auch, daß es keine tieferen Temperaturen als 0 K geben kann.

Die Zuordnung zwischen Celsius-Temperatur und absoluter Temperatur ist durch die folgende Gleichung gegeben:

$$T = \frac{\vartheta}{°\mathrm{C}}\,\mathrm{K} + 273{,}15\ \mathrm{K}.$$

Der absolute Nullpunkt (0 K) liegt bei −273,15 °C. Es gibt keine tiefere Temperatur.

Der Quotient $\vartheta/°\mathrm{C}$ gibt den Zahlenwert der Celsius-Temperatur an.

Wir wissen, daß mit zunehmender Temperatur die Teilchenbewegung zunimmt. Umgekehrt wird die Bewegung der kleinsten Teilchen weniger heftig, wenn die Temperatur sinkt. Sie wird um so kleiner, je näher man dem absoluten Nullpunkt kommt.

Die Angabe $\vartheta = 4\,°\mathrm{C}$ bedeutet, daß diese Temperatur 4 Celsius-Grade über dem Eispunkt liegt. Steigt die Temperatur von 4 °C auf 15 °C an, dann hat sich die Temperatur um 11 Celsius-Grade (11 °C) geändert. Auch Temperaturänderungen gibt man in °C an. Ähnliches gilt für die Kelvin-Skala. Die Angabe $T = 4$ K bedeutet, daß die Temperatur 4 K über dem absoluten Nullpunkt liegt. Steigt die Temperatur z. B. auf 8 K, dann hat sich die Temperatur um 4 Kelvingrade (4 K) geändert. Wegen der gleichartigen Einteilung entspricht der Temperaturänderung 1 °C auch eine Änderung von 1 K.

Temperaturänderungen können sowohl in Celsiusgraden (°C) als auch in Kelvingraden (K) angegeben werden.

Thermometerarten

Für den täglichen Gebrauch benutzt man vielfach **Flüssigkeitsthermometer.** Sie haben alle grundsätzlich denselben Aufbau (Abb. 1). Ein enges, überall gleich weites Glasrohr, das an einem Ende zugeschmolzen ist, erweitert sich am anderen Ende zu einer Kugel oder einem Zylinder. Das Gefäß und ein Teil des engen Glasrohres sind mit einer Flüssigkeit gefüllt, meist mit Quecksilber oder mit blau bzw. rot gefärbtem Alkohol.

Beim **Fieberthermometer** (Abb. 2) verengt sich die Kapillare unterhalb der Skala. Nach der Messung zieht sich die Quecksilbersäule beim Abkühlen in das Vorratsgefäß zurück. Der Faden reißt an der Verengung ab. Dadurch bleibt der Quecksilberfaden an der höchsten Stelle stehen und die maximale Temperatur kann gut abgelesen werden. Nach Gebrauch muß der Quecksilberfaden durch Herunterschlagen wieder in das Vorratsgefäß zurückgebracht werden.

Abb. 1 Normales Thermometer
Abb. 2 Fieberthermometer
Abb. 3 Eichung von Thermometern

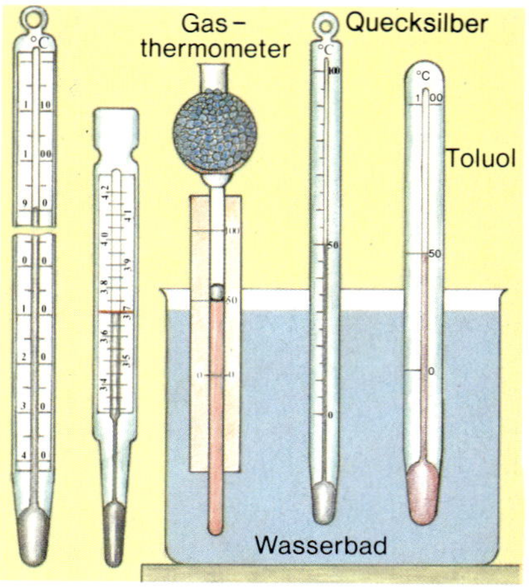

Sehr bequem kann man Temperaturen mit Hilfe sogenannter **elektrischer Thermometer** messen. Dazu gehören das Thermoelement und das Widerstandsthermometer. Auf der Ausdehnung fester Körper beruht das **Metallthermometer** (vgl. S. 188).

Alle Thermometer müssen mit einer Skala versehen werden, indem man sie mit der Anzeige des Gasthermometers vergleicht. Dies geschieht folgendermaßen. Man stellt die Thermometer zusammen mit dem Gasthermometer in ein Wasserbad, markiert den Stand der Flüssigkeitssäule und schreibt an die Marke den Temperaturwert an, den man am Gasthermometer ablesen kann (Abb. 3). Alle käuflichen Thermometer sind bereits vom Hersteller mit Skalen versehen worden.

Aufgaben

Beispiel: Beträgt die Lufttemperatur vormittags um 10 Uhr 25 °C, dann gibt es in der Regel hitzefrei. Wieviel Grad Fahrenheit (°F) sind dies?

Lösung: Wir kennen die folgenden Entsprechungen: $0\,°\mathrm{C} \mathrel{\hat=} 32\,°\mathrm{F}$, $100\,°\mathrm{C} \mathrel{\hat=} 212\,°\mathrm{F}$. Daher entsprechen 100 Celsiusgrade 180 Fahrenheitgrade, also gilt bei gleichmäßiger Einteilung: $1\,°\mathrm{C} = 1{,}8\,°\mathrm{F}$. Für 25 Celsiusgrade ergeben sich daher $25 \cdot 1{,}8 = 45$ Fahrenheitgrade. Der Temperatur 25 °C entspricht daher die Temperatur $32\,°\mathrm{F} + 45\,°\mathrm{F} = 77\,°\mathrm{F}$.

1. Führe Versuch 3 zu Hause durch!
2. Nenne Erfahrungen und Beispiele für Täuschungen durch unseren Temperatursinn!
3. Feuchte ein Geldstück gut an, lege es auf die Öffnung einer leeren Wasserflasche und erwärme die Flasche mit der Hand! Beschreibe die Beobachtungen! Beachte: Das Geldstück muß den Flascheninnenraum gut abdichten!
4. Auch das Vorratsgefäß eines Flüssigkeitsthermometers dehnt sich beim Erwärmen aus. Zeigt das Thermometer deshalb falsch an?
5. Wie muß das Röhrchen eines Flüssigkeitsthermometers beschaffen sein, damit man auch kleine Temperaturänderungen feststellen kann?
6. Wodurch wird der meßbare Temperaturbereich bei Flüssigkeitsthermometern begrenzt?

2 Ausdehnung der Körper beim Erwärmen

Abb. 4 Brücken liegen mit einem Ende auf Rollen, damit sich dieses bei Temperaturänderungen bewegen kann

Abb. 5 Wie von Geisterhand verbogen

2.1 Ausdehnung von festen Körpern

Riesenkräfte

Die Ausdehnung fester Körper beim Erwärmen ist für die Technik von besonderer Bedeutung. So sind z. B. die Enden längerer Brücken aus Eisen oder Beton beweglich gelagert, entweder auf Rollen wie in Abb. 4 oder auf Gleitlagern, beispielsweise aus Teflon. Die Stoßfugen sind häufig mit ineinandergreifenden Metallplatten überdeckt.

Auch bei längeren Betonmauern oder Betonwänden sind in gewissen Abständen Dehnungsfugen angebracht. Bei Nichtbeachtung der Ausdehnung treten Risse in den Mauern auf. Eisenschienen können sich biegen und große Schäden verursachen (Abb. 5).

Das in Abb. 6 dargestellte Experiment vermittelt uns eine Vorstellung von den Kräften, die bei solchen Längenänderungen auftreten können.

Versuch 1: Ein Messingrohr ist zwischen einem gußeisernen Querbolzen (B) und einem konischen Flachstück (F) eingespannt. Erwärmt man das Rohr mit einer Flamme, dann dehnt es sich aus, und das Flachstück rutscht tiefer in den Schlitz hinein. Dadurch wird das Rohr fest eingespannt. Nach dem Entfernen der Flamme kühlt es sich ab, verkürzt sich und bricht den Eisenbolzen.

Die Ausdehnung wird gemessen

Um Schäden zu vermeiden, ist also eine genaue Kenntnis des Ausdehnungsverhaltens der Körper wichtig. In der Technik spielen Längenänderungen eine wichtige Rolle. Wir untersuchen deshalb die Längenänderungen von Metallrohren.

Versuch 2: Das eine Ende eines 50 cm langen Metallrohres wird auf einen Zeiger aufgelegt, der drehbar gelagert ist. Das andere Ende ist fest eingespannt (Abb. 7). Durch das Rohr wird Wasserdampf geleitet.

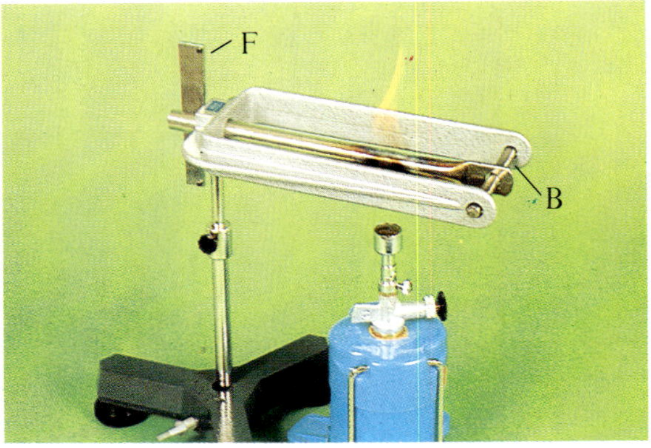

Abb. 6 Bolzensprenger

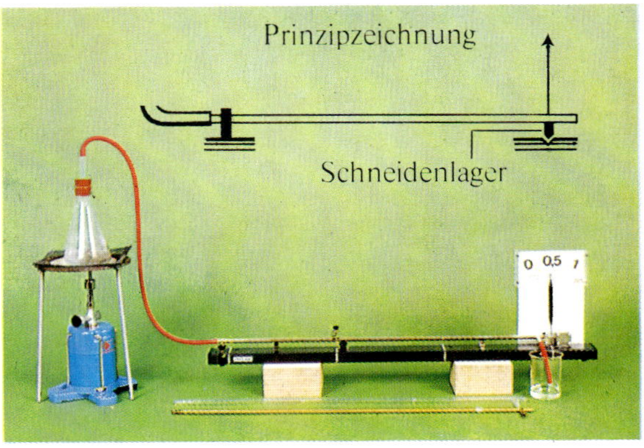

Abb. 7 Gerät zum Vergleich (Messung) der Längenausdehnung von Rohren verschiedenen Materials

Dieser hat, wie man an der Dampfaustrittsstelle mit einem Thermometer feststellen kann, stets die gleiche Temperatur (100 °C). Der Stab wird daher von 20 °C auf 100 °C erwärmt. Die Ausschläge des Zeigers, die wir auf der Skala ablesen können, sind proportional zur Längenänderung des Stabes. Wir führen die Messungen der Reihe nach für Rohre aus Glas, Eisen, Messing und Aluminium durch und notieren die Ausschläge. Vergleichen wir die Längenänderungen der verschiedenen Stäbe miteinander, so ergibt sich:

Das Messingrohr dehnt sich etwa doppelt so stark aus wie das Glasrohr, das Aluminiumrohr doppelt so stark wie das Eisenrohr.

Mit der Versuchsanordnung kann man auch die Längenänderung zahlenmäßig genau erfassen, wenn man weiß, um wieviel mm sich der Stab verschieben muß, damit der Zeigerausschlag auf 1 steht. Dies kann man in einem Vorversuch ermitteln. Damit erhalten wir für die verwendeten Stäbe bei einer Temperaturerhöhung von 80 °C die folgenden Verlängerungen:

Material	Glas	Eisen	Messing	Aluminium
Verlängerung in mm	0,37	0,48	0,74	0,96

Hätten wir statt eines Rohres von 50 cm Länge eines von 1 m Länge verwendet, dann hätte sich die doppelte Verlängerung ergeben. Wir können uns dies folgendermaßen vorstellen. Das 1 m lange Rohr kann man sich aus zwei 50 cm langen Rohren zusammengesetzt denken. Jeder Teil verlängert sich um den soeben ermittelten Betrag. Messing z. B. um 0,74 mm. Das Ende des langen Rohres verschiebt sich demnach um $2 \cdot 0{,}74\,\text{mm} = 1{,}48\,\text{mm}$. Dies kann man auch durch Versuche bestätigen. Man kann auch anstelle eines Rohres Stäbe mit beliebigem Querschnitt erwärmen. Es gilt allgemein:

Die Verlängerung eines Stabes ist bei gleicher Temperaturerhöhung der Stablänge proportional.

In Versuch 2 hatten wir die Stäbe um 80 °C erwärmt. Man kann nun nachweisen, daß bei einer Erwärmung um nur 40 °C die Verlängerung auch nur halb so groß ist, bei 10 °C erhielten wir nur den achten Teil. Die Verlängerung ist daher der Temperaturerhöhung proportional.

Die Verlängerung eines Stabes ist der Temperaturerhöhung proportional.

Um den Vergleich zu erleichtern, bezieht man die Längenänderung auf die Stablänge bei 0 °C. Beträgt die Stablänge bei 0 °C 1 m, so verlängert sich

Aluminium	0,024 mm	Glas	0,009 mm
Messing . .	0,018 mm	Platin	0,009 mm
Kupfer . . .	0,017 mm	Invar	0,002 mm
Eisen	0,012 mm	Quarzglas .	0,0005 mm
Beton	0,012 mm		

Abb. 1 Verlängerungen von Stäben ($l_0 = 1\,\text{m}$) je Grad Temperaturerhöhung

je Grad Temperaturerhöhung ein Eisenstab um 0,012 mm, ein Kupferstab um 0,017 mm und ein Glasstab um 0,009 mm. Weitere Werte findet man in Abb. 1.

Mit diesen Werten können wir die Verlängerung eines Stabes oder eines Drahtes ausrechnen.

Beispiel: Eine Kupferfreileitung überspannt einen breiten Fluß. Bei 0 °C hat sie eine Länge von 300 m. Im Sommer wird sie auf 50 °C erwärmt. Um wieviel verlängert sich die Freileitung?

Lösung: Je Grad Temperaturerhöhung verlängert sich ein Drahtstück aus Kupfer von 1 m um 0,017 mm. Also bei einer Temperaturerhöhung von 50 °C um $50 \cdot 0{,}017\,\text{mm} = 0{,}85\,\text{mm}$. Für 300 m ergibt sich: $0{,}85\,\text{mm} \cdot 300 = 255\,\text{mm} = 25{,}5\,\text{cm} \approx 26\,\text{cm}$.

Längenausdehnung – nutzbar gemacht

Eine der vielen technischen Anwendungen, die auf der verschiedenen Längenausdehnung der Metalle beruht, ist der **Bimetallstreifen.** Ein solches Gerät besteht aus zwei Metallstreifen unterschiedlicher Längenausdehnung, die aufeinandergeschweißt oder genietet sind (Abb. 2). Wird der Bimetallstreifen erwärmt, dann krümmt er sich, weil der eine Metallstreifen sich stärker ausdehnt als der andere.

Die Temperaturempfindlichkeit des Bimetallstreifens wird erhöht, wenn man ihm die Form einer Spirale gibt. Verbindet man das freie Ende des Bimetallstreifens mit einem Zeiger, so hat man ein **Metallthermometer** gebaut, das mit Hilfe eines Luftthermometers geeicht werden kann. Ein Modell-Bimetallthermometer sehen wir in Abb. 3.

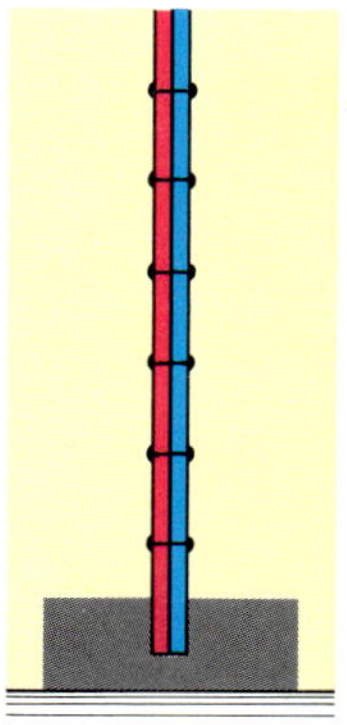

Abb. 2 (links) Bimetallstreifen

Abb. 3 (rechts) Bimetallthermometer

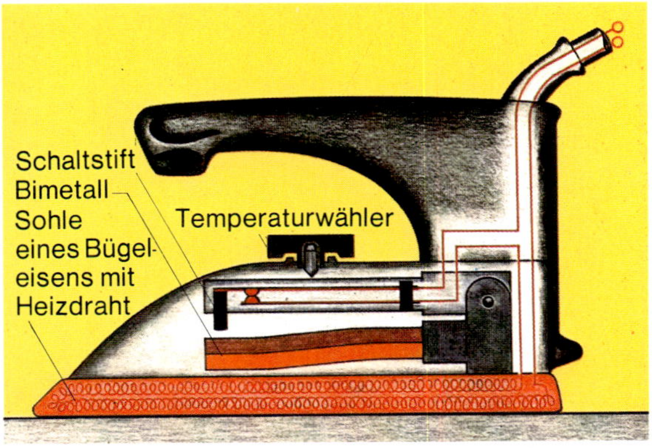

Abb. 4 Bügeleisen mit Bimetallschalter

Bimetallstreifen sind in Geräten eingebaut wie Warmwasserbereiter, Bügeleisen, Kühlschränke, Feuermelder usw. In allen diesen Geräten betätigt der Bimetallstreifen beim Unter- oder Überschreiten einer bestimmten Temperatur einen elektrischen Schalter, der das Gerät ein- oder ausschaltet. Beim Bügeleisen z. B. schaltet der Bimetallstreifen das Bügeleisen beim Unterschreiten ein. Die Schaltung ist in Abb. 4 zu sehen. Beim Kühlschrank dagegen ist es umgekehrt. Hier wird der Kühlschrank beim Überschreiten einer bestimmten Temperatur eingeschaltet, beim Unterschreiten ausgeschaltet. Der Bimetallschalter hält in gewissen Grenzen die Temperatur konstant. Er heißt deshalb auch **Thermostat.**

Aufgaben

1. Um wieviel schwankt die Länge einer bei 0 °C 100 m langen Eisenbrücke zwischen einer winterlichen Tiefsttemperatur von −30 °C und einer sommerlichen Höchsttemperatur von +40 °C? – Dasselbe für eine Betonbrücke von 150 m Länge! – Warum verwendet man Eisen und nicht Messing für die Festigung (Armierung) des Betons? Warum nimmt man Platin zum Einschmelzen in Glas und warum nicht Kupfer?
2. Berechne die Längenänderung einer bei 0 °C 50 m langen Kupferfreileitung zwischen den gleichen Tiefst- und Höchsttemperaturen wie oben!
3. Überlege Dir die Folgen, die entstehen, wenn eine im Sommer verlegte Freileitung zu knapp gespannt wird!
4. Warum verwendet man die Legierung „Invar“ zur Herstellung von Bandmaßen? Was bedeutet der Name des Materials?
5. Welche Folgen hätte es, wenn bei einer Brückenkonstruktion keine Dehnungsfuge eingebaut würde?
6. Worauf beruhen die an längeren Mauern auftretenden Risse?
7. Warum kann eine Schüssel aus Quarzglas direkt aus dem Kühlschrank auf die Herdplatte gestellt werden?
8. Nach welcher Seite biegt sich ein Bimetallstreifen aus Eisen und Aluminium bei Temperaturerhöhung?
9. Wo müßte der Aluminiumstreifen liegen, wenn der Schalter in Abb. 5 die Glühlampe bei Abkühlung in Betrieb setzen soll?

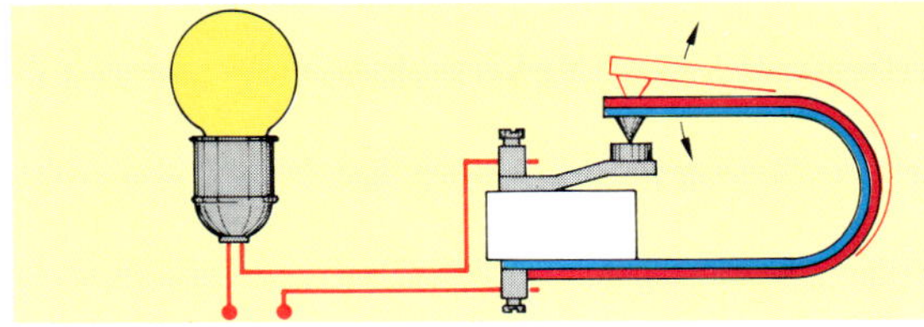

Abb. 5 Bimetallschalter aus Eisen- und Aluminiumstreifen

2.2 Ausdehnung von flüssigen Körpern

Dehnen sich auch Flüssigkeiten unterschiedlich aus? Wir untersuchen das mit der in Abb. 6 dargestellten Versuchsanordnung.

Versuch 3: Drei gleiche Reagenzgläser werden mit Wasser, Alkohol bzw. Benzol gefüllt, mit gleich weiten Aufsatzröhrchen versehen und in eine mit Wasser gefüllte Glaswanne gestellt. Das Wasser wird mit einem Tauchsieder erwärmt. Ergebnis:

Verschiedene Flüssigkeiten mit gleichem Ausgangsvolumen dehnen sich bei gleicher Temperaturänderung verschieden stark aus.

Genauere Messungen ergeben, daß sich Alkohol 5,5mal soviel und Benzol 6mal soviel wie die gleiche Menge Wasser ausdehnt. Weitere Werte findet man in Abb. 7 und im Tabellenanhang.

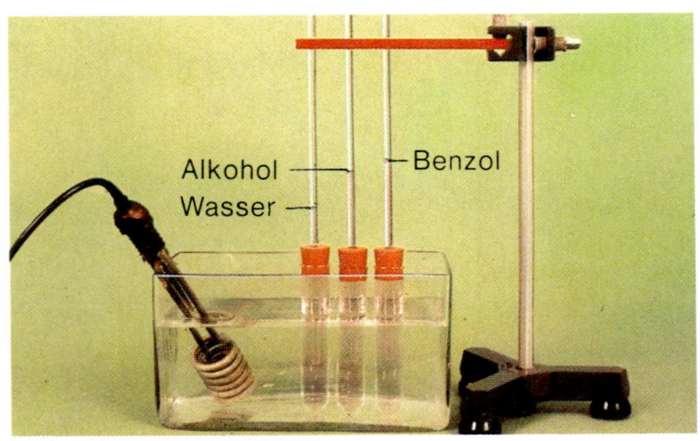

Abb. 6 Vergleich der Ausdehnung von Wasser, Alkohol und Benzol

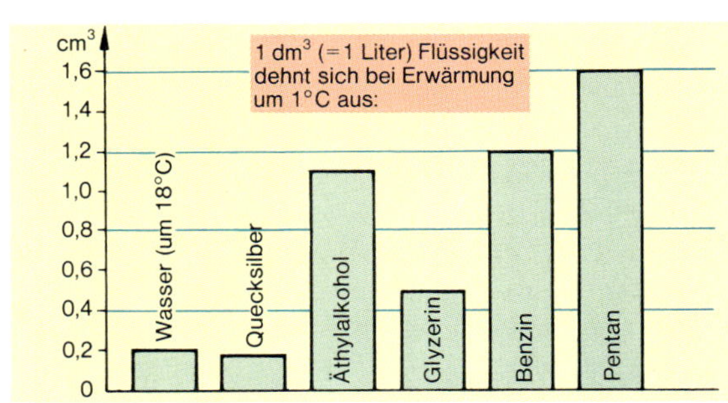

Abb. 7 Ausdehnung verschiedener Flüssigkeiten

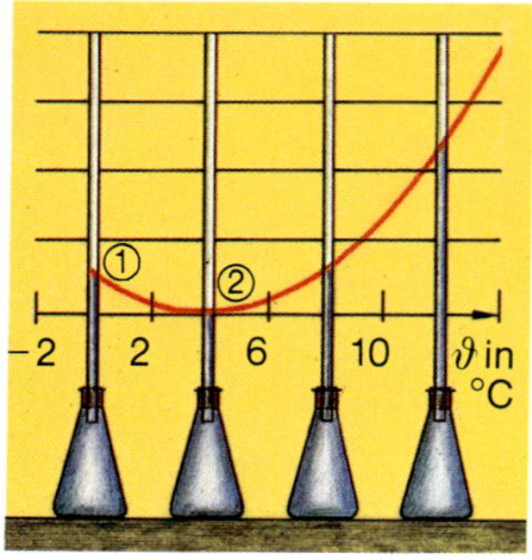

Abb. 1 Anomalie des Wassers

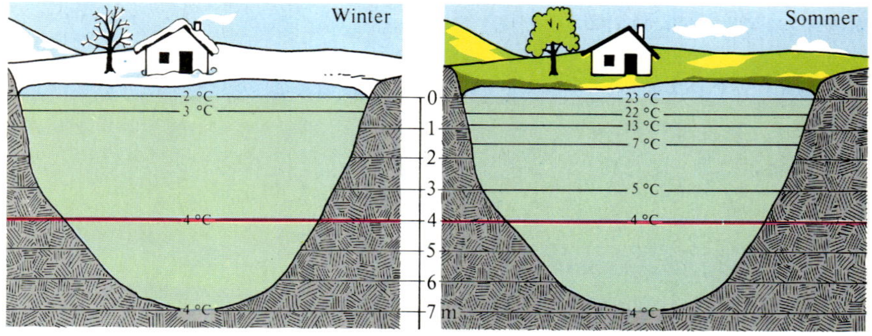

Abb. 2 Temperatur und Wassertiefe in einem See

Warum Fische im Wasser überwintern können

Nahezu alle Körper dehnen sich beim Erwärmen aus. Es gibt aber Ausnahmen.

Wasser beispielsweise zeigt in der Nähe des Schmelzpunktes ein anomales Verhalten. Wir können dies feststellen, wenn wir eine bestimmte Wassermenge von 0 °C an vorsichtig erwärmen.

Versuch 4: In einem Glasgefäß befindet sich luftfreies Wasser von 0 °C. Das Gefäß steht in Wasser von 0 °C, das vorsichtig erwärmt wird. Die Volumenänderung des Wassers wird an der Veränderung des Wasserfadens in der aufgesetzten Kapillaren abgelesen.

Das Ergebnis ist in einem Schaubild aufgetragen (Abb. 1). Dort ist der Stand des Wasserfadens über der zugehörigen Temperatur aufgetragen. Bei 0 °C steht der Wasserfaden an der Stelle 1. Beim Temperaturanstieg zieht sich das Wasser zunächst zusammen, bei 4 °C hat es offensichtlich das kleinste Volumen (Stelle 2). Anschließend bei steigender Temperatur dehnt es sich wieder aus. In dem Temperaturbereich zwischen 0 °C und 4 °C verhält sich somit das Wasser anomal. Ein ähnliches Verhalten wie Wasser zeigen in der Nähe ihres Schmelzpunktes noch Wismut und Quecksilber.

Bei 4 °C hat eine bestimmte Wassermenge das kleinste Volumen, d. h. bei 4 °C hat das Wasser seine größte Dichte.

Die **Anomalie des Wassers** hat in der Natur eine große Bedeutung. Betrachten wir einmal die Temperaturverteilung in stehenden Gewässern im Sommer und im Winter (Abb. 2).

Je tiefer wir im Sommer ins Wasser tauchen, desto kälter wird es. Die Temperatur nimmt mit zunehmender Tiefe ab. Die niedrigste Temperatur ist 4 °C, vorausgesetzt, daß der See genügend tief ist. Dieser Temperaturrückgang mit der Tiefe ist normal, denn das Wasser wird von oben her durch die Sonne erwärmt. Das Wasser mit der größten Dichte sammelt sich am Boden. Dort kann es also nicht kälter als 4 °C sein.

Auch im Winter sammelt sich das dichteste Wasser am Boden. Aufgrund der Anomalie steigt Wasser mit einer Temperatur kleiner als 4 °C in dem dichteren Wasser auf. Daraus erklärt sich, daß im Winter die in Abb. 2 dargestellte Temperaturverteilung auftreten kann. Ihr allein ist es zuzuschreiben, daß tiefere Seen im Winter unter einer Eisdecke den Fischen und anderen Wassertieren Lebensraum bieten. Das Eis bildet sich oben und verstärkt sich auch dort. Nur sehr flache Gewässer können bis zum Grunde zufrieren. Das Gesagte gilt nur für Süßwasserseen. In Flüssen und Bächen tritt stets Durchmischung ein, so daß sich die Wassertemperatur einheitlich gestaltet und sich auch am Grunde des Bachs Eis bilden kann.

Aufgaben

1. Warum haben Warmwasserheizungen Ausdehnungsgefäße?
2. Vergleiche das Ausdehnungsverhalten von festen, flüssigen und gasförmigen Körpern! Was stellt man fest?
3. Warum muß man in Versuch 2 von gleichen Volumina ausgehen? Warum nimmt man keine gleichen Massen?
4. In Abb. 3 ist ein Membranregler schematisch dargestellt, wie er meist in Gefrier- und Kühlgeräten eingebaut ist. Erkläre seine Wirkungsweise!
5. Welche Folgen hätte es in der Natur, wenn es die Anomalie des Wassers nicht gäbe?

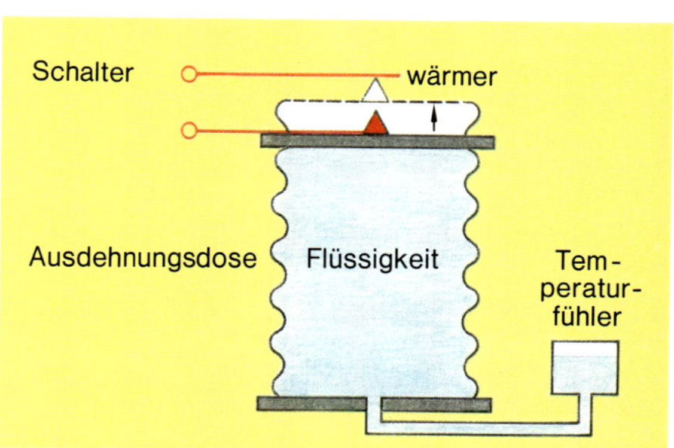

Abb. 3 Membranregler, schematisch

2.3 Ausdehnung von Gasen

Flüssige und feste Körper dehnen sich unterschiedlich aus? Wie verhalten sich Gase?

Versuch 5: Zwei gleich große Kolbenprober werden bis zum gleichen Volumen gefüllt. Der eine mit Luft, der andere mit Kohlendioxid. Beide Kolbenprober werden nach Abb. 4 in einem gemeinsamen Wasserbad vorsichtig erwärmt.

Ergebnis: Die beiden Kolben bewegen sich ohne Unterschied nach oben, d.h. die eingeschlossene Luft erfährt bei gleicher Temperaturänderung dieselbe Volumenzunahme wie das Kohlendioxid. Viele Versuche ergaben, daß sich andere Gase ähnlich verhalten.

Im Gegensatz zu festen und flüssigen Körpern ist bei vielen Gasen bei gleichem Ausgangsvolumen und gleicher Temperaturänderung die Zunahme des Volumens gleich.

Gasgesetz – deduktiv gewonnen

Hindert man die Luft an der Ausdehnung, wenn man sie erwärmt, so steigt der Druck. Verkleinern wir zusätzlich das Volumen, so steigt ebenfalls der Druck. Zwischen dem Druck p, dem Volumen V und der absoluten Temperatur T besteht ein einfacher Zusammenhang, den wir uns mit Hilfe der uns bereits bekannten Beziehungen herleiten können.

Bei konstanter Temperatur hat das Produkt aus Druck p und Volumen V stets denselben Wert (Boyle-Mariottesches Gesetz): $p \cdot V = \text{konstant}$. Wir sagen $V \sim 1/p$ (vgl. S. 152).

Die Temperaturskala wurde mit Hilfe der Volumenausdehnung festgelegt, d.h. es gilt: $V \sim T$ bei konstantem Druck (vgl. S. 185). Damit haben wir die beiden Beziehungen $V \sim 1/p$ und $V \sim T$. Beide Beziehungen können wir zusammenfassen zu $V \sim T/p$.

Diese Proportionalität bedeutet, daß der Quotient aus V und T/p konstant ist: $V:(T/p) = \text{konstant}$, also: $p \cdot V/T = \text{konstant}$.

Für ein und dieselbe Gasmenge hat der Term pV/T stets denselben Wert.

$$\frac{p \cdot V}{T} = \text{konstant.}$$

Diese Gleichung heißt **Allgemeine Gasgleichung** und gilt für viele Gase. Wir haben dieses Gasgesetz aus einem bereits bekannten Gesetz und einer Definition hergeleitet. Eine solche Methode nennt man in der Physik **deduktiv** (vgl. S. 117).

Mit der allgemeinen Gasgleichung können wir jeden beliebigen Zustand eines Gases ausrechnen, wenn ein einziger Zustand bekannt ist. Dies ist für die Chemiker und für die Biologen sehr wichtig.

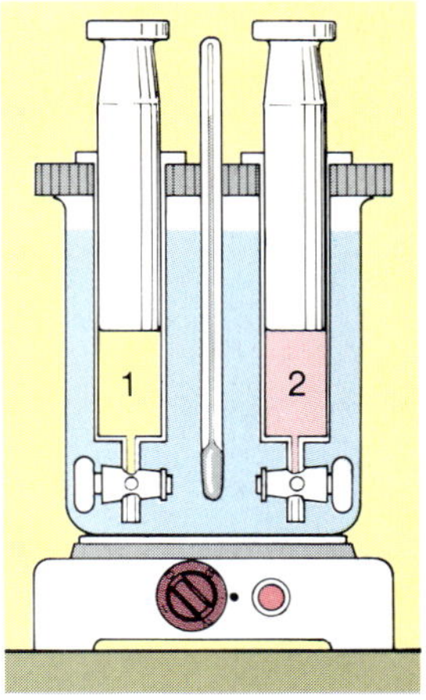

Abb. 4 Vergleich der Ausdehnung verschiedener Gase, 1 = Luft, 2 = Kohlendioxid

Bei vielen chemischen Reaktionen entstehen nämlich als Produkte auch Gase. Man fängt die Gase auf und mißt bei einem bestimmten Druck (z.B. bei dem gerade herrschenden Luftdruck) und bei einer bestimmten Temperatur das Volumen der Gasmenge. Vergleiche zwischen Reaktionen sind aber nur möglich, wenn man gleiche Bedingungen wählt. Das kann man aber in der Regel nicht bei der Reaktion selbst erreichen. Man rechnet daher auf gleiche Bedingungen um.

International festgelegt sind als *Normbedingungen*:

$p_0 = 1{,}01325$ bar (entspricht etwa dem mittleren Luftdruck in Meereshöhe)

$T_0 = 273{,}15$ K ($\hat{=}\, 0\,°C$).

Beispiel: Bei einer chemischen Reaktion entstand 300 cm^3 Stickstoff bei einer Temperatur von $\vartheta_1 = 45\,°C$ und einem Druck von $p_1 = 980$ mbar. Berechne das Volumen bei Normbedingungen! ($T_0 \approx 273$ K)

Lösung: Laut Gasgesetz gilt: $\frac{p_1 V_1}{T_1} = \frac{p_0 V_0}{T_0}$.

Alle Werte in dieser Gleichung sind bekannt bis auf V_0. Stellen wir nach V_0 um, so ergibt sich:

$$V_0 = \frac{p_1 V_1 \cdot T_0}{T_1 \cdot p_0}; \quad V_0 = \frac{0{,}980\ \text{bar} \cdot 300\ \text{cm}^3 \cdot 273\ \text{K}}{(45\ \text{K} + 273\ \text{K}) \cdot 1{,}01325\ \text{bar}}$$

$$V_0 = 249{,}083\ \text{cm}^3$$

$$V_0 \approx \underline{\underline{249\ \text{cm}^3.}}$$

Das Volumen bei Normbedingungen beträgt 249 cm^3.

Aufgaben

1. Die Luft in einem 5 m langen, 4 m breiten und 2,70 m hohen Raum wird von 15 °C auf 25 °C erwärmt.
   a) Wieviel m^3 Luft entweichen dabei durch die Tür- und Fensterritzen?
   b) Um wieviel würde sich der Druck erhöhen, wenn die Luft nicht entweichen würde und der Anfangsdruck 960 mbar betrüge?
2. Kann ein Autoreifen platzen, wenn man ihn gut aufgepumpt in die Sonne legt? Schätze den Druck ab! (Das Volumen sei konstant.)

W

3 Wärme - quantitativ

3.1 Mechanische Arbeit und innere Energie

Vom Energiesatz zur inneren Energie

Temperaturänderungen können, wie wir bereits erfahren haben, durch Arbeit verursacht werden (vgl. S. 182). Starke Erwärmungen treten z. B. beim Bohren, Fräsen oder Schleifen auf. Die Werkstücke müssen gekühlt werden. Bei der Schleifmaschine in Abb. 1 wird hierzu ein Spezialöl verwendet. Wir wollen die Zusammenhänge etwas genauer betrachten.

Versuch 1: In ein Metallrohr geben wir etwas Äther und verschließen es mit einem Korken. Dann versetzen wir es in Drehung und drücken zwei mit Filz belegte Holzbacken gegen die Wand des Rohres (Abb. 2). Nach einiger Zeit wird der Korken vom entstehenden Ätherdampf herausgeschleudert.

Solange wir das Gerät drehen, wird fortwährend mechanische Arbeit verrichtet: Reibungsarbeit. Das Metallrohr und der darin befindliche Äther werden erwärmt, der Äther verdampft schließlich. Der unter Druck stehende Ätherdampf vermag den Korken herauszuschleudern, kann also selbst wieder mechanische Arbeit verrichten.

Durch die Erwärmung wird die eingeschlossene Äthermenge in einen anderen Zustand versetzt. Einen solchen veränderten Zustand können wir auch bei Luft erreichen, wie wir bereits in Kapitel 1 nachgewiesen haben (vgl. S. 182). Dort haben wir Luft zusammengedrückt (komprimiert), und dies führte zu einer Erwärmung. Die komprimierte Luft kann selbst Arbeit verrichten. Sie besitzt Arbeitsfähigkeit. Wir wollen diesen Vorgang noch einmal betrachten.

Die Temperaturänderungen messen wir mit einem Thermoelement, also einem elektrischen Thermometer. Dieses besteht im Prinzip aus zwei Drähten verschiedenen Materials, die an einem Ende zusammengelötet sind. Die beiden anderen Enden sind mit einem Meßinstrument verbunden. Erwärmt man die Lötstelle mit der Hand, so schlägt das Instrument aus. Kühlt man sie dagegen mit Wasser, so schlägt das Instrument nach der anderen Seite aus. Aus der Richtung des Ausschlags können wir auf Erwärmung oder Abkühlung schließen.

Versuch 2: In den unteren Teil eines Kolbenprobers bringen wir die Lötstelle des Thermoelements, das mit einem Instrument verbunden ist (Abb. 3). Die Öffnung dichten wir gut ab. Schieben wir nun den Kolben plötzlich in den Zylinder hinein und halten ihn in dieser Stellung fest, so wird die eingeschlossene Luft zusammengepreßt und erwärmt sich: Das Meßinstrument schlägt aus. Der Ausschlag geht allmählich wieder zurück, da ein Temperaturausgleich mit der Umgebung erfolgt.

Wäre die eingeschlossene Luft von der Umgebung durch eine wärmeundurchlässige Verpackung völlig isoliert, dann erfolgte kein Temperaturausgleich. Würde man jetzt den Kolben loslassen, dann entspannte sich die Luft und verrichtete dabei gegen den von außen wirkenden Luftdruck Arbeit. Nun verringerte sich der Ausschlag.

Die Expansion einer Luftmenge ist mit einer Abkühlung verbunden.

Wir nehmen auch hier den **Energieerhaltungssatz** als gültig an und deuten den Vorgang so: Im ersten Fall wurde der Luft mechanische Arbeit zugeführt und ihr Zustand verändert. Es wurde Energie gespeichert. Im zweiten Fall hat die Luft selbst mechanische Arbeit verrichtet. Die gespeicherte Energie wurde wieder abgerufen.

Abb. 1 Schleifmaschine. Hier muß mit Öl gekühlt werden

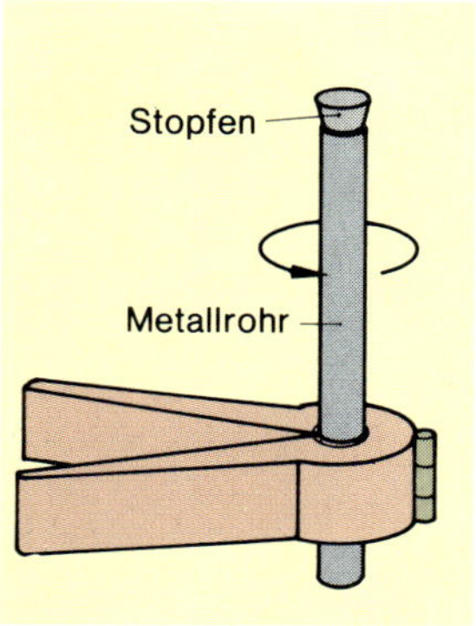

Abb. 2 Erwärmung eines Körpers durch mechanische Arbeit

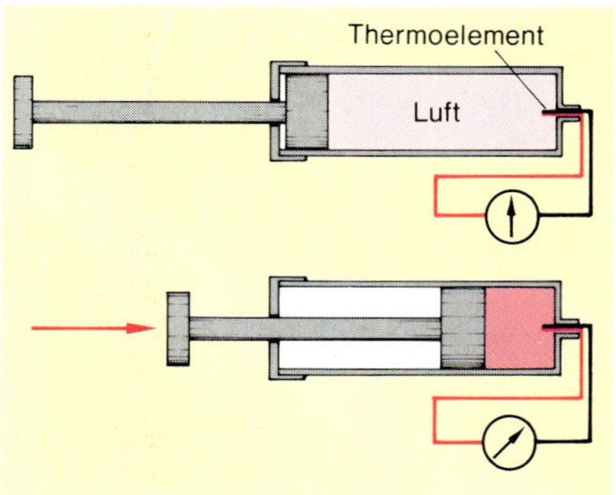

Abb. 3 Das Gas wird erwärmt, wenn man es komprimiert

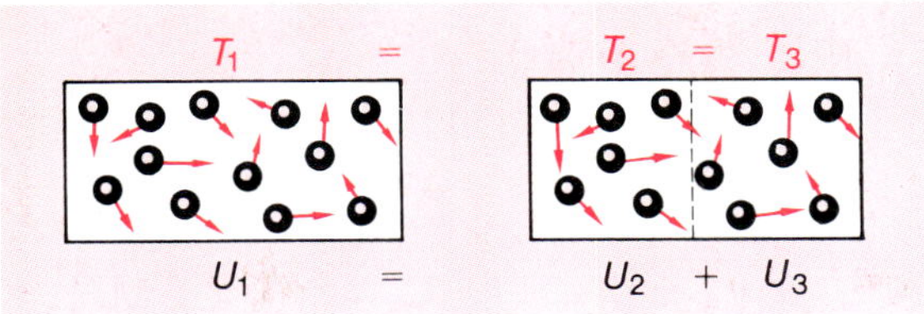

Abb. 4 Innere Energie und Temperatur

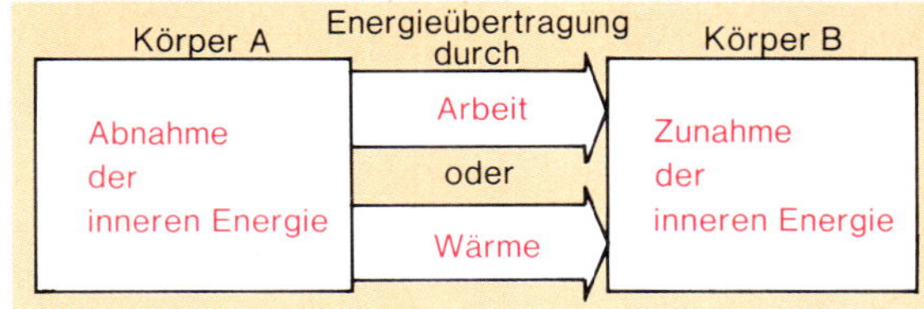

Abb. 5 Innere Energie, Wärme und Arbeit

In der Mechanik gehen wir ja ähnlich vor: Wird ein Körper angehoben, so vergrößert sich seine Arbeitsfähigkeit. Denn ein angehobener Körper besitzt eine höhere Lageenergie als vorher. Verrichtet er selbst wieder Arbeit, dann verringert sich seine Lageenergie. Entsprechendes gilt auch für die Bewegungsenergie eines Körpers. In den jetzt betrachteten Fällen hat sich weder die Lageenergie noch die Bewegungsenergie des Körpers verändert. Trotzdem hat er durch mechanische Arbeit Arbeitsfähigkeit gewonnen, sein Zustand hat sich geändert. Wir sprechen deshalb auch in diesem Fall von einer Energieänderung des Körpers und bezeichnen diese Energieform im Unterschied zur potentiellen und kinetischen Energie als **innere Energie** (Symbol: U), da sie im Körper verborgen ist. Wir vereinbaren:

Kann ein ruhender Körper Energie nur in Form von mechanischer Arbeit aufnehmen oder abgeben, dann ist die Zu- oder Abnahme der inneren Energie gleich der verrichteten mechanischen Arbeit.

Die innere Energie erhöht sich, wenn am Körper Arbeit verrichtet wird. Verrichtet dieser selbst Arbeit, dann verringert sich seine innere Energie.

Worin äußert sich nun diese Änderung der inneren Energie? In unseren Beispielen war die Änderung der inneren Energie durch eine Temperaturänderung gekennzeichnet oder durch Änderung des Aggregatzustandes. (Der Äther wurde erhitzt und verdampfte.) Temperaturerhöhung führt aber nach dem Teilchenmodell zu einer heftigeren Teilchenbewegung. Bei Gasen z. B. werden die Teilchen im Mittel schneller. Das bedeutet, daß die Bewegungsenergie der Teilchen, ihre kinetische Energie, im Mittel größer wird. Damit ist auch klar, wie wir uns die innere Energie eines gasförmigen Körpers im Teilchenmodell vorstellen können:

Die innere Energie eines gasförmigen Körpers ist die Summe der kinetischen Energie aller Teilchen.

Wir sehen auch den Unterschied zur Temperatur. In Abb. 4 ist eine Gasmenge zu sehen. Ist die Temperatur überall gleich, dann ist auch die Heftigkeit der Teilchenbewegungen in allen Teilen des Gasraums dieselbe. Die Summe der kinetischen Energien aller Teilchen ist aber um so größer, je größer die Zahl der Teilchen ist. Daher ist die innere Energie eines Gases doppelt so groß, wenn bei gleicher Temperatur die Teilchenzahl sich verdoppelt.

Wärme und innere Energie

Die innere Energie eines Körpers läßt sich auch auf andere Weisen als durch Zufuhr mechanischer Arbeit verändern. Wir können z. B. den Körper mit einem Bunsenbrenner erhitzen oder durch die Strahlung der Sonne. Wir können ihn aber auch auf die Herdplatte stellen, also ihn mit einem anderen heißeren Körper in Kontakt bringen. Auch hier verändert sich der Zustand des Körpers. Es verändert sich die innere Energie. Nach dem Energieerhaltungsgesetz ist hier Energie von einem Körper auf einen anderen übergegangen. Diese übertragene Energie bezeichnet man als **Wärme.** Damit haben wir neben der Arbeit noch eine zweite Form der Energieübertragung (Abb. 5):

Die innere Energie eines Körpers kann durch Wärme oder Arbeit geändert werden.

Stellen wir nun an irgendeinem Körper z. B. eine Temperatursteigerung fest, also eine Änderung der inneren Energie, so kann diese sowohl durch mechanische Arbeit als auch durch Wärme oder aber auch durch das Zusammenwirken beider hervorgerufen worden sein. Ohne Kenntnisse über die Art der Energieübertragung können wir nicht entscheiden, wieviel mechanische Arbeit und wieviel Wärme bei dem Vorgang beteiligt waren. Um die Erwärmung quantitativ zu beschreiben, ist es daher zweckmäßig, zunächst Sonderfälle zu betrachten. Wir wollen uns daher im nächsten Kapitel mit dem Sonderfall beschäftigen, daß bei der Erwärmung keine Wärme beteiligt ist, sondern nur mechanische Arbeit. Auch Aggregatzustandsänderungen sollen zunächst außer Betracht bleiben.

Aufgaben

1. Ein Blumentopf der Masse 2 kg fällt aus einem Fenster in 15 m Höhe. Wie groß war seine Lageenergie? Beschreibe die auftretenden Energieumwandlungen!
2. Arbeit und Wärme sind Übertragungsformen der Energie. Von welcher Art ist die innere Energie?

Abb. 1 Rührgerät

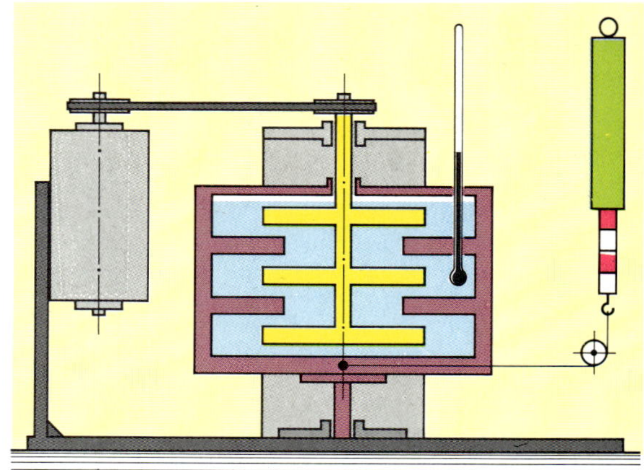

Abb. 3 Rührgerät schematisch

3.2 Das Erwärmungsgesetz

Erwärmen durch Rühren

Eigentlich müßte Kaffee durch Rühren wärmer werden. Rühren ist mit mechanischer Arbeit verbunden, daher erhöht sich die innere Energie. Beim Kaffee müßte sich dies in einer Temperaturerhöhung bemerkbar machen.

Der Nachweis gelingt mit dem in Abb. 1 dargestellten Rührgerät. Es besteht aus einem drehbar gelagerten Topf, der gut wärmeisoliert ist. Das Wasser darf sich nämlich nicht durch Wärmeabgabe abkühlen. In dem Topf drehen sich Schaufelräder im Wasser. Um eine bessere Verwirbelung zu erreichen, sind im Innern des Topfes feststehende Lamellen angebracht. Die Temperatursteigerung messen wir mit einem Quecksilberthermometer.

Ein ähnliches Rührwerk wurde bereits von dem Engländer James Prescott Joule (1818–1889) benutzt, um den Zusammenhang zwischen Erwärmung und mechanischer Arbeit zu messen. Er wikkelte um die Achse des Rührwerks eine Schnur, führte sie über eine Rolle und setzte dieses mit Hilfe von Gewichtsstücken in Rotation. Man kann die Schnur auch um den Topf wickeln. Dies Prinzip sieht man in Abb. 2: Bei einer Umdrehung des Topfes wird die Schnur in einer Länge vom Umfang u abgewickelt, und das Gewichtsstück senkt sich um die gleiche Strecke. Dabei verrichtet es eine Arbeit von $W = F_G h = F \cdot u$.

Wir gehen etwas anders vor. Wir treiben das Rührwerk mit einem Elektromotor an und halten den Topf, der sich infolge Reibung mitdrehen würde, mit einem Kraftmesser fest (Abb. 3). Es ist die gleiche Kraft, die wir erhielten, wenn wir bei feststehendem Rührwerk mit Hilfe der aufgewickelten Schnur den Topf drehten. Daher sind auch die mechanischen Arbeiten dieselben.

Wir können somit die mechanische Arbeit, die bei einer Umdrehung des Rührers verrichtet wird, leicht berechnen. Sie ist gleich dem Produkt aus Topfumfang und dem Betrag der angezeigten Kraft: $W_1 = F \cdot u = 2{,}1\ \mathrm{N} \cdot 0{,}42\ \mathrm{m} \approx 0{,}88\ \mathrm{Nm}$. Bei n Umdrehungen haben wir dann $W = n \cdot F \cdot u$. Dies ist die mechanische Arbeit, die der Elektromotor verrichtet. Auf ähnliche Weise übrigens, also durch Verwirbelung von Wasser, kann man in der Technik die Lei-

Abb. 2 Versuchsanordnung nach Joule

Abb. 4 Wasserwirbelbremse. Technische Daten: max. Leistung 1400 kW, Drehzahl 3500 U/min, Bremskraft 10000 N

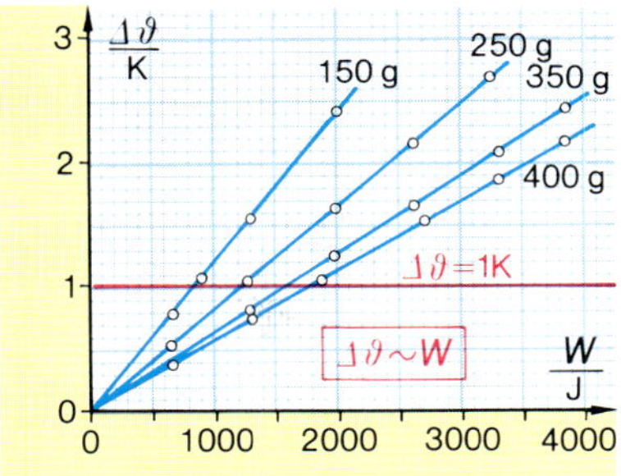

Abb. 5 Temperaturerhöhung von Gerät und Wasser

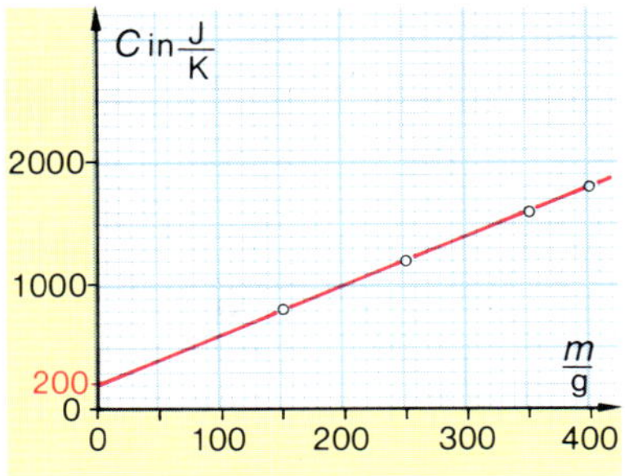

Abb. 6 Wärmekapazität von Gerät und Wasser

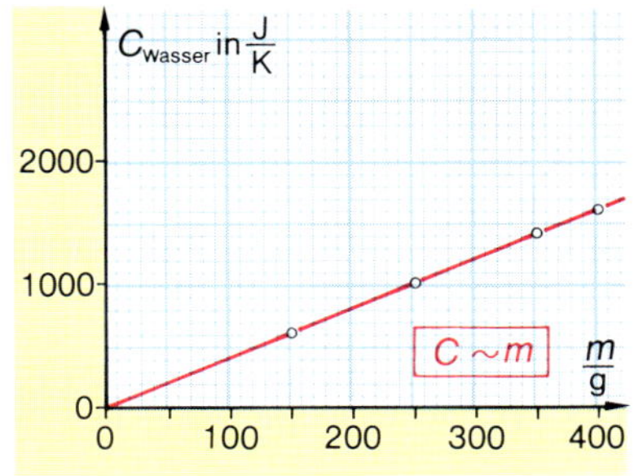

Abb. 7 Wärmekapazität von Wasser

stung von Motoren messen. In Abb. 4 ist eine solche *Wasserwirbelbremse* zu sehen.

Versuch 3: Wir messen die Temperaturerhöhung $\Delta\vartheta$ in Abhängigkeit von W bei verschiedenen Wassermengen.

Die Messungen sind in Abb. 5 wiedergegeben. Alle Meßpunkte liegen in dem betrachteten Temperaturintervall mit guter Näherung auf Geraden, d. h. es gilt: Die Temperaturerhöhung ist bei gleicher Masse der zugeführten Energie proportional: $\Delta\vartheta \sim W$. Dies bedeutet:

Der Quotient aus zugeführter Energie W und der Temperaturerhöhung $\Delta\vartheta$ ist konstant: $W/\Delta\vartheta = \text{konst.} = C$. Es gilt also: $W = C \cdot \Delta\vartheta$.

Bei einer Wassermenge von 400 Gramm ergibt sich für diese Konstante C der Wert 1800 J/K. Dieser Wert gibt an, wie groß die Energiemenge ist, die das Gerät einschließlich des Wassers um 1 K zu erwärmen vermag. Diese Energie ist hier in Form von mechanischer Arbeit zugeführt worden. Sie könnte auch in Form von Wärme übertragen werden. Daher nennt man den Quotienten $C = W/\Delta\vartheta$ **Wärmekapazität.**

Wärmekapazität =

$$\frac{\textbf{zugeführte Energie}}{\textbf{erzeugte Temperaturerhöhung}} \qquad C = \frac{W}{\Delta\vartheta}.$$

Für jede Füllung können wir nun die Wärmekapazität ausrechnen. Wir erhalten:

m_{Wasser} in g	0	150	250	350	400
Gerät und Wasser C in J/K	200	800	1200	1600	1800
C_{Wasser} in J/K	0	600	1000	1400	1600

Tragen wir diese Werte über der Masse des Wassers auf, so erhalten wir das Schaubild der Abb. 6: eine Gerade, die nicht durch Null geht.

Was bedeutet das? Der Schnittpunkt mit der C-Achse gibt nun gerade die Energie an, die nötig ist, um Gefäß und Rührwerk um 1 K zu erwärmen. Denn dann wäre die Masse des Wassers Null. Der zugehörige Wert beträgt 200 Joule. Die Wärmekapazität des Topfes beträgt daher 200 J/K. Wir erhalten die Wärmekapazitäten der Wassermengen, wenn wir diesen Wert jeweils von den gemessenen Werten subtrahieren. Die Ergebnisse sieht man in der dritten Zeile der Tabelle, das zugehörige Schaubild in Abb. 7.

Der Quotient aus der Wärmekapazität C und der Masse m des Wassers ist eine Konstante: $C/m = \text{konst.} = c$. Es gilt die Gleichung: $C = c \cdot m$.

Verwendete man eine andere Flüssigkeit, dann erhielte man für die Konstante c einen anderen Wert, für Petroleum z. B. 2,1 J/g K. c heißt **spezifische Wärmekapazität.** Sie gibt an, wieviel Joule nötig sind, um ein Gramm des betreffenden Stoffs (hier: 1 g Wasser) um 1 K zu erwärmen. Für Wasser erhalten wir den Wert:

$$c_{\text{Wasser}} = \frac{1600\ \text{J/K}}{400\ \text{g}} = 4\ \frac{\text{J}}{\text{g K}}.$$

Genauere Messungen liefern: $c_{\text{Wasser}} = 4{,}187\ \text{J/(g} \cdot \text{K)}$. Dies bedeutet:

Um 1 g Wasser um 1 K zu erwärmen, sind ca. 4,2 J nötig.

Eine große Tasse faßt etwa 150 g Kaffee. Um diese um 1 K zu erwärmen, brauchen wir $150 \cdot 4{,}2\ \text{J} = 630\ \text{J}$. Unser Rührwerk müßte sich mehr als 700mal drehen. Außerdem: Die Tasse gibt Energie in Form von Wärme ab, und zwar so schnell, daß die Abkühlung nicht verhindert wird.

Also besteht beim Kaffee keine Chance für das Erwärmen durch Rühren.

Aufgaben

1. Denke eine Versuchsanordnung aus, mit der man die Reibungsarbeit in Versuch 1 (Seite 192) messen könnte!
2. Überprüfe die oben ausgeführte Rechnung anhand der Angaben im Text!
3. Welchen Verlauf hätten die Geraden in den Abb. 5 bis 7 wenn man Petroleum verwendet hätte?

3.3 Messen der Wärme

Wie man die Wärme berechnet

Auf Seite 193 haben wir erklärt, was man unter „Wärme" versteht. Wir wissen aber noch nicht, wie man sie mißt. Ersetzen wir in der Gleichung $W = C \cdot \Delta\vartheta$ die Wärmekapazität C durch $c \cdot m$, so erhalten wir die Gleichung:

$$W = c \cdot m \cdot \Delta\vartheta. \quad (1)$$

Beim Rührversuch haben wir Energie nur in Form von mechanischer Arbeit zugeführt. Diese Arbeit ist gleich der Erhöhung der inneren Energie: $W = U_2 - U_1$. Mit Gleichung (1) können wir schreiben:

$$U_2 - U_1 = c\,m\,\Delta\vartheta. \quad (2)$$

Diese Gleichung gibt uns nun die Möglichkeit, auch die Wärme zu messen. Führt man nämlich statt Arbeit den gleichen Energiebetrag in Form von Wärme zu, so erhöht sich die innere Energie, und es gilt ebenfalls Gleichung (2).

In diesem Fall ist die Differenz $U_2 - U_1$ gleich der zugeführten **Wärme** Q.

> **Zwischen der übertragenen Wärme, der Temperaturänderung und der Masse des erwärmten Körpers besteht der Zusammenhang:**
>
> $$Q = c\,m\,\Delta\vartheta.$$

Die Gleichung, die für alle Stoffe gilt, besagt z. B.: Bei doppelter Temperaturerhöhung ist bei gleicher Masse die doppelte Wärme erforderlich. Verdoppelt man gleichzeitig die Masse, so ist die vierfache Energie nötig (Abb. 1).

Wir können nun für jede Temperaturänderung die dabei umgesetzten Wärmen berechnen, wenn die Masse des erwärmten oder sich abkühlenden Körpers und die spezifische Wärmekapazität bekannt sind.

Beispiel: Welche Wärme ist nötig, um 250 l Badewasser von $\vartheta_2 = 35\,°C$ zu erzeugen? Anfangstemperatur: $\vartheta_1 = 15\,°C$.

Lösung:

Gegeben: $c_{\text{Wasser}} = 4{,}2\,\frac{\text{kJ}}{\text{kg K}}$; 250 l ≙ 250 kg; $\Delta\vartheta = 20$ K.

Also ist

$$Q = 4{,}2\,\frac{\text{kJ}}{\text{kg K}} \cdot 250\text{ kg} \cdot 20\text{ K} = 21000\text{ kJ} = 21 \cdot 10^3\text{ kJ}.$$

Wir wollen die Größe dieser Energie veranschaulichen. Ein Bergsteiger ($F_G = 800$ N mit Gepäck) ersteigt von Garmisch aus die Zugspitze und hat dabei einen Höhenunterschied von 2263 m zu überwinden. Demnach ist sein Gewinn an Lageenergie: 2263 m · 800 N = 1 810 400 Nm ≈ 1810 kJ. Mehr als 11mal müßte er den Anstieg auf sich nehmen, um den gleichen Energiebetrag zu erreichen, der zum Erwärmen des Badewassers nötig ist.

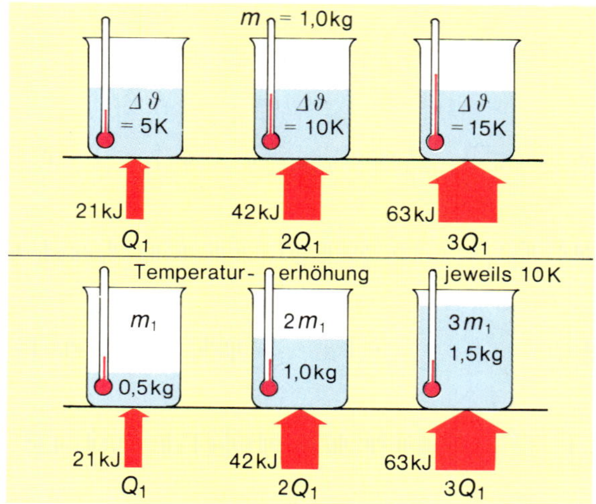

Abb. 1 Temperaturänderung durch Wärme

Die Wärmeleistung einer Wärmequelle

Jeder Körper kann aufgrund seiner inneren Energie zur Wärmequelle werden. Er kann Wärme durch Strahlung oder Leitung abgeben. Eine natürliche Wärmequelle ist die Sonne. Künstliche Wärmequellen sind für die Heizung, für die Metallgewinnung, in der chemischen Industrie von großer Bedeutung. Heizungsanlagen müssen richtig bemessen werden. Daher ist es wichtig, die Wärmeabgabe solcher Wärmequellen zu kennen. Ein Maß hierfür ist die **Wärmeleistung** (vgl. S. 128).

> *Unter der Wärmeleistung einer Wärmequelle verstehen wir den Quotienten aus abgegebener Wärme und der dafür benötigten Zeit:*
>
> $$P = \frac{Q}{t}.$$

Einheiten:

$$1\,\frac{\text{J}}{\text{s}} = 1\text{ Watt (W)},\quad 1\,\frac{\text{kJ}}{\text{s}} = 1\text{ kW},\quad \frac{\text{kJ}}{\text{min}}\text{ oder }\frac{\text{kJ}}{\text{h}}.$$

Versuch 4: In einer großen Thermosflasche wird 1 kg Wasser mit einem Tauchsieder erwärmt. Nach einer Betriebsdauer von jeweils einer Minute wird er abgeschaltet, das Wasser gut umgerührt und die Temperatur abgelesen. Die Meßergebnisse werden in ein ϑ-t-Diagramm eingetragen.

Aus der Temperaturerhöhung können wir die vom Tauchsieder abgegebene Wärme berechnen. Nach $t = 4$ min ergibt sich eine Temperaturerhöhung von $\Delta\vartheta = 28{,}5$ K. Also ist die zugehörige Wärme

$$Q = 4{,}2\,\frac{\text{kJ}}{\text{kg K}} \cdot 1\text{ kg} \cdot 28{,}5\text{ K} \approx 120\text{ kJ}.$$

Die Wärmeleistung des Tauchsieders beträgt

$$P = \frac{120\text{ kJ}}{4\text{ min}} = 30\,\frac{\text{kJ}}{\text{min}} = 500\text{ W (Watt)}.$$

Er liefert in jeder Minute 30 kJ.

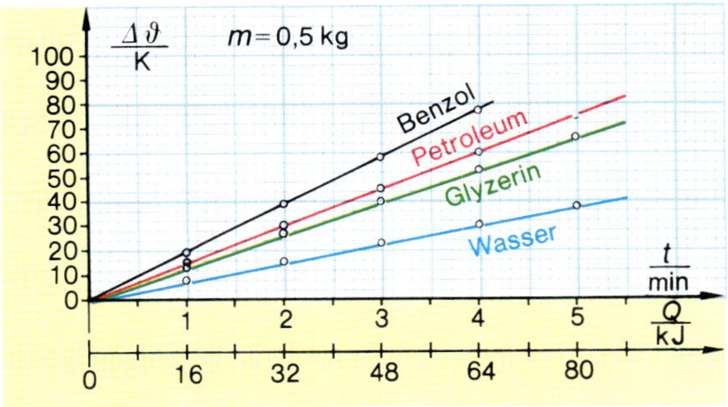

Abb. 2 Erwärmung verschiedener Flüssigkeiten von gleicher Masse

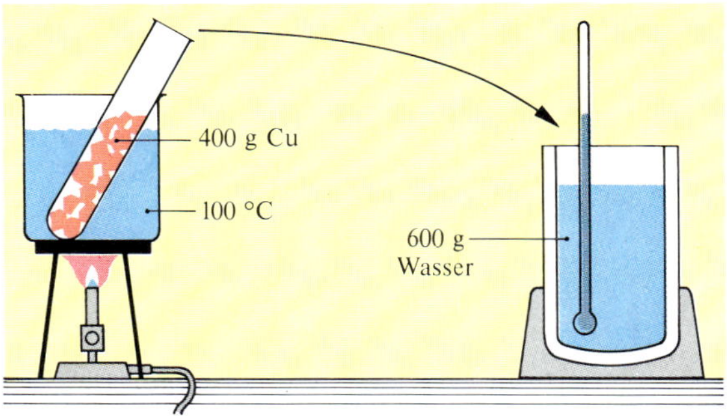

Abb. 3 Bestimmung der spezifischen Wärmekapazität von Kupfer

Wie mißt man spezifische Wärmekapazitäten?

Spezifische Wärmekapazitäten mißt man im allgemeinen nicht mit einem Rührgerät, sondern z. B. mit Hilfe einer Wärmequelle bekannter Wärmeleistung.

Versuch 5: Körper gleicher Masse (0,5 kg) aus Wasser, Glyzerin, Petroleum, Benzol werden nacheinander in einem wärmeisolierten Gefäß (Kalorimeter) mit demselben Tauchsieder erhitzt. Die Temperaturzunahme $\Delta\vartheta$ wird über der Betriebsdauer t aufgetragen (Abb. 2).

Aus der Gleichung $Q = c\,m\,\Delta\vartheta$ ergibt sich für den Proportionalitätsfaktor c die Gleichung:

$$c = \frac{Q}{m\,\Delta\vartheta}.$$

Für Benzol erhalten wir:

$$c_{\text{Benzol}} = \frac{16\text{ kJ}}{0{,}5\text{ kg}\cdot 19\text{ K}} \approx 1{,}7\,\frac{\text{kJ}}{\text{kg}\cdot\text{K}}.$$

Das bedeutet, daß 1,7 kJ nötig sind, um 1 kg Benzol um 1 K zu erwärmen.

Für Flüssigkeiten ist das Verfahren nach Versuch 5 angebracht, bei festen Körpern versagt es. Hier hilft die folgende Erfahrung weiter: Wirft man einen heißen Kupferklotz in kaltes Wasser, dann gibt der Kupferklotz Wärme an das Wasser und das Gefäß ab, bis eine gemeinsame Endtemperatur erreicht ist. Die dem Wasser und dem Gefäß zugeführte Wärme können wir bestimmen.

Damit ist wegen der Energiebilanz (abgegebene Wärme = zugeführte Wärme) auch die vom Kupferklotz abgegebene Wärme bekannt, und die spezifische Wärmekapazität von Kupfer kann berechnet werden.

Versuch 6: 400 g Kupferspäne von 100 °C werden in 580 g Wasser von 15 °C gekippt. Endtemperatur: 19,8 °C (Abb. 3).

Wärmekapazität des Gefäßes $C_G = 0{,}084$ kJ/K.
Dem Wasser und dem Gefäß zugeführte Wärme:

$$Q_{\text{zu}} = 4{,}2\,\frac{\text{kJ}}{\text{kg K}}\cdot 0{,}580\text{ kg}\cdot 4{,}8\text{ K} + 0{,}084\,\frac{\text{kJ}}{\text{K}}\cdot 4{,}8\text{ K} \approx 12\text{ kJ}$$

$$Q_{\text{ab}} = c_K\cdot 0{,}40\text{ kg}\cdot 80{,}2\text{ K} \approx 32\text{ kg K}\cdot c_K.$$

Aus $Q_{\text{ab}} = Q_{\text{zu}}$ berechnet sich die spezifische Wärmekapazität des Kupfers zu $c_K \approx 0{,}38$ kJ/kg K.

Aufgaben

Beispiel: Herrlicher Sommertag. – Das Planschbekken wird für die Kleinsten im Garten aufgestellt und mit Leitungswasser von 14 °C gefüllt. Die Sonne strahlt besonders intensiv und liefert pro m² eine Energie von 900 J, und zwar in jeder Sekunde. Wie lange dauert es, bis 200 l Wasser auf 24 °C gebracht sind, wenn wir annehmen, daß ⅔ der Energie als innere Energie gespeichert werden? Die Wasseroberfläche beträgt 1 m².

Wärmebedarf:

$$Q = \Delta U = 4{,}2\,\frac{\text{kJ}}{\text{kg K}}\,200\text{ kg}\cdot 10\text{ K} = 8400\text{ kJ}.$$

Zeit: $$t = \frac{8400\text{ kJ}}{0{,}6\text{ kJ/s}} = 14\,000\text{ s} \approx 4\text{ h}.$$

In ca. 4 Stunden wäre das Wasser genügend aufgewärmt, viel zu lange für die ungeduldigen Kinder. Schneller geht es mit Zugießen von heißem Wasser aus dem Warmwasserbereiter.

1. Erwärme 1 kg Wasser mit einem Tauchsieder zunächst um 20 K, dann um 40 K und notiere jeweils die Aufheizzeit! Berechne die vom Wasser aufgenommene Wärme und ermittle die Wärmeleistung des Tauchsieders!
2. Berechne mit Hilfe des Diagramms in Abb. 2 die spezifischen Wärmekapazitäten von Petroleum und Glyzerin.
3. Stelle die spezifischen Wärmekapazitäten einiger wichtiger Stoffe (s. Anhang) in einem Balkendiagramm dar!
4. Welche künstlichen Wärmequellen kommen in einer Wohnung vor? Gib die Wärmeleistungen an!
5. 1 kg Wasser von 20 °C und 1,5 kg von 50 °C werden miteinander vermischt. Welche Temperatur stellt sich ein? Führe den Versuch zu Hause durch!
6. Versuche eine Erklärung für Land- und Seeklima auf Grund der spezifischen Wärmekapazitäten. Inwiefern ist das Meer ein Energiespeicher?
7. Ein Zimmer faßt 60 m³ Luft (1 m³ Luft hat die Masse von rund 1,3 kg) und soll um 15 K erwärmt werden. Welche Wärme ist nötig?
8. Ab etwa 80 °C ist das Temperatur-Zeit-Diagramm zu Versuch 4 nicht mehr geradlinig. Warum?

W

4 Änderung der Aggregatzustände

4.1 Beschreibung der Aggregatzustandsänderungen

Alle Übergänge sind möglich

Der Aggregatzustand eines Körpers hängt von seiner Temperatur ab. Feste Körper können **schmelzen,** Flüssigkeiten **verdampfen.** Besonders gut ist dies beim Wasser zu sehen. Alle Aggregatzustände des Wassers und auch alle Aggregatzustandsänderungen kommen in unseren geographischen Breiten in der Natur vor.

Im Winter friert das Wasser zu Eis oder Schnee. Diesen Vorgang nennt man **Erstarren.** Zur Zeit der Schneeschmelze, im Frühjahr, können wir den umgekehrten Vorgang beobachten. Flüsse und Bäche führen dann häufig sehr viel Wasser.

Das Wasser in den Seen, den Flüssen und an der Erdoberfläche verdunstet wieder zum Teil, geht also in den gasförmigen Zustand über. **Verdunsten** ist ein Verdampfen bei Temperaturen, die unterhalb des Siedepunktes von Wasser liegen.

Der Wasserdampf existiert aber auch im Winter. Der Schnee verschwindet nämlich ganz allmählich auch bei Temperaturen unter 0 °C. Er verflüchtigt sich, indem er sofort in die Dampfform übergeht. **Sublimieren** (lat. = läutern, verfeinern) heißt das in der Fachsprache. Man kann dies dann beobachten, wenn es nach einem Schneefall längere Zeit nicht geschneit hat: Die Schneedecke schrumpft, wird kleiner und kleiner, ohne daß der Schnee schmilzt.

Den umgekehrten Vorgang gibt es ebenfalls. Bei tiefen Temperaturen verwandelt sich der Hauch von Menschen oder Tieren beim Ausatmen in eine Wolke aus vielen kleinen Eisnadeln. Hier geht der Wasserdampf, der in der Atemluft enthalten ist, direkt in die feste Zustandsform über. Diesen Vorgang bezeichnet man mit **Verfestigen.** Die sehr hohen, häufig zu beobachtenden feinen Wolkenschleier am Himmel, die sogenannten Cirruswolken, bestehen aus solchen Eisnadeln, die sich direkt aus dem Wasserdampf der Atmosphäre gebildet haben. Aus dem Wasserdampf der Luft bilden sich auch die anderen, niedrigen Wolken, z. B. die großen Haufenwolken (Schönwetterwolken) oder die dunklen Regenwolken. Man sagt: Der Wasserdampf **kondensiert** zu Wasser. Diese Wolken bestehen nämlich aus feinen Wassertröpfchen, die in der Luft schweben. Sie können sich zu größeren Tropfen zusammenschließen und als Regen herunterfallen. In Abb. 1 sind alle möglichen Übergänge von einem Aggregatzustand in einen anderen zusammengestellt.

In der Technik findet man die Änderung der Aggregatzustände des Wassers im großen Ausmaß bei *Dampfkraftanlagen.* Wasserdampf strömt dort gegen die Schaufeln von Turbinen und treibt diese an. An die Turbinen sind Generatoren angeschlossen, mit denen Elektrizität erzeugt werden kann. Der Wasserdampf wird in großen Dampferzeugern erzeugt und nach dem Durchströmen der Turbinen wieder in Wasser durch Kondensation zurückverwandelt. Den Kreislauf des Wassers in einer Dampfkraftanlage sieht man in Abb. 3 auf S. 349.

Mit den einzelnen Vorgängen wollen wir uns im folgenden etwas genauer geschäftigen.

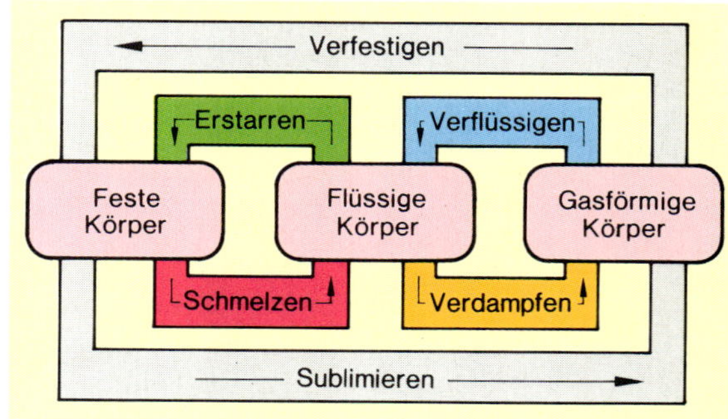

Abb. 1 Übersicht über die Aggregatzustandsänderungen

Verdampfen und Kondensieren

Versuch 1: In einem Glaskolben, der mit einem dreifach durchbohrten Stopfen verschlossen ist, erhitzen wir Wasser (Abb. 2). Durch die eine Öffnung des Korkens ist ein gebogenes Glasrohr geführt, in den beiden anderen steckt je ein Thermometer.

Beobachtung: Zunächst beschlägt der kalte Kolben. Später bilden sich an der Glaswand und im Wasser kleine Gasbläschen. Bei weiterer Erwärmung entstehen am Boden erneut Gasbläschen, die aufsteigen und wieder verschwinden und ein singendes Geräusch erzeugen. Die Gasblasen werden größer, erreichen die Oberfläche und versetzen das Wasser in einen brodelnden Zustand: *Das Wasser siedet.* Von jetzt an bleibt, wie wir bereits wissen, die Temperatur des Wassers konstant. Entfernt man die Flamme für kurze Zeit, so hört das Sieden sofort auf. Zum Sieden bedarf es also der ständigen Wärmezufuhr. Das zweite Thermometer zeigt: Auch der entstehende Wasserdampf hat eine Temperatur von 100 °C. Dem gebogenen Glasrohr entströmt ein unsichtbares Gas: *Wasserdampf.* Wir schließen auf ihn, weil sich in einiger Entfernung vom Rohrende Nebel bildet, der nichts anderes als zu kleinen Tröpfchen kondensierter Wasserdampf ist. Wir können den Wasserdampf auch an einer kalten Glasscheibe, die wir in den Dampfstrahl halten, kondensieren lassen.

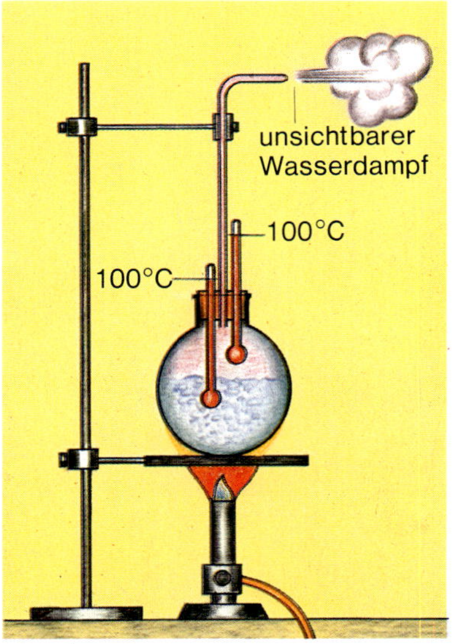

Abb. 2 Verdampfen von Wasser

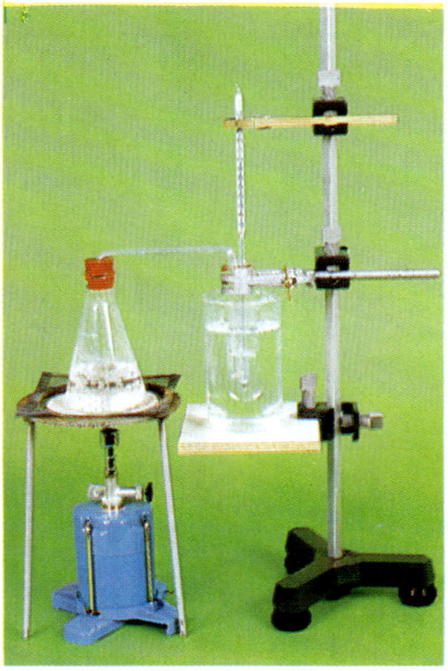

Abb. 3 Untersuchung der Kondensation von Wasserdampf

Inzwischen hat sich die Wassermenge im Kolben vermindert, ein Teil des Wassers ist verdampft. Die Temperatur bleibt konstant, bis sich der letzte Rest des Wassers in Dampf verwandelt hat.

Den umgekehrten Vorgang, die *Kondensation,* untersuchen wir mit dem in Abb. 3 dargestellten Versuch.

Versuch 2: Wir leiten den aus einem Erlenmeyerkolben austretenden Wasserdampf in ein Reagenzglas. In dem Reagenzglas bildet sich am Boden Kondenswasser. Nach einiger Zeit bleibt die Temperatur des Kondenswassers konstant bei der Siedetemperatur des Wassers. Es findet dann keine Kondensation mehr statt, erkennbar daran, daß sich die Menge des Kondenswassers nicht weiter vermehrt, weil der Wasserdampf entweicht.

Versuch 3: Das Reagenzglas, in dem sich das Kondenswasser gebildet hat, bringen wir in kaltes Wasser. Es wird dabei abgekühlt. Jetzt setzt die Kondensation wieder ein. Dabei wird das Kühlwasser wärmer. Es wird vom kondensierenden Wasserdampf geheizt.

Die Versuche haben gezeigt:

Trotz ständiger Wärmezufuhr bleibt die Temperatur beim Sieden konstant. Zum Kondensieren bedarf es des ständigen Wärmeentzugs durch Kühlung. Auch hier bleibt die Temperatur konstant. Siede- und Kondensationstemperatur sind gleich.

Die Siedetemperaturen sind von Stoff zu Stoff verschieden. Sauerstoff z.B. siedet bei −183°C, Äther bei 35°C, Quecksilber bei 375°C, Eisen bei 2800°C und Wolfram bei 5900°C (weitere Siedetemperaturen s. Anhang).

Deutung mit dem Teilchenmodell

Die Teilchenvorstellung hilft, die Änderung der Aggregatzustände zu verstehen. Wir wollen dies am Beispiel des Wassers zeigen. Wir gehen aus von einem Eiskristall bei tiefen Temperaturen. Die Wasserteilchen schwingen um ihren Stammplatz. Die Temperaturbewegung wird heftiger, wenn die Temperatur steigt. Beim Erreichen der Schmelztemperatur von 0°C wird die Teilchenschwingung so heftig, daß die Bindungskräfte nicht mehr ausreichen, um die Teilchen an ihre Plätze im Kristall zurückzuholen. Die Teilchen verlassen ihren Ort, die Kristallordnung zerfällt. Der feste Körper geht in den flüssigen Zustand über.

Erhitzen wir die Flüssigkeit weiter, so steigt auch die Heftigkeit der Temperaturbewegung. Schließlich wird beim Erreichen der Siedetemperatur des Wassers, also 100°C, die Heftigkeit der Temperaturbewegung so groß, daß das Wasser in die Gasform übergeht. Jetzt haben die Teilchen keinerlei Bindung mehr untereinander. Beim Abkühlen verlaufen die Vorgänge in umgekehrter Reihenfolge.

Auch das Verdunsten können wir im Teilchenbild erklären. Nach der Vorstellung, die wir von der Temperaturbewegung entwickelt haben, haben nicht alle Teilchen gleiche Geschwindigkeit.

Abb. 4 Verdunsten und Kondensieren in der Teilchenvorstellung

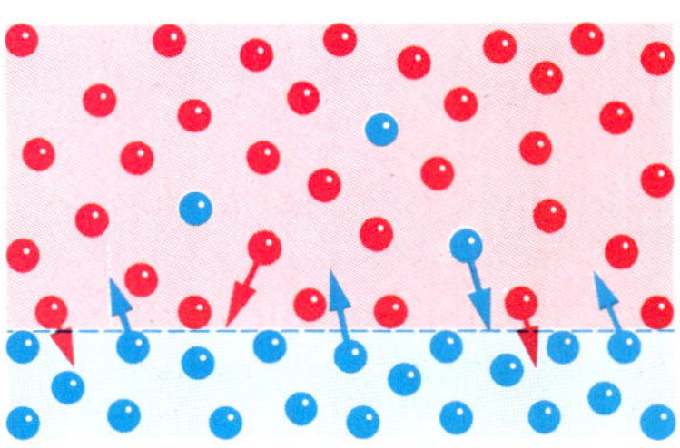

W

Die schnellsten Teilchen können sich am ehesten aus ihrer Bindung lösen, und zwar an der Grenzfläche zur Luft (Abb. 4, S. 199). Daher kann der Vorgang des Verdunstens bei jeder Temperatur stattfinden, verstärkt jedoch bei höheren Flüssigkeitstemperaturen. Die Anzahl der schnellen Teilchen nimmt bei steigender Temperatur zu.

Auf der Zugspitze siedet Wasser früher

Schon bei 90 °C kann man auf der Zugspitze siedendes Wasser beobachten. Auf dem Montblanc sogar schon bei 83 °C und auf einem Himalaja-Gipfel schon bei 70 °C (Abb. 1). Worauf ist dies zurückzuführen? Da der Luftdruck mit zunehmender Höhe über dem Meeresspiegel abnimmt, vermuten wir einen Zusammenhang zwischen der Druckabnahme und der *Siedepunktserniedrigung*. Wir untersuchen daher im Laborversuch das Sieden unter vermindertem Druck.

Versuch 4: Einen zum Teil mit Wasser gefüllten Rundkolben schließen wir an eine Pumpe an. Schon nach kurzer Zeit fängt das Wasser an zu sieden, auch bei einer Temperatur von 80 °C (Abb. 2).

Erhöhter Druck müßte danach das Sieden behindern, also zu einer *Siedepunktserhöhung* führen.

Versuch 5: In einem starkwandigen Metallgefäß, das mit einem Überdruckventil, einem Manometer und einem Thermometer versehen ist, bringen wir Wasser zum Sieden (Abb. 3). Mit Hilfe einer Feder können wir den Druck, der zum Anheben des Ventils nötig ist, allmählich vergrößern.

Der Siedepunkt des Wassers steigt mit wachsendem Druck. Bei etwa 2 bar liegt er bei 120 °C. Dies nutzt man beim **Schnellkochtopf** aus. Man erreicht auf diese Weise höhere Temperaturen, und die Speisen werden schneller gar. Und man spart Energie. Vorsicht aber beim „Abdampfen"! Der Dampf hat die gleiche Temperatur wie die Flüssigkeit. Er kann zu schlimmen Verbrennungen führen.

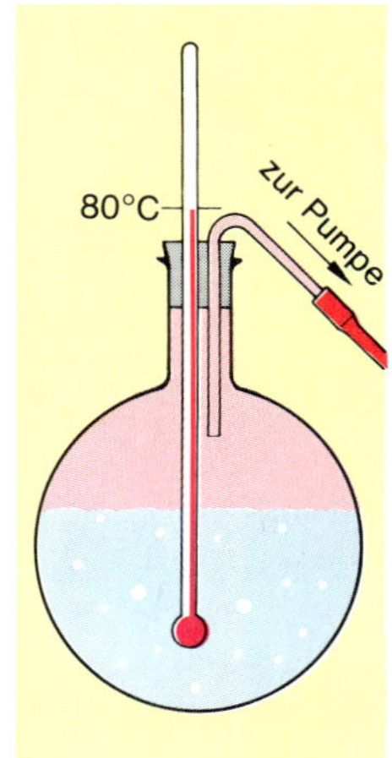

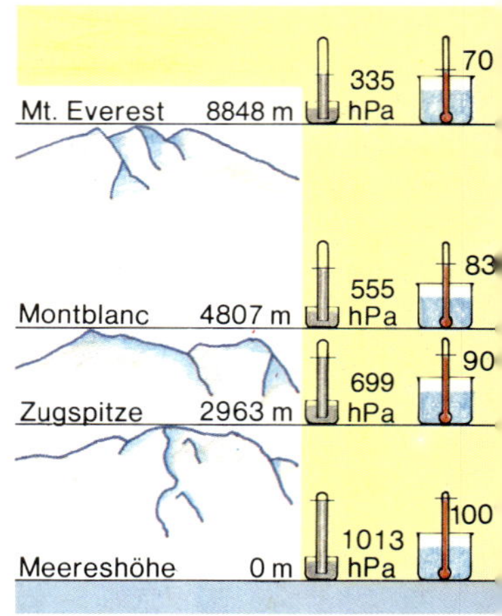

Abb. 1 Die Siedetemperatur ist vom Luftdruck abhängig

Abb. 2 Sieden unter vermindertem Druck

Wie ist diese Abhängigkeit des Siedepunkts vom Druck nun zu deuten?

Wenn eine Flüssigkeit siedet, bilden sich im Innern, am Boden des Gefäßes, Dampfbläschen. Sie bewirken auch das Aufwallen und Brodeln der siedenden Flüssigkeit. Auf diesen Bläschen lastet nun der äußere Luftdruck und der hydrostatische Druck der betreffenden Flüssigkeit. Wir nennen den Druck im Innern der Bläschen, der dem von außen einwirkenden Druck das Gleichgewicht halten muß, den **Dampfdruck.**

Gasbläschen können sich nur dann ausbilden, wenn der Dampfdruck mindestens so groß wie der äußere Luftdruck, im Innern der Flüssigkeit sogar noch etwas größer ist. Verringern wir den äußeren Luftdruck, dann siedet das Wasser schon bei einer geringeren Temperatur.

Eine Flüssigkeit siedet, wenn der Dampfdruck gleich dem äußeren Druck ist.

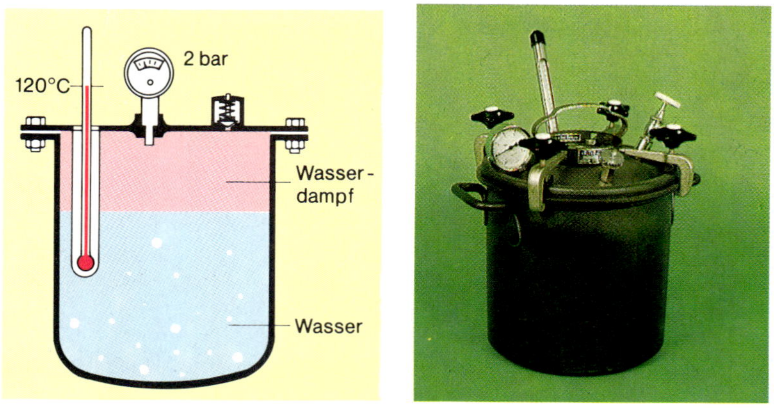

Abb. 3 Dampftopf (links) schematische Darstellung, (rechts) technische Ausführung

Schmelzen und Erstarren

Wie wir bereits erfahren haben, bleibt während des Schmelzens von Eis die Temperatur trotz ständiger Wärmezufuhr konstant (Abb. 4, S. 200). Dies trifft für alle Stoffe zu, die aus Kristallen aufgebaut sind. Sie schmelzen bei einer bestimmten Temperatur. Quecksilber z. B. schmilzt bei einer Temperatur von −39 °C, Zucker bei 186 °C, das Metall Zinn bei 232 °C, Eisen bei 1535 °C und Wolfram bei 3380 °C. Weitere Beispiele findet man im Anhang.

Wir untersuchen nun den umgekehrten Vorgang, nämlich den Vorgang des Erstarrens am Beispiel des Wassers.

Die Kühlung erfolgt mit Hilfe einer sogenannten **Kältemischung.** Diese besteht aus einer Mischung aus zerkleinertem Eis und Kochsalz. In dem sich bildenden Eiswasser löst sich das Salz auf und entzieht dabei der Umgebung Energie *(Lösungsenergie).* Die Umgebung, das ist meist das Lösungsmittel selbst, wird dadurch kälter. Die Lösung hat einen niedrigeren Gefrierpunkt als Wasser. Im Winter bestreut man eisglatte Straßen und Gehwege mit Streusalz. Dessen „Tauwirkung" beruht also nicht auf einer Erwärmung, sondern darauf, daß die sich bildende Salzlösung einen niedrigeren Gefrierpunkt als Wasser hat.

Versuch 6: Wir füllen ein Reagenzglas mit Wasser und stellen es in eine Kältemischung.

Beobachtung: Die Temperatur des Wassers im Reagenzglas sinkt auf 0 °C ab. Von der Gefäßwand her bildet sich Eis. Die Temperatur bleibt solange konstant, bis alles Wasser erstarrt ist. Es ist die gleiche Temperatur, bei der Eis schmilzt (Abb. 5).

Trotz Wärmezufuhr bleibt beim Schmelzen die Temperatur konstant. Beim Erstarren muß ständig Wärme entzogen werden. Auch hier bleibt die Temperatur unverändert. Schmelz- und Erstarrungstemperatur sind gleich.

Unterkühltes Wasser

Versuch 7: Wir füllen ein sorgfältig gereinigtes Becherglas mit gut ausgekochtem Wasser und stellen das Wasser in eine Kältemischung. Dabei vermeiden wir jede Erschütterung.

Beobachtung: Die Temperatur sinkt unter 0 °C ab, ohne daß das Wasser gefriert. Wir nennen diesen Zustand **Unterkühlung.** Wirft man Eisstückchen hinein, so bildet sich plötzlich Eis, und die Temperatur schnellt auf 0 °C hoch und bleibt konstant, bis alles erstarrt ist.

In der Natur hat die Unterkühlung reinen Wassers eine große Bedeutung. Kleine Wassertröpfchen, wie sie durch Kondensation des Wasserdampfs zu Nebel- oder Wolkentröpfchen entstehen, können noch bei sehr tiefen Temperaturen – unter Umständen bis −72 °C – als Flüssigkeit bestehen. Sie erstarren sehr plötzlich an Fremdkörpern wie Ästen, Telegrafendrähten oder Flugzeugen zu Rauhreif (Abb. 6). Auch bei der Bildung von Regentropfen und Schneeflocken spielen solche unterkühlten Wassertröpfchen eine Rolle.

Gefrierendes Wasser sprengt Felsen

Fast alle Körper dehnen sich beim Erwärmen aus und ziehen sich beim Abkühlen zusammen. Wie steht es damit beim Erstarren bzw. beim Schmelzen?

Versuch 8: Wir füllen zwei gleiche Reagenzgläser mit Wasser bzw. mit flüssigem Paraffin und lassen beide Flüssigkeiten erstarren. Die Flüssigkeitsspiegel markieren wir mit einem Gummiring (Abb. 7).

Beim Erstarren des Paraffins bleibt ein kleiner Trichter zurück, d. h. das Volumen des Paraffins hat sich verkleinert. Wasser dagegen dehnt sich beim Erstarren aus, denn der Eisspiegel liegt nach dem Erstarren deutlich über der Markierung. Die Ausmessung zeigt, daß aus 10 cm^3 Wasser von 0 °C 10,9 cm^3 Eis von 0 °C entstehen. So wie das Paraffin verhalten sich nahezu alle Stoffe.

Abb. 4 Schmelzen

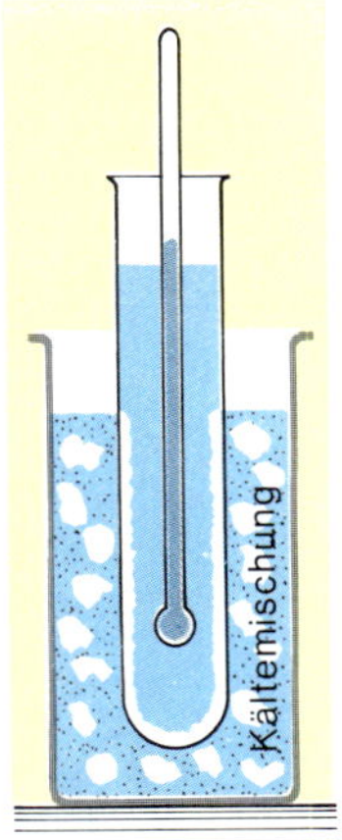

Abb. 5 Erstarren

Abb. 6 Rauhreifbildung führt zu bizarren Formen

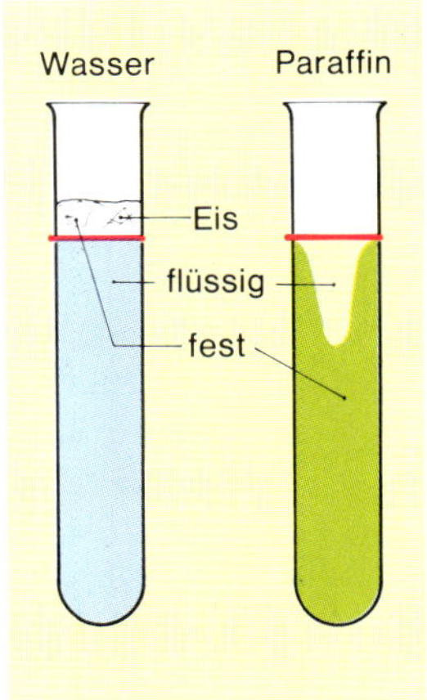

Abb. 7 Volumenänderung beim Erstarren

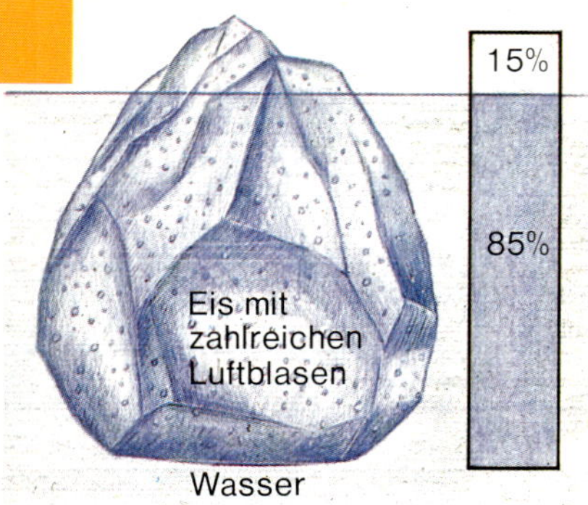

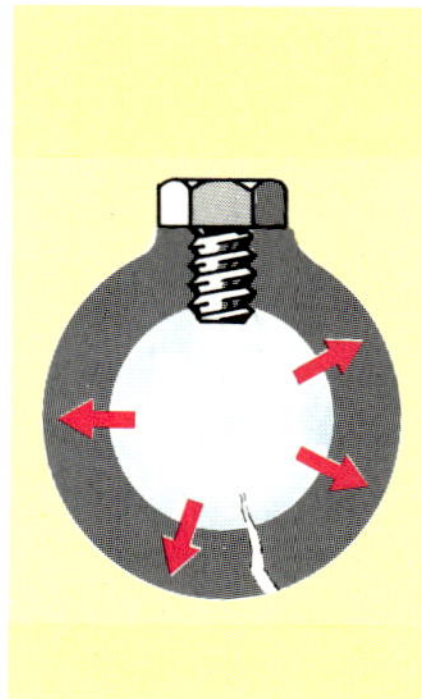

Abb. 1 Der größte Teil des Eisblocks liegt unter Wasser

Abb. 2 Sprengwirkung des Eises

Nahezu alle Stoffe dehnen sich beim Schmelzen aus und ziehen sich beim Erstarren zusammen. Umgekehrtes, anomales Verhalten zeigen Wasser, Quecksilber und Wismut.

Wasser dehnt sich beim Erstarren um rund 10% seines Volumens bei 0 °C aus. Daher schwimmt Eis auf Wasser (Abb. 1). Das anomale Verhalten des Wassers hat in der Natur eine große Bedeutung. Gefrierendes Wasser entwickelt nämlich große Kräfte. Diese Kräfte sprengen Felsen, wenn Risse sich vorher mit Wasser gefüllt haben (Verwitterung). Nasser Boden friert im Winter hoch, der Akkerboden wird gelockert. Unangenehme Folgen: Wasserrohre können platzen, ganze Gebäude werden gehoben, wenn sie nicht frostsicher gegründet sind, und Straßendecken brechen auf. Die großen Kräfte macht der folgende Versuch deutlich.

Versuch 9: Eine gußeiserne Kugel, vollständig mit Wasser gefüllt und mit einer Schraube fest verschlossen, wird in eine Kältemischung gebracht. Als Gefäß dient ein Eimer, der aus Sicherheitsgründen abzudecken ist. Nach einiger Zeit platzt die Kugel laut vernehmbar auseinander (Abb. 2).

Aufgaben

1. Ein dampfender Kochtopf steht auf dem Herd. Was bezeichnet man in der Alltagssprache als Dampf? Was ist das tatsächlich?
2. Das Verdunsten hat in der Natur eine große Bedeutung. Erläutere dies anhand einiger Beispiele!
3. In heißen Ländern bewahrte man zu allen Zeiten Wasser in porösen Tonkrügen auf. Begründe dies!
4. Welche Bedeutung hat das Schwitzen für die Konstanthaltung der Körpertemperatur?
5. Warum besteht Erkältungsgefahr, wenn man sich im erhitzten Zustand der Zugluft aussetzt?
6. Nimm aus dem Gefrierschrank einige Eiswürfel und gib etwas Kochsalz hinzu! Stelle in einem kleinen Trinkglas Wasser in die Kältemischung und lasse es gefrieren! Beobachte und beschreibe den Vorgang!

4.2 Verborgene Energien

Wo bleibt die Energie?

Beim Sieden einer Flüssigkeit steigt die Temperatur nicht weiter an, obwohl man ständig Wärme zuführt. Beim Erstarren bleibt die Temperatur trotz ständiger Kühlung, also eines ständigen Wärmeentzugs, konstant. Energie geht nicht verloren. Also müssen wir fragen: Wo versteckt sich die Energie beim Verdampfen? Woher kommt sie beim Erstarren?

Einen Hinweis auf Klärung gibt die Unterkühlung (s. Versuch 7). Unterkühltes Wasser erstarrt, wenn man ein Eiskriställchen hineinwirft. Dabei schnellt die Temperatur auf 0 °C. Das gefrierende Wasser wird sozusagen von innen heraus geheizt, es ist selbst Energiequelle.

Erklärung: Die beim Schmelzen zugeführte Wärme wird in innere Energie umgewandelt, die im Körper steckt und dort verborgen ist. Allerdings nicht als kinetische Energie der Teilchen, denn die Temperaturbewegung ist nicht heftiger geworden. Es muß also auch noch eine andere Form der Speicherung geben. Hier müssen wir nun auf die Vorstellung vom Aufbau der Festkörper zurückgreifen. Die Teilchen sind durch Kräfte gebunden. Will man die Bindung lockern, so müssen die Teilchen gegen diese Kräfte voneinander entfernt werden. Man muß Arbeit verrichten, also Energie zuführen: Dadurch erhöht sich die *potentielle Energie* der Teilchen.

Ähnlich ist es beim Verdampfen. Auch zwischen den Flüssigkeitsteilchen wirken Kräfte. Beim Übergang in den gasförmigen Zustand müssen die Teilchen voneinander entfernt werden. Energiezufuhr ist nötig. Die besonders schnellen Teilchen verlassen die Flüssigkeit. Nun müssen sie gegen die Anziehungskraft ankämpfen und büßen dabei Geschwindigkeit (kinetische Energie) ein. Dies wirkt sich so aus, daß im Mittel die Geschwindigkeit der Teilchen in der Flüssigkeit dieselbe ist wie die der Teilchen im Gas. Das bedeutet: Der entstehende Dampf hat die gleiche Temperatur wie die siedende Flüssigkeit. Beim Kondensieren bzw. beim Erstarren werden die Teilchen eingefangen. Sie erhalten dabei Energie, die sie aber sofort wieder an die Teilchen der Umgebung weitergeben. Daher bleibt auch bei diesen Vorgängen die Temperatur konstant. Die **mikroskopische Deutung der inneren Energie** von Seite 193 müssen wir nach dem Vorhergehenden folgendermaßen ergänzen:

Zur inneren Energie eines festen oder flüssigen Körpers gehören die kinetischen und potentiellen Energien aller Teilchen.

Bei Gasen mit geringerem mittleren Abstand der Teilchen wird die innere Energie allein durch die kinetische Energie der Teilchen bestimmt.

Verdampfungsenergie

Unter der Verdampfungsenergie versteht man die Energie, die nötig ist, um eine bestimmte Flüssigkeitsmenge zu verdampfen. Wir wollen sie für Wasser bestimmen.

Versuch 10: Auf einer Tafelwaage wird eine bestimmte Wassermenge in einem Kalorimeter mit Tauchsieder so austariert, daß sich die Waage zunächst nach der Seite des Kalorimeters neigt. Nachdem das Wasser zu verdampfen begonnen hat, stellt sich nach kurzer Zeit der Gleichgewichtszustand der Waage ein. Nun wird auf die Waagschale mit dem Kalorimeter ein Wägestück mit der Masse $m = 50$ g aufgelegt und die Zeit gemessen, die vergeht, bis die Waage erneut ins Gleichgewicht kommt. Dann sind z. B. in der Zeitspanne $t = 220$ s 50 g Wasser verdampft.

Der Tauchsieder mit der Leistung 500 W liefert in dieser Zeit die Wärme $Q_v = 0{,}5\,\frac{\text{kJ}}{\text{s}} \cdot 220\text{ s} = 110\text{ kJ}$.

Zum Verdampfen von 50 g oder 0,050 kg Wasser waren 110 kJ Wärme nötig.

Zum Verdampfen von 1 g Wasser waren daher in unserem Beispiel $\frac{110\text{ kJ}}{50} = 2{,}2\text{ kJ}$ oder zum Verdampfen von 1 kg Wasser $\frac{110\text{ kJ}}{0{,}050} = 2200\text{ kJ}$ nötig.

Um einen besseren Vergleich mit anderen Stoffen zu ermöglichen, bezieht man alle Angaben auf eine bestimmte Masse, z. B. 1 kg. Diese **spezifische Verdampfungsenergie** q_v ergibt sich, wenn man die Verdampfungsenergie Q_v durch die Masse m des verdampften Stoffes dividiert:

Spezifische Verdampfungsenergie = $\frac{\textbf{Verdampfungsenergie}}{\textbf{Masse}}$ $\qquad q_v = \frac{Q_v}{m}$.

Für q_v ist auch der Name „spezifische Verdampfungswärme" gebräuchlich, für Q_v der Name „Verdampfungswärme".

Der Name „Verdampfungswärme" erklärt sich daraus, daß in der Regel die zum Verdampfen nötige Energie in Form von Wärme zugeführt wird. Die Energie könnte auch in Form von mechanischer Arbeit zugeführt werden.

Für Wasser beträgt der genaue Wert 2256,3 kJ/kg. Um 1 kg Wasser zu verdampfen, sind daher 2256,3 kJ nötig. Umgekehrt wird dieser Betrag beim Kondensieren von 1 kg Wasserdampf an die Umgebung abgeführt.

Schmelzenergie

Versuch 11: In einem Kalorimeter befinden sich 500 g Wasser von 60 °C. Wir geben 200 g trockenes Eis von 0 °C hinzu und bestimmen die sich einstellende Mischungstemperatur (20 °C).

Auswertung: Das Wasser gibt Wärme an das Eis ab. Diese Energie dient zum Schmelzen der Eismenge und zum Erwärmen der entsprechenden Wassermenge von 0 °C auf 20 °C. Die Schmelzenergie, auch *Schmelzwärme* genannt, sei Q_s. Dann gilt (ohne Berücksichtigung der Wärmekapazität vom Gefäß):

Vom Wasser abgegebene Energie:

$$Q_{ab} = 4{,}2\,\frac{\text{kJ}}{\text{kg K}} \cdot 0{,}5\text{ kg} \cdot 40\text{ K} = 84\text{ kJ}.$$

Vom Eis aufgenommene Energie:

$$Q_{zu} = 4{,}2\,\frac{\text{kJ}}{\text{kg K}} \cdot 0{,}2\text{ kg} \cdot 20\text{ K} + Q_s = 16{,}8\text{ kJ} + Q_s.$$

Nun ist $Q_{ab} = Q_{zu}$, daher erhält man:

$$84\text{ kJ} = 16{,}8\text{ kJ} + Q_s \Rightarrow Q_s \approx 67\text{ kJ}.$$

Zum Schmelzen von 200 g Eis waren demnach 67 kJ nötig. Zum besseren Vergleich bezieht man auch hier die Schmelzenergien verschiedener Stoffe stets auf 1 kg. Man erhält diese **spezifische Schmelzenergie,** wenn man die Schmelzenergie durch die Masse m teilt:

Spezifische Schmelzenergie = $\frac{\textbf{Schmelzenergie}}{\textbf{Masse}}$ $\qquad q_s = \frac{Q_s}{m}$.

Für Eis erhalten wir:

$$q_s = \frac{67\text{ kJ}}{0{,}2\text{ kg}} = 335\,\frac{\text{kJ}}{\text{kg}}.$$

Um 1 kg Eis zu schmelzen, sind daher 335 kJ nötig. Umgekehrt werden beim Erstarren von 1 kg Wasser 335 kJ an die Umgebung abgegeben. Diese Tatsache nutzen Obstbauern im Frühjahr.

Wenn ein Kaltlufteinbruch die Nachttemperaturen unter den Gefrierpunkt absinken läßt, sind die Blüten gefährdet. Wird die Baumkrone mit Wasser besprüht, dann gefriert dieses, die Temperatur sinkt aber nicht unter 0 °C ab. Bei 0 °C besteht aber für die zarten Blüten noch keine Gefahr.

Aufgaben

1. Warum schützt Nebelbildung (Kondensation von Wasserdampf zu kleinen Tröpfchen) vielfach vor Nachtfrost?
2. In einer Dampfheizungsanlage kondensieren 50 kg Wasserdampf zu Wasser. Wie groß ist die bei der Kondensation abgegebene Wärmemenge?
3. Wieviel kJ gibt das Kondenswasser (50 kg) ab, wenn es sich im Heizkörper von 100 °C auf Zimmertemperatur 20 °C abkühlt?
4. Wie groß ist die insgesamt von 50 kg Wasserdampf abgegebene Wärmemenge, die vom Heizkessel ersetzt werden muß?
5. Wie groß muß die Wärmeleistung des Heizkessels sein, wenn die in der vorigen Aufgabe berechnete Wärmemenge in 1 Stunde abgegeben wurde? Wieviel Tauchsieder mit 30 kJ/min Wärmeleistung könnten diese Wärmeleistung aufbringen?

5 Wärmetransport

5.1 Konvektion

Strömende Materie trägt Energie

Als die „Warmwasserheizung" West- und Nordeuropas wird der riesige Golfstrom bezeichnet (Abb. 1). Er transportiert relativ warmes Wasser in höhere Breiten. 70 Millionen Kubikmeter Meerwasser strömen an manchen Stellen in jeder Sekunde gen Norden, 10 Millionen Kubikmeter erreichen in jeder Sekunde die europäischen Gewässer.

Das Prinzip des Energietransports ist einfach: Energie wird in Form von Wärme aufgenommen, als innere Energie gespeichert, mit dem Meerwasser mitgeführt und an einer anderen Stelle als Wärme an die Umgebung abgegeben. **Konvektion** (convehere, lat. = mitbringen) nennt man diese Art des Energietransports.

Es wird also strenggenommen keine Wärme transportiert, sondern *innere Energie*. Trotzdem spricht man häufig von Wärmeströmung, weil das Transportmittel, hier das Meerwasser, die Energie in Form von Wärme aufnimmt und wieder als Wärme abgibt.

Meeresströmungen sind sehr kompliziert. Wir wollen die Konvektion an einfachen Beispielen untersuchen.

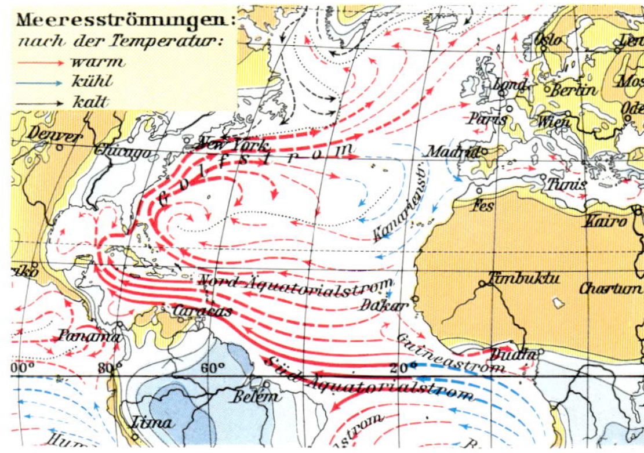

Abb. 1 Meeresströmungen sind Konvektions-Ströme

Selbsttätige Konvektion

Versuch 1: In einen mit Wasser gefüllten Rundkolben geben wir Sägespäne und verteilen sie durch Schütteln gleichmäßig im Wasser. Erwärmen wir das Wasser vorsichtig, dann zeigen die Sägespäne eine in der Mitte aufsteigende und an der Außenwand absteigende Wasserströmung an (Abb. 2).

Erklärung: Wasser dehnt sich beim Erwärmen aus. Daher hat in der Mitte das warme Wasser eine geringere Dichte als am Rande. Es erfährt einen Auftrieb im kalten Wasser.

Die Entstehung der Wasserkreisströmung können wir mit dem in Abb. 3 dargestellten Rechteckrohr genauer untersuchen.

Versuch 2: Das Rechteckrohr ist mit Wasser gefüllt. Durch die obere Öffnung werden Kaliumpermanganatkörner gegeben. Wir erhitzen das Wasser im linken lotrechten Schenkel. Es steigt im Rohr hoch, kühlt sich oben ab und fließt in dem gegenüberliegenden Rohr wieder zurück. Die Kaliumpermanganatfärbung zeigt die Strömung des Wassers an. Daß ein solcher Kreislauf nur zustande kommt, wenn das Wasser unten erwärmt wird, zeigt der Gegenversuch: Wir erwärmen oben. Es entsteht keine Kreisströmung.

Ähnlich wie in Versuch 2 funktioniert auch die Konvektion in manchen Warmwasserheizungen. Das im Kessel erhitzte Wasser steigt im Steigrohr auf, kühlt sich in den Heizkörpern, in die es oben

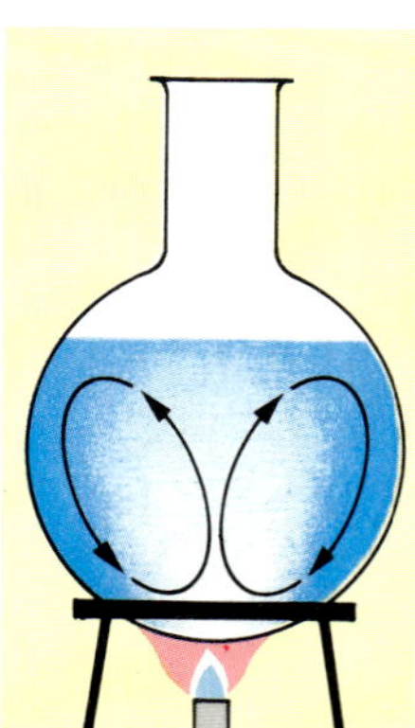

Abb. 2 Konvektion im Rundkolben

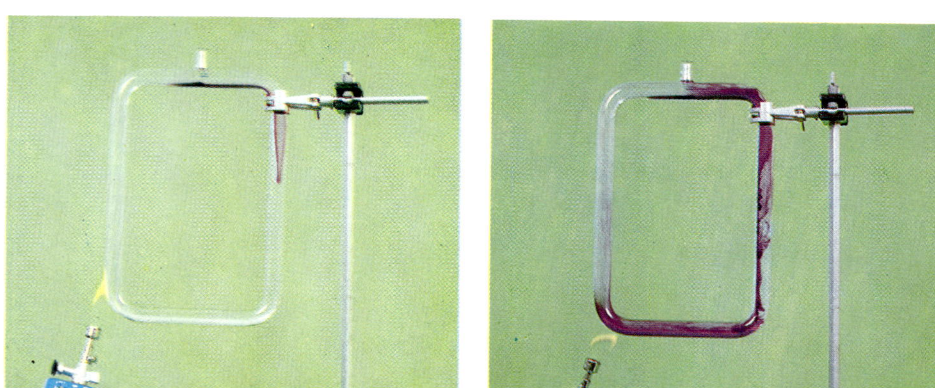

Abb. 3 Konvektion im Rechteckrohr

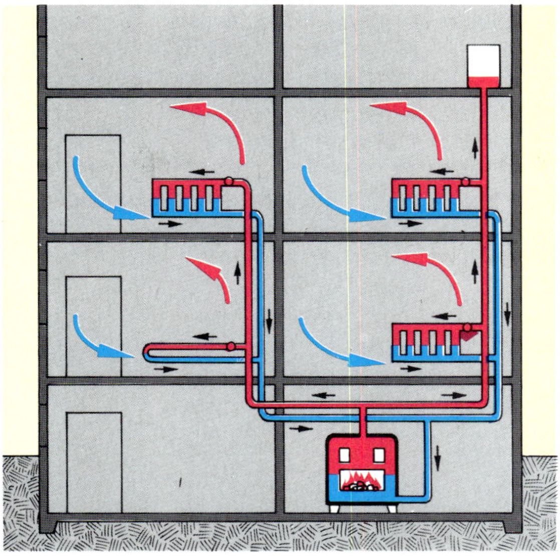

Abb. 4 Warmwasserheizung

zufließt, um einige Grad Celsius ab und fließt durch das Fallrohr wieder zum Kessel zurück (Abb. 4).

Im Zimmer erwärmt der Heizkörper die Luft. Diese steigt auf und kühlere Luft strömt nach.

In der Natur kommen solche Luftströmungen im großen Ausmaß vor. Über großen Ackerflächen z. B. erhitzt sich die Luft stärker als über dem umgebenden Wald oder über einer Wasserfläche. Deshalb entstehen über solchen Flächen Aufwinde oder sogenannte *Thermikschläuche,* die die Segelflieger ausnutzen (Abb. 5).

In den heißen Zonen der Erde bilden sich über den Kontinenten Aufwindgebiete, die erdumspannende Luftströmungen einleiten (Abb. 6). Intensive Sonneneinstrahlung führt in Äquatornähe zu einem aufsteigenden Luftstrom. Sie werden durch kältere Luftmassen ersetzt, die aus dem Norden oder Süden nachströmen. Infolge der Erddrehung werden diese nachströmenden Luftmassen aus ihrer Richtung etwas abgelenkt, und so entstehen die *Passatwinde.*

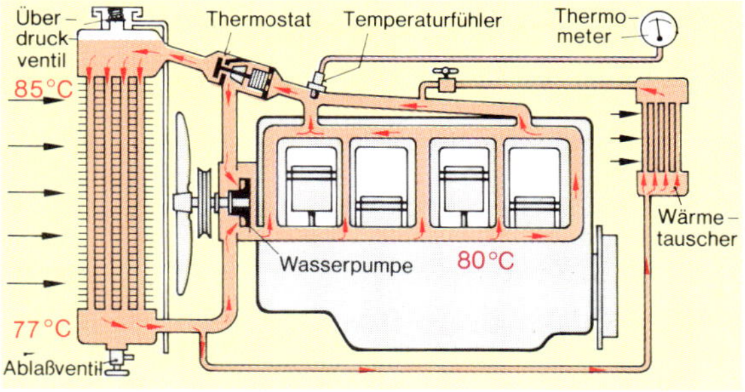

Abb. 7 Pumpenumlaufkühlung

Erzwungene Konvektion

Die Konvektion ist stets mit der Bewegung eines Transportmittels verbunden. Beim Umrühren von Speisen, beim Haartrockner (Fön), bei der Warmwasserheizung im Haus mit Umwälzpumpen und beim Ventilator wird diese Konvektion künstlich erzwungen. Die Pumpenumlaufkühlung beim Kraftfahrzeugmotor ist ebenfalls eine solch künstlich erzwungene Konvektion (Abb. 7).

Bei der Konvektion strömt die Energie mit der Materie. Die selbsttätige Konvektion kann nur dann entstehen, wenn Temperaturdifferenzen vorhanden sind.

Aufgaben

1. Gib weitere Beispiele für die selbsttätige Konvektion in der Natur und in der Technik!
2. Gib eine Erklärung dafür, daß eine in der Nähe der Heizung am Fußboden aufgestellte Kerze einen Zugwind nach dem Heizkörper hin anzeigt! Mache dir selbst ein Bild von der Luftströmung im geheizten Zimmer! Warum bringt man den Heizkörper möglichst tief an?
3. Öffnet man die Tür zu einem geheizten Zimmer, so zeigt die brennende Kerze oben einen Luftstrom zum kalten, unten einen solchen zum warmen Zimmer hin an.

   Zeichne und erkläre!
4. Beschreibe und erkläre die in Abb. 7 dargestellte Pumpenumlaufkühlung!

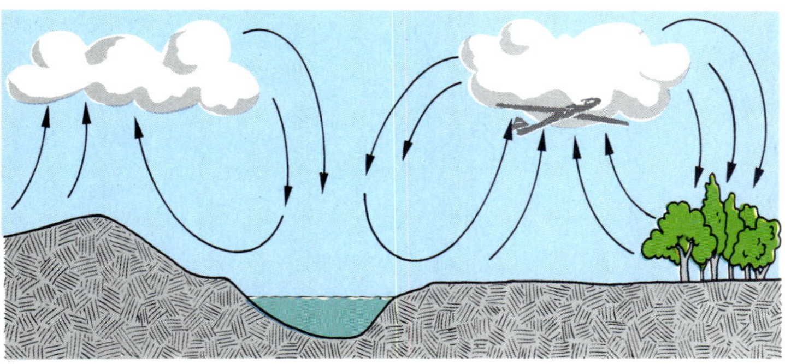

Abb. 5 Unterschiedliche Erwärmung verschiedener Gebiete führt zu Aufwinden

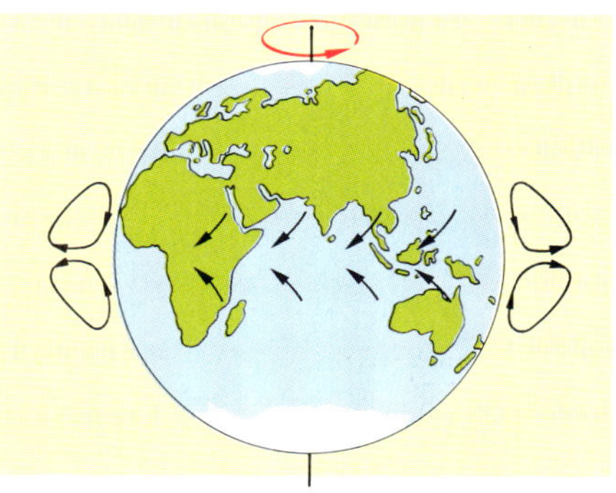

Abb. 6 Durch Aufwinde in Äquatornähe entstehen die Passate

5.2 Wärmeleitung

Ruhende Materie leitet Energie

Die Suppe im Kochtopf erwärmt sich vorwiegend durch Konvektion, nicht dagegen der Topf selbst. Hier geht die Energie von der heißen Herdplatte auf den weniger heißen Topf über. Man spricht von **Wärmeleitung.** Wir wollen im folgenden untersuchen, wie sie zustande kommt, wodurch sie begünstigt wird und in welcher Weise sie von den verwendeten Materialien abhängig ist.

Versuch 3: Ein 0,5 bis 1 cm dicker Kupferstab wird am oberen Ende mit dem Bunsenbrenner erhitzt (Abb. 1). Das andere Ende ragt ins Wasser hinein. Die Temperatur des Wassers erhöht sich.

Der Kupferstab leitet die Wärme vom oberen, heißen Ende an das kalte Wasser weiter. Viele weitere Versuche bestätigen:

Bei der Wärmeleitung wird die Energie von der Materie transportiert, ohne daß diese selbst mitbewegt wird. Dabei „fließt" die Wärme stets in Richtung des Temperaturgefälles.

Die Wärmeleitung können wir mit dem Teilchenmodell verstehen: Die im Mittel schnelleren Teilchen stoßen auf die langsameren Teilchen des kalten Körpers. Sie geben dabei einen Teil ihrer kinetischen Energie an die langsameren Teilchen ab. Diese wiederum können ihre Energie weitergeben an andere Teilchen, so daß allmählich alle Teilchen des kalten Körpers erfaßt werden (Abb. 2). Bei zwei sich berührenden Körpern gleichen sich auf diese Weise anfänglich bestehende Temperaturunterschiede aus.

Bei der Wärmeleitung wird die Energie von Teilchen zu Teilchen weitergegeben.

Ein guter Wärmeleiter transportiert in einer bestimmten Zeit mehr Energie als ein schlechter. Hierzu der folgende Versuch.

Versuch 4: Drei gleich lange Metallstäbe aus Kupfer, Messing und Stahl sind an einem Messingklotz befestigt. An den Enden dieser Metallstäbe befinden sich Ausbohrungen, in die wir die Köpfchen von drei Zündhölzern stecken. Sie entzünden sich bei einer Temperatur von etwa 300 °C. Erwärmen wir den Metallklotz in der Mitte, so breitet sich die Wärme in den Metallstäben nach den Seiten aus. Die Zündhölzchen entzünden sich zu verschiedenen Zeiten, bei Kupfer zuerst, dann bei Messing und schließlich bei Stahl (Abb. 3).

Daraus könnten wir nun schließen, daß Kupfer der bessere Wärmeleiter sei. Dieser Schluß ist aber voreilig. Wir haben nämlich die spezifische Wärmekapazität des Wärmeleiters nicht berücksichtigt. Verschiedene Materialien haben verschiedene Wärmekapazitäten. Um 1 g Kupfer um ein Grad zu erwärmen, braucht man 0,39 J, für 1 g Eisen sind dagegen 0,45 J erforderlich. Das heißt: Ein Kupferklotz wird bei gleicher Masse schneller warm als ein Eisenklotz.

Um das Zündhölzchen zu entflammen, muß eine bestimmte Temperatur erreicht werden. Dies kann auf der besseren Wärmeleitfähigkeit beruhen, aber auch darauf, daß der Kupferstab wegen der geringeren spezifischen Wärmekapazität schneller auf die Zündtemperatur gebracht werden kann. Man braucht zum Aufheizen weniger Energie.

Zur genaueren Untersuchung der Wärmeleitung ist also der beschriebene Versuch nicht geeignet. Hierzu müssen wir ganz bestimmte Bedingungen schaffen, die verändert werden können. Zunächst müssen wir den Einfluß der spezifischen Wärmekapazität ausschalten. Wir dürfen also nicht messen, wie schnell das Ende des Stabes auf eine bestimmte Temperatur gebracht werden kann, sondern wir müssen den Wärmefluß durch den Stab bestimmen. Dies ist nur dann möglich, wenn wir die Temperaturdifferenz zwischen Anfang und Ende des Stabes konstant halten.

Eine mögliche Versuchsanordnung zum Vergleich von Wärmeleitern wird auf der folgenden Seite beschrieben.

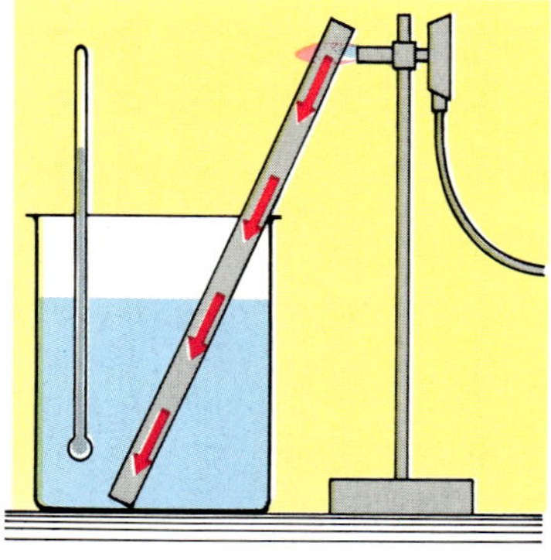

Abb. 1 Wärmeleitung durch einen Kupferstab

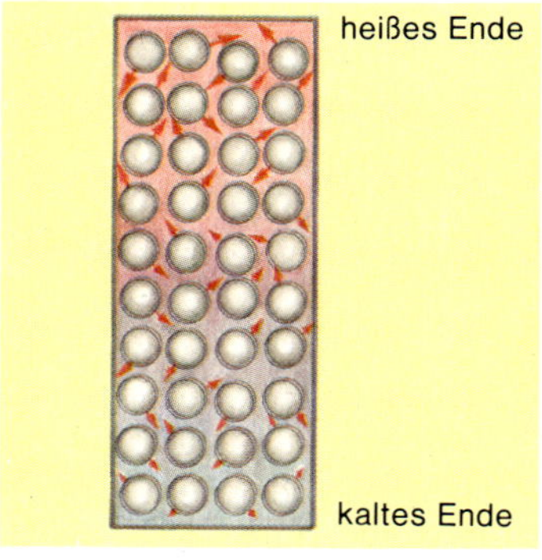

Abb. 2 Wärmeleitung im Teilchenmodell

Abb. 3 Beim Kupferstäbchen entzündet sich das Streichholz zuerst

Versuch 5: Wir verwenden einen Metallstab und erhitzen das eine Ende des Stabes mit einer Flamme (Abb. 4). Das andere Ende taucht in Wasser ein. Dort müssen wir für eine konstante Temperatur sorgen. Wir erreichen dies, indem wir kühleres Wasser einleiten. Das Wasser nimmt die Wärme auf und transportiert die aufgenommene Energie ab. Der Wasserzufluß wird nun so geregelt, daß sich die Temperatur am Ende des Stabes nicht ändert. Die Menge des Wassers, die z. B. in 10 Sekunden zufließt, ist abhängig von dem Wärmefluß durch den Stab.

Wir erhalten die folgenden Ergebnisse:

Kupfer leitet die Wärme mehr als 6mal besser als Eisen und nahezu dreieinhalb mal so gut wie Messing.

Weitere Versuche ergeben:

Metalle sind bessere Wärmeleiter als Nichtmetalle.

Wasser ist kein guter Wärmeleiter. Dies zeigt folgender Versuch.

Versuch 6: In einem Reagenzglas befestigen wir unten etwas Eis. Es gelingt, das Wasser oben zum Sieden zu bringen, während unten Eis noch nicht einmal geschmolzen ist (Abb. 5).

Wie steht es mit der Wärmeleitfähigkeit von Gasen? Hierüber gibt ein Phänomen Auskunft, das der deutsche Arzt Leidenfrost (1715–1795) erstmals beschrieben hat und deshalb auch *Leidenfrostsches Phänomen* heißt. Man kann es beobachten, wenn Wassertropfen auf eine sehr heiße Herdplatte gelangen. Sie verdampfen dort überraschenderweise sehr langsam und tanzen heftig auf der Platte hin und her. Wir wollen diesen Versuch nachahmen.

Versuch 7: Eine Metallschale wird so auf einen Eisenring gelegt, daß sie mit der Wölbung nach oben weist. Sie wird von unten sehr stark erhitzt. Nun bringen wir einen Wassertropfen auf die Metallschale. Mit einer Stricknadel verhindern wir, daß der Wassertropfen herunterläuft (Abb. 6, links). Der Wassertropfen verdampft nicht plötzlich, sondern ganz langsam.

In der Projektion sehen wir, woran es liegt. Der Wassertropfen wird von der Seite beleuchtet und mit einer Linse auf einem Schirm abgebildet (Abb. 6, rechts). Damit das Bild aufrecht steht, ist zwischen Linse und Schirm ein Umkehrprisma. Man erkennt auf dem Schirmbild zwischen Tropfen und Schale eine helle Schicht. Es ist Wasserdampf, der sich an der Unterseite des Tropfens bildet und seitlich entweicht. Daher das Tanzen des Tropfens auf der Herdplatte. Daher aber auch das langsame Verdampfen, denn der Wasserdampf hat ein sehr schlechtes Wärmeleitvermögen. Er behindert den Wärmeübergang von der heißen Metallplatte zum Wasser.

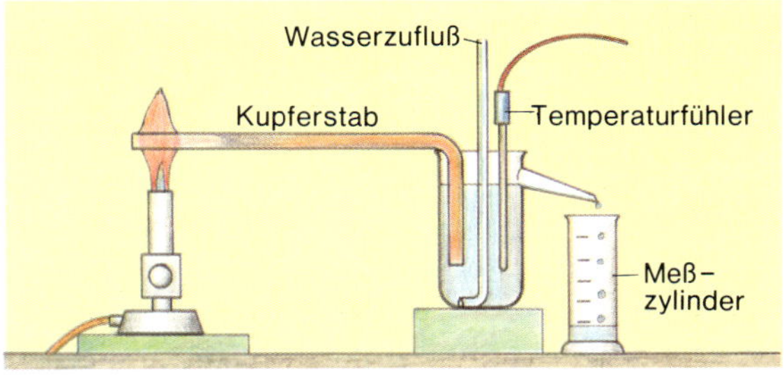

Abb. 4 So kann man den Wärmefluß durch einen Stab bestimmen

Wärmeleitfähigkeiten im Vergleich zu trockener Luft

Styropor	1,5
Wasser	20
Glas	40
Eisen	3000

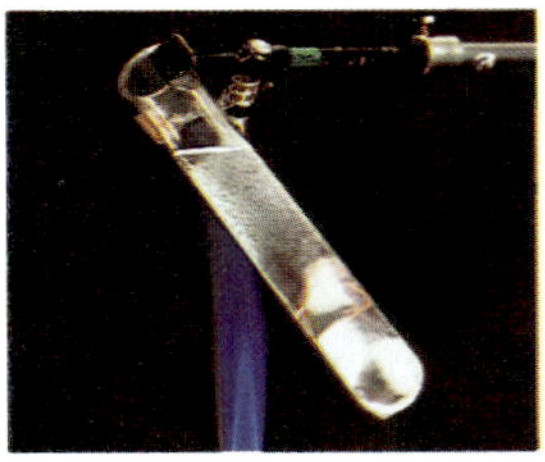

Abb. 5 Wasser ist ein schlechter Wärmeleiter

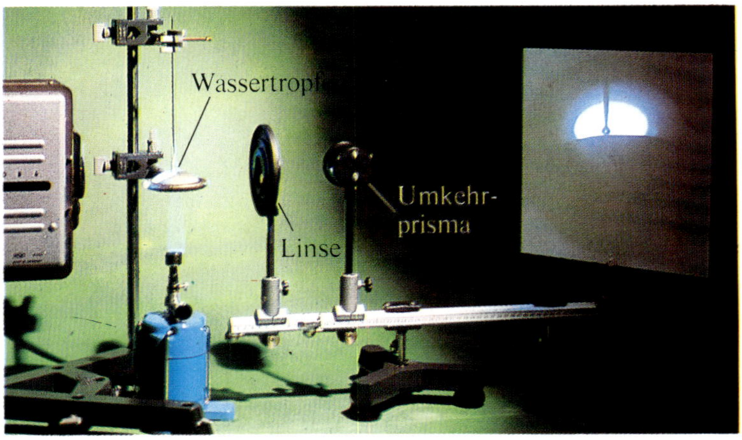

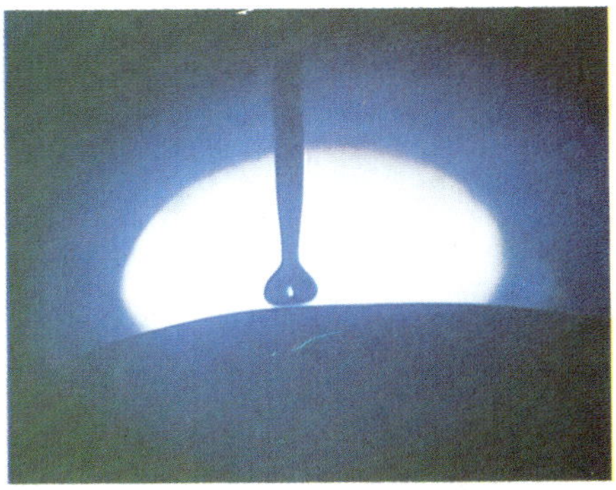

Abb. 6 Leidenfrostsches Phänomen (links) Versuchsanordnung, (rechts) Tropfen in der Projektion

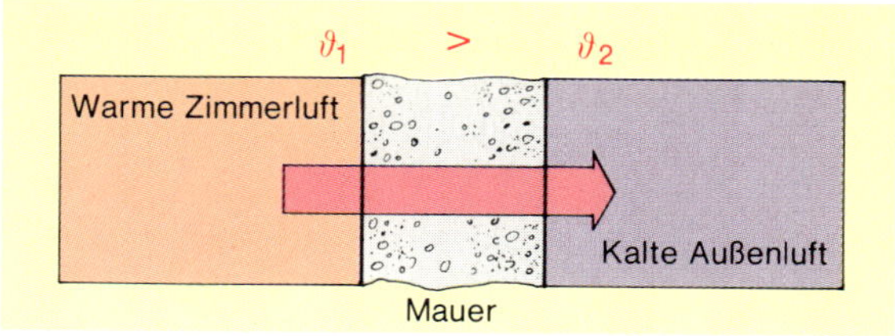

Abb. 1 Wärmeleitung durch eine Mauer

Wir können zusammenfassend sagen:

Metalle sind gute, Flüssigkeiten und Gase schlechte Wärmeleiter.

Schlechte Wärmeleiter verwendet man zur Wärmeisolation, weil sie den Wärmeübergang durch Leitung behindern. Man spricht auch von **Wärmedämmung.**

Aufgaben

1. Warum fühlt sich eine Metalltürklinke stets kälter an als die gleich warme Holztür?
2. In Wasser von 80 °C kann man nicht mehr hineinlangen, heiße Watte von derselben Temperatur dagegen kann man anfassen.
3. Warum verwendet man Doppelfenster?
4. Warum tragen wir im Winter lockere Wollkleidung?
5. Welche Bedeutung hat die Schneedecke für den Schutz der Pflanzen?
6. Welche Aufgabe haben die Kühlrippen eines Motorzylinders? In welcher Weise erfüllen sie diese Aufgabe? (Abb. 2)
7. Wie könnte man mit der Versuchsanordnung nach Abb. 4 (S. 207) nachweisen, daß bei einem Stab die in einer bestimmten Zeit transportierte Wärme proportional ist der Querschnittsfläche A und umgekehrt proportional der Länge des Stabes? Vergleiche die Wärmeleitung durch einen Stab mit der Wärmeleitung durch eine Mauer! (Abb. 1)

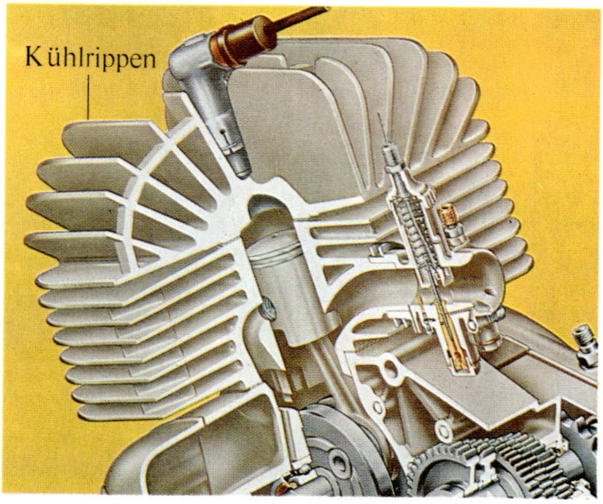

Abb. 2 Kühlrippen eines Motorzylinders

5.3 Wärmestrahlung

Wärmetransport ohne Materie

Eine zweite Art des Wärmetransports findet man bei der Übertragung der Sonnenenergie auf die Erde. Auch bei kalter Luft kann man sich im Freien aufhalten, wenn man sich den wärmenden Sonnenstrahlen aussetzt; sie wärmen aber nur auf der Seite, die der Sonne zugewandt ist. Da der Raum zwischen den Himmelskörpern praktisch frei von Materie ist, kann bei der Übertragung der Sonnenenergie mit Sicherheit Konvektion oder Wärmeleitung ausgeschlossen werden. Diese Art der Wärmeübertragung heißt **Wärmestrahlung.**

Wärmestrahlung ist Energietransport ohne Materie.

Legt man einen schwarzen und einen weißen Lappen bei Sonnenschein auf eine Schneefläche, dann ist der schwarze Lappen nach kurzer Zeit im Schnee versunken, der weiße liegt an der Oberfläche. Wir wissen aus der Optik, daß Licht beim Auftreffen auf undurchsichtige Körper teilweise reflektiert (zurückgeworfen), teilweise absorbiert (verschluckt) wird. Der absorbierte Anteil erwärmt den Körper, in unserem Fall den schwarzen Körper stärker als den weißen.

Körper mit dunkler Oberfläche absorbieren die Strahlung der Sonne stärker als solche mit heller oder glänzender Oberfläche.

Nun ist, wie wir wissen, das weiße Licht der Sonne, aber auch z. B. das Licht einer Glühlampe, nicht einheitlich. Man kann es in Spektralfarben zerlegen. Wir untersuchen, wie sich die einzelnen Lichtarten bei der Absorption verhalten.

Hierzu verwenden wir eine Thermosäule, die mehrere zusammenwirkende Thermoelemente enthält. Erwärmung wird durch elektrischen Strom angezeigt. An der Auftreffstelle ist der Strahlungsempfänger geschwärzt. Strahlung wird also dort gut absorbiert.

Versuch 8: Wir erzeugen das Spektrum einer hellen Glühlampe und bringen die Thermosäule an verschiedene Stellen des Spektrums.

Ergebnisse: In jedem Teil des Spektrums zeigt die Thermosäule einen Ausschlag, also eine Erwärmung an. Die Erwärmung nimmt gegen das rote Ende des Spektrums zu und erreicht im Ultrarotbereich einen Höchstwert. Dies veranlaßt uns zu folgender Vereinbarung:

Jede Strahlung, die bei ihrer Absorption eine Erwärmung verursacht, heißt Wärmestrahlung.

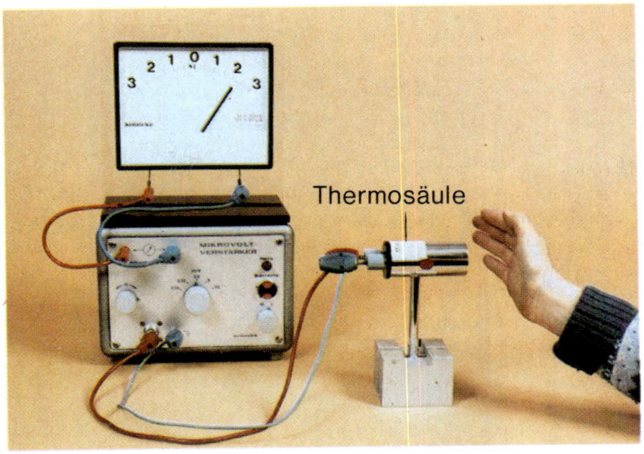

Abb. 3 Wärmestrahlung einer Hand

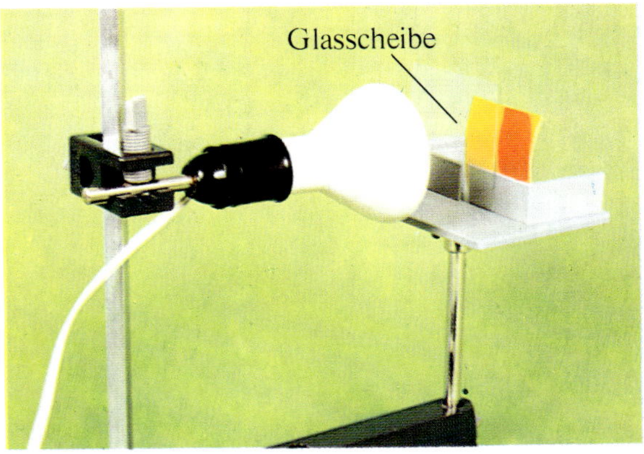

Abb. 4 Glas absorbiert Wärmestrahlen

Jeder Körper strahlt

Zum Beispiel strahlt eine Hand (Abb. 3). Aber auch andere Körper.

Versuch 9: Wir stellen ein Becherglas, das mit warmem Wasser gefüllt ist, vor die Thermosäule. Ergebnis: Das Meßinstrument zeigt einen deutlichen Ausschlag.

Versuch 10: Stellt man ein Becherglas, das mit kaltem Wasser gefüllt ist, vor die Thermosäule, dann geht der Ausschlag nach der anderen Seite.

Wie ist das zu verstehen? Der Ausschlag zeigt uns, daß sich die Thermosäule abgekühlt hat. Sie hat Energie abgegeben, und zwar durch Strahlung. Sie hat aber auch Energie empfangen, und zwar vom Becherglas. Pro Minute erhielt aber die Thermosäule weniger Energie als sie abgegeben hat. Die Energiebilanz war nicht ausgeglichen: Daher kühlte sich die Thermosäule ab, und zwar so lange, bis die pro Minute abgegebene gleich der pro Minute aufgenommenen Energie war.

Jeder Körper strahlt unabhängig von anderen Energie ab. Bei höherer Temperatur mehr als bei niedrigerer. Die Temperatur eines Körpers ändert sich nicht, wenn die in einer bestimmten Zeit abgestrahlte Energie gleich ist der in der gleichen Zeit aufgenommenen Energie.

Wir untersuchen unsichtbare Wärmestrahlen

Versuch 11: Zwei gleiche Thermometer, deren Vorratsbehälter von einer blanken und einer schwarz lackierten Aluminiumhülse eingehüllt sind, werden mit einem Heißluftgebläse angeblasen, bis sie gleiche Temperaturen zeigen. Dann beobachten wir die Abkühlung.

Das Thermometer mit der geschwärzten Hülle kühlt rascher ab als das mit der blanken Hülle. Ursache ist die stärkere Abstrahlung der Wärme. Körper mit dunkler Oberfläche strahlen (emittieren, emittere, lat. = ausschicken) die Wärme stärker ab als helle, glänzende.

Versuch 12: Bringt man vor einen Wärmestrahler ein Wärmepapier, das man zur Hälfte mit einer Glasplatte abdeckt, so tritt der Farbumschlag nur auf der nicht abgedeckten Hälfte des Wärmepapiers ein (Abb. 4).

Daraus folgt, daß die Glasplatte wenigstens einen Teil der Wärmestrahlung absorbiert (verschluckt). Gleichzeitig erwärmt sich die Glasplatte. Eine berußte Glasscheibe hält die Wärmestrahlung ganz zurück.

Die Wärmestrahlung wird an glatten Metallflächen reflektiert, ohne daß diese sich selbst merklich erwärmen. An einem Holzbrett dagegen läßt sich keine Reflexion feststellen, es erwärmt sich.

Körper mit dunkler Oberfläche absorbieren die Wärmestrahlung stärker als helle und glänzende. Sie strahlen aber auch stärker ab. Die Strahlung wird von den Körpern teils reflektiert, teils absorbiert. Die Körper erwärmen sich dabei um so stärker, je mehr sie absorbieren.

Aufgaben

1. Wie wirkt sich die weiße Farbe des Schnees bei Tage und bei Nacht aus?
2. Warum kühlt es in sternklaren Nächten besonders stark ab und weniger stark, wenn der Himmel bedeckt ist?
3. In der *Thermosflasche* sind alle zum Vermeiden von Wärmeverlusten denkbaren Maßnahmen vereinigt (Abb. 5)

   Sie besteht aus einem Doppelwandgefäß D aus Glas, dessen Zwischenraum so weit wie möglich luftverdünnt wurde. Der äußere Glasmantel ist an der Innenseite verspiegelt. Das Glasgefäß ist mit Luftzwischenraum von einem Blechmantel umgeben. Die Halterung H und der Verschluß V bestehen aus Kork.

   Begründe die Zweckmäßigkeit aller Konstruktionsmaßnahmen!

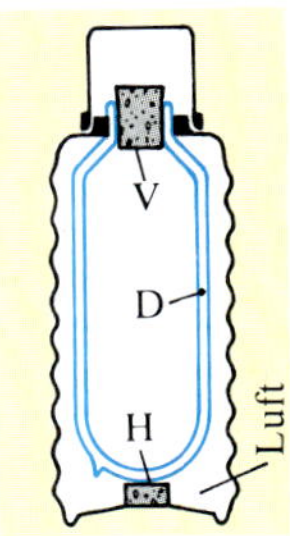

Abb. 5 Thermosflasche

5.4 Richtung des Wärmeübergangs – Wärmepumpe

Die Richtung der Wärmeübertragung

Alle Vorgänge der Wärmeübertragung haben gemeinsam, daß die Wärme von selbst stets von einem warmen Körper auf einen kalten Körper übergeht. Bei der Konvektion nimmt das Transportmittel von einem wärmeren Körper die Energie auf und transportiert sie zu einem kälteren Körper und gibt sie dort wieder als Wärme ab. Auch die Wärmeleitung in einem Stab z. B. erfolgt von den Stellen höherer zu den Stellen niedriger Temperatur.

Bei der Wärmestrahlung haben wir erfahren, daß jeder Körper, auch ein Eisblock, unabhängig von dem anderen strahlt. Trotzdem erwärmt sich hier der kältere auf Kosten des wärmeren, bis ein Temperaturausgleich erfolgt ist. Der umgekehrte Fall wurde bisher nie beobachtet.

Wärme kann nie von selbst von einem Körper niederer Temperatur auf einen Körper höherer Temperatur übergehen.

Beim Kühlschrank ist es umgekehrt

Ein warmer Körper kann dennoch auf Kosten des kalten Körpers noch wärmer werden. Jeder Haushaltskühlschrank zeigt dies. Seinen Aufbau sieht man in Abb. 1, seine Wirkungsweise ist in Abb. 2 schematisch dargestellt. Das Prinzip ist einfach: Im Kühlschrank wird eine Flüssigkeit mit niedrigem Siedepunkt abwechselnd verdampft und verflüssigt. Die Verdampfung erfolgt im Kühlraum. Diesem wird die dazu nötige Verdampfungswärme entzogen. Die Verflüssigung erfolgt außerhalb des Kühlschranks. Die dabei frei werdende Kondensationsenergie wird als Wärme an die Umgebung abgegeben. Der Transport der Energie erfolgt durch die Flüssigkeit, die die Energie in Form gespeicherter Verdampfungsenergie mit sich führt. Die Energie wird als Wärme bei niedriger Temperatur aufgenommen und wiederum als Wärme bei hoher Temperatur abgegeben. Man spricht deshalb auch von einer **Wärmepumpe.**

Im einzelnen spielen sich folgende Vorgänge ab. Im Verdampfer siedet die Flüssigkeit bei niedrigem Druck und entzieht den Speisen im Kühlraum die Verdampfungswärme. Deren Temperatur sinkt. Das Verdampfen wird aufrechterhalten durch den Verdichter, der den entstehenden Dampf abpumpt und verdichtet. Dabei erwärmt sich dieser Dampf. Im Verflüssiger, der sich meist an der Rückseite des Kühlschranks befindet, und aus einem langen mehrfach gebogenen Rohr mit Kühlringen besteht, wird Dampf abgekühlt und verflüssigt. Die Kondensationswärme wird über die Kühlrippen an die Außenluft abgegeben. Über die Verbindungsleitung schließt sich der Kreis. Die Flüssigkeit gelangt über ein Drossel-Kapillarrohr wieder in den

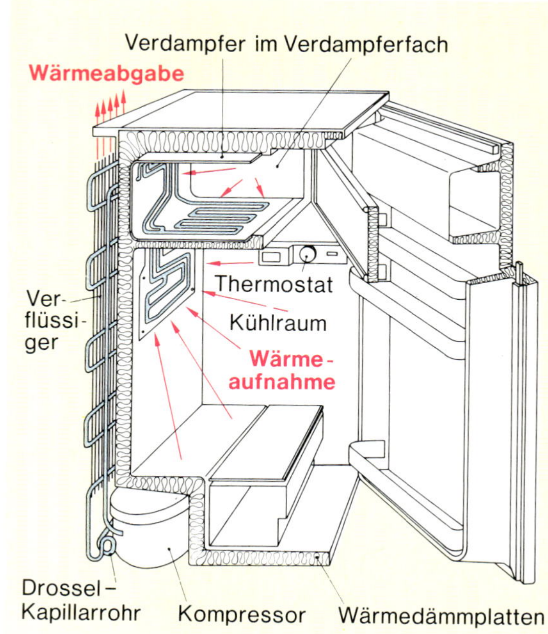

Abb. 1 Aufbau eines Kühlschranks

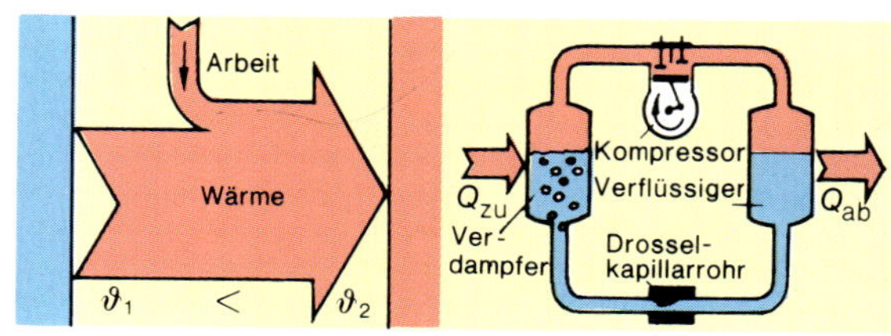

Abb. 2 So funktioniert ein Kühlschrank

Verdampfer. Hinter dem Drossel-Kapillarrohr entspannt sich die Flüssigkeit etwas. Der Kreislauf kann von neuem beginnen.

Der Vorgang läuft aber nicht von selbst ab. Schaltet man den Kompressor ab, dann gleichen sich die Temperaturen wieder aus. Es geht Wärme vom warmen auf den kalten Körper über.

Ohne Zufuhr von Energie ist ein Wärmeübergang von kalten zum wärmeren Körper nicht möglich.

Die Energie wird hier als mechanische Arbeit zugeführt. Den Energiefluß zeigt Abb. 2 (links).

Wärmepumpe als Heizgeräte

Der Kühlschrank ist die eine Möglichkeit, die Wärmepumpe zu nutzen. Man kann aber auch die Heizwirkung der Wärmepumpe verwenden. In dieser Form sind Wärmepumpen für die Zukunft wichtig, da man mit verhältnismäßig wenig zusätzlicher Energie die Energie der Umgebung nutzbar machen kann. Die Wärmepumpe entzieht der Umgebung (der Luft, dem Erdreich, dem Grundwasser) Energie und führt sie dem Wohnraum zu.

5.5 Wärmetransport bei einem Haus

Ständige Energieabgabe

Abb. 3 zeigt das Ultrarotbild eines Hauses (vgl. auch Seite 343). Unterschiedliche Temperaturen sind durch unterschiedliche Farben gekennzeichnet. Rot z. B. entspricht einer höheren Temperatur als Grün. Das Haus gibt demnach ständig, für uns unsichtbar, Wärme durch Strahlung ab.

Diese *Wärmestrahlung* ist aber nicht die einzige Art der Energieabgabe. Türen und Fenster werden immer wieder geöffnet, die verbrauchte Luft muß erneuert werden. Außerdem gibt es überall undichte Stellen, Fugen und Ritze. Warme Luft strömt daher nach außen und nimmt Energie mit. Sie wird durch die kalte Luft ersetzt, die im Zimmer erwärmt werden muß. Hier erfolgt die Energieabgabe durch *Konvektion*.

Die dritte Art der Wärmeabgabe erfolgt durch die Wände hindurch. Ist die Außenseite der Wand kühler als die Innenseite, wie es z. B. im Winter der Fall ist, dann fließt ständig Wärme durch die Wand zur Außenseite. Dort wird sie an die Außenluft abgegeben. Bei der Übertragung der Energie auf die Wand spielt die Konvektion eine Rolle, die Energieübertragung durch die Wand erfolgt durch *Wärmeleitung*.

Bei einem Haus fließt deshalb bei niedrigeren Außentemperaturen ein ständiger Strom von Energie nach draußen (Abb. 4). Um die Innentemperatur konstant zu halten, muß daher ständig Energie zugeführt werden. Dies geschieht dadurch, daß man z. B. Holz oder Öl ins Haus bringt und dort verbrennt. Bei konstanter Innnentemperatur ist daher die abgeführte Energie gleich der in derselben Zeit zugeführten Energie (Abb. 5). Fließt im Laufe des Tages infolge schlechter Wärmedämmung zu viel Energie ab, dann muß auch die gleiche Energiemenge mit Hilfe von Öl oder Kohle oder auf andere Weise nachgeliefert werden. Dies kostet viel Geld und belastet die Umwelt. Um Energie zu sparen, muß man also dafür sorgen, daß ein möglichst geringer Energiefluß entsteht. Also gute Wärmedämmung! Man verwendet schlecht wärmeleitende Materialien und Isolierverglasung.

In diesem Zusammenhang spielt der sogenannte „k"-Wert eine Rolle. Dieser soll möglichst geringe Werte annehmen. Das Übertragen von Wärme von der Innenluft an die Wand und von dieser an die Außenluft erfolgt, wie wir bereits gesagt haben, nicht allein durch die Wärmeleitung, sondern an den Grenzen (Wandflächen) auch durch Konvektion. Der Wärmedurchgang durch eine Wand setzt sich also aus Konvektion und Wärmeleitung zusammen. Um diesen Wärmedurchgang zu erfassen, hat man die **Wärmedurchgangszahl,** den k-Wert, geschaffen.

Einheit des k-Wertes: $1\,\frac{\mathrm{W}}{\mathrm{m^2\,K}} = 1\,\frac{\mathrm{J}}{\mathrm{m^2\,s\,K}}$.

Abb. 3 Ultrarotaufnahme

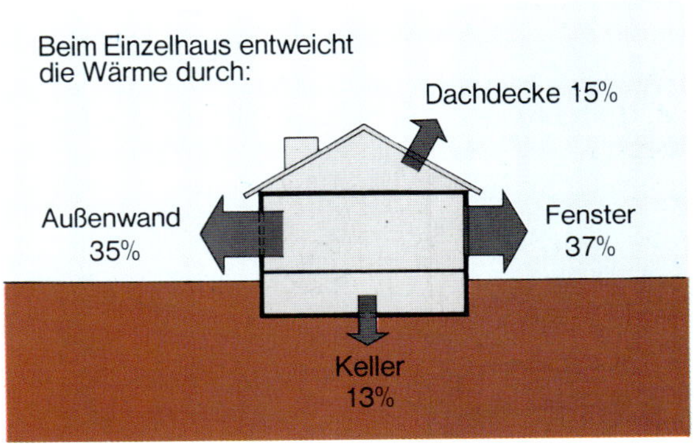

Abb. 4 Wärmeabgabe eines Hauses

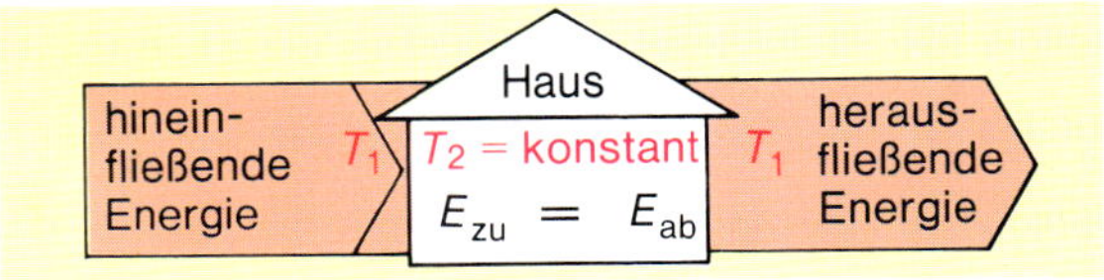

Abb. 5 Haus als Energiewandler

Der k-Wert gibt an, welche Wärme in einer Sekunde pro Grad Temperaturdifferenz durch eine Wandfläche von 1 m² fließt.

Bei einfachen Verbundglasfenstern beträgt der k-Wert bis 4 W/m² K, für Isolierglasscheiben liegt er bei etwa 2 W/m² K. Werden Mineralfasermatten oder Styroporplatten verwendet, liegt der k-Wert für eine Hauswand bei weniger als 0,5 W/m² K.

Das Haus stellt also einen Energiewandler dar. Die gesamte Energie, die wir in das Haus hineinstecken, fließt wieder in die Umgebung, und zwar unabhängig, ob das Haus gut oder schlecht isoliert ist. Schalten wir die Heizung ab, dann fließt solange Energie nach draußen, bis sich die Temperaturen innen und außen ausgeglichen haben.

Basiswissen Wärme

Temperatur

Die Temperatur eines Körpers ist bestimmt durch die Bewegung der Teilchen, aus denen er besteht. Je heftiger sich diese Teilchen bewegen, um so höher ist seine Temperatur. ↑ S. 181

Die **Temperaturskala** ist mit Hilfe eines Gasthermometers festgelegt. ↑ S. 184 f

Celsiusskala

1. Temperatur des schmelzenden Eises: 0 °C; Temperatur des siedenden Wassers: 100 °C (bei Normdruck).
2. Der Abstand zwischen diesen beiden Marken wird in 100 gleiche Teile eingeteilt. Die Einteilung wird nach oben und unten fortgesetzt. ↑ S. 185

Absolute Temperaturskala (Kelvinskala)

Die Zuordnung zwischen Celsius-Temperatur (Symbol ϑ) und absoluter Temperatur (Symbol T) ist durch die folgende Gleichung gegeben: ↑ S. 185

$$T = \frac{\vartheta}{°\mathrm{C}}\,\mathrm{K} + 273{,}15\ \mathrm{K}.$$

Der **absolute Nullpunkt** liegt bei −273,15 °C. Es gibt keine tiefere Temperatur.

Die Temperatur ist eine Basisgröße.

Temperaturdifferenzen können in Kelvin (K) oder in Grad Celsius (°C) angegeben werden. ↑ S. 186

Ausdehnung der Körper

Nahezu alle Körper dehnen sich beim Erwärmen aus und ziehen sich beim Abkühlen zusammen. Die Ausdehnung ist um so stärker, je stärker man erwärmt. ↑ S. 187

Bei 4 °C hat Wasser seine größte Dichte **(Anomalie des Wassers).**

Allgemeine Gasgleichung

Für ein und dieselbe Gasmenge hat der Term $p\,V/T$ stets denselben Wert: ↑ S. 191

$$\frac{p \cdot V}{T} = \text{konstant}.$$

Aggregatzustandsänderungen (Übersicht S. 198)

Beim **Sieden** bzw. beim **Kondensieren** bleibt die Temperatur trotz ständiger Wärmezufuhr bzw. Wärmeabgabe konstant. Siede- und Kondensationstemperatur sind gleich (S. 199). Ähnliches gilt für das **Schmelzen** bzw. das **Erstarren.** ↑ S. 201

Nahezu alle Stoffe dehnen sich beim Schmelzen aus und ziehen sich beim Erstarren zusammen. ↑ S. 202

Innere Energie und Wärme

Wird einem ruhenden wärmeisolierten Körper nur mechanische Arbeit zugeführt, so dient diese zur Erhöhung der **inneren Energie.** Verrichtet dieser Körper selbst Arbeit, dann nimmt die innere Energie ab. Die Zu- oder Abnahme der inneren Energie ist gleich der Arbeit. ↑ S. 193.

Als **Wärme** bezeichnet man die Energieform, die durch Leitung oder Strahlung übertragen wird.

Die **innere Energie** eines Körpers kann durch **Wärme** oder **Arbeit** geändert werden. ↑ S. 193

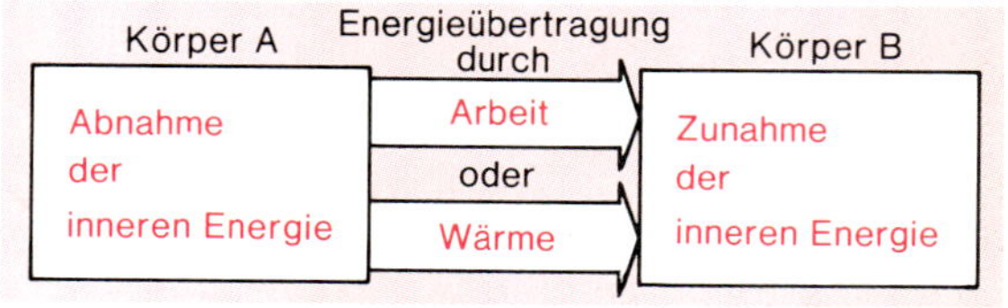

Die **Wärmekapazität** C eines Körpers gibt an, wieviel Energie nötig ist, um ihn um 1 K zu erwärmen:

$$C = \frac{W}{\Delta\vartheta};\quad \text{Einheit: } \frac{\mathrm{J}}{\mathrm{K}} \text{ oder } \frac{\mathrm{kJ}}{\mathrm{K}}.$$

Die **spezifische Wärmekapazität** c eines Stoffs gibt an, wieviel Energie nötig ist, um 1 kg des betreffenden Stoffs um 1 K zu erwärmen: ↑ S. 195 u. S. 197

$$c = \frac{W}{m\,\Delta\vartheta};\quad \text{Einheit: } \frac{\mathrm{J}}{\mathrm{g\,K}} \text{ oder } \frac{\mathrm{kJ}}{\mathrm{kg\,K}}.$$

Erwärmungsgesetz

Zwischen der übertragenen Wärme Q, der Temperaturänderung $\Delta\vartheta$ und der Masse m des erwärmten Körpers besteht der Zusammenhang: ↑ S. 196

$$Q = c \cdot m \cdot \Delta\vartheta.$$

Verdampfungsenergie, Schmelzenergie ↑ S. 203

Wärmetransport

Es gibt zwei Arten des Wärmetransports: die **Wärmeleitung** und die **Wärmestrahlung.** Bei der **Konvektion** wird keine Wärme transportiert, sondern innere Energie. Das Transportmittel nimmt hierbei Energie in Form von Wärme auf und gibt Energie als Wärme ab. ↑ S. 205

Bei der **Wärmeleitung** wird die Wärme durch die Materie weitergeleitet. Diese bewegt sich aber selbst nicht dabei. ↑ S. 206

Die **Wärmestrahlung** ist Wärmetransport ohne Materie. ↑ S. 208

Emission und Absorption der Wärmestrahlung

Körper mit dunkler Oberfläche absorbieren (= verschlucken) die Wärmestrahlung stärker als helle und glänzende. Sie strahlen aber auch stärker ab. Die Strahlung wird von den Körpern teils reflektiert (zurückgeworfen), teils absorbiert. ↑ S. 209

Wärmeübergang

Wärme kann nie von selbst von einem Körper niederer Temperatur auf einen Körper höherer Temperatur übergehen. ↑ S. 210

1 Magnetismus

1.1 Erfahrungen mit Magneten

Geheimnisvolle Kräfte?

Warum bleibt die Seife von selbst am Seifenhalter hängen? Bei näherem Zusehen entdeckt man, daß dabei eine Metallplatte an einer anderen „klebt" – ohne Klebstoff! Man sagt, der Seifenhalter sei ein Magnet. Auch zum Schließen von Schranktüren benutzt man Magnete. Aus der Erfahrung wissen wir, daß ein Magnet Eisenteile anzieht. So ist es z. B. möglich, daß der Augenarzt mit einem Magneten Eisensplitter aus dem Auge entfernen kann, ohne das Auge zu berühren.

Wirkt ein Magnet auch noch auf andere Stoffe?

Versuch 1: Auf einer Tischplatte breiten wir leichte Gegenstände aus verschiedenem Material aus; Eisennägel, Messingschrauben, Stecknadeln, Streichhölzer, Glasscherben, Aluminiumstücke. Führen wir das Ende eines Stabmagneten über diese Gegenstände hinweg, so springen die eisernen an den Magneten und bleiben dort hängen. Die anderen Gegenstände reagieren nicht auf den Magneten. Auch auf das andere Ende des Stabmagneten reagieren nur die Gegenstände aus Eisen.

Man hat alle bekannten Grundstoffe auf diese Weise untersucht und gefunden, daß außer *Eisen* (lat. ferrum) nur noch *Nickel* und *Kobalt* in vergleichbarer Stärke von Magneten angezogen werden. Sie heißen deshalb **ferromagnetische Stoffe.**

Abb. 2 Eisenspäne ordnen sich in der Umgebung eines Magneten in bestimmter Weise an. Sie enthüllen damit die geheimnisvollen Eigenschaften des Raumes um einen Magneten. Er hat die Menschen früherer Zeiten zu Spekulation und Zauberglaube veranlaßt. So hat man den magnetischen Kräften z. B. eine heilende Wirkung bei Knochenbrüchen zugeschrieben.

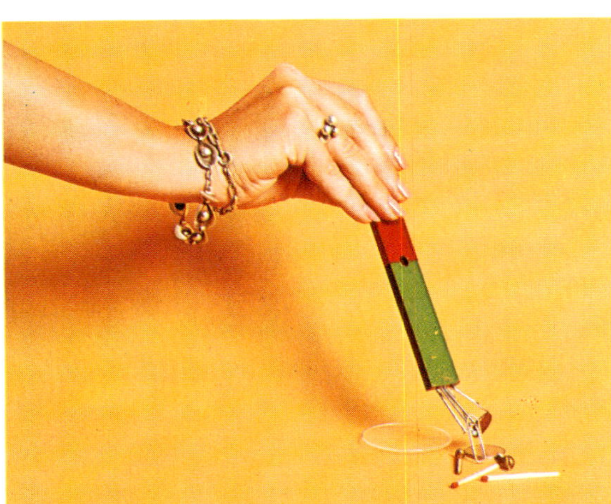

Abb. 3 Welche Stoffe sind magnetisch?

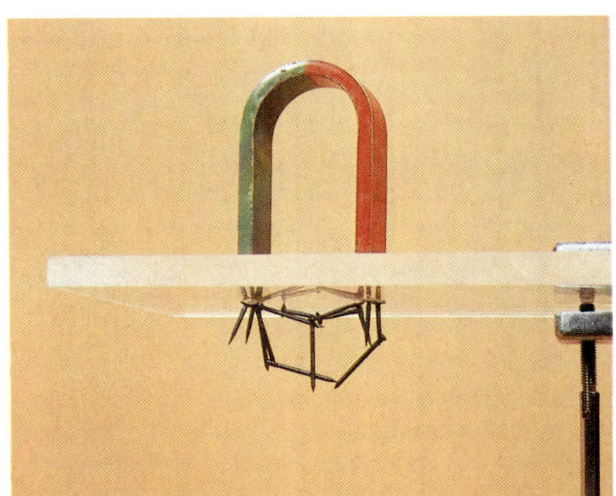

Abb. 4 Die magnetische Wirkung durchdringt Stoffe

Abb. 1 Wer zieht wen an?

Auch einige Mischungen (Legierungen) aus nicht ferromagnetischen Stoffen zeigen magnetische Wirkungen. Zu ihnen gehören z. B. die Ferrite, die in neuerer Zeit entwickelt wurden. Ferrite bestehen aus einer Verbindung von Eisenoxid mit einem anderen Metalloxid, z. B. Manganoxid.

Wird die magnetische Wirkung durch andere Stoffe behindert?

Versuch 2: Wir stellen zwischen Magnet und Eisenteile verschiedene Gegenstände. Dabei stellen wir fest: Ein Magnet wirkt bereits aus einiger Entfernung durch Papier, Glasscheiben, Kunststoffplatten (Abb. 4, S. 213), Holzbrettchen und auch durch Wasser hindurch. Auch durch Aluminium- und Kupferbleche wirkt ein Magnet, allerdings *nicht* durch Eisen- und Nickelplatten.

Man sagt meistens: „Der Magnet zieht Eisenstücke an." Genaugenommen ist das nicht richtig. Dies zeigt der folgende Versuch.

Versuch 3: Wir legen ein Gewichtstück aus Eisen auf einen leicht rollbaren Experimentierwagen und halten einen Stabmagneten in dessen Nähe (Abb. 1). Der Wagen rollt auf den Magneten zu. Nun legen wir den Magneten auf den Wagen und halten das Gewichtstück fest. Jetzt wird der Magnet vom Eisen angezogen. Auch wenn der Stabmagnet umgekehrt auf den Wagen gelegt wird, findet eine Anziehung statt. Setzen wir Magnet und Eisenstück jeweils auf einen Experimentierwagen, so rollen beide aufeinander zu. Gleiche Ergebnisse erhält man, wenn statt des Eisens andere ferromagnetische Stoffe genommen werden.

Zwischen einem Magneten und ferromagnetischen Körpern besteht eine wechselseitige Kraftwirkung.

Die Pole der Magnete

Versuch 4: Wir tauchen einen Stab- oder Hufeisenmagneten in eine Schachtel mit Büroklammern. Beim Herausziehen stellen wir fest, daß an den Enden der Magnete besonders viele Klammern hängen bleiben. In der Mitte ist die magnetische Wirkung nur sehr gering oder nicht vorhanden.

Ein Magnet hat an seinen Enden zwei Stellen stärkster Anziehung; man bezeichnet sie als Pole.

Versuch 5: Wir hängen einen Stabmagneten an einem Perlonfaden drehbar auf oder betrachten eine spitzengelagerte Magnetnadel. Zunächst pendeln sie ein wenig hin und her, stellen sich dann in eine bestimmte Richtung ein, die grob mit der geographischen Nord-Südrichtung übereinstimmt.

Aus diesem Verhalten der Magnete muß man schließen, daß sich ihre Pole unterscheiden. Sie erhalten deshalb verschiedene Namen: Der nach Norden weisende Pol heißt **Nordpol,** der andere **Südpol.** Nordpole werden oft mit roter Farbe, Südpole mit grüner Farbe gekennzeichnet.

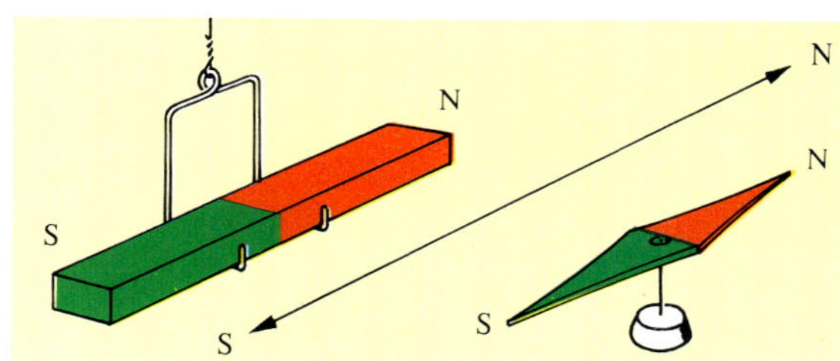

Abb. 2 Beweglich gelagerte Magnete stellen sich in die Nord-Südrichtung ein

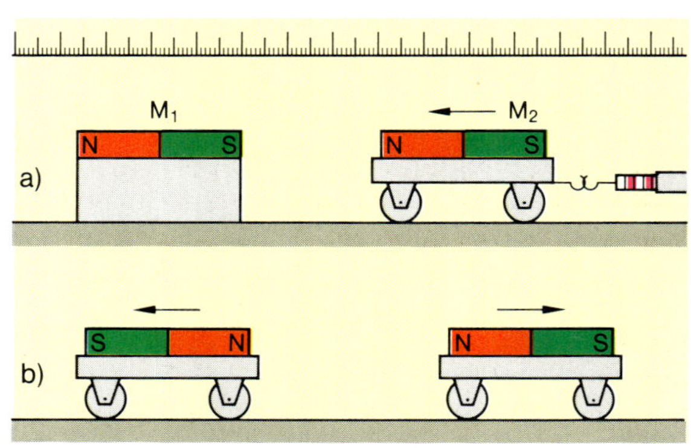

Abb. 3 So kann man die wechselseitige Kraftwirkung von zwei Stabmagneten untersuchen

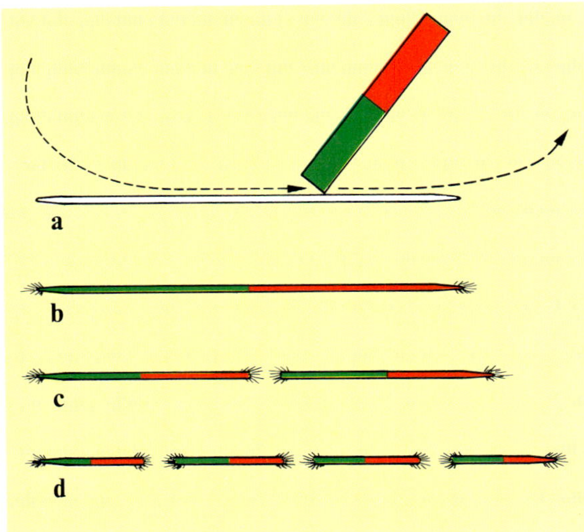

Abb. 4 Eine Stricknadel wird magnetisiert und anschließend geteilt. Dabei entstehen neue Magnete

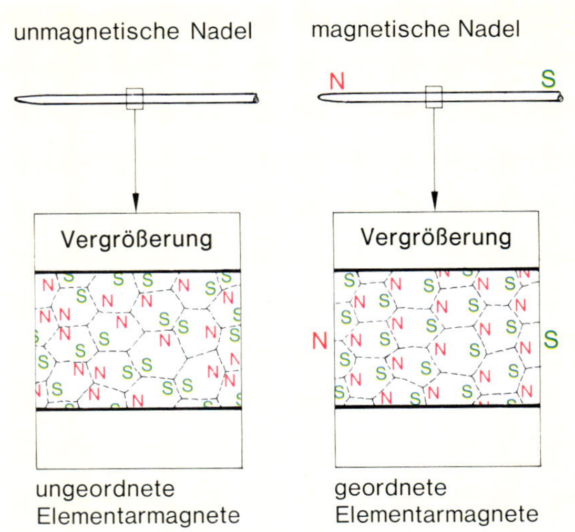

Abb. 5 Veranschaulichung der magnetischen Elementarbezirke

Bisher haben wir die Kraftwirkung von Magneten auf Eisenteile untersucht. Wie reagieren wohl zwei Magnete aufeinander?

Versuch 6: Wir klemmen einen Stabmagneten auf einen Experimentierwagen. Dieser ist mit einem Kraftmesser verbunden. Halten wir einen zweiten Stabmagneten M_2 wie in Abb. 3a im Abstand von z.B. 6 cm an den Experimentierwagen mit dem Magneten M_1, so wird dieser von M_2 angezogen. Je näher wir mit M_2 an M_1 herangehen, desto stärker wird die Anziehungskraft. Bei einem Abstand von 5 cm ist sie etwa viermal so stark wie bei einem Abstand von 10 cm.

Drehen wir M_2 um, so wird M_1 abgestoßen. Wird auch M_2 auf einen Wagen geklemmt, so fahren beide Wagen aufeinander zu, wenn sich Nord- und Südpol gegenüberstehen. Sie entfernen sich voneinander, wenn sich Nord- und Nordpol oder Süd- und Südpol gegenüberstehen.

Gleichnamige Pole zweier Magnete stoßen sich ab, ungleichnamige ziehen sich an.
Die anziehende bzw. abstoßende Kraft zwischen zwei Magneten ist um so stärker, je kleiner die Entfernung zwischen den Magneten ist.

Bündelt man zwei Stabmagnete so, daß ihre gleichnamigen Pole nebeneinanderliegen, so streben sie auseinander. Sie lassen sich nur durch äußeren Zwang zusammenhalten. Ihre magnetische Wirkung nach außen verstärkt sich jedoch. Bündelt man die Stabmagnete mit Nord- und Südpol zusammen, so ziehen sie sich untereinander stark an. Nach außen heben sie sich in ihren Wirkungen jedoch nahezu auf.

Wir stellen selbst einen Magneten her

Versuch 7: Wir streichen mit einem Magneten wie in Abb. 4a an einer Stricknadel entlang. Sie wird dabei magnetisch. Man kann dies mit einer Magnetnadel prüfen.

Zerlegt man die Stricknadel mit einer Kneifzange in zwei Teile, dann erhält man nicht etwa einen getrennten Nord- und Südpol, sondern zwei vollständige Magnete, die jeweils einen Nord- und Südpol aufweisen. Setzen wir die Teilung fort, so erhält man vier vollständige und gleich kräftige Magnete (Abb. 4d). Es scheint nicht möglich zu sein, magnetische Einzelpole herzustellen. Nord- und Südpol treten anscheinend stets gemeinsam auf. Man nennt die aus Nord- und Südpol bestehende Einheit einen **magnetischen Dipol** (Zweipol).

Das Teilungsexperiment läßt sich erklären, wenn wir uns den Magnetisierungsvorgang folgendermaßen vorstellen:

Ein Eisenstück besteht aus vielen kleinen **Elementarmagneten** *(Elementarbezirke)*.

Im unmagnetisierten Zustand des Eisens liegen die Elementarmagnete völlig ungeordnet (Abb. 5a), so daß nach außen keine magnetische Wirkung feststellbar ist. Nord- und Südpole der Elementarmagnete heben sich in ihrer Wirkung nach außen auf. Bei Einwirkung eines äußeren Magnetfeldes werden die Elementarmagnete ausgerichtet (Abb. 5b). Im Innern heben sich zwar ihre Wirkungen auf, aber an den Enden können sie wirksam werden.

Magnetisieren bedeutet Ordnen der Elementarmagnete.

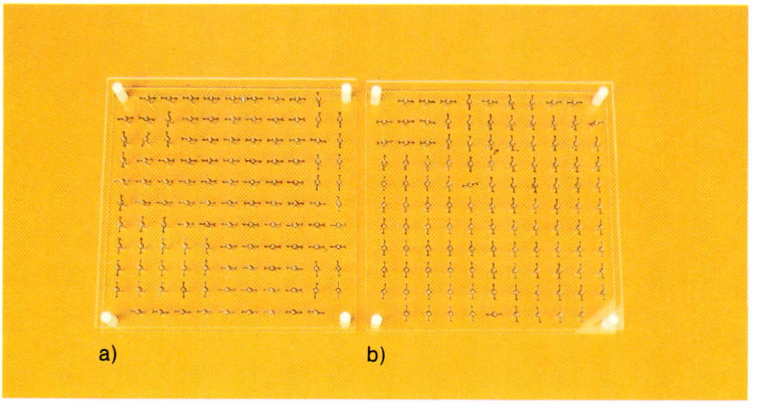

Abb. 1 Modellexperiment zu den magnetischen Elementarbezirken

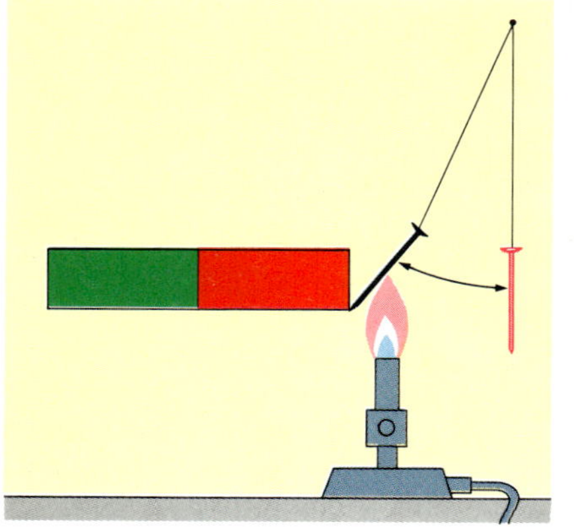

Abb. 2 Entmagnetisierung eines Nagels

Auch das Entstehen neuer Pole an den Bruchstellen der Stricknadel kann mit den Elementarmagneten erklärt werden. Beim Durchtrennen der Nadel bleiben die Elementarmagnete ganz. Es werden nur nebeneinanderliegende Dipole (Zweipole) getrennt. Ihre Nord- bzw. Südpole können nach der Trennung wirksam werden.

Sind alle Elementarmagnete ausgerichtet, so kann die Magnetisierung nicht mehr gesteigert werden. Dies erklärt, warum dann auch durch weiteres Bestreichen der Stricknadel keine stärkere Magnetwirkung mehr erreicht werden kann. Wir können uns die Vorgänge im Innern der Stricknadel durch einen *Modellversuch* veranschaulichen. Auf einer Plexiglasplatte sind viele drehbare Magnetnadeln angebracht (Abb. 1). Die einzelnen Nadeln bilden unregelmäßige, in unterschiedliche Richtungen magnetisierte Bezirke (Abb. 1a). Führt man einen Stabmagneten in die Nähe der Platte, so klappen einige der Bezirke um (Abb. 1b). Sie richten sich überwiegend parallel aus und zeigen nach außen eine magnetische Wirkung.

Mit unserer Vorstellung vom Aufbau ferromagnetischer Stoffe aus kleinen Elementarmagneten können wir den Magnetisierungsvorgang und den Teilungsversuch erklären. Damit ist jedoch noch nicht gesagt, daß unsere Annahme richtig ist.

Wir haben eine *Modellvorstellung* entwickelt.

> *Zur physikalischen Arbeitsweise gehört es, solche Modelle immer weiter zu verfeinern. Insbesondere müssen die Vorhersagen, die sich aus einem solchen Modell ergeben, stets im Versuch geprüft werden.*

Wenn in unserem Beispiel das Ordnen der Elementarmagnete zu einer Magnetisierung führt, dann müßte eine starke Erschütterung des Magneten wieder die alte „Unordnung" herstellen können. Die Stricknadel würde dadurch wieder unmagnetisch.

Wir prüfen diese Vermutung im Versuch.

Versuch 8: Wir magnetisieren eine Stricknadel und schlagen danach kräftig mit einem Hammer darauf. Die magnetische Wirkung der Stricknadel geht dabei fast vollständig verloren.

Die Teilchen im Ineren eines Stoffes können auch durch Erhitzen in stärkere Bewegung gebracht werden. Danach müßte man einen Magneten auch durch Erhitzen entmagnetisieren können.

Versuch 9: Wir hängen einen Nagel an einem dünnen Draht beweglich auf (Abb. 2) und bringen einen Stabmagneten in seine Nähe. Der Nagel wird von ihm angezogen. Nun erhitzen wir den Nagel mit einem Bunsenbrenner. Bei Rotglut fällt er plötzlich vom Magneten ab, er ist unmagnetisch geworden. Nach genügender Abkühlung außerhalb der Flamme wird er wieder angezogen.

Der Stabmagnet versucht die Elementarmagnete des Nagels zu ordnen. Durch die Temperaturbewegung der Teilchen wird diese Ordnung wieder gestört. Bei Rotglut des Nagels wird die Temperaturbewegung schließlich so stark, daß selbst eine teilweise Ordnung der Elementarmagnete nicht mehr aufkommen kann. Der Nagel verliert seinen Magnetismus und fällt ab.

Unsere Modellvorstellung ist demnach brauchbar.

Aufgaben

1. Nenne ferromagnetische Stoffe!
2. Zwei Eisennägel werden an Perlonfäden beweglich aufgehängt. Nähert man den Nägeln von unten her einen Pol eines Stabmagneten, so spreizen sie sich etwas auseinander. Gib eine Erklärung!
3. Oberhalb einer Temperatur von 769 °C (Curie-Punkt) läßt sich Eisen auch mit stärksten Magneten nicht mehr magnetisieren. Erkläre dies!
4. Warum sollte man Magnete möglichst nicht fallen lassen?
5. Stoffe, bei denen die Magnetisierung nicht lange anhält, heißen **weichmagnetische** Werkstoffe. Dauermagnete sind aus **hartmagnetischen** Werkstoffen hergestellt. Kann man den Unterschied im Modell der Elementarmagnete erklären?

1.2 Magnetfelder

Wodurch wird die magnetische Wirkung übertragen?

Ein Magnet wirkt schon aus größerer Entfernung auf Eisen oder einen anderen Magneten. Dabei greift seine Wirkung durch andere Stoffe hindurch. Wirkt er auch durch den leeren Raum?

Versuch 10: Wir hängen einen Eisennagel an einen Perlonfaden unter die Glasglocke der Vakuumpumpe. Der Eisennagel wird auch dann noch von einem Magneten angezogen, wenn die Luft aus der Glasglocke gepumpt wird.

Die Wirkung eines Magneten durchdringt auch den leeren Raum. Dieser erfährt bei Anwesenheit eines Magneten eine Veränderung. Wir bezeichnen den Raum um einen Magneten als **Magnetfeld.**

Es gibt Tiere, die auf Magnetfelder reagieren. So z. B. Termiten, die ihren Bau nach Magnetfeldern ausrichten oder Brieftauben, die ihre Abflugrichtung von Magnetfeldern beeinflussen lassen. Die Menschen haben kein Sinnesorgan, um ein Magnetfeld wahrzunehmen. Wir können es z. B. mit Hilfe von Kompaßnadeln oder mit ferromagnetischen Körpern nachweisen.

Im Raum um einen Magneten werden auf ferromagnetische Körper und andere Magnete Kräfte ausgeübt. Man nennt diese Eigenschaft des Raumes „magnetisches Feld". Die magnetische Wirkung wird durch das Magnetfeld übertragen.

Wie können Magnetfelder beschrieben werden?

Bringen wir eine Magnetnadel in die Nähe eines Stabmagneten, so wird sie mal in diese und an einer anderen Stelle in jene Richtung abgelenkt. Das ganze ist auf den ersten Blick recht rätselhaft. Wir wollen versuchen, die Wirkung des Stabmagneten auf einen Probemagneten genauer festzustellen.

Versuch 11: Wir füllen eine Glaswanne mit Wasser und klemmen an den Rand der Wanne einen starken Stabmagneten (Abb. 3). Eine magnetisierte Stricknadel wird durch ein Korkstück gestochen und so aufs Wasser gesetzt, daß sie senkrecht zur Wasseroberfläche schwimmt.

Der Nordpol schwimmt oben. Der Südpol der Stricknadel ist dabei wesentlich weiter vom Stabmagneten entfernt als ihr Nordpol. Deswegen überwiegt die Kraft, die der Nordpol im Magnetfeld des Stabmagneten erfährt. Der Stricknadel-Nordpol folgt dann der Kraft, die im Magnetfeld auf ihn einwirkt. Wir geben die Stricknadel frei und beobachten ihren Kurs.

Sie bewegt sich langsam auf einem Bogen vom Nordpol zum Südpol des Stabmagneten. Auch bei einer Wiederholung des Versuchs nimmt sie einen ähnlichen Weg, wieder auf einem langgestreckten Bogen vom Nordpol zum Südpol.

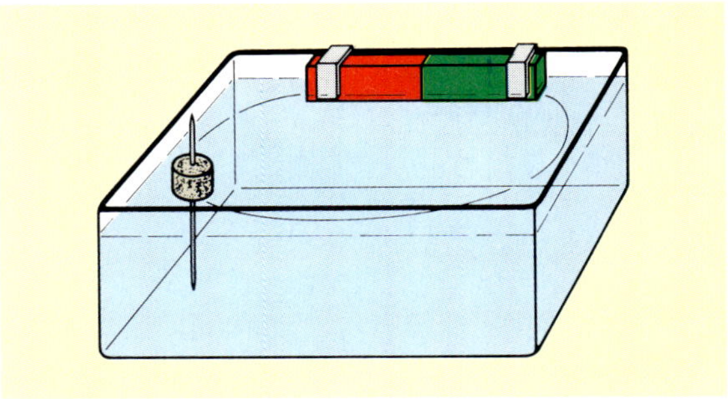

Abb. 3 Eine Stricknadel auf Feldlinienkurs

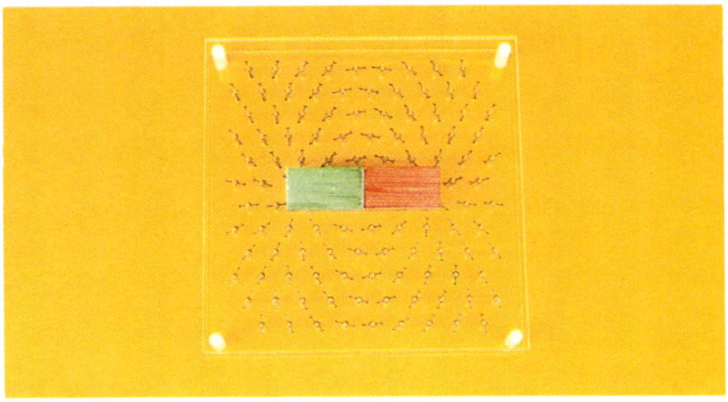

Abb. 4 Magnetnadeln im Feld eines Stabmagneten

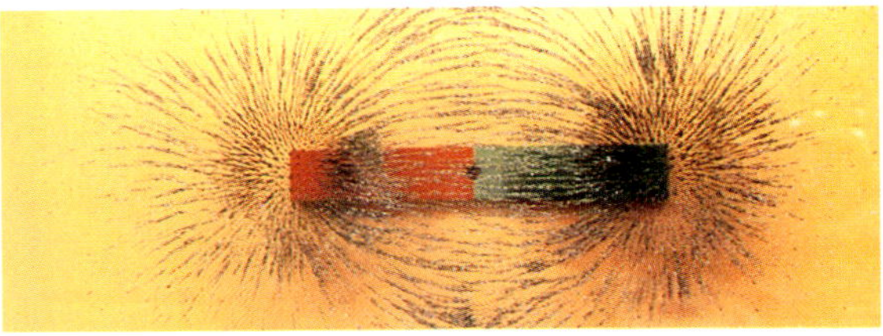

Abb. 5 Eisenfeilspäne ordnen sich beim Stabmagneten

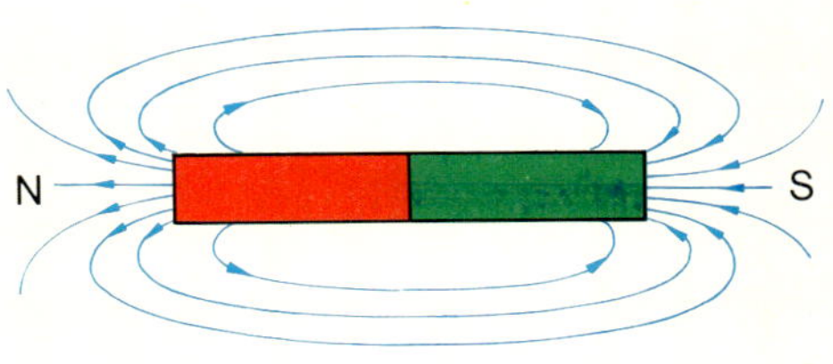

Abb. 6 Feldlinien beim Stabmagneten

Man hat den Eindruck, als ob sich der Nordpol der Nadel auf vorgeschriebenen Linien bewegt. Den Verlauf dieser Linien können wir im folgenden Versuch noch deutlicher sichtbar machen.

Versuch 12: Wir legen einen Stabmagneten auf eine Plexiglasplatte, unter der sich viele drehbare Magnetnadeln befinden (Abb. 4). Sie richten sich in einer bestimmten Weise aus und geben damit eine Auskunft über den „Bauplan" des Magnetfeldes.

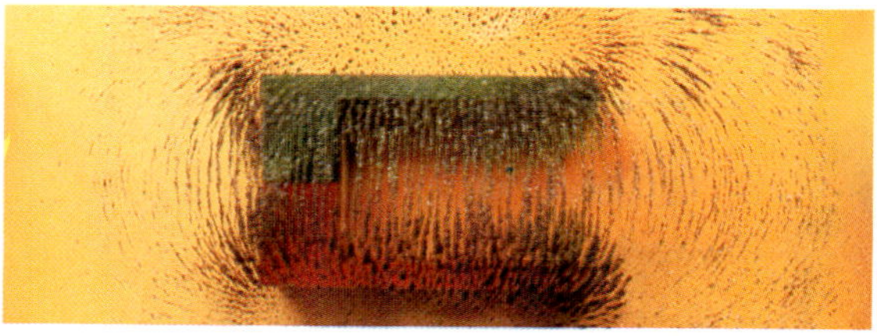

Abb. 1 Eisenfeilspäne beim Hufeisenmagneten

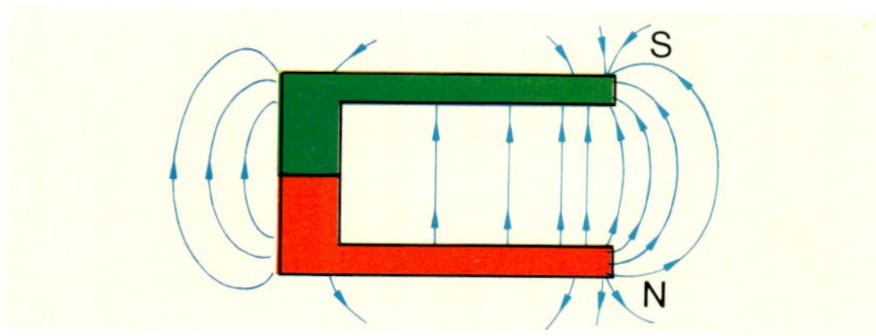

Abb. 2 Feldlinienbild eines Hufeisenmagneten

Die einzelnen Magnetnadeln geben ungefähr die Richtung der Kraft an, die ein Nordpol im Magnetfeld erfährt. Man kann diese Kraftrichtungen noch genauer festlegen, wenn feinere Testmagnete genommen werden.

Versuch 13: Wir legen über einen Stabmagneten eine Plexiglasplatte und streuen möglichst gleichmäßig Eisenfeilspäne darauf. Klopft man nun leicht auf die Platte, so ordnen sich die Späne nach Abb. 5, S. 217 an.

Erklärung: Im Magnetfeld des Stabmagneten werden die einzelnen kleinen Späne zu magnetischen Dipolen. Sie richten sich unter der Wirkung des Feldes aus.

Das Muster der Eisenfeilspäne können wir uns nun durch *gedachte Linien* ersetzen. Sie geben in jedem Punkt des Magnetfeldes die Richtung der Kraft auf einen magnetischen Nordpol an. Dies wurde willkürlich so festgesetzt. Man nennt diese gedachten Linien **magnetische Feldlinien.**

Die magnetisierte Stricknadel im Versuch 11 bewegte sich ungefähr auf einer solchen Feldlinie. Abb. 2 zeigt das Feldlinienbild eines **Hufeisenmagneten.**

Magnetfeldlinien geben die Richtung der Kraft an, die ein magnetischer Nordpol im Magnetfeld erfährt.

Unsere Erde ist ein Magnet

Magnetnadeln stellen sich nahezu in die Nord-Süd-Richtung ein. Ursache: Auch die Erde ist ein Magnet. Sie besitzt in ihrer Umgebung ein Magnetfeld.

Weil die magnetischen Pole nicht mit den geographischen Polen zusammenfallen, zeigt die Magnetnadel eines Kompasses nicht genau nach Norden. Sie bildet mit der geographischen Nord-Süd-Richtung einen Winkel, der **Mißweisung** oder **Deklination** (declinare, lat. = ablenken) genannt wird. Sie ist von Ort zu Ort verschieden. In München beträgt sie etwa 2° nach Westen. Kennt man die Mißweisung, so kann man aus der angezeigten Richtung die geographische Nord-Süd-Richtung für jeden Ort der Erde (außer an den magnetischen Polen) bestimmen.

Durch von der Sonne ausgestoßene Teilchen (Sonnenwind) wird das Magnetfeld der Erde stark verformt (Abb. 3). Es reicht weit über die Mondbahn hinaus. Über die Ursache des Erdmagnetismus gibt es noch keine befriedigende Erklärung.

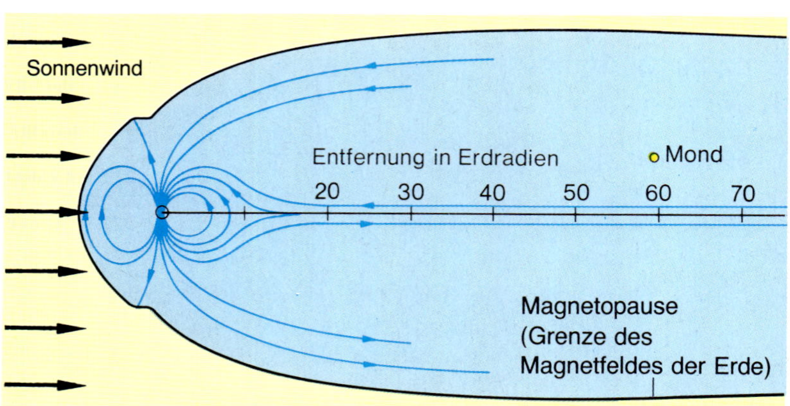

Abb. 3 Das Magnetfeld der Erde wird vom Sonnenwind verformt

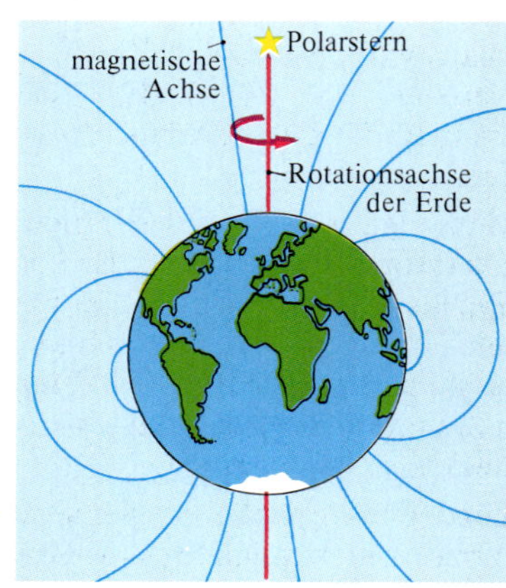

Abb. 4 Magnetisches Feld der Erde

2 Stromkreise und Stromwirkungen

2.1 Stromkreis

Unter welchen Bedingungen fließt ein Strom?

Schließt man ein elektrisches Gerät an das Leitungsnetz an, dann sagt man, daß im eingeschalteten Zustand ein elektrischer Strom fließt. Eine Glühlampe leuchtet dann auf oder der Elektromotor im Mixgerät beginnt sich zu drehen. Vom Strom selbst ist dabei nichts zu sehen.

Mit der Bezeichnung *elektrischer Strom* können wir zunächst wenig anfangen. Was in den Leitungen strömen könnte, wissen wir nicht. Trotzdem wollen wir zunächst den in der Umgangssprache gebräuchlichen Namen „Strom" verwenden. Später wird eine Erklärung folgen.

Versuch 1: Eine Lampe wird über einen Schalter an eine Batterie angeschlossen (Abb. 5). Vom **Pluspol** der Batterie geht eine Leitung zum Schalter, danach eine zweite zur Lampe und eine dritte von dort zum **Minuspol** der Batterie. Die Lampe leuchtet aber erst, wenn der **Schalter** geschlossen ist.

Es fließt nur dann ein elektrischer Strom, wenn der Stromkreis geschlossen ist.

Zur übersichtlichen Darstellung von Stromkreisen werden genormte **Schaltzeichen** verwendet, mit denen ein Schaltplan gezeichnet wird. Zum Beispiel gehört der Schaltplan in Abb. 6 zum Versuch 1.

Der elektrische Strom braucht eine Energiequelle

Die Drähte in einem Elektroherd geben Wärme ab, die elektrische Kaffeemühle verrichtet Arbeit, die Taschenlampe leuchtet. Zu diesen Vorgängen wird Energie benötigt. Man bezeichnet Batterien, Akkus, Fahrraddynamos und Steckdosen als **elektrische Energiequellen.** Natürlich ist die Netzsteckdose allein noch keine Energiequelle. Sie muß mit dem Elektrizitätswerk verbunden werden.

Man sagt, zwischen den Polen einer elektrischen Energiequelle liegt eine **Spannung.** Sie wird mit *Spannungsmessern* in der Einheit **Volt** (V) gemessen. Wir werden später klären, was man darunter versteht (vgl. S. 248). Eine Taschenlampenbatterie z. B. besitzt eine Spannung von 4,5 V, an der Netzsteckdose liegen 220 V.

Zum Experimentieren benutzen wir häufig sog. *Netzgeräte,* bei denen man verschiedene Spannungen zwischen 0 V und einem Höchstwert (z. B. 25 V oder 300 V) einstellen kann.

Wir bezeichnen die elektrischen Energiequellen im folgenden als **Spannungsquellen.** Abb. 7 zeigt ein Netzgerät, einen Akkumulator, eine Taschenlampenbatterie und sogenannte Monozellen.

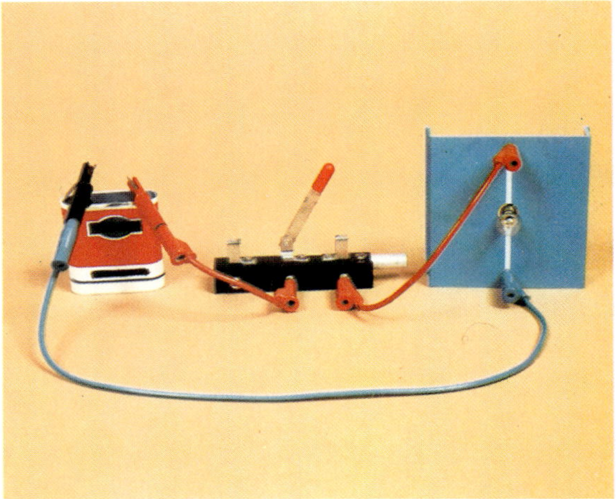

Abb. 5 Elektrischer Stromkreis

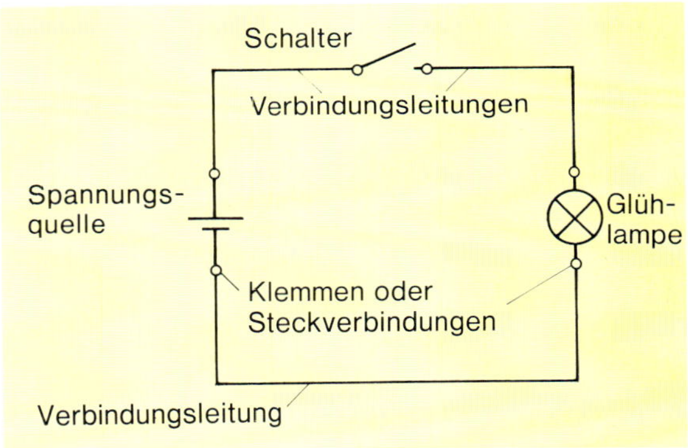

Abb. 6 Schaltbild eines Stromkreises

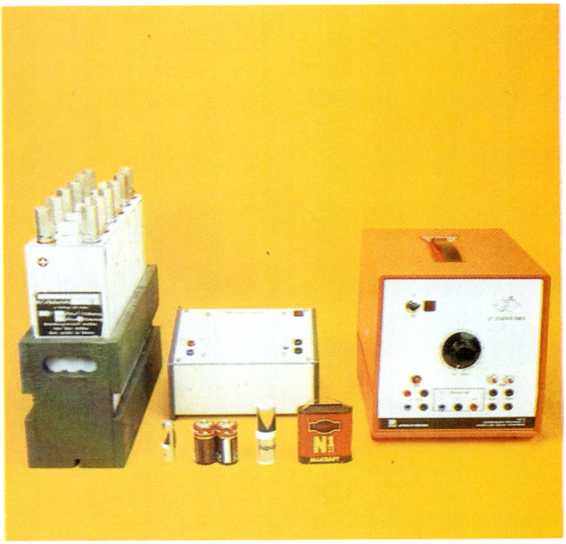

Abb. 7 Spannungsquellen

Abb. 1 Isolatoren an Hochspannungsleitungen

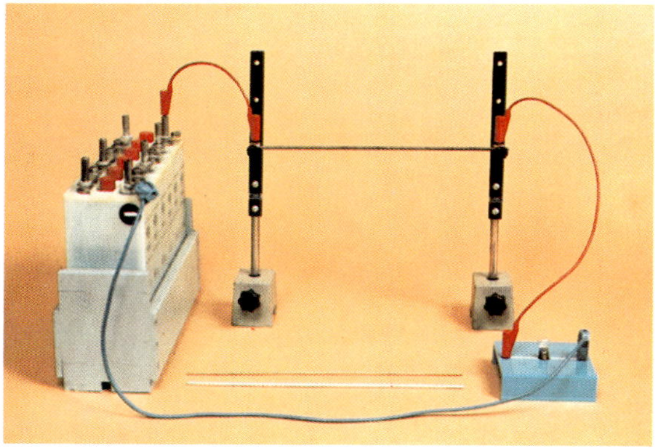

Abb. 2 Versuchsaufbau zur Untersuchung von Leitern und Isolatoren

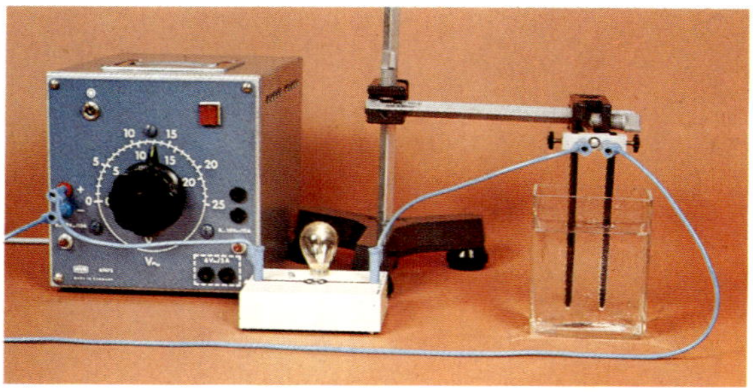

Abb. 3 So untersucht man, ob Flüssigkeiten leiten

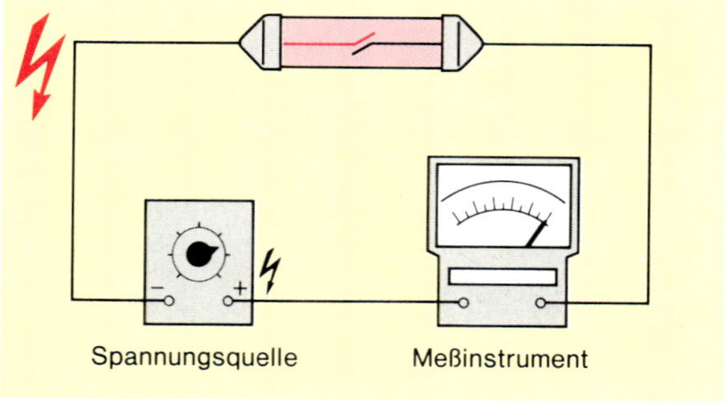

Abb. 4 Durch eine Glimmlampe fließt Strom

Leiter und Isolatoren

Elektrische Leitungen bestehen meist aus Kupferkabeln, die von Kunststoffmänteln umgeben sind. Der Strom fließt durch den Kupferdraht. Die Umhüllung ist eine Isolierung. In ihr fließt kein Strom. Isolierte Leitungen können gefahrlos berührt werden. Hochspannungsleitungen werden an Porzellankörpern befestigt (Abb. 1), die die stromführenden Drähte von den Leitungsmasten fernhalten.

Leiter bestehen aus Stoffen, die den elektrischen Strom leiten. Metalle sind gute Leiter. Durch Isolatoren fließt kein elektrischer Strom.

Die letzte Aussage muß eingeschränkt werden. Mit sehr empfindlichen Meßgeräten kann auch bei Isolatoren ein schwacher Strom gemessen werden. Unter bestimmten Bedingungen (Feuchtigkeit, hohe Temperaturen) können auch Isolatoren leitend werden. Ob ein Stoff leitet oder isoliert, läßt sich dadurch prüfen, daß man ihn in einen Stromkreis schaltet.

Versuch 2: Verschiedene Stoffe werden nach Abb. 2 in den Stromkreis für eine Lampe geschaltet, die als Nachweisgerät für den Strom dient. Beim Zwischenschalten von elektrischen Leitern leuchtet diese auf, bei Isolatoren nicht. Zum Nachweis von schwachen Strömen müssen wir ein Meßinstrument verwenden.

Auch *Leitungswasser* leitet den Strom. Dies liegt an den im Wasser gelösten Stoffen. Reines Wasser leitet fast gar nicht. Wenn wir Salze oder Säuren hinzugeben, leitet die Lösung gut. Man kann dies mit Hilfe der Anordnung nach Abb. 3 prüfen. Die ins Wasser eintauchenden Metallplatten heißen **Elektroden.** Die Elektrode am Minuspol wird **Kathode,** die am Pluspol **Anode** genannt. Beim Stromfluß sieht man an den Elektroden Gasblasen aufsteigen.

Daß auch *Gase* den Strom leiten, zeigt Abb. 4. Hier ist eine **Glimmlampe** in einen Stromkreis geschaltet. In der Glimmlampe befindet sich Gas. Da sich die Drahtelektroden nicht berühren, muß durch das Gas der Stromkreis geschlossen worden sein. Auch bei **Leuchtstofflampen** leiten Gase den Strom. Die Glimmlampe wird als Signallampe verwendet. Mit ihr können Ströme angezeigt werden. Bei Stromfluß leuchtet sie an dem Draht, der am Minuspol angeschlossen ist.

Leiter	Isolatoren
Metalle (Kupfer, Eisen, Aluminium, Silber, Gold, ...) Graphit	Glas, Porzellan, Keramik Holz (trocken) Gummi, Perlon die meisten Kunststoffe

Tab. 1 Beispiele für leitende und isolierende Stoffe

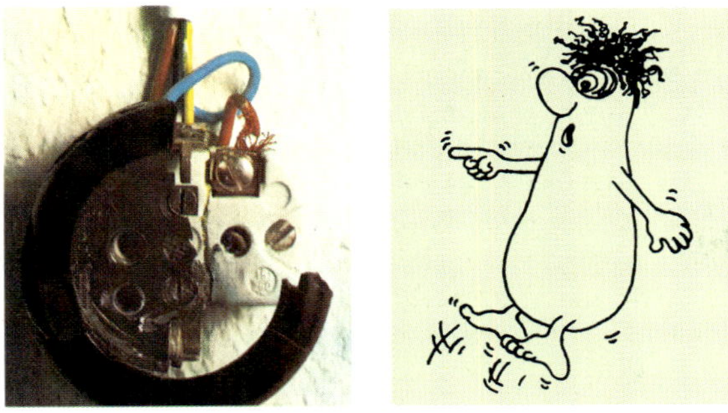

Abb. 5 „Schreckdose“

Hinweise zum Umgang mit Elektrizität

Unsachgemäßes Umgehen mit Elektrizität kann zu schlimmen Folgen führen. Daher ist beim Experimentieren und bei der Benutzung elektrischer Anlagen besondere *Aufmerksamkeit* und *Vorsicht* geboten:

1. Das Berühren von Leitungen, die an der Netzsteckdose angeschlossen sind, ist lebensgefährlich! Geräte, Leitungen und Steckdosen mit schadhaften Isolierungen (Abb. 5) dürfen daher nicht in Betrieb genommen werden. Berühre nie die Pole einer Steckdose! Wasserleitungen und spannungsführende Teile von elektrischen Geräten und Anlagen dürfen nie gleichzeitig berührt werden (Lebensgefahr). In der Nähe von Hochspannungs- und Fahrleitungen darf man keine Drachen oder Flugmodelle aufsteigen lassen.
2. Elektrische Geräte und Schalter nicht mit feuchten Händen berühren! Beim Hantieren mit elektrischen Geräten keinen feuchten Standort einnehmen! In der Badewanne darf man nie elektrische Geräte benutzen! Sie dürfen auch nicht auf den Wannenrand gelegt werden.
3. Bei Reparaturen an elektrischen Geräten ist der Netzstecker aus der Steckdose zu ziehen.
4. Mit Spannungen über 24 Volt dürfen Schüler im Unterricht nicht experimentieren.
5. Beim Aufbau einer Schaltung wird die Spannungsquelle zuletzt angeschlossen.
6. Kabel werden beim Herausziehen aus der Steckdose stets am Stecker und nicht am Anschlußkabel angefaßt.

Aufgaben

1. Untersuche und beschreibe den Stromkreis einer Taschenlampe! Fertige eine Schaltzeichnung an!
2. Wie kann man Leiter von Isolatoren unterscheiden?
3. Nenne Leiter und Isolatoren!
4. Wozu benötigt man Isolatoren?
5. Wie kann man mit Hilfe einer Batterie, einer Prüflampe und isolierten Kabeln die Tiefe eines Brunnens bestimmen?
6. Welche Sicherheitsregeln beim Umgang mit elektrischem Strom schützen den Menschen, welche die Geräte?

2.2 Schalter

Schalter lösen technische Probleme

Durch einen geöffneten Schalter wird ein Stromkreis unterbrochen, ein geschlossener Schalter schließt den Stromkreis. Schalter können aber mehr als nur ein- und ausschalten.

Viele Wohnungen haben an der Haus- sowie an der Wohnungstür einen Klingelknopf. Die Klingel soll läuten, wenn an der Haus- *oder* Wohnungstür oder gleichzeitig an beiden der Druckschalter betätigt wird. Diese Bedingungen werden durch die Schaltung nach Abb. 6 erfüllt. Man nennt sie **ODER-Schaltung.** Geöffneter Schalter wird mit 0 (Null), geschlossener Schalter mit L verschlüsselt (Tab. 2).

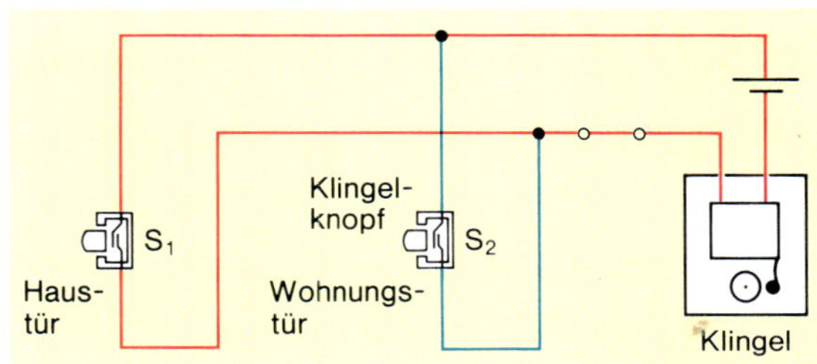

Abb. 6 ODER-Schaltung bei der Klingelanlage

S_1	S_2	Klingel
0	0	0
0	L	L
L	0	L
L	L	L

Tab. 2 Schaltmöglichkeiten bei der ODER-Schaltung

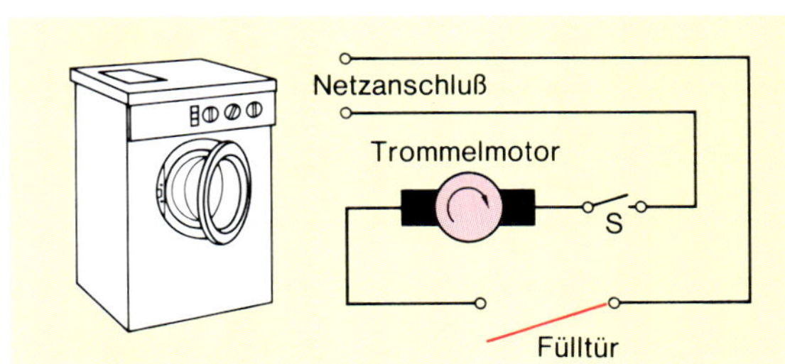

Abb. 7 UND-Schaltung bei der Waschmaschine

Schalter S	Fülltür	Motor
0	0	0
0	L	0
L	0	0
L	L	L

Tab. 3 Schaltmöglichkeiten bei der UND-Schaltung

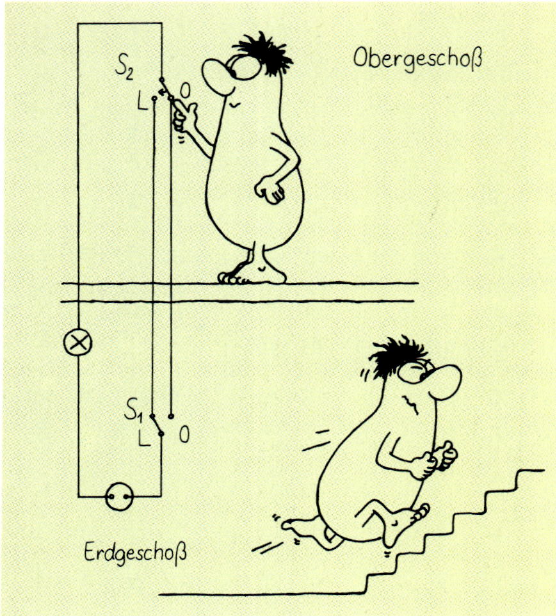

Abb. 1 Wechselschalter bei der Treppenbeleuchtung

Schalter S_1	Schalter S_2	Lampe L
I	I	an
I	II	aus
II	I	aus
II	II	an

Tab. 1 Schaltmöglichkeiten bei der Wechselschaltung

Ein anderes Beispiel für den Einsatz von Schaltern ist die Schaltung bei der Waschmaschinentrommel. Der Trommelmotor soll nur dann eingeschaltet werden können, wenn die Fülltür geschlossen ist **und** der Einschalter betätigt wird. Eine Schaltung, die diese Bedingungen erfüllt, ist in Abb. 7, S. 221 dargestellt. Sie wird **UND-Schaltung** genannt. Tab. 3, S. 221 gibt eine Übersicht zu den Schaltzuständen. Für den Motor bedeutet L eingeschaltet, 0 ausgeschaltet.

In jeder Wohnung ergibt sich das Problem, daß eine Lampe von zwei verschiedenen Stellen bedient werden soll. So soll z. B. die *Treppenbeleuchtung* im Erdgeschoß eines Wohnhauses eingeschaltet und im Obergeschoß wieder ausgeschaltet werden können. Die umgekehrte Reihenfolge muß natürlich auch möglich sein. Diese Aufgabe löst ein Wechselschalter (Abb. 1). Durch die beiden Schalterstellungen I und II der beiden Schalter S_1 und S_2 kann die Lampe im Erd- und Obergeschoß sowohl ein- als auch ausgeschaltet werden.

UND- und ODER-Schaltungen bilden die technische Grundlage für **Computer.** Allerdings werden dabei elektronische Bauelemente als Schalter verwendet (vgl. Kap. 6.3).

Aufgaben

1. Beim elektrischen Bilderlexikon werden Informationen über das Aufleuchten eines Lämpchens gegeben. Numerierten Gegenständen sollen die richtigen Bezeichnungen zugeordnet werden. Dies erfolgt mit einem Batteriestift (mit Metallspitze), der über ein Kabel und ein Glühlämpchen mit einem Bananenstecker verbunden ist (Abb. 2). Bei richtiger Zuordnung des Begriffs zum Gegenstand leuchtet das Lämpchen auf. Erkläre, wie das elektrische Lexikon funktioniert! Fertige dazu eine Schaltzeichnung an!
2. In den Behältern B_1 und B_2 (Abb. 3 a) befinden sich leitende Flüssigkeiten. Wie kann man mit dieser Schaltung bei einem Abfüllvorgang kontrollieren, ob stets mindestens einer der beiden Behälter halb voll ist?
3. Erläutere, wie mit der Schaltung nach Abb. 3 b der Flüssigkeitsstand einer leitenden Flüssigkeit angezeigt wird!
4. Entwirf eine Experimentierschaltung für die UND- bzw. ODER-Verknüpfung! Benutze dazu Schalter und Experimentierlämpchen!
5. Nenne weitere Anwendungsbeispiele für UND- bzw. ODER-Schaltungen!

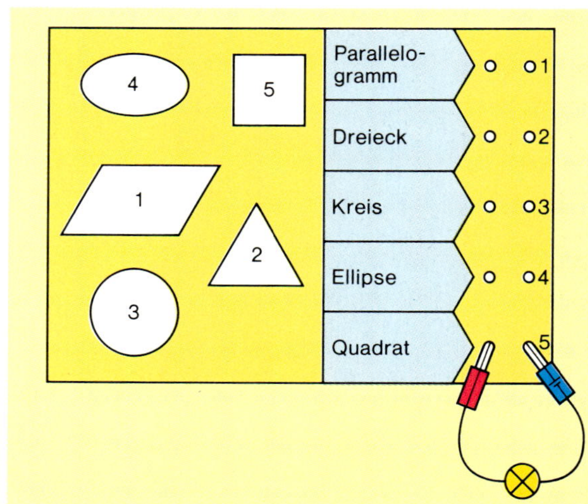

Abb. 2 Wie funktioniert das elektrische Lexikon?

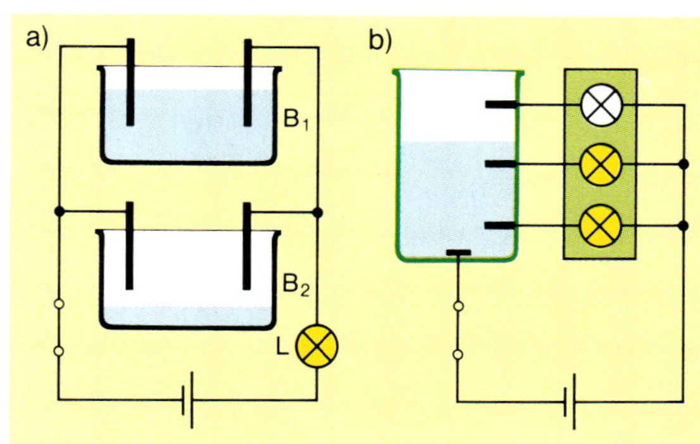

Abb. 3 Zu Aufgabe 2 und 3

2.3 Wirkungen des elektrischen Stromes

Magnetische Wirkung

Ein *Hebemagnet* (Abb. 4) läßt sich an- und abschalten. In seinem Innern enthält er einen Eisenkern, der mit isolierten Drähten umwickelt ist. Diese Drahtwicklung wird als **Spule** bezeichnet. Der Hebemagnet kann nur dann Eisenteile anziehen, wenn seine Spule von einem Strom durchflossen wird. Wenn der Strom die Ursache für die magnetischen Wirkungen ist, dann müßte sie auch bei einem geraden, stromdurchflossenen Leiter nachzuweisen sein.

Versuch 3: Ein etwa 20 cm langer Draht wird zwischen zwei Experimentier-Isolatoren befestigt. Der Draht zeigt in Nord-Süd-Richtung. Unter den Draht stellen wir eine Magnetnadel, die sich ebenfalls in Nord-Süd-Richtung einstellt.

Verbinden wir den Pluspol mit dem linken Ende des Drahtes (Abb. 5), den Minuspol mit dem rechten, dann wird der Nordpol der Nadel nach hinten abgelenkt. Bei umgekehrter Polung zeigt der Nordpol nach vorn.

Gleiche Wirkungen zeigen sich, wenn man die Magnetnadel unter eine stromführende leitende Flüssigkeit stellt. Die Ablenkung der Magnetnadel zeigt ein Magnetfeld an.

Der elektrische Strom ist von einem Magnetfeld umgeben.

Wie beim Dauermagneten beschreiben wir die Magnetfelder von stromführenden Leitern durch Feldlinien.

Versuch 4: Ein stromdurchflossener gerader Leiter wird durch ein Loch in einer Glasplatte geführt, die senkrecht zum Leiter steht (Abb. 6). Streuen wir Eisenfeilspäne um den Leiter, so ordnen sie sich kreisförmig an. Nach außen hin werden sie immer undeutlicher, das Feld wird dort schwächer.

Das Feldlinienbild eines geraden, stromdurchflossenen Leiters läßt sich durch Kreise darstellen, deren gemeinsamer Mittelpunkt im Leiter liegt. Die Kreisebenen liegen senkrecht zum Leiter.

Die Richtung der Feldlinien können wir mit Magnetnadeln ermitteln.

Wir können sie uns mit Hilfe der **Rechte-Faust-Regel** merken:

Wir halten den Daumen der rechten Hand in die Richtung vom Plus- zum Minuspol. Die gekrümmten Finger (Abb. 6) zeigen dann die Richtung des Magnetfeldes an.

Abb. 4 Hebemagnet auf dem Schrottplatz

Abb. 5 Ein stromführender Draht lenkt eine Magnetnadel ab.

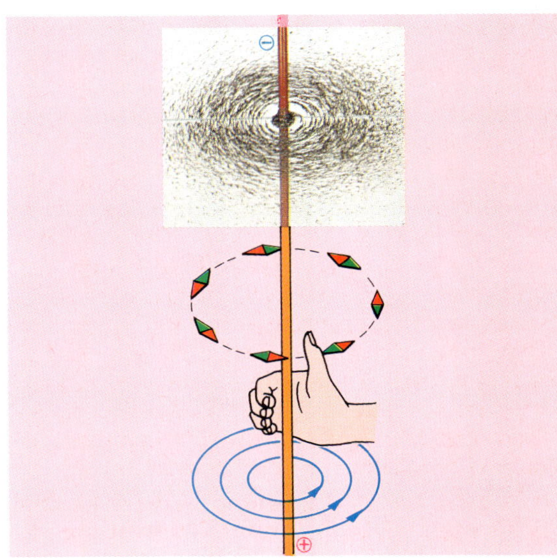

Abb. 6 Magnetfeld eines geraden Leiters

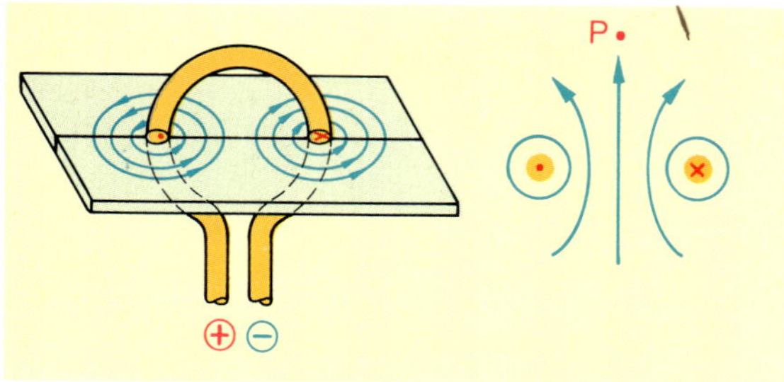

Abb. 1 Feldlinienbild einer Leiterschleife

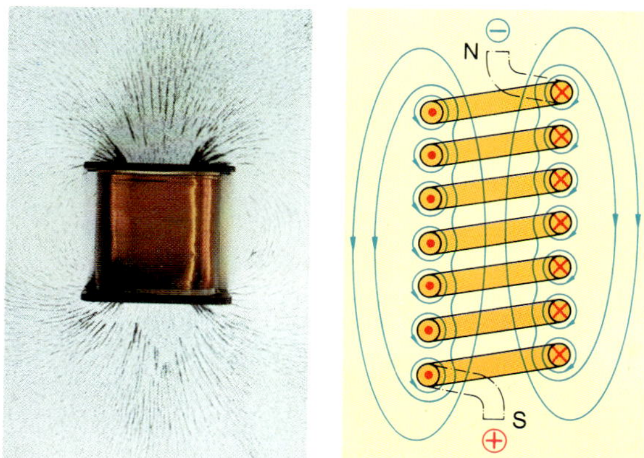

Abb. 2 Feldlinien bei einer Spule

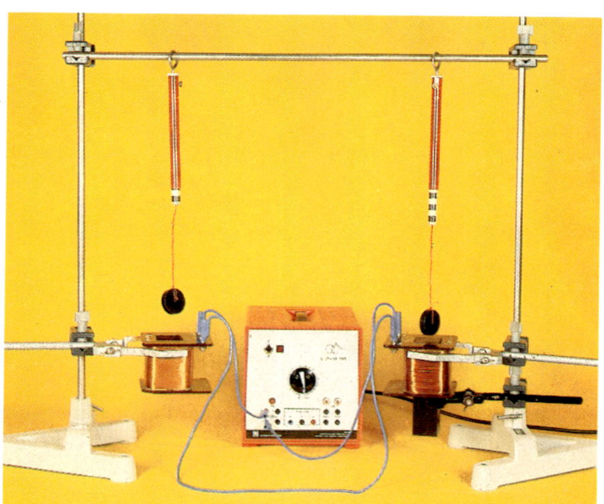

Abb. 3 Verstärkung der magnetischen Wirkung

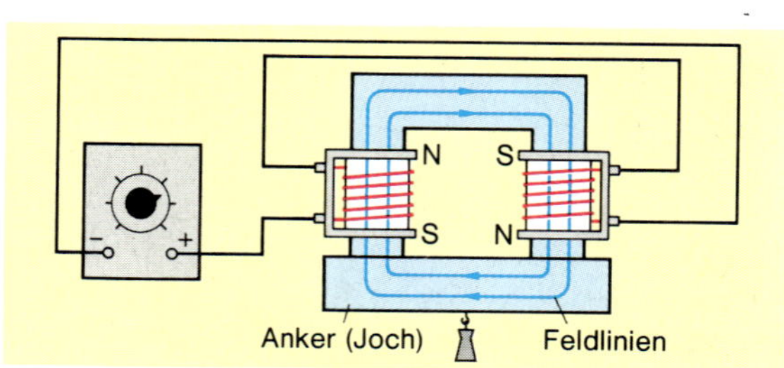

Abb. 4 Elektromagnet mit Joch

Die magnetische Wirkung des elektrischen Stromes wurde 1820 durch HANS CHRISTIAN OERSTED (dänischer Physiker, 1777–1851) entdeckt. Damit begann das Zeitalter des **Elektromagnetismus,** der unsere Welt in vielen Bereichen verändert hat.

Das Magnetfeld einer stromführenden Spule

Bei technischen Anwendungen von Elektromagneten werden zur Erzeugung des Magnetfeldes meist Spulen benutzt. Warum?

Versuch 5: Wir biegen einen Draht nach Abb. 1 zu einer *Leiterschleife.* Wird sie von einem Strom durchflossen, so verlaufen die Feldlinien ringförmig um jedes Leiterstück. Im Punkt P wirkt das Magnetfeld von zwei Leiterstücken in der gleichen Richtung.

Das Feld wird somit durch die Leiterschleife verstärkt. Dieser Verstärkungseffekt wird noch erhöht, wenn wie bei einer Spule viele Windungen nebeneinander liegen.

Versuch 6: Mit einem passend zurecht geschnittenen Zeichenkarton und Eisenfeilspänen (Abb. 2) untersuchen wir das Magnetfeld einer stromführenden Spule.

Außerhalb der Spule gleicht es dem Feld eines Stabmagneten. Im Innenraum der Spule verlaufen die Feldlinien parallel. Alle Feldlinien sind in sich geschlossen.

Wir können das Feld einer Spule als Überlagerung der Felder von den einzelnen Drahtstücken erklären.

Das Magnetfeld einer stromführenden Spule hat die Form geschlossener Feldlinien. Im Innenraum der Spule verlaufen sie parallel. Im Außenraum gleichen sie dem Feldlinienbild eines Stabmagneten.

Spule als Elektromagnet

Warum der Hebemagnet in Abb. 4 auf S. 223 einen Eisenkern enthält, zeigt der folgende Versuch.

Versuch 7: Wir schicken einen Strom durch zwei gleiche Spulen. Eine von ihnen enthält einen Weicheisenkern (Abb. 3). Über den Spulen hängen zwei gleiche Eisenstücke an gleichen Kraftmessern. Die Spule mit Kern zieht das Eisenstück stärker an als die eisenlose Spule.

Erklärung: Die Elementarmagnete des Eisenkerns werden geordnet. Er wird selbst zu einem Magneten und verstärkt das Magnetfeld der Spule. Nach dem Abschalten des Feldstromes wird der Eisenkern wieder entmagnetisiert. Nur ein kleiner Restmagnetismus *(Remanenz)* bleibt erhalten.

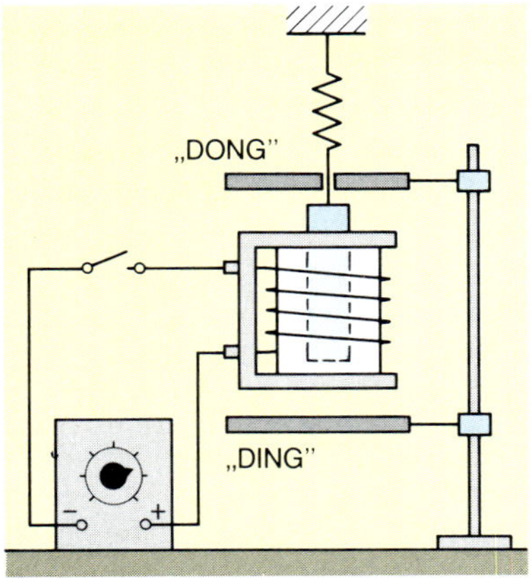

Abb. 5 Modellschaltung zum elektrischen Gong

Abb. 6 Technisches Relais

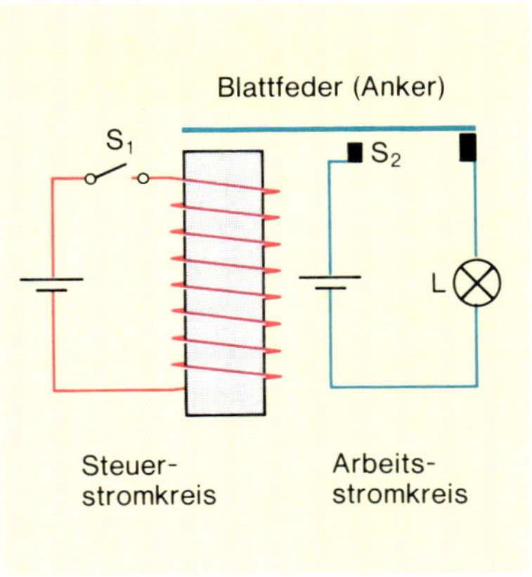

Abb. 7 Modellschaltung von einem Relais

Wir ändern bei Spulen mit gleicher Windungszahl die Stärke des Stromes und stellen fest:

> *Die magnetische Wirkung einer stromführenden Spule ist um so stärker, je stärker der Strom in der Spule ist.*

Wir lassen den Strom unverändert und untersuchen die Kraftwirkung der Spule auf den Eisenkörper in Abhängigkeit von der Windungszahl der Spule. Wir finden:

> *Die Spule mit höherer Windungszahl hat bei gleicher Stromstärke eine stärkere magnetische Wirkung als eine Spule mit kleinerer Windungszahl.*

Man kann die Tragkraft eines Elektromagneten noch verstärken, wenn man zwei Spulen nach Abb. 4 auf einen U-förmigen Eisenkern setzt. Die Spulen werden so an eine Spannungsquelle angeschlossen, daß eine ihren Nordpol und die andere ihren Südpol unten hat. Man kann dies mit einer Kompaßnadel nachprüfen. Fließt Strom durch die Spulen, wirkt der U-Kern wie ein Hufeisenmagnet. Verbindet man die beiden Pole noch mit einem Eisenjoch, **Anker** genannt, so verlaufen die Feldlinien in sich geschlossen im Eisen. Die Tragkraft des Magneten wird dadurch noch erhöht. Der Hebemagnet in Abb. 4, S. 223 ist im Prinzip so aufgebaut.

Beispiele für die Anwendung von Elektromagneten

Elektromagnete haben ein weites Anwendungsfeld gefunden. In der Nachrichtentechnik werden sie z. B. bei Fernschreibern und bei Selbstwählanlagen in den Fernsprechämtern eingesetzt. Dabei werden Schaltvorgänge mit Hilfe von Relais (Abb. 6) über große Entfernungen gesteuert. Weitere Anwendungen finden Elektromagnete bei *Sicherungsautomaten* und bei *elektrischen Türöffnern*. Im Türöffner befindet sich ein Elektromagnet, dessen Anker beim Schließen des Stromkreises einen Sperriegel freigibt. Eine uns allen bekannte Anwendung ist die elektrische *Haustürklingel* bzw. der elektrische *Türgong*.

Um die Funktionsweise eines elektrischen Türgongs zu verstehen, führen wir den folgenden Versuch durch.

Versuch 8: Nach Abb. 5 wird ein Weicheisenstück an einer Feder befestigt und in eine Spule gehängt. Wird diese von einem Strom durchflossen, so wird das Eisenstück in die Spule hineingezogen. Aufgrund seiner Trägheit schnellt es über die untere Spulenbegrenzung hinaus und schwingt einige Male hin und her bis es zur Ruhe kommt.

Befestigen wir zusätzlich zwei Metallplatten am unteren und oberen Ende der Spule, so haben wir eine Modellschaltung für einen **elektrischen Gong.** Beim Einschalten schlägt der Stab gegen die untere klingende Platte. Beim Ausschalten schnellt der Stab an der Feder zurück auf eine zweite Metallplatte, die in einem tieferen Ton klingt.

Beim Starten eines Autos wird ein starker Strom im Anlasser, einem Elektromotor, eingeschaltet. Dieser starke Strom soll nicht durch das Zündschloß fließen. Man löst das Problem mit Hilfe eines **Relais.**

Ein Relais besteht aus zwei Stromkreisen, dem *Steuerstromkreis* und dem *Arbeitsstromkreis*. Durch einen schwachen Strom im Steuerkreis kann ein Elektrogerät, z. B. ein Motor, im Arbeitskreis eingeschaltet werden.

Versuch 9: In Abb. 7 ist eine Modellschaltung für ein Relais aufgebaut. Wird der Steuerstromkreis geschlossen, so wird die Blattfeder (Anker) vom Elektromagneten angezogen. Dadurch wird der Arbeitsstromkreis geschlossen. Öffnet man den Schalter im Steuerkreis, so kann die Blattfeder wieder ihre alte Stellung einnehmen, und der Arbeitskreis wird wieder geöffnet.

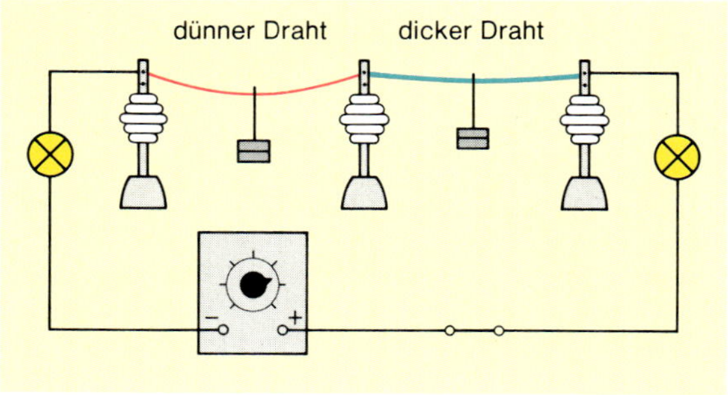

Abb. 1 Unterschiedliche Erwärmung von Leitern

Wärmewirkung

Die Wärmewirkung des elektrischen Stromes nutzen viele Elektrogeräte, wie Elektroherde, Tauchsieder, Bügeleisen, Toaster, Haartrockner, ...

Wir zeigen die grundsätzliche Wirkungsweise.

Versuch 10: Zwischen je zwei Isolierklemmen sind gleich lange, aber verschieden dicke Kupferdrähte mit zwei gleichen Glühlampen hintereinander in einen Stromkreis geschaltet (Abb. 1). In der Mitte eines jeden Drahtes hängt ein Gewichtsstück; die Gewichte sind gleich.

Beim Schließen des Stromkreises leuchten beide Lampen gleich hell auf. Dies zeigt uns, daß beide Drähte von einem gleich starken Strom durchflossen werden. Die Drähte beginnen sich auszudehnen. Dabei sinkt das am dünneren Draht aufgehängte Gewichtsstück tiefer als das Gewicht am dickeren Draht. Wenn wir am Netzgerät eine höhere Spannung einstellen, leuchten die Lampen heller. Die Stärke des Stromes nimmt zu. Der dünne Draht wird rotglühend, und auch der dikkere Draht beginnt schwach zu glühen. Schalten wir den Strom ab, so ziehen sich die Drähte beim Abkühlen wieder zusammen. Vertauscht man die Pole, so läuft der Versuch in der gleichen Weise ab.

Der elektrische Strom erwärmt den Leiter.

Der dünne Kupferdraht erwärmt sich stärker. Vergrößern wir den Strom noch weiter, so schmilzt er schließlich durch. Dies wird bei einer **Schmelzsicherung** ausgenutzt (vgl. Abb. 4, S. 269). Auch das Leuchten des Glühfadens in einer Glühlampe beruht auf der Wärmewirkung des Stromes. Man kann auch von einer **Lichtwirkung** sprechen.

Chemische Wirkung

Schließen wir zwei Kohlestäbe, die sich in Leitungswasser befinden (vgl. Abb. 3, S. 220) an eine Spannungsquelle an, so kann man beobachten, daß Gasblasen an den Stäben aufsteigen.

Mit Hilfe der Anordnung nach Abb. 2 kann man das Gas auffangen und untersuchen. Das Gerät heißt **Hofmannscher Apparat.**

Versuch 11: Zur Verbesserung der Leitfähigkeit säuern wir das Wasser im Hofmannschen Apparat etwas an, indem etwas Schwefelsäure (H_2SO_4) zugegeben wird. Als Elektroden verwenden wir Platin, weil dieses Edelmetall von der Säure nicht angegriffen wird. Falls dennoch bei Stromdurchgang Veränderungen auftreten, können wir sicher sein, daß diese tatsächlich auf den Strom zurückzuführen sind.

Bei angelegter Spannung setzt an den Elektroden eine heftige Gasentwicklung ein. Dabei stellt sich heraus, daß an der Kathode doppelt so viel Gas entsteht wie an der Anode. Das Gas an der Kathode erweist sich als Wasserstoff, das an der Anode als Sauerstoff. Dies sind gerade die Bestandteile von Wasser, das beim Stromfluß durch die Lösung zersetzt wird. Der Versuch ist nur eines von sehr vielen Beispielen, das zeigt, daß beim Stromfluß durch Flüssigkeiten *chemische Veränderungen* stattfinden (vgl. S. 242).

Aufgaben

1. Umwickle einen 6–10 cm langen Eisennagel mit einem etwa 1 m langen lackierten Kupferdraht (Durchmesser 0,4 mm) und schließe die Drahtenden an eine Flachbatterie von 4,5 V an. Es entsteht ein Elektromagnet, mit dem man experimentieren kann. So kann man z. B. die magnetische Wirkung mit Hilfe von Büroklammern überprüfen.
2. Beschreibe die Wirkungsweise eines Relais!
3. Beschreibe das Magnetfeld einer stromführenden Spule! Wie hängt es mit dem Magnetfeld eines geraden stromführenden Drahtes zusammen?
4. Weshalb verstärkt ein Eisenkern in der stromführenden Spule die magnetische Wirkung?

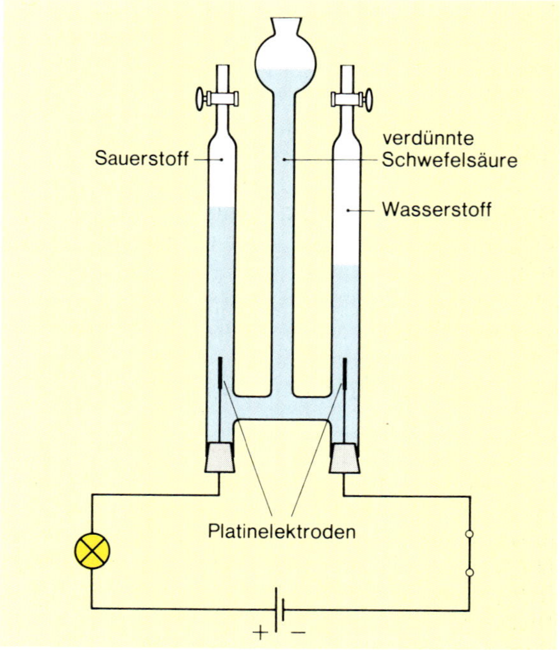

Abb. 2 Hofmannscher Apparat

3 Strom und Ladung

3.1 Strom ist bewegte Ladung

Was strömt beim elektrischen Strom?

Um diese Frage beantworten zu können, führen wir eine Reihe von Versuchen durch.

Versuch 1: In Abb. 4 sind zwei Glimmlampen mit den Polen einer Spannungsquelle verbunden. Es wird kein Strom angezeigt, da der Stromkreis zwischen den beiden Lampen unterbrochen ist. Berühren wir das linke Lämpchen mit einer isoliert gehaltenen Metallkugel, so blitzt es kurz am linken Draht auf. Anschließend führen wir die Kugel an die rechte Glimmlampe. Beim Berühren leuchtet auch diese kurz auf, und zwar auch am linken Draht. Beim Entladen der Kugel über die Glimmlampe ist an der Berührungsstelle ein kleiner Funke zu beobachten.

Auch beim Kämmen von frisch gewaschenen Haaren entstehen kleine Funkenüberschläge. Ebenso kann man einen Funkenüberschlag als elektrischen Schlag verspüren, wenn man über einen Teppichboden geht und anschließend die Türklinke anfaßt.

Wie lassen sich diese Beobachtungen erklären?

Wir nehmen an, daß beim kurzen Aufblitzen des linken Glimmlämpchens etwas vom Minuspol auf die Kugel übergegangen ist.

Beim Berühren des rechten Lämpchens ist dies wieder von der Kugel in die Spannungsquelle zurückgeflossen. Das kurze Aufleuchten der Glimmlampe zeigte es an. Wir nennen das, was auf die Kugel „geströmt" ist, **elektrische Ladung.**

Die Kugel wurde beim Berühren der linken Glimmlampe **geladen.** Diese Ladung floß über die rechte Glimmlampe in die Spannungsquelle zurück. Die Kugel wurde **entladen.** Mit der Metallkugel konnte die Ladung **portionsweise** transportiert werden. Als die Kugel aufgeladen war, wurde keine Ladung mehr transportiert. Das Glimmlämpchen leuchtete nicht mehr. Ist die Kugel geladen, so befindet sich auf ihr kein „Strom", sondern ruhende Ladung. Strom entsteht erst, wenn die Ladung wieder von der Kugel abfließen kann.

Elektrische Ladung kann portionsweise transportiert werden. Elektrischer Strom ist bewegte Ladung.

Versuch 2: Wir transportieren mit der Kugel in Abb. 4 in schneller Folge Ladungsportionen von einer Glimmlampe zur anderen. Die Lampen leuchten nun häufiger auf. Verbinden wir schließlich die beiden Glimmlampen durch ein Kabel, so fließt die vorher „löffelweise" transportierte Ladung dauernd durch die Glimmlampen. Sie leuchten beide gleich hell.

Abb. 3. Elektrische Entladung beim Blitz

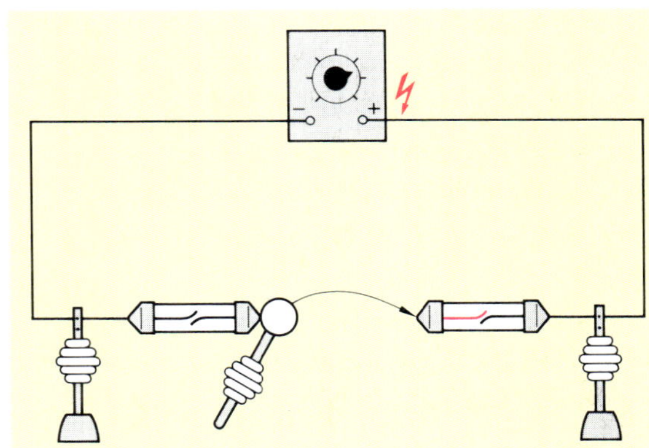

Abb. 4 Die Kugel transportiert Ladungsportionen

Dies zeigt, daß im Stromkreis keine Ladung verbraucht wird. Es bleiben auch nirgendwo Ladungsportionen hängen. Vielmehr werden sie durch die Spannungsquelle in einen ständigen Kreislauf gebracht. Sie pumpt die Ladungsportionen durch den Stromkreis.

Wir können uns diesen Sachverhalt an einem *Wasserkreislauf* veranschaulichen (Abb. 1, S. 228). Ein Motor mit einer Pumpe pumpt ständig Wasser in einen Behälter A. Von hier aus fließt das Wasser durch einen Schlauch und eine Turbine zum Behälter B. Von dort gelangt es wieder in die Pumpe und in den Behälter A. Das Wasser befindet sich so in einem ständigen Kreislauf und betreibt die Turbine. Um den Kreislauf aufrechtzuerhalten, braucht die Pumpe Energie. Ebenso ist es beim

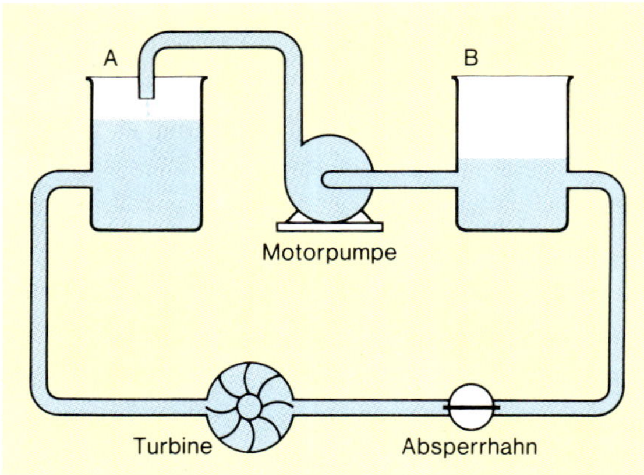

Abb. 1 Wasserkreislauf-Modell

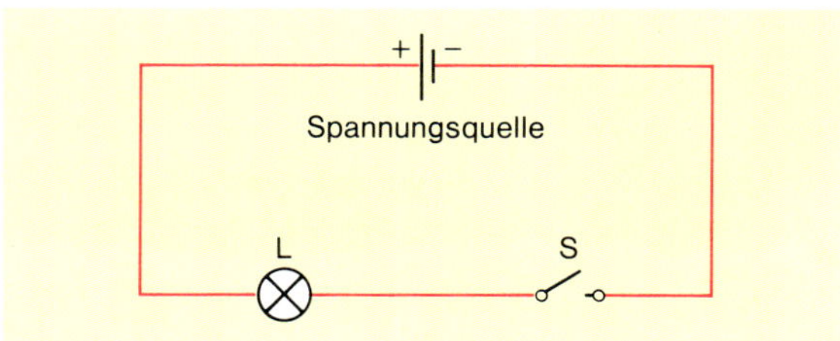

Abb. 2 Der Stromkreis kann mit einem Wasserkreislauf (Abb. 1) verglichen werden

Stromkreis. Das Netzgerät sorgt dafür, daß die Ladungen im Stromkreis bewegt werden. Auch hierzu wird Energie benötigt. Ein Fahrraddynamo liefert z. B. einen Strom, wenn er gedreht wird. Die Energie hierzu liefert der Radfahrer (vgl. S. 131).

Das Wasserkreislauf-Modell kann man nur in begrenztem Umfang mit dem Stromkreis vergleichen. Es eignet sich gut zur Veranschaulichung des Ladungstransports. Die chemischen oder magnetischen Wirkungen des Stromes z. B. lassen sich nicht im Wasserkreislauf-Modell veranschaulichen.

Wir fassen zusammen:

- Aus einer Spannungsquelle können elektrische Ladungen portionsweise entnommen werden.
- Bei der Entnahme und Rückgabe der Ladungsportionen fließt ein elektrischer Strom.
- Strom bedeutet bewegte elektrische Ladung.
- Im geschlossenen Stromkreis findet ein ständiger Kreislauf elektrischer Ladung statt.

Gibt es zwei Arten von elektrischer Ladung?

Bereits bei den Versuchen 2 und 11 im Kap. 2 ist uns aufgefallen, daß die Polung der Spannungsquelle eine Rolle spielt. Wirkt sich dieser Unterschied auch beim Laden eines Körpers aus?

Versuch 3: Eine Metallkugel wird kurzzeitig über ein Kabel mit dem Minuspol einer Spannungsquelle verbunden. Dabei lädt sich die Kugel auf.

Wir verbinden eine Glimmlampe mit einer Leitung zur Erde. Berühren wir die geladene Kugel mit der Glimmlampe, so leuchtet sie an der Elektrode, die der Kugel zugewandt ist, auf. Auch hier fließt die Ladung ab.

Was ändert sich, wenn wir die Kugel vorher mit dem Pluspol verbinden?

Versuch 4: Wir schließen die Kugel kurzzeitig an den Pluspol der Spannungsquelle an. Danach berühren wir wie im vorherigen Versuch die Kugel mit der Glimmlampe (Abb. 3). Sie leuchtet auch diesmal auf, jedoch an der anderen Elektrode.

Offensichtlich kann man an beiden Polen einer Spannungsquelle die Kugel laden. Die aufgeladenen Kugeln verhalten sich jedoch verschieden und wir müssen daher zwei verschiedene *Ladungszustände* unterscheiden:

> *Bei Berührung am Pluspol wird eine Kugel positiv, am Minuspol negativ geladen.*

Wir denken uns ein Modell aus

Alle bisherigen Versuche zur elektrischen Ladung lassen sich deuten, wenn wir annehmen, daß es positiv und negativ **geladene Teilchen** gibt. Ein positiv geladener Körper trägt positiv geladene Teilchen **(positive Ladungen),** ein negativ geladener Körper negativ geladene Teilchen **(negative Ladungen).** Damit wird das Auf- und Entladen der Kugeln verständlich. Auch der elektrische Strom läßt sich durch die Bewegung der geladenen Teilchen deuten.

Aufgaben

1. Vergleiche nach Abb. 1 und Abb. 2 den elektrischen Stromkreis mit dem Wasserstromkreis. Kann man auch gute und schlechte Leiter im Wassermodell simulieren?
2. Was ist der Unterschied zwischen Strom und Ladung?

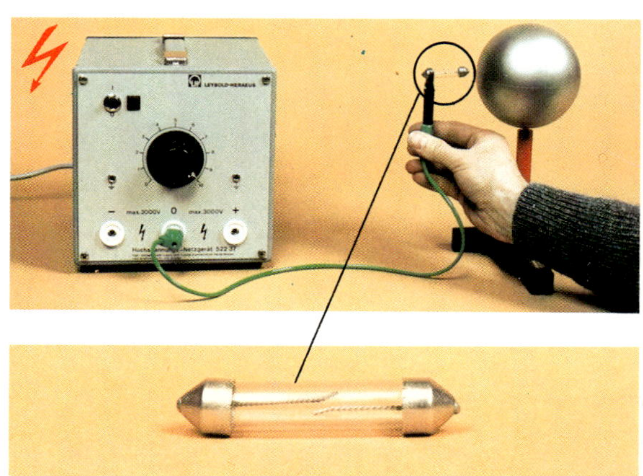

Abb. 3 Entladung einer positiv geladenen Kugel

Abb. 4 Abstoßung und Anziehung von geladenen Körpern

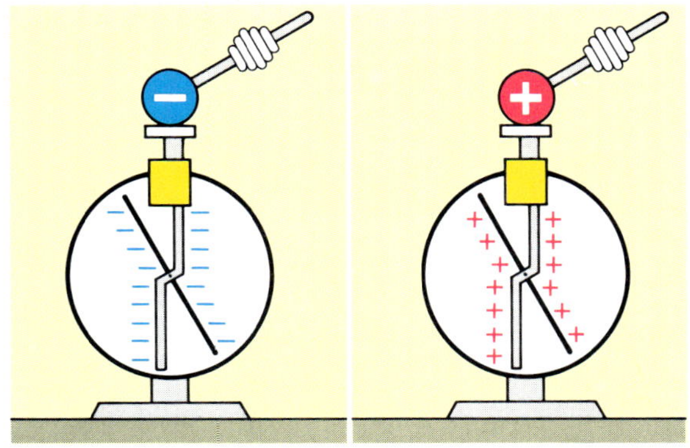

Abb. 5 Ladungsnachweis mit dem Elektroskop

3.2 Eigenschaften elektrischer Ladungen

Kräfte zwischen geladenen Körpern

Kann man die verschiedenen Ladungsarten auch unterscheiden, wenn sie ruhen?

Versuch 5: Ein Tischtennisball ist mit einer Metallschicht überzogen und hängt an einem dünnen Perlonfaden (Abb. 4). Wir laden ihn am Minuspol einer Spannungsquelle. Danach nähern wir ihm eine Metallkugel, die ebenfalls am Minuspol geladen wurde.

Der leichte Tischtennisball wird abgestoßen, und zwar um so stärker, je geringer der Abstand der beiden Kugeln wird. Wir wiederholen den Versuch, indem wir nun beide Kugeln am Pluspol laden. Auch jetzt findet beim Annähern eine Abstoßung statt. Die beiden Kugeln ziehen sich jedoch an, wenn sie unterschiedlich geladen sind. In unserem Ladungsmodell bedeutet dies:

Gleichnamige Ladungen stoßen sich ab, ungleichnamige Ladungen ziehen sich an.

Diesen Sachverhalt kann man dazu benutzen, um Ladungen nachzuweisen. Wir verwenden ein *Elektroskop* (Abb. 5). Es besteht aus einem feststehenden Metallstab und einem leicht drehbaren Metallzeiger.

Versuch 6: Wir berühren den oberen Teil mit einer geladenen Kugel. Dabei schlägt der Zeiger aus.

Bei der Berührung fließt ein Teil der Kugelladung auf den Metallstab und den Zeiger des Elektroskops. Der bewegliche Zeiger spreizt sich vom Stab weg, weil beide gleichartig geladen sind. Wir vergrößern die Ladungsmenge auf dem Elektroskop, indem wir die Kugel erneut laden und an den Metallstab halten. Der Zeigerausschlag nimmt zu.

Mit einem Elektroskop können Ladungen nachgewiesen und Ladungsmengen verglichen werden.

Allerdings sieht man es einem aufgeladenen Elektroskop nicht an, ob es positiv oder negativ geladen ist. Beide Ladungszustände führen zum gleichen Ausschlag. Man kann aber den Ladungszustand bestimmen, wenn das Elektroskop über eine Glimmlampe zur Erde entladen wird (vgl. Versuch 3).

Wie verteilen sich Ladungen auf Leitern?

Versuch 7: Ein isoliert aufgestellter Metallbecher wird an den Minuspol einer Spannungsquelle angeschlossen (Abb. 6). Anschließend versuchen wir, mit einer Metallkugel Ladung vom Becher auf ein Elektroskop zu löffeln. Wir berühren zunächst die Innenwand des Bechers mit der Kugel und führen sie an das Elektroskop. Zu unserer Überraschung zeigt es keinen Ausschlag, obwohl der Becher geladen sein muß.

Wir halten nun die Kugel an die Außenwand und bringen sie ans Elektroskop. Jetzt schlägt es aus. Der Versuch zeigt:

Das Innere eines geladenen Metallbechers ist nahezu ladungsfrei. Die Ladung befindet sich nur auf der Außenwand.

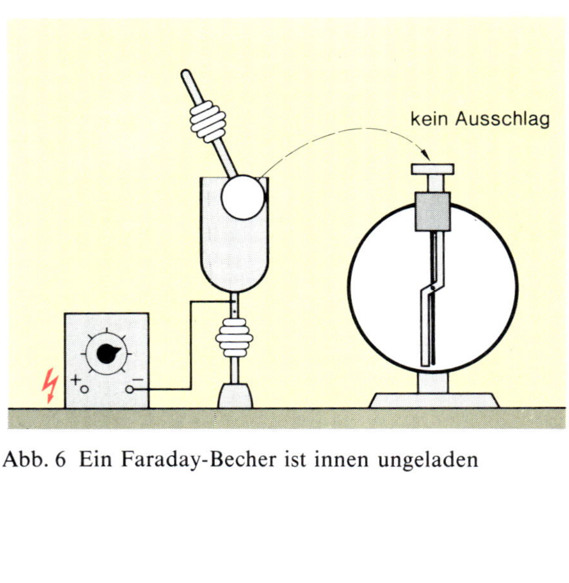

Abb. 6 Ein Faraday-Becher ist innen ungeladen

Abb. 1 Im Auto ist man vor Blitzschlag sicher

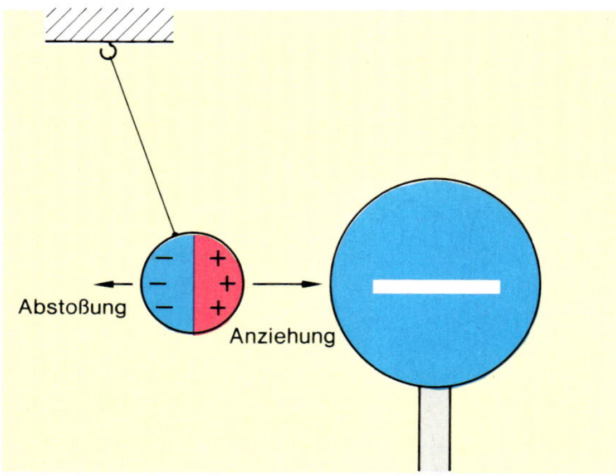

Abb. 2 Ladungstrennung

Abb. 3 „Faraday-Käfig“

Auch hier bewährt sich das Ladungsmodell:

Durch die Abstoßungskräfte werden die Ladungen möglichst weit auseinander getrieben. Deshalb sammeln sie sich auf der Außenwand. Aus dem Innenraum können keine Ladungen entnommen werden. Wohl aber kann man dort weitere Ladungen aufbringen.

Wir können das Ergebnis verallgemeinern:

Bei einem geladenen Körper verteilen sich die Ladungen auf seiner Außenfläche.

FARADAY (s. S. 280) zeigte, daß die Ladung eines Blitzes nicht in einen metallisch umschlossenen Raum eindringen konnte. Man nennt einen solchen Raum einen **Faraday-Käfig.**

Auch die Außenwände von Autos und Flugzeugen bilden solche Faraday-Käfige. Wird ein Auto oder ein Flugzeug von einem Blitz getroffen, so bleibt die elektrische Ladung auf der Außenfläche. Den Insassen passiert nichts. Abb. 1 zeigt einen Versuch, bei dem ein künstlicher Blitz aus Hochspannungsleitungen über einem Auto erzeugt wird.

Auch „ungeladene“ Körper sind geladen

Versuch 8: Ein Tischtennisball, der mit einer Metallschicht überzogen ist, wird nach Abb. 2 an einen Perlonfaden gehängt. Der Ball ist ungeladen. Wir nähern ihm eine größere Metallkugel, die negativ aufgeladen wurde. Der Tischtennisball wird angezogen, obwohl er ungeladen ist. Ein ganz merkwürdiges Ergebnis!

Nach unseren bisherigen Erfahrungen dürfte keine Anziehung stattfinden. Wir können den Versuch aber erklären, wenn wir annehmen, daß der Ball bereits im ungeladenen Zustand gleich viele positive wie negative Ladungen enthält. Bei Annäherung der geladenen Kugel werden die negativen Ladungen von den positiven auf dem Tischtennisball getrennt. Die positiven Ladungen befinden sich dadurch näher an der negativ geladenen Kugel als die negativen. Daher wird der Ball angezogen.

Ein entsprechendes Ergebnis erhält man, wenn man die negativ geladene Kugel durch eine positiv geladene austauscht. Dann werden die negativen Ladungen auf dem Tischtennisball nach rechts verschoben.

Im Versuch 8 wurde mit der *Hypothese* gearbeitet, daß ein ungeladener Körper gleich viele positive wie negative Ladungen enthält. Wenn dies zutrifft, müßte es möglich sein, einen z. B. negativ geladenen Körper durch Zugabe von positiven Ladungen wieder zu neutralisieren.

Versuch 9: Vom Minuspol eines Hochspannungsgerätes übertragen wir mit einer Kugel nacheinan-

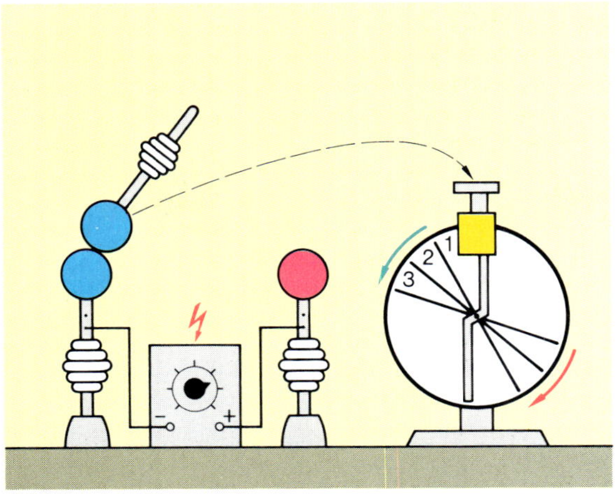

Abb. 4 Ein geladenes Elektroskop wird neutralisiert

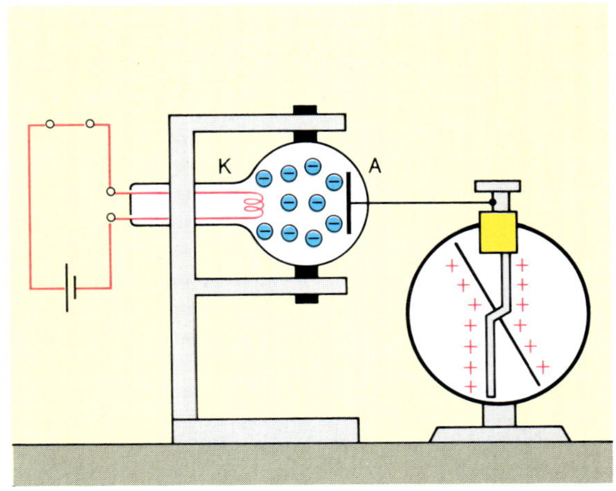

Abb. 5 Glühelektrischer Effekt

der drei Portionen negativer Ladung. Der Zeigerausschlag wächst bei jeder Ladungszugabe stufenweise um einen bestimmten Betrag. Nun führen wir dem Elektroskop mit der gleichen Kugel in drei Schritten in gleicher Weise positive Ladung zu. Der Zeigerausschlag geht dabei in den gleichen Stufengrößen wie vorher beim Aufladen mit negativer Ladung zurück. Die Wirkung der negativen Ladung wird mehr und mehr abgeschwächt. Schließlich zeigt das Elektroskop keinen Ausschlag mehr. Die negative Ladung wurde in ihrer Wirkung neutralisiert.

Ein neutraler Körper enthält gleich viel positive wie negative Ladung. Die Ladungen werden beim Annähern eines geladenen Körpers teilweise getrennt. Man nennt diesen Vorgang Influenz.

Aufgaben

1. Vier geladene Metallkugeln A, B, C und D hängen jeweils einzeln an einem dünnen Perlonfaden. Kugel D ist positiv geladen. Durch einen Versuch stellt man fest: Kugel A stößt B ab, A zieht C an und C stößt D ab. Welche Ladungsarten besitzen die Kugeln A, B und C?
2. Beschreibe die Wirkungsweise eines Elektroskops!
3. Wie läßt sich ein geladener Körper neutralisieren?
4. Ein Elektroskop ist geladen. Wie kann man die Ladungsart ohne Glimmlampe bestimmen?
5. Was versteht man unter einem „Faraday-Käfig"?
6. Was unterscheidet einen positiv geladenen Körper von einem neutralen?
7. Zwei Metallkugeln sind unterschiedlich stark negativ geladen. Wie kann man feststellen, welche der Kugeln stärker geladen ist?
8. Was passiert, wenn wir in Abb. 2, S. 230 der negativ geladenen großen Kugel einen positiv bzw. negativ geladenen Körper von rechts her nähern?
9. Erläutere, weshalb sich die Ladungen eines geladenen Körpers auf die Außenfläche verteilen!

3.3 Elektronen

Welche Ladungen sind in Leitern beweglich?

Im Versuch 8 haben wir angenommen, daß in Metallen Ladungen verschiebbar sind. Welche Ladungen lassen sich verschieben? Die positiven, die negativen oder beide? Der Versuch 8 läßt sich nämlich auch mit der Annahme deuten, daß nur eine Sorte Ladungen im Metall verschiebbar ist.

Zur Beantwortung der Frage hilft ein Effekt weiter, den wir im folgenden Versuch demonstrieren.

Versuch 10: In einem luftleeren Glaskolben (Abb. 5) befindet sich ein gewendelter Draht. Schicken wir durch ihn einen starken Strom, so beginnt der Draht zu glühen; ähnlich wie eine Glühlampe.

Wir verbinden das Metallblech A mit einem Elektroskop, das positiv geladen wurde. Auch A ist dann positiv geladen. Kurz nachdem der Draht K zu glühen beginnt, geht der Ausschlag am Elektroskop zurück. Weshalb?

Da wir das Elektroskop während des Versuchs nicht berührt haben, konnte die positive Ladung nicht abfließen. Sie muß somit durch negative Ladungen neutralisiert worden sein. Diese können nur aus dem Glühdraht kommen, da wir nur an diesem eine Veränderung vorgenommen haben. Dabei haben wir angenommen, daß von A keine positive Ladungen zu K übergehen. Man nennt A Anode und K Kathode.

Könnten auch positive Ladungen den Glühdraht verlassen haben? Um dies zu überprüfen, laden wir nun das Elektroskop negativ auf. Der Ausschlag bleibt bestehen, auch wenn der Draht im Glaskolben längere Zeit stark glüht. Es können somit keine positiven Ladungen den Glühdraht verlassen haben, denn sonst wären die negativen Ladungen auf dem Elektroskop neutralisiert worden.

E

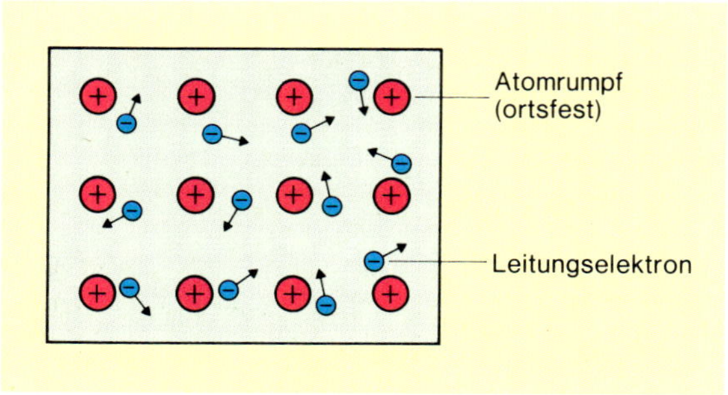

Abb. 1 Modellvorstellung vom Inneren eines Leiters

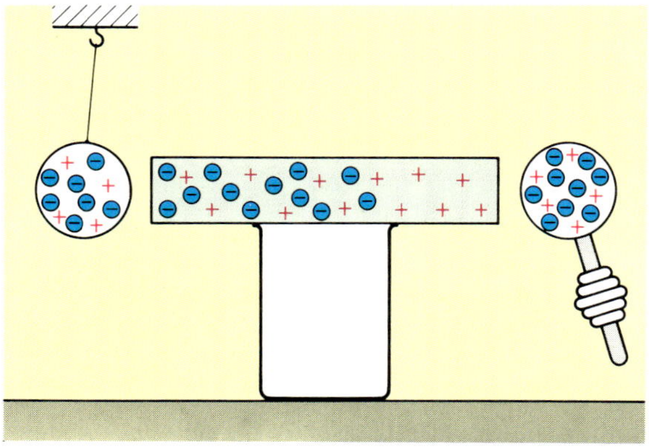

Abb. 2 Zu Versuch 11

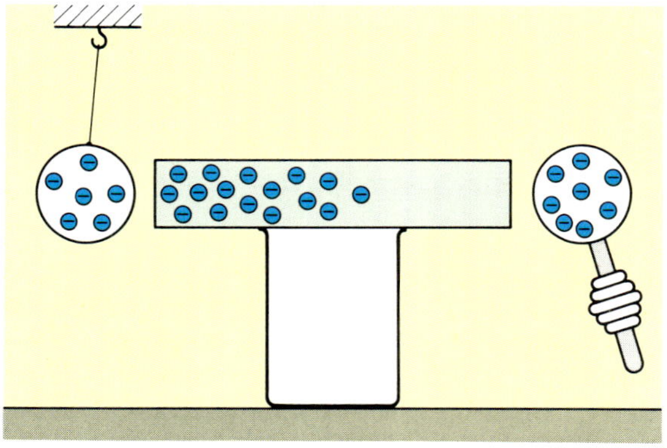

Abb. 3 Deutung eines Influenzversuchs mit der Elektronenvorstellung

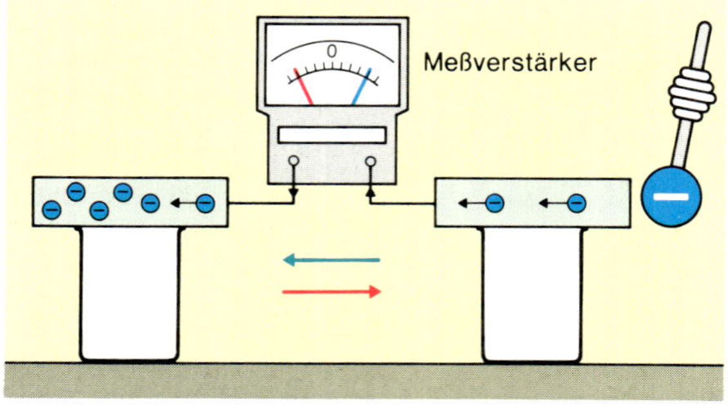

Abb. 4 Versuchsanordnung von Versuch 12

Beide Versuche zusammen geben uns einen deutlichen Hinweis, daß die negativen Ladungen in einem Metall weitaus beweglicher sind als die positiven. Sie können sogar bei Erwärmung den Leiter verlassen. Weitere Experimente, die im Unterricht nicht durchgeführt werden können, zeigen:

In Metallen sind nur die negativen Ladungen beweglich. Wir stellen sie uns als sehr kleine Teilchen vor. Man nennt sie Elektronen.

Wie wir sehen, lassen sich mit der **Elektronenvorstellung** die elektrischen Erscheinungen besonders einfach erklären.

Im Versuch 1 haben wir erkannt, daß die elektrische Ladung Mengencharakter hat. Ein Elektron besitzt die kleinste Ladungsmenge, die vorkommen kann. Sie heißt **Elementarladung.**

Die Emission (emittere, lat. = aussenden) von Elektronen aus glühenden Metallen heißt **glühelektrischer Effekt.**

Ladungszustand und Elektronenvorstellung

Bisher haben wir uns die Atome als kleine unteilbare Teilchen vorgestellt. Diese Atomvorstellung muß jetzt erweitert werden:

In den Atomen sind Elektronen enthalten. Der Hauptbestandteil des Atoms, der Atomkern, ist positiv geladen. Diese positive Kernladung ist so groß, daß die negative Ladung aller Elektronen ausgeglichen wird. Somit erscheinen die Atome elektrisch neutral. Die elektrische Ladung ist also in den Atomen verborgen.

Vom Innern eines Metalls können wir uns die folgende Modellvorstellung machen:

In Metallen gibt es Elektronen, die zunächst an ihr Atom gebunden sind, sich aber unter besonderen Umständen ablösen können und dann im Leiter frei beweglich sind. Diese Elektronen nennt man **Leitungselektronen.** Zurück bleibt ein *Atomrumpf,* der positiv geladen ist. Abb. 1 veranschaulicht diese Modellvorstellung: Ortsfeste positive Ladungen (Atomrümpfe) sind von beweglichen Leitungselektronen umgeben. Sie können sich zwischen den Atomrümpfen frei bewegen. Nach außen erscheinen uns die Metalle neutral, da sich die ortsfesten positiven Ladungen und die negativen Elektronen in ihren Wirkungen neutralisieren.

Mit der Elektronenvorstellung können wir den Ladungszustand von metallischen Leitern so beschreiben:

- Ein metallischer Leiter wird negativ geladen, wenn wir ihm zusätzlich Elektronen zuführen. Er hat dann **Elektronenüberschuß.**

- Er ist positiv geladen, wenn wir ihm Elektronen entziehen. Er hat dann **Elektronenmangel.**

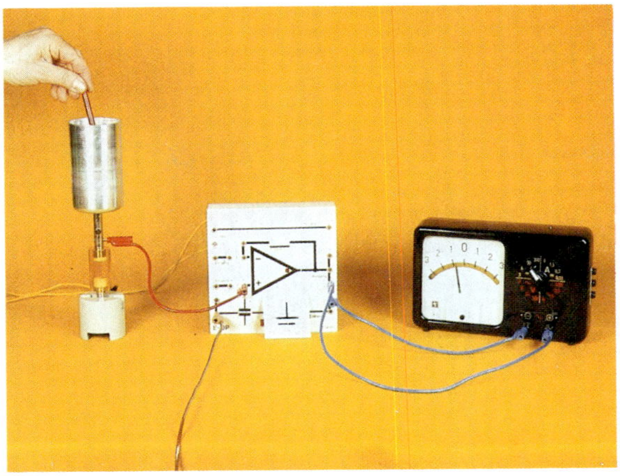

Abb. 5 Ladungsmessung mit einem Elektrometer

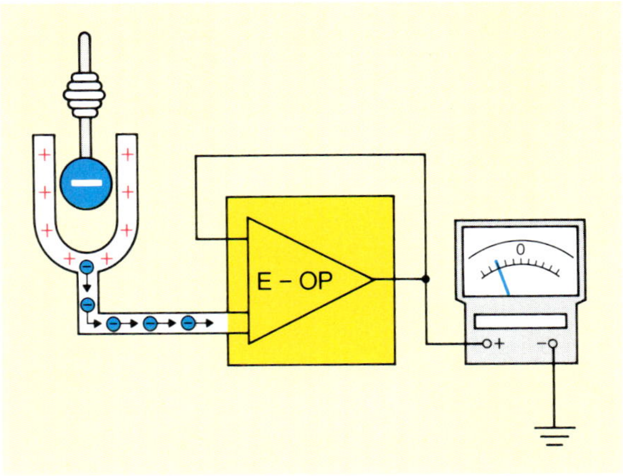

Abb. 6 Erklärung der Ladungsmessung durch Influenz

Beispiel: Versuch 11:

Wir legen einen Metallstab (Stativstange) nach Abb. 2 auf ein Becherglas. Der Stab wird an einem Ende von einem leichten, beweglichen Kügelchen berührt. Es ist mit einer Metallschicht überzogen. Von der anderen Seite her nähern wir dem Stab eine negativ geladene Kugel. Dabei wird das Kügelchen vom Metallstab abgestoßen.

Erklärung: Beim Annähern der negativ geladenen Kugel werden die beweglichen Elektronen im Metallstab nach links gedrückt und fließen teilweise auf die kleine Kugel. Diese und das linke Ende des Stabes haben nun einen Elektronenüberschuß und sind nun negativ geladen. Daher stoßen sie sich ab. Dem rechten Ende des Metallstabes fehlen Elektronen. Die positiven festen Ladungen im Metall werden nicht mehr neutralisiert. Sie können nach außen als positive Ladung in Erscheinung treten. Die Ladungstrennung im Stativstab erfolgte durch Influenz.

Da es bei diesem Versuch hauptsächlich auf die Verschiebung der Elektronen ankommt, kann man zur Veranschaulichung ein einfacheres Bild wählen. In Abb. 3 sind nur die Bereiche mit Elektronenüberschuß gekennzeichnet.

Wenn durch Influenz Ladungen in Leitern verschoben werden, so müßte eigentlich auch ein elektrischer Strom nachgewiesen werden können. Denn die Verschiebung von Ladungen bedeutet einen Strom. Wir wollen dies im folgenden Experiment prüfen.

Versuch 12: Zwei Metallstäbe werden über einen empfindlichen Strommesser (Meßverstärker) verbunden (Abb. 4). Nähern wir dem rechten Stab eine negativ geladene Kugel, so zeigt der Strommesser einen kurzen Ausschlag nach rechts an. Der Zeiger geht wieder in die Nullstellung, auch wenn die geladene Kugel in der Nähe des rechten Stabes verbleibt. Beim Entfernen der Kugel zeigt der Strommesser wieder einen Ausschlag an. Allerdings diesmal nach links.

Erklärung: Beim Annähern der negativ geladenen Kugel fließt ein Strom, weil Elektronen vom rechten in den linken Metallstab verschoben werden. Wenn dieser Vorgang abgeschlossen ist, findet zwischen den Metallstäben keine Ladungsbewegung mehr statt. Der Strommesser geht somit wieder in die Nullstellung zurück. Der linke Stab ist nun negativ, der rechte positiv geladen. Entfernt man wieder die geladene Kugel, so können die Elektronen wieder in den rechten Stab zurückfließen. Der Strom hat nun die umgekehrte Richtung wie vorher. Deshalb zeigt der Strommesser einen entgegengesetzten Ausschlag an.

Mit Hilfe der Influenz können auch Ladungen angezeigt und verglichen werden. Wir verwenden dazu ein sog. **Elektrometer,** das mit modernen elektronischen Bausteinen (Operationsverstärkern) ausgerüstet ist. Es wird auch als *E-OP-Baustein* bezeichnet (Abb. 5).

Versuch 13: Wir halten eine negativ geladene Metallkugel an die Innenwand des Faraday-Bechers in der Versuchsanordnung nach Abb. 5. Das Meßinstrument schlägt nach links aus und zeigt damit die negative Ladung an. Bei positiver Kugelladung erfolgt der Ausschlag nach rechts.

Nun halten wir die negative Kugel in den Becher, ohne ihn dabei zu berühren. Wir erhalten den gleichen Zeigerausschlag wie vorher, als der Becher berührt wurde. D.h., wir können die Ladung auf der Metallkugel nachweisen, ohne sie von ihr herunterzunehmen.

Erklärung: Durch Influenz werden Elektronen vom Becher in das Elektrometer gedrückt (Abb. 6). Je größer die Ladung auf der Kugel ist, desto mehr Elektronen werden zum Elektrometer getrieben und desto größer ist der Zeigerausschlag.

Ist die Kugel negativ geladen, schlägt der Zeiger nach links, bei positiver Kugelladung nach rechts aus. Bei positiver Kugel werden Elektronen vom Elektroskop weggezogen.

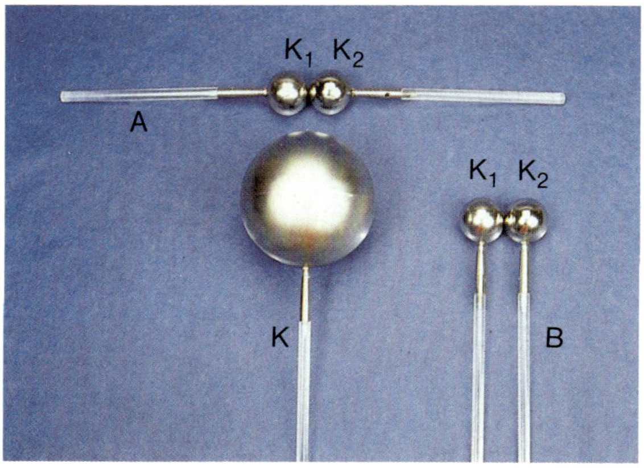

Abb. 1 Zu Aufgabe 7

Aufgaben

1. Beschreibe den glühelektrischen Effekt!
2. Erkläre den Versuch 8 mit der Elektronenvorstellung!
3. Im Versuch 11 wird das bewegliche Kügelchen so angebracht, daß es sich etwa 1 cm vor dem Ende des Stativstabes befindet. Was ändert sich am Versuch?
4. Was ändert sich in den Versuchen 11 und 12, wenn statt der negativ geladenen Kugel eine positive genommen wird?
5. Was versteht man unter Influenz?
6. Welcher Unterschied besteht zwischen einem positiv aufgeladenen Körper und einem neutralen?
7. Die Kugel K in Abb. 1 ist negativ geladen. Nun werden zwei weitere kleinere Kugeln K_1 und K_2 in die Nähe der Kugel K gebracht. Einmal in der Position A und ein anderes Mal in der Position B. K_1 und K_2 werden getrennt, während sie sich noch in der Nähe der Kugel K befinden. Wie sind die kleinen Kugeln hinterher geladen?
8. Nähert man einem Elektroskop eine geladene Kugel, so zeigt es einen Ausschlag, auch wenn die Kugel das Elektroskop nicht berührt. Gib eine Erklärung hierfür!
9. Einem positiv geladenen Elektroskop wird eine negativ geladene Kugel genähert. Der Ausschlag geht zurück. Warum?
10. Was passiert, wenn man einem positiv geladenen Elektroskop eine positive Kugel nähert?
11. Beschreibe die Modellvorstellung vom Innern eines Leiters!
12. Welche experimentellen Ergebnisse führten zu dem Schluß, daß aus einem glühenden Draht keine positiven Ladungen emittiert werden?
13. Erläutere das Prinzip der Ladungsmessung durch Influenz!
14. Erläutere den Begriff Elementarladung!
15. Beschreibe den positiven bzw. negativen Ladungszustand eines Körpers mit Hilfe der Elektronenvorstellung!
16. Warum werden beim Versuch 12 nicht alle beweglichen Elektronen vom rechten Metallstab in den linken verschoben? Wovon hängt es ab, wieviele Elektronen verschoben werden?

3.4 Berührungselektrizität

Aufladung durch Berühren?

Beim Ausziehen eines Kleidungsstücks kann es vorkommen, daß man einen kleinen elektrischen Schlag erhält. Auch beim Gehen über einen Teppichboden kann man sich elektrisch aufladen. Reibt man eine Kunststoff-Folie mit einem Wolltuch, so werden danach kleine Papierschnitzel angezogen (Abb. 2). Die elektrische Anziehung war schon im Altertum bekannt. Sie wurde am Bernstein entdeckt. Das griechische Wort für *Bernstein* ist *Elektron*. Daher kommt die Bezeichnung Elektrizität.

Versuch 14: Wir reiben einen Kunststoffstab mit einem Wolltuch. Anschließend führen wir den geriebenen Stab in den Faraday-Becher der Versuchsanordnung nach Abb. 3. Das Meßgerät zeigt an, daß der Stab negativ geladen ist. Er hat Elektronenüberschuß.

Woher kommen die überschüssigen Elektronen? Sie müssen beim Reiben vom Wolltuch auf den Stab übergegangen sein. Das Tuch selbst müßte dann eine positive Ladung haben, weil ihm Elektronen fehlen. Wir prüfen dies nach.

Versuch 15: Wir wickeln das Wolltuch um einen Plexiglasstab und reiben den vorher benutzten Kunststoffstab an dem aufgewickelten Wolltuch. Dies halten wir in den Faraday-Becher, der an das Elektrometer nach Abb. 3 angeschlossen ist und messen die Ladung des Wolltuchs. Sie ist positiv. Einen gleich starken, aber entgegengesetzten Zeigerausschlag erhalten wir bei der Überprüfung des geriebenen Kunststoffstabes.

Bringen wir Wolltuch und Kunststoffstab zusammen in den Faraday-Becher, so zeigt das Elektrometer keinen Ausschlag. Wolltuch und Stab dürfen sich dabei nicht berühren (Abb. 3).

Wolltuch und Kunststoffstab sind gleich stark, aber entgegengesetzt geladen. Deswegen werden weder Elektronen in das Elektrometer „gedrückt“, noch von dort abgezogen.

Damit hat sich unsere Vermutung bestätigt: Dem Wolltuch werden beim Reiben mit dem Kunststoffstab Elektronen entzogen; es wird positiv geladen. Der Stab nimmt Elektronen auf; er wird negativ geladen (Abb. 4).

Elektronen werden beim Reiben nicht erzeugt, sondern nur anders verteilt.

Versuch 16: Wir reiben wie im Versuch 15 einen Glasstab mit einem Seidentuch. Der Glasstab wird dabei positiv, die Seide negativ geladen. Hierbei ist es so, daß die Seide die Elektronen stärker festhält als der Glasstab.

Versuch 17: Wir drücken ein Blatt Papier fest gegen eine Kunststoff-Folie. Anschließend versuchen wir sie zu trennen. Sie scheinen aneinanderzukleben. Um sie zu trennen, müssen wir Kraft anwenden.

Die Oberfläche der Kunststoff-Folie tasten wir mit einer Glimmlampe ab. Sie blitzt an verschiedenen Stellen der Folie kurz auf. Folie und Papier haben sich bei der Berührung unterschiedlich aufgeladen. Deswegen ließen sie sich nur schwer trennen.

Im Gegensatz zu den Metallen können sich die Elektronen in Isolatoren nicht frei bewegen. Daher konnten wir an verschiedenen Stellen der Folie Elektronen über die Glimmlampe ableiten. Beim Metall wären sie alle zugleich abgeflossen.

Dieser Versuch zeigt, daß nicht das Reiben, sondern die enge Berührung verschiedener Stoffe entscheidend ist. Man spricht deshalb auch von **Berührungs-** oder **Kontaktelektrizität.** Ihre Entstehung stellt man sich so vor:

Bei enger Berührung (z. B. Reiben) verschiedener Stoffe können Elektronen von einem Stoff zum anderen übergehen. Derjenige Stoff, an den die Elektronen fester gebunden sind, wird dabei negativ, der andere positiv geladen.

Auch bei der Berührung zweier verschiedener Metalle tritt eine solche Ladungstrennung ein. Sie ist aber schwer nachweisbar, weil die Ladungen über die Kontaktstellen wieder schnell ausgeglichen werden. Dies hat folgenden Grund: Die Ladungen auf den Metallstücken ließen sich nur trennen, wenn die beiden Metallflächen an allen ihren Berührungspunkten gleichzeitig getrennt würden. Dies ist aber nicht möglich, da die Metalloberflächen in Wirklichkeit nicht glatt sind, sondern mikroskopische Unebenheiten aufweisen (vgl. S. 109). Wegen der leichten Beweglichkeit der Elektronen in Metallen können sich die vorher getrennten Ladungen beim Auseinanderziehen der Platten wieder ausgleichen, und zwar über die Kontaktstellen, die zuletzt getrennt werden. Berührungselektrizität kann man deshalb nur an Isolatoren leicht nachweisen.

Um z. B. die unangenehme Aufladung von Personen an Teppichböden zu vermeiden, kann man den Teppich mit einem *Antistatik-Spray* besprühen. Dadurch wird der Fußboden etwas leitend gemacht, und die Ladungen können dann abfließen.

Beim Entladen geriebener Stäbe entstehen nur kurze Stromstöße und schwache Entladungsfunken. Um größere und fortlaufend neue Elektrizitätsmengen zu erzeugen, mechanisierte GUERICKE den Reibungsvorgang. Seine Elektrisiermaschine bestand aus einer um eine eiserne Achse drehbaren Schwefelkugel als Reibungskörper (Abb. 1, S. 236). Mit dieser Maschine entdeckte er die ersten Gesetze der Elektrizität. Eine technische Weiterentwicklung der Elektrisiermaschine ist der **Bandgenerator** (S. 248).

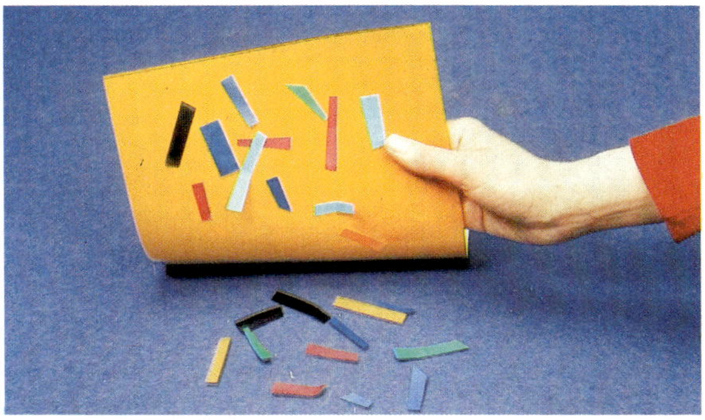

Abb. 2 Papierschnitzel werden von einer Folie angezogen

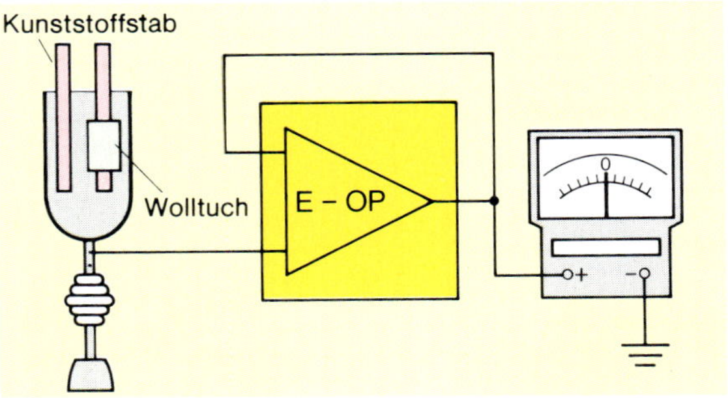

Abb. 3 Zu Versuch 15

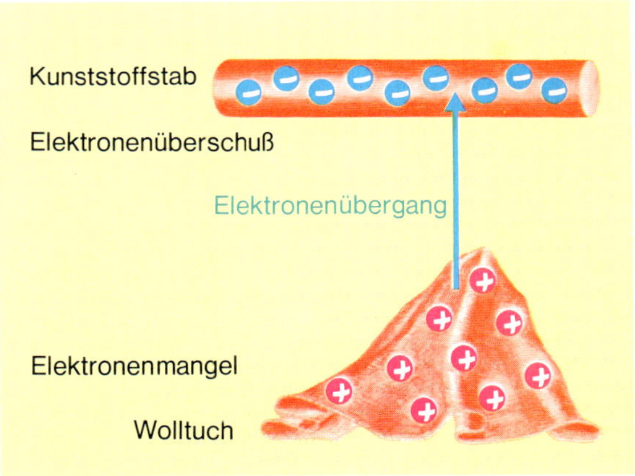

Abb. 4 Umverteilung von Elektronen

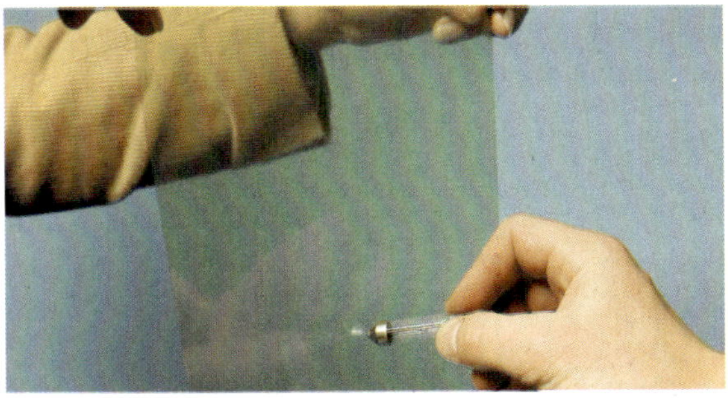

Abb. 5 Zu Versuch 17: Die auf Papier gedrückte Folie ist geladen

E

Abb. 1 Im 18. Jahrh. führten Physiker ihre wundersamen Erscheinungen in den Salons der vornehmen Gesellschaft vor

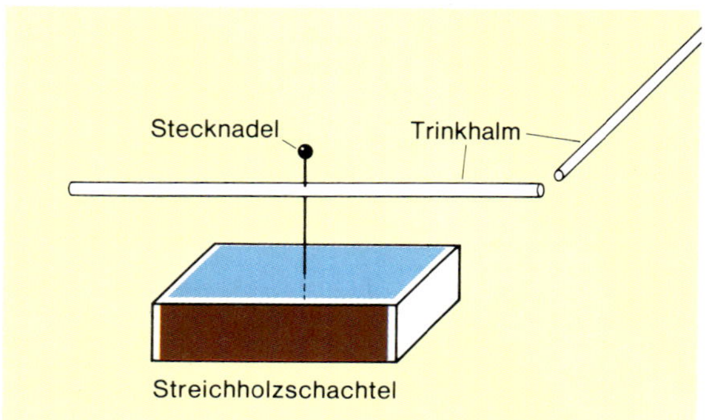

Abb. 2 Ein Versuch zum Nachmachen

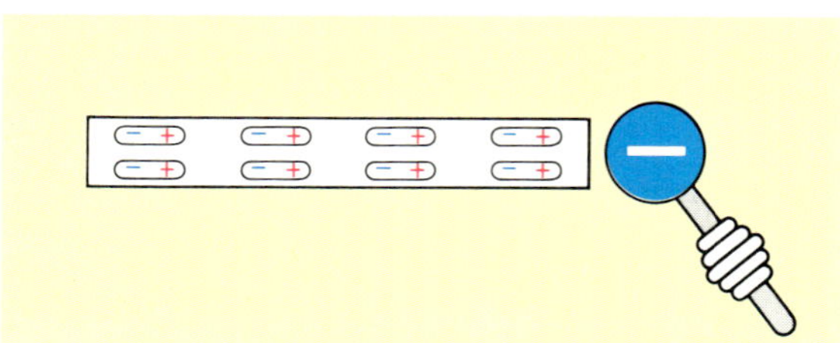

Abb. 3 In einem Isolator können Ladungen geringfügig verschoben werden

In Abb. 2, S. 235 zieht eine geladene Kunststofffolie ungeladene Papierschnitzel an. Kann man dies auch bei anderen Isolatoren beobachten?

Versuch 18: Wir drücken eine Stecknadel durch die Mitte eines Trinkhalms aus Kunststoff und stecken Nadel mit Trinkhalm durch eine Öffnung in einer leeren Streichholzschachtel (Abb. 2). Die Öffnung muß so groß sein, daß sich die Nadel leicht drehen läßt. Sie dient der Nadel als Lager. Halten wir nun einen geriebenen Kunststoffgegenstand (z. B. einen zweiten Trinkhalm) an ein Ende des aufgespießten Halms, so beginnt er sich zu drehen.

Erklärung: Der Trinkhalm besitzt keine freien Elektronen, er ist ein Isolator. Bei Annäherung eines geladenen Körpers werden die festsitzenden positiven und negativen Ladungen jedoch geringfügig auseinandergezogen, so daß die Ladungen jetzt ungleichmäßig verteilt sind (Abb. 3). An den Enden des Halms treten nun Ladungen auf, die nicht mehr neutralisiert werden. Man spricht von einem **elektrischen Dipol.** Seine Pole werden von äußeren geladenen Körpern angezogen. Ähnliche Erscheinungen kann man auch bei anderen Isolatoren beobachten.

Unter dem Einfluß elektrisch geladener Körper werden in Isolatoren elektrische Dipole gebildet.

Aufgaben

1. Baue Dir nach Abb. 4 selbst ein Elektroskop, und führe Versuche damit durch! Halte z. B. eine geriebene Kunststoff-Folie an den oberen Teil des Elektroskops!
2. Baue die Versuchsanordnung nach Abb. 2 und führe selbst Versuche damit aus!
3. Erkläre die Anziehung der Papierschnitzel in Abb. 2, S. 235!
4. Nähere einem Wasserstrahl einen elektrisch geladenen Körper! Der Wasserstrahl wird angezogen. Warum?
5. Warum sind Schallplatten Staubfänger?
6. Reibe ein Stück Styropor am Ärmel eines Pullovers und bringe das Styroporstück anschließend an die geriebene Stelle des Pullovers. Was kann man beobachten? Gib eine Erklärung!
7. Reibe eine in der Mitte gefalzte Plastikfolie an den Innenflächen mit einem Plexiglaslineal! Entferne das Lineal und beobachte die beiden Hälften der Folie! Gib eine Erklärung!

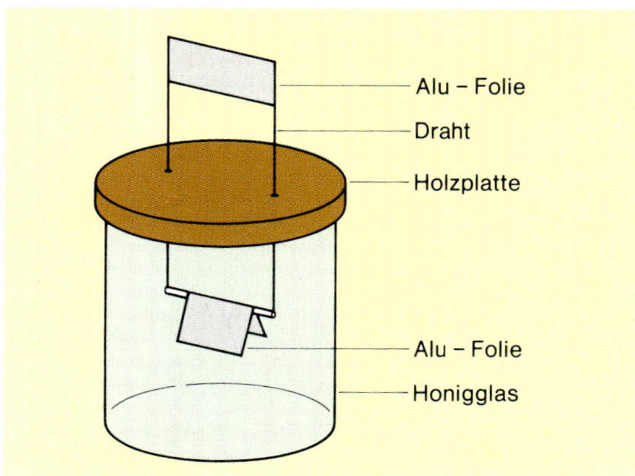

Abb. 4 Ein Elektroskop, das man selbst bauen kann

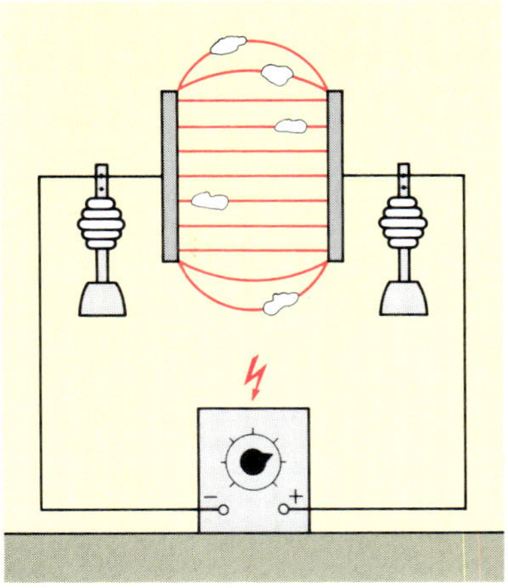

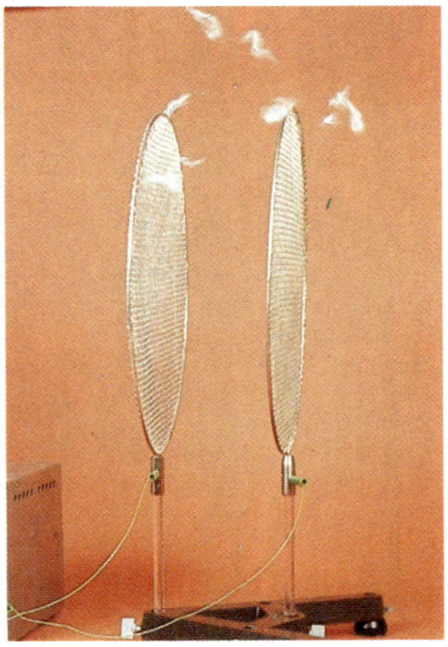

Abb. 5 Geladene Wattestücke auf Feldlinienkurs

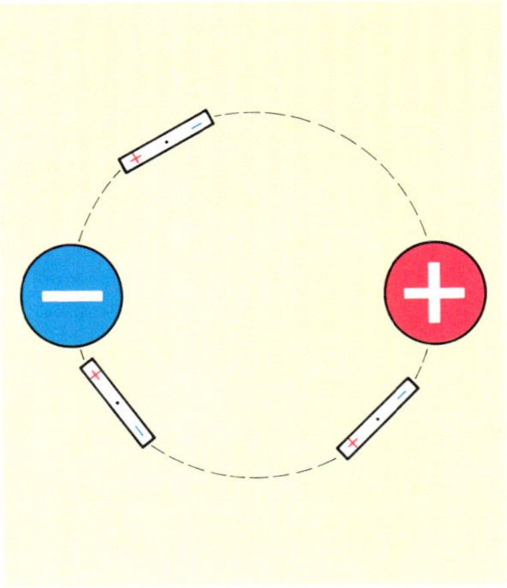

Abb. 6 Ausrichtung von drehbaren Trinkhalmen im elektrischen Feld

3.5 Elektrisches Feld

Ladungen erzeugen ein elektrisches Feld

Elektrische Ladungen verändern ihre Umgebung so, daß andere geladene Körper dort Kräfte erfahren (vgl. z.B. Versuch 5). Ähnlich wie beim magnetischen Feld nennt man den Raum um elektrische Ladungen ein **elektrisches Feld.**

Ladungen erzeugen in ihrer Umgebung ein elektrisches Feld. Geladene Körper erfahren in ihm eine Kraftwirkung.

Versuch 19: Wir verbinden zwei isoliert befestigte Metallgitter mit den Polen einer Spannungsquelle (Abb. 5). Auf das negativ geladene Gitter setzen wir kleine Wattestücke. Sie laden sich negativ auf, werden abgestoßen und vom positiven Gitter angezogen. Dort werden sie entladen und entgegengesetzt aufgeladen. Der Bewegungsvorgang wiederholt sich in umgekehrter Richtung.

Das Überraschende an diesem Versuch ist, daß die geladenen Wattestückchen nicht nur auf dem kürzesten Weg zwischen den beiden Gittern hin- und herfliegen, sondern auch über den Gittern bestimmte gebogene Bahnen wählen.

Wir untersuchen die Umgebung geladener Körper noch etwas genauer.

Versuch 20: Wir bringen ein drehbar gelagertes Trinkhalmstück (Abb. 2) in das elektrische Feld zwischen zwei geladene Kugeln (Abb. 6). Es stellt sich in eine bestimmte Richtung ein.

Warum? Der Trinkhalm wird durch Influenz an einem Ende positiv und am anderen negativ geladen. Er bildet einen elektrischen Dipol.

Ähnlich wie die Magnetnadel (magnetischer Dipol) im Magnetfeld, zeigt hier der Trinkhalm die Richtung der Kraft an, die ein elektrischer Dipol im elektrischen Feld erfährt.

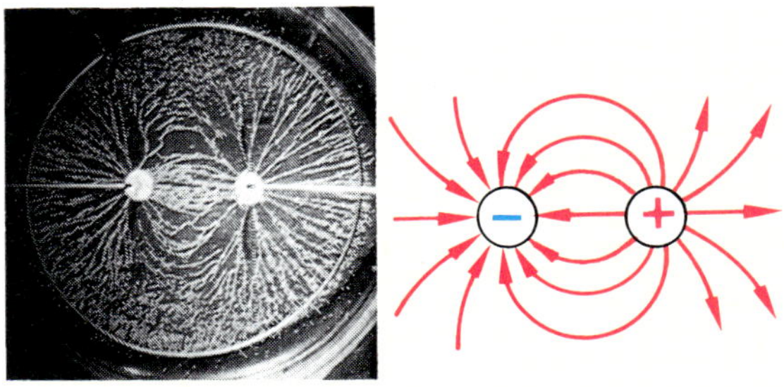

Abb. 7 Elektrisches Feld ungleichartig geladener Kugeln

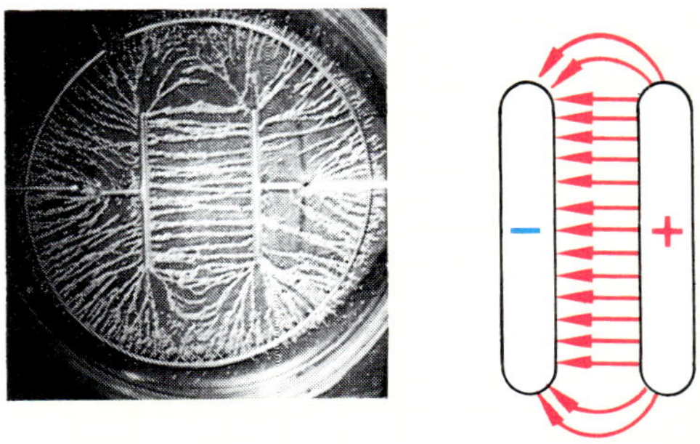

Abb. 8 Elektrisches Feld beim Plattenkondensator

Versuch 21: In einer flachen Glasschale befinden sich zwei Metallscheiben, die man elektrisch aufladen kann. Den Boden der Schale bedecken wir einige Millimeter hoch mit Rizinusöl. Darauf streuen wir Grießkörner, die auf dem Öl beweglich sind. Wenn man die Metallscheiben an die Pole einer Hochspannungsquelle anschließt, so bilden die Grießkörner ein kettenförmiges Muster (Abb. 7).

Abb. 1 Ladungen und Entladungen beim Gewitter

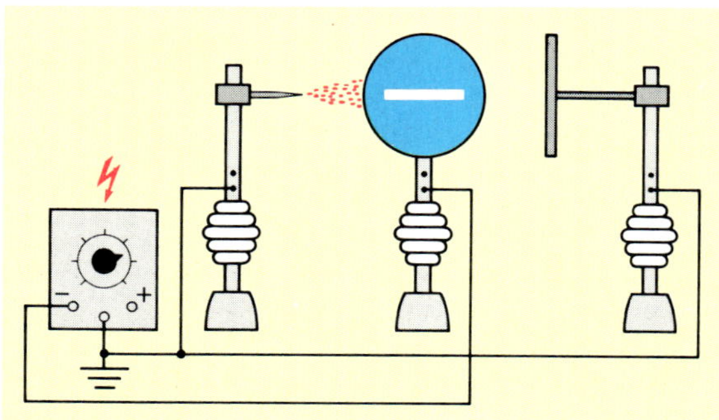

Abb. 2 Aufbau zu Versuch 22

Abb. 3 Feldfreier Raum im Innern eines Metallrings

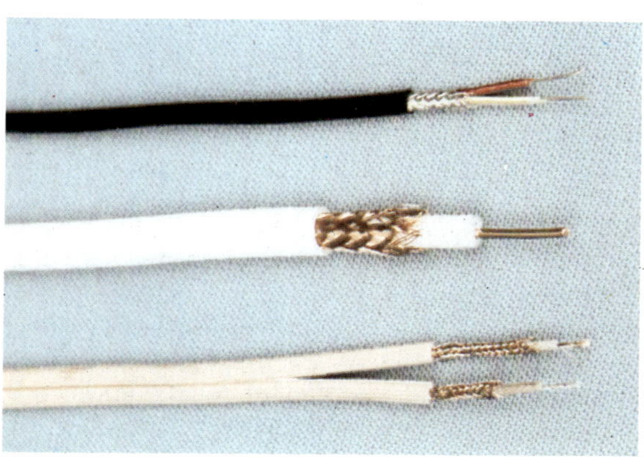

Abb. 4 Abgeschirmte Kabel

Erklärung: Im elektrischen Feld zwischen den geladenen Scheiben werden aus den Grießkörnern viele kleine elektrische Dipole. Sie richten sich im elektrischen Feld aus. Die Grießkörnerketten können wir durch gedachte Linien ersetzen. Man nennt sie **elektrische Feldlinien.**

Das geladene Wattestück im Versuch 19 bewegte sich nahezu auf einer solchen Feldlinie. Die Richtung der Feldlinien wurde willkürlich von der positiven zur negativen Ladung festgesetzt. Die Abb. 7 und 8 auf S. 237 zeigen Feldlinienbilder. Im Innenraum zwischen zwei geladenen Platten verlaufen die Feldlinien parallel.

Blitzschutz

Bei einem Gewitter sind Wolken und die darunterliegende Erdoberfläche unterschiedlich geladen (Abb. 1). Zwischen Wolken und Erde besteht ein elektrisches Feld. Bei einem Blitz werden diese unterschiedlichen Ladungen ausgeglichen. Dabei tritt ein sehr starker Stromstoß auf, der die Luft stark erhitzt. Sie dehnt sich explosionsartig aus. Dadurch entsteht der Donner. Blitze schlagen besonders in hohe Gebäude, z. B. Türme und Bäume ein. Dies simulieren wir im nächsten Versuch.

Versuch 22: Wir schließen den Minuspol eines Hochspannungsgerätes an eine isoliert aufgestellte Metallkugel an (Abb. 2). Sie entspricht einer aufgeladenen Wolke. Rechts und links von der Kugel wird eine geerdete Metallplatte bzw. eine geerdete Metallspitze (Stecknadel) angebracht. Nadelspitze und Metallplatte haben den gleichen Abstand von der Kugeloberfläche.

Bei eingeschaltetem Hochspannungsgerät kann man im abgedunkelten Raum recht heftige Funkenüberschläge zwischen Nadelspitze und geladener Kugel beobachten. Zwischen Kugel und Platte dagegen treten keine Blitze auf. Dies liegt daran, daß das elektrische Feld an Spitzen besonders stark ist. Deshalb entstehen Blitzentladungen bevorzugt an spitzen Gegenständen.

Für das **Verhalten bei Gewitter** ergeben sich daher folgende Regeln:

- Suche bei Gewitter nie Schutz unter einzeln stehenden Bäumen!
- Bade nie bei Gewitter! Ein aus der Wasseroberfläche ragender Kopf zieht den Blitz an.
- Trage bei Gewitter keine Stangen oder sonstige langen Gegenstände auf der Schulter!

Ein Schutz vor Blitzen ist der **Blitzableiter.** Dicke Drähte oder Metallstangen auf dem Dach fangen den Blitz ein und leiten ihn über Metallbänder zur Erde ab. Das Gebäude wird dadurch vor einem Blitzeinschlag geschützt. Bei einer guten Blitzschutzanlage werden an allen Kanten des Gebäudes sowie am Schornstein und an Dachfenstern Metalldrähte verlegt. Alle zusammen wirken als Faraday-Käfig. Wichtig ist auch eine gute Erdung.

Dazu werden um die Fundamente von Gebäuden Metallbänder gelegt, die Kontakt mit dem Grundwasser haben (Ringerdung). Mit diesem Ring wird der Blitzableiter verbunden.

Das elektrische Feld kann abgeschirmt werden

Im Versuch 7 wurde gezeigt, daß sich elektrische Ladungen auf der Außenfläche eines Leiters aufhalten. Bleibt auch das elektrische Feld im Außenraum?

Versuch 23: In Abb. 3 wird ein Metallring in das elektrische Feld zwischen zwei geladenen Metallplatten gebracht.

Außerhalb des Metallringes ordnen sich die Grießkörner gemäß den Feldlinien an, innerhalb bleiben sie ungeordnet. Der Innenraum des Metallrings ist feldfrei. Auch das Auto (Faraday-Käfig) in Abb. 1 auf S. 230 ist feldfrei.

Elektrische Felder lassen sich durch Metalle abschirmen.

Die Abschirmung vor elektrischen Feldern ist in vielen elektrischen Geräten und für viele elektrische Leitungen erforderlich. So sind z. B. die Leitungen für Mikrofone und für Antennen mit einem geerdeten Drahtgeflecht umgeben (Abb. 4). Störende elektrische Felder können so ferngehalten werden.

Aufgaben

1. Zeichne das Feldlinienbild zwischen zwei ungleichartig aufgeladenen Kugeln!
2. Was kann man aufgrund des Versuchs 19 zum Verhältnis Gewichtskraft – elektrische Kraft sagen?
3. Was sollte man bei einem Gewitter nicht tun?
4. Wie funktioniert ein Blitzableiter?
5. Was ist ein abgeschirmtes Kabel?

3.6 Elektronen im Vakuum

Elektronen überbrücken das Vakuum

Der luftleergepumpte Glaskolben aus Versuch 10 wird an eine Spannungsquelle angeschlossen. Der Minuspol ist mit der Kathode, der Pluspol über eine Glühlampe mit der Anode verbunden. Die Spannung zwischen Anode und Kathode nennen wir *Anodenspannung*. Der evakuierte Glaskolben mit den beiden eingeschmolzenen Elektroden heißt **Vakuum-Diode.**

Versuch 24: Die Kathode wird mit einer Heizbatterie zum Glühen gebracht. Die Glühlampe leuchtet auf.

Die aus der Kathode austretenden Elektronen überbrücken offenbar die nichtleitende Strecke

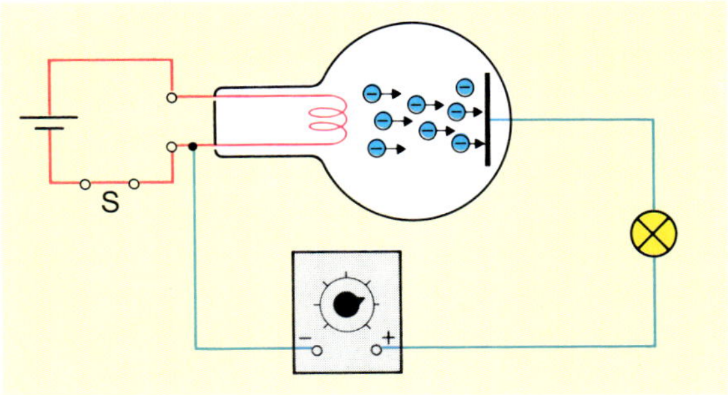

Abb. 5 Elektronen in einer Vakuum-Diode

von der Kathode zur Anode, der Stromkreis wird geschlossen.

In einer Vakuum-Diode kann ein elektrischer Strom fließen. Der Ladungstransport im Vakuum erfolgt durch Elektronen, die aus der Glühkathode austreten.

Versuch 25: In der Anordnung von Versuch 24 ändern wir die Polung der Anodenspannung. Der negative Pol liegt jetzt an der Anode. Auch bei glühender Kathode fließt jetzt kein Strom. Die Glühlampe bleibt dunkel. Vakuum-Dioden lassen den Strom nur in einer bestimmten Richtung durch.

Bei negativ gepolter Anode werden zwar Elektronen aus der Kathode ausgesandt (emittiert). Sie werden jedoch von der negativen Ladung auf der Anode abgestoßen. Der Stromkreis bleibt unterbrochen. Wenn man ständig umpolt, fließt nur bei positiver Anode ein Strom.

Wir nehmen nun eine Spannungsquelle, bei der die Umpolung periodisch erfolgt. Diese Spannung nennt man **Wechselspannung.**

Versuch 26: Wir legen eine solche Wechselspannung, bei der jeweils in 1 Sekunde eine Umpolung erfolgt, zwischen Kathode und Anode. Parallel zum Stromkreis mit der Diode und einem Glühlämpchen L_1 schalten wir ein zweites Glühlämpchen L_2 (Abb. 1, S. 240). Der Strom durch L_2 braucht nicht durch die Vakuum-Diode.

Bei einem Wechsel der Polung verlöscht L_2 kurzzeitig, weil dann für einen kleinen Moment keine Spannung an der Lampe liegt. L_2 geht also in jeder Sekunde einmal an und aus. L_1 dagegen verhält sich anders. Sie geht nur halb so oft an und aus. Aus der Übersicht in Abb. 2, S. 240 geht hervor, daß in der Vakuum-Diode nur dann ein Strom fließt, wenn die Anode positiv und die Kathode negativ gepolt ist.

In einer Vakuum-Diode können Elektronen nur in einer Richtung, nämlich von der Glühkathode zur Anode fließen. Dabei muß der Pluspol der Spannungsquelle an der Anode liegen.

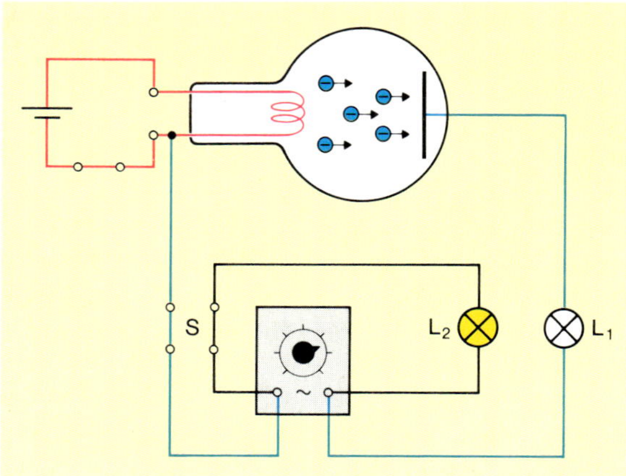

Abb. 1 Wechselspannung an der Vakuum-Diode

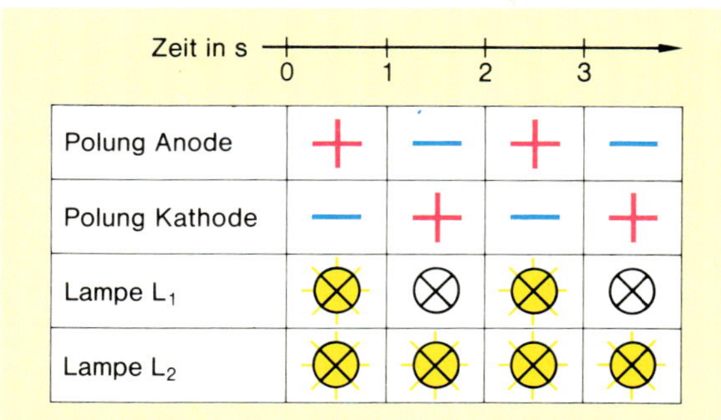

Abb. 2 Die Vakuum-Diode leitet nur in einer Richtung

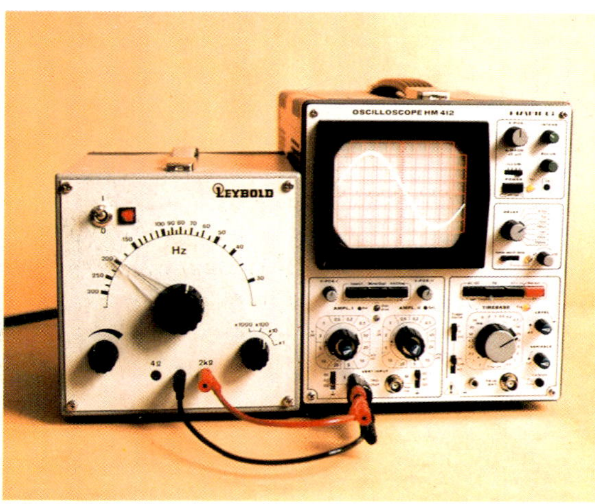

Abb. 3 Wechselspannung am Oszilloskop

Eine Vakuum-Diode wirkt ähnlich wie ein Ventil. Sie kann daher als **Gleichrichter** verwendet werden. Ein Gleichrichter wandelt einen Wechselstrom in einen Gleichstrom um. In der Technik sind Vakuum-Dioden in neuester Zeit weitgehend durch **Halbleiter-Dioden** abgelöst worden (vgl. S. 297).

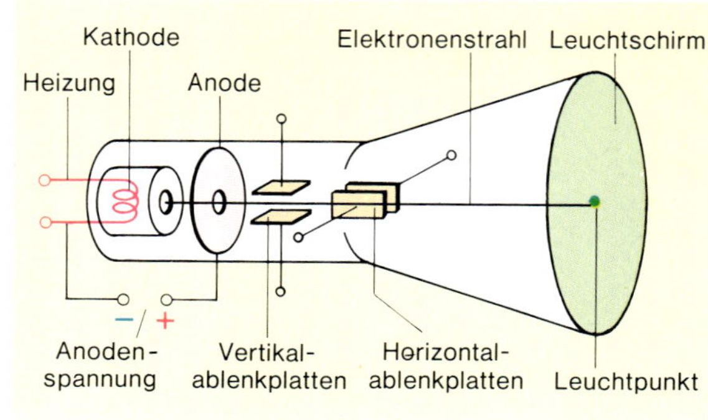

Abb. 4 Aufbau einer Braunschen Röhre

Richtung des Stromes

Die Elektronen bewegen sich im Vakuum von der negativ geladenen Kathode zur positiven Anode. Da Elektronen in Metallen beweglich sind, können sie durch den Zuleitungsdraht und durch die Lampe zum Pluspol weiterfließen. Die aus der Kathode emittierten Elektronen werden aus dem Minuspol nachgeliefert.

Die Elektronenbewegung außerhalb der Spannungsquelle erfolgt vom Minuspol zum Pluspol.

Bevor man etwas von Elektronen wußte, hat man die Stromrichtung anders festgelegt. Man verabredete:

Der Strom fließt vom Pluspol der Spannungsquelle durch den äußeren Stromkreis zum Minuspol.

An dieser Stromrichtung hat man bis heute in der Technik festgehalten. Wir müssen daher stets zwischen der **technischen Stromrichtung** und der **Elektronenbewegung** unterscheiden.

Elektronenstrahlen – Oszilloskop

Die aus der Glühkathode emittierten Elektronen in einer Vakuum-Röhre können zu einem „Strahl" gebündelt werden, mit dem man experimentieren kann. Eine solche *Elektronenstrahlröhre* heißt nach ihrem Erfinder **Braunsche Röhre** (Karl Ferdinand Braun, deutscher Physiker, 1850–1918). Braunsche Röhren werden in jedem Fernsehgerät (Abb. 3, S. 312) und bei **Oszilloskopen** (Abb. 3) verwendet.

In Abb. 4 ist der grundsätzliche Aufbau einer Braunschen Röhre zu sehen. Aus einem geheizten Draht (Kathode) treten Elektronen aus. Gegenüber dem Heizdraht befindet sich eine Metallscheibe mit einem Loch in der Mitte (Anode). Kathode und Lochanode werden an eine Gleichspannungsquelle (Anodenspannung) angeschlossen. Die Lochanode wird positiv geladen. Sie zieht die Elektronen aus der Glühkathode an.

Überraschenderweise werden sie nicht alle von der Anode aufgenommen; ein Teil fliegt durch das

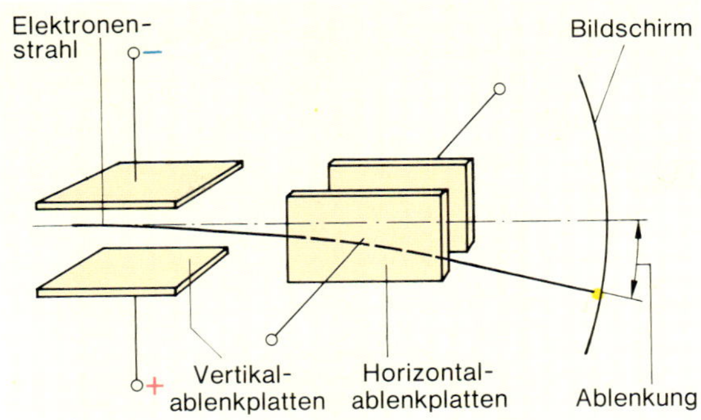

Abb. 5 Ablenkung des Elektronenstrahls in der Braunschen Röhre

Loch hindurch. Dies zeigt uns, daß die Elektronen eine Masse haben müssen. Aufgrund ihrer Trägheit fliegen sie daher durch die Anode. Dahinter bilden sie ein schmales Bündel, den **Elektronenstrahl.** Dieser trifft auf den Leuchtschirm. Durch den Aufprall der Elektronen entsteht dort ein Leuchtpunkt. Der Glaskolben ist innen mit einer dünnen Metallschicht bezogen. Dadurch können die Elektronen vom Schirm zur Anode zurückfließen.

Um möglichst viele emittierte Elektronen durch das Loch in der Anode zu lenken, wird ein Metallzylinder *(Wehneltzylinder)* schwach negativ geladen. Dadurch werden die Elektronen so gebündelt, daß sie fast alle durch das Loch der Anode fliegen.

Ein Oszilloskop ist ein vielseitiges Meßgerät, mit dem z. B. schnell ablaufende Vorgänge untersucht werden können. Dazu wird der Elektronenstrahl mit Hilfe von *Ablenkplatten* (Abb. 5) gesteuert.

Versuch 27: Die Vertikalablenkplatten einer Braunschen Röhre werden an eine Spannungsquelle angeschlossen. Dadurch werden die sich gegenüberliegenden Platten aufgeladen; z. B. die untere positiv, die obere negativ.

Zwischen den so aufgeladenen Platten werden die einzelnen Elektronen des Strahls nach unten abgelenkt (Abb. 5). Der Punkt auf dem Leuchtschirm wandert dann nach unten. Legt man den Pluspol an die obere Platte, so wandert der Leuchtfleck nach oben. Je höher die Spannung an den Platten ist, desto stärker ist die Ablenkung des Strahls. Der gleiche Versuch läßt sich auch mit den Horizontalablenkplatten durchführen. Der Leuchtpunkt läßt sich dann horizontal über den Schirm führen.

Der Elektronenstrahl in der Braunschen Röhre kann mit Hilfe der geladenen Ablenkplatten in horizontaler und vertikaler Richtung abgelenkt werden.

Wie das Oszilloskop die Wechselspannung in Abb. 3 aufzeichnet, kann man sich mit Hilfe der Abb. 6 klarmachen. Die mit der Zeit gleichmäßig

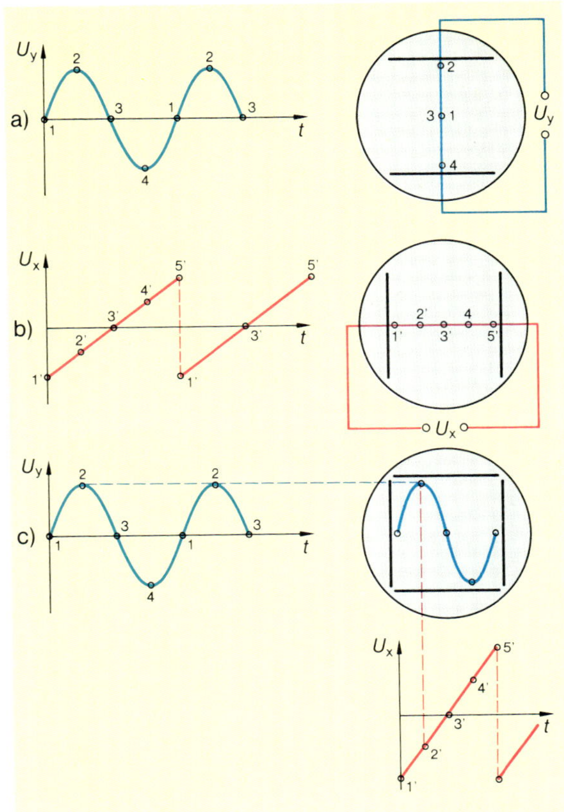

Abb. 6 Aufzeichnung der Wechselspannung am Oszilloskop

ansteigende Spannung U_x für die Horizontalablenkung führt den Elektronenstrahl gleichmäßig vom linken zum rechten Rand des Leuchtschirms. Ist er dort angekommen, so kippt die Spannung U_x wieder auf den Ausgangswert zurück. U_x wird daher auch *Kippspannung* genannt. Den zeitlichen Verlauf von U_x zeigt Abb. 6b. Der Elektronenstrahl folgt dieser Änderung ohne Verzögerung und beginnt erneut von rechts nach links zu wandern. Schaltet man U_x ab und legt eine Wechselspannung an die Vertikalablenkplatten, so sieht man eine senkrechte Linie auf dem Schirm (Abb. 6a). Der Leuchtpunkt bewegt sich zwischen den Punkten 2 und 4 hin und her.

Erst wenn man U_y und U_x gleichzeitig einschaltet, wird die Wechselspannung nach Abb. 3 aufgezeichnet. Man kann sich dies am besten klarmachen, wenn man den Punkten 1, 2, 3, 4 die Punkte 1′, 2′, 3′, 4′ zuordnet (Abb. 6b und 6c).

Aufgaben

1. Beschreibe den Strom in einer Vakuum-Diode!
2. Erläutere den Aufbau eines Oszilloskops!
3. In einem Oszilloskop soll der Leuchtpunkt auf dem Schirm in die rechte obere Hälfte abgelenkt werden. Wie ist dies zu erreichen?
4. Vergleiche die Ablenkung des Elektronenstrahls in Abb. 3 mit dem Sandpendel auf S. 10!

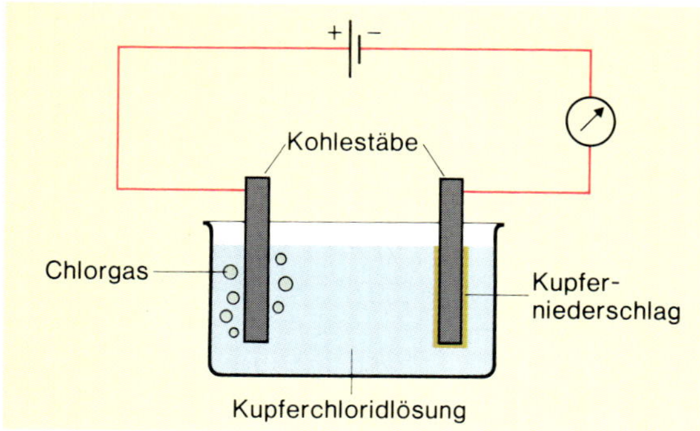

Abb. 1 Zu Versuch 28

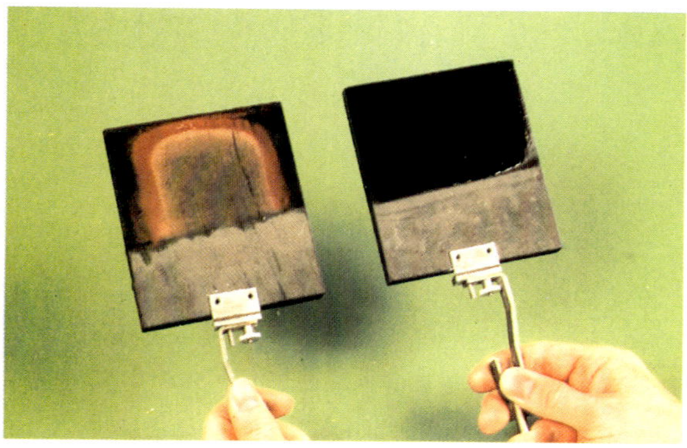

Abb. 2 Abgeschiedenes Kupfer an der Kathode

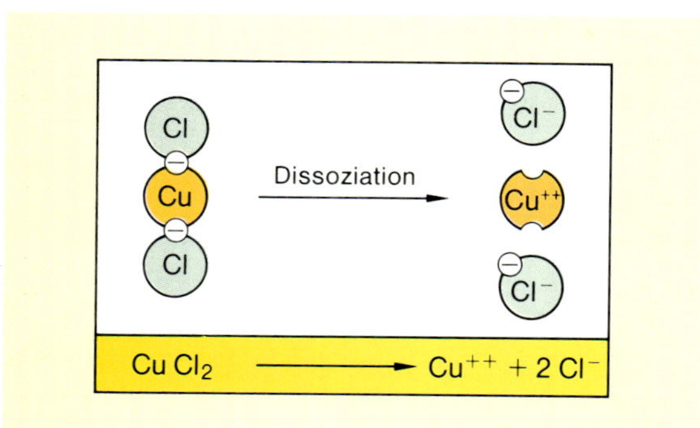

Abb. 3 Dissoziation von Kupferchlorid

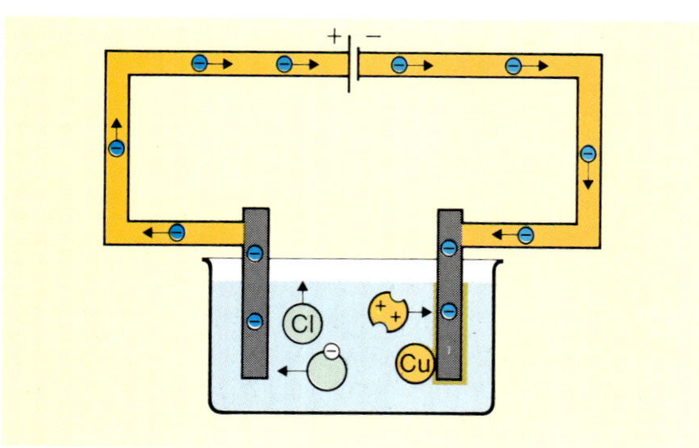

Abb. 4 Ladungstransport in der $CuCl_2$-Lösung

3.7 Ladungstransport in verschiedenen Stoffen

Elektrischer Strom fließt in Metallen, in bestimmten Flüssigkeiten und in Gasen. Wie können wir uns den Ladungstransport in diesen Leitern mit Modellvorstellungen verständlich machen?

Elektronenleitung in Metallen

Im Abschnitt 3.3 haben wir eine Modellvorstellung zum inneren Aufbau von metallischen Leitern entwickelt. Danach sind die Elektronen frei beweglich. Sie nehmen an der Temperaturbewegung des Körpers teil. Deshalb schwirren sie zwischen den positiven Atomrümpfen umher, auch wenn noch keine Spannung angelegt ist.

Legt man an einen Draht eine Gleichspannungsquelle, dann erhalten alle umherschwirrenden Elektronen gleichzeitig eine *gerichtete Zusatzbewegung*. Sie wandern vom Minuspol zum Pluspol der Spannungsquelle. Weil sie ständig von Atomrümpfen beeinflußt werden, verläuft ihr Weg jedoch nicht geradlinig, sondern in einer *Zick-Zack-Bewegung*. Man sagt, sie *driften* durch den Draht.

Genausoviel Elektronen, wie am Pluspol abgenommen werden, fließen vom Minuspol in den Draht hinein. Der Leiter lädt sich dabei nicht auf. Man kann die Geschwindigkeit messen, mit der sich die Elektronen in Metallen vom Minus- zum Pluspol bewegen. Sie ist sehr klein und beträgt nur wenige Millimeter pro Sekunde. Bei der Netzwechselspannung wird die Polung 50mal in der Sekunde vertauscht. Dabei werden die Elektronen geringfügig hin- und hergerüttelt. Auch diese Elektronenbewegung stellt einen Strom dar. Da ständig die Bewegungsrichtung geändert wird, spricht man von einem **Wechselstrom.**

Mit dieser Modellvorstellung können wir auch erklären, warum sich ein stromdurchflossener Leiter erwärmt. Durch die angelegte Spannung erhalten die freien Elektronen eine Zusatzbewegung. Dabei wird ihre Bewegungsenergie größer. Diese zusätzliche Energie geben sie an die Atomrümpfe weiter. Diese beginnen stärker zu schwingen. Die Leitungselektronen verrichten also Arbeit an den Atomrümpfen, deren Energie steigt an. D. h. aber, daß die Temperatur des Drahtes steigt.

Der Ladungstransport in metallischen Leitern erfolgt durch Elektronen. Sie übertragen Energie an die Atomrümpfe und erwärmen dabei den Leiter.

Ionenleitung in Flüssigkeiten

Versuch 28: In einem Glastrog befinden sich zunächst destilliertes Wasser und zwei Kohlestäbe als Elektroden. Schließen wir nach Abb. 1 eine Spannungsquelle an die Elektroden an, so fließt kein Strom.

Nun geben wir etwa einen halben Teelöffel Kupferchlorid, selbst ein Nichtleiter, in den Trog. Unmittelbar nach dem Einbringen des Salzes wächst der Zeigerausschlag des Strommessers stark an. Wenn wir die Lösung umrühren, wird der Strom noch stärker. Die Salzlösung leitet offensichtlich um so besser, je mehr Salz sich gelöst hat. Nach kurzer Zeit kann man beobachten, daß sich an der positiven Elektrode (Anode) Gasbläschen entwikkeln. Die Geruchsprobe zeigt uns, es ist *Chlorgas*. Auf der negativen Elektrode (Kathode) bildet sich eine rotbraune *Kupferschicht* aus (Abb. 2).

Im Gegensatz zu den metallischen Leitern ist hier der Strom offensichtlich mit einem **Stofftransport** verbunden! Wie kann man sich die Abscheidung von Chlor und Kupfer an den Elektroden erklären?

Das Wasser bewirkt, daß das Kupferchlorid gespalten wird. Diese Aufspaltung nennt man **Dissoziation** (dissociatio, lat. = Trennung). Und zwar dissoziiert Kupferchlorid mit der chemischen Formel $CuCl_2$ in die folgenden Bestandteile: 1 Kupferatom, dem zwei Elektronen fehlen und zwei Chloratome, die je ein Elektron zuviel haben (Abb. 3).

Man nennt geladene Atome Ionen. Es gibt positive und negative Ionen.

Verbindet man die Elektroden mit einer Spannungsquelle, so beginnen die Ionen zu wandern, die positiven zum Minuspol, die negativen zum Pluspol. Das Wort *Ion* leitet sich von dem griechischen Wort ion = gehend ab.

Was passiert nun an den Elektroden? Erreicht ein positives Kupferion die Kathode, so nimmt es dort die ihm fehlenden zwei Elektronen auf. Es wird elektrisch neutral und scheidet sich als Kupferatom an der Kathode ab. Diese überzieht sich nach und nach mit einem Kupferbelag. Die zum Neutralisieren benötigten Elektronen werden vom Minuspol der Spannungsquelle nachgeliefert.

Die negativen Chlorionen dagegen geben ihr überschüssiges Elektron an der Anode ab. Dabei entsteht elektrisch neutrales Chlor. Es steigt als Gas an der Anode auf. Die an der Anode abgegebenen Elektronen fließen zum Pluspol der Spannungsquelle ab (Abb. 4).

Den beschriebenen Leitungsvorgang der $CuCl_2$-Lösung findet man auch bei vielen anderen leitenden Flüssigkeiten, z. B. bei allen wäßrigen Lösungen von Säuren, Basen und Salzen. Man nennt sie **Elektrolyte.**

Wir fassen zusammen:

- In Elektrolyten erfolgt der Ladungstransport durch Ionen.
- Mit dem Transport von Ladungen ist ein Materietransport verbunden.
- In den Zuleitungsdrähten fließen Elektronen.

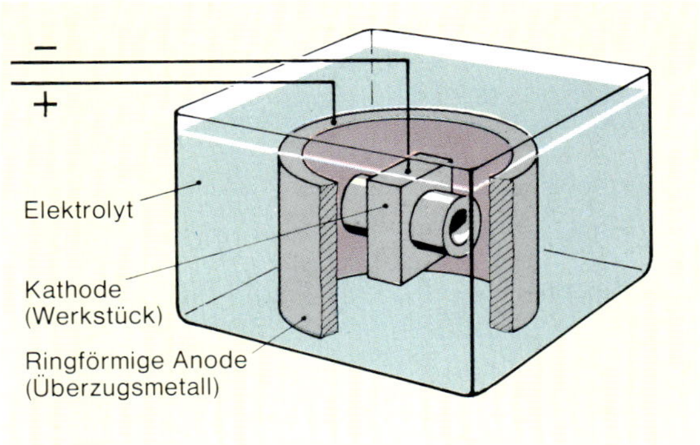

Abb. 5 Ein Werkstück wird galvanisiert

Im Versuch 28 wurde das Kupferchlorid durch den elektrischen Strom in seine Bestandteile zerlegt. Solche Vorgänge nennt man **Elektrolyse.**

Das Prinzip der Elektrolyse wird in der Technik beim **Galvanisieren** angewendet (Abb. 5). Die positiven Metallionen überziehen dabei die Kathode mit einer Metallschicht. Auf diese Weise werden Stoffe *versilbert, verchromt* und *vernickelt.*

Wie erfolgt der Ladungstransport in Gasen?

Gase sind unter normalen Bedingungen Isolatoren. Sie können jedoch auch leitend werden. Beim Blitz können wir dies in der Natur beobachten, in der Technik bei Glimm- und Leuchtstofflampen. Die Leitfähigkeit von Gasen beruht darauf, daß neutralen Gasteilchen (Atome, Moleküle) Elektronen entrissen werden. Dabei entstehen Ionen, die zusammen mit den freien Elektronen den Ladungstransport übernehmen. Wie entstehen die Ionen im Gas?

In der Luft und in jeder gasgefüllten Röhre gibt es stets eine geringe Anzahl von freien Elektronen und Ionen. Legt man eine gasgefüllte Röhre, z. B. eine Leuchtstofflampe, eine Spannung an, so werden die freien Elektronen zum Pluspol beschleunigt. Ist ihre Geschwindigkeit groß genug, können sie aus anderen Gasteilchen Elektronen herausschlagen. Diesen Vorgang nennt man **Stoßionisation.**

Aufgaben

1. Weshalb leitet reines Wasser fast gar nicht?
2. Verkupfere einen Eisennagel! Was benötigt man dazu? Beschreibe das Galvanisierungsverfahren!
3. Nenne Unterschiede zwischen der Elektrizitätsleitung in Metallen, in Flüssigkeiten und Gasen!
4. Warum leuchtet eine Lampe beim Drücken des Schalters sofort auf, obwohl die Driftgeschwindigkeit der Elektronen sehr klein ist?
5. Erläutere den Ladungstransport in Metallen! Was versteht man unter Wechselstrom?
6. Was ist ein Elektrolyt? Was versteht man unter Elektrolyse? Was sind Ionen?
7. Nenne einige Stoffe, die im Wasser in Ionen dissoziieren!

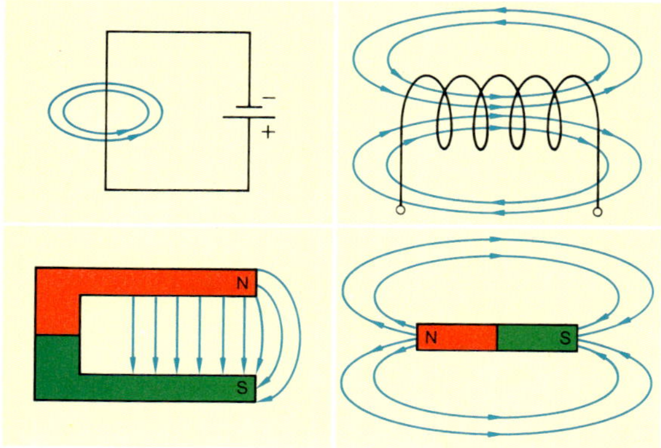

Abb. 1

Magnetismus

Dauermagnete und stromführende Leiter sind von einem **Magnetfeld** umgeben. Magnetische Feldlinien sind gedachte Linien, die die Kraftrichtung auf einen magnetischen Nordpol angeben.

Magnetfelder sind durch Probemagnete und ferromagnetische Körper nachweisbar.

Dauermagnete haben an ihren Enden jeweils einen Nord- und einen Südpol. Gleichnamige Pole stoßen sich ab, ungleichnamige ziehen sich an.

Das **Magnetisieren** von ferromagnetischen Körpern ist im Modell der Elementarmagnete erklärbar: Magnetisieren bedeutet gleichsinnige Ausrichtung der Elementarmagnete. ↑ S. 215

Elektrischer Stromkreis

Ein elektrischer Stromkreis besteht aus einer Spannungsquelle, einem Elektrogerät („Verbraucher"), Schaltern und den Verbindungsleitungen. Besteht zwischen den Polen der Spannungsquelle eine leitende Verbindung, so liegt ein geschlossener Stromkreis vor, und es fließt ein Strom. ↑ S. 219

Der elektrische Strom ist mit **Gefahren** verbunden. ↑ S. 221

Elektrische Ladung

Atome sind aus negativ geladenen Elektronen und einem positiv geladenen Kern aufgebaut. Jedes Elektron trägt eine negative **Elementarladung.** Es ist die kleinste elektrische Ladungsmenge. ↑ S. 232

Ein Körper ist **negativ geladen,** wenn er Elektronenüberfluß hat. Bei Elektronenmangel ist er **positiv geladen.** Körper sind elektrisch **neutral,** wenn sie gleich viel positive wie negative Ladungen enthalten. ↑ S. 232

Bei einem geladenen Körper verteilen sich die Ladungen auf der Oberfläche. ↑ S. 229

Bei enger Berührung von Körpern aus verschiedenen Stoffen können Elektronen von einem Körper auf den anderen übergehen **(Kontaktelektrizität).** ↑ S. 234

Durch Kräfte einer äußeren Ladung können in einem Leiter Ladungen getrennt werden. Man nennt diesen Vorgang **Influenz.** Mit Hilfe von Influenzvorgängen können Ladungen nachgewiesen werden. ↑ S. 231f

Kräfte zwischen geladenen Körpern

Gleichartig geladene Körper stoßen sich ab, ungleichartige ziehen sich an. ↑ S. 229

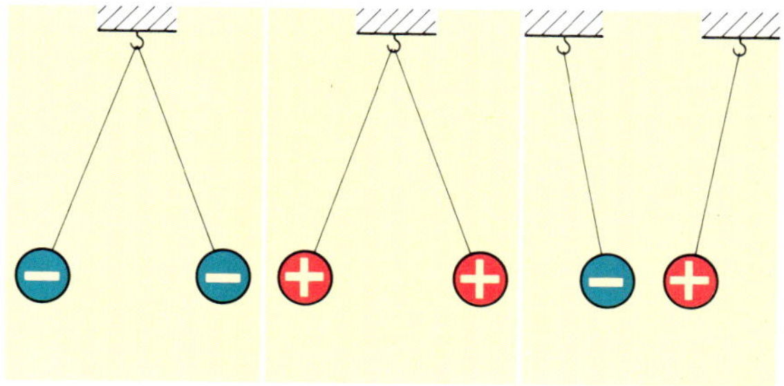

Abb. 2

Elektrischer Strom

Elektrischer Strom ist bewegte Ladung ↑ S. 227

Der **Ladungstransport** erfolgt

- In Metallen durch Leitungselektronen, ↑ S. 242
- in Elektrolyten durch Ionen, ↑ S. 243
- in Gasen durch Ionen und Elektronen. ↑ S. 243

In **Braunschen Röhren** werden die aus einem glühenden Draht ausgesandten Elektronen (Glühelektrischer Effekt) zu einem **Elektronenstrahl** gebündelt. Dieser kann elektrisch abgelenkt werden. Mit Hilfe eines **Oszilloskops** können schnell ablaufende Vorgänge registriert werden. ↑ S. 240

Die technische **Stromrichtung** wurde unabhängig von der tatsächlichen Bewegungsrichtung der Ladungsträger vom positiven zum negativen Pol der Spannungsquelle vereinbart.

Elektronen und negative Ionen bewegen sich entgegengesetzt zur vereinbarten Stromrichtung, positive Ionen bewegen sich in der vereinbarten Stromrichtung. ↑ S. 240

Stromwirkungen

Ein Strom erzeugt in seiner Umgebung ein Magnetfeld. ↑ S. 223.

Ein elektrischer Strom erwärmt den Leiter. Beim Stromfluß in einem Elektrolyten werden Stoffe abgeschieden (Elektrolyse). ↑ S. 226 ↑ S. 242

Elektrisches Feld

In der Umgebung elektrisch geladener Körper besteht ein elektrisches Feld. In ihm erfahren elektrisch geladene Probekörper eine Kraft.

Elektrische Feldlinien sind gedachte Linien, die für jeden Punkt eines elektrischen Feldes die Richtung der Kraft auf einen positiv geladenen Probekörper angeben. ↑ S. 237f

4 Größen und Gesetze des Stromkreises

4.1 Elektrische Stromstärke

Wie man Ströme vergleichen kann

Bisher haben wir den elektrischen Strom durch die Bewegung von Elektronen und Ionen beschrieben. Wir können allerdings noch nicht die Stärke von Strömen messen.

Was bedeutet es z. B., wenn für den Rhein bei Köln eine Wasserführung von 1800 m^3 pro Sekunde angegeben wird? Damit ist nicht gemeint, wieviel Kubikmeter Wasser sich im Flußbett befinden. Es besagt, daß an einer bestimmten Meßstelle 1800 m^3 Wasser in einer Sekunde vorbeifließen. Bei Hochwasser wäre dieser Wert wesentlich größer, z. B. 7000 m^3 pro Sekunde. Der Wasserstrom wäre dann stärker.

Dieses Beispiel wollen wir auf den elektrischen Strom übertragen. Wir können die Stärke eines elektrischen Stromes danach beurteilen, wieviele Elektronen in einer bestimmten Zeit einen Leiterquerschnitt passieren. In einem Elektronenstrahl, er ist ja ein Strom, müßten wir die Elektronen zählen, die an einer bestimmten Meßstelle z. B. in 1 Sekunde vorbeifliegen. Diese Zahl könnte ein direktes Maß für die elektrische Stromstärke sein. Leider lassen sich aber die Elektronen nicht direkt zählen. Wir müssen daher eine andere Meßmethode anwenden.

Prinzipiell kann man jede der drei Stromwirkungen zur Festlegung einer Einheit für die Stärke des elektrischen Stromes verwenden. Die *gesetzliche Definition* geht von der magnetischen Stromwirkung aus (S. 223). Das dabei angewendete Meßverfahren ist jedoch in der Schule nicht durchführbar. Wir definieren die Einheit für die Stromstärke deshalb mit Hilfe der *chemischen Wirkung*. Dieses Verfahren wurde auch lange Zeit in der Wissenschaft benutzt.

Erinnern wir uns an den Versuch 11, S. 226. Die Gasvolumina in den beiden Schenkeln des Hofmannschen Apparates sind ein Maß für die Ladung, die beim Strom durch den Elektrolyten transportiert wurde. Denn nach den Vorstellungen zum Ladungstransport in Elektrolyten (S. 243) ist die vom Strom entwickelte Gasmenge zur Anzahl der bewegten Ladungsträger und somit zur Ladung proportional.

Wir können also eine Aussage über die transportierte Ladung machen, wenn wir die Gasvolumina messen. Damit nicht beide Gassorten getrennt gemessen werden müssen, fangen wir sie gemeinsam auf. Das dabei entstehende Gasgemisch aus Wasserstoff und Sauerstoff heißt **Knallgas.** Vorsicht, es ist hochexplosiv! Ein Gerät, in dem bei der Elektrolyse Wasserstoff und Sauerstoff gemeinsam aufgefangen werden, heißt **Knallgaszelle.**

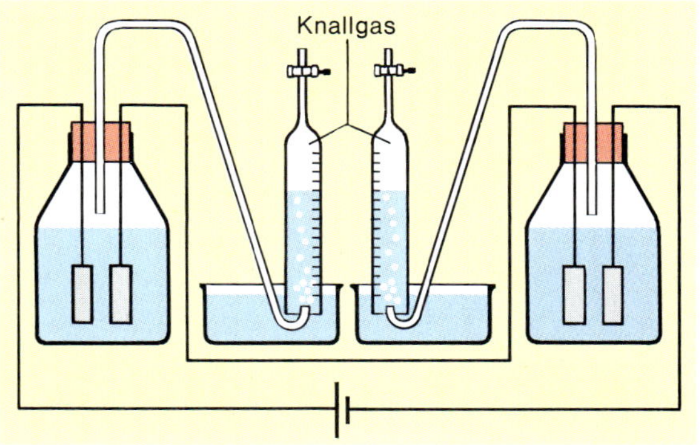

Abb. 3 Anordnung zu Versuch 1

Versuch 1: Wir schalten zwei Knallgaszellen mit unterschiedlich angesäuertem Wasser hintereinander (Abb. 3). Wir messen die entstehenden Knallgasmengen, die in einer bestimmten Zeit entstehen. Sie sind gleich. Auch wenn man den Abstand der Elektroden oder die Gefäßgröße unterschiedlich wählt, erhält man stets in beiden Zellen die gleiche Menge Knallgas.

Damit können wir nun die Stärken von elektrischen Strömen vergleichen. Wir legen fest:

Zwei elektrische Stromstärken sind gleich, wenn in gleichen Zeiten gleiche Knallgasmengen gebildet werden.

Die Einheit der Stromstärke ist 1 Ampere (1 A). Sie scheidet bei Normalbedingungen in 1 s eine Menge von 0,174 cm^3 Knallgas ab.

Ein Strom hat die 2, 3, ... n-fache Stromstärke, wenn die 2, 3, ... n-fache Knallgasmenge in 1 s abgeschieden wird.

André Marie AMPÈRE (1775–1836) französischer Physiker.

Weitere Einheiten:

1 mA (Milliampere) = 0,001 A = 10^{-3} A
1 μA (Mikroampere) = 0,000001 A = 10^{-6} A

Beispiele für Stromstärken

Antenne, el. Armbanduhr	0,001	mA
Glimmlampe	1	mA
Fahrraddynamo	0,1	A
Kühlschrank	0,25	A
Taschenlampe	0,3	A
Haushaltsglühbirne (100 W)	0,45	A
Farbfernseher	0,7	A
Tauchsieder	4,5	A
Elektroherd	10	A
Auto-Anlasser-Motor	50	A
E-Lok	1000	A
Blitz	bis 100000	A

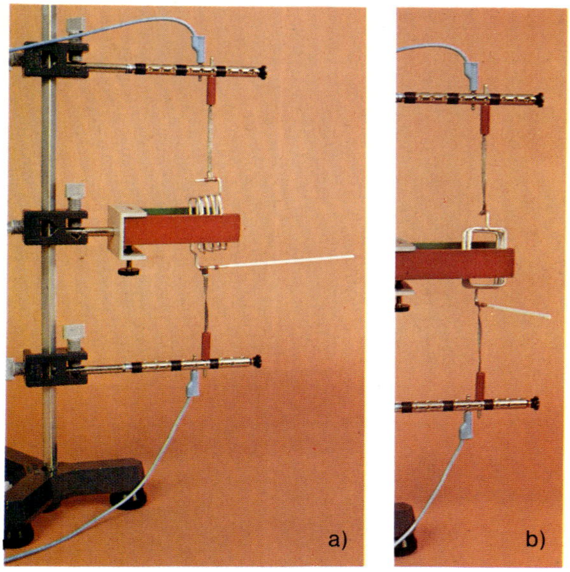

Abb. 1 Modellversuch zum Drehspulinstrument

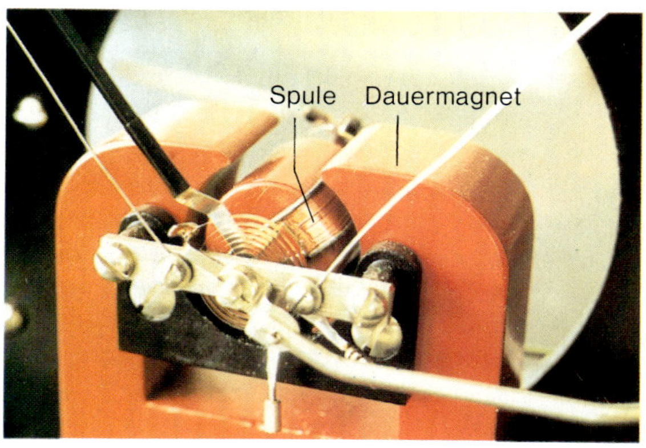

Abb. 2 Meßwerk beim Drehspulinstrument

Abb. 3 Technische Drehspulinstrumente

Da das Volumen eines Gases von der Temperatur und vom Druck abhängt (vgl. S. 192), kann man verschiedene Gasvolumina nur bei gleicher Temperatur und gleichem Druck vergleichen.

Die Definition wird daher auf Normbedingungen von 1013 mbar und 0 °C bezogen. Bei Zimmertemperatur hätte das in 1 Sekunde bei 1 A abgeschiedene Knallgas z. B. ein Volumen von etwa 0,19 cm³.

Beispiel: In der Meßanordnung nach Abb. 1 auf S. 245 werden in 60 s 27,0 cm³ Knallgas abgeschieden. Wie groß war die Stromstärke I?

Lösung: Bei konstanter Stromstärke während der Meßzeit wurden 0,45 cm³ Knallgas in 1 s abgeschieden. 0,19 cm³ Knallgas hätten (bei Zimmertemperatur) 1 A entsprochen. 0,45 cm³ entsprechen somit $\frac{0{,}45}{0{,}19}\,\mathrm{A} = 2{,}37\,\mathrm{A}$.

Drehspulinstrument

Die Stromstärkemessung mit einer Knallgaszelle ist sehr umständlich. In der Praxis werden Strommesser benutzt, die die magnetische Wirkung des Stromes nutzen. Sie heißen **Drehspulinstrumente.** Wie sie funktionieren, zeigt uns der nächste Versuch.

Versuch 2: Eine leichte Spule aus wenigen Windungen wird nach Abb. 1 a an Zuleitungsdrähten aufgehängt. Sie befindet sich im Feld eines Hufeisenmagneten. Schicken wir einen Strom durch die Spule, so dreht sie sich aus ihrer Ruhelage heraus (Abb. 1 b). Je stärker der Strom ist, desto mehr dreht sie sich. Kehrt man die Stromrichtung um, so erfolgt die Drehung zur anderen Seite.

Erklärung: Die stromdurchflossene Spule verhält sich ähnlich wie ein Stabmagnet im Feld eines Hufeisenmagneten. Sie versucht, sich parallel zu den Feldlinien auszurichten. Bei der Drehung werden aber die Zuleitungsdrähte verdrillt. Dadurch entsteht eine Kraft, die die Spule in die Ausgangslage zurückzuziehen versucht. Die Spule dreht sich so weit, bis ein Gleichgewichtszustand erreicht wird. Die *Rückstellkraft* bewirkt, daß die Spule beim Ausschalten des Stroms in ihre Ruhestellung zurückkehrt. Drehspulinstrumente zeigen nur Gleichströme an.

In der technischen Ausführung (Abb. 2) wird die Spule auf einer Achse befestigt. Zwei Federn erzeugen die nötige Rückstellkraft.

Bevor ein solches Gerät als Meßinstrument verwendet werden kann, muß es *geeicht* werden.

Versuch 3: Ein Strommeßinstrument mit zugeklebter Skala und eine Knallgaszelle werden hintereinander in einen Stromkreis geschaltet. Wir lassen einen beliebig eingestellten Strom 1 Minute lang fließen. Dabei entwickelt sich z. B. 8 cm³ Knallgas.

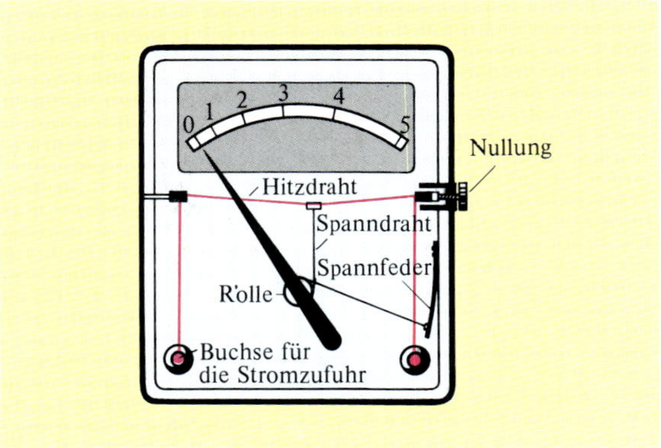

Abb. 4 Modell eines Hitzdrahtinstruments

Dies entspricht einer Stromstärke (vgl. Beispiel S. 246) von:

$$I = \frac{8\ \text{cm}^3}{0{,}19\ \text{cm}^3 \cdot 60}\ \text{A} = 0{,}7\ \text{A}.$$

Diesen Wert notieren wir an der Stelle, an der sich der Zeiger des Drehspulinstruments während des Stromflusses befand.

Wir wiederholen die Messung für andere Stromstärken. Es zeigt sich, daß die Stromstärke I und die zugehörigen Winkel für die Zeigerausschläge proportional zueinander sind. Wir können daher die Meßmarken für die Stromstärken 0,1 A, 0,2 A, 0,3 A, ... eintragen und haben ein geeichtes Instrument zur Messung von Stromstärken.

Beim Vergleich mit der vorher zugeklebten Meßskala stellen wir eine gute Übereinstimmung fest. Die Abweichungen kommen dadurch zustande, daß die genauen Werte von Druck und Temperatur nicht berücksichtigt wurden. Auch das benutzte Strommeßinstrument hat Fehlergrenzen.

Stromstärke und Ladung

In der Knallgaszelle wird um so mehr Gas abgeschieden, je mehr Ladungsträger die Zelle passieren. Die gleiche Ladungsmenge fließt dann auch in den Zuleitungen. Fließt ein schwacher Strom, so benötigt er eine längere Zeit zur Abscheidung eines bestimmen Gasvolumens V. Ein starker Strom dagegen führt bereits in kurzer Zeit zum gleichen Gasvolumen V.

Meßbeispiel:

I in A	t in s	V in cm³	$I \cdot t$ in As
1,0	60	11,4	60
2,0	30	11,4	60
3,0	20	11,4	60
4,0	30	22,8	120

Das Meßbeispiel zeigt, daß das Gasvolumen V immer dann gleich groß ist, wenn das Produkt aus Stromstärke I und Zeit t gleich ist. Es wird dann die gleiche Ladungsmenge durch die Zelle transportiert. Das Produkt $I \cdot t$ ist ein Maß für die Ladungsmenge. Wir definieren:

Die elektrische Ladung Q ist das Produkt aus Stromstärke I und Zeit t:

$$Q = I \cdot t.$$

Die **Einheit der Ladung** gewinnen wir aus der Gleichung $Q = I \cdot t$: 1 A · 1 s = 1 As **(Amperesekunde).**

Fließt ein Strom von 1 A, so wird in 1 s die Ladung von 1 As durch einen Leiterquerschnitt transportiert. Die Einheit 1 As heißt auch **1 Coulomb** (C); 1 C = 1 As. COULOMB war ein französischer Physiker (1736–1806).

Beispiel 1: Durch einen Leiter fließt 2 Minuten lang ein Strom von 2 A. Welche Ladung Q ist dabei transportiert worden?

$Q = I \cdot t = 2\ \text{A} \cdot 120\ \text{s} = 240\ \text{As}$

Beispiel 2: Die Ladung von 180 As fließt in 60 s durch einen Leiterquerschnitt. Wie groß ist die Stromstärke I?

Lösung: Wir stellen die Definitionsgleichung $Q = I \cdot t$ um und erhalten

$$I = \frac{Q}{t} = \frac{180\ \text{As}}{60\ \text{s}} = 3\ \text{A}.$$

Man hat die *Ladung eines Elektrons* experimentell bestimmt. Sie beträgt $e = 1{,}6 \cdot 10^{-19}$ As ($10^{-19} =$ 0,000 000 000 000 000 000 1). Diese Ladung ist sehr klein. Bei der Stromstärke von 1 A passieren $6{,}25 \cdot 10^{18}$ Elektronen pro Sekunde einen Leiterquerschnitt. Wollte man sie zählen (60 pro Minute), so würde dies etwa 200 Milliarden Jahre dauern.

Aufgaben

1. Durch eine Knallgaszelle fließt 78 s lang ein Strom von 1,8 A.
   a) Welche Ladungsmenge wird transportiert?
   b) Wieviel Knallgas entsteht dabei?
2. Ein Autoakku gibt etwa die Ladung 80 Ah (Amperestunden) ab.
   a) Wie lange kann man ihm einen Strom der Stärke 2 A entnehmen?
   b) Wieviel Knallgas könnte er erzeugen?
3. Durch einen Leiterquerschnitt fließt in 10 s die Ladung von 1,6 As. Wie groß ist die Stromstärke?
4. Beschreibe Aufbau und Wirkungsweise eines Drehspulinstruments!
5. Beschreibe, wie man ein Drehspulinstrument eichen kann!
6. Durch einen Leiter fließt ein Strom von 10^{-8} A = 0,000 000 01 A. Wieviel Elektronen fließen dabei in einer Sekunde durch einen Leiterquerschnitt?
7. Man kann auch die Wärmewirkung des elektrischen Stromes zur Messung der Stromstärke benutzen. Abb. 4 zeigt ein Modell eines solchen **Hitzdrahtinstrumentes.** Erkläre seine Wirkungsweise! Wie läßt es sich eichen?

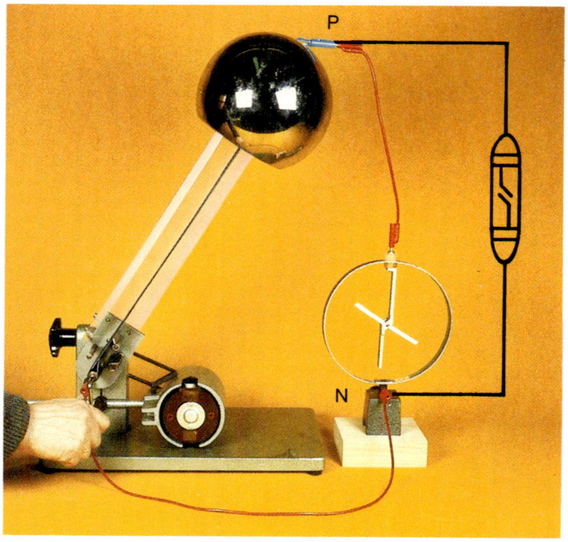

Abb. 1 Stromkreis mit Bandgenerator als Spannungsquelle

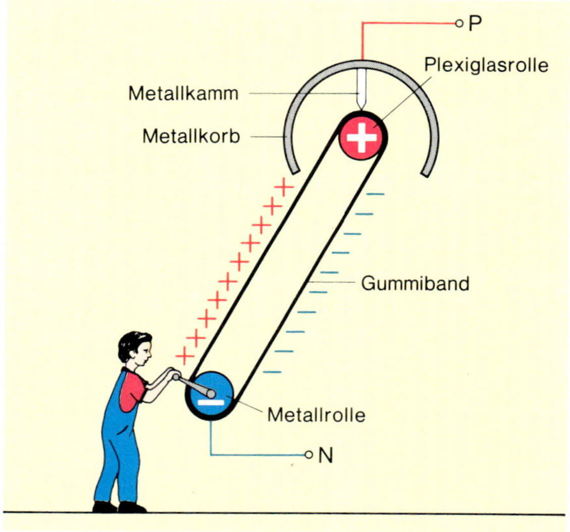

Abb. 2 Ladungstrennung in einem Bandgenerator

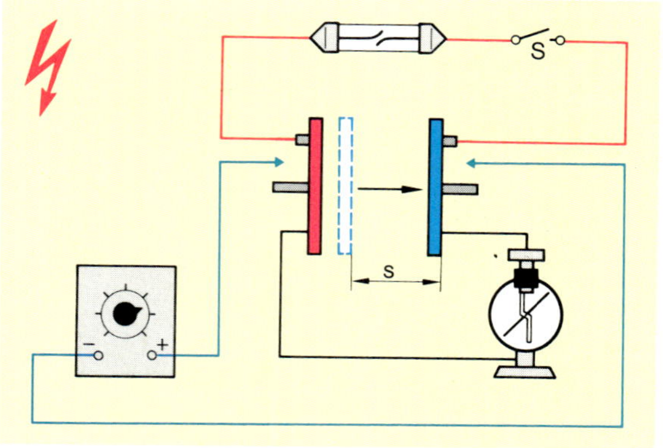

Abb. 3 Beim Auseinanderziehen der Platten erhöht sich die Spannung und die Glimmlampe leuchtet auf

4.2 Ladungstrennung in Spannungsquellen

Was geschieht in einer Spannungsquelle?

Zur Bewegung von Elektronen in einem Stromkreis benötigt man einen Antrieb. Wir haben ihn bisher als Spannungsquelle bezeichnet. Durch sie werden am Minuspol Elektronen in den Stromkreis „hineingedrückt" und gleichzeitig am Pluspol wieder „abgesaugt".

Wie entsteht der Elektronenmangel bzw. der Elektronenüberschuß an den Polen der Spannungsquelle? Wir können uns dies an einem *Modellversuch* klarmachen.

Versuch 4: Wir schalten einen Bandgenerator und eine Glimmlampe nach Abb. 1 zu einem Stromkreis zusammen. Der Generator hat zwei Anschlußklemmen P und N. An sie ist parallel zur Glimmlampe ein Elektroskop angeschlossen. Wenn die Kurbel des Generators gedreht wird, schlägt das Elektroskop aus, und durch die Glimmlampe fließt ein Strom. Bei P ist der Plus-, bei N der Minuspol.

Ein breites Gummiband überträgt die Drehbewegung der Metallrolle auf eine Plexiglasrolle. Dabei reibt das Band auf der Plexiglasrolle und „reißt" aus ihr Elektronen heraus (Kontaktelektrizität). Die herausgelösten Elektronen werden nach unten zur Metallwalze befördert. Die Metallrolle wird negativ, die Plexiglasrolle positiv geladen. Sie zieht über einen Metallkamm Elektronen aus dem Metallkorb, die dann auch nach unten zur Metallrolle befördert werden. Der Metallkorb wird positiv geladen.

Die **Ladungstrennung** und der Ladungstransport im Bandgenerator erfordern jedoch Arbeitsaufwand. Die Elektronen haben das Bestreben, zur Plexiglaswalze zurückzukehren, denn ungleichartige Ladungen ziehen sich an. Diese Anziehungskräfte müssen überwunden werden, es geschieht durch den Kurbelantrieb. Gegen die Anziehungskräfte wird beim Transport **Trennarbeit** verrichtet. In Spannungsquellen wie Akkus und Batterien finden die Ladungstrennungen auf chemische Weise statt.

In einer Spannungsquelle werden schon vorhandene ungleichnamige Ladungen getrennt. Dabei wird in der Spannungsquelle Trennarbeit verrichtet.

Diese Trennarbeit gibt es nicht umsonst. Man muß z. B. an der Kurbel drehen. Ähnlich ist es auch beim Dynamo (S. 131). Die getrennten Ladungen können dann selbst wieder Arbeit verrichten. Sie besitzen **elektrische Energie.** Den Zustand der getrennten Ladungen beschreibt man mit dem Begriff der **elektrischen Spannung.**

Wird der Stromkreis geschlossen, so fließen Elektronen über den „Verbraucher" (z. B. eine Glühlampe) zum Pluspol zurück. Es findet ein **Ladungsausgleich** statt. Die vorher getrennten Ladungen neutralisieren sich. Die Spannungsquelle macht diese Neutralisation wieder rückgängig. Die am Pluspol ankommenden Elektronen werden erneut unter Verrichtung von Trennarbeit zum Minuspol transportiert. Der Strom durch die Glühlampe fließt weiter.

Mehr Trennarbeit – mehr Energie

Versuch 5: Zwei isolierte Metallplatten werden nach Abb. 3 auf etwa 1 mm genähert. Jede Platte wird kurzzeitig mit einem Pol eines Netzgerätes verbunden. Dadurch ist die eine positiv, die andere negativ aufgeladen. Ein angeschlossenes Elektroskop zeigt die Aufladung an. Schließen wir den Schalter S, so leuchtet die Glimmlampe schwach auf.

Der Ausschlag am Elektroskop geht zurück, weil sich die Ladungen auf den Platten neutralisiert haben. Die Energie wurde als Licht und Wärme abgegeben. Auf den Platten waren die getrennten Ladungen gespeichert, bis die Glimmlampe angeschlossen wurde. Die isoliert gegeneinander gestellten Platten bezeichnet man als **Plattenkondensator.**

Versuch 6: Wir öffnen den Schalter S wieder und laden den Plattenkondensator genau so stark auf wie vorher. Bevor wir die Glimmlampe wieder anschließen, ziehen wir die Platten einige Zentimeter auseinander. Dabei steigt der Ausschlag am Elektroskop deutlich an. Schließen wir nun den Schalter, so leuchtet die Glimmlampe beim Entladen der Platten viel heller.

Trotz gleicher Ladung auf den Kondensatorplatten wurde offenbar erheblich mehr Energie abgegeben. Was ist die Ursache? Beim Trennen der Platten wurde gegen die Anziehungskräfte zwischen den Ladungen Arbeit verrichtet. Dadurch erhöhte sich die Arbeitsfähigkeit (Energie) der Ladungen beim Entladen. Man sagt, die Energie wurde im Kondensator gespeichert.

Je größer die an den Ladungen verrichtete Trennarbeit, desto größer ist die gespeicherte Energie.

Chemische Spannungsquellen

Zur Ladungstrennung gibt es viele Möglichkeiten. Eine haben wir beim Bandgenerator kennengelernt. Bei ihm wird mechanische Energie in elektrische Energie umgesetzt.

Tragbare Rundfunkgeräte, Uhren, Taschenrechner oder Hörgeräte werden mit **Monozellen** betrieben. Das sind Spannungsquellen, bei denen die Ladungstrennung auf *chemischem* Wege erfolgt. Auch **Akkumulatoren** gehören dazu.

Galvanische Elemente

Wie wir gesehen haben (S. 243) kann ein elektrischer Strom chemische Vorgänge verursachen. Ist dies auch umkehrbar? Das heißt: Kann ein elektrischer Strom durch chemische Vorgänge hervorgerufen werden?

Versuch 7: Ein Kohlestab und eine Zinkplatte werden nach Abb. 4 in verdünnte Schwefelsäure gestellt. Schaltet man zwischen Kohlestab und Zinkplatte ein kleines Lämpchen und einen Strommesser, so fließt ohne jede äußere Einwirkung ein Strom. Am Ausschlag des Strommessers kann man erkennen, daß am Zinkblech der Minus- und am Kohlestab der Pluspol liegt. Am Kohlestab steigen Gasbläschen auf, und an der Zinkplatte sinken helle Schlieren nach unten. Dies deutet darauf hin, daß bei der Anordnung in Abb. 4 chemische Vorgänge ablaufen. Dabei werden Ladungen getrennt. Es entsteht eine Spannung zwischen den Elektroden.

Erklärung: Metalle wie z. B. Zink geben in einem Elektrolyten von sich aus positive Ionen (Atomrümpfe) an die Lösung ab (Abb. 5). Elektronen bleiben im Metall zurück, das sich dadurch negativ auflädt. Die abgelösten positiven Ionen umlagern

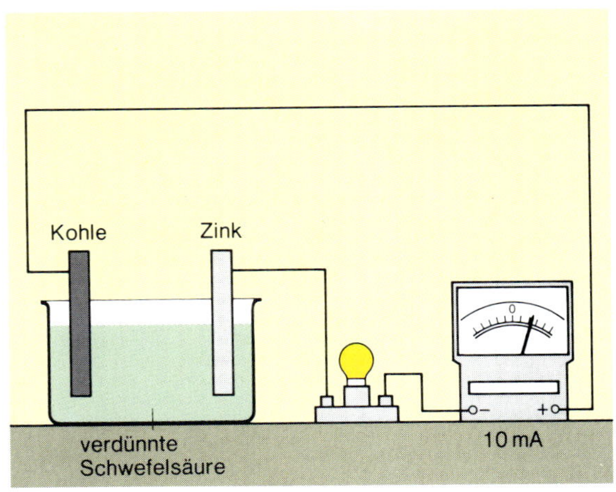

Abb. 4 Anordnung zum Versuch 7

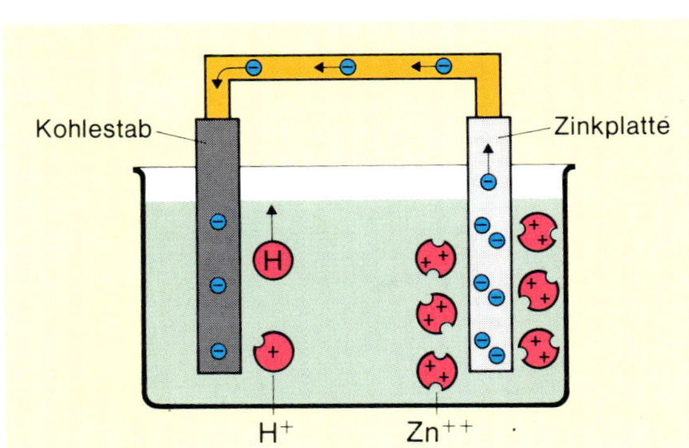

Abb. 5 Modellhafte Erklärung zum Versuch 7

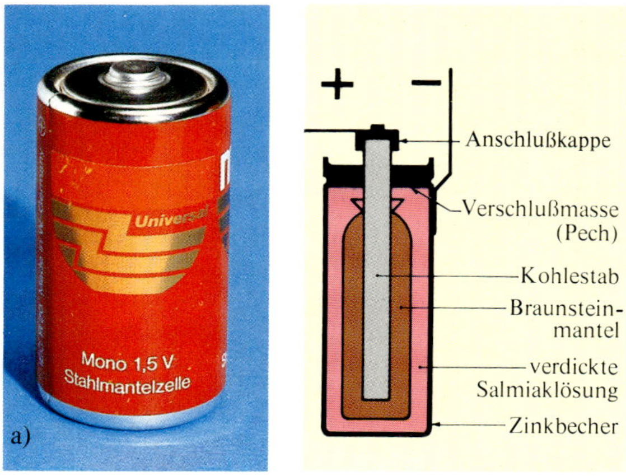

Abb. 1 a) Monozelle, b) schematische Schnittdarstellung

die Platte, weil sie von deren negativer Ladung angezogen werden. Nach einer bestimmten Zeit können keine weiteren Ionen die Zinkplatte verlassen, denn sie werden einerseits von der negativen Platte zurückgehalten, andererseits von den bereits abgelösten positiven Ionen zurückgedrängt.

Beim Kohlestab ist es anders. Kohle gibt keine Ionen ab. Von den positiven Ionen in der Lösung gelangen jedoch einige an den Kohlestab, so daß er positiv geladen wird. Zwischen Zinkplatte und Kohlestab ist eine Spannung entstanden. Werden die beiden Elektroden verbunden, so können die überschüssigen Elektronen von der Zinkplatte zum Kohlestab fließen. Beim Abfließen der Elektronen geht die negative Ladung der Zinkplatte zurück. Deshalb können weitere Zinkionen in die Lösung übergehen. Die Zinkplatte löst sich dabei allmählich auf.

Die Gasbläschen am Kohlestab entstehen dadurch, daß die im Elektrolyten ebenfalls enthaltenen positiven Wasserstoffionen von den Elektronen im Kohlestab neutralisiert werden. Es entsteht Wasserstoffgas, das nach oben entweicht (vgl. S. 226). Die Schlierenbildung an der Zinkplatte ist auf eine erhöhte Konzentration der Zinkionen zurückzuführen.

Statt der Zinkplatte können auch andere Metalle wie z. B. Kupfer verwendet werden. Die Spannung ist dann aber geringer. Wählt man den Kohlestab als feste Elektrode und wechselt die Zinkplatte gegen eine Platte aus Silber, Kupfer, Blei, Zinn, Eisen oder Aluminium aus, dann nimmt die Spannung in der genannten Reihenfolge zu. Diese Anordnung der Metalle nennt man die **Voltasche Reihe.** ALESSANDRO VOLTA (1745–1827) war ein italienischer Physiker.

Es entsteht in der Anordnung vom Versuch 7 auch dann ein Strom, wenn man zwei verschiedene Metallplatten, z. B. Kupfer und Zink, in die verdünnte Schwefelsäure taucht. Zink bildet dabei den Minus- und Kupfer den Pluspol. Hier ist es so, daß aus der Zinkplatte mehr positive Ionen austreten als bei dem „edleren" Metall Kupfer. Gegenüber der Zinkplatte hat die Kupferplatte dann weniger Elektronen. Es findet über die äußere leitende Verbindung ein Ladungsausgleich statt. Werden zwei gleiche Metallelektroden in einen Elektrolyten getaucht, so entsteht zwischen den Elektroden keine unterschiedliche Ladungsverteilung. Es fließt dann auch kein Strom.

Die beschriebenen Spannungsquellen heißen nach dem italienischen Physiker LUIGI GALVANI (1737–1798) **galvanische Elemente.** Das von einer Zink- und einer Kupferplatte in Schwefelsäure gebildete Element nennt man **Voltasches Element.** Die galvanischen Elemente waren die ersten Spannungsquellen, aus denen man einen Dauerstrom erhalten konnte.

Von den vielen galvanischen Elementen, die bei der Erforschung der Stromerscheinungen von großer Bedeutung waren, ist heute neben den Akkumulatoren nur die bekannte **Monozelle** geblieben, die zu **Batterien** zusammengeschaltet wird. Wie die Zelle einer solchen Batterie funktioniert, können wir uns mit Hilfe der Abb. 1 klarmachen.

Der Zinkbecher ist der Minuspol, der Kohlestab in der Mitte der Pluspol. Eine verdickte Salmiaklösung bildet den Elektrolyten. Ein luftdichter Abschluß verhindert das Eintrocknen der Salmiaklösung. Braunstein, der den Kohlestab umgibt, bindet die Gase, die beim Strom durch den Elektrolyten entstehen. Öffnet man eine verbrauchte Taschenlampenbatterie, so findet man einen zersetzten Zinkbecher vor. Solche Zellen sind nicht mehr zu verwenden.

Akkumulatoren

Wiederaufladbare chemische Spannungsquellen sind die **Akkumulatoren** (Sammler). Wie funktionieren sie?

Versuch 8: Ähnlich wie im Versuch 7 bringen wir nun zwei Bleiplatten in verdünnte Schwefelsäure und verbinden sie über ein Lämpchen und einen Strommesser mit Kabeln. Es fließt kein nachweisbarer Strom, weil beide Elektroden aus dem gleichen Material sind. Schmirgeln wir eine der Platten stellenweise blank, so fließt nach abermaligem Eintauchen der Bleiplatten in den Elektrolyten ein gut nachweisbarer Strom.

Erklärung: Bleiplatten sind im allgemeinen an der Oberfläche oxidiert. Durch das Schmirgeln der einen Platte haben wir die oxidierte Schicht entfernt, so daß nun zwei verschiedene Elektrodenoberflächen vorlagen. Es entstand somit ein galvanisches Element.

Die Veränderungen der Elektrodenoberflächen kann man auch durch Elektrolyse erreichen.

Versuch 9: Wir bringen zwei Bleiplatten in verdünnte Schwefelsäure. Sie überziehen sich mit einer weißgrauen Schicht, mit Bleisulfat. An die Platten schließen wir nun eine Spannungsquelle an. Durch den Elektrolyten fließt dann ein Strom. Nach kurzer Zeit färbt sich die Anode dunkelbraun. Es entsteht Bleidioxid. Am Minuspol wird das Bleisulfat in Blei zurückverwandelt. Wir erhalten ein galvanisches Element. Der Strom, der die Platten chemisch verändert, heißt **Ladestrom.** Man sagt, die Zelle wurde geladen (Abb. 2a).

Versuch 10: Die Platten der geladenen Zelle verbinden wir über ein Glühlämpchen und einen Strommesser. Es fließt nun ein **Entladestrom.** Er ist entgegengesetzt zum Ladestrom gerichtet. Beim Entladen entsteht auf den Platten wieder Bleisulfat und der Strom sinkt auf Null. Der Akku kann oft geladen und entladen werden. Beim Laden wird der Pluspol des Ladegerätes an den Pluspol des Akkus angeschlossen; ebenso der Minuspol des Ladegerätes an den Minuspol des Akkus. Das Ladegerät „pumpt" Elektronen an den Minuspol des Akkus. Gegen die dabei auftretenden Kräfte muß Arbeit verrichtet werden. Dabei wird Energie im Akku in Form von chemischer Energie gespeichert. Es sind also nicht Ladungen, die im Akku gespeichert werden, da beim Ladevorgang genau so viel Elektronen an der Kathode zufließen wie bei der Anode wieder abfließen (vgl. S. 243).

Die Größe der in einem Akku gespeicherten Energie hängt davon ab, wieviel Bleisulfat beim Laden in Blei bzw. Bleidioxid umgewandelt wird. Die Elektroden werden daher als Plattensätze gebaut, die man ineinander verschachteln kann (Abb. 3).

Beim Auf- und Entladen verändert sich die Dichte des Elektrolyten. Sie ist deshalb ein Maß für den Ladezustand des Akkus. Im Auto erfolgt die Aufladung des Akkus durch einen Generator (Lichtmaschine). Akkumulatoren müssen regelmäßig gewartet werden.

Neben den Bleiakkumulatoren gibt es die weniger empfindlichen *Nickel-Cadmium-Akkumulatoren,* die eine wesentlich größere Lebensdauer als Bleiakkus haben.

Wir fassen zusammen:

- Taucht man zwei verschiedene Metalle in eine elektrolytische Lösung, so entsteht ein galvanisches Element. Zwischen den Metallplatten liegt eine Spannung.
- Ursache der Spannung ist die unterschiedlich starke Neigung der Metalle positive Ionen abzugeben.
- Die Metallplatte, die leichter Ionen abgibt, wird zum Minuspol.
- Ein Akkumulator ist im geladenen Zustand ein galvanisches Element.
- Die beim Laden einem Akkumulator zugeführte Energie wird als chemische Energie gespeichert.
- Beim Entladen wird die chemische Energie wieder in elektrische Energie umgesetzt.

Aufgaben

1. Welche Vorgänge laufen in einer Spannungsquelle ab?
2. Beschreibe die Funktionsweise eines Bandgenerators!
3. Beschreibe den Aufbau und die Wirkungsweise eines Volta-Elements!
4. Stelle mit Hilfe einer Zitrone ein galvanisches Element her!
5. Beschreibe den Aufbau und die Funktionsweise eines Bleiakkus!
6. Welche Elektrode verändert sich bei einem Volta-Element, wenn Strom fließt?
7. Erkläre den Aufbau einer Kohle-Zink-Monozelle!
8. Wie muß ein Akku beim Laden an das Ladegerät angeschlossen werden?
9. Was versteht man unter der Voltaschen Spannungsreihe?
10. Welche Elektrode wird in einem galvanischen Element zum Minuspol?
11. Wovon hängt die gespeicherte Energie in einem Akku ab?

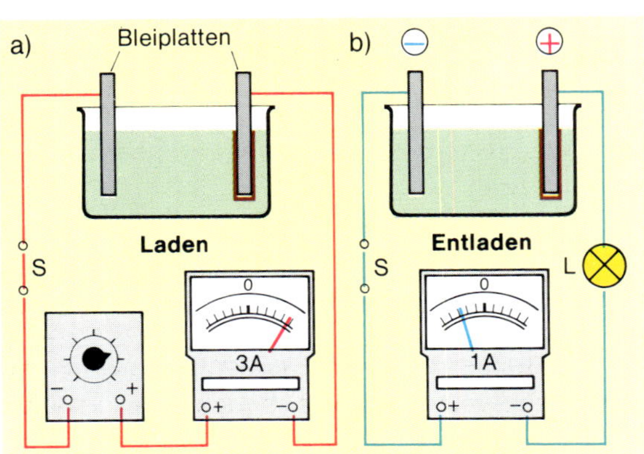

Abb. 2 Laden und Entladen eines Akkumulators

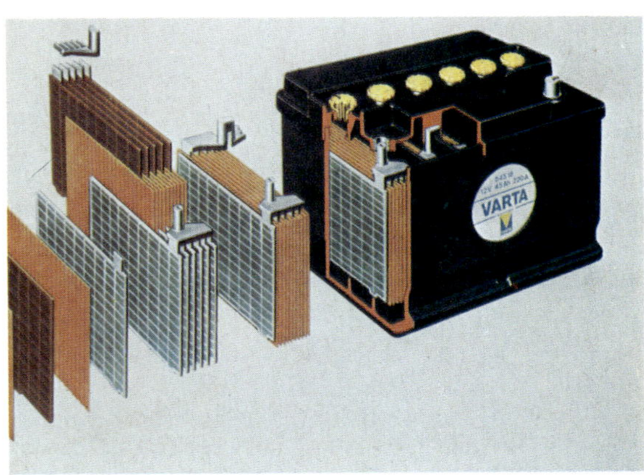

Abb. 3 Bleiakkumulator

4.3 Elektrische Spannung

Wie können wir den Spannungszustand meßbar machen? Mit dem Begriff der Spannung haben wir bisher den Zustand getrennter Ladungen charakterisiert. Zur Kennzeichnung dieses Zustands konnten wir die an den Ladungen verrichtete Trennarbeit benutzen. Diese ist jedoch einer direkten Messung nicht zugänglich.

Aufgrund der Energieerhaltung dürfen wir aber annehmen, daß die Energie zum Trennen einer bestimmten Menge von Ladungen genauso groß ist wie die Arbeit, die beim Fließen dieser Ladungen durch einen „Verbraucher" wieder abgegeben wird. Diese abgegebene Energie aber kann man leicht messen. Wir verwenden einen Tauchsieder und messen die von ihm abgegebene Wärme. Diese ist dann gleich der Arbeit W, welche die Elektronen beim Durchgang durch den Tauchsieder verrichten.

Je mehr Elektronen fließen, um so größer ist auch die von ihnen verrichtete Arbeit. Wir müssen daher die abgegebene Energie in Beziehung setzen zur transportierten Ladung Q.

Versuch 11: Wir schließen nach Abb. 1 einen Tauchsieder über einen Strommesser an ein Netzgerät an. Den Drehknopf des Gerätes stellen wir auf die Skalenanzeige von 10 Volt. Mit dem Tauchsieder erwärmen wir in einem Kalorimetergefäß 300 g Wasser.

Die an das Wasser abgegebene Wärme ist berechenbar durch die Formel

$$(c_W \cdot m_W + c_G \cdot m_G)(\vartheta_2 - \vartheta_1), \qquad \text{(vgl. S. 196).}$$

Dabei ist $c_W = 4{,}19$ J/g K die spezifische Wärmekapazität des Wassers, m_W ist die Masse des Wassers, m_G die Masse des Wassergefäßes und c_G die spezifische Wärmekapazität des Gefäßes. Im Versuch war $m_G = 50$ g und $c_G = 0{,}9$ J/g K.

Für die von den Elektronen verrichtete Arbeit gilt also bei diesem Versuch:

$$W = \left(4{,}19\,\frac{\text{J}}{\text{g K}} \cdot 300\,\text{g} + 0{,}9\,\frac{\text{J}}{\text{g K}} \cdot 50\,\text{g}\right) \cdot (\vartheta_2 - \vartheta_1)$$

$$= \left(1257\,\frac{\text{J}}{\text{K}} + 45\,\frac{\text{J}}{\text{K}}\right)(\vartheta_2 - \vartheta_1)$$

$$\approx 1300\,\frac{\text{J}}{\text{K}}\,(\vartheta_2 - \vartheta_1). \qquad (1)$$

Aufgrund der Beziehung $Q = I \cdot t$ können wir die Ladungsmenge Q berechnen, wenn die Stromstärke I und die Zeit t bekannt sind.

In der Tabelle 1 ist ein Meßprotokoll wiedergegeben. Wie man aus den Meßwerten von $\Delta\vartheta$ und t die entsprechenden Werte für Q und W erhält, zeigen wir am Beispiel für die 3. Zeile der Tabelle:

$$W = 1300\,\frac{\text{J}}{\text{K}} \cdot 6\,\text{K} = 7800\,\text{J}.$$

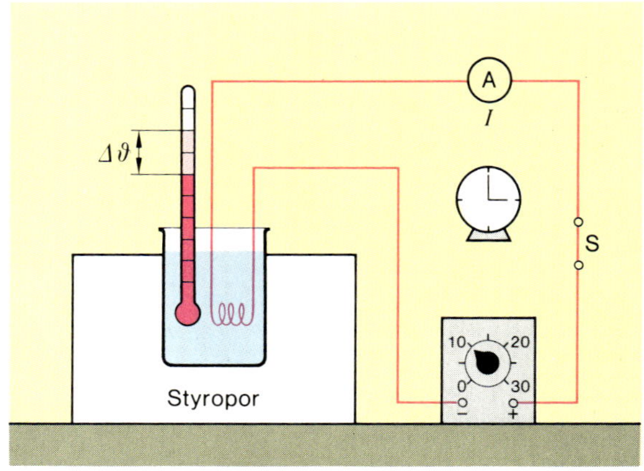

Abb. 1 Aufbau zu Versuch 11

t in s	$\Delta\vartheta$ in K	W in J	I in A
60	2	2600	4
120	4	5200	4
180	6	7800	4
240	8	10400	4

Tab. 1 Meßprotokoll zu Versuch 11

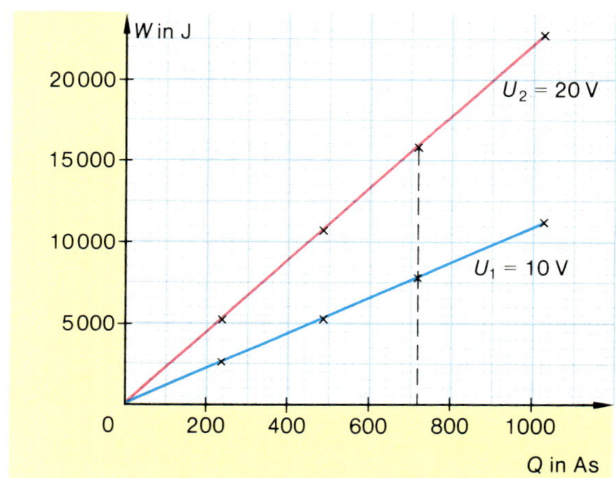

Abb. 2 Verrichtete Arbeit in Abhängigkeit von der geflossenen Ladung bei einem Tauchsieder

Die dabei transportierte Ladung Q ist:

$$Q = I \cdot t = 4\,\text{A} \cdot 180\,\text{s} = 720\,\text{As}.$$

Fertigt man von der Messung ein W-Q-Schaubild an, so ordnen sich die Meßpunkte längs einer Ursprungsgeraden an (Abb. 2).

> *Die von der Spannungsquelle verrichtete Arbeit W ist der transportierten Ladung proportional.*

Wir stellen nun am Netzgerät den Spannungswert 20 Volt ein und beginnen die Messung mit der gleichen Wassermenge und der gleichen Anfangstemperatur wie vorher. Das *W-Q*-Schaubild ergibt wieder eine Ursprungsgerade. Allerdings verläuft sie diesmal doppelt so steil. Dies bedeutet: Wird am Netzgerät der doppelte Spannungswert eingestellt, so bewirkt die gleiche transportierte Ladungsmenge die doppelte Erwärmung! Den Elektronen wurde dabei die doppelte Energie übertragen. Sie konnten dadurch doppelt soviel Arbeit verrichten. Dies bedeutet, daß der Quotient W/Q den doppelten Wert gegenüber der ersten Messung hat. Der Quotient W/Q zeigt also an, wieviel Arbeit eine bestimmte Ladungsmenge verrichten kann. Er kann als ein Maß für den Spannungszustand angesehen werden. Deshalb definieren wir allgemein:

Die Spannung ist der Quotient aus der Arbeit W und der transportierten Ladung Q:

$$\textbf{Spannung} = \frac{\textbf{Arbeit}}{\textbf{Ladung}}\,; \qquad U = \frac{W}{Q}\,.$$

Die Einheit der Spannung U ist 1 Volt (V).

$$\mathbf{1\ Volt = 1\ \frac{Joule}{Amperesekunde}}\,; \qquad \mathbf{1\ V = 1\ \frac{J}{As}}.$$

Es herrscht die Spannung 1 V, wenn beim Fließen der Ladung 1 As die Arbeit von 1 J verrichtet wird.

Andere Einheiten:

0,001 V = 1 mV (Millivolt)
1000 V = 1 kV (Kilovolt)

Beispiele für Spannungen

Antennenspannung	0,1 mV
Taschenlampenbatterie	4,5 V
Akku im Auto	12 V
Spannung im Haushalt	220 V
Fahrspannung bei Eisenbahnen	15 000 V
Hochspannung im Farbfernsehgerät	25 000 V
Hochspannungsleitungen	bis 380 000 V

Beispiel 1: Bestimme aus dem *W-Q*-Schaubild (Abb. 2) die eingestellten Spannungswerte!

Nach der Definition für die Spannung ergibt sich:

$$U_1 = \frac{7\,800\ \text{J}}{720\ \text{As}} = 10{,}8\ \text{V}$$

$$U_2 = \frac{15\,600\ \text{J}}{720\ \text{As}} = 21{,}6\ \text{V}.$$

Das entspricht gut den eingestellten Skalenwerten auf dem Netzgerät.

Der Versuch 11 kann mit verschiedenen Tauchsiedern und verschiedenen Wassermengen durchgeführt werden. Es ergeben sich stets die gleichen Ursprungsgeraden der Abb. 2, wenn das Netzgerät auf 10 V bzw. 20 V eingestellt wird. Der Quotient W/Q ist unabhängig davon, in welcher Weise dem Netzgerät Energie entnommen wird. Die Spannung U ist ein wesentliches Kennzeichen für eine Spannungsquelle.

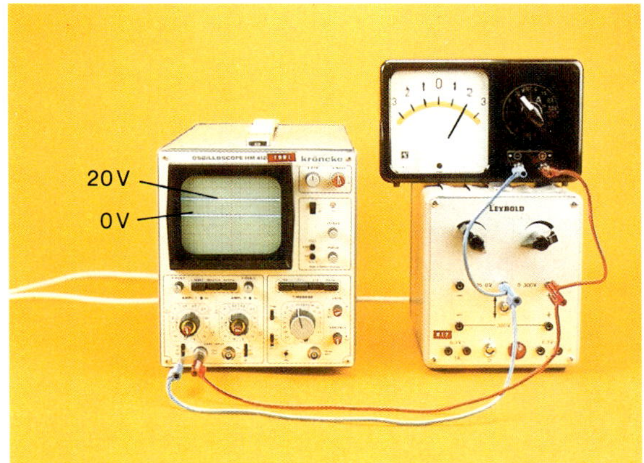

Abb. 3 Spannungsmessung mit dem Oszilloskop

Beispiel 2: Bestimmung der Netzspannung

Wir nehmen einen Tauchsieder mit der Leistung $P = 1000\ \text{Watt} = 1000\ \frac{\text{J}}{\text{s}}$ und schließen ihn an die Netzsteckdose an. Der Strom durch den Tauchsieder wird gemessen. Er beträgt 4,54 A. In einer Sekunde fließt somit die Ladung $Q = I \cdot t = 4{,}54\ \text{A} \cdot 1\ \text{s} = 4{,}54\ \text{As}$ durch den Tauchsieder. Dabei verrichtet sie die Arbeit von 1000 J.

Wir bilden den Quotienten $U = \frac{W}{Q} = \frac{1000\ \text{J}}{4{,}54\ \text{As}} = 220\ \text{V}.$

Spannungsmessung

Im zweiten Beispiel haben wir die Messung der Netzspannung durch eine Arbeits- und Ladungsmessung durchgeführt. In der Praxis sind eine Reihe anderer Meßverfahren üblich.

Im Versuch 4 hatten wir an den Bandgenerator ein Elektroskop angeschlossen. Sein Ausschlag zeigte uns die getrennten, arbeitsfähigen Ladungen an. Mit größerer Spannung wächst der Zeigerausschlag. Eicht man die Skala eines Elektroskops in Volt, so erhält man einen *statischen Spannungsmesser*. Er registriert die Spannung, ohne daß dabei ein Strom fließt. Statische Spannungsmesser sind jedoch nur für Spannungen oberhalb 300 V geeignet.

Auch bei der *Spannungsmessung mit dem Oszilloskop* fließt kein Strom. Die zu messende Spannung wird an die Vertikalablenkplatten gelegt (S. 241). Der Leuchtfleck auf dem Schirm wird dabei proportional zur angelegten Spannung abgelenkt. Oszilloskope sind als Spannungsmesser geeicht. Am Einstellknopf für die Vertikalablenkung kann man ablesen, wieviel Volt pro cm angezeigt werden. In Abb. 3 steht der Knopf auf 10 V/cm. Der Leuchtpunkt wird 2 cm vom Mittelpunkt abgelenkt. Das bedeutet, es liegt eine Spannung von 20 V an den Ablenkplatten.

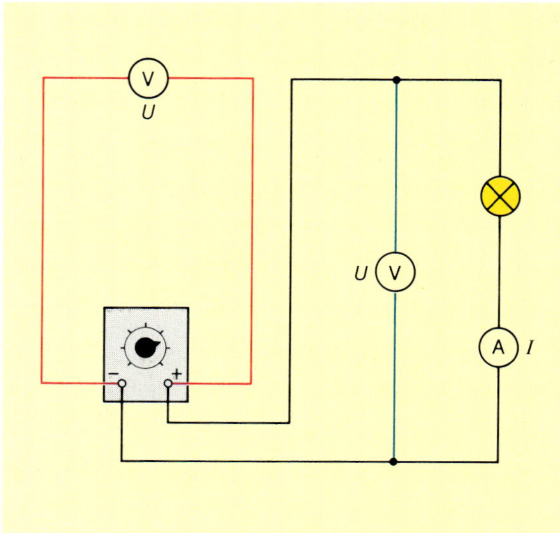

Abb. 1 Spannungsmessung mit einem Drehspulinstrument

Am häufigsten werden *Drehspulinstrumente* zur Spannungsmessung eingesetzt. Dabei handelt es sich um umgeeichte Strommesser. Wie man mit ihnen Spannungen messen kann, untersuchen wir in Kap. 4.5.

Die Spannung zwischen den Polen einer Spannungsquelle mißt man, indem der Spannungsmesser mit den Polen verbunden wird. Dies gilt auch, wenn an die Spannungsquelle elektrische Geräte angeschlossen sind. Während elektrische Geräte und Strommesser hintereinandergeschaltet werden, wird der Spannungsmesser parallel zum Gerät geschaltet. In der Schaltung nach Abb. 1 liegt an beiden Spannungsmessern die gleiche Spannung. Dies zeigt, daß die Spannung an den Polen der Spannungsquelle von den Kabeln weitergeleitet wird. Man braucht also den Spannungsmesser nicht unbedingt am Plus- und Minuspol anzuschließen.

Spannungsmesser werden direkt an die Spannungsquelle oder parallel zum Elektrogerät angeschlossen.

Schaltung von Spannungsquellen

Soll z. B. ein Cassettenrecorder im Batteriebetrieb laufen, so wird aus mehreren Einzelzellen (Monozellen) eine Batterie zusammengestellt. Dabei wird der Minuspol einer Monozelle mit dem Pluspol der nächsten Zelle verbunden. Man sagt die Spannungsquellen werden **hintereinander-** oder **in Reihe** geschaltet. Wie groß ist dabei die Gesamtspannung?

Versuch 12: Wir schalten zwei 1,5-V-Zellen nach Abb. 2a zusammen und messen die Gesamtspannung. Sie beträgt 3 V. Weitere Versuche mit mehreren Monozellen zeigen:

Schaltet man mehrere Spannungsquellen hintereinander, so addieren sich die Spannungen.

Bei der **Parallelschaltung** von zwei gleichen Spannungsquellen werden die gleichnamigen Pole miteinander verbunden (Abb. 2b). Als Gesamtspannung erhalten wir die gleiche Spannung wie bei einer Spannungsquelle allein. Allerdings können parallelgeschaltete Zellen länger Strom liefern als eine allein.

Schaltet man gleiche Spannungsquellen parallel, so bleibt die Gesamtspannung unverändert.

Versuch 13: Wir schalten nach Abb. 2c einen Akku und ein regelbares Netzgerät für Gleichspannung gegeneinander und messen die Gesamtspannung. Am Netzgerät ist die Spannung zunächst 0 V. Der Spannungsmesser zeigt dann die Spannung des Akkus an. Erhöhen wir die Spannung am Netzgerät, so sinkt die Gesamtspannung. Sie wird Null, wenn die Netzgerätspannung so groß ist wie die Spannung am Akku. Erhöhen wir U_1 noch weiter, so steigt die Gesamtspannung wieder an, aber sie hat jetzt eine entgegengesetzte Polung.

Schaltet man zwei Spannungsquellen gegeneinander, so subtrahieren sich die Einzelspannungen. Die Polung der resultierenden Spannung wird durch die Spannungsquelle mit der höheren Spannung bestimmt.

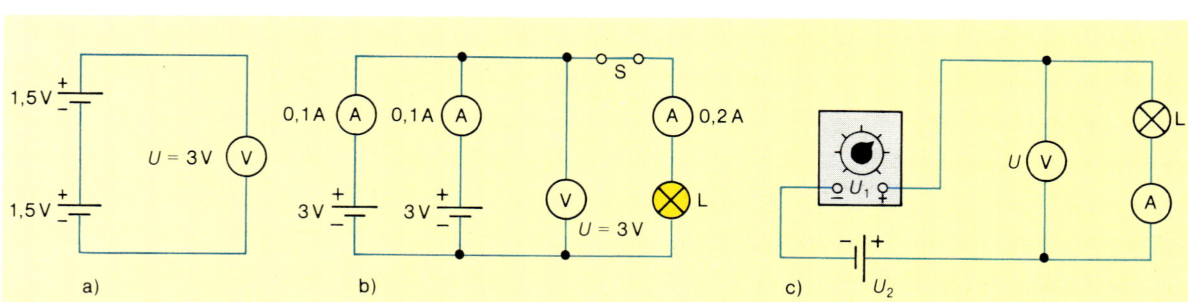

Abb. 2 Schaltung von Spannungsquellen: a) Hintereinanderschaltung, b) Parallelschaltung, c) Gegeneinanderschaltung

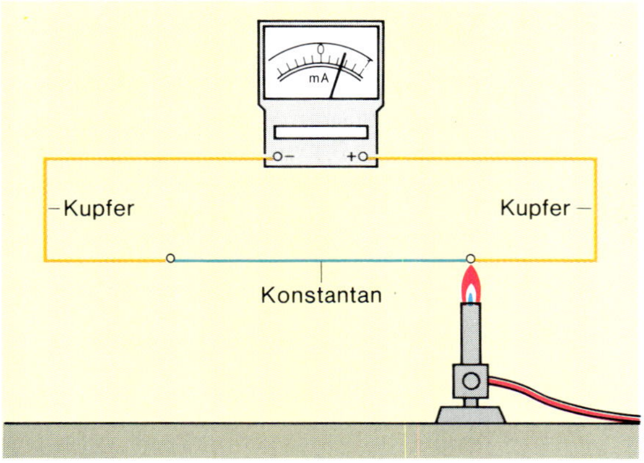

Abb. 3 Zu Versuch 14

Thermoelement und Thermosäule

Auch Thermosäulen sind hintereinandergeschaltete Spannungsquellen. Jede dieser Spannungsquellen ist ein **Thermoelement.** Wie so ein Thermoelement funktioniert, zeigt der folgende Versuch.

Versuch 14: Wir kontaktieren nach Abb. 3 einen Konstantandraht mit zwei Kupferdrähten. Dann schließen wir die freien Enden der Kupferdrähte an einen Strommesser an. Zunächst wird kein Strom angezeigt. Werden die Kontaktstellen jedoch auf unterschiedliche Temperaturen gebracht, so fließt ein schwacher Strom.

Berühren sich zwei verschiedene Metalle, so treten an der Kontaktstelle Elektronen von einem Metall zum anderen über (Ladungstrennung). Dies ist auf die Temperaturbewegung der Leitungselektronen zurückzuführen. Bei höherer Temperatur treten mehr Elektronen über. Zwischen zwei Kontaktstellen verschiedener Temperatur besteht eine Spannung. Je größer der Temperaturunterschied ist, um so größer ist auch die entstehende Spannung.

Die Anordnung nach Abb. 3 heißt Thermoelement. Es wird zur Temperaturmessung eingesetzt. Dazu wird eine Kontaktstelle auf konstanter Temperatur, z. B. auf der von Eiswasser, gehalten. Mit der zweiten Kontaktstelle kann man die Temperatur an schwer zugänglichen Stellen abtasten. Thermoelemente müssen vorher geeicht werden. Mehrere hintereinandergeschaltete Thermoelemente bilden eine **Thermosäule,** die man z. B. zur Strahlungsmessung benutzen kann (vgl. S. 208).

Aufgaben

1. Erläutere das Verfahren, mit dem wir die Spannung definiert haben!
2. Begründe anhand der Abb. 2b, daß sich parallel geschaltete Akkus langsamer erschöpfen als einer allein!
3. Erkläre den Versuch 14 mit deinem Wissen über die Schaltung von Spannungsquellen!
4. Ein Liter Wasser von 14 °C wird bei einem Strom von 3 A in 15 Minuten zum Sieden gebracht. Welche Spannung lag am Tauchsieder?

4.4 Der elektrische Widerstand

Nach unserer Modellvorstellung wird die Bewegung der Elektronen im Innern eines Leiters gehemmt (vgl. S. 242). Deshalb stellen wir uns vor, daß der Leiter dem Strom einen „Widerstand" entgegensetzt. Diesen Widerstand wollen wir quantitativ erfassen. Wir untersuchen verschiedene Leiter auf ihr Leitungsverhalten.

Versuch 15: Wir schließen einen Kupferdraht von 0,5 m Länge und 0,2 mm Durchmesser an ein Netzgerät an. Im Stromkreis befindet sich ein Strommesser, an den Drahtenden ist ein Spannungsmesser angeschlossen. Das Netzgerät wird so eingestellt, daß eine Spannung von 1 V anliegt. Der Strommesser zeigt 3,64 A. Anschließend verwenden wir gleich lange und gleich dicke Drähte aus Eisen und Konstantan.

Ergebnis:	Kupferdraht	3,64 A
	Eisendraht	0,63 A
	Konstantandraht	0,12 A

Der Konstantandraht setzt dem Strom den größten Widerstand entgegen, da bei gleicher Spannung die Stromstärke am kleinsten ist. Dies veranlaßt uns zu folgender allgemeiner Vereinbarung:

Wir schreiben einem Leiter einen größeren Widerstand R zu, wenn die Stromstärke bei gleicher Spannung kleiner ist. Wir setzen: $R \sim 1/I$.

Die Stromstärke allein genügt aber nicht, um das Leitungsverhalten zu kennzeichnen. Bei höherer Spannung ist nämlich auch die Stromstärke größer. Wollen wir z. B. bei den oben verwendeten Drähten aus Eisen bzw. Konstantan eine Stromstärke von 3,64 A erreichen, so müssen wir entsprechend höhere Spannungen wählen. Wir verallgemeinern:

Wir betrachten einen Widerstand als größer, wenn bei gleicher Stromstärke eine höhere Spannung nötig ist. Wir vereinbaren: $R \sim U$.

Beide Vereinbarungen können wir in der Gleichung $R = U/I$ zusammenfassen:

Der elektrische Widerstand R eines Leiters ist der Quotient aus der am Leiter anliegenden Spannung U und der Stromstärke I:

$$\textbf{Widerstand} = \frac{\textbf{Spannung}}{\textbf{Stromstärke}}; \qquad R = \frac{U}{I}.$$

Die Einheit des Widerstandes R ist 1 Ohm (Ω).

$$1\,\frac{\textbf{Volt}}{\textbf{Ampere}} = \textbf{1 Ohm}; \qquad 1\,\frac{\textbf{V}}{\textbf{A}} = \textbf{1 }\boldsymbol{\Omega}.$$

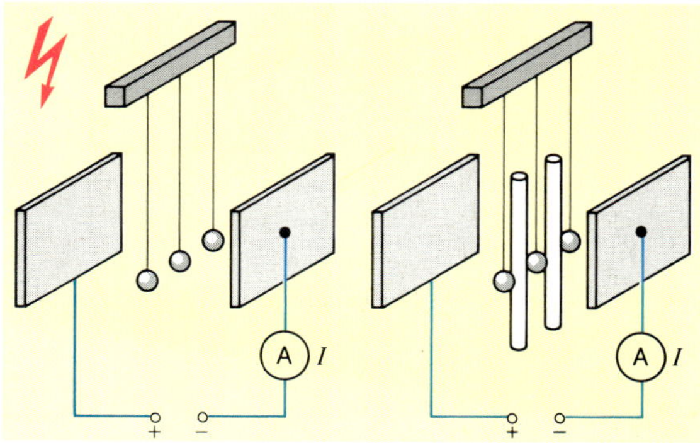

Abb. 1 Modellversuch zur elektrischen Leitfähigkeit

Die Einheit 1 Ohm ist nach dem deutschen Physiker GEORG SIMON OHM (1789–1854) benannt.

Ein Leiter hat den Widerstand 1 Ω, wenn bei einer Spannung von 1 V die Stromstärke 1 A beträgt.

Größere Einheiten:

1000 Ω = 1 kΩ (1 Kiloohm)
1000000 Ω = 1 MΩ (1 Megaohm)

Beispiel: Berechnung der Widerstände aus Versuch 15

Kupfer: $R = \frac{U}{I} = \frac{1\,\text{V}}{3{,}64\,\text{A}} = 0{,}27\,\Omega$

Eisen: $R = \frac{1\,\text{V}}{0{,}63\,\text{A}} = 1{,}59\,\Omega$

Konstantan: $R = \frac{1\,\text{V}}{0{,}12\,\text{A}} = 8{,}33\,\Omega$

Widerstand – modellmäßig gedeutet

Ob ein Leiter gut oder schlecht leitet, hängt von der Zahl der freien Ladungsträger und deren Beweglichkeit ab. Daß beide Faktoren eine Rolle spielen, veranschaulicht der folgende Versuch.

Versuch 16: Zwischen zwei unterschiedlich geladene Metallplatten hängen wir nach Abb. 1 drei Tischtennisbälle, die einen Metallüberzug haben. Halten wir sie bei angelegter Spannung an eine der Platten, so laden sie sich auf und bewegen sich zur gegenüberliegenden Platte. Dort werden sie neutralisiert, laden sich erneut auf und bewegen sich zurück usw. Der eingebaute Strommesser zeigt einen Strom an. Die Stromstärke wird kleiner, wenn wir statt der drei nur zwei oder nur einen Ball pendeln lassen. Es wird dann weniger Ladung pro Zeiteinheit zwischen den Platten transportiert. Stellt man Kunststoffstäbe zwischen die Platten, so wird die Bewegung der Kugeln behindert. Der Strom wird schwächer.

Wovon hängt der Widerstand eines Drahtes ab?

Neben dem Material wird der Widerstand eines Drahtes vermutlich noch von seiner Dicke und seiner Länge abhängen. Wir untersuchen zunächst den Einfluß der Länge.

Versuch 17: In die Versuchsanordnung nach Abb. 4, S. 259, bauen wir nebeneinander verschiedene Konstantandrähte gleicher Dicke aber unterschiedlicher Länge ein. Für die Spannung U wählen wir einen festen Wert von 2 V. Man erhält folgende Meßergebnisse:

Drahtlänge l in m	Stromstärke I in A	Widerstand $R = \frac{U}{I}$ in Ω
0,5	1,00	2
1,0	0,50	4
1,5	0,33	6
2,0	0,25	8

Der Widerstand vergrößert sich, wenn die Leiterlänge vergrößert wird. Bei Verdopplung der Länge l verdoppelt sich auch der Widerstand. Bei dreifacher Länge wird R dreimal so groß usw. (Abb. 2).

Allgemein gilt:

Der Widerstand R ist proportional zur Länge l des Leiters: $R \sim l$.

Versuch 18: Wir bauen nun Konstantandrähte mit verschiedenen Querschnittsflächen A, aber gleicher Länge in die Versuchsanordnung ein ($U = 2$ V).

A in mm²	I in A	$R = \frac{U}{I}$ in Ω
0,125	0,5	4
0,25	1,0	2
0,50	2,0	1

Verdoppeln wir die Querschnittsfläche A, so halbiert sich der Widerstand R. Bei vierfacher Fläche sinkt der Widerstand auf ein Viertel (Abb. 3).

Allgemein gilt:

Der Widerstand ist umgekehrt proportional zur Querschnittsfläche: $R \sim \frac{1}{A}$.

Im Versuch 15 haben wir festgestellt, daß der Widerstand eines Leiters vom Material abhängt. Ein Kupferdraht von 0,5 m Länge und 0,2 mm Durchmesser hat einen Widerstand von $R = 0{,}27\,\Omega$. Ein Eisendraht von gleicher Länge und Dicke hat etwa den 6fachen Widerstand. Kupfer ist also ein viel besserer Leiter als Eisen.

Der Versuch 16 hat gezeigt, daß eine Behinderung der Ladungsträger den Strom bei konstant gehaltener Spannung abschwächte. Bei der Erwärmung eines Körpers führen die Atomrümpfe stärkere Schwingungen aus. Hat dies Auswirkungen auf den elektrischen Widerstand?

Versuch 19: Ein gewendelter Eisendraht, durch den ein Strom fließt, wird mit einer Flamme erwärmt (Abb. 4). Dabei sinkt die Stromstärke I erheblich, obwohl die Spannung U nicht verändert wird. Nach der Definition des Widerstandes $R = U/I$ nimmt also der Widerstand des Eisendrahtes bei der Erwärmung zu.

Dies gilt auch für andere Metalle wie Kupfer, Aluminium oder Silber. Nur ist bei diesen Metallen die Widerstandserhöhung wesentlich schwächer. Bei Konstantan bleibt der Widerstand auch bei Erwärmung nahezu konstant. Daher hat Konstantan seinen Namen. Es ist eine bestimmte Metallegierung.

Bei den meisten Metallen steigt der Widerstand beim Erwärmen.

Kühlt man ein Metall ab, so leitet es immer besser. Bei einigen Metallen verschwindet der elektrische Widerstand bei sehr tiefen Temperaturen von etwa 4 bis 20 K sprunghaft. Die Leitfähigkeit liegt dann deutlich über der normalen. Man spricht von **Supraleitung** (supra, lat. = oberhalb).

Wir wissen bereits: $R \sim l$ und $R \sim \frac{1}{A}$. Wenn wir l z.B. verzehnfachen, so steigt R um das 10fache. Wird zudem die Querschnittsfläche A verdoppelt, so wächst R nur um das $10/2 = 5$fache. R ist somit zum Quotienten $\frac{l}{A}$ proportional: $R \sim \frac{l}{A}$. Führen wir den Proportionalitätsfaktor ϱ ein, so können wir allgemein feststellen: $R = \varrho \frac{l}{A}$.

Zwischen der Drahtlänge, seinem Querschnitt und seinem Widerstand besteht folgender Zusammenhang:

$$R = \varrho \frac{l}{A}.$$

Der Faktor ϱ hängt nur noch vom Material ab und heißt **spezifischer Widerstand.** Er läßt sich ermitteln, wenn R, l und A bekannt sind.

Beispiel: Im Versuch 15 hat ein Eisendraht der Länge 0,5 m mit dem Durchmesser $d = 0{,}2$ mm einen Widerstand von 1,59 Ω. Den Leiterquerschnitt erhalten wir zu $A = 3{,}14 \cdot 0{,}01\,\text{mm}^2 = 0{,}0314\,\text{mm}^2$. Für den spezifischen Widerstand von Eisen ergibt sich

$$\varrho = \frac{1{,}59\,\Omega \cdot 0{,}0314\,\text{mm}^2}{0{,}5\,\text{m}} = 0{,}1\,\frac{\Omega\,\text{mm}^2}{\text{m}}.$$

Die Einheit, in der der spezifische Widerstand angegeben wird, ist $1\,\frac{\Omega\,\text{mm}^2}{\text{m}}$.

Im Tabellenteil des Buches sind die spezifischen Widerstände einiger Stoffe bei 20 °C angegeben.

Was bedeutet der spezifische Widerstand? Wir nehmen einen Kupferdraht von 1 m Länge und dem Querschnitt $1\,\text{mm}^2$. Wir messen $R = 0{,}017\,\Omega$.

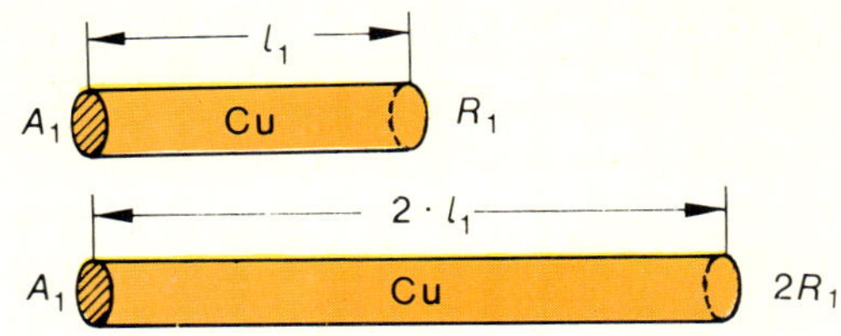

Abb. 2 Der Widerstand hängt von der Leiterlänge ab

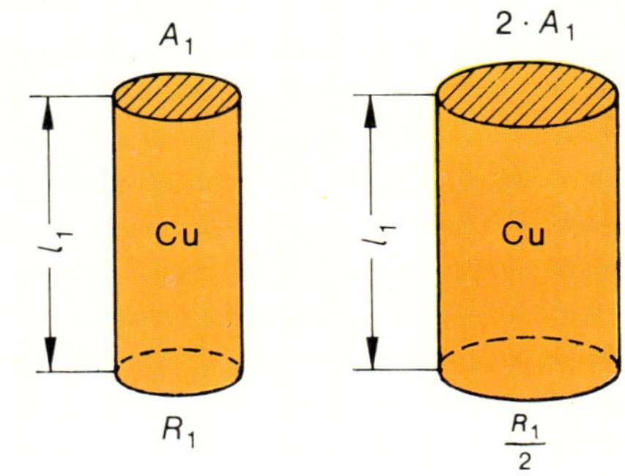

Abb. 3 Der Widerstand hängt vom Leiterquerschnitt ab

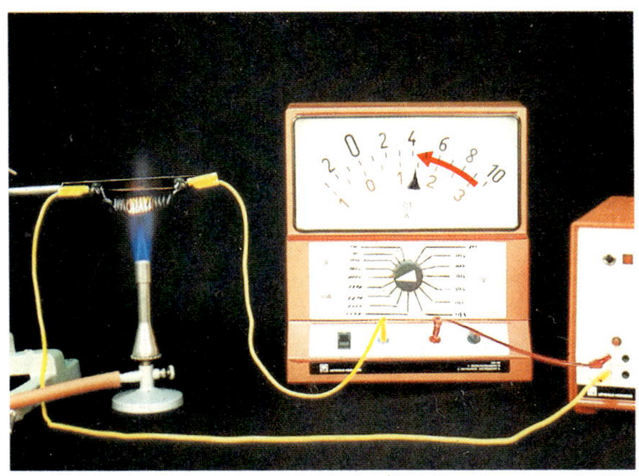

Abb. 4 Der Widerstand hängt von der Temperatur ab

Die Maßzahl des spezifischen Widerstandes ϱ gibt den Widerstand an, den ein Leiter aus einem bestimmten Material bei 1 m Länge und 1 mm² Querschitt hat.

Beispiel: Ein Kupferdraht von 12 m Länge hat einen Durchmesser von 2 mm und damit eine Querschnittsfläche $A = 3{,}14 \cdot 1\,\text{mm}^2 = 3{,}14\,\text{mm}^2$. Wie groß ist der Widerstand des Drahtes?

Mit Hilfe der Tabelle über die spezifischen Widerstände findet man

$$R = \varrho \frac{l}{A} = 0{,}017\,\frac{\Omega\,\text{mm}^2}{\text{m}} \cdot \frac{12\,\text{m}}{3{,}14\,\text{mm}^2} = 0{,}065\,\Omega.$$

E

Abb. 1 Widerstände in einer elektronischen Schaltung

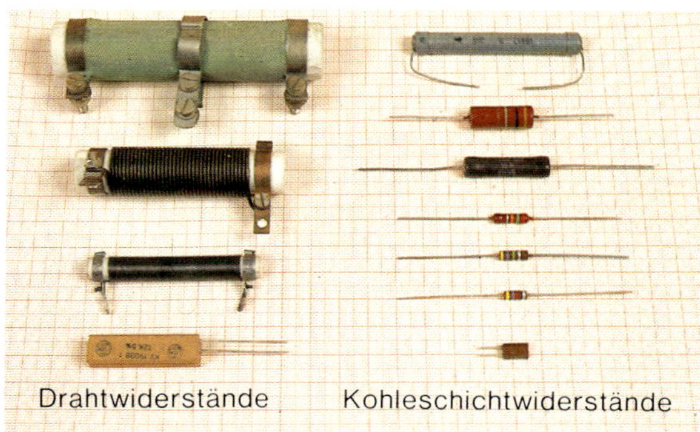

Abb. 2 Verschiedene Widerstände

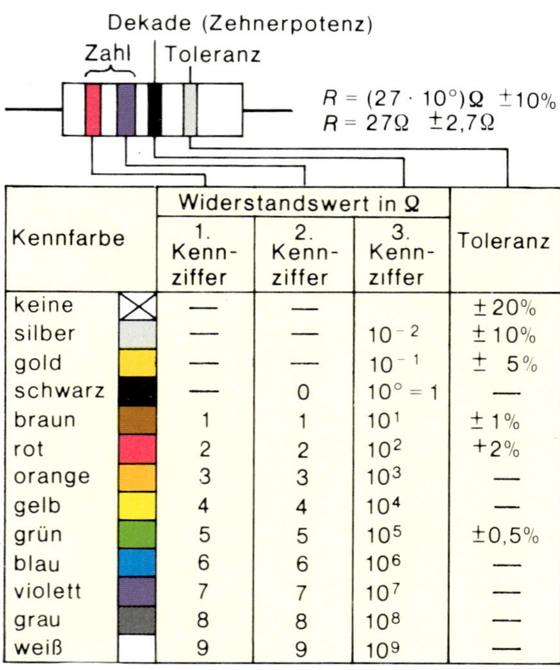

Kennfarbe	Widerstandswert in Ω: 1. Kennziffer	2. Kennziffer	3. Kennziffer	Toleranz
keine	—	—		±20%
silber	—	—	10^{-2}	±10%
gold	—	—	10^{-1}	± 5%
schwarz	—	0	$10^0 = 1$	—
braun	1	1	10^1	±1%
rot	2	2	10^2	+2%
orange	3	3	10^3	—
gelb	4	4	10^4	—
grün	5	5	10^5	±0,5%
blau	6	6	10^6	—
violett	7	7	10^7	—
grau	8	8	10^8	—
weiß	9	9	10^9	—

Abb. 3 Farbkennzeichnung von Widerständen

Widerstände in technischen Geräten

Die Lautstärke im Rundfunkgerät läßt sich durch einen Einstellwiderstand verändern. Beim Umschalten der Herdplatte werden Heizwiderstände so geschaltet, daß größere oder kleinere Ströme fließen. In elektronischen Schaltungen benutzt man Widerstände zur Strom- und Spannungsanpassung (Abb. 1).

In all diesen Fällen wird das Wort „Widerstand" zur Bezeichnung eines Bauteils verwendet. Wir haben aber bisher diesen Begriff zur Kennzeichnung der Eigenschaften von elektrischen Leitern verwendet. Man muß also stets darauf achten, ob das Bauteil selbst oder die Eigenschaft des Leiters gemeint ist.

Elektrische Widerstände werden in unterschiedlichen Bauformen hergestellt. Abb. 2 zeigt *Drahtwiderstände*. Auf keramische Isolatoren sind Metalldrähte aufgewickelt. Man verwendet sie für geringe Widerstandswerte bei hohen Strömen. Bei *Schichtwiderständen* (Abb. 2) werden dünne Schichten aus Kohle, Metalloxid oder Metall auf Keramikröhrchen aufgebracht. Diese Widerstandsschicht wird durch einen isolierten Lacküberzug geschützt. *Veränderbare Widerstände* (Potentiometer, Trimmer) haben einen Schleifkontakt, mit dem unterschiedliche Längen des Widerstandsmaterials in den Stromkreis eingeschaltet werden können. Dadurch kann z. B. die Stromstärke in einem Stromkreis verändert werden.

Der Widerstandswert ist entweder direkt aufgedruckt oder er wird durch farbige Ringe gekennzeichnet (kodiert). Die Bedeutung der Farbringe zeigt die Übersicht von Abb. 3.

Aufgaben

1. An einem Leiter liegt eine Spannung von 40 V, die Stromstärke beträgt 0,1 A. Wie groß ist der Widerstand des Leiters?
2. Welche Widerstandswerte haben die in Abb. 1 dargestellten Widerstände?
3. Berechne den Widerstand einer Telefonleitung aus Kupfer mit der Länge 5 km und dem Querschnitt von 0,8 mm^2!
4. Ein Kupferdraht der Länge 10 m und einer Querschnittfläche von 0,6 mm^2 wird gegen einen Aluminiumdraht von 15 m und 1 mm^2 Querschnitt ausgetauscht. Wie ändert sich dabei der Widerstand?
5. Der Widerstand einer Kupferspule beträgt 60,5 Ω. Der Leiterquerschnitt beträgt 0,5 mm^2. Wie lang ist der aufgewickelte Draht?
6. Für die Herstellung von 100-Ω-Drahtwiderständen werden Leiterlängen von 40 m bei einer Querschnittsfläche von 0,2 mm^2 verwendet. Aus welchem Material besteht der Draht?
7. Lampen für Spotscheinwerfer müssen mit einem zusätzlichen Widerstand in den Stromkreis geschaltet werden, weil sie sonst beim Einschalten durchbrennen. Warum? Weshalb brennen alte Glühlampen meistens beim Einschalten durch?

4.5 Zusammenhang von Spannung und Stromstärke

Kennlinien geben Auskunft

Beim Bau von elektrischen Anlagen und Geräten müssen Techniker und Ingenieure vorausberechnen, welche Stromstärken in einzelnen Bauteilen bzw. Geräten auftreten können. Dazu muß man die Gesetzmäßigkeit kennen, wie die Stromstärke von der Spannung abhängt.

Versuch 20: Mit Hilfe der Versuchsanordnung nach Abb. 4 können wir nacheinander die Stromstärke in Abhängigkeit von der Spannung U messen. Zwischen A und B schalten wir der Reihe nach einen Eisendraht, einen Konstantandraht und einen Graphitstab (Bleistiftmine). Die Spannung wird in Stufen verändert und die zugehörige Stromstärke gemessen.

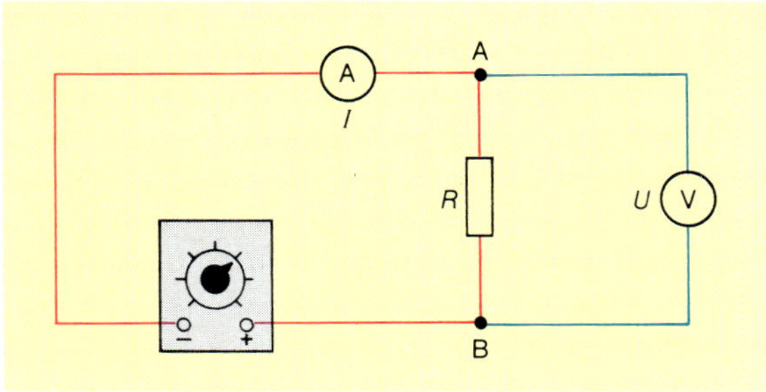

Abb. 4 Aufbau zum Versuch 20

In der Abb. 5 sind die Meßergebnisse durch I-U-Schaubilder dargestellt. Sie kennzeichnen den Zusammenhang zwischen Spannung und Stromstärke und heißen deswegen **Kennlinien der Leiter.**

Der Versuch zeigt: Bei allen drei Leitern steigt die Stromstärke, wenn die Spannung erhöht wird. Das Steigerungsmaß ist jedoch unterschiedlich. Wird z. B. die Spannung von 10 V auf 20 V verdoppelt, so erhöht sich I bei Graphit um mehr als das Doppelte. Bei Eisen bleibt I unter dem doppelten Wert. Nur bei Konstantan verdoppelt sich auch I, wenn U verdoppelt wird. Die I-U-Kennlinie für Konstantan ist eine Ursprungsgerade; es gilt $I \sim U$. Dies bedeutet:

> **Für Konstantan ist der Quotient aus Spannung U und Stromstärke I konstant:**
>
> $$\frac{U}{I} = \textbf{konstant.}$$

Dieser Sachverhalt wird als **Ohmsches Gesetz** bezeichnet.

Eine Proportionalität zwischen Stromstärke I und Spannung U wurde von Ohm um 1826 zum ersten Mal beobachtet. Die Leistung Ohms bestand darin, daß der Zusammenhang mit sehr primitiven Meßgeräten gefunden werden mußte. So gab es z. B. noch keine Spannungsquellen, bei denen die Spannung während des Versuchs konstant blieb.

Der Quotient U/I definiert den elektrischen Widerstand R. Wir können daher sagen:

> *Gilt für einen Leiter das Ohmsche Gesetz, so ist sein Widerstand R konstant. Seine I-U-Kennlinie ist eine Ursprungsgerade.*

Die Kennlinien von Eisen und Graphit sind keine Geraden. Das heißt, sie erfüllen nicht das Ohmsche Gesetz. Der Widerstand ändert sich mit der Stromstärke. Woran liegt das?

Der Strom führt zu einer Erwärmung des Leiters. Bei höherer Temperatur schwingen die Atome stärker um ihre Ruhelage. Der Elektronenfluß im Eisen wird dadurch mehr behindert, und der Widerstand steigt.

Dies müßte auch für Graphit zutreffen. Der Widerstand fällt aber hier. Wie können wir dies deuten?

Durch die Erwärmung werden zusäzliche Elektronen freigesetzt. Es können mehr Ladungen pro Zeiteinheit transportiert werden. Zwar werden die Elektronen durch die stärker schwingenden Atome auch mehr gebremst. Es werden aber soviel Elektronen zusätzlich bereitgestellt, daß die Leitfähigkeit insgesamt erhöht wird. Der Widerstand sinkt.

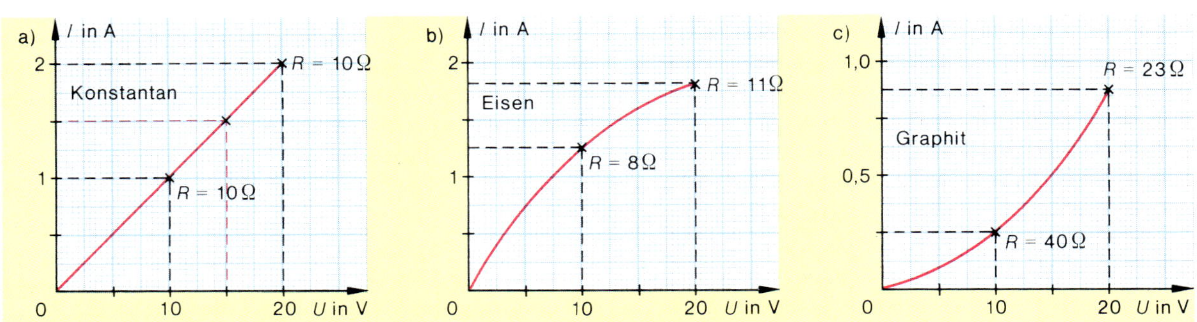

Abb. 5 I-U-Kennlinien: a) Konstantan b) Eisen c) Graphit

E

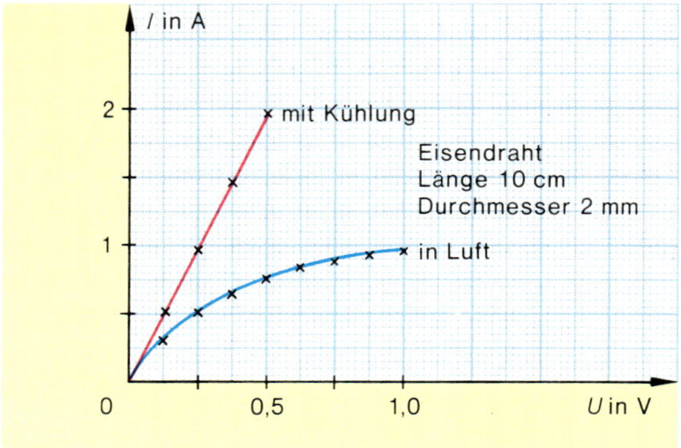

Abb. 1 Die Temperatur „verbiegt“ die *I-U*-Kennlinie

Bei Konstantan werden die Elektronen durch die Erwärmung auch stärker gebremst. Es werden aber wie beim Graphit zusätzliche Elektronen freigesetzt. Diese beiden Wirkungen heben sich ziemlich genau auf und der Widerstand bleibt konstant.

Daß die Kennlinienkrümmung beim Eisen, d. h. die Störung des Ohmschen Gesetzes tatsächlich auf der Erwärmung des Leiters beruht, zeigt ein Versuch.

Versuch 21: Ein Eisendraht wird nach Abb. 4, S. 259 in einen Stromkreis geschaltet. Es wird die Abhängigkeit der Stromstärke I von der angelegten Spannung gemessen. Einmal befindet sich der Eisendraht in Luft, ein zweites Mal in einem Wasserbad, wodurch seine Temperatur annähernd konstant gehalten wird. Abb. 1 gibt die Meßergebnisse wieder.

Bleibt die Temperatur des Eisendrahtes unverändert, so gilt auch für Eisen das Ohmsche Gesetz. Entsprechende Versuchsergebnisse erhält man auch bei anderen Metallen.

Das Ohmsche Gesetz gilt für nahezu alle Metalle, wenn deren Temperatur konstant bleibt.

Spannung und Stromstärke sind berechenbar

Wenn für einen Leiter das Ohmsche Gesetz gilt, können mit Hilfe des bekannten und konstanten Widerstandes Spannung bzw. Stromstärke berechnet werden. Aus der Definitionsgleichung für den Widerstand läßt sich jede der drei Größen berechnen, wenn zwei bekannt sind.

Beispiel 1: Ein Konstantandraht hat den Widerstand von 200 Ω. Es soll ein Strom von 0,1 A durch ihn fließen. Wie groß muß dafür die Spannung sein?

Lösung: Aus der Definitionsgleichung $R = \frac{U}{I}$ erhalten wir durch Umformung $U = I \cdot R$. Wir setzen die gegebenen Werte ein und erhalten $U = 0{,}1\,\text{A} \cdot 200\,\Omega = 20\,\text{V}$.

Beispiel 2: An einen Widerstand von 50 Ω wird eine Spannung $U = 220$ V gelegt. Wie groß ist die Stromstärke bei dieser Spannung?

Lösung: $I = \frac{U}{R} = \frac{220\,\text{V}}{50\,\Omega} = 4{,}4\,\text{A}$.

Bei vielen Metallen ist die Abweichung vom Ohmschen Gesetz durch Erwärmung sehr klein. So erhöht sich z. B. der Widerstand einer Kupferleitung nur um 0,4%, wenn die Temperatur um 1 K ansteigt. Bei kleinen Stromstärken und gutem Wärmeabfluß können diese geringen Widerstandsänderungen vernachlässigt werden. Unter diesen Bedingungen lassen sich für die meisten Metalle Stromstärke und Spannung nach den obigen Beispielen berechnen.

Spannung wird leicht meßbar

Anhand der *I-U*-Kennlinie nach Abb. 5 a, S. 259 können wir durch Ablesen der Stromstärke I die Spannung ermitteln, die am bekannten Widerstand $R = 10\,\Omega$ anliegt. So gehört z. B. zur Stromstärke $I = 1{,}5$ A die Spannung $U = 15$ V.

Dieses Verfahren kann auf einen Strommesser übertragen werden. Die Drehspule mit ihren Zuleitungen hat einen konstanten Widerstand, den **Innenwiderstand** R_i. Ist dieser bekannt, so können wir nach dem Ohmschen Gesetz die Spannung U berechnen, die am Meßgerät liegt, wenn ein bestimmter Strom I durch das Meßwerk fließt.

Beispiel: Ist $R_i = 10\,\text{k}\Omega$ und zeigt der Strommesser 10 mA Vollausschlag an, so muß die Spannung $U = 10\,\text{k}\Omega \cdot 10\,\text{mA} = 100\,\text{V}$ am Gerät liegen. Schreibt man statt 10 mA 100 V auf die Skala des Meßgerätes, so hat man den Strommesser zu einem Spannungsmesser „umfunktioniert“. Entsprechend müßte die Skalenaufschrift 5 mA durch 50 V ersetzt werden usw. Der Meßbereich dieses Spannungsmessers reicht von 0 bis 100 V.

Viele Spannungsmesser bestehen aus einem Strommesser, dessen Skala nach dem Ohmschen Gesetz in Volt umgeeicht wurde.

Aufgaben

1. Bestimme anhand der *I-U*-Kennlinie (Abb. 5b, S. 259) den Widerstand des Eisendrahtes für $U = 15$ V und $U = 5$ V!
2. Ein Konstantandraht hat einen Widerstand von 30 Ω. Welche Spannung ist nötig, damit ein Strom von 0,4 A durch den Draht fließen kann?
3. Ein Leiter mit dem Widerstand von 1 kΩ wird an eine Spannung von 6 V gelegt. Wie groß ist die Stromstärke?
4. In einer Metallfadenlampe fließt bei 2,5 V ein Strom von 50 mA und bei 220 V ein Strom von 400 mA. Berechne jeweils den Widerstand, und erkläre wie die unterschiedlichen Werte zustandekommen!

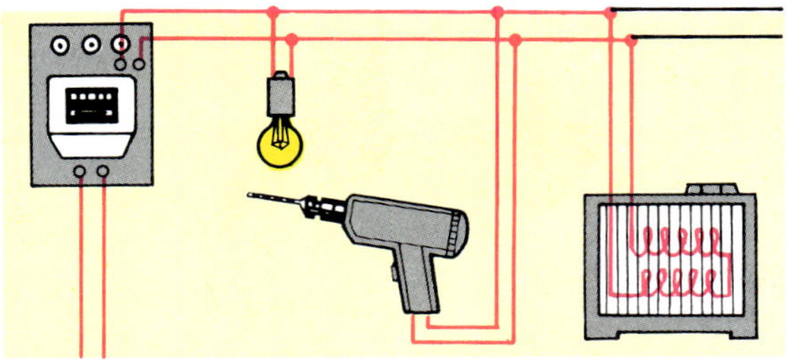

Abb. 2 Im Haushalt sind die Geräte parallel geschaltet

5. Durch einen Toaster fließt bei $U = 220$ V ein Strom von etwa 4 A. Schätze ab, welcher Strom bei $U = 55$ V fließen würde!
6. Unter welcher Bedingung ist die Gleichung $I = \frac{U}{R}$ eine andere Formulierung des Ohmschen Gesetzes?
7. In einem Stromkreis mit einem Widerstand aus Konstantandraht (50 Ω) steigt die Stromstärke von 3 A auf 5 A an. Um welchen Wert hat sich dabei die Spannung erhöht?
8. Jemand berührt aus Versehen zwei Leiter, zwischen denen eine Spannung von 220 V liegt. Wie stark ist der Strom durch den Körper, wenn dessen Widerstand 1000 Ω beträgt? (Schon 40 mA können töten!)
9. Zeichne die *I*-*U*-Kennlinien für die konstanten Widerstände $R_1 = 10\ \Omega$, $R_2 = 20\ \Omega$, $R_3 = 50\ \Omega$! Welcher Zusammenhang besteht zwischen der Steigung der *I*-*U*-Kennlinien und dem Widerstandswert?
10. Welchen Einfluß hat die Temperatur auf die *I*-*U*-Kennlinien eines Eisendrahtes? Gib eine modellhafte Erklärung!
11. Erläutere, warum man mit einem Strommesser auch Spannungen messen kann!
12. Ein Drehspuleninstrument hat einen Innenwiderstand von 20 kΩ und zeigt Vollausschlag an, wenn es von 1 mA durchflossen wird. In welchem Meßbereich können mit diesem Strommesser auch Spannungen gemessen werden?
13. Erläutere, wie man mit Hilfe eines stromdurchflossenen Eisendrahtes Temperaturen messen kann!

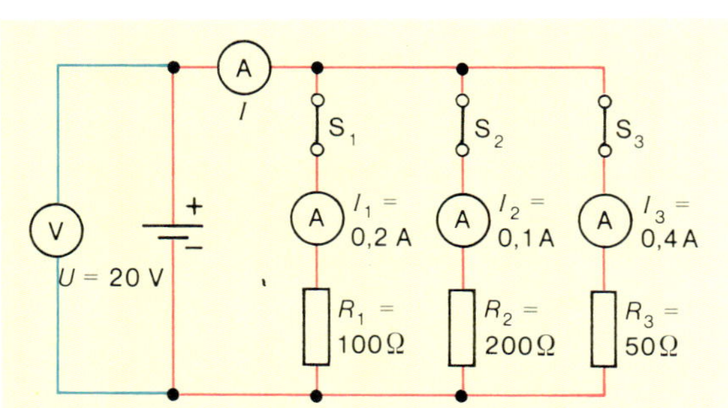

Abb. 3 Ströme durch parallel geschaltete Widerstände

4.6 Der verzweigte Stromkreis

Ströme bei der Parallelschaltung

Im Haushalt können alle elektrischen Geräte unabhängig voneinander ein- oder ausgeschaltet werden. Sie sind *parallel* an die gleiche Spannungsquelle angeschlossen (Abb. 2). Die Zuleitungen führen die Spannung an jedes Gerät. Wir simulieren eine solche Schaltung nach Abb. 3. Als „Geräte" verwenden wir die Widerstände $R_1 = 100\ \Omega$, $R_2 = 200\ \Omega$, $R_3 = 50\ \Omega$. An die Zuleitungen wird ein Netzgerät angeschlossen. Es liefert die konstante Spannung von 20 V. In jeden Zweig ist ein Strommesser eingebaut. Der Zuleitungsstrom I wird ebenfalls gemessen.

Versuch 22: Wir schließen zunächst den Schalter S_1 (Abb. 3); S_2 und S_3 bleiben geöffnet. Durch den Widerstand R_1 fließt der Strom $I_1 = \frac{U}{R_1} = \frac{20\ \text{V}}{100\ \Omega}$ $= 0{,}2$ A. Auch der Zuleitungsstrom I hat diese Stärke.

Nun schließen wir zusätzlich den Schalter S_2. Am Strom I_1 ändert sich nichts, er bleibt auf 0,2 A. Durch R_2 fließt ein Strom von 0,1 A. Der Zuleitungsstrom I wächst auf 0,3 A an. Die Messungen bestätigen unser **Strom-Modell:** $I = I_1 + I_2$.

Wir messen die Spannung an R_1 und R_2: Sie beträgt an beiden Widerständen 20 V. Auch wenn R_3 dazugeschaltet wird, bleiben I_1 und I_2 unverändert. Die Spannung an R_3 beträgt ebenfalls 20 V. I_3 ist 0,4 A. Der Gesamtstrom in der Zuleitung steigt auf 0,7 A. Er ist um so stärker, je mehr parallelgeschaltete Geräte eingeschaltet werden. Der Gesamtstrom teilt sich in Teilströme auf. Es gilt das nach dem deutschen Physiker GUSTAV ROBERT KIRCHHOFF (1824–1887) benannte

> **1. Kirchhoffsches Gesetz:**
> **Bei der Parallelschaltung ist die Gesamtstromstärke gleich der Summe der Teilstromstärken:**
>
> $$I = I_1 + I_2 + I_3 + \ldots\ .$$

Welche Rolle spielen die Widerstände bei der Aufteilung des Gesamtstroms?

Die obigen Messungen zeigten, daß an parallelgeschalteten Widerständen die gleiche Spannung U liegt. Dividieren wir die Gleichungen $I_1 = U/R_1$ und $I_2 = U/R_2$, so erhalten wir allgemein das:

> **2. Kirchhoffsches Gesetz:**
> **Bei einer Parallelschaltung zweier Widerstände verhalten sich die Teilstromstärken umgekehrt wie die entsprechenden Zweigwiderstände:**
>
> $$\frac{I_1}{I_2} = \frac{R_2}{R_1}.$$

E

Ersatzwiderstand

Der Gesamtstrom I in der Schaltung nach Abb. 3, S. 261 steigt mit jedem zugeschalteten Widerstand an. Weil die Spannung konstant bleibt, muß der Gesamtwiderstand kleiner geworden sein. Um Schaltungen vor unzulässigen Stromstärken schützen zu können, ist es wichtig, daß man den Gesamtwiderstand kennt.

Wir können uns die drei Einzelwiderstände der Schaltung nach Abb. 3, S. 261 durch einen einzigen ersetzt denken. Dieser **Ersatzwiderstand** muß den Wert $R = \frac{U}{I} = \frac{20\text{ V}}{0{,}7\text{ A}} = 28{,}5\ \Omega$ haben. Er ist somit kleiner als der kleinste Zweigwiderstand!

Durch jeden Widerstand, den man bei einer Parallelschaltung hinzuschaltet, wird der Ersatzwiderstand herabgesetzt. Man kann sich die parallelgeschalteten Widerstände zusammengelegt denken. Dabei entsteht ein Leiter mit größerer Querschnittsfläche. Wie wir aus Kap. 4.4 wissen, bedeutet dies eine Verkleinerung des Widerstandswertes.

Wie läßt sich der Ersatzwiderstand in Abhängigkeit von den Teilwiderständen berechnen?

Der Gesamtstrom ist gegeben durch

$$I = \frac{U}{R} = I_1 + I_2 + I_3 + \ldots .$$

Weiterhin gelten die Gleichungen:

$$I_1 = \frac{U}{R_1},\ I_2 = \frac{U}{R_2},\ I_3 = \frac{U}{R_3},\ \ldots .$$

Die Terme für I_1, I_2, I_3 setzen wir in die Formel für den Gesamtstrom ein und erhalten:

$$\frac{U}{R} = \frac{U}{R_1} + \frac{U}{R_2} + \frac{U}{R_3} + \ldots .$$

Indem man durch die gemeinsame Spannung U dividiert, erkennt man:

Der Kehrwert $\frac{1}{R}$ des Ersatzwiderstandes R bei einer Parallelschaltung ist gleich der Summe der Kehrwerte der Einzelwiderstände:

$$\frac{1}{R} = \frac{1}{R_1} + \frac{1}{R_2} + \frac{1}{R_3} + \ldots .$$

Beispiel: An einer Spannung von 100 V liegen 3 gleiche Widerstände von je 300 Ω. Für welche Stromstärke muß das Zuleitungskabel ausgelegt sein, wenn alle 3 Widerstände eingeschaltet sind?

Lösung: Für den Ersatzwiderstand R findet man

$$\frac{1}{R} = \frac{1}{300\ \Omega} + \frac{1}{300\ \Omega} + \frac{1}{300\ \Omega} = \frac{3}{300\ \Omega}$$

oder $R = \frac{300\ \Omega}{3} = 100\ \Omega$. Er ist nur der 3. Teil eines Einzelwiderstandes. Die Stromstärke I im Zuleitungskabel errechnet sich dann zu $I = \frac{100\text{ V}}{100\ \Omega} = 1\text{ A}$.

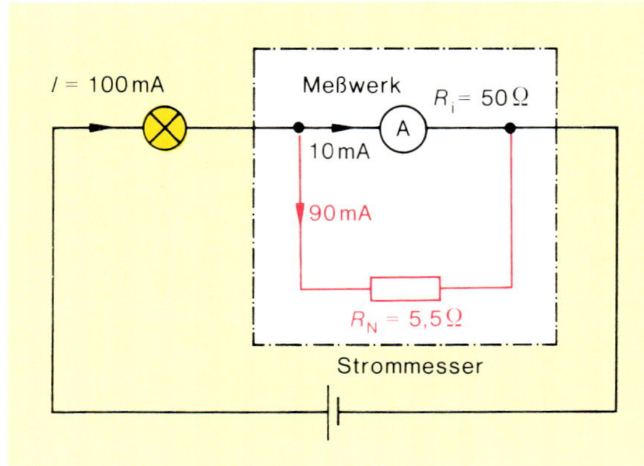

Abb. 1 Meßbereicherweiterung beim Strommesser

Meßbereichserweiterung bei Strommessern

Auf einem Strommesser ist angegeben, welche Stromstärke bei Vollausschlag angezeigt wird, z. B. 10 mA. Es soll aber z. B. die zehnfache Stromstärke, also 100 mA, gemessen werden. Wie kann dies erreicht werden?

Durch die Meßspule (Abb. 1) darf nur der zugelassene Höchststrom von 10 mA fließen, da das Meßwerk sonst zerstört wird. Vom zu messenden Strom von 100 mA müssen also 90 mA am Meßwerk vorbeigeleitet werden. Dies erreicht man, indem ein **Nebenwiderstand** R_N, ein sog. **Shunt** (engl. = Nebengleis) zur Meßspule parallel geschaltet wird. Welchen Widerstandswert muß R_N haben? Er muß jedenfalls viel kleiner sein als der Innenwiderstand R_i (vgl. S. 260) des Meßwerks. Um R_N zu bestimmen, muß zunächst der Innenwiderstand R_i gemessen werden.

Versuch 23: Wir schließen das Meßwerk des Strommessers direkt an eine regelbare Gleichspannungsquelle an. Die Spannung wird vorsichtig erhöht, bis der Strommesser 10 mA Vollausschlag anzeigt. Dies ist bei $U = 0{,}5$ V der Fall.

Der Innenwiderstand des Strommessers beträgt dann $R_i = \frac{0{,}5\text{ V}}{0{,}01\text{ A}} = 50\ \Omega$.

Nun können wir nach dem 2. Kirchhoffschen Gesetz den Nebenwiderstand R_N berechnen:

$$\frac{R_N}{R_i} = \frac{I_i}{I_N} \text{ oder } R_N = \frac{I_i}{I_N} R_i = \frac{10\text{ mA}}{90\text{ mA}}\, 50\ \Omega = 5{,}6\ \Omega.$$

Durch den Nebenwiderstand $R_N = 5{,}6\ \Omega$ ist der Meßbereich des Strommessers erweitert worden. Der Vollausschlag des Gerätes wird nun erst bei 100 mA erreicht. Bei einem Strommesser mit mehreren Meßbereichen werden stufenweise weitere Shunts dazugeschaltet.

Beim Umschalten von einem Meßbereich auf einen anderen ändert sich jedoch auch der Ersatzwiderstand des Meßgerätes. Hatte es ohne Shunt ei-

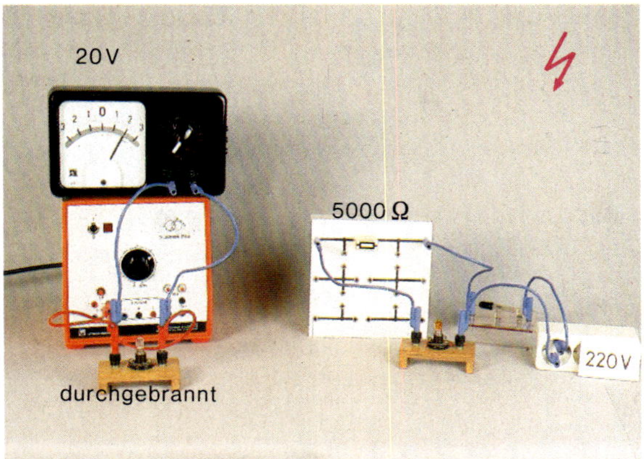

Abb. 2 Zu Versuch 24

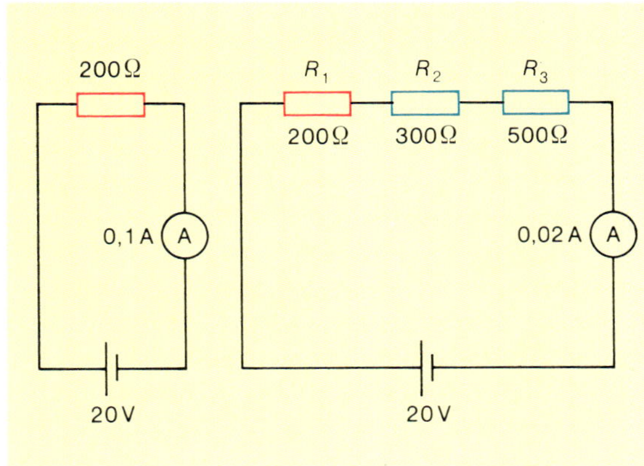

Abb. 3 Mehr Widerstände in Reihe – weniger Strom

nen Gesamtwiderstand von 50 Ω, so gilt für den Ersatzwiderstand mit Shunt

$$\frac{1}{R} = \frac{1}{50\,\Omega} + \frac{1}{5{,}5\,\Omega} = \frac{1}{50\,\Omega} + \frac{9}{50\,\Omega} = \frac{10}{50\,\Omega},$$
$$R = 5\,\Omega.$$

Der gesamte Widerstand des Strommessers ist also bei der Meßbereichserweiterung von 10 mA auf 100 mA Vollausschlag auf 1/10 des ursprünglichen Wertes gesunken. Solange sich wesentlich größere Widerstände im Stromkreis befinden, kann man diese Änderung vernachlässigen. Jedoch nicht mehr, wenn die Instrumentenwiderstände mit den Widerständen im Stromkreis vergleichbar sind. Strommesser sollten daher einen möglichst kleinen Innenwiderstand haben.

Aufgaben

1. Zwei Widerstände von 10 Ω und 20 Ω sind parallelgeschaltet. An ihnen liegt eine Spannung von 10 V. Welcher Strom fließt in der Zuleitung und wie teilt er sich auf?
2. Ein 1000-Ω-Widerstand ist mit einem 1-Ω-Widerstand parallelgeschaltet. Wie groß ist der Ersatzwiderstand?
3. Ein Meßwerk hat einen Innenwiderstand von 80 Ω und zeigt bei 1 mA Vollausschlag. Wie kann der Meßbereich auf 1 A erweitert werden? Wie ändert sich dabei der Ersatzwiderstand des Meßgerätes?
4. Zwei Widerstände liegen parallel an 100 V. Es fließt ein Gesamtstrom von 0,9 A. Einer der Widerstände ist 200 Ω. Wie groß sind die Teilströme?
5. Der Widerstand einer Schaltung beträgt 100 Ω. Er soll durch Parallelschaltung eines zweiten Widerstandes auf den Gesamtwiderstand von 20 Ω gebracht werden. Welchen Wert muß dieser Widerstand haben?
6. Die Leitung zur Lichtversorgung in einer Wohnung ($U = 220$ V) ist mit 10 A abgesichert. Wieviel parallelgeschaltete Lampen mit einem Widerstand von je 500 Ω dürfen höchstens gleichzeitig betrieben werden?
7. Es sind die drei Widerstände $R_1 = 4\,\Omega$, $R_2 = 4\,\Omega$ und $R_3 = 12\,\Omega$ vorhanden. Welche Ersatzwiderstände können aus diesen Widerständen hergestellt werden?

4.7 Der unverzweigte Stromkreis

Widerstände in Reihe geschaltet

Werden elektrische Geräte oder Widerstände ohne Verzweigung hintereinandergeschaltet, so spricht man von einem unverzweigten Stromkreis oder auch von einer **Reihenschaltung.** Das bekannteste Beispiel hierzu ist die Christbaumkette. Wird nur eine Lampe aus der Kette herausgeschraubt, so erlöschen alle anderen Lampen. Wir wollen die Gesetzmäßigkeiten der Reihenschaltung herausfinden. Wir vermuten, daß sich die Einzelwiderstände addieren.

Versuch 24: Wir schließen ein Lämpchen für 4 V/ 0,04 A an eine Spannung von 20 V an (Abb. 2). Das Lämpchen leuchtet kurz auf und brennt durch. Schalten wir es dagegen mit einem Widerstand von 5000 Ω in Reihe und legen 220 V an, so leuchtet es normal auf und brennt auch nicht durch. Offensichtlich wird die Lampe durch den 5000-Ω-Widerstand geschützt. Weshalb?

Versuch 25: An einen Widerstand $R_1 = 200\,\Omega$ wird eine Spannung von 20 V gelegt. Die Stromstärke beträgt dann $I = \frac{20\text{ V}}{200\,\Omega} = 0{,}1$ A.

Zu R_1 schalten wir nun zwei weitere Widerstände $R_2 = 300\,\Omega$ und $R_3 = 500\,\Omega$ in Reihe (Abb. 3). Bei $U = 20$ V verringert sich die Stromstärke I auf 0,02 A. Die drei in Reihe geschalteten Widerstände müssen somit den Gesamtwiderstand von $R = \frac{20\text{ V}}{0{,}02\text{ A}} = 1000\,\Omega$ haben. Dieser Wert entspricht der Summe der drei hintereinandergeschalteten Einzelwiderstände. Unsere Vermutung ist offenbar richtig. Allgemein gilt:

In einer Reihenschaltung ist der Gesamtwiderstand R gleich der Summe der hintereinandergeschalteten Einzelwiderstände:

$$R = R_1 + R_2 + R_3 + \ldots .$$

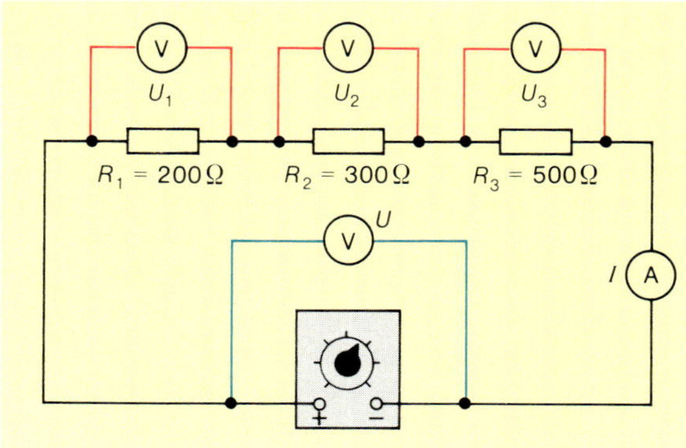

Abb. 1 Zu Versuch 27

U in V	U_1 in V	U_2 in V	U_3 in V	$U_1+U_2+U_3$ in V
20	4	6	10	20
30	6	9	15	30
50	10	15	25	50
100	20	30	50	100

Tab. 2 Meßprotokoll zu Versuch 27

Der Widerstand des 4-V-Lämpchens beträgt allein etwa 100 Ω. Legt man 20 V an, so fließt ein Strom von 0,2 A und der Glühfaden brennt durch. Beim Anlegen von 220 V wird der Strom durch den vorgeschalteten Widerstand auf $I = \frac{220\ \text{V}}{5100\ \Omega} \approx 0{,}04$ A begrenzt. Dieser Strom ist dann für die Lampe richtig. Fließt durch Lampe und Widerstand der gleiche Strom? Nach unserem **Strom-Modell** müßte dies der Fall sein.

Versuch 26: Wir unterbrechen den Stromkreis (Abb. 3, S. 263) mit den drei in Reihe geschalteten Widerständen an mehreren Stellen und messen die Stromstärke. Unsere Erwartung wird bestätigt. Allgemein gilt:

Bei der Reihenschaltung von Widerständen ist die Stromstärke überall gleich: $I = I_1 = I_2$.

Spannungen werden aufgeteilt

Durch jeden Einzelwiderstand in der Schaltung nach Abb. 3, S. 263 fließt der Strom von $I = 0{,}02$ A. Für den Widerstand $R_1 = 200\ \Omega$ ist eine Spannung von $U = R_1 I = 200\ \Omega \cdot 0{,}02\ \text{A} = 4$ V erforderlich. Ebenso brauchen R_2 und R_3 die Teilspannungen $U_2 = 6$ V bzw. $U_3 = 10$ V.

Addieren wir diese Teilspannungen an den Widerständen, so ergibt die Summe die an der Spannungsquelle liegende Spannung von 20 V. Die Gesamtspannung verteilt sich also über die einzelnen Widerstände. Diese theoretische Überlegung prüfen wir in einem Experiment nach.

Versuch 27: Wir messen nach Abb. 1 die Gesamtspannung U und die an den einzelnen Widerständen liegenden Teilspannungen U_1, U_2 und U_3 (vgl. Tab. 2). Dabei werden die theoretisch hergeleiteten Teilspannungen bestätigt. Wir halten fest:

Bei der Reihenschaltung von Widerständen R_1, R_2, R_3, ... liegen an diesen die Teilspannungen:

$$U_1 = I R_1,\ U_2 = I R_2\ \ U_3 = I R_3, \ldots .$$

Die Summe der Teilspannungen ist gleich der angelegten Gesamtspannung:

$$U = U_1 + U_2 + U_3 + \ldots .$$

Nach welcher Regel erfolgt die Aufteilung der Spannung? Tab. 2 zeigt: Am größten Widerstand liegt die größte Teilspannung. Für die überall gleiche Stromstärke I in der Reihenschaltung gilt:

$$I = \frac{U_1}{R_1} = \frac{U_2}{R_2} = \frac{U_3}{R_3} = \ldots .$$

Hieraus ergibt sich:

In der Reihenschaltung verhalten sich zwei Teilspannungen wie die entsprechenden Teilwiderstände:

$$\frac{U_1}{U_2} = \frac{R_1}{R_2}.$$

Die Zuleitungen zu elektrischen Geräten sollten daher möglichst kleine Widerstände haben. An ihnen ist die Teilspannung dann sehr klein und am Gerät liegt fast die volle Spannung der Spannungsquelle.

Lampen in manchen Projektoren dürfen nicht direkt an die Netzspannung von 220 V angeschlossen werden. Der Glühfaden würde durchbrennen. Um dies zu verhindern, müssen Vorwiderstände eingeschaltet werden (vgl. Versuch 24).

Beispiel: Eine Lampe für einen Projektor trägt die Bezeichnung 100 V/1 A. Wie groß muß der Vorwiderstand R_V gewählt werden?

Lösung: An der Lampe darf nur die Spannung $U_L = 100$ V liegen. Die restliche Spannung U_V muß der Vorwiderstand R_V übernehmen:

$$U = U_L + U_V,\ U_V = U - U_L = 220\ \text{V} - 100\ \text{V} = 120\ \text{V}.$$

Für die Teilspannung an einem Widerstand gilt $U = I \cdot R$. Wir setzen die bekannten Werte ein und erhalten für den gesuchten Vorwiderstand:

$$R_V = \frac{U}{I},\ R_V = \frac{120\ \text{V}}{1\ \text{A}} = 120\ \Omega.$$

R_V kann vor- oder nachgeschaltet werden, da die Stromstärke I nur durch den Gesamtwiderstand R_V R_L bestimmt ist.

Auch bei der **Meßbereichserweiterung von Spannungsmessern** wird mit Vorwiderständen gearbeitet.

Beispiel: Es soll eine Spannung von 100 V gemessen werden. Zur Verfügung steht aber nur ein Spannungsmesser mit einem Meßbereich von 0 V bis 10 V. Der Innenwiderstand des Meßinstruments beträgt 10 kΩ.

Lösung: Die zu messende Spannung von 100 V muß so aufgeteilt werden, daß am Meßwerk nicht mehr als die höchstzulässige Spannung von 10 V liegt (Abb. 2). Die restliche Spannung von 90 V muß an einem geeigneten Vorwiderstand R_V liegen. Bei Vollausschlag fließt durch die Meßspule ein Strom von $I = \frac{10\ \text{V}}{R_i} = \frac{10\ \text{V}}{10^4\ \Omega} = 0{,}001\ \text{A}.$

Dieser Strom fließt auch durch den Vorwiderstand R_V. Für ihn gilt daher $R_V = \frac{90\ \text{V}}{0{,}001\ \text{A}} = 90\ \text{k}\Omega.$

Der Widerstand des gesamten Spannungsmessers wird von $R_i = 10\ \text{k}\Omega$ auf $R_i + R_V = 100\ \text{k}\Omega$ verzehnfacht.

Der Meßbereich eines stromdurchflossenen Spannungsmessers wird durch Vorschalten eines Widerstandes erweitert.

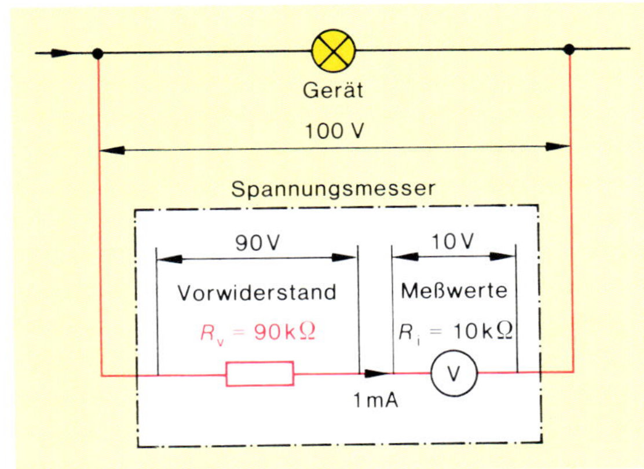

Abb. 2 Meßbereichserweiterung beim Spannungsmesser

Spannungsteiler (Potentiometer)

Für mancherlei Zwecke, z. B. beim Experimentieren, benötigt man veränderbare Spannungen. Hat man einen Akku mit 4 Zellen, so kann man nur Spannungen von 2 V, 4 V, 6 V und 8 V bekommen. Wie aber erhält man 2,5 V oder 3,8 V?

Versuch 28: Ein dünner Widerstandsdraht wird zwischen zwei Isolierklemmen gespannt (Abb. 3 b). An die Enden des Drahtes legen wir eine Spannung von 10 V. Durch den Draht fließt dann ein konstanter Strom *I*. Zwischen einen Schleifkontakt S und ein Drahtende schalten wir einen Spannungsmesser. Die angezeigte Spannung U_1 hängt von der Stellung des Schleifkontaktes ab (Abb. 3 a).

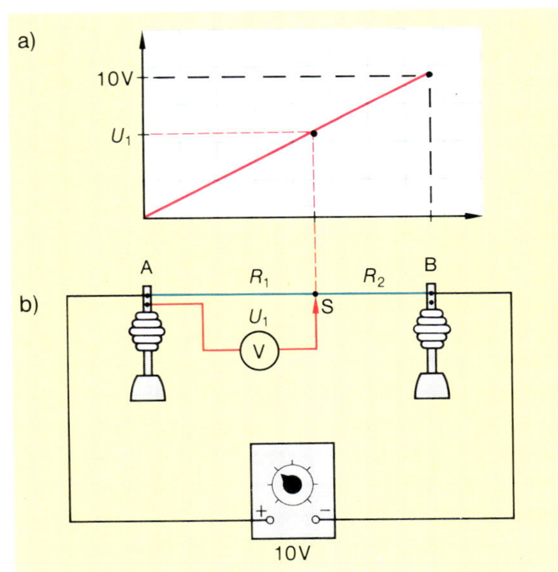

Abb. 3 Spannungsteiler mit Hilfe eines Drahtes

Erklärung: Durch die Schleiferstellung wird der Widerstandsdraht in zwei Teilwiderstände R_1 und R_2 unterteilt. Gemessen wird die Teilspannung $U_1 = R_1 I$ zwischen A und S. U_1 steigt dabei kontinuierlich von 0 auf 10 V an, weil der Teilwiderstand R_1 des Drahtstücks AS proportional zur Drahtlänge ist.

Wird an die Enden eines Widerstandsdrahtes eine Spannung U gelegt, so kann zwischen einem Ende des Drahtes und einem Schleifkontakt jede Spannung zwischen 0 und U abgegriffen werden.

Eine Schaltung nach Abb. 3 b heißt **Spannungsteiler-** oder **Potentiometer-Schaltung.** In der Praxis benutzt man statt gerader Drähte Schiebe- oder Drehwiderstände. Sie besitzen im Gegensatz zu Festwiderständen einen dritten Anschluß, der als Schleifkontakt ausgebildet ist. Viele Netzgeräte enthalten Drehpotentiometer, mit denen die Spannung verändert wird. Auch die Lautstärke beim Radio regeln wir mit einem Potentiometer.

Innenwiderstand einer Spannungsquelle

Kann man durch Verkleinerung des Widerstandes beliebig hohe Stromstärken erzielen?

Versuch 29: An eine Taschenlampenbatterie (4,5 V) wird über einen Strommesser ein veränderbarer Widerstand angeschlossen. An den Klemmen der Batterie liegt ein Spannungsmesser (Abb. 1, S. 266). Wir messen Stromstärke und Spannung bei verschiedenen Widerständen. Die *Klemmenspannung* U_{Kl} sinkt bei steigendem Strom. Werden die Klemmen der Batterie unmittelbar durch ein Kabel verbunden (Kurzschluß, $R \approx 0$), so fließt ein *Kurzschlußstrom* $I_K = 3$ A.

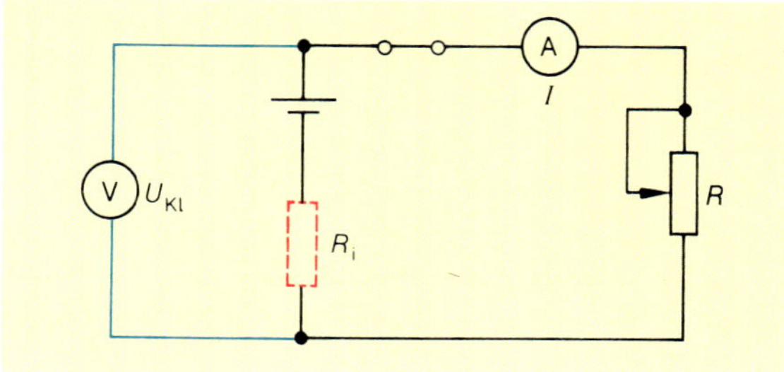

Abb. 1 Durch den Innenwiderstand der Batterie wird die Höchststromstärke begrenzt

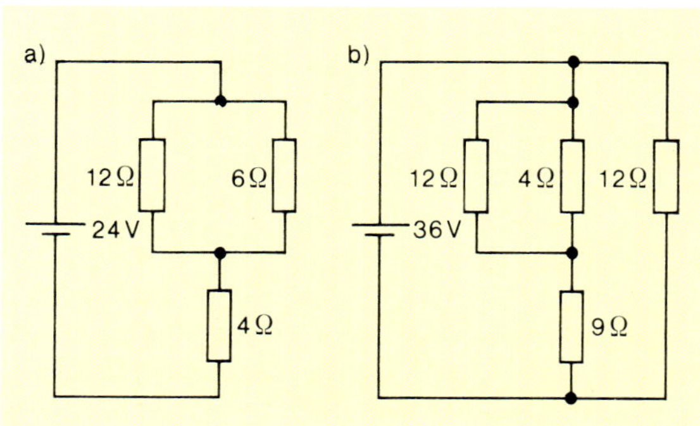

Abb. 2 Welche Ströme fließen durch die Widerstände?

Erklärung: Die Begrenzung der Kurzschlußstromstärke kommt dadurch zustande, daß die Ladungen bei geschlossenem Stromkreis auch durch das Innere der Batterie fließen. Die Batterie setzt dem Strom ebenfalls einen Widerstand, den **Innenwiderstand** R_i, entgegen. Im Versuch wird der Kurzschlußstrom I_K durch R_i begrenzt: $I_K = \frac{U_0}{R_i}$. U_0 ist die *Quellenspannung*. Für R_i findet man:

$$R_i = \frac{U_0}{I_K} = \frac{4{,}5\ \text{V}}{3{,}0\ \text{A}}, \quad R_i = 1{,}5\ \Omega.$$

Eine Spannungsquelle mit Innenwiderstand R_i können wir uns durch eine Quelle ersetzt denken, die mit einem Widerstand R_i in Reihe geschaltet ist (Abb. 1). Durch diese *Ersatzschaltung* wird eine Spannungsquelle vollständig beschrieben.

Die Klemmenspannung U_{Kl} an der Batterie sinkt bei größeren Stromstärken deswegen, weil am Innenwiderstand R_i die Teilspannung $I R_i$ abfällt. Es gilt:

$$U_{Kl} = U_0 - I R_i.$$

Die Quellenspannung U_0 kann man messen, wenn $I = 0$ ist. Dann gilt nämlich $U_{Kl} = U_0$.

Bei starker Strombelastung kann man auch ein Absinken der Netzspannung an der Steckdose beobachten. Glühlampen leuchten beim Einschalten eines Heizgerätes plötzlich dunkler. Dies liegt daran, daß ein Teil der vom E-Werk gelieferten Spannung auf die Zuleitungen entfällt.

Aufgaben

Beispiel 1: Es liegt eine Schaltung nach Abb. 2a vor. Welche Ströme fließen durch die Widerstände?

Lösung: Wir berechnen zunächst den Gesamtwiderstand der Schaltung. Die Widerstände von 12 Ω und 6 Ω sind parallelgeschaltet. Für ihren Ersatzwiderstand R gilt $\frac{1}{R} = \frac{1}{12\ \Omega} + \frac{1}{6\ \Omega} = \frac{1}{12\ \Omega} + \frac{2}{12\ \Omega} = \frac{3}{12\ \Omega}$.
Für R erhält man $R = 4\ \Omega$. Dieser Ersatzwiderstand liegt in Reihe mit einem 4 Ω-Widerstand, und wir erhalten für den Gesamtwiderstand $R_g = 8\ \Omega$. Die Stromstärke des Gesamtstroms ist $I = \frac{24\ \text{V}}{8\ \Omega} = 3\ \text{A}$. Dieser Strom fließt durch den 4 Ω-Widerstand. Am Verzweigungspunkt der parallelgeschalteten Widerstände teilt sich der Gesamtstrom auf, und zwar im Verhältnis 1:2, denn die Teilströme verhalten sich umgekehrt wie die Widerstände. Durch den 12 Ω-Widerstand fließt 1 A und durch den 6 Ω-Widerstand fließt 2 A.

Beispiel 2: Mit Hilfe der **Brückenschaltung** nach Abb. 3 soll der unbekannte Widerstand R_1 bestimmt werden.

Lösung: Der Strommesser zwischen P_1 und P_2 zeigt dann keinen Strom an, wenn die Spannung zwischen P_1 und A genauso groß ist wie zwischen P_2 und A. Es gilt dann

$$\frac{R_1}{R_2} = \frac{U_1}{U_2} = \frac{l_1}{l_2}, \quad R_1 = \frac{l_1}{l_2} \cdot R_2.$$

1. Drei Widerstände $R_1 = 20\ \Omega$, $R_2 = 30\ \Omega$, $R_3 = 50\ \Omega$ liegen in Reihe an einer Spannung von 150 V. Wie groß sind der Gesamtwiderstand, die Stromstärke und die Teilspannungen? Fertige eine Schaltzeichnung an!
2. Eine Projektorlampe trägt die Bezeichnung 5 V/3 A. Sie soll an eine Spannung von 12 V angeschlossen werden. Welcher Vorwiderstand muß dazu eingeschaltet werden?
3. Ein Spannungsmesser mit dem Meßbereich von 30 V besitzt einen Innenwiderstand $R_i = 20\ \text{k}\Omega$. Der Meßbereich soll auf 300 V erweitert werden. Was ist zu tun?
4. Beschreibe den Aufbau eines Potentiometers!
5. Ein Bleiakku besitzt einen Innenwiderstand von 0,05 Ω. Um welchen Betrag sinkt die Klemmenspannung, wenn der Akku mit 10 A belastet wird?
6. Welche Ströme fließen durch die Widerstände in der Schaltung nach Abb. 2b?

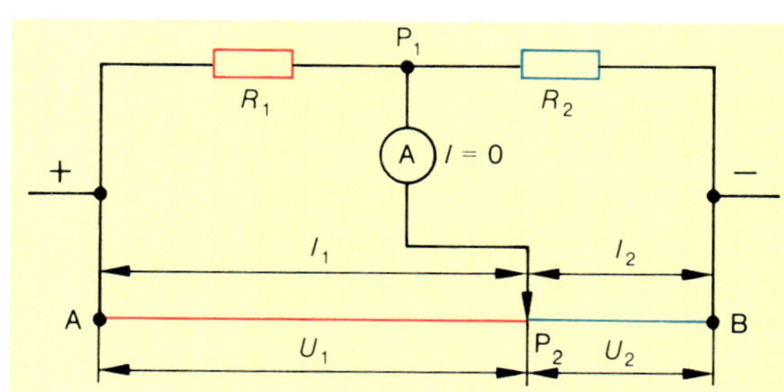

Abb. 3 Brückenschaltung; P_2 wird so gewählt, daß $I = 0$ ist

Abb. 4 Die verschiedenen „Dienstleistungen“ des elektrischen Stroms werden vom „Zähler“ (Abb. 5) in Kilowattstunden gemessen

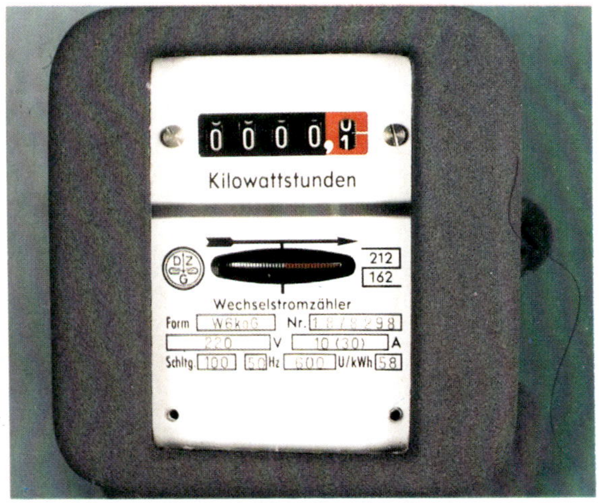

Abb. 5 Elektrizitätszähler

4.8 Elektrische Arbeit - elektrische Leistung

Was verstehen wir unter elektrischer Arbeit?

Unser „stummer Diener“, der elektrische Strom, ist aus dem Haushalt, aus den Fabriken, überhaupt aus unserem Leben nicht mehr wegzudenken. Seine „Dienstleistungen“ gibt es jedoch nicht umsonst. Wir müssen bezahlen. Doch wofür? Für den „Stromverbrauch“? Sicherlich nicht; denn wir wissen, daß die Stromstärke vor und hinter einem elektrischen Gerät die gleiche ist. So wie ein Wasserrad dem Bach Energie entzieht und dabei Arbeit verrichtet, so wird vom Strom in elektrischen Geräten **elektrische Arbeit** verrichtet. Für sie müssen wir bezahlen.

Der Elektrizitätszähler in unserer Wohnung mißt sie auf eine uns zunächst nicht bekannte Weise in Kilowattstunden. Er macht bei der Registrierung keinen Unterschied zwischen dem Betrieb eines Tauchsieders und dem Betrieb eines Elektromotors. Es muß also eine feste Beziehung zwischen der elektrischen Arbeit und den meßbaren elektrischen Größen Strom und Spannung bestehen.

Schaltet man ein Elektrogerät ein, so muß das Elektrizitätswerk unter Arbeitsaufwand Ladungen trennen, um die nötige Spannung zu erzeugen. Sie ist nach der Gleichung $U = \frac{W}{Q}$ als Arbeitsfähigkeit der Ladung Q definiert. Indem wir für Q die fließende Ladung $Q = It$ einsetzen und nach W auflösen, erkennt man:

Die elektrische Arbeit ist das Produkt aus Stromstärke, Spannung und Zeit:

$$W = U \cdot Q = U \cdot I \cdot t.$$

Die Einheit der elektrischen Arbeit ist 1 VAs.

$$1\,\text{VAs} = 1\,\frac{\text{J}}{\text{As}} \cdot 1\,\text{A} \cdot 1\,\text{s} = 1\,\text{J}.$$

Ablesedatum: 14.03.84	Rechnungsdatum: 11.04.84	Diese Kunden-Nr. im Geschäftsverkehr mit uns bitte immer angeben: 33415/18 302

Art	Tarif	Zähler-Nr.	Zählerstand alt	Zählerstand neu	Verbrauch kWh	Arbeitspreis Pf/kWh	Grundpreis DM	Zahl d. Monate	Einzelbeträge DM
11	I	28 1729	14 798	15 774	976	15,00		2	146,40
							11,70		23,40
									169,80
			Ausgleichsabgabe 4 % + MWSt 14 %						31,51
									201,31

Abb. 6 Rechnung über die aus dem Leitungsnetz entnommene Energie

E

Die Arbeit 1 VAs = 1 J wird verrichtet, wenn während 1 s bei einer Spannung von 1 V ein Strom von 1 A fließt.

Die Leistung elektrischer Geräte steht oft auf dem Typenschild. Sie wird in **Watt** (W) angegeben. Eine Glühlampe von 100 W ist leistungsfähiger als eine von 60 W. Sie gibt in der gleichen Zeitspanne mehr Licht ab.

Läßt sich ein Zusammenhang zwischen der in der Mechanik definierten Leistung und der elektrischen Leistung herstellen?

In der Mechanik ist die Leistung P definiert als Quotient aus Arbeit und Zeit: $P = \frac{W}{t}$.

Die mechanische Arbeit kann in elektrische Energie umgewandelt werden. Setzen wir daher $W = U \cdot I \cdot t$, dann ergibt sich für die elektrische Leistung:

Elektrische Leistung = Spannung · Stromstärke:

$$P = U \cdot I.$$

Die Einheit für die elektrische Leistung ist das **Watt, 1 W = 1 VA.** Größere Leistungen sind:

1 kW (Kilowatt) = 1 000 W = 10^3 W
1 MW (Megawatt) = 1 000 000 W = 10^6 W

Beispiele für Leistungen

Fahrraddynamo	0,8 W
Glühlampe	100 W
Farbfernseher	150 W
Bohrmaschine	500 W
Elektroherd	2500 W
Elektrolok	5000 kW

Die Angabe 220 V/60 W auf einer Glühlampe besagt, daß bei einer Betriebsspannung von 220 V eine Leistung von 60 W aufgenommen wird. Man sagt die Lampe hat einen *Anschlußwert* von 60 W.

Aufgrund der Beziehungen $P = \frac{W}{t}$ bzw. $W = P \cdot t$ ergibt sich aus der Leistungseinheit 1 kW und der Zeiteinheit 1 Stunde (h) die im täglichen Leben gebräuchliche Einheit für die elektrische Arbeit **1 kWh (Kilowattstunde):**

$$1\,\text{kWh} = 1000\,\text{W} \cdot 3600\,\text{s} = 3\,600\,000\,\text{Ws} \quad \text{(Wattsekunde)}$$
$$= 3\,600\,000\,\frac{\text{J}}{\text{s}}\,\text{s} = 3\,600\,000\,\text{J}.$$

Der sogenannte „Stromverbrauch" wird nach Kilowattstunden abgerechnet (Abb. 6, S. 267).

Mit Hilfe der Beziehung $U = I\,R$ kann man die Leistung anders bestimmen:

$$P = U \cdot I = R \cdot I \cdot I \qquad P = I^2 R$$

$$P = U \cdot I = U \cdot \frac{U}{R} \qquad P = \frac{U^2}{R}.$$

Beispiel: Es ist zu entscheiden, ob eine 100-W- oder eine 50-W-Lampe für 220 V den größeren Widerstand hat.

Lösung: Wir verwenden die Formel $P = U^2/R$ und lösen noch R auf:

$$R_1 = \frac{220^2\,\text{V}^2}{50\,\text{VA}} = \frac{48\,400\,\text{V}}{50\,\text{A}} = 968\,\Omega$$

$$R_2 = \frac{220^2\,\text{V}^2}{100\,\text{VA}} = 484\,\Omega.$$

Die 50-W-Lampe hat den größeren Widerstand.

Aufgaben

1. Eine Spannungsquelle mit 6 V gibt 3 h lang einen Strom von 0,1 A ab. Welche Arbeit wird dabei verrichtet?
2. Auf dem Tauchsieder steht die Angabe 750 W. Er wird an 220 V betrieben. Bestimme die Stromstärke!
3. Bei einem Kofferradio wird bei einer Spannung von 9 V eine Stromstärke von 0,18 A gemessen. Wie groß ist die der Batterie entnommene Leistung?
4. Eine Leitung hat einen Widerstand von 1 Ω und wird 2 h lang von einem Strom der Stärke 6 A durchflossen. Welcher Arbeitsverlust entsteht in der Leitung?
5. Jemand tauscht eine 50-W-Lampe gegen eine 100-W-Lampe aus. Die Lampe ist pro Tag 2 h in Betrieb. Um wieviel DM erhöhen sich die jährlichen Betriebskosten bei einem Tarif von 0,15 DM pro kWh?
6. An welche Spannung darf ein Widerstand mit der Aufschrift 1 kΩ/1 W höchstens angeschlossen werden?
7. Eine Lampe trägt die Bezeichnung 24 V/250 W. Welcher Vorwiderstand ist notwendig, um sie an 220 V anzuschließen? Wieviel Leistung geht verloren?

4.9 Elektrizität im Haushalt

Wie wird die elektrische Energie im Haus verteilt?

Das Elektrizitätswerk speist elektrische Energie in das Leitungsnetz. Die Abnehmer in den Haushalten sind parallel geschaltet (Abb. 1, S. 269). Der Hausanschluß liegt in der Regel im Keller (Erdkabelanschluß). Im Hausanschlußkasten befinden sich Sicherungen.

Jede Wohnung besitzt eine eigene Verteilung, die in einem Zählerkasten vorgenommen wird. Von dort verzweigen sich die einzelnen Stromwege. Sie liegen parallel. Im Zählerkasten sind Sicherungen für die Stromwege vorhanden. Im Leitungsnetz eines Haushalts liegen die höchsten zulässigen Stromstärken zwischen 6 A und 16 A. Treten höhere Stromstärken auf, so wird der Stromkreis mit Hilfe von Sicherungen unterbrochen. Bei einer **Schmelzsicherung** (Abb. 4, S. 269) schmilzt ein Draht durch. Eine durchgebrannte Sicherung muß durch eine neue ersetzt werden. Ein „Flicken" der

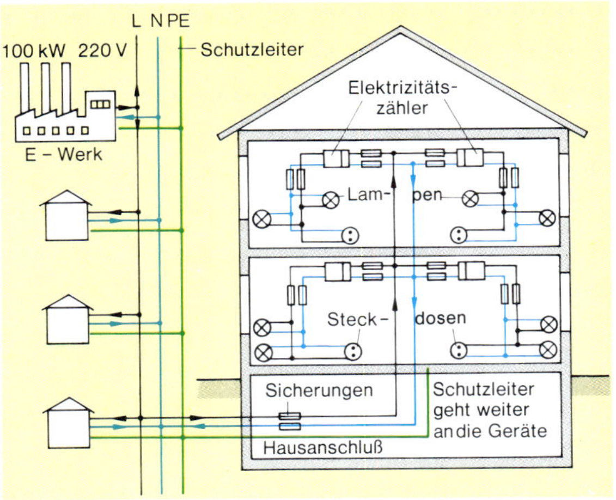

Abb. 1 Energieverteilung im Haus

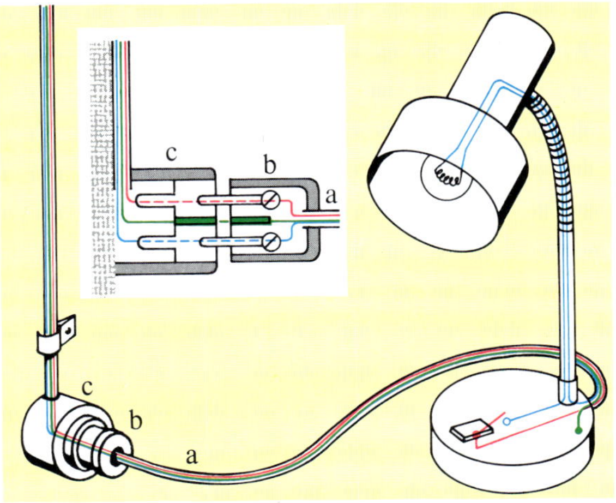

Abb. 3 Anschluß einer Lampe über einen Schukostecker

Sicherung kann zu Wohnungsbränden führen? Warum?

In den einzelnen Räumen einer Wohnung wird die Energie nochmals verteilt. Die ankommende Leitung geht deshalb in eine Verteilerdose, die meistens unter Putz liegt. Von dort wird sie zu den Steckdosen und Lampen geführt (Abb. 2). Der Strom fließt in den Leitungen L und N (Abb. 1). Der Leiter PE ist der aus Sicherheitsgründen mitgeführte grüngelbe **Schutzleiter.** Welche Aufgabe hat er und wie schützt er?

An die Steckdose ist z. B. eine Tischlampe mit metallischem Ständer angeschlossen (Abb. 3). Das Berühren dieses Ständers kann lebensgefährlich werden, wenn die Isolierung des Zuführungskabels beschädigt ist und die defekte Stelle das Gehäuse der Lampe berührt. Dann nämlich kann man mit dem spannungsführenden Außenleiter (220 V) in Kontakt kommen. Der Widerstand der trockenen Haut beträgt zwar mehrere kΩ, er kann aber unter ungünstigen Bedingungen (feuchte Haut) auf etwa 500 Ω sinken.

Die dabei auftretende Stromstärke können wir berechnen. Sie beträgt $I = \frac{220\ \text{V}}{500\ \Omega} = 440\ \text{mA}$. Ströme über 40 mA können aber schon das Herzkammerflimmern hervorrufen und zum Tode führen. Die metallischen Gehäuse aller Elektrogeräte müssen daher mit einem **Schukostecker** (Schutzkontaktstecker) verbunden sein. Durch ihn wird das Gehäuse über den Schutzleiter geerdet. Kommt es nun zu einem Isolationsfehler, so fließt der Strom über das Gehäuse zur Erde ab. Dieser Strom ist dann so stark, daß die Sicherung anspricht und den Stromkreis unterbricht. Die Gefahr ist dann abgewendet. Einen noch besseren und umfangreicheren Schutz bieten sogenannte Fehlerstromschutzschalter **(FI-Schalter).** Die Steckdosen im Physiksaal sind z. B. so abgesichert.

Bei **Stromunfällen** muß möglichst schnell die Stromversorgung abgeschaltet werden. Erst danach wird der Verunglückte aus dem Stromkreis gebracht. Weitere Maßnahmen: Arzt verständigen, Erste-Hilfe leisten! Bei Bewußtlosigkeit ist sofort künstliche Beatmung durchzuführen.

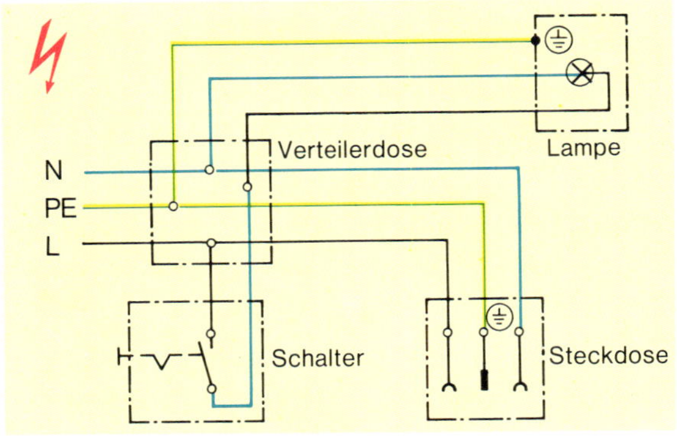

Abb. 2 Hausinstallation von Steckdose und Lampe

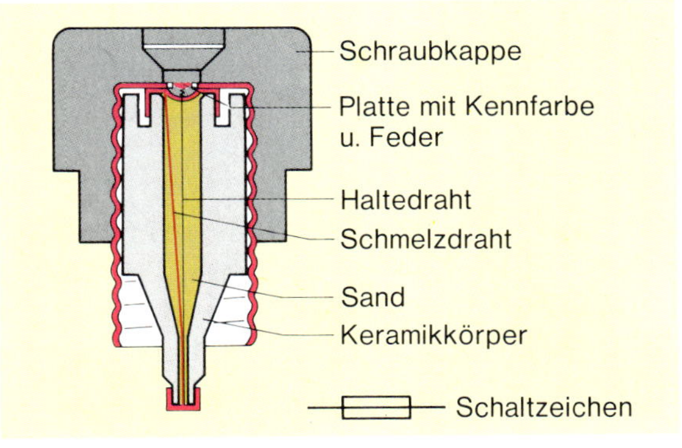

Abb. 4 Schmelzsicherung

Basiswissen Elektrizitätslehre II

Elektrische Stromstärke

Die elektrische Stromstärke I für einen gleichbleibenden Strom ist der Quotient aus der durch einen Leiterquerschnitt fließenden Ladung Q und der Zeit t: Es gilt: $I = \frac{Q}{t}$. Die Einheit ist 1 A (Ampere).

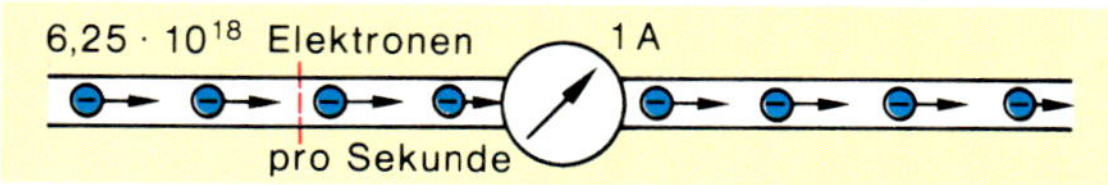

Die Stromstärke I wird meist mit Hilfe von Drehspulinstrumenten gemessen. Dabei wird die magnetische Wirkung des Stromes ausgenutzt. ↑ S. 245

Bei einem konstanten Strom kann die transportierte Ladung Q mit Hilfe der Gleichung $Q = I \cdot t$ bestimmt werden. Die Einheit der Ladung ist 1 Amperesekunde (As) = 1 Coulomb (C). ↑ S. 247

Elektrische Spannung

Die elektrische Spannung U ist eine notwendige Voraussetzung für das Fließen eines Stromes. In einer Spannungsquelle werden Ladungen unter Arbeitsaufwand getrennt. Die getrennten Ladungen besitzen elektrische Energie (↑ S. 248) und können die Arbeit W verrichten. Man definiert die Spannung: $U = \frac{W}{Q}$. Die Einheit ist 1 Volt (V). ↑ S. 252

In **chemischen Spannungsquellen** wird chemische Energie in elektrische Energie umgewandelt. Bei einem **galvanischen Element** tauchen zwei verschiedene Metalle in eine elektrolytische Lösung. Im **Akkumulator** wird beim Laden elektrische Energie in chemische Energie umgewandelt, beim Entladen chemische in elektrische. ↑ S. 250

Werden Spannungsquellen in Reihe geschaltet, so addieren sich die Einzelspannungen. Bei Parallelschaltung gleicher Spannungsquellen ist die Gesamtspannung gleich der Einzelspannung. ↑ S. 254

Elektrische Arbeit

Bei der elektrischen Arbeit wird elektrische Energie in andere Energiearten (Wärme, mechanische Energie, Licht) umgewandelt. Die elektrische Arbeit W ist das Produkt aus der Spannung U, der Stromstärke I und der Zeit t. ↑ S. 267. Es gilt: $W = U \cdot I \cdot t$. Die Einheit ist 1 VAs = 1 Joule (J).

Elektrische Leistung

Die elektrische Leistung P ist der Quotient aus Arbeit und Zeit $P = \frac{W}{t}$ oder auch das Produkt aus Spannung U und Stromstärke I. Es gilt: $P = U \cdot I$ Die Einheit ist 1 VA = 1 Watt (W). ↑ S. 268

Elektrischer Widerstand

Der elektrische Widerstand R kennzeichnet die Eigenschaft eines Leiters, den elektrischen Strom zu hemmen: $R = \frac{U}{I}$. Die Einheit ist $1\,\frac{\text{V}}{\text{A}} = 1$ Ohm (Ω). ↑ S. 255

Der elektrische Widerstand hängt vom Stoff und den Abmessungen des Leiters ab. Für einen Leiter mit der Länge l und dem überall gleichen Querschnitt A gilt: $R = \varrho \frac{l}{A}$. Der **spezifische Widerstand** ϱ hat die Einheit $1\,\frac{\Omega\,\text{mm}^2}{\text{m}}$.

Der elektrische Widerstand eines Leiters hängt von der Temperatur ab. ↑ S. 257

Ohmsches Gesetz

Den Zusammenhang zwischen der Stromstärke I und der Spannung U geben die **Kennlinien** eines Leiters an. ↑ S. 259

Bei konstanter Temperatur gilt für fast alle Metalle das **Ohmsche Gesetz:** $\frac{U}{I} = \text{konstant}$ bzw. $R = \text{konst.}$

Reihenschaltung:

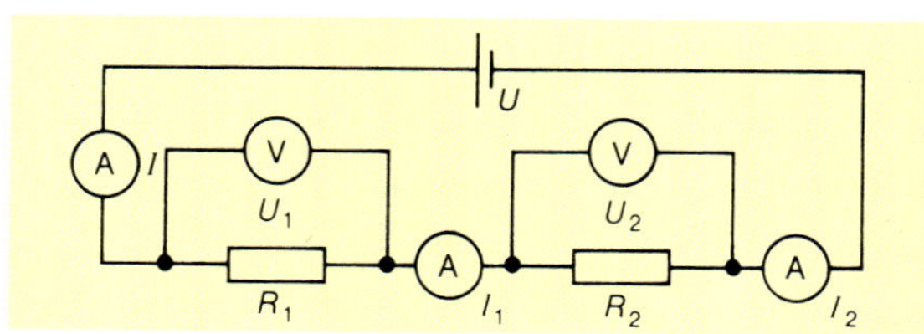

Spannungen: $U_{ges} = U_1 + U_2$, $U_1 : U_2 = R_1 : R_2$

Ströme: $I = I_1 = I_2$

Widerstände: $R_{ges} = R_1 + R_2$. ↑ S. 263

Parallelschaltung:

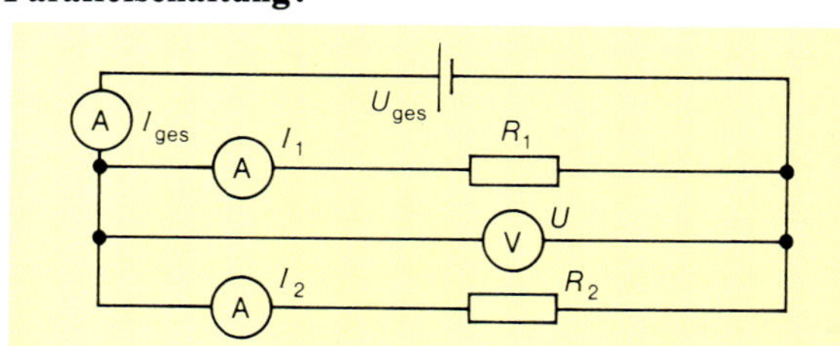

Spannungen: $U_{ges} = U_1 = U_2$

Ströme: $I_{ges} = I_1 + I_2$, $I_1 : I_2 = R_2 : R_1$

Widerstände: $\frac{1}{R_{ges}} = \frac{1}{R_1} + \frac{1}{R_2}$. ↑ S. 261

Meßbereichserweiterung

Der Meßbereich von Drehspulinstrumenten kann mit Hilfe von Widerständen erweitert werden: Bei Spannungsmessern wird ein Vorwiderstand, bei Strommessern ein Parallelwiderstand (Shunt) zum Meßwerk geschaltet. ↑ S. 262, 265

5 Bewegte Ladungen und Magnetfeld

5.1 Die Lorentzkraft

Eine Kraft, die nur bei Bewegung auftritt

Beim Oersted-Versuch (S. 223) wurde eine Magnetnadel in der Nähe eines stromführenden Leiters abgelenkt. Kann auch umgekehrt ein stromführender Leiter von einem Magneten abgelenkt werden?

Versuch 1: Ein gewebtes, leicht biegsames Metallband hängt locker neben einem eingespannten Stabmagneten (Abb. 4a). Lassen wir Strom durch das Metallband fließen, so windet es sich um den Magneten.

Versuch 2: Wir ändern den Versuch 1 ab, indem wir das Metallband nach Abb. 4b quer zu den Feldlinien eines Hufeisenmagneten hängen lassen. Es besitzt so jede Bewegungsfreiheit mit Ausnahme der nach unten. Schalten wir den Strom ein, so bewegt es sich senkrecht zu den Feldlinien und senkrecht zum Leiterstück ins Innere des Hufeisenmagneten. Vertauschen wir die Pole, so erfolgt die Ablenkung nach außen. Erhöhen wir die Stromstärke, so wird die Ablenkung stärker. Auch bei einem stärkeren Magneten nimmt die Ablenkung zu.

Versuch 3: Nach Abb. 5 liegt ein Aluminiumröhrchen auf zwei Metallschienen, die als Zuleitungen dienen. Die Magnetfeldlinien stehen senkrecht zum Aluminiumröhrchen. Dieses kann sich in zwei Richtungen senkrecht zur Magnetfeldrichtung bewegen. Beim Einschalten des Stromes wird es nach Abb. 5 abgelenkt. Drehen wir den Magneten um, so erfolgt die Ablenkung in die entgegengesetzte Richtung. Die Versuchsfolge zeigt uns:

Ein stromführender Leiter, der senkrecht zu den Feldlinien eines Magneten verläuft, wird senkrecht zum Leiter und senkrecht zu den Feldlinien abgelenkt.

Auf den Leiter muß demnach eine Kraft wirken. Ihre Richtung hängt von der Elektronenbewegung und von der Magnetfeldrichtung ab. Je größer die Stromstärke und je stärker das Magnetfeld, desto stärker ist die wirkende Kraft.

In einem Elektronenstrahl bewegen sich Elektronen frei außerhalb eines Leiters (vgl. S. 240). Auch dieses ist ein elektrischer Strom. Ob auch auf ihn im Magnetfeld eine Kraft wirkt, untersuchen wir im folgenden Versuch.

Versuch 4: In einer Braunschen Röhre fliegen die Elektronen durch die Lochanode zum Leuchtschirm. Wir ordnen einen Hufeisenmagneten so an, daß der Nordpol vor und der Südpol hinter der Röhre liegt (Abb. 6). Dabei verlaufen die magnetischen Feldlinien senkrecht zum Elektronenstrahl. Auf dem Leuchtschirm kann deutlich beobachtet werden, daß der Strahl senkrecht zur Magnetfeldrichtung nach unten abgelenkt wird. Drehen wir den Magneten um, so wird der Strahl senkrecht nach oben abgelenkt. Der Versuch zeigt:

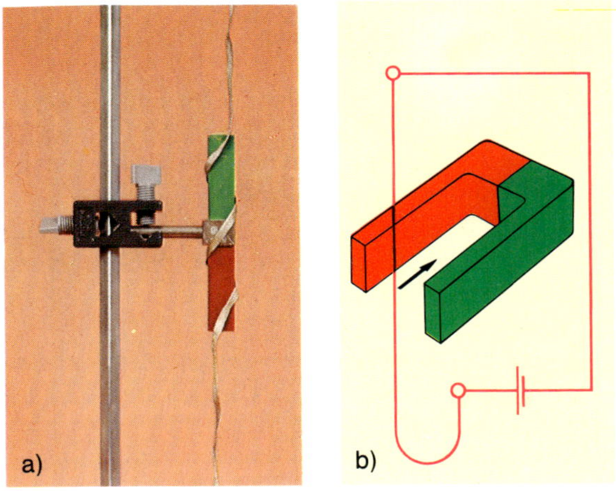

Abb. 4 a) Ein stromführendes Metallband windet sich um einen Stabmagneten; b) Ein beweglicher Leiter wird in das Innere eines Hufeisenmagneten gezogen

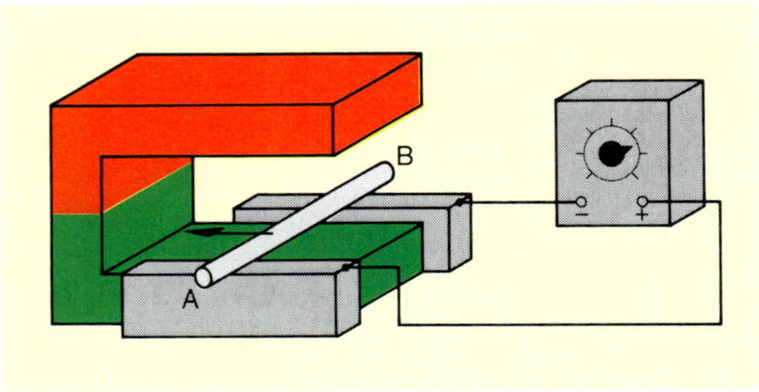

Abb. 5 Ein stromführendes, bewegliches Leiterstück wird im Magnetfeld bewegt

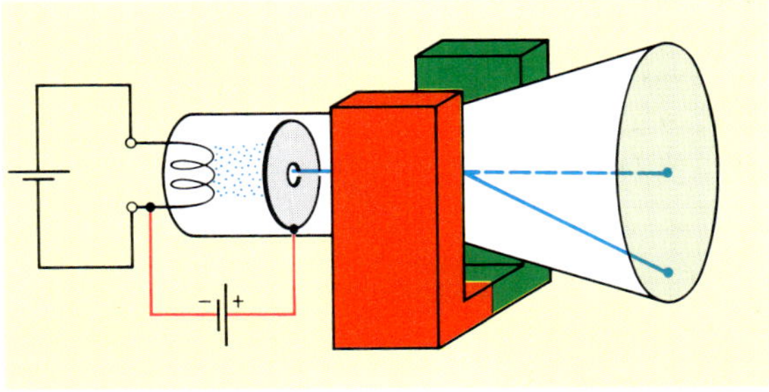

Abb. 6 Ein Elektronenstrahl wird im Magnetfeld abgelenkt

> *Auf bewegte freie Elektronen, die sich senkrecht zur Magnetfeldrichtung bewegen, wirkt eine Kraft. Für ihre Richtung gilt Entsprechendes wie beim stromführenden Draht.*

Dieser Sachverhalt wurde von dem holländischen Physiker H. A. LORENTZ (1853–1928) entdeckt. Man nennt die Kraft auf bewegte Ladungen im Magnetfeld daher **Lorentzkraft.**

Man kann sich die Richtung der Lorentzkraft mit Hilfe der **Dreifinger-Regel der linken Hand** (Abb. 1) merken:

> *Hält man den Daumen der linken Hand in die Bewegungsrichtung der Elektronen, den Zeigefinger in die Richtung des Magnetfeldes, so gibt der zu Daumen und Zeigefinger senkrecht abgespreizte Mittelfinger die Richtung der Lorentzkraft an.*

Bei geringerer Elektronengeschwindigkeit wird die Lorentzkraft schwächer. Ist die Geschwindigkeit der Elektronen Null, so verschwindet auch die Lorentzkraft. Für Leitungselektronen und für freie Elektronen im Vakuum gilt:

> **Auf bewegte Elektronen wirkt im Magnetfeld die Lorentzkraft.**

Im *elektrischen* Feld dagegen erfahren sowohl ruhende als auch bewegte Elektronen eine Kraft.

Die Versuche 2 und 3 erscheinen uns nun in einem neuen Licht. Ursache der Ablenkung des stromführenden Leiters im Magnetfeld ist die Ablenkung der Elektronen im Draht. Diese übertragen die Lorentzkraft auf den Leiter.

Die Lorentzkraft nimmt zu, wenn die Stromstärke und die Stärke des Magnetfeldes vergrößert werden. Wenn Elektronenbewegung und Magnetfeldrichtung nicht senkrecht zueinander stehen, wird die Lorentzkraft geringer. Bewegen sich die Elektronen parallel zu den Feldlinien, so tritt die Lorentzkraft nicht auf.

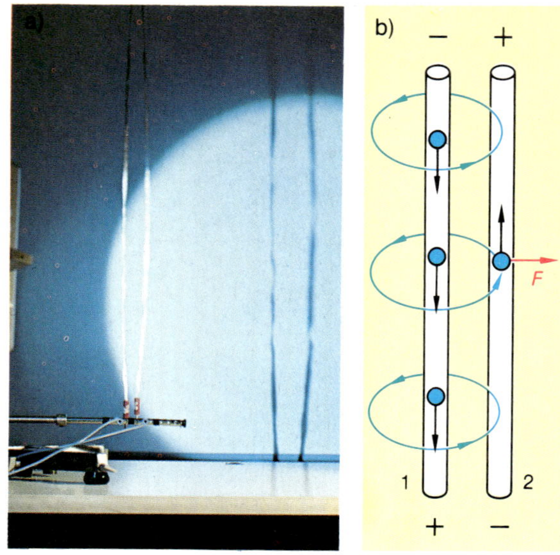

Abb. 2 Zwei stromführende Leiter üben Kräfte aufeinander aus

Beispiel: In der Abb. 3a ist die Elektronenstrahlröhre aus Abb. 6, S. 271 von oben dargestellt. Abb. 3b zeigt den Leuchtschirm von vorn. In der Mitte des Schirms ist der auftreffende Elektronenstrahl markiert. Wie wird der Leuchtfleck abgelenkt, wenn ein Stabmagnet in der angegebenen Weise neben die Röhre gehalten wird?

Diese Aufgabe läßt sich mit der Dreifinger-Regel der linken Hand lösen. Dazu skizzieren wir einige Feldlinien vom Stabmagneten am Ort des Elektronenstrahls. Nun wenden wir die Dreifinger-Regel an. Der Mittelfinger zeigt in die Richtung der Lorentzkraft.

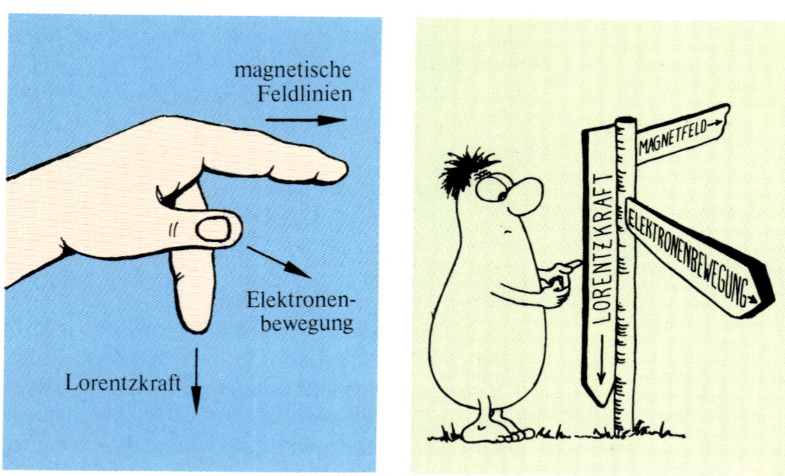

Abb. 1 Dreifinger-Regel der linken Hand

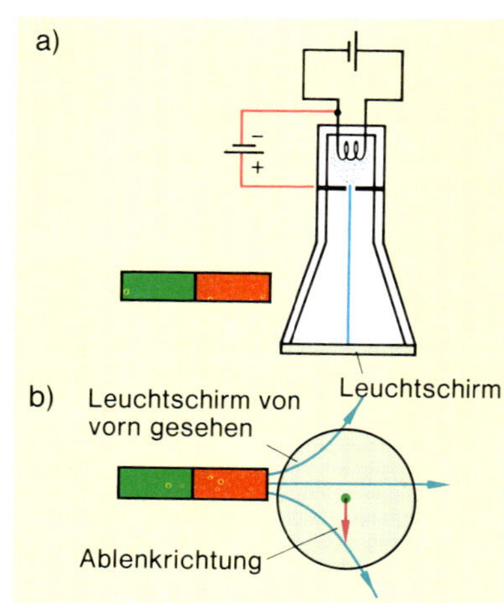

Abb. 3 Zum Übungsbeispiel

Zwischen stromführenden Leitern wirken Kräfte

Versuch 5: Zwei bewegliche Leitungsbänder (z. B. Lamettafäden) werden parallel zueinander in zwei Halter eingespannt (Abb. 2) und an eine Gleichspannungsquelle gelegt. Werden die beiden Leitungsbänder in unterschiedlicher Richtung vom Strom durchflossen, so wölben sie sich auseinander. Ändert man den Versuch, so daß die beiden Leiter gleichsinnig von Strom durchflossen werden, so wölben sie sich nach innen.

Zwei Leiter, die in gleicher Richtung von Strom durchflossen werden, ziehen sich an. Zwei Leiter, die in entgegengesetzter Richtung von Strom durchflossen werden, stoßen sich ab.

Erklärung: Wir betrachten Abb. 2, in der die Magnetfeldlinien für einen der parallelen Leiter dargestellt sind.

Die bewegten Elektronen im Leiter 2 erfahren dabei nach der Dreifinger-Regel der linken Hand eine Ablenkung nach rechts. Die Elektronen im Leiter 1 werden nach links abgelenkt. Damit ist erklärt, weshalb sich zwei Leiter, die gegensinnig von Strom durchflossen werden, abstoßen. Die Anziehung der gleichsinnig durchflossenen Leiter wird ähnlich erklärt.

Das Ergebnis von Versuch 5 benutzt man heute zur **Definition der Stromstärkeeinheit** 1 Ampere. Im SI-System ist festgelegt:

Die Stromstärke in zwei parallelen Leitern im Abstand 1 m beträgt 1 Ampere, wenn die Leiter im Vakuum die Kraft $F = 0{,}0000002\ \mathrm{N} = 2 \cdot 10^{-7}\ \mathrm{N}$ je Meter Leiterlänge aufeinander ausüben.

Aufgaben

1. In der Abb. 4 ist jeweils eine Elektronenstrahlröhre von vorn dargestellt. Der Leuchtfleck ist durch einen Punkt markiert. Wie wird der Elektronenstrahl bei der jeweiligen Magnetposition abgelenkt?
2. Parallel zu einem Elektronenstrahl in einer Braunschen Röhre verläuft ein stromführender Leiter. Wie wird der Strahl abgelenkt? Wovon hängt die Ablenkrichtung ab?
3. In Abb. 5 ist der Prinzipaufbau eines Drehspulinstruments dargestellt. Erläutere genau die auftretenden Kräfte!
4. Erkläre die Anziehung zweier stromführender Leiter, die gleichsinnig vom Strom durchflossen werden, mit Hilfe der Lorentzkraft! Fertige dazu eine Skizze an (vgl. Abb. 2b)!
5. Ändert sich die Ablenkung des stromführenden Aluminiumstabes in Abb. 5, S. 271, wenn die Polung der Spannungsquelle und die Magnetfeldrichtung umgedreht werden?
6. Worauf beruht die Definition der Stromstärkeeinheit im SI-System?

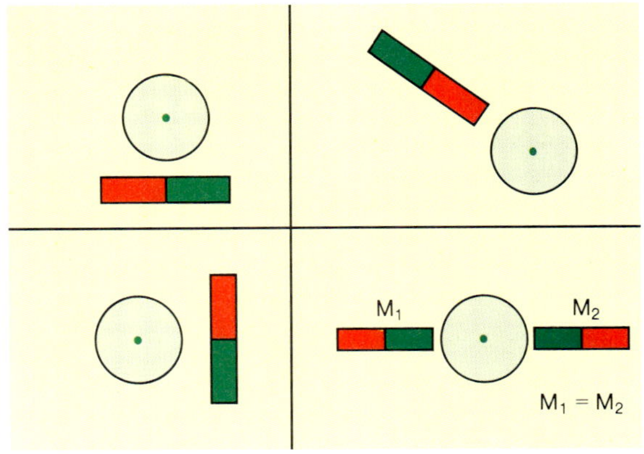

Abb. 4 Zu Aufgabe 1

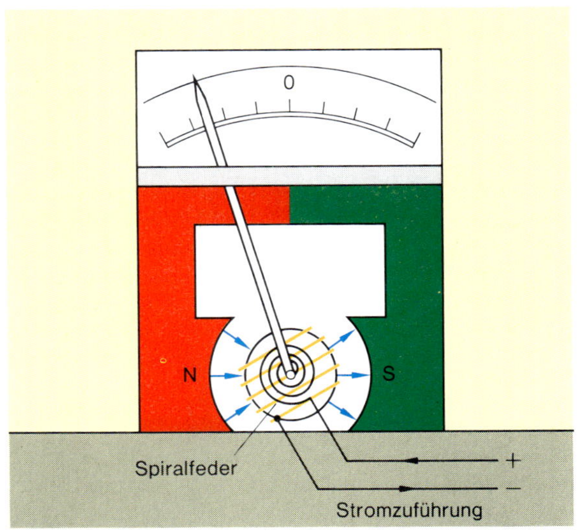

Abb. 5 Prinzip eines Drehspulinstruments

5.2 Lorentzkraft – technisch genutzt

In vielen technischen Geräten wie z. B. beim Elektromotor, beim Drehspulinstrument oder beim Lautsprecher nutzt man die Lorentzkraft. Auch die Ablenkung des Elektronenstrahls im Fernsehgerät beruht darauf (vgl. S. 312). Wir wollen einige dieser Geräte nun genauer kennenlernen.

Der Elektromotor

Der Einsatz von Elektromotoren in unserer technisierten Welt ist sehr vielfältig. Es gibt sehr große Motoren, um Stahl zu walzen; aber auch sehr winzige Motoren, z. B. in Uhren. Im Haushalt und in Industriebetrieben entlasten sie den Menschen von körperlicher Arbeit.

Alle Elektromotoren arbeiten nach dem gleichen physikalischen Prinzip. Durch die Kraft auf stromführende Spulen im Magnetfeld wird eine Drehbewegung erzeugt. Man kann dieses Prinzip an einem ganz einfachen Beispiel demonstrieren.

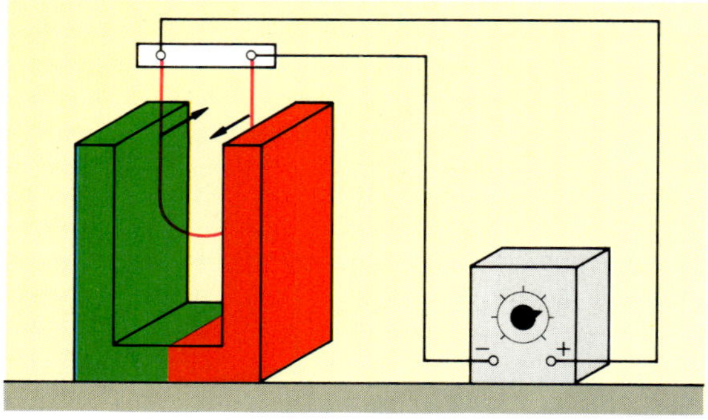

Abb. 1 Lorentzkräfte auf eine stromführende Leiterschleife im Magnetfeld

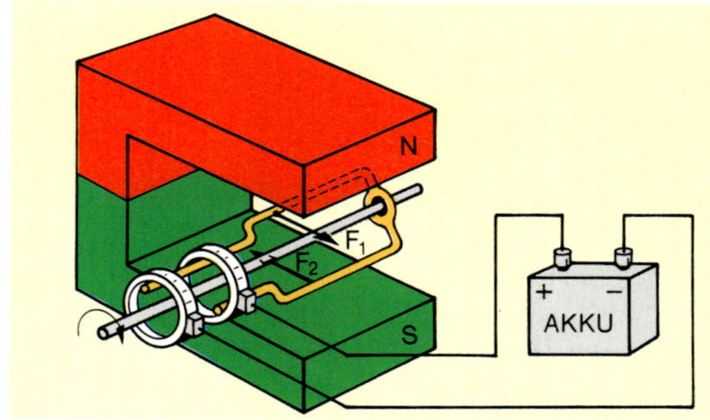

Abb. 2 Drehbewegung einer Leiterschleife im Magnetfeld

Versuch 6: Eine Schlinge aus einem Lamettafaden befindet sich nach Abb. 1 zwischen den Polen eines Hufeisenmagneten. Beim Einschalten des Stromes dreht sich die Schlinge um 90°. Kehrt man die Stromrichtung um, so dreht sie sich in die entgegengesetzte Richtung.

Erklärung: Wir betrachten die Lorentzkraft, die auf die einzelnen Teile der Lamettaschlinge wirkt. Dazu wenden wir die Dreifingerregel der linken Hand an. So finden wir, daß die Lorentzkräfte auf die senkrecht verlaufenden Leiterstücke entgegengesetzte Richtungen haben. Dies führt zur Drehung der Schlinge.

Beim Elektromotor wird diese Teildrehung durch einen technischen Trick zu einer vollen Drehung ausgebaut. Wir betrachten dazu eine einzelne rechteckige Leiterschleife nach Abb. 2. Sie ist in einem Magnetfeld drehbar gelagert. Die Stromzufuhr erfolgt über Kohlebürsten, die mit Federn an Schleifringe gedrückt werden. Die Schleifringe befinden sich auf der Drehachse. Wird eine Gleichspannung so wie in Abb. 2 angelegt, so wirken die Kräfte $\vec{F}_1$ und $\vec{F}_2$ (Abb. 3a). Dadurch wird die Leiterschleife gedreht, bis sie die Horizontallage erreicht (Abb. 3b). In dieser Stellung wirken $\vec{F}_1$ und $\vec{F}_2$ nicht mehr drehend. Die Leiterschleife befindet sich im *Totpunkt.*

Wie muß die Anordnung verändert werden, damit sich die Leiterschleife über diesen Punkt hinaus weiterdreht? Aufgrund ihres Schwunges bewegt sie sich zunächst etwas über den toten Punkt hinaus. Ein Weiterdrehen läßt sich erreichen, wenn jetzt die Stromrichtung umgedreht wird. Denn dann ändern die Lorentzkräfte $\vec{F}_1$ und $\vec{F}_2$ ihre Richtung und der ursprüngliche Drehsinn wird beibehalten.

Das erforderliche Umdrehen der Stromrichtung könnte erreicht werden, wenn im richtigen Moment die Spannungsquelle umgepolt würde. Technisch einfacher läßt sich das Umkehren der Stromrichtung durch einen **Kommutator** (kommutare, lat. = vertauschen) erreichen. Dieser besteht aus zwei voneinander isolierten Halbringen (Abb. 3c). Sie sind mit den Enden der Leiterschleife fest verbunden und drehen sich mit ihr.

Um größere Kräfte zu erhalten, wird die einzelne Leiterschleife durch eine Spule mit Eisenkern ersetzt. Die Spule mit Eisenkern einschließlich des Kommutators wird **Anker** genannt. Der einfachste Anker hat die Form eines doppelten T (**Doppel-T-Anker,** Abb. 4). Wenn sich die Pole des Doppel-T-Ankers und des Feldmagneten genau gegenüberstehen, so läuft der Motor nicht an. Diese Schwierigkeit kann durch eine ungerade Anzahl von T-Stücken vermieden werden. Bei einem **Dreifach-T-Anker** (Abb. 5) gibt es höchstens eine Spule, die keine Drehkraft erfährt. Neben den besseren Anlaufeigenschaften läuft ein solcher Anker auch gleichmäßiger.

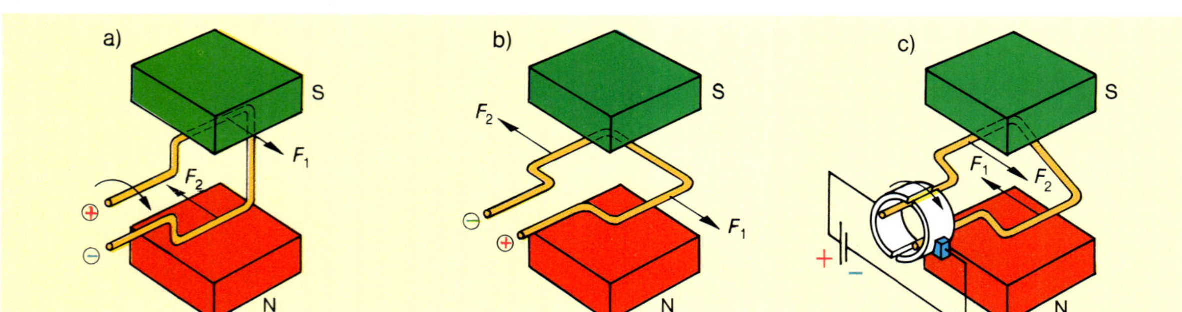

Abb. 3 a) Lorentzkräfte an einer drehbaren Leiterschleife im Magnetfeld; b) In dieser Lage rufen die Lorentzkräfte keine Drehbewegung hervor; c) Leiterschleife mit Kommutator

Beim Motormodell nach Abb. 5 wird das Magnetfeld durch einen Dauermagneten erzeugt. Er bewegt sich nicht und heißt deshalb **Stator** (stare, lat. = stehen). Der sich bewegende Anker heißt auch **Rotor** (rotare, lat. = sich im Kreise drehen). Den Dauermagneten kann man durch einen Elektromagneten ersetzen. In Abb. 6 wird für die Anker- und Feldspule die gleiche Spannungsquelle verwendet. Rotor und Stator sind dabei parallel geschaltet. Ein so geschalteter Motor heißt **Nebenschlußmotor.** Er kann mit Gleich- und Wechselstrom betrieben werden. Wenn Anker- und Feldspule in Reihe geschaltet sind, spricht man von einem **Hauptschlußmotor.**

Der Lautsprecher

Ein *Lautsprecher* soll die vom Radio, Plattenspieler, Cassettenrecorder oder Fernsehgerät abgegebenen elektrischen Signale hörbar machen. Der am meisten verwendete Typ ist der *elektrodynamische Lautsprecher.* Sein Aufbau geht aus Abb. 7 hervor. Eine bewegliche Spule, die *Schwingspule,* ist über einen Dauermagneten geschoben. An der Spule ist die Lautsprechermembran befestigt. Durch elastische Einspannungen wird die Spule so gehalten, daß sie nicht am Magneten „aneckt" und Störungen verursacht. Auch die Membran wird an ihrem äußeren Rand so gehalten. Deshalb kann der Lautsprecher in jeder beliebigen Lage montiert werden. Mit Hilfe des Eisentopfes wird erreicht, daß die Schwingspule ringsum von magnetischen Feldlinien durchsetzt wird. Legt man eine Gleichspannung an die Anschlüsse der Spule, so fließt durch den Spulendraht ein Strom. Je nach der Polung wird die Schwingspule in das Magnetfeld des Dauermagneten hineingezogen oder herausgedrückt. Ursache hierfür ist die Lorentzkraft auf die bewegten Elektronen in der Spule. Bei Sprach- oder Musikübertragungen ändert sich der Strom in der Schwingspule ständig. Spule und Membran schwingen dabei im Rhythmus des schwankenden Stromes. Von der Membran werden dabei Schallwellen abgestrahlt, die an unser Ohr gelangen.

Aufgaben

1. Nenne die wesentlichen Teile eines Elektromotors! Erläutere seine Funktionsweise!
2. Warum kehrt sich die Drehrichtung eines Haupt- oder Nebenschlußmotors nicht um, wenn man die Stromrichtung umkehrt?
3. Beschreibe den Aufbau und die Wirkungsweise eines Kommutators!
4. Der Doppel-T-Anker in Abb. 4 soll sich rechtsherum drehen. In welche Richtung müssen bei vorgegebener Stromrichtung die Feldlinien des Stators verlaufen?
5. Beschreibe Aufbau und Funktionsweise eines Lautsprechers!
6. Nenne Geräte, in denen Elektromotoren vorkommen!
7. Beschreibe den Unterschied zwischen dem Neben- und Hauptschlußmotor!

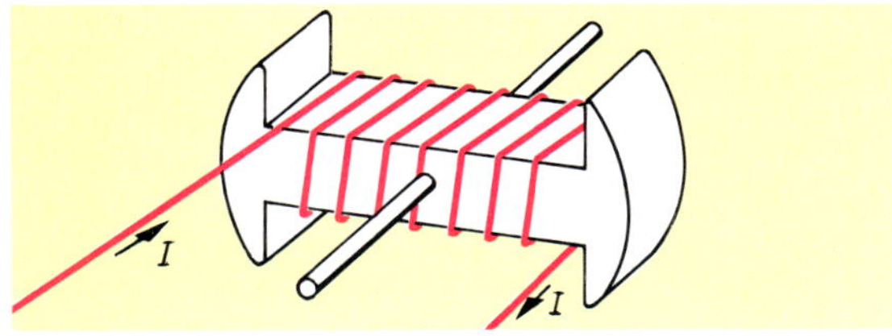

Abb. 4 Doppel-T-Anker mit Wicklung

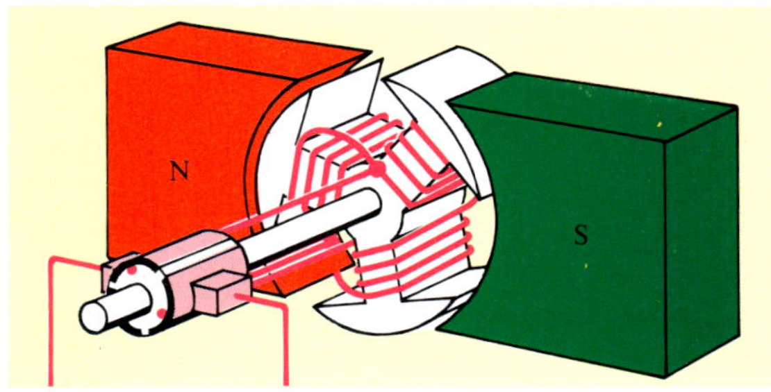

Abb. 5 Dreifach-T-Anker

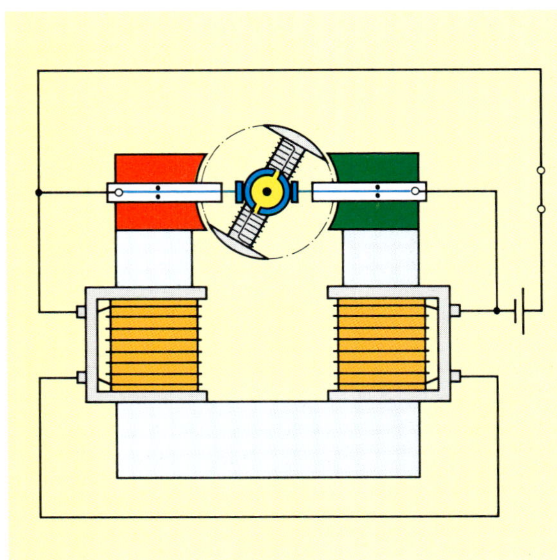
Abb. 6 Modell eines Nebenschlußmotors

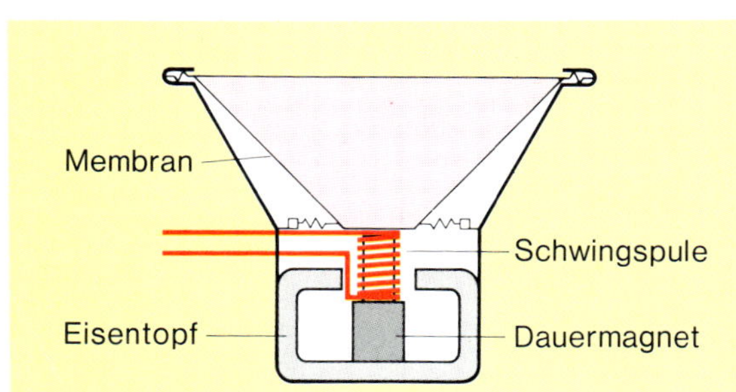

Abb. 7 Aufbau eines Lautsprechers

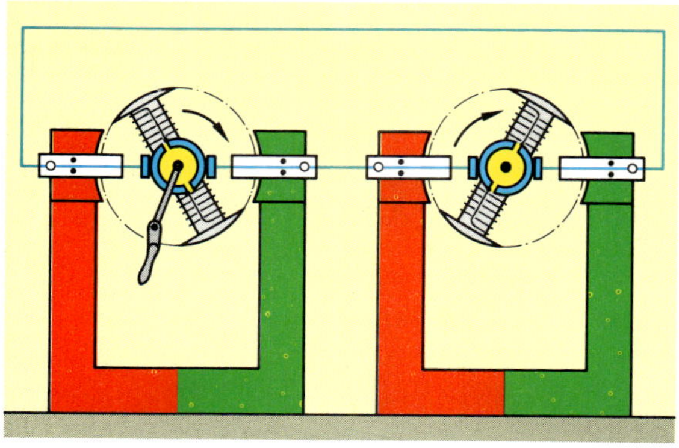

Abb. 1 Der Motor als Generator

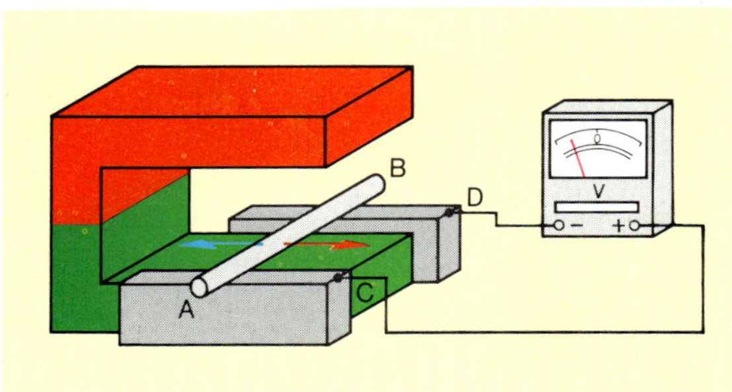

Abb. 2 Deutung der Induktion

5.3 Elektromagnetische Induktion

Der Motor als Generator

In Abb. 1 sind die Anschlüsse zweier Elektromotoren durch zwei Kabel miteinander verbunden.

Versuch 7: Wir drehen die Spule im linken Motor. Dabei beobachten wir, daß sich auch die Spule im rechten Motor in Bewegung setzt.

Wie läßt sich dieses überraschende Ergebnis erklären?

Wie wir wissen, kann sich die Spule im rechten Motor nur dann drehen, wenn durch sie ein Strom fließt. Während also im rechten Motor der Strom die Spule in Bewegung versetzt, wird in der linken Spule durch Bewegung offenbar Strom erzeugt.

Um dies zu verstehen, betrachten wir eine vereinfachte Versuchsanordnung. Die Motorwirkung haben wir durch Abb. 5 auf S. 271 erklärt. Das Prinzip wollen wir uns hier noch einmal an Hand der Abb. 2 in Erinnerung rufen. Der Aluminiumstab AB befindet sich im Magnetfeld eines Hufeisenmagnetes. Wird der Stab von einem elektrischen Strom durchflossen, dann setzt er sich in Bewegung. Diesen Vorgang haben wir bereits mit Hilfe der **Lorentzkraft** erklärt.

Aufgrund des in Versuch 7 entdeckten Zusammenhanges, könnte es auch möglich sein, durch Bewegung des Aluminiumstabes AB einen Strom zu erzeugen.

Versuch 8: Wir verbinden die Schienen durch einen Spannungsmesser mit dem Nullpunkt in der Mitte der Skala. Bewegen wir den Stab z. B. nach links, so zeigt das Instrument eine Spannung an (Abb. 2).

Der Bewegungsvorgang hat, wie wir vermuteten, tatsächlich eine „Spannungsquelle" entstehen lassen. Wird der Stab nicht mehr bewegt, dann geht der Zeigerausschlag wieder zurück. Offenbar haben wir noch keine „dauerhafte" Spannungsquelle.

Versuch 9: Bewegen wir nun den Stab wieder nach rechts, so schlägt der Zeiger nach der anderen Seite aus. Durch dauerndes Hin- und Herbewegen kann man den Zeiger auch ständig in Bewegung halten. Er wechselt dabei die Richtung des Ausschlags und zeigt offensichtlich eine „Wechselspannung" an. Die Polung der auf diese Weise erzeugten Spannungsquelle können wir auch durch Umdrehen des Hufeisenmagnetes, d. h. der Richtung des Magnetfeldes, umkehren.

Wie läßt sich die in unseren Versuchen auftretende Spannung erklären?

Eine Spannung im Leiterstück AB kann auftreten, wenn in ihm Ladungen getrennt werden.

Wodurch wird dies bewirkt? Aus Kap. 5.1 wissen wir, daß auf bewegte Ladungen im Magnetfeld die *Lorentzkraft* wirkt. Auch in Versuch 8 und 9 bewegen sich die im Aluminiumstab vorhandenen Elektronen, jedoch jetzt von Hand bewegt. (In Abb. 2 in Richtung des Pfeils.) Auf diese mitbewegten Elektronen wirkt offensichtlich auch die Lorentzkraft. Sie drückt die Elektronen ans hintere Ende des Stabes. Dies können wir mit der Dreifinger-Regel der linken Hand herausfinden.

Am vorderen Ende besteht danach ein Elektronenmangel, am hinteren ein Elektronenüberschuß. Dies weisen wir mit der Anordnung in Abb. 2 als Spannung zwischen den zwei Schienen nach. Sie heißt *Induktionsspannung*. Der Vorgang wird als **elektromagnetische Induktion** bezeichnet. Bei geschlossenem Leiterkreis fließt ein *Induktionsstrom*.

Jetzt verstehen wir, warum im Versuch 7 bei Bewegung der Spule im Magnetfeld eine Spannung entsteht. Wir fassen die Ergebnisse unserer Versuche zusammen:

Wird ein Leiter quer zu den Feldlinien eines Magnetfeldes bewegt, so entsteht zwischen seinen Enden eine Induktionsspannung. Sie kann mit Hilfe der Lorentzkraft erklärt werden.

Die Wirkungsweise des Elektromotors ist also umkehrbar. Dies zeigt ein weiterer Versuch.

Versuch 10: Die experimentelle Anordnung ist aus der Abb. 3 ersichtlich. Bringt man den Schalter S in Stellung 1, dann dreht sich der Anker des Elektromotors. Dabei wird ein Gewichtsstück angehoben. Bei Schalterstellung 2 treibt das nun wieder absinkende Gewichtsstück den Motoranker an. Dabei leuchtet die Lampe auf und zeigt uns den entstehenden Induktionsstrom an. Die Lampe erlischt, wenn der Anker zum Stillstand gekommen ist. Der Motor kann in dieser Anordnung auch als *Generator* (Erzeuger) verwendet werden.

In diesem Versuch erfolgt eine Umwandlung von potentieller Energie des Gewichtsstücks in elektrische Energie. Vorher wurde bei Schalterstellung 1 mit Hilfe des Motors elektrische Energie in mechanische (potentielle) Energie umgewandelt und gespeichert.

Mit einem Generator kann mechanische Energie in elektrische und mit einem Elektromotor elektrische in mechanische Energie umgewandelt werden.

Induktionsspannung durch Relativbewegung

Wir haben das Auftreten der Induktionsspannung auf die Bewegung von Elektronen im Magnetfeld zurückgeführt und mit Hilfe der Lorentzkraft erklärt. Dabei kam es auf die *Bewegung des Stabes* an. Ist diese Voraussetzung notwendig?

Für einen im Zug sitzenden Reisenden bewegt sich z. B. das Bahnhofsgebäude entgegengesetzt zur Fahrtrichtung seines Zuges. Für einen Beobachter am Bahnsteig dagegen ruht das Gebäude. Den im Zug Sitzenden sieht der Beobachter am Bahnsteig jedoch in Bewegung (vgl. S. 171).

Ruhe und Bewegung sind immer relativ, d. h. es kommt auf den Standpunkt des Beobachters an.

Diese grundsätzliche Erkenntnis bringt uns hinsichtlich der Erzeugung von Induktionsspannung auf eine zunächst etwas ausgefallen erscheinende Idee. Vielleicht braucht man bei der in Abb. 2 dargestellten Anordnung zur Erzeugung der Induktionsspannung nicht unbedingt den Stab zu bewegen.

Eine Bewegung des *Magneten* könnte vielleicht die gleiche Wirkung haben wie die Bewegung des Stabes. Erinnern wir uns an den Reisenden im Zug und den Beobachter am Bahnsteig: Bewegung ist etwas Relatives. Wir denken uns daher den Beobachter hier auf den bewegten Hufeisenmagneten gesetzt. Für ihn ruht der Magnet. Er sieht aber den Stab auf sich zukommen oder sich von ihm wegbewegen. Die Elektronen des Stabes bewegen sich für ihn in einem ruhenden Magnetfeld.

Von daher ist die Frage interessant, ob der Spannungsmesser einen Unterschied zwischen der Bewegung des Stabes bzw. der des Magneten macht.

Diese Frage müssen wir im Experiment prüfen.

Versuch 11: In der Anordnung nach Abb. 2 bewegen wir jetzt bei feststehendem Stab den Hufeisenmagneten. Tatsächlich schlägt das Meßinstrument genau so aus wie in Versuch 8.

Ergebnis: Bei der Erzeugung einer Induktionsspannung kommt es offensichtlich nur auf die **Relativbewegung** der Elektronen bezüglich des Magnetfeldes an.

Diese Tatsache führt uns zu einer wichtigen Fragestellung.

Der auf dem Magnet sitzende Beobachter kann das Entstehen der Induktionsspannung zwar mit Hilfe der Lorentzkraft deuten; denn für ihn bewegen sich ja die Elektronen. Dies gilt aber nicht für den neben dem Magneten stehenden Beobachter. Aus seiner Sicht ruhen die Elektronen.

Wie kann *er* dann die auftretende Induktionsspannung erklären?

Zur Erklärung darf er nur das heranziehen, was er beobachtet. Der Stab AB bildet zusammen mit dem Meßinstrument und dessen Zuleitungsdrähten eine geschlossene *Leiterschleife.* Der ruhende Beobachter sieht, daß mit dem bewegten Hufeisenmagneten dessen Magnetfeld in diese Leiterschleife „hineingeschoben" wird. Das Magnetfeld in der Leiterschleife verändert sich also. Daher erklärt der ruhende Beobachter das Auftreten der Induktionsspannung so:

Eine Induktionsspannung entsteht, wenn sich das Magnetfeld in der Leiterschleife verändert.

Ein Experiment und *zwei* verschiedene Erklärungsmöglichkeiten? Was ist die „eigentliche" Ursache des Zeigerausschlages unabhängig vom Beobachter? Da sich Versuch 11 für den ruhenden Beobachter nicht mit Hilfe der Lorentzkraft erklären läßt, erhebt sich die Frage, ob nicht gerade umgekehrt

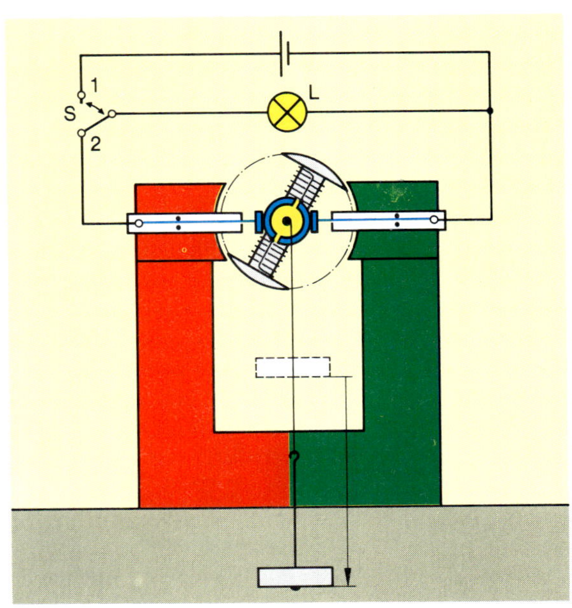

Abb. 3 Umwandlung: elektrische Energie ↔ mechanische Energie

Versuch 8 auch als eine Änderung des Magnetfeldes in der Leiterschleife gedeutet werden kann. Dies ist in der Tat der Fall! Betrachten wir noch einmal Abb. 2, S. 276, dann wird deutlich, daß eine Bewegung des Stabes nach rechts den von der Leiterschleife ABCD umfaßten Bereich verkleinert. Dies ist aber gleichbedeutend mit der Tatsache, daß sich das Magnetfeld, das die Leiterschleife durchsetzt, ändert.

Wir erkennen: *Die in beiden Versuchen auftretende Induktionsspannung kann auf die gleiche Ursache, nämlich die Feldänderung in der Leiterschleife, zurückgeführt werden.*

Diese Erkenntnis soll jetzt noch weiter experimentell überprüft werden.

Wir ersetzen dazu den Hufeisenmagneten im Versuch 8 durch einen Stabmagneten und die Leiterschleife durch eine Spule.

Versuch 12: Entsprechend zu Versuch 8 halten wir den Stabmagneten fest und bewegen die Spule hin und her. Das Meßinstrument zeigt eine Wechselspannung an. Allerdings ist die Spannung höher als in Versuch 8. Wir führen dies auf die größere Zahl der Leiterschleifen, welche die Spule aufbauen, zurück.

Versuch 13: Entsprechend zum Versuch 11 halten wir die Spule fest und bewegen den Stabmagneten. Der Spannungsmesser registriert einen Ausschlag wie im Versuch 12. Legen wir den Magneten in die Spule hinein, so daß beide relativ zueinander ruhen, dann zeigt das Meßinstrument keine Induktionsspannung an. Drehen wir den Stabmagneten in der Spule exakt um seine Längsachse, so entsteht ebenfalls keine Induktionsspannung. Dieser Fall ist von besonderer Bedeutung. Es liegt zwar eine Relativbewegung vor, sie führt jedoch zu keiner Änderung des Magnetfeldes.

Diese Versuche bestätigen: Wenn eine *Relativbewegung bewirkt*, daß das die Leiterschleife (Spule) durchsetzende *Magnetfeld sich ändert*, entsteht eine *Induktionsspannung*.

Induktionsspannung auch ohne Bewegung?

Bewegung ist aber nur *ein* Mittel, die Änderung des Magnetfeldes in einer Leiterschleife zu bewirken. Es gibt noch andere Möglichkeiten. Aus Kapitel 2.3 ist uns bekannt, daß eine stromdurchflossene Spule ein magnetisches Feld erzeugt, das dem eines Stabmagneten gleicht (S. 224). Deshalb können wir den Stabmagneten durch eine stromführende Spule I (Feldspule) ersetzen. Die Induktionsspule ist über einen Verstärker mit einem empfindlichen Meßinstrument verbunden. Die beiden Anordnungen befinden sich auf fahrbaren Wagen. Ein Vorhang sorgt dafür, daß der Beobachter der Spule II und des Meßgerätes die Anordnung auf Wagen I nicht sehen kann (Abb. 2).

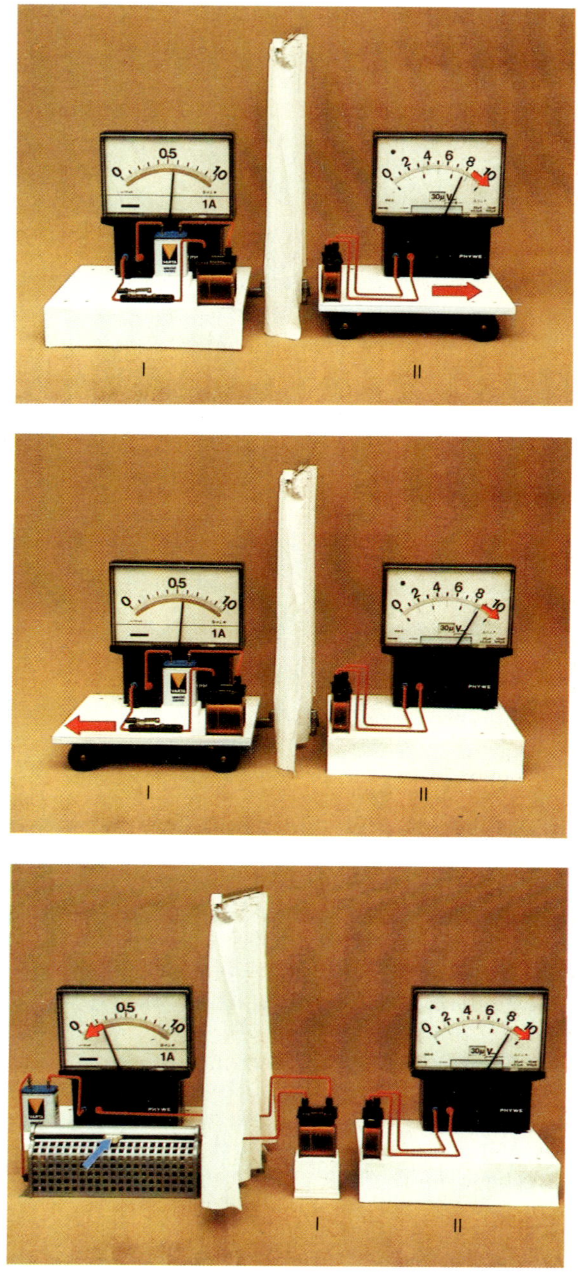

Abb. 1a–c Die gleiche Ursache für die Induktionsspannung: Änderung des Magnetfeldes in der Induktionsspule

Versuch 14: Wir bewegen Wagen II mit der Induktionsspule nach rechts. Das Meßinstrument registriert eine Induktionsspannung.

Wir schließen: Hinter dem Vorhang befindet sich ein Magnetfeld. Ziehen wir den Vorhang auf, so erkennen wir, daß es von der ruhenden stromdurchflossenen Spule I erzeugt wird (Abb. 1a).

Versuch 15: Wir halten die Apparatur II in Ruhe (Abb. 1b). Wieder zeigt das Instrument den gleichen Zeigerausschlag wie im Versuch 14 an. Was hat sich hinter dem Vorhang abgespielt? Wir vermuten: Die Apparatur I bewegt sich nach links.

Öffnen wir den Vorhang, so bestätigt sich unsere Annahme.

Die Induktionsspannung entsteht in beiden Fällen durch die *Relativbewegung* der Apparaturen I bzw. II, die eine *Änderung des Magnetfeldes* in der Induktionsspule bewirkt.

Versuch 16: Gemäß Abb. 1 c kann der Beobachter nun Feldspule und Induktionsspule sehen. Hier ist ein Teil der Stromzuführung durch den Vorhang verdeckt. Beide Spulen befinden sich in Ruhe. Trotzdem kann mit dem Meßinstrument eine Induktionsspannung nachgewiesen werden.

Dies ist sehr verblüffend! Was ist jetzt hinter dem Vorhang Geheimnisvolles geschehen? Wir können in diesem Fall das Entstehen der Induktionsspannung offenbar nicht auf eine Relativbewegung der Apparaturen I und II zurückführen. Lüften wir durch Wegziehen des Vorhangs das Geheimnis: In dem Stromkreis der Apparatur I befindet sich ein Schiebewiderstand. Durch Verschieben des Kontaktes läßt sich der Strom in Spule I verändern. Dies bewirkt eine *Änderung der Stärke des Magnetfeldes* der Spule I. Ist der Vorhang zugezogen, können wir mit unserer Induktionsspule nicht unterscheiden, auf welche Weise die Magnetfeldänderung verursacht wurde. Deshalb gilt *allgemein* das **Induktionsgesetz:**

> Induktionsspannung entsteht durch *Änderung*
> - der vom Magnetfeld durchsetzten Fläche der Induktionsspule
> - der Stärke des durchsetzenden Magnetfeldes.

In weiteren Versuchen wollen wir noch genauer prüfen, wie die Induktionsspannung von der Windungszahl und von der Änderung des Magnetfeldes abhängt.

Da wir uns eine Spule von z.B. 250 Windungen aus 250 gleichsinnig gewickelten Leiterschleifen aufgebaut denken, liegt die Hypothese sehr nahe, daß die Induktionsspannung der Windungszahl proportional ist.

Versuch 17: Zur Prüfung dieser Hypothese verwenden wir den in Abb. 1 c dargestellten Versuchsaufbau. Wir stellen den Schiebewiderstand so ein, daß unser Strommeßinstrument gerade einen Feldstrom $I = 1\,\text{A}$ anzeigt. Als Induktionsspulen verwenden wir Spulen von 250, 500 und 1000 Windungen. Wir schalten jeweils den Feldspulenstrom ein und aus und beobachten die Ausschläge des Spannungsmessers. Die Experimente bestätigen unsere Hypothese.

Versuch 18: Wir nehmen nun eine Induktionsspule von bestimmter Windungszahl (z.B. 500 Windungen) und schalten mit dem Schiebewiderstand eingestellte verschiedene Ströme von 1 A, 2 A und 3 A nacheinander ein und aus. Damit erzeugen wir unterschiedlich starke Magnetfelder. Sorgen wir dafür, daß die Zeit für den Schaltvorgang immer die gleiche ist, dann zeigt das Meßinstrument die zwei- bzw. dreifache Induktionsspannung bei Verdoppelung bzw. Verdreifachung der Magnetfeldstärke an.

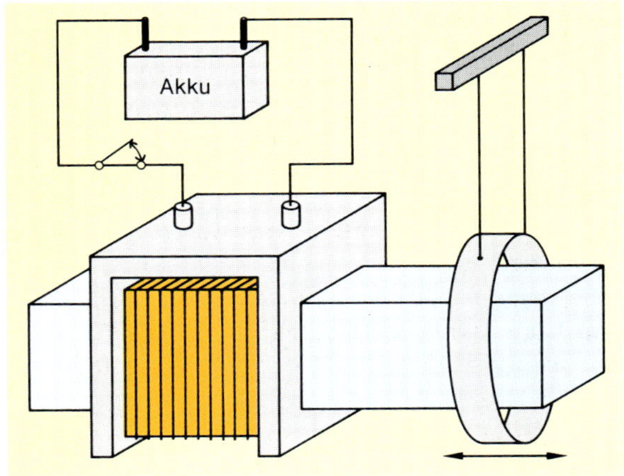

Abb. 2 Aluminiumring wird abgebremst

Regeln wir nun mit Hilfe des Schiebewiderstandes die Stromstärke kontinuierlich von 1 A auf 3 A, und zwar einmal schnell und dann langsam, so registriert unser Meßinstrument die größere Induktionsspannung bei schnellerer Änderung des Magnetfeldes an. Wir fassen zusammen:

> *Die Induktionsspannung ist um so größer*
> - *je größer die Windungszahl der Induktionsspule,*
> - *je stärker sich das Magnetfeld in der gleichen Zeit ändert,*
> - *je kürzer die Zeit ist, in der die Magnetfeldänderung erfolgt.*

Induktion und Energieerhaltung

Beim Generator wird mechanische Energie in elektrische umgewandelt (vgl. S. 277). Die elektrische Energie gibt es demnach nicht umsonst. Dies zeigen wir noch mit dem in Abb. 2 dargestellten Versuch.

Versuch 19: Wir heben den Aluminiumring an und lassen ihn über dem Eisenkern des Elektromagneten pendeln. Der Ring wird abgebremst und bleibt stehen.

Erklärung: In dem Ring ändert sich während der Bewegung das Magnetfeld. Dadurch wird ein Strom induziert. Sein Magnetfeld ist dem Feld des Magneten entgegengerichtet; daher Abbremsung. Wäre es umgekehrt, dann würde infolge der Anziehung die Bewegung unterstützt. Der Induktionsstrom würde verstärkt. Es entstünde ein *perpetuum mobile*. Dies widerspricht aber dem Energieerhaltungssatz (vgl. S. 130). Allgemein gilt:

> *Der Induktionsstrom ist so gerichtet, daß er dem Vorgang seiner Entstehung entgegenwirkt (Lenzsche Regel).*

Abb. 1 Michael Faraday (1791–1867)

Faradays unerwartete Entdeckung

Oersted machte die bedeutsame Entdeckung, daß elektrische Ströme Magnetfelder erzeugen. Ist es dann umgekehrt auch möglich, mit Hilfe von magnetischen Feldern Ströme zu erzeugen?

Diese interessante Frage stellte zuerst der englische Physiker Michael Faraday (1791–1867). Ausgangspunkt seiner Überlegungen war die Idee von der *Einheit aller Naturerscheinungen.* Deshalb war er von einem grundlegenden Zusammenhang zwischen Elektrizität und Magnetismus fest überzeugt.

Dieser Gedanke brachte ihn auf eine entscheidende Frage:

Wenn ruhende elektrische Ladungen durch Influenz auf einem benachbarten Körper elektrische Ladungen (Influenzladungen) bewirken (vgl. S. 236), dann könnte es doch möglich sein, daß bewegte elektrische Ladungen (Ströme in einem Leiter) in einem benachbarten Leiter die dort ebenso influenzierten Ladungen gleichsam mitziehen. In dem benachbarten Leiter sollten demnach *„Influenzströme“* fließen. Da man damals in England *„Influenz“* auch als *„Induktion“* bezeichnete, nannte Faraday seine vermuteten Ströme *„Induktionsströme“*.

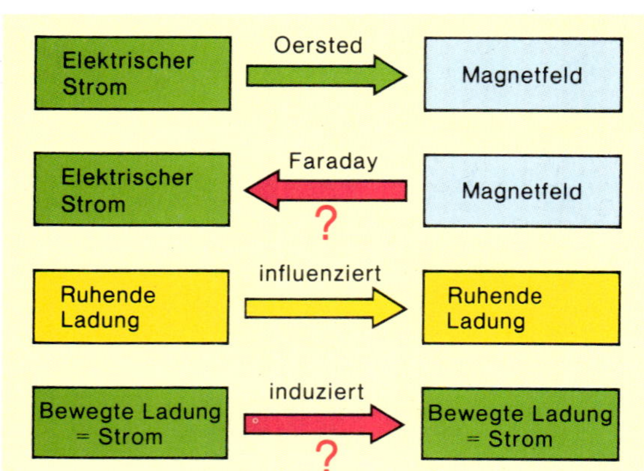

Abb. 2 Die beiden Fragen Faradays

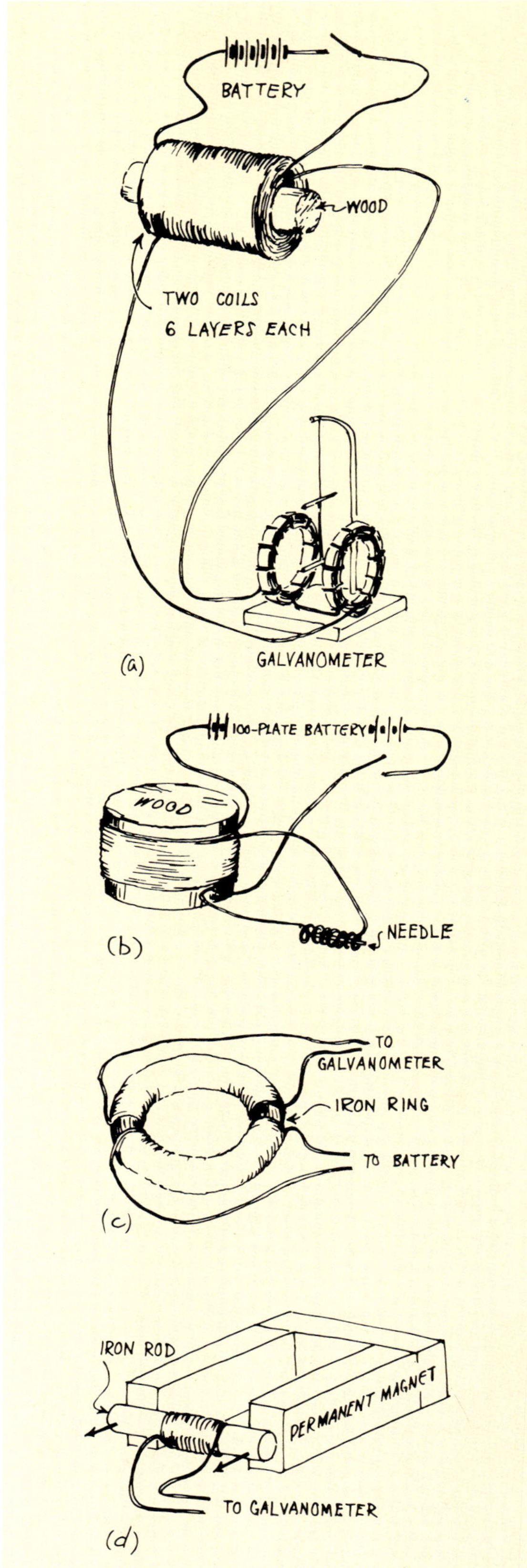

Abb. 3 Originalabbildungen aus Faradays „Experimental Researches in Electricity“

Faraday, der als Sohn eines Schmiedes vom Buchbinderlehrling bis zum Leiter des berühmten DAVY-Laboratoriums der Royal Institution aufstieg, war ein unermüdlicher und hervorragender Experimentator. Seine Tagebücher gehören zu den berühmtesten Dokumenten der Physikgeschichte.

Mit der Induktion befaßte er sich seit 1822. Nach vielen Fehlschlägen machte er – wie aus seinen Tagebüchern genau ersichtlich – die entscheidende Entdeckung am 29. August 1831. Die Natur gab ihm auf seine Frage eine verblüffende Antwort. Sie fiel nämlich ganz anders aus, als Faraday zunächst erwartet hatte.

Er rechnete mit einem Induktionsstrom in einem Leiter (Spule), wenn in einem daneben befindlichen Leiter (Spule) ein Strom floß. Ein Induktionsstrom trat jedoch nur dann auf, wenn in einem Leiter oder in einer Spule der Strom ein- und ausgeschaltet oder er in seiner Stärke *verändert* wurde. Faradays grundlegende Experimente (Abb. 3) stimmen im wesentlichen mit den von uns in den vorhergehenden Abschnitten beschriebenen Versuchen überein. Wir haben zum Nachweis der Induktionsspannungen bessere Meßgeräte als Faraday benutzen können. Daß er mit viel einfacheren Mitteln eine der größten Entdeckungen machte, beweist seinen Ideenreichtum und sein überragendes experimentelles Geschick. Faraday hat die weitere Entwicklung der Physik und Elektrotechnik wesentlich bestimmt.

Aufgaben

1. Nenne verschiedene Fälle, bei denen trotz Bewegung einer Leiterschleife in Magnetfeldern keine Induktionsspannung entsteht (Skizze)!
2. Erläutere die in Versuch 19 stattfindenden Energieumwandlungen!
3. Überlege, ob in der in Abb. 4 dargestellten Leiteranordnung (Leiter sind isoliert und so geführt, daß sie keine Fläche umschließen) eine Induktionsspannung gemessen werden kann!

   Anleitung: Vergleiche die Leiterführung hier mit der in Abb. 2 S. 276 und beachte die Überlegungen zur Entstehung der Induktionsspannung auf Seite 277!
4. Erkläre die historischen Versuchsanordnungen Faradays in Abb. 3!

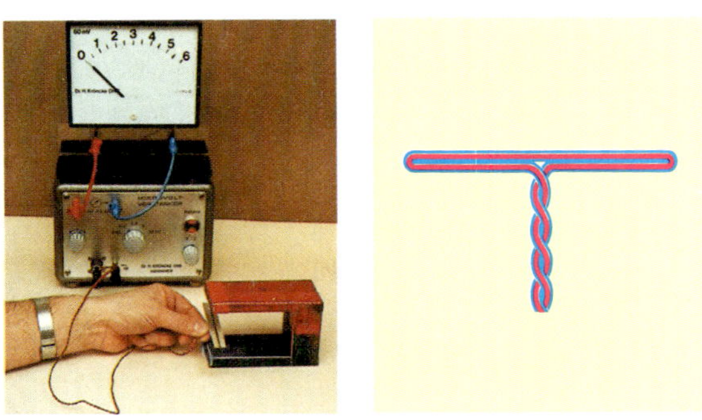

Abb. 4 Zur Aufgabe 3

Abb. 5 Großgenerator bei der Montage

5.4 Generatoren

Als Faraday seine Entdeckung der elektromagnetischen Induktion veröffentlichte, wurde er gefragt, „Wozu ist das gut? Was kann man damit machen?“ Denn zunächst sah man nur, daß ein kleiner Strom entstand, wenn ein Draht oder eine Spule in einem Magnetfeld bewegt wurde. Faraday soll durch eine Gegenfrage geantwortet haben: „Welchen Nutzen hat ein neugeborenes Kind?“

Tatsächlich war die Entdeckung der Induktion die Geburt der modernen Elektrotechnik. Die scheinbar nutzlose Entdeckung hat das Gesicht der Erde in einer Weise verändert, wie man es sich zu Faradays Zeiten sicher nicht vorstellen konnte. Eine der wichtigsten Anwendungen ist die Erzeugung von Spannung durch Generatoren. Wie ein solcher Generator funktioniert, wollen wir jetzt untersuchen.

Wie Wechselspannung erzeugt wird

Versuch 20: Wir bewegen den Metallstab in Abb. 2, S. 276 langsam hin und her. Dabei pendelt der Zeiger des Spannungsmessers regelmäßig um die Nullage. Die Hin- und Herbewegungen des Leiterstücks im Magnetfeld erzeugen eine **Wechselspannung.** Der Minuspol befindet sich mal am vorderen und mal am hinteren Ende des bewegten Metallstabes.

Die hierbei erzeugte Wechselspannung ist sehr klein und läßt sich technisch nicht nutzen. Es handelt sich um ein Mini-Elektrizitätswerk.

In industriellen Elektrizitätswerken, die Haushalte und Betriebe mit elektrischer Energie versorgen, werden große Spulen von Wasser- und Dampfturbinen in starken Magnetfeldern gedreht. Abb. 5 zeigt einen solchen Industriegenerator.

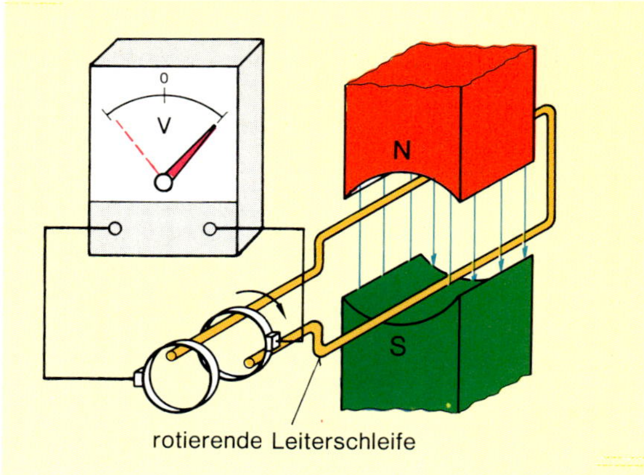

Abb. 1 Modell eines Wechselspannungsgenerators

Das Prinzip der Wechselspannungserzeugung mit Spulen können wir uns am besten mit einer einzigen Leiterschleife klarmachen.

Versuch 21: Abb. 1 zeigt eine Leiterschleife in einem Magnetfeld. Ihre Enden sind über Schleifringe mit einem Spannnungsmesser verbunden. Beim gleichmäßigen Drehen der Leiterschleife pendelt der Zeiger des Spannungsmessers um seine Nullage.

Es wird eine Wechselspannung induziert. Abb. 2 zeigt, wie sich die Spannung während einer vollen Umdrehung der Schleife ändert:

In der Stellung I bewegen sich die Leiterstücke a und b für einen kurzen Moment parallel zu den Feldlinien des Magnetfeldes. Dabei wirkt keine Lorentzkraft auf die Leitungselektronen, es werden also keine Ladungen getrennt. Die Spannung an den Schleifkontakten S_1 und S_2 ist Null.

In der Stellung II bewegen sich die Leiterstücke a und b senkrecht zu den Feldlinien. Auf die Leitungselektronen wirkt die Lorentzkraft und verschiebt sie an ein Ende der Leiterschleife. Am Schleifring S_1 entsteht ein Elektronenüberschuß (Minuspol) und an S_2 ein Elektronenmangel (Pluspol). Die Ladungstrennung erfolgt in beiden Leiterstücken, die quer zu den Magnetfeldlinien bewegt werden. Da sie hintereinandergeschaltet sind, addieren sich die in ihnen induzierten Spannungen. In den Leiterstücken c und d wirkt keine Lorentzkraft, da diese nicht quer zu den Feldlinien bewegt werden.

In den Zwischenstellungen von II nach III oder von I nach II bewegen sich die Leiterstücke a und b schräg zu den Feldlinien. Die Lorentzkraft ist dabei geringer, so daß die Elektronen nicht so stark zu den Schleifkontakten abgelenkt werden. Die Spannung an den Anschlüssen S_1 und S_2 ist daher kleiner als in Stellung II.

In der Stellung III ist die Spannung wieder Null, da sich a und b wieder parallel zu den Feldlinien bewegen.

Zwischen den Stellungen III und IV wirkt wieder die Lorentzkraft, aber sie hat nun eine umgekehrte Richtung. Plus- und Minuspol werden an den Anschlüssen vertauscht. In der Stellung IV ist der Betrag der Lorentzkraft wieder genauso groß wie in II, und die Spannung erreicht mit umgekehrtem Vorzeichen ihren Höchstwert.

In der Stellung V hat sich die Leiterschleife einmal um sich selbst gedreht. Jeder Schleifring war für eine halbe Umdrehung Plus- und Minuspol. Nach jeder vollen Umdrehung beginnt der Vorgang der Ladungstrennung von neuem. Der Spannungsverlauf ist *periodisch* (periodos, griech. = Kreislauf, regelmäßige Wiederkehr). Einer vollen Umdrehung der Leiterschleife entspricht die *Periodendauer T*. Beträgt T eine Sekunde, so ist die Frequenz 1 Hz.

Die Wechselspannung, die uns die Elektrizitätswerke liefern, hat eine Frequenz von 50 Hz. Die Leiterschleife müßte also 50 Umdrehungen in der Sekunde machen. Dabei ändern die Elektronen 100mal in der Sekunde ihre Richtung. Bei den Generatoren der Elektrizitätswerke werden statt der Leiterschleifen Spulen verwendet. Die Induktions-

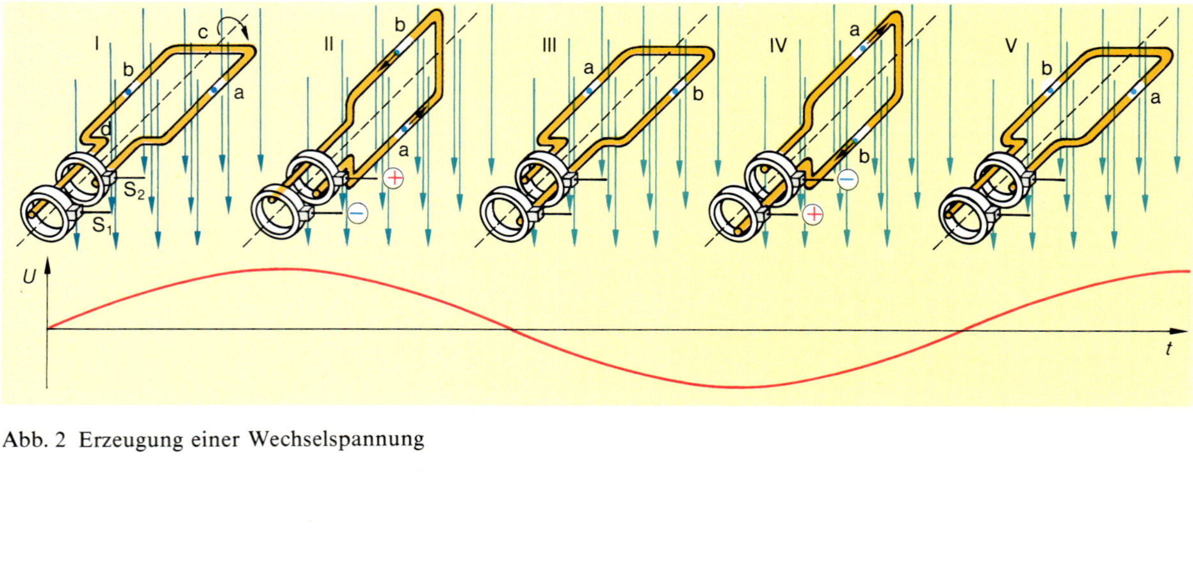

 Abb. 2 Erzeugung einer Wechselspannung

spannung ist dann um ein Vielfaches höher als bei einer einzelnen Schleife (vgl. Versuch 18).

Rotierende Spulen in einem Magnetfeld erzeugen eine Spannung, deren Vorzeichen und Betrag sich periodisch ändern. Eine solche Spannung heißt Wechselspannung.

Durch Versuche kann man zeigen:

Man erhält eine höhere Wechselspannung, wenn man

- die Drehzahl erhöht,
- das Magnetfeld verstärkt,
- die Windungszahl und den Querschnitt der Spule erhöht und einen Eisenkern in die Spule einführt.

Innenpolmaschinen

Bei dem in Abb. 1 dargestellten Modell-Generator wurde die induzierte Spannung über Schleifkontakte abgenommen. Bei großen Leistungen ist diese Art der Stromabnahme ungünstig. Immerhin werden bei großen Generatoren in Elektrizitätswerken Wechselspannungen bis zu 20000 V und Ströme bis zu 100000 A erzeugt. Dabei treten Funken auf, die die Kontakte verschleißen und zu Energieverlusten führen. Man ordnet deshalb bei Großgeneratoren die Spulen fest an und läßt im Innern Magnete rotieren. Generatoren dieser Bauart heißen **Innenpolgeneratoren.** Bei ihnen wird die induzierte Spannung an den feststehenden Induktionsspulen abgegriffen. Wir untersuchen das Verhalten eines Innenpolgenerators an einem Modell.

Versuch 22: Nach Abb. 3 sind zwei Spulen hintereinandergeschaltet und an einen Spannungsmesser angeschlossen. Zwischen den Spulen befindet sich ein Stabmagnet, den man um seine Mittelachse drehen kann. Beim Rotieren des Magneten zeigt das Meßinstrument eine Wechselspannung an, deren Betrag und Frequenz mit zunehmender Drehzahl größer werden.

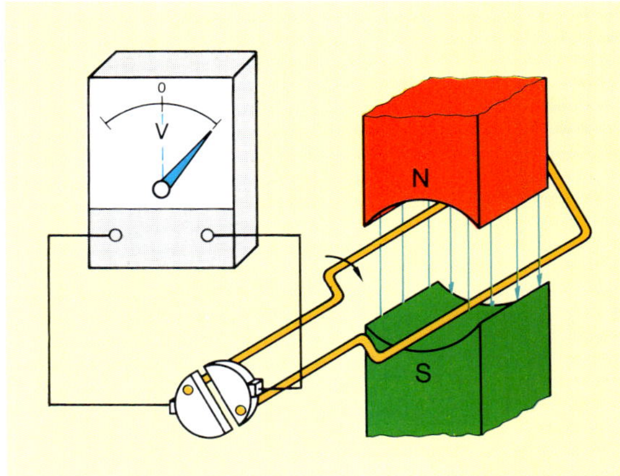

Abb. 4 Modell eines Gleichspannungsgenerators

Erklärung: Jedesmal wenn ein Pol des Stabmagneten an den Spulen vorbeigeführt wird, ändert sich die Stärke des von ihnen umschlossenen Magnetfeldes. Dadurch wird in ihnen eine Spannung induziert, deren Vorzeichen sich bei jeder Halbdrehung ändert.

Gleichstromgeneratoren

Die beschriebenen Generatoren für Wechselspannung können leicht zur Erzeugung von Gleichspannung umgebaut werden. Dazu werden die beiden Schleifringe in Abb. 1 durch zwei Kommutatorhalbringe (vgl. S. 274) ersetzt.

Bei einem Generator mit nur einer Leiterschleife (Abb. 4) wird jeweils nach einer halben Umdrehung die Spannung umgepolt (Abb. 5a). Dadurch kann statt der Wechselspannung eine pulsierende Gleichspannung abgegriffen werden. Durch Verwendung des Kommutators wird sozusagen der negative Teil der Spannungskurve nach oben „geklappt". Die Polarität an den Anschlüssen ändert sich nicht. Verwendet man einen Dreifach-T-Anker (Abb. 5, S. 275), so erhält man eine nur noch wenig wellige Gleichspannung (Abb. 5b).

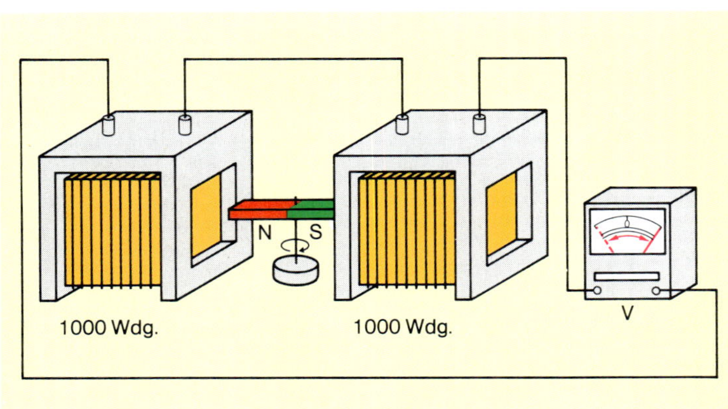

Abb. 3 Modellversuch zum Innenpolgenerator

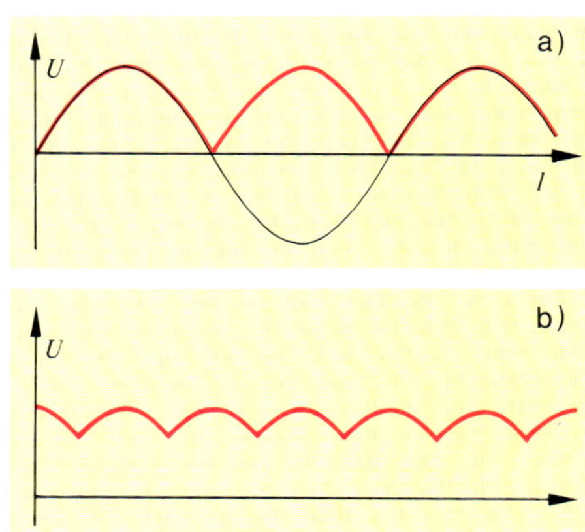

Abb. 5 Pulsierende Gleichspannung: a) bei einer Leiterschleife; b) bei einem Dreifach-T-Anker

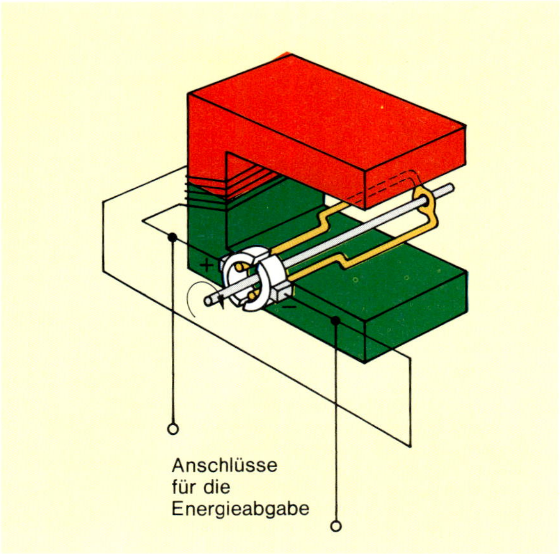

Abb. 1 Modell einer Dynamomaschine

Dynamomaschinen revolutionieren die Technik

Zur Erregung der Feldmagnete von Gleich- und Wechselstromgeneratoren benötigen wir einen von außen zugeführten Gleichstrom. Solche Maschinen heißen daher *fremderregte Generatoren.* Doch woher nimmt man den Strom für den Elektromagneten?

Dieses Problem wurde durch die Erfindung des **Dynamoprinzips** durch W. VON SIEMENS (1816–1892) im Jahr 1866 gelöst. Danach kann beim Gleichstromgenerator der benötigte Feldstrom für den Elektromagneten vom Generator selbst geliefert werden. Man nennt solche Maschinen daher *selbsterregte Generatoren.* Und so ist ihre Wirkungsweise:

Der Eisenkern im Elektromagneten verliert seinen Magnetismus nicht ganz. Auch ohne Erregung durch einen Strom ist ein geringer Magnetismus vorhanden. Beginnt sich die Induktionsspule (Abb. 1) zu drehen, so entsteht zunächst eine geringe Induktionsspannung, die am Kommutator abgegriffen werden kann. Auch die Feldspule ist am Kommutator angeschlossen. Ein erster schwacher Induktionsstrom verstärkt nun das Feld der Magnetspule. Dies wiederum hat einen stärkeren Induktionsstrom zur Folge. Diese gegenseitige Verstärkung hält solange an, bis alle Elementarbezirke im Eisenkern ausgerichtet sind und der Magnet gesättigt ist. Der Strombedarf für die Feldspule ist im Vergleich zur Stromstärke, die ins Netz eingespeist wird, sehr gering.

Der beschriebene Generator heißt **Dynamomaschine.** Seine Erfindung hat die Entdeckung der Induktion erst richtig zur Geltung gebracht. Eine neue industrielle Revolution wurde eingeleitet. Es wurde nun möglich, die elektrische Energie in zunehmendem Maße technisch zu nutzen. Dies zeigte sich z. B. sehr bald im äußeren Erscheinungsbild der Städte. Die Straßenbahnen, die bislang mit Pferden gezogen wurden, konnten nun selbstfahrend elektrisch angetrieben werden. Auch elektrische Straßenbeleuchtungen wurden sehr bald installiert.

Drehstromgeneratoren

An Hochspannungsfernleitungen sieht man auf jeder Seite jeweils drei Leitungen, die an den Isolatoren aufgehängt sind. Ein vierter Leiter aus dünnem Draht wird meist über die Spitzen der Masten geführt. Dies liegt daran, daß das Leitungsnetz zur Elektrizitätsversorgung ein **Drehstromnetz** ist. Was ist Drehstrom?

Abb. 2 zeigt den vereinfachten Aufbau eines **Drehstromgenerators.** Drei gleiche Spulen mit jeweils einem Eisenkern sind kreisförmig angeordnet. Der Winkel zwischen zwei benachbarten Spulenachsen beträgt 120°. Im Innern des Kreises rotiert ein Elektromagnet mit der Umdrehungszeit *T.* Dabei werden in den Spulen Spannungen induziert. Diese Wechselspannungen sind um T/3 gegenein-

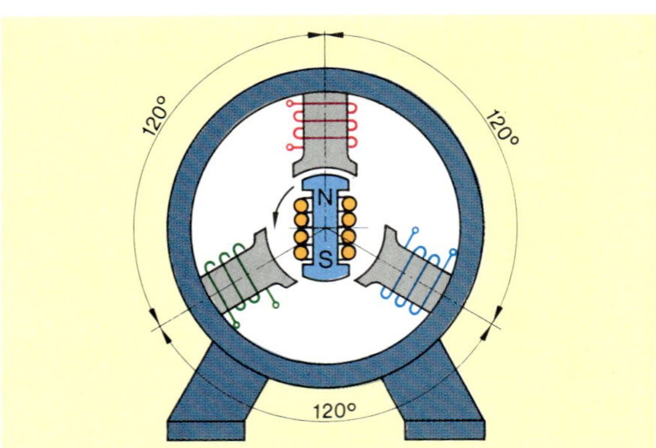

Abb. 2 Prinzip eines Drehstromgenerators

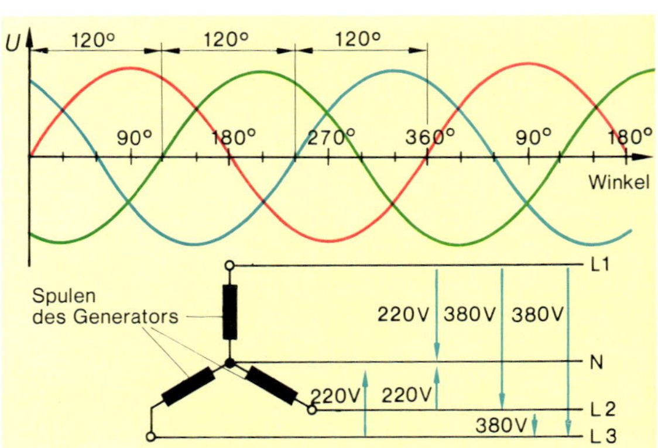

Abb. 3 Spannungsverlauf beim Drehstrom und Leitungsnetz

ander verschoben. Die Zeit von T/3 entspricht dem Winkel von 120°.

Für die Weiterleitung dieser Wechselspannungen benötigt man eigentlich 6 Leitungen, nämlich 2 für jede Spule. Verbindet man aber z. B. die Spulen einseitig, so kommt man mit den 4 Leitungen L_1, L_2, L_3 und N aus (Abb. 3). Der mit N bezeichnete Leiter heißt **Nulleiter.** In ihm ist die Stromstärke nahezu Null. Die drei übrigen Leiter L_1, L_2, L_3 heißen **Außenleiter.** Die Schaltung wird **Sternschaltung** genannt. Die großen Generatoren der Elektrizitätswerke sind so geschaltet. Zwischen dem Nulleiter und einem Außenleiter liegt eine Spannung von 220 V, während die Spannung zwischen zwei Außenleitern 380 V beträgt.

Ein Vorteil der Sternschaltung liegt darin, daß zwei verschiedene Spannungen abgenommen werden können. Glühlampen und kleinere Haushaltsgeräte werden zwischen Nulleiter und einem Außenleiter angeschlossen. Die Hausanschlüsse werden dabei vom Elektrizitätswerk so vorgenommen, daß die Belastung der einzelnen drei Außenleiter im Mittel gleich groß ist. So kann z. B. von drei Stockwerken eines Hauses jedes aus einem der Außenleiter versorgt werden.

Verbraucher mit großen Leistungen wie Elektroherde werden aus drei gleichen Teilverbrauchern aufgebaut, z. B. drei gleiche Heizwicklungen. Jeder dieser Teile liegt zwischen einem der Außenleiter und dem Nulleiter. Bei gleichen Teilverbrauchern ist der Nulleiter stromlos, und es treten keine Rückleitungsverluste auf.

Ein weiterer Vorteil des Drehstroms liegt darin, daß mit ihm Drehstrommotoren betrieben werden können, die sich durch einen besonders einfachen Aufbau, durch eine große Robustheit und durch geringe Schwankungen der Drehzahl auszeichnen.

Aufgaben

1. Wie kann bei einem Wechselstromgenerator die Frequenz verändert werden?
2. Erläutere das Entstehen der Spannung in einer Innenpolmaschine! Welche Vorteile besitzt sie gegenüber dem Außenpolgenerator?
3. Zwei Drehspulinstrumente (Meßbereich 1 mA) werden durch Kabel miteinander verbunden. Eines der Geräte wird zur Seite gekippt, so daß sich sein Zeiger bewegt. Dabei schlägt der Zeiger des anderen aus. Warum?
4. Weshalb werden bei einem Gleichspannungsgenerator mehrere rotierende Spulen verwendet?
5. In Abb. 4 ist der Längs- und der Querschnitt eines Fahrraddynamos dargestellt. Erläutere seine Funktionsweise! Ist die Bezeichnung „Dynamo“ richtig? Welche Spannungsart liefert die Fahrradlichtmaschine? Wie läßt sich dies überprüfen?
6. Gib eine Erklärung dafür, daß beim Fahrraddynamo (Abb. 4b) die Windungen benachbarter Spulen gegenläufig gewickelt sind!
7. Beschreibe den Aufbau eines Drehstromgenerators!

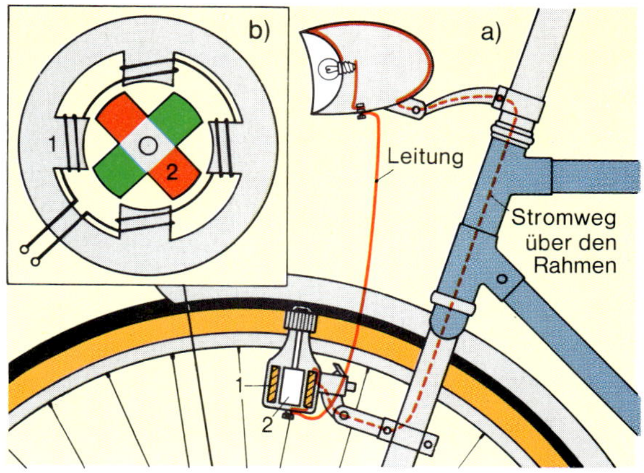

Abb. 4 Längs- und Querschnitt durch einen Fahrraddynamo mit Spulen (1) und Magnet (2)

5.5 Transformatoren

An den Netzsteckdosen unserer Haushalte liegt eine Wechselspannung von 220 V. Der Transport der elektrischen Energie vom Elektrizitätswerk zu den Abnehmern erfolgt über Hochspannungsleitungen. An ihnen liegen Spannungen von 200 000 V und mehr. Bevor die elektrische Energie in die Häuser und Betriebe geführt wird, müssen diese hohen Spannungen in Umspannstationen herabgesetzt werden. Wie dies gelingt und warum die Spannungswandlung notwendig ist, wird im folgenden dargestellt.

Das Kernstück einer Umspannstation ist ein **Transformator** (kurz Trafo). Mit ihm können Wechselspannungen herauf- und herabgesetzt werden. Man sagt, die Spannung wird transformiert (transformare, lat. = umwandeln).

Der Transformator wandelt Spannungen um. Man nennt ihn auch Spannungswandler.

Abb. 5 Transformatoren im Kernkraftwerk Würgassen. Die beiden Transformatoren (Höhe etwa 10 m, Gewicht je 400 t) transformieren die Spannung von 21 kV auf 400 kV

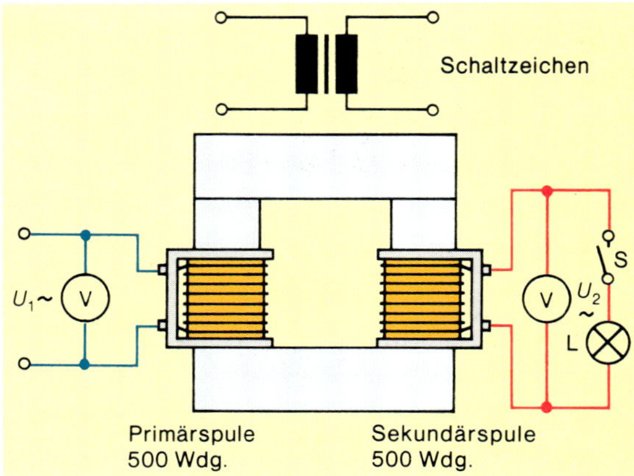

Abb. 1 Transformator

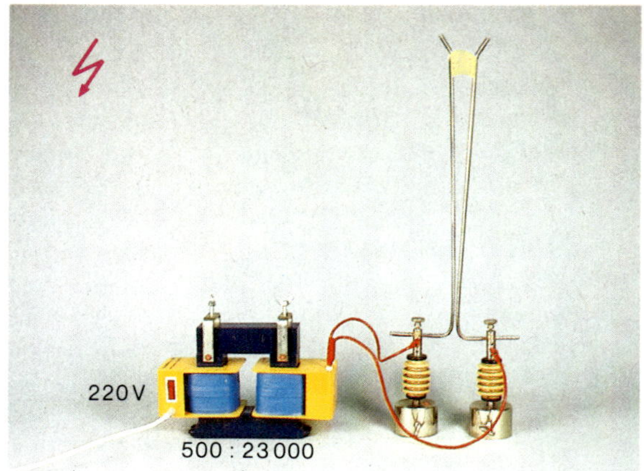

Abb. 2 Hochspannungstransformator

Um die Funktionsweise eines Transformators zu verstehen, müssen wir zunächst seinen Aufbau kennen. Er besteht aus zwei Spulen, die auf einem geschlossenen Eisenkern angeordnet sind. Der Faradaysche Ring (vgl. Abb. 3, S. 280) war der erste Transformator.

Versuch 23: Wir legen an eine Spule beim Transformator eine Wechselspannung von 8 V. Man nennt die Spule, in die der Wechselstrom eintritt, die *Primärspule*. An die zweite Spule, die *Sekundärspule*, ist eine Glühlampe angeschlossen. Die an den Spulen liegenden Spannungen U_1 und U_2 können mit den angeschlossenen Spannungsmessern bestimmt werden (Abb. 1). U_1 heißt *Primärspannung*, U_2 *Sekundärspannung*. Bei eingeschalteter Primärspannung von 8 V wird auch eine Sekundärspannung von etwa 8 V angezeigt. Bei geschlossenem Schalter S leuchtet die Lampe L ständig, obwohl im Sekundärkreis keine Spannungsquelle liegt.

Legen wir an die Primärspule eine Gleichspannung, so leuchtet die Lampe nur beim Ein- und Ausschalten kurz auf. Nur dann nämlich entsteht in der Sekundärspule eine Induktionsspannung, weil sich dann das Magnetfeld ändert.

Fließt nun in der Primärspule ein Wechselstrom, so erübrigt sich ein Öffnen und Schließen des Primärkreises. Der Wechselstrom ändert ständig seine Stärke und seine Richtung und damit das Magnetfeld in den Spulen. Dabei entsteht in der Sekundärspule eine Induktionsspannung. Sie ist auch eine Wechselspannung und hat die gleiche Frequenz wie die Primärspannung. Dies können wir mit einem Oszilloskop untersuchen. Wir stellen fest:

Wird bei einem Transformator an die Primärspule eine Wechselspannung gelegt, so entsteht in der Sekundärspule durch elektromagnetische Induktion ebenfalls eine Wechselspannung der gleichen Frequenz.

Im Versuch 23 waren die Windungszahlen von Primär- und Sekundärspule gleich groß. Primär- und Sekundärspannung waren annähernd gleich. Die Spulen von Transformatoren zum Hoch- bzw. Herabtransformieren haben unterschiedliche Windungszahlen. Wir wollen untersuchen, wie die Sekundärspannung von den Windungszahlen abhängt.

Versuch 24: Die Primär- und Sekundärspule im Experimentiertrafo nach Abb. 1 erhalten unterschiedliche Windungszahlen. Dabei messen wir jeweils die Spannungen U_1 und U_2. Der Schalter S im Sekundärkreis ist dabei geöffnet. Die Meßergebnisse sind in Tab. 1 festgehalten:

Primärspule		Sekundärspule	
N_1	U_1 in V	N_2	U_2 in V
1000	40	500	19,5
1000	40	250	9,7
1200	20	300	4,8
1200	20	600	9,8
500	10	1000	19,5
250	10	1000	39,5
300	20	1200	79,0
600	10	3600	59,0

Tab. 1 Meßprotokoll zu Versuch 24

Ist die Windungszahl N_1 der Primärspule größer als die Windungszahl N_2 der Sekundärspule, so wird die Wechselspannung herabtransformiert. Ist dagegen $N_2 > N_1$, so ist die Sekundärspannung U_2 größer als die Primärspannung U_1. Bilden wir für jede Messung den Quotienten aus den Windungszahlen sowie aus den Spannungen, so finden wir:

Die Spannungen am Transformator verhalten sich angenähert wie die Windungszahlen:

$$\frac{U_1}{U_2} \approx \frac{N_1}{N_2} .$$

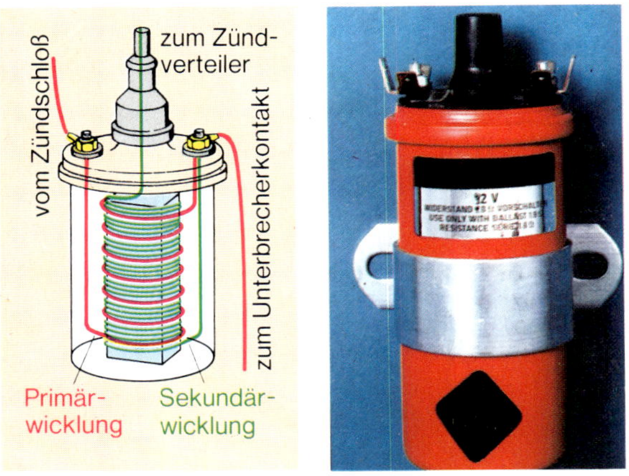

Abb. 3 15000 V für Zündkerzen

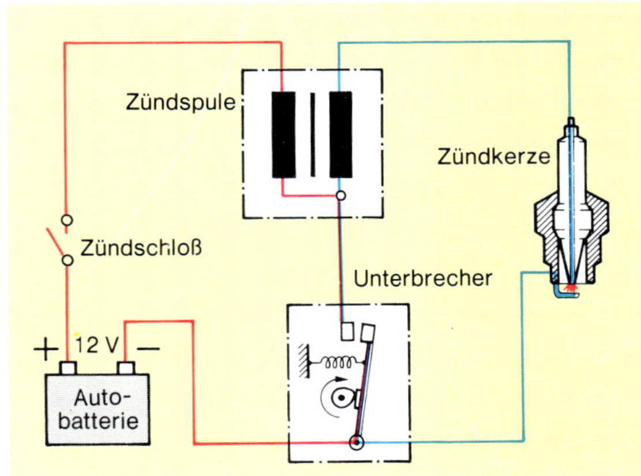

Abb. 4 Zündanlage im Auto

Dieser Sachverhalt gilt jedoch nur für einen Transformator, bei dem im Sekundärkreis kein oder nur ein geringer Strom fließt. Man spricht dann von einem unbelasteten Transformator. Der Quotient N_1/N_2 heißt das **Übersetzungsverhältnis** $\ddot{U}$ des Trafos.

Beispiel: Berechnung einer Sekundärspannung

Ein Klingeltransformator hat eine Primärspule von 880 Windungen, die Sekundärspule hat 32 Windungen. Welche Spannung liegt an der Sekundärspule, wenn die Primärspule an 220 V angeschlossen wird?

Es gilt

$$\frac{U_2}{U_1} \approx \frac{N_2}{N_1}.$$

Indem wir die gegebenen Werte einsetzen, erhält man

$$\frac{U_2}{220\text{ V}} \approx \frac{32}{880}, \quad U_2 \approx \frac{32}{880} \cdot 220\text{ V} = 8\text{ V}$$

Wir erzeugen Hochspannung

Versuch 25: Die Primärspule des Trafos nach Abb. 2 besitzt 500, die Sekundärspule 23000 Windungen. Die Primärspule wird über einen Schalter an die Steckdose mit 220 V angeschlossen. An die Sekundärspule schließen wir zwei hörnerartig gebogene Drähte an. Ihr Abstand beträgt an der engsten Stelle etwa 2 mm. Wird der Primärkreis geschlossen, so entsteht zwischen den Drähten ein Lichtbogen, der nach oben klettert und schließlich abreißt.

Die Spannung zwischen den Drähten wird so hoch, daß die Luft leitend wird; ähnlich wie bei einem Blitz. Wie hoch ist die dabei entstehende Spannung? Wir können wieder die Transformatorformel heranziehen:

$$\frac{U_2}{220\text{ V}} \approx \frac{23\,000}{500}$$

$$U_2 \approx \frac{23\,000}{500}\, 220\text{ V} = 10\,120\text{ V}.$$

Ein Trafo zündet die Zündkerzen

Hohe Spannungen, die zu Funkenüberschlägen wie im Versuch 25 führen, werden auch in der Zündanlage von Benzinmotoren erzeugt.

Die „Zündspule“ in einem Auto besteht aus einer Primär- und einer Sekundärwicklung mit einem Eisenkern. Sie ist also ein Transformator (Abb. 3). Die Primärspule wird von einem Gleichstrom durchflossen, der aus der Autobatterie gespeist wird (Abb. 4). Beim Betätigen des Zündschlüssels wird der Primärstromkreis geschlossen. Ein vom Motor selbst gesteuerter Schalter unterbricht diesen Strom im schnellen Wechsel. Er heißt deswegen „Unterbrecher“. Durch das schnelle Ein- und Ausschalten des Primärstromes wird in der Sekundärspule eine hohe Spannung erzeugt. Diese wird an die Zündkerzen geführt und verursacht dort einen Funkenüberschlag, den Zündfunken. Dadurch wird das Benzin-Luft-Gemisch in den Zylindern des Motors gezündet.

Elektroschweißen mit dem Trafo

Versuch 26: Ein Transformator wird aus Spulen von 600 und 5 Windungen aufgebaut (Abb. 5). Zwischen die Enden der Spule mit 5 Windungen, die als Sekundärspule dient, klemmen wir einen

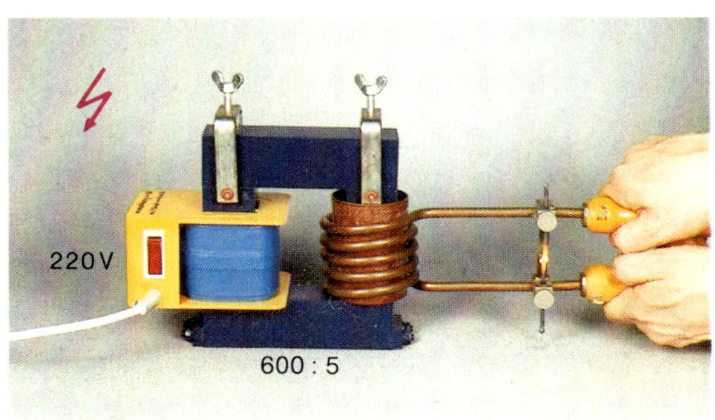

Abb. 5 Hochstromtransformator

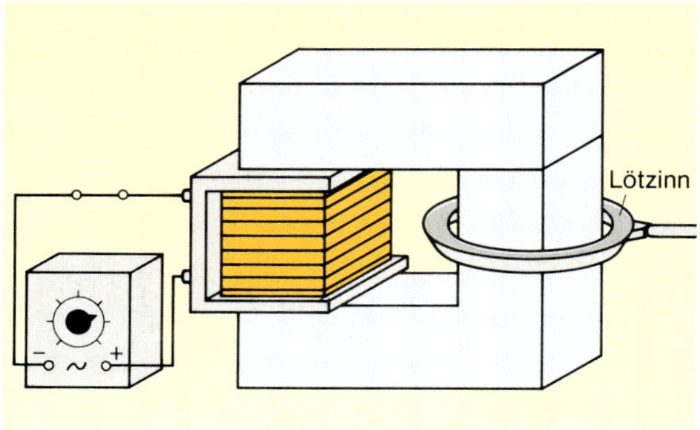

Abb. 1 Prinzip eines Induktionsschmelzofens

Nagel. Die Primärspule mit 600 Windungen wird an 220 V Wechselspannung angeschlossen. Nach kurzer Zeit beginnt der Nagel zu glühen und schmilzt schließlich durch. Drücken wir die durchtrennten Enden aneinander, so läßt sich der Nagel wieder zusammenschweißen.

Wir können annehmen, daß in der Sekundärspule ein sehr hoher Strom fließt. Der Strom in der Primärspule muß dagegen wesentlich kleiner sein, denn sonst wären ja die Zuführungskabel auch geschmolzen. Eine Messung ergibt eine Stromstärke im Primärkreis von 2 A.

Wie können wir das Verhältnis von Primär- und Sekundärstromstärke abschätzen?

Versuch 27: Wir schalten in die Anordnung nach Abb. 1, S. 286 Spulen unterschiedlicher Windungszahlen. Ähnlich wie bei der Untersuchung der Spannungen (Versuch 23) messen wir nun die Stromstärken I_1 und I_2 in der Primär- und Sekundärspule. Es ergibt sich:

Die Stromstärken I_1 und I_2 in einem belasteten Transformator verhalten sich annähernd umgekehrt wie die Windungszahlen:

$$\frac{I_1}{I_2} \approx \frac{N_2}{N_1}$$

Nun können wir die Stärke des Stromes abschätzen, der im Versuch durch den Nagel geflossen ist. Mit $I_1 = 2$ A erhält man:

$$I_2 \approx \frac{600}{5} \cdot 2\text{ A} = 240\text{ A!}$$

Ein solcher **Hochstromtrafo** bildet die Grundlage für das **Elektroschweißen.** Insbesondere Punktschweißgeräte werden so betrieben.

Besteht die Sekundärspule nur aus einer Windung, z. B. aus einem ringförmigen mit Metall gefüllten Tiegel, so kann ein so starker Strom fließen, daß die damit verbundene Erwärmung zum Schmelzen des Metalls führt. Solche Anordnungen heißen **Induktionsschmelzöfen.** Sie werden z. B. bei der Stahlerzeugung eingesetzt.

Versuch 28: In Abb. 1 ist ein Modell für einen Induktionsschmelzofen dargestellt. Die Primärspule hat 600 Windungen. Die Sekundärspule besteht aus einer mit Lötzinn gefüllten Metallrinne. Legen wir an die Primärspule eine Wechselspannung von 220 V, so schmilzt das Lötzinn nach wenigen Minuten.

Warum Hochspannung an Überlandleitungen?

Die Hochspannungsleitungen stehen unter einer Spannung von 110000 bis 380000 V. Elektrische Geräte im Haushalt und in der Industrie benötigen aber meist nur 220 V. Wozu also die hohen Spannungen bei den Überlandleitungen?

Dies hängt damit zusammen, daß die elektrische Energie von den Kraftwerken über viele Kilometer zu den Abnehmern transportiert werden muß. Dazu sind lange Leitungen erforderlich, die den Stromfluß hemmen. Somit geht viel elektrische Energie bei der Übertragung verloren. Sie wird in den Leitungen in nutzlose Wärme umgewandelt. Wir wollen uns dies an einem Beispiel klarmachen.

Beispiel: Eine Lampe (6 V/0,2 A) soll über eine Entfernung von 2 km mit einer Wechselspannungsquelle betrieben werden (Abb. 2). Der Lampenwiderstand beträgt 30 Ω. Als Leitung soll ein Kupferdraht mit einer Querschnittsfläche $A = 1{,}5\text{ mm}^2$ verwendet werden. Der spezifische Widerstand von Kupfer beträgt $0{,}017\,\frac{\Omega\,\text{mm}^2}{\text{m}}$. Für den Widerstand R_L der Hin- und Rückleitung erhält man

$$R_\text{L} = \frac{\varrho \cdot l}{A} = \frac{0{,}017\,\frac{\Omega\,\text{mm}^2}{\text{m}} \cdot 4000\text{ m}}{1{,}5\text{ mm}^2} = 45\,\Omega.$$

Die 4000 m lange Fernleitung aus Kupferdraht ersetzen wir im Versuch durch einen Widerstand von 45 Ω. Man nennt eine solche Schaltung eine *Ersatzschaltung* (Abb. 2b).

Stellen wir am Netzgerät eine Wechselspannung von 6 V ein, so fließt durch die Lampe ein Strom von

$$I = \frac{6\text{ V}}{30\,\Omega + 45\,\Omega} = 80\text{ mA}.$$

Er reicht nicht aus, um die Lampe voll zum Leuchten zu bringen. Dazu müßte die Spannung um etwa das 3fache auf 18 V erhöht werden. Dann fließt der zum Lampenbetrieb erforderliche Strom von 0,2 A durch die Lampe, aber auch durch die Zuleitungen. Dabei entsteht eine *Verlustleistung* P_V, die wir berechnen können:

$$P_\text{V} = R_\text{L} \cdot I^2 = 45\,\Omega \cdot (0{,}2\text{ A})^2 = 1{,}80\text{ W}.$$

Die Lampe nimmt im Vergleich dazu eine Leistung von $6\text{ V} \cdot 0{,}2\text{ A} = 1{,}2\text{ W}$ auf.

Die gesamte aufgenommene Leistung beträgt $1{,}2\text{ W} + 1{,}80\text{ W} = 3{,}00\text{ W}$. Das heißt, weit über die Hälfte der Gesamtleistung geht auf der Zuleitungsstrecke verloren. Dies ist höchst unwirtschaftlich.

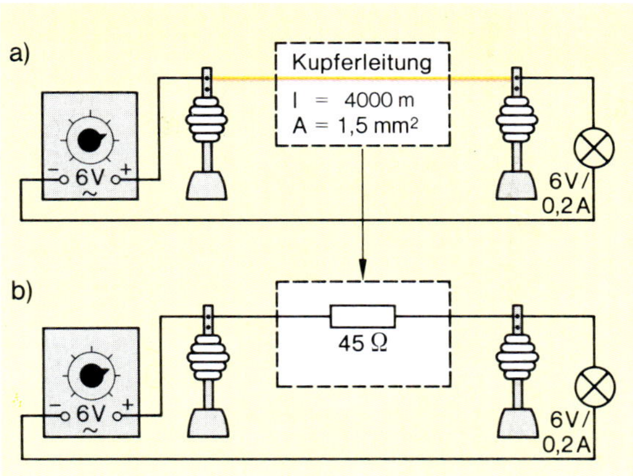

Abb. 2 Ersatzschaltung für eine Fernleitung

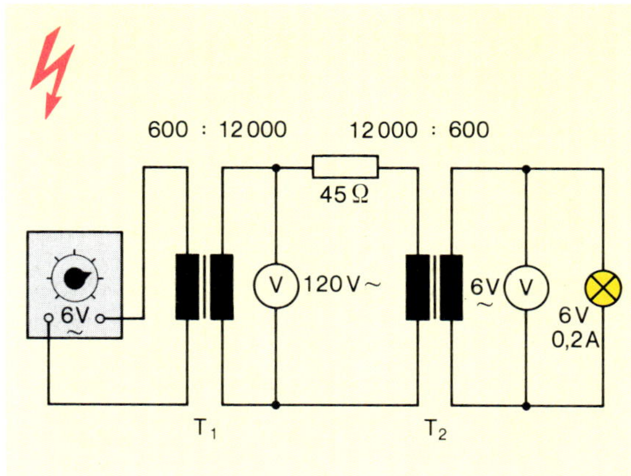

Abb. 3 Modellversuch zur Übertragung elektrischer Energie

Wie läßt sich die Wirtschaftlichkeit erhöhen? Die Wärmeverluste des elektrischen Stromes in der Zuleitung nehmen mit dem Quadrat der Stromstärke zu, denn es gilt $P = R \cdot I^2$ (S. 268). Eine kleinere Stromstärke in der Fernleitung würde also die Energieverluste am wirksamsten herabsetzen. Da die elektrische Leistung durch das Produkt $U \cdot I$ bestimmt ist, müßten die Leistungsverluste bei hohen Spannungen geringer sein. Wir wollen dies an einem Versuch überprüfen.

Versuch 29: Mit Hilfe eines Trafos T_1 (Abb. 3) transformieren wir die 6 V am Netzgerät (Kraftwerk) auf 120 V (vgl. S. 286). Die Enden der simulierten Fernleitung liegen an der Primärspule eines zweiten Transformators T_2, der die Hochspannung wieder auf 6 V herabtransformiert. Wenn wir nun die Lampe an die Enden der Sekundärspule von T_2 anschließen, so leuchtet sie hell auf, obwohl am Versorgungsgerät nur 6 V eingestellt sind.

Erklärung: Aus den Meßergebnissen vom Versuch 27 wissen wir, daß sich die Stromstärken im Sekundär- und Primärkreis eines Transformators etwa umgekehrt wie die Windungszahlen verhalten. Damit können wir die Stromstärke in der Fernleitung abschätzen. Fließt im Lampenkreis der erforderliche Strom von 0,2 A, so erhält man für die Stromstärke I_L in der Fernleitung:

$$I_L \approx \tfrac{1}{20} \cdot 0{,}2\ \text{A} = 10\ \text{mA}.$$

Für die Verlustleistung P_V in der Fernleitung erhält man nun nur noch:

$$P_V = 45\ \Omega \cdot (0{,}01\ \text{A})^2 = 0{,}0045\ \text{W}.$$

Gegenüber der direkten Übertragung ist dies nur der 400ste Teil. Es lohnt sich also, wenn man bei der Übertragung von elektrischer Energie die Transformatorgesetze anwendet!

Prinzipiell könnte man auch auf ein Hochtransformieren der Spannung verzichten. Die Verlustleistung $P_V = I^2 \cdot R_L$ müßte dann durch einen entsprechend kleinen Widerstand R_L der Fernleitung gering gehalten werden. Wie die Fernleitungen dann aussähen, können wir berechnen.

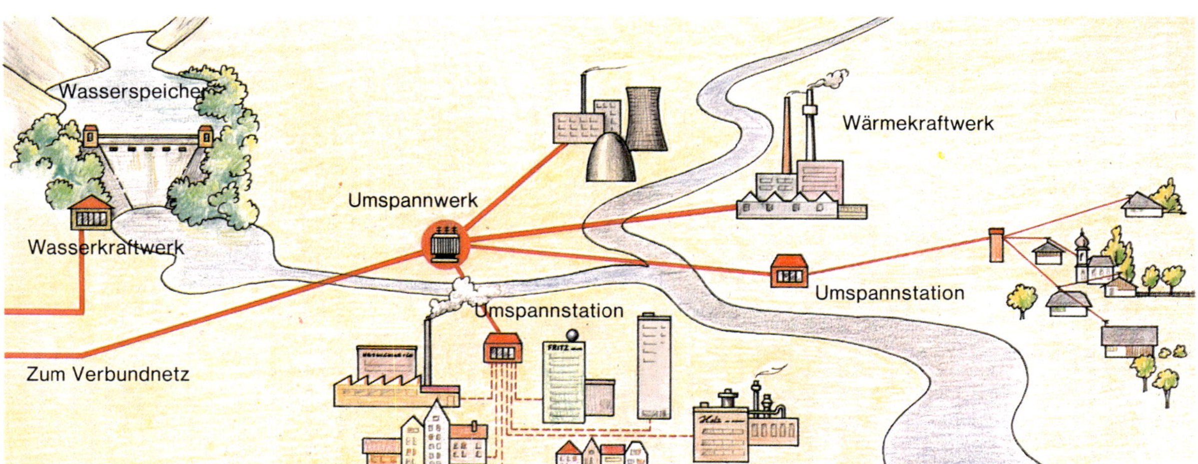

Abb. 4 Vom Elektrizitätswerk zum Verbraucher

E

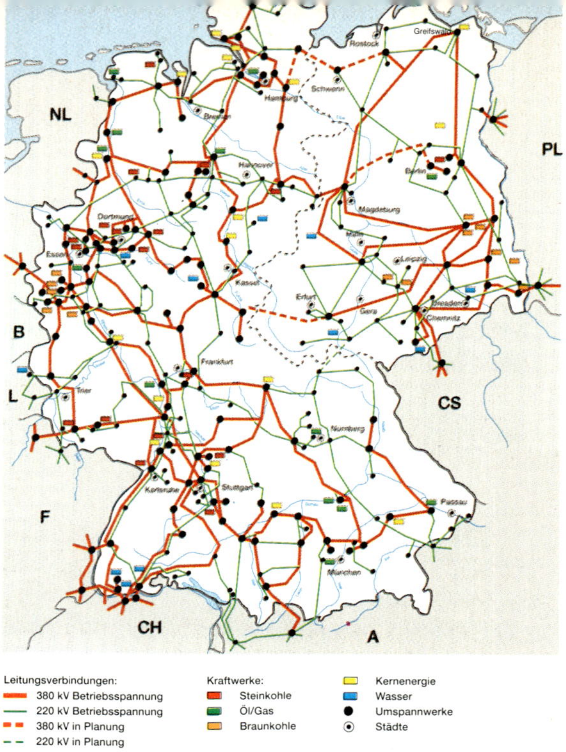

Abb. 1 Deutsches Verbundnetz

Beispiel: Das Kraftwerk Stade gibt eine Leistung P von 600 000 kW ab. Wenn diese Leistung bei einer Spannung von 220 V von Stade nach Hamburg transportiert würde, so betrüge die Stromstärke

$$I = \frac{P}{U} = \frac{600\,000 \text{ kW}}{220 \text{ V}} = 2\,700\,000 \text{ A (!)}.$$

Dabei würden sich die Drähte in der Fernleitung enorm erhitzen, und der größte Teil der Energie ginge bei der Übertragung verloren. Es sei denn, man setzt den Widerstand R_L in der Fernleitung entsprechend herab.

Die Kraftwerke rechnen mit einer durchschnittlichen Verlustleistung P_v von 5%; für Stade also 30 000 kW. Wie groß dürfte dann der Fernleitungswiderstand zwischen Stade und Hamburg höchstens sein?

$$R_L = \frac{P_v}{I^2} = \frac{30\,000 \text{ kW}}{(2\,700\,000 \text{ A})^2} \approx 4 \cdot 10^{-6}\,\Omega!$$

Welchen Leitungsquerschnitt A hat ein solcher Widerstand aus Kupferdraht? Die Entfernung von Stade nach Hamburg beträgt etwa 40 km Luftlinie; für Hin- und Rückleitung also 80 km. Für A gilt somit:

$$A = \varrho \frac{l}{R} = \frac{0{,}017 \ \frac{\Omega \text{ mm}^2}{\text{m}}}{4 \cdot 10^{-6}\,\Omega} \cdot 80 \cdot 10^3 \text{ m} \approx 340 \text{ m}^2$$

Den Durchmesser $d = 2r$ erhält man aus $A = r^2\pi$ zu $d \approx 20$ m! Der Energietransport mit 20 m dicken Kabeln ist technisch völlig unmöglich.

Die Energieverluste in den Fernleitungen können nur durch hohe Übertragungsspannungen niedrig gehalten werden.

Die Generatoren der Kraftwerke liefern Spannungen von etwa 8000 V. In den angeschlossenen Umspannwerken (Abb. 4, S. 289) wird diese Spannung auf 110 000 V bis 380 000 V hochtransformiert. Durch Hochspannungsleitungen wird die elektrische Energie von den Großkraftwerken in die Nähe der Verbrauchszentren transportiert. In den Umspannstationen wird die Hochspannung zunächst auf eine Mittelspannung von etwa 10 000 V herabgesetzt. Mit dieser Mittelspannung werden die Ortsnetzstationen gespeist. Dort wird die Mittelspannung auf die übliche Niederspannung von 220 V transformiert.

Die Hochspannungsleitungen überziehen das gesamte Gebiet der Bundesrepublik (Abb. 1) und bilden mit den Versorgungsnetzen benachbarter Länder das Westeuropäische **Verbundnetz**.

Die Bedeutung der Transformierbarkeit von Wechselspannungen wird bei der Übertragung elektrischer Energie besonders deutlich. Dies ist der Grund, weshalb die Ortsnetze auf Wechselstrom umgestellt worden sind.

Es gibt jedoch auch eine Hochspannungs-Gleichstromübertragung. Bei sehr langen Übertragungsstrecken ist sie der Hochspannungs-Wechselstromübertragung wirtschaftlich überlegen.

Die Transformierbarkeit von Wechselspannung bietet aber auch noch andere Vorteile. Oft sind Spannungen und Stromstärken nötig, die das Netz nicht bereitstellt. So benötigt z. B. die Bildröhre im Fernsehgerät Spannungen bis zu 20 000 V. Beim Betrieb einer Röntgenröhre sind sogar 50 000 V erforderlich. Umgekehrt wird bei elektrischen Spielzeugen oder elektrischen Klingeln eine wesentlich niedrigere Spannung als 220 V benötigt. Mit Hilfe von Transformatoren können diese speziellen Spannungen einfach bereitgestellt werden.

Aufgaben

1. Erkläre das Entstehen der Induktionsspannung nach Abb. 282.2 mit Hilfe der Überlegungen von S. 277!
2. Ein Trafo hat ein Übersetzungsverhältnis von 20. Wie groß ist die Sekundärspannung, wenn auf der Primärseite 24 V vorhanden sind?
3. Bei einem Schweißtransformator mit $N_1 = 1200$ und $N_2 = 1$ wird auf der Primärseite ein Strom von 0,2 A gemessen. Wie groß ist der Sekundärstrom?
4. Erläutere das Prinzip einer Zündanlage eines Ottomotors!
5. Beschreibe die Übertragung elektrischer Energie! Welche Vorteile bietet die Hochspannung bei Überlandleitungen?
6. In welchem Zusammenhang stehen bei einem Transformator die Primär- und die Sekundärleistung?
7. Kann ein Transformator auch mit Gleichstrom betrieben werden?
8. Ein Hochspannungsgerät, das an 220 V angeschlossen wird, soll sekundärseitig 5000 V abgeben. Wieviel Windungen muß die Sekundärspule haben, wenn für die Primärspule 750 Windungen vorgegeben sind?
   Welcher Sekundärstrom kann höchstens entnommen werden, wenn die Primärspule mit einer 1,0 A-Sicherung abgesichert ist?

Basiswissen Elektrizitätslehre III

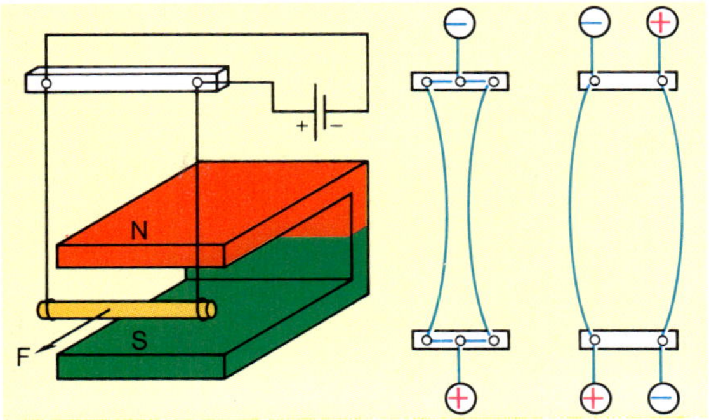

Abb. 2

Lorentzkraft

Stromführende Leiter erfahren im Magnetfeld eine Kraft. ↑ S. 271

Stromführende Leiter üben Kräfte aufeinander aus. Gleichgerichtete Ströme ziehen sich an, entgegengesetzte stoßen sich ab. ↑ S. 273

Auf **bewegte Ladungen** im Magnetfeld wirkt die **Lorentzkraft.** Sie ist die Ursache für die Ablenkung stromführender Leiter im Magnetfeld. ↑ S. 272

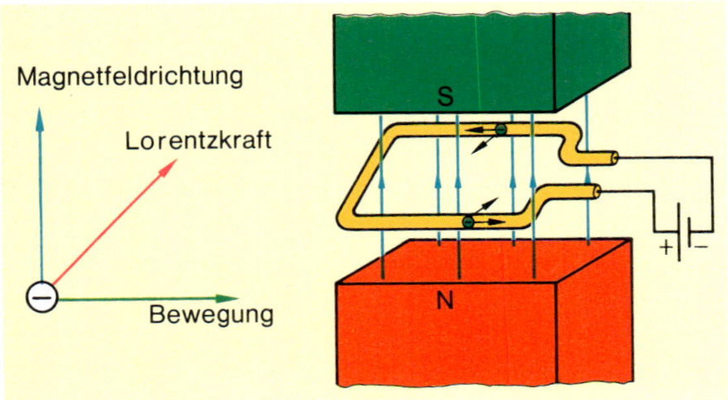

Abb. 3

Das Prinzip des **Elektromotors** beruht auf der Lorentzkraft. Eine stromdurchflossene Spule auf einem Eisenkern (Anker) wird im Feld eines Dauer- oder Elektromagneten gedreht. Der **Kommutator** bewirkt, daß eine ständige Drehbewegung stattfindet. ↑ S. 273

Elektromagnetische Induktion

Wenn sich das eine Leiterschleife (Spule) durchsetzende **Magnetfeld ändert,** entsteht an den Enden der Schleife (Spule) eine Spannung, die **Induktionsspannung.** ↑ S. 279

Die **Änderung des Magnetfeldes** in der Leiterschleife (Spule) kann auf **zwei Arten** erfolgen:

1. Die **Fläche** der vom Magnetfeld durchsetzten Leiterschleife wird **verändert.** Dies ist das Prinzip des Generators. ↑ S. 276
2. Die **Stärke** des Magnetfeldes durch die Leiterschleife wird **geändert.** Dies ist das Prinzip des Transformators. ↑ S. 278

Die **Induktionsspannung** ist größer

- wenn die Windungszahl der Induktionsspule zunimmt,
- wenn sich das Magnetfeld in der gleichen Zeit stärker ändert,
- je kürzer die Zeit ist, in der die Magnetfeldänderung erfolgt.

Der Induktionsstrom ist so gerichtet, daß er der Ursache des Induktionsvorgangs entgegenwirkt **(Lenzsche Regel).** ↑ S. 279

Generatoren

In Generatoren wird mechanische Energie in elektrische Energie umgewandelt. Dabei bewegen sich Spulen in einem Magnetfeld und erzeugen eine elektrische Spannung. Elektromotor und Generator sind umkehrbar. ↑ S. 277

Bei einer **Dynamomaschine** wird der benötigte Feldstrom für den Elektromagneten vom Generator selbst geliefert. ↑ S. 284

Transformatoren

Transformatoren bestehen aus zwei Spulen, die auf einem geschlossenen Eisenkern angeordnet sind. Wird die Primärspule von einem Wechselstrom durchflossen, so entsteht in der Sekundärspule eine Induktionsspannung. Mit Transformatoren können Spannungen und Ströme gewandelt werden. ↑ S. 286, ↑ S. 288

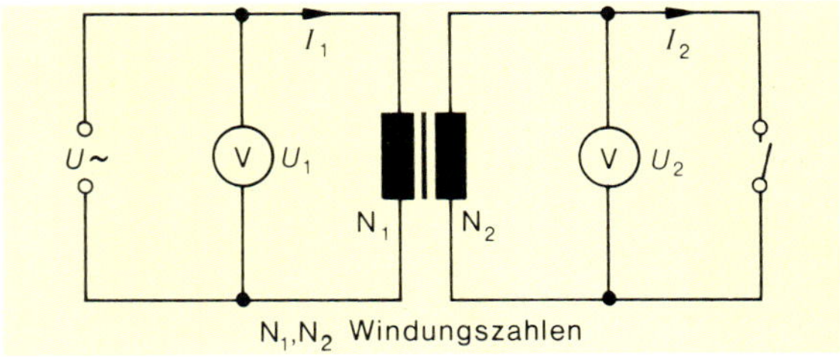

Abb. 4

Spannungsübersetzung beim unbelasteten Transformator:

$$\frac{U_1}{U_2} \approx \frac{N_1}{N_2}.$$

Der Transformator spielt bei der Energieübertragung (Hochspannungsleitung) eine wichtige Rolle. Bei der Fernleitung von elektrischer Energie werden Spannungen bis zu 400 kV hochtransformiert. Dadurch können die Energieverluste klein gehalten werden. ↑ S. 289

Stromstärkeübersetzung: Für den belasteten Transformator gilt näherungsweise: ↑ S. 288

$$\frac{I_2}{I_1} \approx \frac{N_1}{N_2}.$$

6 Elektronik

Was versteht man unter Elektronik?

Der Begriff **Elektronik** ist zuerst im Zusammenhang mit den **Elektronenröhren** (Vakuum-Diode, Triode, Pentode, ...) geprägt worden. Die Entwicklung der Elektronenröhren begann um das Jahr 1910. Anwendungsgebiete waren die Nachrichtenübertragung, die Meßtechnik und auch schon die Entwicklung von elektronischen Rechenmaschinen. Im Jahre 1920 konnte in Berlin das erste Konzert mit Hilfe von Elektronenröhren drahtlos per Funk übertragen werden.

Die Elektronenröhren sind jedoch heute weitgehend von anderen elektronischen Bauelementen verdrängt worden. Es sind dies die **Halbleiterbauelemente,** die gegenüber den Elektronenröhren entscheidende Vorteile besitzen; so z. B. der wesentlich geringere Raumbedarf. Wären die Taschenrechner noch mit Vakuumröhren gebaut, so hätten sie etwa die Größe eines Klassenzimmers.

Die Anwendungsgebiete der Elektronik sind vielfältig. Zur *Unterhaltungselektronik* zählt man die Bereiche Rundfunk, Fernsehen und Phonotechnik. Die Gebiete Meßtechnik, **e**lektronische **D**aten**v**erarbeitung (EDV) sowie Steuerungs- und Regeltechnik faßt man mit dem Begriff *Industrieelektronik* zusammen. Auch in der Medizin spielt die Elektronik eine immer wichtigere Rolle, so z. B. bei der Diagnose von Krankheiten oder bei der Intensivüberwachung.

Geräte und Einrichtungen, deren Wirkungsweise im wesentlichen durch Halbleiter-Bauelemente wie Dioden, Transistoren, Thyristoren, Operationsverstärker und Mikroprozessoren bestimmt wird, nennt man heute elektronische Geräte. Wir werden im folgenden die Wirkungsweise wichtiger Halbleiterbauelemente kennenlernen.

Als Beispiel für die früher üblichen Elektronenröhren betrachten wir eine sogenannte **Triode.** Neben Kathode und Anode besitzt sie eine weitere Elektrode G (Abb. 2). Sie ist eine Art Drahtnetz. Man nennt sie deshalb das *Gitter.*

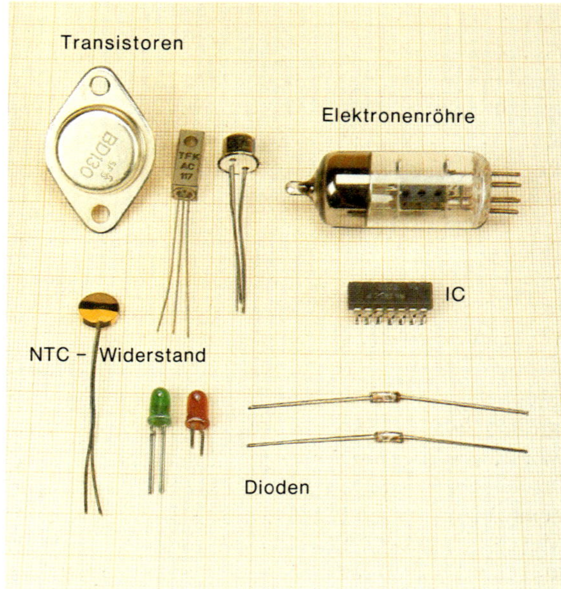

Abb. 1 Elektronische Bauelemente

Versuch 1: Eine Triode ist nach Abb. 2 geschaltet. Die Glimmlampe L leuchtet, wenn die Kathode glüht. Halten wir einen negativ geladenen Kunststoffstab in die Nähe des Gitters, so erlischt die Lampe.

Erklärung: Das Gitter wird durch Influenz negativ geladen. Die Elektronen aus der Glühkathode können das Gitter nicht mehr passieren. Der Stromkreis wird unterbrochen.

Versuch 2: Legt man nach Abb. 3 eine Gitterspannung U_G an das Gitter an, so kann der Anodenstrom I_A mit der Gitterspannung gesteuert werden. Die I_A-U_G-*Kennlinie* ist in Abb. 4 dargestellt.

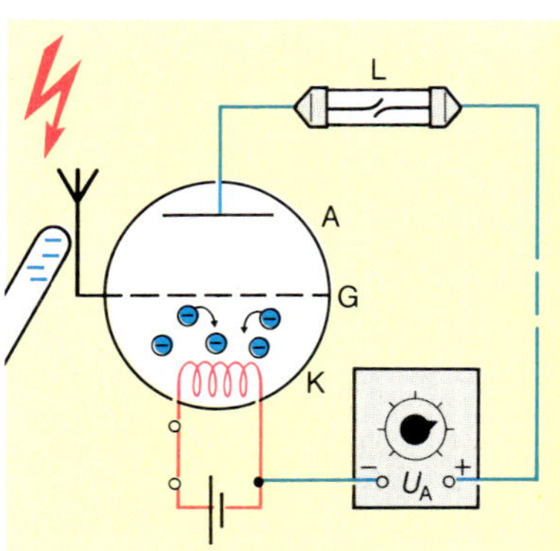

Abb. 2 Ein negativ geladener Stab steuert den Anodenstrom in der Triode

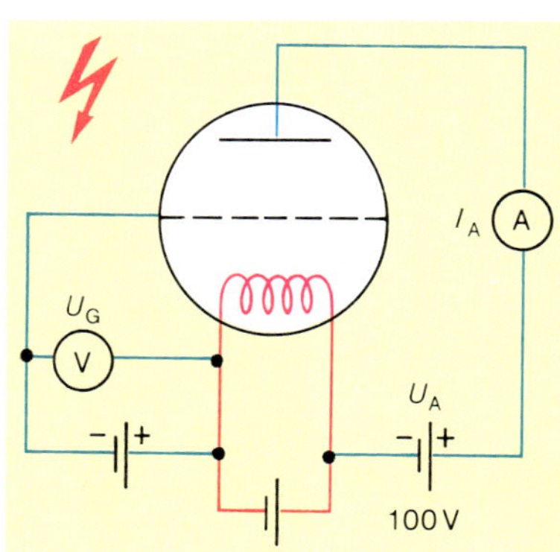

Abb. 3 Schaltung zur Aufnahme der I_A-U_G-Kennlinie bei einer Triode

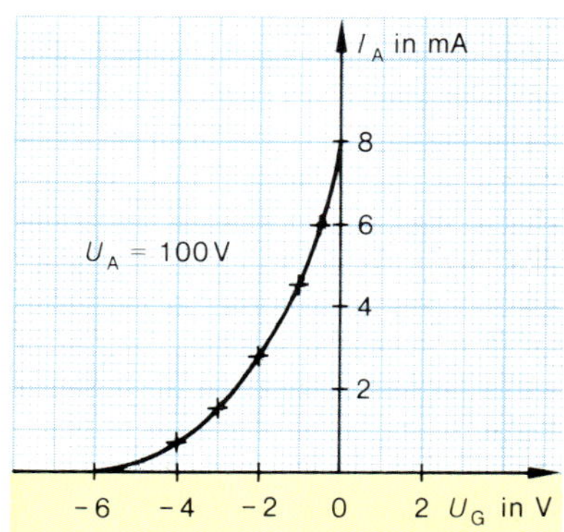

Abb. 4 I_A-U_G-Kennlinie einer Triode

6.1 Leitfähigkeit bei Halbleitern

Wodurch unterscheiden sich Halbleiter von Leitern?

Festkörper verhalten sich hinsichtlich der Elektrizitätsleitung sehr unterschiedlich. Metalle wie Kupfer, Silber oder Aluminium leiten den elektrischen Strom sehr gut; man nennt diese Stoffe daher **Leiter.** Andererseits gibt es Stoffe wie Glas, Kunststoff oder Keramik, die den Strom überhaupt nicht leiten; man nennt solche Stoffe **Isolatoren.** Es gibt aber noch eine weitere Gruppe von Stoffen, die weder zu den Leitern noch zu den Isolatoren gehören; man nennt sie **Halbleiter.** Ihre wichtigsten Vertreter sind *Silizium* und *Germanium*.

Erinnern wir uns: Die gute Leitfähigkeit von Metallen, besonders bei tiefen Temperaturen, haben wir mit der leichten Ablösbarkeit der Elektronen von den Metallatomen erklärt. Schon bei sehr tiefen Temperaturen sind Leitungselektronen in einem Metall vorhanden. Bei starker Erwärmung des Metalls kommen keine neuen Leitungselektronen hinzu. Vielmehr wird deren Beweglichkeit im Metall eingeschränkt, so daß der Widerstand zunimmt.

Wir wollen in einem Versuch prüfen, wie sich die Leitfähigkeit von einem halbleitenden Stoff ändert, wenn dieser erwärmt wird.

Versuch 3: Wir tauchen nach Abb. 5 ein Halbleiterbauelement in ein Becherglas, in dem sich schmelzendes Eis befindet. Beim Versuch muß destilliertes Wasser verwendet werden, da normales Leitungswasser den Strom gut leitet. Das Becherglas befindet sich auf einer Heizplatte, mit deren Hilfe der Inhalt des Becherglases erwärmt wird. Ausgehend von der Temperatur des schmelzenden Eises (0 °C) wird nach jeweils 10 °C Temperaturerhöhung die Stromstärke I bei konstanter Spannung U abgelesen. Die Meßwerte sind in Abb. 6 graphisch dargestellt. Die Meßkurve stellt die *I-T-Kennlinie* des benutzten Halbleiterbauelements bei einer angelegten Spannung von 2 V dar. Die Kennlinie zeigt uns:

Im Gegensatz zu den Metallen nimmt die Leitfähigkeit eines Halbleiters bei Erwärmung zu.

Dies bedeutet: Der elektrische Widerstand verringert sich bei Temperaturerhöhung. Man sagt auch, Halbleiter besitzen einen *negativen Temperaturkoeffizienten*. Bauelemente mit dieser Eigenschaft werden **NTC-Widerstände** (**N**egative **T**emperature **C**oeffizient) oder auch **Heißleiter** genannt. Sie werden z. B. als *Temperaturmeßfühler* verwendet.

Mit Hilfe der Kennlinie können wir durch eine Stromstärkemessung die Temperatur ohne Zuhilfenahme eines üblichen Thermometers bestimmen.

So beträgt z. B. die Temperatur in der Umgebung des NTC-Widerstandes 47 °C, wenn eine Stromstärke von 4,5 mA angezeigt wird (Abb. 6). Elektronische Thermometer haben gegenüber den normalen Thermometern den Vorteil, daß das Anzeigegerät von der eigentlichen Meßsonde getrennt werden kann. Aufgrund der kleinen Abmessungen des Heißleiters kann der Temperaturfühler auch an schwer zugänglichen Stellen angebracht werden. Moderne Ausführungen von elektronischen Thermometern zeigen die Temperatur digital an, z. B. bei der elektronischen Messung der Körpertemperatur.

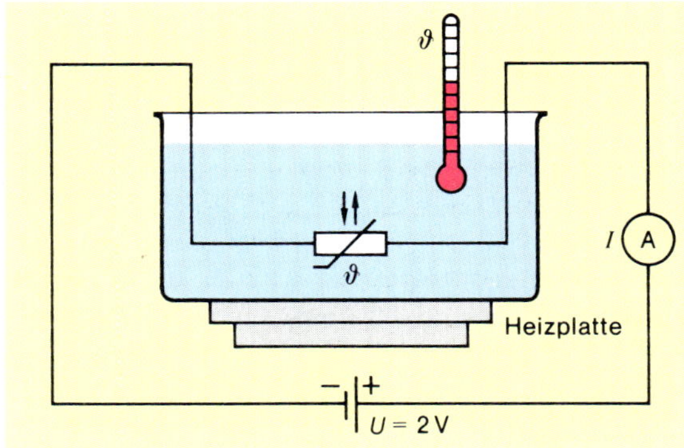

Abb. 5 Versuchsanordnung zur Eichung eines Heißleiters

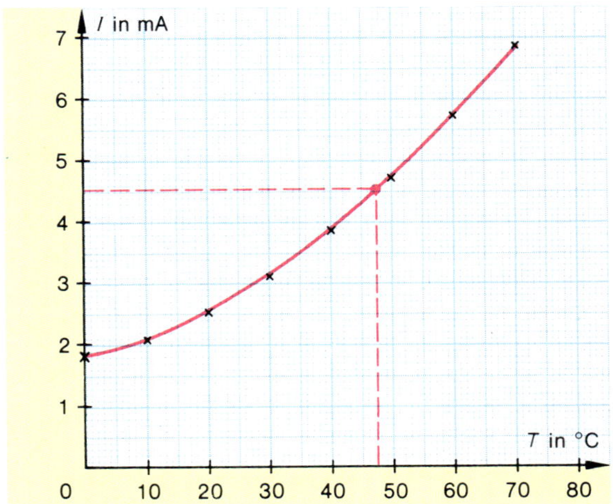

Abb. 6 Kennlinie eines Heißleiters

Ladungstransport im Halbleiter

Wir betrachten das Halbleitermaterial Silizium. Zunächst benötigt man eine Vorstellung darüber, wie die Atome im Silizium angeordnet und miteinander verbunden sind. Ein Silizium-Atom (Si-Atom) hat insgesamt 14 Elektronen. Zur chemischen Bindung im Silizium tragen jedoch nur 4 Elektronen pro Atom bei. Man nennt sie deshalb **Bindungselektronen.**

Die Si-Atome ordnen sich im Kristallgitter so an,

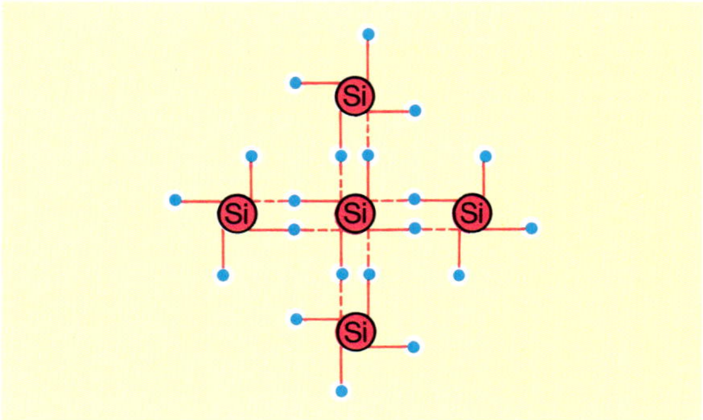

Abb. 1 Veranschaulichung der Elektronenpaar-Bindung

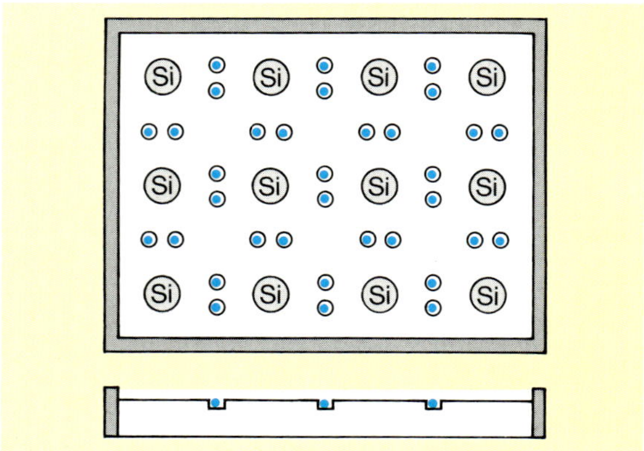
Abb. 2 Mechanisches Modell des Siliziumgitters bei sehr tiefen Temperaturen

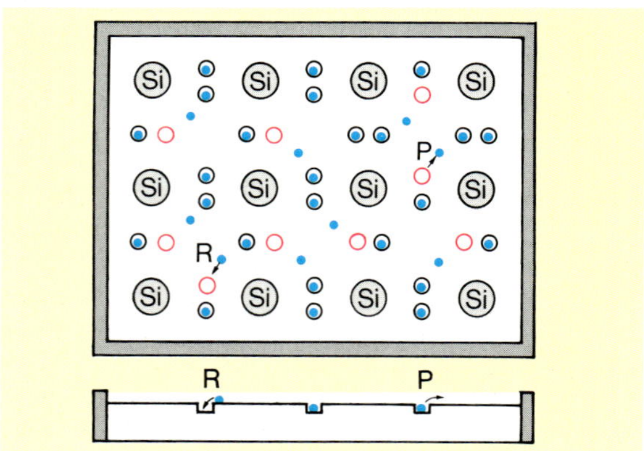

Abb. 3 Veranschaulichung der Paarbildung (P) und Rekombination (R)

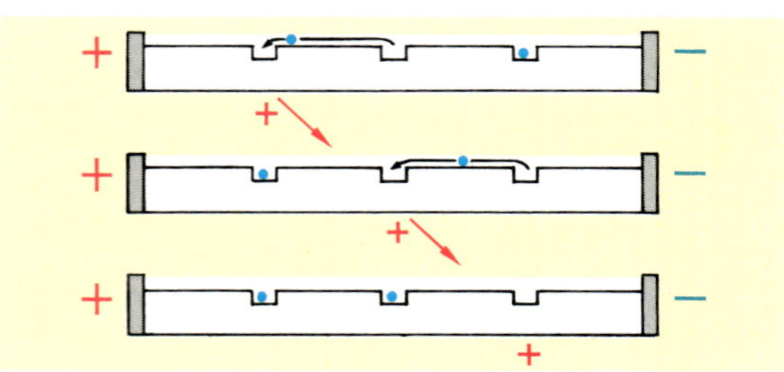
Abb. 4 Löcherleitung im Modell

daß sich um jedes Atom 4 andere Si-Atome gruppieren (Abb. 1). Dabei bildet jeweils ein Bindungselektron mit einem Bindungselektron des Nachbaratoms ein *Elektronenpaar.* Diese Elektronenpaare bewirken die feste Bindung zwischen den Si-Atomen. In der vereinfachten Darstellung von Abb. 1 sind nur die Bindungselektronen der Si-Atome dargestellt.

Eigentlich müßten wir die regelmäßige Anordnung der Si-Atome räumlich zeichnen. Da es uns aber bei der Darstellung des Siliziumgitters nur auf die Nachbarschaftsverhältnisse der Atome ankommt, genügt es, wenn wir eine ebene Darstellung wählen.

Wir können uns das Gitter auch in einem **mechanischen Modellversuch** veranschaulichen (Abb. 2). Als Si-Atome werden runde Noppen auf den Boden eines Plastikkästchens geklebt. Die Bindungselektronen simulieren wir mit kleinen Stahlkugeln, die in flachen Bohrlöchern liegen. Zunächst ruhen alle Kugeln in ihren Bohrlöchern. Dies entspricht der Situation im Silizium bei tiefer Temperatur: Alle Elektronen sind an ihre Atome gebunden und können nicht zum Ladungstransport beitragen. Silizium ist dann ein Isolator.

Was passiert nun, wenn Silizium erwärmt wird? Das Gitter nimmt Energie auf, und die einzelnen Gitterbausteine beginnen um ihre Ruhelage zu schwingen. In unserem Modell können wir dies simulieren, indem wir das Kästchen mit den Modellelektronen hin und her rütteln. Dabei springen Kugeln aus ihren Bohrlöchern. Gleichzeitig kommt es vor, daß frei gewordene Modellelektronen wieder in die Löcher zurückfallen.

Auch im realen Si-Kristall können bei Wärmezufuhr Elektronen aus ihren Bindungen springen. Sie stehen dann als freie Ladungsträger zur Verfügung. Das freigewordene Elektron hinterläßt eine Elektronenlücke, die man als **Loch** bezeichnet. Verläßt also ein Bindungselektron seinen Platz im Kristallgitter, so entsteht ein freies Elektron und ein Loch. Man nennt diesen Vorgang auch **Paarbildung.** Umgekehrt können auch frei gewordene Elektronen wieder in die Löcher zurückfallen. Diesen Vorgang bezeichnet man als **Rekombination.**

Mit diesen Vorstellungen läßt sich nun das elektrische Verhalten eines Halbleiters bei Wärmezufuhr erklären:

- Bei tiefen Temperaturen hat ein Halbleiter nur wenige Leitungselektronen. Er leitet dann schlecht.
- Bei steigender Temperatur werden immer mehr Elektronen freigesetzt. Die Leitfähigkeit des Halbleiters wird erhöht.

Die elektrische Leitfähigkeit der Halbleiter liegt zwischen der Leitfähigkeit der Metalle und der Isolatoren; daher auch die Bezeichnung Halbleiter.

Auch Löcher transportieren Ladungen

Wir betrachten die Stelle im Halbleiter, an der ein Elektron aus der Bindung springt. Zurück bleibt ein Loch, das dort solange bleibt, bis es von einem anderen Elektron wieder ausgefüllt wird. Vor der Herauslösung des Elektrons war der Halbleiter an der betreffenden Stelle elektrisch neutral. Springt ein Elektron aus seiner Bindung, so tritt die Ladung des zugehörigen Atomkerns in Erscheinung. D. h. ein Loch verhält sich wie eine positive Ladung von der Größe einer Elektronenladung.

Was passiert mit dieser Ladung, wenn an den Halbleiter eine Spannung gelegt wird?

Die freien Elektronen bewegen sich wie in einem Metall zum positiven Pol der Spannungsquelle. Dabei „fallen" sie bei ihrer Wanderung zum Pluspol in Löcher (Abb. 4). Es erfolgt jedoch keine Zuschüttung aller vorhandenen Löcher, sondern die Löcher verschieben sich in entgegengesetzter Richtung zu den Elektronen auf den Minuspol hin. Es ist so, als ob sich ein positiver Ladungsträger verschieben würde. Bei der Ionenbewegung in Flüssigkeiten bewegen sich tatsächlich positive Ladungsträger. Hier dagegen bewegen sich die Elektronen zum Pluspol und dabei verschiebt sich ein positiver Ladungszustand eines Loches zum Minuspol. Man nennt den Beitrag der Löcher zur Elektrizitätsleitung auch **Löcherleitung.**

In einem Halbleiter erfolgt der Transport elektrischer Ladungen sowohl durch freie Leitungselektronen als auch durch Löcher.

In Versuch 3 haben wir erfahren, daß den Bindungselektronen im Halbleiter durch Wärme Energie zugeführt wurde, so daß sie ihre Bindungen verlassen konnten. Ob diese Energie auch durch Licht zugeführt werden kann, prüfen wir im folgenden Versuch.

Versuch 4: Ein Halbleiter-Widerstand befindet sich nach Abb. 5 in einem Stromkreis; die angelegte Spannung $U = 5$ V bleibt konstant.

Bei abgedunkeltem Widerstand fließt nur ein kleiner Strom von wenigen μA. Fällt jedoch das Licht der Lampe L auf den Halbleiter, so fließt ein etwa tausendmal größerer Strom, obwohl die Spannung von 5 V nicht verändert wird. Deutung:

Die Bindungselektronen in einem Halbleiter können auch durch Lichteinwirkung so viel Energie aufnehmen, daß sie zu freien Leitungselektronen werden.

Halbleiter, deren Widerstand von der Bestrahlung mit Licht abhängt, heißen **Fotowiderstände.** Sie werden auch mit der Abkürzung **LDR** bezeichnet.

Diese Bezeichnung leitet sich aus **L**ight **D**ependent **R**esistor ab und bedeutet in der Übersetzung *lichtabhängiger Widerstand.*

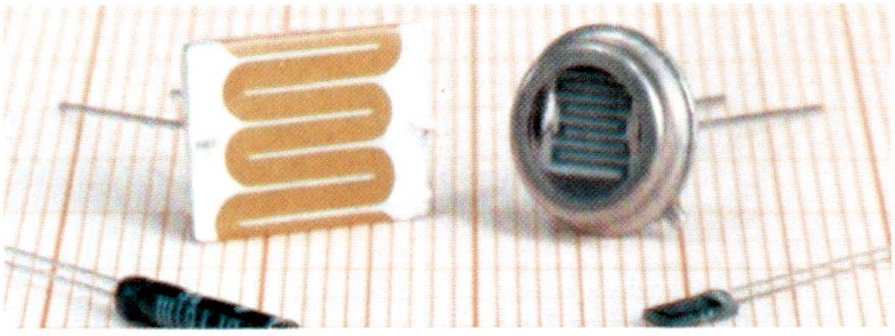

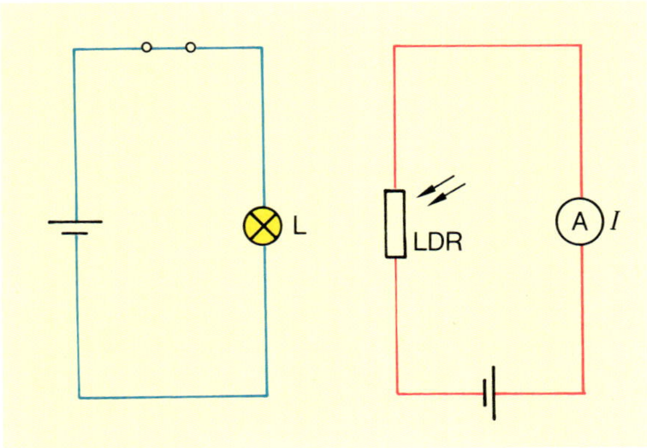

Abb. 5 LDR-Bauelemente und Schaltung zu Versuch 4

Dotierte Halbleiter leiten besser

Die Leitfähigkeit eines reinen Halbleiters ist bei Zimmertemperatur sehr klein. Ein reines Germaniumplättchen von 2 cm Länge, 1 cm Breite und 1 mm Dicke hat z. B. bei einer Temperatur von 20 °C einen Widerstand von etwa 1500 Ω. Ein Kupferplättchen von der gleichen Größe hat einen Widerstand von etwa 0,000034 Ω. Ein reiner Halbleiter hat deswegen einen vergleichsweise hohen Widerstand, weil bei Zimmertemperatur nur ganz wenige freie Leitungselektronen zur Verfügung stehen. Man kann aber einen Halbleiter auch bei Zimmertemperatur dadurch besser leitfähig machen, daß man in das Kristallgitter eine kleine Menge eines fremden Stoffes einbaut. Es gibt dann Stellen im Kristallgitter, an denen ein Siliziumatom durch ein eingebautes Fremdatom ersetzt wird. Man nennt solche Stellen auch **Störstellen,** da hier der regelmäßige Gitteraufbau gestört ist. Der Widerstand eines solchen verunreinigten Halbleiterstücks von der Größe des reinen Germaniumplättchens beträgt dann nur noch etwa 50 Ω bei Zimmertemperatur.

Baut man Fremdatome mit 5 Bindungselektronen ein, so wird die Anzahl der freien Elektronen im Halbleiter erhöht. Die Anzahl der Löcher kann man steigern, wenn Fremdatome mit 3 Bindungselektronen eingebaut werden. Wir veranschaulichen dies im Modell.

Als Fremdatom mit 5 Bindungselektronen kann z. B. Arsen eingebaut werden (Abb. 1, S. 296).

Die in das Siliziumgitter eingebauten Arsenatome besitzen 5 Bindungselektronen. Nimmt nun ein Arsenatom den Gitterplatz eines Siliziumatoms ein,

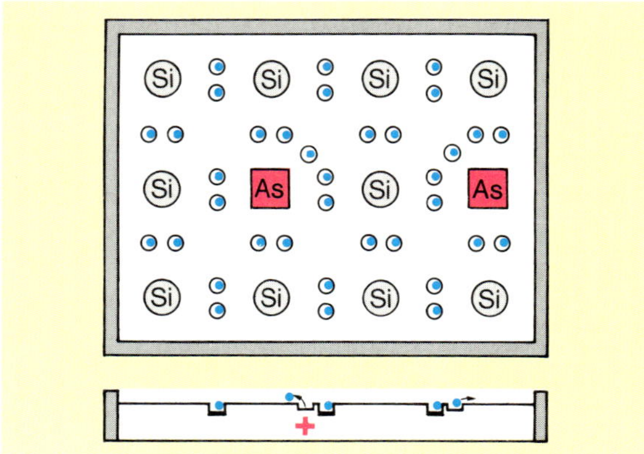

Abb. 1 Modellhafte Darstellung zum Einbau von Arsenatomen in ein Siliziumgitter

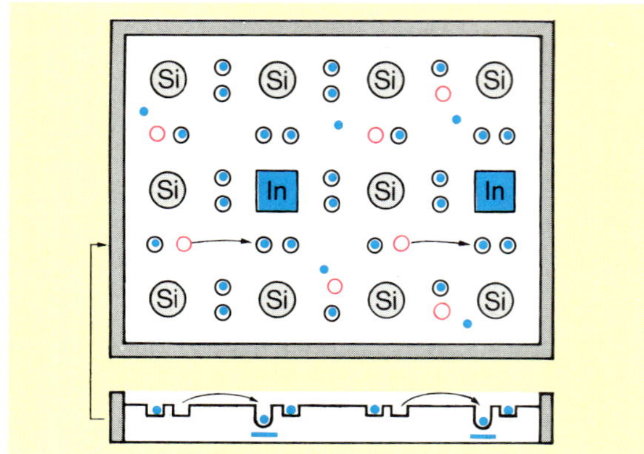

Abb. 2 Modellhafte Darstellung des Einbaus von Indiumatomen in ein Siliziumgitter

so werden für die Bindung nur 4 der 5 Bindungselektronen benötigt. Das fünfte Elektron findet keinen Elektronenpartner, mit dem es sich an der Bindung beteiligen könnte. Dieses fünfte Elektron ist deswegen nur schwach im Siliziumgitter gebunden und kann sich schon bei niedrigen Temperaturen vom Arsenatom ablösen. Dadurch stehen bereits bei niedrigen Temperaturen Leitungselektronen für den Ladungstransport zur Verfügung. Bei der Ablösung des fünften Bindungselektrons wird das ursprünglich neutrale Arsenatom zu einem ortsfesten positiven Ion.

Die geringere Bindung des fünften Bindungselektrons simulieren wir im Kastenmodell durch ein Loch mit geringerer Bohrtiefe.

Werden in einen Halbleiter Fremdatome mit fünf Bindungselektronen eingebaut, so stehen bei Zimmertemperatur mehr Leitungselektronen zur Verfügung als bei einem Halbleiter.

Wir betrachten nun den Einbau eines Fremdatoms mit drei Bindungselektronen (Abb. 2), z. B. Indium (In). Die Bindungselektronen der Indiumatome bilden jeweils mit einem Bindungselektron von drei benachbarten Siliziumatomen ein Elektronenpaar. Das Bindungselektron des vierten Siliziumatoms findet keinen Elektronenpartner. An der Störstelle fehlt also ein Elektron.

Rekombiniert nun ein freies Elektron, das zuvor durch Paarbildung entstand, mit dem Loch an einer solchen Störstelle, so wird es dort besonders stark festgehalten. Dadurch entstehen im Halbleiter aber viele „normale“ Löcher, die wie beim nicht verunreinigten Halbleiter zum Ladungstransport beitragen können. Die Leitfähigkeit bei Zimmertemperatur wird daher größer.

Im Modell läßt sich dieser Sachverhalt so simulieren, daß ein Modellelektron in ein Bohrloch fällt, in das es genau hineinpaßt. Bei einer Rüttelbewegung kann es dann nicht so leicht herausspringen (Abb. 2).

Werden in einen Halbleiter Fremdatome mit drei Bindungselektronen eingebaut, so wird die Anzahl der Löcher erhöht, und die Leitfähigkeit steigt an.

Den Einbau von Fremdatomen in einen Halbleiter nennt man **dotieren.** Die dabei angewendeten Verfahren sind sehr kompliziert. Erst deren Beherrschung ermöglichte den Fortschritt in der Halbleiter-Elektronik. Ein Halbleiter, der mehr freie Elektronen als Löcher hat, heißt **n-Leiter.** Überwiegen die Löcher, so heißt er **p-Leiter.**

Aufgaben

1. Stelle in einer Tabelle charakteristische Unterschiede zwischen einem metallischen Leiter und einem Halbleiter zusammen!
2. Durch einen NTC-Widerstand wird ein Strom geschickt, dessen Stärke I in Abhängigkeit von der angelegten Spannung U gemessen wird:

U in V	0	0,2	0,4	0,6	0,8	1,0	1,2	1,4
I in mA	0	30	60	90	130	180	250	330

   Zeichne die I-U-Kennlinie und deute deren Verlauf!
3. Informiere Dich über die Funktionsweise eines eingebauten Belichtungsmessers bei einer Kamera!
4. Entwirf eine Schaltung zur Überwachung der Temperatur in einem Raum: a) Eine Kontrollampe soll aufleuchten, wenn eine bestimmte Temperatur überschritten wird. b) Beim Unterschreiten einer bestimmten Temperatur soll eine Signallampe aufleuchten! (Anleitung: Verwende bei den Schaltungen ein Relais und einen Heißleiter!)
5. Begründe, daß ein dotierter Halbleiter nach außen elektrisch neutral ist!
6. In 1 cm^3 Silizium befinden sich etwa 10^{22} Si-Atome. Ein mit Phosphor dotierter Si-Kristall besitzt bei Zimmertemperatur etwa 10^{16} freie Elektronen pro cm^3. Auf wieviel Si-Atome entfällt ein Phosphor-Atom?
7. Ein Silizium-Kristall ist nach den Angaben von Aufgabe 6 dotiert. Wieviel freie Elektronen befinden sich in einem Stab von 1 cm Länge und 0,1 cm^2 Querschnitt?

6.2 Halbleiterdioden

Elektronen in der Einbahnstraße

Wir haben im letzten Abschnitt gesehen, daß die Leitfähigkeit eines Halbleiters durch Dotieren erhöht werden kann. Welchen Sinn hat aber das Dotieren, wenn Metalle wie Kupfer oder Aluminium immer noch besser leiten als ein dotierter Halbleiter?

Um diese Frage beantworten zu können, führen wir den folgenden Versuch durch.

Versuch 5: Eine Kombination aus p- und n-leitendem Material wird nach Abb. 3 in einen Stromkreis geschaltet. Eine solche Halbleiterkombination nennt man **Halbleiterdiode.**

Verbinden wir den n-Leiter mit dem Minuspol und den p-Leiter mit dem Pluspol, so leuchtet das Lämpchen im Stromkreis auf. Es fließt also ein Strom. Bei umgekehrter Polung leuchtet das Lämpchen nicht auf. Der Versuch zeigt an, daß eine Halbleiterdiode den Strom nur in einer Richtung leitet.

Erklärung: Wir betrachten zunächst die Vorgänge, die sich in der Grenzzone der beiden Halbleiter abspielen, wenn noch keine äußere Spannung angelegt ist. Jeder der beiden Halbleiterblöcke ist elektrisch neutral, weil im n-Leiter genauso viele freie Elektronen wie ortsfeste positive Ladungen vorhanden sind. Entsprechendes gilt für den p-Leiter. Elektronen im n-Leiter und Löcher im p-Leiter führen eine ungeordnete Temperaturbewegung aus. Unmittelbar nach der Berührung wandern aufgrund der Wärmebewegung Elektronen in den p-Leiter und „fallen“ dort in Löcher, d.h. sie rekombinieren.

Auf den ersten Blick könnte man meinen, daß es wegen dieser Rekombinationen nach kurzer Zeit in den beiden Halbleiterblöcken keine freien Elektronen und Löcher mehr gibt. Dies wäre richtig, wenn nicht die ortsfesten positiven und negativen Ladungen vorhanden wären, die vom Einbau der Fremdatome herrühren. Wegen der Rekombination von Elektronen und Löchern in der Grenzzone werden diese ortsfesten Ladungen dort nicht mehr neutralisiert. Im n-Material bildet sich eine positive und im p-Material eine negativ geladene Zone aus (Abb. 4b).

Diese **Raumladungen** bewirken, daß Rekombinationen nur in einer dünnen Grenzschicht stattfinden können. Ein Elektron, das in den p-Leiter wandert, wird von dem dort entstandenen negativen Bereich abgestoßen (Abb. 4c). Es kann somit nicht weiter in das p-Material eindringen. Ebenso verhindert der positiv geladene Bereich im n-Gebiet ein tieferes Eindringen der Löcher in den n-Leiter. Die ladungsträgerarme Grenzschicht wird auch **Sperrschicht** genannt, da durch sie hindurch kein Ladungstransport stattfinden kann. Ihre

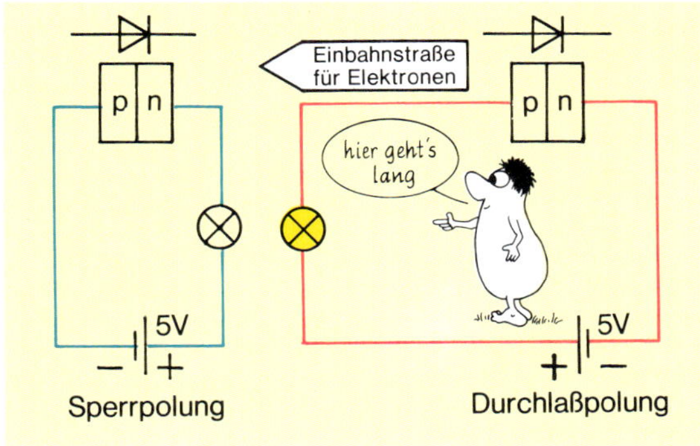

Abb. 3 Eine Halbleiter-Diode leitet nur in einer Richtung

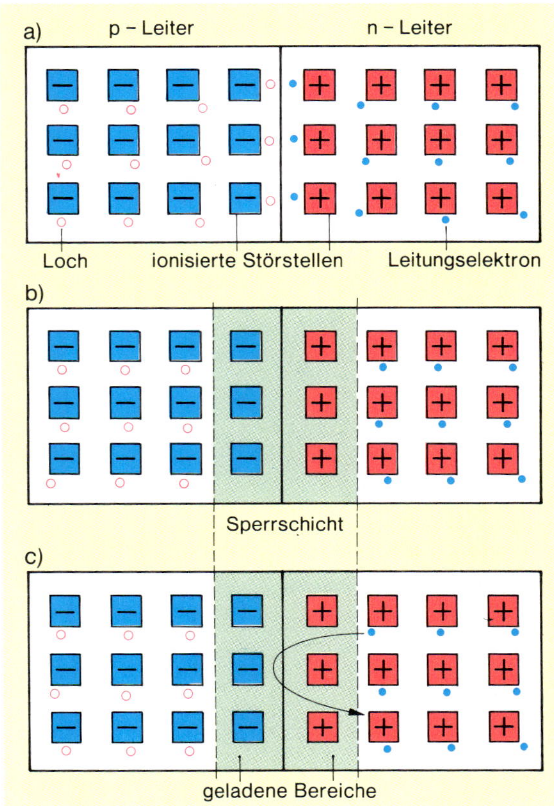

Abb. 4 Entstehung einer ladungsträgerarmen Zone im Grenzbereich zweier dotierter Halbleiter

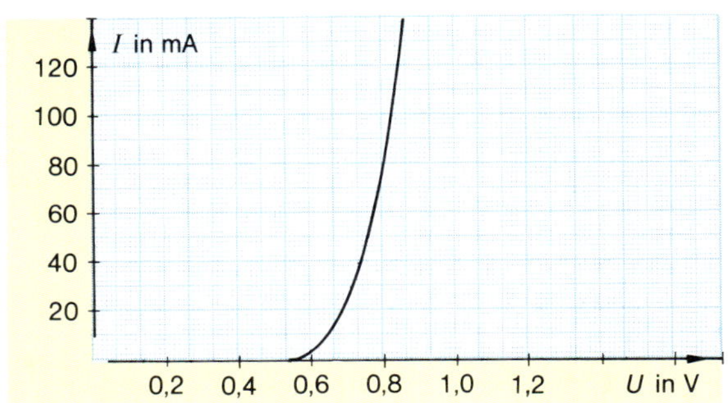

Abb. 5 Kennlinie einer Silizium-Halbleiterdiode

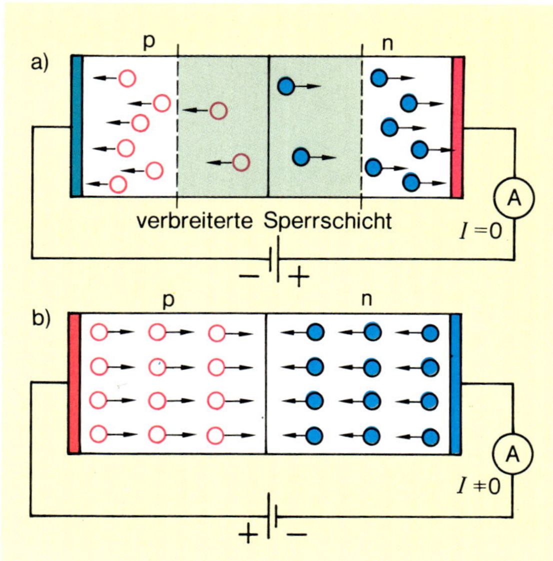

Abb. 1 Bei der Polung a) wird die Verarmungszone breiter, bei der Polung b) wird sie abgebaut

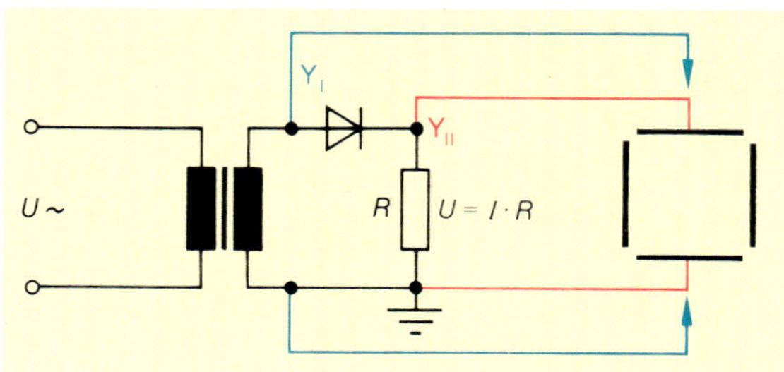

Abb. 2 Schaltzeichnung zu Versuch 6

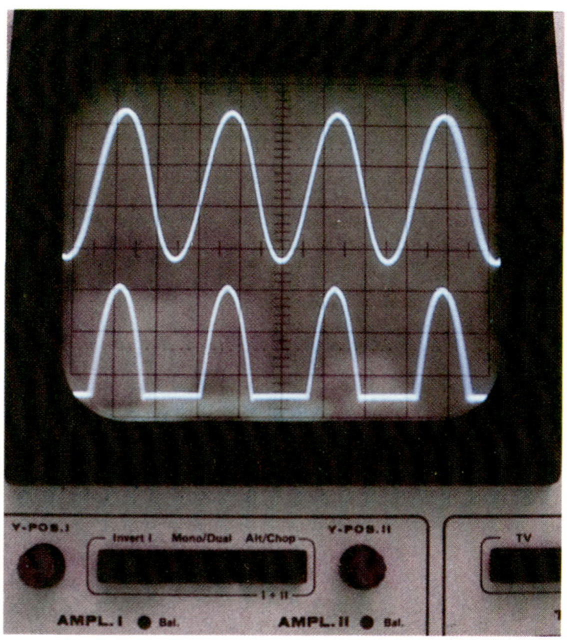

Abb. 3 Oszillogramme zu Versuch 6

Breite beträgt nur etwa 0,001 mm. Mit Hilfe der Sperrschicht können wir nun die Ventilwirkung einer Halbleiterdiode erklären:

Liegt am n-Leiter der Pluspol und am p-Leiter der Minuspol einer Spannungsquelle, so wird die Sperrschicht noch breiter, weil ein Teil der *beweglichen* Ladungsträger zu den entgegengesetzten Polen der Spannungsquelle gezogen wird (Abb. 1a); die Diode sperrt. Liegt jedoch am p-Leiter der Pluspol und am n-Leiter der Minuspol, so werden die Löcher und Elektronen in die Sperrschicht hineingetrieben. Dadurch wird diese abgebaut, und ein Strom kann durch die Diode fließen. Die Grenzschicht wird von Elektronen und Löchern überschwemmt. Ein großer Teil der beweglichen Ladungsträger rekombiniert dort, der restliche Teil der Elektronen und Löcher fließt zum Plus- bzw. Minuspol der Spannungsquelle.

Um die Sperrschicht abzubauen, muß eine bestimmte Spannung in Durchlaßrichtung angelegt werden. Man bezeichnet sie als *Schleusenspannung*. In Silizium-Dioden (Meßbeispiel nach Abb. 5, S. 297) beträgt sie etwa 0,6 V, bei Germanium-Dioden etwa 0,2 V.

Wir fassen zusammen:

- Eine Halbleiterdiode leitet den Strom nur in einer Richtung.
- Die Durchlaßrichtung liegt vor, wenn der Pluspol am p-Leiter und der Minuspol am n-Leiter liegt. Bei umgekehrter Polung sperrt die Diode.

Die Wirkungsweise einer Halbleiterdiode beruht auf der Ausbildung einer ladungsträgerarmen Zone im Grenzgebiet von p- und n-Leiter. Die Breite dieser Sperrzone kann durch äußere Spannungen verändert werden.

Die Kontaktfläche zwischen einem n- und einem p-Leiter nennt man **pn-Übergang.** Wir sehen jetzt, welche Bedeutung dem Einbau von Fremdatomen in das Halbleitermaterial zukommt. Ohne die ortsfesten Störstellen würde sich keine Sperrschicht zwischen zwei Halbleitern ausbilden. Die Eigenschaft des pn-Übergangs, den Strom nur in einer Richtung zu leiten, ist für die gesamte Halbleiter-Elektronik von grundlegender Bedeutung.

Halbleiterdioden als Gleichrichter

Viele elektrische Geräte wie z. B. Radios oder Tonbandgeräte werden beim Betrieb an die Netzwechselspannung angeschlossen, obwohl sie eigentlich eine Gleichspannung benötigen. Die Netzwechselspannung wird daher in einem eingebauten „Netzteil" gleichgerichtet. Gleichrichterschaltungen sind in allen Rundfunk- und Fernsehgeräten eingebaut. Die Funktionsweise eines Gleichrichters lernen wir in den folgenden beiden Versuchen kennen.

Versuch 6: Eine Halbleiterdiode wird in Reihe mit einem Widerstand R an eine Wechselspannung angeschlossen. Der zeitliche Verlauf der Wechselspannung und des Spannungsabfalls am Widerstand wird mit einem Oszilloskop untersucht (Abb. 2). Der Widerstand R wird nur noch von einem pulsierenden Gleichstrom durchflossen; d. h. von einem Gleichstrom, der jeweils $1/100$ s fließt und in der folgenden $1/100$ s aussetzt. Die Erklärung liegt in den Eigenschaften des pn-Übergangs, der den Strom nur in einer Richtung durchlassen kann.

Mit Halbleiterdioden können Wechselspannungen gleichgerichtet werden.

Solarzellen und Leuchtdioden

Neben den normalen Halbleiterdioden, die hauptsächlich in Gleichrichterschaltungen verwendet werden, gibt es spezielle Dioden, bei denen einfallendes Licht auf den pn-Übergang einwirken kann. Solche Dioden nennt man **Fotodioden.** Ihre wohl wichtigste Anwendung ist die **Solarzelle.** Mit Solarzellen wird Lichtenergie in elektrische Energie umgewandelt. Solarzellen haben bereits vielfältige Anwendungen gefunden. So erfolgt z. B. die Energieversorgung von Nachrichten- und Forschungssatelliten zumeist mit Solarzellen. Sie haben eine sehr lange Lebensdauer und benötigen kaum eine Wartung.

Um die Funktionsweise einer Solarzelle zu verstehen, betrachten wir die Abb. 5. Auf p-leitendes Silizium wird eine dünne Schicht von n-leitendem Silizium aufgedampft. Im Grenzgebiet dieser beiden Materialien entsteht eine ladungsträgerarme Sperrzone, in der sich positive und negative Raumladungen befinden. Die aufgedampfte n-leitende Schicht ist so dünn, daß auffallendes Licht bis in die Grenzschicht eindringen kann. Hier werden mit Hilfe der Lichtenergie Elektronen aus ihren Bindungen gelöst. Die dabei entstehenden Löcher und freien Elektronen werden zu den geladenen Bereichen der Sperrzone gezogen: Die Elektronen wandern in den n-Leiter, die Löcher in den p-Leiter. Infolgedessen wird die n-Schicht negativ, die p-Schicht positiv aufgeladen. Somit entsteht eine Spannung zwischen den Anschlüssen der Solarzelle. Diese Spannung hängt im wesentlichen von der Intensität der Beleuchtung ab; aber auch die Farbe des auffallenden Lichts spielt eine Rolle.

Wir fassen zusammen:

- Solarzellen beruhen auf einem pn-Übergang.
- Einfallendes Licht setzt in der Grenzschicht Elektronen frei.
- Die n-Zone wird negativ, die p-Zone positiv aufgeladen.
- Die Energie für diese Ladungstrennung liefert das Licht.

Abb. 4 Satellit mit Solarzellen

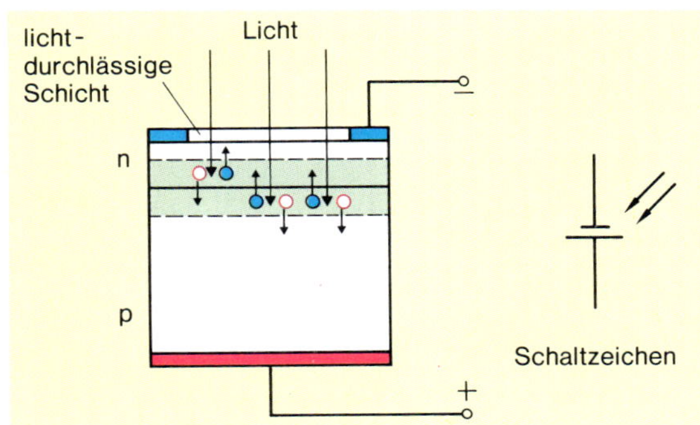

Abb. 5 Modellhafte Erläuterung zur Entstehung der Spannung in einer Solarzelle

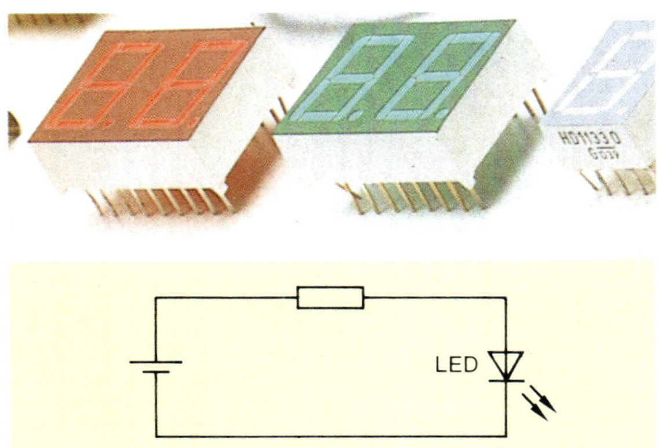

Abb. 6 LED-Anzeigeeinheit und Stromkreis mit Leuchtdiode

In Solarzellen wird Licht in elektrische Energie umgewandelt.

Leuchtdioden sind lichtaussendende Dioden. Sie werden auch als **LED** (engl. = **l**ight **e**mitting **di**ode) bezeichnet. Bei Leuchtdioden läuft der umgekehrte Vorgang wie bei Solarzellen ab:

- Eine angelegte Spannung in Durchlaßrichtung treibt Elektronen und Löcher in die Verarmungsschicht.
- Bei der Rekombination von Löchern und Elektronen in der Verarmungsschicht gehen Elektronen von einem höheren in einen niedrigeren Energiezustand über.
- Die freiwerdende Energie wird als Licht abgestrahlt.

In einer Leuchtdiode wird elektrische Energie in Licht umgewandelt.

Aufgaben

1. Welcher Pol einer Spannungsquelle muß bei einer Halbleiterdiode an den n-Leiter gelegt werden, damit sie leitet?
2. Wodurch kommt die Gleichrichterwirkung bei einer Halbleiterdiode zustande?
3. Wenn man in der Schaltung nach Abb. 1a eine Wechselspannung an den Eingang E legt, so wird am Ausgang A der in Abb. 1b dargestellte Spannungsverlauf oszillographiert. Wie kommt dieser Spannungsverlauf zustande?
4. Erkläre die Wirkungsweise einer Solarzelle!
5. Eine Halbleiterdiode aus Germanium wird in Sperrrichtung geschaltet. Solange sich die Diode auf Zimmertemperatur befindet, zeigt ein in den Stromkreis eingebauter Strommesser keinen Strom an. Wird jedoch die Diode mit dem heißen Luftstrom eines Föns erwärmt, so fließt ein Strom von 20 µA. Erkläre, wie dieser Strom zustande kommt!
6. Ge-Dioden verlieren bei 70 °C ihre Gleichrichterwirkung. Warum?

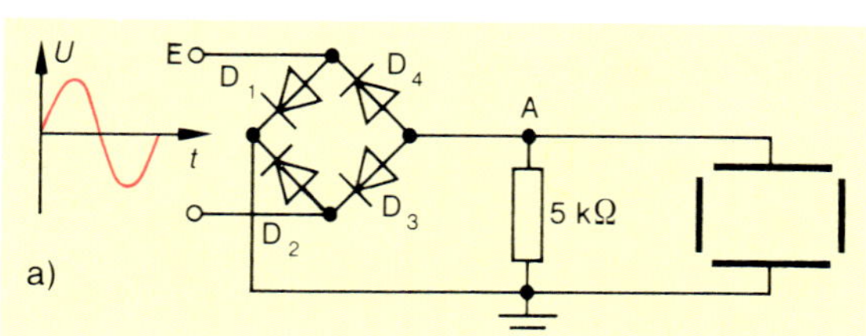

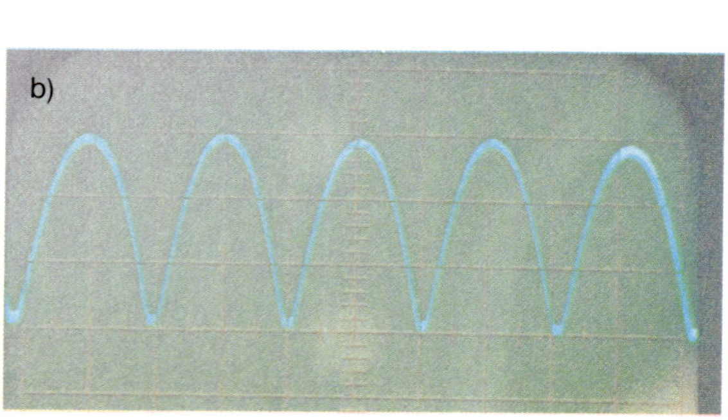

Abb. 1 Schaltung zur Aufgabe 3

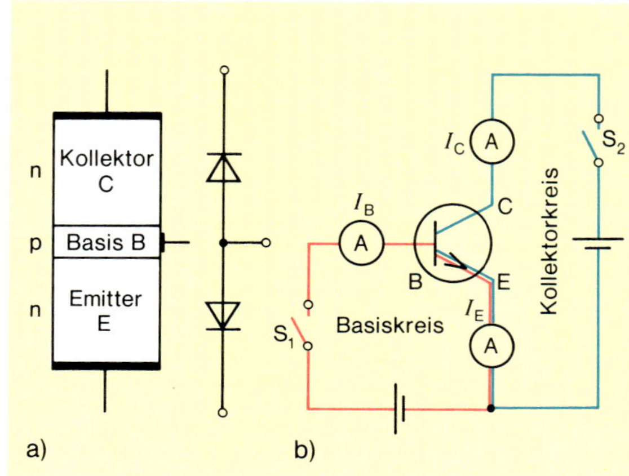

Abb. 2 a) Aufbau eines Transistors, b) Schaltung zu Versuch 7

6.3 Transistoren

Transistoren werden heute in jedem elektronischen Gerät zu vielerlei Aufgaben eingesetzt (Transistorradio!). Abb. 1, S. 292 zeigt einige Transistoren, die in verschiedenen Bauformen hergestellt werden. Sie haben meistens drei Anschlüsse zu den drei verschiedenen Schichten eines Transistors. Transistoren bestehen nämlich aus drei Schichten von dotierten Halbleitern, die als *Emitter* (emittere, lat. = aussenden), *Basis* (griech. = Fundament) und *Kollektor* (colligere, lat. = sammeln) bezeichnet werden. Je nach der Schichtenfolge unterscheidet man **npn- bzw. pnp-Transistoren.** Im Gegensatz zum Emitter und Kollektor ist die Basis bei allen Transistoren außerordentlich dünn. Die Basisdicke beträgt etwa 0,01 mm. Wir betrachten im weiteren nur den npn-Transistor.

Wie funktioniert ein Transistor?

Nach der Schichtenfolge (Abb. 2a) sind bei einem Transistor zwei „Dioden" gegeneinandergeschaltet. Durch die Basis-Emitter-Strecke und die Basis-Kollektor-Strecke erhält man jeweils nur dann einen Strom, wenn beim npn-Typ die Basis an den Pluspol der Spannungsquelle angeschlossen wird.

Wir wollen nun mit allen drei Anschlüssen eines Transistors eine Schaltung aufbauen. Eine Möglichkeit dazu ist in Abb. 2 dargestellt. Es müssen zwei Stromkreise unterschieden werden. Ein Stromkreis führt über den pn-Übergang der Emitter-Basis-Strecke. Der zweite über den Emitter- und Kollektoranschluß. In ihm liegen beide pn-Übergänge.

Versuch 7: In der Schaltung nach Abb. 2 untersuchen wir, wann in den beiden Stromkreisen ein Strom fließt:

a) S_1 geschlossen, S_2 geöffnet:
$I_E = I_B = 5$ mA, $I_C = 0$.

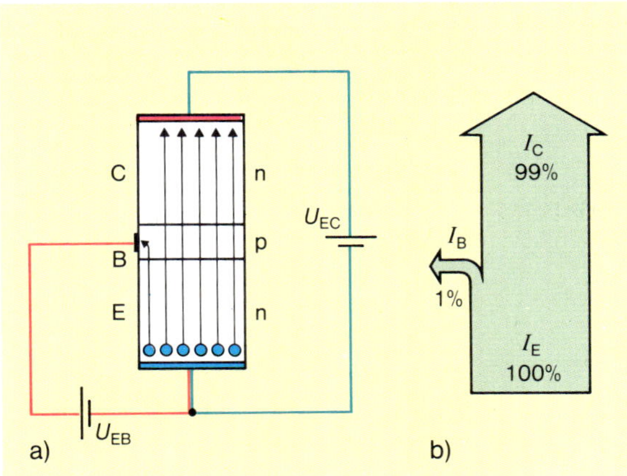

Abb. 3 Veranschaulichung des Transistoreffekts

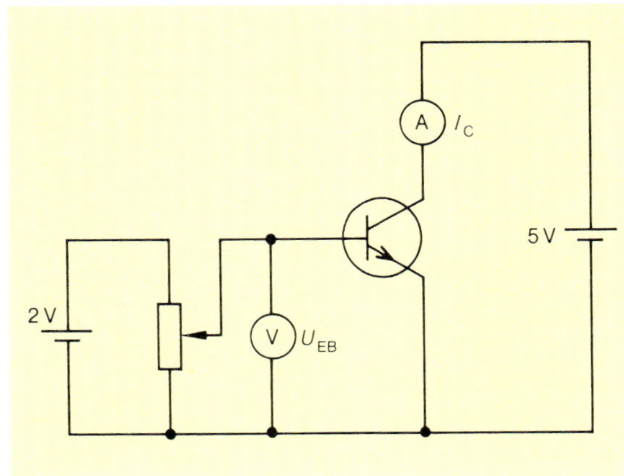

Abb. 4 Schaltung zu Versuch 8

b) S_1 geöffnet, S_2 geschlossen:
I_E, I_B und I_C sind Null.

c) S_1 und S_2 sind geschlossen:
$I_E = 50$ mA, $I_C = 49{,}8$ mA, $I_B = 0{,}2$ mA.

Die Versuchsergebnisse a) und b) überraschen uns nicht. Bei a) ist die Diodenstrecke EB in Durchlaßrichtung geschaltet und bei b) verhindert der in Sperrichtung geschaltete Übergang BC einen Stromfluß.

Dagegen ist die Beobachtung c) sehr überraschend. Denn die in Sperrichtung geschaltete Diodenstrecke BC leitet plötzlich. Dagegen fließt im richtig geschalteten Diodenkreis EB nur ein sehr schwacher Strom. Man bezeichnet diesen Sachverhalt als **Transistoreffekt:**

Die Emitter-Kollektor-Strecke wird leitend, wenn die Basis an den positiven Pol einer Spannungsquelle angeschlossen wird.

Erklärung:

- Vom Emitter gelangen Elektronen in die sehr dünne Basis.
- Die Basis wird mit Elektronen überschwemmt.
- Elektronen dringen in die Sperrschicht zwischen Basis und Kollektor ein. Dadurch wird diese leitend.
- Die Elektronen geraten in den „Sog“ des positiven Kollektors und bilden den Strom I_C.

Wir können nun auch verstehen, weshalb die Basiszone beim Transistor sehr dünn sein muß. Bei einer zu breiten Basis kämen nicht genug Elektronen in der Sperrschicht zwischen Basis und Kollektor an, um diese zu „überfluten“. Sie würden vorher mit Löchern aus der Basis rekombinieren.

Ist die Basis-Kollektor-Strecke erst einmal leitend, so nehmen fast alle Elektronen den Weg zum Kollektor. Der Basisstrom I_B wird dadurch sehr klein (Abb. 3 b). Der Kollektorstrom I_C ist etwa 100mal stärker als der Basisstrom I_B.

Durch den Abbau der ladungsträgerarmen Zone zwischen Basis und Kollektor wird der Widerstand der Basis-Kollektor-Strecke verändert. Dies bezeichnete man zunächst als *„transfer resistor“* (engl. = Übertragungswiderstand). Daraus entstand später das Kunstwort **Transistor.**

Wir fassen zusammen:

Ein npn-Transistor besteht aus drei dotierten Halbleiterschichten, die wie zwei Dioden gegeneinander geschaltet sind. Die Diodenstrecke Emitter-Basis wird in Durchlaßrichtung geschaltet. Der in Sperrichtung geschaltete pn-Übergang von der Basis zum Kollektor wird durch Überflutung von Elektronen aus dem Emitter leitend.

Der Transistor als Schalter

Bei dem Wort *Schalter* denkt man zunächst an einen mechanischen Hebelschalter, der mit der Hand bedient wird und einen elektrischen Stromkreis schließt oder öffnet. Bei diesen Schaltern sind Schaltgeräusche oder Schaltbewegungen gewohnte Begleiterscheinungen. In vielen elektronischen Einrichtungen werden jedoch heute viele Schaltvorgänge vollkommen lautlos und ohne erkennbare mechanische Bewegung ausgeführt.

Ein Schalter hat prinzipiell die Aufgabe, Stromkreise zu öffnen und zu schließen. Um diese Aufgabe erfüllen zu können, muß er im geschlossenen oder durchlässigen Zustand einen möglichst kleinen Widerstand besitzen. Im geöffneten oder gesperrten Zustand soll er den Stromfluß möglichst vollständig verhindern.

Versuch 8: Mit Hilfe der Schaltung nach Abb. 4 messen wir den Kollektorstrom I_C in Abhängigkeit von der Basis-Emitter-Spannung U_{EB}. Das Meßergebnis ist in Abb. 1, S. 302 dargestellt. Die I_C-U_{EB}-*Kennlinie* kann in drei Bereiche eingeteilt werden.

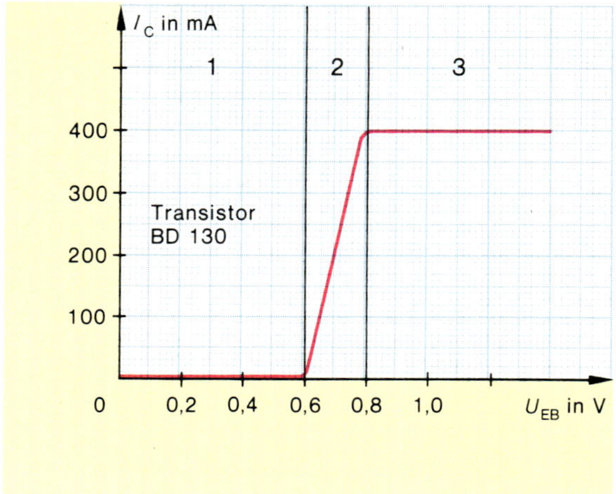

Abb. 1 I_C-U_{EB}-Kennlinie eines Si-Transistors

Bereich 1: Ist U_{EB} kleiner als 0,6 V, so fließt kein Kollektorstrom I_C. Der Transistor leitet nicht, er ist gesperrt (**AUS**geschaltet).

Bereich 2: Beim Überschreiten der *Schwellenspannung* von $U_{EB} = 0{,}6$ V beginnt der Transistor zu leiten. Bis zu einer Spannung von $U_{EB} = 0{,}8$ V steigt der Kollektorstrom I_C an. Da die Spannung U_{EC} unverändert bleibt, können wir sagen, daß der Widerstand des Transistors geringer wird.

Bereich 3: Wird U_{EB} über 0,8 V erhöht, so steigt der Kollektorstrom nicht mehr an. Der Widerstand des Transistors ist nun sehr klein geworden. Es ist so, als wäre der Transistor durch ein Kabel ersetzt worden. Man sagt, der Transistor ist leitend (**EIN**geschaltet).

Auch eine weitere Erhöhung der Basis-Emitter-Spannung U_{EB} steigert den Kollektorstrom I_C nicht mehr. Dadurch wird höchstens die Basis-Emitter-Diode überlastet. Im Bereich 2 verhält sich der Transistor wie ein veränderlicher Widerstand.

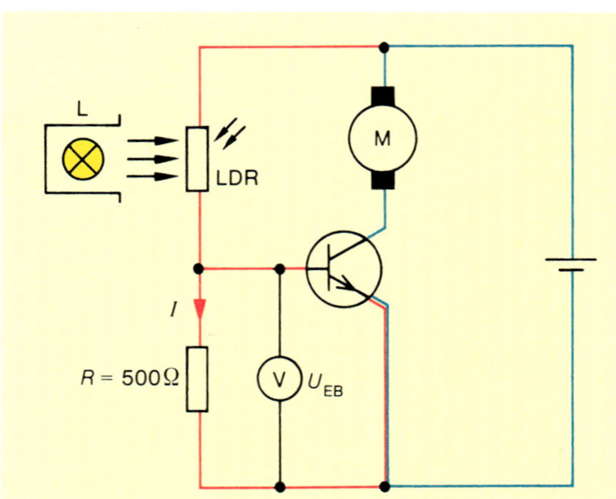

Abb. 2 Ein Motor wird durch Licht ein- und ausgeschaltet.

Der Widerstand eines Transistors kann durch die Basis-Emitter-Spannung U_{EB} zwischen sehr großen und sehr kleinen Werten gesteuert werden. Der Transistor verhält sich dabei wie ein Schalter. Der Sperrzustand entspricht einem geöffneten, der Durchlaßzustand einem geschlossenen Schalter.

Im folgenden Versuch werden die Schaltereigenschaften des Transistors demonstriert.

Versuch 9: In Abb. 2 ist eine Schaltung dargestellt, bei der ein elektrischer Motor durch Licht gesteuert wird; z. B. zur automatischen Öffnung einer Garagentür.

Lassen wir Licht auf den LDR fallen, so beginnt sich der Motor zu drehen. Bei normaler Beleuchtung oder bei abgedunkeltem LDR steht er still.

Wie funktioniert diese Schaltung? Zunächst fällt auf, daß für die Emitter-Basis-Spannung keine gesonderte Spannungsquelle wie in Abb. 4, S. 301 verwendet wird. Die Spannung U_{EB} ist gleich dem Spannungsabfall am Widerstand $R = 500\,\Omega$; es ist $U_{EB} = R\,I$.

a) Ist der LDR abgedunkelt, so ist dessen Widerstand sehr hoch. Der Strom I durch die beiden in Reihe liegenden Widerstände ist dann sehr klein. Das führt zu einer sehr geringen Spannung am Widerstand R. Sie beträgt nur 0,4 V. Diese Spannung reicht nicht aus, um den Emitter-Kollektor-Kreis des Transistors leitend zu machen (vgl. Abb. 1). Der Transistor sperrt.

b) Fällt Licht auf den LDR, so wird sein Widerstand erheblich verringert. Der Strom I durch die beiden Widerstände steigt an, so daß auch die Spannung $U_{EB} = I\,R$ ansteigt. Bei beleuchtetem LDR beträgt U_{EB} etwa 0,8 V, d. h. im Kollektorkreis fließt ein starker Strom I_C, der den Motor zum Laufen bringt. Der Transistor ist durchgeschaltet. Schaltungen dieser Art finden vielfache Anwendungen.

Der Transistor als Verstärker

Ein Verstärker hat die Aufgabe, schwache Signale zu verstärken, z. B. geschieht dies bei einer medizinischen Untersuchung des Herzens durch ein Elektrokardiogramm (EKG) (Abb. 3). Eine EKG-Kurve zeigt die elektrischen Signale, die das Herz abgibt. Die Signale sind sehr schwach und werden zwischen zwei Elektroden gemessen, die am Körper angebracht werden. Um sie am Bildschirm eines Oszilloskops oder mit Hilfe eines elektrischen Schreibers darstellen zu können, müssen sie vorher etwa 50 000fach verstärkt werden. Das wichtigste Bauelement bei einer Verstärkerschaltung ist der Transistor. Wie ein solcher Transistorverstärker funktioniert, werden wir im nächsten Versuch lernen.

Versuch 10: Wir bauen zunächst einen Schaltkreis aus Batterie, Mikrofon und Lautsprecher. Wenn wir eine angeschlagene Stimmgabel vor das Mikrofon halten, können wir im Lautsprecher keinen Ton wahrnehmen. Nun wird das Mikrofon in den Basiskreis eines Transistors geschaltet. Der Lautsprecher befindet sich in der Kollektorleitung (Abb. 4). Das Potentiometer P wird so eingestellt, daß $U_{EB} = 0{,}7$ V ist. Halten wir nun die schwingende Stimmgabel vor das Mikrofon, so hören wir ihren Ton laut und deutlich aus dem Lautsprecher.

Beim ersten Versuch ohne Transistor waren die Stromstärkeänderungen im Lautsprecher zu klein. Wir können annehmen, daß die Stromstärkeänderungen im Mikrofon durch den Transistor verstärkt werden. Durch die verstärkten Stromstärkeänderungen wird die Membran des Lautsprechers in stärkere Schwingungen versetzt. Der abgestrahlte Ton wird dadurch lauter.

Bereits im Versuch 7 haben wir festgestellt, daß ein geringer Basisstrom einen viel größeren Stromfluß im Kollektorkreis auslöst. Wir wollen in einem Versuch feststellen, wie der Kollektorstrom I_C vom Basisstrom I_B abhängt.

Versuch 11: Wir ändern die Schaltung nach Abb. 4 etwas, so daß I_C und I_B gemessen werden können. Dazu schalten wir in den Kollektorkreis zusätzlich ein Amperemeter. Das Mikrofon im Basiskreis wird durch ein Amperemeter ersetzt (Abb. 5). Mit Hilfe des Potentiometers P kann I_B verändert werden. Wir erhalten folgende Meßwerte:

I_B in mA	0	0,1	0,2	0,3	0,4	0,5	0,6
I_C in mA	0	15	30	45	60	75	90

Die I_C-I_B-Kennlinie ist eine Gerade durch den Ursprung (Abb. 6). Steigt I_B von z. B. 0,2 mA auf 0,3 mA, so steigt I_C von 30 mA auf 45 mA. Die Zunahme I_C beträgt $150 \cdot 0{,}1\,\text{mA} = 15$ mA. Das bedeutet: Eine kleine Änderung (ΔI_B) bewirkt eine 150mal so starke Änderung (ΔI_C) von I_C. Man sagt, der Stromverstärkungsfaktor β beträgt 150. Dieser Faktor liegt bei den meisten Transistortypen zwischen 100 und 200. Es gilt:

$$\beta = \frac{\Delta I_C}{\Delta I_B} \,.$$

Da die I_C-I_B-Kennlinie eine Gerade ist, gilt: $I_C = \beta \cdot I_B$.

Natürlich wird der 150mal stärkere Kollektorstrom nicht vom Transistor „erzeugt". Es wird nur der Widerstand der Emitter-Kollektor-Strecke durch den Basisstrom vermindert, so daß I_C bei konstanter Spannung U_{EC} größer werden kann.

Mit einem Transistor können kleine Ströme verstärkt werden.

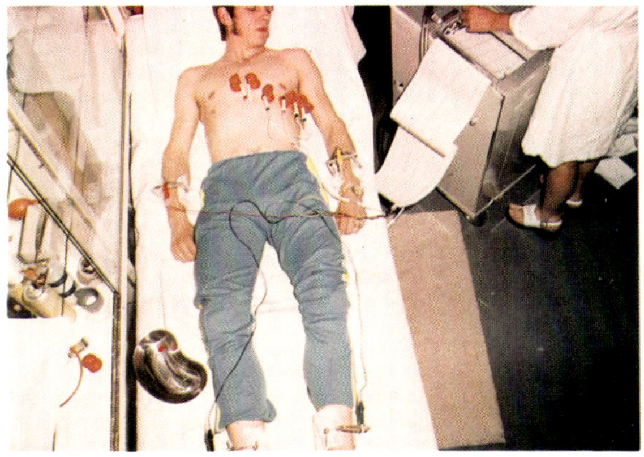

Abb. 3 Schwache elektrische Signale werden verstärkt

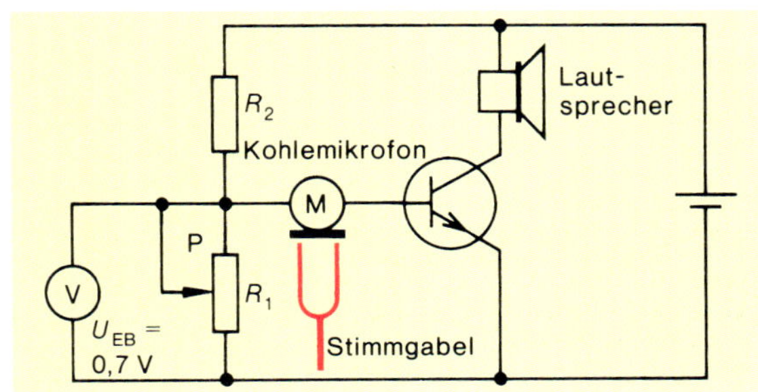

Abb. 4 Schaltung eines Mikrofonverstärkers

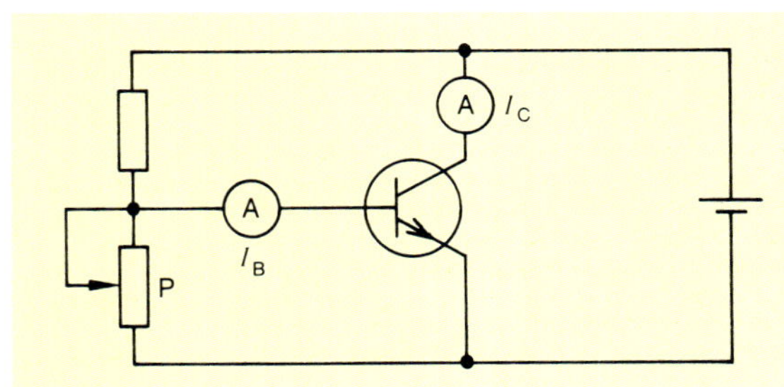

Abb. 5 Zu Versuch 11

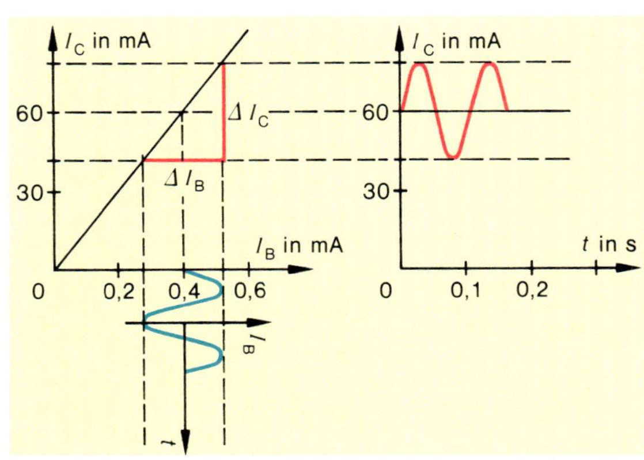

Abb. 6 Kleine Änderungen des Basisstroms werden verstärkt

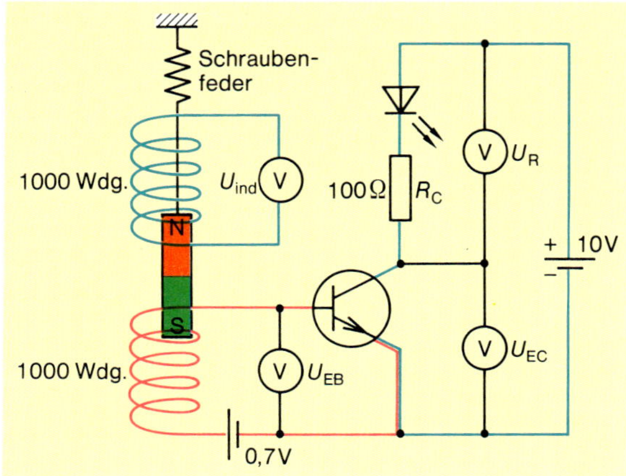

Abb. 1 Zu Versuch 12

Wir können nun auch die größeren Stromstärkeänderungen im Lautsprecher beim Versuch 10 erklären: Wenn keine Schallwellen auf das Mikrofon treffen, so ist $I_B = 0{,}4$ mA konstant. Der Kollektorstrom stellt sich dabei auf den konstanten Wert $I_C = 60$ mA ein. Treffen nun Schallwellen auf das Mikrofon, so ändert sich dessen Innenwiderstand. Der Basisstrom ändert sich dabei im Rhythmus der ankommenden Schallwellen. Diese Stromstärkeänderungen im Basiskreis (Abb. 6, S. 303) werden durch den Transistor auf den Kollektorkreis verstärkt übertragen. Der Ton wird dabei im Lautsprecher hörbar.

Spannungs- und Leistungsverstärkung

Neben der Verstärkung von Strömen müssen in der Elektronik häufig auch kleine Spannungen verstärkt werden. Wie man dies mit einem Transistor erreichen kann, zeigt der folgende Versuch.

Versuch 12: Wir befestigen einen Stabmagneten an einer Schraubenfeder und lassen ihn in einer Spule hin- und herschwingen. Dabei entsteht an den Spulenenden eine Induktionsspannung. Mißt man diese Spannung mit einem Voltmeter, so schwankt sie im Rhythmus der Schwingung zwischen $-0{,}1$ V und $+0{,}1$ V.

Schalten wir die Spule nach Abb. 1 mit einem Transistor zusammen, so pendelt der Zeiger des Voltmeters für die Spannung U_{EC} zwischen 2 V und 6 V hin und her. Die Induktionsspannung wird um den Faktor 20 verstärkt. Gleichzeitig kann man beim Ein- und Austreten des Magneten beobachten, daß die Leuchtdiode im Kollektorkreis ihre Helligkeit ändert. Dies zeigt, daß sich neben der Spannung U_{EC} auch I_C ändert. Wie bei Versuch 11 bewirkt eine Änderung der Basisspannung U_{EB} eine Veränderung des Innenwiderstands des Transistors. Der Transistor stellt aber zusammen mit R_C einen veränderlichen Spannungsteiler dar. Die Schwankungen von U_{EC} kommen dadurch zustande, daß sich die Betriebsspannung U_B an diesem Spannungsteiler je nach Größe des Transistorwiderstandes entsprechend anders aufteilt.

Mit einem Transistor können kleine Spannungen verstärkt werden.

Was ein Verstärker in der Unterhaltungselektronik „hergeben" kann, wird häufig mit dem Begriff „Ausgangsleistung" bezeichnet. So beträgt z. B. die Ausgangsleistung eines kleinen Radios etwa 4 Watt. Stereoverstärker in HiFi-Qualität beginnen mit Ausgangsleistungen ab 2mal 6 W bei Aussteuerung mit einem Sinusdauerton.

Die elektrische Leistung P wird durch das Produkt $U \cdot I$ oder $R \cdot I^2$ angegeben (S. 268). Wir wollen bei einem Transistorverstärker die Ausgangsleistung im Kollektorkreis mit der Eingangsleistung im Basiskreis vergleichen.

Beispiel: Wir betrachten noch einmal die Schaltung des Mikrofonverstärkers auf S. 303. Für die Eingangsleistung P_E, die dem Basiskreis zugeführt wird, gilt:

$$P_E = U_{EB} \cdot I_B \quad \text{bzw.} \quad P_E = U_{EB} \cdot \frac{I_C}{\beta}.$$

β ist der Stromverstärkungsfaktor (S. 303). Mit $\beta = 150$ ergibt sich für unser Beispiel

$$P_E = 0{,}7 \text{ V} \cdot \frac{60 \text{ mA}}{150} = 0{,}28 \text{ mW}.$$

Für die Ausgangsleistung P_A im Kollektorkreis erhält man bei $U_{EB} = 0{,}7$ V, $I_C = 60$ mA, $R_C = 8\ \Omega$ (Lautsprecherwiderstand):

$$P_A = R_C\, I_C^2 = 8\ \Omega \cdot (60 \text{ mA})^2 = 28 \text{ mW}.$$

Das Verhältnis der Ausgangsleistung zur Eingangsleistung wird als **Leistungsverstärkung** bezeichnet. In unserem Beispiel wird die Eingangsleistung 100fach verstärkt.

Mit einem Transistor können Leistungen verstärkt werden.

Aufgaben

1. Beschreibe den Aufbau eines npn-Transistors und erläutere den Transistoreffekt!
2. Vergleiche einen Transistor im Schalterbetrieb mit einem Relais!
3. In Abb. 2, S. 302 wird der LDR mit dem 500-Ω-Widerstand vertauscht. Wie ändert sich dabei die Funktionsweise der Schaltung?
4. Beschreibe die Stromverstärkung mit einem Transistor? Was versteht man unter Leistungsverstärkung?
5. Worauf beruht die Schaltereigenschaft eines Transistors?
6. Erläutere das Prinzip der Spannungsverstärkung mit einem Transistor!
7. Wie ändern sich die Eigenschaften eines Transistors bei hohen Temperaturen?

6.4 Logische Schaltungen mit Transistoren

Mit der Entwicklung der Computer-Elektronik hat für die Menschheit ein neues Zeitalter begonnen. Superschnell arbeitende Computer übernehmen immer mehr Aufgaben, die bisher nur von Menschen ausgeführt wurden. Insbesondere Routinearbeiten bei der Verarbeitung und Auswertung von Daten aller Art werden vom Computer schneller und zuverlässiger gelöst. Die Entwicklung von Computern war deshalb möglich, weil alle logischen Entscheidungen auf drei Grundentscheidungen zurückgeführt werden können. Dies sind die **UND-, ODER-** und **NICHT-**Entscheidungen. Die moderne Elektronik hat Schaltungen entwickelt, die diese Grundentscheidungen mit großen Schaltgeschwindigkeiten nachvollziehen können.

Abb. 2 Mikrocomputer

Der Transistor kann NEIN sagen

Zur elektronischen Darstellung einer Negation (Verneinung) kann man einen Transistor verwenden, der als Schalter betrieben wird (Abb. 3). Den Anschluß E an der Basis bezeichnen wir als Eingang, den Kollektoranschluß als Ausgang A der Schaltung.

Wenn der Transistor T sperrt, liegt zwischen A und L fast die volle Batteriespannung von 5 V. Man sagt, A hat den Zustand H (High, engl. = hoch). Ist T durchgeschaltet, so liegt zwischen A und L nur eine kleine Spannung von etwa 0,1 V. A hat dann den Zustand L (Low, engl. = niedrig).

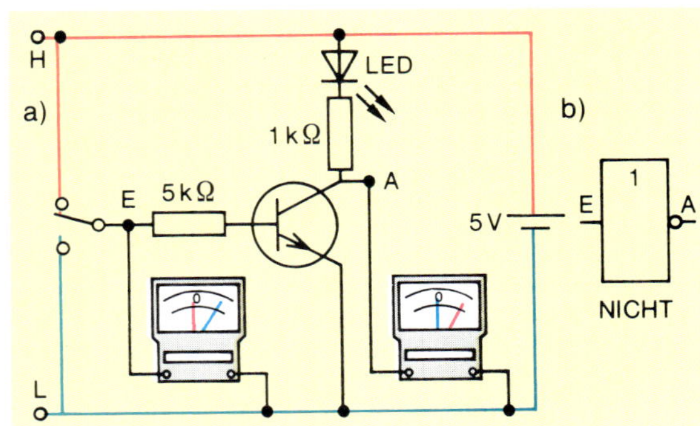

Abb. 3 a) NICHT-Schaltung, b) Schaltzeichen

Versuch 13: Wir legen an E ein H-Signal, indem wir den Schalter in Stellung I bringen (Abb. 3). Die Basis ist dann positiv gegenüber dem Emitter, und der Transistor leitet. Am Ausgang erscheint dann ein L-Signal. Nun bringen wir den Schalter in Stellung II, so daß an E ein L-Signal liegt. Am Ausgang liegt dann fast die volle Batteriespannung, also ein H-Signal.

Der Ausgang des Transistors verhält sich genau umgekehrt wie der Eingang. Man nennt die Schaltung nach Abb. 3 daher eine **Inverterschaltung** (invertere, lat. = umkehren) oder **NICHT-Schaltung.** Ähnlich wie für elektronische Bauelemente hat man für die gesamte Schaltung ein Schaltzeichen eingeführt (Abb. 3b).

$C = A \wedge B$

A	B	C
0	0	0
0	1	0
1	0	0
1	1	1

$C = A \vee B$

A	B	C
0	0	0
0	1	1
1	0	1
1	1	1

Abb. 4 Wahrheitswertetafeln für UND- und ODER-Funktion

UND- und ODER-Schaltung

In der mathematischen Logik werden nur Aussagen betrachtet, die wahr oder falsch sein können. Ist eine Behauptung „wahr“, so schreibt man dafür 1; ist sie „falsch“, so schreibt man dafür 0. Kompliziertere Aussagen lassen sich in Teilaussagen zerlegen. Betrachten wir dazu ein Beispiel. Die Aussage: „Mit dem Fotoapparat kann man ein Foto machen, wenn ein Film eingelegt ist und wenn der Auslöser gedrückt wird“ kann in folgende Teilaussagen zerlegt werden:

A. Es befindet sich ein Film im Fotoapparat.
B. Der Auslöser wird gedrückt.
C. Ein Foto entsteht.

Sind die Aussagen A und B wahr, so ist C ebenso wahr. Die Aussage C ist von A und B abhängig.

Die Zusammenhänge zwischen den drei Aussagen kann man in einer Tabelle übersichtlich darstellen (Abb. 4).

Die Übersicht zeigt, daß C nur dann wahr ist, wenn A und B wahr sind. Man nennt eine solche Verknüpfung von Aussagen eine **UND-Verknüpfung.** In Kurzform schreibt man die zusammengesetzte Aussage so: $C = A \wedge B$. Das Zeichen „ $\wedge$ “ bedeutet UND. Den gesamten Ausdruck nennt man **UND-Funktion.** C ist eine Funktion von A und B.

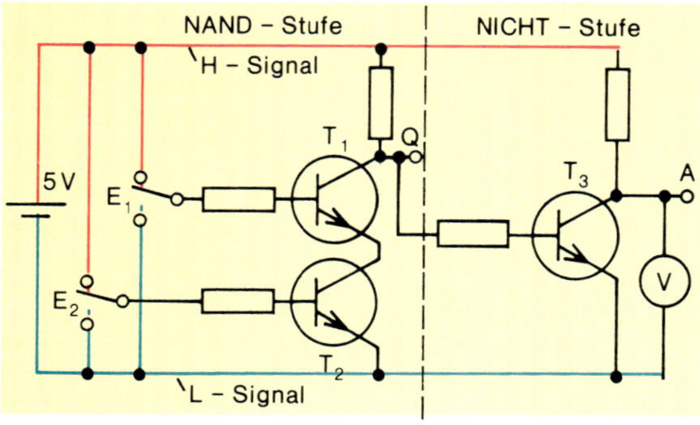

Abb. 1 UND-Glied

a)

E_1	E_2	A
L	L	L
L	H	L
H	L	L
H	H	H

b)

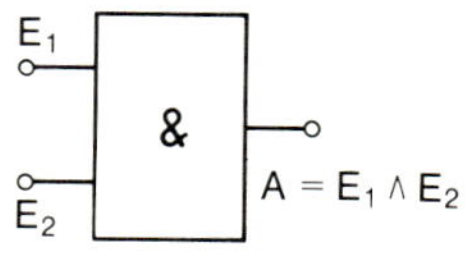

Abb. 2 a) Schaltzustände beim UND-Glied, b) Schaltzeichen

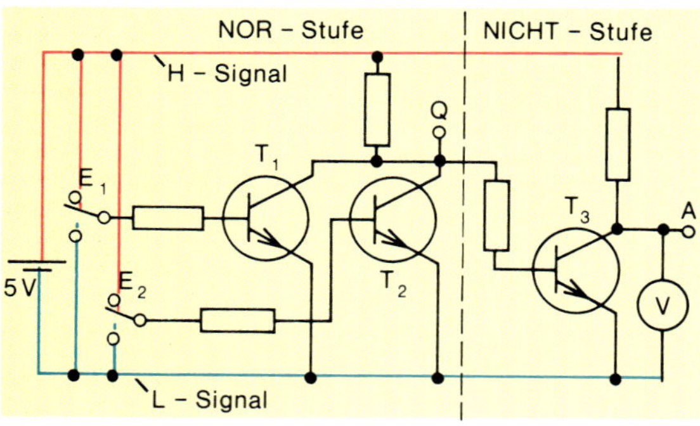

Abb. 3 ODER-Glied

a)

E_1	E_2	A
L	L	L
L	H	H
H	L	H
H	H	H

b)

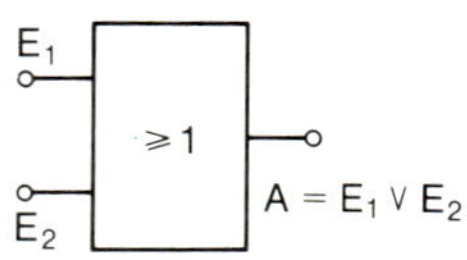

Abb. 4 a) Schaltzustände beim ODER-Glied, b) Schaltzeichen

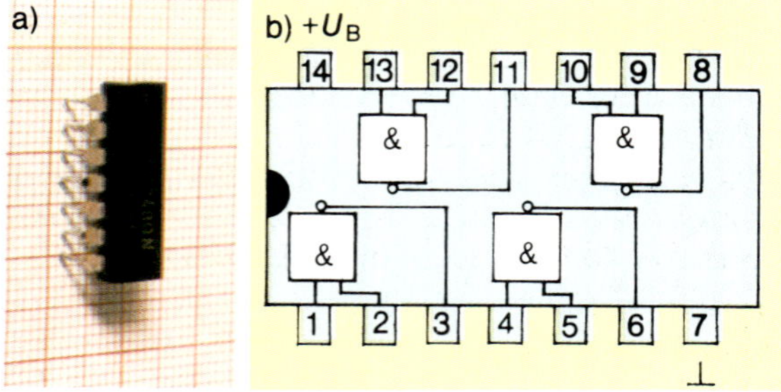

Abb. 5 a) IC-Baustein, b) Anschlußplan

Die UND-Schaltung bei der Waschmaschine (S. 221) wird durch zwei hintereinander angeordnete Schalter realisiert. Für einen Computer wären mechanische Schalter viel zu umständlich und vor allem zu langsam. Bei modernen Logikschaltungen werden deshalb Transistoren verwendet. Wie die UND-Funktion mit Transistoren dargestellt werden kann, zeigt der folgende Versuch. Dem Wahrheitswert 1 („wahr") ordnen wir ein H-Signal, dem Wahrheitswert 0 („falsch") ein L-Signal zu.

Versuch 14: Wir bauen eine Schaltung nach Abb. 1 auf und legen an die Eingänge E_1 und E_2 abwechselnd L- und H-Signale. Die Spannungssignale am Punkt Q entsprechen der verneinten UND-Funktion, $Q = \overline{E_1 \wedge E_2}$. Deshalb bildet dieser Teil der Schaltung die **NAND-Stufe** („not and", engl.).

Da eine doppelte Verneinung eine Bejahung ergibt, schalten wir hinter die NAND-Stufe einen Inverter und erhalten so ein vollständiges **UND-Glied.** Mit ihm wird die UND-Funktion elektronisch dargestellt. Abb. 2b zeigt das Schaltzeichen für ein UND-Glied.

Der Ausgang A bei einem UND-Glied liegt genau dann auf H-Signal, wenn beide Eingänge E_1 und E_2 H-Signal führen.

Will man ein UND-Glied mit 3 oder 4 Eingängen haben, so müssen in der NAND-Stufe 3 bzw. 4 Transistoren hintereinandergeschaltet werden.

Bei der **ODER-Funktion** $C = A \vee B$ ist C bereits dann wahr, wenn eine der Aussagen A oder B wahr ist (Abb. 4, S. 305). Die Schaltung nach Abb. 3 zeigt eine elektronische Realisierung der ODER-Funktion. Am Punkt Q wird die ODER-Funktion verneint, $Q = \overline{E_1 \vee E_2}$. Den dazugehörigen Schaltungsteil nennt man daher **NOR-Stufe** („not or", engl.). Die gesamte Schaltung nach Abb. 3 heißt **ODER-Glied.**

Der Ausgang A bei einem ODER-Glied liegt dann auf H-Signal, wenn mindestens einer der Eingänge auf H-Signal liegt.

Abb. 5 zeigt ein Bauelement, in dem viele solcher Schaltglieder integriert (zusammengefaßt) sind. Man spricht dann von einem **integrierten Schaltkreis** (Integrated Circuit). Meistens verwendet man die Abkürzung **IC.** Er besteht aus Transistoren, Dioden und Widerständen. Die Herstellung von ICs ist sehr kompliziert. Die elektronischen Elemente werden in eine Siliziumscheibe eingelassen. Anschließend werden sie als Einzelschaltkreise mit einem Diamanten oder mit Laserstrahlen herausgeschnitten. Die Anschlüsse der Schaltkreise (Abb. 7) werden mit Goldfäden von 0,0025 mm Durchmesser durch ein besonderes Schweißverfahren hergestellt.

Die Flip-Flop-Schaltung – ein elektronisches Gedächtnis

In der elektronischen Datenverarbeitung (EDV) sowie bei vielen technischen Arbeitsvorgängen ist die Speicherung von Informationen eine unerläßliche Notwendigkeit. So müssen z. B. in einem elektronischen Rechner die eingegebenen Zahlen gespeichert und für den weiteren Rechengang bereitgehalten werden. Drücken wir beim Fahrstuhl das gewünschte Stockwerk, so „merkt" sich die elektronische Fahrstuhlsteuerung das Ziel. Ebenso wird beim Einstellen der Waschmaschine der Arbeitsauftrag für den Waschgang gespeichert. Wie eine elektronische Speicherschaltung grundsätzlich funktioniert, zeigt der folgende Versuch.

Versuch 15: Zwei Transistoren T_1 und T_2 werden nach Abb. 6 zusammengeschaltet. Die Basis von T_2 ist über den Widerstand R_4 mit dem Kollektor von T_1 verbunden. Der Kollektor von T_2 wird über ein Kabel und den Widerstand R_3 auf die Basis von T_1 „rückgekoppelt". Wird die Batterie angeschlossen, so beobachtet man, daß eine der beiden Leuchtdioden (LED) leuchtet, während die andere dunkel bleibt. Welche LED aufleuchtet, hängt vom Zufall ab. Wir nehmen an, daß die linke LED leuchtet. Diesen Schaltzustand kann man nur ändern, wenn der Anschluß R kurzzeitig mit dem Pluspol der Batterie verbunden wird. Dabei verlischt LED 1, und LED 2 beginnt zu leuchten. Dieser Zustand hält solange an, bis man an den Anschluß S kurzzeitig den Pluspol legt. LED 2 verlischt dabei und LED 1 leuchtet wieder. Wird einmal eine Leuchtdiode zum Leuchten gebracht, so „merkt" sich die Schaltung diese Anweisung beliebig lange; zumindest solange die Batterie hält.

Erklärung: Wenn z. B. LED 1 leuchtet, so ist T_1 durchgeschaltet, U_{EB2} beträgt dann nur 0,1 V und deswegen sperrt T_2. Drücken wir auf die Taste Ta 2, so liegt die Basis von T_2 am Pluspol der Batterie und T_2 schaltet durch; LED 2 leuchtet. Wenn T_2 durchgeschaltet ist, so ist sein Innenwiderstand sehr klein. Deshalb ist auch der Spannungsabfall an T_2 sehr klein; er beträgt etwa 0,1 V. Über die Verbindung mittels R_3 wird erreicht, daß diese Spannung zwischen Basis und Emitter von T_1 liegt. T_1 ist deshalb nicht durchgeschaltet, LED 1 bleibt dunkel. Die Schaltung hat zwei stabile Zustände. Man nennt sie daher auch **bistabile Kippschaltung.** Es ist auch der Name Flip-Flop-Schaltung (kurz **Flip-Flop**) gebräuchlich.

Eine Flip-Flop-Schaltung hat zwei stabile Schaltzustände. Eine Änderung des jeweiligen Zustandes kann durch einen positiven Spannungsimpuls an der Basis des gesperrten Transistors erfolgen.

Die Anschlüsse R und S sind die Eingänge des Flip-Flop. S heißt **Setzeingang,** R **Rücksetzeingang.** Q ist der **Ausgang** des Flip-Flop. Von hier können die Schaltzustände abgenommen und weiter verarbeitet werden.

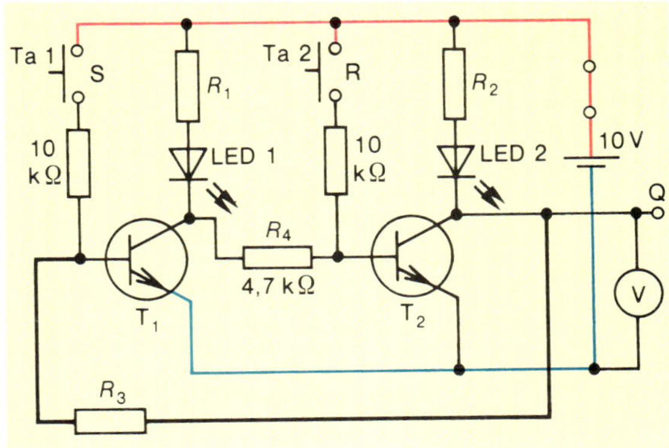

Abb. 6 Flip-Flop-Schaltung

Abb. 7 Elektronischer Chip, stark vergrößert

Durch die Erfindung des Transistors im Jahre 1949 durch die amerikanischen Wissenschaftler BRATTAIN und BARDEEN wurde eine stürmische Entwicklung auf dem Gebiet der Elektronik ausgelöst, die noch nicht abgeschlossen ist.

Am Anfang der Halbleiter-Elektronik standen noch große aufwendige Schaltungen, die aus einzelnen Bauelementen aufgebaut waren. In einer schnellen Entwicklung gelang es, den Raumbedarf von elektronischen Schaltungen immer mehr zu verkleinern. 1960 wurden auf einem Siliziumplättchen **(Chip)** von 1 cm^2 Fläche 4 Schaltkreise untergebracht. 1965 waren es bereits 400 und 1979 waren es 25 000. Man nennt dies **Mikroelektronik.**

Inzwischen gibt es Elektronik-Bausteine, die programmierbar sind. Sie werden als **Mikroprozessoren** bezeichnet. Sie bilden das Kernstück der **Mikrocomputer.**

Leitungsvorgänge in Halbleitern

Halbleiter haben eine elektrische Leitfähigkeit, die bei Zimmertemperatur zwischen der von Metallen und Isolatoren liegt. Die wichtigsten Vertreter sind Silizium und Germanium.

Im Gegensatz zu den Metallen nimmt die Leitfähigkeit bei Halbleitern mit der Temperatur zu. ↑ S. 293

Durch Energiezufuhr (Erwärmung, Belichtung) werden beim Halbleiter Elektronen aus ihren Bindungen gelöst und stehen als zusätzliche freie Ladungsträger zur Verfügung. ↑ S. 294

Der Ladungstransport erfolgt beim Halbleiter durch Elektronen und Löcher. Löcher sind positiv geladene Stellen, die sich innerhalb des Kristalls verschieben können **(Löcherleitung).** ↑ S. 295

Durch den Einbau von Fremdatomen **(Dotierung)** wird die Leitfähigkeit von Halbleitern erhöht: Wird ein Silizium-Kristall mit Indium dotiert, so erhöht sich die Anzahl der Löcher. Es entsteht ein **p-Leiter.** An der Störstelle befindet sich eine ortsfeste negative Ladung.

Beim Einbau von Arsen erhält Silizium mehr freie Elektronen. Es entsteht ein **n-Leiter.** An der Störstelle befindet sich eine ortsfeste positive Ladung. ↑ S. 296

Halbleiterdioden

Halbleiterdioden bestehen aus einer n- und einer p-leitenden Schicht. In der Grenzzone entsteht eine **ladungsträgerarme Schicht.** ↑ S. 297

Legt man den Pluspol einer Spannungsquelle an den p-Leiter und den Minuspol an den n-Leiter, so leitet die Diode. Bei umgekehrter Polung sperrt sie. Daher kann die Diode als **Gleichrichter** verwendet werden. ↑ S. 298

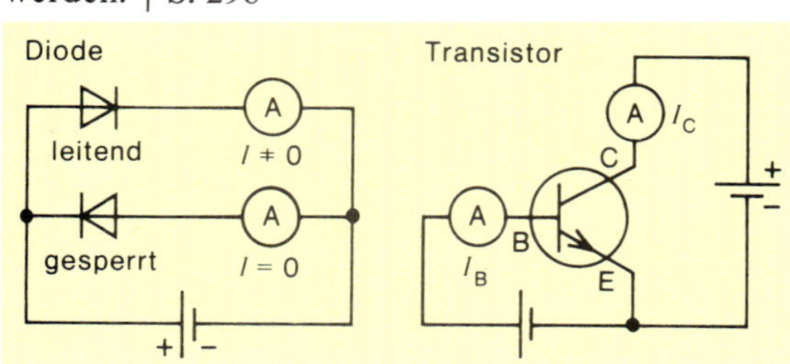

Abb. 1

Solarzellen bestehen aus einem n- und einem p-Leiter. In ihnen wird Licht in elektrische Energie umgewandelt. Dieser Vorgang ist umkehrbar. Er wird in **Leuchtdioden** (LED) ausgenutzt. ↑ S. 299

Transistoren

Ein Transistor besteht aus einem Halbleiterkristall mit drei Schichten: npn-Transistoren oder pnp-Transistoren. Die Anschlüsse heißen *Emitter, Kollektor* und *Basis.* ↑ S. 300

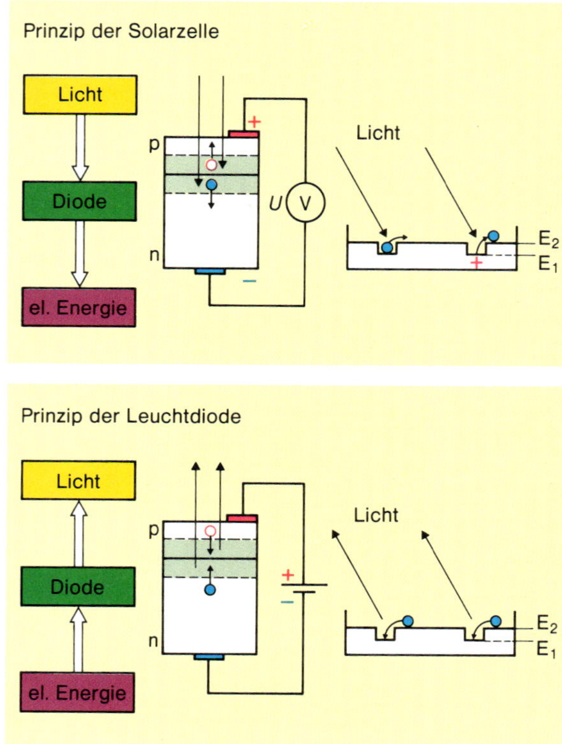

Abb. 2

Der **Transistoreffekt** besteht darin, daß der in Sperrichtung geschaltete Übergang Basis-Kollektor von Elektronen aus dem Emitter überschwemmt wird. Dadurch wird die ladungsträgerarme Zone zwischen Basis und Kollektor leitend. ↑ S. 301

Durch den Basisstrom kann der Übergangswiderstand zwischen Basis und Kollektor zwischen sehr großen und sehr kleinen Widerstandswerten gesteuert werden. Der Transistor verhält sich dabei ähnlich wie ein **Schalter.** ↑ S. 302

Mit einem geringen Basisstrom kann der Kollektorstrom gesteuert werden.

Der Transistor wird als **Strom-, Spannungs- oder Leistungsverstärker** eingesetzt.

Die I_C-I_B-Kennlinie sowie die I_C-U_{EB}-Kennlinie charakterisieren die wichtigsten Eigenschaften eines Transistors. ↑ S. 303 f

Mit Transistorschaltungen können die logischen Grundentscheidungen NICHT, ODER und UND realisiert werden. Die entsprechenden Schaltungen werden heute meist in integrierter Bauweise hergestellt. Integrierte Halbleiter-Bausteine **(ICs)** enthalten eine Vielzahl von Dioden, Transistoren und Widerständen auf engstem Raum. Mit dieser **Miniaturisierung** elektronischer Schaltungen begann das Zeitalter der **Mikroelektronik.** Hochintegrierte **Halbleiterchips** bilden das Kernstück leistungsfähiger Computer. ↑ S. 305 f

6.5 Übertragung von Information

Um Nachrichten über größere Strecken zu übertragen, benutzten Naturvölker die Trommelsprache. In der Seefahrt verständigte man sich früher von Schiff zu Schiff durch Flaggen- oder Lichtsignale. Auch die Blinksignale der Autos oder die Farbsignale der Verkehrsampeln übermitteln Nachrichten auf optischem Wege. Die Übertragung von Nachrichten zwischen Schiffen und Flugzeugen erfolgt heute drahtlos durch Funkwellen, ebenso die Fernseh- und Rundfunkprogramme. Dabei erfolgt die Verständigung durch die Sprache oder verabredete Zeichen.

Eine Nachrichtenübertragung ist allerdings nur möglich, wenn Sender und Empfänger dieselbe Sprache sprechen. Dies muß nicht die normale gesprochene Sprache sein. Die erste Form der schriftlichen Nachrichtenübermittlung mit Hilfe des elektrischen Stroms war die **Morsetelegrafie.** Die zu übermittelnden Texte mußten in das Morsealphabet übersetzt werden. Man nennt diesen Vorgang **Codieren.** Dabei wird jedem Buchstaben des gebräuchlichen Alphabets eine Kombination von Strichen und Punkten zugeordnet. Das Rückübersetzen einer solchen Zeichenreihe nennt man **Decodieren.**

Zu jeder Nachrichtenübertragung hat man zwischen einem **Sender,** dem **Übertragungsmittel** und dem **Empfänger** zu unterscheiden. Das zu übertragende Signal muß zuerst so gewandelt werden, daß es vom Übertragungsmittel transportiert werden kann. Man nennt diesen Vorgang **Signalwandlung.** Auf der Empfängerseite muß das transportierte Signal in einem zweiten Signalwandler wieder in die Sprache des Empfängers zurückverwandelt werden (Abb. 3). Wir wollen diese allgemeinen Ausführungen zur Übertragung von Nachrichten an Beispielen verdeutlichen.

Das Telefon

Wenn man in das Mikrofon eines Telefons spricht, so gelangt die Nachricht über „Draht" zum anderen Gesprächsteilnehmer (Abb. 4). Aber es ist nicht etwa der Schall, der vom Draht weitergeleitet wird (vgl. S. 164). Es sind vielmehr elektrische Signale.

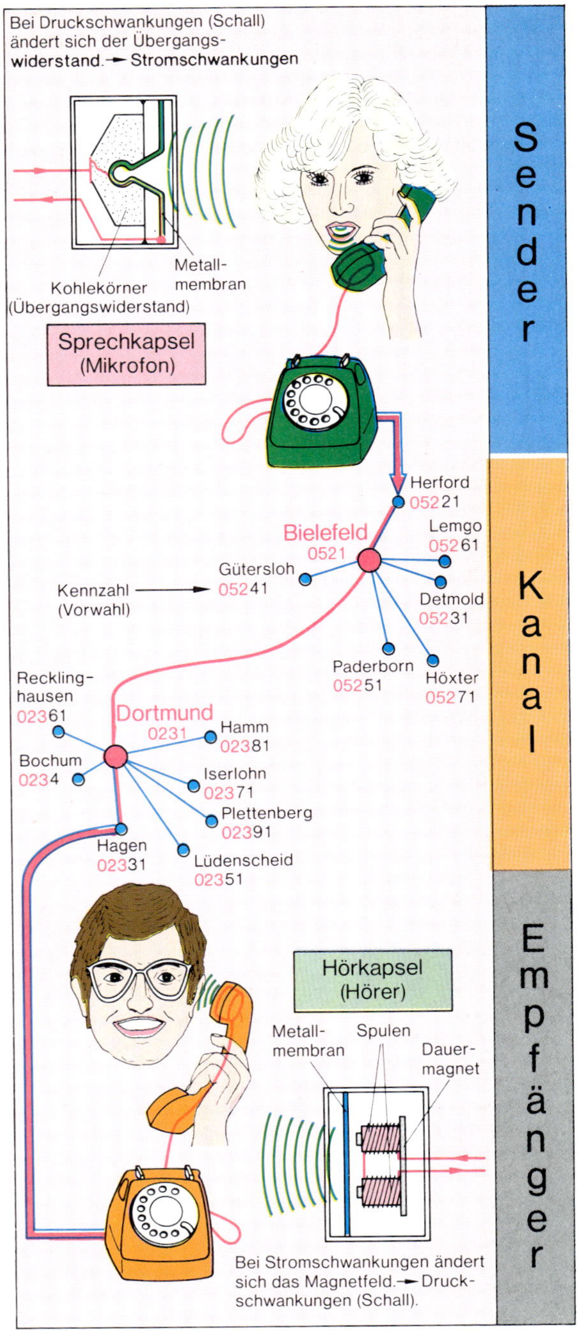

Abb. 4 Nachrichtenübertragung im Telefonnetz

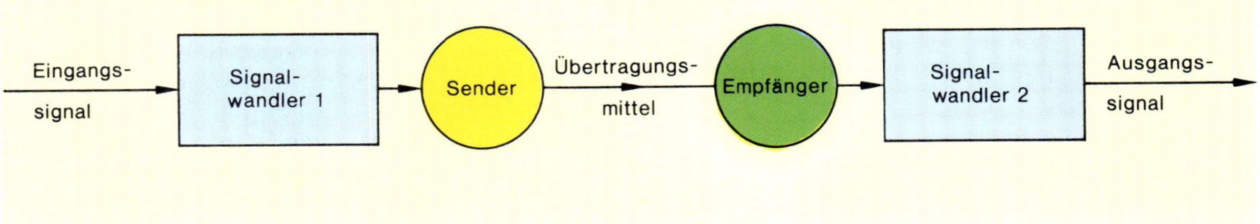

Abb. 3 Schematische Darstellung einer Übertragungskette

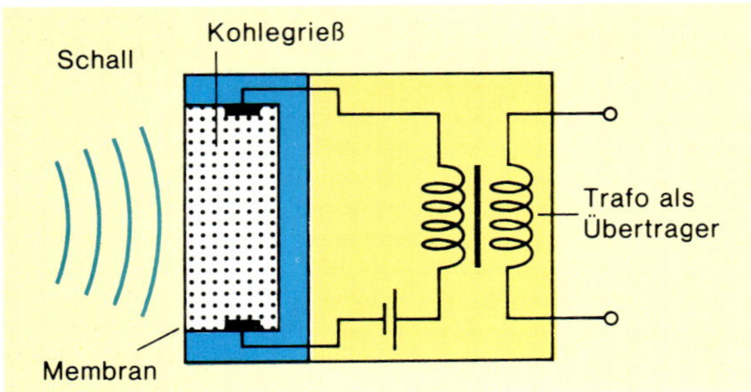

Abb. 1 Kohlemikrofon

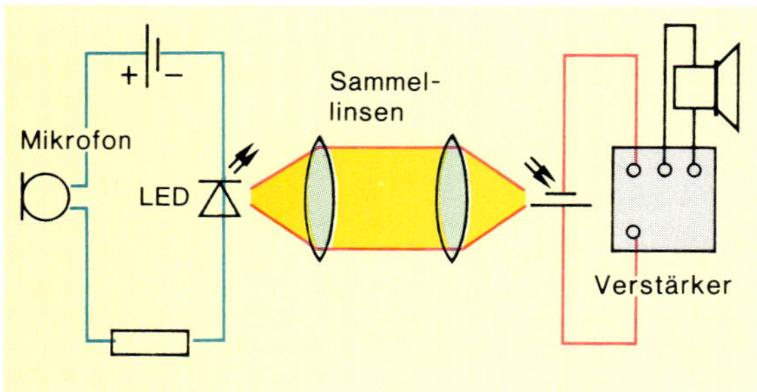

Abb. 2 Nachrichtenübertragung mit Licht

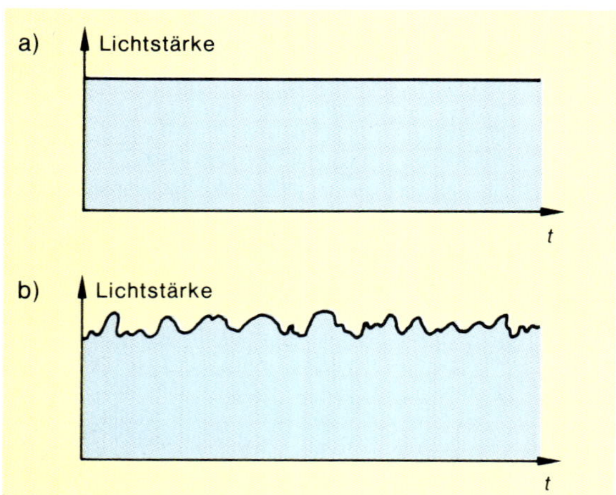

Abb. 3 a) konstante Lichtstärke, b) modulierte Lichtstärke

Die Schallwellen müssen zunächst in elektrische Signale umgewandelt werden. Diese Aufgabe übernimmt ein **Mikrofon.** Es ist ein Signalwandler. Am anderen Ende der Leitung werden die elektrischen Signale wieder in hörbaren Schall umgesetzt. Diese zweite Signalwandlung besorgt ein **Lautsprecher,** dessen Funktionsweise wir auf S. 275 kennengelernt haben.

Das Prinzip eines Kohlemikrofons verstehen wir anhand der Abb. 1. Es besteht aus einem mit Kohlegrieß gefüllten Gehäuse, über das eine dünne Membran gespannt ist. In der Kohlefüllung befinden sich zwei Kontaktplättchen, die an eine Batterie angeschlossen sind. Da Kohle ein Leiter ist, fließt ein schwacher Strom durch das Mikrofon. Treffen Schallwellen auf die Membran, so wird der Kohlegrieß im Rhythmus der ankommenden Schallwellen zusammengedrückt. Beim Zusammendrücken der Kohleteilchen verringert sich der Widerstand der Kohlefüllung. Die Stromstärke im Mikrofon-Stromkreis ändert sich. Dabei entsteht in der Sekundärspule des Transformators T eine Spannung, die sich im Rhythmus des ankommenden Schallsignals ändert. Diese Spannung wird auf die Übertragungsleitung gegeben. Allerdings wird sie vorher noch verstärkt.

Mikrofone sind elektroakustische Signalwandler. Sie wandeln Schall in elektrische Strom- oder Spannungsschwankungen um.

Neben dem beschriebenen Kohlemikrofon gibt es noch weitere Ausführungsformen mit besserer Übertragungsqualität. Erfunden wurde das Telefon von dem Amerikaner GRAHAM BELL und dem Deutschen PHILIPP REIS vor etwas mehr als 100 Jahren.

Nachrichtenübertragung mit Licht

Zur Zeit werden große Anstrengungen unternommen, das „Telefonieren auf Glasfasern“ zu erproben. Dabei wird ausgenutzt, daß Licht aufgrund der Totalreflexion (S. 39) im Glasfaserkabel geführt werden kann. Auch wenn die Glasfasern krummlinig verlaufen, tritt das Licht nicht aus. Die Sprachsignale müssen beim **Glasfaserkabel-Telefon** in optische Signale umgewandelt werden. Wie dies gelingt, zeigen wir im folgenden Versuch.

Versuch 16: Eine Leuchtdiode (LED) und ein Kohlemikrofon werden nach Abb. 2 an eine Gleichspannungsquelle angeschlossen. Mit Hilfe von zwei Sammellinsen wird das Licht der Leuchtdiode auf eine Fotodiode gelenkt, die mit dem Eingang eines Verstärkers verbunden ist. An den Verstärker ist ein Lautsprecher angeschlossen.

Wird gegen das Mikrofon gesprochen oder gesungen, so kann man die Worte oder das Lied deutlich aus dem Lautsprecher hören. Halten wir z. B. eine Hand in den Lichtweg, so verstummt der Lautsprecher. Dies zeigt, daß die Nachricht tatsächlich durch das Licht der LED übertragen wird.

Erklärung: Wir betrachten zunächst den Lichtsender (Abb. 2). Treffen keine Schallwellen auf das Mikrofon, so leuchtet die Leuchtdiode mit konstanter Lichtstärke (Abb. 3 a). Spricht man in das Mikrofon, so ändert sich dessen Widerstand und damit die Stromstärke im Stromkreis des Lichtsenders. Die Folge davon ist, daß die Leuchtintensität der Leuchtdiode im Rhythmus der Sprache schwankt (Abb. 3 b). Man sagt, das Licht wird **moduliert.** Trifft dieses modulierte Licht auf das Fotoelement, so entsteht an dessen Anschlüssen eine

Spannung, die sich im Rhythmus der geringen Lichtschwankungen ändert. Durch den Lautsprecher werden die verstärkten Spannungsänderungen hörbar gemacht.

Damit haben wir das Prinzip der **optischen Signalübertragung** demonstriert. Und so ist die **Übertragungskette:**

- Das Mikrofon wandelt die Schallwellen in elektrische Signale um.
- Eine Leuchtdiode wandelt die elektrischen Signale in Lichtsignale um.
- Ein optischer Empfänger (Fotoelement) wandelt die Lichtsignale wieder in elektrische Signale um.
- Ein Lautsprecher macht aus den elektrischen Signalen wieder Schall.

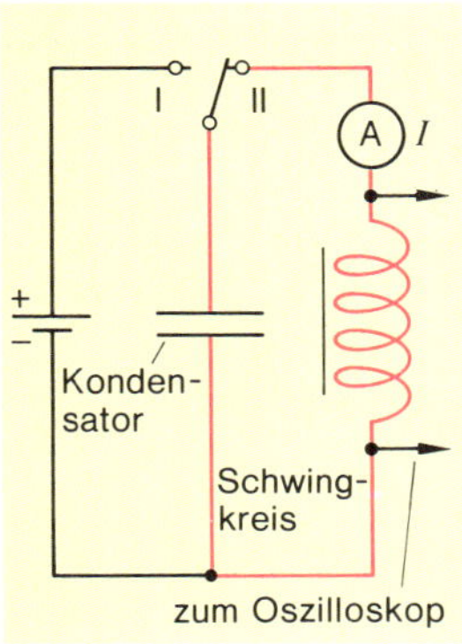

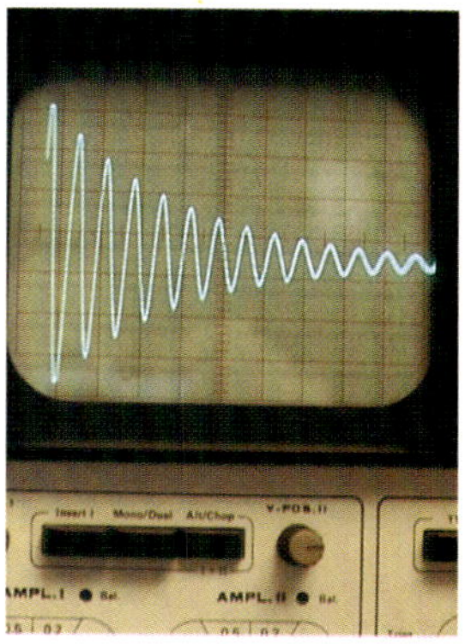

Abb. 4 Wird der Schalter von der Stellung I in Stellung II gebracht, so pendeln die Elektronen von einer Kondensatorplatte zur anderen hin und her

Nachrichtenübertragung mit Radiowellen

Läßt man Elektronen in einem Metallstab (Sendeantenne) schnell hin und her schwingen, so entstehen Magnetfelder, wenn sie sich im Stab bewegen und elektrische Felder, wenn sie sich an den Stabenden aufstauen. Da sich die Elektronen schnell hin und her bewegen, ändern sich auch die elektrischen und magnetischen Felder schnell. Sie werden als elektromagnetische Welle abgestrahlt. In Luft und im Vakuum breitet sie sich mit Lichtgeschwindigkeit aus. Die Elektronenschwingung wird in einem sogenannten **Hochfrequenz-Generator** (HF-Generator) erzeugt. Er besteht im wesentlichen aus einem **Schwingkreis** aus Spule und Kondensator (Abb. 4). Die Beschaffenheit von Spule und Kondensator bestimmt die Frequenz der elektromagnetischen Welle. Bei *Langwellen* beträgt sie etwa 200 kHz. *Mittelwellen* haben etwa 1000 kHz und *Ultrakurzwellen* (UKW) etwa 100 MHz.

Die Elektronenschwingungen im Schwingkreis nach Abb. 4 verlaufen gedämpft. Nach kurzer Zeit kommen die Elektronen zur Ruhe. Durch besondere Schaltungsmaßnahmen kann man es erreichen, daß die Amplitude der Schwingung aufrechterhalten wird. Man spricht dann von *ungedämpften elektrischen Schwingungen.*

Die elektromagnetischen Wellen breiten sich von der Sendeantenne nach allen Seiten in den Raum aus. In Abb. 5a ist nur der Verlauf des abgestrahlten elektrischen Feldes für eine bestimmte Richtung und zu einem bestimmten Zeitpunkt veranschaulicht. Trifft ein solches Feld auf eine Empfangsantenne, so werden die darin befindlichen Leitungselektronen zum Mitschwingen angeregt.

Zur drahtlosen Übertragung von Nachrichten genügt aber noch nicht die Erzeugung einer elektromagnetischen Welle. Sie ist nur das Übertragungsmittel oder die *Trägerwelle.* Ähnlich wie bei der Übertragung mit Licht muß die Trägerwelle mit dem zu übertragenden Signal „beladen" werden. Dies erreicht man dadurch, daß die niederfrequenten Mikrofonsignale die Amplitude der hochfrequenten Trägerwelle verändern (Abb. 5b). Man sagt, die Amplitude der Trägerwelle wird *moduliert* **(Amplitudenmodulation).** Das modulierte Hochfrequenzsignal wird von der Antenne als elektromagnetische Welle abgestrahlt und gelangt auf die Empfangsantenne der Rundfunkempfänger. Diese filtern das aufmodulierte niederfrequente Signal (Sprache, Musik) heraus, verstärken es und führen es auf einen Lautsprecher. Von dort wird es als Schall abgestrahlt und gelangt an unser Ohr.

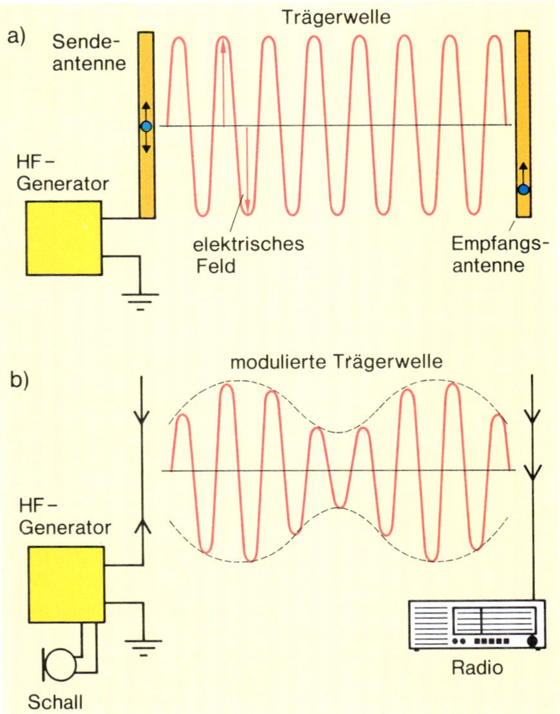

Abb. 5 Prinzip der Nachrichtenübertragung mit elektromagnetischen Wellen: a) Von der Sendeantenne wird eine unmodulierte Trägerwelle abgestrahlt, b) Die im HF-Generator modulierte elektromagnetische Welle übermittelt die Information

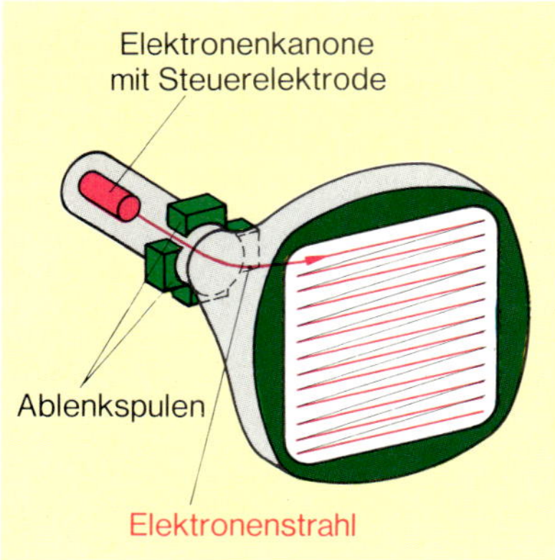

Abb. 1 Bildentstehung bei der Fernsehröhre

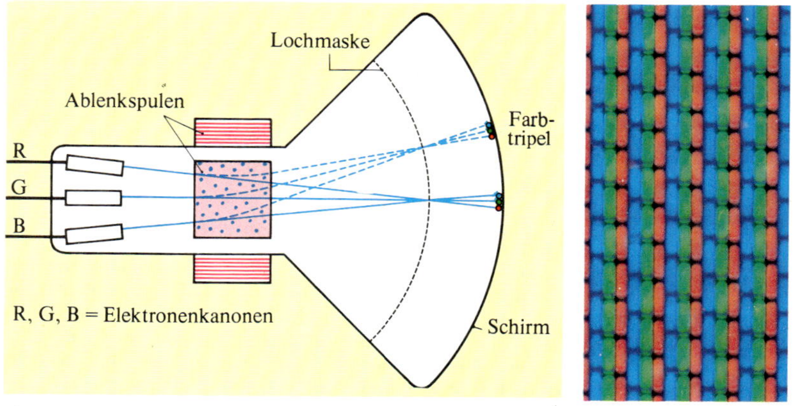

Abb. 3 Bildröhre für Farbfernsehen und Anordnung der Leuchtstoffpunkte auf dem Bildschirm

Elektronen zeichnen das Fernsehbild

Das Rasterbild auf S. 69 ist aus vielen Punkten zusammengesetzt. Auch das Fernsehbild ist aus verschieden hellen Bildpunkten aufgebaut. Sie werden Zeile für Zeile mit einem Elektronenstrahl „geschrieben“ (Abb. 1). Die Elektronen treffen auf den Leuchtschirm und regen ihn zum Leuchten an. Die Bildhelligkeit läßt sich durch die Anzahl und die Geschwindigkeit der Elektronen steuern. Der Elektronenstrahl wird mit Hilfe von Magnetfeldern (S. 271) über den Bildschirm geführt (Abb. 2).

Beim Schwarzweiß-Fernsehen genügt ein Elektronenstrahl, der je nach seiner Intensität hellere oder dunklere Zeilen auf dem Schirm schreibt. Beim **Farbfernsehen** sind drei Elektronenstrahlen erforderlich; einer für Rot, ein zweiter für Blau und ein dritter für Grün (Abb. 3). Ihre Ablenkung zum Schreiben der Zeilen erfolgt wieder mit magnetischen Ablenkspulen. Die Elektronen treffen auf eine Leuchtstoffschicht auf dem Bildschirm. Sie besteht aus etwa 1 Million Leuchtpunkten. Wenn sie von den auftreffenden Elektronen angeregt werden, so geben sie rotes, grünes oder blaues Licht ab. Die entsprechende Mischung der drei Farben läßt im Sehzentrum des Gehirns jeden beliebigen Farbton entstehen (vgl. S. 68). Die Leuchtstoffpunkte liegen in Dreiergruppen geordnet nebeneinander (Abb. 3). Es muß erreicht werden, daß der Strahl für Rot auch nur den roten Leuchtpunkt trifft. Für Blau und Grün darf entsprechend nur der blaue bzw. grüne Leuchtpunkt getroffen werden. Um dies zu erreichen, ist vor der Leuchtstoffschicht ein dünnes Blech angebracht. Es enthält nahezu 500 000 kleine Löcher und wird *Lochmaske* genannt. Sie läßt nur eine gewisse Strahlbreite durch, so daß die Elektronen jeweils nur ihren zugehörigen Leuchtstoffpunkt treffen können (Abb. 3). Ein zu großer Strahldurchmesser würde dazu führen, daß benachbarte Farbpunkte der Leuchtstoffschicht getroffen werden. Der Farbeindruck des Bildes würde dabei verfälscht.

In einem Farbfernsehgerät müssen in jeder Sekunde 625 Zeilen (zu je 833 Punkten) 25mal neu geschrieben werden (Bildfrequenz: 25 Bilder/Sekunde). Das ergibt etwa 13 000 000 Daten in jeder Sekunde!

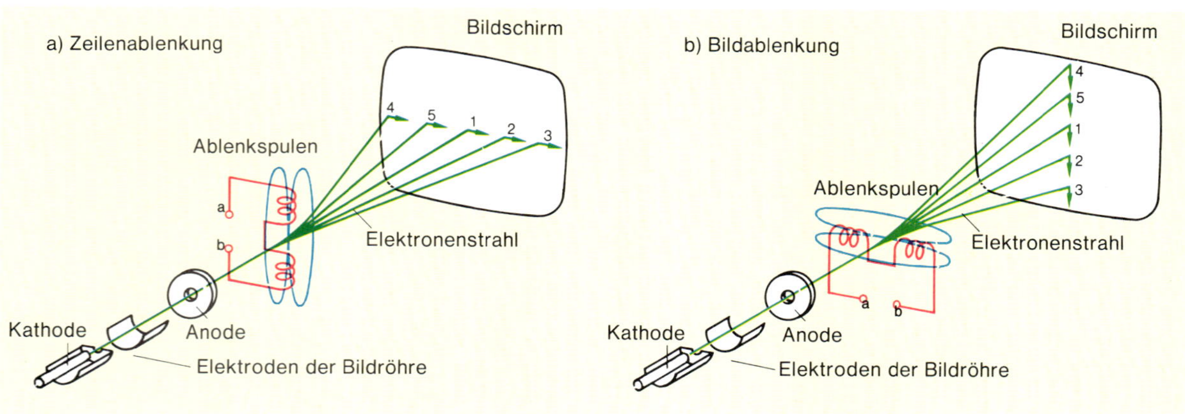

 Abb. 2 Ablenkung des Elektronenstrahls in der Fernsehröhre mit Hilfe der Lorentzkraft

E

6.6 Steuern und Regeln

Der Stand der heutigen Technik ist durch die fortschreitende **Automatisierung** von Produktionsabläufen bestimmt. Die Automation hat das Zeitalter der **Mechanisierung** abgelöst. Dieses war dadurch gekennzeichnet, daß von Menschen geführte Maschinen bei der Herstellung von Produkten eingesetzt wurden. Bei der Automatisierung werden die Maschinen von automatisch arbeitenden Zusatzeinrichtungen geführt. Ganze Produktionsabläufe können dann automatisch ablaufen. In vielen Industriezweigen werden immer mehr **Roboter** (Abb. 4) in den Fertigungsprozeß eingebaut.

Die Grundlage für die Automatisierung sind **Steuer- und Regeleinrichtungen.** Was man in der Technik unter Steuern und Regeln versteht, wollen wir nun kennenlernen. Wir wenden uns zunächst den Steuereinrichtungen zu.

Die Temperatur in einem Wohnraum (Ausgangsgröße) kann über einen Außenthermometer (NTC-Widerstand) gesteuert werden (Abb. 5). Sinkt die Außentemperatur (Eingangsgröße) unter einen bestimmten Wert, so wird mit Hilfe eines Relais der Heizstromkreis geschlossen. Er wird wieder geöffnet, wenn die Außentemperatur ansteigt.

Es gibt eine Fülle weiterer Vorgänge, die eine Steuerfunktion haben: der Drehknopf am Trafo der Spielzeugeisenbahn, der Wasserhahn, der Dimmer für die Raumbeleuchtung, die Blende im Objektiv eines Fotoapparates u. a. m.

Die Steuerung ist ein Vorgang, bei dem durch eine Eingangsgröße eine Ausgangsgröße in einem Gerät oder einer Anlage in bestimmter Weise beeinflußt wird.

Das gemeinsame Grundprinzip aller Steuervorgänge ist in Abb. 5b dargestellt. Der Wirkungsablauf einer Steuerung vollzieht sich über eine **Steuerkette.** Zu ihr gehören die **Steuereinrichtung** und die **Steuerstrecke**. Die Steuerstrecke kennzeichnet den Bereich, der beeinflußt werden soll, z. B. den Wohnraum, dessen Temperatur gesteuert wird. Die Steuervorrichtung ist der Teil der Steuerkette, in der ein **Stellglied** eine Änderung des Ausgangssignals bewirkt, z. B. das Relais in Abb. 5a. Der Wirkungsablauf einer Steuerung ist *offen,* d. h. es besteht keine Rückwirkung der Ausgangsgröße auf das Stellglied. Dies ist ein entscheidender Nachteil einer Steuerung. Im Beispiel nach 5a kann nämlich eine Raumtemperatur sinken (z. B. beim Öffnen des Fensters), ohne daß die Steuereinrichtung den Heizkreis einschaltet. Der Einfluß derartiger Störgrößen wird bei einer Steuerung nicht ausgeglichen. Das Stellglied erhält sein Steuersignal ja nur von der Außentemperatur.

Dieser Nachteil kann mit Hilfe einer **Regelschaltung** vermieden werden. In Abb. 6 wird die von einem Meßfühler ermittelte Raumtemperatur **(Isttemperatur)** mit dem vorgegebenen Wert einer **Solltemperatur** verglichen. Besteht zwischen diesen beiden Werten eine Differenz, so wird ein Signal an das Stellglied gegeben. Falls die Isttemperatur unter der Solltemperatur liegt, wird der Heizkreis geschlossen. Liegt die Isttemperatur über dem Sollwert, so wird die Heizung abgeschaltet. Der Einfluß von Störgrößen wird hier also erfaßt. Die Folge *„Messen, Vergleichen, Korrigieren“* wiederholt sich dabei immer wieder. Man spricht von einem **Regelkreis.** Er läßt sich wie das Prinzip der Steuerung in einem Blockschema darstellen

Abb. 4 Industrieroboter

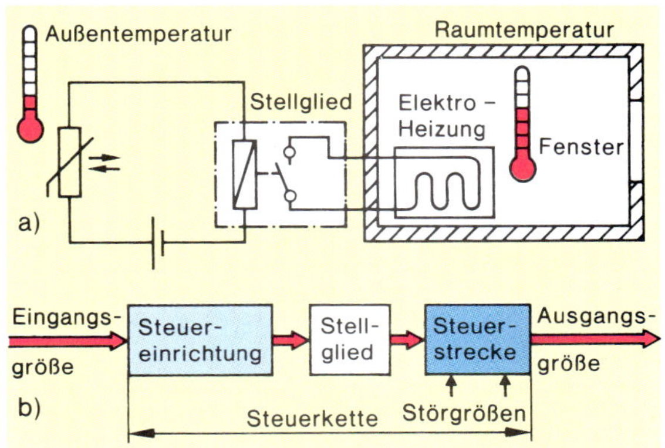

Abb. 5 a) Prinzipschaltung zur Steuerung einer Raumtemperatur; b) Blockschema zum Steuerprinzip

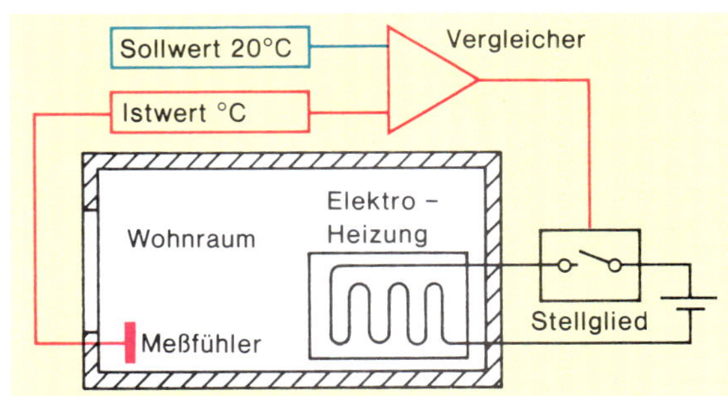

Abb. 6 Regelung einer Raumtemperatur

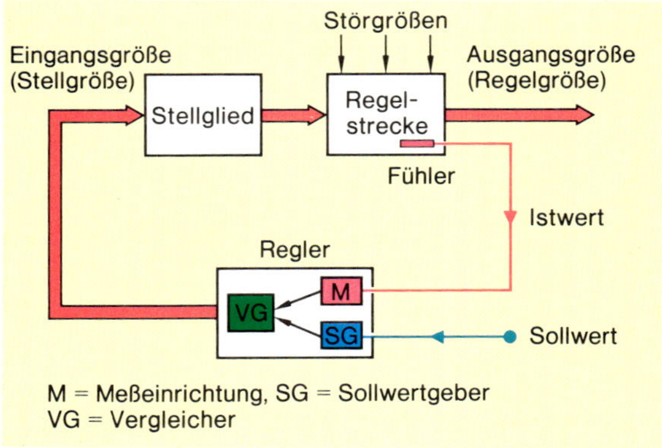

Abb. 1 Blockschema des Regelkreises

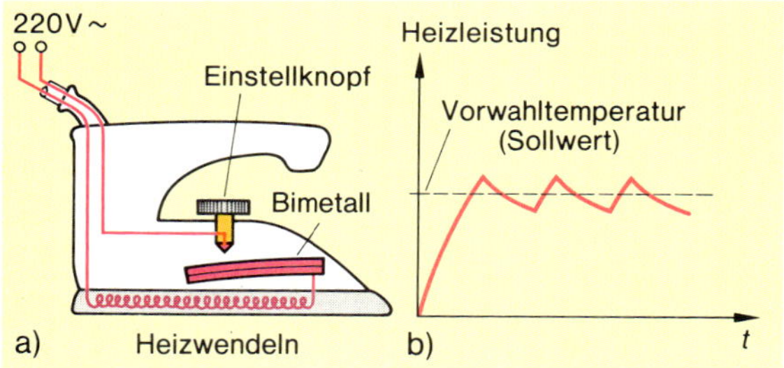

Abb. 2 Temperaturregelung beim Bügeleisen: a) Schaltung, b) Temperaturverlauf

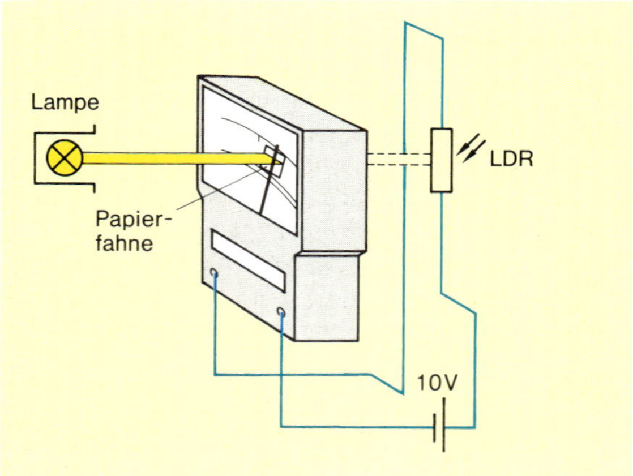

Abb. 3 Modellschaltung zur Pupillenreaktion des Auges

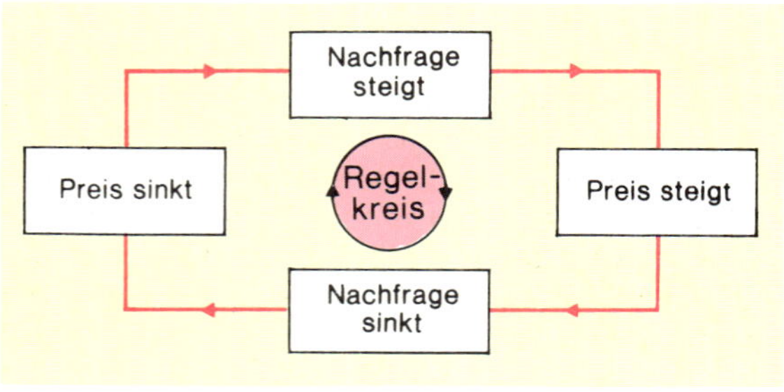

Abb. 4 Regelkreis in der freien Marktwirtschaft

(Abb. 1) und besteht aus Stellglied, Regelstrecke und Regler.

Der Regler enthält die folgenden Funktionseinheiten: den Sollwertgeber, eine Meßeinrichtung für den Istwert und den Vergleicher. Am Sollwertgeber wird der **Sollwert** eingestellt. Die Meßeinrichtung erfaßt über einen Fühler den momentanen Wert **(Istwert)** der physikalischen Größe, die konstant zu halten ist. Im **Vergleicher** werden Ist- und Sollwert verglichen. Die Differenz der beiden Werte, also die Abweichung, wird an das Stellglied weitergegeben. Über das Stellglied wird in der Regelstrecke die zu regelnde Größe so verändert, bis die Differenz zwischen Ist- und Sollwert ungefähr Null ist. Durch die **Rückkopplung** der Ausgangsgröße auf das Stellglied entsteht ein **geschlossener** Wirkungsablauf.

Allgemein gilt:

Unter Regeln versteht man einen Vorgang, bei dem eine physikalische Größe fortlaufend gemessen, mit einem eingestellten Wert verglichen und an diesen angeglichen wird. Durch die Rückführung der Ausgangsgröße auf den Eingang (Rückkopplung) entsteht ein geschlossener Wirkungsablauf, der Regelkreis.

Abb. 2 zeigt die Schaltung und den Temperaturverlauf eines temperaturgeregelten Bügeleisens. Als Fühler besitzt es einen Bimetallstreifen, der sich bei hoher Temperatur nach unten durchbiegt und den Stromkreis unterbricht. Mit Hilfe des Einstellknopfes läßt sich der Sollwert, bei dem das Bügeleisen abschaltet, einstellen.

Regelkreise trifft man nicht nur in der Technik an, sondern auch in vielen anderen Bereichen. In der freien Marktwirtschaft führt z. B. die Wechselwirkung zwischen Preis und Nachfrage zu einem Regelkreis (Abb. 4).

Auch biologische Vorgänge können mit Hilfe eines Regelkreis-Modells gedeutet werden. So werden z. B. Herzrhythmus (Pulsfrequenz), die Körpertemperatur, der Blutdruck, die Sauerstoffversorgung durch die Atmung oder die Pupillengröße zur Dosierung des Lichteinfalls auf Werte geregelt, die ein Lebewesen benötigt, um gesund und am besten lebensfähig zu sein. Abb. 3 zeigt eine Schaltung, mit der in vereinfachter Weise die Pupillenreaktion des Auges simuliert werden kann. Erkläre die Wirkungsweise dieser Schaltung!

Den Bereich der Wissenschaft, der sich allgemein mit Regelvorgängen befaßt, nennt man *Kybernetik* (Kybernao, gr. = Steuermann sein).

1 Atome – die Bausteine der Materie?

Wie groß sind Atome?

Wir haben bereits an vielen Stellen erfolgreich mit dem Teilchenmodell der Materie gearbeitet. Daher denken wir uns alle Körper aus kleinsten Teilchen (Atomen oder Molekülen) aufgebaut (Kapitel Mechanik 1.3). Im Teilchenbild lassen sich zahlreiche Erscheinungen erklären. Wir verstehen damit z. B.:

- **Auflösungs- und Mischungsvorgänge** wie Auflösen fester Körper in Flüssigkeiten, Mischen von Flüssigkeiten, Diffusion usw. (vgl. S. 78f).
- **Aufbau und Eigenschaften der Körper** wie kristalline Struktur fester Körper, Zusammendrückbarkeit von Gasen, Druck in Flüssigkeiten und Gasen (vgl. S. 80f und S. 137).
- **Erscheinungen an Grenzflächen** wie gekrümmte Oberflächen von Flüssigkeiten (S. 80), Reibung (S. 109).
- **Wärmevorgänge** wie Verdunsten, Verdampfen, Erstarren, Schmelzen (S. 200f), Wärmeleitung (S. 207).

Die Ergebnisse vieler Experimente sind im Einklang mit dem Teilchenmodell. Das spricht für die *Brauchbarkeit* dieser Vorstellung. Dennoch ist das noch kein Beweis dafür, daß es die Atome „wirklich" gibt. Solange es nicht gelingt, Atome *direkt* nachzuweisen, ist die Vorstellung vom atomistischen Aufbau der Stoffe möglicherweise nichts weiter als eine Denkhilfe, mit der man die Naturerscheinungen unter einem gemeinsamen *Erklärungsprinzip* einfach beschreiben kann. Trotz der unbestrittenen Erfolge des Teilchenmodells vertraten selbst namhafte Physiker diese Ansicht noch bis zum Beginn unseres Jahrhunderts.

Warum ist es so schwierig, einzelne Atome nachzuweisen? Atome sind offenbar viel zu klein, um sie direkt beobachten zu können. Mit Lichtmikroskopen erkennt man noch Gegenstände bis zu einer Größe von etwa einem tausendstel Millimeter (10^{-6} m). Atome sind jedoch noch viel kleiner.

Aufgrund verschiedenartiger Experimente wissen wir heute, daß sie einen Durchmesser von etwa einem *zehnmillionstel* Millimeter (10^{-10} m) besitzen. Um mit Hilfe eines „Mikroskops" das Bild eines Atoms sichtbar zu machen, müßte man ungefähr *millionenfach* vergrößern! Dies gelingt mit dem von ERWIN MÜLLER im Jahr 1951 entwickelten

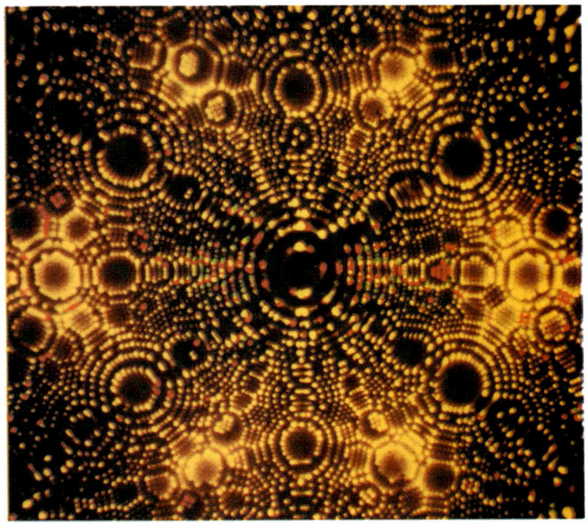

Abb. 5 Bild eines Wolframkristalls im Feldionenmikroskop bei etwa 5-millionenfacher Vergrößerung

Feldionenmikroskop. Wir dürfen uns darunter aber kein Mikroskop im herkömmlichen Sinne vorstellen. Es besteht aus einer Glasröhre, die mit einem Edelgas unter vermindertem Druck gefüllt ist, in der zwischen einer feinen Metallspitze und einem Leuchtschirm eine hohe Spannung angelegt wird. In dem starken elektrischen Feld dicht an der Metallspitze werden die Gasatome ionisiert und anschließend durch die Spannung zum Leuchtschirm hin beschleunigt. Dort erzeugen sie ein sehr stark vergrößertes Bild der Metallspitze (Abb. 5). Die einzelnen leuchtenden Punkte stellen die *Bilder* von Atomen dar. Man erkennt zugleich die regelmäßige Anordnung der Atome im Metall.

Auf dem Leuchtschirm des Feldionenmikroskops erscheinen die Bilder der Atome als leuchtende Punkte. Wie müssen wir uns aber die Atome selbst vorstellen? In der Mechanik und der Wärmelehre genügt es, die Atome eines Elements als untereinander gleiche, unteilbare Kugeln aufzufassen. Atome verschiedener Elemente unterscheiden sich durch unterschiedliche Größe und Masse. Dieses einfache **Kugelmodell** reicht zur Erklärung vieler Eigenschaften der Materie völlig aus.

Doch zum Verständnis der elektrischen Eigenschaften der Stoffe erweist sich diese einfache Vor-

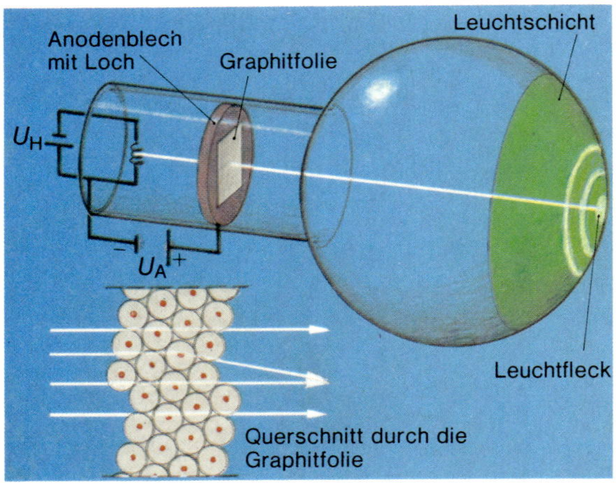

Abb. 1 Elektronen durchdringen eine Graphitfolie

stellung als unzureichend. Man muß nun annehmen, daß die Atome negative und positive Ladungen enthalten (Elektrizität, Kapitel 3.3). Der englische Physiker J. J. THOMSON schlug daher 1904 ein neues Atommodell vor: In einer gleichmäßig mit positiver Ladung erfüllten Kugel sind die negativen Ladungsträger, die Elektronen, wie die Rosinen in einem Kuchen eingebettet. Bei gleich großer positiver und negativer Ladung ist das Atom nach außen hin elektrisch neutral. Verliert es jedoch Elektronen, so bleibt ein Überschuß an positiver Ladung. Es entsteht ein *positives Ion*. Neutrale Atome werden zu *negativen Ionen,* wenn sie zusätzliche Elektronen aufnehmen. Mit dieser Vorstellung kann man z. B. Leitungsvorgänge in Flüssigkeiten und Gasen erklären.

Die Entdeckung des Atomkerns

Um Genaueres über die Verteilung der Ladungen und Massen im Atom zu erfahren, beschoß der deutsche Physiker LENARD 1894 dünne Metallfolien mit schnellen Elektronen. Mit einer geeigneten Kathodenstrahlröhre können wir einen ähnlichen Versuch durchführen.

Versuch 1: Die kreisrunde Öffnung in der Anode einer Kathodenstrahlröhre ist mit einer dünnen Graphitfolie verschlossen (Abb. 1). Nach Anlegen der Heiz- und Beschleunigungsspannung ist in der Mitte des Leuchtschirms ein heller Leuchtfleck zu beobachten, der von schwach leuchtenden konzentrischen Kreisen umgeben ist.

Die Kohlenstoffatome liegen in Graphit wie in anderen Festkörpern dicht aneinander. Sie bilden trotz der geringen Dicke der Folie dabei noch viele tausend Atomschichten. Stellen wir uns die Atome als massive Kugeln vor, so müßten die Elektronen in der Folie steckenbleiben. Im Versuch durchdringen die meisten die Folie aber ungestört! Nur die Ringe weisen darauf hin, daß ein geringer Teil der Elektronen in bestimmter Weise abgelenkt (gestreut) wird.

Der englische Physiker ERNEST RUTHERFORD (1871–1937) führte später *Streuversuche* mit α-Teilchen durch. Sie besitzen eine fast 8000mal größere Masse als Elektronen und sind positiv geladen (vgl. S. 323). Auch sie durchdrangen nahezu ungestört relativ dicke Metallfolien. Einige α-Teilchen wurden jedoch abgelenkt; ganz wenige sogar genau entgegengesetzt zur Auftreffrichtung, so als ob sie an einem massiven Hindernis abgeprallt wären. Diese Teilchen hatten offenbar einen direkten Zusammenstoß mit einem Atombaustein erfahren. Wegen ihrer viel größeren Masse konnten die α-Teilchen nicht an Elektronen abgeprallt sein.

Mit Thomsons Vorstellung von einer *gleichmäßigen* Massenverteilung im Atom konnte diese überraschende Entdeckung nicht erklärt werden. Rutherford war daher gezwungen, ein verbessertes Atommodell zu entwickeln. Es gelang ihm im Jahr 1911, die Ergebnisse der Streuexperimente zu erklären, wenn er von folgenden Annahmen ausging:

1. **Nahezu die gesamte Masse eines Atoms befindet sich im Atomkern. Er ist positiv geladen. Sein Durchmesser beträgt ungefähr 10^{-14} m.**
2. **Der Kern ist von einer Hülle aus Elektronen umgeben. Durch deren negative Ladung wird die positive Kernladung neutralisiert. Der Durchmesser der Atomhülle ist etwa 10000mal größer als der des Kerns und beträgt ungefähr 10^{-10} m.**

Damit wird verständlich, warum die α-Teilchen so viele Atome ungestört durchdringen können: Atome sind nämlich sozusagen weitgehend „leer". Dies wird uns klar, wenn wir die für uns völlig unanschaulich kleinen Atomabmessungen in gewohnte Maßstäbe übertragen. Vergrößern wir in Gedanken den Atomkern billionenfach (in Zehnerpotenzen: 10^{12}-fach), dann besitzt er mit 1 cm Durchmesser die Größe eines Kirschkerns. Die Atomhülle hat dann einen Durchmesser von 100 m! Wir stellen uns nun vor, der Kirschkern läge in der Mitte einer Fläche, die so groß ist wie zwei nebeneinander angelegte Fußballfelder (also etwa 100 m mal 100 m). Fängt es jetzt an zu regnen, so treffen nur verschwindend wenige der Regentropfen, die auf die Fläche fallen, den Kirschkern. Dieses Bild vermittelt uns einen Eindruck davon, wie wenig wahrscheinlich es ist, daß ein α-Teilchen direkt auf einen Atomkern trifft und zurückprallt.

Aufgabe

1. Wieviele Atome befinden sich ungefähr in einem Stecknadelkopf von 1 mm Durchmesser? Nimm an, man könnte diese Atome gleichmäßig unter allen Menschen der Erde verteilen. Wieviele bekommt jeder?

2 Radioaktivität

2.1 Röntgenstrahlen und radioaktive Strahlung

Die Entdeckung der Röntgenstrahlen

Das Jahr 1895 kann als der Beginn eines neuen Zeitalters der Physik betrachtet werden. In diesem Jahr entdeckte WILHELM CONRAD RÖNTGEN (1845–1923) die später nach ihm benannten Strahlen. Sie entstehen, wenn man in einer Hochvakuumröhre die von einer Glühkathode austretenden Elektronen mit einer hohen Spannung (ca. 5–100 kV) beschleunigt und sie dann auf das Metall der Anode prallen läßt (Abb. 2). Beim Aufprall stoßen die Elektronen mit den Atomen des Anodenmaterials zusammen und geben dabei ihre Bewegungsenergie ab. Die Anode wird heiß. Außerdem entsteht eine unsichtbare Strahlung, die von Röntgen erstmals nachgewiesen wurde: Ein mit einer fluoreszierenden Schicht versehener Schirm, der sich *außerhalb* der Röhre befand, leuchtete jedesmal auf, wenn die Röhre in Betrieb war. Die Strahlung mußte also das Glas durchdringen können. Röntgen schreibt dazu weiter:

„Man findet bald, daß alle Körper für dasselbe (gemeint sind die Strahlen) durchlässig sind, aber in sehr verschiedenem Grade. Einige Beispiele führe ich an. Papier ist sehr durchlässig: Hinter einem eingebundenem Buch von ca. 1000 Seiten sah ich den Fluoreszenzschirm noch deutlich leuchten; ... auch ein einfaches Blatt Stanniol ist kaum wahrzunehmen; erst nachdem mehrere Lagen übereinandergelegt sind, sieht man ihren Schatten deutlich auf dem Schirm. – Dicke Holzblöcke sind noch durchlässig; 2 bis 3 cm dicke Bretter aus Tannenholz absorbieren nur sehr wenig. – Eine 15 mm dicke Aluminiumschicht schwächte die Wirkung recht beträchtlich, war aber nicht imstande, die Fluoreszenz ganz zum Verschwinden zu bringen. Hält man die Hand zwischen den Entladungsapparat und den Schirm, so sieht man die dunkleren Schatten der Handknochen in dem nur wenig dunklen Schattenbild der Hand."

Seine weiteren Untersuchungen zeigten, daß die Strahlung fotografische Schichten schwärzt und Atome und Moleküle ionisiert. Von der Anode der Röntgenröhre breiten sich diese Strahlen geradlinig wie Lichtstrahlen aus. Dies benutzt man in der Medizin, um *Röntgenbilder* zu erzeugen. Sie stellen, wie schon Röntgen erkannte, Schattenbilder der bestrahlten Körperpartien dar. Durch die unterschiedliche Absorption der Strahlen in den verschiedenen Gewebearten (Muskeln, Knochen usw.) wird der Film jedoch unterschiedlich stark geschwärzt (Abb. 3).

Auch in der Technik verwendet man Röntgenstrahlen, z.B. zur zerstörungsfreien Materialprüfung. Mit einem Schulröntgengerät läßt sich das Prinzip dieses Verfahrens demonstrieren.

Versuch 1: Unter Beachtung der nötigen Sicherheitsvorschriften (siehe auch Abschnitt Strahlenschutz) bringen wir in den Strahlengang eines Schulröntgengeräts ein Vielfachmeßinstrument. Auf dem Leuchtschirm des Geräts erkennen wir das Röntgenbild des „durchleuchteten" Gegenstands und seinen inneren Aufbau (Abb. 4).

Röntgenstrahlen sind mit den Lichtstrahlen „verwandt". Sie breiten sich wie Licht geradlinig aus. Auf S. 240 haben wir die Braunsche Röhre kennengelernt. In ihr werden Elektronen mit einer Spannung von einigen hundert Volt beschleunigt und stoßen dann mit den Atomen des Leuchtschirms zusammen. Beim Aufprall wandelt sich ihre Bewegungsenergie zum Teil in Licht um. Ähnliches geschieht in der Röntgenröhre. Allerdings ist wegen der viel größeren Beschleunigungsspannung die Aufprallgeschwindigkeit der Elektronen erheblich größer. Röntgenstrahlen sind deshalb auch viel energiereicher als Licht und besitzen eine größere Durchdringungsfähigkeit. Sie sind daher auch für den menschlichen Körper gefährlicher als Licht, unnötige Bestrahlung muß daher vermieden werden. Aus diesem Grund schützt man die Körperpartien, die nicht bestrahlt werden sollen, durch eine geeignete Abschirmung („Bleischürze" beim Zahnarzt).

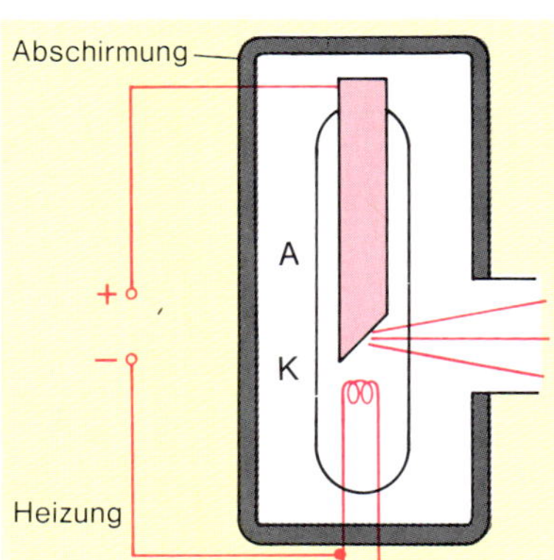

Abb. 2 Röntgengerät (schematisch)

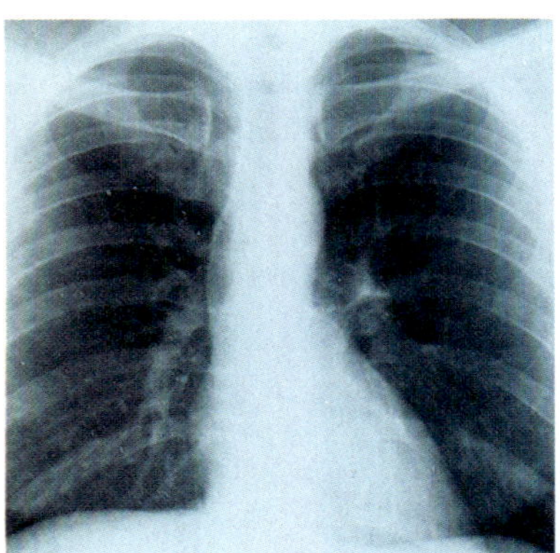

Abb. 3 Röntgenbild eines Brustkorbes

Abb. 4 Durchleuchtetes Meßgerät

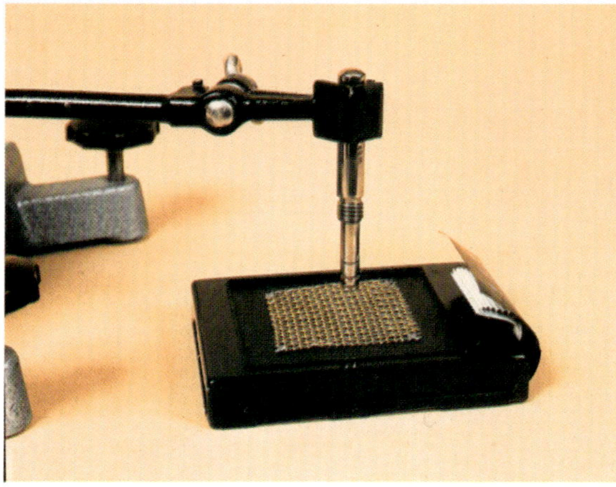

Abb. 1 Belichtung einer Filmpackung

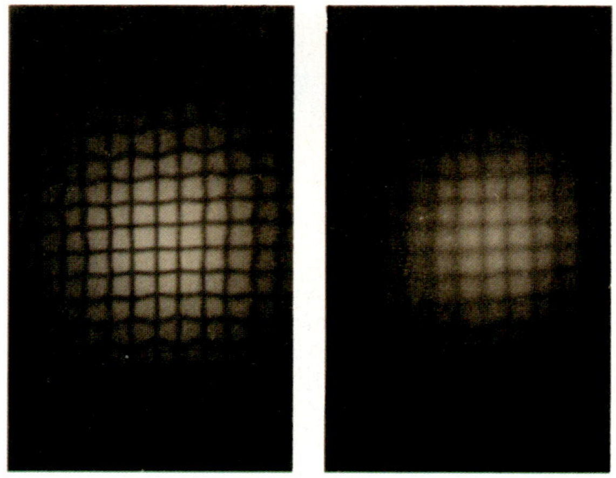

Abb. 2 Belichtete Filme

Eine neue unsichtbare Strahlung

Röntgenstrahlen regen bestimmte Stoffe zum Fluoreszieren an (S. 317). Andererseits können manche dieser Stoffe auch dann leuchten, wenn sie nicht von Röntgenstrahlen getroffen werden. So leuchtet z. B. ein Zinksulfid-Schirm, der mit Licht bestrahlt wurde, eine ganze Weile lang im Dunkeln nach. Es lag daher nach Röntgens Entdeckung nahe, zu untersuchen, ob diese Stoffe selbst Röntgenstrahlen aussenden. Entsprechende Experimente stellte im Jahr 1896 der französische Physiker HENRI BECQUEREL (1852–1908) an. Dabei entdeckte er zufällig, daß lichtdicht verpackte Fotoschichten geschwärzt wurden, wenn man Uranmineralien in ihre Nähe brachte. Er erkannte, daß von diesen Mineralien unsichtbare Strahlen ausgingen, die ähnliche Eigenschaften wie Röntgenstrahlen besaßen.

Das Ehepaar PIERRE und MARIE CURIE untersuchte daraufhin systematisch alle bekannten chemischen Elemente auf diese neuartige Eigenschaft, die sie als **Radioaktivität** (radius, lat. = Strahl) bezeichneten. Sie fanden Radioaktivität bei Thorium und sehr viel stärker bei zwei bisher unbekannten Elementen, beim Polonium (benannt nach der polnischen Heimat von M. Curie) und dem Radium. Heute sind weitere radioaktive Stoffe bekannt.

Becquerels Versuch läßt sich heute einfach nachvollziehen:

Versuch 2: Wir befestigen ein radioaktives Präparat etwa 1–2 cm über der Filmkassette eines Polaroidfilmes (z. B. Typ 600). Zwischen Präparat und Film legen wir ein Drahtnetz (Maschenweite etwa 2 mm) (Abb. 1). Nach einer halben Stunde entwickeln wir die Filme mit Hilfe der zugehörigen Kamera. Dabei muß natürlich eine zweite Belichtung der Filme durch Tageslicht verhindert werden. Wir erhalten Positive, auf denen das Drahtgitter abgebildet ist. Das Gitter erscheint von Bild zu Bild unschärfer (Abb. 2).

Erklärung: Die radioaktiven Strahlen durchdringen das Deckblatt der Filmkassette sowie alle Filme, die dabei „belichtet" werden. Das Drahtnetz schwächt die Strahlung, ebenso jedes Filmblatt, daher werden die tieferliegenden Bilder weniger stark belichtet.

Radioaktive Strahlung kann wie Röntgenstrahlung auch mit Leuchtschirmen nachgewiesen werden. Wir verwenden dazu ein **Spinthariskop** (spinthir, griech. = Funke) (Abb. 5). In ihm befindet sich ein Zinksulfid-Leuchtschirm, der durch eine Lupe betrachtet werden kann. Die Leuchtschirmsubstanz enthält geringe Mengen eines radioaktiven Stoffes.

Versuch 3: Wir beobachten im Dunkeln die Leuchtschicht, nachdem sich das Auge mindestens drei Minuten lang an die Dunkelheit gewöhnt hat.

Abb. 3 MARIE CURIE geb. SKLODOWSKA (1867–1934). Sie war mit dem französischen Physiker PIERRE CURIE verheiratet. Beide erhielten gemeinsam mit BECQUEREL 1903 den Nobelpreis für Physik. M. Curie erhielt außerdem 1911 den Nobelpreis für Chemie.

Abb. 4 WILHELM CONRAD RÖNTGEN (1845–1923). Er erhielt als erster Physiker 1901 den Nobelpreis.

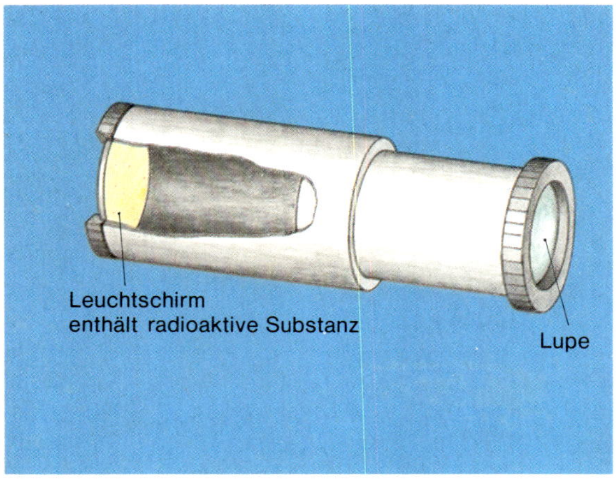

Abb. 5 Spinthariskop

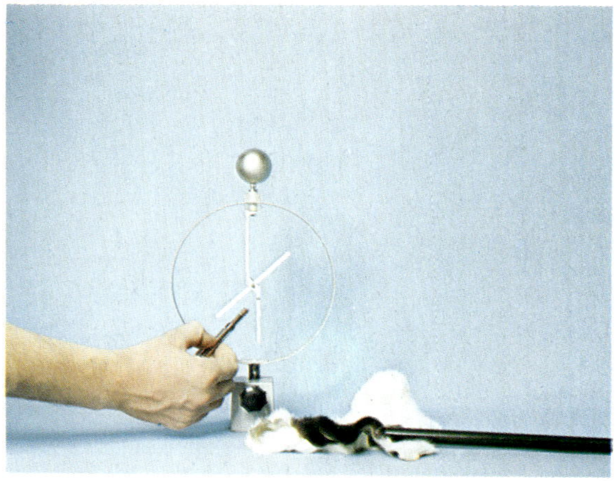

Abb. 6 Radioaktive Strahlung ionisiert Luft. Ein aufgeladenes Elektroskop entlädt sich

Wir erkennen winzige Lichtblitze auf dem Leuchtschirm. Sie treten in unregelmäßiger Folge auf und sind ganz zufällig auf dem Schirm verteilt. Man nennt sie *Szintillationen* (scintilla, lat. = Funke).

Im Spinthariskop beobachten wir einen *statistischen Vorgang*, bei dem der *Zufall* eine Rolle spielt. Wir können ihn mit dem Auftreffen von Regentropfen auf die Platten eines Gehwegs vergleichen: Es läßt sich nicht vorhersagen, wo und wann der nächste Tropfen auftreffen wird. Wir können aber zählen, wieviele Tropfen pro Zeitabschnitt auf eine Platte fallen. Wenn wir das Zeitintervall nicht zu kurz wählen, wird eine entsprechende Messung an einer benachbarten gleich großen Gehwegplatte ungefähr das gleiche Resultat liefern.

Auch beim Nachweis der radioaktiven Strahlung im Spinthariskop sieht es so aus, als ob einzelne *Teilchen* auf den Leuchtschirm treffen und die Lichtblitze verursachen. Auch hier können wir nur statistische Aussagen treffen. Bestimmen wir z. B. die Zahl der Lichtblitze pro Minute und wiederholen wir mehrere solcher Messungen, dann können wir daraus einen Mittelwert bestimmen, der ein Maß für die Radioaktivität unseres Präparats darstellt.

Die moderne Weiterentwicklung des Spinthariskops ist der **Szintillationszähler.** In ihm werden die von der radioaktiven Strahlung erzeugten Lichtblitze in elektrische Signale umgewandelt, die dann mit elektronischen Zählgeräten erfaßt werden.

Radioaktive Strahlung macht Luft leitend

Wir wissen, daß Röntgenstrahlen Atome ionisieren können. Gilt das auch für radioaktive Strahlung?

Versuch 4: Wir laden ein Elektroskop auf und bringen ein radioaktives Präparat in unmittelbare Nähe (Abb. 6). Das Elektroskop wird nach kurzer Zeit entladen. Hierbei kommt es nicht auf das Vorzeichen der Ladung an. Wenn wir ein Blatt Papier zwischen Präparat und Elektroskop halten, unterbleibt die Entladung. Ebenso wenn wir das Präparat mehr als etwa 10 cm vom Elektroskop entfernen. Ein ungeladenes Elektroskop lädt sich dagegen nicht auf, wenn wir das Präparat in die Nähe bringen.

Erklärung: Die Luft in der Umgebung des Elektroskops wird elektrisch leitend, da durch die Strahlung des Präparats Ionen entstehen.

Radioaktive Strahlung kann Luft ionisieren.

Die ionisierende Wirkung kann zum Nachweis radioaktiver Strahlung verwendet werden. Eine mögliche technische Ausführung eines solchen Strahlendetektors ist das GEIGER-MÜLLER-**Zählrohr** (Abb. 1, S. 320). Es besteht aus einem Metallrohr von wenigen cm Durchmesser. In seiner Achse ist ein dünner Draht gegenüber dem Rohr elektrisch isoliert befestigt. Das Rohr ist mit einem Edelgas unter geringem Druck (ca. 40 mbar) gefüllt. Zwischen Draht und Gehäuse liegt eine Spannung von einigen hundert Volt. Der Draht bildet die positive Elektrode. Durch ein dünnes Glimmerfenster ($d \approx 0{,}01$ mm) kann die ionisierende Strahlung in das Innere des Zählrohrs gelangen. Sie erzeugt dort elektrische Ladungsträger, die sich im elektrischen Feld zu den Elektroden hin bewegen. Die Zahl der bei der Ionisation direkt entstehenden Elektronen ist zu gering, um als Strom nachgewiesen zu werden. Bei genügend großer Spannung erzeugen aber die zum Draht hin beschleunigten Elektronen durch *Stöße* mit den Gasatomen weitere Ionen und Elektronen. Auch diese werden beschleunigt und ionisieren selbst weitere Atome. So wächst die Zahl der Ladungsträger lawinenartig an. Je nach Höhe der Zählrohrspannung werden einzelne Gebiete oder das gesamte Zählrohrgas leitend.

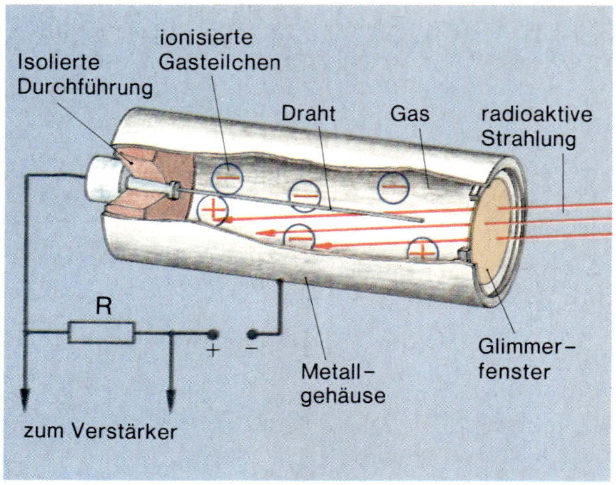

Abb. 1 Geiger-Müller-Zählrohr

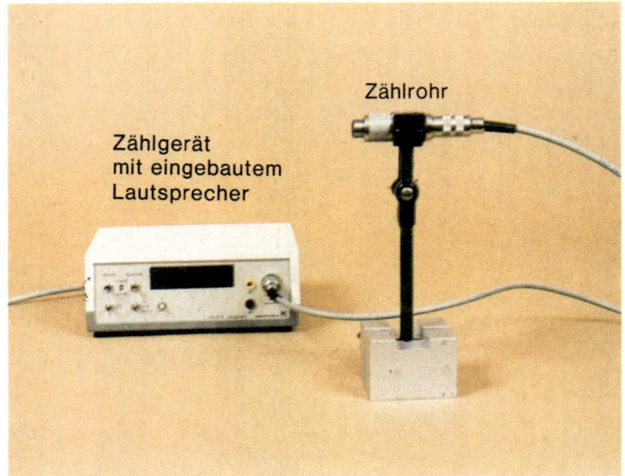

Abb. 2 Aufbau zu Versuch 5

Als Folge fließt durch das Zählrohr und den in Serie geschalteten Widerstand R ein Strom I. Daher liegt an diesem Widerstand die Spannung $U_R = R \cdot I$ und die Zählrohrspannung sinkt auf den Wert $U_Z = U - R \cdot I$. Dann ist aber im Zählrohr keine Stoßionisation mehr möglich; das Gas ist wieder ein Isolator. Man registriert also eine kurzzeitige Spannungsänderung (Impuls) am Widerstand R. Anschließend ist das Zählrohr wieder zum Nachweis eines durch die Strahlung ausgelösten Ionisationsvorgangs bereit.

Die so erzeugten Spannungsimpulse werden verstärkt und einem Zählgerät oder einem Lautsprecher zugeführt. Jeder Zählvorgang erzeugt ein Knacken im Lautsprecher. Die Zahl der Impulse pro Zeiteinheit läßt sich so leicht ermitteln. Man nennt sie die *Zählrate*.

Aufgaben

1. Nenne gemeinsame und unterschiedliche Merkmale zwischen Licht und Röntgenstrahlung!
2. Es ist nicht möglich, Linsen für Röntgenstrahlen herzustellen. Was ist der Grund?
3. Wozu verwendet man Röntgenstrahlen? Worauf muß beim Umgang mit ihnen geachtet werden?
4. In Farbfernsehröhren werden die Elektronen mit Spannungen bis zu 25 kV beschleunigt. Die Scheibe des Bildschirms besteht aus Bleiglas. Warum ist diese Maßnahme nötig?
5. Nenne alle Nachweismethoden für radioaktive Strahlung, die wir bisher kennengelernt haben!
6. Läßt sich in Versuch 4 ausschließen, daß die Entladung des Elektroskops durch geladene Teilchen verursacht wird, die vom radioaktiven Präparat ausgehen? Welche Eigenschaften müßten diese Teilchen besitzen? Könnte man damit auch erklären, warum sich ein ungeladenes Elektroskop nicht auflädt? Wie könnte man zeigen, daß die ionisierte Luft die entscheidende Rolle spielt?
7. Welche weiteren Eigenschaften radioaktiver Strahlung zeigt Versuch 4?

2.2 Strahlungsarten

Strahlungsnachweis mit dem Zählrohr

Für unsere folgenden Untersuchungen benutzen wir ein Fensterzählrohr.

Versuch 5: Wir stellen ein schwaches Radiumpräparat etwa 10 cm vor dem Fenster des Zählrohrs auf. Das Zählrohr ist an einen Verstärker mit Digitalzähler und Lautsprecher angeschlossen. Im Lautsprecher vernehmen wir ein Knacken, während der Zähler zugleich die Zahl der Impulse registriert (Abb. 2).

Radioaktive Strahlung läßt sich einfach mit dem Zählrohr nachweisen. Wir erkennen sie am typischen Knacken im Lautsprecher des Zählgeräts. Auch dieser Versuch bestärkt die Vermutung, daß die vom Präparat ausgehende Strahlung nicht kontinuierlich ist, sondern einen Teilchenstrom darstellt.

Versuch 6: Nähern wir das Präparat dem Zählrohr, so wächst die Zählrate an. Das Knacken geht in ein fast gleichmäßiges Prasseln über, so als ob man viele Erbsen auf eine Metallplatte schüttet. Entfernen wir das Präparat langsam vom Zählrohr, so sinkt die Zählrate. Aber selbst wenn wir das Präparat völlig entfernen, registrieren wir noch etwa 20 Impulse pro Minute.

Dieser **Nulleffekt** ist auf Spuren radioaktiver Stoffe zurückzuführen, die ständig in unserer Umgebung vorhanden sind (vgl. S. 325).

Versuch 7: Ersetzen wir den Lautsprecher durch ein Zeigermeßinstrument, so zeigt dies eine Spannung an, die größer wird, wenn die Zählrate steigt. Das träge Instrument kann nicht die einzelnen Spannungsimpulse registrieren. Es zeigt einen Spannungsmittelwert an, der von der Zählrate abhängt. Nach diesem Meßprinzip arbeiten Zeigermeßgeräte zum Nachweis radioaktiver Strahlung (Abb. 3).

Das Zählrohr kann unterscheiden

Mit der Anordnung von Versuch 5 führen wir ein weiteres Experiment durch:

Versuch 8: Wir regeln die Zählrohrspannung langsam so weit herunter, daß gerade keine Impulse mehr angezeigt werden ($U \approx 295$ V, sehr kritische Einstellung). Nähern wir nun das Zählrohr dem Präparat, so beobachten wir bei einem ganz bestimmten Abstand ein scharfes Einsetzen der Impulse. Halten wir ein Blatt Papier zwischen Präparat und Zählrohr, so geht die Zählrate stark zurück.

Die nachgewiesene Strahlung besitzt offensichtlich eine scharf begrenzte **Reichweite** in Luft. Sie ist nicht in der Lage, Papier zu durchdringen. Es ist dieselbe Strahlung, die für die Entladung des Elektroskops verantwortlich war. Wir nennen sie **α-Strahlung.**

Da wir in Versuch 5 auch bei größerem Abstand eine Strahlung nachgewiesen haben, kann die Strahlung des Radiumpräparats *nicht einheitlich* sein. Das wollen wir überprüfen.

Versuch 9: Wir erhöhen die Zählrohrspannung so weit, daß beim Abstand von 10 cm wieder Strahlung registriert wird ($U > 300$ V). Wenn wir ein Blatt Papier vor das Zählrohrfenster halten, wird weiterhin Strahlung registriert. Bringen wir nun Platten verschiedener Dicke aus unterschiedlichen Stoffen zwischen Zählrohr und Strahlungsquelle, so wird die Strahlung teilweise abgeschirmt. Wir untersuchen den Zusammenhang zwischen der Dicke der Abschirmung und der Intensität der durchgelassenen Strahlung genauer:

Versuch 10: Zwischen Präparat und Zählrohr bringen wir nacheinander verschieden dicke Aluminiumbleche. Wir bestimmen jeweils die Anzahl der Impulse pro Minute. Die um den Nulleffekt reduzierten Zählraten tragen wir zunächst in eine Tabelle ein und stellen dann die Meßwerte grafisch dar (Abb. 4).

Der zunächst steil abfallende, dann aber horizontale Verlauf der Kurve zeigt uns, daß ein erheblicher Strahlungsanteil bereits durch ein 4 mm dickes Aluminiumblech abgeschirmt wird. Die restliche Strahlung wird aber auch durch dickere Aluminiumschichten kaum geschwächt.

Radium sendet neben der α-Strahlung offenbar noch zwei andere Strahlungsarten aus. In der Reihenfolge ihrer Reichweite nennen wir sie β- und γ-Strahlung. Die **β-Strahlung** kann ein Blatt Papier durchdringen, wird aber durch dickere Schichten, z. B. durch einen Stoß Spielkarten, absorbiert. Eine Aluminiumschicht von 4–5 mm Dicke reicht zur völligen Abschirmung aus.

Die dritte Strahlenart ist die **γ-Strahlung.** Sie kann auch durch dicke Metallplatten nicht vollständig abgeschirmt werden. Eine 5 cm dicke Bleiplatte schwächt die γ-Strahlung auf etwa ein Zehntel des Anfangswertes. Bei Beton ist dazu bereits eine Schichtdicke von ungefähr 25 cm, bei Wasser von 50 cm erforderlich.

Abb. 3 Zeigergerät zum Nachweis radioaktiver Strahlung

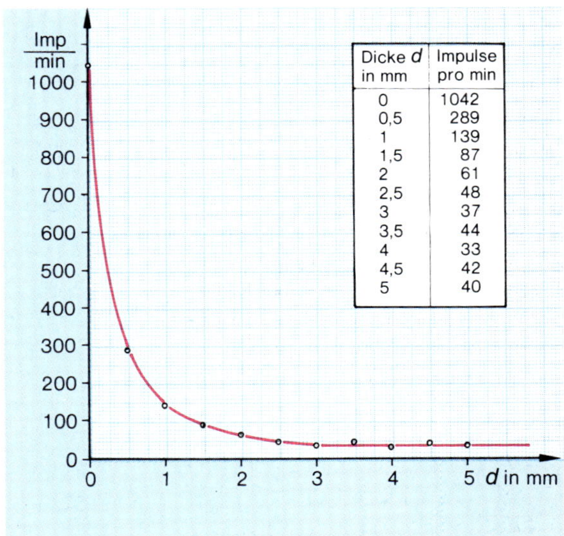

Dicke d in mm	Impulse pro min
0	1042
0,5	289
1	139
1,5	87
2	61
2,5	48
3	37
3,5	44
4	33
4,5	42
5	40

Abb. 4 Meßergebnis von Versuch 10

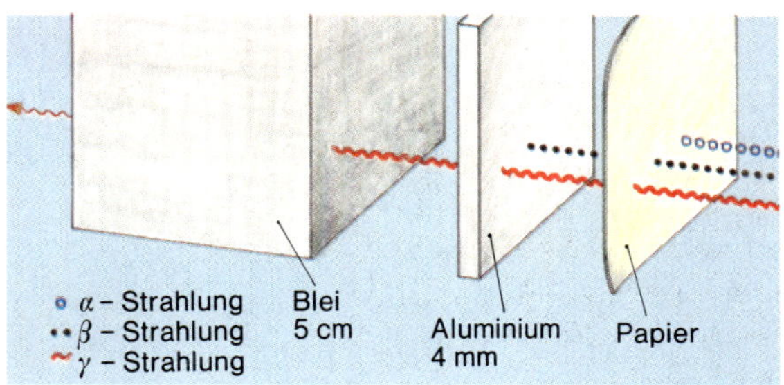

Abb. 5 Abschirmung radioaktiver Strahlung

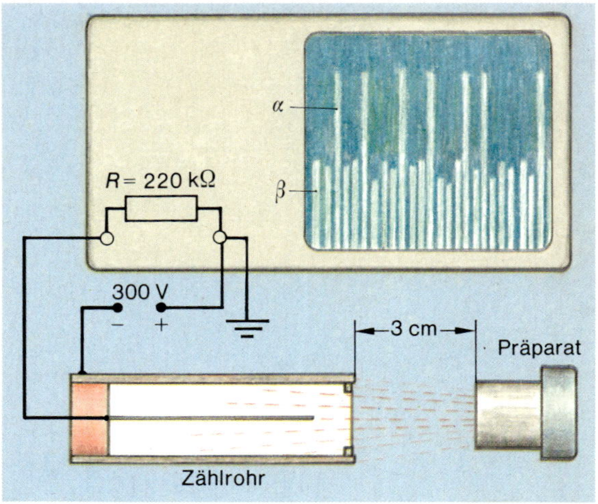

Abb. 1 Nachweis der Spannungsimpulse mit dem Oszilloskop

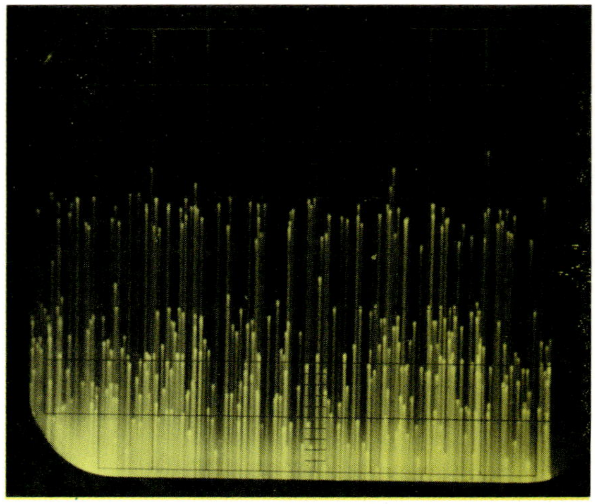

Abb. 2 Schirmbild zu Versuch 11. Die großen Zacken entsprechen den Impulsen der α-Strahlen

Warum ist der Nachweis der einzelnen Strahlungsarten mit dem Zählrohr von dessen Betriebsspannung abhängig? Eine Erklärung liefert uns folgender Versuch:

Versuch 11: Mit der Versuchsanordnung nach Abb. 1 weisen wir bei einer Zählrohrspannung von ungefähr 300 V die Spannungsimpulse als Zacken auf dem Schirm eines Oszilloskops nach. Als Strahlungsquelle verwenden wir ein starkes Radiumpräparat. Auf dem Bildschirm erkennen wir zwei Arten von Zacken, die sich durch ihre Höhe deutlich unterscheiden (Abb. 2). Bringen wir eine Spielkarte zwischen Strahlungsquelle und Zählrohr, so verschwinden die längeren Zacken, sie entsprechen also den von α-Strahlen erzeugten Impulsen. Schieben wir vor das Zählrohrfenster eine 5 mm dicke Aluminiumplatte, so verschwinden nahezu alle Zacken. Wir haben auch die β-Strahlen abgeschirmt, es werden nur noch γ-Strahlen nachgewiesen.

Deutung: Die Höhe der gemessenen Spannungsimpulse ist proportional zur Stromstärke im Zählrohr. Diese ist aber durch die Anzahl der erzeugten Ionen bestimmt. Bei nicht zu hoher Zählrohrspannung hängt diese Zahl von der Ionisierungsfähigkeit der einfallenden Strahlungsart ab. Erst bei Zählrohrspannungen über $U \approx 400$ V wird die primäre Ionisierungswirkung der Strahlung unbedeutend. Die durch Stoßionisation erzeugte Gasentladung erfaßt dann das gesamte Innere des Rohres: die Impulshöhe wird unabhängig von der Strahlungsart. Dies können wir mit der Anordnung von Versuch 11 leicht überprüfen.

Die natürliche radioaktive Strahlung besteht aus drei Anteilen: α-, β- und γ-Strahlung. Sie unterscheiden sich durch ihre Reichweite und ihre ionisierende Wirkung.

Was sind α-, β- und γ-Strahlen?

Einen ersten Hinweis liefert folgender Versuch:

Versuch 12: Dicht vor das Fenster des Zählrohres stellen wir eine Bleiblende mit einem Lochdurchmesser von etwa 3 mm. Das Radiumpräparat wird drei Zentimeter vom Zählrohrfenster entfernt so aufgestellt, daß wir maximale Zählrate erhalten. Bringen wir nun einen starken Dauermagneten wie in Abb. 3 in die Nähe der Strahlung, so sinkt die Zählrate merklich.

Mindestens eine Strahlungsart ist durch ein Magnetfeld beeinflußbar. Für genauere Aussagen müssen wir die drei Strahlungsanteile voneinander trennen.

Versuch 13: Durch eine 5 mm dicke Aluminiumplatte filtern wir aus dem Strahlungsgemisch des Radiumpräparats die α- und die β-Strahlung aus. Es bleibt nur die γ-Strahlung übrig. Die Zählrate ändert sich nicht, wenn man die Strahlung durch ein Magnetfeld hindurchschickt.

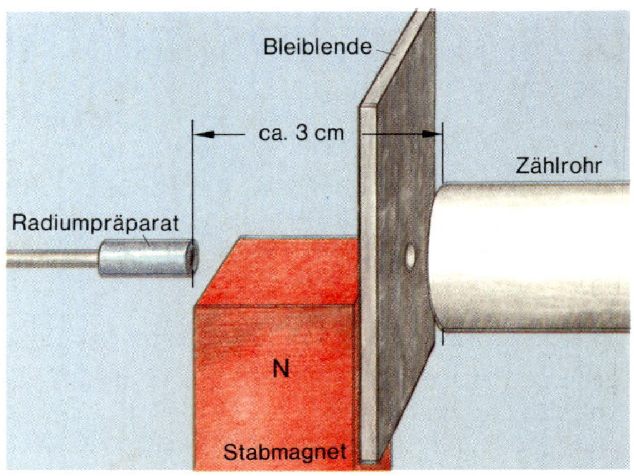

Abb. 3 Anordnung von Versuch 12

Genauere Untersuchungen zeigen:

γ-Strahlen können weder durch magnetische noch elektrische Felder abgelenkt werden. Sie haben die gleichen Eigenschaften wie Röntgenstrahlen. Sie sind wie Röntgenstrahlen und Licht elektromagnetische Wellen.

Als nächstes untersuchen wir die β-Strahlen.

Versuch 14: Wir entfernen das Präparat soweit vom Zählrohr, daß keine α-Strahlung mehr empfangen wird. Es verbleiben noch der β- und γ-Anteil. Das Präparat befindet sich in einem sogenannten *Kollimatorrohr* (collimare, lat. = zielen), das die Strahlung gut bündelt. Wir erhalten nur dann eine hohe Zählrate, wenn wir mit dem Kollimatorrohr genau auf das Zählrohrfenster zielen (Abb. 4, Stellung I). Die Zählrate sinkt deutlich ab, wenn wir wie in Abb. 4 die Strahlung durch einen Hufeisenmagneten schicken. Da die γ-Strahlung vom Magnetfeld nicht beeinflußt wird, muß die β-Strahlung abgelenkt worden sein. Wir verschieben das Zählrohr und finden in Stellung II ein neues Maximum der Zählrate. Kehren wir die Richtung des Magnetfeldes um, dann erfolgt die Ablenkung der β-Strahlen in entgegengesetzte Richtung.

Die β-Strahlen verhalten sich wie ein Strom aus negativ geladenen Teilchen. Das können wir mit der Dreifingerregel (S. 272) überprüfen.

Ein entsprechender Versuch mit α-Strahlen ist prinzipiell möglich, wenn wir die Zählrohrspannung so einstellen, daß nur α-Strahlen registriert werden (vgl. Versuch 8). Als Ergebnis eines solchen Versuchs stellt man fest, daß α-Strahlen sich wie bewegte *positiv* geladene Teilchen im Magnetfeld verhalten. Sie werden also gerade entgegengesetzt wie β-Strahlen abgelenkt. Allerdings sind dafür sehr viel stärkere Magnetfelder erforderlich. Deshalb und wegen der geringen Reichweite der α-Strahlen in Luft ist dieses Experiment als Schulversuch schwer durchführbar.

Andere Experimente bestätigten die Vermutung, daß α- und β-Strahlung aus geladenen Teilchen bestehen. Man konnte ihre Ladung und Masse bestimmen. Heute weiß man:

α-Strahlen bestehen aus einem Strom positiv geladener Teilchen. Ihre Ladung beträgt $+2e$, also das Doppelte der Elektronenladung, bei umgekehrtem Vorzeichen. Ihre Masse entspricht etwa der von Heliumatomen. Tatsächlich konnte man in der Umgebung von α-Strahlern Helium nachweisen, das nur durch die radioaktive Strahlung entstanden sein konnte. α-Strahler senden „nackte" Atomkerne von Helium aus, die sich aus ihrer Umgebung Elektronen „einfangen" und mit diesen vollständige Heliumatome bilden (vgl. S. 328).

α-Teilchen sind schnell bewegte Heliumkerne.

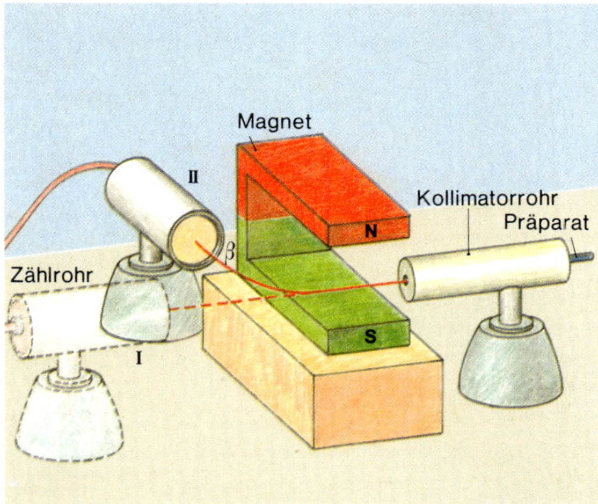

Abb. 4 Ablenkung von β-Strahlen im Magnetfeld

β-Strahlen bestehen aus negativ geladenen Teilchen, deren Ladung und Masse mit denen von Elektronen übereinstimmt.

β-Teilchen sind sehr schnelle Elektronen.

Die Masse eines α-Teilchens ist etwa 7300mal größer als die Elektronenmasse, die ungefähr $m_e = 9{,}1 \cdot 10^{-31}$ kg beträgt. Dies entspricht den Ergebnissen von Rutherford, der die Masse der Atome im wesentlichen im Kern vereint sah. Es erklärt auch, warum α-Teilchen im Magnetfeld trotz höherer Ladung schwächer als β-Teilchen abgelenkt werden. Wegen der größeren trägen Masse ist die α-Strahlung gleichsam „steifer" als die β-Strahlung.

Bei unseren Untersuchungen haben wir ein Präparat verwendet, das alle drei Strahlungsarten aussendet. Heute kennt man eine ganze Reihe natürlich vorkommender Stoffe, die Radioaktivität zeigen. Darüber hinaus kann man viele Elemente durch Bestrahlung zu Radioaktivität anregen. Diese *künstlichen radioaktiven Substanzen* können auch noch andere Strahlungsarten emittieren.

Aufgaben

1. Was sind α-, β- und γ-Strahlen?
2. Nenne ihre wichtigsten Eigenschaften!
3. Wie kann man sich vor den einzelnen Strahlungsarten schützen?
4. Wie kann man mit Hilfe des Zählrohrs entscheiden, welche Strahlungsarten ein unbekanntes Präparat aussendet? Beschreibe entsprechende Versuche!
5. Was versteht man unter dem Nulleffekt?
6. Warum kann man aus dem Meßergebnis von Versuch 10 (Abb. 4, S. 321) schließen, daß neben der β-Strahlung noch mindestens eine weitere Strahlungsart vom Radiumpräparat ausgeht?
7. Wie verhalten sich α-, β- und γ-Strahlung im Magnetfeld? Nenne Gründe für das unterschiedliche Verhalten!

2.3 Gefahren radioaktiver Strahlen – Strahlenschutz

Wie gefährlich sind radioaktive Strahlen?

Spätestens seit dem Abwurf der Atombomben auf die japanischen Städte Hiroshima und Nagasaki im August 1945 ist der Menschheit bewußt, welche Gefahr von radioaktiven Stoffen ausgeht. Dabei steht nicht so sehr die verheerende zerstörende Wirkung der Atomwaffen im Vordergrund, sondern die schrecklichen Auswirkungen der radioaktiven Strahlung auf die von dieser Katastrophe betroffenen Menschen. Diese Folgeschäden an Leben und Gesundheit der Opfer werden oft erst Jahre und Jahrzehnte später voll erkannt.

Radioaktive Strahlen stellen für uns eine „unsichtbare Gefahr" dar, weil wir über kein Sinnesorgan verfügen, mit dem wir sie wahrnehmen könnten. Darum sind radioaktive Strahlen für viele Menschen so unheimlich. Das führt häufig dazu, daß die tatsächlichen Gefahren falsch eingeschätzt werden. Wir wollen versuchen, zu einer möglichst sachlichen Beurteilung zu gelangen.

Warum sind radioaktive Strahlen gefährlich? Um diese Frage zu beantworten, müssen wir ihre Wirkungen auf den menschlichen Körper kennen.

Radioaktive Strahlen und Röntgenstrahlen können Atome und Moleküle ionisieren. Werden lebende Zellen eines Organismus von solchen Strahlen getroffen, so können Strahlenschäden auftreten. Ionisierte Moleküle im Innern einer Zelle können nämlich ihre Eigenschaften so verändern, daß sie für die Lebensvorgänge ausfallen oder diese erheblich stören. Man unterscheidet **somatische** und **genetische Strahlenschäden.**

Ein *somatischer* Schaden liegt vor, wenn nur die einzelne Person betroffen ist, nicht aber deren Nachkommenschaft. In leichten Fällen äußert er sich durch Übelkeit, Appetitlosigkeit und einer allgemeinen Schwäche. In schweren Fällen kann Strahlenkrebs auftreten. Hohe Strahlenbelastung ist tödlich. Die Dauer der Strahlenbelastung spielt eine erhebliche Rolle. Geringe Dauerbelastung kann ohne Folgen bleiben. In kurzer Zeit kann die gleiche Dosierung zu erheblichen Schäden führen.

Unter *genetischen* Schäden versteht man eine Schädigung der Erbanlage. Die Schäden treten erst bei den Nachkommen des strahlengeschädigten Lebewesens zutage, im allgemeinen nicht in der ersten Generation, sondern später. Schon *ein einziges* ionisierendes Teilchen kann in einer Keimzelle Veränderungen **(Mutationen)** hervorrufen, die bei den Nachkommen zu Mißbildungen führen können. Daher können schon durch die natürliche Strahlenbelastung (S. 325) genetische Schäden eintreten. Viele dieser Schäden werden jedoch glücklicherweise nicht wirksam, weil z. B. die geschädigte Zelle abstirbt, bevor sich aus ihr ein neues Lebewesen entwickeln konnte. Dennoch ist dies kein Grund zur Leichtfertigkeit! Mutationen verändern die Erbanlagen nämlich in den meisten Fällen negativ. Deshalb sollten vor allem junge Menschen beim Umgang mit radioaktiver Strahlung besonders vorsichtig sein.

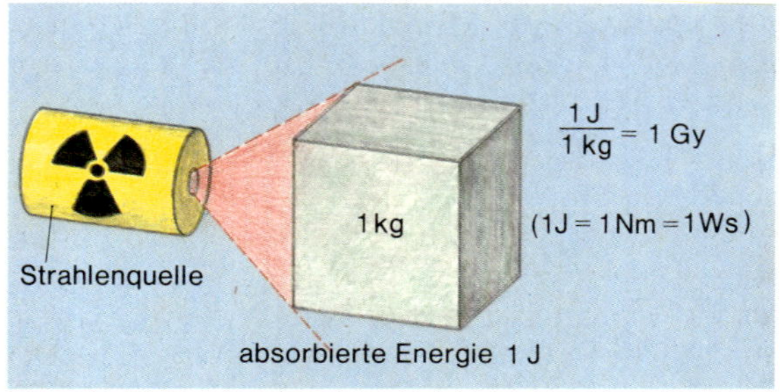

Abb. 1 Zur Definition der Energiedosis

Wie wir bereits wissen, beruhen Strahlenschäden auf der **ionisierenden Wirkung** der Strahlen. Sie wird durch zwei Faktoren bestimmt:

- durch die Energie der einfallenden Strahlung
- und durch die Strahlungsart.

Um den Einfluß der *Strahlenenergie* zu erfassen, definierte man als Meßgröße die **Energiedosis** D.

$$\textbf{Energiedosis} = \frac{\textbf{absorbierte Strahlungsenergie}}{\textbf{Masse}}$$

$$D = \frac{W}{m}.$$

Die Einheit der Energiedosis ist $1\,\frac{\text{J}}{\text{kg}} = 1\,\text{Gy}$ (Gray), benannt nach dem englischen Physiker L. H. GRAY (1905–1965). Wirkt auf einen Menschen in kurzer Zeit (z. B. bei einer Atombombenexplosion) eine Gesamtkörperdosis von 6 Gy oder mehr ein, so führt dies im allgemeinen zum Tod. Bei einer Körpermasse von 75 kg entspricht dies einer Energie von 450 J. Das ist eine vergleichsweise geringe Energie. Werden nämlich 450 J von 75 kg Wasser absorbiert (und unser Körper besteht zum größten Teil daraus), so führt das lediglich zu einer Temperaturerhöhung von etwas mehr als $\frac{1}{1000}$ K. Der Anstieg der Körpertemperatur bei einer „harmlosen" Erkältung ist tausendfach größer. Wir erkennen daran: nicht so sehr die Energie, sondern die Fähigkeit radioaktiver Strahlung, Atome und Moleküle zu ionisieren, macht ihre Gefährlichkeit aus.

Wir wissen bereits, daß α-Teilchen Luft viel stärker ionisieren als β-Teilchen und γ-Strahlen (Versuch 11). Sie geben ihre Energie auf kurzen Wegstrecken an die durchlaufene Substanz ab, ihre Reichweite in Materie ist deshalb gering. Das heißt aber auch, daß sie ihre Energie sehr „konzentriert" an eine lebende Zelle abgeben. Man fand, daß ihre zerstörerische Wirkung dort etwa zwanzigmal höher ist als die von β- und γ-Strahlung.

Um die biologischen Wirkungen der verschiedenen Strahlenarten miteinander vergleichen zu können, führte man die **Äquivalentdosis** D_q ein. Man erhält sie, indem man die Energiedosis der betreffenden Strahlungsart mit einem **Qualitätsfaktor** q multipliziert. Dies ist ein experimentell ermittelter Zahlenwert, der für γ-Strahlen und β-Teilchen 1 und für α-Teilchen, je nach deren Geschwindigkeit, 10 bis 20 beträgt.

Äquivalentdosis = Energiedosis · Qualitätsfaktor

$$D_q = D \cdot q.$$

Für die Äquivalentdosis verwendet man noch die Einheit 1 rem. Es gilt:

$$1\,\frac{\text{J}}{\text{kg}} = 100\,\text{rem}.$$

Um das Ausmaß einer Strahlenbelastung abschätzen zu können, müssen wir Vergleichszahlen kennen. Wir betrachten daher die Strahlenbelastung, der wir alle ausgesetzt sind, und ihre Ursachen.

Wir werden ständig radioaktiv bestrahlt

In Versuch 6 entdeckten wir, daß wir auch in Abwesenheit eines radioaktiven Präparats bereits eine Strahlung nachweisen können. Dieser **natürlichen Strahlenbelastung** ist der Mensch ständig und unabwendbar ausgesetzt. Sie hat drei Ursachen:

- **die kosmische Strahlung** (kosmos, gr. = Weltall)
- **die terrestrische Strahlung** (terra, lat. = Erde)
- **die Eigenstrahlung unseres Körpers.**

Aus dem Weltraum trifft neben Licht auch ständig ein Strom sehr energiereicher Teilchen auf die Lufthülle der Erde. Man bezeichnet ihn als Höhenstrahlung oder *kosmische Strahlung*. Durch Zusammenstöße dieser schnellen Teilchen mit Luftteilchen kommt es zu Kernreaktionen (S. 332), bei denen auch radioaktive Atome entstehen. Am Erdboden beobachtet man die radioaktive Strahlung dieser Folgeprodukte. Durch die Luft wird ein Teil der Strahlungsenergie absorbiert. Darum nimmt die Intensität der Strahlung mit wachsender Höhe über dem Erdboden zu (Abb. 1, S. 326). Dies führt zu einer erhöhten Strahlenbelastung von Gebirgsbewohnern und dem Personal hochfliegender Düsenflugzeuge.

Wie das von P. und M. Curie entdeckte Polonium und Radium gibt es noch eine Reihe weiterer in der Natur vorkommender radioaktiver Elemente. Spuren davon finden sich in unserer Umgebung: im Boden, im Wasser, in den Baustoffen unserer Häuser, in allen Pflanzen, die sie mit ihrer Nahrung aufnehmen. Auch in der Luft findet man radioaktive Stoffe, die als Gase aus der Erde strömten oder durch die Verbrennung von Holz, Kohle oder Öl dorthin gelangten. Die gesamte, von diesen Stoffen ausgehende Strahlung bezeichnet man als *terrestrische Strahlung.*

Durch Einatmen, Essen und Trinken gelangen radioaktive Stoffe in unseren Körper. Sie verursachen die *Eigenstrahlung* unseres Körpers. Einige dieser Stoffe lagern sich wegen ihrer chemischen Eigenschaften dauerhaft in bestimmten Körperpartien ab. So z. B. das radioaktive Strontium, das mit dem knochenbildenden Kalzium eng verwandt ist und vorzugsweise im Knochengerüst eingebaut wird.

Die natürliche Strahlenbelastung des Menschen hängt stark vom Wohnort, von tages- oder jahreszeitlichen Schwankungen, von der Bauweise seiner Häuser (in Steinhäusern ist die Strahlung wegen radioaktiver Stoffe im Baumaterial höher als in Holzhäusern) und anderen Faktoren ab. Statistische Untersuchungen lieferten für die Bundesrepublik Deutschland eine mittlere genetisch wirksame Belastung von ungefähr $110 \cdot 10^{-5}$ J/kg (= 110 m rem) pro Jahr. An manchen Stellen der Erde ist die Belastung viel höher. So mißt man in einigen Gebieten Brasiliens den hundertfachen Wert.

Durch die Errungenschaften unserer modernen Zivilisation sind wir zusätzlich Strahlenbelastungen ausgesetzt. Röntgenuntersuchungen, Einsatz von radioaktiven Stoffen zur Erkennung von Krankheiten (S. 330) und die Strahlenbehandlung stellen den „Löwenanteil“ dieser Belastung dar. Demgegenüber sind die Belastungen durch Schadstoffe aus dem Betrieb von Kernkraftwerken oder durch die von Fernsehröhren erzeugte Röntgenstrahlung verhältnismäßig klein. Die gesamte zivilisatorisch bedingte Strahlenbelastung ist zur Zeit etwa *halb so groß* wie die natürliche Belastung (Abb. 1, S. 326)

Jede unnötige Bestrahlung muß vermieden werden. Sollen wir deshalb auf die medizinische An-

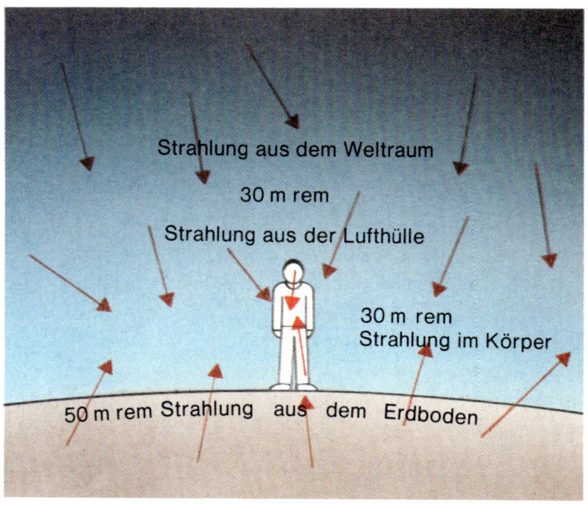

Abb. 2 Natürliche Strahlenbelastung des Menschen

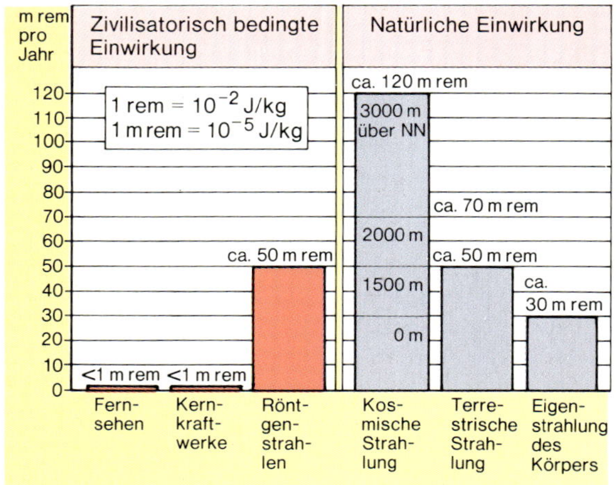

Abb. 1 Natürliche und zivilisatorisch bedingte Strahlenbelastung in der Bundesrepublik

wendung von Strahlung verzichten? Sicher nicht, es muß aber ein verantwortungsbewußter Einsatz dieser Mittel gewährleistet sein. Jeder Arzt sollte sich immer wieder Rechenschaft darüber ablegen, ob der Nutzen des Einsatzes von Röntgen- oder radioaktiven Strahlen größer ist als mögliche Schäden.

Wie können wir uns vor radioaktiver Strahlung schützen?

Schutzmaßnahmen sind beim Umgang mit ionisierender Strahlung unerläßlich. Die meisten radioaktiven Substanzen senden neben α- und β- auch γ-Strahlen aus. Es muß daher meist auf einen Schutz vor allen Strahlungsarten geachtet werden.

α-Teilchen können sehr einfach abgeschirmt werden (Versuch 8). Sie sind nicht in der Lage, unsere Haut zu durchdringen. Sie können aber wegen ihrer großen Ionisationsfähigkeit Schäden herbeiführen, wenn α-Strahler mit der Atemluft, bei der Nahrungsaufnahme oder bei Verletzungen *in* den Körper gelangen.

β-Teilchen lassen sich ebenfalls verhältnismäßig leicht abschirmen (Versuch 9). Wie die Erfahrung zeigt, eignen sich Abschirmmaterialien aus Atomen niedriger Ordnungszahl (vgl. S. 327!) wie Aluminium besonders gut. Auch hier besteht die größere Gefahr bei **Inkorporation** (corpus, lat. = Körper) von strahlenden Substanzen.

γ-Strahlen lassen sich auch durch dicke Abschirmungen nur schwächen (Versuch 10). Am besten geeignet sind Bleiplatten. Die Güte der Abschirmung ist von der Energie der Strahlung abhängig. Eine Bleischicht von etwa 1 cm Dicke schwächt die γ-Strahlung auf die halbe Intensität. Häufig werden dicke Betonwände zur Abschirmung aufgebaut.

Grundsätzlich sollte eine Verunreinigung **(Kontamination)** des Körpers mit radioaktiven Stoffen vermieden werden.

Durch gesetzliche Strahlenschutzverordnungen soll erreicht werden, daß die Bevölkerung keinen unnötigen und gefährdenden Strahlungen ausgesetzt ist. So besteht z. B. die Auflage, daß unmittelbar außerhalb eines Kernkraftwerkes die Strahlung eine Äquivalentdosis von $30 \cdot 10^{-5}$ J/kg (= 30 m rem) pro Jahr nicht überschreiten darf (vgl. natürliche Strahlenbelastung, Abb. 1). Bei Einhalten der Bestimmungen ist auch gewährleistet, daß Schüler und Lehrer durch die für den Unterricht zugelassenen Präparate und Geräte keinen Schaden erleiden. Alle Schulpräparate sind berührungssicher in Schutzvorrichtungen eingebaut. Radioaktive Stoffe müssen deutlich gekennzeichnet werden. Auch dort, wo sie gelagert sind, muß das **Strahlenwarnzeichen** (Abb. 2) angebracht werden.

Beim Umgang mit radioaktiven Stoffen gelten *immer* die folgenden Grundregeln:

- Großen Abstand von der Strahlenquelle einhalten!
- Eine geeignete Abschirmung aufbauen!
- Bestrahlungsdauer kurz halten!
- Direkte Berührung der Strahler vermeiden!
- Nie im gleichen Raum essen, trinken oder rauchen!
- Nach dem Experimentieren gründlich Hände waschen!

Abb. 2 Strahlenwarnzeichen

Aufgaben

1. Nenne die wichtigsten Strahlenschutzmaßnahmen!
2. Wie groß ist die zusätzliche Strahlenbelastung bei einem 4-wöchigen Ferienaufenthalt im Gebirge auf 2000 m Höhe? (Verwende Abb. 1).
3. Was versteht man unter genetischen, was unter somatischen Strahlenschäden?
4. Nenne die Ursachen der natürlichen Strahlenbelastung des Menschen!
5. Statistiken müssen mit Verstand gelesen werden! Weshalb verweisen Befürworter der Kernenergie gerne auf das Diagramm in Abb. 1? Welcher zulässigen Strahlenbelastung kann dagegen ein Anwohner eines Kernkraftwerkes auch im Normalbetrieb ausgesetzt sein? Warum kann aber auch diese Strahlenbelastung noch als verhältnismäßig ungefährlich angesehen werden?

3 Der Aufbau der Atome

3.1 Vom Aufbau der Atomkerne

Woher kommt die radioaktive Strahlung?

Bereits die ersten Untersuchungen von P. und M. Curie ergaben, daß die radioaktive Strahlung nicht durch chemische Vorgänge entsteht. Druck- oder Temperaturänderungen beeinflussen die Radioaktivität ebensowenig wie elektrische oder magnetische Felder.

Wegen der positiven Ladung und der großen Masse der α-Teilchen kann die α-Strahlung nicht aus der Atomhülle kommen. Auch β- und γ-Strahlen stammen von Prozessen her, die sich im *Atomkern* abspielen. Das erkannte man an der hohen Energie der radioaktiven Strahlung. Sie ist viel größer als die Energien, die bei chemischen Umsetzungen frei werden und bei denen sich nur in der Atomhülle Prozesse abspielen. Das wird überzeugend durch eine weitere Beobachtung demonstriert.

Es ist schon lange bekannt, daß radioaktive Präparate wärmer sind als ihre Umgebung. Ein Teil der bei der Erzeugung der Strahlung frei werdenden Energie heizt die radioaktive Substanz auf. Dies läßt sich eindrucksvoll bei künstlichen radioaktiven Stoffen zeigen. Die Radioaktivität der Probe aus *Curiumoxid* in Abb. 3 ist so stark, daß sich die Probe bis zur Weißglut erhitzt. Diese nicht „abstellbare" Energiequelle liefert über lange Zeit eine Wärmeleistung von 300 W. Solche Proben verwendet man in *Atombatterien.* Die für die Schule zugelassenen Präparate erwärmen sich so wenig, daß wir dies nicht feststellen können.

Abb. 3 Radioaktives Curiumoxid heizt sich auf

Wie sind Atomkerne aufgebaut?

Wenn wir über die Herkunft der radioaktiven Strahlung mehr erfahren wollen, müssen wir genauer wissen, wie Atome und ihre Kerne aufgebaut sind. Die Tatsache, daß die radioaktive Strahlung aus dem Atomkern stammen muß, gibt nämlich den entscheidenden Hinweis, daß auch der Atomkern kein einheitliches Gebilde ist. Er muß aus noch kleineren Bausteinen (Elementarteilchen) zusammengesetzt sein. Da α-Teilchen emittiert werden, ist anzunehmen, daß im Kern positiv geladene Elementarteilchen vorhanden sind.

Experimentelle Untersuchungen ergaben, daß ein α-Teilchen (Heliumkern) 2 positiv geladene Elementarteilchen enthält. Man nennt sie **Protonen.** Ihre Masse ist 1836mal so groß wie die des Elektrons. Die Gesamtmasse des α-Teilchens ist aber etwa *viermal* so groß wie die Masse eines Protons. Man nahm daher zunächst an, daß ein Heliumkern aus 4 Protonen besteht, von denen zwei durch zwei zusätzliche Elektronen *im* Kern neutralisiert würden. Wenn man annimmt, daß solche „Kernelektronen" tatsächlich vorkommen, dann könnte man damit auch das Auftreten der β-Strahlung erklären.

Theoretische Überlegungen zeigten jedoch, daß sich keine Elektronen im Atomkern aufhalten können. Die Kernmasse muß daher neben den Protonen noch durch andere Elementarteilchen bestimmt werden. Erst 1932 wurden diese Teilchen vom englischen Physiker CHADWICK entdeckt. Sie besitzen fast die gleiche Masse wie die Protonen, sind jedoch elektrisch *neutral.* Man nannte sie deshalb **Neutronen.** Bei Kernprozessen kann ein Neutron in ein Proton und ein Elektron zerfallen, das dann als β-Teilchen außerhalb des Kerns nachgewiesen werden kann.

Rutherford konnte mit seinen Streuversuchen die Zahl der in verschiedenen Atomkernen befindlichen Protonen bestimmen. Damit kennt man die Zahl der positiven Elementarladungen im Kern, die sogenannte **Kernladungszahl** Z. Sie ist gleich der Zahl der Elektronen, die die Atomhülle aufbauen. Bei den meisten Atomen beträgt die Masse der Z Protonen des Kerns etwa die Hälfte der Gesamtmasse des Atoms. Daraus ergibt sich, daß der Kern ungefähr zur Hälfte aus Neutronen bzw. Protonen bestehen muß.

Es ergab sich weiterhin die erstaunliche Tatsache, daß die Kernladungszahl Z mit der **Ordnungszahl** des betreffenden Elements im **Periodensystem der Elemente** übereinstimmt. Dieses System hatten die Chemiker aufgestellt, um Übersicht in die große

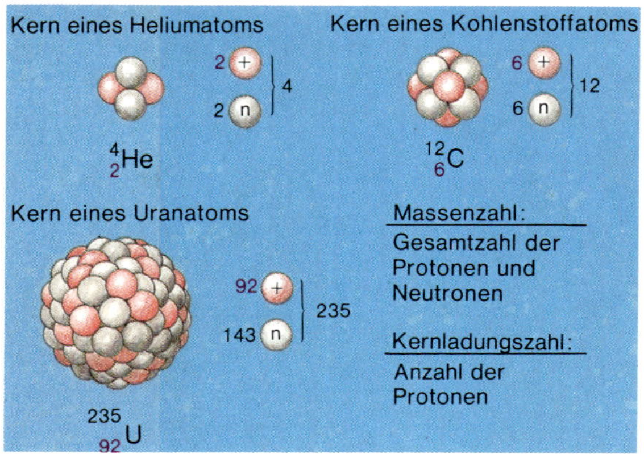

Abb. 1 Aufbau der Atomkerne im Modell

Zahl chemischer Elemente zu bringen. Ihnen war nämlich aufgefallen, daß die chemischen Eigenschaften der Elemente sich in periodischer Weise wiederholen, wenn man die Elemente nach ihren Atommassen ordnet. Erst nach der Entdeckung Rutherfords erkannte man den eigentlichen physikalischen Hintergrund für diese Gesetzmäßigkeit.

Die Protonen müßten sich wegen ihrer positiven Ladung eigentlich gegenseitig abstoßen. Da es aber stabile Atomkerne gibt, muß man annehmen, daß zwischen Protonen und Neutronen Kräfte wirken, die für den Zusammenhalt der Kerne sorgen. Diese **Kernkräfte** sind stärker als die elektrischen Abstoßungskräfte, besitzen aber nur eine kurze Reichweite.

Alle chemischen Elemente sind aus drei Arten von Elementarteilchen aufgebaut: Der Atomkern aus Protonen und Neutronen, die Hülle aus Elektronen.

Protonen und Neutronen bezeichnet man als **Nukleonen** (nucleus, lat. = Kern). Die Anzahl aller Nukleonen eines Kerns heißt die **Massenzahl** A. Zwischen der Massenzahl A, der Kernladungszahl Z und der **Neutronenzahl** N ergibt sich also der Zusammenhang:

$$A = N + Z$$

Zur Kennzeichnung einer Atomsorte schreibt man die Werte für A und Z an das Elementsymbol: $^{A}_{Z}E$.

Beispiele: Wasserstoff $^{1}_{1}H$, Helium $^{4}_{2}He$, Uran $^{238}_{92}U$.

Als Kurzschreibweise findet man auch z. B. He-4, U-238.

Elementarteilchen werden ähnlich gekennzeichnet:

Beispiele: Proton $^{1}_{1}p$, Neutron $^{1}_{0}n$, Elektron $^{0}_{-1}e$.

Es gibt Atome, die bei gleicher Kernladungszahl unterschiedlich viele Neutronen im Kern besitzen. Sie sind chemisch völlig gleich, unterscheiden sich aber durch ihre Massenzahl. Man nennt sie die **Isotope** eines Elements. Von den meisten Elementen kennt man mehrere Isotope. So gibt es z. B. drei verschiedene Arten von Wasserstoff: den gewöhnlichen Wasserstoff $^{1}_{1}H$, den schweren Wasserstoff $^{2}_{1}H$, den man auch *Deuterium* nennt, und den überschweren Wasserstoff $^{3}_{1}H$, das *Tritium*.

Wenn Atome zerfallen

Mit der Aussendung von α- und β-Teilchen verliert der Atomkern Masse und Ladung. Das bedeutet aber, daß sich das ursprüngliche Atom in ein anderes umwandelt, das sich physikalisch und chemisch vom Ausgangsatom unterscheidet. Ein solcher **Atomzerfall** müßte daher neben dem Auftreten der radioaktiven Strahlung auch zwei weitere, experimentell prüfbare Folgen haben:

- Die Zahl der vorhandenen Ausgangsatome nimmt ab. Damit muß sich aber auch die Radioaktivität mit der Zeit verringern.
- Es müssen Atome mit anderen Eigenschaften nachzuweisen sein.

Bevor wir dies prüfen, betrachten wir die Vorgänge beim Kernzerfall genauer.

Beim α-Zerfall verringert sich die Massenzahl des Kerns um 4, die Ordnungszahl um 2.

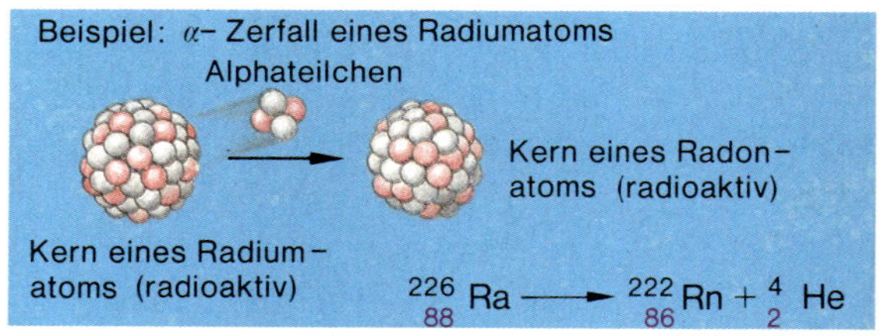

Abb. 2 α-Zerfall eines Radiumatoms

Beim β-Zerfall bleibt die Zahl der Nukleonen die gleiche. Im Augenblick der Kernumwandlung wird das Elektron dadurch erzeugt, daß ein Neutron in ein Proton und ein Elektron zerfällt. Dadurch erhöht sich die Kernladungszahl um 1.

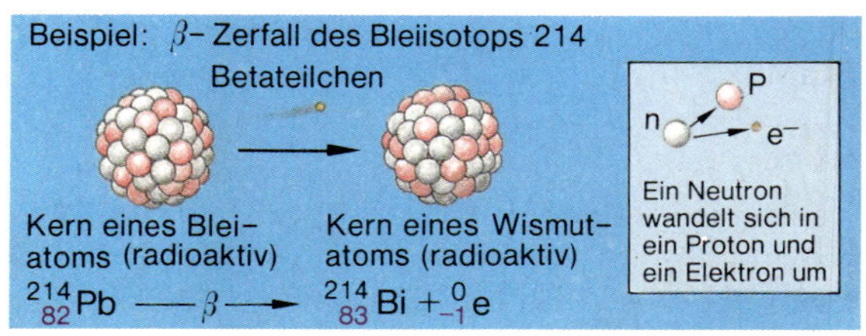

Abb. 3 β-Zerfall des Bleiisotops 214

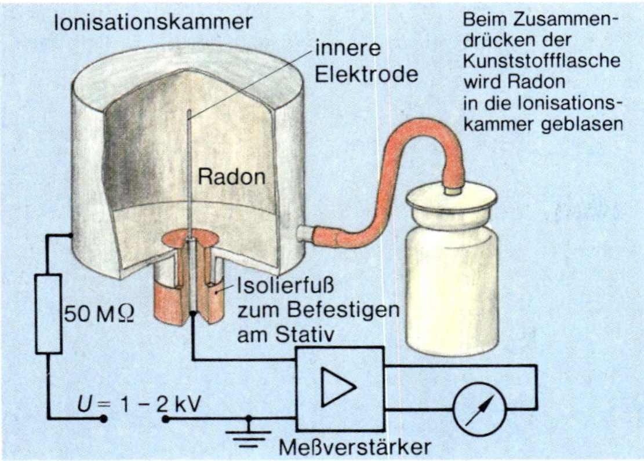

Abb. 4 Bestimmung der Halbwertszeit von Radon

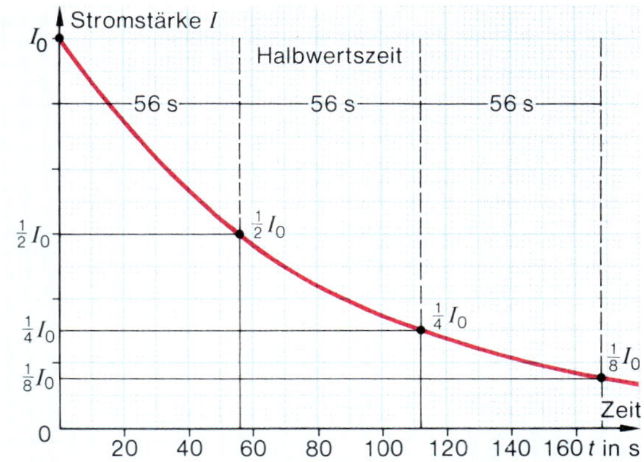

Abb. 5 Ionisationsstrom in Abhängigkeit von der Zeit

Die γ-Strahlung verändert weder die Massenzahl noch die Kernladungszahl. Sie tritt nie unabhängig, sondern stets als Begleiter der α- oder β-Strahlung auf. Atomkerne geben durch sie einen Teil der beim Zerfall frei werdenden Energie in Form elektromagnetischer Strahlung ab.

Die spontane **Umwandlung der Atome** beim radioaktiven Zerfall konnte durch die chemische Untersuchung der Zerfallsprodukte bestätigt werden. Wir wollen jetzt untersuchen, ob die zweite Vorhersage, nämlich die zeitliche Abnahme der Radioaktivität, auch zutrifft.

Versuch 1: In einer Kunststoff-Flasche befindet sich eine Thoriumverbindung, über der sich ständig *Radon,* ein radioaktives Gas, bildet. Wir drükken die Flasche zusammen und blasen so mit einem Schlauch das Gas in eine **Ionisationskammer** (Abb. 4). Sie ist ähnlich aufgebaut wie ein Zählrohr. Die vom Radon ausgehende Strahlung ionisiert die Luft in der Kammer. Legen wir zwischen Gehäuse und innerer Elektrode eine Spannung von 1–2 kV an, so fließt ein Ionisationsstrom. Wir können ihn mit einem empfindlichen Meßverstärker nachweisen. Wir messen die Stromstärke in Abständen von 10 s etwa 4 Minuten lang und tragen die Meßwerte in ein Strom-Zeit-Diagramm ein (Abb. 5).

Ergebnis: Der Ionisationsstrom nimmt mit der Zeit ab. Nach etwa 56 s ist er auf den halben Ausgangswert abgesunken. Nach weiteren 56 s hat er sich abermals halbiert usw. Wir schließen daraus, daß sich die Radioaktivität von Radon als Folge des Kernzerfalls alle 56 s halbiert. Diese Zeit heißt die **Halbwertszeit** des Radons.

Unter der Halbwertszeit einer radioaktiven Substanz versteht man die Zeitspanne, in der die Hälfte der anfänglich vorhandenen Stoffmenge zerfallen ist. Während dieser Zeit sinkt auch die Zerfallsrate auf den halben Wert ab.

Die Angabe der Halbwertszeit ist nur sinnvoll für eine große Anzahl von Atomen. Wegen der statistischen Natur des radioaktiven Zerfalls kann man für ein einzelnes Atom nicht vorhersagen, wann es zerfällt. Das kann sofort sein oder erst nach einer unabsehbar langen Zeit.

Element	Symbol	HWZ
Thorium-232	$^{232}_{90}Th$	$1{,}405 \cdot 10^{10}$ a
Uran-238	$^{238}_{92}U$	$4{,}47 \cdot 10^{9}$ a
Kohlenstoff-14	$^{14}_{6}C$	$5{,}736 \cdot 10^{3}$ a
Radium-226	$^{226}_{88}Ra$	$1{,}6 \cdot 10^{3}$ a
Strontium-90	$^{90}_{38}Sr$	28,5 a
Polonium-210	$^{210}_{84}Po$	138,38 d
Jod-131	$^{131}_{53}J$	8 d
Blei-214	$^{214}_{82}Pb$	26,8 min
Radon-220	$^{220}_{86}Rn$	55,6 s
Polonium-214	$^{214}_{84}Po$	$1{,}64 \cdot 10^{-4}$ s

Tabelle 1 Halbwertszeiten einiger Isotope

Die Halbwertszeiten radioaktiver Isotope sind sehr unterschiedlich (Tabelle 1). Bei den meisten Stoffen kann man sie nicht so ermitteln wie in unserem Versuch. Häufig sind die Folgeprodukte des Zerfalls selbst wieder radioaktiv. Das Radium z. B. ist ein solches Folgeprodukt. Es entsteht im Laufe einer **Zerfallsreihe,** an deren Anfang Uran $^{238}_{92}U$ und an deren Ende das (stabile) Blei $^{206}_{82}Pb$ steht.

Aufgaben

1. Schätze ab, nach wievielen Halbwertszeiten nur noch ein Tausendstel der ursprünglich vorhandenen Atome einer radioaktiven Substanz vorhanden ist!
2. Wie lang ist diese Zeit für Radon-220, Uran-238 und Polonium-214?
3. Nach welcher Zeit ist von der radioaktiven Substanz Jod-131, die für Schilddrüsenuntersuchungen einem Patienten verabreicht wird, $\frac{15}{16} \approx 94\%$ zerfallen?
4. Wieviel Prozent Radon sind nach 2 Minuten zerfallen? Benutze Abb. 5!

3.2 Anwendungen radioaktiver Isotope

Atome werden markiert

Radioaktive Stoffe lassen sich noch in winzigen Mengen aufspüren. Sie „verraten“ sich durch die von ihnen ausgehende Strahlung. Diese Eigenschaft radioaktiver Isotope und die Tatsache, daß sie sich vor dem Zerfall chemisch nicht von ihren nichtstrahlenden „Verwandten“ unterscheiden, benutzt man in der Medizin und der Biologie, um Atome zu „markieren“.

So verwendet man z. B. radioaktives Jod-131 zur Untersuchung von Schilddrüsenerkrankungen. Nimmt der Mensch mit der Nahrung Jod auf, dann wird dies – je nach dem Funktionszustand der Schilddrüse – bis zu 90% von der Schilddrüse aufgenommen. Injiziert man nun einem Patienten Jod-131 in der Form eines Jodsalzes, so läßt sich sein Weg durch den Körper mit einem Zählrohr verfolgen. Aus der Zeit, die das Jod-131 braucht, um in die Schilddrüse zu gelangen und der Menge, die dort eingelagert wird, kann der Arzt Rückschlüsse auf die Funktion des Organs ziehen.

Mit einer noch empfindlicheren Meßapparatur (Szintillationszähler) kann man zusätzlich so etwas wie eine „Landkarte“ der Schilddrüse gewinnen. Man tastet mit dem Zähler die zu untersuchende Körperpartie zeilenweise ab, während ein Schreibgerät die gemessene Strahlungsintensität registriert (Abb. 1). Auf dem erhaltenen **Szintigramm** lassen sich z. B. krankhafte Organveränderungen erkennen.

Auf ähnlichem Weg wurden Stoffwechselvorgänge in Pflanzen untersucht. Will man z. B. die Wirkung von Düngemitteln erproben, so kann man bestimmte Bestandteile des Düngers radioaktiv markieren. Nach Aufnahme der Nährstoffe durch die Pflanze kann man dann ermitteln, in welchen Pflanzenteilen die markierte Substanz eingebaut wurde.

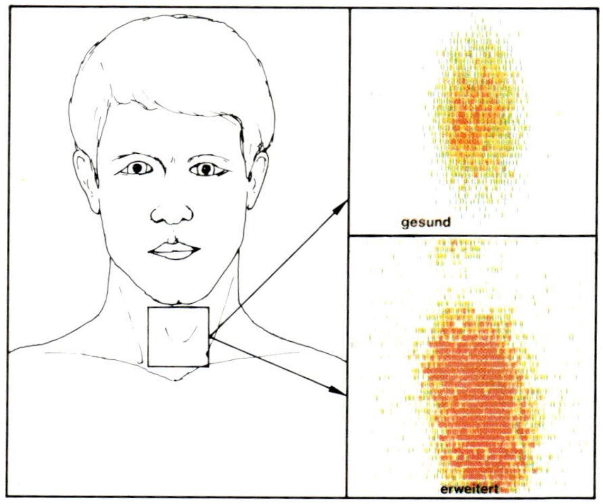

Abb. 1 Jod-131-Szintigramm einer Schilddrüse

Auch die Technik bedient sich dieser Markierungsmethode. So lassen sich z. B. Lecks in einem unterirdischen Röhrensystem aufspüren, indem man die Leitung im Bereich der vermuteten Leckstelle mit einem radioaktiven Gas flutet. Das ausströmende Gas dringt durch das Erdreich und kann mit einem Zählrohr nachgewiesen werden (Abb. 2).

In all diesen Beispielen werden *offene* radioaktive Präparate verwendet, die eine besondere Gefahr bilden können, da sie sich unkontrolliert verbreiten können. Es ist daher bei ihrer Verwendung darauf zu achten, daß die Mengen möglichst gering und die Halbwertszeit der Isotope möglichst kurz ist. Der Gesetzgeber hat hier besonders strenge Vorsorgemaßnahmen angeordnet.

Moderne Prüfverfahren

Häufig werden die von radioaktiven Isotopen ausgehenden β- und γ-Strahlen anstelle von Röntgenstrahlen zur Materialprüfung eingesetzt. Man spart

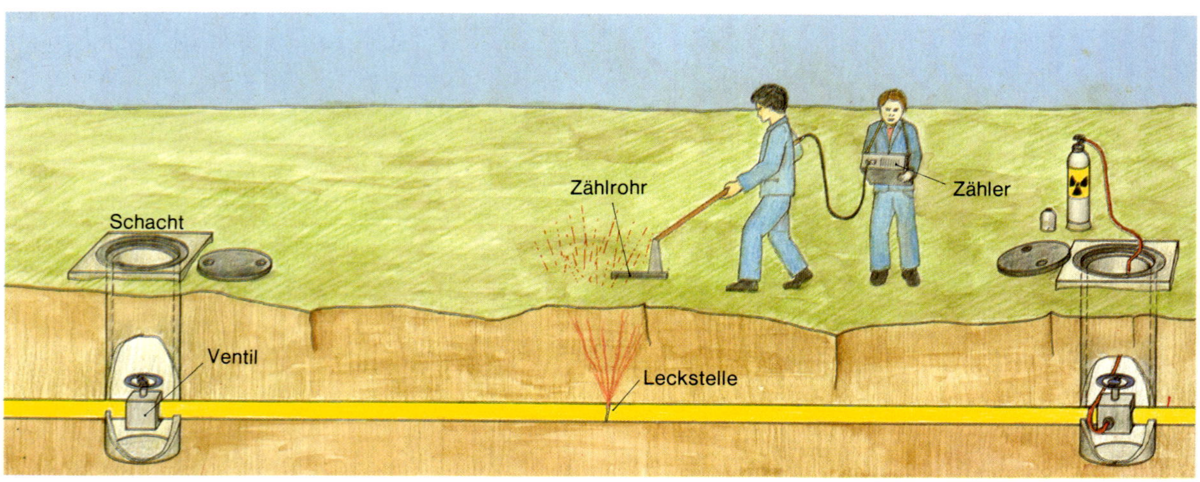

 Abb. 2 Lecksuche in einer unterirdischen Rohrleitung mit Hilfe eines radioaktiven Gases

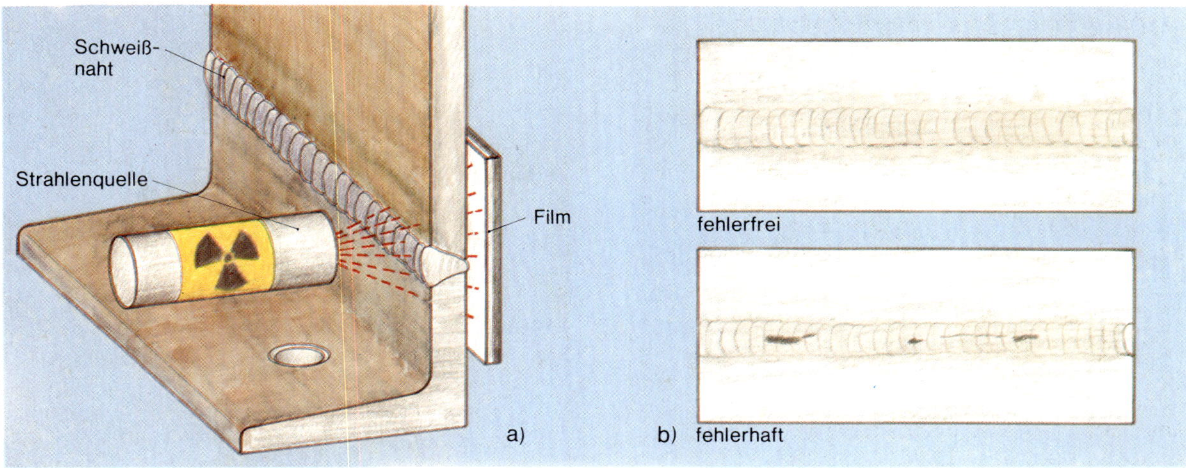

Abb. 3 Prüfung einer Schweißnaht

dabei eine schwere und kostspielige Röntgenapparatur. Hier zwei Beispiele:

Schweißnahtprüfung: (Abb. 3) Auf der einen Seite der Schweißnaht wird ein Röntgenfilm hinterlegt, während auf der anderen Seite eine Strahlenquelle in konstantem Abstand entlang der Naht geführt wird. Die unterschiedlichen Schwärzungen des Films zeigen Mängel bei der Ausführung der Naht an (Abb. 3 b). Man wendet dieses Verfahren überall dort an, wo hohe Sicherheitsrisiken bestehen (Ölpipelines, Druckgefäße, Kernreaktorbau).

Schichtdickenkontrolle: (Abb. 4) In Walzwerken überprüft man die Dicke der erzeugten Bleche schon während des Herstellungsprozesses. Man durchstrahlt z. B. die Bleche mit β-Teilchen und ermittelt die Zählrate. Aus dem Vergleich der Strahlungsintensität ohne bzw. mit Blech läßt sich die Dicke genau angeben. In vollautomatischen Anlagen benutzt man das Meßergebnis zur Regelung der Schichtdicke.

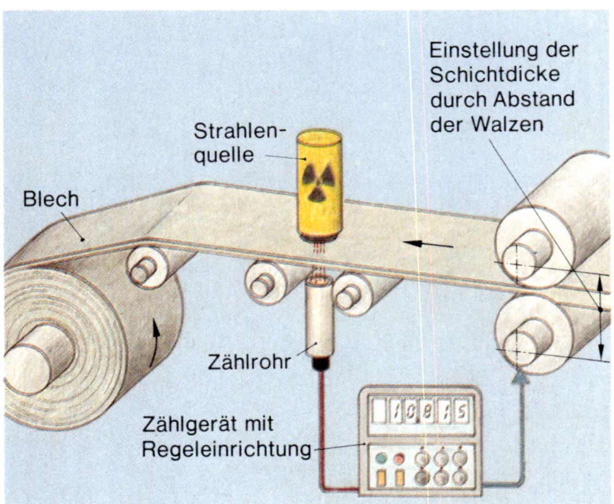

Abb. 4 Schichtdickenprüfung

Wie alt sind die Knochen des Höhlenbären?

Auch die Altertumsforscher benutzen die Eigenschaften von radioaktiven Isotopen bei ihrer „Detektivarbeit". So fand man häufig in Höhlen oder frühzeitlichen Gräbern Knochenreste, deren Alter mit der sogenannten **Radiokohlenstoffmethode** recht genau bestimmt werden konnte. Was steckt dahinter?

In der Lufthülle der Erde findet man geringe Mengen des radioaktiven Kohlenstoffisotops C-14. Es ist wie der „normale" Kohlenstoff als Kohlendioxid (CO_2) gebunden. Obwohl es mit einer Halbwertszeit von 5730 Jahren zerfällt, bleibt seine Konzentration in der Atmosphäre konstant. C-14 wird nämlich ständig bei Kernreaktionen, die durch die kosmische Strahlung (S. 325) ausgelöst werden, neu gebildet.

Beim Atmen nehmen die Pflanzen CO_2 und damit auch C-14 in sich auf. Durch die Nahrungsaufnahme gelangt es auch in Tiere und den Menschen. Deshalb läßt sich in allen Lebewesen C-14 in einer bestimmten, gleichbleibenden Konzentration nachweisen. Stirbt die Pflanze oder das Tier, so unterbleibt die Nahrungsaufnahme und damit auch die Nachlieferung von C-14. Im abgestorbenen Gewebe verringert sich aber dann der Gehalt an C-14 durch den radioaktiven Zerfall.

Vergleicht man nun den C-14-Gehalt von lebender und abgestorbener Substanz, so kann man daraus den Zeitpunkt bestimmen, zu dem die Nahrungsaufnahme endete. Man muß bei dieser Methode allerdings davon ausgehen, daß sich der C-14-Gehalt der Atmosphäre seit Jahrtausenden nicht wesentlich geändert hat.

Aufgabe

1. In einer Höhle steinzeitlicher Jäger fand man Bärenknochen, deren C-14-Gehalt noch 12,5% im Vergleich zu lebendem Knochengewebe betrug. Wann wurde der Bär erlegt?

A

4 Energie aus dem Atom

4.1 Kernspaltung

Kernprozesse werden sichtbar

Die natürlichen radioaktiven Kernumwandlungen laufen spontan ab ohne äußere Beeinflussungsmöglichkeiten. Die erste **künstliche Atomumwandlung** gelang 1919 Rutherford. Er bestrahlte Stickstoff mit α-Teilchen und erhielt dabei Sauerstoff und Protonen von großer Reichweite. Ähnlich wie eine chemische Reaktion kann diese Kernumwandlung in Form einer *Reaktionsgleichung* beschrieben werden:

$$^{4}_{2}\mathrm{He} + {}^{14}_{7}\mathrm{N} \rightarrow {}^{17}_{8}\mathrm{O} + {}^{1}_{1}\mathrm{p}.$$

Im Jahre 1925 gelang es P. N. S. BLACKETT, diesen Vorgang sichtbar zu machen. Er benutzte dazu die sogenannte **Wilson-Kammer.**

Wie funktioniert dieses Nachweisgerät für Kernreaktionen?

Wird mit Wasserdampf gesättigte Luft abgekühlt, dann tritt Kondensation ein. Der Wasserdampf kondensiert jedoch nur dann, wenn in der Luft außerdem noch *Kondensationskerne* vorhanden sind. Dies sind kleine, mit bloßem Auge nicht sichtbare Teilchen, z. B. Schmutzpartikel, die in der Luft fast immer vorhanden sind. Ihre Zahl ist in verunreinigter Luft besonders groß. Die Wirkung der Kondensationskerne demonstriert ein Versuch.

Versuch 1: Ein großer Glaskolben wird mit etwas Wasser gefüllt und dann mit einem durchbohrten Korken verschlossen. Durch den Korken führt eine Glasröhre, die mit einem Hahn verschlossen werden kann. Durch sie blasen wir kräftig Luft in den Kolben und verschließen dann den Hahn. Wir warten eine Weile, bis die Luft sich abgekühlt und mit Wasserdampf gesättigt hat. Öffnen wir nun schnell den Hahn, so entsteht im Kolben ein schwacher Nebel, der bald wieder verschwindet. Wir wiederholen den Versuch noch einmal, blasen aber nun etwas Tabakrauch mit in den Kolben, verschließen ihn, warten wieder und öffnen ihn rasch. Es entsteht ein dichter Nebel.

Erklärung: Beim Öffnen des Hahns dehnt sich die Luft im Kolben aus und kühlt sich dabei ab. Dies führt zur Kondensation des Wasserdampfs. Die Nebelbildung ist stärker, wenn Rauchteilchen als Kondensationskerne vorhanden sind.

Ähnliche Vorgänge spielen sich in der von dem englischen Physiker C. T. R. WILSON (1869–1959) erfundenen **Wilson-Nebelkammer** ab. In einer teilweise durchsichtigen Kammer (Abb. 2) befindet sich ein gesättigtes Wasserdampf-Alkohol-Gemisch. Mit einer Luftpumpe (Gummiball) kann die Luft in der Kammer ausgedehnt werden. Als Kondensationskerne wirken hier jedoch *Ionen,* die durch α- oder β-Teilchen beim Durchfliegen der Kammer erzeugt werden. Dadurch werden die Bahnen dieser Teilchen als *Nebelspuren* sichtbar.

Versuch 2: Wir bringen ein Radiumpräparat in die Nebelkammer. Wenn wir das Plexiglasgehäuse mit einem weichen Lappen reiben, lädt es sich elektrostatisch auf. Dadurch werden die bereits vorhandenen Ionen „abgesaugt" und stören nicht unser Experiment. Dann pressen wir den Gummiball zusammen, warten ein wenig und lassen ihn danach schnell los. Bei geeigneter seitlicher Beleuchtung durch eine Lampe, die nur die Kammer durchstrahlt, sehen wir feine Nebelspuren wie in Abb. 3.

Sie stammen von α-Teilchen. Die Länge der einzelnen Bahnen ist ungefähr gleich lang. Das bestätigt unser Ergebnis aus Kapitel 2, Versuch 8, wo wir die Reichweite von α-Strahlung bestimmten. Wegen ihrer geringeren Ionisationsfähigkeit können wir β-Teilchen mit diesem Gerät nicht nachweisen.

Dies gelingt mit der *kontinuierlich arbeitenden Nebelkammer.* Dort erzeugt man eine ständig mit Wasserdampf und Alkohol übersättigte Schicht, in der dann die Nebelspuren einfallender Teilchen sichtbar werden. Diese Schicht entsteht infolge eines Temperaturgefälles. Das Bodenblech der Nebelkammer wird durch unterlegtes Trockeneis (festes CO_2, $\vartheta_E = -78{,}5\,°C$) gekühlt. Die Nebeltröpf-

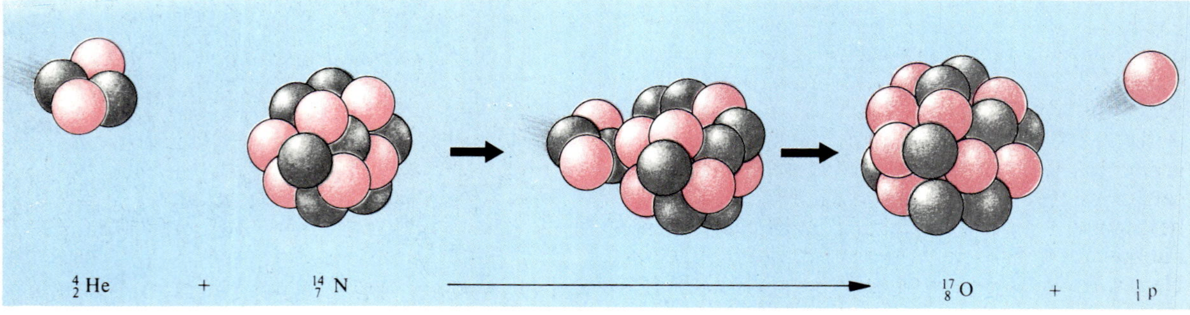

 Abb. 1 Künstliche Kernumwandlung

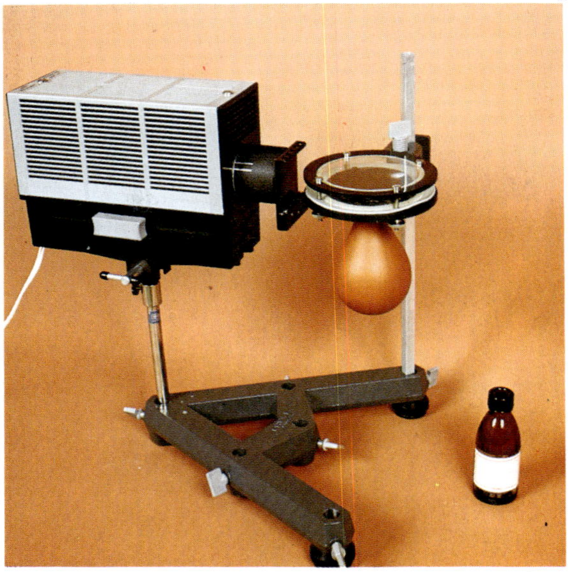

Abb. 2 Expansionsnebelkammer (Wilsonkammer). Die Flasche enthält das Methanol-Wasser-Gemisch

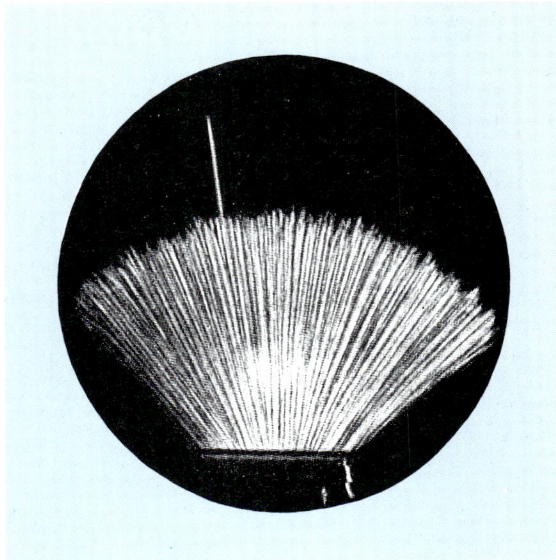

Abb. 3 Nebelkammeraufnahme von α-Strahlen mit einem einzigen energiereicheren α-Teilchen

chen sinken zu Boden, zurückbleibende Ionen werden ebenfalls durch eine elektrische Spannung zwischen Deckel und Boden entfernt.

Abb. 4 zeigt eine Nebelkammeraufnahme von BLACKET und LEES. Die Nebelspuren in einer Stickstoffatmosphäre lassen eine künstliche Kernumwandlung eines α-Teilchens mit einem Stickstoffkern erkennen.

Atomkerne werden gespalten

Mit der Entdeckung der ersten künstlichen Kernumwandlung begann der gewaltige Aufschwung der **Kernphysik.** Eine ihrer größten und zugleich folgenreichsten Entdeckungen war die der **Kernspaltung** durch die deutschen Naturforscher OTTO HAHN (1879–1968) und FRITZ STRASSMANN (1902–1980) im Jahr 1938. Bei allen bis zu diesem Zeitpunkt erzeugten Kernumwandlungen entstanden Kerne, deren Massenzahl nicht sehr von der des Ausgangskerns verschieden war. Ziel der Versuche von Hahn und Straßmann war es daher auch, durch Beschuß von Uranatomen mit Neutronen neue *schwerere* Elemente, sogenannte **Transurane,** zu gewinnen.

Neutronen sind besonders geeignet, um Kernreaktionen auszulösen. Da sie elektrisch neutral sind, werden sie nämlich nicht wie α-Teilchen von den Protonen des Kerns abgestoßen. Sie können leichter in den Kern eindringen und dessen Masse vergrößern. Nicht alle Atomkerne können aber ein zusätzliches Neutron ohne weiteres „verkraften". Bei bestimmten Kernen kommt es daher nach Aufnahme eines Neutrons zu einer Umwandlung eines Neutrons in ein Proton, wobei ein β-Teilchen entsteht. Dadurch erhöht sich aber die Kernladungszahl um eins. Auf diese Weise entsteht das Atom

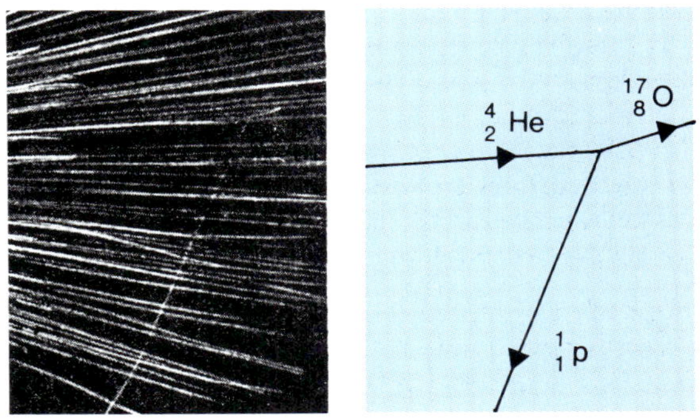

Abb. 4 Nebelkammeraufnahme von Blackett und Lees. Daneben sind die Bahnen der zur Kernreaktion gehörenden Teilchen herausgezeichnet.

Abb. 5 Otto Hahn (r.) und Fritz Straßmann (l.) vor ihrer Versuchsanordnung, mit der beide die Kernspaltung entdeckten

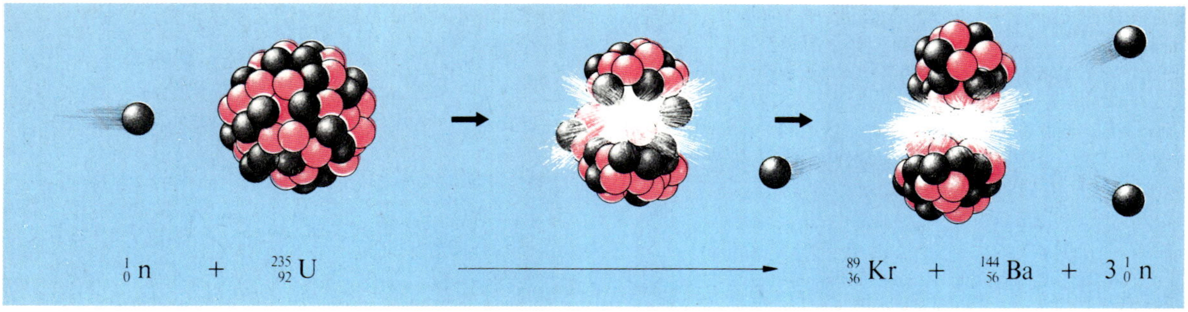

Abb. 1 Kernspaltung von Uran 235

eines neuen Elements mit höherer Ordnungszahl. Genau das war die Absicht der Experimente von Hahn und Straßmann. Zu ihrem großen Erstaunen stellten sie jedoch fest, daß als Reaktionsprodukt statt der erwarteten Transuranatome zwei Elemente mit *mittleren* Ordnungszahlen entstanden waren, nämlich Barium (Z = 56) und Krypton (Z = 36). Die Uranatome mußten also in zwei Teile zerbrochen sein.

Natürliches Uran besteht aus den Isotopen U-235 und U-238. Die Untersuchungen von Hahn und Straßmann ergaben, daß nur das U-235 durch Neutronen gespalten wurde. Bei dieser Spaltung können auch andere „Bruchstücke" entstehen. Die Massenzahlen der Bruchstücke stehen dabei aber meistens im Verhältnis von etwa 2:3. Im oben angegebenen Beispiel lautet die Reaktionsgleichung:

$$^{1}_{0}n + ^{235}_{92}U \rightarrow ^{89}_{36}Kr + ^{144}_{56}Ba + 3\,^{1}_{0}n.$$

Obwohl Urankerne auf verschiedene Weisen zerplatzen können, ist allen diesen Kernreaktionen gemeinsam:

- Die Bruchstücke fliegen mit hoher Geschwindigkeit auseinander.
- Die durch die Spaltung entstandenen Atomkerne sind meist radioaktiv. Sie zerfallen – zum Teil mit langen Halbwertszeiten – und senden dabei neben radioaktiver Strahlung auch Neutronen aus.
- Bei jeder Kernspaltung werden 2 oder 3 Neutronen frei, die mit hoher Geschwindigkeit davonfliegen.

Bei jedem dieser Prozesse wird *Energie* freigesetzt. Sie ist insgesamt etwa *10-milliardenmal größer* als die Energie des zur Spaltung benötigten Neutrons!

Sehr rasch erkannte man die ungeheuren Möglichkeiten der Kernspaltung. Wenn es gelänge, eine ausreichend große Zahl von Kernen zu spalten, so ließe sich eine völlig neue, gewaltige Energiequelle schaffen.

Dies wird tatsächlich möglich, wenn man dafür sorgt, daß die bei der Spaltung eines Urankerns frei werdenden Neutronen weitere Urankerne spalten. Bei einer derartigen **Kettenreaktion** kann sich nämlich die Zahl der Neutronen, die weitere Kernspaltungen auslösen, sehr rasch erhöhen.

Nimmt man wie in Abb. 2 an, daß jeder gespaltene Urankern gerade zwei Neutronen liefert, die wiederum Urankerne spalten, so verdoppelt sich die Zahl der „wirksamen" Neutronen von „Generation zu Generation". Da zwischen zwei aufeinanderfolgenden Kernspaltungen nur etwa eine Nanosekunde ($= 10^{-9}$ s) vergeht, zerplatzen in Sekundenbruchteilen ungeheuer viele Urankerne (vgl. Aufg. 5). Dabei wird in kürzester Zeit eine riesige Energiemenge freigesetzt. Dieser Vorgang spielt sich in der **Atombombe** ab.

In unserem Beispiel haben wir angenommen, daß jeder Urankern genau zwei Neutronen für weitere Kernspaltungen liefert. Eine Verdoppelung der Neutronenzahl ist aber gar nicht nötig. Solange sich nämlich die Zahl der wirksamen Neutronen von einer Generation zur nächsten nur erhöht, läuft die Kettenreaktion grundsätzlich in gleicher Weise ab (Aufg. 6). Erst wenn jeder gespaltene Urankern im Mittel nur noch *ein* Neutron für weitere Kernspaltungen zur Verfügung stellt, ändert sich die Situation: Jetzt verändert sich die Anzahl der wirksamen Neutronen von einer Generation

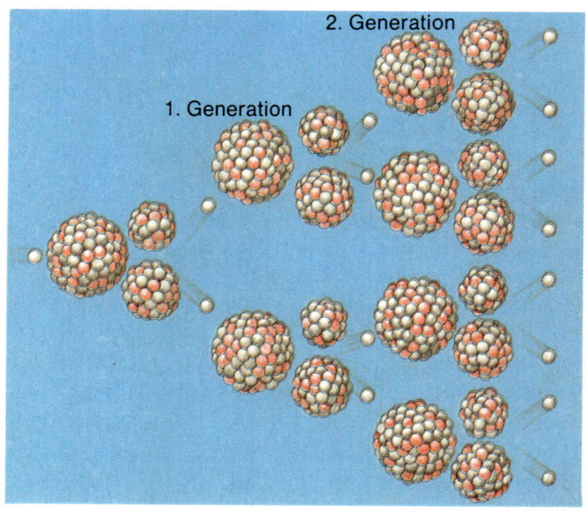

Abb. 2 Kettenreaktion

zur nächsten nicht mehr. Damit bleibt aber auch die Zahl der Kernspaltungen zeitlich konstant. Wenn es also gelingt, die Kettenreaktion so zu steuern, dann wird über *lange Zeit* hinweg *gleichmäßig* Energie abgegeben. Dies geschieht beim Betrieb eines **Kernreaktors** im **Kernkraftwerk** (S. 350).

Sinkt die Zahl der wirksamen Neutronen pro gespaltenem Urankern unter eins, so geht die Zahl der Kernspaltungen sehr rasch zurück und die Kettenreaktion bricht ab. Dies geschieht z. B., wenn zu viele Neutronen das spaltbare Material verlassen. Dies ist immer dann der Fall, wenn die Uranmenge eine im Verhältnis zu ihrem Volumen große Oberfläche besitzt. Günstig ist eine Kugel, dort wächst das Volumen mit der dritten Potenz des Radius, die Oberfläche nur mit dessen Quadrat. Die Kettenreaktion kann also nur dann aufrecht erhalten werden, wenn diese Kugel eine bestimmte Größe besitzt. Man benötigt dazu eine Mindestmenge an spaltbarem Material, die sogenannte **kritische Masse.** Sie beträgt für U-235 etwa 50 kg. Das entspricht einer Kugel aus Uranmetall von ungefähr 17 cm Durchmesser.

Uranatome können sich auch von selbst, d. h. ohne Neutronenbeschuß, spalten. Solche natürlichen Kernspaltungen finden allerdings sehr selten statt. Bei der *Uranbombe* werden mehrere kleine Blöcke mit einem hohen Gehalt an Uran-235 (90%) zusammengeschossen, so daß ein Körper mit überkritischer Masse entsteht. Dann genügt ein einziges Neutron, z. B. aus einem natürlichen Kernzerfall, um die Kettenreaktion in Gang zu setzen. Diese läuft so rasch ab, daß ein heißer Gasball entsteht. Die Temperatur steigt dort auf einige Millionen Kelvin. Die verheerenden Wirkungen der Atombombe beruhen auf der bei der Explosion freigesetzten *Strahlung* (Licht-, Wärme- und radioaktive Strahlen) sowie der sich anschließend ausbreitenden *Druckwelle*, die im Umkreis von einigen Kilometern alles dem Erdboden gleichmacht. Die schrecklichen Nachwirkungen der Bombe werden durch die *radioaktiven Abfallstoffe* (Fallout) verursacht, die weite Bereiche in der Umgebung der Abwurfstelle verseuchen und daneben durch deren Ausbreitung in der Atmosphäre weltweit zu einem Anstieg der radioaktiven Strahlenbelastung beitragen.

Die bei der Spaltung von Atomen freigesetzte **Kernenergie** tritt hauptsächlich als Bewegungsenergie der Spaltprodukte in Erscheinung. Dadurch erwärmt sich die Substanz, in der die Kernspaltung abläuft, sehr stark. Während bei chemischen Umsetzungen wie der Verbrennung die Gesamtmasse der Reaktionsprodukte konstant bleibt, findet bei der Kernspaltung eine direkte **Umwandlung von Masse in Energie** statt. Diese Möglichkeit hatte ALBERT EINSTEIN (1879–1955) bereits 1905 theoretisch vorhergesagt und mit seiner berühmten Gleichung $E = m c^2$ (c = Lichtgeschwindigkeit) auch den „Umrechnungskurs“ angegeben.

Abb. 3 Kernwaffenexplosion

Bei der Spaltung von 1 kg Uran-235 wird weniger als 1 g Masse in Energie umgewandelt (vgl. Aufg. 4). Dabei beträgt die frei werdende Kernenergie ungefähr 23 Millionen kWh. Um die gleiche Energiemenge auf herkömmlichem Weg bereitzustellen, müssen fast 3 Millionen kg Steinkohle verbrannt werden! Dies macht deutlich, wie wirkungsvoll Uran als „Brennstoff“ ist.

Aufgaben

1. Erkläre die Funktionsweise der Nebelkammer!
2. Warum entsteht beim Entkorken einer Sektflasche an der Flaschenöffnung oft ein feiner Nebel?
3. Erkläre den Nebel über Industriegebieten (Smog) und die Entstehung von Kondensstreifen!
4. Berechne mit der Gleichung Einsteins, welche Masse in Energie verwandelt werden muß, damit die Energie 23 Millionen kWh frei wird! Wieviel Prozent Uran werden also beim Zerfall von 1 kg U-235 in Energie verwandelt?
5. Ein Gramm U-235 enthält etwa $2{,}5 \cdot 10^{21}$ Atome. In welcher Zeit ist 1 kg U-235 gespalten, wenn man wie im Text annimmt, daß jeder Kern 2 Neutronen zur weiteren Kernspaltung liefert?
6. Wie ändert sich das Ergebnis von Aufg. 5, wenn im Mittel nur 1,01 Neutronen pro Kern zur Spaltung beitragen?
7. Welche Voraussetzungen müssen erfüllt sein, damit bei der Kernspaltung eine Kettenreaktion in Gang kommt?
8. Worin bestehen die schrecklichen Wirkungen von Kernwaffenexplosionen?

Abb. 1 Kernfusion – die Energiequelle der Sonnen. Der Andromedanebel ist ein uns benachbartes Milchstraßensystem, das aus vielen Millionen Sonnen besteht. Sein Abstand beträgt ca. 2,3 Millionen Lichtjahre

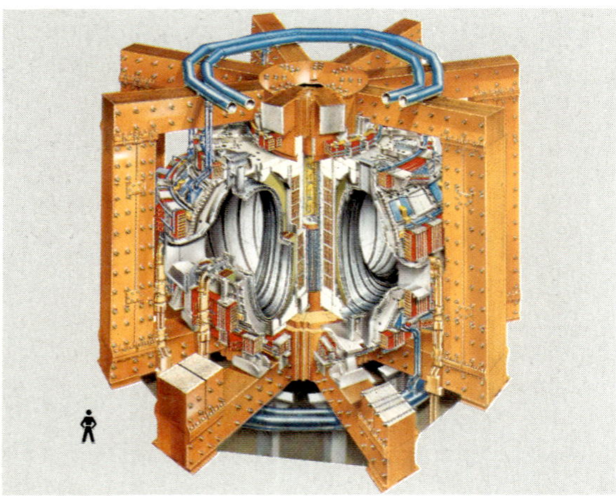

Abb. 2 Modell des geplanten europäischen Forschungsreaktors JET (Joint European Torus) zur Untersuchung der kontrollierten Kernfusion

4.2 Kernverschmelzung (Kernfusion)

Kernfusion – die Energiequelle der Sonne

Noch viel größere Energiebeträge als die, die man aus der *Spaltung schwerer Atomkerne* gewinnt, erhält man durch die **Verschmelzung leichter Kerne.** So lassen sich z. B. zwei Wasserstoffkerne (Protonen) und zwei Neutronen zu einem Heliumkern vereinigen. Dabei wird Energie frei.

Solche Verschmelzungsreaktionen verlaufen allerdings in einer komplizierten Kette von Zwischenreaktionen. Sie liefern die gigantischen Energiebeträge, die in der *Sonne* und im gesamten Weltall in den *Fixsternen* frei werden. Falls es gelänge, diese Reaktionen in kontrollierter Weise auf der Erde für die Energieversorgung nutzbar zu machen, wäre der Traum der Menschheit von einer nie versiegenden Energiequelle erfüllt. Wasserstoff als die mögliche Ausgangssubstanz solcher Reaktionen ist in den Weltmeeren in nahezu unerschöpflicher Menge vorhanden.

Doch der Bau eines **Fusionsreaktors** stößt zur Zeit noch auf ungeheure technische Schwierigkeiten. Solche Kernverschmelzungen sind nämlich nur bei extrem hohen Temperaturen (mehr als 100 Millionen Kelvin!) möglich. Nur dann haben die Teilchen eine genügend hohe Geschwindigkeit, um sich entgegen den abstoßenden elektrischen Kräften so nahe zu kommen, daß die Kernkräfte wirksam werden. Sie ermöglichen erst die Verschmelzung der Kerne. Die Atome sind bei solchen Temperaturen fast vollständig ionisiert und bilden ein „Plasma“. Die unvorstellbar hohen Temperaturen stellen extreme technologische Anforderungen. Ein solches Plasma kann nicht mehr in einem Behälter eingeschlossen werden, dieser würde sofort verdampfen. Man versucht daher, das Plasma, das ja aus elektrisch geladenen Teilchen besteht, mit sehr starken Magnetfeldern auf engem Raum zusammenzuhalten. Versuche dieser Art werden z. B. am Institut für Plasmaphysik in Garching bei München gemacht.

Die technische Beherrschung der Kernfusion könnte uns von der Sorge um die immer bedrohlicher werdende Verknappung der hauptsächlich aus der Verbrennung von Öl, Gas und Kohle gewonnenen Energie befreien.

Leider ist bisher nur die unkontrollierte, explosionsartige Freisetzung der Fusionsenergie in Form der **Wasserstoffbombe** gelungen. Hier werden die gewaltigen Temperaturen für die Verschmelzungsreaktion durch Zündung einer Uranbombe erreicht.

Aufbau der Atome

Alle Stoffe sind aus Atomen aufgebaut. Durch Streuversuche erkannte man:

Atome bestehen aus einer **Elektronenhülle** ($\varnothing \approx 10^{-10}$ m) und einem **Kern** ($\varnothing \approx 10^{-14}$ m), der nahezu die gesamte Masse des Atoms enthält. ↑ S. 316

Atomkerne enthalten die positiv geladenen **Protonen** und die elektrisch neutralen **Neutronen.** Ihre Masse ist ungefähr gleich groß und etwa 2000mal größer als die Elektronenmasse. Das Proton trägt eine gleich große Ladung wie das Elektron, allerdings mit positivem Zeichen. **Kernkräfte** geringer Reichweite halten die Kernbausteine zusammen. ↑ S. 327

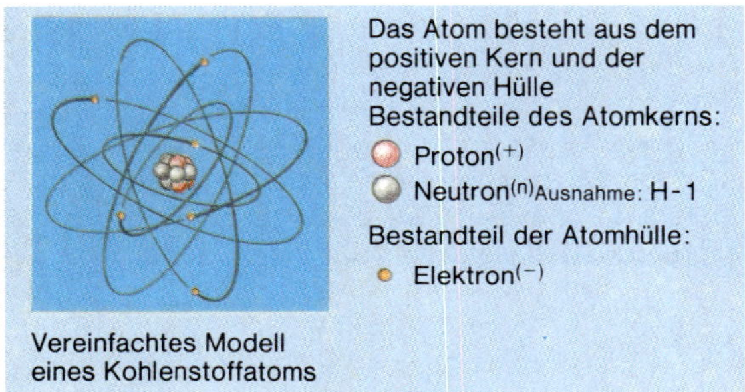

Vereinfachtes Modell eines Kohlenstoffatoms

Ein Atom ist nach außen elektrisch neutral, wenn die Zahl der Elektronen in der Hülle so groß wie die Zahl der Protonen im Kern ist (Kernladungszahl *Z*). Fehlen Elektronen oder kommen welche hinzu, so entstehen geladene Atome, die **Ionen.** ↑ S. 316

Die **Kernladungszahl** *Z* entspricht der Ordnungszahl des betreffenden chemischen Elements im Periodensystem. Als Summe aus Kernladungszahl *Z* und der **Anzahl der Neutronen** *N* ergibt sich die Zahl *A* aller Kernteilchen, der **Nukleonen.** *A* nennt man auch die **Massenzahl** des Atoms ($A = N + Z$).

Kerne, die sich bei gleicher Protonenzahl durch ungleiche Neutronenzahl unterscheiden, sind chemisch gleichwertig. Man nennt sie **Isotope.** ↑ S. 328

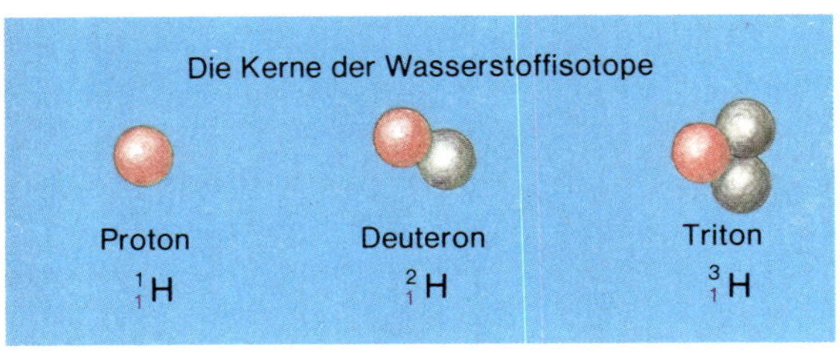

Man kennzeichnet Atomkerne durch die Schreibweise ^A_ZE, wobei E das chem. Symbol des Elements ist.

Beispiele: $^4_2$He, $^{235}_{92}$U, $^{12}_6$C. ↑ S. 328

Radioaktiver Zerfall

Bestimmte Atomkerne sind nicht stabil. Sie zerfallen unter Aussendung radioaktiver Strahlung.

Beim **α-Zerfall** sendet der Kern einen Heliumkern = α-Teilchen aus (α-Strahlung). Dadurch verringert sich die Massenzahl des Kerns um 4, die Kernladungszahl um 2. ↑ S. 328

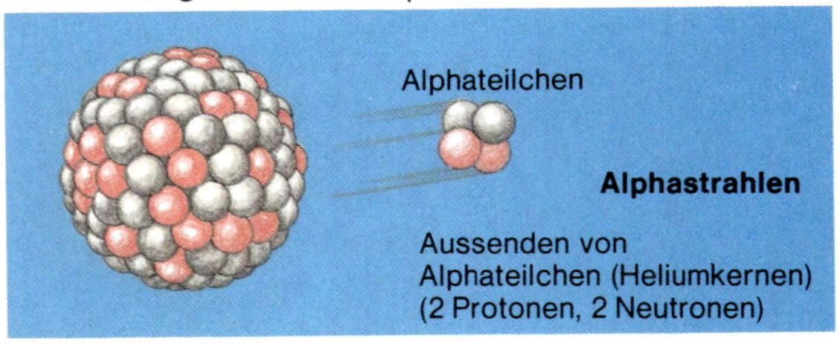

Beim **β-Zerfall** wird ein Elektron mit großer Geschwindigkeit ausgesandt (β-Strahlung). Es entsteht durch Umwandlung eines Neutrons in ein Proton. Die Massenzahl bleibt daher gleich, während sich die Kernladungszahl um 1 erhöht. ↑ S. 328

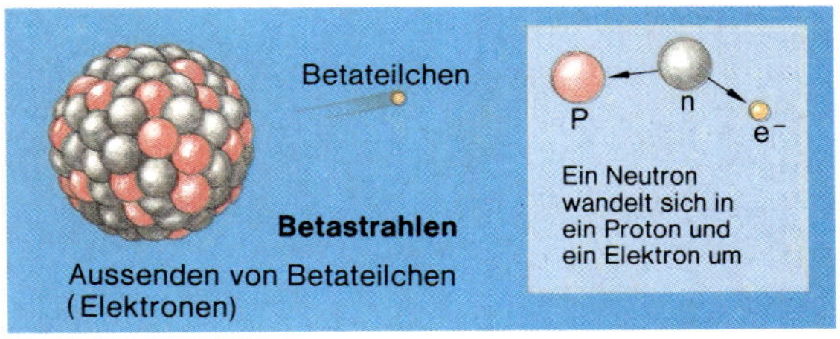

In Begleitung der **α- und β-Strahlung** tritt häufig noch die **γ-Strahlung** auf. Sie ist wie die Röntgenstrahlung eine energiereiche, durchdringende elektromagnetische Strahlung ähnlich wie Licht.

Durch den radioaktiven Zerfall wandeln sich Atome eines Elements in ein anderes um. ↑ S. 329

Beispiel: $^{214}_{82}\text{Pb} \rightarrow {}^{214}_{83}\text{Bi} + {}^{0}_{-1}\text{e} + \text{Energie.}$ ↑ S. 328 f

Es gilt ein **exponentielles Zerfallsgesetz.** Nach jeweils einer bestimmten Zeitdauer, der **Halbwertszeit,** ist die Hälfte der anfänglich vorhandenen radioaktiven Atomsorte zerfallen. Halbwertszeiten von Atomen reichen von Sekundenbruchteilen bis zu einigen Milliarden Jahren. ↑ S. 339

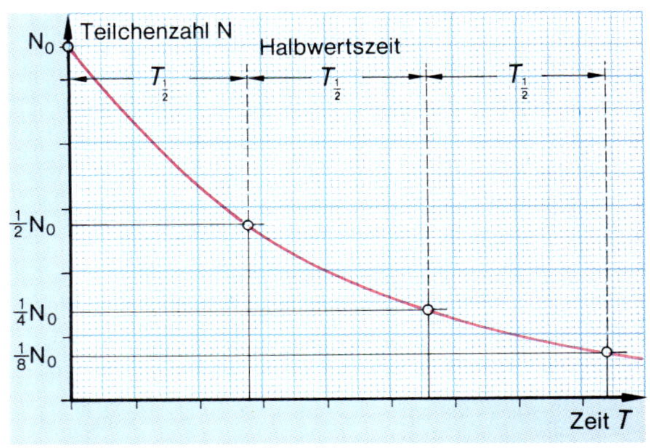

Radioaktive Strahlung und Strahlenschutz

Nachweis

Radioaktive Strahlen lassen sich durch ihre Ionisationsfähigkeit nachweisen. Als Nachweisgeräte dienen z. B. die **Ionisationskammer,** das **Geiger-Müller-Zählrohr** und die **Nebelkammer.** Radioaktive Strahlung schwärzt fotografische Filme und erzeugt auf Leuchtschirmen Szintillationen. ↑ S. 319 f.

Eigenschaften

Radioaktive Strahlen unterscheiden sich durch ihr **Durchdringungsvermögen** (Reichweite) und ihr **Ionisationsvermögen.** α-Strahlen ionisieren viel stärker als β- und γ-Strahlen. ↑ S. 321

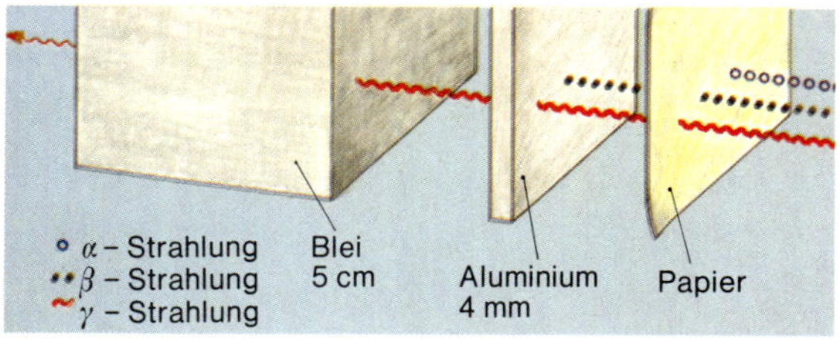

Abb. 1 Abschirmung radioaktiver Strahlung

Gefahren radioaktiver Strahlung

Radioaktive Strahlung kann bei hoher Belastung zu direkten körperlichen Schäden **(somatische Schäden)** führen. Schon bei relativ geringer Belastung können Schädigungen der Erbanlagen **(genetische Schäden)** eintreten. Deshalb müssen die Keimzellen besonders vor Strahlung geschützt werden. Die Belastung steigt mit der **Dauer** der Bestrahlung und hängt von der **Strahlenart** und deren **Energie** ab. ↑ S. 324

Zur Beurteilung einer Strahlenbelastung muß die ständig vorhandene **natürliche Strahlenbelastung** als Vergleichsmaßstab herangezogen werden. Sie wird durch drei Anteile verursacht:

- kosmische Strahlung
- terrestrische Strahlung
- Eigenstrahlung unseres Körpers

Die mittlere genetisch wirksame natürliche Strahlenbelastung beträgt bei uns etwa 110 m rem (Millirem) pro Jahr. ↑ S. 324 f.

Die **zivilisatorisch bedingte Strahlenbelastung** wird heute hauptsächlich durch **medizinische** Anwendungen radioaktiver Strahlung verursacht. Sie ist etwa halb so groß wie die natürliche Belastung.

Strahlenschutz

Der Gesetzgeber hat strenge Richtlinien für den Umgang mit radioaktiven Stoffen und ionisierender Strahlung angeordnet **(Strahlenschutzverordnung).** Sie sollen den Schutz von Leben und Gesundheit aller, auch beruflich strahlenbelasteter Personen, gewährleisten. ↑ S. 326

Die wichtigsten Schutzmaßnahmen vor radioaktiver Strahlung sind:

- Abschirmung
- Bestrahlungsdauer möglichst kurz halten
- Radioaktive Stoffe dürfen nicht auf die Haut und Kleidung (Kontamination) und in den Körper (Inkorporation) gelangen. ↑ S. 326

Kernspaltung und Kernfusion

Bestimmte schwere Atomkerne lassen sich durch Beschuß mit Neutronen spalten. Sie zerfallen dabei in Bruchstücke aus mittelschweren Atomen und Neutronen. ↑ S. 334

Beispiel:

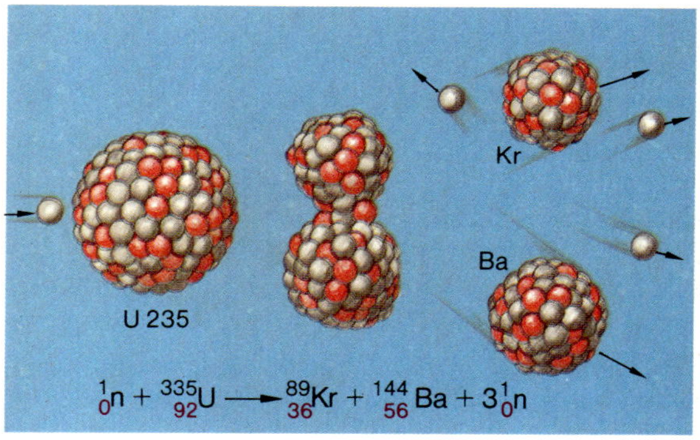

Bei der Kernspaltung wird eine große Energiemenge, hauptsächlich als Bewegungsenergie der Zerfallsprodukte, frei.

Die bei der Spaltung freigesetzten Neutronen können weitere Kerne spalten. Dadurch kann eine **Kettenreaktion** in Gang gesetzt werden. Erfolgt die Kettenreaktion unkontrolliert, so läuft der Zerfall großer Stoffmengen in kürzester Zeit ab. Dies geschieht in der **Atombombe.** Voraussetzung dafür ist aber das Vorhandensein einer **kritischen Masse** des spaltbaren Stoffes. ↑ S. 335

Die **kontrollierte Kettenreaktion** benutzt man in **Kernreaktoren** zur Energiegewinnung. ↑ S. 350 ff.

Durch **Verschmelzung (Fusion) leichter Atomkerne** (z. B. Wasserstoff) kann ebenfalls Energie gewonnen werden. Derartige Kernfusionen liefern die ungeheuren Energiemengen in den Fixsternen und unserer Sonne. Auf der Erde gelingt bis jetzt nur die unkontrollierte Kernverschmelzung in der Wasserstoffbombe. ↑ S. 336

1 Energie – ein grundlegender Begriff in Naturwissenschaft und Technik

1.1 Energieumwandlungen

Energie im Wandel

Die Fähigkeit der Körper, z. B. mechanische Arbeit verrichten zu können, erfassen wir durch den Begriff Energie. Wir unterscheiden verschiedene **Energieformen:** mechanische Energieformen wie die potentielle und die kinetische Energie, die innere Energie, die Wärme- und die elektrische Energie. Darüber hinaus kennen wir noch die chemische Energie und die nukleare Energie.

Die Sonne liefert uns durch ihre Strahlung Energiebeträge, ohne die das Leben auf der Erde nicht möglich wäre. An jedem Tag wird der Erde eine Energiemenge von $4{,}3 \cdot 10^{15}$ kWh zugestrahlt, fast die gleiche Menge wird in verschiedener Weise wieder an den Weltraum abgegeben (Abb. 3).

Nur ein geringer Teil der eingestrahlten Energie löst in Pflanzen chemische Umsetzungen aus, wird also gespeichert. Die Heizwirkung der Kohle und des Erdöls geht letztlich auf die Sonnenstrahlung zurück, die vor Millionen Jahren von Pflanzen und tierischen Kleinlebewesen absorbiert und in Form chemischer Energie gespeichert wurde.

Sämtliche Energieformen lassen sich ineinander umwandeln. Ein Beispiel für eine Kette von Energieumwandlungen ist in Abb. 4 zu sehen. Die in fossilen Brennstoffen (Kohle, Öl, Erdgas) gespeicherte chemische Energie wird bei der Verbrennung in innere Energie der heißen Verbrennungsgase umgewandelt. Im Kessel erfolgt die Energieübertragung an das Wasser in Form von Wärme und erhöht dessen innere Energie. Die innere Energie des Wasserdampfes wandelt sich in der Turbine in mechanische Energie um. Mit Hilfe eines Generators wird aus mechanischer Energie elektrische Energie gewonnen, die leicht zum Verbraucher transportiert werden kann. Dort wird sie in Lichtenergie (Glühlampe), Wärme (Heizlüfter, Elektroherd) oder in mechanische Energie (Elektromotor) umgewandelt.

Die Energie wandelt sich nicht von alleine um. Dazu ist ein **Energiewandler,** eine Maschine, ein Lebewesen, nötig. Ein Generator z. B. wandelt mechanische Energie in elektrische Energie um. Im physikalischen Sinn kann man auch den Menschen als Energiewandler bezeichnen.

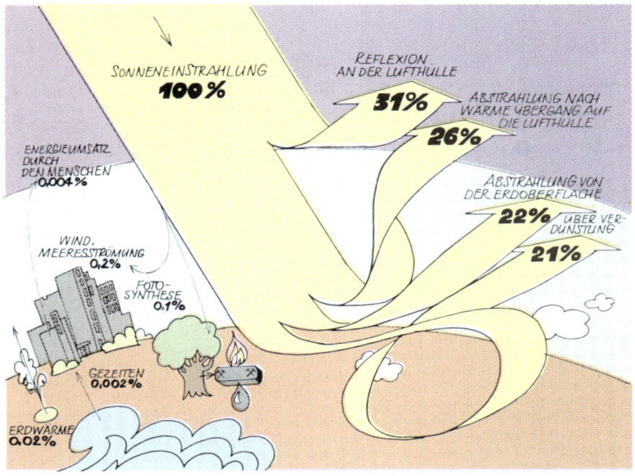

Abb. 3 Energiebilanz der Erde

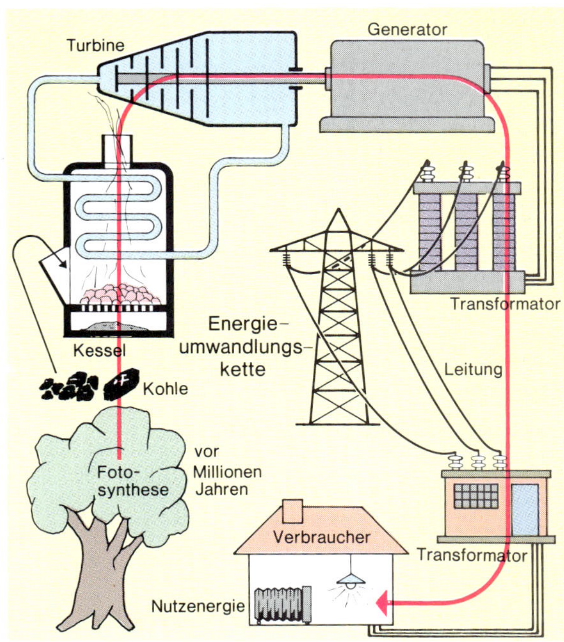

Abb. 4 Energieumwandlungen

Sämtliche Energieformen lassen sich ineinander umwandeln. Jede Maschine, auch jedes Lebewesen, stellt einen Energiewandler dar.

Aufgenommene Energieform	Abgegebene Energieform: Mechanische Energie (Arbeit)	Wärme	Lichtenergie	Elektrische Energie	Chemische Energie
Mechanische Energie (Arbeit)	Flaschenzug Windrad	Reibung Bremsscheibe beim Auto		Dynamo	
Wärme (Wärmeleitung, Wärmestrahlung)	Dampfturbine Radiometer	Warmwasserheizung, Wärmepumpe	Glühstrumpf (Gasglühlicht)	Thermoelement	Jede endotherme chemische Reaktion, z. B. „Kalkbrennen“
Lichtenergie		Lichtabsorption der Körper	Fluoreszenzschirm	Solarzelle	Photosynthese Belichten eines Films
Elektrische Energie	Elektromotor	Tauchsieder	Leuchtstoffröhre		Elektrolyse
Chemische Energie	Muskel Explosion eines Brennstoffs	Jede exotherme chem. Reaktion, z. B. Gasflamme	Leuchtkäfer	Galvanische Elemente	

Abb. 1 Beispiele für Energieumwandlungen

Die Übersicht in Abb. 1 enthält Beispiele für die Umwandlung von einer Energieform in eine andere. In den einzelnen Feldern stehen Energiewandler bzw. Vorgänge, mit deren Hilfe die in der linken Spalte stehenden Energieformen in die obenstehenden übergeführt werden können.

Energiewandler Mensch

Der Mensch wandelt chemische Energie, die er mit der Nahrung aufnimmt, z. B. in Wärme oder mechanische Energie um. Der sogenannte **Grundumsatz** eines Erwachsenen, also bei völliger Inaktivität, beträgt im Schnitt täglich 8400 kJ chemischer Energie. Dem entspricht eine mittlere Leistungsabgabe von etwa 100 W. Dieser Grundumsatz dient u. a. der Aufrechterhaltung der Herztätigkeit (200 kJ pro Tag) und der Atmung (250 kJ pro Tag). Die Leistungsabgabe steigt bei verschiedenen Aktivitäten, wie die folgende Tabelle zeigt.

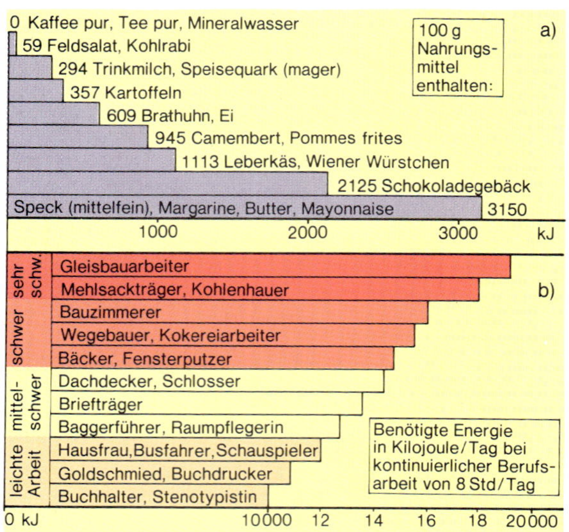

Abb. 2 a) Energiegehalt verschiedener Nahrungsmittel, b) Täglicher Energiebedarf eines Menschen bei verschiedenen Tätigkeiten

Beispiele für spezifische Leistungsabgaben in W/kg

Ruhiges Sitzen	1,5
Singen	2,2
Radfahren (20 km/h)	4,4
Laufen (6,4 km/h)	5,1
Schwimmen	8,3
Sehr schwere Sportübungen	10,3
Treppauf gehen	17,9

Entsprechend dieser erhöhten Leistungsabgabe muß auch mehr chemische Energie in Form von Nahrungsmitteln zugeführt werden. Nimmt der Mensch keine Nahrungsmittel zu sich, dann muß er von der körpereigenen Substanz leben, also z. B. von den vorhandenen Fettpolstern.

Beispiel: Ein Radfahrer ($m = 75$ kg) legt eine Strecke von 10 km mit 20 km/h zurück. Welche Energie wird dabei von ihm abgegeben?

Lösung: In 0,5 h beträgt die Energieabgabe:

$$100\ \text{W} \cdot 1800\ \text{s} + 4{,}4\ \frac{\text{W}}{\text{kg}} \cdot 75\ \text{kg} \cdot 1800\ \text{s} = 774\ \text{kJ}.$$

In 100 g Pommes frites sind 945 kJ enthalten (Abb. 2). Daher müßte er $\frac{774}{945} \cdot 100\ \text{g} \approx 82\ \text{g}$ Pommes frites zu sich nehmen, um den Energieverlust auszugleichen. Da in 100 g Fett 3240 kJ enthalten sind, müßten bei fehlender Nahrungsaufnahme $\frac{774}{3240} \cdot 100\ \text{g} \approx 24\ \text{g}$ Fett dem Fettpolster entnommen werden. Tatsächlich sind es wesentlich mehr, da nur 3 bis 15 % der chemischen Energie in mechanische Arbeit umgewandelt wird.

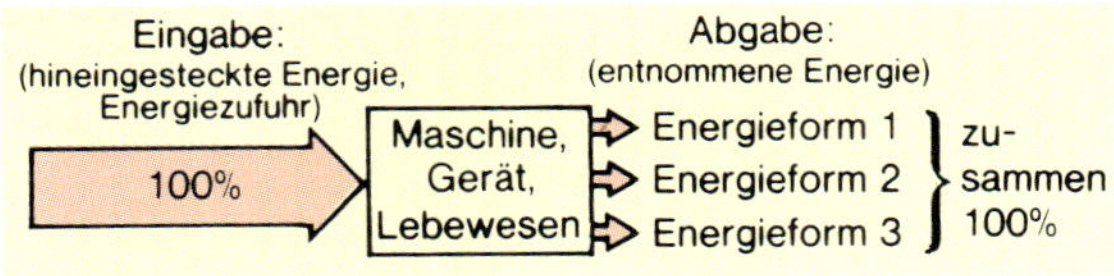

Abb. 3 Energiebilanz bei einem Energiewandler (ohne Energiespeicherung)

Auf den Wirkungsgrad kommt es an

Eine Glühlampe nimmt elektrische Energie auf und gibt außer der Lichtenergie auch Wärme ab. Die hineingesteckte Energie ist gleich der Summe aus Lichtenergie und Wärme. Eine solche Energiebilanz gilt für jeden Energiewandler. Dabei können mehrere Energieformen auftreten (Abb. 3). Der Mensch darf hierbei kein Fett ansetzen (gespeicherte Energie in Form von chemischer Energie), ebenso darf in einem Haus oder Auto kein Akku geladen werden u. a. m.

Wird in einem Energiewandler keine Energie gespeichert, dann ist die Summe der zugeführten gleich der Summe der abgeführten Energie.

Eine Maschine hat die Aufgabe, eine bestimmte beabsichtigte Energieumwandlung herbeizuführen, d. h. eine bestimmte Energieform zu liefern. Beim Auto interessiert man sich für die Bewegungsenergie, bei einem Kraftwerk für die abgegebene elektrische Energie, bei einer Glühlampe für die Lichtenergie und bei einer Wohnungsheizung für die abgegebene Wärme.

In diesen Fällen ist es natürlich wichtig zu wissen, welcher Anteil der zugeführten Energie in die *gewünschte Energieform* **(Nutzenergie)** umgewandelt werden kann. Darüber gibt der **Wirkungsgrad** Auskunft. Man bildet den Quotienten aus ausgenutzter Energie und hineingesteckter Energie:

$$\textbf{Wirkungsgrad} = \frac{\textbf{ausgenutzte Energie}}{\textbf{hineingesteckte Energie}}$$

Die Angabe 0,30 bedeutet, daß $^{30}/_{100}$ oder 30% der hineingesteckten Energie in die gewünschte Energieform umgewandelt werden. In Abb. 4 sind Beispiele für Wirkungsgrade zusammengestellt. Abb. 5 zeigt, wie sich die Energie bei einem Kraftwerk und einem Auto aufteilt.

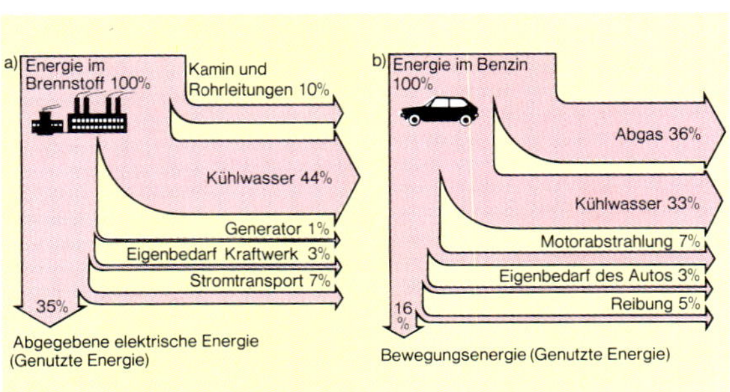

Abb. 5 Kraftwerk (a) und Auto (b) als Energiewandler

Energiewandler	Wirkungsgrad in %	Gewünschte Energieumwandlung
Glühlampe	5	el. E. → Licht-E.
Solarzelle	10	Licht-E. → el. E.
Leuchtstofflampe	20	el. E. → Licht-E.
Ottomotor im Auto	25	chem. E. → mech. E.
Dieselmotor	37	chem. E. → mech. E.
Dampfkraftwerk	40	chem. E. → el. E.
Dampfturbine	46	Wärme → mech. E.
Dampfkessel	88	chem. E. → Wärme
Trockenbatterie	90	chem. E. → el. E.
Großer Elektromotor	93	el. E. → mech. E.
Elektrogenerator	99	mech. E. → el. E.
Tauchsieder	100	el. E. → Wärme
Scheibenbremse	100	mech. E. → Wärme

Abb. 4 Beispiele für Wirkungsgrade

Energieentwertung

Die Übersicht über die Wirkungsgrade zeigt, daß nicht jede Energieart in jede andere vollständig umgewandelt werden kann. Die elektrische Energie und die mechanische Energie lassen sich sehr gut wechselseitig ineinander umwandeln: Die Wirkungsgrade sind hoch. Auch für die Umwandlung mechanischer Energie in andere mechanische Energie können hohe Wirkungsgrade auftreten. Bei der Kaplanturbine z. B. bis zu 92%. Vollständig lassen sich die elektrische Energie und die mechanische Energie in Wärme umwandeln. Dagegen kann Wärme nur zu einem Teil in mechanische oder elektrische Energie umgewandelt werden. Mit Wärme kann man daher weniger anfangen als mit mechanischer oder elektrischer Energie. Sie ist weniger Wert. Eine gewisse Mittelstellung nimmt die chemische Energie ein.

Die Energieformen haben unterschiedlichen Wert. Die mechanische und die elektrische Energie haben von allen Energieformen den höchsten Wert. Bei der Umwandlung von elektrischer Energie oder mechanischer Energie in Wärme tritt eine Energieentwertung auf.

Aufgaben

1. Bei den meisten der in Abb. 4 genannten Beispiele wird nur ein Teil der hineingesteckten Energie in die gewünschte Energie umgewandelt. Wo bleibt jeweils der Rest?
2. Energieverschwendung bedeutet unnötige Energieentwertung. Begründe dies!
3. Die innere Energie von etwa 1 m^3 Umgebungsluft bei 1 bar würde ausreichen, um 1 Liter Wasser von 20 °C auf 80 °C zu erwärmen. Warum ist diese Energie praktisch wertlos? Was müßte man tun, um sie verwertbar zu machen? (Vgl. hierzu S. 211).
4. Zeige, daß der Wirkungsgrad auch gebildet werden kann als Quotient aus Nutzleistung und hineingesteckter Leistung!

1.2 Die Bedeutung der Energie für unsere Gesellschaft

Energie und Lebensstandard für alle

Seit dem Beginn des 19. Jahrhunderts haben sich die Lebensbedingungen der Menschen in vielen Ländern entscheidend verbessert. Das Ausmaß dieser Verbesserungen läßt sich in groben Zügen aus der Bevölkerungsentwicklung und der Entwicklung des Verbrauchs an Energie entnehmen.

In Europa wuchs die Bevölkerung von 120 Millionen um das Jahr 1800 auf etwa 600 Millionen im Jahre 1960. Im direkten Zusammenhang steht damit die Entwicklung des Energiebedarfs, der von 720 kWh pro Jahr und Einwohner im Jahre 1800 auf 4500 kWh um das Jahr 1950 anstieg.

Ein Mann kann bei einem 8stündigen Arbeitstag in einem Jahr eine Arbeit von etwa 180 kWh aufbringen. Im Jahre 1800 bestand daher ein Zuschußbedarf von 720 kWh – 180 kWh = 540 kWh im Jahr. Das entspricht dem dreifachen der menschlichen Arbeitsleistung. Dieser Zuschußbedarf, der aus anderen Energiequellen gedeckt werden muß, stieg auf das 24fache an im Jahre 1950. Bildlich gesprochen: 24 „technische Sklaven" waren 1950 für jeden Europäer tätig.

Die Bedeutung der Energie für die Volkswirtschaft zeigt Abb. 1. Danach besteht ein deutlicher Zusammenhang zwischen dem Energieverbrauch pro Kopf und dem pro Kopf erarbeiteten Bruttosozialprodukt. Hoher Energieverbrauch ist die Voraussetzung für ein hohes Angebot an Gütern und Dienstleistungen.

Im Durchschnitt verbrauchte 1980 jeder Deutsche 30mal so viel Energie wie ein Einwohner Indiens, in Japan verbrauchte man 18mal und in den USA 55mal so viel. Hoher Lebensstandard ist mit einem hohen Energiebedarf, d. h. mit einem „Verbrauch" hochwertiger Energie verbunden. Dieser Verbrauch an hochwertiger Energie sollte, wie wir noch sehen werden, eingeschränkt werden.

Energie sparen – nicht nur wegen der Kosten

In der Welt wird der Energiebedarf zum überwiegenden Teil aus fossilen und nuklearen Energiequellen gedeckt. Wir heizen unsere Häuser mit Öl, Erdgas oder Kohle. Zum Teil erzeugen wir mit Hilfe dieser Rohstoffe auch warmes Wasser. Einen Teil der Energie beziehen wir in Form von elektrischer Energie, die in Wärme oder mechanische Energie umgewandelt wird. Diese elektrische Energie wiederum wird zum größten Teil aus fossilen Energiequellen (Steinkohle, Braunkohle, Öl, Erdgas) gewonnen. Da alle Umwandlungen nur mit einem gewissen Wirkungsgrad erfolgen, sind zur Erzeugung der **End-Energieträger** (Benzin, elektrischer Strom) mehr **Primär-Energieträger** nötig.

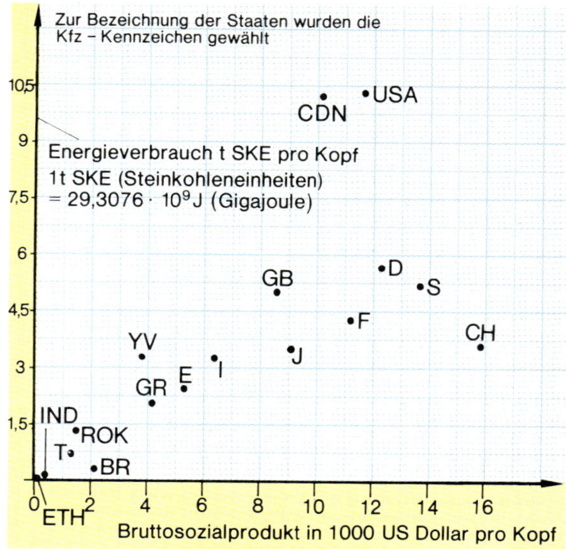

Abb. 1 Zusammenhang zwischen Energieverbrauch und dem Bruttosozialprodukt. Unter dem Bruttosozialprodukt versteht man den Wert der von einer Volkswirtschaft erzeugten Güter und Dienste

Dabei verstehen wir unter Primär-Energieträger die von der Natur in der ursprünglichen Form angebotenen Energieträger wie Steinkohle, Rohbraunkohle, Rohöl etc.

Mit End-Energieträger bezeichnet man alle Energieträger, welche dem Verbraucher zugeführt werden (Heizöl, Benzin an der Zapfsäule, elektrischer Strom u. a.).

Um Energien vergleichen zu können, wurde früher die *Steinkohleneinheit* (SKE) verwendet. Darunter versteht man die Energie, die bei der Verbrennung einer bestimmten Menge Steinkohle freigesetzt wird. Für die Umrechnung gilt:

1 kg SKE $\triangleq$ 29 230 kJ = 8,12 kWh
1 Tonne SKE $\triangleq 2{,}9 \cdot 10^7$ kJ $= 8{,}12 \cdot 10^3$ kWh.

Abb. 2 zeigt den Primär-Energiebedarf nach Energieträgern getrennt für die Bundesrepublik Deutschland, den End-Energiebedarf nach Verbrauchergruppen aufgegliedert, ferner die Bruttoerzeugung an elektrischer Energie nach Energieträgern aufgeschlüsselt. Die hochwertigen Energien nutzen wir Menschen für uns aus. Leider gibt es sie in unserer Welt nicht umsonst. Lediglich im Schlaraffenland soll es alle Annehmlichkeiten ohne Arbeit gegeben haben. Wir jedoch müssen für Energie einen Preis bezahlen, zumal die Bundesrepublik Deutschland Primär-Energieträger importieren muß. Also müssen wir Energie sparen!

Energie sparen kann man z. B. dadurch, daß man den Wirkungsgrad der Maschinen verbessert. So wurde z. B. der Wirkungsgrad von Kraftwerken

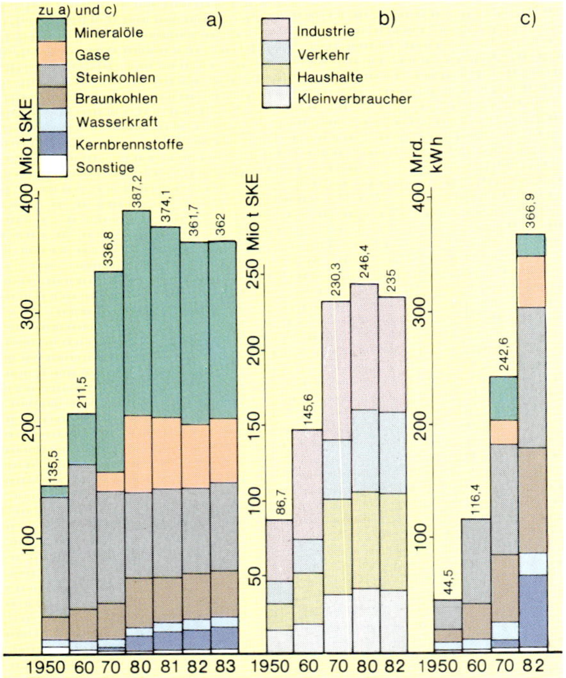

Abb. 2 Primär-Energiebedarf (a), End-Energiebedarf (b), Erzeugung elektrischer Energie (c)

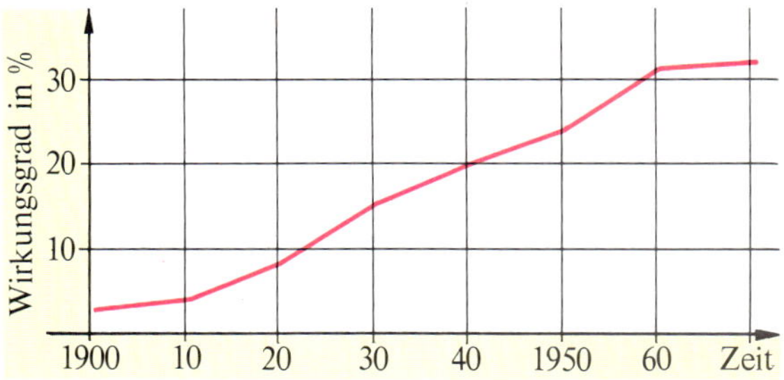

Abb. 3 Verbesserung des Wirkungsgrades von Kraftwerken

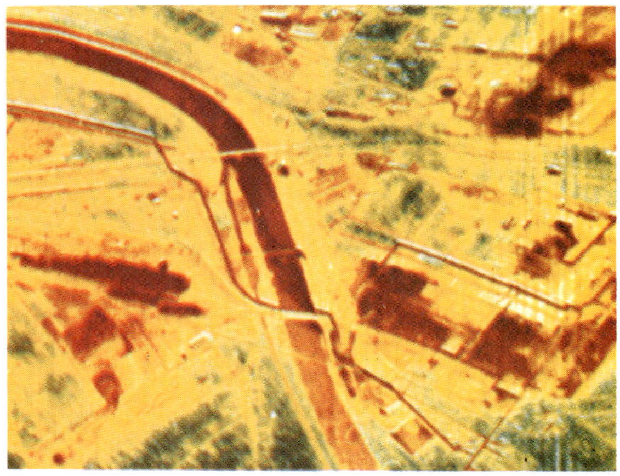

Abb. 4 Das für den Betrieb von Wärmekraftwerken notwendige Kühlwasser wird oft einem Fluß entnommen und diesem nach Gebrauch mit höherer Temperatur wieder zugeleitet. Auch große Industrieanlagen benötigen elektrische Energie und produzieren *thermale Abwässer.* Die Abbildung zeigt die Saar bei Völklingen mit einem Teil der Röchling-Werke. Rechts im Bild befinden sich das Hochofenwerk und die wichtigsten Nebenbetriebe. Die Einleitung erwärmten Wassers, erkennbar im Bild an der dunkelroten Farbe, erfolgt unter der großen Brücke (etwas unterhalb der Bildmitte). Die Abbildung wurde mit Hilfe einer Ultrarot-Linescanner-Aufnahme gewonnen. Im Gegensatz zu den fotografischen Ultrarotaufnahmen, bei denen ein Objektiv das Bild („Wärmebild“) entwirft, werden bei der Scannertechnik die überflogenen Gebiete mit empfindlichen Wärmestrahlungsmessern zeilenweise abgetastet und die empfangenen Signale zu einem Bild zusammengesetzt. Die unterschiedliche Intensität der Wärmestrahlung wird anschließend in Farben übersetzt

von 3,6% im Jahre 1900 auf 32,5% im Jahre 1970 gesteigert (Abb. 3). Heute beträgt er etwa 40%. Es ist ein grundlegendes Naturgesetz, daß der Wirkungsgrad nicht beliebig erhöht werden kann (vgl. S. 349).

Außer dem Kostenfaktor gibt es jedoch noch zwei weitere sehr ernst zu nehmende Gründe, Energie zu sparen:

1. *Viele Primär-Energieträger sind nicht unbegrenzt verfügbar.*

Die Erdöl-, Erdgas- und Kohlevorkommen werden irgendwann ausgebeutet sein. Außerdem wird es zunehmend schwieriger und auch teurer, sie zu fördern.

2. *Das „Herstellen“ von hochwertiger Energie belastet unsere Umwelt!*

Zum Problem der Umweltbelastung greifen wir nur zwei Punkte heraus:

1. Bei allen Wärmekraftmaschinen wird nur ein Teil der Wärme in nutzbare mechanische Arbeit umgesetzt. Der Rest wird an die Umgebung abgegeben (Abb. 4). Nun wird auch die Nutzarbeit in Wärme umgewandelt und an die Umgebung abgeführt, z.B. beim Abbremsen eines Autos. Hinzu kommt die Wärmeabgabe von Wohnungen u.a.m. Letztlich werden nahezu alle Energieformen als Wärme an die Umgebung abgegeben.

Die Umgebung (Umgebungsluft, Erdboden, Wasser) erhält daher ständig durch den Verbrauch fossiler und nuklearer Energieträger zusätzlich Energie. Diese zusätzliche Energie kann die Temperatur erhöhen.

Gemessen an der Energie, die täglich von der Sonne der Erde insgesamt zugestrahlt wird, ist die **Abwärme** verschwindend klein. In Ballungsgebieten dagegen kann man sie nicht mehr vernachlässigen. Dort beeinflußt sie das Klima deutlich. Wir haben also allen Grund, die zusätzliche Belastung so gering wie möglich zu halten. Darüber hinaus muß man bedenken, daß das biologische Gleichgewicht gestört werden kann. Bei der Planung von großtechnischen Anlagen müssen daher auch ökologische (das Verhältnis der Lebewesen zur Umwelt betreffende) Überlegungen mit einbezogen werden.

So gelten z. B. für die Einleitung erwärmten Kühlwassers in Flüsse in Deutschland die folgenden Bestimmungen:

- Das entnommene Kühlwasser darf maximal um 10 °C erwärmt werden.
- Die Temperatur nach Durchmischung darf nicht mehr als 3 °C über der natürlichen Temperatur des Flußwassers liegen.
- Die Mischungstemperatur darf maximal 28 °C nicht übersteigen.

Beispiel: Ein Wärmekraftwerk arbeitet mit einem Wirkungsgrad von 0,35 und erzeugt eine Nutzleistung von 1300 MW.

a) Welche Abwärme wird an die Umgebung abgegeben?

b) Bei modernen Großkraftwerken wird etwa die Hälfte der zugeführten Energie im Kondensator als Wärme an die Umgebung abgeführt. Diese Abwärme soll ein Fluß aufnehmen, dessen Temperatur um 3 °C ansteigen darf. Wieviel Wasser muß der Fluß mindestens führen (in m^3/s)?

Lösung:

a) Die aufgenommene Leistung beträgt: $\frac{1300 \text{ MW}}{0{,}35} \approx 3700$ MW. Die an die Umgebung abgeführte Leistung ist daher 2400 MW.

b) Die Hälfte der aufgenommenen Leistung wird im Kondensator umgesetzt, also ca. 1900 MW. Wenn wir annehmen, daß das gesamte Flußwasser zur Kühlung verwendet wird, so darf sich die Temperatur nur um 3 °C ($\triangleq$ 3 K) erhöhen. Es gilt:

$$\frac{Q}{t} = \frac{c_{\text{Wasser}} \cdot m \cdot \Delta\vartheta}{t} = 1900 \cdot 10^6 \frac{\text{J}}{\text{s}}.$$

Wir stellen nach $\frac{m}{t}$ um.

$$\frac{m}{t} = \frac{1900 \cdot 10^6 \text{ J kg K}}{4{,}2 \cdot 10^3 \text{ s} \cdot \text{J} \cdot 3 \text{ K}} \approx 150 \cdot 10^3 \frac{\text{kg}}{\text{s}} = 150 \text{ m}^3/\text{s}.$$

Dies ist auch gleichzeitig die Mindest-Wasserführung. Zum Vergleich: Der Rhein hat bei Biblis eine Wasserführung von 1400 m^3/s. Das dortige Kernkraftwerk entnimmt je Block eine Kühlwassermenge von 60 m^3/s.

2. Der zweite Punkt betrifft die **Schadstoffemissionen,** die bei der Verbrennung von fossilen Brennstoffen auftreten. Sie belasten zur Zeit weit mehr unsere Umwelt als die Abwärme. Bei Kohlekraftwerken z. B. sind es nicht die festen Bestandteile, die zur Sorge Anlaß geben, sondern das Schwefeldioxid (SO_2) und verschiedene Stickoxide (NO_x).

Es kommt darauf an, die Schadstoffemissionen so gering wie möglich zu halten. Haushalte, Industrie und Wärmekraftwerke sind etwa zu gleichen Teilen an den Emissionen beteiligt. Die größte Umweltbelastung (mehr als die Hälfte) geht vom Verkehr aus.

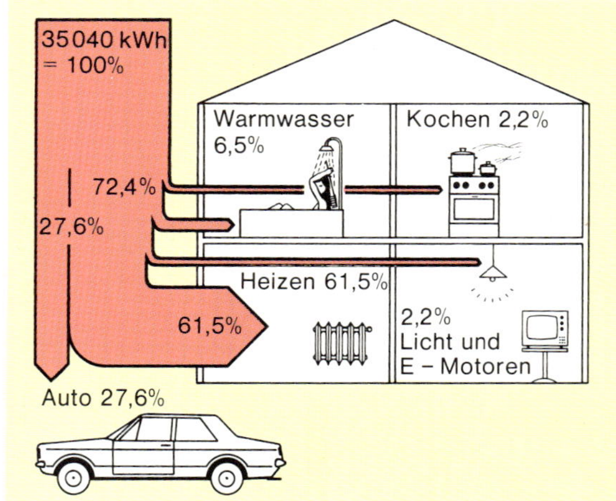

Abb. 1 Energieverbrauch im Haushalt (1979), beim Auto wurde eine mittlere Fahrleistung von 10000 km/Jahr angenommen.

In Zukunft müssen bei der Konstruktion technischer Geräte oder Vorrichtungen nicht nur technische Gesichtspunkte (z. B. Verbesserung des Wirkungsgrades) oder ökonomische (Kostenproblem), sondern auch ökologische berücksichtigt werden.

Wohin fließt die Energie?

Ohne Energie kann keine Volkswirtschaft bestehen. Der Verbrauch an hochwertiger Energie bestimmt auch den Lebensstandard. Andererseits ist eine weitere Steigerung des Energieverbrauchs problematisch. Um Ansatzpunkte zum Energiesparen zu finden, muß man genau wissen, wohin die Energie „fließt". Haushalte, Industrie und Verkehr sind die wichtigsten Abnehmer für Energie. In den privaten Haushalten wird die meiste Energie zum Heizen der Wohnungen benötigt (Abb. 1). Danach erst folgen die Haushaltsgeräte sowie die Beleuchtung.

Aufgaben

1. Wie kann man mit einem Auto möglichst energiesparend fahren?
2. Auf Seite 343 wird die Behauptung aufgestellt, daß letztlich alle Energieformen, die wir bei Energieumwandlungen nutzen, als Wärme an die Umgebung abgeführt werden. Erläutere dies anhand der Abb. 5 auf Seite 341! Gib weitere Beispiele!
3. Der Primär-Energiebedarf der Welt betrug im Jahre 1976 8,930 Mrd. t SKE, der Pro-Kopf-Verbrauch 2100 kg SKE. Um wieviel Prozent würde sich der Welt-Energiebedarf steigern, wenn man für die auf 6,35 Mrd. Menschen geschätzte Weltbevölkerung im Jahre 2000 einen Pro-Kopf-Verbrauch von rund 6000 kg SKE annimmt (entspricht dem Pro-Kopf-Verbrauch in der Bundesrepublik Deutschland 1976)?

2 Wärme- und Verbrennungskraftmaschinen

2.1 Wärmekraftmaschinen

Historische Entwicklung

Im ausgehenden 17. Jahrhundert begann man intensiv nach neuen „Kraftmaschinen“ zu suchen, da es mit zunehmender Tiefe der Bergwerksschächte immer schwieriger wurde, die mit Menschen-, Tier-, oder Wasserkraft angetriebenen Pumpen wirksam zur Förderung des Grubenwassers einzusetzen. Zahlreiche Forscher beschäftigten sich mit der Lösung dieses technischen Problems. So schlug CHRISTIAN HUYGENS (1629–1695) im Jahre 1673 einen Schießpulvermotor vor, dessen Wirkungsweise auf dem Arbeitsvermögen des Luftdrucks beruhte. Dies hatte bereits Otto v. Guericke bei seinen Vakuumexperimenten entdeckt und eindrucksvoll demonstriert (vgl. S. 150).

Der Schießpulvermotor bestand aus einem Zylinder mit beweglichem Kolben. Durch die Explosion des Schießpulvers entstand im Zylinder ein Unterdruck; der Kolben wurde durch die Kraft des äußeren Luftdrucks hineingetrieben (Abb. 1).

Der Motor war allerdings zur damaligen Zeit nicht entwicklungsfähig. Huygens' Gehilfe DENIS PAPIN kam 1690 auf den Gedanken, den Unterdruck durch die Kondensation von Wasserdampf zu erzeugen. Damit war das Prinzip der **atmosphärischen Dampfmaschine** gefunden. Die weiteren Fortschritte kamen aber nicht aus der Wissenschaft, sondern wurden von Praktikern geleistet. Die ersten brauchbaren Dampfmaschinen wurden nämlich von dem englischen Ingenieur THOMAS SAVERY (1650–1715) und dem Schmied THOMAS NEWCOMEN (1663–1729) in England konstruiert und gebaut, (Abb. 2). Die Arbeitsfähigkeit des Wasserdampfes zeigt der folgende Versuch:

Versuch 1: In einen Zylinder geben wir etwas Wasser und verschließen ihn mit einem beweglichen Kolben (Abb. 3). Erhitzen wir, so treibt der entstehende Wasserdampf den Kolben nach oben. Kühlen wir ab, so kondensiert der Wasserdampf, und der Kolben wird durch den äußeren Luftdruck nach unten bewegt.

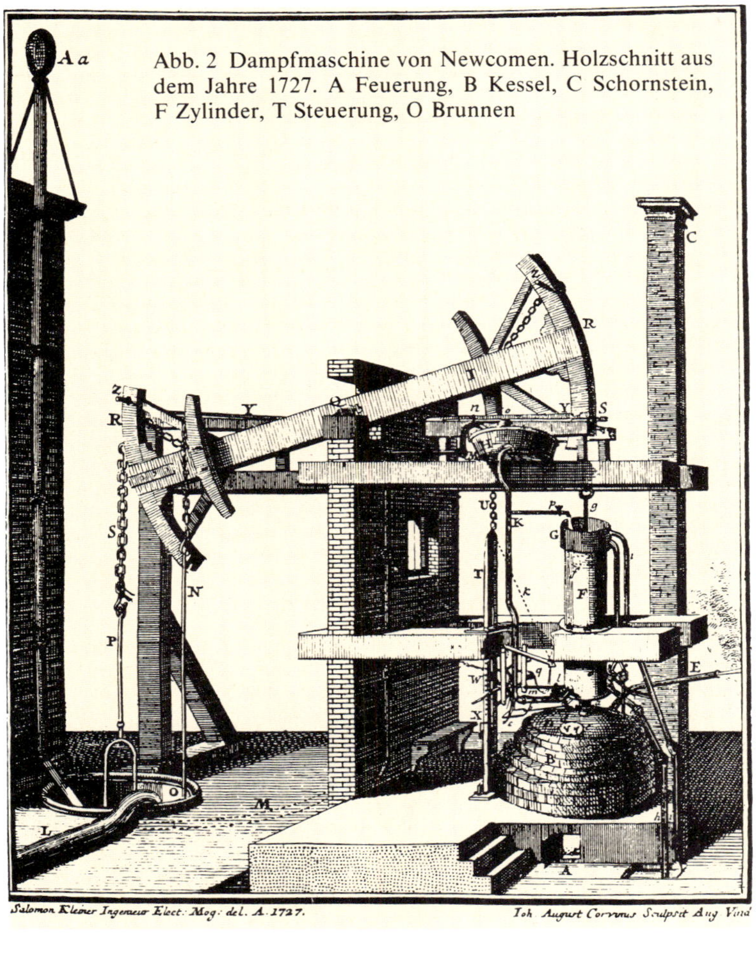

Abb. 2 Dampfmaschine von Newcomen. Holzschnitt aus dem Jahre 1727. A Feuerung, B Kessel, C Schornstein, F Zylinder, T Steuerung, O Brunnen

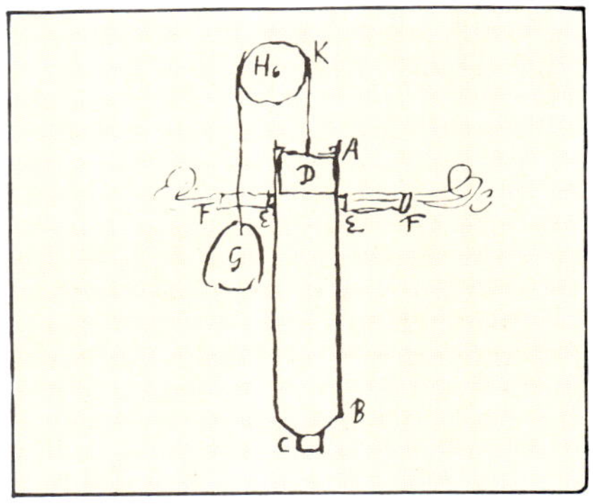

Abb. 1 Schießpulvermotor von Chr. Huygens

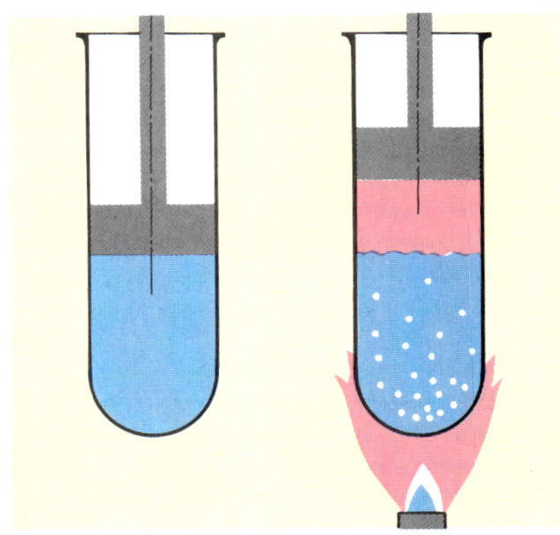

Abb. 3 Arbeitsfähigkeit des Wasserdampfes

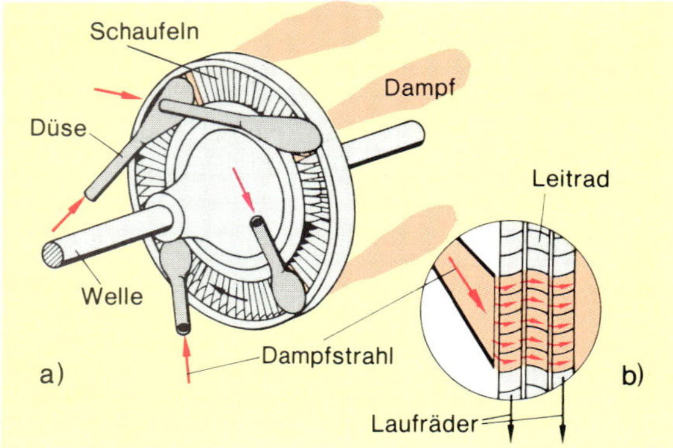

Abb. 1 Aus Düsen trifft Dampf mit großer Geschwindigkeit auf die Schaufeln eines Laufrades (a) und setzt dieses in Bewegung. Durch feststehende Leiträder wird der Dampfstrom umgelenkt, so daß er weitere Laufräder durchströmen kann (b)

Abb. 2 Geöffnete Dampfturbine für Generatorantrieb mit eingelegtem Läufer. Das Leitschaufeloberteil wird eingefahren. Turbinendrehzahl: 8000 U/min. Klemmenleistung am Generator: 12500 kW

Durch abwechselndes Erhitzen und Abkühlen kann man so in einfacher Weise eine periodisch arbeitende Maschine realisieren. Nicht viel anders wirkte die Dampfmaschine von Newcomen (Abb. 2, S. 345). Der Zylinder wurde mit Dampf gefüllt; dann wurde kaltes Wasser eingespritzt. Die Bewegung des Kolbens wurde auf ein Gestänge mit einer Schöpfvorrichtung übertragen.

Mit ihrer Hilfe wurden in der Folgezeit viele Kohlengruben in England entwässert. Doch ihr Betrieb war mit einem ungeheuren Kohlenverbrauch verbunden. Ihr ging der Ruf voraus, daß sie die Anwender ruiniere. Um eine Grube zu entwässern, seien zwei Gruben nötig: eine Erzgrube, um das Eisen für den Bau der Dampfmaschine zu gewinnen und eine Kohlengrube, um sie mit Brennstoff zu versorgen.

Der entscheidende Schritt zu einer unmittelbaren Ausnutzung des Dampfdrucks wurde von dem Mechaniker JAMES WATT (1736–1819) getan. In jahrelanger, mühevoller Arbeit gelang es Watt, finanziell vor allem unterstützt durch den Großindustriellen M. BULTON, der praktisch sein gesamtes Vermögen für die Entwicklung der Dampfmaschine riskierte, eine *direkt wirkende Dampfmaschine* mit wesentlich geringerem Kohleverbrauch als die Newcomensche zu bauen.

Sie konnte daher auch als Antriebsmaschine für Werkzeugmaschinen, Spinnmaschinen, mechanische Webstühle u.a.m. verwendet werden. Im Bereich des Verkehrs (Dampfschiffahrt, Eisenbahn) rief die Dampfmaschine tiefgreifende Umwälzungen hervor. Die rasche Industrialisierung im 19. Jahrhundert ist unmittelbar verbunden mit einem Siegeszug der Dampfmaschinen. Dieser Prozeß der Industrialisierung wurde von vielen ökonomischen und sozialen Krisen begleitet.

Dampfturbinen

Die Kolbendampfmaschinen werden heute kaum mehr eingesetzt. Die Energieverluste sind erheblich, der Wirkungsgrad ist gering. Er beträgt im günstigen Fall etwa 0,20 (etwa 20% der zugeführten Energie wird als Nutzarbeit abgegeben).

Während die große Zeit der Kolbendampfmaschine der Vergangenheit angehört, spielen **Dampfturbinen** großer Leistung heute zum Antrieb von elektrischen Generatoren in Elektrizitätswerken, also bei der Umwandlung geringwertiger Energie in hochwertige elektrische Energie, die maßgebende Rolle.

Das Prinzip der Dampfturbine hat eine lange Entwicklungszeit hinter sich. An der Konstruktion der Dampfturbine haben viele gearbeitet. Die eigentliche Geschichte der Dampfturbine begann jedoch 1883 als der schwedische Ingenieur GUSTAF DE LAVAL (1845–1913) Dampf mit hoher Geschwindigkeit aus Düsen gegen die Schaufeln eines Laufrades strömen ließ, so daß dieses in eine schnelle Drehbewegung versetzt wurde (Abb. 1). Der Amerikaner G. CURTIS (1860–1953) schlug 1896 vor, den Dampf durch die Schaufeln eines feststehenden Leitrades auf ein dahinterliegendes zweites Laufrad zu leiten.

Heute sind in großen Dampfturbinen mehrere Laufräder auf einer Achse angeordnet und durch je ein Leitrad voneinander getrennt (Abb. 2). Die Dampfturbinen haben gegenüber der Kolbendampfmaschine eine einfache Bauart und einen ruhigeren Lauf.

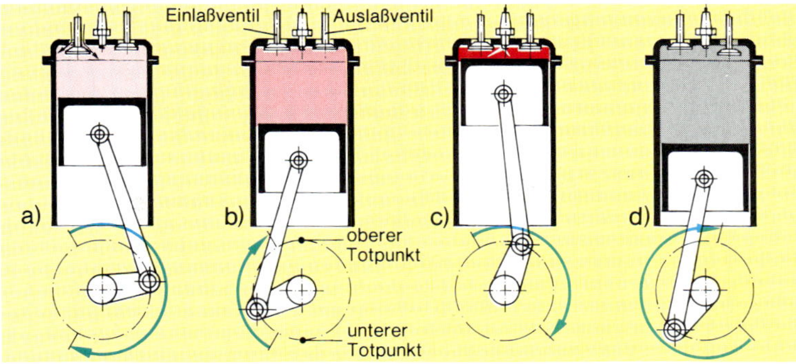

Abb. 3 Wirkungsweise des Viertakters. (a) Ansaugen, (b) Verdichten, (c) Zünden mit nachfolgendem Arbeitstakt, (d) Auspufftakt

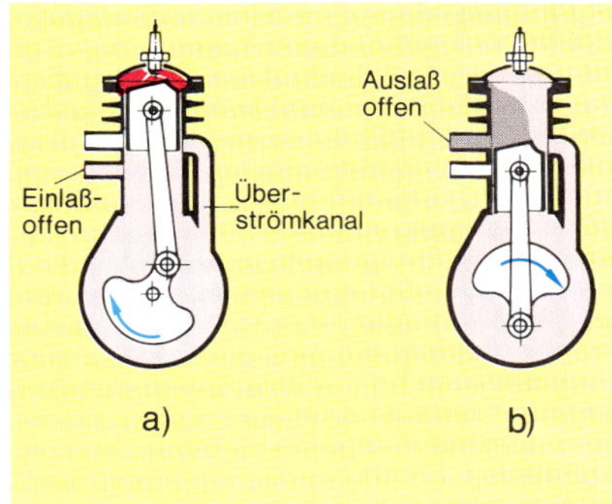

Abb. 4 Zweitakter. (a) Zünden und Arbeiten, (b) Austreiben der Verbrennungsgase

2.2 Verbrennungskraftmaschinen

Bei den Verbrennungskraftmaschinen wird die Verbrennung flüssiger oder gasförmiger Stoffe im Zylinder selbst vorgenommen. Die Explosionsgase treiben dann den Kolben vorwärts.

Die Idee eines Verbrennungsmotors stammt von Huygens (vgl. S. 345). Seine Versuche scheiterten aber. Den ersten brauchbaren Gasmotor konstruierte Etienne Lenoir (1822–1900). Im Jahre 1860 führte er seinen Motor in Paris vor. Die Maschine lief langsam und schwer und hatte einen hohen Gasverbrauch. Zahlreiche Forscher beschäftigten sich jetzt mit dem Gasmotor: Nikolaus August Otto (1832–1891), E. Langen (1833–1895), Gottlieb Daimler (1834–1900) und Wilhelm Maybach (1846–1929). Sie leisteten auch in den folgenden Jahren die entscheidende Entwicklungsarbeit. 1867 zeigte Otto auf der Pariser Weltausstellung einen verbesserten Gasmotor, 1877 baute er eine Viertaktmaschine, die auf der Weltausstellung in Paris im Jahr 1878 größte Bewunderung erzielte. Die Verbrennungsmaschinen, die nach seinem Prinzip gebaut sind, nennt man allgemein Ottomotoren. Sie können als Zwei- oder als Viertakter gebaut werden.

Viertaktmotor

Der Viertaktmotor (Abb. 3) arbeitet folgendermaßen: Der Zylinder hat ein Einlaßventil, durch welches das Gas-Luft-Gemisch angesaugt wird, und ein Auspuffventil, durch das die verbrannten Gase den Zylinderraum verlassen. Im ersten Takt *(Ansaugtakt)* wird das Gemisch durch den sich abwärts bewegenden Kolben angesaugt, im zweiten Takt *(Verdichtungstakt)* wird bei geschlossenen Ventilen das Gemisch verdichtet, zu Beginn des dritten Takts *(Arbeitstakt)* entzündet ein Funken das Gemisch.

Es verbrennt explosionsartig und treibt den Kolben wieder abwärts. Dabei wird Arbeit verrichtet. Die dem Schwungrad mitgeteilte Bewegungsenergie muß den Kolben wieder nach oben bewegen, die Verbrennungsgase durch den Auspuff ins Freie treiben *(Auspufftakt)*, im nachfolgenden 1. und 2. Takt ein frisches Gemisch ansaugen und verdichten. Darüber hinaus muß aber noch Nutzarbeit verrichtet werden. Dies alles wird dadurch ermöglicht, daß im Zylinder eine Temperatur von über 1500 °C entsteht und dabei hohe Drucke erzeugt werden (35 bis 40 bar).

Es ist jetzt auch deutlich, warum viele Ingenieure vor Lenior und Otto, aber auch vor Watt, die richtigen Ideen hatten, aber scheiterten, als sie diese in die Tat umzusetzen versuchten. Das Material, das zum Bau der Zylinder verwendet wurde, war den Beanspruchungen zum Teil noch nicht gewachsen, und die Herstellung der Zylinder selbst war recht unvollkommen. Viele Erfahrungen und Entdekkungen aus allen Gebieten der Technik trugen zur Entwicklung der Verbrennungsmotoren bei. Die Idee tauchte schon sehr frühzeitig auf, aber die Zeit war noch nicht reif für ihre Verwirklichung.

Der Wirkungsgrad von Otto-Viertaktmotoren liegt heute bei etwa 0,25 (25%). Damit der Viertaktmotor gleichmäßig läuft, baut man ihn mit mehreren Zylindern, deren Arbeitstakte gleichmäßig gegeneinander versetzt sind.

Zweitaktmotor

Beim Viertakter kommt auf 4 Takte nur ein Arbeitstakt. Der Zweitaktmotor vermeidet diesen Nachteil: Unter zwei Takten ist ein Arbeitstakt (Abb. 4).

Im ersten Takt wird das Gasgemisch durch den sich nach oben bewegenden Kolben verdichtet *(Ansaugtakt)*. Gleichzeitig wird durch den Ansaugkanal ein frisches Gasgemisch in das Kurbelgehäuse gesaugt. Hat der Kolben seine höchste Stellung erreicht, dann springt ein Funke über und entzündet das verdichtete Gemisch. Das Gemisch verbrennt und treibt den Kolben zurück *(Arbeitstakt)*, der im Kolbengehäuse das dort befindliche Gasgemisch vorverdichtet. Während der tiefsten Stellung des Kolbens strömt das Gasgemisch über einen Kanal in den Zylinder und treibt den Rest der Verbrennungsgase heraus. Nun beginnt wieder der erste Takt.

Eine geringe Vermischung des Treibstoffluftgemisches mit den Abgasen läßt sich nicht vermeiden. Zweitaktmotoren haben daher einen geringeren Wirkungsgrad als Viertaktmotoren. Sie sind aber einfacher und billiger herzustellen. Man findet sie meist bei Mofas, Motorrädern, Rasenmähern und Motorbooten.

Die Nutzenergie bei beiden Motoren entsteht bei der Expansion der Verbrennungsgase, deren innere Energie sich dabei verringert. Die Energieabnahme der Verbrennungsgase ist demnach ein Maß für die Nutzarbeit. Wir erwarten deshalb einen hohen Wirkungsgrad bei hoher Verbrennungstemperatur und niedriger Abgastemperatur. Dieser Temperaturunterschied vergrößert sich bei hoher Verdichtung. Beim Ottomotor kommt es bei zu hoher Verdichtung zur Selbstzündung: Der Motor „klingelt" oder „klopft". In der Praxis liegen die Verdichtungsverhältnisse deshalb bei 8 : 1.

Dieselmotor

Der Dieselmotor hat einen hohen Wirkungsgrad durch ein hohes Verdichtungsverhältnis (etwa 22 : 1). Er wurde von dem deutschen Ingenieur RUDOLF DIESEL (1858–1913) erfunden. Diesel hat 1893 den Bau eines solchen Motors vorgeschlagen und 1897 nach kostspieligen Versuchen und vielen Rückschlägen gebaut.

Der Dieselmotor braucht wegen der hohen Verdichtung keine Zündvorrichtung. Man verdichtet Luft sehr stark, die sich dadurch sehr hoch erhitzt. Im Augenblick der größten Verdichtung spritzt man durch eine Düse den flüssigen Brennstoff ein. Dieser entzündet sich, und die heißen Verbrennungsgase treiben den Kolben vorwärts.

Ein weiterer Vorteil des Dieselmotors besteht darin, daß billigere Brennstoffe zu seinem Betrieb verwendet werden können. Sein Wirkungsgrad beträgt normal 0,35 bis 0,37. Neuerdings konnte der Wirkungsgrad durch höhere Verdichtung bis auf 0,46 gesteigert werden. Dieselmotore finden bei Lastkraftwagen, Schiffsmaschinen, Lokomotiven und wegen des günstigeren Brennstoffverbrauchs und der umweltfreundlicheren Abgase gegenüber dem Benzinmotor in zunehmendem Maße auch bei Personenkraftwagen Verwendung.

Gasturbinen

Gasturbinen arbeiten ähnlich wie Dampfturbinen. Statt des Wasserdampfes verwendet man heiße Verbrennungsgase, die in einer Brennkammer kontinuierlich entstehen. Die Wirkungsweise einer Gasturbine ist in Abb. 1 schematisch dargestellt.

Die Luft wird von einem Kompressor (Verdichter) auf den Druck verdichtet, bei dem die Verbrennung ablaufen soll. In die verdichtete Luft wird der Brennstoff eingespritzt und verbrannt. Dadurch steigt die Temperatur an. Die heißen Verbrennungsgase dehnen sich aus und strömen durch Rohrleitungen zur Turbine und treiben diese an.

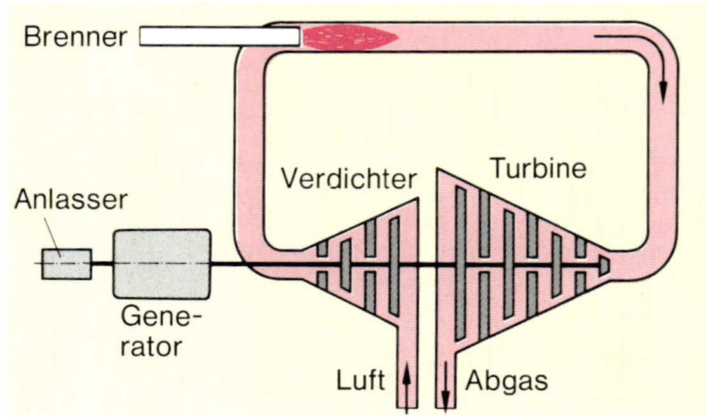

Abb. 1 Gasturbine schematisch

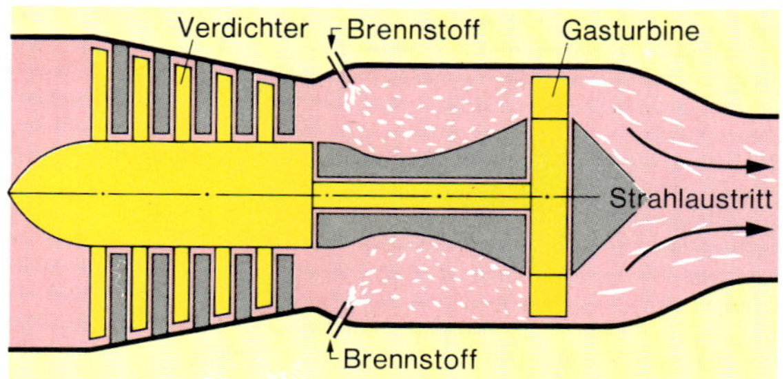

Abb. 2 Strahltriebwerk

Gasturbinen werden als **Strahltriebwerke** in Flugzeugen und als Antriebsaggregate für Generatoren in Kraftwerken verwendet.

In einem Strahltriebwerk (Abb. 2) dient die Gasturbine zum Antrieb eines Kompressors, der den Brennkammern verdichtete Luft zuführt. In die Brennkammern wird Treibstoff eingespritzt und anschließend verbrannt. Damit tritt eine Temperaturerhöhung ein, die eine Ausdehnung zur Folge hat. Das mit hoher Geschwindigkeit ausströmende Gas erzeugt einen Rückstoß, durch den das Flugzeug vorwärtsgetrieben wird. Ein Strahltriebwerk wirkt also ähnlich wie eine **Rakete.** Auch bei ihr wird die vorwärtstreibende Kraft durch einen Gasstrahl erzeugt, der nach hinten beschleunigt wird. Raketen führen den zur Verbrennung benötigten Sauerstoff selbst mit.

Das **Raketenprinzip** zeigen wir mit folgendem Versuch.

Versuch 2: Eine Kugel wird vor eine gespannte Feder auf eine Abschußrampe gelegt, die sich auf einem kleinen Wagen befindet. Brennen wir den Faden durch, so wird die Kugel beschleunigt, aber auch der Wagen.

Die Kugel stößt sich vom Wagen ab, der Wagen von der Kugel. Er erfährt einen **Rückstoß.** In ähnlicher Weise „stoßen" sich die Verbrennungsgase von der Rakete ab. Diese erfährt dann eine Kraft in die entgegengesetzte Richtung.

3 Kraftwerke

3.1 Konventionelle Kraftwerke

Die elektrische Energie wird in Kraftwerken von Generatoren erzeugt, die von Wärmekraftmaschinen (z. B. Dampfturbinen), Verbrennungskraftmaschinen (Dieselmotoren, Gasturbinen) oder von Wasserturbinen angetrieben werden können. In konventionellen Wärmekraftwerken wird der zum Betrieb der Turbinen nötige Wasserdampf durch Kohle-, Öl- oder Gasfeuerung erzeugt.

Ein modernes **Dampfkraftwerk** ist ein hochkompliziertes technisches Gebilde. Am Beispiel eines **Kohlekraftwerkes** sollen die wesentlichen Bauteile verdeutlicht werden (Abb. 3). Im einzelnen spielt sich folgendes ab: Der in der Kohlenstaubmühle zerkleinerte Brennstoff gelangt durch das Gebläse in den Brenner. Dort wird er unter Beimischung vorgewärmter Luft verbrannt. Die heißen Rauchgase übertragen Energie in Form von Wärme an das Wasser, das im Verdampfer in Wasserdampf von 100 °C überführt wird. Dieser wird anschließend überhitzt. Die Abgase erwärmen das Speisewasser und die Luft. Der überhitzte Dampf durchströmt die Turbine, die aus einer Hochdruck-, einer Mitteldruck- und einer Niederdruckstufe besteht. Hierbei entspannt sich der Dampf, kühlt sich ab und treibt dabei den Läufer an. Wegen der zunehmenden Ausdehnung des Dampfes müssen die Schaufelräder vom Anfang zum Ende der Turbine größer werden. Der Dampf kühlt sich im Kondensator weiter ab. Die an das Kühlwasser übertragene Energie wird an die Umgebung abgeführt. Das Kühlwasser wird entweder direkt einem Fluß entnommen und diesem wieder mit einer etwas höheren Temperatur zugeführt oder es gibt in einem sogenannten Kühlturm, bevor es wieder in den Kondensator geleitet wird, Wärme an die Luft ab. Um eine Vorstellung von den Größenordnungen zu geben, werden einige technische Daten einer 100-MW-Anlage genannt.

Dampfumsatz: 311 t/h
Dampf vor der Turbine: 535 °C bei 184 bar
Dampf beim Austritt aus der Turbine:
26,3 °C bei 0,054 bar
Kühlwasser: 15 °C; 14000 m³/h
Vollastkohleverbrauch (Braunkohle): 92 t/h

Eine Wärmekraftanlage arbeitet zwischen zwei Temperaturen. Sie nimmt bei hoher Temperatur T_2 Wärme auf, wandelt einen Teil der Energie in mechanische Arbeit um und gibt den Rest bei der niedrigen Temperatur T_1 als Wärme wieder an die Umgebung ab.

Wirkungsgrad

Der Energieausnutzung sind bei einer Wärmekraftanlage bestimmte Grenzen gesetzt.

Maßgebend für den nutzbaren Anteil, d. h. für den in mechanische Arbeit umgewandelten Teil der Energie, sind allein die Temperaturen zu Beginn und am Ende des gesamten Vorgangs. Theoretische Überlegungen zeigen, daß der maximal mögliche, **theoretische Wirkungsgrad** η_{th} gegeben ist durch:

$$\eta_{th} = 1 - \frac{T_1}{T_2}$$

T_1 ist meist die Umgebungstemperatur (ca. 300 K), T_2 wird durch die verwendeten Werkstoffe und durch die Erfordernisse der Sicherheit begrenzt. Nehmen wir eine Temperatur an von 800 K, so erhalten wir einen Wirkungsgrad von

$$\eta_{th} = 1 - \frac{300\text{ K}}{800\text{ K}} = \frac{5}{8} \approx 0{,}63 \mathrel{\widehat{=}} 63\%.$$

Bei modernen Großdampfturbinen kann der Wirkungsgrad bis zu 46% betragen. Der Gesamtwirkungsgrad des Kraftwerkes ist geringer; in modernen Werken liegt er bei 40%.

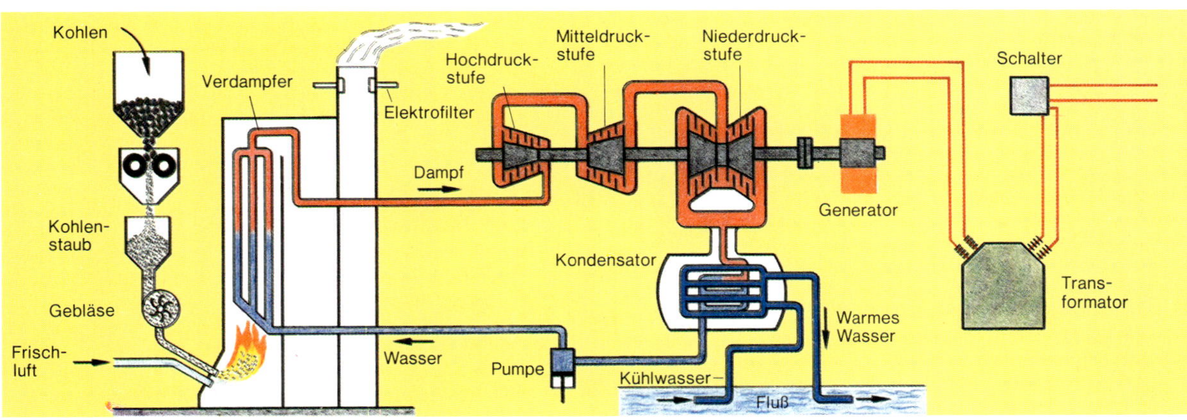

Abb. 3 Kohlekraftwerk

Abb. 1 Kernkraftwerk Biblis

3.2 Kernkraftwerke

Ein Kernreaktor ist keine Atombombe

Auf Seite 335 haben wir erfahren, daß bei der Kernspaltung eines Kilogramms Uran-235 eine, im Vergleich zu herkömmlichen Brennstoffen, riesige Energiemenge frei wird. Es ist daher verständlich, daß man auf der Suche nach neuen Energiequellen auch die Kernenergie in Betracht zieht. Wie wir bereits wissen, setzt die friedliche Nutzung der Kernspaltung eine *kontrollierte* Kernkettenreaktion voraus.

Erinnern wir uns: Damit eine Kettenreaktion überhaupt aufrechterhalten werden kann, muß die Zahl der Neutronen, die für weitere Spaltvorgänge zur Verfügung steht (Spaltneutronen) genügend groß sein. Im natürlichen Uran, das zu 0,7% aus Uran-235 und zu 99,3% aus Uran-238 besteht, läuft unter normalen Umständen keine Kettenreaktion ab. Das hat im wesentlichen zwei Gründe:

a) Die Kerne des Isotops U-238 *absorbieren* Neutronen meistens, ohne sich zu spalten. (Sie verwandeln sich dabei allerdings schrittweise in das spaltbare Plutoniumisotop Pu-239.) In reinem Uran-238 kann deshalb keine Kettenreaktion stattfinden. Auch im natürlichen Isotopengemisch wirkt U-238 als „Neutronenfalle", weil es die bei der Spaltung von U-235 entstandenen Neutronen zum großen Teil einfängt.

b) Wie man in Experimenten feststellte, wird die Spaltung eines U-235-Kernes um so wahrscheinlicher, je *geringer* die Geschwindigkeit des spaltenden Neutrons ist. Das erscheint zunächst verwunderlich, wird uns aber verständlich, wenn wir uns daran erinnern, daß Neutronen elektrisch ungeladen sind. Sie benötigen nur wenig Energie, um zum Atomkern vorzudringen, da sie von der Ladung des Atoms nicht beeinflußt werden. Je langsamer sich nun ein Neutron in Kernnähe bewegt, um so mehr „Zeit" hat der Kern, um es „einzufangen".

Für die praktische Nutzung von Uran als Brennstoff in Kernreaktoren ergreift man daher folgende Maßnahmen:

- Die bei der Kernspaltung entstehenden schnellen Neutronen müssen *abgebremst* werden.

Dies geschieht durch Stöße der Neutronen mit geeigneten Atomkernen. Wir veranschaulichen uns dies im folgenden Versuch.

Versuch 1: Auf einer glatten Tischoberfläche „schießen" wir ein Pfennigstück auf ein zweites ruhendes Pfennigstück. Treffen wir genau, so kommt das erste Geldstück am Ort des Zusammenstoßes zur Ruhe, während sich die zweite Münze in Bewegung setzt. Lassen wir dagegen unser Pfennigstück in einem entsprechenden Versuch auf ein Fünfmarkstück treffen, so prallt es mit ungefähr gleicher Geschwindigkeit zurück, während das Fünfmarkstück nahezu in Ruhe bleibt.

Ähnlich verhalten sich Neutronen beim Stoß mit Atomkernen. Ist deren Masse etwa gleich groß wie die des Neutrons, so gibt das Neutron seine Bewegungsenergie fast vollständig an den Stoßpartner ab. Trifft es auf Kerne mit viel größerer Masse, ändert sich der Betrag seiner Geschwindigkeit nur wenig. Neutronen werden daher besonders gut von Wasserstoffkernen (= Protonen) gebremst. Man verwendet deshalb in Kernreaktoren als Bremssubstanz oder **Moderator** (moderato, ital. = mäßig schnell) häufig Wasser (H_2O).

- Leider wird durch Wasser aber auch ein Teil der Neutronen absorbiert, so daß nicht genügend langsame Neutronen übrig bleiben, um in natürlichem Uran eine Kettenreaktion in Gang zu setzen. Dies läßt sich ändern, wenn man sogenanntes „schweres Wasser“ als Moderator benutzt. Bei ihm ist anstelle des Wasserstoff-Isotops ^1_1H das Isotop ^2_1H (Deuterium) im Wassermolekül eingebaut. Schweres Wasser ist aber sehr teuer. Damit auch leichtes Wasser als Moderator eingesetzt werden kann, muß der störende Einfluß von U-238 verringert werden. In **Leichtwasserreaktoren** benutzt man deshalb als Brennstoff *angereichertes Uran,* dessen Gehalt an U-235 auf 2–3% erhöht wurde.

Der Moderator ist also unbedingt erforderlich, damit im Reaktor überhaupt eine Kettenreaktion ablaufen kann. Sollte durch einen schweren Störfall das Wasser aus dem Reaktorbehälter laufen, dann käme wegen der geringen U-235-Konzentration die Kettenreaktion sofort zum Stillstand. Ein Kernreaktor ist also keine Atombombe! Es besteht jedoch in einem solchen Störfall die Gefahr, daß radioaktive Stoffe unkontrolliert freigesetzt werden.

Wie kontrolliert man die Kettenreaktion?

Damit die Kettenreaktion im Reaktor kontrolliert abläuft, muß die Zahl der Spaltneutronen sehr genau gesteuert werden können. Dazu verwendet man sogenannte **Regelstäbe.** Sie bestehen aus einem Material, das Neutronen besonders gut absorbiert. Es eignen sich z. B. Cadmium und Bor. Werden die Regelstäbe zwischen die Brennstoffelemente geschoben, so sinkt durch Absorption die Zahl der Spaltneutronen und die Kettenreaktion bricht ab. Beim Dauerbetrieb des Reaktors werden die Regelstäbe soweit aus dem Reaktorinneren herausgezogen, daß sich die gewünschte Neutronenrate einstellt. Im Notfall kann durch schnelle Absenkung der Regelstäbe die Kettenreaktion unterbrochen werden.

Die Steuerung der Kettenreaktion mit Hilfe der Regelstäbe wird eigentlich erst dadurch ermöglicht, daß ein Teil der Neutronen nicht sofort bei der Spaltung der Urankerne entsteht, sondern erst nach einigen Sekunden beim Zerfall der Spaltprodukte. Nur dadurch gelingt es, die Regelstäbe rechtzeitig in die erforderliche Stellung zu bringen.

Wie ist ein Kernkraftwerk aufgebaut?

Der heute am weitesten verbreitete Reaktortyp ist der sogenannte **Druckwasserreaktor.** Wir wollen uns an seinem Beispiel den Aufbau und die Wirkungsweise eines Kernkraftwerks verdeutlichen. Abb. 2 zeigt ein vereinfachtes Funktionsschema.

Der Unterschied zwischen einem Kernkraftwerk und einem herkömmlichen Wärmekraftwerk (Abb. 3, S. 349) besteht im wesentlichen nur in der Art der Dampferzeugung zum Betrieb der Turbinen. Während im Kohlekraftwerk der Dampf in einem Heizkessel erzeugt wird, ist dies hier die Aufgabe des Kernreaktors.

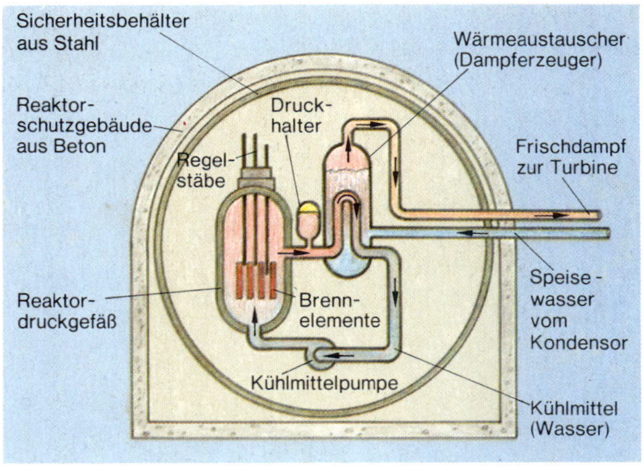

Abb. 2 Schema des Druckwasserreaktors

Abb. 3 Reaktordruckgefäß für den Druckwasserreaktor eines 1300-MW-Kernkraftwerks: 10,5 Meter hoch (ohne Deckel) und 425 Tonnen schwer, hergestellt durch Schweißverbindung nahtlos geschmiedeter Ringe.

Ein Kernkraftwerk ist ein Wärmekraftwerk.

Es gilt deshalb hier all das, was wir über den Wirkungsgrad und die Umweltbelastung durch die Abwärme bei herkömmlichen Wärmekraftwerken erfahren haben. Wir betrachten deshalb nur den kerntechnischen Teil der Anlage, den Druckwasserreaktor, genauer.

In einem großen *Druckgefäß* aus 20–25 cm dickem Stahl (Abb. 3) befindet sich der Brennstoff Uran in einzelnen *Brennstäben* aus einer besonderen Metallegierung. Etwa je 260 Brennstäbe sind zu sogenannten *Brennelementen* zusammengefaßt. In jedes Brennelement kann außerdem ein Satz von Regelstäben eingeführt werden (Abb. 1, S. 352). In einem Druckwasserreaktor, wie er z. B. im Kernkraftwerk Biblis zu finden ist, befinden sich etwa 200 solcher Brennelemente mit einer Gesamtmasse

Abb. 1 Brennelemente für Druckwasserreaktoren vor dem Versand

Abb. 2 Wärmeaustauscher eines Druckwasserreaktors

von ungefähr 100 Tonnen Uran, davon 2–3 Tonnen U-235.

Das als Moderator benötigte Wasser dient zugleich als Kühlmittel und besorgt den Wärmetransport. Durch die bei der Kernspaltung frei werdende Energie erwärmt sich das Wasser. Da es jedoch im Reaktor und im ganzen *Primärkreislauf* unter hohem Druck steht (etwa 150 bar, daher Druckwasserreaktor), kann es über 300 °C erhitzt werden, ohne daß es siedet.

In einem *Wärmeaustauscher* (Dampferzeuger) (Abb. 2) gibt das erhitzte Wasser des Primärkreises seine Energie an das Wasser des *Sekundärkreislaufs* ab, das im Wärmeaustauscher verdampft und dann zur Turbine gelangt.

Grundsätzlich ist es auch möglich, das Wasser bereits im Reaktorgefäß zu verdampfen, wenn man dort den Druck niedrig hält. Dann könnte die Turbine direkt im Primärkreis betrieben werden. Dies geschieht im **Siedewasserreaktor.** Durch das Zweikreissystem des Druckwasserreaktors gelingt es jedoch, das schwach radioaktive Reaktorkühlmittel von den Turbinen und dem gesamten herkömmlichen Teil des Kraftwerks fernzuhalten.

In Kraftwerken mit Druckwasserreaktoren erreicht man heute elektrische Ausgangsleistungen von über 1000 MW. Die beiden Reaktorblöcke des Kernkraftwerks Biblis (Abb. 1, S. 350) geben, bei einem Wirkungsgrad von 33%, zusammen eine Leistung von 2500 MW an das elektrische Stromnetz ab. Zum Vergleich: 2500 MW reichen aus, um die Städte Frankfurt und München zusammen einschließlich ihrer Industrieanlagen mit Strom zu versorgen.

In Kernreaktoren gewinnt man Energie aus der Spaltung von Atomkernen. Es läuft dort eine kontrollierte Kettenreaktion ab. Wichtigste Bestandteile eines Leichtwasserreaktors sind: Brennelemente, Regelstäbe und Wasser, das zugleich als Moderator und Kühlmittel dient.

Aufgaben

1. Worin unterscheiden sich Kernreaktor und Atombombe?
2. Was versteht man unter einem Moderator und wozu wird er benötigt?
3. Welche Aufgaben erfüllt das Wasser im Druck- und Siedewasserreaktor?
4. Beschreibe Aufbau und Wirkungsweise eines Druckwasserreaktors! Welche Energieumwandlungen finden im einzelnen statt?
5. Wie unterscheiden sich Druck- und Siedewasserreaktor?
6. Wie wird im Reaktor die Kettenreaktion gesteuert? Wie schaltet man den Reaktor ab?
7. Wie groß ist die Wärmeleistung eines Kraftwerkblocks im Kernkraftwerk Biblis? Verwende die Zahlenangaben im Text!
8. Bei der Spaltung eines U-235-Kerns wird eine Energie von etwa $3{,}2 \cdot 10^{-11}$ J freigesetzt. Wie viele Urankerne müssen im Reaktor pro Sekunde gespalten werden, damit die Wärmeleistung 3500 MW beträgt?
9. Ein Gramm U-235 enthält ungefähr $2{,}5 \cdot 10^{21}$ Atome. Wie groß ist die Masse von U-235, die beim Betrieb des Reaktors aus Aufg. 8 pro Jahr gespalten wird, wenn die mittlere Auslastung des Kraftwerks 70% der höchsten Wärmeleistung (3500 MW) beträgt?

3.3 Probleme der Kernenergienutzung

Fragen zur Sicherheit kerntechnischer Anlagen werden heute öffentlich und zum Teil heftig diskutiert. Als ein Ergebnis dieser Diskussion gelten bei uns äußerst strenge *Sicherheitsvorschriften* für die Errichtung und den Betrieb solcher Anlagen. Es ist sicher richtig, daß dadurch Störfälle, bei denen Menschenleben gefährdet sind, nicht mit absoluter Sicherheit ausgeschlossen werden können. Andererseits hat man aber hier, so gründlich wie nie zuvor bei der Einführung einer neuen Technologie, alle möglichen Gefahrenquellen erforscht und auf Abhilfe gesonnen. Dadurch ist das Risiko von Gefährdungen bei Anwendung der Kernenergie überschaubar geworden. Bei einer Entscheidung für oder gegen die Kernenergienutzung muß dieses Risiko mit den Risiken bei Verwendung anderer Energiequellen verglichen werden. Wir müssen uns hier auf die Behandlung der wichtigsten Probleme beschränken.

Keine Gefahr durch Radioaktivität im Normalbetrieb

Bevor die Brennstäbe in den Reaktor gelangen, sind sie kaum radioaktiv. Sie können ohne besondere Strahlenschutzmaßnahmen bearbeitet und transportiert werden (vgl. Abb. 1). Erst im Reaktor entstehen als Folge der Kernspaltung radioaktive Spaltprodukte im Innern der Brennstäbe und durch den intensiven Neutronenbeschuß radioaktive Substanzen im Reaktorbehälter.

Eine Reihe von *Sicherheitsbarrieren* soll verhindern, daß diese Stoffe in die Umwelt gelangen können (Abb. 3). Als erste Barriere wirkt der *Kernbrennstoff* (1) selbst. Er hält in seinem Kristallgefüge den weitaus größten Teil der Spaltstoffe fest. Weitere Hindernisse stellen die *gasdicht verschweißten Brennstabhüllrohre* (2) dar, dann der *Reaktordruckbehälter* (3) sowie eine dickwandige *Abschirmung aus Stahlbeton* (4), die sowohl die Neutronen als auch die entstehende γ-Strahlung abschirmt. Sie stellt zugleich einen wirksamen Schutz gegen äußere mechanische Einwirkungen dar. Das Ganze befindet sich noch im *doppelwandigen Reaktorschutzgebäude* (5) + (6), dessen Betonhülle z. B. den Aufprall eines abstürzenden Flugzeugs oder ein Erdbeben aushalten muß.

Laufende Kontrollen während des Betriebs und bei vorübergehender Stillegung des Reaktors zu Wartungsarbeiten sollen dafür sorgen, daß alle Sicherheitseinrichtungen stets funktionsfähig sind.

Trotz aller Sorgfalt gelangen aber immer geringe Mengen radioaktiver Stoffe, vor allem Gase, in die Luft des Reaktorgebäudes. Auch durch sorgfältiges *Filtern* (7) + (8) ist nicht zu verhindern, daß Spuren dieser Stoffe mit der Abluft aus dem Kamin (9) des Kernkraftwerks oder mit Abwässern nach draußen dringen.

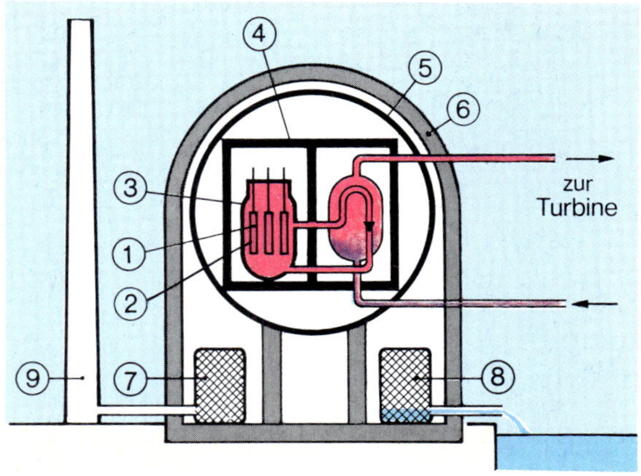

Abb. 3 Sicherheitsbarrieren in einem Kernkraftwerk

Die sich daraus ergebende Strahlenbelastung ist jedoch vom Gesetzgeber auf so niedrige Werte beschränkt worden, daß sie keine Gefahr bedeutet. Die Strahlenbelastung darf nämlich auch in der unmittelbaren Nachbarschaft eines Kernkraftwerks nicht mehr als 30 mrem ($=3\cdot10^{-5}$ J/kg) pro Jahr betragen. Sie ist vergleichbar mit der natürlichen Belastung infolge der Eigenstrahlung unseres Körpers (vgl. S. 326).

Im Normalbetrieb ist die von einem Kernreaktor verursachte Radioaktivität klein gegenüber der natürlichen Strahlenbelastung.

Was geschieht bei Störungen?

Als erste Maßnahme um Störungen zu *verhindern*, sind alle wichtigen Bauteile eines Reaktors wie Kühlmittelleitungen, Kühlmittelpumpen, Wärmeaustauscher usw. in der Regel *mehrfach* vorhanden, so daß bei Ausfall eines Teils andere seine Funktion übernehmen können.

Bei ernsthaften Störungen wird der Reaktor mit Hilfe der Regelstäbe „abgeschaltet“. Damit wird zwar die Kettenreaktion abgebrochen, nicht aber die Wärmeproduktion des Reaktorkerns. Wegen der hohen Radioaktivität der Zerfallsprodukte muß noch weiterhin Wärme abgeführt werden (vgl. auch Abb. 3, S. 327). Diese **Nachwärme** beträgt in den ersten Sekunden nach dem Abschalten noch etwa 5% der Reaktorleistung beim Betrieb! Die Kühlung kann durch mehrere, voneinander unabhängige Kühlsysteme erfolgen.

Als schlimmste technische Störung sieht man den plötzlichen Bruch einer Hauptkühlmittelleitung im Primärkreis an. Der Reaktor muß so gebaut sein, daß auch bei diesem **g**rößten **a**nzunehmenden **U**nfall (GAU) die gesetzlich vorgeschriebene Strahlenbelastung in der Umgebung nicht überschritten wird.

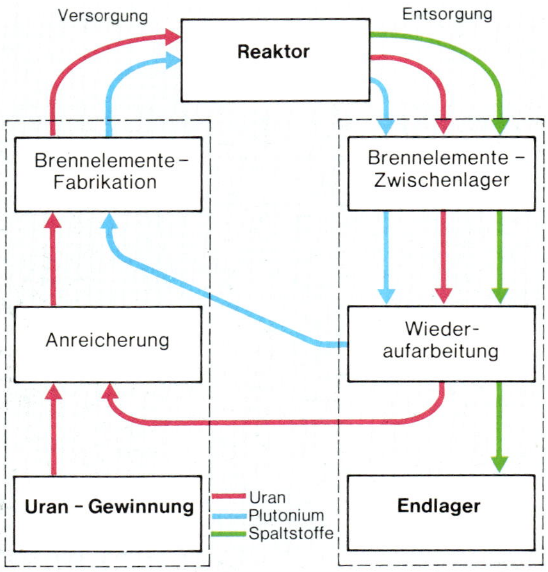

Abb. 1 Brennstoffkreislauf

Entsorgung muß sein

Eines der Hauptprobleme bei der Nutzung der Kernenergie ist die sichere Beseitigung der Rückstände des Kernbrennstoffs. In Kohle-, Öl- oder Gaskraftwerken gelangen die meisten Rückstände als Abgase in die Luft, es fallen nur wenige feste an. Sie können leicht beseitigt werden. Anders sieht es bei der „Asche" der Kernkraftwerke aus.

Von den etwa 100 Tonnen Uran, mit denen der Reaktor eines großen Kernkraftwerks beschickt wurde, sind nach einer Betriebszeit von 3 Jahren noch ungefähr 96 Tonnen unverändert vorhanden. Der Rest besteht aus etwa 3 Tonnen radioaktiver Spaltprodukte und ungefähr einer Tonne Plutonium, das zum größten Teil spaltbar ist.

Die Schwierigkeiten bei der **Entsorgung** eines Kernkraftwerks – man versteht darunter alle Maßnahmen, die zur weiteren Behandlung des „abgebrannten" Brennstoffs erfolgen müssen – werden durch die radioaktiven Abfälle und das Plutonium verursacht.

Die Radioaktivität der Spaltstoffe ist kurz nach der Entnahme der Brennstäbe aus dem Reaktor so hoch, daß diese noch lange Zeit große Wärmemengen abgeben. Man läßt deshalb die Brennelemente für etwa ein halbes Jahr in einem gekühlten Wasserbecken neben dem Reaktor, bis sie soweit abgekühlt sind, daß sie zu *Zwischenlagern* transportiert werden können.

Die Halbwertszeiten der radioaktiven Spaltstoffe ist zum Teil sehr groß. Sie müssen deshalb mehrere tausend Jahre lang so aufbewahrt werden, daß sie unmöglich in die Luft oder die Nahrungskette des Menschen gelangen können. Dieses Problem der **Endlagerung** scheint technisch lösbar. Derzeit hält man es für das sicherste, diese Stoffe (Atommüll) tief in der Erde in ehemaligen Salzbergwerken einzulagern.

Doch soll man wegen der nur 3% radioaktiver Abfälle auf das wiederverwertbare Plutonium sowie die große Menge Uran verzichten? Dessen Gehalt an U-235 ist immer noch ungefähr so hoch wie im Natururan.

Diese Frage steht heute neben der Frage der Endlagerung im Mittelpunkt der Auseinandersetzung um die Kernenergie. Will man nämlich die noch brauchbaren Bestandteile der Brennelemente vom Abfall trennen, so sind technisch aufwendige und kostspielige **Wiederaufarbeitungsanlagen** nötig.

Durch eine Wiederaufarbeitung könnten die Uran- und Plutoniumanteile der Brennelemente wieder dem **Brennstoffkreislauf** (Abb. 1) zugeführt werden. Dadurch wäre ein rohstoffarmes Land wie die Bundesrepublik Deutschland weniger von der Uraneinfuhr abhängig. Außerdem verringerte sich die Menge des Atommülls deutlich: statt 100 t müßten nur noch wenige Tonnen Abfall in ein Endlager.

Die Gegner der Wiederaufarbeitung sehen vor allem zwei Gefahren:

- Das bei der Wiederaufarbeitung anfallende hochangereicherte Plutonium könnte zum Bau von Atomwaffen verwendet werden, wenn es in falsche Hände gerät.
- Wiederaufarbeitungsanlagen stellen wie Kernkraftwerke eine potentielle Gefährdung der Umwelt dar.

Beide Bedenken müssen ernstgenommen werden. Wiederaufarbeitungsanlagen erfordern eine strenge Überwachung und Sicherung der Plutoniumvorräte sowie die strikte Einhaltung aller Strahlenschutzvorschriften beim Bau und Betrieb der Anlage.

Aufgaben

1. Welche Maßnahmen sollen verhindern, daß aus Kernkraftwerken radioaktive Stoffe nach außen dringen?
2. Vergleiche die Strahlenbelastung durch Kernkraftwerke mit der durch andere natürliche und zivilisatorisch bedingte Einflüsse!
3. Warum muß ein Kernreaktor auch noch nach dem Abschalten gekühlt werden?
4. Worin bestehen die Hauptprobleme bei der Entsorgung von Kernkraftwerken?
5. Vergleiche die im Text gemachten Angaben über die Menge der entstandenen Spaltstoffe mit dem Ergebnis der Rechnung von Aufg. 9 auf S. 352!
6. Warum lagert man abgebrannte Brennelemente nach ihrer Abkühlung nicht gleich in einem Bergwerk ab?
7. Welche Vorteile ergeben sich durch die Wiederaufarbeitung der Brennelemente? Welche Probleme tauchen auf?
8. Besorge dir Informationsmaterial über den Themenkreis Kernenergie. Vergleiche die Aussagen von Befürwortern und Gegnern von KKW!

4 Alternative Energiequellen

4.1 Regenerative Energiequellen

Kostenlose Energiequellen liefern nicht kostenlos

Fossile und nukleare Energiequellen belasten durch Schadstoffe und Abwärme unsere Umwelt (vgl. S. 343). Wäre es aber unter diesen Umständen nicht besser, diejenigen Energieträger zu nutzen, die uns von der Natur „kostenlos" zur Verfügung gestellt werden? Es handelt sich dabei um Sonnenstrahlung, Umgebungsluft, Erdboden, Erdkern, Grundwasser, Fließwasser, Meerwasser, Wellen und Gezeiten und Wind. Die Nutzung dieser Energieträger belastet unsere Umwelt nicht. Sie wäre daher eine echte Alternative (= zweite Möglichkeit).

Man nennt diese Energiequellen auch **regenerativ,** weil sie sich stets erneuern. Wind z. B. gibt es zwar nicht überall in ausreichendem Maße und zu jeder Zeit; es gibt ihn aber immer wieder. Nach menschlichen Zeitmaßstäben gerechnet, sind diese Energiequellen auch unerschöpflich.

Betrachten wir zunächst den **Wind.** Er wird immerhin schon seit mehreren tausend Jahren (vgl. S. 133) von den Menschen eingesetzt. Leider weht er nicht überall gleichmäßig und mit genügender Stärke. Zu seiner Nutzung ist eine Windgeschwindigkeit von $v > 4$ m/s im Jahresmittel nötig. Das ist in der Bundesrepublik Deutschland nur an den Küstengebieten und in Bergregionen der Fall.

Das Prinzip der Windenergienutzung ist einfach: Luft strömt gegen einen Rotor und treibt ihn an, dabei sinkt die Geschwindigkeit der Luft ab. Die umgesetzte Energie stammt aus der kinetischen Energie der Luft. Es ist aber sehr schwierig, die Windenergie zu nutzen. Kostenintensiv wirken sich nämlich nicht nur die Anlagen aus, sondern vor allem die Tatsache, daß der Wind weht, wann er will und wo er will. Er richtet sich z. B. nicht nach dem Spitzenbedarf einer Großstadt.

In der Bundesrepublik Deutschland gab es bereits 1985/86 eine Versuchsanlage: *Growian I* (**Gro**ße **Wind**energie-**An**lage), Abb. 3. Diese damals größte Windenergieanlage der Welt in der Nähe von Brunsbüttel an der deutschen Nordseeküste gab bei einer Turmhöhe von 100 m und einem ebenso großen Rotordurchmesser und bei Windgeschwindigkeiten zwischen 12 m/s und 24 m/s eine Leistung von 3000 kW = 3 MW ab. Festigkeitsprobleme führten zum Abbau des Growian.

Zum Vergleich: 1979 betrug die Lastspitze in Frankfurt 550 MW (maximal benötigte elektrische Leistung). Das entspricht einem Einsatz von $550:3 \approx 183$ Windkraftanlagen von der Größe des Growian.

Es gibt Schätzungen, wonach insgesamt 40 TWh (Terawattstunden) von Wind-Energieanlagen erzeugt

Abb. 3 Growian I (vor dem Abbau)

werden könnten. Das entspricht etwa 12 % des Endverbrauchs an elektrischer Energie in der Bundesrepublik Deutschland im Jahre 1985. Allerdings müßten 4000 Growiane installiert werden. Mit Windkraftanlagen sind also die Energieprobleme der Zukunft nicht zu lösen.

Geothermische Energie entsteht vor allem durch den Zerfall radioaktiver Materialien im Erdinnern. Wo Grundwasser in die heißen Zonen der Erdschicht eindringt, bildet sich heißes Wasser oder es entstehen Dämpfe. Heiße Quellen können leicht genutzt werden.

Die Erschließung tieferliegender Wärmequellen bereitet große technische Schwierigkeiten. Heiße Gesteinsschichten von 300 °C in 3 bis 5 km Tiefe sind nun nicht gerade bequem zugänglich. Das Wasser muß erst in große Tiefen gebracht werden und mit genügend innerer Energie versehen auch wieder an die Erdoberfläche kommen. Wie man das technisch lösen könnte, ist in Abb. 1 auf S. 356 zu sehen. Weltweit werden industriell genutzt: 4000 bis 5000 MW.

Die Ergiebigkeit geothermischer Energiequellen ist gering. Das schließt jedoch nicht aus, daß es Regionen gibt, wo bereits jetzt diese Energien genutzt werden. In Island z. B. wurde 1974 50% des Wärmebedarfs für die Raumheizung aus geothermischer Energie gedeckt. Allerdings hat Island auch nur ca. 200 000 Einwohner.

Ähnlich gering ist die Ergiebigkeit der Gezeiten als Energiequelle. Gezeitenkraftwerke gibt es bereits, z. B. das 240-MW-Gezeitenkraftwerk an der französischen Atlantikküste. Die Einrichtung und die Wartung eines solchen Gezeitenkraftwerks sind aber außerordentlich teuer.

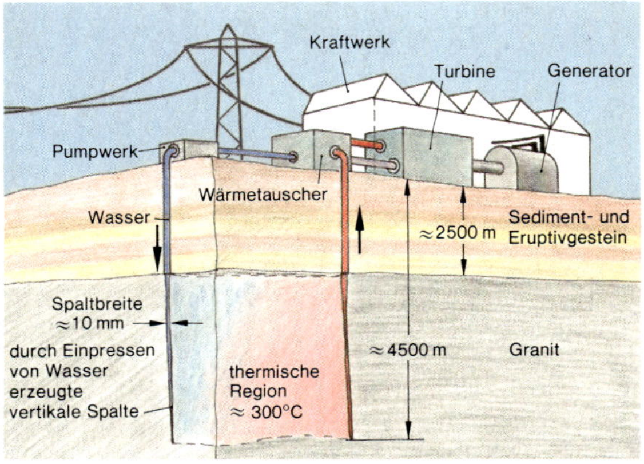

Abb. 1 So könnte man die Energie heißer Gesteinsschichten nutzen

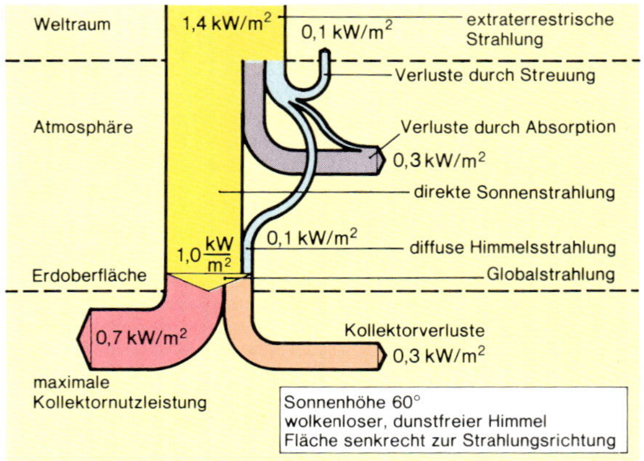

Abb. 3 Leistungsbilanz der Sonneneinstrahlung in Mitteleuropa (50° nördl. Breite)

Was sollte man verstärkt nutzen?

In Abb. 2 sind die Reserven an regenerativen Energien im Verhältnis zum Primär-Energieverbrauch in der Bundesrepublik Deutschland im Jahre 1975 zusammengestellt. Dieser betrug damals 0,32 TW (Terawatt) = $0{,}32 \cdot 10^{12}$ W. Die geschätzten Reserven an Sonnenenergie betragen 9 000% vom Primär-Energieverbrauch, also

$$\frac{9000}{100} \cdot 0{,}32\ \text{TW} = 90 \cdot 0{,}32\ \text{TW} \approx 29\ \text{TW}.$$

Das ist das 90fache des Primär-Energieverbrauchs von 1975. Die wirtschaftlich nutzbaren Leistungen erreichen nur 3% des Primär-Energieverbrauchs, also nur das 0,03fache oder $\frac{3}{100} \cdot 0{,}32\ \text{TW} = 9{,}6\ \text{GW}$.

Die Übersicht über die wirtschaftlich nutzbaren Leistungen bietet für denjenigen, der sich eine vollständige Versorgung mit Energie aus regenerativen Quellen erhofft, wenig Erfreuliches. Man sollte jedoch den Mut nicht verlieren. Es kommt in Zukunft darauf an, *alle* Möglichkeiten zu nutzen.

Von allen regenerativen Energiequellen sind für die Bundesrepublik Deutschland die Wärme aus der Umgebung und die direkte Nutzung der Sonnenenergie von größerer Bedeutung.

	Primär zur Verfügung stehend	Technisch nutzbar	Wirtschaftlich nutzbar
Sonnenenergie	9000	12	3
Windenergie	50	22	2
Fließwasserenergie	3	1,0	0,8
Meeresenergie	2	0,8	0,2
Geothermische Energie	8	2	1
Umgebungswärme	(beliebig)	25	10

Abb. 2 Reserven an regenerativen Energiequellen in der Bundesrepublik Deutschland in Prozent des Primärenergieverbrauchs von 1975

4.2 Sonnenenergie direkt

Solarkonstante

Über die Strahlungsenergie, die pro Sekunde und Quadratmeter auf die Erde auftrifft, gibt die Solarkonstante Auskunft. Bei senkrechtem Auftreffen der Strahlung hat die Solarkonstante den Wert:

$$\text{Solarkonstante} = 1{,}4\,\frac{\text{kJ}}{\text{m}^2\,\text{s}} = 1{,}4\,\frac{\text{kW}}{\text{m}^2}.$$

Das bedeutet: In jeder Sekunde wird einer Fläche von 1 m^2 bei senkrechtem Auftreffen der Sonnenstrahlung außerhalb der Erdatmosphäre eine Energie von 1,4 kJ zugestrahlt.

Wieviel das ist, macht uns das folgende Beispiel klar: Die nach Süden geneigte Dachfläche eines Einfamilienhauses hat eine Größe von $11\ \text{m} \cdot 6\ \text{m} = 66\ \text{m}^2$. Könnte man die zugestrahlte Leistung ganz nutzen, dann würden von dieser Fläche $1{,}4\,\frac{\text{kW}}{\text{m}^2} \cdot 66\ \text{m}^2 \approx 92\ \text{kW}$ eingefangen, mehr als genug, um den Leistungsbedarf des Einfamilienhauses von 22 kW abzudecken.

Leider geht das nicht so einfach. Abb. 3 zeigt, woran es liegt. Verluste durch Streuung und Absorption in der Atmosphäre sorgen dafür, daß an der Erdoberfläche wesentlich weniger zur Verfügung steht. Bei günstigsten Strahlungsbedingungen (wolkenloser, dunstfreier Himmel, Sonnenhöhe 60°, Dachfläche senkrecht zur Strahlungsrichtung) kommen an der Erdoberfläche in Mitteleuropa in 50° nördlicher Breite von den 1,4 kW/m^2 nur noch etwa 1,0 kW/m^3 an. Da nicht alles nutzbar ist – bei der Verwertung treten Verluste auf –, bringen die 66 m^2 nur noch $0{,}7\,\frac{\text{kW}}{\text{m}^2} \cdot 66\ \text{m}^2 = 46\ \text{kW}$. Dies aber nur unter günstigen Bedingungen. Um eine Stadt wie Frankfurt (Spitzenbedarf: 550 MW = 550 000 kW) mit Hilfe der Sonnenenergie zu versorgen, wären also $550\,000\ \text{kW} : 0{,}7\ \text{kW/m}^2 \approx 0{,}8 \cdot 10^6\ \text{m}^2 = 0{,}8\ \text{km}^2$ nötig.

Warmwasserversorgung mit Flachkollektoren

In den Sommermonaten kann man die Sonnenstrahlung sehr gut zur Warmwasserversorgung ausnutzen. Dies geschieht mit sogenannten **Flachkollektoren** (Kollektor, lat. = Sammler). Ihre Wirkungsweise beruht auf physikalischen Erkenntnissen, die wir im Zusammenhang mit der Untersuchung der Wärmestrahlung (vgl. S. 209) gewonnen haben. Ihre Wirkungsweise verdeutlicht noch einmal der folgende Versuch, der auch zu Hause durchgeführt werden kann.

Versuch 1: Ein Schlauch aus schwarzem Gummi wird mit Wasser gefüllt und etwa 1 Stunde der Sonnenstrahlung ausgesetzt. Das Wasser ist deutlich wärmer geworden.

Eine **solare Warmwasserbereitungsanlage** ist sehr einfach gebaut. Sie besteht aus dem *Kollektor*, dem *Warmwasserspeicher* und dem *Leitungs- und Regelsystem* (Abb. 4). Der Kollektor ist in der Regel auf dem Dach nach Süden unter einem Neigungswinkel zwischen 35° und 60° montiert. In dem Warmwasserspeicher ist ein Wärmetauscher eingebaut. Dort gibt das Kollektorwasser Wärme an das Brauchwasser ab. Das Leitungssystem besteht aus Umwälzpumpe, Temperaturregler und den Verbindungsleitungen zwischen Kollektor und Speicher. Da die Strahlungsbedingungen nicht immer optimal sind, muß eine Zusatzheizung vorgesehen werden, die im Sommer elektrisch betrieben und im Winter an die Zentralheizung angekoppelt wird.

Mit Flachkollektoren erreicht man keine sehr hohen Temperaturen; sie reichen aber für die Warmwasserbereitung aus.

Will man höhere Temperaturen erzielen, dann muß man die Energie konzentrieren. Ein Beispiel ist der **Sonnenofen** in den französischen Pyrenäen (Abb. 5), der speziellen Zwecken dient.

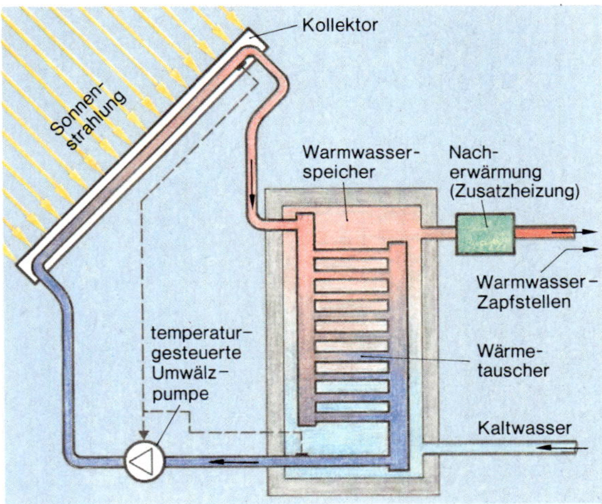

Abb. 4 Schematische Darstellung einer solaren Warmwasserbereitung

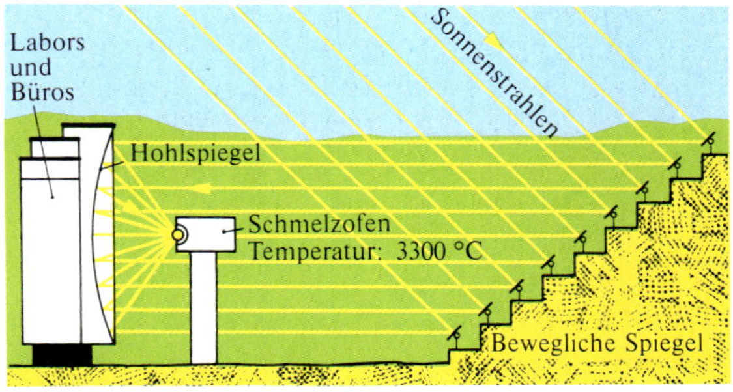

Abb. 5 Sonnenofen in Odeillo in den frz. Pyrenäen. Die Anlage besteht aus 63 Planspiegeln, die dem Sonnenlauf folgen und das Sonnenlicht auf einen gigantischen Hohlspiegel lenken. In dessen Brennpunkt werden Temperaturen bis zu 3800 °C erreicht. Der Sonnenofen dient vorwiegend der Untersuchung und Entwicklung von Werkstoffen

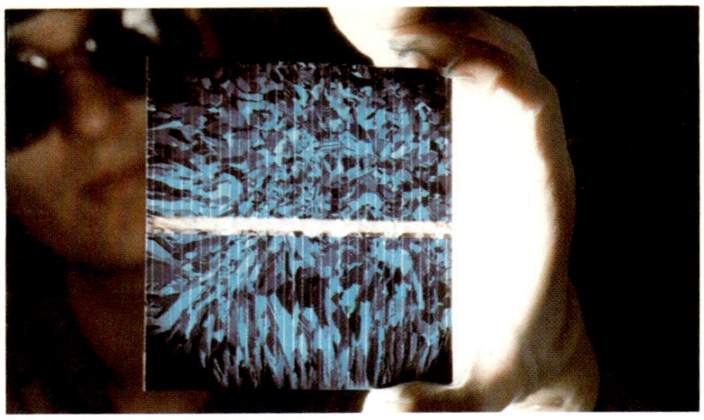

Abb. 1 Solarzelle der Größe 10 × 10 cm^2 aus multikristallinem Silizium zur direkten Umwandlung von Sonnenlicht in Elektrizität

Direkte Umwandlung von Lichtenergie in elektrische Energie

Völlig verschieden von den Flachkollektoren sind in ihrer Wirkungsweise die **Solarzellen** (Abb. 1). Sie bestehen aus zwei verschieden dotierten Halbleitermaterialien. Fällt Licht auf eine solche Zelle, dann entsteht an ihr eine elektrische Spannung, die etwa 100 bis 500 mV beträgt. Durch Hintereinanderschalten vieler Solarzellen läßt sich die Spannung wesentlich erhöhen. Auf den „Sonnenpaddeln“ mancher Satelliten sind viele solcher Solarzellen montiert.

Der Wirkungsgrad von Solarzellen ist zur Zeit noch gering (etwa 5% bis 15%) und die Herstellung außerordentlich teuer (ca. 100 DM für 1 Watt). Daher werden Solarzellen nur für spezielle Zwecke eingesetzt.

Sonnenenergie – Hoffnung oder Utopie?

Wir haben erfahren, daß in Mitteleuropa an der Erdoberfläche von der zugestrahlten Energie nur 0,7 kW/m^2 genutzt werden können. Aber das ist nicht die ganze Wahrheit. Die Sonnenstrahlung ist in unserer nördlichen Klimazone die unzuverlässigste aller nutzbaren regenerativen Energiequellen. Sie ist starken Schwankungen unterworfen. Im Winter steht die Sonne sehr tief und scheint – wenn überhaupt – nur etwa 8 Stunden am Tag. Aber auch im Sommer ist die Sonne häufig durch Wolken oder Nebel verdeckt. Die durchschnittliche Sonnenscheindauer im Jahr beträgt in manchen Gegenden Deutschlands nur 1300 Stunden. Nur in wenigen Gebieten – so z. B. um Heidelberg oder Stuttgart – scheint die Sonne im Mittel bis zu 2000 Stunden im Jahr. Zum Vergleich: Im Mittelmeerraum beträgt die mittlere Sonnenscheindauer 2500 h im Jahr und in den USA liegen die Werte im größten Teil des Landes über 2500 h.

Der Ausnutzung der Sonnenstrahlung als Energieträger sind bei uns natürliche Grenzen gesetzt. Trotzdem sollte diese natürliche Energiequelle in Zukunft besser genutzt werden.

4.3 Sonnenenergie indirekt

Während der direkten Nutzung der Sonnenenergie in unseren Breiten eine natürliche Grenze gesetzt ist, hat die **indirekte Nutzung** größere Chancen. Erdboden, Grundwasser und Umgebungsluft sind Zwischenspeichern vergleichbar, die täglich mit Sonnenenergie „aufgeladen“ werden. Leider ist diese Energie wegen der relativ niedrigen Temperatur wenig wert. Sie geht z. B. nicht von selbst auf andere Körper über (vgl. S. 210). Sie muß erst, damit sie verfügbar wird, aufgewertet werden. Dies kann mit Wärmepumpen geschehen, deren Wirkungsweise wir im Kap. Wärme kennengelernt haben. Zu dieser „Aufwertung“ ist Energie nötig, anderweitig gewonnene Energie, z. B. hochwertige elektrische Energie oder die in Benzin oder Dieselöl gespeicherte chemische Energie. In Abb. 2 sind verschiedene Möglichkeiten dargestellt, wie man der Umgebung Energie entziehen kann. Das Prinzip ist in allen Fällen das gleiche: Durch Verdampfen einer Flüssigkeit (eines Arbeitsmittels) wird aus der Umgebung (Erdreich, Luft, Grundwasser, Fließwasser) Wärme – Verdampfungsenergie – an die Flüssigkeit übertragen. Das gasförmige Arbeitsmittel wird anschließend im Kompressor verdichtet. Druck und Temperatur erhöhen sich. Im Verflüssiger gibt das Arbeitsmittel an die Umgebung (Brauchwasser, Heizungswasser) die gespeicherte Verdampfungsenergie wieder ab.

Wärmepumpen arbeiten dann günstig, wenn die Temperaturunterschiede zwischen dem Energiespender und dem Energieempfänger nicht sehr groß sind. Für den Winter müssen daher Zusatzheizungen vorgesehen werden, also ein bivalentes Heizungssystem (bivalent, lat. = zweiwertig).

Durch konsequentes Energiesparen (Vermeiden unnötiger Energieentwertungen, bessere Wärmedämmung), durch optimale Ausnutzung bereits vorhandener Energiequellen (Verbesserung des Wirkungsgrades, Nutzung der Abwärme) und durch sinnvolle Nutzung der regenerativen Energiequellen haben wir eine Chance, unsere Energieprobleme umweltschonend zu lösen.

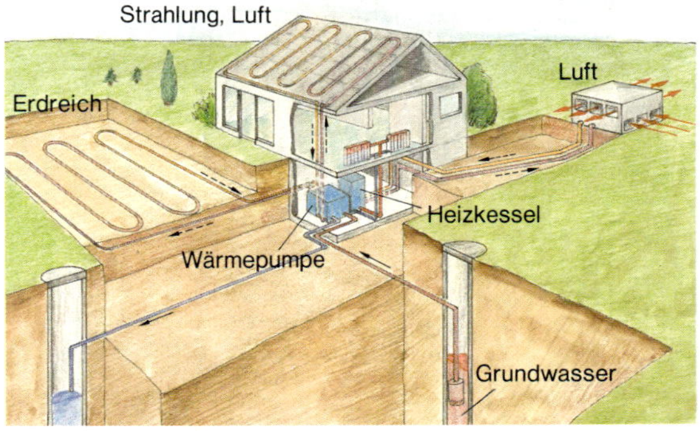

Abb. 2 Möglichkeiten für Wärmepumpen

Basiswissen Energie

Energie und Energieformen

Mit dem Begriff **Energie** (Symbol E oder W) beschreibt man in der Physik z. B. die Fähigkeit von Körpern, mechanische Arbeit verrichten zu können. Mechanische Energie kann in Form von kinetischer Energie, potentieller Energie oder Spannenergie gespeichert werden. Die Arbeit faßt man als Energieform auf, die von einem Körper auf einen anderen übertragen wird. Der Energiebegriff spielt in allen Bereichen der Physik eine wichtige Rolle. Entsprechend der Art der **Energiespeicherung** oder der Art der **Energieübertragung** unterscheidet man verschiedene **Energieformen.** ↑S. 131 u. ↑S. 193

Speicherformen	**Übertragungsformen**
Potentielle Energie	Mechanische Arbeit
Kinetische Energie	Elektrische Arbeit
Spannenergie	Wärme
Elektrische Energie	Lichtenergie
Innere Energie	
Chemische Energie	
Nukleare Energie	

Sämtliche Energieformen lassen sich mit Hilfe geeigneter **Energiewandler** ineinander überführen. Maschinen und alle Lebewesen sind solche Energiewandler. ↑S. 339 u. 340

Wird in einem Energiewandler keine Energie gespeichert, dann ist die Summe der zugeführten gleich der Summe der abgeführten Energien. ↑S. 341

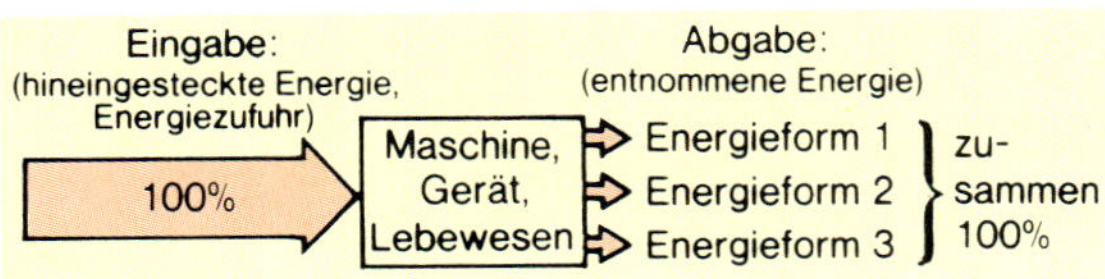

Ein System, das weder Energie nach außen abgibt noch von außen erhält, heißt **abgeschlossen.** Für **abgeschlossene Systeme** gilt der **Energieerhaltungssatz:** In einem abgeschlossenen System ist die Summe der Energien konstant. ↑S. 132

Energieeinheiten

1 Newtonmeter (Nm) = 1 Wattsekunde (Ws) = 1 Joule (J)

1 kg Steinkohleneinheit (SKE) = 29 230 kJ = 8,12 kWh

	Joule	kWh	kg SKE	Kalorie (cal) (veraltet)
1 Joule	1	$0{,}28 \cdot 10^{-6}$	$3{,}42 \cdot 10^{-8}$	0,24
1 kWh	$3{,}6 \cdot 10^{6}$	1	0,12	860 000
1 kg SKE	$2{,}9 \cdot 10^{7}$	8,12	1	$6{,}98 \cdot 10^{6}$
1 Kalorie (cal)	4,2	$1{,}16 \cdot 10^{-6}$	$1{,}43 \cdot 10^{-7}$	1

Energieentwertung – Wirkungsgrad

Die mechanischen Energien und die elektrische Energie sind „hochwertige" Energieformen. Mit Wärme dagegen kann man weniger anfangen. Bei der Umwandlung von elektrischer oder mechanischer Energie in Wärme tritt eine **Energieentwertung** auf. Der **Wirkungsgrad** gibt an, welcher Anteil der zugeführten Energie in die gewünschte Energieform **(Nutzenergie)** umgewandelt werden kann. ↑S. 341

$$\text{Wirkungsgrad} = \frac{\text{ausgenutzte Energie}}{\text{hineingesteckte Energie}}$$

Der Wirkungsgrad wird meist in Prozent angegeben.

Technische Energiewandler

Hochwertige mechanische oder elektrische Energien werden mit Wärme- oder Verbrennungskraftmaschinen bereitgestellt. Zu den **Wärmekraftmaschinen** gehören die Kolbendampfmaschine und die Dampfturbine, zu den **Verbrennungskraftmaschinen** die Verbrennungsmotoren, die Gasturbinen und die Raketen. Bei den Verbrennungskraftmaschinen erfolgt die Verbrennung flüssiger oder gasförmiger Stoffe in der Maschine selbst (z. B. im Zylinder). ↑S. 345

Kraftwerke wandeln andere Energieformen in elektrische Energie um. Dies geschieht mit Hilfe von Generatoren, die von Wärmekraftmaschinen, Verbrennungskraftmaschinen oder von Wasserturbinen angetrieben werden können. In Wärmekraftwerken wird der zum Betrieb der Turbinen nötige Wasserdampf durch Kohle-, Öl- oder Gasfeuerung oder mit Hilfe eines Kernreaktors erzeugt. ↑S. 349

Theoretischer Wirkungsgrad: $\eta_{th} = 1 - T_1/T_2$.

In **Kernreaktoren** wird Energie aus der Spaltung von Atomkernen freigesetzt. Es läuft eine **kontrollierte Kettenreaktion** ab. Die **Entsorgung** umfaßt die sichere Beseitigung und Aufbewahrung der Rückstände des Kernbrennstoffs. ↑S. 352

Bedeutung der Energie

Ein hohes Angebot an Dienstleistungen und Gütern in einer Volkswirtschaft ist mit einem entsprechenden Einsatz hochwertiger Energie verbunden. Die dem Verbraucher zugeführten **End-Energieträger** (Heizöl, Benzin, elektrischer Strom u. a.) müssen mit Hilfe von Energie aus den von der Natur in ursprünglicher Form angebotenen **Primär-Energieträgern** wie Steinkohle, Rohbraunkohle, Rohöl, Erdgas usw. hergestellt werden. Dies belastet unsere Umwelt, z. B. durch Abwärme oder Schadstoffemissionen. ↑S. 342

Von zunehmender Bedeutung sind die **regenerativen** (= sich stets erneuernden) **Energiequellen.** Regenerative Energieträger sind: Sonnenstrahlung, Umgebungsluft, Erdboden, Grundwasser, Wind u. a. ↑S. 355

Rückblick und Ausblick

Die Denk- und Arbeitsweise der Physik, hinter den vielfältigen Naturerscheinungen das Meßbare, mathematisch Erfaßbare aufzuspüren, d.h. nach Naturgesetzen zu suchen, hat uns tiefgehende Einblicke in Naturzusammenhänge vermittelt.

Wegen dieser großen Erfolge haben Chemie, Biologie, Medizin und viele andere Wissenschaften sich die Methode der Physik zu eigen gemacht. Ebenso hat sie die Entwicklung unserer modernen Technik entscheidend bestimmt.

Dabei ist die Technik älter als die Physik.

Bemerkenswert ist, daß ARCHIMEDES (287–212 v.Chr.) lange vor GALILEI (1564–1642) experimentierte und seine Überlegungen in mathematischen Beziehungen dargestellt hat. Er beschäftigte sich jedoch nicht mit der eigentlichen „Natur" (gr. physis), sondern vorwiegend mit technischen Vorgängen und der Konstruktion von Maschinen. Deshalb ist Archimedes, den wir auch als bedeutenden Mathematiker kennen, ein hervorragender „Techniker" (vgl. S. 112–113).

Galilei gilt als Begründer der klassischen Physik, weil er die in der Antike herrschende strenge Trennung von „unnatürlichen", d.h. technischen Vorgängen und „natürlichen", d.h. physikalischen Abläufen aufhob (vgl. S. 6).

Er übertrug die von Archimedes in der Technik entwickelte Methode des Experimentierens, Analysierens und Mathematisierens auf die *ganze* Natur.

Diese Entscheidung ermöglichte den Siegeszug der Physik. Sie bewirkte aber auch eine folgenschwere Veränderung des ursprünglichen Verhältnisses des Menschen zur Natur. Von daher ist es verständlich, daß zwischen den Ansätzen Archimedes' und Galileis fast zweitausend Jahre liegen.

In diesem Zeitraum ist das naturwissenschaftliche Denken in erster Linie von der Naturphilosophie des ARISTOTELES (384–322) bestimmt. *Für ihn war eine „Idealisierung" der komplexen Naturerscheinungen – entscheidende Voraussetzung für Galileis methodischen Ansatz (vgl. S. 8) – ganz undenkbar.* Die Künstlichkeit und Unnatürlichkeit einer solchen Isolierung und Zergliederung der Phänomene in Teile wiedersprach seiner Grundauffassung über die Natur. Der Kosmos ist für ihn eben keine Maschine, mit der man im Sinne von Archimedes experimentieren kann.

Aristoteles betrachtet die Natur als einen großen lebendigen Organismus, den man nicht in einzelne Teile zergliedern darf.

Es geht ihm nicht um eine quantitative (zahlenmäßige) Erfassung der Naturerscheinungen durch mathematische Naturgesetze. Die *Qualitäten* sind der eigentliche Gegenstand seiner naturphilosophischen Überlegungen. Das Ersetzen von Qualitäten wie Farbe, Klang oder Geschmack durch Zahlen (Quantitäten) wäre für Aristoteles eine *Sinnentleerung* der Welt. Eine Einstellung, die sich auch trotz der sichtbaren Erfolge der physikalischen Methode immer wieder Menschen zu eigen machten, denen es nicht um Naturbeherrschung, sondern um Teilnahme an der Natur ging. Deshalb mußten sie das von Galilei, Descartes und Newton begründete mechanische Weltbild ablehnen.

Bei der Behandlung der Optik sind wir Newton gefolgt. Um die Gesetze der Optik zu finden, mußten wir aus den verwickelten Lichterscheinungen ein eng begrenztes „Lichtbündel" experimentell herauspräparieren. Erst mit der Idealisierung „Lichtstrahl" konnten wir dann in unserem Strahlen-Modell die Lichtphänomene mathematisch erfassen.

Gegen diese von Newton in seinem Werke *„Opticks"* erfolgreich angewandte Methode ist GOETHE (1749–1832) in seiner *„Farbenlehre"* geharnischt zu Felde gezogen. Er wirft Newton vor, dem Licht Gewalt anzutun, wenn er es auf „optischen Folterbänken" im dunklen Raum durch Spalte, Linsen und Prismen quäle, statt es in „seiner ewigen Ruhe und Herrlichkeit stehen zu lassen".

Sollten wir auf Goethe hören und keine Physik im Sinne Galileis und Newtons mehr treiben?

Einer der bedeutendsten Physiker unserer Zeit, WERNER HEISENBERG (1901–1976), der sich immer wieder mit den Warnungen Goethes auseinandergesetzt hat, gibt uns auf diese herausfordernde Frage eine Antwort:

„Unserer Zeit scheint es aufgegeben, die niederen Bereiche der Natur durch Experimente zu erkennen und durch Technik uns anzueignen. Wir müssen bei diesem Vordringen auf den Gebieten der exakten Naturwissenschaft also einstweilen an vielen Stellen auf eine lebendige Berührung mit der Natur verzichten, die Goethe als Vorbedingung für die tiefere Naturerkenntnis erschien. Wir nehmen diesen Verzicht auf uns, weil wir dafür ganz weite Zusammenhänge erkennen und in mathematischer Klarheit durchschauen können – Zusammenhänge, die wohl die Vorbedingung für völlig klares Verständnis der höheren Bereiche darstellen".

Es erhebt sich die Frage, von welcher Art jene „niedere" physikalische Erkenntnis und „mathematische Klarheit" ist. Vermittelt sie uns richtige Einsichten über die „wahre" Struktur der Wirklichkeit?

Darüber haben Physiker und Philosophen nachgedacht und zu verschiedenen Zeiten recht unterschiedliche Antworten gegeben. Der Physiker E. MACH (1838–1916) vertrat die Meinung, physikalische Theorien seien lediglich zweckmäßige Instrumente zur einfachen Beschreibung und Ordnung der Sinneswahrnehmungen. Der Bezug zur Wirklichkeit wird bewußt ausgeklammert.

Der Philosoph I. KANT (1724–1804) behauptete, die grundlegenden Naturgesetze seien nicht aus der Naturbeobachtung zu gewinnen, sondern Ausdruck unseres Verstandes, mit dem wir über Natur nachdenken. Es wird also behauptet, die Naturgesetze beträfen nicht die Struktur der Wirklichkeit, sondern den Prozeß der Erkenntnisgewinnung.

Die meisten Naturwissenschaftler vertreten heute einen sogenannten *„hypothetischen Realismus“*. Sie nehmen an, daß eine reale Welt mit bestimmten Strukturen existiert, die der Mensch wenigstens z. T. erkennen kann. Das „hypothetische“ kommt in der Einsicht zum Ausdruck, daß es *kein absolut sicheres Wissen über die Welt* geben kann. Indem wir Hypothesen über den möglichen Verlauf der Naturvorgänge aufstellen und im Experiment dann immer wieder kritisch prüfen, *nähern wir uns jedoch schrittweise der Wirklichkeit* (vgl. S. 117).

Ein neues Licht auf die Kantsche These, die Naturgesetze seien eigentlich die Gesetze unseres Verstandes, wirft die moderne Biologie. Nach der von K. LORENZ (geb. 1903) begründeten *„Evolutionären Erkenntnistheorie“* ist unser Gehirn ein Ergebnis der biologischen Evolution. Aufgrund des Selektionsdrucks („Kampf ums Dasein“) hätte der Mensch in seiner Entwicklung nicht überlebt, wenn ihm sein Erkenntnisapparat keine richtige Information über die Struktur der Wirklichkeit liefern würde. Dementsprechend wird festgestellt:

Unsere Denkstrukturen passen auf die Strukturen der Wirklichkeit, weil sie im Verlaufe des biologischen Evolutionsprozesses von diesen geprägt wurden.

Die Einwände Goethes veranlaßten uns zu der Frage, *wie* und *warum* wir eigentlich Physik treiben sollten.

Nach Lorenz ist Leben ein erkenntnisgewinnender Prozeß und Evolution stets auf Erkenntnis hin gerichtet.

Dem Menschen ist somit Streben nach Erkenntnis angeboren. Wir können uns daher dem erkenntnisgewinnenden, dem physikalischen Denken, grundsätzlich nicht verschließen. Eine solche Verweigerung wäre nach Lorenz Nicht-Leben, also der Tod!

Aber der Tod lauert in einer anderen Ecke. Der Instinkt bewahrt das Tier davor, gegen die Natur zu handeln. Der mit Verstand begabte Mensch hat sich die Natur untertan gemacht. Er hat die gefährliche Freiheit, gewonnene Erkenntnis instinktlos und auch bewußt gegen die Natur, gegen das Leben bis zu seiner Selbstvernichtung anzuwenden.

Deshalb begreifen wir gerade heute, da diese Instinktlosigkeit bereits bedrohliche Formen angenommen hat, den tiefen Sinn der Prometheus-Sage, nach der Prometheus von Zeus an einen Felsen gekettet wurde, weil er gegen den Willen der Götter den Menschen das „göttliche Feuer“ – Symbol der Erkenntnis und Naturbeherrschung – auf die Erde brachte.

Gibt es einen Weg aus dieser Krise, in die das naturwissenschaftliche Denken geraten ist?

Sicher ist es keine Lösung, auf Naturwissenschaft und Technik verzichten zu wollen. Eine Flucht in irrationale Bereiche oder romantische Utopien bedroht in gefährlicher Weise die materielle Existenzgrundlage der Menschheit. Die Balance muß auf rationale Art hergestellt werden.

Das von der klassischen Physik entworfene mechanistische Weltbild, das durch eine Zergliederung der Natur in Teile charakterisiert ist, bedarf einer wesentlichen Erweiterung durch eine neuartige ganzheitliche, ökologische Betrachtungsweise.

Noch besteht Hoffnung: Entwicklungen der modernen Physik, besonders die Theorie der selbstorganisierenden Systeme und *Synergetik* (Lehre vom Zusammenwirken der Kräfte beim Entstehen anorganischer und organischer Strukturen) zeigen neue Perspektiven einer von den Naturwissenschaften selbst ausgehenden *Synthese zum Ganzen.*

Der Kosmos wird nicht mehr als Maschine, sondern eher wieder im Sinne von Aristoteles und Goethe als zusammenhängender Organismus verstanden.

Diese bedeutsamen Zeichen eines Umbruchs im naturwissenschaftlichen Denken lassen uns hoffen, in einen neuen menschlicheren *„Dialog mit der Natur“* (I. PRIGOGINE) zu treten.

Unsere heutige naturwissenschaftliche Welt, aus der sich die alten Gewißheiten weitgehend verflüchtigt haben und die erkenntnistheoretisch ebenfalls von Unsicherheit gekennzeichnet ist, bedarf aber auch – wie M. EIGEN (geb. 1927) es formuliert hat – „eines auf Hoffnung, Barmherzigkeit und Liebe bauenden Humanismus“, d. h. einer Rückbindung der naturwissenschaftlichen Erkenntnis und Methode ins Menschliche.

Auch unter diesem Aspekt sollten wir uns mit Physik auseinandersetzen!

Sachwortverzeichnis

A
Abbildungsfehler 42
Abbildungsgesetz bei der Lochkamera 20, 46f.
Abbildungsmaßstab 19, 46
abgeleitete Einheit 91
abgeleitete Größe 84
Ablenkspule 312
Abschirmung elektrischer Felder 239
Abschirmung radioaktiver Strahlung 321
absoluter Nullpunkt 186, 212
absolute Temperatur 185f.
absolute Temperaturskala (Kelvinskala) 186, 212
Absorptionsspektrum 68
Achse, optische 30, 40
achsenparalleler Strahl 45
additive Farbmischung 67
Adhäsion 80, 109
Aggregatzustand 80
Aggregatzustandsänderung 198, 212
Akkomodation 54
Akkumulator 219, 250, 270
Allgemeine Gasgleichung 191
alternative Energiequellen 355ff.
Ampere (Einheit) 245, 273
Amperesekunde 247
Amplitude 161
Amplitudenmodulation 311
angereichertes Uran 350
Angriffspunkt 98
Anhalteweg 179
Anker 225, 274
Anode 220
Anomalie des Wassers 190, 212
Antenne 311
Anwendungen radioaktiver Isotope 330
Aquaplaning 108
Äquivalentdosis 325
Aräometer 156
Arbeit 127ff., 135, 140, 182, 212
Arbeit, elektrische 267, 270
Arbeitsweise der Physik S. 6f., 17, 78, 104, 360
Archimedische Schraube 113
Archimedisches Gesetz 154ff., 160
artesischer Brunnen 144
α-Strahlung 321
α-Teilchen 323
Atmosphäre 145, 146
Atom 78, 315
Atombatterien 327
Atombombe 334
Atomkern 316
Atomrumpf 232
Atomzerfall 328
Außenleiter 285
Auflösungsvermögen des Auges 57
Auftrieb 154ff.
Auge, menschliches 53
Ausdehnung der Körper beim Erwärmen 183, 212
Ausdehnung von festen Körpern 187
Ausdehnung von flüssigen Körpern 189
Ausdehnung von Gasen 191
Ausgangsleistung 304
Automatisierung 313
α-Zerfall 328

B
Balkenwaage 93, 124
Bandgenerator 248
Bar 139
Basis (Transistor) 300
Basiseinheiten 84
Basisgrößen 84, 89
Basisstrom 301
Batterie 250
Beleuchtungsstärke 20
Belichtungsmesser 21
Belichtungszeiten 49
benetzende Flüssigkeit 80
Berührungselektrizität 234
Beschleunigung 176, 178
Beschleunigungsarbeit 130
Bewegung, beschleunigte geradlinige 174
Bewegung, gleichförmige 111, 171, 172
Bewegung, gleichmäßig beschleunigte 176, 177
Bewegungsenergie 131ff., 193
Bezugssystem 171
Bildentstehung bei Sammellinsen 44
Bildgröße 19, 46
Bildkonstruktion 31, 45, 48
Bildweite 19, 46
Bimetallschalter 189
Bindungselektronen 293
bistabile Kippschaltung 307
Blendenzahlen 51
blinder Fleck 54
Blitzableiter 238
Blutdruck 143
Bolzensprenger 187
Bourdonsche Röhre 139
Boyle-Mariottesches Gesetz 152f., 160, 191
Braunsche Röhre 240, 244
Brechkraft der Linse 43
Brechungsgesetz 34
Bremsanlage eines Autos 136
Bremsen, hydraulische 140
Bremsweg 174, 179, 180
Brennebene 43
Brennpunkt 30, 41
Brennstoffkreislauf 354
Brennstrahl 45
Brennweite 30, 43
Brille 43, 54, 61
Brownsche Bewegung 79f., 181
Brückenschaltung 266
β-Strahlung 321
β-Teilchen 323
Bügeleisen 189
β-Zerfall 328

C
camera obscura 18
Candela (Einheit) 20
Celsiusskala 212
Celsiustemperatur 185
chemische Elemente 78
chemische Verbindungen 78
chemische Wirkung des elektrischen Stromes 226
Chip 307
codieren 309
Cortisches Organ 167
Coulomb (Einheit) 247
Curie-Punkt 216

D
Dämmerung 15
Dampfdruck 200
Dampfkraftanlagen 198
Dauermagnet 216
decodieren 309
deduktive Methode 117, 142, 155, 177, 191
Dehnungsdiagramm 103
Deklination 218
Dezibelskala 168
Dia-Projektor 52
Dichte 94f., 111
Dieselmotor 182
Diffusion 79, 80
Dioptrie 43
Dipol, elektrischer 236
Dispersion des Lichts 36, 64
Dissoziation 243
Doppel-T-Anker 274
Dosenbarometer 148
dotierte Halbleiter 295, 308
Drahtwiderstand 258
Drehmoment 121, 125ff., 133
Drehmomentwandler 125, 135
Drehspulinstrument 246
Drehstromgenerator 284
Drehstromnetz 284
Drehzahl 125
Dreifach-T-Anker 274
Dreifarbendruck 69
Dreifinger-Regel der linken Hand 272
Druck 136, 138, 141, 160
Druck, hydrostatischer 142
Druck, systolischer 143
Druckdose 141, 144
Druckluft 152
Druckpumpe 145
Druckwächter 144
Druckwandler 167
Druckwasserreaktor 350
dynamischer Auftrieb 159, 160
Dynamomaschine 284, 291

E
Ebene, schiefe 116, 133
ebener Spiegel 27
Echo 164, 165
Echolot 165
EDV 293
Eichung von Thermometern 186
Eigenfrequenz 162
Eigenstrahlung 325
Einfallsebene 26
Einfallslot 27
Einfallswinkel 34
Eingangsleistung 304
Einheiten, abgeleitete 84
Einscheibentrockenkupplung 108
elastisch 102
elektrische Energie 131
elektrische Ladung 227
elektrische Leitfähigkeit 256
elektrischer Widerstand 255
elektrische Schwingungen 12
Elektrizitätswerk 289
Elektrode 220
Elektrokardiogramm (EKG) 302
Elektrolyse 243
Elektrolyte 243
Elektromagnet 224
elektromagnetische Induktion 276
Elektromagnetismus 224
Elektrometer 233
Elektromotor 273, 291
Elektronen 231
Elektronenbewegung 240
Elektronenleitung 242
Elektronenröhren 292

Elektronenstrahlen 240
Elektronenstrahloszilloskop 162
Elektronenvorstellung 232
Elektronik 292
Elektroschweißen 287
Elektroskop 229
Elementarbezirk 215
Elementarladung 232
Elementarmagnet 215
Elementarteilchen 328
Elemente, galvanische 249
Emitter 300
Empfänger 309
empirische Funktionen 104
Endlagerung 354
Energie 127, 130, 135
Energie, chemische 131
Energie, elektrische 248
Energie, innere 192, 193, 204, 212
Energie, kinetische 133, 193
Energie, potentielle 131, 193
Energiebilanz 197
Energieerhaltung 132
Energieerhaltungssatz 135, 192
Energieformen 130f., 135
Energiequelle, elektrische 219
Energiequellen, alternative 355ff.
Energietransport 163
Energiewandler 133, 211
Entladestrom 251
Erdmagnetismus 218
Ersatzwiderstand 262
erstarren 198, 201, 212
Erstarrungstemperatur 201
Erwärmungsgesetz 194, 212
erzwungene Schwingungen 162
Experiment 8, 17, 78, 104, 117, 360

F
Fadenpendel 8
Fahrtschreiber 172
Fallbeschleunigung 178
Fallbewegung 178
Faraday-Käfig 230, 238
Farben 64
Farbfernsehen 312
Farbkennzeichnung von Widerständen 258
Farbmischung 67
Farbzerstreuung 36
Fata Morgana 38
Federkraftmesser 98
Federpendel 10
Fehlergrenzen 87, 88
Fehlsichtigkeit 54
Feld, elektrisches 237, 244
Feldionenmikroskop 315
Feldlinie, elektrische 238, 244
Feldlinie, magnetische 218
Fensterzählrohr 320
Fernleitung 290
Fernpunkt 54
Fernrohre 58
Fernsehröhre 312
Ferrit 214
ferromagnetische Stoffe 213
Festkörper 81, 104, 181
Feuerzeug, pneumatisches 182
Fieberthermometer 186
FI-Schalter 269
Fixpunkte 185
Flächeninhalt 83, 111
Flaschenzug 114f., 133
Fliegen 158f.
Flip-Flop-Schaltung 307
Flugzeuge 158
fluoreszierende Stoffe 70
Flüssigkeiten, Eigenschaften 80, 81
Flüssigkeitsreibung 110
Flüssigkeitsthermometer 186
Focus 30
Förderschnecke 113
Fotoapparat 49
Fotodiode 299
Fotowiderstand (= LDR) 295
freier Fall 178
Freistrahlturbine 134
Frequenz 161, 162
Fresnel-Kondensorlinse 53
Fusionsreaktor 336

G
galvanisches Element 270
galvanisieren 243
Gasdruck 160
Gasgleichung, Allgemeine 212
Gasometer 86
Gasthermometer 186
GAU 353
Gedankenexperiment 9
Gefahren des elektrischen Stromes 221, 269
Gefahren radioaktiver Strahlen – Strahlenschutz 324
Gegenkraft 99
Gegenstandsgröße 19, 46
Gegenstandsweite 19, 46
Geiger-Müller-Zählrohr 319
Gelber Fleck 54
Generator 276, 281, 291
genetische Strahlenschäden 324
geometrische Optik 16
Geräusch 162
Germanium 293
Gesamtwiderstand 263
Geschwindigkeit 89f., 111, 172
Geschwindigkeit, mittlere 172
Geschwindigkeit, Momentan- 174
Geschwindigkeits-Zeit-Diagramm 172
Geschwindigkeits-Zeit-Gesetz 177
Gewicht 75, 123
Gewichtskraft 76, 96, 100, 111, 178
Gewitter 238
Glasfaserkabel 310
Glasfasern 39
gleichförmige Bewegung 89, 90
Gleichgewicht, indifferentes 135
Gleichgewichtsarten 123, 135
Gleichgewichtsbedingung für den Hebel 118f.
Gleichgewichtsbedingung für die schiefe Ebene 117
Gleichrichter 240, 298, 308
Gleichspannung 283
Gleichstromgenerator 283
Gleitreibung 108
Gleitreibungszahl 110
Glimmlampe 220
glühelektrischer Effekt 232
Glühkathode 239
Glühlampe 226
Goldene Regel der Mechanik 129, 135
Gong, elektrischer 225
Gravitation 76f., 111
Gravitationsdrehwaage 76
Größe, abgeleitete 90
Größe, gerichtete 99
Grundton 166
γ-Strahlung 321, 323
Gültigkeitsbereich eines Naturgesetzes 104

H
Haftreibung 108
Haftreibungszahl 110
Halbleiter 293, 308
Halbleiterbauelemente 292
Halbleiterdiode 297, 308
Halbleiter-Elektronik 296
Halbschatten 22
Halbwertszeit 329
hartmagnetischer Werkstoff 216
Hauptregenbogen 38
Hauptebene 42
Hauptschlußmotor 275
Hauptstrahlen 45
Hausinstallation 269
Haustürklingel 225
Hebel 114, 118, 121
Hebelarm 121, 133, 119
Hebelgesetz 118f., 120
Hebemagnet 223
Heißleiter 293
Heißluftballon 156
Heizstrahler 71
Hektopascal 139
Hertz 162
Hitzdrahtinstrument 247
Hochdruckgebiete 148
Hochfrequenz-Generator 311
Hochspannung 287
Hochspannungstransformator 286
Hochstromtransformator 287
Hochvakuum 151
Hofmannscher Apparat 226
Höhensonne 72
Hohlspiegel 29
Hörfläche 169
Hörgrenze 168
Hornhaut 53
horror vacui 145, 146
Hörschwelle 169
Hubarbeit 127, 130
Hufeisenmagnet 218
Hydraulik 140
hydraulische Pressen 160
hydrostatischer Druck 141, 160
Hypothese 8, 80

I
Idealisierung 8, 132, 360
indifferentes Gleichgewicht 123
Indium 296
Induktion, elektromagnetische 291
Induktionsschmelzofen 288
Induktionsspannung 276, 291
Induktionsstrom 276
induktive Methode 117
Influenz 231, 244
Infraschallschwingungen 168
Injektionsspritze 147
Inkorporation von radioaktiven Stoffen 326
Innenpolgenerator 283
Innenwiderstand 260, 266
Innenwiderstand einer Spannungsquelle 265
innere Energie 131, 202
integrierter Schaltkreis (IC) 306
Inverterschaltung 305
Ionenleitung 242
Ionisationsfähigkeit von radioaktiver Strahlung 319, 324
Ionisationskammer 329
Isobaren 148
Isolatoren 220, 293
Isotope 328
Istwert 314

J
Joule (Einheit) 127

K
Kältemischung 201
Kaltfront 149
Kaltverformung 103
Kaplanturbine 134
Kapselluftpumpe 147
Kathode 220
Keil 116
Kelvin (Einheit) 186
Kelvinskala 185
Kennlinie 259, 293, 297, 302
Kernenergie 131, 335
Kernfusion 336
Kernkräfte 328
Kernkraftwerk 335, 350
Kernladungszahl 327
Kernphysik 333
Kernreaktor 335, 350
Kernschatten 22
Kernspaltung 332
Kettenantrieb 125, 133
Kettenreaktion 334
Kilowattstunde 268
kinetische Energie 202
Kippsicherheit 120
Klang 162, 166
Klemmenspannung 265
Knall 162
Knallgaszelle 245
Knoten 91
Kohäsion 80, 109
Kohlemikrofon 310
Kolbenpumpen 145
Kollektor 300
Kollektorstrom 301
Kommutator 274, 291
Kompaß 218
Komplementärfarben 67
Komponenten einer Kraft 106, 111
Kondensationsenergie 210
Kondensatorplatten 249
kondensieren 198 f., 210, 212
Kondensor 52
Konkavlinsen 40
Kontaktelektrizität 235, 244
Kontamination 326
kontinuierliches Spektrum 65, 70
kontrollierte Kernkettenreaktion 350
Konvektion 204 f., 211 f.
Konvektion, erzwungene 205
Konvexlinsen 40
Körper 74, 111
Körperfarben 68
Körperschall 170
kosmische Strahlung 325
Kraft 96 ff., 111, 178
Kräftedreieck 107
Kräftegleichgewicht 99, 107
Kräfteparallelogramm 106, 107
Kräfteplan 99
Kraftgesetz, lineares (Hookesches Gesetz) 104, 111
Kraftmesser 98
Kraftwandler 114, 116, 124, 135, 167
Kristalle 81, 82, 104
kritische Masse 335
Kugelmodell 315
Kühlrippen 208
Kühlschrank 210
künstliche Atomumwandlung 332
Kurzschluß 265
k-Wert 211
Kybernetik 314

L
Ladestrom 251
Ladung, elektrische 244
Ladung eines Elektrons 247
Ladungsmessung 233
Ladungstransport 242, 244
Ladungstransport
- in Flüssigkeiten 243
- in Gasen 243
- in Halbleitern 293
- in Metallen 242
Ladungstrennung 230, 248
Lageenergie 131 f., 193
Länge 82, 83
Längenmeßgeräte 85
Längennormal 82, 83
Längswelle 163
Langwelle 311
Lärm 167, 169
Lärmschutzbestimmungen 169
Laufgewichtswaage 124
Lautsprecher 275, 310
Lautstärke 168, 169
Leichtwasserreaktor 350
Leidenfrostsches Phänomen 207
Leistung 127 f., 135
Leistung, elektrische 267 f., 270
Leistungsverstärkung 304
Leiter, elektrischer 220, 293
Leiterschleife 224, 277
Leitungselektronen 232
Lenzsche Regel 279, 291
Leuchtdiode (= LED) 299, 308
Leuchtstofflampe 72, 220
Lichtbrechung 33
Lichtbündel 16
Lichtempfänger 13
Lichtgeschwindigkeit 17
Lichtjahr 17
Lichtleiter 39
Lichtquellen 13
Lichtstärke 20
Lichtstärke eines Objektivs 51
Lichtstrahlen 15
Linienspektren 71
Linsen, optische 40
Linsenformel 48
Linsensysteme 42
Löcherleitung 295, 308
Lochkamera 18
Lochmaske 312
logische Schaltungen 305
Lorentzkraft 271, 276, 291
Lösungsenergie 201
Luftdruck 145 f., 148
Luftschall 170
Luftschiff 157
Luftthermometer 184
Luftwiderstand 178
Lupe 46, 56
Lux (Einheit) 20
Luxmeter 21

M
Magdeburger Halbkugeln 151
Magnet 213
Magnetfeld 217, 223 f.
magnetischer Dipol 215
magnetische Wirkung des elektrischen Stromes 223
magnetisieren 215, 244
Magnetismus 213 ff., 244
Magnetnadel 214
Manometer 139, 141 f.
Maschinen, einfache 112
Masse 92, 111
Massenzahl 328
mathematische Erfassung eines Naturgesetzes 9, 104
Mattscheibe 18
Meßbereichserweiterung bei Strommessern 262, 270
Meßbereichserweiterung von Spannungsmessern 264, 270
mechanische Arbeit 192
Meßgenauigkeit 87 f., 111
Membranmanometer 139
Membranregler 190
Membranschalter 144
Meniskus 80, 86
Meßschieber 85
Meßschraube 85
Messen 82, 84
Messen der Wärme 196
Metallthermometer 186, 188
Meterkonvention 82
Methode der Physik 6, 10, 61, 78, 104 f., 117, 132, 360, 361
Meßverfahren 84
Meßzylinder 86
Mikrocomputer 305
Mikroelektronik 307
Mikrofon 310
Mikromanometer 143
Mikroprozessor 307
Mikroskop 56
Millibar 139
Mischfarbe 67
Mittelpunktsstrahl 43, 45
Mittelwelle 311
Mißweisung 218
Modell, physikalisches 16, 78, 104, 199, 216, 228, 232, 239 ff., 315, 327
Moderator 350
modulieren 310, 311
Moleküle 78
Momentangeschwindigkeit 174, 175
Momentengleichgewicht 122
Mondfinsternis 23
Monozelle 219, 250
Montgolfiere 157
Morsetelegrafie 309
Mutationen 324

N
Nachhall 165
Nachrichtenübertragung 309, 310
Nachrichtenübertragung mit Licht 39
Nachwärme im Kernreaktor 353
Nahpunkt 54
NAND-Stufe 306
Natriumdampflampen 71
Naturgesetze 6, 7, 9, 104, 360
Nebenregenbogen 38
Nebenschlußmotor 275
Nebenwiderstand 262
negatives Ion 316
Netzgerät 219
Netzhaut 53
Neutronen 327
Neutronenzahl 328
Newton 98, 178
Newtonmeter 127
nicht benetzende Flüssigkeit 80
NICHT-Schaltung 305
Nickel-Cadmium-Akkumulator 251
n-Leiter 296
Nonius 85
Nordpol 214
Normalton 168
Normbedingungen 95, 191
NOR-Stufe 306

NTC-Widerstände 293
Nukleonen 328
Nulleffekt 320
Nulleiter 285

O
Obertöne 166
Objektiv 57, 49
ODER-Funktion 306
ODER-Glied 306
ODER-Schaltung 221, 305
Ohm (Einheit) 255
Ohmsches Gesetz 259, 270
Okular 57
Optik 13
optisch dichter 35
Ordnungszahl 327
Oszilloskop 11, 240, 244

P
Paarbildung 294
Parabolspiegel 30
Parallelschaltung von Spannungsquellen 254
Parallelschaltung von Widerständen 261
partielle Mondfinsternis 24
Pascal (Einheit) 139, 150
Passatwinde 149, 205
Peltonturbine 134
Periodendauer 282
Periodensystem der Elemente 327
Periskop 28
Perpetuum mobile 130
Phasen des Mondes 23
physikalische Begriffsbildung 8
Physikalische Größe 84 f.
Physik und Technik 12, 61, 113, 281, 360
Pipette 147
plastisch 102
Plattenkondensator 249
p-Leiter 296, 308
pn-Übergang 298
Pol, magnetischer 214, 215
polykristallin 81
positives Ion 316
potentielle Energie 202
Potentiometer 258, 265
Presse, hydraulische 140
Primärspannung 286
Primärspule 286
Prisma, optisches 64
Prismenfernglas 59
Probleme der Kernenergienutzung 353
Projektionsapparate 52
Protonen 327
Punktlichtquellen 14
Pupille 53

Q
Qualitätsfaktor 325
Quecksilberdampflampen 71
Querwelle 163

R
radioaktive Strahlen 318
Radioaktivität 318
Radiokohlenstoffmethode 331
Rauhreifbildung 201
Rauminhalt 83 f.
Raumladungen 297
Reaktionsweg 179
Reaktionszeit 179
Reaktorsicherheit 353
Rechnen mit Größen 84
Rechte-Faust-Regel 223
reelles Bild 26
Reflexion des Lichts 25
Reflexionsgesetz 27
Reflexionsschall 170
Regelkreis 313
Regeln 313
Regenbogen 37
Regenbogenhaut 53
Reibantrieb 135
Reibräder 125
Reibung 108
Reibungsarbeit 127, 192
Reibungsgesetz 109 ff.
Reibungskraft 108, 111
Reibungskupplung 108
Reibungszahl 110
Reichweite radioaktiver Strahlung 321
Reihenschaltung von Spannungsquellen 254
Reihenschaltung von Widerständen 263
Rekombination 294
Relais 225
Relativbewegung 277
Remanenz 224
Resonanz 162
Resultierende Kraft 106, 111
Richtgröße einer Feder 104
Richtung des Stromes 240
Roboter 313
Rollen 114 f., 135
Rollreibung 110
Röntgenbilder 317
Röntgenstrahlen 317
Rotor 275
Rückkopplung 314
Rückstellkraft 246
Rückstrahler 28
Ruhe und Bewegung 171
Rundfunkempfänger 311

S
Saite 161, 166
Sammellinse 42
Satellit 76, 77
Saugpumpe 145
Schall 164 ff.
Schallarten 162
Schalldämmung 170
Schalldämpfung 170
Schalldruckpegel 168
Schalleiter 164, 165
Schallerzeugung 161
Schallgeschwindigkeit 164
Schallpegel 168
Schallwellen 163
Schalter 219, 221
Schaltgetriebe 126
Schaltzeichen 219
Schärfentiefe 50
Schatten 14, 22
Schattenbild 22
Scheibenbremse 108
Scheinwerfer 30
Schichtdickenkontrolle 331
Schichtwiderstand 258
schiefe Ebene 116
schmelzen 198, 201, 212
Schmelzenergie 203, 212
Schmelzsicherung 268
Schmelzwärme 203
Schneckengetriebe 126
Schnellkochtopf 200
Schnellwaage, römische 124
Schraube 114, 116
Schraubenfeder 102, 104
Schrotleiter 116, 117
Schubkarren 121
Schukostecker 269
Schutzleiter 269
Schweißnahtprüfung mit radioaktiver Strahlung 331
schwer 75, 100
Schweredruck 141 ff.
schwerelos 76
Schwerkraft 76
Schwerlinien 101
Schwerpunkt 101, 111, 120, 122 f.
Schwimmen 155
schwingende Saiten 166
Schwingkreis 311
Schwingung, elektrische 311
Sehen, räumliches 55
Sehnerven 53
Sehweite, bequeme 56
Sehwinkel 56
Seil 114
Seilwinde 124
Sekundärspannung 286
Sekundärspule 286
Sekunde 89
selbsttätige Konvektion 204, 205
Sender 309
Senkwaagen 155, 156
Shunt 262
Sicherheitsabstand 179, 180
Sicherheitsgurt 74, 179
Sicherung 268
Sicherungsautomat 225
sieden 198, 199, 212
Sieden unter vermindertem Druck 200
Siedepunkterhöhung 200
Siedepunktserniedrigung 200
Siedewasserreaktor 350
Signalübertragung, optische 311
Signalwandler, elektroakustische 310
Signalwandlung 309
Silberbromid 49
Silizium 293
Solarzelle 13, 70, 299, 308
Sollwert 314
somatische Strahlenschäden 324
Sonnenfinsternis 23
Sonnenofen 29
Spannenergie 131 ff.
Spannung, elektrische 219, 248, 252, 270
Spannungsmesser 219, 253
Spannungsquelle 219, 248
Spannungsquelle, chemische 249, 270
Spannungsquellen, Schaltung von 254
Spannungsteiler 265
Spannungsübersetzung 291
Spannungsverstärkung 304
Spannungswandler 285
Speicherformen der Energie 135
Spektralanalyse 72
Spektralfarben 65
Spektrum 64
Sperrschicht 297
spezifischer Widerstand 257
Spiegelbild 26
Spiegelreflexkamera 49
Spiegelteleskop 60
Spiegelung 25
Spinthariskop 318
Spule 223
Stabmagnet 217
statischer Auftrieb 159 f.
Stator 275
Staumauern 141
Stechheber 147
Steigbügel 167
Stellglied 313
Sternschaltung 285

Stethoskop 165
Steuerkette 313
Steuern 313
Steuerstrecke 313
Stimmgabel 11, 161
Stoßionisation 243
Störstelle 295
Strahlenbelastung 325
Strahlengang in dünnen Sammellinsen 42
Strahlenmodell des Lichts 14, 16, 18
Strahlenschutz 326
Strahlenschutzverordnungen 326
Strahlenwarnzeichen 326
Streuung des Sonnenlichts 15
Streuversuche 316
Strom, elektrischer 227, 244
Stromkreis, elektrischer 219, 244
Stromkreis, unverzweigter 263
Stromkreis, verzweigter 261
Stromrichtung, technische 240, 244
Stromstärke, elektrische 245, 270
Stromstärkeübersetzung 291
Stromunfall 269
Stromwirkung 219, 244
sublimieren 198
subtraktive Farbmischung 69
Supraleitung 257
Synergetik 361
Synthesizer 166
System, abgeschlossenes 132
Szintigramm 330
Szintillationen 319

T

Tageslichtprojektor 53
Tauchen 142
Taucherglocke 142, 143
Technik 6, 113, 360
Teilchenvorstellung 78, 105, 137, 152, 199
Telefon 309
Teleobjektiv 52
Temperatur 181, 185, 212
Temperaturempfindung 183
Temperaturmeßfühler 293
Temperaturmessung 183ff.
Temperaturskala 212
terrestrische Strahlung 325
Theorien, physikalische 78
Thermikschläuche 205
Thermoelement 192, 208, 255
Thermometer 184
Thermometerarten 186
Thermosäule 208, 209, 255
Thermosflasche 209
Thermostat 189
Tiefdruckgebiet 148f.
Ton 162, 166
totale Mondfinsternis 24
Totalreflexion 35
Totpunkt 274
Trägerwelle 311
Tragflächenprofil 159
Trägheit 74f., 92
Transformator 285, 291
Transistor 300, 308
Transistor als Schalter 301
Transistor als Verstärker 302
Transistoreffekt 301, 308
Transurane 333
Treibriemen 125
Trennarbeit 248
Tretrad 124
Triode 292
Tripelspiegel 28
Trommelfell 167
Turbinen 134

Ü

Übergangsschatten 22
Überlandleitung 288
Überlaufgefäß 86
Übersetzungsverhältnis 125, 287
Übertragungsform der Energie 135
Ultrakurzwelle 311
Ultrarotstrahlen 70
Ultraschall 165
Ultraschallbild 165
ultraviolette Strahlen 70
Umgang mit Elektrizität 221
Umwandlung der Atome 329
UND-Funktion 305
UND-Glied 306
UND-Schaltung 222, 305
Unterhaltungselektronik 292
Unterkühlung 201
Uranbombe 335
Urkilogramm 92

V

Vakuum 150, 160
Vakuum-Diode 239
Vakuumverformung 151
Vektorgrößen 106
Venturi-Rohr 159
Verbrennungsmotor 182
Verbundglasfenster 211
Verbundnetz 290
verdampfen 198
Verdampfungsenergie 203, 212
Verdampfungswärme 210
verdunsten 198
verfestigen 198
Verformbarkeit 102
Verformungsarbeit (Spannarbeit) 130
Vergrößerung eines optischen Instruments 56ff.
Verhalten bei Gewitter 238
Verhüllungsfarben 69
Verlustleistung 288
Verstärkerschaltung 302
virtuelles Bild 26, 31
Voltasche Reihe 250
Voltasches Element 250
Volt (Einheit) 253
Volumen 111
Volumenmessung 86
Vorwiderstand 264

W

Waage 124
Wagenheber 126
Wägung 93
Wärme 131, 181f., 192f., 212
Wärmedämmung 208
Wärmedurchgangszahl 211
Wärmekapazität 195, 212
Wärmekapazität, spezifische 195, 196, 197, 206, 212
Wärmeleistung 196, 197
Wärmeleitung 206ff., 211f.
Wärmepapier 183
Wärmepumpe 210
Wärmequelle 196, 197
Wärmestrahlung 208f., 211f.
Wärmeströmung 204
Wärmetransport 211f.
Wärmeübertragung, Richtung der 210
Wärmewirkung des elektrischen Stromes 226
Warmfront 149
Warmverformung 103
Warmwasserheizungen 204, 205
Wasserdampf 198
Wasserpumpen 145, 150
Wasserräder 132, 133
Wasserstoffbombe 336
Wasserwirbelbremse 194, 195
Watt (Einheit) 268
Wechselspannung 239, 281
Wechselspannungsgenerator 282
Wechselspannungskurve 11
Wechselstrom 242
Wechselwirkung 99
Weg-Zeit-Diagramm 171
Weg-Zeit-Gesetz der gleichmäßig beschleunigten Bewegung 177
Wehneltzylinder 241
weichmagnetischer Werkstoff 216
Weißmacher 70
Weitwinkelobjektiv 52
Welle 163
Welle, elektromagnetische 311
Wellrad 124
Wetter 148
Wetterfront 149
Wetterkarte 148, 149
Widerstand, Bauformen 258
Widerstand, elektrischer 255f., 270
Widerstand, spezifischer 270
Widerstand und Temperatur 257
Wiederaufbereitungsanlage 354
Wilson-Nebelkammer 332
Wind 148
Windräder 133, 134
Windungszahl 286
Winkelhebel 119
Winkelheber 147
Wippe 118
Wirkungsablauf 314
Wirkungslinie 98, 101
Wölbspiegel 29

Z

Zählrate 320
Zahnradantrieb 135
Zahnräder 125
Zeitdauer 89, 111
Zeitpunkt 89
Zerfallsreihe 329
Zerlegen von Kräften 106
Zerreißmaschine 103
zerstörungsfreie Materialprüfung 317
Zerstreuungskreise 50
Zerstreuungslinsen 48
Ziffern, geltende 88
Zündkerze 287
Zusammensetzen und Zerlegen von Kräften 105
Zustand, thermischer 181
Zyklone 148

Namenverzeichnis

Abbe, Ernst (1840–1905) 59, 62
Ampère, André Marie (1775–1836) 245
Apollonius von Perge (3. Jh. v. Chr.) 112
Archimedes (287–212 v. Chr.) **112f.**, 115, 118, 126, 154, 155, 360
Aristoteles (384–322 v. Chr.) 6, **7**, 62, 360

Bardeen, John (1908–1948) 307
Becquerel, Henri (1852–1908) 318
Bell, Graham (1847–1922) 310
Blackett, P. M. S. (*1897) 332, 333
Boyle, Robert (1627–1691) 153
Brattain, Walter H. (*1902) 307
Braun, Karl Ferdinand (1850–1918) 240
Brown, Robert (1773–1858) 79
Bunsen, R. W. (1811–1899) 72
Buys-Ballot, C. H. (1817–1890) 149

Celsius, Anders (1701–1744) 185
Chadwik, James (*1891) 327
Coulomb, Charles Auguste de (1736–1806) 247
Curie, Marie (1867–1934) **318**, 325
Curie, Pierre (1859–1906) 318, 325
Curtis, G. (1860–1953) 346

Daguerre, L. J. (1787–1851) 49
Davy, Humphrey (1778–1829) 281
Demokrit (460–370 v. Chr.) 78

Eigen, Manfred (*1927) 361
Einstein, Albert (1879–1955) 335
Euklid (3. Jh. v. Chr.) 112

Fahrenheit, Daniel (1686–1736) 185
Faraday, Michael (1791–1867) **280**
Fontana, Domenico (1543–1607) 73
Fraunhofer, Joseph von (1787–1826) 65

Galilei, Galileo (1564–1642) 6, **7**, 17, 62, 145, 177, 360
Galvani, Luigi (1737–1798) 250
Goethe, Johann Wolfgang (1749–1832) 64, 360
Geiger, Hans (1882–1945) 319
Gray, H. (1905–1965) 324
Guericke, Otto v. (1602–1686) 146, **150**, 151, 235

Hahn, Otto (1879–1968) **333**
Halley (1656–1742) 185
Heisenberg, Werner (1901–1976) 360
Heron v. Alexandria (1. Jh. n. Chr.) 129
Herschel (1738–1822) 62
Hertz, Heinrich (1857–1894) 162
Hooke, Robert (1635–1703) 104
Huygens, Christian (1626–1695) 9, 10, 245

Jansen (*1590) 62
Joule, James Prescott (1818–1889) 127, 194

Kant, Immanuel (1724–1804) 361
Kelvin (William Thomson) (1824–1907) 185
Kepler, Johannes (1751–1630) 18, 58, 62
Kirchhoff, Gustav Robert (1824–1887) 72, 261
Koch, Robert (1845–1910) 62

Langen, E. (1833–1895) 347
Leidenfrost (1715–1795) 207
Lenard, Philipp (1862–1947) 316
Lenoir (1822–1900) 347
Leukipp (etwa 450 v. Chr.) 78
Lilienthal, Otto (1848–1896) 158, 159
Lorentz, H. A. (1853–1928) 272
Lorenz, Konrad (*1903) 361
Mach, Ernst (1838–1916) 360
Mariotte, Edme (1620–1684) 153
Montgolfier, Jaques Etienne (1745–1799) 156
Montgolfier, Joseph Michel (1740–1810) 156

Newcomen, Thomas (1663–1729) 345
Newton, Isaac (1643–1727) 62, 63, 76, 98, 99, 360

Oersted, Hans Christian (1777–1851) 224, 280
Ohm, Georg Simon (1789–1854) 256
Otto, Nikolaus (1832–1891) 347

Papin, Denis (1647–1714) 345
Pascal, Blaise (1623–1662) 139, **146**
Pfuhlmeier (*1478) 61
Picard, Auguste (1884–1962) 141
Picard, J. 141

Reis, Philipp (1834–1874) 310
Röntgen, Wilhelm Conrad (1845–1923) 315, 317, **318**
Rutherford, Ernest Lord (1871–1937) 316

Savery, Thomas (um 1650–1715) 345
Schott, Friedrich Otto (1851–1935) 62
Siemens, W. von (1816–1892) 284
Strassmann, Fritz (1902–1980) **333**

Thomson, Joseph John (1856–1940) 316
Torricelli, Evangelista (1608–1647) 145, **146**

Vinci, Leonardo da (1452–1519) 158
Viviani, Vincenzio (1622–1703) 7
Volta, Alessandro (1745–1827) 250

Watt, James (1736–1819) 346
Wilson, C. T. R. (1869–1959) 332
Wright, Brüder 158, 159

Zeiss, Carl (1816–1888) 62
Zeppelin, Graf (1838–1917) 156

Die fettgedruckten Zahlen geben die Seiten an, auf denen sich Abbildungen befinden

Bildquellenverzeichnis

AEG Kanis Turbinenfabrik GmbH, Nürnberg 346.2
AEG-Telefunken, Frankfurt/M. 299.4, 358.1
Aero-Lux Büscher & Co, Frankfurt/M. 350.1 (freig. d. Reg. Präs. Darmstadt, Nr. 2327/82)
Aga-Optronik GmbH, Oberursel 211.3
Agfa-Gevaert AG, Leverkusen 227.3
E.-M. Albrecht/Westermann-Foto, Braunschweig 22.3 a + b, 22.4
Archiv für Kunst und Geschichte, Berlin 151.4, 236.1
The Associated Press GmbH, Frankfurt/M. 187.5
Bach/Bildagentur Mauritius, Mittenwald 72.2
Dr. G. Bang, Ober Ramstadt 19.4, 40.1, 176.1
BASF, Ludwigshafen 125.6
Bild der Wissenschaft/Kage, Stuttgart 307.7
Birkhäuser Verlag, Basel (aus B. L. van der Waerden „Erwachende Wissenschaft, Bd. I", 2. Aufl. 1966) 83.3
Blohm & Voss AG, Hamburg 116.3
Bordis/Bavaria Verlag, Gauting 157.5
U. Brandes, Studio für Werbefotografie, Braunschweig 55.4, 71.2, 258.1
Bildarchiv W. Büdeler, Thalham/Obb. 28.4
Bundesforschungsanstalt für Landeskunde und Raumordnung, Bonn 343.4
H. Buresch/Westermann-Foto, Braunschweig (96 Fotos)
California Institute of Technology, Pasadena 60.3
Daimler-Benz AG, Stuttgart 102.1
Damm/ZEFA, Düsseldorf 13.1
Prof. Dr.-Ing. M. Danner, München (aus M. Danner „Gurt oder Tod") 74.1
DEMAG Fördertechnik, Wetter 223.4
U. Dette, Wulfsee 165.6
Deutsche Bundesbahn 171.3 oben und Mitte
Deutsche Luftbild KG, Hamburg 355.3
Deutsches Museum, München 62.1, 73.1, 130.2, 157.6, 185.4
dpa-Farbbild, Frankfurt/M. 149.6, 155.6
Droemersche Verlagsanstalt Th. Knaur Nachf., München 24.4
Dunlop AG, Hanau 102.2
Escher Wyss AG, Zürich 134.2 + 3 b
FAG Kugelfischer, Schweinfurt 110.3
Fichtel & Sachs AG, Schweinfurt 208.2
Johs. Fuchs KG, Ditzingen 140.2
Dr. G. Gerster, Zumikon/Agentur A. Hamann, München 357.5
Gesellschaft für Strahlen- und Umweltforschung mbH, München 321.3
W. Glatten, Leverkusen/IZE, Bonn 220.1
Graphicteam, Köln 221.5
Hartmann & Braun, Frankfurt/M. 164.1
H. Heinemann, Braunschweig 81.6
HEW, Hamburg (aus H. H. Henk „Die zivilisatorisch bedingte Strahlenbelastung") 330.1
Historia-Foto, Hamburg 112.1 + 2
Institut für Meteorologie der TU Berlin 148.1 rechts
JET Joint Undertaking, Abingdon/Oxfordshire 336.2
A. Kahmann, Erkerode 201.6
Kalt/ZEFA, Düsseldorf 38.1
Werkbild A. van Kaick, Ingolstadt 281.5
Kraftwerk Union, Erlangen 351.3, 352.1
Dr. F. Krügler, Hamburg 6.1, 15.4
Krupp-Industrietechnik GmbH, Wilhelmshaven 73.2, 114.1
Prof. Dr. W. Kuhn, Villmar 2 (Aumenau) 278.2
Ernst Leitz GmbH, Wetzlar 213.5
Ed. Liesegang, Düsseldorf 52.3
Herbert Lindner, Berlin 116.5, 192.1
B. Lochhaas, Roßdorf 17.4, 28.3, 37.9, 75.6, 77.3, 78.1, 87.5, 105.2, 125.5, 136.1, 170.2, 181.2, 182.3, 214.1, 221.5, 222.1, 230.3, 272.1, 297.3
H. Lochhaas, Roßdorf 80.1, 81.7, 89.1, 103.9, 108.1, 118.1 + 3, 119.4, 141.3
Mauser Meßzeug GmbH, Oberndorf/Nekkar 85.2 + 3
MBB Raumfahrt, München 29.6
Dr. G. Merzyn, Göttingen 246.2
Mondadori Press, Segrate/Milano 7.2
Prof. Dr. R. Monheim, Bayreuth 124.2
J. Musehold, Braunschweig 79.2, 187.4, 267.4 + 5
NASA 14.2, 76.1
NASA/USIS, Bonn 100.2
Neva Dr. Vatter GmbH & Co, Geislingen 322.2
Novak/ZEFA, Düsseldorf 335.3
C. O'Rear/W. Camp/focus, Hamburg 37.7
Olympus Optical Co. (Europa) GmbH, Hamburg 49.4
Physikalisch-Technische Bundesanstalt, Braunschweig 12.2, 92.2
Phywe AG, Göttingen 317.4
H. Pientka, Meppen 224.2, 298.3, 300.1, 305.2, 311.4
Pierer-ZEFA, Düsseldorf 147.4
R. Piper & Co Verlag, München (aus Piper Sachbuch 1 „Erklär mir die Indianer", 1975) 33.3
Bildarchiv Preußischer Kulturbesitz, Berlin 83.4, 159.3
Ritz Pumpwerksbau GmbH, Nürnberg 112.3
Foto & Grafik Rixe, Braunschweig (39 Farbfotos)
Röhrich-Bavaria, Gauting 303.3
RWE-Anwendungstechnik, Essen 290.1, 339.1
Carl Schenk Maschinenfabrik GmbH, Darmstadt 194.4
K. Schnare-Fotowerbung, Braunschweig 179.2
K.-P. Schrage, Braunschweig 83.5
L. Schuler GmbH, Göppingen 103.7
Siemens AG, Erlangen 317.3
Siemens AG, München 230.1, 295.5, 299.6
Sven Simon Fotoagentur GmbH, Essen 174.1
H. Sochurek/W. Camp/focus, Hamburg: Umschlagfoto und 39.5
Spektrum der Wissenschaft, Sept. 1982, S. 62–71 (aus M. M. Markowski „Ultraleichte Flugzeuge, die fliegenden Kisten von morgen") 159.4
Springer Verlag, Heidelberg 333.3 + 4
Staatsbibliothek Berlin 333.5, 345.1
Sternwarte Bochum – Planetarium, Bochum 24.3, 336.1
Verlag Styria, Graz, Wien, Köln 23.5
Toni-Technik MFL-Systeme, Schifferstadt 103.8
Transformatoren Union AG, Stuttgart 285.5
Werkbild Valvo, Hamburg 312.3
Varta Batterie AG, Hannover 251.3
Verlagsges. Friedr. Vieweg & Sohn, Wiesbaden (aus Berkeley, Physik Kurs 2 Elektrizität und Magnetismus, 1976) 280.3
Volkswagen AG, Wolfsburg 313.4
Westermann-Archiv, Braunschweig (10 Fotos)
Carl Zeiss, Oberkochen 58.1
Carl Zeiss, Geschäftsbereich Augenoptik, Aalen 59.3

Den Firmen Phywe, Göttingen, sowie Dr. H. Kröncke, Hannover, und Leybold-Heraeus, Köln, danken wir für freundliche Unterstützung bei der Aufnahme von Versuchsabbildungen.

Eigenschaften verschiedener Stoffe

Stoff	Symbol bzw. Formel	Dichte ϱ in g/cm^3 bei 20 °C	Schmelztemp. ϑ_E in °C	Siedetemp. ϑ_S in °C	Spezif. Wärmekapazität c in $\frac{J}{g \cdot K}$ bei 20 °C	Spez. Schmelzwärme q_s in $\frac{J}{g}$	Spez. Verd.-wärme q_r in $\frac{J}{g}$ am norm. Siedep.	Spez. elektr. Widerst. ϱ in $\frac{\Omega mm^2}{m}$ bei 20 °C
Feste Stoffe:								
Jod	J	4,94	114	184	0,218	124	172	
Kalium	K	0,86	63	757	0,741	66	2052	0,07
Kohlenstoff	C							
Graphit		2,25	3550	4350	0,708	—	—	
Diamant		3,52	> 3600	4200	0,502	—	—	$3 \cdot 10^{17} \dots 5 \cdot 10^{18}$
Schwefel								
rhombisch	S	2,06	113	445	0,720	50	293	$\sim 10^{22}$
Natriumchlorid	NaCl	2,164	808	1465	0,867	519	2931	$1{,}15 \cdot 10^9$
Metalle								
Aluminium	Al	2,70	660	2400	0,90	403,6	10 538	0,027
Blei	Pb	11,35	327	1750	0,13	24,7	871	0,21
Eisen	Fe	7,86	1535	2800	0,45	270,0	6322	0,099
Gold	Au	19,3	1063	2660	0,13	64,5	1578	0,022
Kupfer	Cu	8,93	1083	2582	0,39	204,7	4798	0,017
Magnesium	Mg	1,74	650	1110	1,02	378,9	5422	0,047
Messing (62 Cu; 38 Zn)		8,3 … 8,5	—	—	0,38	—	—	0,08
Nickel	Ni	8,9	1453	2800	0,45	299,8	6490	0,073
Platin	Pt	21,45	1769	4000	0,13	111,4	2470	0,106
Silber	Ag	10,5	961	2190	0,23	104,7	2357	0,016
Wismut	Bi	9,75	271	1550	0,12	54,4	195	1,21
Wolfram	W	19,27	3380	5900	0,13	192,6	4187	0,054
Zink	Zn	7,13	420	907	0,39	102,2	1758	0,062
Zinn	Sn	7,30	232	2600	0,23	59,5	2386	0,121
Typische undotierte Halbleiter								
Germanium	Ge	5,36	959	2700	0,31	—	—	$0{,}6 \cdot 10^6$ bei 27 °C
Silizium	Si	2,4	1410	2600	0,70	164,1	12 560	$2{,}3 \cdot 10^9$ bei 27 °C
Naturstoffe, Keramik u. a.								
Beton (lufttrocken)		1,5 … 2,4	—	—	0,84	—	—	1-5
Eis (bei 0 °C)	H_2O	0,917	—	—	2,09	—	—	—
Erde (trocken)		1,3 … 2,0	—	—	—	—	—	$10^8 \dots 10^{10}$
Glas		2,4	~ 500	—	0,8	—	—	$10^{12} \dots 10^{19}$
Granit		2,6 … 3,0			0,75	—	—	—
Hartgummi		1,1 … 1,2	—	—	1,26 … 1,67	—	—	$10^{19} \dots 10^{22}$
Kork		0,20 … 0,35	—	—	1,67 … 2,09	—	—	—
Rohrzucker	$C_{12}H_{22}O_{11}$	1,59	186	—	0,29	13,4	—	—
Sandstein		1,9 … 2,3	—	—	0,71	—	—	—
Holz		0,4 … 0,8	—	—	1,26 … 1,57	—	—	$10^{14} \dots 10^{20}$
Keramik		2,4	1670	—	0,85	—	—	10^{16}
Kunststoffe								
Perlon		1,08 … 1,14	—	—	1,8 … 1,88	—	—	—
Trolitul		1,05 … 1,20	—	—	1,26	—	—	$\sim 10^{22}$
Styropor		0,017	—	—	—	—	—	$\sim 10^{16}$